TRAITÉ

DE

PHYSIQUE INDUSTRIELLE

PRODUCTION ET UTILISATION

DE LA CHALEUR

PAR

L. SER

INGÉNIEUR
PROFESSEUR A L'ÉCOLE CENTRALE DES ARTS ET MANUFACTURES
MEMBRE DU CONSEIL DE LA SOCIÉTÉ D'ENCOURAGEMENT
MEMBRE DE LA COMMISSION CENTRALE DES MACHINES A VAPEUR
ANCIEN INGÉNIEUR DE L'ADMINISTRATION GÉNÉRALE DE L'ASSISTANCE PUBLIQUE

Avec 362 Figures dans le texte.

PRINCIPES GÉNÉRAUX, FOYERS
RÉCEPTEURS DE CHALEUR, CHEMINÉES, VENTILATEURS, ETC.
THERMO-DYNAMIQUE.

PARIS

G. MASSON, ÉDITEUR

LIBRAIRE DE L'ACADÉMIE DE MÉDECINE
120, Boulevard Saint-Germain, en face de l'École de Médecine

1888

AVIS DE L'ÉDITEUR

Le *Traité de Physique industrielle* sera publié en deux parties. La seconde partie, qui traite des applications de la chaleur dans l'industrie et dans l'économie domestique, paraîtra dans le courant de l'année 1888.

TRAITÉ

DE

PHYSIQUE INDUSTRIELLE

TRAITÉ

DE

PHYSIQUE INDUSTRIELLE

PRODUCTION ET UTILISATION

DE LA CHALEUR

PAR

L. SER

INGÉNIEUR

PROFESSEUR A L'ÉCOLE CENTRALE DES ARTS ET MANUFACTURES
MEMBRE DU CONSEIL DE LA SOCIÉTÉ D'ENCOURAGEMENT
MEMBRE DE LA COMMISSION CENTRALE DES MACHINES A VAPEUR
ANCIEN INGÉNIEUR DE L'ADMINISTRATION GÉNÉRALE DE L'ASSISTANCE PUBLIQUE

Avec 362 Figures dans le texte.

PRINCIPES GÉNÉRAUX, FOYERS
RÉCEPTEURS DE CHALEUR, CHEMINÉES, VENTILATEURS, ETC.
THERMO-DYNAMIQUE.

PARIS

G. MASSON, ÉDITEUR

LIBRAIRE DE L'ACADÉMIE DE MÉDECINE

120, Boulevard Saint-Germain, en face de l'École de Médecine

1888

PRÉFACE

Ce traité, qui a pour objet l'étude de la physique appliquée à la production et à l'utilisation de la chaleur, est, avec de nombreux développements, le cours que je professe depuis plus de vingt ans à l'École Centrale des Arts et Manufactures, où il fut créé, en 1829, à la fondation de l'École, par E. Péclet, qui le prit pour base de son savant *Traité de la Chaleur*.

Je me suis attaché à donner à ce livre le caractère à la fois théorique et pratique particulier à l'enseignement de l'École Centrale. Bien convaincu que la saine théorie est toujours d'accord avec la bonne pratique, j'ai cherché à relier les faits bien observés aux lois générales de la physique et de la mécanique et à les traduire par des règles et des formules simples, d'un emploi facile pour tous les ingénieurs et constructeurs.

L'ouvrage peut se diviser en deux parties.

Ce volume renferme la première partie, qui comprend,

en huit chapitres, l'étude des principes et des appareils considérés d'une manière générale, indépendamment de toute application spéciale.

Les chapitres 1, II et III traitent de la production, de la transmission de la chaleur et de l'écoulement des gaz, dont les lois ont une si grande importance pour la bonne disposition des appareils de chauffage et de ventilation. Dans les chapitres IV et V se trouve l'étude des foyers et des récepteurs destinés à produire et à recevoir la chaleur. La discussion des formes, des proportions et du mode de fonctionnement fait ressortir l'influence de ces divers éléments sur l'utilisation de la chaleur.

Les appareils employés pour mettre les gaz en mouvement : cheminées, ventilateurs, injecteurs de vapeur et d'air comprimé, sont étudiés dans les chapitres VI et VII; les formules donnent le moyen de calculer les dimensions nécessaires pour obtenir, avec chacun d'eux, une pression et un volume déterminés. Les résultats du calcul sont vérifiés et appuyés par de nombreuses expériences.

Le chapitre VIII est consacré à la thermo-dynamique, cette science nouvelle qui doit désormais servir de base à l'étude de tous les phénomènes physiques et mécaniques; on y trouvera la théorie des machines à vapeur, des machines à air chaud, de l'écoulement des gaz et des vapeurs, du tirage des cheminées, etc.

La deuxième partie, qui sera publiée séparément, comprend les applications de la chaleur dans l'industrie et dans l'économie domestique : les chaudières à vapeur, le chauffage

et la ventilation des lieux habités, la distillation, l'éva-
poration, le séchage, etc. Pour chacune de ces applications,
les théories sont exposées et les appareils décrits en tenant
compte des progrès les plus récents de la science et de
l'industrie.

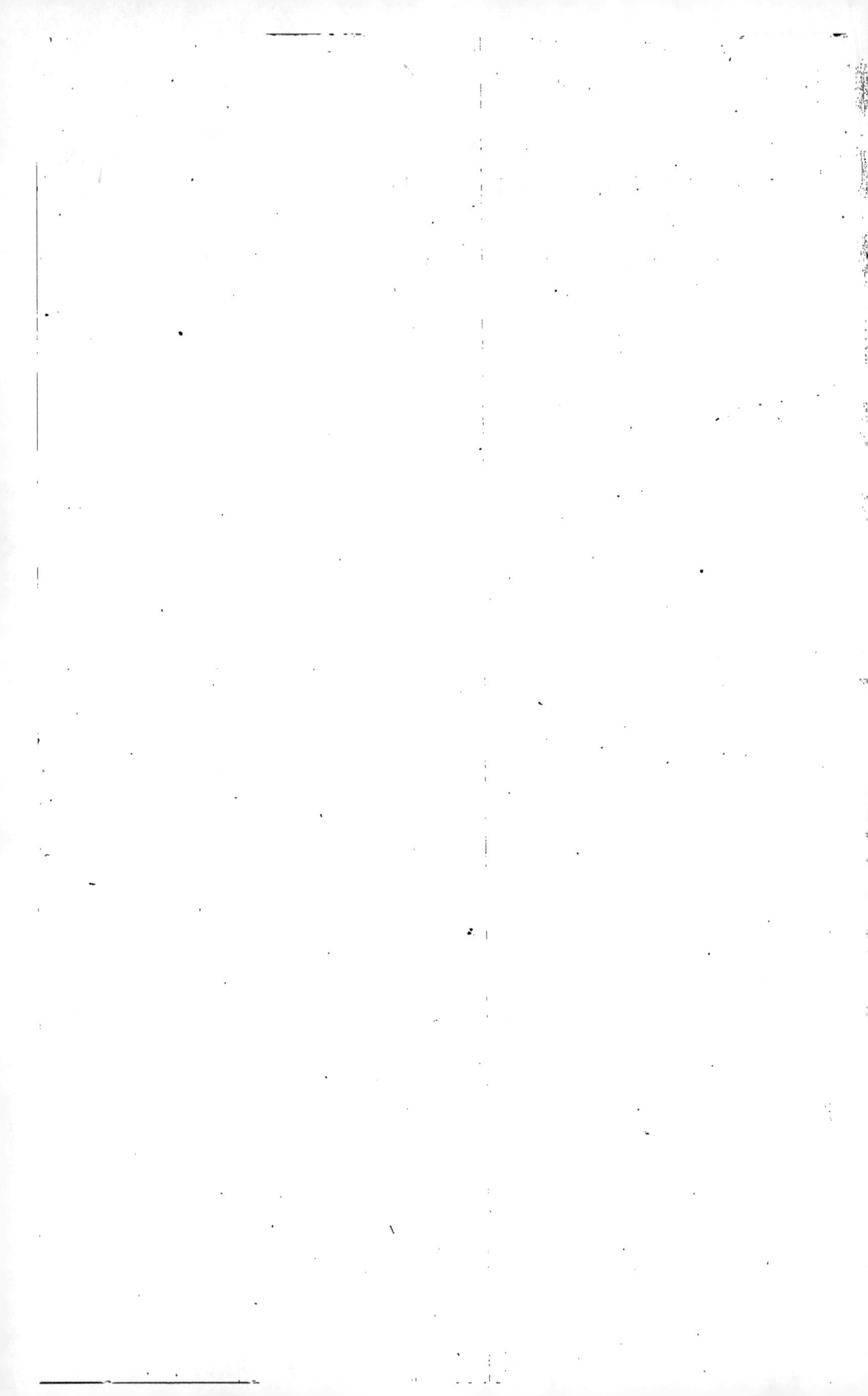

TRAITÉ

DE

PHYSIQUE INDUSTRIELLE

PRODUCTION ET UTILISATION

DE

LA CHALEUR

INTRODUCTION

1. De tous les agents physiques dont nous ressentons et dont nous utilisons les effets, la chaleur est celui qui, sans contredit, joue le rôle le plus important. Son action se constate dans presque tous les phénomènes qui se produisent autour de nous ; dans l'industrie, ses applications sont aussi nombreuses que variées. C'est la chaleur qui, dans la plupart des usines, dans les forges, les verreries, etc., détermine les réactions physiques ou chimiques qui amènent la transformation de la matière brute en objets utiles. C'est la chaleur qui, par la vaporisation de l'eau, engendre la puissance de la machine à vapeur, et on sait l'influence considérable que ce moteur, en multipliant pour ainsi dire indéfiniment les forces dont l'homme dispose, a exercée sur le développement de l'activité industrielle et des relations commerciales. La chaleur est nécessaire pour nos besoins les plus immédiats ; pour le chauffage de nos habitations, pour la préparation de nos aliments ; c'est elle enfin, qui dégagée dans le système musculaire par la respiration et la nutrition, maintient le corps à la température convenable pour le fonctionnement normal et régulier de nos organes.

La chaleur, en un mot, se retrouve partout comme l'élément indispensable du mouvement et de la vie.

2. Les opinions ont beaucoup varié sur la nature de la chaleur. Il n'y a pas encore bien longtemps, on regardait la chaleur comme produite par la présence d'un fluide impondérable, interposé entre les molécules des corps et qu'on désignait sous le nom de *calorique*. Un corps était plus ou moins chaud suivant qu'il renfermait plus ou moins de calorique.

Cette manière de voir est aujourd'hui abandonnée. D. Bernoulli, au siècle dernier, avait émis l'opinion que la chaleur n'est autre chose que la manifestation de mouvements vibratoires des molécules des corps, et qu'un corps était plus ou moins chaud suivant que ces vibrations étaient plus ou moins rapides. Cette opinion est aujourd'hui généralement acceptée.

Dans l'hypothèse du calorique, on admettait que, dans les phénomènes calorifiques et mécaniques qui se produisent entre plusieurs corps, la quantité totale de chaleur restait invariablement constante, et pour expliquer certains phénomènes, tels que la formation de la vapeur, dans lesquels il y avait absorption de chaleur sans variation de température, on se contentait de dire que la chaleur était devenue latente.

En considérant la chaleur comme un mouvement, on pense maintenant qu'elle peut se transformer en travail mécanique et réciproquement, et qu'à une certaine quantité de chaleur dépensée correspond un travail produit dans un rapport constant. Dans ce cas, la chaleur ne devient plus latente, elle a réellement disparu et a été employée à produire un certain travail, soit moléculaire, soit extérieur. Les travaux de Mayer, Joule, Clausius, Hirn, Regnault et autres éminents physiciens ont établi ce principe d'une manière indiscutable, et permis de déterminer la valeur de ce rapport qu'on a appelé l'*équivalent mécanique de la chaleur*. D'après les expériences et les calculs les plus récents, le nombre généralement admis est 424, c'est-à-dire qu'une unité de chaleur peut produire 424 kilogrammètres et inversement.

La théorie de l'équivalent mécanique de la chaleur, confirmée par une foule de faits, a établi une corrélation remarquable entre les phénomènes calorifiques et mécaniques, et donné à l'hypothèse de Bernoulli une valeur scientifique qui l'a fait généralement adopter. On admet aujourd'hui que la chaleur n'est autre chose qu'un mouvement.

Cette théorie, préparée par les savantes études de Carnot et de Clapeyron, s'est rapidement développée et elle a permis d'expliquer un certain nombre de phénomènes qui n'avaient pas auparavant d'interprétation admissible. On en trouvera un exposé sommaire à la fin du volume.

3. Sources de chaleur. — On distinguait autrefois un assez grand nombre de sources de chaleur : la chaleur intérieure du globe, la chaleur solaire, la chaleur animale, la chaleur dégagée par les actions chimiques comme la combustion, la chaleur dégagée par les actions physiques et mécaniques comme le frottement. Une étude plus approfondie a fait reconnaître, entre la plupart de ces sources de chaleur, un lien commun qui les rattache à la chaleur solaire.

La chaleur intérieure du globe se révèle à nous par les éruptions des volcans, les sources d'eau chaude et par l'accroissement de température que l'on constate à mesure que l'on s'enfonce dans le sol. C'est une chaleur accumulée depuis l'origine du monde et qui n'a pu être utilisée que dans des cas tout à fait exceptionnels.

C'est le soleil qui est en réalité pour la terre la source véritable directe ou indirecte de la chaleur. Ses rayons nous en envoient une quantité considérable. Pouillet a déduit de ses expériences que chaque mètre carré du grand cercle de la terre reçoit par minute $17^{cal},633$, quantité suffisante pour fondre annuellement une couche de glace de $31^m,89$ d'épaisseur qui envelopperait la terre de toutes parts. Cette chaleur correspond à un travail de 217 316 000 000 000 chevaux vapeurs. D'après des expériences plus récentes de M. Violle, la chaleur reçue par la terre serait notablement plus grande et suffirait pour fondre une couche de glace de $45^m,93$ d'épaisseur.

Comme la terre n'occupe dans l'espace sur la sphère dont le soleil est le centre qu'une très minime surface, on déduit de ces chiffres un nombre réellement effrayant pour la chaleur totale émise par le soleil. Chaque centimètre carré de la surface solaire rayonnerait, d'après Pouillet, 84 888 calories par minute. « Si, dit-il, la quantité totale de chaleur était exclusivement employée à fondre une couche de glace qui serait appliquée sur le globe solaire, et l'envelopperait de toutes parts, cette quantité de chaleur serait capable de fondre, en une minute, une couche de $11^m,80$ d'épaisseur, ou en un jour une couche de 17 kilomètres. »

« Sous une autre forme, dit Tyndall, la chaleur émise par le soleil en une heure est égale à celle qui serait engendrée par la combustion d'une couche de houille de 27 kilomètres d'épaisseur. »

La chaleur solaire directe a peu d'applications industrielles. On l'utilise cependant dans les marais salants, dans les séchoirs à air libre, etc. On a essayé récemment d'étendre son emploi à d'autres usages au moyen de miroirs réflecteurs : on n'a pu encore arriver à de véritables résultats pratiques. Mais la radiation solaire intervient, comme nous allons le voir, d'une manière indirecte dans la plupart des phénomènes calorifiques ou mécaniques qui se produisent à la surface de la terre.

C'est ainsi que l'effet de cette radiation se retrouve dans l'action chimique connue sous le nom de combustion par laquelle le bois, la houille, et les divers combustibles dégagent une grande quantité de chaleur.

On sait, en effet, que la houille, comme le bois, a une origine végétale et que les couches de houille qu'on exploite en ce moment ont été formées aux époques primitives par des végétaux qui se sont transformés sous l'action du temps. Or c'est sous l'influence des rayons du soleil que les végétaux peuvent se former, que la plante se développe et que la fibre ligneuse se constitue. L'acide carbonique de l'atmosphère est absorbé par les feuilles du végétal et décomposé en carbone et en oxygène. Le carbone, retenu dans la plante, s'unit à l'hydrogène provenant de l'eau qui a subi une décomposition analogue, pour former avec de l'oxygène le tissu ligneux de la plante. Cette décomposition de l'acide carbonique et de l'eau ne s'effectue que par une véritable absorption de chaleur solaire et c'est cette chaleur qui, mise pour ainsi dire en réserve dans la plante, se dégage ultérieurement par la combustion qui reconstitue de l'acide carbonique et de l'eau.

La chaleur animale a également pour cause première la radiation solaire, puisqu'elle est produite, au moyen de la respiration, par la combustion dans le système musculaire des aliments ingérés, et que ces aliments composés de carbone et d'hydrogène proviennent des végétaux, soit directement, soit par l'intermédiaire des animaux herbivores.

Il en est de même des actions physiques et mécaniques au moyen desquelles on peut produire de la chaleur en faisant, par exemple, frotter deux corps l'un contre l'autre. Ces actions supposent toujours une force motrice dont la cause première est encore la radiation solaire.

Si la force motrice est la machine à vapeur, la relation est évidente, puisque la vapeur emprunte sa puissance au combustible qui la tire lui-même, comme nous l'avons vu, de la chaleur solaire.

L'explication est la même pour la force musculaire de l'homme et des animaux, qui est produite par la combustion des aliments.

La puissance motrice du vent provient encore du soleil qui, en échauffant inégalement la masse atmosphérique, produit le déplacement des couches gazeuses.

Les chutes d'eau enfin ont la même origine. C'est par la chaleur du soleil que l'eau se vaporise, que les nuages se forment et que la pluie donne naissance aux sources, aux rivières, et à leur puissance hydraulique.

Le soleil est donc la source à peu près unique de la chaleur à la surface de la terre, et on peut dire que c'est lui qui nous donne le mouvement et la vie.

4. Chaleur solaire. — Quant à la cause de la chaleur solaire elle-même, les opinions sont encore fort divisées. La première idée qui se présente, c'est que le soleil est un globe en combustion. Les différents corps dont il se compose et que l'analyse spectrale a fait reconnaître brûleraient dans une atmosphère où l'oxygène domine et formeraient de l'eau, des carbonates, des silicates, etc... L'étude de la croûte terrestre, qui est composée de ces différents corps, fait supposer qu'à une certaine époque la terre se trouvait également à l'état de globe en combustion, et que les corps qui composent sa surface ont été formés par l'oxydation successive d'éléments analogues à ceux brûlant actuellement dans le soleil, qui dans cette hypothèse serait constitué comme la terre, mais se trouverait seulement arrivé à une période d'oxydation moins avancée.

Des objections très sérieuses sont faites à cette hypothèse.

« Ainsi, dit Tyndall, aucune des combustions, aucune des « affinités chimiques que nous connaissons, ne pourrait entre- « tenir la radiation solaire. Si le soleil était un bloc de houille « et qu'on l'approvisionnât assez d'oxygène pour le rendre « capable de brûler au degré qu'exige la radiation mesurée, il « serait entièrement consumé au bout de 5 000 ans ; or, depuis les « plus anciennes observations astronomiques, on n'a pu constater « le plus léger affaiblissement dans la radiation solaire. » La combustion ne saurait donc expliquer la chaleur dégagée par le soleil.

Une autre hypothèse très ingénieuse sur les causes de la chaleur solaire a été émise par le Dr Mayer d'Heilbronn. Voici en quoi elle consiste :

Les étoiles filantes, que l'on observe à certaines époques en si grand nombre dans le ciel, sont des petits globes qui, animés d'un mouvement rapide dans l'espace, pénètrent à un certain moment dans la sphère d'attraction de la terre. Sous l'influence du frottement dans l'air, frottement considérable par suite de leur énorme vitesse, ils s'échauffent jusqu'à l'incandescence et deviennent lumineux. Les uns sont entièrement brûlés dans l'atmosphère, les autres arrivent jusqu'au sol où ils perdent par le choc leur puissance vive. Il en résulte, dans les deux cas, un dégagement de chaleur.

Dans l'hypothèse du Dr Mayer, le soleil serait entouré d'une masse de ces astéroïdes en mouvement qui par leur chute incessante créeraient de la chaleur. On a calculé que le choc d'un de ces globes pourrait développer jusqu'à 9 000 fois la chaleur engendrée par une masse égale de houille. Le volume du soleil s'accroîtrait ainsi constamment, mais d'une manière insensible ; il suffirait, pour entretenir la chaleur solaire, d'une chute de matières qui augmenteraient le diamètre du soleil annuellement de 20 mètres, ce qui revient à un accroissement de un dixième de seconde pour 4 000 ans. C'est tout à fait insensible. Si la terre tombait sur le soleil, dont le volume est 1 372 000 fois plus grand, l'accroissement de volume serait tout à fait imperceptible et cependant la chaleur engendrée par son choc couvrirait la dépense faite en un siècle par le soleil.

Dans une autre hypothèse formulée par Helmholtz et Thompson, le soleil aurait été à l'origine une nébuleuse formée de molécules placées à distance. Ces molécules, en se rapprochant les unes des autres, auraient produit de la chaleur et constitué la masse solaire. Cette contraction se continuerait de nos jours et, comme elle est toujours accompagnée d'un dégagement de chaleur, elle serait la source de la radiation solaire. Il suffirait d'ailleurs d'une contraction excessivement faible ; on a calculé qu'une réduction de un millième dans le diamètre du soleil suffirait pour maintenir sa radiation actuelle pendant 21 000 ans.

Cette hypothèse a une certaine analogie avec la précédente ; c'est toujours le choc où le rapprochement des molécules qui produit de la chaleur. Seulement, dans le premier cas, il y a accroissement de volume du soleil ; dans le second, il y a au contraire diminution. Comme rien ne paraît s'opposer à ce que la chute des astéroïdes se produise en même temps que la contraction, on voit que, en combinant les deux hypothèses, le volume du soleil pourrait rester absolument constant, par l'action simultanée de ces deux causes produisant toutes les deux de la chaleur.

Diverses objections ont été faites à ces hypothèses. L'état actuel de la science ne permet pas de se prononcer encore sur leur valeur d'une manière définitive, et nous nous bornerons à cet aperçu général des causes de la chaleur à la surface de la terre.

CHAPITRE PREMIER

PRODUCTION DE LA CHALEUR

§ Ier

DE LA COMBUSTION

5. Le moyen le plus employé pour produire de la chaleur est la *combustion*, c'est-à-dire la combinaison chimique d'un corps appelé *combustible* avec un autre qu'on désigne sous le nom de *comburant*.

A un point de vue général, tout corps qui, en s'unissant à un autre, dégage de la chaleur, peut être classé dans les combustibles, mais le plus souvent, le combustible est un composé de carbone et d'hydrogène, unis ou mélangés à d'autres éléments ; le comburant est l'oxygène puisé presque toujours dans la masse atmosphérique.

A un point de vue pratique, le nombre des combustibles est considérablement réduit par cette condition qu'on doit les trouver en abondance dans la nature, ou les fabriquer facilement afin de les avoir à bon marché.

Les combustibles qui satisfont à cette condition sont : le bois, la houille, la tourbe, le charbon de bois, le coke, exceptionnellement les huiles, le gaz de l'éclairage et quelques autres. Nous verrons plus loin les propriétés de chacun d'eux.

Considérés sous le rapport de leur état physique, les combustibles peuvent être classés en combustibles gazeux, liquides ou

solides. Nous allons étudier successivement les phénomènes qui
accompagnent leur combustion sous ces différents états.

6. Combustion des gaz. — Lorsqu'un gaz combustible, tel
que le gaz de l'éclairage, s'échappe. dans l'air par un orifice et
qu'on approche du jet un corps enflammé, on détermine immédiatement la combustion. Les hydrogènes carbonés du gaz se
combinent avec l'oxygène de l'air, et cette combinaison se manifeste aux yeux (fig. 1) par la production de la
flamme.

Si on examine attentivement une flamme, on
peut y distinguer trois parties.

Au centre et à la sortie de l'orifice, une partie
bleue plus ou moins foncée, plus ou moins développée suivant la nature et la vitesse du gaz; elle
est constituée par le gaz lui-même non altéré avant
qu'il ait reçu le contact de l'air. Si on plonge dans
cette partie l'extrémité d'un tube incliné, on peut
enflammer le gaz qui s'échappe à l'autre extrémité.

Fig. 1.

La seconde partie de la flamme qui entoure la
première, est celle où commence la combustion. C'est la partie
la plus éclairante. L'éclat d'une flamme dépend de la nature du
gaz et de la manière dont la combustion s'opère. La flamme de
l'hydrogène pur a fort peu d'éclat, tandis que celle des hydrogènes carbonés est beaucoup plus éclairante. Cette différence
tient à ce que, sous la première action de la chaleur, les hydrogènes carbonés se décomposent ; le carbone, avant la combustion
complète, reste en suspension à l'état solide et incandescent dans
la flamme et envoie des rayons lumineux dans tous les sens.
Dans la combustion de l'hydrogène, la flamme ne renferme aucun corps solide et rayonne peu, mais elle devient très éclairante si on maintient au milieu un corps infusible comme la
chaux, qui, porté à une haute température, rayonne fortement
dans l'espace. C'est la lumière Drummond.

Dans la troisième partie de la flamme, la combustion se continue; elle est beaucoup moins éclairante parce qu'il y a peu ou point de carbone en suspension.

En analysant les gaz qui se trouvent à différentes hauteurs, dans une flamme de gaz d'éclairage, on a reconnu que les proportions de vapeur d'eau, d'acide carbonique et d'azote allaient en augmentant, à mesure qu'on s'éloignait de l'orifice de sortie, tandis que celles de l'hydrogène et des hydrogènes carbonés allaient en diminuant. La proportion d'oxyde de carbone a été trouvée à peu près constante, dans toute la hauteur de la flamme.

L'étendue d'une flamme dépend, toutes choses égales d'ailleurs, des vitesses relatives de l'air et du gaz combustible. Ainsi, avec un bec de gaz muni d'une cheminée en verre et alimenté d'air au moyen d'orifices percés dans le support, si on ferme peu à peu ces orifices, on diminue la vitesse de l'air, la flamme s'allonge de plus en plus; son pouvoir éclairant peut augmenter d'abord, mais il arrive un moment où elle s'obscurcit et où il se produit de la fumée; la flamme *file*. A ce moment, la vitesse de l'air est trop faible et le volume d'air admis insuffisant pour la combustion complète du carbone, qui se précipite à l'état de noir de fumée.

Si, au contraire, on accroît la vitesse de l'air, en augmentant par exemple la hauteur de la cheminée au moyen d'un cylindre en papier, on voit l'étendue de la flamme se réduire, son éclat augmenter, mais son pouvoir éclairant diminuer en même temps que sa surface, et si la vitesse de l'air devient trop forte, on arrive à l'extinction de la flamme par suite du grand refroidissement. C'est ce qui a lieu lorsqu'on souffle une bougie.

Les phénomènes inverses se produisent si, au lieu de faire varier la vitesse de l'air, on fait varier celle du gaz.

7. Il est évident que pour dégager d'un combustible le maximum de chaleur, il faut avant tout que la combustion soit complète, ce qui n'est pas aussi facile à réaliser qu'on pourrait le croire au premier abord; il est indispensable de remplir pour cela certaines conditions qu'il suffit d'énoncer pour en comprendre la nécessité, mais qui cependant sont trop souvent négligées dans les foyers industriels.

La première condition est de fournir le volume d'air nécessaire à la combinaison complète. Ce volume dépend de la nature du combustible et nous verrons plus loin le moyen de le déterminer d'après la composition de chacun d'eux. Pour l'introduire sur le combustible il faut ménager, dans les proportions convenables, les orifices d'accès et les moyens de tirage ou d'insufflation.

Une seconde condition est d'assurer le mélange intime des gaz combustibles et comburants. Pour que la combustion s'effectue, les molécules d'oxygène doivent nécessairement venir au contact de celles d'hydrogène et de carbone. Dans beaucoup de foyers, ce contact est imparfait et l'on constate dans les veines gazeuses, après l'extinction de la flamme, la présence simultanée de l'oxygène et des gaz combustibles. La proportion d'oxygène a pu être suffisante, mais le mélange ne s'étant pas fait, la combustion est restée incomplète.

Un moyen de faciliter ce mélange et ce contact consiste à diviser le combustible en fragments peu volumineux quand il est solide, ou en jets de faible épaisseur quand il est liquide ou gazeux. On conçoit que l'air, divisé lui-même en un grand nombre de jets, viendra d'autant plus facilement au contact de toutes les molécules combustibles que ces jets seront plus minces. Pour assurer le mélange, il convient, en outre, de produire dans le courant de flamme des tourbillons et des remous qui, en brassant les gaz combustibles et comburants, amènent les molécules au contact. Nous verrons dans l'étude des foyers les dispositions qu'on a imaginées pour cela.

Enfin la troisième condition pour une bonne combustion consiste à maintenir dans le milieu où elle s'opère une température assez élevée. Si elle s'abaisse trop, par le voisinage ou le contact de corps refroidissants, la combustion s'arrête.

Ce fait est facile à constater en plongeant dans une flamme d'hydrocarbure un corps froid quelconque, il se produit immédiatement un dépôt de noir de fumée qui disparaît si on laisse au corps le temps de s'échauffer et d'acquérir la température à laquelle la combustion peut s'effectuer.

Une température trop élevée produirait la dissociation et empêcherait par conséquent la combustion complète, mais dans les foyers industriels, on est loin d'arriver à cette limite.

8. Les becs employés dans l'éclairage au gaz sont tous disposés pour effectuer la combustion en jets ou en lames minces.

On se sert de plusieurs espèces dont les principales sont :

Le bec *papillon*, dans lequel le gaz s'échappe par une fente très mince.

Le bec *Manchester*, dans lequel deux jets obliques viennent se briser l'un contre l'autre pour s'épanouir au contact de l'air.

Les *becs à trous* composés d'une couronne annulaire percée d'un très grand nombre de petits trous par lesquels le gaz s'écoule sous la forme cylindrique, de sorte qu'il est en contact avec l'air par ses surfaces intérieure et extérieure comme dans la lampe d'Argand.

On arrive ainsi, par cette division des jets, à un mélange intime et à une combustion à peu près complète.

L'épaisseur du jet qui donne la combustion sans fumée n'a du reste rien d'absolu. Pour un bec papillon, par exemple, on peut la maintenir en faisant varier la largeur de la fente, depuis un dixième de millimètre jusqu'à un millimètre. Dans les foyers industriels la combustion s'opère avec des épaisseurs beaucoup plus grandes, mais on a le plus souvent de la fumée. Tant que la combustion est complète, la chaleur dégagée est toujours la même, quelle que soit l'épaisseur du jet ; mais il n'en est pas de même du pouvoir éclairant ni de la longueur de la flamme.

Quand le jet de gaz est très mince, la combustion est très rapide, parce que le gaz et l'air se mélangent immédiatement. La flamme est courte et peu éclairante, mais la température est très élevée et très localisée.

Si le jet de gaz a plus d'épaisseur, la partie centrale est d'abord à l'abri de l'action directe de l'air, la flamme s'allonge, la combustion se répartit sur un espace plus grand. Les carbures d'hydrogène décomposés forment au centre un dépôt de charbon qui, porté au rouge, produit la lumière. Le pouvoir éclairant augmente avec la dimension de la flamme; mais si le jet devient trop épais, la combustion est incomplète et la flamme fumeuse. Il y a donc une épaisseur qui donne le maximum de pouvoir éclairant et que l'expérience a déterminée pour les différents becs.

Avec les becs papillon, en faisant varier la largeur de la fente $0^{mm},1$ à $0^{mm},7$, la même dépense de gaz donne une quantité de lumière qui varie de un à quatre. La largeur de fente de $0^{mm},6$ à $0^{mm},7$ donne le maximum de pouvoir éclairant; avec une consommation de gaz de 127 litres à l'heure, on obtient la lumière d'une lampe Carcel brûlant 42 grammes.

Dans les foyers industriels à gaz, des phénomènes analogues se produisent. Pour obtenir la combustion complète, il faut diviser le gaz combustible en jets ou en lames minces. Au delà d'une certaine épaisseur, l'air ne peut parvenir jusqu'au centre, et la combustion ne se fait pas; mais de même que pour les becs d'éclairage, l'épaisseur du jet n'a rien d'absolu, et la combustion peut rester complète pour des épaisseurs variant dans le rapport de 1 à 10. C'est en réglant cette épaisseur qu'on obtient à volonté des flammes courtes ou longues. Si on veut localiser la température et avoir une flamme de dimensions réduites, il faut faire arriver le gaz en jets ou en lames très minces entourées d'air. La combustion s'effectue alors dans un petit espace où règne une température très élevée.

Si, au contraire, on veut avoir une flamme longue et répartir la température sur une plus grande étendue, comme pour le chauffage de certains fours, il faut augmenter l'épaisseur des jets, la flamme s'allonge, parce qu'il faut du temps pour que la combustion se propage jusqu'au centre du jet, et la température est moins élevée, puisqu'elle se répartit sur une plus grande surface.

Quand on mélange l'air et le gaz combustible avant de les enflammer, la combustion complète se fait encore plus facilement et plus rapidement, mais la flamme est courte, bleue et peu lumineuse, parce qu'il n'y a pas de dépôt de charbon incandescent au milieu. Le pouvoir éclairant diminue très rapidement avec la proportion d'air introduit.

Avec 6 p. 100 d'air, l'intensité est réduite à 0,56.

Avec 50 p. 100 d'air, le pouvoir éclairant est nul.

Le gaz mélangé d'air brûle avec une flamme bleue très chaude qui ne s'éteint plus au contact des corps froids, ce qui permet de placer directement au-dessus les corps à chauffer sans avoir un dépôt de charbon.

Les brûleurs de gaz destinés au chauffage, pour lesquels on n'a pas à se préoccuper du pouvoir éclairant, sont disposés avec introduction préalable de l'air. Les figures 2 et 3 représentent le brûleur de Bunsen. C'est un bec entouré d'un cylindre en cuivre, percé vers le bas de deux orifices par lesquels l'air s'introduit et se mélange au gaz, et le tout vient brûler au haut du cylindre. Au moyen d'un autre cylindre concentrique, percé dans le

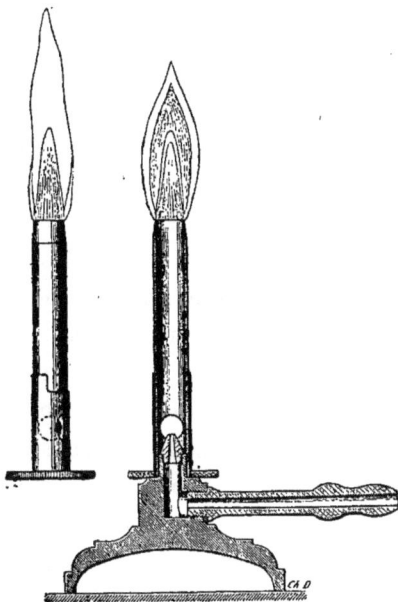

Fig. 2 et 3.

bas de deux orifices semblables, et mobile autour du premier à frottement doux, on peut à volonté permettre ou arrêter l'accès de l'air en faisant ou non coïncider les deux orifices. Quand l'air arrive librement (fig. 3), le mélange du combustible et de l'air se fait dans le cylindre avant la combustion, et la flamme au sommet est courte, bleue, non éclairante. On peut y placer un corps froid sans déterminer un dépôt de noir de fumée. Elle est très chaude et bonne pour le chauffage.

La figure 2 représente la position du cylindre mobile et des orifices correspondants au moment où, par la rotation du cylindre, la communication avec l'air extérieur va se fermer. Quand l'accès de l'air est supprimé, la flamme devient longue, molle, jaunâtre, et un corps froid placé au milieu se recouvre de noir de fumée. Sous un vase plein d'eau, on aurait une très mauvaise combustion.

9. Combustion des liquides. — La plupart des considérations que nous venons de développer au sujet de la combustion des gaz s'appliquent à la combustion des liquides. Les conditions d'une bonne combustion sont les mêmes. Elles sont plus difficiles à réaliser parce que les liquides se prêtent, moins bien que les gaz, à la division en jets ou en lames minces.

Les lampes à huile fournissent un exemple de la combustion des liquides. La division du liquide dans ces appareils s'obtient, comme on sait, au moyen des mèches de coton dans lesquelles le liquide monte par capillarité et se trouve ainsi exposé sur une grande surface et sur une faible épaisseur au contact de l'air. Il brûle alors comme un gaz en donnant naissance à une flamme de constitution analogue. De même que pour les gaz, si la masse en combustion est trop épaisse, si la mèche est d'un fort diamètre, la combustion est incomplète et la flamme fumeuse. Aussi convient-il d'employer des mèches plates, ou mieux des mèches annulaires suivant la disposition imaginée par Argand. L'air afflue sur les contours intérieur et extérieur, pénètre facilement jusqu'au milieu de la masse en ignition pour produire la combustion complète.

Dans les foyers industriels à liquide, on a cherché à réaliser autant que possible ces conditions. Nous verrons plusieurs exemples des dispositions adoptées.

10. Combustion des solides. — La combustion des solides est soumise aux mêmes lois que celle des liquides et des gaz, mais les circonstances de la combustion varient suivant la nature du solide.

Si le solide se liquéfie sous l'action de la chaleur, comme dans le cas de la bougie et du suif, on peut le brûler à l'aide d'une mèche. La chaleur rayonnante de la flamme suffit pour faire fondre la matière, qui monte alors par capillarité dans la mèche et brûle comme un liquide.

Le plus souvent, les combustibles solides, la houille, le bois par exemple, laissent dégager, sous l'action de la chaleur, des gaz qui brûlent en produisant une flamme. Quand le dégagement du gaz est terminé, il reste un résidu solide qui continue à se consumer, mais plus lentement et sans flamme. Le bois et la houille produisent ainsi le charbon de bois et le coke.

La difficulté pour les solides, encore plus que pour les gaz, est de faire arriver l'air dans toutes les parties de la masse. On y parvient en répandant le combustible, divisé en fragments peu volumineux, sur une grille, formée de barreaux laissant entre eux des intervalles assez grands pour l'accès de l'air, mais trop petits pour laisser passer les morceaux de combustible. L'air peut ainsi affluer à peu près également dans tous les points de la masse en combustion. On prend, en outre, des dispositions pour assurer le mélange des gaz combustibles et de l'air et aussi pour éviter un trop grand refroidissement. Nous étudierons plus loin en détail, les nombreuses formes de foyers usités dans l'industrie.

11. Conditions générales d'une bonne combustion. —
En résumé, les conditions nécessaires pour obtenir une bonne combustion sont les mêmes pour tous les combustibles, sous quelque état qu'ils se présentent, gazeux, liquide ou solide. Elles sont au nombre de trois :

1° Faire affluer sur le combustible l'air en proportion convenable. S'il est insuffisant, la combustion est forcément incomplète ; s'il est en excès, la température s'abaisse ; mais comme il importe avant tout de rendre la combustion aussi complète que possible, il vaut mieux que le volume d'air soit en excès qu'insuffisant ;

2° Produire le mélange de l'air et des gaz combustibles par

des dispositions appropriées afin d'amener le contact nécessaire à la combinaison;

3° Maintenir une température assez élevée dans le milieu où s'opère la combustion. Un trop grand refroidissement empêche la combinaison; une température trop élevée pourrait produire la dissociation, mais cet excès n'est pas à craindre dans les foyers industriels.

Il suffit d'énoncer ces conditions pour comprendre qu'elles sont indispensables, et cependant il est bien peu de foyers industriels où elles soient complètement réalisées. Trop souvent une ou plusieurs d'entre elles sont négligées, et la combustion laisse à désirer; une partie de la chaleur n'est pas dégagée et la perte peut être quelquefois très importante.

Une bonne combustion étant la première condition de la bonne utilisation d'un combustible, il faut mettre tous ses soins à l'obtenir par une disposition bien entendue des foyers.

§ II

PUISSANCE CALORIFIQUE DES COMBUSTIBLES

12. Définitions. — La quantité de chaleur dégagée par la combustion dépend essentiellement de la nature du combustible et constitue un des principaux éléments de sa valeur industrielle.

L'unité de chaleur généralement adoptée pour la mesurer est la quantité de chaleur nécessaire pour élever de 0° à 1° centigrade, la température de 1 kilogramme d'eau. On l'appelle *calorie*.

On désigne sous le nom de *puissance calorifique* d'un combustible, le nombre de calories dégagées par la combustion complète de 1 kilogramme de ce combustible.

Un grand nombre de physiciens se sont occupés de la détermination de la puissance calorifique.

13. Expériences diverses. — En 1780, Laplace et Lavoisier firent des expériences en brûlant, dans leur calorimètre à glace, divers corps combustibles, et, en mesurant la quantité de glace fondue, ils trouvèrent les résultats suivants pour la puissance calorifique :

Carbone. 7 624
Hydrogène. 23 352
Phosphore. 7 900
Huile d'olive. 11 762
Suif. 7 569
Cire blanche. 10 520

Rumfort, en 1814, se servit d'un calorimètre (fig. 4) composé d'une caisse rectangulaire en cuivre mince dans laquelle se trouvait disposé un serpentin horizontal. L'une des extrémités de ce serpentin se terminait, au-dessous de la caisse, par un entonnoir sous lequel on brûlait le combustible à essayer, l'autre extrémité débouchait latéralement dans l'atmosphère. La caisse était remplie d'eau et les gaz de la combustion, en circulant dans le serpentin, abandonnaient leur chaleur à l'eau dont la température était

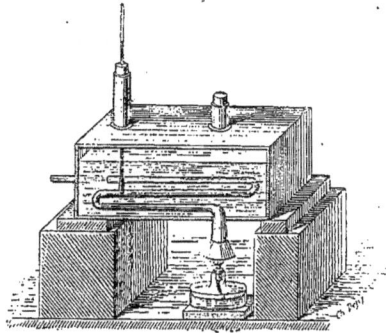

Fig. 4.

donnée par un thermomètre. En tenant compte du poids et de la chaleur spécifique de la caisse, du poids de l'eau contenue, l'élévation de température constatée servait à mesurer la chaleur dégagée par la combustion, et, d'après le poids de combustible brûlé, on en déduisait la puissance calorifique.

Les résultats fournis par cet appareil étaient entachés de nombreuses causes d'erreur provenant de l'imperfection de la combustion, du refroidissement incomplet des gaz, de la perte d'une partie de la chaleur rayonnée sous l'entonnoir.

Le calorimètre était en outre exposé au refroidissement de l'air ambiant, mais pour ne pas avoir à en tenir compte, Rumfort employait une méthode fort simple de correction. Il mettait dans la caisse, au commencement de l'expérience, de l'eau à une température inférieure à celle de l'air ambiant et déterminée par un essai préliminaire, de telle sorte que le réchauffement du calorimètre, dans la première moitié de l'expérience, fît compensation au refroidissement dans la seconde moitié.

Voici quelques résultats obtenus par Rumfort :

Bois.	4 314
Huile de colza.	9 307
Huile d'olive.	9 044
Suif.	8 369,
Cire blanche.	9 479
Éther.	8 030
Alcool à 42° Beaumé.	6 195
Alcool à 33°.	5 261
Naphte.	7 338

Clément et Desormes s'occupèrent également de cette question. Ils trouvèrent les nombres suivants :

Carbone.	7 386
Hydrogène.	23 294

Despretz, quelques années plus tard, détermina aussi la puissance calorifique du carbone, de l'hydrogène, du phosphore et de plusieurs autres corps combustibles. Il se servait d'un calorimètre à eau, avec chambre de combustion intérieure, afin de mesurer entièrement la chaleur rayonnée. Il obtint les nombres suivants :

Carbone.	7 915
Hydrogène.	23 640

Dulong a fait également de nombreuses expériences au moyen

d'un calorimètre analogue à celui de Despretz. Les nombres qu'il trouva pour le carbone et d'hydrogène sont :

Carbone.	7 295
Hydrogène.	34 601

On voit qu'ils diffèrent notablement de ceux obtenus par Despretz.

14. Expériences de MM. Favre et Silbermann. — En 1853, MM. Favre et Silbermann publièrent un travail remarquable sur les chaleurs de combustion, travail qui fait aujourd'hui autorité incontestée dans la question.

L'appareil que ces physiciens ont employé se compose de deux parties : 1° le calorimètre proprement dit ; 2° la chambre à combustion.

Le calorimètre (fig. 5) est formé de trois vases cylindriques et concentriques en cuivre, B, C, D. Le premier B est le vase calorimétrique ; il est en cuivre plaqué extérieurement d'argent très poli afin de diminuer son pouvoir émissif. Ce vase a une capacité de 2 litres environ ; il a 2 décimètres de hauteur et 12 centimètres de diamètre. Il est plein d'eau et au milieu se trouve la chambre de combustion A. Un thermomètre donne les variations de température que l'on repartit également dans la masse au moyen d'un agitateur.

Entre les vases B et C, dans l'espace annulaire, se trouve une peau de cygne munie de son duvet tourné vers le vase B.

Enfin l'intervalle entre les vases C et D est rempli d'eau à la température ambiante, qui a pour effet de rendre insignifiantes, pour le calorimètre, les variations accidentelles de la température de l'air ambiant. Un thermomètre est plongé dans le liquide.

La chambre de combustion A se compose d'un vase en cuivre mince doré, suspendu au milieu du vase B par des tiges et portant trois tubulures sur son couvercle ; celle du milieu *a*, plus large et légèrement conique, reçoit un bouchon auquel est suspendu le foyer des diverses substances à brûler, foyer dispose suivant la nature de ces substances. Le bouchon porte lui-même deux tubes *m* et *n*; le premier sert de fenêtre à la chambre à combustion; il est surmonté d'un miroir incliné M qui permet de suivre l'allure du feu. Pour que les produits de la combustion ne s'échappent pas, le tube est fermé par une petite vitre mastiquée en place et qui se compose de trois pièces, un disque de quartz accolé à un disque d'alun en contact lui-même avec un disque de verre, ce qui forme un système athermane et ne permet pas la sortie de la chaleur rayonnante. La tubulure *n* reçoit le chalumeau apportant le jet de gaz hydrogène ou oxygène, etc., ou un bouchon, suivant la nature de l'expérience.

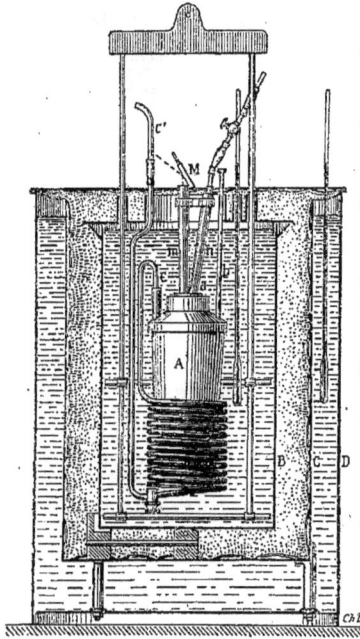

Fig. 5.

La tubulure *b* sert à l'admission de l'oxygène pour alimenter la combustion dans les divers cas, excepté lorsqu'il s'agit de la combustion du charbon. Dans ce cas la tubulure *b* est fermée par une ligature de caoutchouc, et l'oxygène arrive par la tubulure *n*.

La tubulure *c* reçoit le bout rodé d'un serpentin dont le tube, long de 2 mètres, se développe dans l'eau du calorimètre B et sort en *c'* pour conduire les gaz à des appareils d'analyse.

Les dispositions de la chambre de combustion à l'intérieur sont différentes suivant la nature du combustible.

Pour la combustion de l'hydrogène (fig. 6) le jet arrive par le tube *n*, l'oxygène par le tube *b*. La vapeur d'eau qui se forme se condense tout entière dans la chambre qui n'a pas besoin d'issue ; en conséquence le serpentin est fermé. La chambre A est pesée avant et après chaque opération pour connaître le poids de l'eau formée.

Quand on brûle des gaz carburés, on fait traverser aux gaz de la combustion le serpentin dont la longueur est suffisante pour produire un refroidissement complet. Les gaz s'échappent en c' et sont recueillis pour être analysés.

Pour brûler les liquides, on fixe au bouchon a une virole

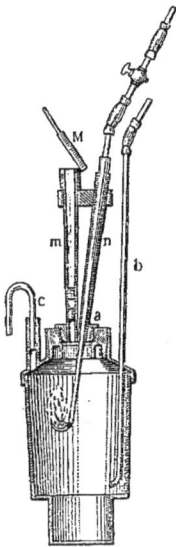 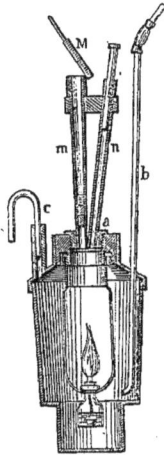 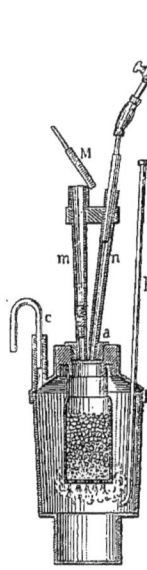

Fig. 6.   Fig. 7.   Fig. 8.

à laquelle sont suspendus deux fils de platine qui portent la lampe (fig. 7). La lampe est en cuivre avec porte-mèche en platine et mèche en amiante. L'oxygène entre par le tube b, et la tubulure n est fermée par un obturateur.

Pour la combustion du charbon, on le place dans un cylindre mince en platine formant foyer (fig. 8), de 17 millimètres de diamètre et dont le fond qui sert de grille est percé de trous. L'oxygène arrive en n et la tubulure b est fermée.

Les précautions les plus minutieuses ont été prises pour avoir des combustibles et de l'oxygène purs. Les produits de la combustion ont été recueillis et analysés avec le plus grand soin, afin de tenir compte de la chaleur qu'auraient dû dégager les gaz incomplètement brûlés, et les expérimentateurs sont arrivés à des résultats d'une concordance remarquable. Ainsi, sept expériences, faites avec des durées différentes, sur la combustion du carbone, ont donné sept nombres dont le plus faible est 8 064 et le plus fort 8 095, la moyenne est 8 080.

MM. Favre et Silbermann ont opéré sur un grand nombre de corps définis chimiquement. Le tableau suivant renferme les résultats obtenus pour les principaux [1] :

PUISSANCES CALORIFIQUES :

Carbone (charbon de bois fortement calciné).   8 080
Charbon de cornues. 8 047,3
Graphite naturel. 7 796,6
Graphite des hauts fourneaux. 7 762,3
Diamant. 7 770
Hydrogène. 34 462
Oxyde de carbone. 2 403
Hydrogène protocarboné. 13 063
Hydrogène bicarboné. 11 857
Alcool.   7 183,6
Soufre préparé depuis longtemps. 2 220,5
Soufre mou ou récemment cristallisé. 2 260,3
Sulfure de carbone. 3 400,5

Les analyses ont fait reconnaître que la combustion n'était jamais complète et qu'il se dégageait toujours des gaz combustibles. On a tenu compte, dans chaque cas, de la chaleur que ces gaz auraient dégagée s'ils avaient été entièrement brûlés.

Ainsi dans la combustion du carbone, on a trouvé constamment dans les gaz dégagés une certaine proportion d'oxyde de

[1] Nous donnons, page 42, un tableau plus complet des résultats des expériences, en les comparant aux résultats fournis par le calcul.

carbone. Pour avoir la puissance calorifique, on ajoutait à la chaleur mesurée par le calorimètre celle que cet oxyde aurait produite par la combustion.

Il importe de remarquer que la puissance calorifique a été déterminée, dans ces expériences, en prenant le combustible et l'oxygène à la température extérieure, et en mesurant la chaleur abandonnée par le refroidissement des gaz de la combustion à la température du calorimètre, qui s'écartait peu de celle extérieure. Il en résulte que, pour les combustibles donnant, comme l'hydrogène, des produits gazeux qui passent à l'état liquide à cette température, on a compté, dans la puissance calorifique, la chaleur de condensation de la vapeur.

Ainsi la puissance calorifique de l'hydrogène est de 34 462 calories lorsque la vapeur produite est condensée dans l'appareil. Si cette condensation n'a pas lieu, ce chiffre doit être diminué de toute la chaleur abandonnée par le passage de la vapeur à l'état liquide. Cette quantité de chaleur varie de quelques unités, suivant la température à laquelle se fait la condensation. En prenant le cas le plus défavorable, la condensation à 0°, on trouve que la chaleur de condensation de 9 kilogrammes de vapeur d'eau, produits par la combustion de 1 kilogramme d'hydrogène, est

$$9 \times 606,5 = 5\,458,5\,;$$

et par conséquent la puissance calorifique de l'hydrogène, quand l'eau s'échappe à l'état de vapeur, se réduit à

$$34\,462 - 5\,458 = 29\,004,$$

soit sensiblement 29 000 calories. C'est le nombre que nous adopterons dans ce cas.

Par la même raison, lorsqu'on brûle des hydrogènes carbonés, et que la vapeur d'eau produite s'échappe avec les gaz de la combustion sans être condensée, il y a lieu de retrancher de la puis-

sance calorifique, qui a été déterminée en supposant cette condensation, le nombre de calories représentant la chaleur de vaporisation de l'eau.

Chaque kilogramme d'hydrogène protocarboné produit 2^k,25
de vapeur d'eau qui emportent

$$2^k,25 \times 606,5 = 1\ 364^{cal},6$$

de chaleur de vaporisation, ce qui réduit, dans ce cas, la puissance calorifique de l'hydrogène protocarboné à

$$13\ 063 - 1\ 364,6 = 11\ 698,4.$$

Chaque kilogramme d'hydrogène bicarboné produit 1^k,285 de
vapeur d'eau qui emporte

$$1,285 \times 606,5 = 779,8;$$

et la puissance calorifique de l'hydrogène bicarboné se réduit,
quand il n'y a pas condensation, à

$$11\ 857 - 779,8 = 11\ 077,2.$$

Pour l'alcool le poids de vapeur d'eau est 1^k,174, dont la chaleur
de vaporisation à 0° est

$$1,174 \times 606,5 = 711,9,$$

et la puissance calorifique de l'alcool devient dans ce cas :

$$7\ 183 - 711,9 = 6\ 471,1.$$

Un calcul analogue permet de faire facilement la réduction, due
à la non condensation, pour tous les combustibles hydrogénés.

La puissance calorifique dépend de l'état moléculaire du corps.

C'est ainsi que le carbone dégage, à l'état de charbon de bois calciné, 8 080 calories, tandis qu'à l'état de graphite naturel, il en produit seulement 7 796,2 et à l'état de diamant 7 770. Il résulte de ces chiffres qu'il faut dépenser une certaine quantité de chaleur pour modifier l'état d'agrégation des molécules, afin de rendre leur combinaison possible avec l'oxygène, et cette quantité est d'autant plus grande, que l'agrégation est elle-même plus forte. D'après les chiffres ci-dessus, il y aurait 310 calories dégagées dans le changement de 1 kilogramme de carbone amorphe en diamant.

Les mêmes différences s'observent avec le soufre. Le soufre mou ou récemment cristallisé produit 2 260 calories, tandis que le soufre, préparé depuis longtemps et plus agrégé, ne dégage que 2 220 calories.

15. Expériences de M. Berthelot. — M. Berthelot a fait une longue série d'expériences, au moyen d'appareils d'une grande précision, pour déterminer les chaleurs dégagées par la formation d'un grand nombre de corps composés.

Il se servait d'un calorimètre et d'une chambre de combustion disposée de diverses manières suivant la nature de l'expérience.

Le calorimètre se compose (fig. 9) de plusieurs vases cylindriques disposés les uns dans les autres de manière à former des enceintes concentriques.

Le premier vase intérieur est le calorimètre proprement dit, il est en platine et renferme ordinairement 600 centimètres cubes d'eau, dans laquelle plonge la chambre de combustion où se produit la réaction qui dégage de la chaleur. Il est pourvu d'un couvercle de platine agrafé à baïonnette sur les bords du vase et percé de divers trous pour le passage d'un thermomètre, d'un agitateur et des tubes adducteurs destinés aux gaz et aux liquides. Ce couvercle ne sert que dans certaines expériences, le calorimètre étant le plus souvent découvert.

Le calorimètre est posé sur trois pointes de liège, fixées sur un petit triangle de bois, le tout placé au centre d'un cylindre de

cuivre rouge très mince et plaqué intérieurement d'argent poli,
afin de diminuer autant que possible le rayonnement. C'est la
première enceinte : Elle est munie d'un couvercle de même
métal également plaqué d'argent et pourvu de trous et d'ouvertures qui répondent à ceux du calorimètre.

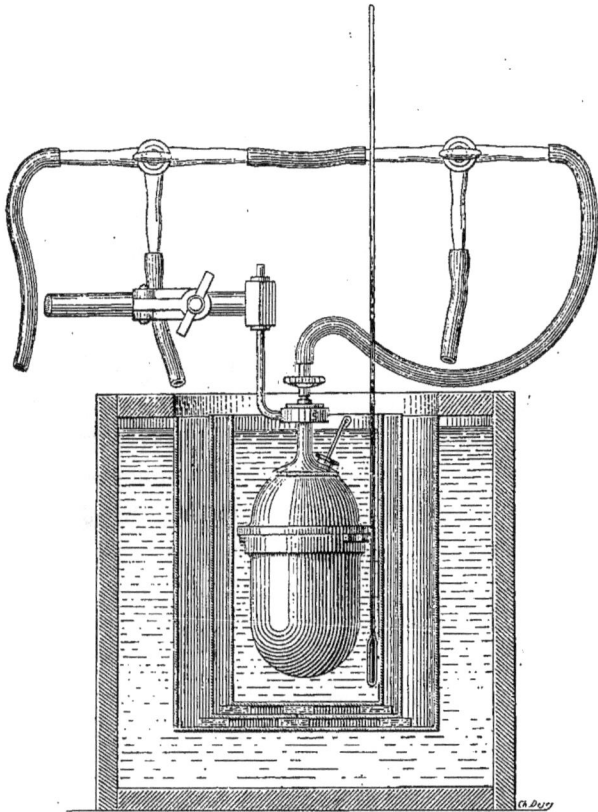

Fig. 9.

Le système est posé sur trois minces rondelles de liège, au
centre d'une enceinte d'eau (seconde enceinte) laquelle est constituée par un cylindre de fer-blanc à doubles parois, entre lesquelles se trouve de l'eau. Le fond est également double et plein
d'eau. Un agitateur circulaire permet de remuer cette eau de

temps en temps, pour y établir l'équilibre de la température, cette dernière étant donnée par un thermomètre très sensible. Un couvercle de fer-blanc ou mieux de carton ferme l'orifice du cylindre de fer-blanc.

Enfin le cylindre est complètement recouvert, sur toutes les surfaces extérieures, par un feutre très épais qui le protège contre le voisinage de l'opérateur.

M. Berthelot a reconnu que, pour éviter les déperditions de chaleur, il était préférable de ne pas mettre un duvet de cygne ou du coton entre la première et la seconde enceinte, l'air conduisant moins bien la chaleur.

La méthode de M. Berthelot, pour déterminer la chaleur dégagée par les corps explosifs, consiste à mélanger, dans un vase convenable, le gaz ou la vapeur combustible, avec la proportion d'oxygène strictement nécessaire pour la brûler exactement, ou même avec un léger excès, quand cet excès n'est pas nuisible ; puis à déterminer l'explosion du mélange en vase clos et à volume constant par une étincelle électrique.

Le détonateur ayant été placé à l'avance dans le calorimètre, on mesure la chaleur produite. En procédant ainsi, la combustion dure une fraction de seconde seulement ; elle est toujours totale, du moins pour les gaz proprement dits ; enfin la mesure calorimétrique s'effectue dans un temps aussi court que possible, c'est-à-dire dans les conditions de la plus grande exactitude.

Les détonateurs employés se rattachent à deux modèles : la bombe ellipsoïdale et la bombe demi-cylindrique, dont le mode de clôture est un peu différent ; l'introduction des gaz, leur extraction, l'inflammation et la mesure de la chaleur dégagée s'opèrent toujours de la même manière.

La figure 10 représente la bombe ellipsoïdale. Sa capacité est de 218 centimètres cubes. Sa valeur en eau, c'est-à-dire le produit de son poids par sa chaleur spécifique, est de 51 grammes. Elle est formée d'un récipient et d'un couvercle assemblés par un pas de vis, munis d'oreilles, tous deux en tôle d'acier épaisse de $2^{mm},5$. Ils ont été recouverts à l'intérieur par la galvanoplastie d'une très épaisse couche d'or, pesant 22 grammes, laquelle a résisté à toutes les détonations. Une couche de platine essayée auparavant ne résistait pas. La surface extérieure de la bombe a été nickelée, toujours par voie galvanique, afin de la rendre moins oxydable.

Le couvercle porte latéralement un ajutage d'ivoire isolant, traversé par un fil de platine, lequel est pourvu d'un petit pas de vis qui l'assujettit dans l'ivoire. C'est par ce fil que l'on fait passer l'étincelle électrique. Dans chaque expérience, avant de fermer l'appareil, on ajoute un petit disque de mica, percé au centre, à la surface de l'ivoire, afin de protéger celui-ci contre la flamme de l'explosion.

Les gaz sont introduits et extraits au moyen d'une pompe à mercure, avec un appareil analogue à l'endiomètre de Regnault, mais d'une plus grande capacité (un demi-litre); on procède à cette introduction par un orifice ménagé au sommet de la bombe et obturé à volonté par une vis munie d'un canal intérieur et que l'on manœuvre au moyen d'une tête extérieure.

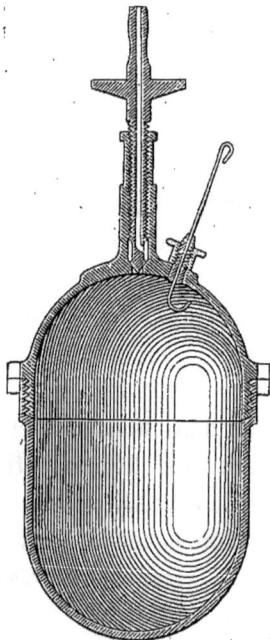

Fig. 10.

La figure 9 montre la bombe calorimétrique en place, au sein du calorimètre avec les supports et les robinets de verre à trois voies destinés à sa manœuvre.

Pour la combustion directe du charbon, du soufre, de l'hydrogène, des métaux, des composés organiques au moyen de l'oxygène libre et aussi de l'hydrogène et des métaux au moyen du chlore gazeux, etc., M. Berthelot s'est servi d'une chambre de combustion en verre mince (fig. 11), très légère, disposée de manière à pouvoir apercevoir nettement la combustion. Cette chambre est de forme cylindrique, terminée par deux calottes sphéroïdales; vers sa partie inférieure s'ouvre un serpentin de verre, soudé, enroulé autour de la chambre et qui se termine par un tube vertical recourbé plus loin à angle droit et destiné à conduire les gaz de la combustion hors du laboratoire.

La chambre de combustion est munie de deux tubulures à sa partie verticale, l'une d'elles, plus étroite, sur le côté, porte un tube recourbé à angle droit qui amène l'oxygène sec dans la chambre. L'autre tubulure, plus grande, au centre, est munie d'un gros bouchon par lequel s'engage un large tube vertical fermé à la partie supérieure par un autre bouchon plus petit. C'est par ce tube que l'on introduit le charbon en ignition destiné à enflammer le soufre ou le charbon, qui se trouvent placés dans un petit creuset de biscuit suspendu par un fil de platine; ce fil est fiché par sa partie supérieure

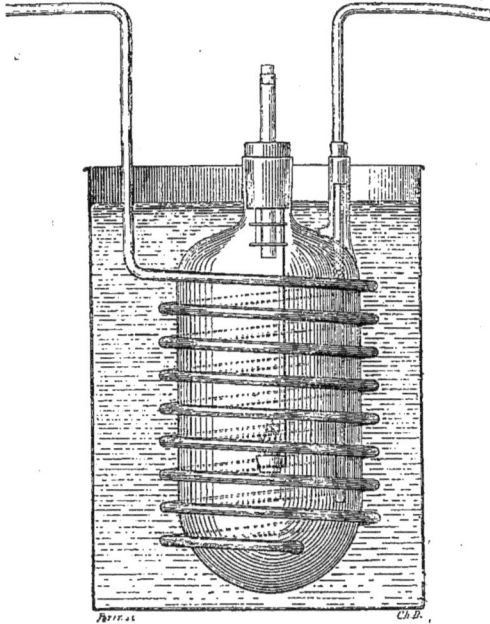

Fig. 11.

dans le gros bouchon; il traverse deux rondelles de mica, destinées à protéger le bouchon contre la flamme.

La même chambre de combustion est employée pour brûler l'oxyde de carbone et les carbures d'hydrogène avec une légère modification qui consiste à faire traverser le gros bouchon par deux tubes concentriques, l'un amenant le gaz combustible et l'autre l'oxygène. Ces tubes sont terminés à leur partie inférieure par une feuille de platine mince et enroulée.

Nous donnons dans les tableaux pages 32, 33, 34, 35, les

Quantités de chaleur dégagées par la formatio

Les composants et les composés étant pr

COMPOSANTS.	COMPOSÉS.			
	NOMS.		FORMULE.	ÉQUIVALENT.
$C + O^2$	Acide carbonique.	{ C. diamant.........	CO^2	22
		{ C. amorphe.........	CO^2	22
$C + O$	Oxyde de carbone.	{ C. diamant.........	CO	14
		{ C. amorphe.........	CO	14
$CO + O$	Acide carbonique....................		CO^2	22
	Id. vers 3000°.........		CO^2	22
	Id. vers 4500°.........		CO^2	22
$C + O + S$	Oxysulfure de carbone.	{ C. diamant.....	COS	30
		{ C. amorphe....	COS	30
$CO + S$	Id. Id.		COS	30
$C + S^2$	Sulfure de carbone....	{ C. diamant.....	CS^2	38
		{ C. amorphe....	CS^2	38
$H + Cl$	Acide chlorhydrique..................		HCl	36
$H + Cl$	Id. vers 2000°.........		HCl	36
$H + O$	Eau..............................		HO	9
$H + O$	Id. vers 2000°.........		HO	9
$H + O$	Id. vers 4000°.........		HO	9
$H + O^2$	Bioxyde d'hydrogène..................		HO^2	17
$HO + O$	Id.		HO^2	17
$H + S$	Acide sulfhydrique............		SH	17
$H^3 + Az$	Ammoniaque......		AzH^3	17
$Az + O$	Protoxyde d'azote............... ...		$Az O$	22
$Az^2 + O^3$	Acide hypoazoteux....................		Az^2O^3	52
$Az + O^2$	Bioxyde d'azote....		$Az O^2$	30
$Az + O^3$	Acide azoteux..........		$Az O^3$	38
$Az + O^4$	Id. hypoazotique...................		$Az O^4$	46
$Az + O^5$	Id. azotique...................		$Az O^5$	54
$S + O^2$	Id. sulfureux.		SO^2	32
$S + O^3$	Id. sulfurique anhydre.............		SO^3	40
$S + O^3 + HO$	Id. id. monohydraté.........		SO^3HO	49
$SO^2 + O + HO$	Id. id. id.		SO^3HO	49
$S + O^4 + H$	Id. id. id.		SO^4H	49

et la combustion de divers corps, d'après M. Berthelot.

dans leur état actuel à + 15°.

CHALEUR DÉGAGÉE EN 1000 CALORIES						
PAR LA FORMATION DE 1 ÉQUIVALENT DU COMPOSÉ				PAR LA COMBUSTION DE		
GAZEUX.	LIQUIDE.	SOLIDE.	DISSOUS.	1 KIL. DU COMPOSANT.		ÉTAT FINAL.
47,0	»	50,0	49,8	C	7,83	Gazeux.
48,5	»	51,5	51,3	C	8,08	Id.
12,9	»	»	»	C	2,15	Id.
14,4	»	»	»	C	2,40	Id.
34,1	»	»	»	CO	2,43	Id.
18,5	»	»	»	CO	1,39	Id.
14,0	»	»	»	CO	1,00	Id.
9,8	»	»	»	C	1,63	Id.
11,3	»	»	»	C	1,88	Id.
—3,1	»	»	»	CO	—0,22	Id.
—10,55	—7,7	»	»	C	—1,76	Id.
— 9,05	—5,2	»	»	C	—1,51	Id.
22,0	»	»	39,3	H	22,0	Id.
26,0	»	»	»	H	26,0	Id.
29,1	34,5	35,2	»	H	29,1	Id.
25,3	»	»	»	H	25,3	Id.
18,5	»	»	»	H	18,5	Id.
»	»	»	23,7	H	23,7	Dissous.
»	»	»	—10,8	H	—5,6	Id.
2,3	»	»	4,6	H	4,6	Id.
12,2	»	»	21,0	H	—7,0	Id.
—10,3	—8,1	»	»	Az	—0,736	Gazeux.
»	»	»	—38,6	Az	—1,3	Dissous.
—21,6	»	»	»	Az	—1,54	Gazeux.
—11,1	»	»	—4,2	Az	—0,79	Id.
— 2,6	+1,7	»	»	Az	—0,186	Id.
— 0,6	+1,8	+5,9	+14,3	Az	—0.043	Id.
34,6	»	»	38,4	S	2,162	Id.
45,9	»	51,8	70,5	S	2,868	Id.
»	62,0	62,4	70,5	S	3,875	Liquide.
»	27,2	»	36,0	S	1,70	Id.
»	96,5	96,9	105,0	S	6,10	Id.

Quantités de chaleurs dégagées par la formation

Depuis leurs éléments : carbone diamant,

NOMS.	COMPOSANTS.	ÉQUIVALENT.
Acétylène	$2(C^2 + H)$	26
Éthylène	$2(C^2 + H^3)$	28
Méthyle	$2(C^2 + H^2)$	30
Formène	$C^2 + H^4$	16
Allylène	$C^6 + H^4$	40
Propylène	$C^6 + H^6$	42
Hydrure de propylène	$C^6 + H^8$	44
Amylène	$C^{10} + H^{10}$	70
Diamylène	$2(C^{10} + H^{10})$	140
Benzine	$C^{12} + H^6$	78
Dipropargyle	$2(C^6 + H^3)$	78
Diallyle	$2(C^6 + H^5)$	82
Naphtaline	$C^{20} + H^8$	128
Citrène	$C^{20} + H^{16}$	136
Térébenthène liquide	$C^{20} + H^{16}$	136
Térébène	$C^{20} + H^{16}$	136
Anthracène	$C^{28} + H^{10}$	178
Éthalène	$C^{32} + H^{32}$	224
Alcool méthylique	$C^4 + H^4 + O^2$	32
— ordinaire	$C^4 + H^6 + O^2$	46
Phénol	$C^{12} + H^6 + O^2$	94
Glycol	$C^4 + H^6 + O^4$	62
Glycérine	$C^6 + H^8 + O^6$	92
Éther méthylique	$C^4 + H^6 + O^2$	46
— ordinaire	$C^8 + H^{10} + O^2$	74
Cellulose (coton)	$C^{12} + H^{10} + O^{10}$	162
Aldéhyde	$C^4 + H^4 + O^4$	44
Acétone	$C^6 + H^6 + O^2$	58
Acide formique	$C^2 + H^2 + O^4$	46
Id. acétique	$C^4 + H^4 + O^4$	60
Id. margarique	$C^{32} + H^{32} + O^4$	256
Id. stéarique	$C^{36} + H^{36} + O^4$	284
Id. oxalique	$C^4 + H^2 + O^8$	90
Id. tartrique	$C^8 + H^6 + O^{12}$	150
Fulminate de mercure	$C^4 + Az^2 + Hg^2 + O^4$	284
Poudre coton	$C^{48} + H^{29} + Az^{11} + O^{84}$	1143
Nitro-benzine	$C^{12} + H^5 + Az + O^4$	123
Picrate de potasse	$C^{12} + H^2 + K + Az^3 + O^{11}$	267
Cyanogène	$2(C^2 + Az)$	26×2
Acide cyanhydrique	$C^2 + Az + H$	27

et la combustion de divers corps, d'après M. Berthelot.

- *hydrogène gazeux, oxygène gazeux, azote gazeux.*

| CHALEUR DÉGAGÉE EN 1000 CALORIES | | | | | |
| PAR LA FORMATION DE 1 ÉQUIVALENT DU COMPOSÉ | | | | PAR LA COMBUSTION DE | |
GAZEUX.	LIQUIDE.	SOLIDE.	DISSOUS.	1 ÉQUIVALENT DU COMPOSÉ.	ÉTAT FINAL.
—61,1	»	»	»	318,1	»
—15,4	»	»	»	341,4	»
+ 5,7	»	»	»	389,3	»
+18,5	»	»	»	213,5	»
—46,5	»	»	»	466,5	»
—18,3	»	»	»	507,3	»
+ 4,5	»	»	»	553,5	»
+ 5,4	+10,6	»	»	804,4	»
+26,1	+33,0	»	»	1 597,0	»
—12,0	— 5,0	— 2,7	»	776,0	»
—82,8	»	»	»	853,6	Gazeux.
+ 4,7	»	»	»	904,3	Gazeux.
»	»	—42,0	+37,4	1 258,0	»
— 7,5	+ 2,0	»	»	1 490,0	»
÷ 8,6	+17,0	»	»	1 475,0	»
»	+42,0	»	»	1 450,0	»
»	»	—115,0	»	1 776,0	»
»	+118,0	»	»	2 490,0	»
53,6	+62,0	»	64,0	170,0	»
60,7	70,5	»	73,0	324,5	»
»	34,0	36,3	32,0	737,0	»
»	111,7	»	113,4	283,0	»
»	165,5	169,4	164,0	392,5	»
50,8	»	»	59,1	344,2	»
65,3	72,0	»	78,0	649,0	»
»	»	»	»	680,0	»
50,5	56,5	»	60,1	269,5	»
57,5	65,0	»	67,5	424,0	»
88,2	93,0	95,5	93,1	70,0	Liquide.
121,5	126,6	129,1	127,0	199,4	Liquide.
»	»	223,0	»	2 385,0	»
»	»	126,0	»	2 759,0	»
»	»	197,0	194,7	60,0	»
»	»	372,0	368,7	211,0	»
»	»	62,9	»	250,9	Hyd. libre.
»	»	624,0	»	2633,0	»
»	4,2	6,9	»	732,0	»
»	+117,5	+107,5	»	619,7	Bicarb.
—74,5	»	—67,7	»	262,5	»
— 29,5	—23,8	—23,4	»	158,0	Gaz.

principaux résultats des expériences de M. Berthelot. Nous devons faire remarquer que les nombres inscrits donnent, sauf pour l'avant-dernière colonne du premier tableau, page 33, non la puissance calorifique, c'est-à-dire la quantité de chaleur dégagée par la combustion de 1 kilogramme de corps, mais celle dégagée soit par la formation, soit par la combustion de 1 équivalent du corps. Ces quantités de chaleur sont exprimées en 1 000 calories.

LOIS RELATIVES A LA PUISSANCE CALORIFIQUE

16. Le phénomène de la combustion est généralement complexe. En même temps que la combinaison chimique proprement dite, il se produit des changements d'état physique et des modifications de volume, qui dégagent ou absorbent de la chaleur, et la quantité de chaleur mesurée dans le calorimètre est la résultante de ces actions simultanées.

Ainsi, dans la combustion du carbone, on peut distinguer trois phénomènes distincts :

1° Le passage du combustible de l'état solide à l'état gazeux, d'où résulte une absorption de chaleur ;

2° La combinaison du carbone avec l'oxygène accompagnée d'un dégagement de chaleur ;

3° La réduction de volume, l'acide carbonique ayant un volume égal aux deux tiers de la somme des volumes de la vapeur de carbone et de l'oxygène ; cette réduction doit produire de la chaleur.

De même, dans la combustion de l'hydrogène, on peut distinguer :

1° La combinaison chimique qui produit de la chaleur ;

2° La contraction de un tiers du volume total qui en dégage également.

3° La condensation de la vapeur d'eau produite qui en abandonne encore une certaine quantité.

Dans la combustion des corps composés, il se produit des phénomènes analogues, et de plus il faut tenir compte de la chaleur de décomposition qui doit précéder la combustion. Cette chaleur est le plus souvent négative, mais quelquefois positive.

Dans la détermination de la puissance calorifique, le calorimètre mesure, en bloc, toutes ces chaleurs positives ou négatives, sans permettre de distinguer l'influence spéciale calorifique des divers phénomènes qui se produisent simultanément, et on n'a pu trouver jusqu'à présent des lois générales, permettant de calculer exactement la puissance calorifique d'un combustible de composition chimique connue.

Mais l'application des principes généraux de la physique et les résultats des expériences permettent de formuler certaines règles, qui, dans la plupart des cas, donnent une indication, au moins approchée, de la chaleur dégagée par un combustible.

Nous allons les exposer.

La chaleur qui est produite dans la combinaison de deux corps est toujours égale et de signe contraire à la chaleur de décomposition. Ainsi la chaleur dégagée par la combustion de l'hydrogène avec l'oxygène, par exemple, est égale à celle qu'il faut fournir pour décomposer l'eau en oxygène et en hydrogène.

Ceci résulte de ce principe général, qu'il n'est pas possible de créer quelque chose de rien. En effet, s'il n'y avait pas égalité, si la chaleur absorbée par la décomposition était plus faible par exemple que la chaleur dégagée par la combinaison, on conçoit que, par une série de compositions et de décompositions successives, on aurait à chaque fois un excès qui, multiplié par le nombre des opérations, créerait sans dépense une source inépuisable de chaleur, ce qui est contraire à tous les principes. Dans le cas contraire, il y aurait une perte indéfinie sans compensation, ce qui n'est pas possible davantage.

La quantité de chaleur dégagée par un combustible est indépendante de l'activité de la combustion. La combustion lente donne la même chaleur que la combustion vive, quand on tient compte convenablement des causes de refroidissement; mais la température peut être très différente.

La quantité de chaleur dégagée est indépendante de la proportion d'oxygène qui se trouve dans le comburant. La chaleur dégagée avec l'oxygène pur est la même qu'avec l'air.

Dans le phénomène complexe d'une combinaison chimique, la chaleur dégagée est la somme algébrique des quantités produites par chacun des phénomènes en particulier. C'est-à-dire qu'elle est la même que si ces phénomènes, au lieu d'être simultanés, se produisaient successivement et d'une manière indépendante.

Voici quelques faits à l'appui :

Lorsque le carbone brûle dans l'oxygène, il dégage par kilogramme 8 080 calories, tandis que dans le protoxyde d'azote il produit 11 158,2 calories. La différence, 3 078,2, doit provenir, si la loi est vraie, de la chaleur dégagée par la décomposition du protoxyde d'azote. Comme pour la combustion de 1 kilogramme de carbone, il faut prendre au protoxyde $2^k,667$ d'oxygène, chaque kilogramme d'oxygène mis en liberté correspond à $\dfrac{3\ 078,2}{2\ 607} =$ 1 139 calories dégagées. L'expérience directe montre en effet que la séparation de 1 kil. d'oxygène du protoxyde d'azote donne lieu à un dégagement de 1 090 calories. On voit que les deux nombres diffèrent assez peu, ce qui confirme la loi énoncée.

Un autre fait à l'appui se rencontre dans la combustion du carbone, qui peut donner, soit immédiatement de l'acide carbonique, soit d'abord de l'oxyde de carbone qui ne passe à l'état d'acide carbonique que par une seconde combustion. Les expériences de MM. Favre et Silbermann ont fait voir que, dans les deux cas, la quantité totale de chaleur dégagée était la même. Elles ont constaté en effet que, dans la combustion du carbone, quelles que fussent les proportions d'acide carbonique et d'oxyde de carbone produits, on obtenait toujours le même nombre de calories, (8 080 par kilogramme), en ajoutant à la chaleur mesurée la chaleur de combustion de l'oxyde de carbone produit.

Chaleur dégagée par la formation de l'oxyde de carbone. Cette ioi permet de déterminer la chaleur dégagée par la combustion de 1 kilo de carbone passant à l'état d'oxyde de carbone. En effet, le poids d'oxyde de carbone produit est $2^k,33$, qui, en formant de l'acide carbonique, dégagent :

$$2,33 \times 2\,403 = 5\,607 \text{ calories.}$$

Nous savons d'un autre côté que la combustion de 1 kilogramme de carbone, produisant de l'acide carbonique, développe 8 080 calories. La différence

$$8\,080 - 5\,607 = 2\,473$$

est, d'après la loi ci-dessus, la chaleur dégagée par la formation de l'oxyde de carbone.

Ce nombre 2 473 peut donc être considéré comme la puissance calorifique du carbone passant à l'état d'oxyde de carbone.

D'après M. Berthelot, la puissance calorifique de l'oxyde de carbone est 2 435 et, en faisant le calcul avec ce nombre, on trouve 2 408 pour la chaleur de formation de l'oxyde de carbone.

17. Loi de Dulong. — Une des lois les plus importantes et qui est connue sous le nom de loi de Dulong est la suivante :

La chaleur dégagée par un combustible est égale à la somme des quantités de chaleur dégagées par la combustion des éléments qui le constituent, en ne tenant pas compte toutefois de la portion d'hydrogène qui peut former de l'eau avec l'oxygène du combustible.

Cette réserve revient à admettre que l'eau est toute formée dans le combustible.

Disons de suite que cette loi n'est qu'approchée, mais elle donne des résultats suffisamment approximatifs pour beaucoup de combustibles et elle est souvent employée à cause de sa simplicité.

Elle s'exprime par la formule

$$N = 8\,080\,C + 34\,462 \left(H - \frac{O}{8} \right),$$

N est la puissance calorifique d'un combustible qui contient par kil. les poids respectifs C de carbone, H d'hydrogène et O d'oxygène.

Cette formule s'applique au cas où la vapeur d'eau est condensée; si elle ne l'était pas, il faudrait remplacer 34 462 par 29 000.

L'application est des plus faciles; ainsi, pour un combustible renfermant 0,90 de carbone et 0,10 d'hydrogène, la puissance calorifique est d'après la loi :

$$0,90 \times 8\,080 + 0,10 \times 34\,462 = 10\,718$$

en admettant que la vapeur d'eau est condensée.

Pour un combustible de composition plus complexe et renfermant

$$
\begin{aligned}
\text{Carbone C} &= 0,54 \\
\text{Hydrogène H} &= 0,06 \\
\text{Oxygène O} &= 0,40
\end{aligned}
$$

le calcul se fait comme il suit :

On sait que 1 d'hydrogène s'unit à 8 d'oxygène pour former 9 d'eau. En prenant le huitième de l'oxygène $\frac{0,40}{8} = 0,05$, nous aurons le poids d'hydrogène qui pourra former de l'eau avec l'oxygène et, en supposant cette eau toute formée, on pourra écrire la composition sous la forme :

$$
\begin{aligned}
\text{Carbone} &\quad 0,54 \\
\text{Hydrogène en excès} &\quad 0,01 \\
\text{Eau} &\quad 0,45
\end{aligned}
$$

La puissance calorifique sera

$$0,54 \times 8\,080 + 0,01 \times 34\,462 = 4\,697,82$$

en supposant toujours la vapeur d'eau condensée.

Si elle n'était pas condensée, il faudrait tenir compte, non seulement de la chaleur de vaporisation de l'eau formée par la combustion de l'hydrogène en excès, mais encore de celle nécessaire pour vaporiser l'eau déjà formée dans le combustible. On aurait

$$0,54 \times 8\,080 + 0,01 \times 29\,000 - 0,45 \times 606,5 = 4\,380,3.$$

C'est environ 300 calories de moins utilisables.

Si la composition, au lieu d'être donnée en centièmes, est exprimée par une formule chimique, on peut, au moyen des équivalents, en déduire la composition en centièmes et faire le calcul comme ci-dessus; mais il est en général plus simple d'opérer comme il suit :

Prenons par exemple l'hydrogène bicarboné. La formule chimique est C^4H^4. En prenant les équivalents par rapport à l'hydrogène, on trouve :

$$C^4 = 4 \times 6 = 24, \quad H^4 = 4, \quad \text{et} \quad C^4H^4 = 28.$$

La chaleur dégagée, calculée par la loi de Dulong, est :

$$\frac{24}{28} \cdot 8\,080 + \frac{4}{28} \cdot 34\,462 = 11\,849.$$

Pour l'alcool, dont la formule est $C^4H^6O^2$, on l'écrirait sous la forme C^4H^4, 2HO, et la chaleur dégagée serait, d'après la loi de Dulong

$$\frac{24}{46} \cdot 8\,080 + \frac{4}{46} \cdot 34\,462 = 7\,212.$$

Si la vapeur d'eau n'était pas condensée, il faudrait prendre 29 000 au lieu de 34 462 pour la puissance calorifique de l'hydrogène.

Les résultats des expériences de MM. Favre et Silbermann nous permettent de vérifier, pour un grand nombre de corps, dans quelle mesure la loi de Dulong est exacte. Le tableau suivant donne la comparaison des nombres obtenus par l'expérience, avec ceux déterminés par le calcul au moyen de cette loi.

SUBSTANCES.	FORMULES.	PUISSANCES CALORIFIQUES		
		Trouvées par l'expérience.	Déterminées par le calcul.	Différence.
Hydrogène protocarboné.	$C^2 H^4$	13 063	14 675	— 1 612
Id. bicarboné....	$C^4 H^4$	11 857	11 848,8	+ 8,2
Amylène..............	$C^{10}H^{10}$	11 491	11 848,8	— 357,8
Paramylène...........	$C^{20}H^{20}$	11 303	11 848,8	— 545,8
....	$C^{22}H^{22}$	11 262	11 848,8	— 586,8
Cetène................	$C^{32}H^{32}$	11 055	11 848,8	— 793,8
Métamylène...........	$C^{40}H^{40}$	10 928	11 848,8	— 920,8
Éther sulfurique........	$C^4 H^5 O$	9 027,6	8 964	+ 63,6
Id. amylique........	$C^{10}H^{11}O$	10 188	10 499	— 311
Esprit de bois ou alcool méthylique..........	$C^2H^2 + H^2O^2$	5 307,1	5 184	+ 123,1
Alcool vinique..........	$(C^2H^2)^2 + H^2O^2$	7 183,6	7 212	— 28 4
Id. amylique........	$(C^2H^2)^5 + H^2O^2$	8 958,6	7 928	+1 030,6
Id. éthalique........	$(C^2H^2)^{16} + H^2O^2$	10 629,2	10 967	— 337,8
Acétone......	$(C^2H^2)^3 \quad O^2$	7 303	7 219	+ 84
Cire d'abeilles..........	»	10 496	»	»
Acide formique........	$C^2H^2 O^4$	2 091	2 108	— 108
Id. acétique..........	$(C^2H^2)^2 O^4$	3 505,2	3 232	+ 273,2
Id. butyrique........	$(C^2H^2)^4 O^4$	5 647	5 973	— 326
Id. valérique........	$(C^2H^2)^5 O^4$	6 439	6 781	— 342
Id. éthalique....... ..	$(C^2H^2)^{16}O^4$	9 316,5	9 829	— 512,5
Id. stéarique........	$(C^2H^2)^{19}O^4$	9 716,5	10 114	— 397,5
Formiate de méthylène..	$(C^2H^2)^2 O^4$	4 197,4	3 232	+ 965,4
Acétate de méthylène...	$(C^2H^2)^3 O^4$	5 342	4 862	+ 480
Éther formique........	$(C^2H^2)^3 O^4$	5 278,8	4 862	+ 416,8
Id. acétique...	$(C^2H^2)^4 O^4$	6 292,7	5 973	+ 319,7
Butyrate de méthylène..	$(C^2H^2)^5 O^4$	6 798,5	6 781	+ 17,5
Éther butyrique........	$(C^2H^2)^6 O^4$	7 090,9	7 391	— 300,1
Valérate de méthylène..	$(C^2H^2)^6 O^4$	7 375,6	7 391	— 15,4
Éther valérique........	$(C^2H^2)^7 O^4$	7 834,9	8 527	— 692,1
Acétate d'amylène......	$(C^2H^2)^7 O^4$	7 971,2	8 527	— 555,8
Éther valéramylique. ...	$(C^2H^2)^{10}O^4$	8 543,6	8 843	— 299,4
Éthalate de cétène (blanc de baleine)...........	$(C^2H^2)^{32}O^4$	10 342,2	10 759	— 416,8

On voit que, pour la plupart des corps, la loi de Dulong donne des résultats assez approchés. Pour l'hydrogène bicarboné et pour l'alcool, il y a presque identité entre les résultats du calcul et ceux de l'expérience. Pour d'autres, tels que l'hydrogène protocarboné, la différence est au contraire très considérable. Ce résultat n'a pas lieu de surprendre, la loi de Dulong ne tenant aucun compte de l'état d'agrégation des molécules qui doit cependant avoir une grande influence sur la chaleur dégagée.

Nous verrons plus loin que, pour les houilles, elle donne des résultats notablement trop faibles.

En somme, il convient de n'appliquer la loi de Dulong qu'avec une grande réserve et seulement à titre d'indication.

18. Loi de Welter. — Welter, en comparant les résultats obtenus par divers physiciens, fut conduit à formuler une relation entre la quantité d'oxygène absorbée et la puissance calorifique, et il énonça la loi suivante :

La chaleur dégagée dans la combustion est proportionnelle à la quantité d'oxygène absorbée.

La loi se traduit par la formule

$$N = m\, P_0$$

N puissance calorifique du combustible, P_0 poids d'oxygène nécessaire à la combustion de 1 kilo, m coefficient.

Si un combustible renferme, par kilogr., C de carbone et H d'hydrogène, comme il faut 16 d'oxygène pour brûler 6 de carbone et 8 d'oxygène pour 1 d'hydrogène, on a pour P_0

$$P_0 = \frac{16}{6} C + 8H = 8 \left(\frac{C}{3} + H \right)$$

et la relation peut se mettre sous la forme

$$N = 8m \left(\frac{C}{3} + H \right).$$

Cette loi est fort simple, mais malheureusement, dans certains cas, elle est tout à fait inexacte, puisqu'il est démontré par les expériences que certains corps, en se combinant avec l'oxygène, absorbent de la chaleur au lieu d'en dégager. C'est ce qui a lieu dans la formation du protoxyde d'azote et de l'eau oxygénée. Toutefois, en l'appliquant aux principaux combustibles définis chimiquement, on trouve des résultats qui présentent une certaine concordance.

Le tableau suivant donne, pour un certain nombre d'entre eux, la quantité de chaleur dégagée par la combinaison de 1 kilogramme d'oxygène, c'est-à-dire la valeur de m.

Chaleur dégagée par la combinaison de 1 kil. d'oxygène avec divers combustibles.

COMBUSTIBLES.	FORMULE.	PUISSANCE calorifique.	OXYGÈNE nécessaire à la combustion de 1 kil.	CALORIES dégagées par kilog. d'oxygène.
		N	P_o	m
Hydrogène (vapeur condensée).................	H	34 462	8,000	4 308
Hydrogène (vapeur non condensée)...............	H	29 000	8,000	3 625
Carbone formant CO^2.......	C	8 080	2,667	3 030
Oxyde de carbone.........	CO	2 403	0,5714	4 205
Hydrogène protocarboné...	C^2H^4	13 063	4,000	3 266
Hydrogène bicarboné......	C^4H^4	11 857	3,428	3 429
Alcool..................	$C^4H^6O^2$	7 183	2,087	3 441

Ces valeurs font voir que la chaleur dégagée par kilogramme d'oxygène combiné varie de 3 030 pour le carbone du charbon de bois jusqu'à 4 308 pour l'hydrogène; la différence est notable, mais il faut remarquer que les conditions ne sont pas les mêmes; le carbone solide, pour passer à l'état gazeux, devant absorber une certaine quantité de chaleur qui peut faire la différence.

En se basant sur cette considération, on peut calculer la quantité de chaleur nécessaire pour faire passer le carbone de l'état solide à l'état gazeux.

La chaleur dégagée par 1 kilogramme d'oxygène s'unissant à l'hydrogène étant 4 308, si on admet la loi de Welter, on trouve que 1 kilogramme de carbone gazeux, s'unissant à 2^k,667 d'oxygène pour former de l'acide carbonique, devrait dégager

$$4\,308 \times 2,667 = 11\,487.$$

Comme en réalité il n'en dégage à l'état solide que 8 080, la différence 3 407 doit être absorbée, dans cette hypothèse, pour faire passer le carbone de l'état solide à l'état gazeux, et on a ainsi pour le carbone deux puissances calorifiques :

Carbone gazeux.	11 487
Carbone solide.	8 080

Si on partait de la chaleur dégagée 4 205 par 1 kilogramme d'oxygène s'unissant à l'oxyde de carbone pour former de l'acide carbonique, on trouverait pour la puissance calorifique du carbone gazeux 11 214. Il y aurait 3 134 calories absorbées par le passage de l'état solide à l'état gazeux; ce serait un peu moins que dans le calcul précédent.

On pourrait déterminer, par un calcul analogue, la chaleur de décomposition des hydrogènes carbonés, etc.

Ces déterminations ne sauraient être regardées que comme de simples indications.

C'est sur la loi de Welter qu'est fondé le procédé de Berthier pour obtenir la puissance calorifique d'un combustible. Il consiste à déterminer le poids d'oxygène absorbé pour la combus-tion, en calcinant, dans un creuset, un poids donné de combustible avec un excès de litharge, et en pesant le plomb réduit.

La litharge étant composée de 103,46 de plomb pour 8 d'oxygène, le rapport des poids est $\dfrac{8}{103,46} = 0,0773$ et en représentant par p le poids de plomb réduit dans le creuset par kilogramme de combustible, on a pour le poids d'oxygène pris à la litharge $P_o = 0,0773\,p$ et par suite, si le combustible ne renferme pas d'oxygène, la valeur de la puissance calorique N est

$$N = 0,0773\,mp.$$

Si le combustible renferme de l'oxygène, comme c'est le cas général, on peut en tenir compte en employant la formule

$$N = m(0,0773\,p + O),$$

O étant le poids d'oxygène contenu dans 1 kilogramme.

Nous verrons plus loin que la valeur moyenne de m pour les houilles s'écarte assez peu de 3 370. Celle de O est très variable, de 0,02 à 0,25; la plus faible proportion se trouve dans l'anthracite. La moyenne est environ 0,08 pour une houille demigrasse.

En somme, la loi de Welter est loin d'être vraie pour tous les combustibles et peut conduire dans certains cas à des résultats complètement erronés, comme dans la formation du protoxyde d'azote et de l'eau oxygénée, où il y a absorption et non production de chaleur; mais quand il s'agit de comparer seulement des combustibles de même nature, les différentes espèces de houilles par exemple, elle peut fournir, comme nous le verrons, des résultats assez approchés.

§ III

COMBUSTIBLES

19. Classification. — Nous avons dit qu'à un point de vue général, tout corps qui, en se combinant avec un autre, dégage de la chaleur, peut être classé parmi les combustibles, mais qu'au point de vue des applications, le nombre en est considéra-

blement réduit par cette condition, qu'on doit pouvoir se les pro-
curer à un prix peu élevé et par conséquent les trouver en abondance dans la nature ou les fabriquer facilement.

Les corps qui satisfont à cette condition, et qui constituent
les véritables combustibles industriels, se réduisent à un petit
nombre.

On peut les diviser en trois classes, suivant leur état physique :

Les combustibles solides;

Les combustibles liquides ;

Les combustibles gazeux ;

Les combustibles solides sont de beaucoup les plus nombreux
et les plus employés.

On peut encore distinguer :

Les combustibles naturels ;

Les combustibles artificiels.

Les combustibles naturels sont ceux qu'on trouve tout formés
dans la nature et qui n'ont besoin d'aucune préparation spéciale
pour être employés.

Tels sont les combustibles végétaux, comme le bois, la tourbe,
et les combustibles fossiles, comme la houille.

Les combustibles artificiels sont ceux qu'on obtient en faisant
subir aux combustibles naturels une opération préliminaire.
C'est ainsi qu'on obtient, par la *carbonisation,* le charbon de bois
et de tourbe, le coke; par la *distillation,* le gaz de l'éclairage, les
goudrons, les huiles et leurs dérivés; par l'*agglomération,* les
mottes de tannée, les briquettes de houille, les charbons moulés.

On peut encore ranger dans les combustibles artificiels un certain nombre de corps tels que les suifs, l'alcool, les huiles qui,
bien que généralement employés pour d'autres usages et surtout
pour l'éclairage, peuvent exceptionnellement être utilisés pour
produire de la chaleur.

Tous ces combustibles sont des composés d'hydrogène et de
carbone, et ces deux corps constituent les éléments actifs de la
production de la chaleur.

COMBUSTIBLES SOLIDES NATURELS

20. Bois. — Le bois est le premier combustible qui s'est présenté à l'usage de l'homme. Sa consommation s'est réduite de
plus en plus en raison de son prix élevé comparativement à celui
de la houille.

Le bois, d'après M. Payen, est formé d'une matière appelée
cellulose à composition chimique parfaitement définie, plus ou
moins injectée de matières organiques incrustantes dont les proportions varient dans les différents bois.

La cellulose épurée, quel que soit le végétal ou la partie de la
plante d'où on l'ait extraite, offre toujours la composition suivante : $C^{12}H^{10}O^{10}$.

	Centièmes.	Équivalents.
Carbone.	44,44	$C^{12}=72$
Hydrogène	6,18	$H^{10}=10$
Oxygène	49,38	$O^{10}=80$
	100,00	162

La matière incrustante des bois est plus abondante dans le
cœur que dans l'aubier, dans les bois durs et lourds que dans les
bois tendres et légers. Elle contient plus de carbone et d'hydrogène que la cellulose, et c'est à sa présence qu'est dû, dans les
tissus ligneux, l'excès d'hydrogène que l'on y trouve sur les proportions qui, avec l'oxygène, constituent l'eau.

La composition du bois est à peu près la même pour toutes les
essences amenées au même degré de dessiccation. Le tableau
suivant donne cette composition pour plusieurs bois desséchés
complètement à 150° et les cendres enlevées afin de rendre la
comparaison plus facile.

Composition de quelques bois
pour 100.

NOMS DES BOIS.	CARBONE.	HYDROGÈNE.	OXYGÈNE.	EXCÈS D'HYDROGÈNE.
Ébénier.	52,87	6,00	41,13	0,836
Sapin.	51,79	6,28	41,93	1,038
Chêne	50,00	6,20	43,80	0,725
Hêtre.	49,25	6,40	44,35	0,857
Peuplier	48,00	6,00	46,00	0,250

La dernière colonne donne l'hydrogène en excès, c'est-à-dire celui qui reste, lorsqu'on a retranché de l'hydrogène qui se trouve dans le combustible la quantité nécessaire pour former de l'eau avec l'oxygène de ce combustible.

Les cendres entrent dans les bois écorcés pour moins de 1 centième, généralement 0,5 à 0,9 p. 100; elles sont plus abondantes dans les branchages et surtout dans les écorces, qui en donnent 2,5 à 3 p. 100.

L'azote, qui n'est pas compté dans la composition ci-dessus, ne dépasse guère 0,5 à 1 p. 100.

La proportion d'eau varie beaucoup dans les bois ordinaires de chauffage suivant les circonstances. Le bois récemment abattu renferme 45 p. 100 d'eau et même davantage. Cette proportion se réduit peu à peu, à l'air, jusqu'à 30 ou 25 et rarement à 20 p. 100, au bout de quinze ou dix-huit mois de coupe, mais elle ne descend guère au-dessous que par une dessiccation artificielle.

Puissance calorifique du bois. — La puissance calorifique du bois peut s'évaluer au moyen de la loi de Dulong.

Pour le chêne, par exemple, ayant la composition donnée dans le tableau ci-dessus, on trouve pour la chaleur dégagée par 1 kilog. :

Chaleur dégagée par le carbone. . .   0,50   × 8 080=4 040
 —   par l'hydrogène en
      excès. . . . . . .   0,00725 × 29 000= 210
Chaleur totale dégagée. 4 250

Il faut en retrancher la chaleur absorbée par la vaporisation de l'eau, supposée formée dans le bois ; l'oxygène et l'hydrogène étant dans le rapport de 8 à 1 et le poids d'oxygène étant 0,438, on a pour le poids d'eau $0,438 \times \frac{9}{8} = 0,4927$, et pour la chaleur absorbée par la vaporisation de l'eau : $0,4927 \times 606,5 = 327,6$.

Il reste pour la puissance calorifique du bois de chêne complètement desséché ou *ligneux* $4 250 - 327,6 = 3 922,4$.

Si on admet 1 p. 100 de cendres pour le bois desséché et non écorcé, elle se réduit à 3 883.

Le bois ordinaire de chauffage, renfermant 25 à 30 p. 100 d'eau, a une puissance calorifique beaucoup plus faible ; on la déduit du nombre précédent, en considérant le bois comme composé de ligneux et d'eau. Ainsi pour le bois à 30 p. 100 d'eau, on trouve :

Chaleur dégagée par le ligneux. . . . .   0,70 × 3 883 =2 718
Chaleur absorbée par la vaporisation
  de l'eau. . . . .   0,30 × 606,5= 182
Puissance calorifique du bois à 30 p. 100 d'eau. 2 536

Nous prendrons en nombre rond 2 500 pour la puissance calorifique du bois de chauffage à 30 p. 100 d'eau.

Pour le bois à 25 p. 100, elle serait de 2 740, et à 20 p. 100, de 2 964.

On voit que l'humidité exerce une influence considérable sur la puissance calorifique des bois ; mais elle a, pour certaines applications, un inconvénient plus grave.

La vapeur produite s'ajoute au poids des gaz de la combustion, et la température obtenue est plus basse, parce que la chaleur dégagée se répartit sur une masse plus grande. Dès lors il n'est plus possible, dans certains cas, dans les verreries par exemple, d'obtenir avec les bois ordinaires la température nécessaire pour réaliser l'effet industriel, et on est obligé de dessécher artificiellement le bois dans des fours avant de l'employer.

Rumfort, Hassenfratz, Marcus Bull ont fait de nombreuses expériences déjà fort anciennes et avec des appareils assez impar faits sur la puissance calorifique des bois. Les nombres qu'ils ont trouvés s'éloignent peu de ceux qui sont donnés par le calcul.

On peut admettre que tous les bois ont sensiblement la même puissance calorifique, savoir : 3 800 calories pour les bois complètement desséchés et 2 500 pour ceux qui renferment 30 p. 100 d'eau.

L'industrie et le commerce distinguent les bois en bois durs et en bois légers. Cette distinction est basée sur la manière dont s'opère la combustion.

Au feu, un bois léger se fendille, donne beaucoup de flamme et brûle rapidement. Le sapin, le bouleau, le peuplier, le tremble, sont des bois légers.

Les bois durs au contraire, c'est-à-dire le chêne, le hêtre, l'orme, le frêne et le charme, restent compacts au feu ; ils produisent d'abord de la flamme, puis ils se transforment en charbon qui brûle d'autant plus lentement que les morceaux sont plus volumineux. Les bois durs ont une densité notablement plus grande que les bois légers.

On divise également les bois de chauffage en bois neufs, bois lavés ou flottés et bois pelards.

Le bois neuf est celui qui a été amené aux lieux de consommation en wagon ou en bateau. Le bois flotté a été transporté sur les rivières en bûches isolées ou en trains flottants ; enfin le bois pelard est simplement du bois écorcé.

Le mètre cube de bois de chauffage, en gros morceaux, chêne, hêtre, pèse de 350 à 400 kilogrammes ; le sapin, de 300 à 350 kilogrammes ; le bois de charbonnage de chêne et de hêtre, de 300 à 350 kilogrammes.

Le bois de chauffage se vend au poids ou au volume ; dans le premier cas, on devrait tenir compte de la proportion d'eau hygroscopique ; dans le second, de la manière de disposer les bûches qui peut faire varier la quantité de plus de 10 p. 100. Il est toujours fort difficile, sans des essais préliminaires, de se rendre un compte exact de la quantité de matière réellement combustible que l'on achète.

21. Tannée. — La tannée est l'écorce de chêne épuisée qui a servi pour le tannage des peaux. A la sortie de la fosse, et simplement égouttée par un court séjour sur le sol, la tannée renferme environ 70 p. 100 d'eau. Séchée à l'air libre ou au soleil en couches de 0,15 à 0,20, la proportion d'eau se réduit, en peu de temps, à 45 p. 100.

En la faisant passer directement au sortir de la fosse dans une presse à rouleaux cylindriques ou dans une essoreuse, elle abandonne à peu près la même quantité que par la dessiccation, et la proportion tombe de 0,70 à 0,45. Évaporée plus longtemps à l'air, la proportion d'eau peut s'abaisser à 25 et 30 p. 100.

Afin d'en faciliter l'emploi dans les usages domestiques, on la comprime dans des moules cylindriques, et on forme ainsi ce qu'on appelle des *mottes*.

La composition de la tannée ne diffère de celle du bois que par une proportion beaucoup plus forte de cendres qui atteint 10 p. 100 et 15 p. 100. La présence de ces cendres produit une combustion lente qui convient à certains usages.

La tannée est maintenant employée dans certaines usines pour chauffer les chaudières à vapeur. On la brûle dans des foyers spéciaux que nous décrirons plus loin.

La puissance calorifique de la tannée ne diffère de celle du bois qu'à cause de la proportion plus grande de cendres.

Pour de la tannée renfermant 48 p. 100 d'eau et 10 p. 100 de cendres, et par conséquent 42 p. 100 de ligneux, la puissance calorifique se calcule comme pour le bois.

Chaleur dégagée par le ligneux . . . . $0,42 \times 3922 = 1647$
Chaleur absorbée par la vaporisation. $0,48 \times 606,5 = 291$
Puissance calorifique.   1356

Des expériences faites sur une chaudière à vapeur avec de la tannée renfermant 48 p. 100 d'eau ont donné 0ᵗ,82 d'eau vaporisée par kilogramme.

La chaleur nécessaire pour vaporiser 1 kilogramme d'eau prise à 0° étant de 650 calories environ, on utilisait ainsi

$$0,82 \times 650 = 533 \text{ calories};$$

de sorte qu'avec la puissance calorifique calculée ci-dessus, le rendement était de 40 p. 100 environ.

22. Tourbe. — La tourbe est un produit naturel qui se forme au milieu de certains marais par l'entrelacement de plantes herbacées. Elles se décomposent sous l'action du temps et fournissent un combustible spongieux d'un brun noirâtre, où l'on reconnaît souvent les végétaux qui lui ont donné naissance.

La tourbe récemment extraite contient beaucoup d'eau qui disparaît en partie par l'exposition à l'air. La composition de la tourbe pure et desséchée ne diffère de celle du bois que par une proportion un peu plus grande de carbone et un peu plus faible d'oxygène. Cette modification est d'autant plus sensible que la tourbe est plus ancienne.

Si l'on ne tient pas compte des cendres et de l'eau, qui varient dans de grandes proportions, la composition des tourbes est généralement comprise dans les limites suivantes :

Carbone.	58	à 64	p. 100
Hydrogène.	5,60	6,40	
Oxygène et azote.	30	36	

La tourbe ordinaire contient beaucoup de cendres, le plus souvent de 4 à 8 p. 100, quelquefois jusqu'à 15 p. 100.

Après une dessiccation prolongée à l'air, elle renferme, comme le bois, de 25 à 30 p. 100 d'eau.

Elle dégage en brûlant une odeur spéciale et désagréable qui limite beaucoup son emploi et qui la rend impropre au chauffage domestique dans l'intérieur des appartements. Elle est surtout utilisée aux environs des tourbières; sa valeur relativement faible ne permet pas les longs transports.

La puissance calorifique de la tourbe dépend de sa composition chimique, de la quantité de cendres et de la proportion d'eau. En la calculant par la loi de Dulong, on trouve les résultats suivants :

Pour la tourbe pure et complètement desséchée ayant les compositions chimiques extrêmes indiquées ci-dessus, la puissance calorifique est comprise entre

$$4\,875 \quad \text{et} \quad 5\,618.$$

Pour la tourbe renfermant 6 p. 100 de cendres et 25 p. 100 d'eau, elle se réduit à :

$$3\,012 \quad \text{et} \quad 3\,725.$$

C'est dans ces limites que se trouve comprise ordinairement la puissance calorifique des tourbes.

COMBUSTIBLES FOSSILES

23. On désigne, sous le nom général de combustibles fossiles, des combustibles tels que les lignites, les houilles, et les anthracites qu'on trouve dans le sein de la terre en couches plus ou moins épaisses. Malgré le nom qu'on leur donne souvent de combustibles minéraux, ils ont une origine végétale, et proviennent, comme nous l'avons déjà dit, de la transformation de végétaux sous l'action du temps et de la pression.

Les caractères de certains lignites se rattachent d'assez près à ceux du bois et de la tourbe pour qu'on puisse établir une série de combustibles, variant d'une manière insensible, dans leur aspect et leur composition chimique, depuis le bois jusqu'à l'anthracite, qui ressemble à une véritable roche noire. L'ordre dans lequel ces combustibles se rangent dans cette série est jusqu'à un certain point celui de leur succession géologique.

On conçoit d'après cela qu'il est impossible d'établir pour ces combustibles une classification basée sur des caractères bien tranchés. On a dû se borner à donner aux différentes variétés des désignations indiquant leurs caractères principaux. Ces désignations varient du reste suivant les pays, d'après la nature spéciale des combustibles qu'on y exploite.

24. En France on distingue généralement, dans les combustibles fossiles, les espèces suivantes, que nous classons par ordre géologique en commençant par celles qui se rapprochent le plus du bois :

Lignite ligneux ;

Lignite parfait ;

Houille sèche à longue flamme ;

Houille à gaz (grasse à longue flamme) ;

Houille grasse maréchale (ou de forge) ;

Houille demi-grasse ;

Houille maigre à courte flamme ou anthraciteuse ;

Anthracite.

25. Lignites. — Les lignites servent de transition entre le bois et la houille.

Le *lignite ligneux* appartient à des terrains très modernes, et on retrouve encore, dans les moins décomposés, la forme des végétaux qui leur ont donné naissance.

La composition du lignite ligneux sec et débarrassé de cendres varie dans les limites suivantes :

Carbone.	58	à	68 p. 100
Hydrogène	5		6
Oxygène et azote.	26		37

La proportion d'hydrogène en excès sur celui qui est nécessaire pour former de l'eau avec l'oxygène du combustible varie de 1,5 à 2 p. 100.

Le lignite pur et sec soumis à la distillation laisse une proportion de charbon de 35 à 40 p. 100. Il y a donc 60 à 65 p. 100 de matières volatiles.

La proportion de cendres est ordinairement de 2 à 6 p. 100 ; elle atteint quelquefois 10 p. 100.

Le lignite ligneux, comme la tourbe, dégage en brûlant une odeur pyroligneuse désagréable. La puissance calorifique est un peu plus grande que celle de la tourbe ; elle varie de 4 000 à 4 800.

26. Le *lignite parfait* est celui dans lequel on ne trouve aucune partie ligneuse. La décomposition des végétaux est assez complète pour leur donner presque l'aspect rocheux de la houille.

La composition chimique, cendres déduites, varie dans les limites suivantes :

Carbone.	70	à	74 p. 100
Hydrogène	5		5,5
Oxygène et azote.	20		25

L'hydrogène en excès est de 2 à 3 p. 100.

Les lignites parfaits brûlent bien avec une flamme longue et blanche, qui est en général un indice de la présence d'une forte proportion d'oxygène ; mais ils n'ont pas de tenue au feu, ils passent vite parce qu'ils ne font pas de coke. La fumée conserve encore un peu l'odeur de l'acide pyroligneux.

La puissance calorifique du lignite parfait ordinaire est de 5 500 à 6 600 suivant sa composition. Certains lignites gras renfermant plus d'hydrogène produisent de 7 000 à 8 000 calories.

Soumis à la distillation, le lignite parfait laisse dégager 50 à 60 p. 100 de matières volatiles, et il reste par conséquent 40 à 50 p. 100 de charbon.

27. Houilles. — Dans les houilles la décomposition végétale est plus avancée que dans les lignites, et il ne reste plus de traces de l'origine végétale.

Les houilles ont des variétés très nombreuses, ayant chacune

des qualités particulières qui permettent de les employer pour
les usages les plus divers. A raison de leur abondance et de
leur grand pouvoir calorifique, elles constituent le véritable combustible de l'industrie.

On les divise généralement en deux grandes classes : les
houilles *grasses* et les houilles *maigres*. Cette division est
basée sur les différences bien tranchées que présente la combustion.

Les houilles grasses se boursouflent sous l'action de la chaleur et éprouvent au feu une espèce de fusion pâteuse qui fait
coller et agglutiner les morceaux entre eux. Le chauffeur est
obligé de briser souvent ces masses agglutinées pour rétablir le
passage de l'air et maintenir la combustion. D'un autre côté,
cette agglomération présente l'avantage d'empêcher les menus
de passer à travers la grille et de se perdre avec les cendres.

Les houilles grasses donnent en général beaucoup de fumée.

Les houilles maigres ne se boursouflent pas; les morceaux
conservent leurs formes et leurs intervalles, et comme l'air les
traverse plus facilement, on doit les brûler sous de plus fortes
épaisseurs. Contrairement à ce qu'on fait avec les houilles grasses,
il faut éviter de les fourgonner trop souvent sur la grille, afin de
ne pas perdre trop de menu dans le cendrier.

Entre les types extrêmes (houilles grasses et houilles maigres)
se trouvent des houilles intermédiaires qu'on appelle demi-gras,
quart-gras, suivant qu'ils se rapprochent des houilles grasses ou
des houilles maigres.

La classification que nous avons donnée ci-dessus et qui range
les houilles en cinq espèces permet d'apprécier leur nature et
leurs qualités principales. Elle correspond en outre, comme nous
le verrons, à des modifications assez marquées dans la composition chimique.

28. Houille sèche à longue flamme. — Les houilles
sèches à longue flamme ont un aspect mat et terne. Elles s'allu-
ment facilement et brûlent avec une flamme longue et claire qui

leur a fait donner leur nom. Elles ont peu de tenue au feu et donnent un coke pulvérulent ou tout au plus fritté.

Leur composition chimique se rapproche de celle des lignites. Elle est comprise dans les limites suivantes :

Carbone.	76	à	80	p. 100
Hydrogène.	5,00		5,50
Oxygène.	15		20

La proportion de coke fourni par la distillation en vase clos est de 50 à 60 p. 100.

La puissance calorifique de la houille sèche à longue flamme pure est comprise, d'après MM. Scheurer-Kestner et Méunier, entre 8 000 et 8 500.

La houille ordinaire de cette espèce renfermant 10 à 12 p. 100 de cendres ne donne plus que 7000 à 7500 calories.

D'après la loi de Dulong, elle serait seulement de 6800 à 7300 calories.

29. Houille à gaz. — Les houilles à gaz sont celles qui contiennent le maximum d'hydrogène, de 5,20 à 5,80 p. 100, et en même temps le maximum d'hydrogène en excès, sur celui qui est nécessaire pour former de l'eau avec l'oxygène du combustible.

Elles présentent une supériorité marquée pour la fabrication du gaz de l'éclairage, aussi bien au point de vue du volume produit que du pouvoir éclairant. Leur composition est :

Carbone.	80	à	85	p. 100
Hydrogène.	5,20		5,80
Oxygène et azote.	8		15

La proportion d'hydrogène en excès est de 3,50 à 4,50. Elles donnent 60 à 68 p. 100 de coke fondu mais très fendillé, par conséquent 32 à 40 p. 100 de matières volatiles.

Le type de la houille est le *cannel coal.* C'est une houille compacte à cassure conchoïdale et polie. Elle brûle avec une flamme longue et blanche ressemblant à celle d'une chandelle, ce qui lui avait fait donner le nom de *candle coal*. Malgré sa composition, ce n'est pas un charbon collant comme la houille à gaz ordinaire.

La puissance calorifique de la houille à gaz pure varie, d'après MM. Scheurer-Kestner et Meunier, entre 8500 et 8800 ; avec les cendres elle s'abaisse à 7500 et 8000.

30. Houille grasse maréchale. — Les houilles de cette espèce sont éminemment collantes, ce qui les rend d'un excellent usage pour les foyers à tuyères des forges maréchales, où il est nécessaire de former avec le combustible des voûtes sous lesquelles se concentre la chaleur. Elles brûlent avec une flamme longue et fuligineuse, et forment sur les grilles des espèces de gâteaux, que les chauffeurs sont obligés de briser pour permettre l'admission de l'air.

Cette propriété collante facilite l'usage des menus qui s'agglutinent au feu et ne passent pas à travers les grilles comme ceux de houilles maigres.

La composition de cette houille débarrassée d'eau et de cendres est :

Carbone.	83	à 87	p. 100
Hydrogène	4,8	5,50	
Oxygène et azote.	8	12	

L'hydrogène en excès est de 3,30 à 4 p. 100.

Elles donnent de 68 à 74 p. 100 de coke fondu et légèrement compacte, c'est-à-dire 26 à 32 p. 100 de matières volatiles.

D'après MM. Scheurer-Kestner et Meunier, la puissance calorifique de cette houille, débarrassée de cendres, est de 8800 à 9300. Pour la houille du commerce il faut réduire ces nombres de 10 p. 100 environ.

31. Houille demi-grasse. — Les charbons demi-gras sont des charbons à flamme courte, blanche et peu fuligineuse. Ils

sont beaucoup moins collants que les charbons gras et constituent d'excellents charbons de grille, parce qu'ils ont une bonne
tenue au feu, qu'ils développent beaucoup de chaleur et produisent peu de fumée. Ce sont les plus appréciés pour le chauffage
des chaudières, des calorifères et les usages domestiques.

Le charbon dit de Charleroi est le type de cette espèce.

La composition est, pour le charbon sec et pur :

    Carbone.   87   à   89 p. 100
    Hydrogène   4   5
    Oxygène et azote.   6   8

Ils fournissent 74 à 82 p. 100 de coke très compacte, peu fendillé. Ce sont les vraies houilles pour le coke. Elles donnent à la
fois le plus de coke et le plus recherché.

La proportion des matières volatiles est de 18 à 26 p. 100.

La puissance calorifique de ces houilles à l'état pur s'élève,
d'après MM. Scheurer-Kestner et Meunier, jusqu'à 9 300 et 9 600.
Ce sont les houilles qui ont la plus grande puissance calorifique.
A l'état ordinaire elle se réduit à 8 200 et 8 600.

32. Houille maigre à courte flamme ou anthraciteuse.

— Ces houilles, qui renferment peu de gaz, sont difficiles à allumer. Elles brûlent d'abord avec une flamme courte et blanche
qui devient bleue quand l'oxygène a disparu et que le combustible est transformé en coke. Elles ont d'autant plus de valeur
qu'elles se rapprochent davantage des charbons demi-gras.

Leur composition est (eau et cendres enlevées) :

    Carbone.   89   à   92 p. 100
    Hydrogène   3   4
    Oxygène et azote.   4   6

L'hydrogène en excès et de 2,50 à 3,20 p. 100.

Ces houilles donnent 82 à 90 p. 100 de coke fritté et pulvérulent, et par suite seulement 10 à 18 p. 100 de matières volatiles.

La puissance calorifique de la houille pure est de 9 200 à 9 600. Elle se réduit à 8 000 et 8 400 pour la houille ordinaire renfermant 10 à 12 p. 100 de cendres.

Sa combustion difficile et sa facilité à se réduire en poussière abaissent beaucoup sa valeur commerciale.

33. Anthracite. — La combustion des anthracites se fait difficilement parce qu'elles renferment fort peu de gaz combustibles; il faut des foyers bien disposés et un tirage actif. Elles se consument lentement avec une flamme bleue et courte. Les fragments, au lieu de se coller, décrépitent souvent au feu et les débris passent à travers les grilles. C'est un obstacle sérieux à leur utilisation industrielle et qui pendant longtemps les a fait regarder comme pratiquement incombustibles.

Les menus sont utilisés pour la cuisson des briques et de la chaux; on les interpose entre les lits des matières à traiter. Leur manque d'adhérence est dans ce cas un avantage.

La composition de l'anthracite pure et sèche est :

Carbone.	93	à 95	p. 100
Hydrogène	2	3,50	.
Oxygène.	2,50	4	

L'hydrogène en excès est seulement de 1,50 à 2,50 p. 100.

L'anthracite donne 90 à 92 p. 100 de coke, qui est toujours en poussière; 8 à 10 p. 100 de matières volatiles.

La puissance calorifique de l'anthracite ordinaire est de 7 800 à 8 300.

34. Résumé. — Afin de faciliter les comparaisons entre les divers combustibles, nous avons réuni dans le tableau suivant les principaux chiffres relatifs à leur composition, à leur carbonisation et à leur puissance calorifique.

Compositions et puissances calorifiques des combustibles solides naturels.

	COMPOSITION DU COMBUSTIBLE PUR ET SEC p. 100.				PRODUITS de la carbonisation pour 100.	PUISSANCE CALORIFIQUE DU COMBUSTIBLE	
	CARBONE.	HYDROGÈNE.	OXYGÈNE.	HYDROGÈNE en excès.		PUR ET SEC.	ORDINAIRE.
Bois.....	48 à 53	6 à 6,40	41 à 46	0,3 à 1	30 à 40	3 600 à 3 800	2 400 à 2 500
Tourbe.........	58 64	5,60 6,40	30 36	1,80 2,50	35 40	4 800 5 600	3 000 3 700
Lignite ligneux....	58 68	5 6	26 37	1,5 2	35 40	4 800 5 600	4 000 4 800
Lignite parfait............	70 74	5 5,50	20 35	2 3	40 50	6 000 7 500	5 500 6 600
Houille maigre à longue flamme....	76 80	5 5,50	15 20	3 3,50	50 60	8 000 8 500	7 200 7 800
Houille à gaz......,......	80 85	5,20 5,80	8 15	3,50 4,50	60 68	8 500 8 800	7 500 8 000
Houille grasse maréchale..	83 87	4,80 5,50	8 12	3,30 4	68 74	8 800 9 300	7 800 8 300
Houille demi-grasse....... ..	87 89	4 5	6 8	3 4	74 82	9 300 9 600	8 300 8 600
Houille maigre à courte flamme.............	89 92	3 4	4 6	2,50 3,20	82 90	9 200 9 500	8 000 8 400
Anthracite......... ,......	93 95	2 3,50	2,50 4	1,50 2,50	90 92	9 000 9 400	7 800 8 300

35. Observations sur les combustibles solides naturels. — L'examen de ce tableau met en évidence plusieurs faits importants.

A mesure que la décomposition des végétaux se poursuit, c'est-à-dire que le combustible devient plus ancien, qu'on passe du bois à l'anthracite, on constate les faits suivants :

1° La proportion de carbone augmente de 0,50 pour le bois desséché à 0,94 pour l'anthracite.

2° La proportion d'oxygène et d'azote diminue et varie de 0,43 pour le bois desséché à 0,03 pour l'anthracite.

3° La proportion d'hydrogène diminue également de 0,062 à 0 030.

En un mot la proportion du carbone augmente au détriment des gaz.

4° La proportion d'hydrogène en excès va d'abord en augmentant de 0,003 environ pour le bois à 0,045 pour la houille à gaz; puis elle diminue et peut se réduire à 0,015 pour l'anthracite.

La qualité grasse de houilles paraît coïncider avec la plus grande proportion d'hydrogène en excès.

Dans les compositions chimiques indiquées, l'azote a toujours été confondu avec l'oxygène; il ne se trouve du reste qu'en très faibles proportions, environ 1,25 p. 100, et jamais au delà de 1,80 p. 100, d'après les analyses de MM. Regnault et de Marsilly.

L'eau entre également en faible proportion dans les houilles, 0,50 à 2 p. 100 au plus pour les houilles tenues à l'abri. La quantité d'eau absorbée à la pluie varie de 1 p. 100 à 5 p. 100 pour la gailleterie, et de 4 à 10 p. 100 pour le tout-venant, suivant la nature.

Les cendres, dont il n'a pas été non plus tenu compte, entrent au minimum pour 1 ou 2 p. 100 dans les morceaux choisis les plus purs. Les charbons, considérés en masse et après les triages faits sur le carreau de la mine, en renferment en général de 5 à 12 p. 100, et quelquefois jusqu'à 20 p. 100.

Les cendres sont en général composées d'argile et de quartz plus ou moins colorés par l'oxyde de fer provenant des pyrites ou du carbonate de fer mélangé à l'argile. On y trouve du phosphore et du soufre provenant du phosphate de fer et de pyrites sulfureuses.

Il y a une distinction importante à faire entre les houilles suivant la nature des cendres.

Quand les cendres sont un peu fusibles, elles forment sur la grille des masses agglutinées qu'on appelle des *mâchefers*, qui arrêtent le passage de l'air. Le chauffeur est obligé de les briser à coups de ringard et de les retirer par la porte du foyer. C'est un travail long, pénible, qui a des inconvénients graves sur lesquels nous reviendrons plus loin. Cette difficulté dans l'emploi abaisse sensiblement la valeur des houilles à mâchefer.

Si les cendres ne sont pas fusibles, elle se réduisent en poussière et tombent naturellement à travers la grille par le ringardage dans le cendrier d'où on les enlève facilement; le travail pénible du décrassage est évité.

La proportion de cendres varie beaucoup suivant les provenances, la couche et même la portion de couche exploitée. C'est un chiffre à déterminer par expérience pour la houille qu'on veut employer, et qui influe naturellement beaucoup sur la puissance calorifique et la valeur industrielle.

36. Puissance calorifique des houilles. — MM. Scheurer-Kestner et Meunier ont publié de 1868 à 1875 dans le *Bulletin de la Société industrielle de Mulhouse*, dans les *Comptes rendus de l'Académie des sciences*, et dans les *Annales de physique et de chimie*, des travaux très importants sur la composition des différentes espèces de houilles et sur leur puissance calorifique.

Pour la détermination de la chaleur dégagée, ils se servaient du calorimètre de MM. Favre et Silbermann (**14**) avec quelques modifications. Leurs expériences très nombreuses ont démontré que la puissance calorifique de la houille est toujours notablement supérieure à celle qu'on déduit de la loi de Dulong (**17**).

$$N = 8\,080\,C + 34\,462 \left(H - \frac{O}{8} \right).$$

On ne saurait en conséquence regarder la houille, ainsi que le suppose cette loi, au point de vue de la chaleur dégagée, comme un simple mélange de carbone, d'hydrogène et d'eau. Une partie du carbone est en combinaison avec l'hydrogène et forme des hydrocarbures dont la puissance calorifique est plus grande.

Pour représenter le résultat de leurs expériences, MM. Scheurer-Kestner et Meunier ont donné la formule :

$$N = 8\,080\,C + 34\,462\,H,$$

ce qui revient à supposer que le carbone est à l'état solide et que l'hydrogène, non seulement n'est pas combiné avec l'oxygène, mais qu'il a la même puissance calorifique qu'à l'état gazeux.

Cette formule donne des résultats beaucoup plus exacts que celle de Dulong, mais en général encore un peu trop faibles, et l'écart avec l'observation peut aller jusqu'à 10 et 12 p. 100.

37. M. L. Cornut, ingénieur en chef de l'Association des propriétaires d'appareils à vapeur du nord de la France, a publié une étude très intéressante sur la puissance calorifique des houilles ; il distingue dans la houille le carbone fixe et le carbone volatil (ce dernier étant celui qui se dégage à l'état d'hydro-carbure dans la carbonisation), et il propose de calculer la puissance calorifique par la formule :

$$N = 8080\,C_f + 11\,214\,C_v + 34\,462\,H.$$

C_f est le poids de carbone fixe par kilo de combustible ;

C_v le poids de carbone volatil ;

H le poids d'hydrogène.

11 214 est la puissance calorifique du carbone volatil déduite de la combustion de l'oxyde de carbone.

M. Cornut a soin de faire remarquer que le carbone volatil n'étant pas en réalité à l'état libre, la formule ne peut fournir qu'une approximation.

Elle donne des résultats plus approchés que celle de MM. Scheurer-Kestner et Meunier, mais l'erreur peut encore atteindre 8 à 10 p. 100.

38. En appliquant simplement la loi de Welter, $N = mP_0$, aux expériences de MM. Scheurer-Kestner et Meunier-Dolfus, on trouve pour m des nombres qui restent compris entre 3577 et 3189, la moyenne est 3360 ; de sorte que, pour obtenir la puissance calorifique d'une houille dont on a la composition élémentaire, il suffit de calculer le poids d'oxygène P_0, nécessaire à la combustion, par la relation :

$$P_0 = 8 \left(\frac{C}{3} + H \right)$$

et de déterminer ensuite N par la formule $N = mP_0$ en faisant $m = 3360$, ce qui donne :

$$N = 26880 \left(\frac{C}{3} + H \right).$$

Le tableau ci-contre donne les résultats comparés des puissances calorifiques observées et calculées par cette formule et par celles de Dulong, Scheurer-Kestner et Cornut.

La comparaison des nombres du tableau amène aux conséquences suivantes :

La formule de Dulong donne pour les houilles essayées des résultats sensiblement trop faibles de 5 à 10 p. 100 pour les houilles des bassins de l'Est jusqu'à 18 p. 100 pour celles du Nord.

Celle de MM. Scheurer-Kestner et Meunier-Dolfus conduit à des résultats plus approchés, mais encore trop faibles de 3 à 7 p. 100 pour les premières et jusqu'à 10 p. 100 pour les autres.

La formule de M. Cornut donne des résultats supérieurs à l'expérience, de 1 à 4 p. 100 pour les houilles de l'Est et trop faibles de 5 à 9 p. 100 pour les autres espèces.

PROVENANCES.	OBSERVÉE PAR MM. SCHEURER-KESTNER ET MEUNIER.	CALCULÉE PAR LES FORMULES			
		DULONG.	SCHEURER-KESTNER ET MEUNIER.	CORNUT.	$N = 26\,880\left(\dfrac{C}{3}+H\right)$
Ronchamp : nº 1............	9 163	8 822	9 032	9 529	9 429
— nº 2.............	9 117	8 354	8 664	9 230	9 106
— nº 3.	9 081	8 291	8 636	9 114	9 058
Dudweiler............	8 724	7 861	8 357	9 014	8 753
Altenwald..............	8 633	7 810	8 347	8 961	8 928
Sulzbach...........	8 603	7 900	8 416	»	8 770
Heinitz....	8 487	7 575	8 126	8 716	8 477
Von der Heydt..............	8 462	7 828	8 406	»	8 903
Friederichsthal..............	8 467	7 277	7 980	8 645	8 330
Louisenthal.	8 215	7 031	7 823	8 485	8 139
Creusot : grasse.............	9 622	8 365	8 668	8 849	9 112
— anthraciteuse.....	9 456	8 452	8 620	9 006	9 176
— mi-grasse........	9 425	8 370	8 690	9 022	9 171
— maigre..........	9 263	8 574	8 797	8 927	9 273
Blanzy : Montceau.	8 325	7 455	8 151	»	8 445
— anthraciteuse.......	9 111	8 293	8 657	»	9 064
Nord : Anzin..........	9 257	7 779	8 264	8 503	8 698
— Denain.............	9 050	7 820	8 309	8 735	8 711
Anglaises : nº 1..............	8 780	8 562	8 779	»	9 190
— nº 2	8 949	8 717	8 865	»	9 373

Enfin la formule que nous proposons donne des résultats qui ne s'écartent pas de ceux de l'expérience de plus de 5 à 6 p. 100 en plus ou en moins, sauf pour les deux houilles anglaises; l'erreur ne dépasse pas ordinairement 2 p. 100.

En résumé, il n'existe pas de formule donnant avec précision la puissance calorifique d'une houille dont on connaît la composition chimique. On ne doit employer qu'avec réserve celles qui ont été proposées, et seulement à titre d'indication.

39. Commerce des houilles. — Les houilles dans le commerce se classent d'après les provenances et d'après la grosseur des morceaux. La nature du charbon de chaque mine et même de chaque couche est à peu près connue et possède une cote commerciale en raison de ses qualités.

Quant à la grosseur des morceaux, on distingue généralement le gros, la gailleterie, le menu et le tout-venant.

Le gros qu'on appelle quelquefois pera, ou houille, est formé, ainsi que son nom l'indique, de gros morceaux qui ont un volume de plusieurs décimètres cubes. On le sépare à la main au moment de l'arrivée au jour. Il a toujours une valeur supérieure à celle de la gailleterie, mais en réalité son emploi ne présente pas d'avantages parce qu'on est obligé pour le brûler de le casser en morceaux, ce qui fait du menu et par suite du déchet.

La gailleterie se compose de morceaux de houille qui n'ont pas pu passer à travers une grille dont les barreaux sont espacés de 3, 4 ou 5 centimètres. C'est la nature de charbon généralement employée pour les petits foyers et les appareils de chauffage, cheminées et calorifères.

Le menu est le charbon qui a passé à travers les grilles; c'est ce qui reste quand on a retiré du charbon sortant de la mine le gros et la gailleterie.

Le menu a une valeur très inférieure à celle de la gailleterie parce qu'il ne peut être employé que dans les grands foyers d'usine ou à la fabrication des briquettes et du coke et qu'il contient notablement plus de cendres. On se préoccupe beau-

coup, dans les houillères, de diminuer la proportion de cendres
et on fait pour cela, sur le carreau des mines, des lavages, des
criblages qui arrivent à abaisser cette proportion à 5 p. 100 et
au-dessous.

Ces divisions du charbon en trois catégories, suivant la grosseur, sont généralement adoptées et chacune a son cours spécial.
Mais on fait dans certaines mines des catégories plus nombreuses en faisant passer le charbon à travers des grilles ou des
cribles dont les intervalles sont de plus en plus étroits. C'est ainsi
qu'on a, au-dessus de la gailleterie, la gaillette; au-dessous le
gailletin, puis successivement les noisettes, les têtes de moi-
neaux, les fines grenues, et enfin les fines poussier qui vont en
décroissant de grosseur.

Enfin une autre catégorie de charbon est le tout-venant qui,
d'après son nom, devrait être le charbon tel qu'il est extrait de
la mine; c'est ce qui a lieu dans certaines exploitations, mais
souvent le tout-venant commercial est un mélange de gailleterie
et de menu en proportion que l'on fait varier à volonté; le prix
dépend de ces proportions. Le tout-venant renfermant 30 à
35 p. 100 de gailleterie est particulièrement propre au chauffage
des chaudières à vapeur.

La houille pèse : en gailleterie, de 75 à 80 kilos l'hectolitre; en
tout-venant, un peu plus, de 80 à 85 et même 90 kilos, et jusqu'à
100 kilos.

La proportion des vides entre les morceaux, pour le passage
de l'air, est, pour la gailleterie, de 40 à 45 p. 100, bien plus qu'on
ne pourrait croire au premier aspect; pour le tout-venant les
vides s'écartent peu de 30 p. 100, ils varient de 25 p. 100 à
35 p. 100. On voit que l'air, quand les charbons ne collent pas
à la combustion, trouve une section de passage égale à peu près
à un tiers de la surface totale. Ces vides ont été déterminés en
pesant successivement un hectolitre de charbon, d'abord à l'état
ordinaire, puis après avoir rempli tous les vides avec de l'eau.

40. Essais des houilles. — Il est fort difficile d'apprécier à la vue la qualité des charbons. La proportion trop forte de cendres communique à la houille un aspect terne et terreux qui peut être un indice, mais qui ne fournit qu'une appréciation fort vague.

Pour se rendre compte de la valeur d'une houille, il faut faire des essais de puissance calorifique.

On pourrait la brûler dans un calorimètre analogue à celui de MM. Favre et Silbermann. Avec les précautions convenables, on obtiendrait ainsi avec précision la puissance calorifique et la quantité de cendres ; mais cet essai exige des soins minutieux et des analyses de gaz qu'il est impossible de faire industriellement.

On se contente le plus souvent d'une analyse immédiate. On carbonise la houille dans un creuset fermé par un couvercle et placé dans un fourneau à moufle ; on détermine ainsi la quantité de matières volatiles et la nature du coke, puis en la brûlant dans une capsule ouverte on a la quantité de cendres. Ces données permettent d'apprécier à quelle espèce la houille appartient et si elle est conforme à un échantillon déjà essayé.

Pour ces essais, qui ne portent que sur de petites quantités, il importe de faire les prises d'échantillon de manière à obtenir une qualité moyenne, et pour cela il faut opérer avec méthode. On prend sur la livraison et en un grand nombre de points environ 5o kilos; on les pulvérise grossièrement, et on les mélange aussi intimement que possible ; sur ce mélange, on fait de nouvelles prises, en différents points, de manière à obtenir 1 ou 2 kilos, qu'on pulvérise avec plus de soin ; on mélange la poudre obtenue et on fait, dans les mêmes conditions, des prises d'un poids total de 100 à 200 grammes qu'on enferme dans un flacon bouché, et où on puise l'échantillon d'épreuve.

L'essai le plus important, au point de vue industriel, consiste à brûler une certaine quantité de houille sous une chaudière à eau ou à vapeur. L'élévation de température de l'eau, ou le nombre de kilogrammes d'eau vaporisée, dans des conditions identiques, permet d'évaluer la valeur comparative de diverses houilles. De plus, le résidu, en cendres ou en mâchefer, donne la proportion de matières étrangères. On a en même temps des données utiles sur la manière dont s'opère la combustion, les quantités de fumée, de mâchefer, etc.

Certaines houilles, notamment les houilles à gaz, subissent à l'air une rapide altération par suite du dégagement de gaz combustibles, ce qui diminue notablement leur pouvoir calorifique. Il convient donc de les employer le plus tôt possible après leur extraction de la mine. Ce dégagement des gaz détermine une espèce de combustion lente qui, dans les grands tas de houille, est quelquefois assez accentuée pour produire l'échauffement et même l'inflammation de la masse; ceci se produit assez souvent sur les navires. Pour l'éviter, il ne faut charger ces houilles que sur une faible épaisseur afin d'empêcher la chaleur de se concentrer. On diminue en même temps l'écrasement des couches inférieures et la formation de menus aux dépens de la gailleterie, qui est réduite ainsi considérablement de valeur.

41. Combustibles fossiles divers. — Pour compléter ce qui est relatif aux combustibles fossiles, il nous reste à dire quelques mots de certains produits naturels, éminemment combustibles, mais généralement utilisés pour des applications spéciales.

L'*asphalte* qu'on trouve au Mexique est une sorte de brai gras, solide à froid avant 100°.

D'après M. Regnault sa composition est :

> Carbone. . . . . 81,46 p. 100
> Hydrogène 9,57
> Oxygène et azote. 8,97

Les *bitumes* qu'on exploite en Alsace et en Auvergne peuvent également être rangés dans les combustibles fossiles. Voici leur composition :

	Bitume d'Alsace.	Bitume d'Auvergne.
Carbone	87,00	77,52 p. 100
Hydrogène.	11,20	9,58
Oxygène et azote. . .	1,80	12,95 dont 2.37 d'azote.

Le *boghead* est un schiste bitumineux du terrain houiller d'Écosse. On en extrait par la distillation des huiles diverses, et dans les usines à gaz on l'ajoute au charbon pour augmenter le pouvoir éclairant du gaz produit.

Sa composition est la suivante :

Carbone.	60	à	65	p. 100
Hydrogène.	8,86		9,28	
Oxygène	4,38		5,46	
Cendres, soufre, etc.	18		24	

Le *jayet* est un lignite bitumineux à cassure conchoïdale comme le cannel coal, mais plus brillant.

COMBUSTIBLES SOLIDES ARTIFICIELS

COMBUSTIBLES CARBONISÉS.

42. Les combustibles naturels que nous venons de passer en revue ne peuvent pas être employés directement à certains usages industriels.

Le bois, par exemple, renferme une certaine quantité d'eau qui, en abaissant la puissance calorifique et en augmentant le volume des gaz de la combustion, ne permet pas toujours d'obtenir la température nécessaire à l'effet industriel voulu. De là, nécessité de séparer cette eau par une opération préliminaire. On obtient ainsi divers produits : le *ligneux*, par une forte dessiccation qui enlève l'eau hygrométrique ; le *charbon roux ;* et enfin le *charbon de bois*, par une carbonisation ou combustion incomplète qui enlève à peu près tous les gaz.

La houille contient des matières étrangères telles que les schistes, le soufre, etc., qui non seulement diminuent son pouvoir calorifique, mais peuvent nuire à la qualité des produits. On s'en débarrasse par des lavages ou par une calcination qui enlève en même temps la plus grande partie des gaz et produit le *coke*, ou charbon de houille.

43. Charbon de bois. — Le bois, exposé à l'air après l'abatage, éprouve une dessiccation qui réduit le poids d'eau hygrométrique de 45 à 3o et 25 p. 1oo. Pour descendre au-dessous de cette proportion, il faut avoir recours à la dessiccation artificielle.

Chauffé de 11o à 14o°, dans des fours ou des étuves, le bois abandonne complètement son eau hygrométrique et ne conserve plus que son eau de constitution. Dans cet état, il est désigné en industrie sous le nom de *ligneux* et employé à un grand nombre d'usages.

Si on chauffe le bois en vase clos à une température supérieure à 34o°, il se dégage de la vapeur d'eau, de l'acide pyroligneux, presque tous les gaz et on obtient un produit noir, spongieux, léger, friable, qui est le *charbon de bois*. Quelle que soit la température à laquelle on opère, il reste dans ce charbon une certaine quantité de gaz dont on ne peut se débarrasser que par une calcination très prolongée.

On obtient encore le charbon de bois par le procédé industriel dit des forêts, en faisant brûler le bois en grandes masses sous une couverte argileuse qui, en réduisant l'accès de l'air, limite la combustion et produit seulement la carbonisation.

Le charbon de bois ordinaire, débarrassé des cendres et complètement sec, a une composition qui varie dans les limites suivantes :

Carbone.	78 à	88 p. 1oo
Hydrogène	1,5	4
Oxygène et azote.	1o	18

D'après cette composition, la puissance calorifique, calculée par la loi de Dulong, varie, pour le charbon de bois pur et sec, entre 6 6oo et 8 ooo.

Quand le charbon de bois a été fortement et longuement calciné, les gaz disparaissent et on obtient du carbone à peu près pur dont la puissance calorifique est, comme on sait, de 8 080.

Cette puissance calorifique est réduite par les cendres, qui s'y trouvent ordinairement pour 2 à 3 p. 100, et par l'eau hygrométrique, qui entre pour 5 à 10 p. 100. Elle s'abaisse alors à 6 000 et 7 500 calories suivant la composition.

L'hectolitre de charbon de bois provenant de bois durs pèse de 20 à 25 kilos. Celui qui provient de bois tendres pèse seulement de 15 à 20 kilos.

Le charbon de bois est un des combustibles les plus estimés à cause de sa pureté pour les opérations métallurgiques.

Il s'allume et brûle assez facilement quand il n'a pas été fortement calciné. La combustion est d'autant plus difficile qu'il a été produit à une température plus élevée.

44. Charbon de tourbe. — Le charbon de tourbe, en général très poreux, brûle facilement mais lentement à cause de la grande proportion de cendres qu'il renferme. Il donne, comme la tourbe, une odeur piquante et désagréable.

Il s'obtient, comme celui du bois, au moyen de meules avec couverte argileuse, mais il y a beaucoup de menus et d'irrégularités à cause des affaissements qui se produisent toujours. Il vaut mieux employer des enveloppes en maçonnerie avec des évents qu'on règle convenablement.

On a aussi employé la carbonisation en vase clos.

La puissance calorifique du charbon de tourbe est assez faible parce qu'il contient toujours beaucoup de cendres. Quand il y en a de 15 à 18 p. 100, elle est de 6 400 à 6 800, à peu près celle du carbone contenu.

45. Coke. — Le coke est le résultat de la distillation ou de la combustion incomplète de la houille. On l'obtient par des procédés analogues à ceux qui transforment le bois en charbon de bois.

En chauffant la houille en vase clos dans des cornues, on enlève les parties volatiles, les hydrogènes carbonés qui forment le gaz de l'éclairage, et des hydrocarbures qui se condensent par le refroidissement, comme le goudron. Le coke reste dans la cornue plus ou moins agglutiné et en proportions plus ou moins grandes suivant la nature des houilles. Certaines houilles donnent du coke en morceaux bien agglutinés et solides, ce sont les houilles grasses; les houilles sèches ne donnent qu'un coke pulvérulent.

On obtient aussi le coke dans des fours spéciaux, qui laissent dégager dans l'atmosphère les produits gazeux, après avoir utilisé quelquefois leur chaleur à divers chauffages. Le coke de fours est plus compacte, plus dur, plus dense et plus difficile à brûler que celui des cornues.

On peut aussi obtenir le coke par une combustion incomplète, au moyen de meules de houille établies comme les meules de bois dans le procédé de carbonisation des forêts; c'est un procédé abandonné.

Le coke, complètement desséché et débarrassé des cendres, a une composition qui varie un peu avec la nature des houilles et les circonstances de la production.

Carbone.	96 à 98	p. 100	
Hydrogène.	0,3	0,5	
Oxygène et azote.	2	3	

La puissance calorifique du coke sec et pur est d'environ 8000 calories. Les cendres et l'eau hygrométrique diminuent notablement sa valeur.

Les cendres varient de 2 à 15 p. 100 suivant la nature des houilles qui ont produit le coke et suivant les soins apportés dans la fabrication.

Pour obtenir du coke de bonne qualité, il faut laver les houilles afin de les débarrasser en partie des schistes qu'elles renferment. On arrive ainsi à produire du coke avec 5 à 6 p. 100 de cendres dont la puissance calorifique est environ de 7500. Avec 15 p. 100 de cendres, elle serait réduite à 6800, sans compter les autres désavantages dans la combustion.

La proportion d'eau varie beaucoup dans le coke. Exposé à l'air ordinaire, il renferme 5 à 10 p. 100 d'eau qu'il perd par une dessiccation à 150°. Mais à l'air humide et à la pluie le coke absorbe 25 p. 100, 30 p. 100 et jusqu'à 50 p. 100 d'eau sans paraître trop mouillé.

Le coke est un combustible léger. Celui de gaz pèse de 35 à 40 kilos l'hectolitre ras. Celui de four, de 40 à 45 kilos. Il présente beaucoup de vides entre les morceaux, environ 50 à 60 p. 100. Le passage de l'air est facile, ce qui oblige à le brûler sur une assez forte épaisseur afin qu'il ne passe pas trop d'air non altéré.

COMBUSTIBLES AGGLOMÉRÉS.

Les menus de houille, de coke et de charbon sont en général d'un emploi difficile. Ils ne tiennent pas sur les grilles, passent à travers et tombent avec les cendres dans le cendrier; l'air ne les traverse qu'avec un fort tirage, et une partie est entraînée avec le courant.

Pour mieux les utiliser on les agglomère de manière à former des espèces de briquettes qui sont employées comme de la gailleterie.

46. Briquettes de houille. — Pour cette agglomération, il suffit quelquefois, avec les charbons gras, d'une forte compression et d'une température élevée. Pour les charbons maigres on est obligé de recourir à un agglutinant spécial qui est quelquefois de l'argile, le plus souvent du goudron ou du brai.

L'argile ne donne aux briquettes qu'une faible ténacité et augmente naturellement les cendres de toute la proportion d'argile ajoutée, soit 15 à 20 p. 100 au moins. On n'obtient par son emploi que des combustibles inférieurs.

Le goudron, ou mieux le brai, qui sont des combustibles très riches, conviennent beaucoup mieux.

Le brai sec est du goudron de houille concentré jusqu'à 280° ou 300° et dont on a extrait par distillation 35 à 40 p. 100 de matières volatiles. Il devient mou et pâteux vers 80° à 100°, mais ne fond pas. Il peut se broyer à froid.

Le brai gras a été produit à 200° et on a retiré du goudron seulement 20 à 25 p. 100 de matières volatiles. Il se ramollit au soleil et devient fluide bien avant 100°.

Le brai sec convient mieux et donne des briquettes plus compactes. On le broie et on le mélange intimement dans un malaxeur avec le charbon lavé dans la proportion de 8 p. 100 environ. Il est en même temps ramolli à 80 ou 100° par de la vapeur surchauffée. Le mélange arrive ensuite dans les moules d'un appareil compresseur, actionné par une presse hydraulique ou autrement. On obtient ainsi des briquettes dures, sonores, homogènes, peu hygrométriques et à peu près dépourvues d'odeur. A 60° elles ne se ramollissent pas. Bien préparées, elles ne doivent pas renfermer plus de 7 p. 100 de cendres.

Dans ces conditions elles font un excellent service et peuvent être comparées à la bonne gailleterie. Leur puissance calorifique est à peu près la même et leur prix n'est pas très inférieur. La densité moyenne est de 1,20.

Les briquettes présentent l'avantage de pouvoir se ranger régulièrement de manière à bien utiliser la place, dans les chantiers et les soutes de navires.

47. Charbon de Paris. — Le charbon connu sous le nom de charbon de Paris, et employé dans beaucoup de ménages de Paris, est un combustible artificiel produit par l'agglomération de débris charbonneux de toute nature avec du goudron ou du brai. Les débris charbonneux sont du poussier de charbon de bois ou de tourbe, des résidus de fonds de bateaux ou de magasins, du tan épuisé, des brindilles de bois, du poussier de coke, etc.

Ces résidus sont pulvérisés et broyés ensemble en proportion convenable, mélangés avec l'agglutinant, goudron ou brai, de manière à former une pâte homogène qu'on moule sous forme de cylindres. On fait sécher à l'air, puis on carbonise dans des caisses en tôle placées dans des fours à mouffles pendant douze heures. On retire les caisses qu'on lute pour arrêter la carbonisation et produire l'*étouffage*.

La combustion du charbon de Paris est très lente à cause de la grande quantité de cendres qu'il renferme, ce qui est avantageux pour l'usage des cuisines.

La puissance calorifique dépend de la proportion de cendres. Elle est à peu près égale à celle du charbon pur contenu.

COMBUSTIBLES LIQUIDES

Les combustibles liquides sont principalement employés à l'éclairage. On n'a utilisé au chauffage, et encore dans des cas tout particuliers, que les huiles de pétrole et les huiles lourdes provenant de la fabrication du gaz d'éclairage.

48. Huile de pétrole. — L'huile de pétrole est un produit naturel dont les gisements se trouvent dans le Caucase, en Perse, en Birmanie et surtout en Amérique dans la Pensylvanie, la Virginie et le Canada..

L'huile de pétrole, après avoir été convenablement rectifiée, est employée surtout pour l'éclairage ; ce n'est qu'exceptionnellement qu'elle a été employée au chauffage. Sa grande inflammabilité rend son emploi très dangereux et a été cause d'un grand nombre d'explosions et d'accidents graves.

Sa composition varie suivant les provenances.

M. Sainte-Claire Deville a fait de nombreuses analyses desquelles il résulte que la composition reste comprise dans les limites suivantes :

Carbone.	82	à	85
Hydrogène.	13		15
Oxygène. . . . . , ...	1		3

La puissance calorifique varie de 10600 à 11000.

49. Huile lourde. — L'huile lourde est un des produits de la distillation du goudron, qui est lui-même un produit dérivé de la fabrication du gaz de l'éclairage. Une huile brute de la Compagnie parisienne, analysée par M. Sainte-Claire Deville, avait la composition suivante :

Carbone. 82   p. 100
Hydrogène.   7,6
Oxygène, azote, soufre. . .   10,4

La densité à 0° était 1 044 et devenait égale à 1 007 à 51°, ce qui fait voir que le coefficient de dilatation est considérable.

M. Sainte-Claire Deville a déterminé la puissance calorifique par expérience au moyen d'un appareil calorimétrique spécial; il a trouvé 8 916 calories.

En appliquant la loi de Dulong à la composition donnée ci-dessus, et en admettant que 1 p. 100 d'hydrogène est combiné avec de l'oxygène dans le combustible, on trouve pour la puissance calorifique :

$$0,82 \times 8\,080 + 0,66 \times 29\,000 = 8\,539,6$$

Ce résultat est un peu plus faible que celui de l'expérience.

COMBUSTIBLES GAZEUX

50. Les combustibles gazeux sont d'un emploi fréquent dans les forges, les usines à gaz et d'autres industries.

Les gaz combustibles proviennent soit des hauts-fourneaux employés à la fabrication de la fonte, soit de fours spéciaux qu'on appelle des *gazogènes*.

Pour des chauffages de peu d'importance, on se sert aussi du gaz de l'éclairage qu'on se procure facilement dans les villes.

On a essayé de l'hydrogène, mais jusqu'à présent on n'a pu réussir à le fabriquer économiquement. Son emploi présente d'ailleurs des difficultés, à cause de sa faible densité qui le rend sujet aux fuites et de l'absence d'odeur qui ne permet pas de les reconnaître facilement; il en résulte plus de dangers d'explosion que pour le gaz d'éclairage.

51. Gaz de l'éclairage. — Le gaz qui sert à l'éclairage dans les villes et qu'on utilise au chauffage est le produit de la distillation de la houille chauffée dans des cornues. Le gaz qui se dégage, après avoir été purifié, est recueilli dans des gazomètres, d'où il se distribue par un réseau de conduites dans toute l'étendue d'une ville.

Le volume de gaz, fourni par 100 kilos de houille distillée à Paris dans les usines, s'élève en moyenne à 28 mètres cubes et même 29 mètres cubes. Le coke produit est de 70 à 74 kilos ; il y a 7 p. 100 d'eau ammoniacale et 5 à 6 p. 100 de goudron contenant des huiles complexes.

La composition du gaz de l'éclairage est très variable suivant la nature de la houille, la durée de la distillation, etc. Elle est, en volumes, comprise en général dans les limites suivantes :

Hydrogène bicarboné.	3,5	à 8 p. 100
Hydrogène protocarboné. . . .	32	55
Oxyde de carbone.	6	13
Acide carbonique.	0,3	4
Hydrogène.	30	50

On trouve en plus quelques faibles quantités d'azote, d'acide sulfhydrique et de quelques autres gaz.

Le tableau suivant donne, pour un gaz courant, les volumes, les poids et les quantités de chaleur dégagées, par mètre cube et par kilogramme, calculés d'après la loi de Dulong.

Composition moyenne du gaz de l'éclairage.
Quantité de chaleur dégagée.

	COMPOSITION en volumes.	POIDS des volumes.	CHALEUR dégagée par chaque gaz dans 1 m. c.	COMPOSITION en poids.	CHALEUR dégagée par chaque gaz dans 1 kil.
Hydrogène bicarboné.	mc 0,04	k 0,051	604,7	k 0,101	1 200
Hydrogène protocarboné.............	0,34	0,244	3 187,4	0,484	6 324
Oxyde de carbone...	0,10	0,124	298,0	0,246	591
Acide carbonique...	0,02	0,040	»	0,079	»
Hydrogène.........	0,50	0,045	1 550,8	0,090	3 077
Total.......	1mc,00	0k,504	5 640,9	1k,000	11 192

Avec la composition donnée :

1° Le poids du mètre cube de gaz de l'éclairage est de 0k,504, et par conséquent sa densité par rapport à l'air est $\dfrac{0,504}{1,293} = 0,397$, très approximativement 0,40.

2° La quantité de chaleur dégagée par mètre cube, calculée d'après la loi de Dulong, est 5 640 calories.

3° La quantité de chaleur dégagée par 1 kilogramme, c'est-à-dire la puissance calorifique, est de 11 192 calories. Ce sont des nombres moyens.

Dans un travail récent, M. Aimé Witz a déterminé la puissance calorifique du gaz d'éclairage en faisant détonner, dans une bombe calorimétrique, suivant la méthode de M. Berthelot, un mélange de six parties d'air avec une de gaz d'éclairage.

Il a trouvé, dans plusieurs séries d'expériences très concordantes, que la chaleur dégagée par un mètre cube de gaz d'éclairage, à 0 degré et 0,76, brûlant à volume constant, était en moyenne de 5 200 calories, la vapeur d'eau formée étant condensée.

La densité du gaz expérimenté par rapport à l'air était comprise entre 0,34 et 0,38, soit 0,36 en moyenne, ce qui correspond au poids de $0^k,465$ le mètre cube. Il résulte de ces nombres que la puissance calorifique serait 11 183, c'est-à-dire à peu près exactement le nombre inscrit au tableau précédent. La loi de Dulong serait ainsi applicable pour la détermination de la puissance calorifique du gaz de l'éclairage..

Le prix du gaz de l'éclairage varie suivant les localités. A Paris, pour les particuliers, il coûte $0^{fr},30$ le mètre cube, ce qui d'après la densité moyenne fait ressortir le prix du kilogramme à $0^{fr},60$. C'est un combustible cher, relativement au bois et surtout à la houille, mais il présente l'avantage de s'allumer et de s'éteindre sans perte de temps et de combustible ; il arrive aux points de consommation sans qu'on ait à se préoccuper du transport, de l'emmagasinement, ce qui rend son emploi commode, surtout pour les chauffages intermittents, et peut produire souvent une économie réelle.

52. Gaz des hauts-fourneaux. — Les hauts-fourneaux qui, en métallurgie, servent à la réduction du minerai de fer et à la production de la fonte, laissent échapper des quantités considérables de gaz combustibles qu'on recueille au moyen d'appareils appropriés, et qu'on utilise en les brûlant pour le chauffage des chaudières à vapeur ou d'autres usages.

La composition des gaz des hauts-fourneaux est assez variable ; elle est en général comprise dans les limites suivantes :

Oxyde de carbone. . . . . . . 25 à 30 p. 100
Acide carbonique. 10   15
Azote. 55   60

Il y a en outre une petite quantité d'hydrogène et d'hydrogènes carbonés, qui ne dépasse guère 2 à 3 p. 100.

La puissance calorifique de ces gaz, calculée d'après la loi de Dulong, est comprise entre

$$0,25 \times 2403 = 600 \text{ calories}$$
$$0,30 \times 2403 = 720 \quad \text{id.}$$

C'est la chaleur dégagée par l'oxyde de carbone contenu; celle fournie par l'hydrogène est peu importante.

La grande proportion d'oxyde de carbone rend ces gaz dangereux et il faut prendre des précautions pour que les ouvriers ne soient pas exposés à les respirer, même en petite quantité.

Ils donnent assez souvent lieu à des explosions.

53. Gaz des gazogènes. — L'emploi des gaz, comme combustibles, présente de tels avantages, à cause de la facilité du mélange avec l'air et du règlement de la combustion, qu'on a construit, pour transformer en gaz les combustibles solides, des fourneaux spéciaux qu'on appelle des *gazogènes*.

Cette transformation permet aussi d'utiliser, pour certains usages, des combustibles de qualité inférieure qui n'auraient pu s'employer directement.

On a fait des gazogènes pour transformer en gaz le bois, la sciure de bois, la tourbe, le charbon de bois, la houille, le coke, et la composition du gaz produit dépend nécessairement du combustible employé.

Pour la houille, la composition des gaz, sortant des gazogènes Siemens, est comprise dans les limites suivantes, en poids :

Oxyde de carbone.	21	à 27	p. 100
Acide carbonique.	6	10	
Azote.	60	68	
Hydrogène	0,4	0,8	

On trouve également, dans les gaz, des hydrogènes carbonés, dont la proportion peut s'élever jusqu'à 2,5 p. 100 en volume.

La puissance calorifique, calculée au moyen de la loi de Dulong, varie entre 800 et 900 calories.

PRIX COMPARÉ DE L'UNITÉ CALORIFIQUE AVEC LES DIVERS COMBUSTIBLES

54. Il n'est pas sans intérêt de comparer les combustibles au point de vue du prix de revient de l'unité calorifique. Le tableau suivant donne une évaluation du prix de 100 000 calories pour les combustibles les plus usuels. Il a été obtenu en divisant le prix de l'unité de poids du combustible par la puissance calorifique et multipliant par 100 000, afin d'éviter les trop petites fractions. Le calcul a été fait pour des prix de Paris.

COMBUSTIBLES.	VALEUR de 1 kil.	PUISSANCE calorifique.	PRIX de 100 000 calories.	RAPPORT.
	fr.		fr.	
Menu de houille.....	0,030	7 500	0,40	1,0
Houille tout-venant..	0,035	7 800	0,45	1,15
Gailleterie..........	0,055	8 000	0,687	1,72
Bois..............	0,060	2 750	2,20	5,50
Charbon de bois.....	0,200	7 000	2,857	7,14
Gaz de l'éclairage...	0,600	11 000	5,45	13,61

Ce tableau fait voir que la chaleur coûte environ 13 à 14 fois plus cher à Paris avec le gaz de l'éclairage à 0^{fr},30 le mètre cube qu'avec le menu de houille à 30 francs la tonne. Les autres combustibles occupent des degrés intermédiaires. A un point de vue absolu, l'emploi du menu de houille est donc plus économique et c'est ce combustible, ou du tout-venant qui coûte un peu plus cher, qu'on emploie dans nombre de foyers industriels.

Mais le prix n'est pas le seul élément qui intervienne dans le choix d'un combustible. La facilité de la combustion, de l'allumage, l'absence de fumée, etc., doivent, pour beaucoup d'applications, entrer en ligne de compte.

C'est ce qui fait que pour les cheminées d'appartement on préfère le bois à la houille, pour les cuisines le charbon de bois, et surtout le gaz d'éclairage, facile à allumer et à éteindre, et qui convient particulièrement sous ce rapport aux chauffages intermittents.

§ IV

QUANTITÉ D'AIR NÉCESSAIRE A LA COMBUSTION

55. La première condition pour que la combustion soit complète, c'est évidemment que l'air arrive sur le combustible en volume suffisant pour la combinaison chimique avec l'oxygène.

Ce volume sert de base au calcul des dimensions des conduites et des cheminées qui doivent livrer passage, dans un appareil de chauffage, soit à l'air affluant dans le foyer, soit aux produits de la combustion.

Nous allons déterminer par le calcul le volume d'air nécessaire à la combustion des divers combustibles.

56. Combustion du carbone. — Quand l'oxygène s'unit au carbone pour former de l'acide carbonique, la formule chimique qui représente cette combinaison est :

$$C + 2O = CO^2;$$

Deux équivalents d'oxygène s'unissent à un équivalent de carbone pour former un équivalent d'acide carbonique. En prenant les équivalents par rapport à l'hydrogène, on voit que 6 de carbone forment, avec 16 d'oxygène, 22 d'acide carbonique; d'où on déduit que : 1 kilog. de carbone se combine à $\dfrac{16}{6} = 2^k,667$ d'oxygène pour former $3^k,667$ d'acide carbonique.

Le poids d'air s'obtient en remarquant que l'air est composé en poids de 23 d'oxygène et de 77 d'azote p. 100; par conséquent le poids d'air nécessaire à la combustion de 1 kilog. de carbone est :

$$2^k,667 \times \frac{100}{23} = 11^k,594.$$

Le poids des produits de la combustion est la somme des poids du carbone et de l'air, soit $11^k,594 + 1^k = 12^k,594$, composés de $3^k,667$ d'acide carbonique et de $8^k,927$ d'azote.

On trouve le volume de l'oxygène en divisant le poids $2^k,667$ par le poids du mètre cube qui est $1^k,43$, ce qui donne :

$$\frac{2,667}{1,43} = 1^{mc},865.$$

Le volume d'air s'obtient de même en divisant le poids d'air $11^k,594$ par $1^k,293$ qui est le poids du mètre cube d'air, et on trouve

$$\frac{11,594}{1,293} = 8^{mc},9669.$$

Le volume d'acide carbonique est égal au volume d'oxygène qui a servi à le former, et quand la combustion se fait avec l'air, le volume des produits de la combustion est égal au volume de l'air à la même température, l'azote ne changeant pas.

Pour faire le calcul du volume d'air, on peut encore s'appuyer sur la composition chimique en volume de l'acide carbonique.

1 vol. vap. $C + 2$ vol. O donnent 2 vol. CO^2.

Le volume de 1 kilog. de vapeur de carbone est $0^{mc},9325$; on en déduit que le volume d'oxygène est le double, soit $1^{mc},865$ et que c'est également le volume de l'acide carbonique produit.

Quant au volume d'air, il se déduit du volume d'oxygène en remarquant que l'air est composé, en volumes, de 20,8 d'oxygène et de 79,2 d'azote p. 100 ; ce volume est donc :

$$1^m,865 \times \frac{100}{20,8} = 8^{mc},9669.$$

Quand la combustion du carbone produit de l'oxyde de carbone, on a :

$$C + O = CO.$$

6 de carbone forment avec 8 d'oxygène 14 d'oxyde de carbone, de sorte que 1 kilog. de carbone se combine à $\frac{8}{6} = 1^k,333$ d'oxygène pour former $\frac{14}{6} = 2^k,333$ d'oxyde de carbone.

Le poids d'oxygène est la moitié de celui qui est nécessaire pour la production de l'acide carbonique.

Pour la combustion avec l'air atmosphérique, il faut

$$1,333 \times \frac{100}{23} = 5^k,797 \text{ d'air,}$$

ce qui donne $6^k,797$ pour les produits de la combustion, sur lesquels il y a $2^k,333$ d'oxyde de carbone et $4^k,464$ d'azote.

Le volume de l'oxygène nécessaire à la combustion est $\frac{1,333}{1,43} = \frac{1,865}{2} = 0^{mc},9325$, et le volume de l'air $\frac{5,797}{1,293} = 4^{mc},4834$.

Le volume d'oxyde de carbone est égal au double du volume d'oxygène, soit $1^{mc},865$ et le volume des gaz de la combustion est :

$$4^{mc},4834 + 0^{mc},9325 = 5^{mc},4159.$$

57. Combustion de l'hydrogène. — Le calcul de la quantité d'air nécessaire à la combustion de l'hydrogène se fait d'une manière analogue.

La formule chimique de la combustion est :

$$H + O = HO$$

ou, d'après la valeur des équivalents,

1 kilog. d'hydrogène se combine avec 8 kilog. d'oxygène pour former 9 kilog. d'eau.

Le poids de l'air est. . . . . $8 \times \dfrac{100}{23} = 34^k,784.$

Quant aux volumes, on a :

Volume de l'hydrogène. . . . . $\dfrac{1}{0^k,0897} = 11^{mc},170,$

Volume de l'oxygène. . . . . . $\dfrac{8}{1^k,43} = 5^{mc},585,$

Volume de vapeur d'eau. . . . $\dfrac{9}{0^k,806} = 11,170.$

On voit que le volume de vapeur d'eau est égal à celui de l'hydrogène, et celui de l'oxygène est seulement moitié, ce qu'on pouvait dire *à priori*, puisque

$$2 \text{ vol. H et } 1 \text{ vol. O donnent } 2 \text{ vol. HO.}$$

Le volume de l'air est : $\dfrac{34,784}{1,293} = 26^{mc},850$.

Quant au volume des produits de la combustion par l'air, il est égal au volume de l'air, augmenté de la moitié du volume de l'hydrogène :

$$26^{mc},850 + 5,585 = 32^{mc},435.$$

Dans tous ces calculs les gaz sont supposés ramenés à $0°$ et à $0^m,76$.

58. Combustion de l'oxyde de carbone. — On a la formule chimique :

$$CO + O = CO^2.$$

En prenant les équivalents : 14 d'oxyde de carbone s'unissent à 8 d'oxygène pour former 22 d'acide carbonique; par conséquent, pour 1 kilog. d'oxyde de carbone, il faut $\dfrac{8}{14} = 0^k,5714$ d'oxygène, ce qui produit $1^k,5714$ d'acide carbonique.

On trouve ensuite, en calculant comme ci-dessus :

Poids de l'air nécessaire . . . . . $0,5714 \dfrac{100}{23} = 2^k,483,$

Poids de l'azote contenu. . . . . . $2,483 - 0,5714 = 1,9116,$

Volume d'oxygène. . . . . $\dfrac{0,5714}{1,43} = 0,399,$

Volume d'air. . . . . $\dfrac{2,483}{1,293} = 1^{mc},920,$

Volume d'acide carbonique. . . . $\dfrac{1,5714}{1,977} = 0^{mc},795.$

59. Combustion d'un hydro-carbure. — Quand on connaît la formule chimique d'un corps composé de carbone et d'hydrogène, la quantité d'air nécessaire pour la combustion se calcule comme il suit.

Prenons pour exemple l'hydrogène protocarboné dont la formule chimique est C^2H^4. On a la formule de la combinaison

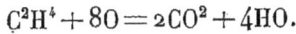

$$C^2H^4 + 8O = 2CO^2 + 4HO.$$

ou, en prenant les équivalents,

$$16(C^2H^4) + 64(O) = 44(CO^2) + 36(HO).$$

En rapportant à l'unité

$$1(C^2H^4) + 4(O) = 2,75(CO^2) + 2,25(HO).$$

Pour brûler 1 kilog. d'hydrogène protocarboné, il faut 4 kilog. d'oxygène et la combustion forme $2^k,75$ d'acide carbonique et $2^k,25$ de vapeur d'eau. On trouve ensuite :

Poids d'air. . . . . $4 \times \dfrac{100}{23} = 17^k,391,$

Volume d'oxygène. . . . . $\dfrac{4}{1,43} = 2^{mc},798,$

Volume d'acide carbonique. . . . . $\dfrac{2,75}{1,977} = 1^{mc},399,$

Volume de vapeur d'eau. . . . . . . $\dfrac{2,25}{0,806} = 2^{mc},798,$

Volume d'air. . . . . $\dfrac{13,391}{1,293} = 13^{mc},452,$

qui se compose de $2^{mc},798$ d'oxygène et de $10^{mc},654$ d'azote. Nous réunissons dans le tableau suivant les éléments relatifs à la combustion des principaux combustibles de composition chimique définie.

Poids et volumes de l'oxygène

DÉSIGNATION DU COMBUSTIBLE.	ÉQUIVALENTS.			POIDS (par kilogramme de combustible)			
	COMBUS-TIBLE.	OXYGÈNE.	PRODUITS.	COMBUSTION par l'oxygène.		COMBUSTION par l'air.	
				Oxygène.	Produits	Air.	Produits
Carbone.........	$C = 6$	$2O = 16$	$CO^2 = 22$	$\dfrac{16}{6} = 2,667$	$3,667$	$11,594$	$12,594$
Carbone.........	$C = 6$	$O = 8$	$CO = 14$	$\dfrac{8}{6} = 1,333$	$2,333$	$5,797$	$6,797$
Oxyde de carbone.	$CO = 14$	$O = 8$	$CO^2 = 22$	$\dfrac{8}{14} = 0,571$	$1,571$	$2,484$	$3,484$
Hydrogène......	$H = 1$	$O = 8$	$HO = 9$	$\dfrac{8}{1} = 8,000$	$9,000$	$34,784$	$35,784$
Hydrogène proto-carboné.......	$C^2H^4 = 16$	$8O = 64$	$2CO^2 = 44$ $4HO = 36$	$\dfrac{64}{16} = 4,000$	$5,000$	$17,392$	$18,392$
Hydrogène bicar-boné.........	$C^4H^4 = 28$	$12O = 96$	$4CO^2 = 88$ $4HO = 36$	$\dfrac{96}{28} = 3,428$	$4,428$	$14,903$	$15,903$

et de l'air nécessaires à la combustion.

COMPOSITION EN VOLUMES.			VOLUMES RAMENÉS A 0° (par kilogramme du combustible)				
			du COMBUS- TIBLE gazeux.	COMBUSTION par l'oxygène.		COMBUSTION par l'air.	
COMBUSTIBLE.	OXYGÈNE.	PRODUITS.		Oxygène.	Produits.	Air.	Produits.
1 vol. C	2 vol. O	2 vol. CO^2	0,9325	1,8650	1,8650	8,9669	8,9669
1 vol. C	1 vol. O	2 vol. CO	0,9325	0,9325	1,8650	4,4834	5,4159
2 vol. CO	1 vol. O	2 vol. CO^2	0,7986	0,3993	0,7986	1,9188	2,3181
2 vol. H	1 vol. O	2 vol. HO	11,1700	5,5850	11,1700	26,8500	32,4350
1 v. C + 4 v. H	4 vol. O	2 v. CO^2 + 4 v. HO	1,3990	2,7980	4,1970	13,4520	14,8510
1 v. C + 2 v. H	3 vol. O	2 v. CO^2 + 2 v. HO	0,7986	2,3958	3,194	11,5190	12,3176

60. Combustion d'un combustible quelconque. —

Lorsque la composition du combustible est donnée en centièmes, le calcul du volume d'air nécessaire à la combustion se fait de la manière suivante :

Prenons le cas d'une houille dont la composition élémentaire donnée par l'analyse est :

$$
\begin{aligned}
\text{Carbone} &\ldots\ldots\ldots\ldots\ 0,83 \\
\text{Hydrogène} &\ldots\ldots\ldots\ldots\ 0,05 \\
\text{Oxygène} &\ldots\ldots\ldots\ldots\ 0,08 \\
\text{Azote} &\ldots\ldots\ldots\ldots\ 0,01 \\
\text{Cendres} &\ldots\ldots\ldots\ldots\ 0,03
\end{aligned}
$$

c'est à peu près la composition d'une bonne houille grasse.

En admettant que l'oxygène est combiné à l'hydrogène dans le combustible, cette composition peut s'écrire :

$$
\begin{aligned}
\text{Carbone} &\ldots\ldots\ldots\ldots\ 0,83 \\
\text{Hydrogène} &\ldots\ldots\ldots\ldots\ 0,04 \\
\text{Eau} &\ldots\ldots\ldots\ldots\ 0,09 \\
\text{Azote} &\ldots\ldots\ldots\ldots\ 0,01 \\
\text{Cendres} &\ldots\ldots\ldots\ldots\ 0,03
\end{aligned}
$$

On trouve alors pour le poids d'oxygène nécessaire à la combustion

$$
\begin{aligned}
\text{du carbone} &\ldots\ldots\ldots\ 0,83 \times 2,667 = 2^k,20 \\
\text{de l'hydrogène} &\ldots\ldots\ 0,04 \times 8 \quad = 0,32 \\
\hline
\text{Total d'oxygène} &\ldots\ldots \quad\quad 2^k,52
\end{aligned}
$$

$$
\text{Poids d'air} \ldots\ldots\ldots\ldots 2^k,52 \times \frac{100}{23} = 10^k,95,
$$

composés de $2^k,52$ d'oxygène et de $8^k,43$ d'azote.

$$
\text{Volume d'oxygène} \ldots\ldots \quad \frac{2,52}{1,43} = 1^{mc},762.
$$

$$
\text{Volume d'air} \ldots\ldots\ldots \quad \frac{10,95}{1,293} = 8^{mc},468.
$$

Quant aux produits de la combustion, on a les poids :

Acide carbonique $0,83 + 2,20 = 3^k,03$, dont le vol. est à 0° $1,533^{mc}$

Vapeur d'eau pro-
duite. . . . . . $0,04 + 0,32 = 0,36$ id. $0,448$

Eau vaporisée. . $= 0,09$ id. $0,112$

Azote. . . . . . $0,01 + 8,43 = 8,44$ id. $6,715$

Poids total. . . . $11^k,92$ Volume total. $8^{mc},808$

Dans la plupart des foyers, le volume d'air affluant dépasse celui qui est strictement nécessaire à la combustion et atteint quelquefois le double. Dans ce cas, on trouve que, pour brûler 1 kilogramme de la houille indiquée, il faut un :

Poids d'oxygène . . . . $2 \times 2,52 = 5^k,04,$
Poids d'air . . . . $2 \times 10,95 = 21^k,90,$
Volume d'oxygène. . . . . . $2 \times 1,762 = 3^{mc},524,$
Volume d'air. . . . . $2 \times 8,408 = 16^{mc},936.$

Enfin les produits de la combustion sont :

Acide carbonique. . . . . . $3^k,03$ dont le volume est $1^{mc},533$
Vapeur d'eau produite. . . $0,36$ id. $0,448$
Eau vaporisée. . . . . . . $0,09$ id. $0,112$
Oxygène en excès. . . . $2,52$ id. $1,762$
Azote. . . . $8,44 + 8,43 = 16,87$ id. $13,412$

Poids total. . . . . . . $22^k,87$ Volume total . . . $17^{mc},269$

Cet exemple donne la marche à suivre pour un combustible quelconque dont la composition chimique est connue.

Le tableau (page 94) renferme les éléments relatifs à la combustion des principaux combustibles.

61. Proportion d'oxygène libre dans le gaz de la combustion. — Quand on fait l'analyse des gaz de la combustion d'un foyer, on trouve en général une certaine proportion d'oxygène libre, d'autant plus grande que l'air est employé en plus grand excès, de sorte que cette proportion permet d'apprécier l'excès de volume d'air.

Éléments relatifs à la combustion des principaux combustibles naturels.

COMBUSTIBLES.	GAZ COMBURANTS				GAZ DE LA COMBUSTION VOLUMES RAMENÉS À 0° ET À 0m,76									
	OXYGÈNE.		AIR.		ACIDE CARBONIQUE.		EAU VAPORISÉE		EAU PRODUITE.		AZOTE.		TOTAL.	
	Poids.	Volumes	Poids.	Volumes	Poids.	Volumes	Poids.	Volumes	Poids.	Volumes	Poids.	Volumes	Poids.	Volumes
	k	mc	k	mc	k	mc	k	mc	k	mc	k	mc	k	mc
Bois à 30 % d'eau	1,103	1,783	4,404	3,406	1,338	0,667	0,630	0,784	0,045	0,056	3,391	2,698	5,404	4,215
Bois ligneux	1,467	1,025	6,378	4,932	1,907	0,965	0,450	0,560	0,090	0,112	4,931	3,922	7,378	5,559
Tourbe	1,789	1,213	7,548	5,837	2,700	1,113	0,378	0,471	0,153	0,191	5,817	4,627	8,548	6,402
Lignite ligneux	1,912	1,337	8,313	6,429	2,410	1,224	0,315	0,392	0,171	0,213	6,407	5,097	9,313	6,926
Lignite parfait	2,194	1,534	9,539	7,377	2,714	1,373	0,2115	0,263	0,248	0,309	7,366	5,860	10,540	7,805
Houille maigre à longue flamme.	2,340	1,636	10,173	7,868	2,866	1,447	0,1845	0,230	0,2925	0,364	7,836	6,234	11,173	8,275
Houille à gaz	2,631	1,840	11,439	8,847	3,117	1,577	0,104	0,130	0,410	0,511	8,809	7,008	12,440	9,226
Houille grasse maréchale	2,640	1,846	11,478	8,877	3,190	1,614	0,090	0,112	0,360	0,448	8,838	7,031	12,478	9,305
Houille demi-grasse	2,670	1,867	11,669	8,978	3,264	1,652	0,072	0,090	0,333	0,415	8,940	7,112	12,609	8,978
Houille maigre à courte flamme.	2,734	1,912	11,887	9,193	3,374	1,707	0,045	0,056	0,315	0,392	9,153	7,282	12,887	9,437
Anthracite	2,719	1,905	11,823	9,142	3,447	1,744	0,0315	0,039	0,239	0,298	9,105	7,244	12,823	9,325

Soit a le volume d'air nécessaire à la combustion de 1 kilo de carbone ($a = 8^{mc},967$), na le volume d'air réellement employé.

Le volume d'acide carbonique produit par kilo de carbone est. . . . . $0,208\,a$

Le volume d'oxygène dans l'air introduit. . . . $0,208\,na$

D'où il résulte que le volume d'oxygène libre est $0,208\,(n-1)\,a$

Le rapport r du volume d'oxygène libre au volume total des gaz de la combustion, qui est sensiblement celui de l'air à la même température, est donc

$$r = \frac{0,208\,(n-1)\,a}{na},$$

d'où

$$n = \frac{0,208}{0,208-r}.$$

En donnant à r diverses valeurs, on trouve pour

$r=0$	$n=1$	pas d'excès d'air,
$r=0,0416$	$n=1,25$	25 p. 100 d'excès d'air,
$r=0,0693$	$n=1,50$	50 p. 100 d'excès d'air,
$r=0,104$	$n=2$	volume d'air double.

Ces proportions ne sont absolument exactes que pour le carbone, mais elles restent suffisamment approchées pour la houille et le coke.

Ainsi pour la houille, dont nous avons étudié la combustion (**60**), avec un volume d'air double, le volume d'oxygène libre dans les gaz de la combustion est $1^{mc},762$, soit $\dfrac{1,762}{17,269}=0,1018$ du volume total, et en appliquant la formule, on trouve $n=1,96$ au lieu de $n=2$, qui est le rapport exact.

Dans la pratique industrielle, le poids d'air introduit par kilogramme de houille varie entre 12 et 24 kilos; ce sont des limites dont il convient de ne pas trop s'approcher. Quand ce poids est voisin de la limite inférieure, 12 kilos, on risque d'avoir une combustion incomplète par suite de l'insuffisance de l'oxy-

gène; quand il se rapproche de 24 kilos, le volume des gaz produits est doublé, la chaleur se répartit dans une masse beaucoup
plus grande; la température s'abaisse dans le foyer et les gaz
emportent plus de chaleur à la sortie de l'appareil. Dans les
foyers bien conduits, on tend, pour diminuer cette perte, à maintenir le poids d'air introduit entre 15 kilos et 18 kilos par
kilogr. de houille, c'est-à-dire à réaliser une bonne combustion
avec un excès d'air de $\frac{1}{4}$ à $\frac{1}{2}$ au plus.

62. Appareil Orsat. — L'analyse des gaz de la combustion se fait pratiquement au moyen de l'appareil Orsat modifié
par M. Salleron.

Cet appareil (fig. 12) se compose essentiellement :

1° D'un tube gradué K servant à mesurer le volume des gaz.

2° D'une série de trois manchons en verre A, B, C servant de

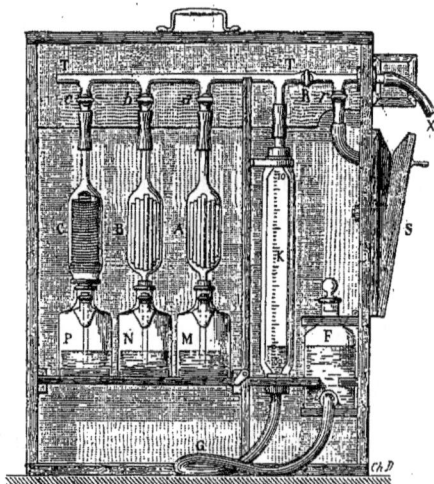

Fig. 12.

laboratoires dans lesquels s'effectue l'absorption successive des
différents gaz par des réactifs particuliers.

Le mesureur K est un tube gradué en centimètres cubes de o

à 100 ; il est entouré d'un manchon en verre et l'intervalle est rempli d'eau afin de maintenir les gaz à une température à très peu près constante pendant l'opération. Le mesureur communique par le bas, au moyen d'un tube en caoutchouc G, avec un flacon F renfermant de l'eau acidulée par de l'acide chlorhydrique pour l'empêcher de dissoudre l'acide carbonique ; il est relié par le haut au moyen de tubulures et de joints en caoutchouc avec un tube horizontal TT, qui le met en communication, d'un côté avec les laboratoires, en ouvrant les robinets a,b,c, et de l'autre par le tube X avec l'atmosphère ou avec l'enceinte renfermant les gaz à analyser, en ouvrant le robinet R. Une tubulure, munie d'un robinet r, fait communiquer avec un soufflet S.

En élevant le flacon F, l'eau monte dans le mesureur et le gaz déplacé est chassé, soit dans un des laboratoires dont le robinet est ouvert, soit à l'extérieur en ouvrant le robinet R. En abaissant le flacon F au contraire, il se produit un vide dans le mesureur et les gaz sont aspirés soit des laboratoires, soit de l'enceinte, suivant les robinets qu'on laisse ouverts ou fermés.

Chaque laboratoire se compose d'un manchon avec deux petites tubulures haut et bas ; la tubulure supérieure, munie d'un robinet a, b, ou c, met en communication avec le tube horizontal TT ; la tubulure inférieure plonge dans un flacon M, N ou P, renfermant chacun un réactif particulier et muni d'une ouverture communiquant à l'extérieur par laquelle on fait le remplissage et qu'on peut fermer avec un bouchon en caoutchouc. Dans le flacon M, le réactif est une lessive de soude à 36° Baumé pour l'absorption de l'acide carbonique ; dans le second flacon N, se trouve une dissolution de pyrogallate de potasse pour absorber l'oxygène, et enfin dans le flacon P, une solution de protochlorure de cuivre ammoniacal pour absorber l'oxyde de carbone. Le pyrogallate de potasse et le protochlorure de cuivre ammoniacal absorbant l'oxygène, on les recouvre, dans les flacons, d'une couche de 1 centimètre d'huile de pétrole pour empêcher le contact de l'air.

Les laboratoires A et B renferment un grand nombre de tubes

de verre qui sont mouillés par les réactifs, quand ils montent des flacons inférieurs comme nous le verrons, et qui présentent une grande surface aux gaz qui viennent ensuite les remplir par le tube TT. On rend ainsi l'absorption beaucoup plus rapide.

Dans le laboratoire C se trouve un rouleau de toile de cuivre rouge qui a pour effet, non seulement d'augmenter la surface d'absorption, mais encore, en se dissolvant dans le chlorhydrate d'ammoniaque, de produire du protochlorure de cuivre et de régénérer ce réactif.

Pour faire l'analyse des gaz de la combustion, on opère de la manière suivante.

Remplissage des laboratoires. — On ouvre le robinet R pour mettre en communication avec l'atmosphère, et on élève le flacon F à une hauteur convenable ; l'eau acidulée monte dans le mesureur K et chasse l'air qui s'y trouve. Quand il est plein d'eau, on ferme le robinet R et on ouvre le robinet a (les robinets b et c restent fermés) et on enlève le bouchon du flacon M. En abaissant le flacon F on produit dans le mesureur l'aspiration de l'air du laboratoire A qui se remplit de la lessive de soude contenue dans le flacon inférieur M. On amène le niveau du liquide jusqu'au trait de repère gravé sur le tube étroit qui surmonte le laboratoire ; puis on ferme le robinet a.

On ouvre ensuite le robinet R et en élevant l'aspirateur on remplit de nouveau le mesureur ; puis refermant R et ouvrant b, on retire le bouchon du flacon N et on baisse F ; on aspire ainsi dans le laboratoire B le pyrogallate jusqu'au trait de repère du tube étroit qui le surmonte. On ferme alors le robinet b, et en opérant les mêmes manœuvres pour le laboratoire C, on le remplit de protochlorure de cuivre jusqu'au repère. L'appareil est alors disposé pour l'absorption des gaz.

Prise des gaz à analyser. — On ouvre le robinet R, puis on élève le flacon F de manière à remplir le mesureur K jusqu'au trait supérieur o. On referme R et on établit par le tuyau X la communication avec le carneau de fumée d'où on veut extraire le gaz à analyser.

On ouvre le robinet *r* et en faisant fonctionner le soufflet on aspire les gaz dans le tube X que l'on purge ainsi de l'air ou des gaz provenant d'une opération précédente. Il faut faire fonctionner le soufflet assez longtemps pour être sûr que la purge est complète, et que le tube X est bien plein de gaz à analyser. On ferme alors *r* et on ouvre R ; en baissant le flacon F, on aspire les gaz qui viennent remplir le mesureur jusqu'à la division 100 ; on ferme alors le robinet R.

On a ainsi dans le mesureur 100 centimètres cubes de gaz.

Dosage de l'acide carbonique. — On ouvre le robinet *a* et on élève le flacon F. L'eau chasse les gaz du mesureur dans le laboratoire A au contact des tubes mouillés par la lessive de soude qui descend dans le flacon M. L'acide carbonique est absorbé ; on abaisse le flacon F, les gaz repassent dans le mesureur et le laboratoire A se remplit de lessive ; on ramène celle-ci jusqu'au trait de repère, puis on ferme le robinet *a*. On place le flacon F de manière que l'eau y soit au même niveau que dans le mesureur, afin que dans celui-ci le gaz se trouve à la pression atmosphérique. On lit alors le volume occupé et la différence, entre les volumes avant et après l'absorption, donne le volume de gaz acide carbonique retenu par la soude ; il faut faire repasser le gaz plusieurs fois dans le laboratoire, puis le ramener chaque fois dans le mesureur jusqu'à ce que, deux lectures consécutives donnant le même résultat, on soit sûr que l'absorption est complète.

Dosage de l'oxygène. — En laissant fermés les robinets *a* et C et ouvrant le robinet *b*, on fait passer, en élevant le flacon F, les gaz dans le laboratoire B, au contact de la dissolution de pyrogallate de potasse qui absorbe l'oxygène, et on mesure le volume absorbé en faisant repasser le gaz dans le mesureur, comme nous l'avons indiqué pour le dosage de l'acide carbonique. On s'assure par deux lectures successives concordantes que l'absorption est complète.

Dosage de l'oxyde de carbone. — On opère de la même manière pour faire passer les gaz restants dans le troisième laboratoire C où la dissolution de protochlorure du cuivre absorbe l'oxyde de

carbone, qu'on dose par la diminution de volume en faisant repasser dans le mesureur. On s'assure de la même manière de
l'absorption complète.

Dosage de l'azote. — Enfin, après les absorptions dans les trois
laboratoires, le volume qui reste est celui de l'azote et des autres
gaz qui ne pouvaient être retenus par aucun des réactifs. On
admet pratiquement que l'azote forme la totalité de ce reste dans
l'analyse des gaz de la combustion.

L'appareil Orsat ne saurait donner des résultats d'une grande
précision, mais, en pratique, il fournit les indications les plus
utiles sur la marche des foyers; il sert de guide pour le règlement de l'épaisseur du combustible sur la grille, pour la manœuvre du registre de tirage, l'intervalle de temps entre deux chargements, etc. Il devrait, à notre avis, se trouver dans toute
grande usine à proximité des fourneaux et c'est pour cela que
nous avons cru devoir entrer dans quelques détails sur son
fonctionnement.

§ V

TEMPÉRATURE DE LA COMBUSTION

63. La température produite par la combustion dépend d'un
grand nombre d'éléments, de la nature du combustible, de celle
du comburant, de leurs proportions relatives, de leurs températures initiales, du milieu où s'opère la combustion, etc.

En général la chaleur M dégagée par un foyer quelconque
peut se diviser en deux parties : la chaleur R rayonnée sur les
parois de l'enceinte où s'opère la combustion, et qui est absorbée
et transmise par ces parois; la chaleur G employée à élever la
température des gaz de la combustion :

$$M = R + G.$$

La chaleur rayonnée R dépend de la température du foyer, de

la nature et de la température de l'enceinte. Quand au-dessus
du foyer se trouve une chaudière renfermant de l'eau (fig. 13),
les parois sont à une température bien infé-
rieure à celle du foyer, et la chaleur transmise par rayonnement est considérable.
Souvent la valeur de R est supérieure à
celle de G; cette valeur dépend de circonstances dont nous ne pouvons encore déterminer l'influence, mais que nous étudierons
plus loin.

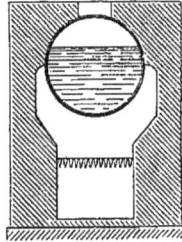

Fig. 13.

Pour le moment nous examinerons le cas
le plus simple, celui où le foyer est placé dans une enceinte en
maçonnerie (fig. 14), que nous supposerons
assez épaisse pour qu'on puisse admettre
qu'il ne se perd pas de chaleur à travers ses
parois.

Dans ces conditions, la température
des parois est à peu près la même que
celle du foyer; il y a rayonnement réci-
proque à la même température; les parois
rendent ce qu'elles reçoivent, de sorte
que la chaleur transmise par rayonnement est nulle :

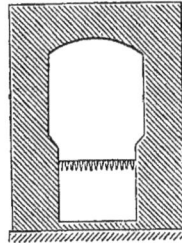

Fig. 14.

$$R = 0.$$

Il résulte de là que toute la chaleur produite par la combustion est employée à élever la température des gaz qui se dégagent du foyer et qu'on a :

$$M = G.$$

Pour calculer la température du foyer, il suffit donc de déterminer, d'un côté, la quantité de chaleur M fournie par la combustion et, de l'autre, la nature et le poids des gaz produits et qui
doivent l'absorber par leur élévation de température. Voici la
marche à suivre :

64. Température quand la chaleur rayonnée est nulle. — Désignons par P le poids de combustible brûlé, par C sa chaleur spécifique et par θ sa température initiale quand on l'introduit dans le foyer; de même par P' le poids du comburant (oxygène ou air), par C' sa chaleur spécifique et par θ' sa température d'arrivée au foyer.

Soit N la puissance calorifique du combustible; si la combustion était complète dans le foyer, la chaleur dégagée serait PN, mais, le plus souvent, une portion des gaz combustibles ne brûle qu'après ou même ne brûle pas du tout, et en désignant par m la fraction réellement brûlée dans le foyer, la chaleur dégagée est seulement mPN.

Si on ajoute à cette quantité la chaleur renfermée dans le combustible à partir de 0°, soit PCθ et la chaleur renfermée dans le comburant P'C'θ', la chaleur totale fournie au foyer, en comptant à partir de 0°, est

$$M = PC\theta + P'C'\theta' + m\,PN.$$

C'est cette chaleur qui élève la température des gaz de la combustion au-dessus de 0°.

En désignant par p, p', p'' les poids des divers produits de la combustion, par c, c', c'' leurs chaleurs spécifiques respectives et par T leur température commune, après la combustion, la chaleur absorbée, en comptant également à partir de 0°, est :

$$G = (pc + p'c' + p''c'')\,T = T\Sigma pc.$$

Dans l'hypothèse faite de parois en maçonnerie ne laissant pas perdre de chaleur, on a $M = G$, et

par suite
$$PC\theta + P'C'\theta' + m\,PN = T\Sigma pc;$$

$$T = \frac{PC\theta + P'C'\theta' + m\,PN}{\Sigma pc}. \qquad (1)$$

Telle est la formule générale qui donne la température dans le cas d'un foyer avec parois imperméables à la chaleur.

On voit d'après cette expression que la température de la combustion sera d'autant plus élevée que les températures initiales θ et θ' le seront elles-mêmes davantage et que le poids Σp des gaz dégagés sera plus faible.

Pour avoir de hautes températures, il y a donc intérêt à chauffer le combustible et le comburant avant leur combinaison, c'est ce qu'on fait dans nombre d'applications industrielles.

Les chaleurs spécifiques des gaz, sauf pour l'hydrogène dont la proportion est toujours assez faible, étant assez peu différentes de 0,24, on peut, pour un calcul approximatif, simplifier la formule en prenant la chaleur spécifique moyenne des produits de la combustion. En désignant par A le poids de comburant employé à la combustion de 1 kilogr. du combustible, le poids total du comburant est $P' = PA$, et comme

$$\Sigma pc = 0,24\, P\,(A + 1),$$

on trouve, en substituant dans la formule (1) ci-dessus,

$$T = \frac{C\theta + AC'\theta' + mN}{0,24\,(A + 1)}.$$

La température est indépendante du poids de combustible employé.

Si le combustible et le comburant sont pris à la même température θ, et si les chaleurs spécifiques sont égales à 0,24, ce qui est approximativement exact dans nombre de cas, on a simplement

$$T = \theta + \frac{mN}{0,24\,(A + 1)}. \qquad (2)$$

65. Applications. — Appliquons la formule à divers cas particuliers.

Nous supposerons la combustion complète, c'est-à-dire $m = 1$, les températures initiales $\theta = 0$ et $\theta' = 0$, la formule (1) se réduit à

$$T = \frac{N}{\Sigma pc},$$

Σpc se rapportant à 1 kilogr. du combustible.

Combustion du carbone. $N = 8080$.

Avec l'oxygène pur, $\Sigma pc = 0{,}793$:

$$T = \frac{8\,080}{0{,}793} = 10\,180°.$$

Avec l'air en volume exact, $\Sigma pc = 2{,}971$:

$$T = \frac{8\,080}{2{.}971} = 2\,753°.$$

Avec l'air en volume double, $\Sigma pc = 5{,}731$:

$$T = \frac{8\,080}{5{,}731} = 1\,409°.$$

Combustion de l'hydrogène. $N = 29000$.

Avec l'oxygène pur :

$$T = \frac{29\,000}{4{,}32} = 6\,713°.$$

Avec l'air en volume exact :

$$T = \frac{29\,000}{10{,}83} = 2\,677°.$$

Avec l'air en volume double :

$$T = \frac{29\,000}{19{,}50} = 1\,492°.$$

Combustion de l'oxyde de carbone. $N = 2403$.

Avec l'oxygène pur :

$$T = \frac{2\,403}{0{,}34} = 7\,067°.$$

Avec l'air en volume exact :

$$T = \frac{2\,403}{0{,}8065} = 2\,979°.$$

Avec un volume d'air double :

$$T = \frac{2\,403}{1{,}397} = 1\,720°.$$

Pour la houille de composition indiquée (**60**) et brûlant avec un volume d'air deux fois plus grand que celui qui est strictement nécessaire, on trouverait en admettant $N = 8000$:

$$T = \frac{8\,000}{5,438} = 1\,471°.$$

En appliquant la formule approximative (2) :

$$T = \frac{8\,000}{5,4} = 1\,480°.$$

La différence est peu sensible et pratiquement la formule approchée est suffisante.

66. Influence de la dissociation. — Les températures obtenues pour la combustion avec l'oxygène pur sont, en réalité, beaucoup plus faibles que celles trouvées par le calcul.

MM. Sainte-Claire Deville et Debray ont employé le chalumeau à gaz oxygène et hydrogène à la fusion du platine ; ils ont déterminé la température en refroidissant dans l'eau la masse fondue et en mesurant la chaleur abandonnée au moyen de la chaleur spécifique donnée par M. Pouillet et de la chaleur latente donnée par M. Person.

Ils en ont déduit la température de combustion qu'ils ont trouvée égale à 2500°.

D'un autre côté, M. Bunsen, en opérant la combustion au moyen d'un eudiomètre à soupape, a déterminé la température de la combustion à volume constant par l'accroissement de pression, et il a trouvé 2844° avec un accroissement de pression de 8 à 9 atmosphères. Ces nombres sont bien éloignés de celui de 6713 donné par le calcul.

Il en est de même dans la combustion de l'oxyde de carbone par l'oxygène ; M. Sainte-Claire Deville a trouvé une température de 2600 à 2700° à la pression atmosphérique, M. Bunsen 3000° à 9 ou 10 atmosphères ; le calcul indique 7067°.

Le phénomène de la dissociation, découvert par M. Sainte-Claire Deville, explique ce désaccord apparent entre l'expérience et la théorie. Le calcul suppose que la combustion est complète, que $m = 1$, tandis qu'en fait elle n'est que partielle. A partir

d'une certaine température, correspondant à la tension de dissociation, la combinaison ne se fait plus et la température ne peut
s'élever davantage. Dans le mélange gazeux, il reste une certaine
quantité d'hydrogène et d'oxygène non combinés qui se com-
portent comme des gaz inertes. La température plus élevée
observée par M. Bunsen s'explique par ce fait que la température de dissociation augmente avec la tension, comme la température de la vapeur saturée avec la pression.

En partant de la température de combustion trouvée par expérience, on peut calculer la proportion de combustible qui ne
s'est pas combinée.

Ainsi, pour la combustion de l'hydrogène avec l'oxygène, dans
l'expérience de MM. Sainte-Claire Deville et Debray, m désignant
la fraction d'hydrogène réellement combinée par 1 kilo employé,
$1-m$ est la fraction non combinée.

D'un autre côté, le poids d'oxygène amené pour la combustion
étant 8 kilos par 1 kilo d'hydrogène, la fraction combinée sera
$8m$ et celle non combinée $8(1-m)$.

La chaleur dégagée est $29\,000\,m$.

Les gaz de la combustion sont :

La vapeur d'eau dont le poids est $9\,m$.
L'hydrogène   id. $(1-m)$.
L'oxygène   id. $8(1-m)$.

S'il n'y a pas de perte, la chaleur absorbée par ces gaz est
égale à la chaleur dégagée; on a la relation

$$29\,000\,m = 9\,m \times 0,48\,T + (1-m)\,3,40\,T + 8(1-m)\,0,2182\,T,$$

d'où on tire, en prenant $T = 2\,500$,

$$m = 0,45.$$

Un peu plus de la moitié de l'hydrogène échappe à la combustion.

Dans l'expérience de MM. Sainte-Claire Deville et Debray,
on a ainsi :

Vapeur d'eau $0,45 \times 9 = 4^k,05$ Vol. $\dfrac{4,05}{0,806} = 5^{mc},049$

Oxygène. . . $0,55 \times 8 = 4.40$ Vol. $\dfrac{4,40}{1,43} = 3,077$

Hydrogène. . $0,55 \times 1 = 0,55$ Vol. $\dfrac{0,55}{0,0895} = 6,145$

Poids total $= 9^k,00$ Vol. total. $14^{mc},271$

La tension de la vapeur d'eau dans le mélange, c'est-à-dire la tension de dissociation, est donc

$$\frac{5,049}{14,271} = 0^{at},353 \quad \text{à} \quad 2\,500°.$$

On peut de même déterminer quelle est dans l'expérience de M. Bunsen la fraction d'hydrogène réellement combinée.

Le calcul se fait de la même manière, mais avec cette différence essentielle que, le volume ne variant pas, il faut prendre les chaleurs spécifiques à volume constant.

On a ainsi la relation

$$29\,000\,m = 9m\frac{0,480}{1,41}T + (1-m)\frac{3,40}{1,41}T + 8(1-m)\frac{0,2182}{1,41}T,$$

d'où on tire, en faisant $T = 2844$:

$$m = 0,347.$$

Ainsi $0,653$, soit environ les $\dfrac{2}{3}$ de l'hydrogène, échappent à la combustion ; on trouve :

Poids de vapeur. . $0,347 \times 9 = 3^k,123$,   Vol. à 0 et 0,76. $3^{mc},884$.
Poids d'oxygène. . $0,653 \times 8 = 5,224$,   Vol. . . . . . . 3 ,653.
Poids d'hydrogène. $0,653$,   Vol. . . . . . . 7 ,296.

Le poids total est 9, et le volume total $14,833$, à 0° à la pression $0,76$.

Le volume d'hydrogène et d'oxygène, avant la combinaison, était :

$$\frac{1}{0,0895} + \frac{8}{1,43} = 11,173 + 5,594 = 16^{mc},767.$$

La tension devenant y à la température $2844°$ sans que le volume change, on a, pour déterminer y, la relation

$$y = \frac{14,833}{16,767}(1 + \alpha.\,2844) = 0,844 \times 11,437 = 10^{at},11$$
$$y = 10^{at},11;$$

en conséquence la tension de la vapeur dans le mélange est

$$10,1107 \times \frac{3,884}{14,833} = 2^{at},65.$$

Ce serait la tension de dissociation à $2844°$.

Dans la combustion par l'air, les températures observées diffèrent moins des températures calculées.

Ainsi pour les combustibles carbone, hydrogène et oxyde de carbone, le calcul donne, quand la combustion se fait avec un volume d'air exactement suffisant, des températures de 2700 à $2800°$. En fait la température ne paraît pas dépasser $1700°$ à $1800°$.

La différence s'explique par la dissociation, et aussi par les pertes à travers les parois qui, à ces températures élevées, sont toujours très importantes, et dont nous n'avons pas tenu compte dans le calcul.

Dans le cas de la combustion par un volume d'air double, la différence entre les températures trouvées par le calcul et les températures observées sont encore beaucoup moins grandes et la transmission à travers les parois suffit pour l'expliquer.

67. Température dans la combustion à volume constant. — Lorsque la combustion se fait à volume constant, il faut, comme nous l'avons fait dans les calculs relatifs aux expériences de M. Bunsen, prendre les chaleurs spécifiques à volume constant, mais comme il y a quelques doutes sur la constance des chaleurs spécifiques aux températures élevées, on peut, ainsi que M. Berthelot l'a indiqué, obtenir par le calcul deux limites entre lesquelles la température est comprise sans avoir besoin des chaleurs spécifiques et en mesurant simplement la pression produite au moment de la combinaison.

Désignons par V le volume de la bombe calorimétrique (**15**) occupée par les deux gaz qui doivent se combiner ; avant l'explosion leur température est t_0 et la pression p_0. S'ils se combinaient à pression et température constantes, il y aurait, par la combinaison même, une réduction k de volume, de sorte que le volume du composé serait kV.

La combinaison n'étant pas complète, soit m la fraction combinée, p la pression et t la température du mélange de gaz après l'explosion.

Le volume du composé produit à p et t est :

$$m\,k\mathrm{V}\,\frac{p_0}{p}\cdot\frac{1+\alpha t}{1+\alpha t_0}.$$

Le volume des gaz non combinés :

$$(1-m)\,\mathrm{V}\frac{p_0}{p}\cdot\frac{1+\alpha t}{1+\alpha t_0}.$$

La somme des volumes étant constante et égale à V, on a :

$$\frac{p_0}{p}\cdot\frac{1+\alpha t}{1+\alpha t_0}(mk+1-m)=1,$$

d'où on tire, $\frac{1}{\alpha}$ étant égal à 273,

$$t=(273+t_0)\left[\frac{p}{p_0(mk+1-m)}\right]-273.$$

La valeur de m est égale à 1 pour la combustion complète et on a, dans ce cas :

$$t_{\max.}=(273+t_0)\,\frac{p}{p_0 k}-273.$$

C'est la valeur maximum de la température.

La valeur minimum de m est 0, et on a :

$$t_{\min.}=(273+t_0)\,\frac{p}{p_0}-273.$$

C'est la valeur minimum de t.

La valeur réelle se trouve nécessairement comprise entre ces valeurs extrêmes.

CHAPITRE II

TRANSMISSION DE LA CHALEUR

---

68. Préliminaires. — Pour utiliser la chaleur dégagée dans la combustion il faut la transmettre, au moyen d'appareils convenablement disposés, aux corps qui, sous son influence, doivent s'échauffer, se transformer ou se décomposer. La connaissance des lois, suivant lesquelles s'effectue la transmission, est nécessaire pour donner à ces appareils les dispositions les plus efficaces, en vue du but à atteindre, et pour réaliser la meilleure utilisation du combustible.

Les phénomènes qui se produisent dans la transmission de la chaleur sont des plus complexes.

D'éminents physiciens se sont occupés de la recherche des lois qui les régissent et leurs travaux ont donné d'importants résultats, mais on est encore trop souvent obligé de se contenter, dans les applications, de données et de formules approximatives, reposant sur des faits incomplètement étudiés.

Nous allons exposer, aussi simplement que possible, au point de vue spécial des applications, les lois de la transmission de la chaleur et les faits d'observation d'où on déduit les formules ou les nombres qu'on peut employer dans l'étude des divers appareils de chauffage.

§ Ier

MODES DIVERS DE TRANSMISSION DE LA CHALEUR

69. Classification. — L'expérience indique que lorsque des corps, placés dans la même enceinte, se trouvent à des températures différentes, l'équilibre tend toujours à s'établir par la transmission de la chaleur des molécules les plus chaudes aux plus froides.

Cette transmission peut s'effectuer de plusieurs manières et on peut distinguer quatre modes différents de transmission.

1° Conductibilité;

2° Mélange;

3° Convection;

4° Radiation.

La transmission s'opère par *conductibilité* ou *conduction*, dans l'intérieur d'un corps ou entre deux corps en contact, par la vibration directe de molécule à molécule. Dans ce mode, qui s'applique généralement aux solides, la transmission s'effectue sans que les positions relatives des molécules soient changées.

La transmission par *mélange* s'opère ordinairement entre deux fluides. L'équilibre de température s'établit encore par le contact direct des molécules, mais les positions relatives ne restent plus les mêmes.

La transmission par *convection* s'effectue d'un corps solide à un fluide froid, ou inversement d'un fluide chaud à un corps solide. La transmission se fait toujours par contact, les molécules du fluide se déplaçant au contact de la surface du solide.

La transmission par *radiation* s'opère dans des conditions toutes différentes; elle s'effectue à distance. Le corps chaud émet dans tous les sens des rayons calorifiques et la chaleur se transmet par les vibrations de l'éther. C'est ainsi que le soleil nous envoie sa chaleur à travers les espaces planétaires.

CONDUCTIBILITÉ

70. Lois de la conductibilité. — La transmission par conductibilité ou par conduction s'opère, comme nous l'avons dit, généralement dans les corps solides; lorsque les diverses parties se trouvent à des températures différentes, la chaleur se transmet de la plus chaude à la plus froide par vibration directe de molécule à molécule.

La vitesse de propagation de la chaleur dépend de la nature du corps et de la différence de température. Certains corps transmettent rapidement la chaleur à travers leur masse, tels sont les métaux, on les appelle *bons conducteurs;* d'autres corps, tels que le bois, les tissus, la transmettent lentement, ou les appelle *mauvais conducteurs.*

Les lois de la transmission de la chaleur par conduction sont les mêmes pour les corps bons et mauvais conducteurs; les coefficients seuls sont différents.

Considérons un corps solide, un mur par exemple (fig. 15), terminé par deux faces parallèles AB, A'B'; supposons que par un moyen quelconque on maintienne constantes les températures de ces deux faces. Si la température t de la face **AB** est plus grande que celle t' de la face A'B', la chaleur va se propager de la première à la seconde par conductibilité et la loi de transmission, quand le régime est établi, est la suivante :

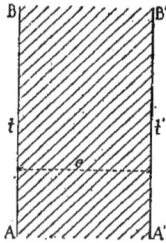

Fig. 15.

La quantité de chaleur, qui passe d'une face à l'autre d'une paroi, est proportionnelle à la surface de transmission, à la différence de température des deux faces, au temps et en raison inverse de l'épaisseur.

Elle est exprimée par la formule

$$M = S. C\frac{t - t'}{e} z \qquad (1)$$

dans laquelle

M représente, en calories, la quantité de chaleur transmise;

S, la surface de transmission que nous évaluerons en mètres carrés;

t, t' les températures des deux faces de la paroi, comptées en degrés centigrades;

. z, le temps compté en heures;

e, l'épaisseur de la paroi en mètres;

C, un coëfficient qui dépend de la nature des corps et qu'on appelle *coefficient de conductibilité*.

On peut définir C la quantité de chaleur qui passe dans une heure, par mètre carré de surface, pour un mètre d'épaisseur et pour une différence de température de $1°$; c'est en effet la valeur de M, lorsqu'on fait dans la formule (1)

$$S = 1 \quad z = 1 \quad e = 1 \quad t - t' = 1°.$$

Cette loi est vraie pour une tranche quelconque $ABA''B''$ de la paroi (fig. 16), d'épaisseur x; la quantité de chaleur qui la traverse est la même que pour la paroi tout entière et, en désignant par y la température dans le plan $A''B''$, on a :

$$M = SC \frac{t - y}{x} z,$$

et par conséquent

$$SC \frac{t - y}{x} z = SC \frac{t - t'}{e} z,$$

d'où on tire

$$y = t - \frac{x}{e} (t - t'),$$

équation d'une ligne droite qui donne la température d'un point quelconque dans l'épaisseur de la paroi.

Cette température peut se déterminer par une construction graphique fort simple. Soit une droite MN (fig. 16), perpendiculaire commune aux deux faces AB, A'B'; prenons sur chacune de ces faces, à partir de MN, deux hauteurs MF, NH représentant, à la même échelle, les températures correspondantes t et t' et joignons

FH. En élevant une perpendiculaire, en un point quelconque C de l'épaisseur du mur, jusqu'à la rencontre, en D, de FH, la longueur CD interceptée représentera la température y en ce point. En effet, si on mène ED et GH parallèles à MN, on a :

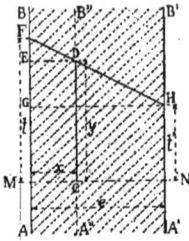

$$CD = ME = MF - EF ;$$

or

$$\frac{EF}{FG} = \frac{ED}{GH},$$

Fig. 16.

ou

$$EF = \frac{x}{e}(t - t'),$$

et comme $MF = t$,

$$CD = t - \frac{x}{e}(t - t'),$$

ce qui est la valeur trouvée ci-dessus pour y.

71. Conductibilité des métaux. — Plusieurs physiciens se sont occupés de la détermination du rapport des conductibilités des métaux. On trouve le détail des expériences dans les traités de physique.

Despretz se servait d'une barre creusée, à des intervalles équidistants, de petites cavités pleines de mercure dans lequel plongeaient des thermomètres. On chauffait la barre, à température constante, à une extrémité, et on observait les températures décroissantes des thermomètres.

On démontre, en admettant la loi de conductibilité ci-dessus, que, pour une barre plongée dans une enceinte à une température θ, la température y, à une distance quelconque x de l'origine maintenue à la température t, est donnée par la relation

$$(y - \theta) = (t - \theta)e^{-ax}.$$

e est la base des logarithmes népériens.

$a^2 = \dfrac{\chi}{\omega} \cdot \dfrac{K}{C}$; c'est une constante pour la même barre.

χ est le périmètre ;

ω la section ;

K le coefficient de transmission de la surface de la barre dans l'enceinte ;

C le coefficient de conductibilité.

En prenant des barres de différentes matières, mais de même forme, de mêmes dimensions et recouvertes du même enduit, on avait les mêmes valeurs pour χ, pour ω, et pour K. La valeur de C était seule différente.

En observant les températures y et y', aux mêmes distances, pour deux barres de matières différentes, on en déduisait les valeurs correspondantes a et a', et ensuite les rapports $\dfrac{C}{C'}$, des conductibilités par la relation

$$\frac{C}{C'} = \left(\frac{a'}{a}\right)^2.$$

Les expériences ont vérifié l'exactitude de la loi (**70**), en donnant pour deux barres et à toute distance un rapport constant pour $\dfrac{C}{C'}$.

MM. Wiedemann et Franz ont également déterminé le rapport des conductibilités, en mesurant la décroissance de température d'une barre chauffée, mais au lieu de thermomètres ils se servaient d'une pince thermo-électrique, dont ils pouvaient faire varier la position sur la barre. Ils prenaient beaucoup de précautions pour éviter les chances d'erreurs et rendre régulières les conditions de refroidissement ; leurs résultats présentent plus de concordance que ceux de Despretz.

Voici les rapports de conductibilité trouvés par Despretz et par MM. Wiedemann et Franz. On a représenté par 100 la conductibilité du métal meilleur conducteur.

RAPPORT DES CONDUCTIBILITÉS.

	D'après M. Despretz.	D'après MM. Wiedemann et Franz.
Argent.	97,3	100,0
Cuivre.	89,7	73,6
Or.	100,0	53,2
Laiton.	»	23,6
Zinc.	36,30	19,0
Étain	30,39	14,5
Fer.	37,43	11,9
Acier.	»	11,6
Plomb.	17,96	8,5
Platine	98,10	8,4
Palladium.	»	6,3
Bismuth.	»	1,8

Despretz a trouvé encore, pour un certain nombre de corps mauvais conducteurs, les nombres suivants :

Marbre.	2,340
Porcelaine.	1,252
Terre des fourneaux. . . .	1,14

On voit que ces résultats sont loin d'être concordants. La différence doit surtout provenir de la pureté plus ou moins grande des métaux expérimentés. On adopte généralement ceux déterminés plus récemment par MM. Wiedemann et Franz.

Ces nombres n'expriment que les rapports de la conduction de différents corps à celle de l'un d'eux pris comme terme de comparaison et ne permettent pas de calculer, en calories, la chaleur transmise, ce qui est nécessaire pour les calculs d'applications.

Pour faire ce calcul, il faut connaître, au moins pour un des corps, la conduction absolue C, telle que nous l'avons définie ci-dessus ; on la détermine ensuite, pour tous les autres, au moyen des rapports donnés dans le tableau.

Péclet a fait de nombreuses expériences pour obtenir la conductibilité absolue de certains corps.

Pour les métaux, il a mesuré directement la conductibilité du plomb, au moyen d'un appareil (fig. 17 et 18) qui se composait d'un vase en fer-blanc V plein d'eau, fermé inférieurement par la plaque de plomb P dont il voulait mesurer la conductibilité. Dans l'axe de ce vase se trouvait un tube mobile en cuivre portant sur sa hauteur cinq étages de palettes R, et à sa partie inférieure des toiles de crin K (voir détail

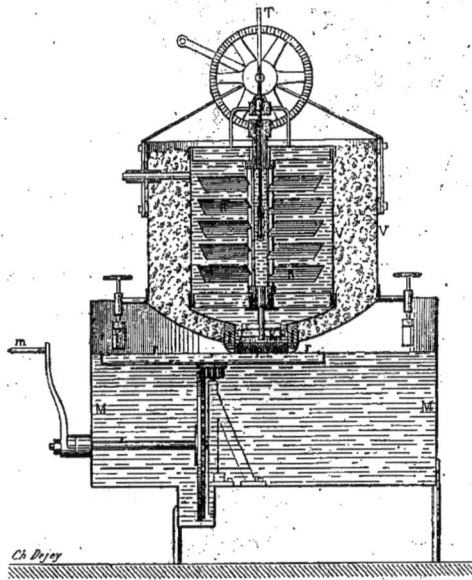

Fig. 17.

fig. 19), qui frottaient sur la plaque métallique. Un thermomètre T était placé au milieu du tube mobile. En donnant à ce tube un mouvement de rotation, on égalisait dans la masse d'eau la température et on renouvelait constamment le liquide au-dessus de la plaque métallique. Ce vase était entouré par un second V' de même forme et

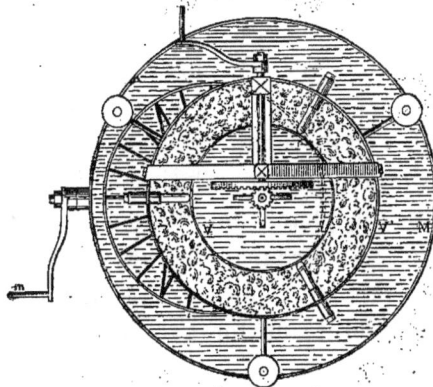

Fig. 18.

l'intervalle rempli de coton cardé afin d'empêcher les déperditions de chaleur.

Au-dessous se trouvait un autre récipient M M également plein d'eau, qui mouillait la face inférieure de la plaque métallique. L'eau était renouvelée, au contact de la surface, par les rayons rr en tresse d'une roue horizontale qui était mise en mouvement par un pignon et une manivelle m.

On mesurait les températures de l'eau des deux côtés de la paroi, d'abord au commencement de l'expérience, puis au bout d'un certain temps déterminé ; connaissant les poids de l'eau et du vase, on pouvait calculer, d'après l'accroissement de la température, la quantité de chaleur transmise, et la

Fig. 19.

formule (1) donnait la valeur du coefficient de conductibilité.

Pour faire ce calcul, Péclet admettait que la température de la face métallique était la même que celle de l'eau renouvelée à son contact. Cette égalité n'existe jamais complètement, mais elle est d'autant plus approchée que le renouvellement du liquide au contact de la paroi est plus rapide. Ce renouvellement est tellement nécessaire, que Péclet a trouvé que, lorsqu'il n'avait pas lieu, l'épaisseur du métal avait peu d'influence sur la transmission. Nous verrons plus loin l'explication de ce fait.

En opérant ainsi, Péclet a déduit de ses expériences que le coefficient de conduction absolue du plomb est 13,83, c'est-à-dire que le nombre de calories, qui traversent, en une heure, une masse de plomb de 1^{mq} de surface et de 1 mètre d'épaisseur, est 13,83 pour une différence de 1° entre les faces extrêmes.

En prenant, d'après Wiedemann et Franz, le rapport de la conductibilité du fer à celle du plomb, on trouverait, avec le nombre ci-dessus, que le coefficient de conduction absolu du fer est

$$13,83 \times \frac{11,9}{8,5} = 19,4.$$

On pourrait faire un calcul analogue pour déterminer la conduction absolue des divers métaux.

Ces nombres sont beaucoup trop faibles. Quelle que soit la rapidité du renouvellement de l'eau au contact des faces métalliques, il y a toujours une différence de température entre l'eau et le métal et la transmission s'effectue en réalité, dans l'expérience de Péclet, en vertu d'une différence de température plus faible que celle admise dans le calcul. De plus, malgré toutes les précautions prises, il devait y avoir une perte de chaleur par les parois latérales de la plaque. Ces circonstances tendent à diminuer les valeurs trouvées du coefficient de conduction du plomb.

M. Newstad, puis M. Angstroen, ont déterminé la conduction absolue de quelques corps et notamment du fer; ils ont trouvé par 1″ et par millimètre d'épaisseur, M. Newstad le nombre 16,28 et M. Angstroen le nombre à peu près égal de 16,40. La moyenne des deux est 16,34, soit pour une heure et 1 mètre d'épaisseur

$$C = 16,34 \times \frac{3600}{1000} = 58,82,$$

c'est-à-dire que par mètre carré et par mètre d'épaisseur de fer, il passe $58^{cal.},82$ par heure pour une différence de température de 1°.

Ce nombre correspond à une transmission triple de celle donnée par Péclet.

En admettant 58,82 pour la conductibilité absolue du fer et les rapports trouvés par MM. Wiedemann et Franz, on obtient les nombres suivants, pour le coefficient de conductibilité C des différents métaux.

CONDUCTIBILITÉ DES MÉTAUX.

	Valeurs du coefficient C,
Argent.	493
Cuivre.	362
Or.	258

Laiton.	116
Zinc. . . . . . . , ...	93
Étain	71,5
Fer	58,82
Acier	57
Plomb.	41,8
Platine	41,2
Palladium.	31
Bismuth.	8,9

Ce sont les valeurs de C qu'il faut porter dans la formule

$$M = \frac{SC}{e}(t - t')\,z$$

pour avoir la quantité de chaleur transmise en calories.

72. Conductibilité des corps mauvais conducteurs. — Pour la détermination du coefficient de conductibilité des corps mauvais conducteurs, Péclet a employé plusieurs méthodes.

Dans une première, le corps, dont on voulait mesurer la conduction, était placé entre deux sphères creuses concentriques. La sphère intérieure était remplie d'eau chaude et le tout était plongé dans un récipient d'eau froide. Des agitateurs répartissaient à l'intérieur et à l'extérieur la température, qui était mesurée par des thermomètres. Péclet observait le refroidissement de l'eau intérieure et en déduisait la chaleur transmise et la conduction. Il a opéré ainsi sur le sable, la poudre de bois d'acajou, le coton cardé, le charbon en poudre et la colle d'amidon; nous donnerons plus loin les résultats.

Dans une seconde méthode, Péclet s'est servi d'une chambre M (fig. 20) à température constante, formée de deux cylindres concentriques en tôle plombée, dont l'intervalle était rempli d'eau continuellement agitée, par des plaques fixées à des tiges de fer sortant par les douilles F F. Des thermomètres T T donnaient la température de l'eau. Autour des cylindres, se trouvait une enveloppe en planches de sapin formant un second intervalle concentrique, dans lequel des lames verticales z, z en métal mince, de 0,10 de hauteur, étaient soudées sur le cylindre plein d'eau et disposées par rangées horizontales au milieu des intervalles des plaques des rangées inférieures et supérieures. Au moyen de cette disposition, l'air atmosphérique pénétrant en f dans cet intervalle s'échauffait en descendant, au contact des parois et des lames métalliques, et arrivait dans la chambre, à la

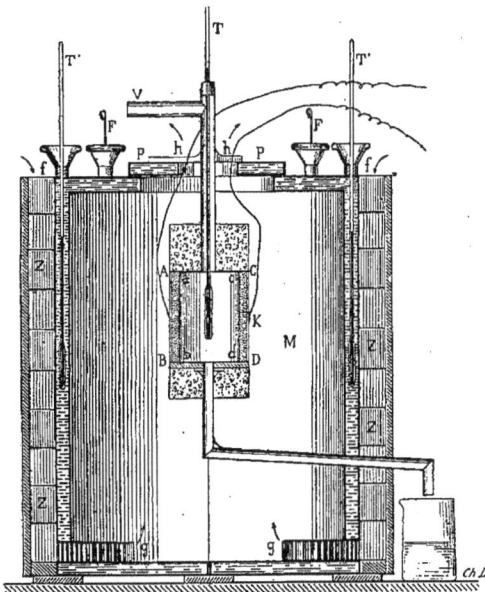

Fig. 20.

température même de cette chambre, par des ouvertures g, g, ménagées dans le bas; il s'échappait ensuite par un orifice annulaire h, h, placé dans le haut et dont on pouvait faire varier la section de passage, en rapprochant ou éloignant l'un de l'autre les deux demi-cylindres P et P' pleins d'eau à la température ordinaire; on réglait ainsi la vitesse de l'air ascendant.

Pour trouver la conductibilité, Péclet employait des cylindres creux, formés de la matière dont il voulait mesurer la conduction ou de doubles cylindres creux concentriques, *abcd* et ABCD, dans l'intervalle desquels on mettait la matière. Il les plaçait dans la chambre M, à température constante, et faisait arriver en V, dans le cylindre intérieur, de la vapeur dont un thermomètre donnait la température qui était celle de la paroi intérieure du cylindre; pour avoir la température de la paroi extérieure, Péclet se servait d'un ruban métallique, en fer et en cuivre soudés en deux points, et en communication avec un galvanomètre; il appliquait l'une des soudures contre la paroi en K, l'autre sur la surface d'un vase cylindrique placé à l'extérieur, et qui renfermait de l'eau; on chauffait l'eau du vase cylindrique jusqu'à ce que la température des deux soudures fût la même, ce qu'on reconnaissait à ce que l'aiguille du galvanomètre était ramenée à o°. On avait ainsi la température de la face extérieure de la paroi de transmission, et au moyen de la formule (1) on pouvait calculer le coefficient.

Enfin Péclet, dans une troisième méthode, employait des plaques rectangulaires verticales, isolées sur leur pourtour, dont une des faces était chauffée par la vapeur et dont l'autre rayonnait, par une ouverture de section déterminée, sur un des pôles d'une pile thermo-électrique. L'autre pôle recevait le rayonnement, par une ouverture de même section, de la paroi mince d'un vase plein d'eau, qu'on chauffait de manière à ramener à o° l'aiguille d'un galvanomètre, disposé comme dans la deuxième méthode. La température de l'eau était alors égale à celle de la seconde face de la plaque expérimentée; la température de la première face était celle de la vapeur. Connaissant la différence de température, la formule (1) n° **70** donnait le coefficient de conductibilité.

Les expériences de Péclet, sur les corps mauvais conducteurs, ont donné les chiffres suivants, pour les coefficients de conduction :

TABLEAU DES VALEURS DU COEFFICIENT DE CONDUCTIBILITÉ C
(d'après Péclet).

Désignation des matières.	Densité.	Coefficient C.
Charbon des cornues à gaz.....................	1,61	4,961
Marbre gris à grains fins..................	2,68	3,68
Marbre blanc saccharoïde à gros grains.....	2,77	2,78
Pierre calcaire à grains fins...............	2,17 à 2,34	1,69 à 2,08
Pierre de liais à bâtir à gros grains........	2,22 à 2,24	1,27 à 1,32
Plâtre ordinaire gâché....................	»	0,33
Plâtre très fin gâché.......	1,25 à 1,73	0,44 à 0,63
Terre cuite..............................	1,85 à 1,98	0,51 à 0,69
Bois de sapin, transmis. perpendic. aux fibres.	0,48	0,093
Id. id. parallèle id. .	»	0,170
Bois de noyer id. perpendic. id. .	»	0,103
Id. id. parallèle id. .	»	0,174
Bois de chêne, id. perpendic. id. .	»	0,211
Liège	0,22	0,143
Caoutchouc..............................	»	0,170
Gutta percha.............	»	0,172
Colle d'amidon....	1,017	0,425
Verre..................................	2,44 à 2,55	0,75 à 0,88
Sable quartzeux..........................	1,47	0,27
Brique pilée, gros grains.............. ...	1,00	0,139
Id. passée au tamis de soie.......	1,76	0,165
Craie en poudre un peu humide...........	0,92	0,108
Id. lavée et séchée...........	0,85	0,086
Id. id. et comprimée.	1,02	0,103
Fécule de pomme de terre................	0,71	0,098
Cendres de bois........................	0,45	0,06
Poudre de bois d'acajou.................	0,31	0,065
Charbon de bois ordinaire en poudre.......	0,41 à 0,49	0,079 à 0,081
Braise de boulang. id.	0,25	0,68
Coke pulvérisé.........................	0,77	0,160
Limaille de fer......	2,05	0,158
Bioxyde de manganèse..................	1,46	0,163
Coton cardé (quelle que soit la densité)...... .	»	0,040
Laine cardée...........................	»	0,044
Molleton de coton.......	»	0,040
Id. de laine......................	»	0,024
Édredon................................	»	0,039
Calicot neuf...........................	»	0,050
Toile de chanvre neuve..................	0,54	0,052
Id. vieille.................	0,58	0,043
Papier blanc à écrire....................	0,85	0,043
Id. gris non collé.............	0,48	0,034

Péclet, dans son édition de 1843, donne encore les chiffres suivants :

Paille hachée. . . . . C = 0,07
Terre des fourneaux sèche. . . . C = 0,27
Son. . . . . C = 0,20

On voit que le coefficient C de conduction varie dans de très grandes limites, suivant la nature des corps.

Pour l'argent C = 493, pour le coton cardé C = 0,04, le rapport de conductibilité est $\dfrac{493}{0,04} = 12\,300$ environ.

Péclet, en opérant sur du coton cardé, avait remarqué que la transmission était indépendante de la densité, c'est-à-dire du degré de compression, et il en avait conclu que le coefficient de conduction de l'air interposé était égal à celui de la ouate, soit 0,04.

Des expériences récentes ont donné des nombres beaucoup plus faibles qui s'accordent avec ceux qu'on déduit de la théorie mathématique de la conductibilité.

Air. . . . . C = 0,000 288
Oxygène. 0,000 294
Azote. 0,000 282
Acide carbonique. 0,000 240
Hydrogène. 0,002 016

La conductibilité des gaz est indépendante de la pression.

MÉLANGE.

73. Pour transmettre rapidement la chaleur d'un corps chaud à un corps froid, le moyen le plus simple, quand il est possible, consiste à mettre les deux corps en contact par un mélange intime. Ce moyen, qui n'est praticable pour les corps solides que lorsqu'ils sont réduits en poudre, s'applique très simplement aux fluides. C'est ainsi que, pour chauffer un liquide, on peut faire arriver de la vapeur d'eau (fig. 21) dans la masse par un tuyau percé d'un grand nombre de petits trous. La vapeur en se con-densant abandonne sa chaleur de vaporisation et élève la tem-pérature du liquide ; c'est ce qu'on appelle le chauffage par barbotage.

De même, dans la préparation des bains, le chauffage s'obtient par le mélange de l'eau chaude à 80° ou 90° avec de l'eau froide dans des proportions convenables.

Le chauffage des cheminées d'aérage pour les mines et de ventilation employées pour l'assainissement des lieux habités se fait sou-vent par le mélange direct des gaz de la combustion d'un foyer avec l'air vicié aspiré par la cheminée.

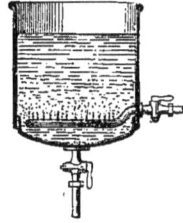

Fig. 21.

La quantité de chaleur transmise et la température finale du mélange s'obtiennent simplement de la manière suivante :

Si les corps mélangés ne changent pas d'état, s'il n'y a ni combinaison, ni décomposition, et s'il n'y a pas de perte par re-froidissement extérieur, toute la chaleur transmise est unique-ment employée à modifier la température.

Soit M la chaleur transmise, P, C, T, le poids, la chaleur spéci-fique et la température du corps chaud ; p, c, t, les mêmes quan-tités pour le corps froid, x la température du mélange ; on a :

$$M = PC(T - x) = pc(x - t),$$

d'où

$$x = \frac{PCT + pct}{PC + pc},$$

et par conséquent,

$$M = \frac{PC \times pc}{PC + pc}(T - t).$$

Si les poids des deux corps sont égaux ainsi que les chaleurs spécifiques,

$$PC = pc;$$

et on trouve

$$x = \frac{T+t}{2}, \quad \text{et} \quad M = PC\left(\frac{T-t}{2}\right).$$

La température finale est la moyenne des températures initiales.

S'il y a changement d'état, il faut tenir compte de la chaleur latente ; ainsi dans le chauffage par barbotage de la vapeur d'eau, si nous désignons par P et T le poids et la température de la vapeur, par p, t et c le poids, la température et la chaleur spécifique du liquide et par x la température du mélange après la condensation, on a :

$$M = P(6o6,5 + o,3o5\,T - x) = pc\,(x - t),$$

d'où

$$x = \frac{P(6o6,5 + o,3o5\,T) + pct}{P + pc},$$

et en substituant

$$M = \frac{P \times pc}{P + pc}(6o6,5 + o,3o5\,T - t).$$

Les mêmes équations fourniraient le poids P de vapeur, à une température donnée T, nécessaire pour élever un poids p de liquide à une température déterminée x.

Si, sous l'action de la chaleur, il y a combinaison ou décomposition, il faut tenir compte du nombre de calories dégagées ou absorbées par l'action chimique.

La transmission de la chaleur, par mélange, ne peut s'effectuer que dans des cas exceptionnels, mais c'est le mode le plus simple et le plus rapide de tous.

RADIATION ET CONVECTION SIMULTANÉES.

LOIS DU REFROIDISSEMENT.

74. Lorsqu'un corps chaud se trouve dans une enceinte à température moins élevée, l'expérience montre qu'il se refroidit en transmettant sa chaleur à l'enceinte de deux manières.

1° Par *radiation*. Le corps envoie des rayons caloriques à distance et dans tous les sens.

2° Par *convection*. Le corps échauffe à son contact le fluide qui occupe l'enceinte ; ce fluide se déplace sous l'influence de l'accroissement de température et transporte à distance la chaleur qu'il a reçue.

Ces deux modes de transmission, par radiation et par convection, sont essentiellement différents, mais comme ils se produisent généralement d'une manière simultanée, les physiciens les ont étudiés en même temps.

Les lois, qu'ils ont déduites de leurs expériences portent le nom de *lois du refroidissement* parce qu'ils observaient l'abaissement de température du corps chaud, mais les lois de la transmission peuvent, comme nous le verrons, se déduire facilement de celles du refroidissement, les phénomènes étant intimement liés.

Nous étudierons en même temps, comme on l'a toujours fait, la transmission de la chaleur d'un corps chaud à une enceinte, par radiation et convection simultanées. Nous examinerons ensuite, d'une manière spéciale, la convection par l'air mis en mouvement par des causes extérieures et la convection par des liquides et par la vapeur.

75. Loi de Newton. — Newton a donné, sur le refroidissement, une loi qui porte son nom et qui peut se formuler de diverses manières, suivant qu'on considère l'abaissement de température ou la quantité de chaleur transmise. Dans ce dernier cas, cette loi peut s'énoncer ainsi :

La quantité de chaleur transmise, par un corps chaud, à l'enceinte dans laquelle il se trouve, est proportionnelle à l'excès de la température de la surface du corps sur celle de l'enceinte.

Comme d'ailleurs cette quantité doit être proportionnelle à la surface de transmission et au temps, la loi est représentée par la formule

$$M = KS(t - \theta)z. \qquad (1)$$

M, nombre de calories transmises dans le temps z exprimé en heures.

S, surface du corps chaud en mètres carrés.

t, température de cette surface en degrés centigrades.

θ, température de l'enceinte en degrés centigrades.

K, coefficient de transmission, qu'on peut définir : la quantité de chaleur transmise par heure, par mètre carré, pour une différence de température de $1°$; c'est la valeur de M pour $S = 1$, $z = 1$, et $t - θ = 1°$.

La loi de Newton ne fait, comme on voit, aucune distinction entre la radiation et la convection.

Lorsqu'il n'y a pas de source de chaleur intérieure, la température du corps, placé dans une enceinte à température plus basse, diminue progressivement; le corps se refroidit. Si on désigne par P le poids du corps, par C sa chaleur spécifique, par dt l'abaissement de température pendant le temps infiniment petit dz, et par dM la chaleur transmise pendant ce temps, on a les relations

$$dM = SK(t - θ)\, dz$$

$$dM = -PC\, dt,$$

d'où on tire en les combinant :

$$-\frac{dt}{dz} = \frac{SK}{PC}(t - θ). \qquad (2)$$

Le rapport $-\dfrac{dt}{dz}$, de l'abaissement de température au temps pendant lequel cet abaissement se produit, est ce qu'on appelle la *vitesse du refroidissement*. Cette vitesse est proportionnelle à l'excès de température.

Au moyen de cette équation, quand on connaît la vitesse de refroidissement, on calcule le coefficient K de transmission.

Mettons sous la forme

$$-\frac{dt}{t - θ} = \frac{SK}{PC}\, dz,$$

et intégrons ; la température de l'enceinte restant constante, on a :

$$\log \text{nép} \frac{t_0 - \theta}{t_1 - \theta} = \frac{\text{SK}}{\text{PC}} z, \qquad (3)$$

t_0 étant la température initiale et t_1 la température finale, z la durée du refroidissement.

Ainsi, d'après la loi de Newton, les excès de température décroissent en progression géométrique lorsque les temps croissent en progression arithmétique. C'est une autre manière d'énoncer la loi et de la vérifier expérimentalement, en observant le refroidissement d'un corps.

Pour un corps dont on connaît la surface S, le poids P et la chaleur spécifique C, on observe le refroidissement dans une enceinte à θ; pendant un temps z, la température t_0 s'abaisse à t_1, et l'équation (3) donne la valeur de K, ce qui permet de vérifier si cette valeur est constante quel que soit l'excès de température.

La vitesse de refroidissement s'obtient par l'équation (2). Enfin la quantité de chaleur transmise est donnée par la relation

$$\text{M} = \text{PC}(t_0 - t_1) z, \qquad (4)$$

ou bien, en remplaçant PC par sa valeur :

$$\text{M} = \text{SK} \frac{(t_0 - t_1) z}{\log \text{nép} \dfrac{t_0 - \theta}{t_1 - \theta}}. \qquad (5)$$

L'expérience indique que la loi de Newton se vérifie assez bien quand les excès de température ne dépassent pas 25°; le coefficient K est à peu près constant. Au delà, elle donne, pour les quantités de chaleur transmises des nombres trop faibles, ce qui prouve que le coefficient K augmente avec l'excès de température. C'est ce qui résulte des expériences que nous allons rapporter.

76. Lois de Dulong et Petit. — Dulong et Petit, dans un travail publié en 1837, ont fait connaître les résultats de leurs

expériences sur le refroidissement. Ils ont opéré jusqu'à des excès de température de 250° et établi des formules qui relient ensemble tous les résultats.

Ils ont employé, comme corps chaud, un thermomètre AB à mercure (fig. 22) à gros réservoir, surmonté d'une tige communiquant avec ce réservoir par un tube très étroit, ce qui permet d'échauffer le mercure sans qu'il se produise de doubles courants dans la tige, et par conséquent sans qu'elle s'échauffe ; elle conserve ainsi la température de l'enceinte pendant le refroidissement.

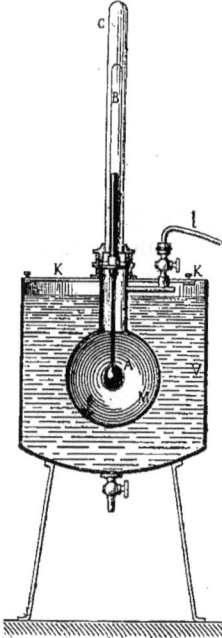

La boule de ce thermomètre, préalablement chauffé sur un fourneau, était placée au milieu d'un ballon M de laiton, enduit intérieurement de noir de fumée et dans lequel on pouvait faire le vide au moyen d'une machine pneumatique mise en communication par le tube t. Ce ballon était supporté par des tiges K, K au milieu d'un vase plein d'eau dont on maintenait la température constante par un courant de vapeur. La tige extérieure du thermomètre était recouverte d'un manchon en verre C pour empêcher l'action de l'air atmosphérique.

Fig. 22.

On recouvrait la boule du thermomètre de diverses substances, noir de fumée, feuille d'argent, etc. On avait ainsi les moyens d'observer les lois du refroidissement, en faisant varier l'excès de température, la température de l'enceinte, la nature de la surface, la pression dans l'enceinte, la masse et la surface des thermomètres.

Dulong et Petit ont reconnu d'abord que la chaleur se transmet à l'enceinte, comme nous l'avons dit (74), de deux manières, par radiation et par convection, de sorte que la quantité de chaleur transmise doit être représentée par la formule :

$$M = R + F.$$ (1)

M, chaleur totale transmise ;

R, chaleur transmise par radiation ;

F, chaleur transmise par convection.

Ils ont mesuré séparément chacune de ces quantités de chaleur.

Pour mesurer la chaleur R, transmise par radiation, Dulong et Petit faisaient le vide dans le ballon, afin d'éliminer l'action du fluide ambiant. Ils sont arrivés à une formule, d'où on peut déduire la valeur suivante de R :

$$R = A\left(a^t - a^\theta\right)z = Aa^\theta(a^{t-\theta} - 1)\,z.$$

A est un coefficient qui dépend de la nature de la surface ;

a, un nombre constant $= 1,0077$ pour tous les corps ;

t, température du corps chaud ;

θ, température de l'enceinte ;

z, le temps.

En examinant la formule sous la forme

$$R = A\left(a^t - a^\theta\right)z$$ (2)

on voit que R peut être considéré comme la différence des chaleurs rayonnées par le corps et par l'enceinte, chacun d'eux rayonnant en vertu de sa température propre.

Si $\theta = t$, la chaleur rayonnée est nulle.

La seconde forme fait voir que la chaleur rayonnée dépend, non seulement de la différence de température $t - \theta$, mais encore de la température θ de l'enceinte.

Dulong et Petit n'ont pas déterminé la valeur de A en calories pour les différents corps ; ils se sont contentés de donner le rapport d'après les pouvoirs émissifs.

La quantité de chaleur transmise par radiation étant connue, il a suffi de mesurer la chaleur totale transmise dans un ballon occupé par un gaz, et d'en retrancher la chaleur rayonnée au moyen de la formule précédente, pour avoir, par différence, celle qui est transmise par le contact du fluide ambiant.

Dulong et Petit ont relié les résultats ainsi obtenus, par une formule qu'on peut mettre sous la forme

$$F = B h^c (t - \theta)^{1,233} z. \qquad (3)$$

B, coefficient qui dépend de la forme et des dimensions de la surface ;

t, température du corps chaud ;

θ, température de l'enceinte ;

h, pression du gaz ambiant ;

z, le temps.

c, exposant qui dépend de la nature du gaz et qui a les valeurs suivantes :

$$
\begin{aligned}
&\text{Pour l'air.} \dots \dots \dots \dots \dots & c &= 0{,}45 \\
&\quad\text{— l'acide carbonique.} \dots \dots & c &= 0{,}517 \\
&\quad\text{— l'hydrogène.} \dots \dots \dots & c &= 0{,}38 \\
&\quad\text{— le gaz oléfiant.} \dots \dots \dots & c &= 0{,}501
\end{aligned}
$$

Dulong et Petit n'ont donné, pour la valeur de B, que des rapports ne permettant pas de calculer F en calories.

La nature du gaz qui se trouve dans l'enceinte a une influence sensible. Ainsi le pouvoir refroidissant de l'air étant pris pour unité sous la pression de 0,76, celui de l'hydrogène est de 3,45, celui de l'acide carbonique 0,965. Le grand pouvoir refroidissant de l'hydrogène paraît tenir, en grande partie, à ce que ce gaz est, comme les métaux, bon conducteur de la chaleur.

Les dimensions et la forme des enceintes ont aussi de l'influence sur la quantité de chaleur transmise. MM. de Laprovostaye et Desains ont trouvé que dans une petite enceinte le refroidissement était plus rapide. Le rayonnement doit être le même, mais la convection est plus forte, parce que le gaz, dans son mouvement, a d'autant moins de chemin à parcourir pour aller se refroidir contre les parois de l'enceinte, que celle-ci a de plus faibles dimensions.

Les formules de Dulong et Petit ont été vérifiées jusqu'à des différences de température de 360°. Pouillet a cru pouvoir déduire de ses expériences qu'elles sont admissibles à 1000°.

77. Expériences de Péclet. — Dulong et Petit n'ayant déterminé que des rapports pour les valeurs de A et de B, il n'était pas possible de calculer en calories, avec leurs formules, les quantités de chaleur transmises.

Péclet a fait, pour combler cette lacune et vérifier en même temps ces formules, une longue série d'expériences, dans des conditions tout à fait différentes. Nous les décrirons sommairement.

Son appareil (fig. 23) se compose de l'enceinte M formée de deux cylindres concentriques en tôle plombée que nous avons décrite au n° 72.

Au milieu de l'enceinte, on plaçait les corps dont on voulait observer le refroi-

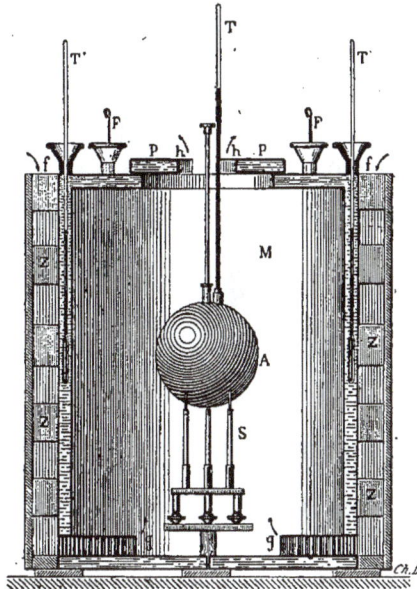

Fig. 23.

dissement. Ces corps étaient des sphères, des cylindres de diverses dimensions et dont les surfaces étaient recouvertes d'enduits de diverses sortes. Ces sphères ou cylindres étaient pleins d'eau qu'on agitait continuellement et dont un thermomètre donnait la température qu'on mesurait à des intervalles de temps réguliers. On avait ainsi la vitesse du refroidissement, d'où on déduisait la quantité de chaleur transmise.

Au point de vue spécial de la convection, l'air pénétrait en f dans le second intervalle concentrique extérieur et descendait en s'échauffant au contact des lames métalliques de manière à pénétrer dans l'enceinte, à la température de cette enceinte, par les ouvertures g,g ménagées près du fond.

Pour séparer la transmission due au rayonnement de celle due au contact de l'air, Péclet s'appuyait sur ce fait que, pour un même corps, le refroidissement, par la convection de l'air, est indépendant de la nature de la surface qui peut être polie ou terne sans y rien changer.

En prenant une même sphère de laiton, par exemple, qu'on laissait refroidir d'abord avec sa surface polie, puis avec sa surface recouverte de noir de fumée, on obtenait des quantités de chaleur M et M′ qui ne différaient que parce que le rayonnement était différent, d'où les deux relations

$$M = R + F, \qquad M' = R' + F^{\prime\lambda}$$

et

$$M - M' = R - R'.$$

D'un autre côté, Péclet mesurait le rapport des rayonnements de diverses surfaces en recevant les rayons calorifiques sur une pile thermo-électrique, et il trouvait ainsi que le rapport $\dfrac{R'}{R}$ du rayonnement du noir de fumée à celui du laiton poli était égal à 15,5, d'où

$$\frac{R'}{R} = 15,5.$$

Au moyen de ces deux équations, on calculait facilement les valeurs de R et de R′, d'où on déduisait celle de F.

Péclet est arrivé ainsi aux formules suivantes :

$$R = S r (t - \theta) \left[1 + 0.0056 (t - \theta) \right] z \qquad (4)$$

$$F = S f (t - \theta) \left[1 + 0,0075 (t - \theta) \right] z \qquad (5)$$

dans lesquelles

S est la surface du corps ;

r, le coefficient de radiation ;

f, le coefficient de convection.

Ces formules ne sont exactes que dans les limites des expériences, c'est-à-dire pour θ compris entre $10°$ et $15°$, et pour $t - \theta$ compris entre 25 et $65°$.

Dans ces limites elles donnent les mêmes résultats que celles de Dulong et Petit; il suffit pour cela de poser

$$A = 124,72\, r S$$

$$B h^{0,45} = 0,552\, f S,$$

ce qui donne

$$R = 124,72\, r S (a^t - a^\theta)\, z \qquad (6)$$

$$F = 0,552\, f S (t - \theta)^{1,233}\, z. \qquad (7)$$

Ce sont les formules générales de la transmission de la chaleur, par radiation et par convection, dans une enceinte occupée par l'air; elles sont applicables dans les mêmes limites de température que celles de Dulong et Petit.

78. Coefficients de radiation. — Les valeurs de r et de f, pour les différents corps, ont été déterminées par Péclet, et nous les donnons ci-après.

COEFFICIENTS DE RADIATION r.

Argent poli	0,13	Plâtre	3,60
Cuivre rouge	0,16	Bois	3,60
Étain	0,215	Peinture à l'huile	3,71
Papier doré	0,23	Papier	3,77
Laiton poli	0,24	Calicot	3,65
Zinc	0,24	Étoffes de laine	3,68
Papier argenté	0,42	Étoffes de soie	3,71
Tôle polie	0,45	Craie en poudre	3,32
Tôle plombée	0,65	Charbon en poudre	3,42
Tôle ordinaire	2,77	Poussière de bois	3,53
Verre	2,91	Sable fin	3,62
Fonte neuve	3,17	Noir de fumée	4,01
Tôle oxydée	3,36	Eau	5,31
Fonte oxydée	3,36	Huile	7,24
Pierre à bâtir	3,60		

Il résulte de ces nombres que le cuivre rouge poli rayonne environ 25 fois moins que le noir de fumée.

En général les surfaces polies rayonnent beaucoup moins que les surfaces ternes, de sorte que si on veut chauffer avec des surfaces rayonnantes, il faut que ces surfaces soient ternes; si au contraire on veut empêcher le refroidissement d'un corps chaud, il faut l'entourer de surfaces polies.

Dans l'étude des appareils de chauffage, on a souvent à considérer le rayonnement d'une surface portée au rouge, comme celle du charbon incandescent sur la grille d'un foyer. Il serait très utile d'avoir le coefficient de radiation applicable dans ce cas, mais il est très difficile à déterminer, surtout parce qu'on n'a pas de moyen pour mesurer avec précision les températures élevées.

J'ai fait néanmoins quelques expériences pour obtenir une évaluation de ce coefficient.

On chauffait, dans un fourneau à moufle, quatre cylindres en fer de $0^m,04$ de diamètre et de $0^m,10$ de long; quand ils avaient atteint la température maximum, on les retirait en même temps; on plongeait de suite l'un d'eux dans l'eau d'un calorimètre, ce qui permettait de calculer leur température commune à ce moment, et on suspendait les autres dans l'enceinte. Après un certain temps d'exposition à l'air et à des intervalles égaux, on les plongeait successivement dans d'autres calorimètres.

En mesurant l'élévation de température de l'eau de ces calorimètres, on avait, par un calcul facile, les températures approximatives des cylindres au moment de l'immersion et on en déduisait la chaleur perdue par radiation et convection, dans un temps déterminé, entre deux immersions. En retranchant de cette chaleur totale émise, au moyen des nombres que nous donnerons dans le paragraphe suivant, la chaleur perdue par convection, on avait la chaleur rayonnée R. La formule $R = 124,72 \, r \, S(a^t - a^\theta)z$ donnait alors la valeur du coefficient de radiation r.

Plusieurs séries d'expériences dans lesquelles les températures et les durées d'exposition à l'air ont varié, ont donné, pour les valeurs r, des nombres assez concordants ; leur valeur moyenne a été :

$$r = 0,30.$$

C'est le coefficient qu'on peut admettre approximativement pour la radiation du fer au rouge et, par analogie, pour le charbon incandescent.

79. Coefficients de convection. — D'après Péclet, la valeur de ce coefficient est indépendante de la nature de la surface du corps et de la température de l'enceinte ; elle ne dépend que de la forme et des dimensions du corps. Il résulte de ses expériences les chiffres suivants :

Pour les corps sphériques, on a :

$$f = 1,778 + \frac{0,13}{\rho}.$$

ρ représente le rayon de la sphère.

En prenant successivement pour ρ

$$0^m,05 \qquad 0^m,10 \qquad 0^m,20 \qquad 0^m,40 \qquad 0^m,80$$

on trouve pour f les valeurs suivantes :

$$4,38 \qquad 3,08 \qquad 2,43 \qquad 2,10 \qquad 1,94.$$

Pour les cylindres horizontaux à base circulaire on a :

$$f = 2,058 + \frac{0,0382}{\rho},$$

ρ représentant le rayon du cylindre.

En prenant successivement pour ρ

$$0^m,05 \quad 0^m,10 \quad 0^m,15 \quad 0^m,20 \quad 0^m,25 \quad 0^m,30 \quad 0^m,40$$

on trouve pour f

$$2,82 \quad 2,44 \quad 2,30 \quad 2,25 \quad 2,21 \quad 2,18 \quad 2,15.$$

Pour les cylindres verticaux le refroidissement dépend à la fois de la hauteur et du diamètre et la valeur de f est donnée par la relation

$$f = \left(0,726 + \frac{0,0345}{\sqrt{\rho}}\right) \left(2,43 + \frac{0,8758}{\sqrt{h}}\right).$$

Dans cette formule ρ est le rayon du cylindre et h sa hauteur.

Pour un rayon de $0,032$ la valeur de f varie de $5,20$ à $3,45$ pour des hauteurs comprises entre $0,10$ et $0,60$. Au-dessus de $0,10$ de rayon, cette valeur varie de 3 à 2 pour des hauteurs comprises entre $0^m,50$ et 10^m.

Pour les surfaces planes verticales, la valeur de f est donnée par la formule

$$f = 1,764 + \frac{0,636}{\sqrt{h}},$$

et pour les valeurs suivantes de h

$$0^m,10 \quad 0^m,20 \quad 0^m,50 \quad 1^m \quad 2^m \quad 5^m \quad 10^m,$$

on trouve les valeurs de f

$$3,848 \quad 3,186 \quad 2,66 \quad 2,40 \quad 2,21 \quad 2,05 \quad 1,96.$$

Péclet, dans ses expériences, prenait les plus grandes précautions pour empêcher les mouvements anormaux de l'air ambiant et il avait observé que ces mouvements avaient une grande influence sur la valeur des coefficients de convection. Ceux que nous avons donnés, d'après lui, s'appliquent au cas où le mouvement de l'air est produit uniquement par l'élévation de température, et dans une enceinte de dimensions restreintes.

Dans les conditions ordinaires, ces coefficients de convection sont trop faibles parce qu'il y a toujours, même dans une enceinte close comme une pièce habitée, une certaine agitation de l'air produite par des causes extérieures.

Nous reviendrons plus loin là-dessus et nous donnerons les coefficients qui dépendent de la vitesse.

80. Formules simplifiées de la transmission par radiation et par convection. — Les formules de Dulong et Petit, et même celles de Péclet, sont d'une forme compliquée qui se prête difficilement aux calculs pratiques. Pour les rendre d'un usage plus facile, posons :

$$m = a^{\theta} \times 124,72 \frac{a^{t-\theta}}{t-\theta}, \quad \text{et} \quad n = 0,552 \frac{(t-\theta)^{1,233}}{t-\theta}.$$

Les valeurs de R et de F prennent la forme

$$R = mr\,S\,(t-\theta)\,z \qquad\qquad (8)$$

$$F = nf\,S\,(t-\theta)\,z \qquad\qquad (9)$$

et en ajoutant

$$M = R + F = (mr + nf)\,S\,(t-\theta);$$

d'où, en posant $K = mr + nf$,

$$M = KS(t-\theta)z. \qquad\qquad (10)$$

On retombe ainsi sur la formule déduite de la loi de Newton ; mais il importe de remarquer que le coefficient K n'est pas constant comme le suppose cette loi ; il dépend, comme m et n, des températures, et il faudra le déterminer dans chaque cas particulier. Nous verrons plus loin la manière de procéder.

Quand les excès de température ne dépassent pas 20°, les valeurs de m et de n diffèrent peu de l'unité, et la formule se réduit approximativement à

$$K = r + f,$$

d'où

$$M = (r + f)\,S\,(t-\theta)\,z.$$

C'est la formule applicable quand l'excès de température ne dépasse pas 20° et que nous avons déjà donnée comme suffisamment exacte en parlant de la loi de Newton.

Quand les excès de température dépassent 25°, les valeurs de m et de n ne peuvent plus être prises égales à l'unité ; il faut, dans chaque cas, les calculer par les formules ci-dessus.

Pour faciliter le calcul, on trouvera dans une table, à la fin du volume, les valeurs de a^t, de $124,72 \dfrac{a^t - 1}{t}$, de $t^{1,233}$ et de $0,552 \dfrac{t^{1,233}}{t}$ pour des valeurs de t de $0°$ à $2\,000°$.

Au moyen de cette table, on a facilement les valeurs de m et de n, dans chaque cas particulier, et on peut appliquer les formules sans calcul laborieux.

81. *Applications.* — Pour faire comprendre l'usage des formules et de la table, faisons quelques applications.

Considérons un tuyau de $0,10$ de rayon, de 1 mètre de hauteur, plein d'eau à $35°$ et placé dans une enceinte à $15°$. Cherchons la quantité de chaleur transmise, l'air de l'enceinte n'étant agité par aucune cause étrangère.

Ainsi que nous le verrons plus loin, la température de la paroi métallique extérieure est très sensiblement égale à celle de l'eau chaude ; appliquons les formules

$$M = KS(t - \theta), \quad \text{et} \quad K = mr + nf,$$

on a : $t = 35°$ et $\theta = 15°$; d'où $t - \theta = 20°$.

On peut dès lors prendre approximativement

$$m = 1, \quad \text{et} \quad n = 1.$$

Pour la fonte brute, on a (**78**) $r = 3,20$, et pour un cylindre vertical de $0,10$ de rayon et de 1 mètre de hauteur (**79**) $f = 2,75$. On trouve ainsi

$$K = 3,20 + 2,75 = 5,95$$

et

$$M = 5,95 . S \times 20° = 119 S.$$

La chaleur transmise par mètre carré et par heure est 119 calories.

Supposons maintenant que l'eau étant aux environs de $100°$, la température de la surface du tuyau soit de $95°$;

$$t - \theta = 95° - 15° = 80°,$$

d'où

$$m = a^{15} \cdot 124,72 \frac{a^{80} - 1}{80}.$$

On trouve dans la table

$$a^{13} = 1,122 \qquad 124,72 \frac{a^{80} - 1}{80} = 1,321,$$

d'où on déduit

$$m = 1,478.$$

On trouve de même dans la table

$$n = 0,552 \frac{80^{1,233}}{80} = 1,527,$$

et en prenant comme ci-dessus $r = 3,20$, et $f = 2,75$, on a

$$K = 1,478 \times 3,20 + 1,527 \times 2,75 = 4,73 + 4,20 = 8,93,$$

et pour la chaleur transmise

$$M = 8,93 \times 80°. S = 714,4 \, S.$$

La transmission par mètre carré est de 714,4 calories par heure.

Si on avait appliqué simplement la formule de Newton, en faisant $m = 1$ et $n = 1$, on aurait

$$K = 5,95 \quad \text{et} \quad M = 476 \, S$$

On trouverait 476 calories au lieu de 714,4.

L'erreur serait, comme on voit, très forte, environ $\frac{1}{3}$.

82. Lois du réchauffement. — Lorsque la température de l'enceinte est plus élevée que celle du corps, les phénomènes de transmission se produisent d'une manière inverse. Le corps reçoit de la chaleur au lieu d'en envoyer. L'expérience indique que les lois du réchauffement sont les mêmes que celles du refroidissement.

Pour de faibles excès de températures, Rumfort a vérifié la loi de Newton, en observant le réchauffement d'un vase en laiton placé dans une enceinte plus chaude. MM. de Laprovostaye et Desains ont reconnu que, pour des excès de température plus considérables, le réchauffement suit exactement les mêmes lois que le refroidissement et est représenté par les mêmes formules, pour les prèssions ordinaires. Toutefois les coefficients ne seraient pas tout à fait les mêmes pour de hautes températures.

Nous admettrons comme suffisamment exact, dans la pratique, que les lois du refroidissement et du réchauffement sont les mêmes et que les coefficients sont aussi les mêmes.

Les formules à appliquer, dans les cas du réchauffement, sont donc, comme pour le refroidissement :

$$M = KS(t - \theta) z$$

$$K = mr + nf.$$

M est la chaleur absorbée par mq dans le temps z, en heures;

S, la surface qui reçoit la chaleur;

θ et t, les températures de la surface du corps et de l'enceinte;

K est le coefficient de réchauffement ;

r et f, les coefficients de radiation et de convection donnés au n° 56 ;

m et n, des coefficients qui dépendent des différences de température et qui se calculent comme il a été dit au n° **80.**

CONVECTION.

83. Lois de la convection. — Dans ce qui précède, nous avons étudié seulement la convection par l'air, et dans le cas particulier où le mouvement au contact de la surface est uniquement produit par le changement de température.

Dans nombre d'applications, la transmission de la chaleur par convection se produit avec d'autres fluides que l'air, avec l'eau, la vapeur, etc., et le mouvement est déterminé par une force extérieure telle qu'un ventilateur, une cheminée, une pompe, etc.

Dans ces conditions les coefficients de convection que nous avons donnés ne sont plus applicables.

Nous allons étudier la transmission par convection dans le cas général d'un fluide quelconque mis en mouvement par une cause extérieure.

Ainsi que nous l'avons dit précédemment, la convection est un mode de transmission de la chaleur dans lequel un fluide se meut au contact d'une paroi à une température différente, et suivant que le fluide est plus froid ou plus chaud que la paroi, il absorbe de la chaleur ou il en abandonne. Dans un grand nombre d'appareils les deux effets se produisent simultanément.

C'est ainsi que, dans un calorifère à air chaud, les gaz de la combustion qui s'échappent du foyer échauffent par convection un côté de la paroi métallique qui constitue la surface de chauffe, tandis que l'air extérieur en circulant de l'autre côté de la paroi s'échauffe également par convection et transporte ensuite dans les appartements la chaleur qu'il a absorbée.

De même la vapeur circulant dans un serpentin plongé dans l'eau chauffe par convection la paroi intérieure de ce serpentin, tandis que l'eau au contact de la paroi extérieure se chauffe aussi par convection.

Les mêmes phénomènes de double convection se retrouvent dans le chauffage des chaudières à vapeur ; les gaz de la combustion d'un côté, l'eau et la vapeur de l'autre.

La quantité de chaleur transmise par convection dépend de la nature du fluide et de la vitesse au contact de la paroi. Elle est beaucoup plus grande pour l'eau et la vapeur que pour les gaz, elle augmente rapidement avec la vitesse du fluide, mais la loi de transmission reste la même, le coefficient de convection est seul changé.

La chaleur transmise par convection est toujours donnée par la relation

$$F = nfS(t - \theta)z. \qquad (1)$$

Dans cette formule

F est le nombre de calories transmises par convection dans le temps z par la surface S;

t, la température de la surface.

θ représente, non plus la température de l'enceinte comme dans la formule 9 (n° **so**), mais celle du fluide au contact de la surface.

nf est le coefficient de convection, f dépendant de la forme de la surface et de la nature du fluide, et n plus spécialement de la vitesse.

Si le fluide est plus chaud que la surface, θ est plus grand que t et la transmission se fait en sens inverse.

Dans tous les cas, *la quantité de chaleur transmise par convection est proportionnelle à l'étendue de la surface et à la différence de température entre la surface et le fluide.*

Cette formule s'applique non seulement à la convection par les gaz, mais encore par un fluide quelconque, les liquides et les vapeurs, les valeurs du coefficient f étant différentes suivant la nature des fluides.

Les températures t et θ sont généralement variables sur l'étendue de la paroi. L'une augmente tandis que l'autre diminue; la température t passe de t_0 à t_1, tandis que θ varie de θ_0 à θ_1.

Pour fixer les idées, nous supposerons que la paroi a une température plus élevée que celle du fluide, de sorte qu'elle se refroidit et que t_1 est plus petit que t_0, tandis que le fluide s'échauffant, θ_1 est plus grand que θ_0.

S'il n'y a pas de perte à l'extérieur, la chaleur F absorbée par le fluide par convection est

$$\mathrm{F} = pc\,(\theta_1 - \theta_0), \qquad (2)$$

F étant la chaleur transmise dans le temps z;

p, le poids du fluide qui passe pendant ce temps;

c, sa chaleur spécifique;

θ_0 et θ_1, les températures du fluide aux deux extrémités de la surface.

Quand les différences de température $(t_0 - t_1)$ et $(\theta_1 - \theta_0)$ sont faibles, on peut approximativement prendre dans la formule (1), pour t et θ, les moyennes

$$t = \frac{t_0 + t_1}{2} \quad \text{et} \quad \theta = \frac{\theta_1 + \theta_0}{2},$$

ce qui donne

$$F = nfS\left(\frac{t_0 + t_1}{2} - \frac{\theta_0 + \theta_1}{2}\right)z. \qquad (3)$$

En combinant les équations (2) et (3), on établit une relation entre les températures, le poids du fluide, la surface de transmission et le coefficient de convection.

Quand les variations de température sont un peu fortes, on ne peut plus procéder par moyennes; l'équation (1) n'est plus applicable qu'à un élément de surface; en la différenciant

$$dF = nf(t - \theta)z\,dS.$$

En différenciant de même l'équation (2),

$$dF = pc\,d\theta,$$

d'où

$$nf(t - \theta)z\,dS = pc\,d\theta.$$

Pour effectuer l'intégration, il faut avoir une autre relation entre les variables t, θ et S.

Dans certains cas, t ou bien θ reste constant sur toute la surface. Si, par exemple, la paroi est chauffée par un courant rapide de vapeur, on peut regarder t comme constant et l'intégration donne

$$pc \log \text{nép} \frac{t - \theta_0}{t - \theta_1} = nfSz, \qquad (4)$$

et en combinant avec l'équation (2)

$$F = \frac{nfS(\theta_1 - \theta_0)}{\log \text{nép} \dfrac{t - \theta_0}{t - \theta_1}}z \qquad (5)$$

ces relations font voir que, lorsque la surface S augmente en progression arithmétique, la chaleur transmise décroît en progression géométrique.

Soient deux surfaces consécutives égales $S_1 = S_2$, et F_1 et F_2 les chaleurs transmises par chacune d'elles dans le même temps ; il est facile de voir que le rapport $\dfrac{F_1}{F_2}$ est constant.

En effet, soient θ_0, θ_1 et θ_2 les températures du fluide, à l'origine, au milieu et à l'extrémité des surfaces S_1 et S_2. En vertu de l'équation (2), on a

$$\frac{F_1}{F_2} = \frac{\theta_1 - \theta_0}{\theta_2 - \theta_1}.$$

D'un autre côté, l'équation (4) fait voir que, pour S constant, le rapport $\dfrac{t - \theta_0}{t - \theta_1}$ l'est aussi, et par conséquent

$$\frac{t - \theta_0}{t - \theta_1} = \frac{t - \theta_1}{t - \theta_2} = \text{constante} ;$$

d'où on tire

$$\frac{\theta_1 - \theta_0}{\theta_2 - \theta_1} = \frac{t - \theta_0}{t - \theta_1} = \text{constante},$$

et par suite $\dfrac{F_1}{F_2} = \text{constante}$.

Dans certains cas, l'abaissement de température dt de la surface est proportionnel à l'accroissement $d\theta$ de la température du fluide : c'est ce qui a lieu, comme nous le verrons plus loin, quand la transmission s'effectue entre deux fluides à travers une paroi ; dans ce cas, le rapport $\dfrac{dt}{d\theta}$ est constant et il est facile de faire l'intégration. Nous reviendrons avec détails sur cette question dans le paragraphe suivant.

Pour pouvoir appliquer les formules, il faut connaître le coefficient de convection nf qui convient aux différents cas.

La transmission par convection se rencontre à chaque instant dans les applications, mais elle est toujours plus ou moins liée à des transmissions par rayonnement ou par conductibilité, et la quantité de chaleur dont on constate la transmission, dans un cas particulier, dépend d'un ensemble de phénomènes simultanés, d'où on ne peut le plus souvent dégager l'influence spéciale de la convection; aussi est-il fort difficile de déduire, des résultats observés dans la pratique, les coefficients de convection et ne possède-t-on que fort peu de données à ce sujet.

L'expérience indique que la nature du fluide a la plus grande influence sur la valeur du coefficient de convection; nous examinerons, en conséquence, successivement la convection par l'air, par l'eau et par la vapeur.

84. Convection par l'air. — Lorsque l'air est mis en mouvement, au contact d'une paroi chaude, sous l'influence exclusive de l'accroissement de température qu'il acquiert, le coefficient de convection est fourni par le résultat des expériences de Péclet que nous avons fait connaître (**79**).

Quand le mouvement est produit par une cause étrangère, comme le tirage d'une cheminée, l'action d'un ventilateur, etc., ces nombres ne sont plus applicables. Péclet avait constaté de fortes anomalies, sous l'influence des plus faibles mouvements extérieurs, et il avait pris les plus grandes précautions pour les empêcher.

Pour déterminer ce coefficient, j'ai fait de nombreuses expériences, au moyen d'un appareil (fig. 24), formé d'un simple tube AB en cuivre rouge, entouré d'un manchon MNPQ, également en cuivre. Le tout était enveloppé d'une épaisse couche de ouate pour s'opposer au refroidissement.

L'air, venant d'un gazomètre, passait dans un compteur et arrivait par la tubulure C; il circulait dans le tube AB et s'échappait en D; les thermomètres a et b donnaient les températures d'entrée et de sortie. L'eau chaude ou la vapeur arrivaient dans le manchon en F et sortaient en E; les thermomètres n et m donnaient la température à l'entrée et à la sortie. La circulation pouvait se faire à volonté dans l'un ou l'autre sens.

Le volume d'air écoulé était mesuré par la descente du gazomètre et vérifié par le passage au compteur. Un robinet servait à régler la vitesse.

Dans chaque expérience, on notait les températures t_0 et t_1 d'entrée et de sortie de l'eau chaude ou de la vapeur, les températures θ_0 et θ_1 d'entrée et de sortie de l'air, la température de l'enceinte et enfin le volume écoulé.

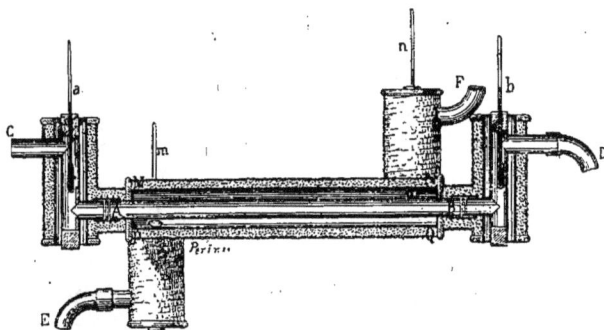

Fig. 24.

On prenait pour température de la paroi celle du fluide qui la chauffait; nous verrons en effet plus loin que, dans les conditions de l'expérience, la température de la paroi est très sensiblement la même que celle t de l'eau ou de la vapeur et que l'on peut porter cette dernière dans la formule (4), pour calculer la valeur du coefficient nf.

Afin de vérifier la formule (1) et de s'assurer que la chaleur transmise est bien proportionnelle à l'excès de température, on a fait passer, dans le tube, de l'air à une vitesse constante et, dans le manchon, de l'eau à des températures différentes, de manière à faire varier l'excès moyen de température.

Le tube, dans lequel passait l'air, avait $0^m,01$ de diamètre intérieur et $0^m,314$ de longueur.

Voici les résultats obtenus :

| TEMPÉRATURES. | | | | EXCÈS MOYEN de température. | COEFFICIENT de CONVECTION. |
| EAU CHAUDE. | | AIR. | | | |
Entrée. t_0	Sortie. t_1	Entrée. θ_0	Sortie. θ_1	$t - \theta$	nf
36°,0	35°,9	11°,0	21°,8	19°,6	4,974
62°,0	61°,6	11°,5	33°,3	39°,4	5,03
98°,5	98°,3	13°,0	50°,0	66°,9	4,96

Ces nombres font voir que, pour des excès de température qui ont varié de 19°,6 à 66°,9, le coefficient de convection est resté constant, ce qui vérifie la loi de proportionnalité, dans ces conditions, de la chaleur transmise aux excès de température.

Pour des excès de température plus considérables nous ne connaissons pas d'expériences spéciales, mais les résultats obtenus, dans certains essais faits sur la vaporisation dans les chaudières à vapeur, permettent de penser que la loi se vérifie encore pour des excès de température beaucoup plus élevés.

Dans ces expériences, sur lesquelles nous reviendrons plus loin, on divisait une chaudière à vapeur en un certain nombre de compartiments correspondant à des surfaces égales de chauffe, et on mesurait la vapeur produite par chacun d'eux. On a constaté que la quantité d'eau, vaporisée par chaque compartiment chauffé exclusivement par convection des gaz chauds, décroissait en progression géométrique d'un compartiment au suivant ; cette loi de décroissement ne peut avoir lieu que si, en chaque point, la chaleur transmise est proportionnelle à l'excès de température. La loi de transmission par convection, représentée par la formule (1), peut donc être considérée comme exacte, dans les limites de températures très étendues.

Pour déterminer l'influence, sur le coefficient de convection, de la vitesse de l'air, ainsi que de la section du tube, nous avons fait plusieurs séries d'expériences, au moyen de tubes de 0,01, 0,02, 0,03 et 0,05 de diamètre et de 1 mètre de longueur, dans lesquels l'air passait avec des vitesses qui ont varié de $0^m,50$ à 10 mètres.

Les résultats, obtenus avec chaque diamètre, ont permis de tracer des courbes, ayant pour abscisses les vitesses et pour ordonnées les coefficients de convection. C'est au moyen de ces courbes que le tableau suivant a été dressé ; il donne la valeur du coefficient de convection par l'air, pour divers diamètres de tubes et différentes vitesses de l'air.

COEFFICIENTS DE CONVECTION PAR L'AIR.

Vitesse de l'air.	Diamètre des tubes.			
v	0,01	0,02	0,03	0,05
$0^m,25$	»	»	2,80	5,40
0,50	»	3,50	5,80	7,60
0,75	»	5,20	7,50	9,00
1,00	3,50	6,60	9,00	11,30
1,50	5,25	8,25	11,25	15,80
2,00	6,80	9,80	14,00	»
3,00	9,50	15,00	19,60	»
4,00	11,50	19,80	24,75	»
5,00	15,00	24,25	29,40	»
6,00	21,50	28,00	33,60	»
7,00	26,50	31,50	»	»
8,00	31,60	35,80	»	»
9,00	36,70	38,90	»	»
10,00	41,00	»	»	»

L'examen des nombres du tableau fait voir que le coefficient de convection, pour tous les diamètres, augmente rapidement avec la vitesse, et que l'accroissement est d'autant plus rapide que le diamètre du tube est plus faible.

Pour le diamètre de 0,01, ce coefficient de convection est à peu près proportionnel à la vitesse ; c'est ainsi que pour la

vitesse de 6 mètres, la transmission est à très peu près 6 fois
plus forte que pour la vitesse de 1 mètre. Le coefficient paraît
augmenter, entre 1 mètre et 6 mètres, un peu moins vite qu'au-
dessus. Les expériences souvent répétées ont toujours donné les
mêmes nombres.

Il résulte de la proportionnalité du coefficient de convection
à la vitesse, pour un tube de 0,01, que la température de l'air
à la sortie du tube doit rester constante quand la vitesse varie.
Ce fait a été vérifié directement.

Ainsi, nous avons répété souvent l'expérience suivante. On
réglait, par le robinet, le passage de l'air dans le tube, à une
vitesse de 1 mètre environ, et en observant avec soin le niveau
du mercure dans le thermomètre de sortie, on ouvrait brusquement le robinet de manière à porter la vitesse à 5 ou
6 mètres ; on constatait alors que la colonne de mercure du
thermomètre subissait à peine quelques légères oscillations,
et que souvent même elle se maintenait absolument fixe. La
quantité de chaleur, absorbée par l'air, passait ainsi brusquement du simple au sextuple, dans le même appareil, par le
changement de vitesse.

Ce fait ne s'est produit qu'avec un tube de 0,01 de diamètre;
avec des tubes de 0,02, 0,03 et 0,05, le coefficient de convection augmente avec la vitesse, mais non pas proportionnellement et l'accroissement est d'autant moins grand que le diamètre est plus fort. Pour le diamètre de 0,05, la transmission
n'est pas loin d'être proportionnelle à la racine carrée de la
vitesse.

Un autre fait qui résulte de ces expériences, c'est que, dans
les limites de diamètre de 0,01 à 0,05, le coefficient de convection augmente avec le diamètre. Pour une vitesse de 1 mètre,
le coefficient de convection, pour un tuyau de 0,05, est près
de 3 fois plus grand que pour un tuyau de 0,01.

Des expériences, faites sur des tuyaux de plus grandes
dimensions, confirment l'influence de la vitesse sur le coefficient de transmission.

Un tuyau en fonte A (fig. 25 et 26) de $0^m,20$ de diamètre intérieur, de $0^m,008$ d'épaisseur et de $2^m,60$ de hauteur, ayant une surface de $1^{mq},76$, était placé dans un coffre carré en briques creuses de $0^m,22$ d'épaisseur; le côté intérieur du carré avait $0^m,38$. Dans un coffre semblable, construit à côté, se

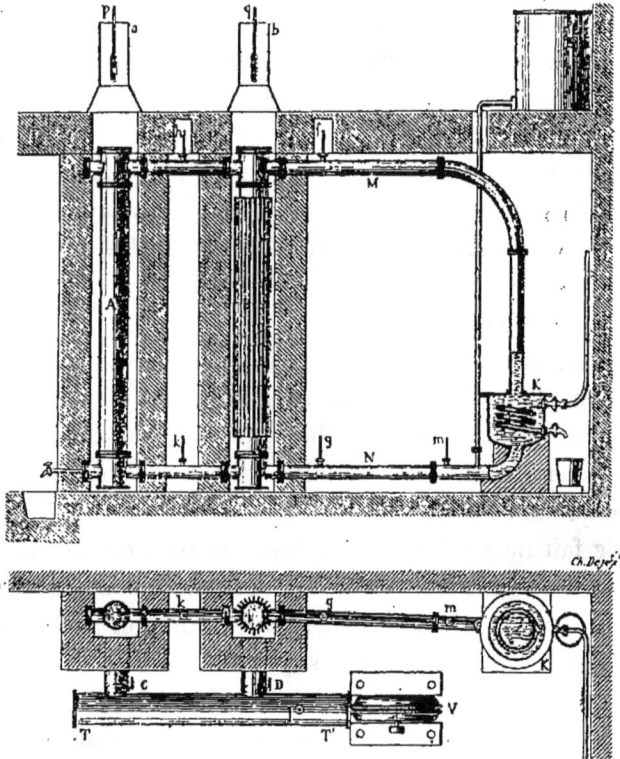

Fig. 25 et 26.

trouvait un tuyau B, de mêmes dimensions, mais muni de nervures, et sur lequel on faisait des expériences comparatives que nous rapportons plus loin. Les tuyaux portaient des tubulures et communiquaient haut et bas par des tuyaux M et N avec un récipient K, plein d'eau chauffée par la vapeur, de manière à établir une circulation continue d'eau chaude dans les tuyaux en expérience. Un ventilateur V lançait de l'air dans l'espace annulaire, autour du tuyau, à une vitesse qu'on pouvait régler à volonté au moyen d'une valve C et qu'on mesurait, à la sortie, avec un anémomètre placé dans un tuyau cylindrique a; on en déduisait le volume et par suite le poids P écoulé.

Des thermomètres h et k donnaient les températures d'entrée et de sortie de l'eau chaude ; d'autres, l et p, les températures d'entrée et de sortie de l'air.

Le tableau suivant indique, pour le tuyau à parois lisses A, les résultats obtenus dans une des nombreuses séries d'expériences qui ont été faites.

Les six premières colonnes donnent les poids écoulés, les vitesses et les températures de l'eau chaude et de l'air, constatés à l'observation.

La septième donne la chaleur transmise, par mètre carré de surface de chauffe et par heure, calculée par l'expression

$$\frac{M}{S} = \frac{PC(\theta_1 - \theta_0)}{S}.$$

La huitième colonne donne le coefficient de transmission K déduit de la formule

$$M = KS\left(\frac{t_1 + t_0}{2} - \frac{\theta_1 + \theta_0}{2}\right);$$

et enfin la dernière colonne donne les rapports de K à la racine carrée de la vitesse, soit $\dfrac{K}{\sqrt{v}}$, afin de faire ressortir l'influence de la vitesse sur le coefficient de convection.

Les quantités de chaleur sont données en calories.

Expériences sur la convection par l'air.
Tuyau en fonte de 0^m,20, à surface lisse, plein d'eau chaude.

POIDS D'AIR écoulé par heure. P	VITESSE DE L'AIR autour du tuyau. v	TEMPÉRATURES.				CHALEUR TRANSMISE par m.q. $\dfrac{M}{S}$	COEFFICIENTS DE CONVECTION.	
		EAU CHAUDE.		AIR.				
		Entrée. t_0	Sortie. t_1	Entrée. θ_0	Sortie. θ_1		K	$\dfrac{K}{\sqrt{v}}$
k	m	°	°	°	°			
309,8	0,678	79,0	71,0	1,0	22,9	970,3	15,435	18,75
313,1	0,863	79,5	68,7	0,8	19,8	1094	16,294	18,48
443,7	0,930	79,75	71,0	0,8	18,4	1217	18,516	19,22
653,9	1,400	79,5	72,0	0,9	15,8	1528	22,668	19,16
731,9	1,567	79,8	72,2	1,6	16,8	1586	23,747	18,97
804,4	1,710	79,0	71,2	0,5	14,7	1731	25,641	19,62
885,6	1,895	80,0	74,5	1,2	15,8	1841	26,80	19,48
958,3	2,041	80,20	73,0	1,0	15,2	1942	28,355	19,86
996,4	2,119	79,5	70,0	1,1	14,5	1907	28,469	19,57
1058,3	2,244	80,0	74,5	1,5	14,0	1956	28,143	18,80
1082,7	2,302	79,5	72,5	1,6	14,6	1992	29,373	19,36
1646,4	3,564	81,0	76,25	2,0	12,5	2660	37,250	19,74
1786,1	3,769	80,0	73,5	1,0	12,7	2631	37,623	19,38
1957,6	4,128	80,0	76,0	2,0	12,5	2802	39,593	19,49
1981,2	4,178	80,0	76,25	2,5	12,5	2840	40,200	19,67
2185,6	4,609	80,5	76,5	1,8	12,5	3049	42,710	19,90
						Moyenne......		19,403

L'examen des nombres du tableau fait reconnaître que le coefficient de transmission est sensiblement proportionnel à la racine carrée de la vitesse; le rapport $\dfrac{K}{\sqrt{v}}$ est à peu près constant.

Des séries semblables d'expériences, faites sur le même tuyau, mais avec des excès de température différents, ont montré que le coefficient $\dfrac{K}{\sqrt{v}}$ variait quelque peu avec cet excès.

Voici les valeurs trouvées :

Excès moyen de température $t - \theta$.	Valeur moyenne de $\frac{K}{\sqrt{v}}$.
20° à 25°	16,138
35 45	17,676
65 75	19,403

L'influence de l'excès de température sur le coefficient de transmission peut s'expliquer par le rôle que joue le rayonnement dans ces expériences ; la transmission ne s'effectue pas uniquement par convection, mais aussi en partie par radiation, parce que le tuyau d'eau chaude rayonne sur les parois de l'enveloppe, qui s'échauffent et communiquent leur chaleur à l'air qui se meut à leur contact.

La valeur de K est de la forme (**80**), $K = mr + nf$, et pour déduire nf de ces expériences, il faut connaître mr. On peut en avoir une évaluation, en prenant pour r le coefficient de radiation des surfaces ternes (**78**), et pour m la valeur correspondant aux excès de température (**80**). On trouve ainsi que la valeur de mr est comprise entre 1,75 et 2,50, et on en déduit que la chaleur transmise par convection est donnée assez approximativement par la formule

$$F = f \sqrt{v}\,(t - \theta)\,S z, \qquad (6)$$

f étant compris entre 15 et 18, dans les conditions des expériences.

Il n'est peut-être pas sans intérêt de remarquer que cette relation conduit à la formule de Dulong (3) du n° **76**

$$F = B h^c (t - \theta)^{1,233} S z.$$

En effet, la vitesse ascensionnelle d'une colonne d'air chaud est proportionnelle à la racine carrée de la différence de tempé-

rature (nous le démontrerons dans la théorie du tirage des cheminées), de sorte que la vitesse de l'air, qui se meut au contact
du corps chaud, dans l'enceinte à température θ, doit être donnée
par une expression de la forme

$$v = \alpha^2 \sqrt{t-\theta}, \quad \text{d'où} \quad \sqrt{v} = \alpha (t-\theta)^{0,25};$$

α étant un terme indépendant de la température. Si on remplace
$\sqrt{v}$ par cette valeur, dans la formule (6), on trouve

$$F = f\alpha (t-\theta)^{1,25} S z,$$

équation qui devient presque identique à l'équation (3) du n° **76**,
si on pose

$$f\alpha S = B h^c.$$

L'exposant fractionnaire de la différence de température est
sensiblement le même.

85. Tuyaux à nervures. — On emploie fréquemment dans
la construction des appareils de chauffage, pour obtenir une

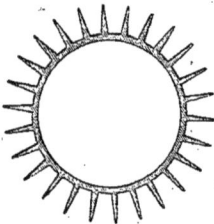

Fig. 27.

grande surface de transmission sous
un volume restreint, des tuyaux ou
des surfaces portant de nombreuses
nervures très saillantes. La figure 27 représente la coupe transversale d'un de
ces tuyaux. Nous verrons plus loin comment on peut calculer l'effet de ces nervures.

Nous avons fait plusieurs expériences
pour le déterminer pratiquement. L'installation décrite au
n° **84** (fig. 25 et 26) comprenait un tuyau cannelé B, portant 26 nervures de 0,04 de saillie et dont l'épaisseur variait
de 0,008 à la base jusqu'à 0,002 au sommet. La surface de
transmission, par mètre linéaire, était de $2^m,76$, c'est-à-dire
que, par rapport au tuyau lisse, elle était augmentée dans

le rapport de 4 à 1 environ. On établissait de même une circulation d'eau chaude par les tuyaux M et N, en chauffant le récipient K. On mesurait les températures de l'eau par les thermomètres f et g, celles de l'air par les thermomètres l et q, et enfin le volume de l'air, à la sortie du tuyau b, avec un anémomètre; on le réglait par la valve D.

Voici les résultats obtenus dans une série de ces expériences.

Expériences sur la convection par l'air.
Tuyau en fonte de 0m,20, à nervures, plein d'eau chaude.

POIDS DE L'AIR écoulé par heure. p	VITESSE DE L'AIR autour du tuyau. v	TEMPÉRATURES.				CHALEUR TRANSMISE par m. q. et par heure. $\frac{M}{S}$	COEFFICIENTS DE CONVECTION.	
		EAU CHAUDE.		AIR.			K	$\frac{K}{\sqrt{v}}$
		Entrée. t_0	Sortie. t_1	Entrée. θ_0	Sortie. θ_1			
k	m	°	°	°	°			
292,7	0,741	80,5	72,5	1,0	37,0	440	7,810	9,081
348,0	0,882	80,0	69,2	1,0	34,7	501	8,795	10,495
409,2	1,053	79,5	72,0	0,8	32,0	556	9,685	9,439
707,5	1,735	79,0	66,8	0,8	27,1	722	12,290	9,332
721,5	1,764	79,0	72,0	1,0	26,2	765	12,610	9,495
767,4	1,878	79,6	72,5	1,6	26,2	793	13,141	9,599
915,7	2,238	79,3	71,8	0,5	25,9	903	14,640	9,786
946,6	2,326	80,0	74,0	1,6	27,0	933	14,909	9,769
1025,3	2,469	80,0	73,5	1,1	24,5	934	14,700	9,356
1103,8	2,679	79,5	71,0	0,9	24,0	990	15,828	9,850
1121,6	2,737	79,6	73,8	1,0	25,6	1071	17,097	10,336
1791,5	4,349	80,0	73,5	1,3	23,2	1327	20,680	9,918
1944,2	4,818	80,0	72,5	1,0	20,2	1387	20,735	9,492
2080,0	5,020	80,0	72,0	1,6	20,0	1485	20,876	9,319
2129,1	5,134	79,5	73,2	1,4	19,7	1460	20,670	9,126
2167,5	5,222	80,0	71,5	1,0	19,4	1450	21,976	9,617
2207,0	5,268	79,5	72,2	1,3	19,2	1534	23,154	10,089
							Moyenne......	9,652

Pour le tuyau à surface nervée, comme pour celui à surface lisse, la convection augmente rapidement avec la vitesse et on trouve pour $\dfrac{K}{\sqrt{v}}$ un nombre à peu près constant, ce qui fait voir que le coefficient de transmission est encore sensiblement proportionnel à la racine carrée de la vitesse.

Cette proportionnalité se maintient pour d'autres excès de températures ; seulement le coefficient n'est pas tout à fait le même. Voici les valeurs trouvées :

Pour $t-\theta$, variant de 18° à 25°, on a $\dfrac{K}{\sqrt{v}}=8,089$ moyenne.

   —   —   30   45   —   8,244   —

   —   —   55   70   —   9,652   —

La valeur de $\dfrac{K}{\sqrt{v}}$ pour le tuyau à nervures est à peu près moitié de celle que nous avons trouvée pour le tuyau lisse.

Cette différence doit tenir à deux causes : d'abord à ce que l'air circule moins facilement entre les nervures, et de plus, à ce que la température de la surface de ces nervures décroît de la base au sommet ; suivant le nombre et la hauteur des nervures, le coefficient f doit donc être différent.

C'est ce que font voir d'autres expériences faites sur des tuyaux en fonte de 0,25 de diamètre portant chacun 50 nervures de 0,05 de hauteur et décroissant d'épaisseur de 0,008 à 0,002 au sommet. La surface de chauffe, par mètre linéaire, était environ de $5^{mq},40$, c'est-à-dire 6,6 fois plus grande qu'avec le tuyau lisse. Les résultats de ces expériences font encore ressortir d'une manière très nette l'influence de la vitesse.

On opérait simultanément sur deux tuyaux, l'un entouré d'un cylindre en tôle éloigné de 1 centimètre environ de l'extrémité des nervures et ne laissant pour le passage de l'air qu'un espace annulaire de $0^{mq},0488$, l'autre placé dans un coffre rectangulaire laissant un espace annulaire libre de $0^{mq},098$ autour du tuyau, c'est-à-dire un passage plus que double.

Les résultats obtenus sont inscrits dans le tableau suivant.

Expériences sur la convection par l'air. — Tuyau en fonte de 0^m,25 de diamètre portant 50 nervures.

SECTION DE PASSAGE DE L'AIR AUTOUR DU TUYAU = 0^m,098.					SECTION DE PASSAGE DE L'AIR AUTOUR DU TUYAU = 0^m,0488					
VITESSE autour du TUYAU.	TEMPÉRATURE DE L'AIR.		CHALEUR TRANS-MISE.	COEFFICIENTS DE CONVECTION.		VITESSE autour du TUYAU.	TEMPÉRATURE DE L'AIR.		CHALEUR TRANS-MISE.	COEFFICIENTS DE CONVECTION.
v	ENTRÉE. θ_0	SORTIE. θ_1	F	K	$\dfrac{K}{\sqrt{v}}$	v	ENTRÉE. θ_0	SORTIE. θ_1	F	K	$\sqrt{\dfrac{-}{v}}$
0,42 ^{m}	13,0 °	53,1 °	3679	4,80	7,40	1,137 ^{m}	13,0 °	55,3 °	5202	6,80	6,40
0,48	13,5	43,7	3158	4,12	5,90	1,318	13,5	54,8	5869	7,66	6,66
0,57	13,2	43,2	3713	4,82	6,35	1,350	13,0	53,7	5924	7,74	6,66
0,58	13,0	42,4	3686	4.82	6,30	1,369	13,2	54,1	6037	7,88	6,70
0,65	13,35	39,8	3727	4,88	6,05	1,648	13,35	50,2	6548	8,56	6,70
0,68	13,1	39,1	3812	4,98	6,10	1,684	13,1	49,6	6627	8,66	6,65
0,75	13,0	36,8	3867	5,06	5,75	1,884	13,2	48,9	7215	9,42	6,85
0,80	13,2	39,5	4546	5,94	6,65	1,930	13,0	46,1	6888	9,00	6,45
1,047	13,2	38,7	5760	7,52	7,40	2,346	13,2	47,8	8752	10,44	6,72
				Moyenne.....	6,40					Moyenne.....	6,64

En comparant ces nombres, on voit que le coefficient de transmission est encore à très peu près proportionnel à la racine carrée de la vitesse et sensiblement le même pour les deux séries d'expériences : la valeur moyenne de $\dfrac{K}{\sqrt{v}}$ étant de 6,64 pour la deuxième disposition et de 6,40 pour la première. Ces valeurs sont plus faibles que celle (9,652) que nous avons trouvée pour le tuyau de 0^m,20 de diamètre, à 26 nervures. La différence doit tenir à ce que, les nervures étant plus rapprochées, la circulation de l'air est plus gênée.

De toutes ces expériences, il résulte ce fait important, qu'en augmentant la vitesse au contact du tuyau, on accroît notablement la quantité de chaleur transmise; lorsqu'on dispose d'une force pour donner au fluide une grande vitesse, on peut, par ce moyen, augmenter beaucoup l'effet des surfaces de chauffe.

86. Convection par l'eau. — Lorsque de l'eau se meut au contact d'une surface ayant une température différente, les phénomènes de la transmission de la chaleur par convection se produisent comme pour l'air. La même formule

$$F = nf\,S\,(t - \theta)z$$

est applicable, mais le coefficient de convection est beaucoup plus fort; à égalité de surface et de température, la quantité de chaleur transmise est bien plus grande dans le même temps.

Afin de déterminer les coefficients de convection par l'eau, nous nous sommes servis de l'appareil déjà décrit n° **84** (fig. 24), en faisant passer de l'eau froide dans le tube et de l'eau chaude dans le manchon. L'appareil avait été construit de telle sorte que la section du tube et la section annulaire du manchon étaient égales, et en réglant les robinets de manière à faire écouler des volumes égaux, la vitesse était la même des deux côtés de la paroi du tube. Dans ces conditions, on pouvait admettre que le coefficient de convection était également le même des deux côtés.

On mesurait les températures T_0 et T_1 d'entrée et de sortie de l'eau chaude, celles θ_0 et θ_1 d'entrée et de sortie de l'eau chauffée, les poids P d'eau chaude et p d'eau froide qu'on s'attachait à rendre très sensiblement égaux, et on déterminait d'après ces données la quantité de chaleur transmise.

La paroi de transmission étant en cuivre très mince, la température était sensiblement la même sur les deux faces et devait être une moyenne entre celles de l'eau froide et de l'eau chaude.

On avait en conséquence

$$t_0 = \frac{T_0 + \theta_0}{2} \qquad \text{et} \qquad t_1 = \frac{T_1 + \theta_1}{2},$$

t_0 et t_1 étant respectivement les températures de la paroi à l'origine et à l'extrémité de la surface de transmission.

Pour avoir le coefficient nf de convection, on a employé la formule (4)

$$pc \log \text{nep} \frac{t_0 - \theta_0}{t_1 - \theta_1} = nf\,S z,$$

dans laquelle on pouvait remplacer $\dfrac{t_0 - \theta_0}{t_1 - \theta_1}$ par $\dfrac{T_0 - \theta_0}{T_1 - \theta_1}$ qui lui est égal, comme il est facile de le vérifier.

En réunissant tous les résultats, et traçant la courbe des variations du coefficient nf avec la vitesse de circulation de l'eau, nous avons dressé le tableau suivant :

COEFFICIENTS DE CONVECTION PAR L'EAU.

Vitesse de l'eau.	Coefficient.	Vitesse de l'eau.	Coefficient.
0,10	1 510	0,60	3 600
0,15	2 100	0,70	3 840
0,20	2 530	0,80	4 050
0,30	2 960	0,90	4 300
0,40	3 170	1,00	4 520
0,50	3 380	1,10	4 800

Dans les experiences, la vitesse n'est pas descendue au-dessous de 0,10 par 1″. En prolongeant la courbe, suivant sa direction probable, de manière à la faire passer par l'origine, on trouve que pour une vitesse de 0,05 le coefficient nf serait de 850 environ, et qu'il s'abaisserait à 500 pour une vitesse de 0,03 et à 200 pour une vitesse de 0,01. Nous ne donnons ces nombres que comme de simples indications et faute d'autres plus précis. Il est certain, dans tous les cas, que le coefficient de convection augmente très notablement avec la vitesse.

En comparant ces coefficients à ceux que nous avons donnés pour l'air, on reconnaît que l'eau a un pouvoir de convection bien plus considérable. Ainsi, pour un tuyau de $0^m,01$ de diamètre, le coefficient de convection par l'eau est de 4 520 pour une vitesse de 1^m, tandis qu'avec l'air dans les mêmes conditions il est seulement de 3,50. La transmission est 1 291 fois plus grande avec l'eau qu'avec l'air à égalité de surface et de différence de température.

87. Convection par la vapeur d'eau. — La vapeur d'eau est un des agents de chauffage les plus employés dans l'industrie. L'usage si général qui en est fait comme force motrice a rendu facile l'installation et la conduite des appareils où on l'utilise au chauffage.

La condensation de la vapeur au contact d'une surface froide est excessivement rapide. Nous rapporterons plus loin des expériences relatives au chauffage de l'eau par la vapeur; il ne serait pas possible, pour le moment, d'en déduire le coefficient de convection.

En faisant passer, dans l'appareil décrit (**84**), de l'eau dans le tube et de la vapeur tout autour dans le manchon annulaire, nous avons pu constater que la transmission est notablement plus grande qu'avec de l'eau des deux côtés, et reconnaître que le coefficient ne descend pas au-dessous de 10 000, quand le manchon est bien purgé d'air; dans certains cas, il s'est élevé jusqu'à 40 000 et 50 000 calories, pour une circulation très active.

La vitesse exerce, comme pour les autres fluides, une influence notable sur la valeur de ce coefficient; il n'a pas été possible de déterminer des chiffres précis, qui d'ailleurs ne sont pas bien nécessaires en pratique parce que, ainsi que nous le verrons plus loin, dans les problèmes de transmission, c'est toujours l'inverse $\frac{1}{nf}$ qui entre dans les formules, et cet inverse est si faible, qu'il est le plus souvent négligeable, à côté des autres termes beaucoup plus grands auxquels il doit être ajouté.

§ II

TRANSMISSION DE LA CHALEUR A TRAVERS UNE PAROI

88. Dans la plupart des applications, la chaleur se communique d'une enceinte ou d'un fluide à un autre par transmission en passant à travers une paroi qui les sépare. C'est, par exemple, le cas d'un appareil de chauffage tel qu'une chaudière à vapeur, un calorifère à air chaud, dans lesquels une paroi métallique est interposée entre le foyer et les gaz de la combustion, d'un côté, et l'eau ou l'air qu'il s'agit de chauffer, de l'autre côté ; c'est encore le cas du mur d'une maison habitée qui sépare les appartements chauffés de l'air extérieur.

En analysant le phénomène général de la transmission de la chaleur, dans ces conditions, on reconnaît qu'on peut le décomposer en trois périodes successives.

Première période. — Transmission de l'enceinte chauffée ou du fluide chaud à la face intérieure de la paroi ; cette transmission peut s'effectuer par radiation et convection simultanées, ou simplement par convection.

Deuxième période. — Transmission, par conduction, de la face intérieure à la face extérieure de la paroi qui sépare les deux enceintes.

Troisième période. — Transmission par radiation et convection de la face extérieure de la paroi à l'enceinte extérieure ou au fluide qui se déplace à son contact.

Ces trois périodes se retrouvent dans tout phénomène de transmission à travers une paroi, mais les conditions peuvent être différentes.

On peut distinguer trois cas principaux :

1° La paroi sépare deux enceintes maintenues chacune à une température constante et uniforme.

2° La paroi sépare deux fluides en mouvement dont la température varie par le fait même de la transmission de la chaleur.

3° La paroi sépare un fluide en mouvement d'une enceinte maintenue à une température constante et uniforme.

Le premier cas est celui du mur d'une maison habitée séparant les appartements de l'atmosphère, d'un récipient d'eau chauffée par un double fond renfermant de la vapeur ; le second est celui d'un tuyau de calorifère séparant les gaz de la combustion de l'air qui s'échauffe en circulant dans la chambre d'air chaud ; enfin le troisième cas est celui d'un tuyau de poêle placé dans une enceinte habitée ; c'est aussi celui d'une chaudière à vapeur dont les parois séparent les gaz de la combustion qui circulent dans les carneaux, de l'eau à vaporiser dont la température est à peu près la même dans toutes les parties.

TRANSMISSION A TRAVERS UNE PAROI
ENTRE DEUX ENCEINTES

La forme de la paroi ayant une influence sur les conditions de la transmission, nous allons examiner successivement la transmission à travers les parois à faces parallèles, les parois cylindriques, sphériques, et enfin les parois munies de nervures.

89. Transmission à travers une paroi à faces parallèles. — Considérons une paroi terminée par deux faces parallèles AB et A'B' (fig. 28), séparant deux enceintes maintenues respectivement aux températures T et θ ; désignons par e et C l'épaisseur et le coefficient de conduction de la paroi. Lorsque le régime est établi, c'est-à-dire lorsque la chaleur, reçue par la face AB, est égale à celle émise par la face A'B', chaque tranche parallèle aux faces extrêmes laisse passer cette même quantité de chaleur et la température reste invariable et uniforme dans chaque tranche, mais différente d'une tranche à l'autre.

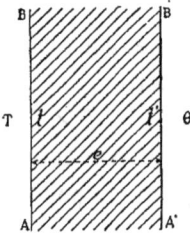

Fig. 28.

Appelons M la quantité de chaleur transmise dans le temps z, t et t' les températures inconnues des deux faces AB et A'B'.

La face AB recevant la quantité M de chaleur, si on désigne par K le coefficient de transmission de l'enceinte à cette face (**82**, loi du réchauffement), on a

$$M = SK(T - t)z.$$

Le coefficient K est donné par la formule (**80**) : $K = mr + nf$.

La même quantité de chaleur M traversant la paroi de la face AB à la face A'B', la loi de transmission par conduction donne :

$$M = S\frac{C}{e}(t - t')z.$$

Enfin pour la transmission de la face $A'B'$ à l'enceinte extérieure, en désignant par K' le coefficient de transmission (**80**, loi du refroidissement), on a

$$M = SK'(t'-\theta)z.$$

Le coefficient K' étant donné par une formule semblable à celle de K, soit $K' = m'r' + n'f'$.

Pour éliminer simplement les inconnues t et t', il suffit de mettre les équations sous la forme

$$M\frac{1}{K} = S(T-t)z$$

$$M\frac{e}{C} = S(t-t')z$$

$$M\frac{1}{K'} = S(t'-\theta)z$$

et en ajoutant

$$M\left(\frac{1}{K} + \frac{e}{C} + \frac{1}{K'}\right) = S(T-\theta)z.$$

On obtient la formule

$$M = SQ(T-\theta)z \qquad (1)$$

en posant pour simplifier

$$\frac{1}{Q} = \frac{1}{K} + \frac{e}{C} + \frac{1}{K'}. \qquad (2)$$

Q est un coefficient qui dépend de l'épaisseur et de la conduction de la paroi et en même temps de K et de K', c'est-à-dire des coefficients de radiation et de convection des deux faces. On le calcule dans chaque cas d'après la relation (2) où on porte les valeurs de C, de K et de K' données aux n^{os} **71**, **72**, **78**, **79**, **84**, **86** et **87**.

La formule (1) est la formule fondamentale de la transmission de la chaleur à travers une paroi et nous aurons fréquemment l'occasion de l'appliquer dans la suite.

Il est facile de calculer les valeurs de t et de t' en fonction des températures extrêmes; on trouve

$$t = T - \frac{M}{SKz} = T - \frac{Q}{K}(T - \theta) \qquad (3)$$

et

$$t' = \theta + \frac{Q}{K'}(T - \theta). \qquad (4)$$

Enfin, si on a besoin seulement de la différence $t - t'$:

$$t - t' = \frac{M}{Sz} \cdot \frac{e}{C} = \frac{e}{C} Q(T - \theta). \qquad (5)$$

Si les deux coefficients K et K' sont égaux, la température moyenne de la paroi est la moyenne des températures extrêmes.

En effet, en ajoutant les équations (3 et 4) membre à membre, faisant $K = K'$ et divisant par 2

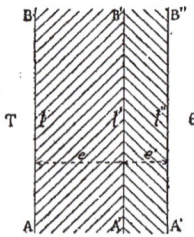

Fig. 29.

$$\frac{t + t'}{2} = \frac{T + \theta}{2}.$$

Si la paroi est formée par la juxtaposition de deux parois (fig. 29), l'une d'épaisseur e et de conduction C, l'autre d'épaisseur e' et de conduction C', on a la série de relations

$$M = SK(T - t)z$$
$$M = S\frac{C}{e}(t - t')z$$
$$M = S\frac{C'}{e'}(t' - t'')z$$
$$M = SK'(t'' - \theta)z$$

et en éliminant les températures t, t', t'', on trouve

$$M = SQ(T - \theta)z$$

en posant

$$\frac{1}{Q} = \frac{1}{K} + \frac{e}{C} + \frac{e'}{C'} + \frac{1}{K'}.$$

Pour un nombre quelconque de parois

$$\frac{1}{Q}=\frac{1}{K}+\frac{e}{C}+\frac{e'}{C'}+\frac{e''}{C''}+ \ldots +\frac{1}{K'}. \qquad (6)$$

90. Paroi cylindrique. — Lorsque la transmission s'effectue à travers un tuyau cylindrique, la différence d'étendue des surfaces extérieure et intérieure modifie la formule de transmission.

Soient R et R' (fig. 3o) les rayons intérieur et extérieur, T et θ les températures des deux enceintes, t et t' celles des deux faces, l la longueur du tuyau ; cherchons la quantité M de chaleur qui passe par heure.

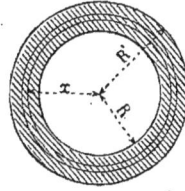

Fig. 3o.

La surface intérieure $S = 2\pi R\, l$ du tuyau reçoit, dans le temps z, une quantité de chaleur

$$M = 2\pi R\, l\, K\, (T - t)\, z.$$

Pour trouver l'expression de la quantité de chaleur qui passe à travers la paroi, considérons une tranche annulaire, infiniment mince, située à une distance x du centre, soit y sa température.

L'épaisseur de la tranche est dx, et la différence de température des deux faces, de l'intérieur à l'extérieur, étant $-dy$, on a pour une longueur l du tuyau

$$M = -2\pi l x \frac{C}{dx} z\, dy \qquad \text{d'où} \qquad \frac{M\, dx}{x} = -2\pi l C z\, dy$$

et en intégrant pour x entre R et R', pour y entre t et t'

$$M \log \text{nép} \frac{R}{R'} = 2\pi l\, C (t - t')\, z$$

et

$$M = \frac{2\pi l C}{\log \text{nép} \dfrac{R}{R'}} (t - t')\, z.$$

Enfin la transmission de la face extérieure du tuyau à l'enceinte donne

$$M = 2\pi l \, R'K' (t' - \theta) \, z.$$

En éliminant les températures t et t' entre les trois équations, on trouve

$$M = \frac{2\pi l}{\dfrac{1}{KR} + \dfrac{1}{C} \log \text{nép} \dfrac{R'}{R} + \dfrac{1}{K'R'}} (T - \theta) z \qquad (7)$$

qui se réduit à

$$M = SQ(T - \theta) z$$

en posant

$$S = 2\pi R' l \quad \text{et} \quad \frac{1}{Q} = R' \left(\frac{1}{KR} + \frac{1}{C} \log \text{nép} \frac{R'}{R} + \frac{1}{K'R'} \right). \qquad (8)$$

S'il y avait plusieurs tuyaux concentriques de conductibilité $C, C'...C_n$, et de rayons extérieurs $R, R'... R_n$, la valeur de Q serait :

$$\frac{1}{Q} = R_n \left[\frac{1}{KR} + \frac{1}{C} \log \text{nép} \frac{R'}{R} + ... + \frac{1}{C_n} \log \text{nép} \frac{R_n}{R} + \frac{1}{K'R_n} \right]. \qquad (9)$$

91. Paroi sphérique. — Le calcul de la transmission se fait, d'une manière analogue, pour une paroi sphérique.

En désignant par T et θ les températures des deux enceintes, par R et R' les rayons intérieur et extérieur de deux sphères concentriques, t et t' leurs températures, on a, pour la transmission à la paroi intérieure

$$M = 4\pi R^2 K \, (T - t) z.$$

Pour la transmission par conductibilité, en désignant par y la température d'un point quelconque d'une sphère infiniment mince de rayon x et d'épaisseur dx

$$M = - C 4\pi x^2 z \frac{dy}{dx} \quad \text{d'où} \quad M . \frac{dx}{x^2} = - C 4\pi z \, dy$$

et en intégrant

$$M = \frac{4\pi C (t - t')}{\dfrac{1}{R} - \dfrac{1}{R'}} z.$$

Pour la transmission par la surface extérieure

$$M = 4\pi R'^2 K'(t' - \theta) z.$$

En éliminant t et t', on trouve la formule

$$M = SQ(T - \theta) z,$$

S est la surface extérieure et Q est donné par la relation

$$\frac{1}{Q} = R'^2 \left[\frac{1}{KR^2} + \left(\frac{1}{R} - \frac{1}{R'} \right) \frac{1}{C} + \frac{1}{K'R'^2} \right]. \qquad (10)$$

92. Paroi métallique. — Dans la plupart des appareils de chauffage, les poêles à air chaud, à vapeur, à eau chaude, les calorifères, les chaudières à vapeur, etc., la paroi de transmission est en métal de faible épaisseur, sous la forme de tuyaux ou de cylindres circulaires. Pour calculer la transmission, il faudrait à la rigueur se servir de la formule (7) du n° **90**, applicable aux corps cylindriques, mais, à raison de la faible épaisseur du métal, les surfaces intérieures et extérieure sont très sensiblement de même étendue; on peut pratiquement les considérer comme égales et se servir avec une approximation bien suffisante des formules (1) et (2) du n° **89**, applicables aux parois planes et parallèles.

La faible épaisseur de la paroi et sa grande conductibilité ont en outre pour conséquence de rendre, le plus souvent, l'épaisseur et la nature du métal sans influence sur la quantité de chaleur transmise; dans la formule $\frac{1}{Q} = \frac{1}{K} + \frac{e}{C} + \frac{1}{K'}$, qui donne le coefficient Q de transmission, le terme $\frac{e}{C}$ est négligeable à côté des deux autres.

Considérons en effet deux parois, l'une en cuivre de $0^m,001$ d'épaisseur, l'autre en fonte de $0^m,01$ d'épaisseur.

Pour la première la valeur de $\dfrac{e}{C} = \dfrac{0,001}{362} = 0,00000275$;

Pour la seconde $\dfrac{e}{C} = \dfrac{0,01}{58,82} = 0,000171$.

Le rapport de ces deux valeurs est environ 62, et cependant la quantité de chaleur transmise est la même dans la plupart des cas pratiques.

Quand l'un des fluides, en contact avec une des faces de la paroi, est de l'air ou un mélange de gaz permanents comme les gaz de la combustion (c'est le cas des poêles, des calorifères à air chaud, des chaudières à vapeur, etc.), la valeur du coefficient K de transmission s'élève rarement à 40 (**84**), de sorte que $\dfrac{1}{40} = 0,025$ peut être regardé comme un minimum de $\dfrac{1}{K}$. Si on compare à cette valeur celles de $\dfrac{e}{C}$, soit $0,00000275$ pour le cuivre, et $0,000171$ pour la fonte, on voit que ces dernières sont chacune bien au-dessous du millième de $\dfrac{1}{K}$, et par conséquent pratiquement négligeables; dans ces conditions, on peut employer, pour une paroi métallique en contact sur une de ses faces avec des gaz permanents, la formule réduite

$$\frac{1}{Q} = \frac{1}{K} + \frac{1}{K'}. \qquad (11)$$

Si les deux fluides, en contact avec les faces de la paroi, sont de l'eau ou de la vapeur, il n'en est plus de même. Avec ces fluides, le coefficient K est très grand; pour de l'eau très agitée, sa valeur peut atteindre 5000 (**86**), et pour de la vapeur 50000 (**87**), de sorte que la somme $\dfrac{1}{K} + \dfrac{1}{K'}$ peut s'élever à $0,00025$ et même davantage. La valeur de $\dfrac{e}{C} = 0,00000275$ pour le cuivre est encore négligeable, mais il n'en est plus de même de celle $\dfrac{e}{C} = 0,000171$ applicable à la fonte et au fer; l'épaisseur et la nature du métal peuvent alors avoir une certaine influence et il faut en tenir compte.

En général, les deux faces de la paroi métallique servant à la transmission ont très sensiblement la même température à raison de la faible épaisseur et de la grande conductibilité, on a (**70**)

$$\mathrm{M} = \mathrm{S}\frac{\mathrm{C}}{e}(t - t') \quad \text{d'où} \quad t - t' = \frac{\mathrm{M}}{\mathrm{S}} \cdot \frac{e}{\mathrm{C}}$$

t et t' étant les températures des deux faces de la paroi d'épaisseur e et de conductibilité C, et M la chaleur transmise par la surface de transmission S.

Pour une quantité de chaleur transmise par mètre carré $\frac{\mathrm{M}}{\mathrm{S}} = 10000$, transmission déjà considérable, on a :

Avec du cuivre de 1^{mm} d'épaisseur. . . . $t - t' = 0°,0275$;

Avec du fer ou de la fonte de 10^{mm}. . . $t - t' = 1°,71$.

La différence est de quelques centièmes de degré pour le cuivre et n'atteint pas $2°$ pour le fer et la fonte. Ce n'est que dans le cas exceptionnel où la transmission dépasse 10000 calories que l'on doit, pour ces derniers métaux, tenir compté de la différence de température. Avec la fonte de $0^{\mathrm{m}},01$ d'épaisseur et pour 100000 calories par mq, comme on l'a quelquefois dans la transmission de la vapeur à l'eau, la différence de température serait de $17°,1$. Avec le cuivre mince, pour une transmission de 250000 calories par mq, la différence de température est seulement de $0°,68$; elle est toujours négligeable.

93. Paroi munie de nervures. — Pour augmenter la surface de transmission et par suite l'effet d'un appareil de chauffage, on fait souvent venir de fonte, sur une des faces de la paroi, des nervures très saillantes qui présentent un développement considérable et peuvent quintupler et même décupler l'étendue de la surface sur laquelle elles sont implantées.

Pour nous rendre compte de l'efficacité de ces nervures, considérons une paroi plane AB A'B', portant (fig. 31), sur une de ses

faces A'B', des nervures *abc* de forme triangulaire très allongée.
Cette paroi étant placée entre deux enceintes à température T et θ
telles que T > θ (c'est par exemple la paroi d'un
poêle à vapeur disposé pour chauffer une enceinte
habitée), la chaleur de la vapeur se transmet par
convection à la face AB; de là elle passe par conductibilité à la face A'B', pénètre dans les nervures
et chauffe leur surface développée d'où elle se
communique à l'enceinte habitée à la fois par radiation et par convection de l'air ambiant qui se
meut au contact des nervures. D'après le mode de
transmission, la température de chaque nervure doit aller en décroissant de la base au sommet, et pour calculer la chaleur transmise, il faudrait d'abord connaître la loi de ce décroissement.

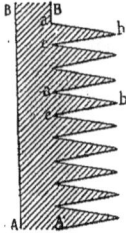

Fig. 31.

Cette loi doit avoir une certaine analogie avec celle dont nous
avons parlé au nº **71** : lorsqu'une barre de longueur indéfinie et
de section constante est maintenue, à une de ses extrémités, à
une température constante *t* et exposée par sa surface à l'action
refroidissante d'un milieu à température θ, la température *y*, à
une distance quelconque *x* de l'extrémité chauffée, est donnée
par la relation

$$y - \theta = (t - \theta)e^{-ax}. \qquad (12)$$

e est la base des logarithmes népériens

$$a = \sqrt{\frac{\chi}{\omega} \frac{K}{C}}$$

ω est la section de la barre;

χ le périmètre en contact avec le milieu;

C le coefficient de conductibilité;

K le coefficient de transmission de la surface au milieu ambiant, donné par la formule (**80**), K = *mr* + *nf*.

On ne saurait appliquer rigoureusement cette formule à une
nervure de longueur toujours assez courte, et d'épaisseur décroissante de la base d'attache à l'extrémité; on ne peut faire qu'un
calcul approximatif, en supposant une épaisseur moyenne.

Voici, à titre d'indication, les températures calculées à diverses distances, pour une barre de fer de 0,006 de diamètre, maintenue à 100° à une extrémité et plongée dans une enceinte à 0°; nous supposons K = 5.

Distance. x	Température. y	Distance. x	Température. y
0,000	100°	0,070	59°,0
0,005	96,3	0,080	54,6
0,010	92,7	0,090	50,6
0,015	89,2	0,100	46,9
0,020	86,0	0,200	22,0
0,030	79,7	0,300	10,3
0,040	73,9	0,400	4,85
0,050	68,5	0,500	2,33
0,060	63,5	1,000	0,0519

En fait la décroissance de température doit être moins rapide que ne l'indiquent les nombres ci-dessus, d'abord parce que les nervures rayonnent les unes sur les autres et ensuite parce que la circulation de l'air est gênée dans les intervalles; ces deux causes diminuent la transmission à l'enceinte.

On peut faire un calcul approximatif de la transmission, par une paroi nervée, de la manière suivante.

Nous avons trouvé (89) que pour une paroi plane à faces parallèles lisses la quantité de chaleur transmise M est donnée par la relation

$$M = SQ(T - \theta).$$

S, surface de transmission, la même pour les deux côtés;

T et θ, températures des deux enceintes;

Q, coefficient de transmission qui, pour une paroi métallique mince, s'obtient par la formule (92): $\dfrac{1}{Q} = \dfrac{1}{K} + \dfrac{1}{K'}$;

K, coefficient de transmission à la face intérieure chauffée;

K', coefficient de la face extérieure à l'enceinte chauffée.

Pour une paroi dont une des faces est munie de nervures, soient

S_1 la surface lisse, t_1 sa température, S_1' la surface développée des nervures, t sa température moyenne, K_1 le coefficient de transmission à la face lisse et K_1' celui de la face nervée à l'enceinte. Quand le régime est établi, la chaleur M_1 reçue par la surface lisse est égale à la chaleur transmise par la surface nervée, et on a

$$M_1 = S_1 K_1 (T - t_1) \quad (13) \qquad M_1 = S_1' K_1' (t_1' - \theta). \quad (14)$$

Pour une paroi métallique, nous avons vu (**92**) qu'on peut admettre $t_1' = t_1$; on trouve ainsi

$$M_1 = \left(\frac{1}{S_1 K_1} + \frac{1}{S_1' K_1'} \right) (T - \theta).$$

La surface lisse étant dans les mêmes conditions pour les deux parois nervée et non nervée, on a $S_1 = S$ et $K_1 = K$. Posons pour le rapport des surfaces $S = m S_1'$, m étant plus petit que l'unité et $K' = n K_1'$, n étant toujours plus grand que l'unité, parce que, ainsi que nous l'avons dit, les nervures rayonnent les unes sur les autres et la circulation de l'air est gênée dans leurs intervalles.

En substituant

$$M_1 = \left(1 + \frac{mn}{K'} \right) = S (T - \theta)$$

et en posant

$$\frac{1}{Q} = \frac{1}{K} + \frac{mn}{K'}$$

il vient

$$M_1 = S Q_1 (T - \theta).$$

Le rapport des quantités de chaleur transmise par les parois nervée et non nervée est en conséquence

$$\frac{M_1}{M} = \frac{Q_1}{Q} = \frac{1 + \dfrac{K}{K'}}{1 + mn \dfrac{K}{K'}}. \qquad (15)$$

Ce rapport dépend non seulement du rapport m des surfaces, mais encore de celui $\dfrac{K}{K'}$ des coefficients de transmission sur les deux faces, c'est-à-dire de la nature et de la vitesse des fluides qui circulent en contact.

S'il y a des gaz permanents des deux côtés circulant avec la même vitesse, on a $K = K'$ et le rapport devient

$$\frac{M_1}{M} = \frac{1 + mn}{2}.$$

Supposons $n = 2$, on trouve

$$\text{pour } \frac{1}{m} = \frac{S_1'}{S} = 4 \qquad \frac{M_1}{M} = 1,33$$

$$\frac{1}{m} = \frac{S_1'}{S} = 10 \qquad \frac{M_1}{M} = 1,66.$$

Ainsi, quand il y a des gaz permanents des deux côtés de la paroi, en quadruplant la surface par les nervures, on augmente la transmission seulement de $\frac{1}{3}$; en la décuplant, on l'augmente des $\frac{2}{3}$.

Les résultats sont bien différents lorsqu'il y a de la vapeur d'un côté de la paroi et des gaz permanents de l'autre ; la valeur de K est alors très grande et au moins égale à 10 000 (**87**), tandis que K' reste assez faible et dépasse rarement 10, de sorte que $\frac{K}{K'} = 1000$ est à peu près un minimum ; en substituant

$$\frac{M_1}{M} = \frac{1\,100}{1 + 1\,000\,mn}.$$

En prenant comme ci-dessus $n = 2$, on trouve

$$\text{pour } \frac{1}{m} = \frac{S_1'}{S} = 4 \qquad \frac{M_1}{M} = 1,99^8$$

$$\frac{1}{m} = \frac{S_1'}{S} = 10 \qquad \frac{M_1}{M} = 4,92.$$

La transmission dans le premier cas est doublée par les nervures et presque quintuplée dans le second.

Ces chiffres font ressortir nettement l'influence de la nature des fluides en contact avec les parois sur l'efficacité des nervures. Quand il y a des gaz permanents des deux côtés de la paroi, l'effet des nervures est faible, et il est beaucoup plus sensible quand il y a de la vapeur d'un côté.

Avec l'eau chaude l'effet serait à peu près le même qu'avec la vapeur.

Cette différence dans l'efficacité des nervures provient de ce que, pour les mêmes températures extrêmes T et θ, la température t_1 des nervures est bien plus élevée avec la vapeur ou l'eau chaude qu'avec les gaz permanents. On trouve pour l'excès $t_1 - θ$ de température des nervures (éq. 14)

$$t_1 - θ = \frac{M_1}{S_1' K_1'}$$

d'où

$$t_1 - θ = \frac{mn}{mn + \dfrac{K'}{K}} (T - θ). \qquad (16)$$

Avec des gaz permanents des deux côtés de la paroi, si on prend comme ci-dessus $K' = K$ et $n = 2$, on trouve

pour $\qquad \dfrac{1}{m} = \dfrac{S_1}{S} = 4 \qquad t_1 - θ = \dfrac{1}{3}(T - θ)$

pour $\qquad \dfrac{1}{m} = \dfrac{S_1'}{S} = 10 \qquad t_1 - θ = \dfrac{1}{6}(T - θ).$

La température des nervures est beaucoup plus faible que celle du fluide chaud, $\dfrac{1}{3}$ à $\dfrac{1}{6}$ environ; il en résulte une diminution de transmission, mais d'un autre côté on a l'avantage, pour des calorifères destinés au chauffage des lieux habités, de moins élever la température de la surface de chauffe et par suite celle de l'air chauffé.

Avec de la vapeur d'un côté et de l'air de l'autre, on peut avoir $K = 1000 \, K'$ et on trouve

pour $\qquad \dfrac{1}{m} = \dfrac{S_1'}{S} \qquad = 4 t_1 \quad θ = 0,998 \, (T - θ)$

pour $\qquad \dfrac{1}{m} = \dfrac{S_1'}{S} = 10 \qquad t_1 - θ = 0,995 \, (T - θ).$

La température des nervures est, dans ce cas, à très peu près égale à celle de la vapeur. Ce résultat est tout différent de celui que nous avons obtenu avec les gaz permanents.

TRANSMISSION A TRAVERS UNE PAROI ENTRE DEUX FLUIDES EN MOUVEMENT

94. Étudions la transmission de la chaleur à travers une paroi, séparant deux fluides circulant chacun le long d'une des faces; l'un s'échauffe tandis que l'autre se refroidit, et la température varie sur chacune des faces d'une extrémité à l'autre.

C'est ainsi que, dans un calorifère à air chaud, les gaz de la combustion circulant dans les tuyaux se refroidissent en allant du foyer à la cheminée, tandis que l'air s'échauffe dans la chambre du calorifère en circulant de l'autre côté de la paroi.

Considérons d'une manière générale deux conduits juxtaposés, parcourus par deux fluides, l'un chaud, l'autre froid.

Nous distinguerons deux cas :

1° Les fluides circulent dans le même sens;

2° Les fluides circulent en sens contraire.

Nous allons les examiner successivement.

1° CIRCULATION DANS LE MÊME SENS.

95. La transmission de la chaleur s'effectue à travers la paroi MN (fig. 32). Le fluide chaud circule de A_0 en A_1 et se refroidit de T_0 à T_1, tandis que le fluide froid passe de a_0 en a_1 et s'échauffe de t_0 à t_1.

Soient P le poids du fluide chaud qui passe dans une heure, C sa chaleur spécifique, p et c les mêmes quantités pour le fluide froid, T et t les températures correspondantes des deux fluides à une distance quelconque A_0 A de l'entrée pour une surface parcourue de la paroi égale à S.

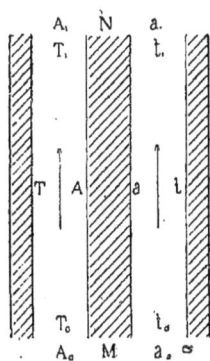

Fig. 32.

La quantité de chaleur abandonnée par le fluide chaud dans ce parcours est $P C(T_0 - T)$, celle reçue par le fluide froid de l'autre côté de la paroi est $pc(t - t_0)$, et s'il n'y avait pas de chaleur perdue, ces deux quantités seraient égales.

Mais, en général, une fraction seulement de la chaleur abandonnée par le fluide chaud est transmise à travers la paroi, parce qu'il y a pertes à l'extérieur par les autres côtés du conduit; en désignant par α le rapport de la chaleur transmise M à la chaleur totale abandonnée par le fluide chaud, on a

$$M = \alpha P C (T_0 - T) \qquad (1)$$

α étant plus petit que l'unité.

De même, une portion seulement de cette chaleur transmise est employée à élever la température du fluide froid, et on a

$$M = \beta p c (t - t_0) \qquad (2)$$

β étant plus grand que l'unité; la différence $(\beta - 1) p c (t - t_0)$ est perdue à travers les autres parois du conduit du fluide chauffé.

En désignant par M_1 la chaleur transmise par la surface totale S_1, de A_0 en A_1, on a

$$M_1 = \alpha P C (T_0 - T_1) = \beta p c (t_1 - t_0).$$

Posons

$$r = \frac{\alpha P C}{\beta p c}, \qquad (3)$$

on tire des équations précédentes

$$r = \frac{t - t_0}{T_0 - T} = \frac{t_1 - t_0}{T_0 - T_1} \qquad (4)$$

et par suite

$$t + rT = t_0 + rT_0 = t_1 + rT_1 = A \quad \text{Const.} \qquad (5)$$

C'est la relation qui lie les deux températures correspondantes des deux côtés de la paroi.

Considérons maintenant la transmission sur un élément de surface dS, en un point A de la paroi où la différence de température est $T-t$; la quantité de chaleur transmise à travers cet élément est

$$dM = Q(T-t)dS \qquad (6)$$

Q étant le coefficient de transmission, tel que nous l'avons défini ci-dessus (2) au n° **89**.

Pendant que les fluides parcourent l'élément dS, l'un se refroidit de dT et l'autre s'échauffe de dt, et on a

$$dM = -\alpha PC\, dT = \beta pc\, dt.$$

Remplaçons dM par cette valeur et t par $A-rT$ (5); il vient

$$-\alpha PC\, dT = Q(T-A+rT)\, dS$$

d'où, en isolant les variables

$$-\frac{\alpha PC\, dT}{(1+r)T-A} = Q\, dS$$

et en intégrant de T_0 à T

$$\frac{\alpha PC}{1+r} \log \text{nép} \frac{(1+r)T_0-A}{(1+r)T-A} = QS$$

et enfin en remplaçant A par une des valeurs (5), on trouve

$$\frac{\alpha PC}{1+r} \log \text{nép} \frac{T_0-t_0}{T-t} = QS. \qquad (7)$$

C'est la relation entre les températures T et t et la surface de chauffe S correspondante.

On peut mettre sous la forme

$$\frac{T-t}{T_0-t_0} = e^{-mS} \qquad (8)$$

en posant

$$m = \frac{(1+r)Q}{\alpha PC}. \qquad (9)$$

Lorsque la surface S de transmission augmente en progression arithmétique, la chaleur transmise, qui est proportionnelle à $T-t$, décroît en progression géométrique.

En portant dans l'équation (1) les valeurs de PC et de r tirées des équations précédentes (7) et (4), on trouve la quantité de chaleur transmise par la surface S

$$M = \frac{QS[T_0 - t_0 - (T - t)]}{\log \text{nép} \dfrac{T_0 - t_0}{T - t}}. \qquad (10)$$

Pour avoir la chaleur M_1 transmise par la surface totale S_1, il suffit de faire dans les équations précédentes $T = T_1$ et $t = t_1$.

Les valeurs de α et de β dépendent des précautions prises contre le refroidissement; elles doivent être déterminées ou évaluées dans chaque cas particulier.

Si le tuyau A, qui renferme le fluide chaud, est complètement entouré par le courant du fluide froid circulant dans l'espace annulaire a (fig. 33), toute la chaleur du fluide chaud est transmise et $\alpha = 1$.

Fig. 33.

C'est au contraire β qui est égal à l'unité si c'est le fluide froid qui circule dans le tuyau central.

96. Examinons quelques problèmes relatifs à la transmission de la chaleur à travers une paroi, entre deux fluides circulant dans le même sens.

Connaissant le poids et la nature des fluides, c'est-à-dire PC *et* pc, *les températures d'entrée* T_0 *et* t_0, *déterminer la surface de transmission* S, *de manière que le fluide chaud sorte refroidi à une température donnée* T.

Les inconnues sont S, t et M. On évalue d'abord les pertes α et β par analogie avec des appareils du même genre, et on détermine r par la relation (3) $r = \dfrac{\alpha PC}{\beta \, pc}$.

L'équation (5) donne ensuite t, soit : $t = t_0 + r(T_0 - T)$; et de l'équation (7), on tire S

$$S = \frac{\alpha PC}{(1 + r) Q} \log \text{nép} \frac{T_0 - t_0}{T - t},$$

enfin la valeur de M se calcule par une des équations (1) ou (2)

$$M = \alpha PC(T_0 - T) = \beta pc(t - t_0).$$

Un problème qui se présente fréquemment est le suivant :

On connaît le poids et la nature des fluides (PC *et* pc), *leurs températures initiales* (T_0 *et* t_0) *et la surface de transmission* S ; *il faut déterminer les températures* T *et* t *à l'extrémité de la surface* S *et la quantité* M *de chaleur transmise.*

On calcule d'abord r par la relation (3) $r = \dfrac{\alpha PC}{\beta pc}$; puis avec les deux équations (4) et (8)

$$r = \frac{t - t_0}{T_0 - T} \qquad \text{et} \qquad e^{-mS} = \frac{T - t}{T_0 - t_0}$$

on détermine les deux inconnues T et t.

On trouve facilement les expressions

$$T = \frac{t_0 + rT_0}{1 + r} + \frac{T_0 - t_0}{1 + r} e^{-mS} \qquad (11)$$

$$t = \frac{t_0 + rT_0}{1 + r} - r\frac{T_0 - t_0}{1 + r} e^{-mS} \qquad (12)$$

et pour la différence

$$T - t = (T_0 - t_0) e^{-mS}. \qquad (13)$$

La chaleur transmise à travers la paroi est

$$M = \alpha PC(T_0 - T) = \alpha PC \frac{T_0 - t_0}{1 + r}(1 - e^{-mS}) \qquad (14)$$

et la chaleur reçue par le fluide froid

$$\frac{M}{\beta} = pc(t - t_0) = \frac{\alpha}{\beta} PC \frac{T_0 - t_0}{1 + r}(1 - e^{-mS}). \qquad (15)$$

97. Rendement. — Quelles que soient les dispositions prises, il n'est pas possible d'abaisser la température du fluide chaud au-dessous de t_0, température du fluide froid à l'entrée ; la chaleur maximum que l'on peut transmettre est en conséquence

$$PC(T_0 - t_0);$$

le rendement ρ, c'est-à-dire le rapport de la chaleur communiquée au fluide froid à cette chaleur maximum, est donc

$$\rho = \frac{pc}{PC} \cdot \frac{t - t_0}{T_0 - t_0} \quad \text{ou} \quad \rho = \frac{\alpha}{\beta(1 + r)}(1 - e^{-mS}). \quad (16)$$

Le rendement sera d'autant plus grand que r sera plus petit, c'est-à-dire que le poids du fluide froid sera plus grand par rapport à celui du fluide chaud.

A la limite, pour une surface S infinie, e^{-mS} devient nul et les deux valeurs de T et t sont égales

$$T = t = \frac{t_0 + r T_0}{1 + r}. \quad (17)$$

On conçoit qu'il doit en être ainsi; d'après le mode de transmission, les deux températures se rapprochent indéfiniment.

La chaleur transmise est alors

$$M = \alpha PC \frac{T_0 - t_0}{1 + r}; \quad (18)$$

c'est le maximum qu'il n'est pas possible d'atteindre, et qui correspond à un rendement maximum

$$\rho_{max} = \frac{\alpha}{\beta(1 + r)}. \quad (19)$$

Cette formule fait voir que le rendement, même avec une surface infinie, ne saurait jamais devenir égal à l'unité.

Quand $PC = pc$, on a $r = \frac{\alpha}{\beta}$, et la valeur maximum du rendement prend la forme

$$\rho = \frac{\alpha}{\alpha + \beta}. \quad (20)$$

S'il n'y a pas de perte par refroidissement $\alpha = 1$, $\beta = 1$ et le rendement maximum est $\rho = 0,50$. Ainsi, dans le cas où $PC = pc$, on ne peut, quelles que soient les précautions prises contre le refroidissement, obtenir plus de 50 % de rendement.

Si $\alpha = 0,80$ et $\beta = 1,20$, le rendement limite se réduit à $40\,^0/_0$.

Pour $\dfrac{PC}{pc} = \dfrac{1}{2}$, on a $r = \dfrac{1}{2}\dfrac{\alpha}{\beta}$ et $\rho = \dfrac{2\alpha}{2\beta + \alpha}$. Si on fait $\alpha = 1$ et $\beta = 1$,

on trouve $\rho = \dfrac{2}{3}$. Le rendement peut atteindre les $2/3$. Pour $\alpha = 0,80$ et $\beta = 1,20$, ρ se réduit à $0,50$.

98. Représentation graphique de la transmission. —
On peut représenter la manière dont s'opère la transmission au moyen de courbes.

Prenons deux axes de coordonnées OX et OY (fig. 34). Por-

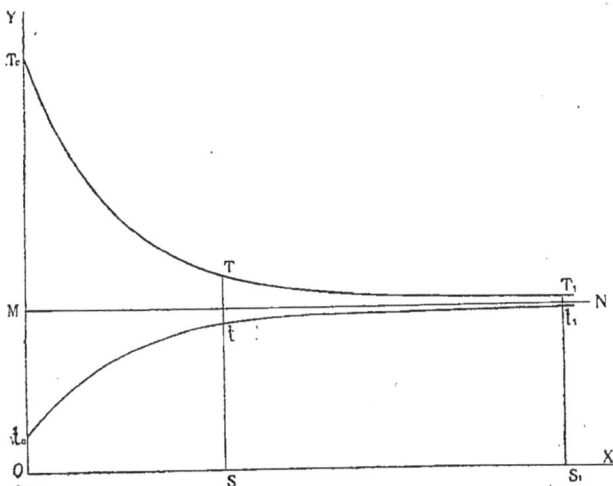

Fig. 34.

tons les surfaces de transmission sur l'axe des X, et les températures parallèment à l'axe des Y.

A l'origine, pour $S = 0$, les températures initiales sont représentées par OT_0 et Ot_0; pour une surface quelconque OS, la température du fluide chaud T est donnée par l'équation (11), et représentée par l'ordonnée ST; la température t du fluide froid est donnée par l'équation (12) et représentée par St. On construit ainsi les courbes des températures, savoir $T_0 T T_1$ du fluide chaud, et $t_0 t t_1$ du fluide froid; la portion d'ordonnée Tt comprise

entre les deux courbes représente en un point quelconque, et
à l'échelle adoptée, la différence des températures à l'extrémité
de la surface OS correspondante.

Pour une surface infinie les deux valeurs de T et t deviennent
égales à $T = t = \dfrac{t_0 + T r_0}{1 + r}$ représenté par l'ordonnée OM, c'est l'é-
quation d'une droite MN parallèle à l'axe des X et asymptote
aux deux courbes.

La quantité de chaleur transmise par une surface quelconque

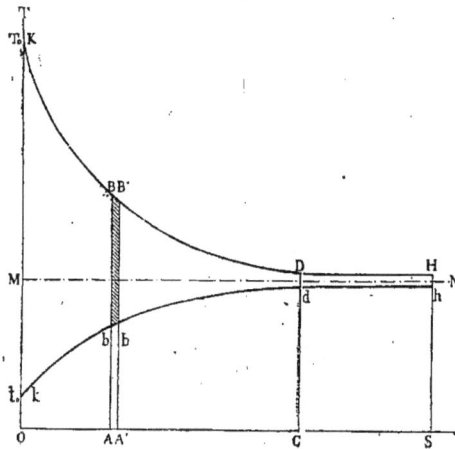

Fig. 35.

est représentée par l'aire comprise entre les deux courbes et
les ordonnées limites correspondantes.

En effet, pour un élément quelconque de surface tel que
$AA' = dS$ (fig. 35), la quantité élémentaire de chaleur transmise
est donnée par l'équation

$$dM = Q\,(T - t)\,dS.$$

Or d'après notre construction

$$T = AB, \quad t = Ab \quad \text{et} \quad T - t = Bb.$$

Le produit $(T - t)\, dS$ est donc représenté par l'aire élémentaire $BB'bb'$ et par suite pour une surface finie quelconque telle que AC, la chaleur transmise sera représentée par l'aire $BbDd$ comprise entre les courbes et les deux ordonnées limites AB et CD.

La chaleur transmise depuis l'origine par la surface OC est représentée par l'aire $KBDdbk$.

2° CIRCULATION DES FLUIDES EN SENS INVERSE.

99. Lorsque les fluides circulent en sens inverse, les conditions de la transmission de la chaleur sont fort différentes, et comme nous allons le voir, l'utilisation est beaucoup plus grande.

La transmission s'effectue à travers une paroi MN (fig. 36), le fluide chaud circule de A_0 en A_1, tandis que le fluide froid circule en sens inverse de a_1 en a_0.

Représentons toujours par des lettres affectées des mêmes indices les températures correspondantes d'un côté et de l'autre de la paroi; T_0 et t_0 sont les températures à l'extrémité $A_0\, a_0$; T_1 et t_1 les températures à l'autre extrémité $A_1\, a_1$; T et t

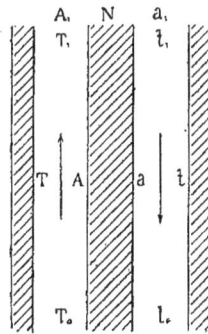

Fig. 36.

celles en une zone quelconque Aa correspondant à une surface S parcourue à partir de $A_0\, a_0$.

Dans ce cas, le fluide chaud entre en A_0 à la température T_0, et sort en A_1 à la température T_1; le fluide froid entre en a_1, à t_1 et sort en a_0, à t_0.

Désignons, comme ci-dessus, par P le poids du fluide chaud qui passe par heure, par C sa chaleur spécifique, par p et c les mêmes quantités pour le fluide froid, par α et β les rapports relatifs aux chaleurs perdues par le refroidissement extérieur, définis au n° **95**; on trouve pour la chaleur transmise par une surface quelconque S

$$= \alpha PC(T_0 - T) = \beta pc(t_0 - t), \qquad (1)$$

et en posant

$$r = \frac{\alpha PC}{\beta pc} = \frac{t_0 - t}{T_0 - T} \qquad (2)$$

on a

$$t_0 - rT_0 = t - rT = A \qquad \text{Const.} \qquad (3)$$

C'est l'équation (5) du n° **95** dans laquelle le signe du rapport r est changé. En continuant les calculs, on trouve que c'est la seule modification à introduire dans les résultats ; on a

$$\frac{\alpha PC}{1 - r} \log \text{nép} \frac{T_0 - t_0}{T - t} = QS \qquad (4)$$

ou sous une autre forme

$$\frac{T - t}{T_0 - t_0} = e^{-mS} \qquad (5)$$

en posant

$$m = \frac{(1 - r) Q}{\alpha PC}. \qquad (6)$$

La chaleur transmise est

$$M = \frac{QS [T_0 - t_0 - (T - t)]}{\log \text{nép} \dfrac{T_0 - t_0}{T - t}}. \qquad (7)$$

100. Ces équations permettent de résoudre les divers problèmes relatifs à la transmission de la chaleur à travers une paroi, entre deux fluides circulant en sens inverse.

Connaissant le poids des fluides et leur nature (PC *et* pc), *leurs températures d'entrée* (T_0 *et* t_1) *et la surface de transmission* S_1, *déterminer les températures de sortie* (T_1 *et* t_0) *et la chaleur transmise* M.

La marche à suivre est la même que dans le cas de la circulation dans le même sens.

On détermine d'abord r par la relation $r = \dfrac{\alpha PC}{\beta\, pc}$, puis au moyen des deux équations

$$r = \frac{t_0 - t_1}{T_0 - T_1} \qquad \text{et} \qquad e^{-mS_1} = \frac{T_1 - t_1}{T_0 - t_0}$$

on trouve la valeur des deux inconnues T_1 et t_0

$$T_1 = \frac{T_0(1 - r) + t_1(e^{mS_1} - 1)}{e^{mS_1} - r} \qquad (8)$$

$$t_0 = \frac{e^{mS_1} t_1(1 - r) + r T_0(e^{mS_1} - 1)}{e^{mS_1} - r}. \qquad (9)$$

Les différences de température sont à une extrémité $A_0\, a_0$

$$T_0 - t_0 = (T_0 - t_1)\frac{e^{mS_1}(1 - r)}{e^{mS_1} - r} \qquad (10)$$

et à l'autre $A_1\, a_1$

$$T_1 - t_1 = (T_0 - t_1)\frac{1 - r}{e^{mS_1} - r}. \qquad (11)$$

La chaleur transmise est

$$M = \alpha PC(T_0 - T_1) = \alpha PC(T_0 - l_1)\frac{e^{mS_1} - 1}{e^{mS_1} - r}. \qquad (12)$$

et la chaleur reçue par le fluide froid

$$pc(t_0 - t_1) = \frac{M}{\beta} = \frac{\alpha}{\beta}PC(T_0 - t_1)\frac{e^{mS_1} - 1}{e^{mS_1} - r}. \qquad (13)$$

101. Rendement. — Le rendement a pour expression

$$\rho = \frac{pc(t_0 - t_1)}{PC(T_0 - t_1)}.$$

On trouve en remplaçant $pc\,(t_0 - t_1)$ par la valeur ci-dessus (13)

$$\rho = \frac{\alpha}{\beta}\frac{e^{mS_1} - 1}{e^{mS_1} - r}.$$

Il est facile de voir que ce rendement est toujours plus petit que l'unité.

Si r est < 1, on a $m > o$, d'où $e^{mS_1} > 1$ et par suite

$$e^{mS_1} - r > e^{mS} - 1, \text{ d'où } \rho < \frac{\alpha}{\beta},$$

c'est-à-dire plus petit que l'unité.

Si $r > 1$, on a $m < o$ et $e^{mS_1} < 1$, d'où

$$1 - e^{mS_1} < r - e^{mS_1},$$

et on retrouve encore $\rho < \frac{\alpha}{\beta}$.

102. Ces équations donnent les températures finales T_1 et t_0 des fluides à la sortie, lorsqu'on connaît la surface totale S_1, à l'extrémité de laquelle commence le contact du fluide froid ; mais elles n'indiquent rien sur la manière dont varient les températures T et t d'une extrémité de la surface à l'autre. Pour construire la courbe de décroissement, il faut connaître ces températures pour une surface intermédiaire quelconque S comprise entre o et S_1.

Pour cela, on se sert des relations générales

$$e^{-mS_1} = \frac{T-t}{T_0 - t_0}, \quad \text{et} \quad r = \frac{t_0 - t}{T_0 - T}.$$

Quand on a déterminé par le calcul précédent du n° **101** la température t_0 de sortie du fluide froid pour la surface S_1 on trouve, pour une surface quelconque S intermédiaire,

$$T = \frac{t_0 - rT_0}{1 - r} + \frac{T_0 - t_0}{1 - r} e^{-mS} \qquad (14)$$

$$t = \frac{t_0 - rT_0}{1 - r} + r \frac{T_0 - t_0}{1 - r} e^{-mS} \qquad (15)$$

et

$$T - t = (T_0 - t_0) e^{-mS} \qquad (16)$$

en donnant à S une série de valeurs comprises entre o et S_1, on peut ainsi calculer les températures T et t correspondantes, leur différence $T - t$, et construire les courbes de variation de température.

La quantité de chaleur, transmise par une portion quelconque de surface, est représentée par l'aire correspondante comprise entre les deux courbes. On le démontrerait de la même manière qu'au n° **98**, dans le cas de la circulation dans le même sens.

Si la surface S_1 devient infinie, les valeurs limites diffèrent suivant que r est plus grand ou plus petit que l'unité; on trouve pour $S_1 = \infty$ les valeurs suivantes :

Pour $r > 1$	Pour $r < 1$
$m < 0$	$m > 0$
Limite $e^{mS_1} = 0$	Limite $e^{mS_1} = \infty$
$T_1 = \dfrac{T_0(r-1)+t_1}{r}$	$T_1 = t_1$
$t_0 = T_0$	$t_0 = rT_0 + t_1(1-r)$
$T_1 - t_1 = (T_0 - t_1)\dfrac{r-1}{r}$	$T_1 - t_1 = 0$
$T_0 - t_0 = 0$	$T_0 - t_0 = (T_0 - t_1)(1-r)$
$M = \alpha PC \dfrac{T_0 - t_1}{r}$	$M = \alpha PC (T_0 - t_1)$
$\rho = \dfrac{\alpha}{\beta r}$ (17)	$\rho = \dfrac{\alpha}{\beta}$ (18)

103. Représentation graphique. — On peut représenter, comme ci-dessus, la transmission d'une manière graphique; $O\,S_1$ étant la surface totale de transmission, la température du fluide chaud décroît de $T_0 = O\,T_0$ à $T_1 = S_1\,T_1$ tandis que la température du fluide froid, circulant en sens inverse, s'élève de $t_1 = S t_1$ à $t_0 = O t_0$. Pour une surface quelconque OS, les températures correspondantes sont $T = S\,T$ et $t = S\,t$. Les courbes $T_0\,T\,T_1$ et $t_1\,t\,t_0$ représentent les variations de température; elles sont construites en déterminant, comme nous venons de le dire

(**102**), les températures T et t pour les différentes surfaces. Si r est plus petit que l'unité, c'est-à-dire si αPC est plus petit

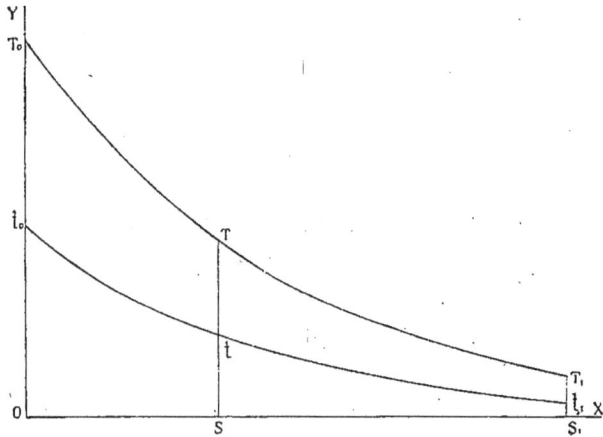

Fig. 37.

que βpc, la différence de température $T = t$ va en diminuant à mesure que S augmente et on a

$$T_0 - t_0 > T - t > T_1 - t_1.$$

Si au contraire r est plus petit que 1, la différence va en augmentant, et les courbes s'éloignent l'une de l'autre

$$T_0 - t_0 < T - t < T_1 - t_1.$$

104. Cas particulier. — Le cas particulier de la circulation en sens inverse, où le rapport r est égal à l'unité, est intéressant à examiner; pour $r = 1$, on a

$$\alpha PC = \beta pc,$$

et on tire de l'équation 3 du n° **99**

$$T_0 - t_0 = T_1 - t_1 = T - t = A.$$

La différence de température entre les deux fluides reste constante pendant tout le parcours.

En portant ces valeurs dans les relations des n^os **99, 100** et **101**, elles prennent la forme indéterminée.

Il est facile de résoudre cette indétermination.

Pour calculer T_1 on a, puisque la différence de température est constante,

$$M_1 = S_1 Q (T_1 - t_1)$$

d'où, en combinant avec l'équation $M_1 = \alpha PC (T_0 - T_1)$

$$\alpha PC T_0 + S_1 Q t_1 = (\alpha PC + S_1 Q) T_1,$$

et

$$T_1 = \frac{\alpha PC T_0 + S_1 Q t_1}{\alpha PC + S_1 Q}; \qquad (19)$$

on trouverait de la même manière en combinant les deux équations

$$M_1 = \beta pc (t_0 - t_1)$$

$$M_1 = S_1 Q (T_0 - t_0),$$

la relation

$$\beta vc t_1 + S_1 QT_0 = (\beta pc + S_1 Q) t_0$$

d'où

$$t_0 = \frac{\beta pc t_1 + S_1 QT_0}{\beta pc + S_1 Q} \qquad (20)$$

qu'on pourrait aussi mettre sous la forme

$$t_0 = \frac{\alpha PC t_1 + S_1 QT_0}{\alpha PC + S_1 Q} \qquad (21)$$

puisque $\alpha PC = \beta p c$.

La différence constante de température est

$$A = T - t = \frac{\alpha PC (T_0 - t_1)}{\alpha PC + QS_1}.$$

La variation des températures de l'entrée à la sortie est la même pour les deux fluides.

$$T_0 - T_1 = t_0 - t_1 = \frac{SQ (T_0 - t_1)}{\alpha PC + SQ}. \qquad (22)$$

On a pour la quantité de chaleur transmise

$$M = SQ(T_1 - t_1) = SQ \frac{\alpha PC(T_0 - t_1)}{\alpha PC + SQ} \qquad (23)$$

et pour le rendement

$$\rho = \frac{pc(t_0 - t_1)}{PC(T_0 - t_1)} = \frac{\alpha SQ}{\beta(\alpha PC + SQ)} \qquad (24)$$

en remplaçant $\frac{pc}{PC}$ par $\frac{\alpha}{\beta}$ et $t_0 - t_1$ par sa valeur trouvée ci-dessus.

A la limite pour une surface infinie, on aurait

$$T_1 = t_1 \qquad t_0 = T_0 \qquad M = \alpha PC(T_0 - t_1)$$

et

$$\rho = \frac{\alpha}{\beta}$$

comme nous l'avons déjà vu (17) et (18).

TRANSMISSION A TRAVERS UNE PAROI ENTRE UN FLUIDE EN MOUVEMENT ET UNE ENCEINTE

105. Ce cas se présente assez fréquemment dans les applications; c'est celui d'un tuyau de fumée de poêle traversant une enceinte habitée, où l'air est sensiblement à la même température dans tous les points autour du tuyau. C'est également celui de la transmission entre deux fluides, lorsque la température de l'un d'eux est à très peu près uniforme et constante comme dans les chaudières à vapeur formant une seule capacité, dans laquelle la température est sensiblement la même partout, à cause de l'agitation tumultueuse qui se produit. C'est le cas inverse pour un tuyau plein de vapeur autour duquel circule un courant d'air; le mouvement de la vapeur est si rapide que, le plus souvent, on peut regarder tous les points du tuyau, comme se trouvant à la même température et la transmission s'effectue d'une enceinte chaude à température constante et uniforme à un fluide en mouvement.

Dans ces divers cas, on peut appliquer, en les simplifiant, les formules des n^{os} **95** à **103**.

Si c'est le fluide froid dont la température est constante dans l'enceinte, il faut faire

$$t = t_0 = t_1, \quad p = \infty, \quad r = 0 \quad m = \frac{Q}{\alpha PC}.$$

et on trouve ainsi

$$T = t_0 + (T_0 - t_0) e^{-mS}$$

$$M = \alpha PC (T_0 - t_0) (1 - e^{-mS})$$

$$\rho = \frac{\alpha}{\beta} (1 - e^{-mS}).$$

La courbe $T_0 T T_1$ de la figure 38 représente le décroissement de la température T du fluide chaud ; la ligne $t_0 t t_1$ parallèle à l'axe des X représente la température constante t de l'enceinte ; elle est asymptote à la courbe. L'aire $T_0 T t t_0$, comprise entre les deux lignes,

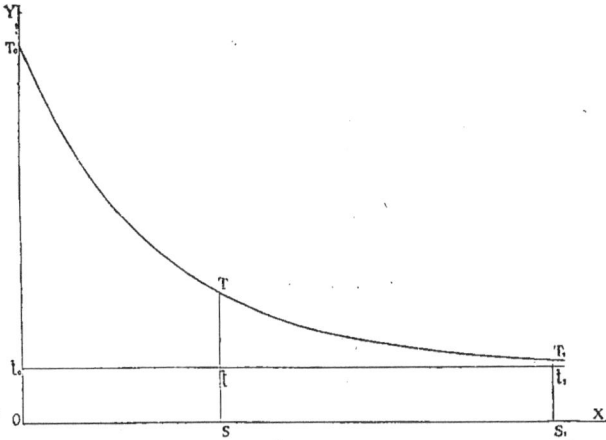

Fig. 38.

donne la chaleur transmise M par une surface quelconque OS, à l'extrémité de laquelle les températures sont $T = ST$ et $t = St$.

Si c'est le fluide chaud qui est maintenu à température constante dans l'enceinte,

$$T = T_0 = T_1, \quad P = \infty, \quad \frac{1}{r} = 0, \quad m = \frac{Q}{\beta pc},$$

et on a,

$$t = T_0 - (T_0 - t_0) e^{-mS}$$
$$M = \beta p c (T_0 - t_0) (1 - e^{-mS}).$$

Quant au rendement, la formule générale donnerait $\rho = 0$, ce qui résulte de ce que T_0 étant supposé constant et $P = \infty$, la chaleur renfermée dans le fluide chaud est infinie par rapport à celle absorbée par le fluide froid.

Si on se reporte au calcul du rendement que nous avons fait au n° **97**, on remarquera que ce calcul suppose que la température T du fluide chaud peut s'abaisser à t_0, ce qui est en contradiction, dans le cas actuel, avec l'hypothèse faite de la constance de T. Le rendement doit donc s'évaluer d'une autre manière. Le maximum d'utilisation correspond au cas où le fluide froid atteint, à la limite, la température du fluide chaud ; on a donc

$$\rho = \frac{t_1 - t_0}{T - t_0}.$$

106. Conclusion. — L'étude des phénomènes de transmission, que nous venons de faire, conduit à deux conséquences importantes dans la pratique, conséquences que nous avons indiquées au cours de la discussion, mais sur lesquelles il convient d'insister.

1° Au delà d'une certaine étendue de surface de transmission, à déterminer suivant les cas, la quantité de chaleur transmise devient très faible, et pratiquement il n'y a aucun avantage à dépasser une certaine limite. Les frais d'établissement et d'entretien et le refroidissement, provenant de l'augmentation des surfaces, peuvent même compenser, et au delà, le léger bénéfice à retirer de l'accroissement de transmission.

2° Il y a grand avantage, pour obtenir le plus grand effet utile, à faire circuler les fluides en sens inverse. On réalise ainsi un chauffage *méthodique* qui permet d'augmenter le rendement dans des proportions notables.

Nous donnerons, dans le paragraphe 3, des applications avec

des chiffres précis qui feront ressortir l'importance de cet accroissement de rendement.

ENVELOPPES ISOLANTES.

107. Lorsqu'on doit transporter la chaleur à distance, dans
des conduits ou des tuyaux, par un courant d'air chaud, d'eau
chaude ou de vapeur, il importe, pour réduire, dans le transport,
les pertes de chaleur qui tendent toujours à se produire, sous
l'action refroidissante du milieu ambiant, d'entourer ces tuyaux
d'une enveloppe de corps mauvais conducteur de la chaleur.

On se sert pour cela de diverses substances, telles que la
paille, le feutre, le liège, etc., ou simplement d'une double paroi
avec isolement d'air. Avec de bonnes disposi-
tions, on réalise des économies importantes et on
arrive à transporter la chaleur à de grandes distances.

Les formules précédentes permettent de se
rendre compte de l'effet produit par ces enveloppes. Nous allons les appliquer à quelques
cas particuliers et comparer les résultats à ceux
de la pratique.

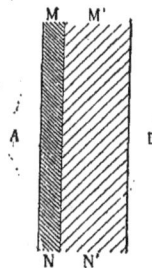

Fig. 39.

Considérons une paroi plane MN (fig. 39)
séparant deux enceintes A et B maintenues à température
constante. La chaleur transmise est donnée par la formule (**29**)

$$M = SQ(T-\theta), \quad \text{avec} \quad \frac{1}{Q} = \frac{1}{K} + \frac{e}{C} + \frac{1}{K'}.$$

On recouvre la surface d'une couche M'N' d'épaisseur e', et de
conductibilité C'; on a (**90**) pour la chaleur transmise M'

$$M' = SQ'(T-\theta) \quad \text{avec} \quad \frac{1}{Q'} = \frac{1}{K} + \frac{e}{C} + \frac{e'}{C'} + \frac{1}{K'}$$

et pour le rapport des chaleurs transmises

$$\frac{M}{M'} = \frac{Q}{Q'}.$$

En faisant la différence, on trouve

$$\frac{1}{Q'} - \frac{1}{Q} = \frac{e'}{C'}$$

et par suite, le rapport de transmission avant et après la pose de la seconde couche

$$\frac{Q}{Q'} = 1 + Q\frac{e'}{C'}$$

relation qui fait voir dans quel rapport se fait la diminution de transmission.

Soit une couche M'N' d'épaisseur $e' = 0^m,03$ et de conductibilité $C' = 0,10$. Si, avant de l'appliquer, le coefficient de transmission Q était par exemple égal à 8, on aura

$$\frac{Q}{Q'} = 1 + 8 \times \frac{0,03}{0,10} = 1 + 2,4 = 3,4$$

c'est-à-dire que la transmission sera réduite dans le rapport de 3,4 à 1.

La réduction est d'autant plus sensible que la transmission par la surface lisse était plus forte.

108. Pour un tuyau cylindrique (fig. 40), les conditions ne sont pas tout à fait les mêmes parce que l'enveloppe augmente le diamètre et par suite la surface exposée au refroidissement.

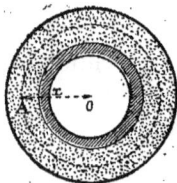

Fig. 40.

En raisonnant comme ci-dessus, et appliquant les formules du n° **90** à un tuyau de rayon intérieur R, de rayon extérieur R' et de longueur l, ayant une enveloppe dont le rayon $x = OA$ varie de R' à R$_1$, on a pour la surface sans enveloppe, $x = R'$

$$M = 2\pi R' l . Q(T - \theta)$$

avec la relation

$$\frac{1}{Q} = \left(\frac{1}{KR} + \frac{1}{C}\log \text{nép}\frac{R'}{R} + \frac{1}{K'R'}\right)R'.$$

En mettant l'enveloppe, on augmente le rayon qui devient $x = R_1$, et on réduit la chaleur transmise à M_1

$$M_1 = 2\pi R_1 l \cdot Q_1 (T - \theta)$$

et

$$\frac{1}{Q_1} = \left(\frac{1}{KR} + \frac{1}{C} \log \text{nép} \frac{R'}{R} + \frac{1}{C'} \log \text{nép} \frac{R_1}{R'} + \frac{1}{K'R_1} \right) R_1.$$

Le rapport des chaleurs transmises, avant et après la pose de l'enveloppe, est donc

$$\frac{M}{M_1} = \frac{R'Q}{R_1 Q_1};$$

on trouve ainsi

$$\frac{1}{Q_1 R_1} - \frac{1}{QR'} = \frac{1}{C'} \log \text{nép} \frac{R_1}{R'} + \frac{1}{K'} \left(\frac{1}{R_1} - \frac{1}{R'} \right)$$

d'où

$$\frac{R'Q}{R_1 Q_1} = 1 + R'Q \left[\frac{1}{C'} \log \text{nép} \frac{R_1}{R'} + \frac{1}{K'} \left(\frac{1}{R_1} - \frac{1}{R'} \right) \right].$$

Si on suppose

$$R' = 0,05, \quad R_1 = 0,10, \quad K' = 10, \quad C = 0,10,$$

il vient

$$\frac{R'Q}{R_1 Q_1} = 1 + 0,05 Q \left[\frac{0,696}{0,10} + \frac{1}{10} \left(\frac{1}{0,10} - \frac{1}{0,05} \right) \right]$$

$$= 1 + 0,05 Q (6,96 - 1) = 1 + 0,298 Q$$

de sorte que si $Q = 10$,

$$\frac{M}{M'} = 3,98.$$

La chaleur transmise est réduite à peu près au quart.

Il peut arriver que l'accroissement de surface, produit par l'enveloppe, amène un accroissement de transmission si la conductibilité de l'enveloppe est assez grande. Pour qu'il en soit ainsi, il suffit que le terme entre parenthèses soit négatif, c'est-à-dire que

$$\frac{I}{K'}\left(\frac{I}{R'} - \frac{I}{R_1}\right) > \frac{I}{C} \log \text{nép} \frac{R_1'}{R'}$$

d'où

$$C > \frac{\log \text{nép} \dfrac{R_1}{R'}}{\dfrac{I}{K'}\left(\dfrac{I}{R'} - \dfrac{I}{R_1}\right)} ;$$

pour $K' = 10$, $R' = 0,05$ et $R_1 = 0,10$ on trouve

$$C > 0,696.$$

Si l'enveloppe a une conductibilité plus grande que 0,696, il y a perte en enveloppant.

Cette conductibilité limite varie avec le rayon du tuyau, l'épaisseur de l'enveloppe et le coefficient K' de transmission.

109. Expériences sur les enveloppes isolantes. — Des essais ont été faits à Mulhouse par MM. Burnat et Royet sur l'influence de diverses enveloppes.

Un premier tuyau était disposé sans enveloppe.

Un deuxième, avec une enveloppe de paille en long, de 0,015 d'épaisseur, recouverte de tresses de paille enroulées en travers.

Un troisième était enveloppé de coton et de toile d'emballage.

Un quatrième était entouré par une enveloppe de terre et de paille recouverte par des tuiles.

Un cinquième par du feutre caoutchouté.

Enfin un sixième par du plastique Pimont (argile et bourre de vache lissée).

Pour mesurer l'effet de ces divers enduits, on faisait passer de la vapeur dans chacun de ces tuyaux et on mesurait l'eau condensée.

Voici les résultats obtenus :

	Vapeur condensée. par m. q.	Rapports. —	Prix de l'enveloppe par m. q.
Fonte nue.	2ᵏ84	1,000	»
Paille.	0,98	0,345	2ᶠ65
Tuile, terre et paille. . .	1,12	0,394	9,05
Coton et toile.	1,39	0,482	2,55
Feutre caoutchouté. . . .	1,53	0,538	2,00
Plastique Pimont.	1,56	0,549	28,00

L'enveloppe de paille a donné les meilleurs résultats; elle a réduit à un tiers la condensation et par conséquent les quantités de chaleur transmise.

Le plastique a donné des résultats médiocres et n'a pas réduit à moitié la chaleur transmise.

M. Brull a étudié comparativement l'effet produit par un certain nombre d'isolants, au moyen d'un appareil composé d'un cylindre en fer-blanc de 0ᵐ,0007 d'épaisseur, de 0ᵐ,20 de diamètre et de 0ᵐ,20 de hauteur.

On le remplissait d'huile animale chaude et on observait le refroidissement de quart d'heure en quart d'heure, au moyen d'un thermomètre permettant d'apprécier le quart de degré, et dont la boule plongeait au centre du liquide. On a pris comme point de départ 160°. Les observations pour chaque expérience ont été faites pendant cinq heures consécutives.

On a observé le refroidissement du vase, d'abord sans aucune enveloppe, puis recouvert successivement des matières suivantes :

Mastic calorifuge, d'une marque très estimée, appliqué par couches successives de 1 centimètre jusqu'à 5 centimètres d'épaisseur.

Douves de chêne de 27 millimètres d'épaisseur, vissées sur deux plateaux en chêne appliqués sur les bases du récipient.

Liège pur successivement à des épaisseurs de 12 millimètres et de 18 millimètres.

Liège aggloméré. C'est un mélange, par poids à peu près égaux, de pâte à papier et de liège en grains qu'on verse dans une forme à papier et qu'on lamine ensuite comme un carton; on obtient ainsi un produit poreux dont le prix est environ la moitié de celui du liège pur.

Feutre de fabrication spéciale pour enveloppe isolante.

Paille. Tresses de paille rendues solidaires par de la ficelle.

Ouate minérale bourrée entre la surface du récipient et un sac enveloppe en toile goudronnée.

Le tableau ci-dessous contient les résultats des expériences et les calculs faits pour établir la comparaison entre les diverses matières.

	ÉPAISSEUR.	TEMPÉRATURES		TEMPS NÉCESSAIRE pour refroidir à 102°.	RAPPORT des CHALEURS transmises.	COEFFICIENTS de CONDUCTION.
		EXTÉRIEURE.	Après 5 HEURES de refroidissement.			
Métal nu........	»	16°	38°	1ʰ48′	1	»
Plastique.......	50ᵐᵐ	15	56	2,07	0,62	0,652
Chêne..........	27	14,9	59	2,12	0,59	0,311
Liège pur.......	12	16,6	76	3,05	0,42	0,070
Liège pur.......	18	15,6	79	3,30	0,37	0,084
Liège aggloméré.	15	16,8	81	3,40	0,36	0,067
Feutre..........	20	16,5	87	4,03	0,32	0,075
Paille..........	25	17,0	88	4,10	0,31	0,090
Liège aggloméré.	21	16,6	90	4,25	0,29	0,094
Ouate minérale..	40	15,2	96	5,00	0,26	0,113

Ces résultats s'accordent avec ceux de MM. Burnat et Royet. La paille réduit la transmission au tiers environ et le plastique pas même à 60 p. 100.

M. Brull indiquant les épaisseurs des enduits, il a été possible de calculer les coefficients de conduction des diverses matières, au moyen des formules du n° **107**; ces coefficients sont inscrits dans la dernière colonne. Pour le liège, le feutre et la paille, ils sont compris entre 0,07 et 0,09; le coefficient de conduction du plastique est de 0,652, c'est-à-dire 7 à 8 fois plus fort.

L'emploi d'enveloppes isolantes, pour les tuyaux de vapeur, et en général pour toutes les surfaces chaudes exposées au refroidissement, produit une économie notable de chaleur et de combustible; il permet en outre le transport de la chaleur à des distances bien plus grandes.

PÉNÉTRATION DE LA CHALEUR DANS L'INTÉRIEUR DES CORPS.

110. Lorsqu'on commence à chauffer un corps, la chaleur transmise à la surface se communique à l'intérieur, et la température s'élève peu à peu, de proche en proche, suivant une loi qui dépend du temps, de la conductibilité du corps, de sa densité et de sa chaleur spécifique.

Considérons un corps solide, terminé d'un côté par une face plane AB, et d'épaisseur indéfinie de l'autre côté. Au moment où le chauffage commence, la température du corps est θ, uniforme dans toute sa masse.

On chauffe la face AB, au moyen d'un courant rapide de vapeur par exemple, de manière à la maintenir à une température constante t. La chaleur se propage dans la masse, et la température s'élève dans l'intérieur du corps, croissante avec le temps, mais décroissante avec la distance à la face AB.

Ce décroissement de température, dans l'épaisseur du corps, peut être représenté, à un moment donné, par une courbe BRN (fig. 41) dont les abs-

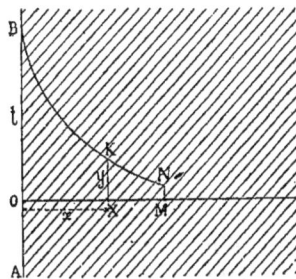

Fig. 41.

cisses sont les distances à la face AB et les ordonnées les températures correspondantes. Sur la face AB, on a $t =$ OB, à l'autre extrémité, $\theta =$ MN et à une distance quelconque OX $= x$, la température est $y =$ XK. A mesure que la durée du chauffage se prolonge, la courbe s'élève au-dessus de l'axe des x, et le point N, où la température reste sensiblement θ, s'éloigne de plus en plus de la face AB.

Fourier a donné, dans sa théorie de la chaleur, une formule pour déterminer dans ces conditions la température y à une distance quelconque x de la face AB, après un certain temps z; elle revient à celle-ci :

$$y - \theta = (t - \theta)\left(1 - \frac{2}{\sqrt{\pi}}\int_0^\varphi e^{-\tau^2}d\varphi\right). \qquad (1)$$

En posant, pour simplifier

$$A = \frac{2}{\sqrt{\pi}}\int_0^\varphi e^{-\tau^2}d\varphi$$

la relation prend la forme

$$y - \theta = (t - \theta)(1 - A). \qquad (2)$$

Dans ces formules :

t est la température constante de la face AB;

y la température, après le temps z, d'une tranche du corps parallèle à AB, située à une distance x;

θ la température initiale du corps;

$$\varphi = \frac{x}{2\sqrt{\dfrac{C}{c\delta}z}}; \qquad (3)$$

C coefficient de conductibilité du corps (**70**);

c chaleur spécifique du corps;

δ poids du mètre cube du corps en kilogrammes;

z temps écoulé, compté en heures;

x distance à la face AB en mètres.

L'intégrale A se présente souvent dans le calcul des probabilités; les valeurs sont données par M. Cournot dans son ouvrage sur la théorie des chances et des probabilités : en voici un extrait :

Tableau des valeurs de l'intégrale $A = \dfrac{2}{\sqrt{\pi}} \displaystyle\int_0^\varphi e^{-\bar{\varphi}^2} d\varphi$.

φ	A	φ	A	φ	A	φ	A	φ	A
0,00	0,00000	0,15	0,16800	0,90	0,79691	1,65	0,98038	2,40	0,99931
0,01	0,01128	0,20	0,22270	0,95	0,82089	1,70	0,98379	2,45	0,99947
0,02	0,02257	0,25	0,27632	1,00	0,84270	1,75	0,98667	2,50	0,99959
0,03	0,03384	0,30	0,32863	1,05	0,86244	1,80	0,98909	2,55	0,99969
0,04	0,04511	0,35	0,37938	1,10	0,88020	1,85	0,99111	2,60	0,99976
0.05	0,05637	0,40	0,42839	1,15	0,89612	1,90	0,99279	2,65	0,99982
0,06	0,06762	0,45	0,47548	1,20	0,91031	1,95	0,99418	2,70	0,99987
0,07	0,07886	0,50	0,52050	1,25	0,92290	2,00	0,99532	2,75	0,99990
0,08	0,09008	0,55	0,56332	1,30	0,93401	2,05	0,99626	2,80	0,99992
0,09	0,10128	0,60	0,60386	1,35	0,94376	2,10	0,99702	2,85	0,99994
0,10	0,11246	0,65	0,64203	1,40	0,95228	2,15	0,99764	2,90	0,99996
0,11	0,12362	0,70	0,67780	1,45	0,95969	2,20	0,99814	2,95	0,99997
0,12	0,13476	0,75	0,71116	1,50	0,96611	2,25	0,99854	3,00	0,99998
0,13	0,14587	0,80	0,74210	1,55	0,97162	2,30	0,99886	4,00	0,99999981
0,14	0,15695	0,85	0,77067	1,60	0,97635	2,35	0,99911	5,00	0,999999999998

D'après les formules, φ et par suite A sont indépendants des températures, et il en est par conséquent de même du rapport $\dfrac{\gamma - \theta}{t - \theta}$; ce rapport diminue à mesure que x augmente, et la température y se rapproche de θ.

On trouve, dans le tableau, que pour $\varphi = 2{,}35$, $A = 0{,}99911$; d'où $1 - A = 0{,}00089$, de sorte que, pour $t - \theta = 100$, on a

$$\gamma = \theta + 0°{,}089$$

c'est-à-dire que la différence $t - \theta$ est à peine de quelques centièmes de degré et qu'on a sensiblement $y = \theta$.

La valeur de $x = a$ correspondante est donnée par la relation

$$2{,}35 = \frac{a}{2\sqrt{\dfrac{C}{c\delta}\,z}}, \quad \text{d'où} \quad a = 4{,}70\sqrt{\frac{C}{c\delta}\,z}. \qquad (4)$$

C'est la distance, à la face AB, de la tranche pour laquelle la température y est très sensiblement égale à θ, et où la chaleur commence à peine à pénétrer après le temps z.

Pour construire la courbe BRN des températures, après un temps déterminé z, on tire de la formule (3) la valeur

$$x = 2\varphi \sqrt{\dfrac{C}{c\delta}\, z}.$$

En prenant pour φ une série de valeurs, on en déduit celles de x; le tableau donne celles de A, et la formule (2) celles de $y - \theta$; on connaît ainsi les valeurs correspondantes de x et de y et on peut construire la courbe par points.

La figure 42 représente une série de courbes de températures, tracées pour des temps différents depuis le commencement du

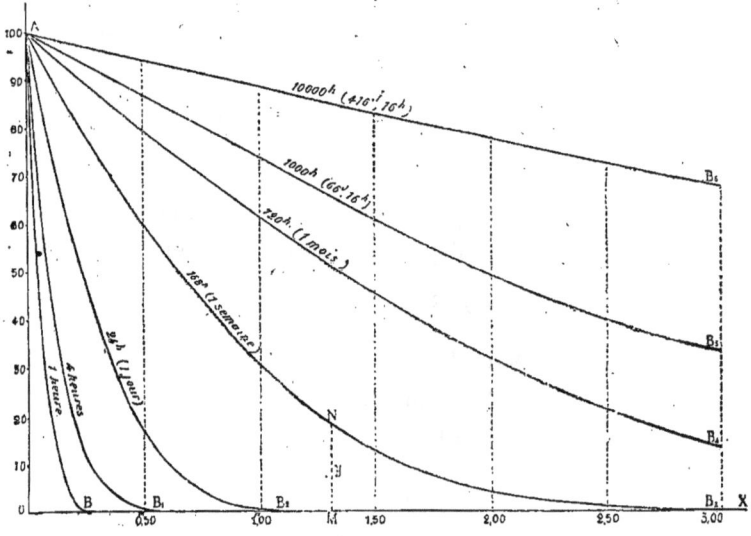

Fig. 42.

chauffage, savoir : une heure, quatre heures, un jour, une semaine, etc. ; on voit la courbe s'élever à mesure que la durée du chauffage se prolonge.

Le point où la courbe vient, à peu près, rencontrer l'axe des x, indique la profondeur a de la pénétration de la chaleur, au bout d'un temps déterminé. Elle augmente naturellement avec le temps, et est donnée par l'équation (4).

Les courbes ont été tracées pour un mur en pierres calcaires ; pour une autre substance, elles auraient la même forme générale, mais seraient plus ou moins relevées suivant la nature du corps.

111. Quantité de chaleur absorbée. — La quantité de chaleur absorbée par le corps, après une certaine durée z de chauffage, se calcule comme il suit.

Pour une tranche quelconque du corps, parallèle à AB et à une distance x, de surface S et d'épaisseur dx, le poids est Sδdx, et la chaleur absorbée dM, par l'élévation de température de θ à y, est

$$d\mathrm{M} = \mathrm{S}\delta c\,(y - \theta)\,dx.$$

La chaleur totale absorbée par le corps est l'intégrale depuis $x = 0$ jusqu'à $x = a$, d'où

$$\mathrm{M} = \mathrm{S}\delta c \int_0^a (y - \theta)\,dx.$$

Cette quantité de chaleur est représentée par l'aire de la courbe BRN (fig. 41), à l'instant considéré.

En calculant, à l'aide du tableau ci-dessus (**110**), les valeurs de l'intégrale $\int (y - \theta)\,dx = (t - \theta) \int (1 - \mathrm{A})\,dx$ depuis $x = 0$ jusqu'à $x = a$, au moyen de la formule de Th. Simpson, on trouve

$$\int_0^a (y - \theta)\,dx = 0,2135\,(t - \theta)\,a$$

et, en remplaçant a par sa valeur, $a = 4,70 \sqrt{\dfrac{\mathrm{C}}{c\delta}\,z}$

$$\mathrm{M} = \mathrm{S}\,(t - \theta)\sqrt{\mathrm{C}c\delta z}. \tag{5}$$

La chaleur absorbée par le corps est proportionnelle à la racine carrée du temps; en quatre heures, elle est double de celle absorbée dans la première heure.

La chaleur qui pénètre, dans l'unité de temps, va constamment en diminuant; on trouve

$$\frac{d\mathrm{M}}{dz} = \frac{\mathrm{S}(t-\theta)\sqrt{\mathrm{C}c\delta}}{2\sqrt{z}}. \tag{6}$$

Elle diminue proportionnellement à la racine du temps; après quatre heures de chauffage la chaleur absorbée, dans la seconde qui suit, est la moitié de celle absorbée dans la seconde qui suit la première heure.

Pour faciliter les calculs, nous donnons dans le tableau suivant, pour un certain nombre de corps, les valeurs de C, c, δ,

$$\sqrt{\frac{\mathrm{C}}{c\delta}} \text{ et de } \sqrt{\mathrm{C}c\delta}.$$

SUBSTANCES.	C	c	δ	$\sqrt{\dfrac{\mathrm{C}}{c\delta}}$	$\sqrt{\mathrm{C}c\delta}$
Sable........,.....	0,27	0,20	1470	0,03028	8,9
Pierre calcaire.......	1,27	0,21	2220	0,0525	24,2
Marbre.............	2,78	0,20	2770	0,0708	39,3
Briques............	0,60	0,19	1800	0,0418	14,32
Plâtre.............	0,331	0,196	1250	0,0367	9,0
Bois (suiv. fibres)....	0,10	0,57	900	0,0139	7,20
Coton.............	0,04	0,27	10	0,1216	1,04
Fer.............	58,82	0,113	7730	0,2577	226,5
Air.............	0,000288	0,2377	1,293	0,0268	0,00439
Eau stagnante.......	0,425	1,00	1000	0,0206	20,6

Les formules précédentes permettent de calculer le temps z nécessaire pour qu'une tranche, située à une distance x de la face AB, prenne une température déterminée γ; on tire de l'équation (2) la valeur de A

$$\mathrm{A} = 1 - \frac{\gamma - \theta}{t - \theta}.$$

Le tableau (**110**) donne les valeurs correspondantes de φ, et on déduit ensuite de l'équation (3)

$$z = \frac{c\delta}{4C} \frac{x^2}{\varphi^2}. \qquad (7)$$

Le temps est proportionnel au carré de la distance; ainsi, pour arriver à 2 mètres, il faut quatre fois plus de temps que pour 1 mètre.

Le tableau suivant donne, pour un mur en pierres calcaires et pour un sol en terre végétale, après différentes durées de chauffage, la pénétration de la chaleur dans les corps, la chaleur absorbée, et la chaleur transmise dans l'unité de temps.

PÉNÉTRATION DE LA CHALEUR

TEMPS ÉCOULÉ en heures. z	MUR EN PIERRES CALCAIRES.			SOL DE TERRE VÉGÉTALE.		
	PROFONDEUR de pénétration. a	CHALEUR totale absorbée par m. q. $\frac{M}{S}$	CHALEUR absorbée par unité de temps par m. q. $\frac{dM}{Sdz}$	PROFONDEUR de pénétration. a	CHALEUR totale absorbée par m. q. $\frac{M}{S}$	CHALEUR absorbée par unité de temps par m. q. $\frac{dM}{Sdz}$
h	m	cal.	cal.	m	cal.	cal.
0,50	0,171	1 940	1 720	0,107	776	688
1	0,245	2 740	1 216	0,154	1 125	499
2	0,341	3 881	860	0,214	1 152	344
3	0,418	4 747	699	0,263	1 898	279
4	0,483	5 489	608	0,308	2 195	243
5	0,550	6 119	543	0,346	2 447	217
10	0,764	9 675	384	0,481	3 870	153
20	1,100	12 238	267	0,693	4 895	106
50	1,710	19 405	172	1,077	7 762	69
100	2,415	27 447	121	1,521	10 978	48
400	4,830	54 895	60	3,043	21 856	24

112. En général, dans le chauffage d'un corps, on ne se trouve pas dans les conditions que nous venons de supposer; la température de la surface du corps chauffé n'est pas constante; elle part de 0 et s'élève peu à peu sous l'action d'une source de chaleur.

Admettons, ce qui est au moins approximatif, que la quantité de chaleur transmise à la surface chauffée, à un instant quelconque, par la source de chaleur, soit porportionnelle à la différence de température à cet instant.

Soit T_0 la température constante de la source, t la température variable de la surface, on a, pour un temps infiniment petit dz, la quantité de chaleur transmise dM :

$$dM = KS(T_0 - t)\, dz$$

K étant (so) un coefficient de la forme $K = mr + nf$.

Nous venons de voir que la chaleur qui pénètre dans l'intérieur du corps est, pour la température t de la surface, et dans le même temps dz,

$$dM = \frac{S(t+\theta)\sqrt{Cc\delta}}{2\sqrt{z}}\, dz.$$

En égalant ces deux expressions, il vient

$$K(T_0 - t) = \frac{(t-\theta)\sqrt{Cc\delta}}{2\sqrt{z}}$$

d'où on déduit le temps z nécessaire pour chauffer la surface à la température t

$$z = \frac{Cc\delta}{4\,K^2}\left(\frac{t-\theta}{T_0 - t}\right)^2. \tag{8}$$

Cette équation donne également la température t de la surface du corps après une durée z de chauffage ; on trouve

$$t = \frac{2T_0 K\sqrt{z} + \theta\sqrt{Cc\delta}}{2K\sqrt{z} + \sqrt{Cc\delta}}. \tag{9}$$

Nous avons vu que, lorsque la chaleur se transmet d'une enceinte à une autre à travers une paroi, la température t de la face chauffée de la paroi est donnée, quand le régime est établi, par la relation 3 du n° so,

$$t = T - \frac{Q}{K}(T - \theta).$$

T étant la température de l'enceinte quand le régime est établi, θ la température extérieure que nous supposerons égale à la température initiale du mur.

En égalant ces deux valeurs de t, on trouve pour le temps z_1, nécessaire à l'établissement du régime,

$$z_1 = \frac{Cc\delta}{4\,K^2} \left[\frac{(T - \theta)\left(1 - \dfrac{Q}{K}\right)}{T_0 - T + \dfrac{Q}{K}(T - \theta)} \right]^2 .$$

Ce calcul suppose que la diffusion de la chaleur dans le mur indéfini se fait de la même manière que la transmission dans l'enceinte placée de l'autre côté de la paroi d'épaisseur finie ; c'est une simple hypothèse, et nous ne donnons ces formules qu'à titre de simple indication.

§ III

APPLICATIONS. — RÉSULTATS D'EXPÉRIENCES.

113. Nous allons appliquer les formules que nous venons d'établir aux principaux cas pratiques de la transmission de la chaleur à travers une paroi, séparant deux espaces occupés ou parcourus par des fluides de diverses natures, et comparer les résultats du calcul à ceux de l'expérience.

Les fluides que l'on rencontre dans les applications sont l'air, les gaz de la combustion, la vapeur, l'eau et divers liquides. Nous les passerons successivement en revue, en assimilant, au point de vue de la transmission, les gaz de la combustion à l'air, et les liquides à l'eau.

TRANSMISSION, ENTRE DEUX ENCEINTES, DE L'AIR A L'AIR.

114. Les lieux habités doivent être maintenus, pendant l'hiver, à une température supérieure à celle de l'atmosphère dont ils sont séparés par des murs en maçonnerie, des vitres, etc. Une certaine quantité de chaleur passe d'une manière continue à travers ces parois, et il est nécessaire de la connaître pour déterminer la puissance des appareils de chauffage capables de maintenir la température intérieure au degré convenable.

115. Mur en maçonnerie. — La transmission de la chaleur, à travers un mur séparant un lieu habité de l'atmosphère, s'effectue exactement dans les conditions que nous avons étudiées au numéro **89**. Le mur est terminé par des faces planes et parallèles, et les températures des deux enceintes, de chaque côté, peuvent être considérées comme constantes et uniformes quand le régime est établi.

Les formules à appliquer sont donc celles du numéro **89**

$$M = SQ(T - \theta) \qquad \frac{1}{Q} = \frac{1}{K} + \frac{e}{C} + \frac{1}{K'}$$

et

$$K = mr + nf, \qquad K' = m'r' + n'f'.$$

Remarquons d'abord que la différence de température des deux enceintes $T - \theta$ ne dépasse pas généralement 3o°, et comme la température du mur est nécessairement intermédiaire, la différence de température, entre chaque face du mur et l'enceinte correspondante, ne doit pas dépasser 15° à 20°.

Il en résulte qu'on peut appliquer la loi de Newton et poser dans l'expression des valeurs de K et K'

$$m = 1 \qquad n = 1 \qquad m' = 1 \qquad n' = 1.$$

On a simplement

$$K = r + f, \qquad K' = r' + f'.$$

Si le mur est recouvert à l'intérieur de papier ou de tentures, on a, en moyenne, (**78**) $r = 3,70$; s'il n'y a aucune cause particulière d'agitation de l'air, on peut prendre, pour une surface plane de plusieurs mètres de hauteur (**79**), $f = 2$

d'où $\qquad\qquad K = 3,70 + 2 = 5,70.$

A l'extérieur, pour un mur en plâtre, et dans le cas d'un calme complet dans l'atmosphère, on trouverait de même $r' = 3,60$ et $f' = 2$,

d'où $$K' = 3,60 + 2 = 5,60.$$

Si le mur est en pierres calcaires et de $0,50$ d'épaisseur, on a

$$e = 0,50 \quad C = 1,60 \quad \text{d'où} \quad \frac{C}{e} = 3,20.$$

En portant ces valeurs dans l'expression de $\frac{1}{Q}$, on trouve

$$\frac{1}{Q} = \frac{1}{5,70} + \frac{1}{3,20} + \frac{1}{5,60} = 0,665,$$

et $$Q = 1,504,$$

c'est-à-dire qu'il passe $1^{cal},504$ à travers le mur par heure, par mètre carré et par degré de différence de température.

La température moyenne de l'hiver à Paris est environ $6°$; si l'on suppose à l'intérieur $16°$, on a :

$$T = 16°, \qquad \theta = 6°, \qquad T - \theta = 10°,$$

et $$M = 15,04 \, S;$$

c'est-à-dire que, par mètre carré de mur, il passe par heure $15^{cal},04$.

Si la température extérieure était de $-9°$, on aurait $T - \theta = 25°$

$$M = 37^{cal},6 \, S.$$

C'est à peu près la transmission maximum, pour le climat de Paris, quand l'air est calme.

Les températures des deux faces du mur peuvent se calculer au moyen des formules (3 et 4 du n° **89**).

On a pour un air calme

$$t = T - \frac{Q}{K}(T - \theta) = T - 0,263 (T - \theta)$$

et

$$t' = \theta + \frac{Q}{K'}(T - \theta) = \theta + 0,267 (T - \theta);$$

on trouve ainsi pour $T = 16°$ et $\theta = 6°$

$$t = 13°,37, \qquad t' = 8°,67.$$

Dans les grands froids, pour $T = 16°$ et $\theta = -9°$

$$t = 9°,43, \qquad t' = -2°,33.$$

Dans l'épaisseur du mur la température décroît régulièrement de t à t' suivant la loi indiquée au numéro **70**.

Pour un mur en briques, dont la conductibilité est beaucoup plus faible, il doit naturellement en être de même de la transmission. On a (**79**) $C = 0,60$ et on trouve pour un mur de $0,50$ et un air calme

$$Q = 0,842.$$

Pour la température moyenne de l'hiver $T - \theta = 10°$

$$M = 8^{\text{cal}},42\ S.$$

Pour les grands froids $T - \theta = 25°$

$$M = 21^{\text{cal}},05\ S.$$

Les températures des faces du mur sont, pour la température moyenne de l'hiver,

$$t = T - 0,148(T - \theta) = 14°,52$$
$$t' = \theta + 0,150(T - \theta) = 7°,50$$

et dans les grands froids

$$t = 12°,30, \qquad t' = -5°,25.$$

Le degré d'agitation de l'air a une influence très sensible. En calculant les valeurs de Q, pour des murs de $0,50$ en pierres calcaires et en briques, et pour diverses vitesses du vent au contact de la face extérieure, on trouve les résultats consignés dans le tableau suivant.

La transmission augmente notablement avec la vitesse du vent, surtout pour le mur en pierres calcaires.

VITESSE du vent.	VALEURS DE Q.	
	Murs en pierres calcaires.	Murs en briques.
Air calme.	1,504	0,842
0,50.	1,68	0,897
1,00.	2,12	1,008
2,00.	2,14	1,013
4,00.	2,15	1,014

Dans les conditions moyennes atmosphériques, on peut admettre les nombres suivants : $Q = 1,80$ pour un mur de 0,50 en pierres calcaires ; $Q = 0,90$ pour un mur de 0,50 en briques.

Mais pour le calcul des dimensions des appareils de chauffage qui doivent être déterminés pour suffire dans les cas défavorables, nous pensons qu'il convient de prendre des coefficients un peu plus forts, soit $Q = 2$ pour un mur en pierres calcaires, et $Q = 1,00$ pour un mur en briques.

L'épaisseur du mur exerce aussi une influence sensible sur la quantité de chaleur transmise, mais la transmission est loin d'être en raison inverse de cette épaisseur, comme on est trop souvent disposé à le croire.

Si on calcule le coefficient Q, pour diverses épaisseurs, dans le cas d'une vitesse du vent de 0,80 environ, on trouve

ÉPAISSEUR e.	VALEURS DU COEFFICIENT DE TRANSMISSION Q.	
	Murs en pierres calcaires.	Murs en briques.
0m,10.	4,00	2,82
0 ,20.	3,22	1,92
0 ,30.	2,66	1,45
0 ,40.	2,28	1,17
0 ,50.	2,00	0,98
0 ,60.	1,77	0,84
0 ,70.	1,60	0,74
0 ,80.	1,45	0,66
0 ,90.	1,33	0,59
1 ,00.	1,21	0,54

Pour une épaisseur décuple (de $0^m,10$ à 1^m), la transmission est seulement diminuée dans le rapport $\dfrac{4}{1,21} = 3,32$, pour un mur en pierres calcaires, et dans le rapport $\dfrac{2,82}{0,54} = 5,04$ pour un mur en briques. L'influence de l'épaisseur est naturellement d'autant plus grande que la matière du mur conduit moins bien la chaleur.

116. Vitres. — La transmission de la chaleur à travers les vitres est une des principales causes de refroidissement des lieux habités ; la quantité de chaleur qui passe se calcule par les mêmes formules que pour les murs, les vitres constituant également une paroi à faces planes parallèles.

De même que, pour les murs, la différence de température est au-dessous de $20°$ entre les faces de la vitre et les enceintes, et on peut appliquer la loi de Newton

$$m = 1 \qquad n = 1 \qquad m' = 1 \qquad \text{et} \qquad n' = 1.$$

Quand l'air est calme à l'intérieur et à l'extérieur, on a $f = 2$ et $f' = 2$ et comme (**78**) $r = r' = 2,91$, on trouve

$$K = r + f = 4,91 \qquad \text{et} \qquad K' = r' + f' = 4,91.$$

Les valeurs de K et K' sont égales.

Pour une vitre de $0^m,002$ d'épaisseur

$$\frac{e}{C} = \frac{0,002}{0,80} = 0,0025$$

et on trouve pour Q

$$\frac{1}{Q} = \frac{1}{K} + \frac{e}{C} + \frac{1}{K'} = 0,203 + 0,0025 + 0,203 = 0,4085$$

d'où $Q = 2,45$; c'est la moitié de K ou de K'.

Le terme $\dfrac{e}{C} = 0,0025$ est très faible, relativement à la somme des deux autres $\dfrac{1}{K} + \dfrac{1}{K'} = 0,406$ et peut être négligé, d'où il ré-

sulte qu'en général l'épaisseur et la conductibilité de la vitre
n'ont pas d'influence sur la transmission.

Le degré d'agitation de l'air a pour les vitres une influence
encore plus grande que pour les murs. En supposant à l'intérieur $f = 2$ et, à l'extérieur, des vitesses du vent croissantes jusqu'à 4 mètres, on trouve les résultats suivants :

Vitesse du vent.	Valeurs de Q.
Air calme.......	2,45
0,5o...........	3,07
1,00...........	3,76
2,00...........	4,40
4,00...........	4,86

Dans les conditions moyennes atmosphériques, on peut
prendre 3,5o à 4,oo pour la valeur du coefficient Q; mais pour
le calcul des appareils de chauffage, il convient de prendre le
chiffre le plus fort, soit $Q = 4$.

La différence de température entre les deux faces de la vitre
est excessivement faible, on a (**89**)

$$' = \frac{e}{C} Q(T - \theta).$$

En prenant $Q = 4$ et $T - \theta = 25$, conditions à peu près extrêmes

$$t - t' = 0,0025 \times 4 \times 25 = 0°,25$$

la différence des températures des deux faces de la vitre est
de 1/4 de degré seulement.

Lorsque la paroi est formée de deux vitres parallèles séparées
par un intervalle plein d'air, comme dans les appartements
pourvus de doubles fenêtres, la transmission est beaucoup diminuée.

Admettons d'abord que l'air dans l'intervalle des deux vitres
soit complètement stagnant, et prenons pour coefficient de conduction, d'après Péclet, $C = 0,04$ (**72**), on trouve, en appliquant

la formule (6 du n° **89**), pour un intervalle de o^m,o2, entre les vitres et avec K$=$5,91, et K$'=$6,91,

$$Q = 1,18.$$

Les doubles vitres réduisent la transmission au tiers environ.

L'air ne saurait jamais être immobile entre les deux vitres; la différence de température suffit pour produire un mouvement qui augmente la transmission. En admettant que le coefficient de conduction soit porté au double par cette cause, c'est-à-dire de 0,04 à 0,08, on trouve

$$Q = 1,73.$$

La réduction de transmission par l'emploi de doubles vitres reste encore très notable.

117. Péclet, dans des expériences sur la transmission à travers les vitres, a trouvé les résultats suivants :

	Valeurs de Q.
Une seule vitre.	3,66
Une seule vitre couverte en dedans d'une mousseline légère.	3,00
Deux vitres en contact.	2,5
Deux vitres espacées de o^m,o2 ou de o^m,o4.	1,70
Deux vitres espacées de o^m,o5.	2,00

Le premier nombre est le résultat que nous avons trouvé par le calcul, pour une vitesse de l'air de o^m,80 environ.

Le deuxième, plus faible, s'explique par la gêne que la mousseline apporte au mouvement de l'air.

Pour les vitres en contact, il est probable qu'il restait une légère couche d'air interposée.

La transmission un peu plus forte pour un intervalle de o^m,o5 peut s'expliquer par une facilité plus grande de circulation de l'air.

Ces nombres s'accordent, comme on voit, d'une manière assez satisfaisante avec ceux que nous avons déduits du calcul.

118. Si une vitre est remplacée par une feuille de tôle, la transmission reste à peu près la même. En appliquant les formules, on trouve pour un air calme et pour de la tôle de $0^m,001$ d'épaisseur

$$K = K' = r + f = 2,77 + 2 = 4,77 \quad \text{d'où} \quad \frac{1}{K} = 0,214$$

et comme

$$\frac{e}{C} = \frac{0,001}{58,2} = 0,0000174 .$$

on trouve $\quad \dfrac{1}{Q} = 0,214 + 0,0000174 + 0,214 \quad$ et $\quad Q = 2,385.$

Le coefficient de transmission est un peu plus faible que pour les vitres, bien que la conductibilité du fer soit beaucoup plus grande que celle du verre; cela tient à ce que le coefficient de radiation est plus faible.

Pour de la tôle encore plus que pour les vitres, l'épaisseur et la conductibilité n'ont pas d'influence, le terme $\dfrac{e}{C} = 0,0000171$ est complètement négligeable dans la valeur de $\dfrac{1}{Q}$ à côté de

$$\frac{1}{K} + \frac{1}{K'} = 0,428.$$

Dans les mêmes conditions d'agitation de l'air, les valeurs de Q sont sensiblement les mêmes que pour les vitres.

TRANSMISSION DE LA VAPEUR A L'AIR.

TUYAUX ET APPAREILS A VAPEUR.

119. Dans le cas de la transmission de la vapeur à l'air, à travers une paroi métallique, la formule 11 du n° **92**, qui donne la valeur du coefficient de transmission Q, peut encore se simplifier. Le coefficient K pour la vapeur (**87**) étant au moins égal à 10000, le terme $\dfrac{1}{K} = 0,0001$ est négligeable à côté de la valeur minimum de $\dfrac{1}{K} = 0,025$ (**92**) et on a simplement

$$\frac{1}{Q} = \frac{1}{K'} \qquad \text{d'où} \qquad Q = K'.$$

Comme conséquence, la température de la face métallique en contact avec l'air est très sensiblement égale à celle de la vapeur.

Nous avons les deux équations

$$M = SK'(t' - \theta), \qquad M = SQ(T - \theta),$$

d'où

$$\frac{t' - \theta}{T - \theta} = \frac{Q}{K'}.$$

Le second membre étant très sensiblement égal à l'unité, il en est de même du premier, c'est-à dire que t', température de la paroi en contact avec l'air, est très sensiblement égale à T, température de la vapeur.

Dans les applications on peut donc prendre très approximativement Q égal à K' et t' égal à T, dans le cas d'une paroi métallique chauffée par de la vapeur et chauffant de l'air ou des gaz.

120. Appliquons ces formules simplifiées. Considérons un cylindre plein de vapeur placé dans un lieu habité et constituant ce qu'on appelle un *poêle à vapeur* (fig. 43). La chaleur se transmet à l'enceinte par radiation et convection.

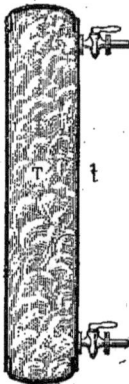

L'intérieur du poêle occupé par la vapeur est à une température constante et uniforme T dans toutes les parties; il en est de même de l'enceinte habitée où la température est t; on se trouve ainsi dans les conditions définies aux n^{os} **89** et **92** et on peut appliquer la formule

$$M = SQ(T - \theta),$$

Fig. 43.

et d'après ce que nous venons de dire, on a simplement

$$Q = K' = m'r' + n'f'.$$

Pour un tuyau cylindrique en fonte, plein de vapeur à 100° dans une enceinte à 15°, on a $T = 100°$, $\theta = 15°$; nous prendrons (**78, 79** et **80**)

$$r' = 3,36, \qquad m' = 1,50, \qquad f' = 4, \qquad n' = 1,60,$$

$$Q = K' = 5,04 + 6,40 = 11,44.$$

La chaleur transmise, par mètre carré, par heure et par degré de différence de température, est de $11^{cal},44$.

La chaleur totale transmise par la surface S est

$$M = 11,44 \times 85°. S = 972,4 S.$$

C'est $972^{cal},4$ par mètre carré et par heure, ce qui correspond à

$$\frac{972,4}{537} = 1^k,81$$

de vapeur condensée.

Pour un tuyau en cuivre poli

$$r' = 0,16, \qquad m' = 1,50, \qquad f' = 4, \qquad n' = 1,60,$$
$$Q = 6,64,$$
$$M = 6,64 \times 85°. S = 564,40 S$$

ce qui correspond à un poids de vapeur condensée

$$\frac{564,40}{537} = 1^k,05.$$

On voit l'influence notable de la surface polie sur la transmission.

Si la vapeur était à 135° dans le tuyau en fonte et l'air un peu plus agité, on aurait

$$r' = 3,36, \qquad m' = 1,57, \qquad f'' = 5, \qquad n' = 1,68,$$
$$Q = K' = 13,67$$

et
$$M = 13,67 \times 120 S = 1 640 S$$

ce qui correspond à un poids de vapeur condensée

$$\frac{1\,640}{512,67} = 3^k,43.$$

Enfin, pour de la vapeur à 5 atmosphères, soit à 153°, la transmission serait de 2 000 calories par mètre carré, ce qui correspond à 4 kilogrammes de vapeur condensée.

On voit que pour un tuyau de vapeur placé dans une enceinte, la chaleur transmise par mètre carré varie de 500 à 2 000 kilogrammes, suivant la température de la vapeur et la nature de la surface rayonnante, soit de 1 à 4 kilogrammes de vapeur condensée.

Si l'air était renouvelé très rapidement au contact de la surface, le coefficient Q pourrait s'élever à 30 et 40, et la chaleur transmise serait augmentée en conséquence, mais c'est un cas exceptionnel.

121. Expériences. — Ces nombres s'accordent avec les résultats d'expériences directes. Ainsi, d'après Tredgold, le poids de vapeur condensée en une heure par 1 mètre carré de surface d'un tuyau exposé à l'air libre est

Fer-blanc.	$1^k,07$
Verre.	$1,76$
Tôle neuve.	$1,80$
Tôle rouillée.	$2,10$

D'après Clément, le poids de vapeur condensée par heure dépend de la position et de la nature du tuyau. Il a trouvé les nombres suivants :

Tuyau horizontal en fonte nue.	$1^k,81$
Id.	en fonte noircie. . .	$1,70$
Id.	en cuivre nu.	$1,47$
Id.	en cuivre noirci . .	$1,70$
Tuyau vertical en cuivre noirci. . . .	$1,98$

Ces résultats confirment d'une manière générale l'exactitude des formules; ils font voir de plus que la nature de la surface a une action importante, puisque deux tuyaux de fonte et de cuivre qui sans enduit condensaient, l'un $1^k,81$, l'autre $1^k,47$, ont condensé juste le même poids $1^k,70$ quand ils ont été noircis.

Ils montrent en outre que les tuyaux verticaux transmettent plus de chaleur que les tuyaux horizontaux. Cette différence doit tenir à ce que l'air circule plus complètement au contact de toutes les parties d'un tuyau vertical; la demi-circonférence supérieure d'un tuyau horizontal n'est que très imparfaitement en contact avec le courant d'air chaud ascendant.

MM. Burnat et Royet ont fait à Mulhouse des expériences sur la condensation de la vapeur dans des tuyaux; elles ont donné les résultats suivants :

TEMPÉRATURES.			POIDS DE VAPEUR CONDENSÉE.		
Vapeur.	Air extérieur.	Excès.	Observée.	Calculée.	Q.
$103°,2$	$6°,12$	$97°,08$	$2^k,445$	$2^k,50$	$13,46$
$106,5$	$4,08$	$102,42$	$2,74$	$2,66$	$13,68$
$111,8$	$4,37$	$107,43$	$2,935$	$2,84$	$13,85$
$116,5$	$5,37$	$111,13$	$3,135$	$3,00$	$14,12$
$120,7$	$6,25$	$114,45$	$3,15$	$3,10$	$13,62$

On voit qu'il y a accord satisfaisant entre les résultats des formules et ceux de l'expérience.

TRANSMISSION DE L'EAU A L'AIR.

TUYAUX ET APPAREILS A EAU CHAUDE.

122. Dans le cas de la transmission de la chaleur d'un liquide, de l'eau chaude par exemple, à un gaz, à travers une paroi métallique, la valeur de Q se simplifie comme pour le chauffage par la vapeur.

On verrait de même que, dans la valeur de $\frac{1}{Q}$, la somme des deux termes $\frac{1}{K} + \frac{e}{C}$ est faible à côté de $\frac{1}{K'}$, de sorte qu'on peut écrire généralement

$$Q = K'.$$

Toutefois, le coefficient K pour l'eau étant notablement plus faible que pour la vapeur, la différence entre Q et K' est un peu plus forte, et si l'eau circulait avec une extrême lenteur elle pourrait devenir notable; la simplification ne serait plus possible; il faudrait prendre pour $\frac{1}{Q}$ la formule complète.

Pour un tuyau de fonte, plein d'eau chaude à 100°, placé dans une enceinte à 15°, on a comme pour la vapeur

$$Q = K' = 11,44$$

et

$$M = 972,4 \, S.$$

Le maximum de transmission par mètre carré, pour un tuyau d'eau chaude sans pression, est environ de 1 000 calories.

On peut dépasser ce chiffre avec de l'eau circulant sous pression, et nous en verrons plus loin des exemples.

Si l'eau chaude est seulement à 50°, on a $m' = 1,235$, $r' = 3,36$, $n' = 1,265$, $f' = 4$

$$Q = K' = 4,149 + 5,060 = 9,209$$
$$M = 9,209 \times 35 \, S = 322,31 \, S.$$

Ainsi la chaleur transmise, par mètre carré et par heure, par un tuyau d'eau chaude dont la température varie de 50° à 100°, dans une enceinte à 15° environ, est comprise, en nombres ronds, entre 300 et 1 000 calories.

On peut former, en nombres ronds, le tableau suivant :

Température de l'eau chaude.	Nombre de calories par m.q. et par heure.	Q
50	300	9,00
60	420	9,50
70	540	10,00
80	670	10,50
90	810	11,00
100	1000	11,50

TRANSMISSION DE LA VAPEUR A L'EAU.

APPAREILS DE CONCENTRATION, DE CONDENSATION, ETC.

123. Le chauffage de l'eau et en général des liquides par la vapeur est un des moyens les plus employés dans l'industrie. On se sert pour cela de serpentins (fig. 44), de doubles fonds (fig. 45), ou d'appareils tubulaires en métal dans lesquels circule la vapeur,

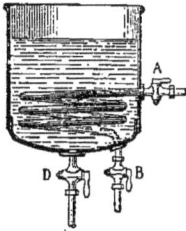

Fig. 44.

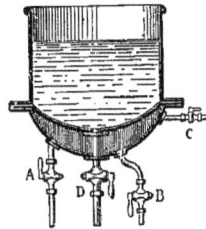

Fig. 45.

l'eau ou le liquide à chauffer étant de l'autre côté de la paroi métallique.

La quantité de chaleur transmise par la vapeur à l'eau est très considérable. Pour la calculer il suffit d'appliquer les formules du numéro **89.**

$$M = SQ(T - \theta), \qquad \frac{1}{Q} = \frac{1}{K} + \frac{e}{C} + \frac{1}{K'},$$

Le terme K est le coefficient de transmission de la vapeur à la paroi intérieure du serpentin ou du double fond; dans ces conditions, il n'y a pas de radiation, et on a simplement

$$K = nf.$$

Le coefficient nf pour la vapeur est toujours très grand (**87**), il ne descend guère au-dessous de 10000 et peut s'élever à 50000; la valeur de $\frac{1}{K}$ est comprise en conséquence entre 0,0001 et 0,00002.

Pour une paroi en cuivre mince de $0^m,001$, on a

$$\frac{e}{C} = \frac{0,001}{362} = 0,00000275.$$

Le coefficient K' de transmission à l'eau se réduit également au coefficient $n'f'$ de convection qui est compris entre 500 et 6 000, suivant la vitesse de circulation de l'eau, de sorte que la valeur de $\frac{1}{K'}$ est comprise entre $0,002$ et $0,000166$.

Il résulte de ces nombres que les valeurs extrêmes de Q, dans les conditions ordinaires de la transmission de la vapeur à l'eau, à travers une paroi en cuivre, sont comprises entre

$$\frac{1}{Q} = 0,0001 + 0,00000275 + 0,002 = 0,00210275,$$

soit $\qquad\qquad Q = 476,$

ce qui correspond à $\dfrac{476}{537} = 0^k,886$ de vapeur condensée à 100°

et $\qquad \dfrac{1}{Q} = 0,00002 + 0,00000275 + 0,000166 = 0,0001887,$

soit $\qquad\qquad Q = 5304,$

c'èst-à-dire $\dfrac{5304}{537} = 9^k,87,$ ou 10^k environ de vapeur condensée.

En nombres ronds, on peut admettre que le coefficient de transmission de la vapeur à l'eau varie de 500 à 5000 suivant la rapidité de la circulation de l'eau et de la vapeur.

Si on suppose de la vapeur à 150° et de l'eau à 100°, la quantité de chaleur transmise par mètre carré sera comprise, d'après les nombres ci-dessus, entre

$$M = 500 \times 50° = 25\,000 \text{ calories par mètre carré,}$$

et

$$M = 5000 \times 50° = 250\,000 \text{ calories par mètre carré.}$$

La transmission peut varier du simple au décuple, suivant la rapidité de la circulation de l'eau, pour la même différence de température.

Ces nombres sont, comme nous allons le voir, confirmés par l'expérience.

Quand on commence à chauffer de l'eau à 0°, avec de la vapeur à 150°, on a pour la chaleur transmise, par mètre carré, en prenant $Q = 500$,

$$M = 500 \times 150 = 75\,000 \text{ calories},$$

chiffre qui peut s'élever à 500000 et même au delà, si par un moyen quelconque on active le mouvement de l'eau.

A mesure que le chauffage se poursuit et que la température de l'eau s'élève, la différence de température diminue, ce qui tend à réduire la transmission, mais comme le mouvement de l'eau devient plus rapide, ce qui tend à l'augmenter, il s'établit une espèce de compensation, et la transmission varie assez peu. Arrivé à l'ébullition, les mouvements sont ordinairement tumultueux et la transmission est notablement accrue.

124. Résultats d'expériences. — Au moyen de l'appareil décrit (84), on a fait passer de la vapeur à 100° dans le manchon et de l'eau dans le tube à des vitesses différentes. Pour le tube en cuivre de 0,001 d'épaisseur, de 0,01 de diamètre intérieur et de 0,314 de longueur, les résultats trouvés sont les suivants :

COEFFICIENTS DE TRANSMISSION DE LA VAPEUR A L'EAU.

Tube en cuivre de $0^m,01$ de diamètre et de $0^m,314$ de long.

Vitesse de l'eau.	Coefficient Q.	Vitesse de l'eau.	Coefficient Q.
$0^m,10$	1 400	$0^m,70$	3 180
0,20	2 230	0,80	3 330
0,30	2 550	0,90	3 480
0,40	2 710	1,00	3 640
0,50	2 860	1,10	3 800
0,60	3 020		

L'accroissement de la transmission avec la vitesse de l'eau est très sensible, et il est probable que, si on avait pu pousser les expériences jusqu'aux vitesses de $1^m,50$ et 2 mètres, on aurait obtenu des coefficients de 4 000 à 5000 calories et peut-être davantage.

D'après Clément et Desormes, 1 mètre carré de cuivre mince, exposé d'un côté à la vapeur à 100° et en contact par l'autre face avec de l'eau à une température moyenne de 28°, fait condenser 100 kilogrammes de vapeur par heure; on déduit de là, pour le coefficient Q de transmission :

$$Q = \frac{100 \times 537}{100° - 28°} = 732,$$

soit $1^k,40$ de vapeur condensée par mètre carré, par heure et par degré.

MM. Thomas et Laurens ont trouvé qu'un serpentin de $0^m,034$ de diamètre et de 42 mètres de long, soit $4^{mq},48$ de surface, plein de vapeur à 3 atmosphères, a pu porter, en 4 minutes, à l'ébullition, 400 kilogrammes d'eau prise à 8°.

La température de la vapeur à 3 atmosphères étant 135°, et la température moyenne de l'eau $\frac{100+8}{2} = 54°$, on a pour la chaleur transmise par heure : $400 (100° - 8) \frac{60'}{4} = 552000$, d'où

$$552000 = 4,48 (135° - 54°) Q$$

$$Q = 1521.$$

La chaleur de vaporisation à 135° étant 510°, le poids de vapeur condensée correspondant est $\frac{1521}{510}$ environ 3 kilogrammes.

Dans une autre expérience, rapportée par Péclet, sur le chauffage du jus de betterave, 900 kilogrammes de jus, à 4°, chauffés par de la vapeur à 135°, ont été portés à l'ébullition, en 16 minutes, dans un vase à double fond de $2^{mq},40$ de surface.

La différence moyenne de température était $135° - \frac{4+100}{2} = 83°$; d'où la valeur de

$$Q = \frac{900(100-4)60}{16 \times 2,40 \times 83} = 1\,626,$$

correspondant à $\frac{1\,626}{510} = 3^k,20$ de vapeur condensée. Ces nombres ont été obtenus pour le chauffage d'un liquide qui n'était pas en ébullition. Ils doivent être un peu faibles parce qu'il y avait pendant l'opération un certain refroidissement dont on n'a pas tenu compte.

Les différences qu'on trouve ainsi dans la valeur du coefficient Q, de 732 à 1 626 proviennent, comme nous l'avons dit, des différences dans la rapidité de la circulation de l'eau.

Le coefficient Q est beaucoup plus grand, lorsque le liquide est agité par l'ébullition.

MM. Thomas et Laurens, en chauffant de l'eau à 100° par de la vapeur à 135°, avec le serpentin dont nous avons parlé ci-dessus, ont fait évaporer 250 kilogrammes en 11 minutes. La valeur du coefficient Q est dans ce cas

$$Q = \frac{250 \times 537 \times 60}{4,48 \times 11 \times 35^\circ} = 4\,672,$$

ce qui correspond à une condensation de $8^k,70$.

Dans une autre expérience, avec une différence de température de 21° entre la vapeur et le liquide en ébullition, on a condensé $9^k,33$ de vapeur, soit environ

$$Q = 5\,010.$$

L'eau devait se mouvoir au contact du serpentin avec une vitesse de plus de 1 mètre.

La transmission pour la même différence de température est plus que triplée quand le liquide est en ébullition, ce qui tient toujours à la même cause, c'est-à-dire à la vitesse plus grande dans la circulation du liquide chauffé.

On voit que ces résultats d'expérience s'accordent, d'une manière satisfaisante, avec ceux du calcul.

TRANSMISSION D'UN LIQUIDE A UN LIQUIDE.

125. Le calcul de la transmission se fait au moyen des mêmes formules (**89**)

$$M = SQ(T - \theta), \qquad \frac{1}{Q} = \frac{1}{K} + \frac{e}{C} + \frac{1}{K'}.$$

On trouve, comme nous l'avons vu (**92**), que pour du cuivre mince le terme $\frac{e}{C}$ n'a jamais d'influence sur la transmission, mais que pour de la fonte, il peut en avoir une assez sensible. C'est un calcul à faire dans chaque cas particulier.

Si $\frac{e}{C}$ est négligeable et si le liquide circule avec la même vitesse des deux côtés de la paroi, on peut prendre $K = K'$ et la valeur de Q devient

$$Q = \frac{K}{2}.$$

La radiation dans le chauffage des liquides ne joue aucun rôle et la valeur de K se réduit à celle du coefficient nf de convection, dont les valeurs extrêmes donnent, d'après les nombres du n° **86**.

Pour
$$K = nf = 5oo, \qquad Q = 25o,$$
$$K = nf = 6\,ooo, \qquad Q = 3\,ooo.$$

Il est rare que l'eau soit animée d'une vitesse assez grande pour obtenir ce dernier résultat.

Le plus souvent le coefficient Q est compris entre 25o et 1 ooo, et il arrive même, lorsque le renouvellement de l'eau est gêné, et que la vitesse est très faible, qu'il s'abaisse à 1oo et même au-dessous.

Dans une expérience de M. Lacambre rapportée par Péclet, 12 ooo litres de moût de bière bouillant ont été refroidis à 22°, en 2 heures, par 80 mètres carré de surface, au moyen de 20 ooo litres d'eau froide qui ont été chauffés à 65°.

La température initiale de l'eau n'est pas donnée. S'il n'y avait pas de chaleur perdue, elle serait fournie par la relation

$$20\,000\,(65-x) = 12\,000\,(100-22) = 936\,000$$

d'où
$$x = 14°,2.$$

D'après ces résultats, le chauffage devait être nécessairement méthodique. Appliquons la formule 4 du n° **99**, en prenant les logarithmes ordinaires

$$\frac{PC}{1-r}\,2,30\,\log\,\frac{T_0-t_0}{T_1-t_1}=QS.$$

$$PC = \frac{12\,000}{2}\times 1 = 6\,000, \qquad r = \frac{12\,000}{20\,000} = 0,6,$$

$$T_0 = 100°, \qquad T_1 = 22°, \qquad t_1 = 14°,2, \qquad t_0 = 65°,$$

$$S = 80^{mq},$$

$$\frac{6\,000}{0,4}\cdot 2,30\,\log\,\frac{100-65}{22-14,2} = 80\cdot Q,$$

d'où
$$Q = 280,3.$$

Dans un autre appareil à serpentin construit par M. Pimont, 3 100 litres d'eau à 66° ont échauffé, en 1 heure, 3 300 litres d'eau à 50°, avec 120 mètres carrés de surface de chauffe.

En admettant l'eau froide à 15° et pas de chaleur perdue, l'eau chaude était refroidie à une température x donnée par la relation

$$3\,100\,(66-x) = 3\,300\,(50-15) = 115\,500,$$

soit environ 29°.

La différence de température est sensiblement constante; elle est, à une extrémité, $66-50 = 16°$, et à l'autre $29-15 = 14°$. La moyenne est 15°, ce qui donne $115\,500 = Q\times 120\times 15$, d'où

$$Q = 64.$$

Ce nombre très faible doit provenir de ce que la circulation de l'eau était très gênée au contact du serpentin.

TRANSMISSION ENTRE DEUX FLUIDES EN MOUVEMENT

APPAREILS A AIR CHAUD. — TUYAUX DE CALORIFÈRES.

126. — Dans les appareils à air chaud, dans les calorifères, la transmission s'effectue, entre deux fluides en mouvement, dans les conditions que nous avons étudiées au n° **94** et suiv.

Les gaz de la combustion circulent d'un côté de la paroi en se refroidissant tandis que l'air s'échauffe de l'autre côté. L'air peut se mouvoir soit dans le même sens que les gaz de la combustion, soit en sens inverse, et on retrouve ainsi les deux cas que nous avons successivement examinés n^{os} **95** et **99**. Nous allons appliquer les formules trouvées.

127. Tuyaux de calorifères. Circulation des gaz dans le même sens. — Considérons un calorifère à air chaud, dans le foyer duquel on brûle 1 kilogramme de houille à l'heure. Les gaz de la combustion circulent, du foyer à la cheminée, dans un tuyau qui est entouré complètement par de l'air venant de l'extérieur et qui s'échauffe au contact de la surface, en circulant dans le même sens.

Nous ne pouvons nous occuper pour le moment de la partie de l'appareil exposée au rayonnement, et nous étudierons seulement ce qui se passe pour la partie du tuyau après le foyer. Nous admettrons que les gaz de la combustion y arrivent à 1 000°, tandis que, de l'autre côté de la paroi, l'air extérieur pénètre à 0°.

$$T_0 = 1\,000, \quad \text{et} \quad t_0 = 0.$$

Supposons que la quantité d'air employée, pour la combustion de 1 kilogramme de houille, soit $A = 18$ kilogrammes; on en déduit $P = A + 1 = 19$ kilogrammes, et $PC = 4,50$; la chaleur absorbée depuis 0°, par les gaz à 1 000°, est 4 500, soit $\dfrac{4\,500}{8\,000} = 0,562$ de la puissance calorifique de la houille supposée de 8 000.

Prenons $p = 34$ kilogrammes pour le poids d'air chauffé par heure, on a $pc = 8,05$.

Dans la plupart des calorifères, la circulation du gaz de la combustion se fait dans des tuyaux entourés de toutes parts par l'air chauffé, de sorte que $\alpha = 1$; si on admet 12 p. 100 de perte par les parois extérieures, $\beta = 1,12$ et on trouve :

$$r = \frac{\alpha P C}{\beta p c} = \frac{1 \times 19 \times 0,24}{1,12 \times 34 \times 0,24} = 0,499, \text{ soit } r = 0,50.$$

Prenons pour vitesse des gaz chauds : $v = 4$ d'où (6 n° **84**) $K = 16 \sqrt{4} = 32$ et pour vitesse de l'air : $v' = 1,65$, et par suite $K' = 16 \sqrt{1,65} = 20,5$; ce sont des nombres moyens.

On trouve pour Q, en négligeant $\frac{e}{C}$, pour des appareils métalliques (**92**)

$$\frac{1}{Q} = \frac{1}{K} + \frac{1}{K'} = 0,08005,$$

d'où

$$Q = 12,50$$

et

$$m = \frac{(1+r)Q}{\alpha P C} = 4,17.$$

En donnant à S une suite de valeurs, depuis $S = 0^{mq},10$ jusqu'à l'infini, on calcule, pour chacune d'elles, les valeurs de T, t, M et ρ, au moyen des formules 11, 12, 14 et 16 du n° **96** qui, dans le cas particulier, deviennent

$$T = 333°,33 + 666,66\, e^{-mS}$$

$$t = 333°,33 - 333,33\, e^{-mS}$$

$$M = 4500 \left(1 - e^{-mS} \right)$$

$$\rho = 0,5952 \left(1 - e^{-mS} \right).$$

On forme ainsi le tableau suivant :

Transmission de la chaleur à travers une paroi entre les gaz de la combustion et l'air. — Circulation dans le même sens.

SURFACE de TRANSMISSION par kilo de houille. S	TEMPÉRATURES.		EXCÈS de TEMPÉRATURE. T — t	CHALEUR TRANSMISE			RENDEMENT. ρ
	GAZ de la combustion T	AIR. t		Par LA SURFACE totale. M	Par MÈTRE CARRÉ moyen de surface. $\frac{M}{S}$	Par MÈTRE CARRÉ à l'extrémité de la surface. Q(T—t)	
0,00	1000,00	0,00	1000,00	0,00	12 500,0	12 500,0	0,000
0,10	772,80	113,60	659,20	1 022,40	10 224,0	8 240,0	0,203
0,20	623,06	188,47	434,59	1 696,23	8 481,3	5 432,4	0,337
0,30	524,30	237,85	286,45	2 140,65	7 135,5	3 568,1	0,425
0,40	459,12	270,44	188,68	2 433,96	6 059,9	2 358,5	0,483
0,50	416,31	291,85	124,46	2 626,60	5 253,2	1 555,7	0,521
0,60	388,02	305,99	82,03	2 753,91	4 589,8	1 025,4	0,546
0,70	369,38	315,31	54,07	2 837,79	4 053,9	675,9	0,563
0,80	357,10	321,45	35,65	2 893,05	3 616,3	445,6	0,574
0,90	349,00	325,50	23,50	2 929,50	3 259,0	293,8	0,581
1,00	343,66	328,17	15,49	2 953,53	2 953,5	193,6	0,586
1,20	337,86	331,07	6,79	2 979,63	2 484,0	84,9	0,591
1,40	335,28	332,36	2,92	2 991,23	2 136,6	36,6	0,593
1,60	334,18	332,91	1,27	2 996,19	1 876,6	15,9	0,5944
1,80	333,70	333,15	0,55	2 998,35	1 665,8	6,9	0,5949
2,00	333,49	333,25	0,24	2 999,28	1 499,6	3,0	0,5950
∞	333,33	333,33	0,00	3 000,00	0,0	0,0	0,5952

La première colonne donne les valeurs successives de la surface S de transmission, par kilogramme de houille brûlée, c'est-à-dire par 19 kilogrammes de gaz chauds.

Les colonnes 2 et 3, les valeurs des températures T et t des fluides, à l'extrémité de la surface correspondante.

La colonne 4 donne la différence de température (T — t) des deux fluides au même point.

Les colonnes 5 et 6 indiquent la quantité de chaleur transmise M par la surface totale et celle par mètre carré moyen de surface de transmission, c'est-à-dire le rapport $\frac{M}{S}$.

La colonne 7 indique la chaleur transmise par mètre carré

à l'extrémité de la surface considérée ; c'est le produit

$$Q(T-t)=\frac{dM}{dS}$$

Enfin la dernière colonne donne le rendement; c'est la valeur de ρ calculée au moyen de la formule (16 n° **97**).

128. Représentation graphique. — La figure 46 représente ces résultats d'une manière graphique et fait ressortir les variations de température et de transmission.

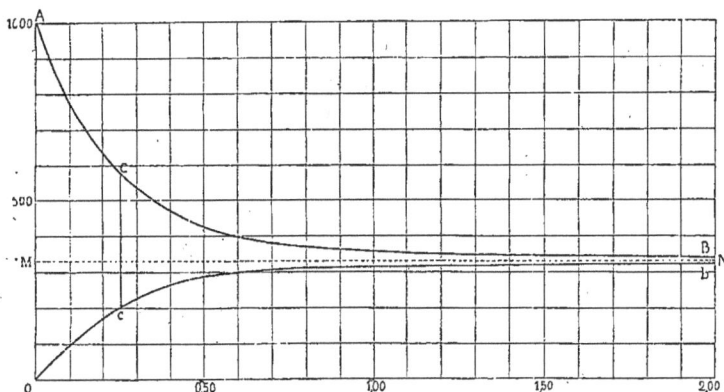

Fig. 46.

La courbe des T est ACB, dont l'ordonnée à l'origine est OA = 1 000; la courbe des t est ocb, dont l'ordonnée à l'origine est o. Pour S = ∞, ces deux valeurs deviennent égales : T = t = 333°,33 ; cette température est représentée par OM et la ligne MN parallèle à l'axe des x, est asymptote à la fois à la courbe des T et des t. La ligne Cc représente la différence de température en un point quelconque; elle est proportionnelle à la quantité de chaleur transmise en ce point.

129. L'examen des nombres du tableau ou des courbes fait ressortir des résultats très importants au point de vue pratique.

A mesure qu'on s'éloigne de l'origine de la surface, la quantité de chaleur transmise par mètre carré va rapidement en décroissant; les chiffres du tableau montrent que la transmission, qui était de 12 500 calories à l'origine, s'est abaissée à 193,6, à l'extrémité d'une surface de 1 mètre.

Comme conséquence, le rendement à partir d'une certaine surface augmente fort peu.

Ainsi pour une surface de 1 mètre, il est de 0,586; pour 2 mètres, il s'élève seulement à 0,5950 et il faudrait une surface infinie pour le porter à 0,5952.

D'où cette conclusion, qu'au delà d'une certaine limite, il n'y a aucun intérêt pratique à augmenter la surface de chauffe. Dans le cas particulier, au delà d'une surface de $0^{mq},70$ à $0^{mq},80$, par kilogramme de houille, on ne peut augmenter le rendement que de 2 à 3 p. 100 et avec de grandes dépenses d'établissement.

Ces indications de la théorie ont été, comme nous le verrons, confirmées par tous les faits pratiques.

130. Tuyau de calorifère. Circulation en sens inverse. — Supposons maintenant que l'air circule en sens inverse des gaz de la combustion, c'est-à-dire que le chauffage soit méthodique.

Prenons les mêmes données que ci-dessus pour les températures d'entrée, les poids des gaz, les coefficients.

$$T_0 = 1\,000, \quad t_1 = 0, \quad P = 19, \quad p = 34, \quad \alpha = 1, \quad \beta = 1,12,$$
$$Q = 12,50, \quad \text{et} \quad r = 0,50.$$

Les formules du n° **100** donnent pour le cas particulier :

$$T_1 = \frac{500}{e^{mS_1} - 0,50}$$

$$t_0 = \frac{500\,(e^{-mS_1} - 1)}{e^{mS_1} - 0,50}$$

$$M = 4\,500\,\frac{e^{-mS_1}}{e^{mS_1} - 0,50}$$

$$\rho = 0\,893\,\frac{e^{mS_1} - 1}{e^{mS_1} - 0,50}.$$

En appliquant ces formules pour des valeurs S_t, depuis $0^{mq},10$ jusqu'à l'infini, on forme le tableau suivant :

Transmission de la chaleur à travers une paroi entre les gaz de la combustion et l'air. — Circulation en sens inverse.

SURFACE de TRANSMISSION par kilo de houille. S	TEMPÉRATURES.		EXCÈS de TEMPÉRATURE. $T_1 - t_1$	CHALEUR TRANSMISE			RENDEMENT. ρ
	GAZ de la combustion T_1	AIR. t_0		Par LA SURFACE totale. M	Par MÈTRE CARRÉ moyen de surface. $\dfrac{M}{S}$	Par MÈTRE CARRÉ à l'extrémité de la surface. $Q\,(T_1 - t_1)$	
0,00	1000,00	0,00	1000,00	0,00	12 500,0	12 500,0	0,000
0,10	771,60	114,20	771,60	1 027,8	10 278,0	9 645,0	0,204
0,20	611,25	194,38	611,25	1 748,4	8 742,1	7 641,0	0,347
0,30	492,90	253,55	492,90	2 282,0	7 606,5	6 161,0	0,453
0,40	403,87	298,06	403,87	2 682,5	6 706,4	5 048,0	0,532
0,50	334,45	332,78	334,45	2 994,9	5 989,9	4 181,0	0,595
0,60	279,17	360,42	279,17	3 243,7	5 406,1	3 489,0	0,643
0,70	234,74	382,63	234,74	3 443,7	4 919,5	2 934,0	0,683
0,80	198,41	400,79	198,41	3 607,1	4 508,8	2 480,0	0,716
0,90	168,52	415,74	168,52	3 741,7	4 157,4	2 106,0	0,742
1,00	143,63	428,18	143,63	3 853,6	3 853,6	1 795,0	0,764
1,20	105,31	447,35	105,31	4 026,1	3 355,0	1 316,0	0,799
1,40	77.90	461,05	77,90	4 149,5	2 963,9	973,7	0,823
1,60	58,00	471,00	58,00	4 239,0	2 649,4	725,0	0,841
1,80	43,39	478,30	43,39	4 304,7	2 391,5	542,4	0,854
2,00	32,57	483,72	32,57	4 353,4	2 167,7	407,1	0,863
∞	0,00	500,00	0,00	4 500,0	0,0	0,0	0,8928

On voit, à l'examen des nombres du tableau, que la quantité de chaleur transmise à l'extrémité de la surface décroît à mesure qu'on s'éloigne de l'origine, mais beaucoup moins rapidement que dans le cas de la circulation dans le même sens. Ainsi, à l'extrémité d'une surface de 1 mètre, la transmission est 1 795 calories par mètre carré, tandis que nous ne trouvions, pour la circulation dans le même sens à la même distance, qu'une transmission de 193,6 calories. Il en résulte qu'on peut, avec la circulation des gaz en sens inverse, augmenter utilement la surface.

C'est ce que montre également la colonne du rendement. Avec
la circulation dans le même sens, après 0,80 de surface, le rendement est de 57 p. 100 environ et quel que soit l'accroissement de
cette surface, on ne peut l'augmenter que de 2 à 3 p. 100. Avec la
circulation en sens inverse, avec une surface de 1^{mq},60 à 1^{mq},70
(environ le double), le rendement peut atteindre 84 p. 100 ; mais
à partir de ce point, comme dans le premier cas, un accroissement, même considérable de surface, ne produit qu'un très faible
accroissement d'effet utile.

En comparant les nombres des deux tableaux, on trouve les
résultats suivants :

SURFACE de transmission.	RENDEMENT.	
	Circulation dans le même sens.	Circulation en sens inverse.
0,30	0,425	0,453
0,50	0,521	0,595
0,80	0,574	0,716
1,00	0,586	0,764
1,20	0,591	0,799
1,60	0,594	0,841
2,00	0,595	0,863
∞	0,5952	0,8928

Ces nombres font ressortir le grand avantage que l'on trouve
à faire circuler, dans les appareils de chauffage, les deux fluides
en sens inverse : l'utilisation de la chaleur est beaucoup plus
grande. Quand les fluides vont dans le même sens, le rende-
ment ne peut dépasser $\dfrac{\alpha}{\beta(1+r)}$, c'est-à-dire $\dfrac{1}{2}$ à $\dfrac{2}{3}$ suivant que r est

égal à 1 ou à $\dfrac{1}{2}$; tandis que, lorsqu'ils circulent en sens inverse,

il peut atteindre $\dfrac{\alpha}{\beta}$, c'est-à-dire se rapprocher de l'unité, si les

précautions sont bien prises contre le refroidissement.

Le chauffage avec circulation en sens inverse est souvent désigné sous le nom de *chauffage méthodique;* il convient de
l'employer toutes les fois que cela est possible.

131. Représentation graphique. — Le tableau (**130**) donne, pour chaque surface totale de transmission S_i, les températures finales T_i et t_0 des fluides chaud et froid, mais il n'indique pas les températures intermédiaires, et il ne permet pas, comme dans le cas précédent (**127**), de tracer directement la courbe indiquant les variations de température depuis l'entrée jusqu'à la sortie.

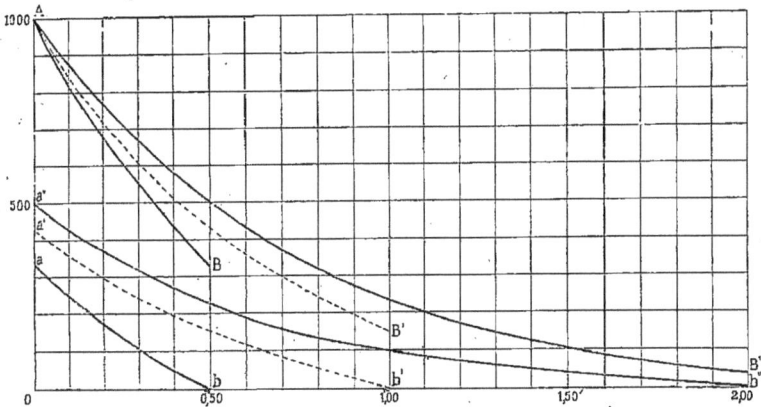

Fig. 47.

A chaque surface totale S_i correspondent deux courbes conjuguées spéciales et distinctes que l'on peut construire au moyen des formules (14 et 15 n° **102**).

C'est ainsi qu'on a tracé (fig. 47), en prenant les mêmes données particulières que ci-dessus, pour les surfaces totales

$$S_i = 0^{mq},5o \text{ les deux courbes conjuguées AB et } ab$$
$$S_i = 1^m,oo \quad — \quad — \quad AB' \text{ et } a'b'$$
$$S_i = 2^m,oo \quad — \quad — \quad AB'' \text{ et } a''b''.$$

Dans chaque cas, la chaleur transmise par une portion de surface de chauffe est représentée par l'aire comprise entre les deux courbes et les deux ordonnées correspondant aux deux extrémités de cette surface.

TRANSMISSION ENTRE UN FLUIDE EN MOUVEMENT ET UNE ENCEINTE

132. Tuyau de poêle placé dans une grande enceinte. — Lorsqu'un tuyau de fumée est placé, comme celui d'un poêle, dans une enceinte de grande étendue, la température de l'air est sensiblement constante sur tout le développement extérieur du tuyau et il faut appliquer les formules du n° **105**.

En prenant comme ci-dessus $P = 19$, $T = 1000$, $Q = 12,50$ et pour le cas particulier $t_0 = t_1 = t = 15°$, les formules à appliquer sont :

$$T = 15° + 985\ e^{-mS}$$

$$t = 15°$$

$$M = 4\,452,2\left(1 - e^{-mS}\right)$$

$$\rho = 0,893\left(1 - e^{-mS}\right),$$

et en donnant à S une suite de valeurs, on forme le tableau de la page suivante.

Dans les calorifères ordinaires employés au chauffage des lieux habités et placés dans les caves ou sous-sols, la température de l'air chauffé ne dépasse généralement pas 100°, et il convient même, comme nous le verrons, de rester bien au-dessous. On peut alors, approximativement et sans grande erreur, supposer, pour les calculs, cette température constante et égale à la moyenne des températures extrêmes. Les formules précédentes sont applicables en faisant $t = 45°$ environ.

Si nous nous reportons aux nombres inscrits dans le tableau ci-contre, nous voyons que, pour refroidir les gaz de la combustion de 1000° à 150° environ, température qu'il est nécessaire de conserver dans la cheminée pour un bon tirage, il faut une surface de chauffe de $0^{mq},70$ à $0^{mq},80$ environ, par kilogramme de houille, la température constante de l'air étant de 15°; pour de l'air à 45°, elle devrait être un peu plus grande.

Transmission de la chaleur, par un tuyau de poêle, des gaz de la combustion à l'air d'une enceinte habitée.

SURFACE de TRANSMIS-SION par kilo de houille. S	TEMPÉRATURE à l'extrémité de la surface S		EXCÈS de TEMPÉRA-TURE. $T-t$	CHALEUR TRANSMISE			RENDE-MENT. p
	DES GAZ de la combustion T	de l'enceinte t		Par LA SURFACE totale. M	Par MÈTRE CARRÉ moyen. $\frac{M}{S}$	Par MÈTRE CARRÉ à l'extrémité de la surface. $Q(T-t)$	
0,00	1000,0	15	985,0	0,00	12 500,0	12 500	0,000
0,10	762,2	15	747,2	1 074,86	10 748,6	9 340	0,215
0,20	581,8	15	566,8	1 890,26	9 451,3	7 085	0,378
0,30	445,0	15	430,0	2 331,00	7 770,0	5 375	0,466
0,40	341,2	15	326,2	2 977,78	7 444,4	4 077	0,595
0,50	262,4	15	247,4	3 333,95	6 667,9	3 092	0,667
0,60	202,7	15	187,7	3 608,31	6 013,8	2 346	0,721
0,70	157,4	15	142,4	3 808,55	5 440,8	1 780	0,761
0,80	123,0	15	108,0	3 964,04	4 955,0	1 350	0,793
0,90	96,9	15	81,9	4 082,01	4 535,5	1 024	0,816
1,00	77,1	15	62,1	4 171,50	4 171,5	776	0,834
1,20	50,8	15	35,8	4 290,38	3 575,2	447	0,858
1,40	35,6	15	20,6	4 359,09	3 113,7	257	0,872
1,60	26,8	15	11,8	4 398,86	2 749,3	147	0,879
1,80	21,8	15	6,8	4 421,46	2 456,6	85	0,884
2,00	18,9	15	3,9	4 434,57	2 217,3	49	0,887
∞	15,0	15	0,0	4 452,20	0,0	0	0,893

133. Expériences de Péclet. — Péclet a fait quelques expériences sur la transmission par des tuyaux de fumée.

Tuyau en tôle. — Une cheminée de tôle de 16 mètres de hauteur et de 0,09 de diamètre ayant été montée sur un fourneau, il a déterminé les températures des gaz T_0 et T_1 en bas et en haut, ainsi que la vitesse du courant; les résultats moyens de onze expériences, faites à des instants très rapprochés, dans lesquelles la température T_0, au bas de la cheminée, a varié de 270° à 287° et la température T_1 au sommet de 75° à 79°, ont été les suivants :

$$T_0 = 280°, \qquad T_1 = 77° \qquad t_0 = t_1 = 20°,$$

La vitesse moyenne par 1″ était de 3 mètres; la surface du tuyau

S de $4^{mq},52$. Appliquons les formules : en prenant les logarithmes ordinaires, et admettant $\alpha = 1$, on a

$$P C . 2,30 \log \frac{T_0 - t}{T_1 - t} = QS, \qquad \text{et} \qquad M = PC (T_0 - T_1).$$

d'où $\qquad\qquad Q = 4,32 \qquad\qquad M = 2616,67$

et $\qquad\qquad\qquad\qquad \frac{M}{S} = 578.$

Tuyau en fonte. — Un tuyau en fonte de $16^m,50$ de hauteur, de $0,20$ de diamètre intérieur et de $0,01$ d'épaisseur, placé sur le fourneau, donnait passage au gaz de la combustion avec une vitesse de $4^m,53$.

La surface du tuyau était de $10^{mq},36$, la température des gaz à la base de $175°$, au sommet de $77°$, dans l'enceinte de $20°$.

On trouve :

$$Q = 10,55 \qquad\qquad M = 10724$$

et $\qquad\qquad\qquad\qquad \frac{M}{S} = 1036.$

Tuyau en terre cuite. — Les nombres donnés par Péclet sont : Hauteur de la cheminée, 13 mètres. Diamètre, $0^m,08$. Épaisseur, $0^m,01$. Température au bas de la cheminée, $260°$. Température au sommet, $60°$. Température de l'air extérieur, $20°$. Vitesse d'écoulement de l'air chaud, $2^m,38$ par $1''$. Surface du tuyau $2^{mq},37$.

En faisant les calculs, on trouve

$$Q = 4,64 \qquad\qquad M = 1698,6,$$

d'où $\qquad\qquad\qquad\qquad \frac{M}{S} = 519.$

L'examen de ces résultats fait voir que les coefficients Q de transmission sont, pour des tuyaux :

En tôle.	En fonte.	En terre cuite.
4,32	10,55	4,64

Le coefficient de transmission pour la fonte est beaucoup plus fort que pour la tôle et la terre cuite. Cela tient à ce que la tôle neuve a un coefficient de radiation beaucoup plus faible que la fonte terne et que la conductibilité de la terre cuite est bien moindre que celle du métal.

Le coefficient 10,55 pour la fonte se rapproche de celui $Q = 12,50$ que nous avons trouvé par le calcul. La différence doit provenir de ce que nous avons supposé une vitesse de l'air chauffé plus grande que celle qui avait lieu probablement dans les expériences de Péclet.

En pratique, dans le calcul de la surface des tuyaux de poêle, il est prudent de ne pas dépasser, pour la valeur de Q, les nombres 4 à 4,50 pour la tôle et la terre cuite et 10,50 pour la fonte.

TRANSMISSION DE LA CHALEUR DES GAZ DE LA COMBUSTION A L'EAU D'UNE CHAUDIÈRE A VAPEUR

134. Faisons encore une application de ces formules au cas d'une chaudière à vapeur dans laquelle l'eau est maintenue à une température de 150°, correspondant à peu près à cinq atmosphères et qu'on peut supposer uniforme dans toute la masse à raison de l'agitation qui s'y produit. Ce sont les formules du n° **105** qu'il convient encore d'appliquer.

La chaudière est chauffée par les gaz de la combustion venant d'un foyer et nous considérons seulement la partie de la chaudière à l'abri du rayonnement, à partir du point où les gaz sont à 1000°. Nous étudierons plus loin, dans le chapitre V, la transmission complète, y compris l'action du foyer.

On a

$$T_0 = 1000, \quad \text{et} \quad t = 150.$$

Nous supposons toujours que la combustion de 1 kilogramme de houille se fait avec 18 kilogrammes d'air, de sorte que $P = 19$.

En prenant pour les gaz de la combustion $K = nf = 25$ et pour l'eau, à cause de l'agitation tumultueuse, $K' = n'f' = 4000$, on trouve, comme $\dfrac{e}{C}$ est négligeable, la valeur $Q = 25$ et en portant ces nombres dans les formules, on établit le tableau suivant :

Transmission de la chaleur des gaz de la combustion à l'eau d'une chaudière à vapeur à 150°.

SURFACE de TRANSMISSION par kilo de houille.	TEMPÉRATURE DES FLUIDES à l'extrémité de la surface S.		EXCÈS de TEMPÉRATURE.	CHALEUR TRANSMISE			RENDEMENT.
	CHAUD.	FROID.		Par LA SURFACE totale.	Par MÈTRE CARRÉ moyen de surface.	Par MÈTRE CARRÉ à l'extrémité de la surface.	
S	T	t	T − t	M	$\dfrac{M}{S}$	$Q(T-t)$	ρ
0,00	1000,0	150	850,0	0,0	21 250	21 250	0,000
0,05	793,9	150	643,9	927,5	18 550	16 097	0,206
0,10	637,7	150	487,7	1 630,5	16 305	12 192	0,362
0,15	519,4	150	369,4	2 162,6	13 313	9 235	0,481
0,20	429,8	150	279,8	2 566,0	12 830	6 995	0,570
0,25	361,9	150	211,9	2 871,5	11 486	5 297	0,638
0,30	310,5	150	160,5	3 102,7	10 342	4 012	0,689
0,35	271,6	150	121,6	3 277,8	9 285	3 040	0,728
0,40	242,1	150	92,1	3 410,6	8 526	2 302	0,758
0,45	219,8	150	69,8	3 511,1	7 802	1 745	0,780
0,50	202,8	150	52,8	3 587,3	7 174	1 320	0,797
0,60	180,3	150	30,3	3 688,6	6 147	757	0,820
0,70	167,4	150	17,4	3 746,7	5 352	435	0,833
0,80	160,0	150	10,0	3 780,1	4 725	250	0,840
0,90	155,7	150	5,7	3 799,3	4 221	142	0,844
1,00	153,3	150	3,3	3 810,2	3 810	82	0,847
∞	150,0	150	0,0	3 825,0	3 825	0	0,850

135. Représentation graphique. — La courbe de la figure 48 a été tracée, comme dans les cas précédents, en prenant les surfaces comme abscisses et les températures des gaz chauds, comme ordonnées.

Pour une surface infinie, on doit avoir $T = 150°$. La parallèle à l'axe des abscisses, menée à une distance de 150, à l'échelle adoptée pour les températures, est asymptote à la courbe.

L'aire de la courbe, comprise entre deux ordonnées quelconques et l'asymptote, représente la quantité de chaleur transmise par la surface correspondante.

136. L'examen des nombres du tableau et de la courbe fait reconnaître, comme dans les cas précédents, que la transmission va rapidement en diminuant, à mesure qu'on s'éloigne de l'ori

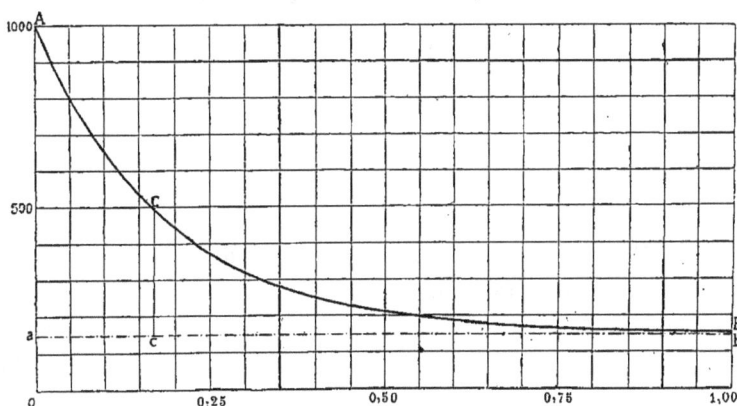

Fig. 48.

gine de la surface. La chaleur transmise par mètre carré, qui était de 21 250 calories à l'origine, s'abaisse à 757 à l'extrémité d'une surface de $0^{mq},60$ et le rendement est de 0,833. Comme le rendement maximum pour une surface infinie est seulement de 0,850, on voit qu'il n'y a qu'un bien faible accroissement de rendement possible.

CHAPITRE III

ECOULEMENT DES GAZ ET DE LA VAPEUR D'EAU

---

137. Dans les appareils de chauffage et de ventilation, il faut mettre des gaz en mouvement, aspirer ou insuffler de l'air pour alimenter les foyers, évacuer les gaz de la combustion dans l'atmosphère, faire circuler l'air pur pour remplacer l'air vicié des lieux habités, conduire la vapeur aux appareils où sa chaleur est utilisée, etc. Pour l'étude raisonnée des appareils, il est nécessaire de connaître les lois générales de l'écoulement des gaz. Nous allons les étudier dans ce chapitre.

Nous considérerons successivement l'écoulement des gaz et de la vapeur d'eau par des orifices et des ajutages, sous de faibles puis sous de forts excès de pressions, et ensuite l'écoulement par des conduites; nous examinerons, en dernier lieu, les appareils, manomètres et anémomètres, destinés à mesurer la pression et la vitesse des gaz.

§ Ier

ÉCOULEMENT DES GAZ PAR UN ORIFICE

138. Préliminaires. — Lorsqu'un liquide, contenu dans un vase, s'écoule par un orifice de petites dimensions pratiqué dans la paroi, on constate que les filets liquides à l'intérieur (fig. 49) convergent de tous côtés vers l'orifice; et que cette convergence se continuant à l'extérieur du vase, la veine liquide se contracte et la section se réduit; ce n'est qu'à une certaine distance de la paroi, dans une section *ab* qu'on appelle *la section contractée*, que les filets liquides sont devenus sensiblement parallèles.

On démontre en mécanique que si l'on maintient le niveau NN constant dans le vase, l'espace M au-dessus de ce niveau se trouvant en communication par un robinet ouvert avec le milieu K où se fait l'écoule-

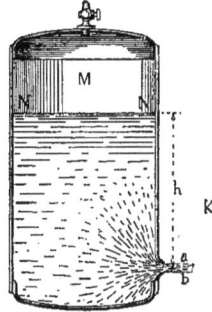

Fig. 49.

ment, la vitesse V, dans la section contractée, est donnée par la formule :

$$V = \sqrt{2gh}$$

dans laquelle V est la vitesse, en mètres par $1''$, des molécules fluides traversant la section contractée *ab*, *h* la distance verticale du centre de gravité de cette section au plan horizontal NN que forme la surface libre du liquide dans le vase, *g* l'intensité de la pesanteur. La vitesse ne dépend que de cette hauteur et nullement de la nature ou de la densité du liquide.

Si le vase est fermé et si la pression en M, sur la surface du liquide, est différente de celle du milieu K où se fait l'écoulement, il faut, pour avoir la hauteur *h* de la formule, ajouter à la distance verticale *a* du niveau NN au-dessus de l'orifice d'écoulement, la hauteur, positive ou négative, d'une colonne du liquide qui s'écoule faisant équilibre à l'excès de pression en M sur le milieu extérieur.

C'est ainsi que si la pression de ce milieu K est d'une atmosphère de $0^m,76$ de mercure, et si celle au-dessus du niveau du liquide est de *n* atmosphères, soit $n-1$ au-dessus du milieu où se fait l'écoulement, l'excès de pression en M, en hauteur du liquide de densité *d* par rapport à l'eau, est $(n-1)\dfrac{10,334}{d}$

et on a pour la valeur de h

$$h = a + (n - 1) \frac{10,334}{d},$$

$10^m,334$ étant, comme on sait, la hauteur d'eau produisant la même pression qu'une colonne de mercure de $0^m,76$.

Cette formule est encore applicable, lorsque n est plus petit que l'unité, c'est-à-dire qu'il y a, au-dessus du niveau, un vide relatif; dans ce cas $n - 1$ est négatif et h est plus petit que a.

D'une manière générale h *est l'excès de pression sur l'orifice, mesuré en hauteur, du fluide qui s'écoule.*

ÉCOULEMENT DES GAZ PAR UN ORIFICE SOUS UN FAIBLE EXCÈS DE PRESSION

139. Vitesse d'écoulement des gaz. — Les mêmes phénomènes s'observent quand un gaz comprimé, dans un récipient M (fig. 50), s'écoule par un orifice de faibles dimensions percé sur la paroi; si l'excès de pression est très faible, la densité et la température changent très peu; le volume reste sensiblement le même pendant l'écoulement qui se fait comme pour un liquide, avec contraction de la veine

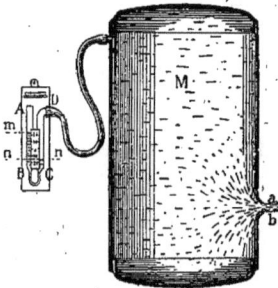

Fig. 50.

fluide, et la vitesse, dans la section contractée ab, est donnée par la même formule,

$$V = \sqrt{2gh} \qquad (1)$$

h *étant la hauteur d'une colonne homogène du gaz qui s'écoule, faisant équilibre à l'excès de pression de l'intérieur sur l'extérieur.*

Cette hauteur h pour les gaz ne peut se mesurer directement; pour l'obtenir, on mesure, au moyen d'un instrument manométrique quelconque, l'excès de pression du gaz sur le milieu K où se fait l'écoulement, et on cherche, par le calcul, la hauteur h d'une colonne du gaz, produisant l'excès de pression indiqué au manomètre.

140. Les faibles excès de pression se mesurent le plus souvent au moyen d'un manomètre, formé d'un tube recourbé en deux branches verticales **AB, CD** (fig. 5o), appliquées contre une plaque portant une échelle divisée; on met dans le tube de l'eau ou du mercure et en faisant communiquer l'une des branches CD avec le réservoir M d'air comprimé et l'autre AB avec le milieu K où se fait l'écoulement, il se produit une dénivellation mn qui mesure l'excès de pression d'un milieu sur l'autre, en hauteur du liquide qui se trouve dans le tube.

Il est évident que la différence de niveau, pour la même pression, est en raison inverse de la densité du liquide employé dans le manomètre. Un manomètre à eau indiquera une dénivellation 13,59 fois plus grande qu'un manomètre à mercure, pour le même excès de pression.

141. Pour calculer, au moyen de cette indication du manomètre, la vitesse d'écoulement du gaz comprimé, il faut, d'après la définition de h, calculer la hauteur d'une colonne de ce gaz qui ferait équilibre à la hauteur du liquide du manomètre.

Supposons que le manomètre renferme de l'eau et que $E = mn$ (fig. 5o), soit la différence de niveau entre les deux branches; comme les hauteurs des fluides, produisant la même pression, sont en raison inverse des densités, si on désigne par d la densité, par rapport à l'eau, du gaz dans le récipient, on a

$$\frac{h}{E} = \frac{1}{d}, \qquad \text{d'où} \qquad h = \frac{E}{d},$$

et en portant dans la formule (1), on trouve pour la vitesse d'écoulement

$$V = \sqrt{2g\frac{E}{d}}. \tag{2}$$

E est la différence de pression, entre les milieux M et K, mesurée en mètres de hauteur d'eau,

d la densité du gaz comprimé par rapport à l'eau.

V est la vitesse en mètres, dans la section contractée *ab*.

Si ω désigne cette section, le volume écoulé est

$$Q = \omega V = \omega \sqrt{2g \frac{E}{d}}.$$

Dans la section Ω de l'orifice percé sur la paroi, il se produit une vitesse moyenne *v*; quand l'excès de pression est faible, relativement à la pression absolue du gaz, la densité est sensiblement la même dans les deux sections et les volumes qui passent peuvent être regardés comme égaux;

$$Q = \omega V = \Omega v, \quad \text{d'où} \quad \frac{\omega}{\Omega} = \frac{v}{V}$$

Entre la section contractée ω et la section de l'orifice Ω, il existe un certain rapport φ qui dépend de la forme de l'orifice et qu'on appelle *coefficient de contraction*; on a $\varphi = \frac{\omega}{\Omega}$; d'où on déduit $\varphi = \frac{v}{V}$ et pour la vitesse moyenne dans l'orifice Ω

$$v = \varphi V = \varphi \sqrt{\frac{2gE}{d}}. \tag{3}$$

Nous verrons plus loin quelles sont les valeurs de φ, suivant la forme de l'orifice.

142. Pour appliquer cette formule, il faut connaître, indépendamment de l'excès de pression E en hauteur d'eau, la densité *d* du gaz dans le récipient. Cette densité dépend de la nature du gaz, de sa température et de sa pression absolue.

Soient δ la densité, par rapport à l'air, du gaz qui s'écoule, prise à 0° et à 0,76 de pression, telle qu'on la trouve ordinairement dans les traités de physique et les aide-mémoire, *t* sa température dans le récipient en degrés centigrades et λ la pression barométrique, en hauteur de mercure, du milieu K où le gaz s'écoule.

La hauteur B, en hauteur d'eau correspondant à λ, est $B = 13,59 λ$ et par suite la pression absolue du gaz, en hauteur d'eau, est $E + B$.

En appliquant les lois de Mariotte et de Gay-Lussac, on trouve pour la densité d du gaz dans le récipient, par rapport à l'eau,

$$d = 0,001293 \, \delta \, \frac{E+B}{10,334} \cdot \frac{1}{1 + \alpha t}; \qquad (4)$$

0,001293 est la densité de l'air par rapport à l'eau; $10^m,334$ la hauteur d'eau correspondant à la pression normale atmosphérique $0^m,76$ de mercure.

En substituant dans la formule (3) et effectuant les calculs, il vient

$$v = 396 \, \varphi \sqrt{\frac{E}{E+B} \frac{1 + \alpha t}{\delta}}. \qquad (5)$$

C'est la formule générale applicable à l'écoulement d'un gaz permanent, sous de faibles excès de pression.

Nous avons, dans le calcul précédent, évalué les pressions en hauteur d'eau; mais comme il n'entre dans la formule que le rapport $\dfrac{E}{E+B}$, on voit qu'on peut prendre une unité quelconque pour leur mesure. Ainsi, on peut remplacer $\dfrac{E}{E+B}$ par $\dfrac{n - n_0}{n}$, n et n_0 étant les pressions absolues, en atmosphères, du gaz comprimé et du milieu où se fait l'écoulement.

En appliquant la formule (5) à l'écoulement de l'air à $0°$, dans l'atmosphère, sous la pression barométrique normale de $0^m,76$ de mercure, c'est-à-dire pour $B = 10^m,334$, on trouve les résultats suivants pour $\varphi = 1$.

Valeurs de E. 1^m $0^m,1$ $0^m,01$ $0^m,001$ $0^m,0001$ $0^m,00001$
Valeurs de V. $117^m,61$ $38^m,763$ $12^m,283$ $3^m,895$ $1^m,232$ $0^m,38952$.

Ces nombres font voir la grande vitesse produite par de très faibles excès de pression.

Ainsi un excès de $0^m,01$ d'eau suffit pour produire une vitesse de plus de 12 mètres; un excès de *un centième de millimètre* d'eau donne une vitesse de près de $0^m,40$.

Cela explique l'extrême mobilité de l'air et son déplacement, avec des vitesses très sensibles, sous l'influence des actions les plus minimes.

143. Dans nombre de cas les excès de pression ne dépassent pas quelques centimètres de hauteur d'eau, et pour de l'air à 15°, on a sensiblement $\frac{2g}{d} = 16\,000$, de sorte que, dans beaucoup d'applications pratiques, on peut prendre simplement, pour calculer la vitesse de l'air atmosphérique à 15° environ, la formule plus simple

$$v = 40\varphi \sqrt{10\,\mathrm{E}}. \qquad (6)$$

E étant toujours l'excès de pression du gaz comprimé sur le milieu où se fait l'écoulement, excès mesuré en mètres de hauteur d'eau. Cette formule est suffisamment approchée, tant que E ne dépasse pas 1 mètre, et que la température est comprise entre $-10°$ et $+40°$.

On a souvent besoin, dans les calculs, de la valeur de la pression E, en hauteur d'eau, correspondant à une vitesse donnée V, ce qu'on appelle la *pression vive* de l'air. Dans les mêmes conditions de température et de pression, on tire de la formule précédente

$$\mathrm{E} = d\frac{\mathrm{V}^2}{2g} = \frac{\mathrm{V}^2}{16\,000}. \qquad (7)$$

V étant la vitesse de l'air.

L'excès de pression, en mètres de hauteur d'eau, s'obtient, pour la température de 15° environ, en divisant par 16 000 le carré de la vitesse de l'air.

144. Volume écoulé. — Le volume Q, en mètres cubes,

écoulé par seconde, par un orifice de section Ω percé sur la paroi du réservoir, est égal au produit de la section par la vitesse dans cette section

$$Q = \Omega v = 396 \, \varphi \Omega \sqrt{\frac{E}{E+B} \cdot \frac{1 + \alpha t}{\delta}}. \tag{8}$$

Le volume est proportionnel à la section et à la racine carrée du rapport $\dfrac{E}{E+B}$.

145. Poids écoulé. — Le poids écoulé par $1''$ s'obtient en multipliant le volume par la densité. On aurait ainsi le poids en tonnes de 1 000 kilogr.; pour l'avoir en kilogr., il faut multiplier par 1 000; on a

$$P^k = 1\,000 \, \Omega v d = 1\,000 \, \varphi \Omega \sqrt{2\,g E d} \tag{9}$$

ou en remplaçant d par sa valeur

$$P^k = 49,5 \, \varphi \Omega \sqrt{\frac{E(E+B)\,\delta}{1+\alpha t}}. \tag{10}$$

Les pressions sont évaluées en mètres de hauteur d'eau.

Le poids écoulé est proportionnel à la section et à la racine carrée du produit $E(E+B)$.

146. Coefficients de contraction. — La valeur du coefficient φ dépend de la forme de l'orifice.

Pour un orifice *en mince paroi* (fig. 51), c'est-à-dire tel que la veine fluide ne rencontre pas les bords extérieurs de la paroi, il résulte de très nombreuses expériences faites par d'Aubuisson, Péclet et autres physiciens que la valeur de φ est

$$\varphi = 0,65.$$

La section ω en ab au point où se manifeste le maximum de contraction,

Fig. 51.

est liée à la section Ω, en AB, de l'orifice percé sur la paroi,

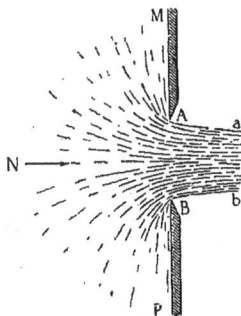

par la relation

$$\omega = 0,65\,\Omega.$$

147. Pour un ajutage cylindrique (fig. 52), la veine fluide se contracte en ab à une certaine distance de l'orifice, mais elle s'épanouit au delà. Si l'ajutage est assez long pour qu'elle vienne rencontrer les parois en $CD = AB$, il se produit, autour de la section contractée ab, un vide relatif qu'on reconnaît facilement en faisant communiquer cet espace avec un manomètre ; l'eau remonte dans le tube d'une certaine hauteur mn. Il résulte de là que la vitesse est plus grande

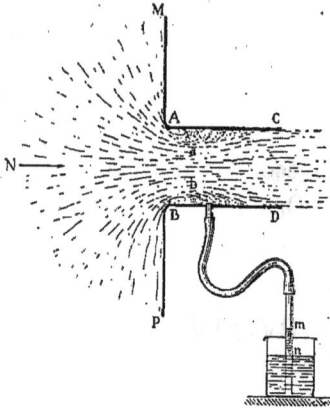

Fig. 52.

que pour un orifice en mince paroi et d'après les expériences de Péclet

$$\varphi = 0,83.$$

C'est-à-dire que la section ω en ab, point du maximum de contraction, est liée à la section Ω de l'ajutage en AB ou CD par la relation

$$\omega = 0,83\,\Omega.$$

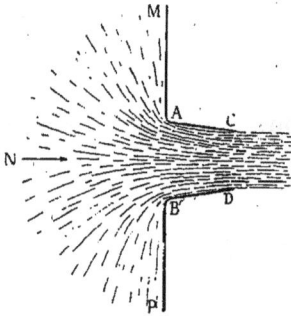

Fig. 53.

148. Pour un ajutage conique convergent (fig. 53), disposé sur une paroi de grandes dimensions par rapport à l'orifice, le coefficient φ dépend de l'angle α au sommet du cône. Péclet donne les chiffres suivants :

Valeurs de α.	0°	10°	30°	40°	50°	100°	180°
Valeurs de φ.	0,83	0,98	1,00	0,95	0,80	0,72	0,65

Le coefficient 0,83 correspondant à un angle $\alpha = 0°$ est celui d'un ajutage cylindrique, tel que AB=CD (fig. 52), et c'est en effet le cas. Le coefficient augmente ensuite jusqu'à l'angle $\alpha = 30°$ qui donne le maximum $\varphi = 1$. Au delà le coefficient se réduit de plus en plus jusqu'à l'angle $\alpha = 180°$, ce qui correspond à l'orifice en mince paroi pour lequel $\varphi = 0,65$.

Lorsque l'angle α est de 30°, la contraction est nulle, c'est-à-dire que c'est l'angle naturel de la veine fluide.

149. Pour un ajutage conique convergent placé à l'extrémité d'un tuyau, le coefficient de contraction varie depuis l'unité jusqu'à 0,65. On trouve dans Péclet les nombres suivants :

Valeurs de α.	0°	10°	20°	30°	60°	100°	180°
Valeurs de φ.	1,00	0,97	0,93	0,89	0,83	0,80	0,65

150. Quand l'écoulement d'un gaz se produit par un ajutage cylindrique AB*ab* continué par un tronc de cône divergent *ab*CD (fig. 54), il se produit, à la base du tronc de cône en *ab*, un vide relatif qui dépend de l'angle de ce cône; et, on le constate au moyen d'un manomètre disposé comme dans la figure 52; il résulte de ce vide un accroissement notable de vitesse et du coefficient φ; voici les nombres donnés par Péclet :

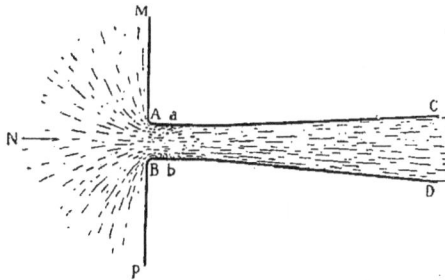

Fig. 54.

Valeurs de α.	0°	5°	7°	10°	30°	60°	et au delà.
Valeurs de φ.	0,83	1,87	2,03	1,24	0,98	0,83	

La valeur de φ atteint un maximum 2,03 pour $\alpha = 7°$, qui est l'angle naturel d'épanouissement de la veine fluide; le volume écoulé est plus que triplé par rapport à un orifice en mince paroi de

même section, pour lequel le coefficient est o,65. On a $\dfrac{2,o3}{o,65} = 3,12$.

151. Enfin avec un ajutage conique convergent ABab (fig. 55) suivi d'un ajutage conique divergent abCD, des effets analogues

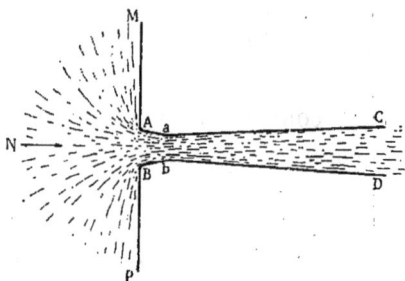

Fig. 55.

se produisent et encore plus marqués. Il y a dans la section contractée ab un vide relatif très prononcé et nous verrons plus loin des appareils très ingénieux et très utiles (l'injecteur Giffard, etc.), basés sur ces phénomènes d'aspiration. Péclet donne les valeurs suivantes de φ, correspondant à divers angles au sommet du cône divergent :

Valeurs de α.	0°	1°	3°	5°	7°	9°	20°	3o°	5o°
Valeurs de φ.	1,00	1,24	1,70	2,25	2,45	1,95	1,3o	1,18	1,05

Le maximum correspond encore à un angle de 7°, et le volume écoulé est près de quatre fois plus grand que pour un orifice en mince paroi de même section. Il est plus grand que dans le cas précédent parce que l'ajutage conique convergent, placé sur la paroi, évite la contraction.

152. Les lois générales de la mécanique des fluides rendent parfaitement compte de l'accroissement de vitesse produit par un ajutage divergent. Elles font voir que, dans la section rétrécie, la pression est réduite et qu'en fait l'écoulement se produit sous un excès de pression plus fort que celui de la différence des deux milieux, ce qui augmente naturellement la vitesse.

Considérons un gaz renfermé dans un récipient MNP sous une pression p; il s'écoule par un ajutage convergent horizontal

ABab (fig. 55), continué par un ajutage divergent abCD, dans un milieu où la pression est p_1.

Soient ω_1 la section en CD et v_1 la vitesse moyenne dans cette section, ω_0, v_0 et p_0, la section, la vitesse et la pression dans la partie rétrécie ab, et enfin ω, v la section et la vitesse de la veine fluide, dans le récipient en MNP, à une assez grande distance de l'orifice où on peut considérer la pression comme égale à p.

Si la forme des ajutages est disposée pour éviter les remous, que l'écoulement se fasse à pleine section à température constante, et enfin si on ne tient pas compte des frottements, le théorème de Bernoulli donne

$$p + d\,\frac{v^2}{2g} = p_0 + d\,\frac{v_0^2}{2g} = p_1 + d\,\frac{v_1^2}{2g}.$$

c'est-à-dire que l'énergie reste constante.

En général à cause de la grande section ω de la veine fluide en MNP dans le récipient, la vitesse est très faible, le terme $\dfrac{dv^2}{2g}$ est négligeable et on a

$$v_1^2 = \frac{2g}{d}\,(p - p_1) \quad (11) \qquad v_0^2 = \frac{2g}{d}\,(p - p_0). \quad (12)$$

Quand les excès de pression sont faibles, les densités varient peu et les volumes écoulés sont sensiblement les mêmes dans les différentes sections

$$v_1\,\omega_1 = v_0\,\omega_0 \quad (13) \qquad \text{d'où} \qquad v_0 = \frac{\omega_1}{\omega_0}\,v_1$$

et par suite

$$v_0 = \frac{\omega_1}{\omega_0}\,\sqrt{\frac{2g}{d}\,(p - p_1)}.$$

S'il n'y avait pas d'ajutage divergent, on aurait simplement

$$V = \sqrt{\frac{2g}{d}\,(p - p_1)}.$$

L'ajutage divergent a pour effet d'augmenter la vitesse dans le rapport de $\frac{\omega_1}{\omega_0}$.

Comme on peut choisir les sections ω_1 et ω_0 de manière à donner au rapport $\frac{\omega_1}{\omega_0}$ une valeur arbitraire, il semble, d'après cette formule, qu'on peut augmenter à volonté la vitesse v_0; en fait, il n'en est pas ainsi, et il est facile de voir qu'elle a une limite qu'on ne peut dépasser.

En combinant les équations (11), (12) et (13), on trouve

$$\frac{v_1^2}{v_0^2} = \frac{\omega_0^2}{\omega_1^2} = \frac{p - p_1}{p - p_0},$$

d'où

$$p_0 = p - \frac{\omega_1^2}{\omega_0^2}(p - p_1),$$

et comme p_0 ne saurait être nul ni négatif, il faut que

$$\frac{\omega_1^2}{\omega_0^2} < \frac{p}{p - p_1}.$$

La valeur maximum de la vitesse v_0 est en conséquence

$$v_0 = \sqrt{2g \frac{p}{d}}$$

c'est-à-dire la vitesse qui aurait lieu, si l'écoulement se faisait dans le vide. On pouvait le prévoir *a priori*.

Ce calcul de limite ne saurait être tout à fait exact, à cause des variations sensibles de densité et de température qui se produisent quand les pressions diffèrent d'une manière notable, mais les considérations précédentes suffisent pour rendre compte de l'accroissement de vitesse produit par l'ajutage divergent.

153. En faisant écouler de l'air par des cônes divergents, Péclet a constaté le fait suivant qui a une grande importance dans la pratique : lorsque l'angle au sommet du cône dé-

passe 10°, la veine d'air n'occupe pas toute la section de sortie (fig. 56). L'air extérieur rentre dans l'intérieur sur les bords
de la circonférence CD, et il se produit le mouvement indiqué
par la figure. On le constate très simplement en présentant de
petits flocons d'édre-
don dans la section de
sortie, contre la paroi
intérieure de tronc de
cône; ils sont aspirés
et restent dans le cône
en tourbillonnant sur
eux-mêmes.

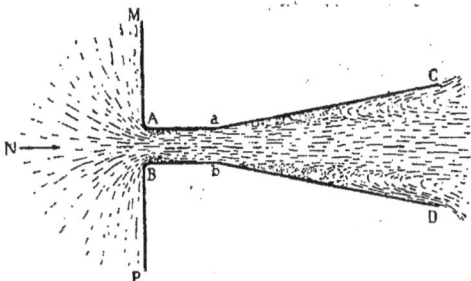

Fig. 56.

Pour éviter les re-
mous, il faut donc
que l'angle au sommet du cône ne dépasse pas 10°, et même 7°
afin que les vitesses dans les divers points de la section ne
soient pas très différentes. Cet angle de 7° paraît être, comme
nous l'avons dit, l'angle naturel d'épanouissement de la veine
fluide.

154. Perte de charge par la contraction. — Le phénomène de la contraction de la veine fluide, par un orifice en
mince paroi ou dans un ajutage, réduit la vitesse dans la section de l'orifice, et produit le même effet qu'une perte de pression,
ou, comme on dit, une *perte de charge*.

Au lieu d'avoir, dans la section Ω de l'orifice en AB sur la
paroi (fig. 51 et 52), la vitesse V correspondant à l'excès de pression E dans le récipient, on a une vitesse v plus petite, qui correspond à une certaine pression e, de sorte que la perte de
charge ε produite par la contraction est

$$\varepsilon = E - e.$$

Comme $E = d\dfrac{V^2}{2g}$, $e = d\dfrac{v^2}{2g}$ et $\varphi = \dfrac{v}{V}$, on trouve en substituant

17

$$\varepsilon = E - e = \left(\frac{1}{\varphi^2} - 1\right) d \frac{v^2}{2g} = Re \qquad (9)$$

en posant $\frac{1}{\varphi^2} - 1 = R$.

Pour avoir la perte de charge ε produite par la contraction, il faut multiplier la charge $e = d \frac{v^2}{2g}$, correspondant à la vitesse dans l'orifice, par un certain terme $\frac{1}{\varphi^2} - 1 = R$, qu'on peut appeler le *coefficient de résistance*.

On tire de ces relations

$$e = \frac{E}{1 + R} \quad \text{et} \quad v = \sqrt{\frac{2g E}{d(1 + R)}}. \qquad (10)$$

C'est l'expression de la vitesse réelle d'écoulement dans l'orifice, en fonction de l'excès de pression E dans le récipient et du coefficient de résistance R.

Pour un orifice en mince paroi

$$\varphi = 0,65 \quad R = \frac{1}{\varphi^2} - 1 = 1,366 \quad \varepsilon = 1,366 \, d \frac{v^2}{2g}$$

et pour $E = 0,01$

$$e = \frac{0,01}{2,366} = 0,00423 \quad \text{et} \quad v = 8^m,166$$

au lieu de 12^m qu'on aurait eu, s'il n'y avait pas de perte de charge

$$\varepsilon = E - e = 0,00577.$$

Plus de la moitié de la charge est perdue par la contraction.

Pour un ajutage cylindrique

$$\varphi = 0,83 \quad R = \frac{1}{\varphi^2} - 1 = 0,451 \quad \varepsilon = 0,451 \, d \frac{v^2}{2g},$$

pour $E = 0,01$

$$e = \frac{0,01}{1,451} = 0,00689 \qquad v = 10^m,49 \qquad \varepsilon = E - e = 0,00311.$$

La perte de charge est un peu moins du tiers de la charge totale $0^m,01$.

155. Travail dépensé pour comprimer un gaz. — Considérons un gaz renfermé, à la pression p_0, dans un cylindre (fig. 57) sous un piston P, de section S ; z_0 étant la distance du piston au fond du cylindre, le volume du gaz est $Q_0 = Sz_0$; en abaissant le piston, on comprime le gaz, et lorsque la distance au fond est réduite à z_1, le volume est devenu $Q_i = Sz_1$ et la pression p_1.

Quel est le travail dépensé pour comprimer le gaz de p_0 à p_1 ? Pour une position quelconque du piston, à une distance z du fond, soit p la pression correspondante ; si le mouvement est assez lent pour qu'il n'y ait pas de variation sensible de température, le gaz se comprime suivant la loi de Mariotte, et

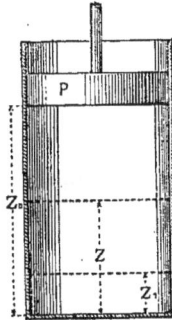

Fig. 57.

$$p_0 z_0 = p z = p_1 z_1.$$

Pour un déplacement $- dz$ infiniment petit, le travail élémentaire de compression est

$$d\varepsilon = - S p \, dz = - S p_0 z_0 \frac{dz}{z}$$

et le travail total de z_0 à z_1.

$$\varepsilon = - S p_0 z_0 \int_{z_0}^{z_1} \frac{dz}{z} = S p_0 z_0 \log \text{nép} \frac{z_0}{z_1} = Q_0 p_0 \log \text{nép} \frac{p_1}{p_0}.$$

C'est l'expression générale du travail de compression, lorsque la température reste constante.

Lorsque la variation de pression $p_1 - p_0$ est très faible, ce qui est le cas dans la plupart des appareils de chauffage et de ventilation, le volume Q peut être regardé comme constant, et cette formule se simplifie.

Posons $\qquad p_1 - p_0 = E$; d'où $\qquad \dfrac{p_1}{p_0} = 1 + \dfrac{E}{p_0}$

on a $\qquad$ log nép $\dfrac{p_1}{p_0} = \dfrac{E}{p_0} - \dfrac{E^2}{p_0^2} + \dfrac{E^3}{p_0^3}$, etc.

Si $\dfrac{E}{p_0}$ est très petit, les termes de la série qui suivent le premier sont négligeables, et on a simplement

$$\text{log nép } \frac{p_1}{p_0} = \frac{E}{p_0}.$$

En substituant dans l'équation du travail, on trouve

$$\mathcal{C} = Q(p_1 - p_0) = QE.$$

$E = p_1 - p_0$ est la variation de pression en hauteur d'eau.

Le travail est donné en grandes unités dynamiques, si on prend Q en mètres cubes et E en mètres.

Il serait donné en kilogrammètres, si E était évalué en millimètres ou Q en litres.

Pour donner à 20 mètres cubes d'air un excès de pression de $0^m,10$ en hauteur d'eau, soit 100 millimètres, le travail à dépenser est $20 \times 100 = 2\,000$ kilogrammètres, et si ce travail doit être effectué en une seconde, il faut $\dfrac{2\,000}{75} = 26^{chev},66$.

Ces résultats doivent être notablement augmentés en pratique pour tenir compte des frottements, des pertes, etc.

Le travail de compression peut se mettre sous une autre forme, qui est quelquefois plus commode.

En désignant par d la densité du gaz par rapport à l'eau, et par P son poids, on a

$$Q = \frac{P}{d}, \qquad \text{et comme} \qquad E = d\frac{V^2}{2g}$$

V étant la vitesse d'écoulement correspondant à l'excès de pression E, on trouve

$$\mathfrak{E} = Q E = P \frac{V^2}{2g}. \qquad (11)$$

Pour faire écouler un poids déterminé de gaz sous des vitesses variables, le travail à dépenser est proportionnel au carré de la vitesse.

Soient ω et ω_1 deux orifices par lesquels on fait passer le même poids de gaz P, à la même densité d qu'on peut supposer constante quand les pressions varient peu, on a

$$P = \omega \, v \, d = \omega_1 \, v_1 \, d$$

v et v_1 étant respectivement les vitesses dans les sections ω et ω_1; le travail nécessaire pour les produire est

$$\mathfrak{E} = P . \frac{v^2}{2g}, \qquad \text{et} \qquad \mathfrak{E}_1 = P \frac{v_1^2}{2g},$$

d'où on déduit la suite des rapports

$$\frac{\mathfrak{E}}{\mathfrak{E}_1} = \frac{v^2}{v_1^2} = \frac{\omega_1^2}{\omega^2} = \frac{D_1^4}{D^4},$$

D et D_1 étant les diamètres des tuyaux de section ω et ω_1.

Les travaux sont en raison inverse des carrés des sections ou de la quatrième puissance des diamètres.

Pour faire écouler un certain poids de gaz dans le même temps par un orifice de diamètre moitié, il faut un travail 16 fois plus grand.

Lorsqu'on fait passer, par un orifice constant Ω, un gaz sous des pressions croissantes, ce qui augmente la vitesse V et par suite le poids écoulé, le travail augmente rapidement ; on a

$$P = \Omega V d$$

et en substituant dans la formule (11), il vient

$$\mathfrak{T} = \Omega\, d\, \frac{v^3}{2g}.\qquad\qquad (12)$$

Si d peut être regardé comme constant, le travail est proportionnel au cube de la vitesse. Pour doubler la vitesse par le même orifice, il faut un travail 8 fois plus grand.

ÉCOULEMENT D'UN GAZ PAR UN ORIFICE SOUS UN EXCÈS DE PRESSION QUELCONQUE

156. Les formules précédentes ont été établies pour le cas de faibles excès de pression. Lorsque cet excès est un peu fort, qu'il dépasse un mètre de hauteur d'eau, il se produit, pendant l'écoulement, un abaissement sensible de température, d'autant plus marqué que la pression est plus forte, ce qui change les conditions de l'écoulement. Nous allons voir cependant que les formules sont applicables avec une légère modification. Voici d'abord les résultats d'expérience.

157. Expériences de MM. Wantzel et Saint-Venant. — MM. Wantzel et Saint-Venant ont fait, en 1839 et 1843, des expériences sur l'écoulement de l'air pénétrant par un orifice en mince paroi dans une cloche en verre, où on avait fait le vide. Ils en ont déduit, pour représenter les résultats obtenus, la formule

$$v = 241\,(1 + \alpha t)^{\frac{1}{2}}\, \frac{\left(\dfrac{h - h'}{h}\right)^{\frac{1}{2}}}{1 + 0,58\left(\dfrac{h - h'}{h}\right)^{\frac{3}{2}}}$$

dans laquelle

v est la vitesse en mètres par seconde,

h et h' les pressions extérieure et intérieure,

t la température en degrés centigrades.

Avec les notations que nous avons adoptées plus haut, cette relation se met sous la forme

$$v = 241\, m \sqrt{\frac{E(1+\alpha t)}{E+B}}, \qquad (13)$$

m étant un coefficient qui dépend de l'excès de pression et dont la valeur est donnée par la formule

$$m = \frac{1}{1 + 0,58 \left(\dfrac{E}{E+B}\right)^{\frac{3}{2}}}. \qquad (14)$$

Pour que cette formule fournisse les mêmes nombres que la formule (5), il suffit que $241\, m = 396\, \varphi$, et comme pour de faibles excès de pression, la valeur de m, d'après la formule (12), est sensiblement égale à l'unité, il en résulte $\varphi = 0,6086$. C'est le coefficient de contraction pour un orifice en mince paroi qui résulterait des expériences de MM. Wantzel et Saint-Venant, pour de faibles excès de pression.

158. Nous avons vu que ce coefficient φ, déduit de très nombreuses expériences, avait, dans ce cas, pour valeur réelle $\varphi = 0,65$ et c'est le nombre qu'on aurait dû trouver au lieu de $0,6086$. La différence n'est pas grande et Péclet fait observer qu'il suffit, pour l'expliquer, d'une légère erreur de 6 centièmes de millimètre sur la mesure du diamètre de l'orifice d'écoulement, et il pense que dans la formule de MM. Wantzel et Saint-Venant le nombre 241 devrait en conséquence être remplacé par 257. Avec cette modification les résultats des expériences, faites par ces ingénieurs, sont exactement représentés par la formule

$$v = m \varphi \sqrt{\frac{2g\,E}{d}} = 396\, m \varphi \sqrt{\frac{E}{E+B}\,\frac{1+\alpha t}{d}} \qquad (15)$$

dans laquelle φ est un coefficient de contraction qui dépend de la forme de l'orifice (0,65 pour un orifice en mince paroi), et m un autre coefficient qui ne dépend que de l'excès de pression et dont les valeurs sont données par la formule (14).

Les formules (8) et (9) qui donnent les volumes et le poids écoulés pour être applicables à un excès de pression quelconque doivent également être affectées du coefficient m et on a

$$Q = m\varphi\Omega\sqrt{\frac{2gE}{d}} = 396\, m\varphi\Omega\sqrt{\frac{E}{E+B}\cdot\frac{1+\alpha t}{\delta}} \quad (16)$$

et

$$P = 1000\, m\varphi\Omega\sqrt{2gEd} = 49,5\, m\varphi\Omega\sqrt{\frac{E(E+B)\delta}{1+\alpha t}}. \quad (17)$$

Q est le volume, en mètres cubes, écoulé par $1''$;

P le poids, en kilogrammes, écoulé par $1''$, par l'orifice Ω sous l'excès de pression E [1].

On exprime ordinairement les fortes pressions en atmosphères; en désignant par n la pression absolue du gaz comprimé en atmosphères et par n_0 celle du milieu où il s'écoule, on a

$$E = 10,334\,(n - n_0), \qquad \text{et} \qquad E + B = 10,334\,n,$$

les deux formules (10) et (11) deviennent alors

$$v = 396\, m\varphi\sqrt{\frac{n - n_0}{n}\cdot\frac{1+\alpha t}{\delta}} \quad (18)$$

et

$$P = 511,48\, m\varphi\Omega\sqrt{\frac{n(n - n_0)\delta}{1+\alpha t}}. \quad (19)$$

Quand le gaz s'écoule dans l'atmosphère, il faut prendre $n_0 = 1$; quand il s'écoule dans le vide, $n_0 = 0$ et le poids écoulé est proportionnel à la pression.

159. Le tableau suivant donne, pour divers excès de pression, les valeurs de m, de v et de P, calculées au moyen des formules 14, 18 et 19, en supposant $t = 0$, $\varphi\Omega = 1$ et en prenant, pour l'air, $\delta = 1$.

[1] Des expériences très précises, faites récemment par M. G. A. Hirn, ont donné des résultats d'accord avec ceux qu'on tire de ces formules, et les valeurs de m, qu'on en déduit, sont presque identiques avec celles inscrites dans le tableau (159).

Écoulement de l'air dans l'atmosphère.

(Formules 14, 18 et 19.)

RAPPORT des PRESSIONS. $\frac{n}{n_0}$	COEFFICIENT de RÉDUCTION. m	VITESSE DE L'AIR comprimé par 1″ en mètres. v	POIDS ÉCOULÉ. par 1″ par mètre carré en kilog. P	RAPPORT des PRESSIONS. $\frac{n}{n_0}$	COEFFICIENT de RÉDUCTION. m	VITESSE DE L'AIR comprimé par 1″ en mètres. v	POIDS ÉCOULÉ PAR 1″ par mètre carré en kilog. P
1,001	1,000	12,52	16,147	3,5	0,741	247,96	1 128,40
1,01	0,999	39,36	51,304	4,0	0,726	249,66	1 287,91
1,1	0,984	117,49	160,37	4,5	0,715	250,49	1 465,42
1,2	0,963	156,60	242,98	5,0	0,706	250,71	1 616,70
1,3	0,939	178,48	300,01	5,5	0,699	250,85	1 778,97
1,4	0,919	195,43	349,67	6,0	0,694	250,98	1 941,31
1,5	0,901	205,88	398,86	6,5	0,689	251,08	2 104,70
1,6	0,883	211,20	439,28	7,0	0,685	251,18	2 268,45
1,7	0,867	220,32	486,86	7,5	0,681	251,25	2 370,52
1,8	0,854	225,23	526,50	8,0	0,678	251,31	2 592,67
1,9	0,841	229,10	565,85	8,5	0,675	251,34	2 755,27
2,0	0,830	232,65	599,56	9,0	0,673	251,36	2 918,13
2,2	0,811	237,02	677,82	9,5	0,671	251,38	3 080,56
2,4	0,796	240,82	751,29	10,0	0,669	251,40	3 243,11
2,5	0,789	241,25	783,90	15,0	0,655	251,45	4 869,81
2,6	0,782	242,78	820,33	20,0	0,646	251,52	6 480,50
2,8	0,770	244,55	888,10	100,0	0.636	251,58	32 367,35
3,0	0,7605	245,58	956,07	∞	0,63291	251,6236	∞

On voit que la valeur de m décroît d'une manière continue
depuis l'unité jusqu'à 0,63291, quand le rapport des pressions passe
de 1 à l'infini. La vitesse, qui augmente d'abord rapidement avec
l'excès de pression, devient à peu près constante à partir de
4 atmosphères et a pour limite $v = 251,62$. Enfin le poids écoulé
augmente toujours et, à partir de 2 atmosphères, il varie presque
proportionnellement à la pression.

160. Expériences de MM. Poncelet et Pecqueur.
— MM. Poncelet et Pecqueur ont fait des expériences sur

l'écoulement de l'air comprimé, sous de fortes pressions; les résultats qu'ils ont obtenus s'accordent avec ceux de la formule (15); ainsi pour un excès de pression de 1 atmosphère, et pour un orifice en mince paroi, ils ont trouvé $m\varphi = 0,54$; comme $\varphi = 65$, on en déduit $m = 0,83$; c'est exactement la valeur donnée par la formule (14) (tableau n° **159**), qui est ainsi vérifiée.

Pour un ajutage cylindrique, M. Poncelet a trouvé par des expériences directes $m\varphi = 0,665$. Le calcul donne $m\varphi = 0,689$. Les nombres sont peu différents, et il suffirait d'une légère déformation dans l'ajutage pour expliquer la différence.

161. Le poids écoulé dans l'atmosphère, en kilogrammes, pour des pressions au-dessus de 3 atmosphères, peut être approximativement calculé par la formule simple

$$P = 320\,\varphi\Omega n. \tag{20}$$

Voici les résultats comparés obtenus au moyen des deux formules (19) et (20) pour $\varphi\Omega = 1$.

n	$P = 1\,000\,m\,\varphi\Omega\sqrt{\dfrac{2g\,\mathrm{E}}{d}}$	$P = 320\varphi\Omega n$
2	599,56	600
3	956,07	960
4	1 287,91	1 280
5	1 616,70	1 600
10	3 243,11	3 200
20	6 480,50	6 400

On voit que les différences, dans ces limites, sont peu importantes et que, à partir de 3 atmosphères, l'erreur ne dépasse guère 1 p. 100.

162. Formule de Navier. — En supposant que, pendant l'écoulement, la température reste constante dans la veine fluide, Navier a établi la formule suivante :

$$V = \sqrt{2g\frac{p_1}{d_1}\log\text{nép}\frac{p_1}{p_2}}; \tag{21}$$

p_1 est la pression du gaz comprimé, p_2 celle du milieu où se fait l'écoulement;

d_1 la densité du gaz, par rapport à l'eau, à la pression p_1 et à la température t;

V la vitesse du gaz dilaté à la pression p_2.

La température étant constante, la densité du gaz dilaté est

$$d_2 = d_1 \frac{p_2}{p_1}, \text{ d'où } \frac{p_1}{d_1} = \frac{p_2}{d_2}.$$

δ étant la densité du gaz par rapport à l'air, on a

$$d_1 = 0,001293 \, \delta \frac{p_1}{10,334} \frac{1}{1+\alpha t}, \text{ et en substituant}$$

$$V = 600 \sqrt{\frac{1+\alpha t}{\delta}} \log \text{ ord } \frac{p_1}{p_2}. \qquad (22)$$

En admettant que cette vitesse du gaz dilaté se produise dans la section contractée $\varphi \Omega$, le poids écoulé, en kilogrammes, est

$$P = 1000 \, \varphi \Omega d_2 = 75,14 \, \varphi \Omega p_2 \sqrt{\frac{\delta}{1+\alpha t}} \log \text{ ord } \frac{p_1}{p_2}. \qquad (23)$$

C'est au moyen de ces formules qu'on a calculé le tableau suivant. On a pris $\varphi \Omega = 1$, $p_2 = 10,334$, $\delta = 1$ et $t = 0$.

Écoulement de l'air dans l'atmosphère.

(Formules 22 et 23.)

RAPPORT des PRESSIONS. $\frac{p_1}{p_2}$	VITESSE de L'AIR DILATÉ par 1″ en mètres. v	POIDS ÉCOULÉ par 1′ par mètre carré en kilog. P	RAPPORT des PRESSIONS. $\frac{p_1}{p_2}$	VITESSE de L'AIR DILATÉ par 1″ en mètres. v	POIDS ÉCOULÉ par 1′ par mètre carré en kilog. P
1,001	12,50	16,18	6,0	529,2	684,25
1,01	39,45	51,04	7,0	551,5	713,09
1,1	122,0	157,94	8,0	570,1	737,14
1,5	251,7	325,81	9,0	586,0	757,70
2,0	329,2	426,01	10,0	600,0	775,86
3,0	414,4	535,82	20,0	684,6	885,19
4,0	465,5	601,89	100,0	848,4	1097,18
5,0	501,6	648,57	∞	∞	∞

Quand on compare ces résultats à ceux des formules (18) et (19), donnés dans le tableau (**159**), on reconnaît qu'il y a accord pour de faibles excès de pression, jusqu'au rapport $\frac{p_1}{p_2} = 1,1$ environ; au delà la différence devient sensible, et d'autant plus que ce rapport est plus grand.

Lorsque le gaz, à pression constante p_2, s'écoule dans un milieu à pression variable p_2, comme lorsque l'air atmosphérique rentre dans un récipient où on a fait le vide (expériences de MM. Wantzel et Saint-Venant), la formule (23) donne un poids écoulé maximum pour le rapport $\frac{p_2}{p_1} = \sqrt{\frac{1}{e}} = 0,607$, et un poids nul pour l'écoulement dans le vide absolu quand $p_2 = 0$. Ces résultats anormaux ne peuvent résulter que des hypothèses inexactes, sur la température constante dans la veine fluide, et sur la détente complète dans la section contractée.

En développant en série log nép $\frac{p_1}{p_2}$ sous la forme log nép $\left(1 + \frac{p_1 - p_2}{p_2}\right)$ et ne conservant que le premier terme de la série pour le cas où l'excès de pression est très faible, on a log nép $\frac{p_1}{p_2} = \frac{p_1 - p_2}{p_2}$, et comme $p_1 - p_2 = E$, on retombe sur l'équation (3) $V = \sqrt{\frac{2gE}{d}}$ pour $\varphi = 1$.

163. Formules déduites de la thermo-dynamique.

— La théorie mécanique de la chaleur conduit à une formule de la vitesse des gaz qu'on obtient en supposant que, pendant l'écoulement, il n'y a de chaleur ni perdue ni gagnée.

On démontre d'abord la relation (Chap. VIII).

$$A \frac{V^2}{2g} = C(T_1 - T_2) + Q \qquad (24)$$

V est la vitesse du gaz détendu, en mètres par $1''$;

$A = \dfrac{1}{424}$, l'équivalent calorifique du kilogrammètre;

Q la quantité de chaleur fournie pendant l'écoulement;

C la chaleur spécifique du gaz à pression constante;

T_1 et T_2 les températures absolues [1] du gaz comprimé dans le récipient et du gaz détendu dans la veine d'écoulement.

D'un autre côté, la formule de Laplace donne

$$\frac{T_2}{T_1} = \left(\frac{p_2}{p_1}\right)^{\frac{k-1}{k}} \qquad (25)$$

p_1 est la pression du gaz comprimé;

p_2 celle du milieu où se fait l'écoulement;

$k = \dfrac{C}{c}$ est le rapport des chaleurs spécifiques, à pression constante et à volume constant.

En portant dans l'équation (24) la valeur T_2 tirée de (25), on trouve pour $Q = 0$

$$A\frac{V^2}{2g} = CT_1\left[1 - \left(\frac{p_2}{p_1}\right)^{\frac{k-1}{k}}\right]$$

d'où

$$V = \sqrt{\frac{2g\,CT_1}{A}\left[1 - \left(\frac{p_2}{p_1}\right)^{\frac{k-1}{k}}\right]}. \qquad (26)$$

C'est la vitesse du gaz dilaté à la pression p_2 du milieu dans lequel se fait l'écoulement.

Le poids écoulé par 1″ par l'orifice, en admettant que la vitesse V a lieu dans la section contractée $\varphi\Omega$, est

$$P = \varphi\Omega V d_2$$

et comme

$$d_2 = \frac{k}{k-1} p_2 \frac{A}{CT_1}\left(\frac{p_1}{p_2}\right)^{\frac{k-1}{k}}$$

il vient en substituant

$$P = \varphi\Omega p_2 \frac{k}{k-1}\left(\frac{p_1}{p_2}\right)^{\frac{k-1}{k}}\sqrt{\frac{2gA}{CT_1}\left[1 - \left(\frac{p_2}{p_1}\right)^{\frac{k-1}{k}}\right]} \qquad (27)$$

[1] La température absolue T est liée à la température correspondante t en degrés centigrades par la relation : $T = 273° + t$. (Voir chapitre VIII.)

La température T_2, dans la section de la veine fluide où la pression est p_2, s'obtient au moyen de l'équation (25). C'est avec ces formules qu'on a calculé le tableau suivant en supposant $\varsigma\Omega = 1$.

Écoulement de l'air dans l'atmosphère.
(Formules de la thermo-dynamique.)

RAPPORT DES PRESSIONS $\dfrac{p_1}{p_2}$	VITESSE de L'AIR DILATÉ par 1″ en mètres. v	POIDS ÉCOULÉ par 1″ en kilog. P	ABAISSEMENT de TEMPÉRATURE. $T_1 - T_2$	RAPPORT des PRESSIONS $\dfrac{p_1}{p_2}$	VITESSE de L'AIR DILATÉ par 1″ en mètres. v	POIDS ÉCOULÉ par 1″ en kilog. P	ABAISSEMENT de TEMPÉRATURE. $T_1 - T_2$
	m	k	o		m	k	o
1,001	12,51	16,18	0,079	6,0	468,17	1019,26	110,86
1,01	39,56	51,30	0,792	7,0	482,24	1091,32	116,01
1,1	121,11	160,94	7,480	8,0	493,98	1157,93	123,94
1,5	244,89	356,46	30,303	9,0	503,32	1233,62	128,96
2,0	313,90	496,51	49,84	10,0	513,07	1296,35	133,22
3,0	384,20	683,76	74,66	20,0	559,82	1724,18	158,53
4,0	423,18	818,84	90,57	100,0	630,51	3114,24	200,54
5,0	448,30	927,38	102,04	∞	734,68	∞	273,00

164. Les résultats du tableau (**159**) concordent avec ceux du tableau (**163**), pour les poids écoulés jusqu'à un rapport de pression $\dfrac{p_1}{p_2} = 1,1$ environ; au delà ils diffèrent de plus en plus.

En ce qui concerne les vitesses, ils ne sont pas directement comparables; le premier tableau (**159**) fournit les vitesses de l'air supposé comprimé, le second (**163**) celles de l'air dilaté.

M. Weissbach, qui a donné la formule (26), a fait des expériences pour la vérifier; les résultats qu'il a obtenus sont peu concordants. En faisant écouler de l'air par des orifices de $0^m,010$ à $0^m,024$ de diamètre et sous des excès de pression $0^m,05$ à $0^m,85$ de mercure, il a trouvé que, pour faire concorder les résultats du calcul et de l'expérience, il fallait affecter les premiers d'un coefficient variable de 0,555 à 0,787, croissant avec la pression. Ces variations sont trop fortes pour qu'il soit possible d'admettre l'exactitude de la formule. Elle n'a du reste été établie qu'en admettant que, dans la section contractée, le gaz est complètement détendu à la pression du milieu dans lequel il s'écoule, ce qui ne doit pas être exact.

Les résultats des expériences de MM. Weissbach, avec les coefficients qu'il a été conduit à employer, s'accordent du reste avec ceux que donne la formule (18) et vérifient son exactitude.

Il se produit dans la veine fluide, pendant l'écoulement, un abaissement de température d'autant plus marqué que l'excès de pression est plus fort. La formule de Laplace (25) permet de le calculer ; les résultats sont inscrits dans le tableau (**163**). Pour 5 atmosphères, on aurait un abaissement de température de 110°,86. Nous ne connaissons pas d'expériences précises sur la mesure de ce refroidissement, mais les résultats obtenus dans diverses machines frigorifiques industrielles donnent lieu de penser qu'il est, en réalité, moins considérable. Il y aurait lieu de faire des expériences pur élucider cette question.

165. On peut remarquer que la formule (4), applicable aux faibles pressions, n'est qu'un cas particulier de la formule (26).

En effet, on a $\dfrac{p_2}{p_1} = 1 - \dfrac{p_1 - p_2}{p_1}$ et en développant, sous cette forme, $\left(\dfrac{p_2}{p_1}\right)^{\frac{k-1}{k}}$ en série, et ne conservant que le premier terme pour le cas où $\dfrac{p_1 - p_2}{p_1}$ est très petit, on trouve

$$1 - \left(\frac{p_2}{p_1}\right)^{\frac{k-1}{k}} = \frac{k-1}{k} \frac{p_1 - p_2}{p_1}.$$

Comme d'un autre côté

$$T_1 = \frac{1}{\alpha} + t \qquad \frac{p_1 - p_2}{p_1} = \frac{E}{E+B}, \qquad \frac{k-1}{k} = \frac{29,272A}{C\delta}.$$

on trouve en substituant

$$v = 396 \sqrt{\frac{E}{E+B} \frac{1+\alpha t}{\delta}}$$

c'est-à-dire la formule (4) avec $\varphi = 1$.

ÉCOULEMENT DE LA VAPEUR D'EAU PAR UN ORIFICE

166. L'écoulement de la vapeur d'eau est accompagné de phénomènes fort complexes. D'abord la vapeur qui sort des chaudières, dans les conditions ordinaires de fonctionnement, n'est jamais sèche ; elle renferme toujours une certaine quantité d'eau en suspension à l'état vésiculaire ; de plus, le refroidissement, qui résulte de la dilatation pendant l'écoulement, produit la condensation d'une autre partie de la vapeur et il s'écoule, en réalité, un mélange d'eau et de vapeur, en proportions très variables suivant les circonstances.

Malgré cette complication, l'expérience indique que les formules (18) et (19) sont applicables, au moins approximativement, à l'écoulement de la vapeur. Elles deviennent en remplaçant δ par sa valeur 0,622

$$v = 501,73 \, m \varphi \sqrt{\frac{(n - n_0)(1 + \alpha t)}{n}} \qquad (25)$$

et

$$P = 403,3 \, m \varphi \Omega \sqrt{\frac{n(n - n_0)}{1 + \alpha t}}. \qquad (26)$$

m coefficient dont les valeurs sont données aux n^{os} **158** et **159**;

φ coefficient de contraction qui dépend de la forme des ajutages (**146** et suivants);

n pression de la vapeur comprimée en atmosphères;

n_0 pression du milieu où la vapeur s'écoule ;

t température de la vapeur comprimée en degrés centigrades;

Ω section de l'orifice d'écoulement, en mètres carrés;

P poids de vapeur, en kilogrammes, écoulé par 1″;

v vitesse de la vapeur, dans l'orifice, à la pression n.

En appliquant ces formules, on obtient les résultats consignés dans le tableau suivant:

Écoulement de la vapeur d'eau dans l'atmosphère.

Pour $\Omega = 1$ et $\varphi = 1$.

PRESSION de la VAPEUR en atmosphères.	TEMPÉRATURE en DEGRÉS centigrades.	VITESSE par 1″ en mètres.	POIDS DE VAPEUR écoulé par 1″ et par mètre carré. en kilog.	PRESSION de la VAPEUR en atmosphères.	TEMPÉRATURE en DEGRÉS centigrades.	VITESSE par 1″ en mètres.	POIDS DE VAPEUR écoulé par 1″ et par mètre carré. en kilog.
n	t	v	P	n	t	v	P
1,1	102,7	174,35	115,69	4,7	150,0	393,80	959,95
1,2	105,2	231,96	161,04	5,0	152,2	394,03	1 018,78
1,3	107,5	266,28	203,19	5,2	153,7	396,115	1 059,89
1,4	109,7	291,43	230,40	5,5	155,8	396,37	1 117,52
1,5	111,7	309,67	267,19	5,7	157,2	398,97	1 156,60
1,6	113,7	325,85	290,48	6,0	159,2	399,37	1 218,67
1,7	115,5	332,01	319,70	6,5	162,4	399,58	1 353,27
1,8	117,3	241,03	345,21	7,0	165,3	401,63	1 414,53
1,9	119,0	345,24	368,74	7,5	168,1	403,28	1 526,16
2,0	120,6	353,30	393,33	8,0	170,8	404,83	1 601,52
2,2	123,6	361,85	440,88	8,5	173,4	406,25	1 701,47
2,5	127,8	369,54	507,78	9,0	175,8	407,40	1 796,98
2,7	130,4	375,79	554,73	9,5	178,1	408,90	1 891,54
3,0	133,9	379,01	614,57	10,0	180,3	410,16	1 984,77
3,2	136,1	382,96	656,49	11,0	184,5	411,47	2 168,69
3,5	139,2	385,72	718,95	12,0	188,4	413,57	2 341,11
3,7	141,2	388,48	759,25	13,0	192,1	414,02	2 521,97
4,0	144,0	389,18	819,30	14,0	195,5	416,61	2 723,15
4,2	145,8	390,28	861,21	15,0	198,8	417,36	2 911,02
4,5	148,3	391,88	912,26	20,0	213,0	421,84	3 855,90

L'examen des nombres du tableau fait voir que la vitesse de la vapeur augmente d'abord rapidement avec la pression, mais qu'à partir de 5 atmosphères, l'accroissement devient très peu sensible. Le phénomène est le même que pour l'écoulement des gaz permanents.

Le poids écoulé augmente indéfiniment avec la pression.

167. La formule (26) qui donne le poids de vapeur écoulé par 1″ peut, dans le cas de l'écoulement dans l'atmosphère, se mettre sous une forme très simple, très commode pour les calculs, et qui est suffisamment exacte, dans des limites étendues de pression. Cette forme est la suivante :

$$P = 200 \, \varphi \, \Omega \, n. \qquad (27)$$

Le tableau suivant donne les résultats comparés obtenus par les deux formules pour $\varphi = 1$ et $\Omega = 1$.

n	VALEURS DE P	
	Formule 26	Formule 27
2	393,33	400
3	614,57	600
4	819,30	800
5	1 018,78	1 000
6	1 218,67	1 200
7	1 414,53	1 400
8	1 601,52	1 600
9	1 796,98	1 800
10	1 984,77	2 000

Pour les pressions comprises entre 2 et 10 atmosphères, les résultats sont les mêmes, pour les deux formules, à quelques centièmes près.

Ces formules sont vérifiées par l'expérience, comme nous allons le voir.

168. Expériences. — Lorsque les ingénieurs des mines ont préparé, en 1823 et 1843, les règlements relatifs à l'établissement des chaudières à vapeur, ils ont fait des expériences, sur l'écoulement de la vapeur, dans le but de calculer la section qu'il convient de donner aux soupapes de sûreté, pour livrer passage à un poids de vapeur déterminé et ils en ont conclu la formule

$$D = 1,3 \sqrt{\dfrac{S}{n - 0,412}}$$

dans laquelle

D est le diamètre de la soupape en centimètres,

S la surface de chauffe en mètres carrés,

n la pression de la vapeur en atmosphères.

La section de la soupape étant calculée pour livrer passage à un poids de vapeur correspondant à 100 kilogrammes, par mètre carré de surface de chauffe et par heure, ce qui est à peu près le maximum de production, on a pour le poids P, écoulé par 1″, pour la surface de chauffe S

$$P = \frac{100\,S}{3\,600} = \frac{S}{36}.$$

D'un autre côté, D étant exprimé en centimètres, si on désigne par Ω la section d'écoulement en mètres carrés, on a

$$\frac{\pi D^2}{4} = 10\,000\,\Omega, \qquad \text{d'où} \qquad D^2 = \frac{40\,000\,\Omega}{\pi};$$

en substituant et en effectuant les calculs, on trouve

$$P = 209,4\,\Omega\,(n - 0,412). \qquad (28)$$

Cette formule a beaucoup d'analogie, pour $\varphi = 1$, avec celle (27) que nous avons donnée ci-dessus ; elle fournit des résultats un peu plus faibles, mais il suffirait de supposer que la chaudière produit un peu plus de 100 kilogrammes de vapeur par mètre carré pour établir une concordance à peu près complète.

169. M. Résal, dans son traité de mécanique générale, donne, pour représenter les résultats des expériences qu'il a faites, avec M. Minary, sur l'écoulement de la vapeur dans l'atmosphère, la formule suivante.

$$P = \Omega\,\sqrt{\frac{10\,333\,(n-1)\,\pi_0\,g}{k}}. \qquad (29)$$

P est le poids de la vapeur débité par 1″,

Ω la section de l'orifice d'écoulement,

n la pression de la vapeur en atmosphères,

π_0 le poids spécifique de la vapeur dans le réservoir,

g l'intensité de la pesanteur,

k un coefficient qui dépend de la pression n et de la forme de l'orifice.

En remplaçant π_0 par sa valeur

$$\pi_0 = 1,293 \times 0,622 \frac{n}{1+\alpha t} = 0,804 \frac{n}{1+\alpha t},$$

il vient.

$$P = \frac{403,5}{\sqrt{2k}} \Omega \sqrt{\frac{n(n-1)}{1+\alpha t}};$$

c'est exactement la formule (26) dans laquelle $m\varphi$ est remplacé par $\dfrac{1}{\sqrt{2k}}$

Pour un orifice en mince paroi, M. Résal donne la formule

$$k = 2,37 \log n + 0,904,$$

sans indiquer dans quelle limite elle est applicable. On trouve, pour des valeurs de n, de 2 à 5, les nombres suivants pour $\dfrac{1}{\sqrt{2k}}$ et pour $m\varphi$, en prenant $\varphi = 0,65$ et donnant à m les valeurs inscrites dans le tableau du n° **159**.

n	2	3	4	5
Valeur de $\dfrac{1}{\sqrt{2k}}$ . . .	0,558	0,496	0,464	0,442
— $m\varphi$ . . .	0,539	0,494	0,472	0,459

On voit que les valeurs de $\dfrac{1}{\sqrt{2k}}$ et de $m\varphi$ diffèrent assez peu, ce qui est une nouvelle vérification des formules.

170. Nous avons fait, au chemin de fer d'Orléans, avec le concours de M. Forquenot, quelques expériences sur l'écoulement de la vapeur, au moyen d'un appareil disposé de la manière suivante :

La vapeur, produite dans la chaudière d'une locomotive, se

rendait dans un des cylindres, d'où elle s'écoulait par un tuyau de 0^m,040 de diamètre; un orifice circulaire était disposé, en mince paroi, dans une plaque en fer, serrée entre les deux brides d'un joint du tuyau. La vapeur passait à travers cet orifice et se rendait ensuite dans un serpentin, plongé dans une bâche pleine d'eau qu'on renouvelait, par un courant rapide, de manière à condenser toute la vapeur. On recueillait l'eau de condensation dans un vase taré.

La pression et la température de la vapeur étaient données par des manomètres et des thermomètres placés avant et après l'orifice. Les pressions étaient calculées d'après les températures indiquées par les thermomètres. On avait ainsi des mesures plus sûres et plus exactes qu'avec les manomètres métalliques, qui servaient seulement d'indication.

Pour chaque expérience, on ouvrait le régulateur de manière à maintenir dans le cylindre la pression aussi constante que possible, et on ne commençait à recueillir l'eau condensée dans le serpentin, que lorsque l'écoulement était devenu régulier; on notait la durée de l'écoulement, le poids d'eau recueilli pendant ce temps, les pressions et les températures avant et après l'orifice et on avait ainsi tous les éléments nécessaires au calcul.

Deux séries d'expériences ont été faites, l'une avec un orifice de 4^{mm},57 de diamètre, l'autre avec un orifice de 8^{mm},14. Le diamètre était mesuré au moyen de réglettes construites exprès et qui permettaient d'apprécier des centièmes de millimètre.

Pour la même pression, les expériences ont été répétées plusieurs fois. On a porté, dans le tableau suivant, la moyenne des résultats trouvés, moyenne qui est peu différente des résultats extrêmes. C'est ainsi que, pour la pression de 5 atmosphères environ, on a constaté pour les températures

151°,8   152°,0   152°,1   152°,4   152°,5   152°,8,   moy. 152°,26;

les poids de vapeur écoulée en 60″

667^{gr} 688^{gr} 689^{gr},   moyenne 681^{gr}.

La température après l'orifice a très peu varié et s'est maintenue presque constamment entre 96° et 100°. Voici les résultats
obtenus :

**Expériences sur l'écoulement de la vapeur par un orifice en mince
paroi de 4ᵐᵐ,57 de diamètre. — Section 0,00001640З.**

TEMPÉRATURE avant L'ORIFICE.	PRESSION en ATMOSPHÈ-RES.	DURÉE de L'ÉCOULE-MENT.	POIDS DE VAPEUR			RAPPORT.
			ÉCOULÉ		CALCULÉ par la formule (26).	
			Pendant l'expérience.	Par 1″.		
112,25	1,52	60″	171,66	2,861	2,853	0,997
130,22	2,69	60	367,00	6,116	5,787	0,946
145,41	4,16	60	555,67	9,261	8,910	0,962
152,26	5,00	60	681,33	11,355	10,70	0,943
160,60	6,21	30	405,33	13,511	13,19	0,976
168,00	7,47	30	511,30	17,043	15,74	0,924
173,40	8,55	30	568,50	18,950	17,96	0,947
175,90	8,89	30	584,00	19,466	18,69	0,960
178,00	9,47	30	627,50	20,916	18,83	0,900
179,70	9,86	30	666,00	22,200	21,06	0,949

On voit, d'après ces nombres, qu'il y a concordance entre les
résultats de l'expérience et du calcul, à quelques centièmes près.
Des résultats analogues ont été obtenus avec l'orifice de 8ᵐᵐ,14
de diamètre. Avec l'orifice de 4ᵐᵐ,54, les résultats du calcul sont
un peu plus faibles, avec celui de 8ᵐᵐ,14, ils sont au contraire un
peu plus forts que ceux de l'expérience. Pour qu'il y eût concordance à peu près complète, il suffirait d'admettre, sur la mesure
du diamètre de l'orifice, une erreur en moins ou en plus de quelques centièmes de millimètre.

171. Dans d'autres expériences faites au chemin de fer d'Orléans, sur l'écoulement de la vapeur, par M. Lechatelier, pour des
études relatives à l'emploi de la contre-vapeur, on a déterminé
le poids de vapeur écoulé par un tuyau contourné, muni à son

extrémité d'un robinet, dont l'orifice rectangulaire a successivement eu des sections de 1 centimètre carré à 5 centimètres carrés; les excès de pression ont varié de 4 kilogrammes à 8 kilogrammes.

Voici les résultats obtenus pour l'orifice de 5 centimètres carrés.

ORIFICE DE $0^{mq},0005$ DE SECTION.

EXCÈS DE PRESSION en kilogrammes par centimètre carré.	POIDS ÉCOULÉ PAR 1' en kilogrammes		RAPPORT.
	Observé.	Calculé par la formule.	
4	14,1	30,36	0,465
5	16,7	36,54	0,456
6	19,1	42,54	0,450
7	21,6	48,09	0,448
8	24,4	53,91	0,452

Le rapport du poids observé au poids calculé est très sensiblement constant, ce qui confirme l'exactitude de la formule; si on trouve, pour ce rapport, une valeur plus faible que celle du coefficient φ, c'est que la vapeur se rendait, de la chaudière à l'orifice, par un tuyau contourné qui devait présenter de grandes résistances à l'écoulement, et par conséquent réduire considérablement la vitesse.

Les expériences faites sur les autres orifices ont donné des résultats analogues.

En résumé, les formules (25) et (26) sont vérifiées par toutes les expériences. Elles peuvent donc, ainsi que la formule approximative (27), être appliquées à l'écoulement de la vapeur d'eau, au moins jusqu'à des excès de pression de 10 atmosphères.

172. Formules déduites de la thermo-dynamique. — La théorie mécanique de la chaleur a conduit M. Zeuner, pour l'écoulement de la vapeur d'eau humide, à une formule qui diffère complètement de celle qu'on obtient pour l'écoulement des gaz permanents.

On démontre d'abord la relation (Voir pour les démonstrations le chapitre VIII)

$$A \frac{V^2}{2g} = c(T_1 - T_2) + m_1 r_1 - m_2 r_2 \qquad (30)$$

dans laquelle :

V est la vitesse du mélange de vapeur et d'eau liquide qui s'écoule,

$A = \frac{1}{424}$ l'équivalent calorifique du kilogrammètre,

c la chaleur spécifique de l'eau, qui varie quelque peu avec la température (1 à 0° et 1,013 à 100°),

T_1 et T_2 sont les températures absolues dans le récipient de vapeur comprimée et dans la veine fluide qui s'écoule. Comme pour les vapeurs saturées, les températures sont liées directement aux pressions, la température T_2 se déduit immédiatement de la pression du milieu où la vapeur s'écoule,

r_1 et r_2 sont les chaleurs de vaporisation aux températures T_1 et T_2 ; on les trouve dans les tables,

m_1 est la proportion de vapeur dans le mélange qui remplit le récipient, c'est-à-dire que pour un poids P de ce mélange, il y a un poids m_1P de vapeur et un poids $(1 - m_1)$P d'eau à l'état liquide,

m_2 est la proportion de vapeur dans la veine fluide ; m_2 est en général plus grand que m_1, parce qu'il y a condensation pendant la détente.

Pour pouvoir tirer la vitesse de cette formule, il faut, comme m_2 est inconnu, avoir une seconde relation. M. Clausius a démontré, pour un cycle reversible, la relation

$$\frac{m_2 r_2}{T_2} - \frac{m_1 r_1}{T_1} = c \log \text{nép} \frac{T_1}{T_2}, \qquad (31)$$

qui permet de calculer m_2 lorsqu'on connaît m_1. En éliminant $m_2 r_2$ entre les deux équations, il vient

$$A \frac{V^2}{2g} = \left(\frac{m_1 r_1}{T_1} + c \right)(T_1 - T_2) - c T_2 \log \text{nép} \frac{T_1}{T_2} \qquad (32)$$

d'où on peut déduire directement la vitesse.

Le poids du mélange d'eau et de vapeur qui s'écoule est, en kilogrammes,

$$P = \varphi \Omega V d_2,$$

d_2 étant le poids du mètre cube du mélange en kilogrammes. Si v_2 est le volume de 1 kilogramme de vapeur saturée à la température T_2, volume qu'on trouve dans les tables, on a, très approximativement, en négligeant le volume du liquide à côté de celui de la vapeur

$$d_2 = \frac{1}{m_2 v_2}.$$

173. Application. — Cherchons la vitesse de la vapeur saturée à 2 atmosphères s'écoulant à l'air libre.

On a $p_1 = 2 \times 10,334,$ $p_2 = 10,334,$ $\dfrac{p_1}{p_2} = 2.$

On prend dans les tables

$t_1 = 120,60,$ d'où $T_1 = 393,60$ $t_2 = 100$ d'où $T_2 = 373$

$r_1 = 521,12$ $r_2 = 536,5.$

Si on suppose la vapeur sèche dans le réservoir, $m_1 = 1$, et en appliquant les formules (31) et (32), on trouve

$$V = 481,71 \qquad m_2 = 0,9597,$$

on prend, dans les tables, le volume de 1 kilog. de vapeur à 100°

$$v_2 = 1^{mc},6504, \qquad \text{d'où} \qquad d_2 = 0^k,631$$

et pour $\varphi = 1$

$$P = 304,12\,\Omega.$$

Poids de vapeur dans le mélange $0,9597\,P = 291^k,86\,\Omega.$
Poids d'eau   — $0,0403\,P = 12^k,26\,\Omega$

C'est ainsi qu'ont été calculés les nombres du tableau suivant, que nous empruntons à M. Zeuner, $m_1 = 1$, $\varphi = 1$, $\Omega = 1$:

Écoulement de la vapeur d'eau dans l'atmosphère. — Formules déduites de la théorie mécanique de la chaleur.

PRESSION dans LA CHAUDIÈRE en atmosphères.	VITESSE D'ÉCOULEMENT en mètres.	PROPORTION EN POIDS de vapeur dans l'orifice.	POIDS ÉCOULÉ EN KILOGRAMMES.		
			VAPEUR.	EAU.	MÉLANGE TOTAL.
n	V	m_2	$m_2 P$	$(1 - m_2)P$	P
2	481,71	0,9597	291,86	12,26	304,12
3	606,57	0,9369	367,52	24,75	392,27
4	681,48	0,9210	412,90	35,42	448,32
5	734,32	0,9091	444,90	44,48	489,38
6	774,89	0,8993	469,48	52,57	522,05
7	807,57	0,8913	489,28	59,67	548,95
8	834,90	0,8444	505,84	66,12	571,96
9	858,33	0,8784	520,04	71,99	592,03
10	878,74	0,8730	532,40	77,45	609,85
11	896,80	0,8683	543,44	82,42	625,86
12	913,00	0,8640	553,14	87,07	640,21
13	927,69	0,8601	562,06	91,42	653,48
14	941,06	0,8565	570,15	95,52	665,67

174. Comparons ces résultats avec ceux du tableau (**166**).

Il n'y a pas lieu de comparer les vitesses, parce que les unes s'appliquent à la vapeur comprimée et les autres à la vapeur dilatée ; mais les poids écoulés ont été calculés, dans les deux tableaux, en supposant le coefficient de contraction φ égal à l'unité et se rapportent aux mêmes conditions ; ils devraient donc être identiques si les deux formules étaient exactes : il est loin d'en être ainsi.

Les nombres déduits de la formule (26) sont plus grands que ceux de la formule (32). Pour un excès de pression de 1 atmosphère, la première donne $P = 393^k,33$, la seconde 304,12. Cette différence s'accentue à mesure que la pression augmente. Pour un excès de 10 atmosphères, la première donne $P = 2168,69$ la deuxième $P = 625,86$; il y a donc divergence complète.

Comme la première formule (26) donne des résultats d'accord

avec toutes les expériences des ingénieurs des mines, de M. Résal,
du chemin de fer d'Orléans, etc., il faut nécessairement rejeter la
seconde.

Ce désaccord nous paraît résulter de ce qu'elle a été obtenue en
s'appuyant sur la relation de Clausius (31), qui ne paraît pas applicable à l'écoulement de la vapeur, parce qu'elle suppose que
l'évolution se fait suivant un cycle reversible, ce qui n'est pas le cas.

La formule (32) conduit du reste, dans certains cas, à des
résultats anormaux. C'est ainsi qu'en l'appliquant à l'écoulement
de la vapeur, à 14 atmosphères, dans un milieu où la pression est
7 atmosphères, c'est-à-dire avec une différence de pression de
7 atmosphères, on trouve un poids écoulé de 1981^k,70 par 1″ et
par mètre carré de section; si on fait écouler la vapeur, à la
même pression de 14 atmosphères, directement dans l'atmosphère, c'est-à-dire avec un excès de pression de 13 atmosphères,
on trouve un poids écoulé de 666^k,1 par 1″, c'est-à-dire trois
fois moindre que dans le premier cas. On arrive donc à ce
résultat que le poids écoulé est réduit au tiers quand l'excès de
pression devient double, ce qui est peu vraisemblable.

La formule (26) donne au contraire dans le premier cas
2524^k,86 et dans le second 2723^k. Il y a toujours augmentation
avec l'excès de pression.

175. Résumé. — En résumé, les formules relatives à l'écoulement d'un gaz par un orifice, pour les fortes comme pour les
faibles pressions, pour la vapeur d'eau comme pour les gaz permanents, sont les suivantes :
Pour la vitesse

$$v = 396\, m\varphi \sqrt{\frac{E}{E+B}\frac{1+\alpha t}{\delta}}.$$

Dans cette formule, v est la vitesse en mètres par 1″ du fluide
comprimé,

E l'excès de pression du fluide comprimé, en mètres de hauteur d'eau,

B la pression, du milieu où se fait l'écoulement, en mètres de hauteur d'eau.

Si les pressions sont évaluées en atmosphères, on remplace $\dfrac{E}{E+B}$ par $\dfrac{n-n_0}{n}$:

n est la pression du gaz comprimé ou de la vapeur, en atmosphères,

n_0 la pression du milieu où se fait l'écoulement, en atmosphères,

φ le coefficient de contraction afférent à la forme de l'orifice; les valeurs sont données numéros **146** et suivants;

m, un coefficient de réduction qui dépend des pressions et dont les valeurs se trouvent numéro **159**,

t température du gaz comprimé ou de la vapeur en degrés centigrades,

δ densité du gaz ou de la vapeur, à $0°$ et à la pression $0,76$, par rapport à l'air, telle qu'elle est donnée dans les tables.

Le volume écoulé par $1''$ est

$$Q = \Omega v,$$

Ω étant la section de l'orifice d'écoulement,
v la vitesse donnée par la formule précédente.

Le poids écoulé par $1''$ est en kilogrammes

$$P = 49,5\, m \varphi \Omega \sqrt{\frac{E(E+B)\delta}{1+\alpha t}},$$

ou, quand les pressions sont évaluées en atmosphères

$$P = 511,48\, m \varphi \Omega \sqrt{\frac{n(n-n_0)\delta}{1+\alpha t}}.$$

Les lettres ont les mêmes significations que ci-dessus.

Pour l'air s'écoulant dans l'atmosphère entre 3 et 20 atmosphères, on peut employer la formule simple approximative

$$P = 320\,\varphi\Omega\,n.$$

176. Pour la vapeur d'eau les relations prennent la forme

$$v = 501{,}73\,m\,\varphi\sqrt{\frac{(n-n_0)}{n}(1+\alpha t)}$$

et

$$P = 403{,}3\,m\varphi\Omega\sqrt{\frac{n(n-n_0)}{1+\alpha t}}.$$

Entre 2 et 10 atmosphères, cette dernière peut être remplacée, à quelques centièmes près, par la formule simple

$$P = 200\,\varphi\Omega n,$$

dans le cas de l'écoulement dans l'atmosphère.

§ II

ÉCOULEMENT DES GAZ ET DE LA VAPEUR D'EAU PAR DES TUYAUX DE CONDUITE

177. Préliminaires. — Lorsqu'un fluide s'écoule par un tuyau de conduite, il éprouve par les frottements, par les changements de direction et de section, etc., des résistances qui ont pour effet de produire une certaine perte de pression, et par conséquent de réduire la vitesse d'écoulement. La perte de pression ou *perte de charge* peut servir de mesure à la résistance.

Les diverses résistances qui se manifestent dans l'écoulement d'un gaz par un tuyau de conduite sont : le frottement contre les parois, les remous aux changements de direction et de section et quelques autres. Nous allons indiquer les pertes de charge qui en résultent et en déduire les moyens de calculer les dimensions d'une conduite, capable de débiter, dans des circonstances données, un volume de gaz déterminé.

FROTTEMENT

178. Perte de charge par le frottement. — Lorsqu'un fluide s'écoule dans un tuyau de conduite, les molécules, en contact avec les parois, éprouvent, par le frottement, une certaine résistance qui diminue leur vitesse. Cette action retardatrice se communique aux couches voisines et, de proche en proche, jusqu'à la veine centrale ; mais comme son effet décroît naturellement de la circonférence au centre, la vitesse est variable dans la section ; elle est maximum dans l'axe du tuyau et minimum sur les bords.

On appelle *vitesse moyenne* dans une section, la vitesse qui, multipliée par la section, donne le volume écoulé, de telle sorte que

$$Q = \omega \varrho \qquad (1)$$

Q, volume écoulé par 1″ en mètres cubes,

ω section en mètres carrés,

ϱ vitesse moyenne en mètres dans la section ω.

Le frottement, en diminuant la vitesse, produit une perte de charge, et lorsqu'on observe, pendant l'écoulement d'un gaz d'un

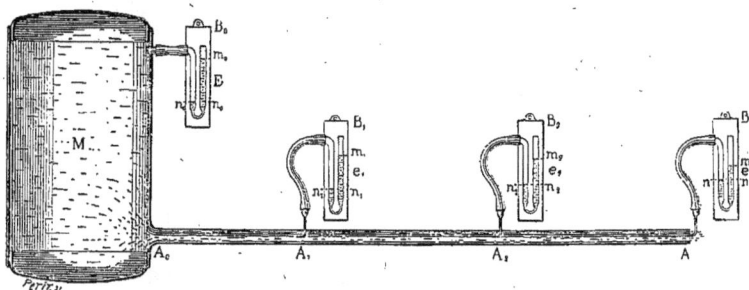

Fig. 58.

récipient M (fig. 58) par un tuyau horizontal A_0 A_1 A_2, A, rectiligne et de section régulière, les pressions en différents points au moyen de manomètres, B_0, B_1, B_2, B, on reconnaît que la pression va en diminuant à mesure qu'on s'éloigne du récipient.

Si on désigne par $E = m_0 n_0$, $e_1 = m_1 n_1$, $e_2 = m_2 n_2$, $e = mn$ les pressions mesurées par les manomètres placés sur le récipient en A_0, en différents points A_1, A_2 du tuyau de plus en plus éloignés, et à l'extrémité de la conduite en A, on aura

$$E > e_1 > e_2 > e_3 \ldots > e.$$

Si le tube manométrique, à l'extrémité du tuyau, est disposé de manière que la veine fluide de vitesse moyenne v tende à y pénétrer dans la direction de son axe, la hauteur d'eau e indiquée sera la charge correspondant à la vitesse moyenne v (voir n° **235**).

$$e = d\,\frac{v^2}{2g}. \qquad (2)$$

Entre deux sections quelconques, correspondant aux points A_1 et A_2, il y a une perte de charge $e_1 - e_2$, produite par le frottement contre les parois, et pour toute la conduite, de A_0 en A, la perte de charge est $E - e$.

179. — Il résulte de nombreuses expériences faites par Girard, d'Aubuisson, Péclet, que cette perte peut être exprimée par la formule

$$e_1 - e_2 = \frac{k\,l\,\chi}{\omega}\,d\,\frac{v^2}{2g} \qquad (3)$$

dans laquelle

$e_1 - e_2$ est la perte de charge, en hauteur d'eau, produite par le frottement, entre les deux sections en A_1 et A_2,

d la densité, par rapport à l'eau, du gaz qui s'écoule,

l la longueur du tuyau entre les points A_1 et A_2,

χ le périmètre du tuyau,

ω la section constante du tuyau,

k le coefficient de frottement qui dépend de la nature du tuyau,

v la vitesse moyenne constante dans le tuyau.

Le terme $\dfrac{k\,l\,\chi}{\omega}$ est le coefficient de résistance.

Les expériences ont été faites sur des tuyaux en fer et en fer-blanc, et la valeur de k, qui s'accorde le mieux avec les résultats, est

$$k = 0,006.$$

La nature plus ou moins rugueuse de la surface intérieure du tuyau, les modes d'assemblage, le diamètre du tuyau, etc., exercent une grande influence sur ce coefficient de frottement. Nous reviendrons sur ce sujet en parlant des expériences de M. Arson.

Pour la longueur totale $A_0A = L$ du tuyau, les pressions extrêmes sont E et e et la perte de charge est en conséquence $E - e = \varepsilon$. Si on a soin de placer, à l'entrée du tuyau en A_0 sur le récipient, un ajutage conique pour éviter la contraction, la perte de charge ε est uniquement produite par le frottement, et on a

$$\varepsilon = E - e = \frac{kL\chi}{\omega} \, d \, \frac{\wp^2}{2g}. \qquad (4)$$

En désignant par R le coefficient de résistance totale,

$$R = \frac{kL\chi}{\omega}, \qquad (5)$$

et comme $e = d\dfrac{\wp^2}{2g}$, il vient

$$E - e = Re, \qquad \text{d'où} \qquad e = \frac{E}{1 + R} \qquad (6)$$

et

$$\wp = \sqrt{\frac{2g\,E}{d(1 + R)}}. \qquad (7)$$

C'est l'équation du n° **154**; R est toujours le coefficient de résistance, mais pour un ajutage : $R = \dfrac{1}{\wp^2} - 1$ et pour le frottement :

$$R = \frac{kL\chi}{\omega}.$$

Si le gaz s'écoulait directement du récipient par un simple ajutage conique supprimant la contraction, on aurait (**148**) $\wp = 1$, $R = 0$ et pour la vitesse V

$$V = \sqrt{\frac{2g\,E}{d}}.$$

Le rapport des deux vitesses, à la sortie de la conduite et à la sortie de l'ajutage, est en conséquence

$$\frac{v}{V} = \sqrt{\frac{1}{1+R}}. \tag{8}$$

Il est indépendant de la pression. Le frottement réduit la vitesse, dans le rapport constant $\sqrt{\frac{1}{1+R}}$, quelle que soit la pression dans le récipient, R ne dépendant que de la longueur, du diamètre et de la nature du tuyau.

Pour un tuyau cylindrique, à section circulaire, de diamètre D, on a

$$\chi = \pi D, \qquad \omega = \frac{\pi D^2}{4},$$

d'où on déduit

$$\frac{\chi}{\omega} = \frac{4}{D}, \tag{9}$$

et en substituant, on trouve pour le coefficient de résistance

$$R = \frac{4kL}{D}.$$

En prenant $D = 0^m,10$, $k = 0,006$, et en donnant à L une suite de valeurs, on obtient les résultats suivants

Valeurs de L	1^m	5^m	10^m	50^m	100^m	500^m	1000^m
Valeurs de $\frac{v}{V}$	0,90	0,67	0,55	0,28	0,20	0,09	0,06

Une longueur de 10 mètres réduit la vitesse à peu près à moitié, et une longueur de 100 mètres, au cinquième.

En mettant l'équation (4) sous la forme

$$E = e + \frac{kL\chi}{\omega} d \frac{v^2}{2g}, \qquad \text{ou} \qquad E = (1+R)e, \tag{10}$$

on voit que la pression E peut se décomposer en deux parties, l'une $e = d\dfrac{v^2}{2g}$, employée à produire la vitesse, l'autre $\dfrac{k L \chi}{\omega} d\dfrac{v^2}{2g}$ employée à vaincre les frottements.

180. — Lorsque la conduite se termine par une buse ABCD de plus petit diamètre que le tuyau MN (fig. 59), la vitesse v de l'écoulement à la sortie n'est plus la même que dans le tuyau, et les formules doivent être modifiées.

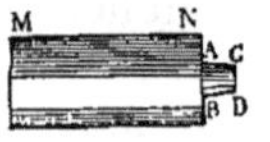

Fig. 59.

Soient toujours E l'excès de pression dans le récipient, L, χ et ω_1 la longueur, le périmètre et la section du tuyau, ω la section de la buse, v la vitesse de sortie, e la charge correspondante, et enfin v_1 la vitesse dans le tuyau.

S'il n'y a contraction ni à la sortie du récipient, ni à la buse, on a

$$\varepsilon = E - e = \frac{k L \chi}{\omega_1} d \frac{v_1^2}{2g}$$

et comme les vitesses v et v_1, si les densités sont les mêmes, sont dans le rapport inverse des sections

$$v_1 = v \frac{\omega}{\omega_1}.$$

En substituant

$$\varepsilon = E - e = \frac{k L \chi}{\omega_1} \cdot \frac{\omega^2}{\omega_1^2} d \frac{v^2}{2g}. \qquad (11)$$

Si on pose $\quad R = \dfrac{k L \chi}{\omega_1} \cdot \dfrac{\omega^2}{\omega_1^2}$, comme $e = d \dfrac{v^2}{2g}$, on trouve

$$v = \sqrt{\frac{2g E}{d (1 + R)}};$$

c'est la même formule (7) que ci-dessus, mais la valeur de R est différente.

On en déduit la vitesse v_1, dans le tuyau

$$v_1 = \frac{\omega}{\omega_1} \sqrt{\frac{2g E}{d (1 + R)}},$$

181. Problèmes divers. — Ces formules permettent de résoudre les divers problèmes relatifs à l'écoulement des gaz dans les tuyaux, quand le frottement est la seule résistance dont on ait à tenir compte. Pour un tuyau à section circulaire de diamètre D, débitant le volume Q, on a les deux relations

$$E=\left(1+\frac{4kL}{D}\right)d\,\frac{v^2}{2g}. \quad (12) \qquad \text{et} \qquad Q=\frac{\pi D^2}{4}\,v. \quad (13)$$

Dans ces formules, indépendamment de la longueur L du tuyau et de la densité du gaz d, qui sont généralement connues, il entre quatre autres quantités E, D, v, et Q ; il faut en connaître deux pour pouvoir calculer les deux autres.

Quand on connaît le diamètre D et une quelconque des autres quantités, le problème est facile à résoudre ; les équations (12) et (13) donnent immédiatement les deux inconnues.

Il n'y a quelque difficulté que lorsque le diamètre de la conduite est inconnu, et c'est le cas qui se présente le plus fréquemment dans les applications. On a souvent à résoudre le problème suivant :

182. *Quel diamètre faut-il donner à une conduite de longueur* L, *pour qu'elle débite un volume* Q, *sous un excès de pression* E *à l'origine?*

On tire de l'équation (13) la valeur de v.

$$v=\frac{4Q}{\pi D^2},$$

et en portant dans l'équation (12) on a

$$E=\left(1+\frac{4kL}{D}\right)\frac{d}{2g}\frac{16Q^2}{\pi^2 D^4},$$

et, tout calcul fait,

$$D^5=0,0825\,\frac{dQ^2}{E}\,(D+4kL). \quad (14)$$

Pour résoudre cette équation dans laquelle l'inconnue D se

trouve dans les deux membres, on procède par tâtonnements. On néglige d'abord, dans le second membre, D à côté de $4k$L, ou mieux on prend pour D une valeur qu'on a lieu de supposer approchée ; on calcule ce second membre et on déduit, en prenant la racine cinquième, une première valeur de D. Si elle est égale ou peu différente de celle qu'on a supposée, le problème est résolu. Si la différence est trop forte, on porte cette valeur dans le second membre, et l'équation donne une deuxième valeur de D et ainsi de suite par approximations successives, jusqu'à ce qu'on trouve deux valeurs consécutives différant d'une quantité plus faible que l'approximation désirée.

Il suffit en général d'un petit nombre de substitutions.

Connaissant D, l'équation (13) donne la vitesse.

183. Application. — Cherchons le diamètre d'une conduite capable de débiter par 1″ 100 litres d'air à 0°, soit 360 mètres cubes par heure, sous un excès de pression de 0^m,02 en hauteur d'eau.

$$Q = 0^{mc},100 \qquad d = 0,001293 \qquad E = 0^m,020.$$

En portant ces valeurs dans l'équation (14), prenant $k = 0,006$ et donnant à L les valeurs :

Valeurs de L . . . . . . 10^m 100^m 1000^m

On trouve, en négligeant d'abord D à côté de $4k$L :

Premières valeurs de D   0^m,1051   0^m,1667   0^m,2642

En portant celles-ci dans le deuxième membre, on a pour deuxième valeur de D :

Deuxièmes valeurs de D   0^m,1130   0^m,1677   0^m,2643

Une troisième approximation donne :

Troisièmes valeurs de D   0^m,1136   0^m,1677   0^m,2643

On voit que les premières valeurs trouvées diffèrent peu des dernières, surtout pour les longs tuyaux de 100 mètres et de

1000 mètres, et que les deuxièmes et troisièmes valeurs sont identiques, à quelques dixièmes de millimètres près.

En pratique, il n'y a pas lieu de se préoccuper d'arriver par ce calcul à une très grande approximation qui serait en réalité illusoire, parce que la valeur du coefficient de frottement n'est jamais exactement connue. De plus, dans nombre de cas, il faut se servir de tuyaux du commerce dont les diamètres ne varient que par intervalles déterminés, et enfin, dans l'établissement d'une conduite, il faut toujours se réserver une certaine marge pour prévoir des modifications ultérieures dans le débit.

184. Dans nombre de cas, il faut diviser un courant de gaz en deux ou plusieurs courants partiels. Quel diamètre faut-il donner au tronc commun et à chacun des conduits partiels ?

Considérons (fig. 60) un récipient M renfermant un gaz comprimé

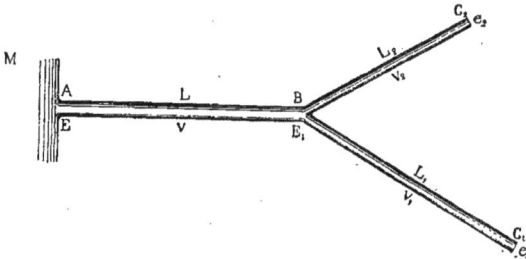

Fig. 60.

sous un excès de pression E; cet air s'écoule par le tuyau AB et, arrivé en B, le courant se divise en deux branches BC_1, BC_2. Soient, pour la partie AB, Q le volume, D le diamètre, L la longueur, v la vitesse; pour le conduit partiel BC_1, Q_1, D_1, L_1 et v_1 les mêmes quantités, et pour le conduit BC_2, Q_2, D_2, L_2 et v_2. Désignons par E_1 l'excès de pression en B, à la bifurcation.

Nous connaissons la pression motrice E et les volumes Q, Q_1 et Q_2, tels que $Q = Q_1 + Q_2$, qui doivent passer dans les divers conduits; il faut déterminer la pression E_1, les diamètres D, D_1 et D_2 et les vitesses v, v_1 et v_2.

En posant les équations, on trouve que le problème est indéterminé, et on peut se donner une des inconnues.

Donnons-nous la pression E_1, de telle sorte que la perte de charge soit à peu près régulière d'une extrémité à l'autre de la conduite pour le parcours le plus long, et pour cela, prenons ces pertes proportionnelles aux longueurs.

La conduite BC_1, de longueur L_1 étant la plus longue, nous posons

$$\frac{E-E_1}{L}=\frac{E_1-e_1}{L_1}, \quad \text{d'où} \quad E_1\left(\frac{1}{L}+\frac{1}{L_1}\right)=\frac{E}{L}+\frac{e_1}{L_1}.$$

Comme e_1 est en général négligeable à côté de E, on a la valeur de E_1

$$E_1=\frac{E}{1+\dfrac{L}{L_1}}.$$

On calcule ensuite D et v par les relations

$$E-E_1=\frac{4kL}{D}\,d\,\frac{v^2}{2g}, \quad \text{et} \quad Q=\frac{\pi D^2}{4}\,v,$$

d'où on tire

$$D^5=0,33\,\frac{dkLQ^2}{E-E_1}.$$

On a ainsi le diamètre D, et une des deux autres équations donne v.

Pour calculer D_1, on a les deux équations

$$E_1-d\,\frac{v_1^2}{2g}=\frac{4kL_1}{D_1}\,d\,\frac{v_1^2}{2g}, \quad \text{et} \quad Q_1=\frac{\pi D_1^2}{4}\,v_1.$$

On tire les valeurs de D_1 et de v_1, en procédant de la même manière qu'au n° **182**.

Enfin pour D_2 et v_2, on a les relations

$$E_1-d\,\frac{v_2^2}{2g}=\frac{4kL_2}{D_2}\,d\,\frac{v_2^2}{2g}, \quad \text{et} \quad Q_2=\frac{\pi D_2^2}{L}\,v_2$$

qu'on résout de la même manière.

Si la conduite se divisait en un plus grand nombre de conduits partiels, la marche à suivre serait la même. On déterminerait la pression au point de division des courants par la condition d'avoir la perte de charge proportionnelle à la longueur, et ensuite les diamètres et les vitesses comme nous l'avons fait.

Si les divisions de courants se produisaient successivement, à différentes distances du récipient, on calculerait, pour chaque point de division, la pression de manière à avoir, d'après la longueur des conduits, une perte de charge à peu près régulière, et on en déduirait ensuite, en opérant comme ci-dessus, les diamètres des tuyaux et la vitesse de l'air, dans chacun d'eux, d'après leur longueur et le volume qui doit y passer.

185. Expériences de M. Arson. — M. Arson, ingénieur de la Compagnie parisienne du gaz, a fait de nombreuses expériences, sur l'écoulement des gaz dans les tuyaux cylindriques de divers diamètres.

Le gaz venait de vastes gazomètres et passait par un compteur, ce qui rendait facile la détermination exacte des volumes et des vitesses ; les pressions étaient mesurées au moyen d'un manomètre à cloche très sensible que nous décrirons plus loin.

M. Arson a trouvé que la perte de charge ne pouvait pas être exactement représentée par la formule monome de d'Aubuisson, et il a été conduit à la formule binome :

$$\varepsilon = E - e = \frac{4L}{D} . d . (av + bv^2) \qquad (15)$$

E et e représentent les charges en hauteur d'eau, à l'origine et à l'extrémité de la conduite de longueur L et de diamètre D ; d est la densité du gaz, v la vitesse ; enfin a et b sont des coefficients qui dépendent du diamètre du tuyau et de sa nature. Voici les valeurs données par M. Arson:

TUYAUX EN FONTE A EMBOITEMENT.

DIAMÈTRE.	VALEURS DE a.	VALEURS DE b.
0,05	0,000 702	0,000 593
0,10	0,000 550	0,000 475
0,15	0,000 440	0,000 430
0,20	0,000 330	0,000 395
0,25	0,000 240	0,000 360
0,30	0,000 215	0,000 332
0,35	0,000 125	0,000 310
0,40	0,000 075	0,000 280
0,50	0,000 020	0,000 246
0,60	0,000 000	0,000 220
0,70	0,000 000	0,000 200

TUYAUX EN FER-BLANC.

0,05	0,000 738	0,000 345

Ces chiffres font voir que le diamètre et la nature de la surface ont une grande influence. La perte de charge pour le fer-blanc est environ les 2/3 de celle pour les tuyaux en fonte.

Les coefficients a et b diminuent rapidement quand le diamètre augmente ; à partir de $0^m,60$, a est nul, et pour un tuyau de $0^m,70$ de diamètre, b est trois fois plus faible que pour un tuyau de $0^m,05$. Il résulte de là que pour diminuer le frottement, il importe, autant que possible, d'augmenter les diamètres et de faire les surfaces lisses.

186. Tables de M. Arson. — Pour faciliter l'usage de sa formule, M. Arson a dressé des tables qui renferment, pour la série des diamètres des tuyaux du commerce depuis 0,05 jusqu'à 0,70, les résultats des calculs.

En tête de chaque tableau, se trouve le diamètre, et au-dessous rangés, en six colonnes, les volumes écoulés en mètres cubes par $1''$ et par heure, les volumes en pieds cubes anglais, les vitesses correspondantes, et enfin les pertes de charge pour l'air et le gaz de l'éclairage par 1000 mètres de longueur. On trouvera ces tables un peu réduites à la fin du volume. Voici la marche à suivre pour leur emploi.

Reprenons le problème déjà traité n° **183**. Soit à faire écouler, par une conduite de 100 mètres de longueur, un volume de 100 litres d'air par 1″, sous une charge de 0ᵐ,02 d'eau.

Les tables donnant les pertes de charge pour 1000 mètres, il faut chercher quelle serait la perte pour cette longueur; la perte étant proportionnelle à la longueur, on l'obtient par la relation :

$$E = 0,02 \frac{1000}{100} = 0^m,20.$$

En feuilletant la table, on trouve au diamètre $D = 0,162$ que, pour un volume de $0^{mc},100$ par 1″, la perte de charge pour 1000 mètres est 0,379, qui est plus grande que 0,200, ce qui fait voir que le diamètre 0,162 est trop faible.

En prenant le diamètre immédiatement supérieur, $D = 0,189$, on trouve que, pour le même volume, la perte de charge est 0,1742, qui est plus petite que 0,200. Le diamètre 0,189 est trop fort.

Le diamètre exact est compris entre 0,162 et 0,189, et on pourrait le déterminer par interpolation, mais, comme nous l'avons dit, il n'y a pas lieu, dans ces calculs, de chercher une grande précision, et on prendra simplement le tuyau du plus grand diamètre : 0,189.

La table indique que la vitesse sera de 3ᵐ,464.

Si la conduite avait une longueur de 1000 mètres, on trouverait dans la table :

Diam. 0,27. Perte de charge 0,0276. Diam. trop petit.
Diam. 0,30. Perte de charge 0,0157. Diam. trop grand.

En pratique, comme il faut toujours se réserver une certaine marge on prendrait ce dernier diamètre, et la table indique que l'air aurait une vitesse de 1ᵐ,414.

Les résultats auxquels nous arrivons ainsi sont un peu plus

forts que ceux que nous avons obtenus avec la formule de d'Aubuisson, en prenant $k = 0,006$.

187. La formule monome de d'Aubuisson est d'un emploi plus commode que celle de M. Arson; on peut continuer à l'employer, en donnant à k une valeur variable avec la vitesse et le diamètre des tuyaux. Pour que les deux formules donnent les mêmes résultats, il suffit en effet de poser

$$k = 2g \left(\frac{a}{v} + b \right). \qquad (16)$$

Pour des tuyaux à emboîtement, de 0,05 à 0,70 de diamètre, et des vitesses comprises entre 1 mètre et 10 mètres, limites des expériences, ce coefficient varie de 0,0259 à 0,004. Les coefficients les plus forts s'appliquent aux plus petits diamètres et aux plus faibles vitesses.

Le tableau suivant donne les valeurs de k, dans les limites des diamètres de tuyaux et de vitesse des gaz qui ont fait l'objet des expériences de M. Arson.

Valeur du coefficient de frottement k.

VITESSES.	EN FER-BLANC	DIAMÈTRES DES TUYAUX. EN FONTE							
	0ᵐ,05	0ᵐ,05	0ᵐ,10	0ᵐ,20	0ᵐ,30	0ᵐ,40	0ᵐ,50	0ᵐ,60	0ᵐ,70
1ᵐ	0,02124	0,0259	0,0204	0,0145	0,0088	0,0071	0,0053	0,0044	0,0040
2	0,01398	0,0188	0,0150	0,0112	0,0077	0,0063	0,0051	0,0044	0,0040
3	0,01159	0,0165	0,0130	0,0101	0,0073	0,0061	0,0051	0,0044	0,0040
4	0,01037	0,0153	0,0122	0,0095	0,0072	0,0060	0,0050	0,0044	0,0040
5	0,00965	0,0146	0,0117	0,0092	0,0071	0,0059	0,0050	0,0044	0,0040
10	0,00820	0,0132	0,0105	0,0086	0,0068	0,0057	0,0050	0,0044	0,0040

Pour des vitesses au-dessus de 3 mètres, le coefficient de frottement est à peu près en raison inverse de la racine carrée du diamètre.

Ces nombres, calculés avec les coefficients donnés par M. Arson, ne s'appliquent qu'aux tuyaux en fonte à emboîtement, pour les diamètres de 0,05 à 0,70, et aux tuyaux en fer-blanc, pour le diamètre de 0,05.

188. On manque d'expériences sur les tuyaux de conduite en matières autres que la fonte et le fer-blanc. Si l'on juge par comparaison avec les conduites d'eau, on est porté à admettre que le coefficient augmente notablement, quand la surface intérieure devient très rugueuse. Dans le cas d'incrustations calcaires, le coefficient de frottement est doublé pour les conduites d'eau et il est probable qu'il en est de même pour les conduites de gaz.

Pour des tuyaux de fumée, tapissés de suie, des expériences faites par le général Morin, sur le tirage des cheminées d'appartement, ont montré que le coefficient k, pour des tuyaux en poterie de 0,25 à 0,30 de côté, s'élève à 0,014 et 0,015. C'est à peu près le double des tuyaux en fonte.

Pour des galeries de mines, coupées par de nombreux boisages, il résulte des expériences et des calculs de M. Devillez que le coefficient peut atteindre 0,027 et 0,030. Il est vrai que, dans ce cas, on a compris toutes les résistances provenant des changements de direction et de section.

CHANGEMENTS DE DIRECTION

189. Coudes brusques. — Lorsqu'un gaz s'écoule par une conduite ABC (fig. 61) qui change brusquement de direction en B, la veine fluide tend à conserver son mouvement rectiligne, de sorte qu'après le coude, en b, elle s'écarte de la paroi, et l'écoulement n'est pas régulier pour toute la section; sur une longueur plus ou moins grande Bb,

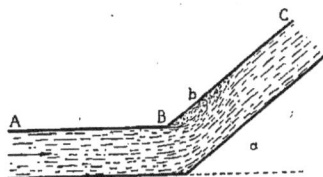

Fig. 61.

il s'établit des remous qui produisent une perte de charge.

Les expériences, très peu nombreuses du reste sur ce sujet, ont fait voir que cette perte est proportionnelle au carré de la vitesse et peut être représentée par la formule

$$\varepsilon = \mu d \frac{v^2}{2g}. \qquad (17)$$

μ est le coefficient de résistance qui dépend de l'angle du coude,

v, la vitesse avant ou après le coude, dans une section où le régime régulier des veines est établi,

d, la densité du gaz, par rapport à l'eau,

ε la perte de charge, en mètres de hauteur d'eau.

Dubuat, en opérant sur des liquides, avait déduit de ses expériences l'expression

$$\mu = m \sin \alpha, \qquad (18)$$

α étant l'angle d'un des tuyaux avec le prolongement de l'autre,

m un coefficient.

Péclet a trouvé que cette formule pouvait également s'appliquer à l'écoulement des gaz, et pour des tuyaux de petit diamètre qui n'ont pas dépassé $0^m,01$, il a donné $m = 1$.

D'après les expériences de M. Weissbach, on aurait pour les valeurs correspondantes de α et de μ.

α	20°	40°	45°	60°	80°	90°
μ	0,046	0,139	0,188	0,364	0,740	0,984

Pour un changement de direction à angle droit $\mu = 0,984$, c'est-à-dire à peu près l'unité ; c'est sensiblement le résultat donné par la formule de Péclet ; pour $\alpha = 90$, $\sin \alpha = 1$

La perte est peu sensible jusqu'à un angle de 20°.

190. Coudes brusques successifs. — Lorsque deux coudes à angle droit se suivent à une faible distance, l'expérience montre que la perte de charge est très différente suivant la disposition relative des branches.

Si les deux coudes successifs sont dans le même plan et que

le courant revienne en sens inverse comme dans le tuyau
ABCD (fig. 62), la perte de charge pour les deux coudes n'est pas
plus grande que pour un seul. Ce résultat s'explique en remarquant que l'effet d'un coude est de produire une contraction de la
veine fluide et que cette contraction est la même pour deux
coudes rapprochés que pour un seul; la veine contractée conservant la section jusqu'après le second changement de direction.

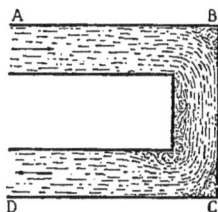

Fig. 62.

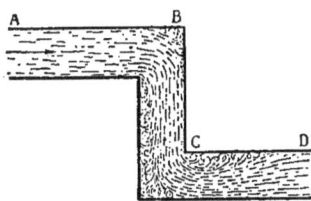

Fig. 63.

Si le second coude se trouve dans le même plan que le premier, et tel que le courant, après s'être dévié à angle droit, re-
prenne la direction primitive, comme dans la figure 63, la perte
de charge sera la somme des pertes causées séparément par
chacun d'eux, la veine fluide éprouvant une deuxième contraction.

Enfin si le second coude à angle droit CD se trouve dans un
plan perpendiculaire au premier ABC, il y a comme une demi-
déformation de la veine fluide, et la perte de charge pour les
deux est une fois et demie celle qui correspond à un seul coude.

191. Coudes arrondis. — Quand les coudes sont arrondis (fig. 64), la perte de charge est diminuée; on a toujours la
formule

$$\varepsilon = \mu \, d \, \frac{v^2}{2g}.$$

et Péclet donne pour la valeur de μ.

$$\mu = \frac{i^0}{180^0}. \tag{19}$$

i^0 étant l'angle AOB au centre du coude.

Cette formule, déduite d'expériences sur des tubes de faible dia-mètre, ne saurait s'appliquer à tous les cas, puisqu'elle ne tient pas compte du rayon de cour-bure du coude, qui doit avoir nécessairement une grande in-fluence.

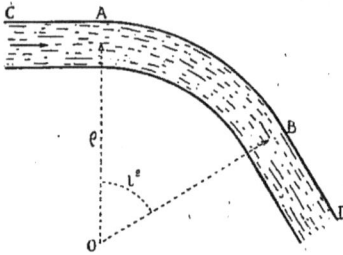

Fig. 64.

D'après les expériences de Weissbach, on a pour un tuyau circulaire de diamètre **D**, avec un raccordement dont le rayon de courbure est ρ, les valeurs suivantes

$$\mu = 0,131 + 1,847 \left(\frac{D}{2\rho}\right)^{\frac{7}{2}}$$

et pour un conduit à section rectangulaire de côté **D**

$$\mu = 0,124 + 3,104 \left(\frac{D}{2\rho}\right)^{\frac{7}{2}}.$$

En appliquant ces formules on trouve pour les valeurs sui-vantes de $\dfrac{D}{\rho}$

| $\dfrac{D}{\rho}$ | 0,2 | 0,4 | 0,6 | 0,8 | 1,0 |

les valeurs correspondantes de μ;
pour un conduit à section circulaire

| μ | 0,131 | 0,138 | 0,158 | 0,206 | 0,294 |

pour un conduit à section rectangulaire

| μ | 0,124 | 0,135 | 0,180 | 0,350 | 0,398 |

D'après ces formules, la perte de charge ne dépendrait pas de l'angle total du coude, mais seulement du rapport du diamètre du tuyau au rayon de courbure du coude.

On voit par les chiffres ci-dessus, en les comparant à ceux du n° **190**, qu'il y a grand avantage à raccorder les portions de conduite par des tuyaux courbes d'un rayon aussi grand que possible.

Lorsque deux coudes courbes à angle droit se suivent à peu de distance, la perte de charge est égale à celle produite par un seul coude dans le cas de la figure 65, et au double dans le cas de la figure 66.

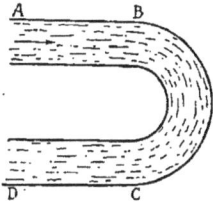
Fig. 65.

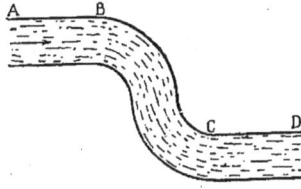
Fig. 66.

Ces résultats sont analogues à ceux que nous avons indiqués pour deux coudes brusques successifs.

La perte de charge produite par les coudes est généralement assez importante, et il faut en réduire le nombre autant que possible. Quand on ne peut les éviter, il convient de faire le raccordement des deux directions avec des coudes arrondis et d'un grand rayon de courbure.

CHANGEMENTS DE SECTION

192. Lorsqu'un gaz s'écoule par un tuyau qui change de section, il y a nécessairement variation de vitesse, et cette variation est généralement accompagnée de remous et de tourbillons qui produisent une perte de charge. Deux cas sont à considérer suivant qu'il y a diminution ou accroissement de section.

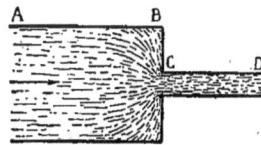
Fig. 67.

193. Diminution de section. —
Lorsqu'un gaz passe d'un tuyau AB dans un autre CD de section plus petite (fig. 67), il se produit à l'entrée C de ce dernier une

contraction analogue à celle qui a lieu au passage dans un ajutage, et la perte de charge s'exprime de la même manière (**154**); on a

$$E = \left(\frac{1}{\varphi^2} - 1 \right) d \frac{v^2}{2g}. \qquad (20)$$

E est la perte de charge en hauteur d'eau,

v la vitesse moyenne dans le petit tuyau quand l'écoulement régulier est établi,

d la densité du gaz par rapport à l'eau,

φ le coefficient de contraction,

$\frac{1}{\varphi^2} - 1$ est le coefficient de résistance.

Ce coefficient φ dépend de la forme du raccordement; si le passage d'un diamètre à l'autre se fait brusquement et si le premier est très grand par rapport à l'autre, on se trouve dans le cas d'un ajutage cylindrique, et $\varphi = 0,83$.

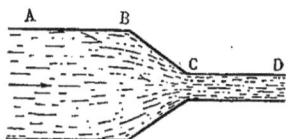

Fig. 68.

Si les diamètres sont peu différents, la contraction n'est pas complète, et la valeur de φ se rapproche d'autant plus de l'unité que la différence est moins grande. Péclet donne les nombres suivants :

RAPPORTS DES DIAMÈTRES $\dfrac{d}{D}$

0,1	0,2	0,3	0,4	0,5	0,6	0,7	0,8	0,9	1,0

VALEURS DE φ

0,83	0,82	0,83	0,84	0,86	0,88	0,91	0,94	0,97	1,0

Lorsque le raccordement se fait par un tronc de cône (fig. 68), la valeur du coefficient φ dépend de l'angle au sommet du cône et varie de 0,83 à 1 pour des angles compris entre 180° et 30°.

194. Accroissement de section. — Dans le cas où la conduite AB augmente brusquement de section en CD (fig. 69), on démontre en mécanique que la perte de charge est

$$\varepsilon = \frac{d}{2g}(V - v)^2. \qquad (21)$$

V est la vitesse dans le petit tuyau AB,

v la vitesse dans le grand tuyau CD (1).

En désignant par ω la section du petit tuyau et par Ω celle du grand, on a, si la variation de densité est négli-

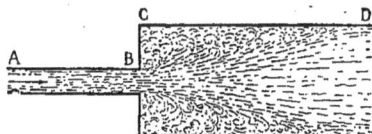

Fig. 69.

geable, ce qui est presque toujours le cas dans les appareils de chauffage et de ventilation

$$V\omega = v\Omega,$$

d'où
$$V = \frac{\Omega}{\omega} v, \quad \text{et} \quad v = \frac{\omega}{\Omega} V.$$

En substituant ces valeurs dans l'équation ci-dessus, on peut

---

(1) On peut distinguer, dans la pression totale d'un gaz en mouvement, deux parties, qu'on désigne sous le nom de pression *vive* et de pression *morte* ou *statistique*.

La pression *vive* est égale à $d\,\frac{v^2}{2g}$, v étant la vitesse du gaz; c'est la pression qui correspond à la vitesse d'écoulement.

La pression *morte* est indiquée par un manomètre dont le tube est disposé normalement au courant, avec quelques précautions.

La somme de la pression vive et de la pression morte est la pression totale ou *dynamique*, indiquée par un manomètre dont le tube recourbé est ouvert face au courant et dans sa direction.

Désignons par p la pression morte dans la section ω où la vitesse est V; la pression totale est $p + \frac{d}{2g} V^2$; soient de même P la pression morte dans la section Ω où la vitesse est v; la pression totale est $P + d\,\frac{v^2}{2g}$; la perte de charge est en conséquence, d'après ce que nous venons de voir,

$$\varepsilon = p + d\,\frac{V^2}{2g} - \left(P + d\,\frac{v^2}{2g}\right) = \frac{d}{2g}(V - v)^2.$$

mettre la perte de charge sous une des deux formes

$$\varepsilon = \left(\frac{\Omega}{\omega} - 1\right)^2 d \frac{v^2}{2g} \qquad (22)$$

$$\varepsilon = \left(1 - \frac{\omega}{\Omega}\right)^2 d \frac{V^2}{2g} \qquad (23)$$

et l'on prendra l'une ou l'autre formule, suivant qu'on voudra exprimer la perte de charge en fonction de la vitesse v ou de la vitesse V.

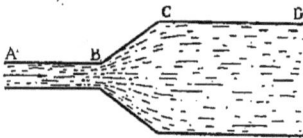

Fig. 70.

Le coefficient de résistance R est $\left(\frac{\Omega}{\omega} - 1\right)^2$ dans le premier cas et $\left(1 - \frac{\omega}{\Omega}\right)^2$ dans le second.

Pour éviter cette perte, il faut raccorder (fig. 70) les deux tuyaux par un tronc de cône avec un angle au sommet aussi faible que possible. Si cet angle est de 7° ou au-dessous, la perte de charge est à peu près nulle.

RÉSISTANCES DIVERSES

195. Tuyau réduit de diamètre sur une certaine longueur. — Il arrive fréquemment que dans une conduite de gaz ABCDEF, le diamètre est réduit sur une portion de la longueur

La vitesse passant de V à v, la pression vive est diminuée de

$$\frac{d}{2g}(V^2 - v^2) = \frac{d}{2g} v^2 \left(\frac{\Omega^2}{\omega^2} - 1\right)$$

tandis que la pression morte est augmentée de

$$P - p = \frac{d}{2g}\left(V^2 - v^2 - (V - v)^2\right) = \frac{d}{2g} 2v(V - v) = \frac{dv^2}{g}\left(\frac{\Omega}{\omega} - 1\right).$$

Si le raccordement se fait avec un tronc de cône ayant un angle au sommet de 7° ou au-dessous, $\varepsilon = 0$, et on a

$$P - p = \frac{d}{2g}(V^2 - v^2) = \frac{d}{2g} v^2 \left(\frac{\Omega^2}{\omega^2} - 1\right).$$

L'accroissement de pression morte est égal à la perte de pression vive.

CD (fig. 71), la perte de charge, qui se manifeste d'une extrémité à l'autre de la partie rétrécie, est produite par trois causes :

La contraction à l'entrée C du tuyau rétréci ;

Le frottement dans ce tuyau CD ;

Le rélargissement à l'extrémité D.

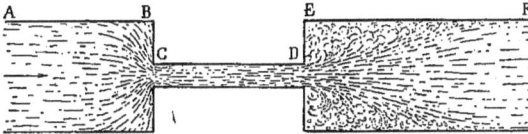

Fig. 71.

Soient ω la section réduite en CD et V la vitesse dans cette section, Ω et v la section et la vitesse avant et après la partie réduite en AB et en EF. La perte de charge, par la contraction en C, est

$$\varepsilon_1 = \left(\frac{1}{\varphi^2} - 1 \right) d \, \frac{V^2}{2g}.$$

La perte de charge par le frottement en CD est

$$\varepsilon_2 = \frac{4kl}{D} \cdot d \, \frac{V^2}{2g};$$

en désignant par l et D la longueur et le diamètre de la partie CD.

Enfin la perte de charge par le rélargissement en D est

$$\varepsilon_3 = \left(1 - \frac{\omega}{\Omega} \right)^2 d \, \frac{V^2}{2g}.$$

On a ainsi pour la perte totale de charge

$$\varepsilon = \varepsilon_1 + \varepsilon_2 + \varepsilon_3 = \left[\frac{1}{\varphi^2} - 1 + \frac{4kl}{D} + \left(1 - \frac{\omega}{\Omega} \right)^2 \right] d \, \frac{V^2}{2g} \quad (24)$$

et le coefficient de résistance totale est

$$R = \frac{1}{\varphi^2} - 1 + \frac{4kl}{D} + \left(1 - \frac{\omega}{\Omega} \right)^2.$$

Comparons cette perte de charge à celle qui aurait lieu si le tuyau avait conservé la section uniforme Ω; dans ce cas, la résistance ε' se réduirait au frottement et on aurait

$$\varepsilon' = \frac{4k'l}{D'} d \frac{\wp^2}{2g}$$

en désignant par D' le diamètre de la section Ω et par k' le coefficient de frottement pour ce diamètre.

Pour le même volume écoulé, $\Omega\wp = \omega V$, d'où $\wp = \frac{\omega}{\Omega} V$, et en substituant

$$\varepsilon' = \frac{4k'l}{D'} \frac{\omega^2}{\Omega^2} . d \frac{V^2}{2g},$$

d'où

$$\frac{\varepsilon}{\varepsilon'} = \frac{\dfrac{1}{\wp^2} - 1 + \dfrac{4kl}{D} + \left(1 - \dfrac{\omega}{\Omega}\right)^2}{\dfrac{4k'l}{D'} \dfrac{\omega^2}{\Omega^2}} .$$

Comme application, supposons qu'un tuyau de $0^m,20$ de diamètre se réduise à $0^m,10$, c'est-à-dire à moitié, sur 4 mètres de longueur: $CD = 4$ mètres.

On a $\wp = 0,83$ $k = 0,015$ $l = 4$ $D = 0,10$ $\dfrac{\omega}{\Omega} = \dfrac{1}{4}$

$k' = 0,011$ $D' = 0,20$

et

$$\frac{\varepsilon}{\varepsilon'} = \frac{0,45 + 2,40 + 0,56}{0,88 \times \dfrac{1}{16}} = \frac{3,41}{0,055} = 62.$$

La perte de charge est rendue 62 fois plus grande par la réduction de diamètre.

Cet exemple fait voir l'influence considérable des diminutions de section.

196. Registre. — Si la partie rétrécie est de très faible longueur, on peut négliger le frottement et la formule se réduit

à

$$\varepsilon=\left[\frac{1}{\varphi^2}-1+\left(1-\frac{\omega}{\Omega}\right)^2\right]d\,\frac{V^2}{2g}=\left[\frac{1}{\varphi^2}-1+\left(1-\frac{\omega}{\Omega}\right)^2\right]\frac{\Omega^2}{\omega^2}\,d\,\frac{v^2}{2g}.\quad(25)$$

Cette formule est applicable pour le calcul de la résistance produite par un registre (fig. 72). Au
point B du tuyau ABC, la section
est réduite à *ab* par un registre B*b*.
Si la réduction est au dixième, on
a, en prenant $\varphi=0,80$, la contraction
n'ayant lieu que sur une fraction
du périmètre

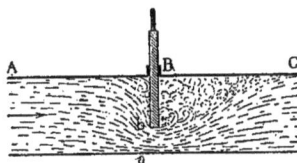

Fig. 72.

$$\frac{1}{\varphi^2}-1=0,56\qquad\left(1-\frac{\omega}{\Omega}\right)^2=0,81\qquad\frac{\Omega^2}{\omega^2}=100$$

et
$$\varepsilon=(0,56+0,81)\,d\,\frac{V^2}{2g}=1,37\,d\,\frac{V^2}{2g}$$

ou
$$\varepsilon=137\,d\,\frac{v^2}{2g}.$$

La perte de charge est égale à 137 fois la charge qui correspond à la vitesse dans le grand tuyau.

Si le tuyau d'arrivée se raccorde par un ajutage tronconique
assez long avec l'orifice rétréci, le coefficient φ est égal à l'unité
et la perte de charge se réduit à

$$\varepsilon=\left(1-\frac{\omega}{\Omega}\right)^2 d\,\frac{V^2}{2g}.$$

197. Le phénomène de la contraction, dans le cas d'un registre, est analogue à celui qui se manifeste dans un changement
de direction; c'est toujours une réduction de section suivie d'un
épanouissement de la veine.

On peut admettre que la perte de charge est produite par les
mêmes causes et calculer, dans un changement de direction, quelle
doit être la contraction de la veine pour produire la perte de
charge constatée par l'expérience.

Nous avons vu que, pour un changement de direction, la perte de charge ε est exprimée par

$$\varepsilon = \mu . d \; \frac{v^2}{2g},$$

et comme $v = \frac{\omega}{\Omega} V$, il faut, pour qu'il y ait égalité, que

$$\left(1 - \frac{\omega}{\Omega} \right)^2 \frac{\Omega^2}{\omega^2} = \mu.$$

D'où on déduit la contraction $\frac{\omega}{\Omega}$ suivant la valeur de μ., c'est-à-dire de l'angle du coude.

Pour un coude à angle droit, $\mu = 1$, et

$$\left(1 - \frac{\omega}{\Omega} \right)^2 \frac{\Omega^2}{\omega^2} = 1$$

et par suite

$$\frac{\omega}{\Omega} = \frac{1}{2};$$

un changement de direction à angle droit produirait le même effet qu'une réduction de la section à moitié.

198. Faisceau tubulaire. — Dans certains appareils ABCD, le courant gazeux passe simultanément sur une longueur BC dans un grand nombre de petits tuyaux (fig. 73) constituant un faisceau tubulaire. La perte de charge se calcule avec les formules que nous venons d'établir pour un seul tube.

Fig. 73.

Remarquons en effet que, si le courant se répartit également dans tous les tubes, la vitesse est la même dans chacun d'eux et la différence de pression E — e entre les milieux extrêmes M et N, c'est-à-dire la perte de charge, est nécessairement la même pour tous. Il suffit donc de faire le calcul pour l'un d'eux.

En adoptant les mêmes notations qu'au numéro **195**, ω étant la section de chacun des petits tubes, Ω celle des grands tubes en A et en D, et remarquant que la section de passage $n\omega$ à la sortie des tubes devient Ω quand les courants sont réunis, on a pour la perte de charge $E-e=\varepsilon$

$$\varepsilon=\left[\left(\frac{1}{\varphi^2}-1\right)+\frac{4kl}{D}+\left(1-\frac{n\omega}{\Omega}\right)^2\right]d\frac{V^2}{2g}. \qquad (26)$$

Il est à remarquer, du reste, que d'après la formule (4 du n° **179**), la résistance par le frottement est la même pour un seul tube que pour un nombre quelconque formant un faisceau, si la vitesse est la même dans chacun d'eux. L'expression générale du coefficient de résistance est

$$R=\frac{kl\chi}{\omega}.$$

On a pour un seul tube de diamètre D

$$\chi=\pi D \qquad \omega=\pi\frac{D^2}{4} \qquad R=\frac{4kl}{D}$$

et pour n tubes de diamètre D

$$\chi=n\pi D \qquad \omega=n\pi\frac{D^2}{4} \qquad R=\frac{4kl}{D}$$

le coefficient de résistance est le même.

Mais il faut bien se garder de conclure de là que la perte par le frottement reste la même, si on remplace un tuyau unique par un faisceau tubulaire de n tubes de même section totale, c'est-à-dire laissant passer, avec la même vitesse, le même volume de gaz; il est loin d'en être ainsi.

Désignons par D le diamètre de chacun des n tubes du faisceau et par D' celui du tuyau unique : les sections étant les mêmes

$$\frac{\pi D'^2}{4}=n\pi\frac{D^2}{4}, \qquad \text{d'où} \qquad D'=D\sqrt{n},$$

la perte de charge par le frottement dans le faisceau tubulaire
est

$$\varepsilon = \frac{4\,k\,l}{D}\,d\,\frac{v^2}{2g}$$

et par le tuyau unique

$$\varepsilon' = \frac{4\,k'l}{D'}\,d\,\frac{v^2}{2g},$$

k et k' étant les coefficients de frottement pour les diamètres D
et D'.

Les vitesses étant les mêmes, on a

$$\frac{\varepsilon}{\varepsilon'} = \frac{k}{k'}\frac{D'}{D} = \frac{k}{k'}\sqrt{n}.$$

Si les coefficients k et k' étaient égaux, les pertes de charge
seraient dans le rapport de la racine carrée du nombre des tubes.
Pour 100 tubes, le frottement serait 10 fois plus grand dans le
faisceau tubulaire.

En réalité, cette perte est beaucoup plus grande parce que le
coefficient augmente quand le diamètre diminue. Ainsi pour
$n = 100$, $D = 0,05$ et $D' = 0,50$, on a :

Pour $v = 1$ $k = 0,0259$ $k' = 0,00532$

$$\frac{\varepsilon}{\varepsilon'} = \frac{k}{k'}\sqrt{n} = 48.$$

Pour $v = 4$ $k = 0,0153$ $k' = 0,00502$

$$\frac{\varepsilon}{\varepsilon'} = 30;$$

la résistance est 48 ou 30 fois plus grande dans le faisceau
tubulaire, suivant la vitesse dans les deux cas particuliers.

L'expérience indique que le passage dans les tubes produit un
accroissement considérable de résistance, et pour les chaudières
tubulaires, par exemple, il faut une puissance de tirage beaucoup plus grande que pour les chaudières à carneau unique,
comme les chaudières à bouilleurs.

Si le faisceau se compose de tubes ayant des diamètres diffé-rents D et D_1, la perte de charge $\varepsilon = E - E_1$ étant la même pour chacun d'eux, puisque les pressions extrêmes sont nécessaire-ment les mêmes, E à l'entrée des tubes dans l'espace M (fig. 73), et E_1 à la sortie dans la chambre N, les vitesses V et V_1 sont nécessairement différentes.

En tenant compte seulement du frottement, on a, pour la perte de charge commune

$$\varepsilon = \frac{4kl}{D} \cdot d \, \frac{V^2}{2g} = \frac{4k_1 l}{D_1} \, d \, \frac{V_1^2}{2g},$$

d'où

$$\frac{k}{D} V^2 = \frac{k_1}{D_1} V_1^2 \quad \text{et} \quad \frac{V^2}{V_1^2} = \frac{D}{D_1} \frac{k_1}{k};$$

les carrés des vitesses, dans les différents tubes, sont propor-tionnels aux diamètres et en raison inverse des coefficients de frottement.

199. Tuyau rélargi sur une certaine longueur. — Le tuyau ABCDEF, au lieu d'être rétréci, peut être rélargi sur une partie CD de sa longueur. La perte de charge est, comme précédemment,

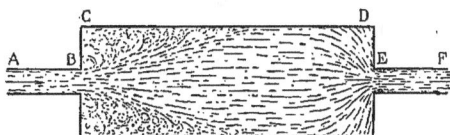

Fig. 74.

la somme des trois pertes produites par le rélargissement en B, le frottement en CD et la contraction en E, et on a

$$\varepsilon = \left[\left(1 - \frac{\omega}{\Omega} \right)^2 + \frac{4kl}{D} \frac{\omega^2}{\Omega^2} + \left(\frac{1}{\varphi^2} - 1 \right) \right] d \, \frac{V^2}{2g}, \qquad (27)$$

V étant la vitesse pour la section ω en AB et EF et D le diamètre du tuyau CD.

C'est la même forme que pour un tuyau réduit (**195**), avec cette différence essentielle que le coefficient de résistance du frottement est multiplié par $\frac{\omega^2}{\Omega^2}$, de sorte que la perte ε est beaucoup plus faible, pourvu qu'il y ait une différence assez grande dans les sections.

Si le tuyau avait conservé son diamètre D′ en AB, la perte eût été pour la même longueur et le même volume écoulé

$$\varepsilon' = \frac{4k'l}{D'} \cdot d \frac{V^2}{2g}.$$

D′ est le diamètre correspondant à la section ω en AB et CD. ε est plus grand ou plus petit que ε′, suivant les diamètres et les longueurs.

Si on fait $D=2D'$, $\Omega=4\omega$, $k'=1,5k$, et $\varphi=0,83$, on trouve

$$\frac{\varepsilon}{\varepsilon'} = \frac{0,56 + \dfrac{4kl}{D}\dfrac{1}{16} + 0,45}{\dfrac{4k'l}{0,5\,D}} = \frac{1,01 + 0,25\dfrac{kl}{D}}{12\dfrac{kl}{D}}.$$

Pour que ce rapport soit plus petit que l'unité, il faut que

$$1,01 + 0,25\frac{kl}{D} < 12\frac{kl}{D} \quad \text{ou} \quad 11,75\,k\frac{l}{D} > 1,01.$$

Si $k=0,01$, il faut que $\dfrac{l}{D} > \dfrac{1,01}{11,75}$ ou $\dfrac{l}{D} > 8,59$.

Pour le cas particulier, si la longueur rélargie dépasse 8,60 fois le diamètre, la résistance est diminuée; elle est augmentée dans le cas contraire. Cette longueur limite dépend, dans chaque cas, des valeurs de k et de k'.

200. Résistance d'une grille chargée de combustible.

— Dans les appareils de chauffage munis d'un foyer, l'air est obligé de traverser une grille chargée d'une couche de combustible plus ou moins épaisse, et il éprouve, à ce passage, une résistance considérable qui se traduit par une perte de charge.

Pour déterminer cette perte, nous avons fait des expériences au moyen d'un appareil composé d'un cylindre en tôle (fig. 75), de 0^m,10 de diamètre et de 0^m,80 de haut, monté sur un tronc de

cône au-dessous duquel aboutissait un tuyau venant d'un gazomètre. Au bas du cylindre, était une grille sur laquelle on
chargeait, sur diverses épaisseurs, le combustible dont on voulait
mesurer la résistance. Un tube m, placé latéralement sur le tronc du cône, au-dessous de
la grille, communiquait avec un manomètre
indiquant l'excès de pression sur l'atmosphère. L'air, venant du gazomètre, passait
dans un compteur avant d'arriver à l'appareil. De la mesure du volume, on déduisait la
vitesse dans la section libre, au-dessous de
la grille (cette section était de $0^{mq},00785$), et
on cherchait la perte de charge en fonction
de cette vitesse.

On a opéré successivement avec du coke
de la grosseur de petites noix et de la houille
grenue, et enfin avec du coke recouvert d'une
couche de houille. Les épaisseurs ont varié de
$0^m,10$ à $0^m,60$, et les vitesses de $0^m,10$ à 1 mètre.

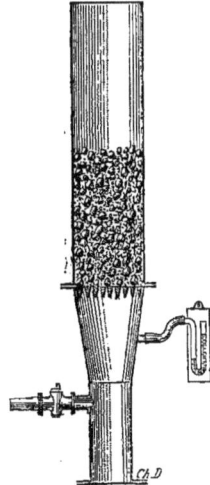

Fig. 75.

L'expérience a montré, d'abord que la perte de charge était très
exactement proportionnelle à l'épaisseur du combustible. En faisant varier cette épaisseur de $0^m,10$ à $0^m,60$, la différence de pression sous la grille a augmenté très régulièrement, dans le rapport
de 1 à 6, pour toutes les vitesses comprises entre $0^m,10$ et 1 mètre
par $1''$.

Ce fait est analogue à celui constaté pour le frottement dans
les tuyaux, qui produit une résistance proportionnelle à leur
longueur.

Il résulte des expériences que, si on représente la perte de
charge par la formule

$$\varepsilon = \mu.\,l\,d\,\frac{v^2}{2g}$$

le coefficient μ dépend de la vitesse et que sa valeur doit être représentée, comme pour le frottement (16 du n° **186**), par une expres-

sion de la forme : $\mu = \left(\dfrac{a}{v} + b\right)$, v étant la vitesse sous la grille.

Pour du coke de la grosseur d'une noix, l'expérience a donné les valeurs suivantes : $a = 48$ et $b = 1120$ dans les limites de vitesses indiquées.

On forme ainsi, pour l'air, le tableau suivant :

VITESSES

$0^m,10$	$0^m,20$	$0^m,30$	$0^m,40$	$0^m,50$	$0^m,60$	$0^m,80$	1^m

VALEURS DE μ

1 600	1 360	1 280	1 240	1 216	1 200	1 180	1 168

VALEURS DE $\mu\,d\,\dfrac{v^2}{2g}$

0,0010	0,0034	0,0072	0,0124	0,0190	0,027	0,047	0,074

Pour de la houille fine grenue, la résistance est beaucoup plus considérable qu'avec le coke. Les expériences ont donné une perte sensiblement 7 fois plus forte ; $\mu = 7\left(\dfrac{a}{v} + b\right)$, a et b ayant les valeurs indiquées ci-dessus.

Si on compose une couche du combustible, avec du coke sur les 5/6 de l'épaisseur et de la houille grenue pour l'autre sixième (c'est la proportion qui existe assez souvent dans un foyer ordinaire à houille de chaudière à vapeur où l'on charge par sixième environ de la houille fraîche sur de la houille transformée en coke), la perte de charge peut se calculer, en ajoutant les pertes produites par chaque couche séparément ; on a

$$\mu = \frac{5}{6}\left(\frac{a}{v} + b\right) + \frac{7}{6}\left(\frac{a}{v} + b\right) = 2\left(\frac{a}{v} + b\right) ;$$

la résistance est double que pour la même épaisseur de coke. C'est ce rapport qui a été trouvé, par l'expérience directe, en plaçant, dans l'appareil décrit, une couche de combustible (coke et houille) dans ces proportions.

Lorsque le combustible est en ignition, la perte de charge est beaucoup plus forte, d'abord parce que les gaz échauffés augmentant de volume, la vitesse augmente entre les morceaux de combustible, et aussi parce que l'air a plus de difficulté à passer au contact des surfaces fortement chauffées.

En outre, pour les combustibles gras, les morceaux s'agglutinent entre eux, bouchent les interstices et la résistance est pour ce motif très notablement accrue. Elle varie du reste, à chaque instant, suivant la période de la combustion et décroît à mesure que le charbon se transforme en coke. Il est impossible, pour ces motifs, de donner des chiffres précis sur la valeur de cette résistance.

En mesurant la perte de charge au passage d'une grille chargée de houille demi-grasse en ignition, nous avons pu constater que la résistance était jusqu'à deux fois et, pour des combustibles très gras, jusqu'à quatre fois plus grande que pour du combustible froid. Nous reviendrons sur ce sujet, en parlant de la combustion dans les foyers.

201. Résistance d'une couche de ouate. — Pour purifier l'air destiné à la ventilation des lieux habités et le débarrasser des poussières et des germes qu'il tient en suspension dans l'atmosphère, on l'a fait quelquefois passer à travers une couche de ouate. La résistance au passage est considérable; nous nous sommes servi pour la mesurer du même appareil que pour le charbon.

L'expérience indique que la perte de charge augmente proportionnellement à l'épaisseur de la couche comme pour le charbon, mais seulement à la première puissance de la vitesse. On peut conserver les formules générales

$$\varepsilon = \mu\, l d\, \frac{v^2}{2g} \qquad \text{et} \qquad \mu = \frac{a}{v} + b$$

en faisant $b = 0$; la valeur de a fournie par l'expérience, pour de la ouate ordinaire à surface non glacée, d'une densité 0,25, est :

$a = 1\,760$; pour $l = 0,05$ et $v = 0,20$, on a

$$\varepsilon = 1\,760 \times 0,05 \times 0,20 \frac{1}{16\,000} = 0,0011.$$

Pour une même épaisseur et une même vitesse, une couche de coke offre une résistance six fois moindre. La résistance de la ouate dans ces conditions est donc à peu près celle de la houille menue.

202. Résistance dans un tuyau chauffé. — Péclet a fait quelques expériences pour évaluer la résistance au passage de l'air dans un tuyau chauffé. En employant successivement un tuyau de cuivre et un tuyau de verre, dans lequel il faisait écouler un même volume d'air venant d'un gazomètre, il a trouvé les résultats suivants :

1° Tuyau de cuivre de 1 mètre de long et de $0^m,01$ de diamètre, entouré d'un manchon plein de vapeur; durée de l'écoulement

avec le tuyau non chauffé. . . . . $612''$
avec le tuyau chauffé . . . . $618''$

2° Tube de verre de $0^m,322$ de long et de $0^m,0047$ de diamètre placé au-dessus d'une grille pleine de charbon de bois incandescent; durée de l'écoulement

avec le tube non chauffé. . . . . $620''$
avec le tuyau chauffé au rouge sombre. . $650''$

Dans une autre expérience en modifiant l'arrivée de l'air au tube de verre; durée de l'écoulement

avec le tube non chauffé. . . . . $615''$
avec le tube chauffé au rouge. . . . . . $648''$

Ces expériences font voir que les tubes chauffés présentent au passage des gaz une résistance plus grande que les tubes froids malgré l'accroissement de section résultant de la dilatation; la perte de charge est augmentée d'environ $\frac{1}{20}$ pour un tube de verre au rouge.

203. Passage de l'air à travers les murs. — MM. Thomas et Hudelo ont fait des expériences très intéressantes sur le passage de l'air à travers des murs de différentes natures.

L'appareil d'expérience était une caisse cubique en tôle dont une face verticale était ouverte. La paroi supérieure était mobile et se boulonnait sur les bords; on l'enlevait pour construire, sur la face ouverte de la caisse, les murs à expérimenter. Cette face, et par conséquent la surface des murs, avait $1^m,02$ de hauteur sur $0^m,62$ de largeur, soit $0^{mq},63$ de surface.

L'intérieur de la caisse était mis en communication avec un gazomètre équilibré, dans lequel on faisait varier la pression au moyen de poids. Cette pression était mesurée par un manomètre différentiel de Péclet donnant facilement le dixième de millimètre d'eau; elle a varié entre $0^m,0025$ et $0^m,0425$. Le volume écoulé était indiqué par un index, fixé à la cloche du gazomètre, et qui se déplaçait le long d'une échelle verticale.

M. Hudelo a trouvé que le volume peut être représenté par la formule

$$Q = \left(a\,E + b\sqrt{E} \right) S. \qquad (29)$$

Q est le volume en mètres cubes qui passe à travers le mur par heure;

E l'excès de pression dans la caisse, en mètres de hauteur d'eau;

S la surface du mur;

a et b des coefficients qui dépendent de l'épaisseur du mur, de la nature des matériaux, du hourdis et de l'enduit. Voici leurs valeurs :

Murs en briques :

Épaisseur, $0,11$; hourdé et rejointoyé en plâtre

$$a = 0,54 \qquad\qquad b = 1,135.$$

Épaisseur, $0,22$; hourdé en terre à four

$$a = 0,63 \qquad\qquad b = 3,10.$$

Épaisseur à 0,46

$$a = 0,43 \qquad\qquad b = 1,86.$$

Mur en meulières, hourdé en ciment avec enduit en ciment sur les deux faces; épaisseur $0^m,18$

$$a = 0,95 \qquad\qquad b = 0,029.$$

En recouvrant le mur de $0^m,46$, d'un enduit de plâtre de $0^m,01$ d'épaisseur, le volume d'air qui traverse est sensiblement réduit à 1/3.

Le mur sec laisse passer 22 p. 100 d'air de plus que le mur récemment construit; 4 à 5 p. 100 de plus que le mur après 10 à 15 jours de dessiccation.

En appliquant ces nombres à un mur en briques hourdé en terre à four, on trouve que, pour un excès de pression de $0^m,01$ de hauteur d'eau, il passe environ 1 mètre cube par heure et par mètre carré. Pour un fourneau de chaudière à vapeur de 10 mètres de long, 3 mètres de haut et 2 mètres de large, ce serait 40 mètres cubes d'air introduit ainsi dans les carneaux à travers les parois, ce qui pourrait gêner beaucoup le tirage.

Pour un mur en ciment, sous un excès de pression de $0^m,01$, il passe encore par mètre carré environ 12 litres par heure.

ÉCOULEMENT DES GAZ PAR UNE CONDUITE
DE FORME QUELCONQUE

204. Nous pouvons maintenant aborder la question générale de l'écoulement des gaz par une conduite de forme quelconque, et calculer la résistance totale de manière à en déduire la vitesse d'écoulement.

Soit ABCDEFGH (fig. 76) une conduite de forme quelconque, par laquelle s'écoule un gaz comprimé venant du réservoir M, dans lequel l'excès de pression, sur le milieu où se fait l'écoulement, est E en hauteur d'eau.

En désignant par R le coefficient de résistance totale, par e, la pression et par v la vitesse à la sortie en H, on a

$$e = d\frac{v^2}{2g} \qquad E - e = Re \qquad v = \sqrt{2g\frac{E}{1+R}}.$$

Il s'agit de calculer la valeur de R en fonction des dimensions et des formes de la conduite.

Remarquons d'abord que, quelles que soient les formes et les

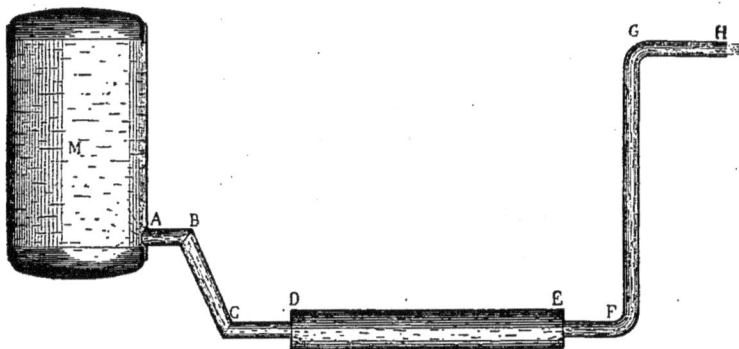

Fig. 76.

dimensions de la conduite, les résistances éprouvées, les varia-tions de vitesse et de température, il passe évidemment dans chaque section le même poids de gaz lorsque l'écoulement se fait à l'état de régime. C'est une conséquence forcée de la per-manence de l'écoulement.

Désignons par ω et ω_1 deux sections prises en deux points quel-conques de la conduite, par v et v_1 les vitesses moyennes, et par d et d_1 les densités du gaz dans ces sections.

On a, puisque le poids P écoulé est constant

$$P = \omega v d = \omega_1 v_1 d_1, \qquad (30)$$

Soit d_0 la densité du gaz à o°, sous la pression normale atmo-sphérique $10^m,334$, p et p_1 les pressions en hauteur d'eau, t et t_1 les températures dans les sections ω et ω_1, on a

$$d = d_0 \frac{p}{10,334} \frac{1}{1+\alpha t}, \qquad d_1 = d_0 \frac{p_1}{10,334} \frac{1}{1+\alpha t_1},$$

et en substituant dans l'équation précédente

$$\frac{\omega v p}{1+\alpha t} = \frac{\omega_1 v_1 p_1}{1+\alpha t_1}. \tag{31}$$

C'est la relation générale qui existe, pour deux sections quelconques, entre les vitesses, les pressions et les températures.

Dans un très grand nombre d'applications, les pressions varient très peu, de quelques centimètres d'eau seulement, et on peut ne pas tenir compte du rapport $\frac{p}{p_1}$ qui est voisin de l'unité; ainsi, pour un excès de pression de $0^m,10$ en hauteur d'eau, excès que l'on est bien loin d'atteindre dans le plus grand nombre des appareils de chauffage et de ventilation, ce rapport est égal, quand l'écoulement se fait dans l'atmosphère, à

$$\frac{p}{p_1} = \frac{10,334 + 0,10}{10,334} = 1,0096.$$

Le rapport $\frac{p}{p_1}$ diffère de l'unité de moins de un millième seulement. Dans ces conditions, qui se présentent fréquemment dans les applications, on a très approximativement

$$\frac{\omega v}{1+\alpha t} = \frac{\omega_1 v_1}{1+\alpha t_1}.$$

Si les températures sont les mêmes dans les deux sections, l'équation se réduit à

$$\omega v = \omega_1 v_1;$$

les volumes écoulés sont égaux.

Enfin si les sections ω et ω_1 sont égales en même temps

$$v = v_1$$

Les vitesses sont aussi égales.

205. Lorsque les dimensions d'une conduite sont données, on peut au moyen des formules établies ci-dessus (**178** et suiv.) calculer, comme nous allons le voir, la perte de charge produite par les diverses résistances. On en déduit, quand on connaît la pression motrice à l'origine de la conduite, la charge qui reste à l'autre extrémité pour produire la vitesse; ou inversement, on peut calculer la pression motrice nécessaire pour produire une vitesse déterminée.

La marche générale à suivre pour calculer R est la suivante :

Quelque faible que soit l'excès E de pression motrice dans le récipient M, l'écoulement va se produire, et si les pressions sont maintenues constantes, il s'établira dans la conduite un état de régime, avec pression décroissante depuis le récipient M jusqu'à l'extrémité ouverte H du tuyau où e est la pression vive et v la vitesse de sortie.

La perte de charge totale $E - e = \varepsilon = Re$ est la somme de pertes de charge partielles qui se manifestent dans les divers points de la conduite par le frottement, les changements de direction et de section, etc. En désignant par $\varepsilon_1 \, \varepsilon_2 \, \varepsilon_3 \ldots$ ces pertes partielles, on doit avoir

$$E - e = \varepsilon = \varepsilon_1 + \varepsilon_2 + \varepsilon_3 \ldots \ldots \qquad (31)$$

et pour la perte totale, il faut calculer chacune des pertes partielles, et faire la somme.

Nous allons calculer successivement ces pertes partielles.

Soit ε_1 la perte de charge produite par la contraction en A (fig. 76) au passage du gaz du récipient dans le tuyau AB, on a (**154**)

$$\varepsilon_1 = \left(\frac{1}{\varphi_1^2} - 1 \right) d_1 \frac{v_1^2}{2g};$$

v_1 étant la vitesse dans la section contractée ω_1, en A,

φ_1 le coefficient de contraction,

d_1 la densité du gaz en ce point A par rapport à l'eau.

Afin de pouvoir faire une sommation facile des pertes de charge partielles et arriver à une forme simple de l'expression de la perte de charge totale, il convient d'exprimer les vitesses aux différents points en fonction de la vitesse v à la sortie, en H.

Soit ω la section de sortie en H, et d la densité du gaz.

Le régime étant établi, les poids écoulés dans les diverses sections en A et en H sont les mêmes et on a (3o)

$$\omega v d = \omega_1 v_1 d_1, \quad \text{d'où} \quad v_1 = v \frac{\omega d}{\omega_1 d_1},$$

et en substituant

$$\varepsilon_1 = \left(\frac{1}{\varphi_1^2} - 1 \right) \frac{d}{d_1} \left(\frac{\omega}{\omega_1} \right)^2 d \frac{v^2}{2g}.$$

Si on pose

$$r_1 = \left(\frac{1}{\varphi_1^2} - 1 \right) \frac{d}{d_1} \left(\frac{\omega}{\omega_1} \right)^2$$

il vient

$$\varepsilon = r_1 d \frac{v^2}{2g}.$$

r_1 est le coefficient de résistance par la contraction en A, rapporté à la vitesse de sortie v; tandis que $\frac{1}{\varphi^2} - 1$ est celui rapporté à la vitesse v_1 en A.

Ce coefficient r_1 ne dépend que de la forme, des dimensions du tuyau et des densités et nullement des vitesses. Il peut se calculer indépendamment de toute hypothèse sur la pression motrice.

Soit ε_2 la perte de charge due au frottement dans la portion de tuyau AB de section ω_2, de longueur l_2, de périmètre χ_2, le gaz s'écoulant à la vitesse v_2 et ayant la densité d_2, on a (179)

$$\varepsilon_2 = \frac{k_2 l_2 \chi_2}{\omega_2} d_2 \frac{v_2^2}{2g},$$

k_2 étant le coefficient de frottement.

La formule générale (3o) donne

$$v_2 = v \frac{\omega d}{\omega_2 d_2},$$

en substituant

$$\varepsilon_2 = \frac{k_2\, l_2\, \gamma_2}{\omega_2} \cdot \frac{d}{d_2} \left(\frac{\omega}{\omega_2} \right)^2 d\, \frac{v^2}{2g},$$

et en posant

$$r_2 = \frac{k_2\, l_2\, \gamma_2}{\omega_2} \cdot \frac{d}{d_2} \left(\frac{\omega}{\omega_2} \right),$$

il vient

$$\varepsilon_2 = r_2 \cdot d\, \frac{v^2}{2g}.$$

Le coefficient de résistance r_2 rapporté à la vitesse de sortie v est, comme r_1, indépendant de cette vitesse.

Pour le changement de direction en **B**, la perte de charge ε_3 peut également se mettre sous la forme

$$\varepsilon_3 = r_3\, d\, \frac{v^2}{2g};$$

r_3 étant un terme indépendant de la vitesse et donné par la relation

$$r_3 = \mu.\, \frac{d}{d_3} \left(\frac{\omega}{\omega_3} \right)^2,$$

d_3 est la densité du gaz et ω_3 la section au point où se produit le changement de direction.

μ le coefficient de résistance (**189**) du coude.

Pour un accroissement de section en **D**, de ω_4 à Ω_4, on trouve-rait de la même manière, en appliquant les formules (**193**) pour la perte de charge ε_4,

$$\varepsilon_4 = r_4\, e,$$

dans laquelle

$$r_4 = \left(1 - \frac{\omega_4}{\Omega_4} \right)^2 \cdot \frac{d}{d_4} \left(\frac{\omega}{\omega_4} \right)^2.$$

En général, pour une résistance quelconque, la perte de charge ε_n est donnée par une relation de la forme.

$$\varepsilon_n = r_n\, d\, \frac{v^2}{2g}; \qquad\qquad (32)$$

r_n étant le coefficient de résistance, rapporté à la vitesse de sortie v et qui est de la forme

$$r_n = m \frac{d}{d_n} \left(\frac{\omega}{\omega_n} \right)^2 ; \qquad (33)$$

m étant le coefficient de résistance rapporté à la vitesse v_n qui a lieu dans la section ω_n, où la densité du gaz est d_n et où se produit la résistance.

Le coefficient r_n est, comme on voit, indépendant de la vitesse, et peut se calculer *a priori* quand on connaît la forme et les dimensions de la conduite ainsi que les densités aux différents points.

En faisant la somme des pertes de charge partielles, on peut mettre $d \frac{v^2}{2g}$ en facteur commun et on a la perte totale

$$E - e = (r_1 + r_2 + r_3 \ldots) d \frac{v^2}{2g} = R d \frac{v^2}{2g},$$

en posant

$$r_1 + r_2 + r_3 \ldots = R;$$

R est le coefficient de résistance totale rapporté à la vitesse v de de sortie; il est de la forme

$$R = \Sigma m \frac{d}{d_n} \left(\frac{\omega}{\omega_n} \right)^2. \qquad (34)$$

Il ne dépend que des densités, des formes et des dimensions de la conduite et peut se calculer indépendamment de la pression motrice.

Ce coefficient R de résistance totale joue un grand rôle dans les formules relatives à l'écoulement des gaz par des conduites. Quand il est connu, on trouve facilement les vitesses, le volume et le poids écoulé.

Pour avoir la vitesse v, à l'extrémité du tuyau en H, il suffit d'appliquer la formule

$$v = \sqrt{\frac{2g E}{d(1 + R')}}. \qquad (35)$$

Les résistances de la conduite réduisent la vitesse dans le rapport

$\sqrt{\dfrac{1}{1+R}}$; si $R = 15$, la vitesse est réduite à $\dfrac{1}{4}$.

Le volume écoulé à la sortie est

$$Q = \omega\varphi = \omega \sqrt{\frac{2g\,E}{d\,(1+R)}}, \qquad (36)$$

et le poids en kilogrammes

$$P = 1000\ \omega\varphi d = 1000\ \omega \sqrt{\frac{2g\,E.\,d}{1+R}}. \qquad (37)$$

La vitesse φ_n dans une section quelconque se détermine par la relation (30)

$$\varphi_n = \varphi\,\frac{\omega\,d}{\omega_n\,d_n} = \frac{\omega\,d}{\omega_n\,d_n} \sqrt{\frac{2g\,E}{d\,(1+R)}}. \qquad (38)$$

206. Faisons une application afin de bien faire comprendre l'usage de ces formules.

Considérons un tuyau branché sur un récipient d'air comprimé et ayant la disposition indiquée dans la figure 76. Supposons que la température qui, à l'origine en A, est de 400°, s'abaisse progressivement, et qu'à la sortie en H, elle ne soit plus que de 100°, en ayant aux différents points les valeurs suivantes :

A	B	C	D	E	F	G	H
400°	380°	360°	350°	150°	130°	120°	100°

Le tuyau a 0^m,40 de diamètre de A en D, 0^m,80 de D en E, 0^m,20 de E en H.

Le tableau suivant donne les éléments et les résultats du calcul, pour les diverses résistances partielles et la résistance totale.

Calcul du coefficient de résistance totale.

1	2	3	4	5	6	7
PARTIES de la CONDUITE.	DIAMÈTRE. D	LONGUEUR. l	TEMPÉRATURES. t	COEFFICIENTS PARTIELS DE RÉSISTANCE rapportés à la vitesse au point considéré.	RAPPORT. $\dfrac{d}{d_n}\left(\dfrac{\omega}{\omega_n}\right)^2$	COEFFICIENTS PARTIELS de résistance rapportés à la vitesse de sortie. r
A	0,40	»	400°	$\frac{1}{\varsigma^2}-1=0,451$	0,1125	0,0507
AB	0,40	10^m	390	$\frac{kl\chi}{\omega}=0,620$	0,1106	0,0682
B	0,40	»	380	$\mu=0,200$	0,1088	0,0218
BC	0,40	20^m	370	$\frac{kl\chi}{\omega}=1,240$	0,1076	0,1334
C	0,40	»	360	$\mu=0,200$	0,1058	0,0212
CD	0,40	5^m	355	$\frac{kl\chi}{\omega}=0,310$	0,1050	0,0325
D	0,40 à 0,80	»	350	$\left(1-\frac{\omega}{\omega_1}\right)^2=0,5625$	0,1037	0,0582
DE	0,80	100^m	225	$\frac{kl\chi}{\omega}=2,000$	0,00546	0,0109
E	0,80 à 0,20	»	150	$\frac{1}{\varsigma^2}-1=0,451$	1,15	0,5160
EF	0,20	5^m	140	$\frac{kl\chi}{\omega}=1,000$	1,12	1,1200
F	0,20	»	130	$\mu=0,131$	1,10	0,1441
FG	0,20	30^m	125	$\frac{kl\chi}{\omega}=6,000$	1,08	6,4800
G	0,20	»	120	$\mu=0,131$	1,06	0,1388
GH	0,20	10^m	110	$\frac{kl\chi}{\omega}=2,000$	1,03	2,0600
H	0,20	»	100	»	»	»

Coefficient de résistance totale......... $R = 10,8558$

On voit que le calcul du coefficient de résistance R peut se faire assez simplement; il suffit de connaître les formes et les dimensions de la conduite ainsi que les températures aux divers points.

Pour calculer la vitesse de sortie dans le cas particulier, on se sert de la formule $v=\sqrt{\dfrac{2g\mathrm{E}}{d(1+\mathrm{R})}}$ dans laquelle on fait $\mathrm{R}=10,8558$; d'où $\sqrt{\dfrac{1}{1+\mathrm{R}}}=0,291$ et comme $t=100$, et $d=\dfrac{0,001293}{1+100\,\alpha}=0,0009467$, on trouve, tout calcul fait,

$$v=41,90\sqrt{\mathrm{E}}\ ;$$

pour $\mathrm{E}=0,01$, on a $v=4^{\mathrm{m}},19$, et le volume écoulé par le tuyau de $0^{\mathrm{m}},20$ de diamètre serait

$$Q=0^{\mathrm{mq}},0314\times4^{\mathrm{m}},19=0^{\mathrm{mc}},1318\ \text{par}\ 1''.$$

207. Si les diverses sections $\omega_1,\omega_2\ldots\omega_n$ étaient déterminées de telle sorte que le terme $\dfrac{d}{d_n}\left(\dfrac{\omega}{\omega_n}\right)^2$ fût constamment égal à l'unité, l'écoulement s'effectuerait dans la conduite comme si la vitesse y était constante ainsi que la température, et on se trouverait dans les conditions les plus favorables pour diminuer les résistances. Cette condition

$$\frac{d}{d_n}\left(\frac{\omega}{\omega_n}\right)^2=1$$

donne pour une section quelconque ω_n où la densité du gaz est d_n, la valeur

$$\omega_n=\omega\sqrt{\frac{d}{d_n}}.$$

Si cette condition est remplie, le calcul du coefficient de résistance R se simplifie beaucoup; tous les nombres de la colonne 6 deviennent égaux à l'unité et les valeurs de r sont données immédiatement dans la colonne 5.

208. Si on examine dans la colonne 7 les valeurs de r, on remarque que les résistances jusqu'au point E, avec des diamètres de 0^m,40 et de 0^m,80 sont très faibles ; leur somme est 0,3969, soit moins de 4 p. 100 de la résistance totale 10,8558. Ce résultat montre l'influence de la section des conduites sur la résistance.

Après le point E, le diamètre étant réduit à 0^m,20, la somme des résistances dépasse 96 p. 100 de la résistance totale.

Les résistances étant proportionnelles aux carrés des vitesses, qui sont elles-mêmes en raison inverse du carré des diamètres, la presque totalité de la résistance est produite par le frottement dans la partie EFGH. Il convient donc, pour réduire la pression motrice, de faire les sections des tuyaux de conduite aussi grandes que possible.

209. Il est souvent utile de pouvoir comparer facilement les résistances à l'écoulement des gaz de diverses conduites de dispositions différentes. On peut faire cette comparaison en cherchant, pour chacune d'elles, l'excès de pression motrice F, nécessaire pour faire écouler par la conduite, dans un temps déterminé, un certain volume ; par exemple 1 mètre cube par 1^s.

On tire de la formule (36) $Q = \omega \sqrt{\dfrac{2g\mathrm{E}}{d(1+\mathrm{R})}}$, en faisant E=F et Q=1, la relation

$$\mathrm{F} = \frac{d(1+\mathrm{R})}{2g\,\omega^2}$$

qui donne la pression F, en hauteur d'eau, nécessaire pour faire écouler 1 mètre cube par 1″ dans une conduite dont le coefficient de résistance est R et la section de sortie ω. On pourrait appeler F *la résistance spécifique* de la conduite. En comparant les valeurs de F pour différentes conduites, on apprécie celle qui convient le mieux dans un cas particulier.

Quand une conduite est établie, on trouve expérimentalement la valeur de F, en déterminant le volume Q qui s'écoule par 1″ sous une certaine charge.

En combinant avec la valeur de F celle de Q, on trouve

$$F = \frac{E}{Q^2}.$$

La résistance spécifique s'obtient en divisant la pression motrice par le carré du volume écoulé par $1''$.

Pour une mine de houille qui, sous un excès de pression de $0^m,05$ d'eau, laisse passer 20 mètres cubes par $1''$, la valeur de la résistance spécifique est $F = \dfrac{0,05}{(20)^2} = 0^m,000125.$

Pour avoir moins de décimales, il serait plus commode, dans la pratique, de rapporter la résistance spécifique F à l'écoulement d'un volume de 10 mètres cubes par $1''$ et de l'exprimer en millimètres ; on aurait alors pour la mine ci-dessus $F = 12^{mill},5$. Il faudrait une pression de $12^{mm},5$ pour faire écouler, dans les galeries de la mine, 10^{mc} par $1''$; pour faire écouler 20^{mc}, il faudrait 50^{mill}.

210. Tempérament d'une mine. — M. Guibal, ingénieur des mines à Mons, a désigné, sous le nom de tempérament d'une mine, le rapport du volume écoulé par $1''$, à la racine carrée de la pression motrice mesurée en millimètres d'eau, nécessaire pour faire écouler ce volume dans la mine ; avec les notations que nous avons adoptées, le tempérament T s'exprime par la relation

$$T = \frac{Q}{\sqrt{1000\,E}}. \qquad (40)$$

Pour une mine qui, sous un excès de pression de $0^m,05$, laisse passer 20 mètres cubes par $1''$, on a

$$T = \frac{20}{\sqrt{1000 \times 0,05}} = 2,83.$$

Les relations entre le tempérament T, le coefficient de résistance R et la résistance spécifique F s'obtiennent facilement en combinant les équations précédentes ; on trouve

$$T = \sqrt{\frac{2g}{1000\,d\,(1+R)}} \quad \text{et} \quad T = \sqrt{\frac{1}{1000\,F}}.$$

211. Orifice équivalent. — M. Murgue, ingénieur des mines de Bessèges, a désigné, sous le nom d'orifice équivalent d'une mine, l'orifice en mince paroi qui, sous la même pression motrice, donnerait passage au volume qui circule dans les galeries de la mine; cette expression, très nette, est généralement adoptée.

Si on désigne par Ω_0 la section de l'orifice équivalent et en général par φ_0 le coefficient de contraction ($\varphi_0 = 0,65$ pour un orifice en mince paroi), on a, d'après la définition

$$Q = \varphi_0\,\Omega_0\,\sqrt{\frac{2g\,E}{d}}, \quad \text{d'où} \quad \varphi_0\,\Omega_0 = \frac{Q}{\sqrt{\dfrac{2g\,E}{d}}}. \quad (41)$$

Pour $Q = 20^{mc}$ et $E = 0^m,05$, on a $\sqrt{\dfrac{2g\,E}{d}} = 28^m,30$,

et $\qquad \varphi_0\,\Omega_0 = 0,707,$ d'où $\quad \Omega_0 = 1^{mq},08.$

L'orifice équivalent de la mine est $1^{mq},08$.

Quant aux relations entre l'orifice équivalent d'un côté, et de de l'autre le coefficient de résistance R, la résistance spécifique F, et le tempérament T, on trouve facilement

$$\varphi_0\,\Omega_0 = \frac{\omega}{\sqrt{1+R}} = \sqrt{\frac{d}{2g\,F}} = T\,\sqrt{\frac{1000\,d}{2g}}.$$

212. Influence d'un registre. — La vitesse des gaz, et par suite le volume qui s'écoule dans les conduites, se règlent pratiquement, au moyen de registres ou de valves, qui, placés en un point convenable, permettent, par une manœuvre facile, de réduire à volonté la section en ce point.

On augmente ainsi la résistance et par suite on diminue la vitesse, mais il ne faut pas croire que cette réduction de section produise une réduction du volume écoulé dans le même rapport.

La diminution de volume est en général beaucoup plus faible. Cela vient de ce qu'en créant une résistance en un point, on diminue la vitesse et par suite les résistances dans les autres parties de la conduite, de sorte que la vitesse augmente dans la section réduite par le registre.

En désignant, comme toujours, par E et par e les excès de charge à l'origine et à l'extrémité de la conduite, par R le coefficient de résistance quand le registre est complètement levé, et par v la vitesse de sortie à l'extrémité de la conduite, on a

$$E - e = R e \qquad e = \frac{E}{1 + R} \qquad e = d\, \frac{v^2}{2g}.$$

Par la manœuvre du registre, on réduit la vitesse à la sortie de v à v' et la charge de e à e', et on a

$$e' = d\, \frac{v'^2}{2g}.$$

Désignons par Ne' la perte de charge produite (**196**) par le registre baissé; comme R ne change pas, la perte totale de charge devient

$$E - e' = (R + N)\, e',$$

d'où

$$e' = \frac{E}{1 + R + N}.$$

On en déduit, pour le rapport des charges et des vitesses à la sortie, après et avant la manœuvre du registre;

$$\frac{e'}{e} = \frac{1 + R}{1 + R + N} \qquad \frac{v'}{v} = \sqrt{\frac{1 + R}{1 + R + N}} \qquad (42)$$

La valeur de N est donnée par la formule (**196**); en désignant par Ω_1 et ω_1 les sections au registre, avant et après la manœuvre, par V_1 la vitesse dans la section réduite ω_1, par d_1 la densité des gaz et par φ_1 le coefficient de contraction au registre, on a

$$N e' = \varepsilon = \left[\frac{1}{\varphi_1^2} - 1 + \left(1 - \frac{\omega_1}{\Omega_1} \right)^2 \right] d_1\, \frac{V_1^2}{2g},$$

et comme, à raison de la permanence de l'écoulement,

$$\omega_1 V_1 d_1 = \omega v' d,$$

il vient, en remplaçant e' par sa valeur

$$N = \left[\frac{1}{\varphi_1^2} - 1 + \left(1 - \frac{\omega_1}{\Omega_1} \right)^2 \right] \frac{\omega^2}{\omega_1^2} \frac{d}{d_1}.$$

Quand le registre est complètement ouvert, la vitesse v_1, dans la section Ω_1 du registre, est donnée par la relation

$$\Omega_1 v_1 d_1 = \omega v d,$$

d'où

$$v_1 = \frac{\omega d}{\Omega_1 d_1} \sqrt{\frac{2 g E}{1 + R}}.$$

Quand le registre est en partie fermé, on a pour la vitesse V_1

$$\omega_1 V_1 d_1 = \omega v' d,$$

d'où

$$V_1 = \frac{\omega d}{\omega_1 d_1} \sqrt{\frac{2 g E}{1 + R + N}},$$

et on en conclut pour le rapport des vitesses au registre, après et avant la fermeture,

$$\frac{V_1}{v_1} = \frac{\Omega_1}{\omega_1} \sqrt{\frac{1 + R}{1 + R + N}}.$$

Prenons comme cas particulier $\frac{\omega_1}{\Omega_1} = \frac{1}{10}$ (le registre réduit la section au dixième) $\varphi = 0.90$, $d = d_1$ et $\Omega_1 = \omega$ (la section ouverte du registre est égale à la section de l'extrémité de la conduite). On trouve

$$N = (0,234 + 0,81) \, 100 = 104,4.$$

Si on suppose $R = 20$

$$\frac{e'}{e} - \frac{21}{125,4} = 0,167 \quad \text{et} \quad \frac{v'}{v} = \sqrt{0,167} = 0,409.$$

Ainsi, en réduisant par le registre la section à $\frac{1}{10}$, la vitesse et par suite le volume à la sortie sont réduits aux $\frac{4}{10}$ environ.

Par contre, la vitesse V_1 au registre est augmentée.

$$\frac{V_1}{v_1} = 10\sqrt{0,167} = 4,09.$$

La vitesse est plus que quadruplée.

Si la résistance R est plus grande, si R$=100$,

$$\frac{e'}{e} = \frac{101}{204,4} = 0,494 \qquad \text{et} \qquad \frac{v'}{v} = 0,703.$$

Le volume n'est réduit que de 30 p. 100 environ en réduisant la section à $\frac{1}{10}$. Au registre, la vitesse est augmentée dans le rapport $\frac{V_1}{v_1} = 10 \times 0,703 = 7,03$; elle devient plus de 7 fois plus grande.

L'effet d'un registre est d'autant moins sensible que les autres résistances sont plus grandes.

OBSERVATIONS SUR L'ÉTABLISSEMENT DES CONDUITES DE GAZ

213. Dans l'établissement d'une conduite de gaz, il faut s'attacher à réduire autant que possible les résistances au mouvement, les frottements, les remous, etc., qui obligent, pour faire écouler un volume déterminé, à augmenter la pression motrice, et par suite le travail de compression ou d'aspiration.

Il arrive souvent que par suite de ces résistances, la vitesse est réduite à $\frac{1}{10}$ et même au-dessous de celle qui correspond à la charge motrice; et il en résulte un travail 100 fois plus grand. Par des dispositions bien entendues, il est souvent possible de réduire ces pertes dans des proportions notables.

Le frottement est la principale cause de résistance ; la perte de charge qui en résulte est, comme nous l'avons vu, proportionnelle au carré de la vitesse et en raison inverse du diamètre de la conduite, et comme, pour le même volume écoulé, les vitesses sont en raison inverse des sections, c'est-à-dire du carré des diamètres, les pertes par le frottement sont en raison inverse de la cinquième puissance des diamètres.

On a les relations

$$\varepsilon = \frac{4\,k\mathrm{L}}{\mathrm{D}}\ d\ \frac{v^2}{2g} \ ; \qquad Q = \frac{\pi \mathrm{D}^2}{4} \cdot v,$$

d'où on conclut

$$\varepsilon = \frac{d}{2g} \cdot \frac{4\,k\mathrm{L}}{\pi^2} \cdot \frac{16\,Q^2}{\mathrm{D}^5}.$$

En doublant le diamètre d'une conduite, on réduit, pour le même volume écoulé, la perte par le frottement, à $\frac{1}{32}$.

La réduction de résistance est même plus forte, parce qu'en augmentant le diamètre, on diminue le coefficient k de frottement.

L'emploi de grands diamètres est donc un moyen des plus efficaces pour réduire les résistances, et nous avons eu déjà l'occasion de l'indiquer plusieurs fois. Mais, comme à mesure qu'on augmente le diamètre, on accroît les frais d'installation, l'espace occupé, les surfaces exposées au refroidissement et les pertes de chaleur, on se trouve bien vite limité, et la difficulté, pour l'ingénieur, est de concilier, le mieux possible, ces conditions opposées.

Dans tous les cas, quel que soit le diamètre, il faut prendre les meilleures dispositions pour réduire les pertes de charge.

En premier lieu, il importe d'éviter les coudes, surtout les coudes brusques, et d'employer les formes arrondies, avec un rayon de courbure aussi grand que possible.

Il faut aussi éviter les changements brusques de section et faire le raccordement des conduites de diamètres différents, par des troncs de cône allongés, avec un angle au sommet déterminé conformément aux indications (**146** et suiv.).

Les conduites doivent être, autant que possible, de forme circulaire ou du moins avec les angles arrondis, les surfaces, unies, lisses et régulières.

214. Division des courants. — Quand une conduite se divise en plusieurs branches, il est souvent difficile de faire passer dans chacune le volume de gaz qui convient, et on ne peut y arriver qu'en prenant, au point de division, des dispositions spéciales. Si on les néglige, l'expérience prouve que le plus souvent le courant ne se répartit pas dans les proportions demandées et même ne passe pas du tout dans certains branchements.

C'est ainsi que lorsqu'un courant gazeux (fig. 77), arrivant par le tuyau AA_1BB_1, doit se partager en deux branches BCD et $B_1C_1D_1$, il suffit d'une légère différence dans l'inclinaison des

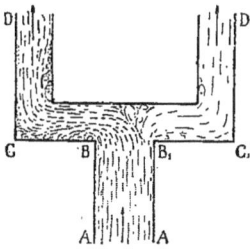 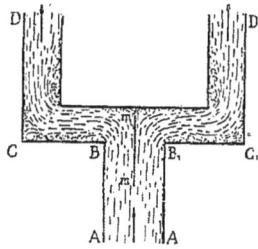

Fig. 77.   Fig. 78.

tuyaux pour que, sinon tout le gaz, du moins une grande partie, ne passe que dans la branche qui se trouve mieux placée dans la direction du tuyau d'arrivée. Comme il est à peu près impossible de mettre les tuyaux CD et C_1D_1 dans des conditions absolument identiques par rapport au tuyau d'arrivée, cette inégalité d'effet est toujours à craindre, et il est prudent, pour l'éviter, de disposer une cloison au point de division (fig. 78) afin de *séparer les deux courants avant le changement de direction.*

De même lorsqu'une conduite AB (fig. 79) doit distribuer l'air à plusieurs autres C, D, E, disposées perpendiculairement sur sa

SER.   22.

direction, la répartition pourrait se faire fort mal, si on disposait simplement chaque prise sur la conduite comme l'indique la figure 79. Non seulement l'air ne pénétrerait pas dans chaque branchement dans les proportions voulues, mais il y aurait souvent

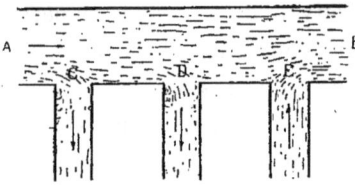 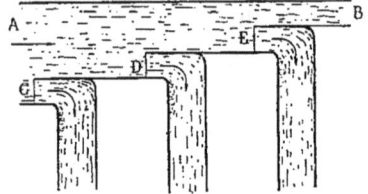

Fig. 79.   Fig. 80.

appel en sens inverse, comme il est indiqué pour la conduite E.

Il est toujours bon de séparer par une cloison, avant le changement de direction, la fraction du courant gazeux que l'on veut envoyer dans le branchement. C'est la disposition indiquée dans la figure 80.

215. Dans certains appareils dits tubulaires CDC_1D_1, le courant gazeux, arrivant par un tuyau unique $A'B$, doit se diviser simultanément dans un grand nombre de tubes; cette division est à peu

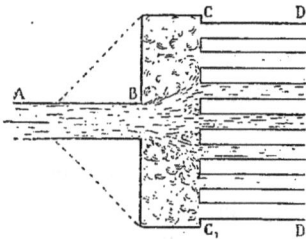

Fig. 81.

près impossible à obtenir d'une manière régulière. Le fluide (fig. 81), animé d'une certaine vitesse, tend à conserver sa direction et à pénétrer dans les tubes qui se trouvent dans le prolongement direct du tuyau d'arrivée; il ne passe rien ou presque rien dans les tubes extrêmes, qui ne sont pas utilisés comme surface de chauffe.

Pour obtenir une meilleure répartition, il faudrait augmenter graduellement, comme l'indique le tracé ponctué, la section de la veine d'arrivée, avant la plaque tubulaire, par un raccordement tronconique, avec un angle très faible; mais comme cette disposition prend beaucoup de place, elle ne peut être que rarement pratiquée.

On a essayé de disposer un système de cloisons étagées pour forcer le courant à se diviser en avant de la plaque tubulaire; mais il est difficile de les régler convenablement.

On obtiendrait une meilleure répartition en séparant les courants par des cloisons directrices avant de les faire pénétrer dans la section.

216. Les mêmes effets se produisent lorsqu'on veut faire déboucher l'air, sans vitesse sensible, dans un grand espace, en élargissant la conduite à l'extrémité. C'est le cas des conduits de chaleur et de ventilation à l'arrivée dans les lieux habités.

On se contente le plus souvent de disposer, au débouché du tuyau, une chambre de dimensions restreintes et dont une des faces est munie d'une grille, percée de nombreuses ouvertures. Si l'air sortait régulièrement par toutes les ouvertures, sa vitesse serait très réduite et peu sensible, mais, le plus souvent, il ne sort que par les ouvertures qui sont dans la direction du conduit d'arrivée; les autres ne servent qu'à produire des remous, de sorte que la vitesse de l'air dans l'enceinte est sensible et le courant gênant.

Pour éviter ces effets, il faut effectuer la division du courant avant qu'il n'ait changé de direction, de telle sorte que la grille d'écoulement soit alimentée, par un nombre de conduits distincts assez grand pour que la vitesse se trouve à peu près la même dans toutes les parties de la section.

217. Réunion des courants. — Des effets analogues se produisent, quand on a plusieurs courants à réunir en un seul, et il faut des dispositions particulières, aux points de rencontre, pour qu'ils ne se contrarient pas.

Le principe à observer pour la réunion des courants est de ne mettre les fluides en contact que lorsqu'ils ont pris la même direction.

Ainsi, dans la disposition de la figure 82, il arrivera presque toujours que l'un des courants, celui $A_1B_1C_1$, par exemple, sera plus fort que l'autre ABC qui sera plus ou moins gêné et

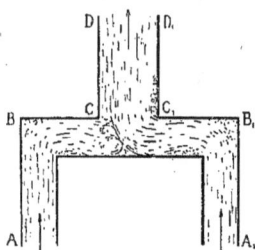

Fig. 82.

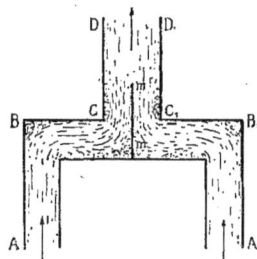

Fig. 83.

poura même être complètement arrêté. Une cloison *mn* (fig. 83), comme Péclet l'a indiqué, assure le mouvement régulier.

Quand il y a plusieurs chaudières dans une usine, on les dispose, ordinairement, à côté les unes des autres, dans un même massif et les carneaux, A,B,C, venant de chacune, aboutissent à un conduit unique DE qui amène les gaz de toutes les chau-

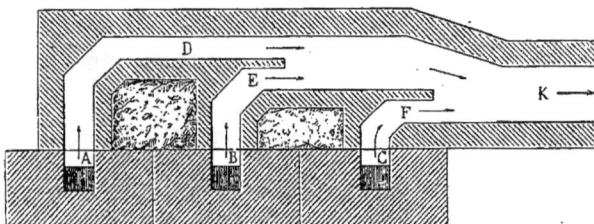

Fig. 84.

dières à la même cheminée. On doit se garder de faire déboucher ces carneaux perpendiculairement sur le conduit de réunion ; il faut avoir soin de les infléchir au point de jonction pour que, suivant le principe énoncé, les courants AD, BE, CF, ne viennent se mélanger que lorsqu'ils ont pris la même direction (fig. 84).

Nous reviendrons sur cette question, dans l'étude des appareils de chauffage, à propos de la disposition à donner aux surfaces de chauffe.

ÉCOULEMENT DE LA VAPEUR D'EAU DANS
LES TUYAUX

218. Les phénomènes qui se produisent, dans l'écoulement par des tuyaux de conduite, sont encore plus compliqués pour la vapeur que pour les gaz permanents. Non seulement la vapeur éprouve une perte de charge par le frottement, et autres résistances, mais encore, quelles que soient les précautions prises, elle se refroidit, se condense en partie, ce qui produit une nouvelle perte de pression. En outre, la vapeur entraîne toujours avec elle une certaine quantité d'eau, à l'état liquide, provenant soit directement de la chaudière, soit de la condensation, et le frottement contre la paroi s'effectue, non par la vapeur seule, mais par un mélange d'eau et de vapeur. On conçoit qu'à raison de ces circonstances, les pertes de charge soient fort différentes de celles des gaz permanents et variables avec les conditions de refroidissement.

219. La perte de charge totale ε dans l'écoulement de la vapeur par un tuyau rectiligne à section constante, peut se diviser en deux parties

$$\varepsilon = \varepsilon_1 + \varepsilon_2.$$

La première ε_1 est produite par le frottement de la vapeur contre les parois et son expression doit être la même que pour les gaz et liquides, c'est-à-dire,

$$\varepsilon_1 = \frac{k\,l\chi}{\omega}\,d\,\frac{v^2}{2g}, \qquad (1)$$

les lettres ayant les mêmes significations qu'au n° **179** ;

k est le coefficient du frottement de la vapeur et d sa densité par rapport à l'eau,

v sa vitesse,

l, χ, ω respectivement la longueur, le périmètre et la section du tuyau.

La deuxième partie de la perte de charge ε_2 résulte du refroidissement par la surface du tuyau et la condensation qui en est la conséquence. Sur un certain poids P de vapeur qui passe, il s'en condense une certaine fraction P_1 dont la proportion dépend des précautions prises contre le refroidissement.

Le poids de vapeur P, en kilogrammes, à la densité d, qui passe par 1″ dans un tuyau de diamètre D, avec une vitesse moyenne v, est

$$P = 1000 \, \frac{\pi D^2}{4} . v . d.$$

Soit n la pression en atmosphères, t la température, d_0 la densité de la vapeur supposée ramenée à 0° et à 0,76 de pression $(d_0 = 0,000\,804)$, on a $d = d_0 \dfrac{n}{1 + \alpha t}$

S'il se condense par 1″ un poids P_1 de vapeur, la pression s'abaisse de n à n_1, la température de t à t_1, la densité passe de d à d_1 et comme le volume de l'eau condensée est négligeable par rapport à celui de la vapeur, on peut admettre que le volume total ne change pas, de sorte qu'on a

$$P - P_1 = 1000 \, \frac{\pi D^2}{4} . v . d_1 \qquad \text{et} \qquad d_1 = d_0 \frac{n_1}{1 + \alpha t_1},$$

d'où

$$\frac{P - P_1}{P} = \frac{d_1}{d} = \frac{n_1}{n} . \frac{1 + \alpha t}{1 + \alpha t_1},$$

ou très approximativement, le module de température variant en général très peu

$$P - P_1 = \frac{n_1}{n} . P, \qquad \text{d'où} \qquad n - n_1 = n \frac{P_1}{P},$$

$n - n_1$ est la perte de pression en atmosphères produite par la condensation.

La perte de pression ε_2, en hauteur d'eau, par la condensation est en conséquence

$$\varepsilon_2 = 10,334 (n - n_1) = 10,334 . n \frac{P_1}{P}. \qquad (2)$$

En désignant par w le poids de vapeur, en kilos, condensée par seconde et par mètre carré de surface de tuyau, on a

$$P_1 = \pi D l w,$$

l étant la longueur du tuyau, $\pi D l$ est la surface.

On en tire

$$\frac{P_1}{P} = \frac{4 l w}{1000\, D v d},$$

et par suite

$$\varepsilon_2 = \frac{4 \times 10{,}334\, n l w}{1000\, D v d}.$$

La perte de charge totale est

$$\varepsilon = \varepsilon_1 + \varepsilon_2 = \frac{4 l}{D} \left(\frac{k v^2 d}{2g} + \frac{10{,}334\, n w}{1000\, v d} \right). \qquad (3)$$

Cette perte de charge sera minimum pour la vitesse qui rend nulle la dérivée

$$\frac{k v d}{g} - 0{,}010334 \frac{n w}{v^2 d} = 0,$$

d'où, en faisant $g = 9{,}81$ et $d = 0{,}000\,804 \dfrac{n}{1 + \alpha t}$, on trouve

$$v^3 = 0{,}010334 \frac{g n w}{k d^2} \qquad\qquad v = 53{,}92 \sqrt{\frac{w(1 + \alpha t)^2}{k n}}$$

et

$$\varepsilon = 3 \cdot \frac{4 k l}{D}\, d\, \frac{v^2}{2g}.$$

La perte de charge totale minimum est le triple de celle qui est produite par le frottement seul.

En appliquant ces formules à l'écoulement de la vapeur, à 5 atmos, dans un tuyau de 100^m de long et de $0^m,10$ de diamètre et supposant $k = 0{,}01$ et 1^k de vapeur condensée par heure et par ^{mq}, $(3600\, w = 1 \text{ kilog})$. on trouve $v = 15{,}17$ et $\varepsilon = 3^m,72$, dont $\frac{1}{3}$ soit $1^m,24$ par le frottement et $\frac{2}{3}$ soit $2^m,48$ par la condensation.

Pour des pressions de la vapeur entre 2 et 5 atmosphères, ce qui est généralement le cas dans la pratique, et pour des valeurs de k entre 0,01 et 0,03, la vitesse, correspondant au minimum de perte de charge, doit être comprise entre 10 et 20 mètres, la vitesse diminuant quand la pression augmente.

220. Expériences. — M. Audemar, ingénieur des mines de Blanzy, rapporte les expériences suivantes : une machine d'épuisement, placée au fond d'un puits à Montceau-les-Mines, était alimentée de vapeur par une conduite en fonte de 0,20 de diamètre intérieur et de 403 mètres de longueur. A la vitesse de 18 tours par 1', elle consommait 0^k,955 de vapeur par 1".

A la vitesse de 17 tours, on a constaté une perte de charge 0^{at},65, soit en hauteur d'eau 0,65 × 10,334 = 6^m,71 ; la pression à l'arrivée étant de 4^{at},50 ; elle devait être de 5^k,15 au départ, soit 4^{at},82, en moyenne dans la conduite.

Le poids écoulé à 17 tours étant. . . . . $0^k,955 \times \dfrac{17}{18} = 0^k,902$

dont le volume est 0^{mc},400 × 0^k,902. . .   0^{mc},3608

on en déduit la vitesse dans la conduite $v = \dfrac{0,3608}{0,0314} = 11^m,49$.

Des expériences directes ont montré que le poids de vapeur condensée était de 140 kilos à l'heure, à la pression de 4^{at},75 au bas de la conduite; la surface intérieure du tuyau étant de 253 mètres carrés, la vapeur condensée, par mètre carré intérieur et par heure, est de 0^k,553, soit par 1", $w = 0^k,000153$. Comme $d = 0,00265$, on trouve en appliquant la formule (3)

$$k = 0,0323.$$

Dans une autre conduite de 0,08 de diamètre intérieur et de 200 mètres de long, il passait un volume de 94 litres de vapeur par 1", alimentant une machine à vapeur.

La perte de charge était de 1^{at},5 soit 15^m,50 en hauteur d'eau.

La vitesse d'écoulement était $v = \dfrac{0,094}{3,14 \left(\dfrac{0,08}{2}\right)^2} = 18^m,72$; si on applique la formule (3), en faisant $l = 200$, $D = 0,08$, $d = 0,00223$ pour 4 atmosphères en moyenne, $v = 18,72$, et en admettant $w = \dfrac{1^k}{3600} = 0^k,000277$ (les précautions contre la condensation n'étant pas aussi bien prises que pour la conduite précédente), on trouve

$$k = 0,0322$$

$$\varepsilon_1 = 12^m,80 \qquad \varepsilon_2 = 2^m,70.$$

Le coefficient de frottement k est environ cinq fois plus fort que pour l'air. Cette augmentation doit tenir en partie à la présence de l'eau.

221. En résumé, on ne possède que des données très insuffisantes sur le coefficient de frottement et les pertes de charge qui se produisent dans les tuyaux de conduite de vapeur; on obtient si facilement la vapeur sous de fortes pressions qu'on s'est jusqu'à présent peu préoccupé de la perte relativement assez faible qui se produit dans le transport à distance; c'est cependant une question qui a son importance, au point de vue de la bonne utilisation de la chaleur, et que l'on commence à comprendre.

Il serait bien à désirer que des expériences plus complètes fussent entreprises pour déterminer, avec la précision que M. Arson a apportée dans ses recherches sur l'écoulement des gaz, la valeur du coefficient de frottement de la vapeur qui doit dépendre, comme celui de l'air, du diamètre et de la nature des tuyaux et de la vitesse d'écoulement.

§ III

MANOMÈTRES ET ANÉMOMÈTRES

222. Pour mesurer les pressions et les vitesses dans les divers points d'une conduite de gaz, on se sert d'instruments désignés sous le nom de manomètres et d'anémomètres.

Les premiers servent à mesurer les pressions d'où on peut
déduire souvent les vitesses; les seconds mesurent directement
la vitesse d'écoulement du gaz, dans la section considérée, et on
en déduit facilement le volume qui passe dans un temps donné,
en multipliant la vitesse par la section.

MANOMÈTRES

223. Les manomètres ont des dispositions et des formes qui
diffèrent essentiellement suivant qu'ils sont destinés à mesurer
de fortes ou de faibles pressions.

Nous verrons, dans le chapitre des chaudières à vapeur, les
manomètres employés pour les fortes pressions,
nous nous occuperons seulement ici de ceux
destinés à mesurer les faibles pressions.

Le manomètre le plus employé, pour mesurer
les faibles pressions, se compose d'un tube en
verre ABCD, recourbé en forme d'U, dans lequel on met de l'eau ou du mercure (fig. 85).
On fait communiquer le haut de l'une des branches A, avec l'espace renfermant les gaz dont
on veut avoir la pression, et l'autre branche D
avec l'atmosphère ou avec un autre milieu
renfermant un second gaz. Si les pressions des
deux milieux, mis ainsi en communication avec
le manomètre, sont différentes, il s'établit dans
le liquide des deux branches une dénivellation
m n qui mesure précisément l'excès de pression d'un milieu sur l'autre. Une échelle gra-
duée est appliquée entre les branches du tube et sert à mesurer
la différence de niveau.

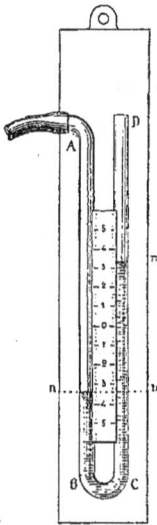

Fig. 85.

Dans le but d'éviter l'action de la capillarité, on prend assez
souvent des tubes d'assez grand diamètre. En fait, comme il
s'agit seulement de mesurer les déplacements et que la capillarité agit de la même manière, avant et après le changement de

niveau, pourvu qu'on ait soin de mouiller le tube, un diamètre
de 0,01 et même de 0,005 est plus que suffisant.

224. Lorsqu'il se produit une différence de pression entre les
deux branches d'un manomètre, les niveaux se déplacent en
même temps, l'un en dessus, l'autre en dessous, et c'est la
somme des deux déplacements qui mesure l'excès de pression.
Il faut donc deux lectures simultanées, et il est difficile de les
faire avec précision, quand il se produit des oscillations dans les
niveaux, ce qui a lieu le plus souvent et dans les limites assez
étendues, surtout pour les fluides en mouvement.

Il ne suffit pas, comme on pourrait le croire, de mesurer un
seul déplacement de niveau soit en dessus,
soit en dessous et de doubler la hauteur ; on
aurait le plus souvent, en opérant ainsi, des
mesures inexactes ; les déplacements en haut
et en bas ne sont pas les mêmes, parce que les
deux tubes n'ont pas des sections exactement
égales ; il y a le plus souvent des différences
assez sensibles, qui fausseraient l'indication.

225. Pour éviter cette double lecture, on
peut rendre l'échelle mobile (fig. 86), au
moyen d'une vis manœuvrée par un bouton K.
On amène le zéro de l'échelle à la hauteur
nn du niveau inférieur et on n'a qu'à lire la
hauteur du niveau supérieur *m* pour avoir
l'excès de pression.

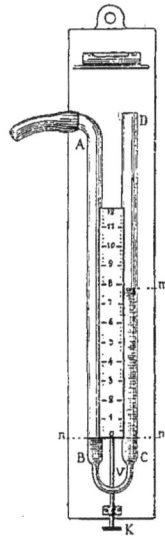

Fig. 86.

226. Une autre disposition de manomètre qui permet de ne
faire qu'une seule lecture et sans aucune manœuvre, est représentée figure 87. L'appareil se compose d'un seul tube AB communiquant par le bas avec un vase V en verre ou en métal de
section relativement grande. Lorsque la pression agit, les déplacements des niveaux se font dans le tube et dans le vase dans

le rapport inverse des sections, et si ce rapport est très faible, on peut négliger le déplacement dans le vase. Si, par exemple, le tube AB a 0^m,01 de diamètre et le vase 0^m,10, les sections sont dans le rapport de 1 à 100, et en négligeant les variations dans le vase, on commet une erreur de $\frac{1}{100}$ seulement. On pourrait même en tenir compte, en ajoutant $\frac{1}{100}$ à la dénivellation dans le tube.

227. Manomètre à tube incliné. —

Le manomètre à tubes verticaux ne peut servir à mesurer les très faibles différences de pression. C'est tout au plus si on peut apprécier des demi-millimètres de hauteur d'eau, ce qui est loin de suffire dans beaucoup de cas.

Nous avons vu (**142**) qu'une vitesse d'air de 1^m,23 correspond à un excès de pression de un dixième de millimètre; pour mesurer ces pressions, il faut des manomètres beaucoup plus sensibles.

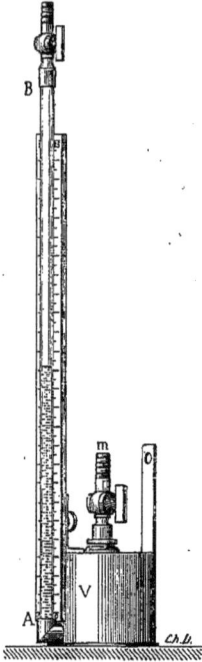

Fig. 87.

L'appareil le plus simple, pour mesurer les très faibles pressions, est le manomètre à tube incliné; c'est celui employé par Péclet dans ses expériences.

Il se compose d'un vase V à grande section, sur lequel est branché latéralement un tube en verre incliné AB, suivant un angle déterminé sur une plaque de support, et le long duquel est appliquée une échelle divisée (fig. 88). Au moyen de vis calantes et d'un niveau d'eau, on peut régler bien horizontalement la plaque de support et avoir ainsi exactement l'angle du tube avec l'horizontale.

En mettant un liquide, de l'eau ou mieux de l'alcool, dans le vase, le niveau apparaît dans le tube, s'il est d'assez fort dia-

mètre, sous la forme d'un ménisque concave très allongé qui
se recourbe normalement à l'arête supérieure du tube où il
indique, d'une manière très nette, la position du liquide par
rapport à l'échelle divisée.

Si le tube n'a que 2 à 3 millimètres de diamètre, le ménisque
est perpendiculaire au tube et la lecture est encore plus facile.

Lorsqu'on établit la pression dans le vase, le liquide se déplace
dans le tube et le chemin, parcouru vis-à-vis l'échelle et qui me-

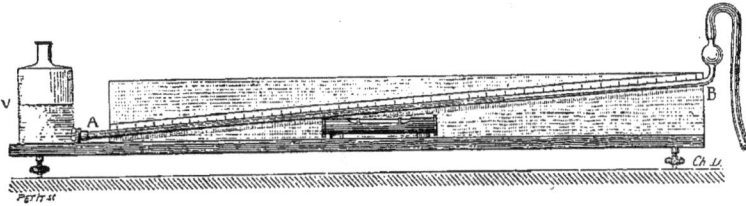

Fig. 88.

sure la différence de pression, est naturellement d'autant plus
grand, pour la même pression, que l'inclinaison du tube sur
l'horizontale est plus faible. La sensibilité de l'instrument est
d'autant plus forte que le tube est moins incliné.

Avec une inclinaison de $\frac{1}{25}$, le chemin parcouru, pour un excès
de pression de $0^m,01$, est de $0^m,25$ et la sensibilité de l'instrument est ainsi 25 fois plus grande que celle d'un manomètre à
tube vertical. Comme on peut apprécier facilement sur l'échelle
1/2 millimètre, on arrive ainsi à mesurer des différences de
niveau de $\frac{1}{50}$ de millimètre.

228. Une première condition pour l'exactitude des indications données par l'instrument, c'est que le liquide employé soit
très mobile, de telle sorte qu'après avoir été déplacé, il revienne
bien exactement au point de départ quand on supprime la
pression. Cette condition n'est pas remplie avec l'eau, surtout
pour les petits tubes. L'alcool au contraire, beaucoup plus mo-

bile, revient bien à sa position initiale. Il faut avoir soin, comme nous l'avons dit, de bien mouiller le tube de verre à chaque lecture, un peu au-dessus du point où le liquide s'arrête; c'est ce qui se fait facilement en pressant sur le tube en caoutchouc de communication.

Il est bien entendu que, lorsqu'on emploie de l'alcool, il faut avant tout mesurer sa densité, les hauteurs d'eau et d'alcool étant, pour la même pression, en raison inverse de ces densités.

Pour que le déplacement du liquide indique réellement les variations de hauteur, il faut en outre que l'arête supérieure du tube, à l'intérieur, soit exactement une ligne droite, ce qui est bien difficile à obtenir avec un tube de verre qui présente toujours quelques irrégularités et les plus légères ont de l'importance, quand il s'agit de mesurer des dixièmes et des centièmes de millimètres de pression.

229. Les figures 89 et 90 représentent, en élévation et en plan, un manomètre à tube incliné que j'ai fait construire, pour éviter

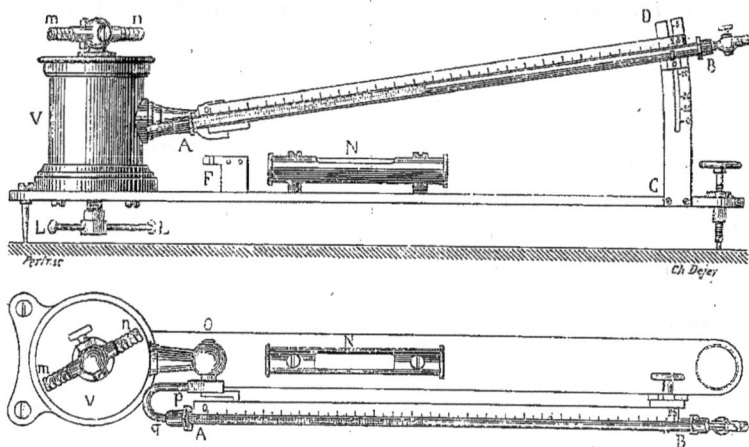

Fig. 89 et 90.

cette cause d'erreur, en permettant de graduer l'instrument par expérience.

L'appareil se compose, comme le précédent, d'un tube incliné

AB communiquant avec un vase V à grande section, mais ce vase est en bronze, alésé avec soin, bien cylindrique à l'intérieur. Pour graduer l'instrument, on verse dans le vase, au moyen d'une pipette, successivement des volumes égaux du liquide ; à chaque fois le niveau s'élève exactement de la même hauteur que l'on peut calculer facilement, d'après le diamètre du vase et la quantité de liquide versé ; en notant les positions correspondantes, occupées sur l'échelle par le niveau dans le tube incliné, on peut construire une table donnant expérimentalement les déplacements, pour un excès de pression déterminé. On peut rapprocher, autant qu'on le désire, les divisions, en réduisant convenablement le volume de liquide versé chaque fois. Un niveau d'eau N à bulle d'air permet de mettre l'instrument parfaitement horizontal au moyen de pieds à vis.

Afin de pouvoir faire varier, suivant les besoins, la sensibilité de l'instrument, le tube, avec l'échelle, est mobile autour d'un axe et peut être fixé à l'inclinaison qu'on désire, au moyen d'une vis de pression sur un cercle gradué CD ; on peut même le disposer verticalement en le fixant en F. L'axe de rotation est creux et communique d'un côté avec le vase V, de l'autre par un tube recourbé *pq* avec le tube de verre incliné, ce qui permet de mettre le zéro de l'échelle exactement dans le prolongement de l'axe de rotation ; de cette manière quand on fait tourner le tube, le niveau reste toujours à la même division.

Le tube en caoutchouc, qui transmet la pression, peut être fixé en *m* ou en *n* sur le vase ou à l'autre extrémité en B.

Enfin on peut ramener, au commencement d'une expérience, le niveau dans le tube exactement au zéro ; il suffit d'agir sur un levier LL qui fait tourner une vis et soulève ou abaisse un piston qui supporte le liquide dans le vase.

Avec de l'alcool cet instrument est susceptible d'une grande précision.

230. Manomètre à flotteur. — Péclet, dans son *Traité de la chaleur*, a décrit d'autres manomètres qui ont tous pour but, en amplifiant les indications, de permettre la mesure des faibles différences de pression.

Le manomètre à flotteur (fig. 91) se compose d'une caisse en laiton qu'on peut régler bien horizontalement au moyen de pieds à vis et d'un niveau N.

La caisse à moitié pleine d'eau est divisée en deux parties par

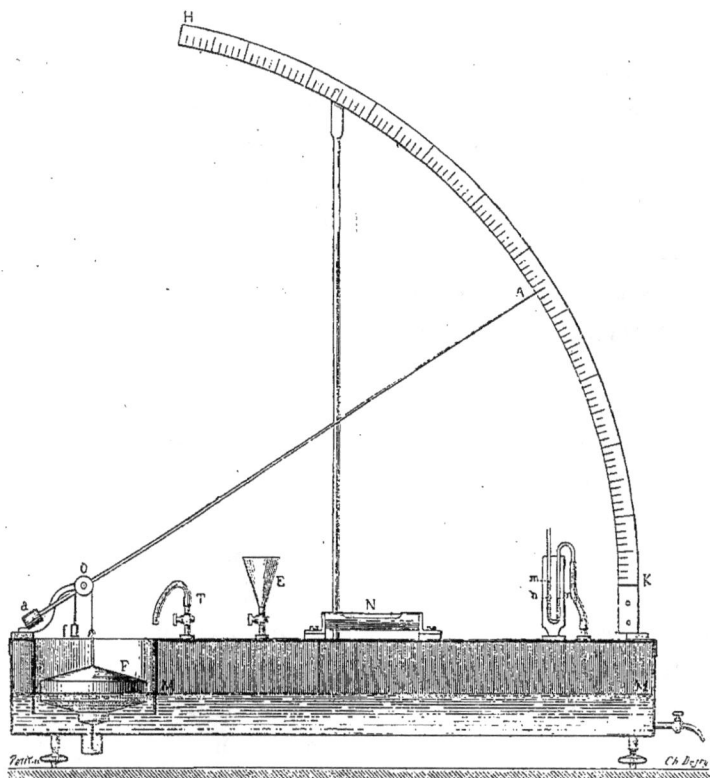

Fig. 91.

un cylindre fixé à la paroi supérieure. Un flotteur creux est suspendu sur l'eau dans le cylindre et soutenu par un fil qui s'enroule sur une poulie o et qui est tendu par un contrepoids f. Sur l'axe de la poulie est fixée une grande aiguille en bois très légère, équilibrée par un poids a et dont l'extrémité se meut sur un cadran divisé KAH. Le tube de prise de pression se place en T. L'entonnoir E sert à remplir la caisse; enfin un manomètre ordinaire donne la pression approximative mn.

Le rapport du rayon de la poulie à celui de l'aiguille étant $1/50$, une variation de $0^{mm},1$ dans le niveau de l'eau MM est indiquée par un déplacement de 5 millimètres de l'extrémité de l'aiguille. Pour avoir des indications exactes, il faut tenir compte du rapport des surfaces d'eau dans la caisse et dans le cylindre qui renferme le flotteur, car lorsque le niveau s'abaisse d'un côté sous l'influence d'une pression, il monte de l'autre côté. L'appareil doit être gradué par comparaison.

231. Manomètre à cloche. — Dans ses expériences sur l'écoulement des gaz en longues conduites, M. Arson s'est servi d'un manomètre à cloche (fig. 92 et 93), construit par M. Brunt et qui lui permettait d'apprécier des centièmes de millimètre de hauteur d'eau.

Ce manomètre se compose d'un réservoir cylindrique C renfermant de l'eau sur laquelle est renversée une cloche B, rendue flottante au moyen d'un cylindre creux A plein d'air rivé sur le fond supérieur et de même hauteur. La cloche se maintient en équilibre quand le poids d'eau déplacé par le cylindre creux est égal au poids de la cloche. De cette manière on n'a pas besoin de contre-poids.

Quand on met le tube TT arrivant sous la cloche en communication avec un milieu dont la pression est plus forte, la cloche se soulève, guidée verticalement au moyen de deux galets qui roulent sur deux tringles GG, GG fixées aux parois de la cuve. Dans ce mouvement, une crémaillère DE, qui surmonte la cloche, fait tourner une grande roue dentée R dont l'axe porte une aiguille qui indique, sur un premier cadran, les centimètres parcourus et cette grande roue commande un pignon P dont l'axe fait mouvoir une seconde aiguille, sur un autre cadran de plus grand diamètre, qui indique les centièmes de millimètre de hauteur d'eau. La pression s'établit au moyen du tube en caoutchouc a

dans la chambre K qui communique par le tube TT avec l'espace au-dessus du niveau de l'eau. Un manomètre ordinaire, placé à l'extérieur, donne la pression *mn* approximative.

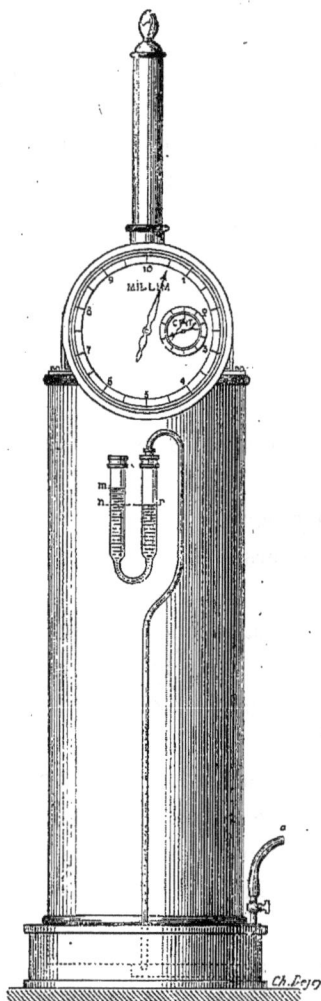

Fig. 92.

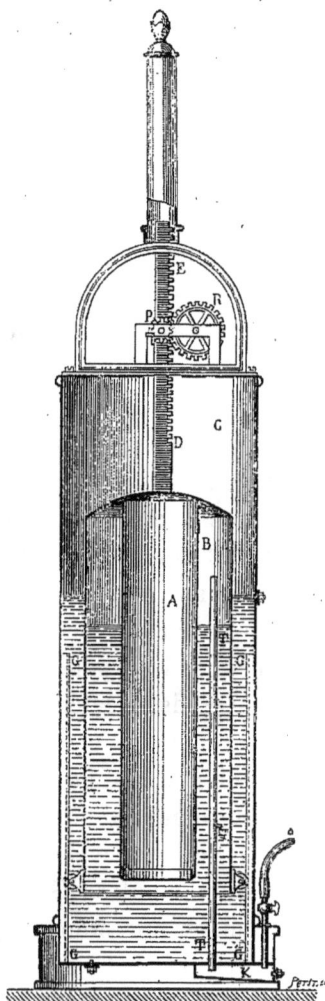

Fig. 93.

Dans l'appareil de M. Arson, le cylindre creux plein d'air avait un diamètre moitié de celui de la cloche, de telle sorte que le soulèvement de la crémaillère était le triple de la hauteur d'eau mesurant la pression (¹), ce qui augmentait la sensibilité de l'appareil dans la même proportion.

Cet instrument, pour bien fonctionner, doit être construit avec la plus grande précision; il y a surtout à craindre les temps perdus par les engrenages à chaque changement de sens.

232. Multiplicateur Bourdon.

— M. Bourdon a utilisé, pour la mesure de la vitesse du vent, les effets d'aspiration produits par les ajutages convergents divergents — et pour amplifier l'effet il a disposé (fig. 94) plusieurs de ces ajutages les uns dans les autres.

L'appareil se compose d'une batterie de trois tubes convergents-divergents A, B, C de dimensions croissantes, placés sur un même axe de telle sorte que chacun a son débouché dans la section étranglée de celui qui l'environne. Lorsqu'on place l'appareil dans un courant d'air, il se développe, dans chaque étranglement, une pression moindre que dans l'étranglement du tube enveloppant et la pression diminue successivement d'un

---

(1) Soit Ω la section totale de la cloche, ω celle du cylindre flotteur, de sorte que $\Omega - \omega$ est celle de l'espace annulaire.

Si on fait arriver du gaz sous la cloche de manière à produire un excès de pression E, en hauteur d'eau, on la soulève avec une pression qui, agissant sur la surface $\Omega - \omega$, est égale à $(\Omega - \omega)$ E, et lorsque l'équilibre est rétabli, le soulèvement du flotteur doit être tel que le poids ωh, du volume d'eau abandonné par l'émersion du flotteur, soit égal à la force de soulèvement; on doit avoir

$$(\Omega - \omega)\, E = \omega h ,$$

d'où

$$h = E \frac{\Omega - \omega}{\omega}.$$

Dans l'appareil de M. Arson, $\Omega = 4\omega$; on en déduit, comme il est dit dans le texte,

$$h = 3\,E.$$

Dans le mouvement de la cloche, le niveau extérieur du réservoir ne se déplace pas; cela résulte de ce que le volume ωh, laissé libre par l'émersion du flotteur, est exactement rempli par le volume d'eau $(\Omega - \omega)$ E, résultant de l'abaissement du niveau dans l'espace annulaire.

tube à l'autre en passant de l'extérieur à l'intérieur. En faisant communiquer la partie étranglée du plus petit tube A, par un tuyau *abc* avec le tube creux *cc'* qui communique lui-même par le tuyau *t* avec un manomètre, la dénivellation *mn* est considérablement amplifiée.

Par exemple, pour une vitesse de 4 mètres, le tube manomé-

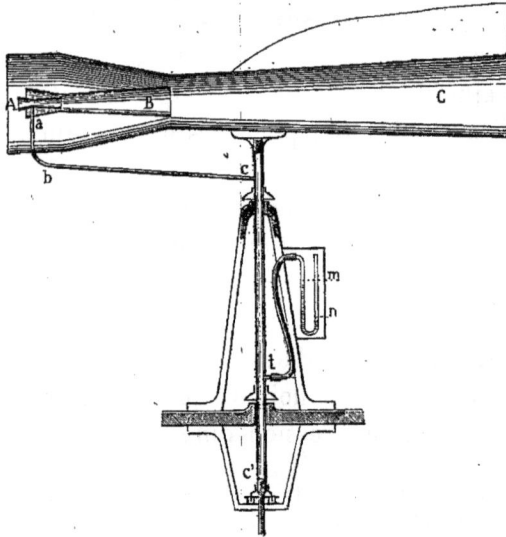

Fig. 94.

trique ordinaire accuse une dénivellation de 1 millimètre d'eau. Avec une batterie de 3 tubes (fig. 94), il se produit, au premier étranglement, une aspiration de 4 millimètres, au second, de 4×4 millimètres $= 16$ millimètres, au troisième, une aspiration de $4 \times 16 = 64$ millimètres environ.

Cette amplification peut varier de 5o p. 100 avec la vitesse. Le tableau suivant fait connaître les résultats observés par M. Bourdon dans une série d'expériences.

Vitesses du vent et dépressions observées à chacun des trois tubes.

VITESSE DU VENT EN MÈTRES par seconde. $v = \sqrt{\dfrac{2ge}{d}}$	PRESSIONS VIVES en MILLIMÈTRES D'EAU. $e = d\dfrac{v^2}{2g}$	DÉPRESSIONS EN MILLIMÈTRES D'EAU		
		AU 1ᵉʳ TUBE extérieur.	AU 2ᵉ TUBE moyen.	AU 3ᵉ TUBE intérieur.
1,10	0,1	0,3	0,9	4
1,50	0,2	0,6	1,8	6
1,90	0,3	0,9	3,6	11
2,30	0,4	1,3	4,6	17
2,60	0,5	1,7	6,0	21
3,00	0,6	2,1	7,5	28
3,20	0,7	2,5	9,2	35
3,50	0,8	3,0	10,8	44
3,70	0,9	3,5	14,0	56
3,90	1,0	4,0	16,0	65
5,70	2,0	8,0	32,0	135
6,90	3,0	13,0	52,0	210
8,00	4,0	17,0	70,0	290
9,00	5,0	21,0	87,0	370
9,80	6,0	26,0	110,0	450
10,50	7,0	30,0	126,0	530
11,30	8,0	35,0	149,0	620
12,00	9,0	40,0	168,0	710
12,70	10,0	45,0	190,0	800

M. Bourdon a appliqué son appareil pour enregistrer à chaque instant la vitesse du vent dans l'atmosphère ; il fait agir l'aspiration du 3ᵉ tube, sous une cloche renversée, dans une cuve pleine d'eau, analogue à celle de M. Arson et dont les déplacements verticaux mettent en mouvement un crayon, qui trace sur un carton les variations de l'intensité du vent dans l'atmosphère.

233. Observations sur les indications manométriques. — Lorsque le gaz dont on mesure la pression est en repos dans un récipient, la position de l'extrémité ouverte du tube de prise de pression n'a pas d'influence. L'indication manométrique est la même, quelle que soit la direction, mais il n'en est plus ainsi quand on mesure la pression d'un gaz en mouvement; dans ce cas, la position de l'orifice, par rapport à la direction du courant, a une très grande influence sur les indications.

Il importe d'entrer dans quelques détails à ce sujet.

Nous supposerons, dans tout ce qui va suivre, que les pressions sont données en hauteur d'eau ; ce sont les indications d'un manomètre à eau.

Considérons un courant de gaz dans une conduite ABCD, ouverte à son extrémité dans une grande enceinte M où la pression est P et plaçons, au milieu de la veine fluide, un tube communiquant avec un manomètre. Il est d'abord essentiel que le tube de prise soit aussi petit et effilé que possible, pour éviter les remous qui troubleraient les indications.

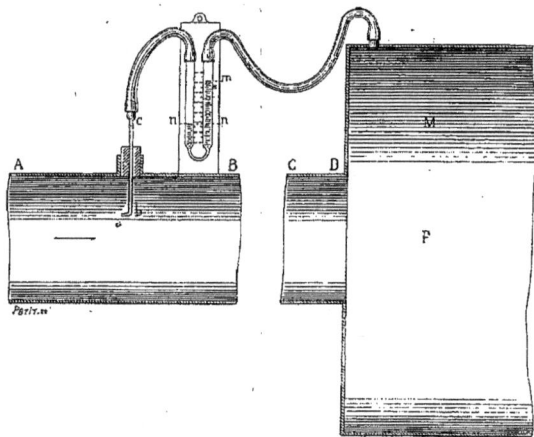

Fig. 95.

Soit v la vitesse d'un filet gazeux; la *pression vive*, c'est-à-dire la pression e, correspondant à cette vitesse est donnée par la relation $e = d\dfrac{v^2}{2g}$.

Le tube de prise de pression peut être placé soit dans la direction du courant, soit plus ou moins incliné par rapport à cette direction.

Quand le tube abc est placé dans la direction du courant (fig. 95), son extrémité ouverte face au courant de manière que la veine fluide tende à y pénétrer, la pression produite est la résultante de l'action de la vitesse du courant et de la pression propre du fluide, c'est une *pression dynamique* que nous désignerons par p_1. En faisant communiquer l'autre branche du manomètre avec le milieu à pression P, à l'extrémité de la conduite, l'indication manométrique e_1 est évidemment

$$e_1 = p_1 - P.$$

Si, au contraire, le tube de prise de pression est disposé perpendiculairement au courant (fig. 96) de telle sorte que la veine fluide passe devant l'extrémité ouverte, parallèlement à son plan, l'effet de la vitesse est supprimé et on n'a plus que la *pression statique* ou *pression morte;* en la désignant par p_0, la différence de pression ε indiquée au manomètre, dont l'autre branche communique toujours avec le milieu à pression P, est

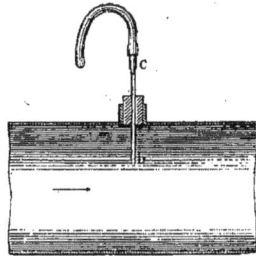

Fig. 96.

$$\varepsilon = p_0 - P.$$

$\varepsilon = p_0 - P$ est la *perte de charge* depuis la section considérée jusqu'à l'extrémité de la conduite.

L'expérience indique que les pressions ainsi mesurées sont liées par la relation

$$p_1 - p_0 = e, \qquad \text{ou bien} \qquad e_1 - \varepsilon = e.$$

La différence de la *pression dynamique* et de la *pression statique* est égale à la *pression vive.*

Pour qu'avec le tube disposé perpendiculairement à la direction de la veine fluide il ne se produise pas des remous à l'orifice de prise de pression, il faut munir l'extrémité soit d'un petit disque (fig. 97), soit d'un autre petit tube (fig. 98) disposés dans la direction du courant et par conséquent normalement au tube de prise ;

cette disposition a pour effet de forcer les molécules fluides à se

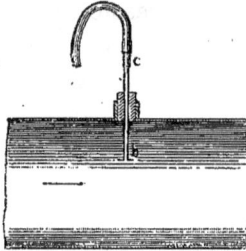

Fig. 97.

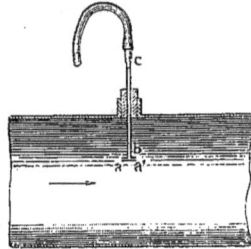

Fig. 98.

mouvoir bien parallèlement au plan de l'orifice ; cette précaution est indispensable.

234. Il résulte de ce que nous venons de dire que, pour
avoir la vitesse en un point, dans une section quelconque d'un
tuyau de conduite où l'écoulement se
fait par filets parallèles, il suffit d'y placer un appareil composé de deux tubes
(fig. 99) : l'un, recourbé à angle droit,
a son orifice face au courant et l'autre
est terminé par un disque parallèle au
courant. En faisant communiquer les
deux tubes respectivement avec une des
branches d'un même manomètre, la
différence de niveau indiquera la pression vive e qui correspond à la vi-

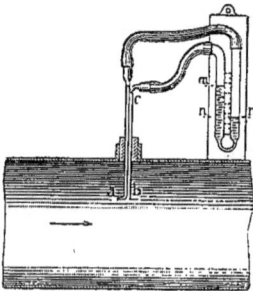

Fig. 99.

tesse v, de telle sorte que $e_1 - \varepsilon = e = d\dfrac{v^2}{2g}$.

Des expériences faites sur l'écoulement dans un tuyau de 0,215
de diamètre, et dans lesquelles on comparait des indications
manométriques et anémométriques, ont donné des résultats concordants et conformes à la relation que nous venons d'indiquer.

235. Il arrive assez souvent qu'on ne met pas la seconde branche du manomètre en communication avec l'enceinte à pression P dans laquelle débouche l'extrémité de la conduite, ordinairement parce que la distance est trop grande, et qu'on la fait communiquer simplement avec l'atmosphère à pression P' qui entoure la conduite;

Soit $P-P'=E$, la différence de pression des deux milieux.

Les indications du manomètre sont alors :

Tube de prise de pression face au courant :

Pression dynamique $e'_1 = p_1 - P'$. .

Tube de prise de pression perpendiculaire au courant :

Pression statique $\varepsilon' = p_0 - P'$;

et on a toujours la relation

$$e = p_1 - p_0 = e'_1 - \varepsilon',$$

d'où on déduit la vitesse d'écoulement $v = \sqrt{\dfrac{2ge}{d}}$.

Pour avoir la perte de charge $\varepsilon = p_0 - P$, depuis la section d'expériences jusqu'à l'extrémité de la conduite, il suffit de remplacer P par sa valeur $P'+E$, ce qui donne

$$\varepsilon = p_0 - P = p_0 - (P'+E) = \varepsilon' - E.$$

En retranchant de l'indication manométrique de la pression morte ε', la différence de pression positive ou négative E avec son signe, on a la perte de charge.

Lorsque le tube de prise de pression est placé dans la section même de sortie à l'extrémité de la conduite, la seconde branche du manomètre étant en communication avec le milieu à pression P, les indications se simplifient.

Tube de prise face au courant (fig. 100) :

Pression dynamique $e_1 = e$.

Tube de prise perpendiculaire au courant (fig. 101) :

Pression statique $\varepsilon = 0$.

La pression dynamique est égale à la pression vive.

La pression statique est nulle.

Si la seconde branche du manomètre communiquait avec un milieu à pression P', tel que P — P' = E, on aurait

Tube de prise face au courant :

Pression dynamique $e_1' = e + E$.

Tube de prise perpendiculaire au courant :

Pression statique $\varepsilon' = E$.

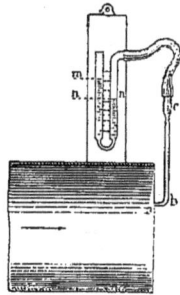   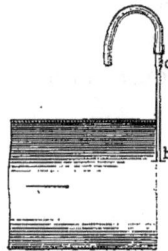

Fig. 100.   Fig. 101.

Il faudrait toujours prendre E avec son signe, positif si P > P' et négatif dans le cas contraire.

236. Influence de l'inclinaison du tube de prise. —

L'inclinaison du tube de prise de pression sur la direction du courant a une grande influence sur les indications manométriques. Pour nous en rendre compte, nous avons fait quelques expériences, au moyen du tube manométrique recourbé *abc* (fig. 95), placé dans un tuyau horizontal ABCD de 0^m,215 de diamètre. La portion *cb*, en restant verticale, pouvait tourner de manière à donner à la partie *ba* toutes les directions par rapport à la veine fluide.

En faisant tourner le tube *abc* de 20° en 20°, nous avons trouvé, pour les pressions indiquées aux différents angles, les nombres inscrits dans le tableau suivant ; l'angle 0° correspond à la position de *ba* dans la direction de la veine fluide face au courant; l'angle 180° correspond à la position de *ba* avec l'ouverture du tube en sens inverse du courant. L'expérience était faite dans une section placée à 8 mètres de l'extrémité de la conduite.

ANGLE DU TUBE avec la DIRECTION DU COURANT.	INDICATION MANOMÉTRIQUE. (Millimètres d'eau.)	ANGLE DU TUBE avec la DIRECTION DU COURANT.	INDICATION MANOMÉTRIQUE. (Millimètres d'eau.)
°	mm.	°	mm
0	17,5	180	+ 3,1
20	15,8	200	+ 2,0
40	10,5	220	+ 0,8
56	0	228	0
60	— 3,0	240	— 2,1
80	— 16,4	260	— 5,4
82	— 17,6	270	— 8,4
90	— 11,9	278	— 16,8
100	— 5,5	280	— 15,8
120	— 2,7	300	— 4,4
136	0	306	0
140	+ 0,2	320	+ 8,0
160	+ 2,3	340	+ 15,7
180	+ 3,1	360	+ 17,5

L'excès de pression de l'intérieur sur l'extérieur est positif et maximum ($17^{mm},5$ dans l'expérience) pour l'angle 0°, l'orifice ouvert face au courant; quand on fait tourner le tube *abc*, la pression décroît d'abord assez lentement jusqu'à 40° ($10^{mm},5$), puis plus rapidement et à 56° environ, il y a équilibre entre l'intérieur et l'extérieur; le niveau, dans le manomètre, est le même dans les deux branches. Au delà de 56°, la pression intérieure devient plus faible que celle extérieure; à 82° elle est minimum et la différence est — $17^{mm},6$. Elle remonte ensuite brusquement à —$5^{mm},5$ pour 100°, et repasse à 0^{mm} pour 136°; elle croît ensuite lentement jusqu'à 180°, où l'excès de pression extérieure est de $3^{mm},1$.

En continuant à faire tourner le tube, de l'autre côté de la ligne d'axe, de 180° à 360°, la pression passe par des valeurs à très peu près symétriques.

Il y a, un peu avant 90°, vers 82°, une aspiration énergique à l'orifice du tube, ce qui détermine une dépression à peu près égale à la pression produite quand le tube est disposé dans l'axe, face au courant.

Les nombres que nous venons de donner ne s'appliquent évidemment qu'au cas particulier de l'expérience, mais le fait gé-

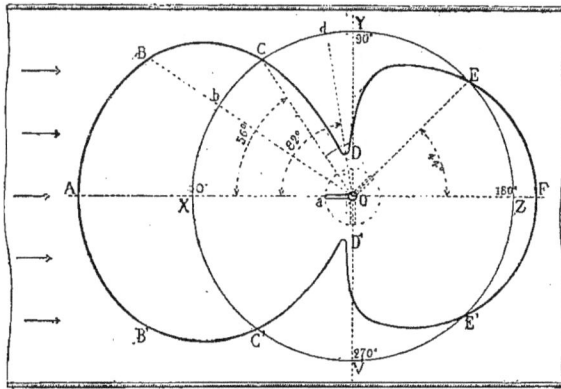

Fig. 102.

néral de la variation de pression avec l'inclinaison du tube doit être toujours le même et montre combien, dans les mesures manométriques, il faut avoir soin de diriger le tube et de présenter son orifice exactement dans la direction qui convient.

Ces résultats peuvent être représentés au moyen d'une courbe construite de la manière suivante (fig. 102) :

XYZV est une circonférence ayant pour centre l'axe O de rotation du tube; on a mené des rayons espacés de 20° en 20° et on a porté sur chacun d'eux, à partir de la circonférence et à une échelle convenable, les excès de pressions correspondants, positifs, XA, bB, à l'extérieur de la circonférence, et négatifs, dD, à l'intérieur. La circonférence figure une ligne d'égalité de pression entre l'intérieur du tuyau et l'extérieur.

La courbe ainsi obtenue présente comme on voit une grande régularité et une complète symétrie dès deux côtés de l'axe.

237. Variation de la vitesse avec la distance à l'axe de la conduite.

— Quand un gaz s'écoule dans un tuyau, la vitesse n'est pas la même dans tous les points de la section. Ainsi que nous l'avons dit (**178**), le frottement, qui se fait sentir sur les parois, produit une action retardatrice, qui va en décroissant de la circonférence au centre, où la vitesse est maximum.

Nous avons fait quelques expériences dans un tuyau de $0^m,215$ de diamètre et mesuré, pour des points à une distance de l'axe croissant de centimètre en centimètre, la pression dynamique et la pression statique :

1° Dans la section de sortie, à l'extrémité de la conduite ;

2° Dans une section située à une distance de 8 mètres de l'extrémité.

Les résultats des observations manométriques sont inscrits dans le tableau suivant. La vitesse, dans la section de sortie, aux différents points, a été déduite immédiatement de la formule $v = \sqrt{2g\dfrac{e}{d}}$, e étant la pression dynamique observée.

Pour l'autre section, on a fait la différence $e = e_1 - \varepsilon$ (**234**) et la vitesse a été donnée par la même formule $v = \sqrt{\dfrac{2ge}{d}}$.

On peut observer que les vitesses, dans les deux sections, sont à peu près les mêmes, à la même distance de l'axe ; les légères différences qui existent peuvent s'expliquer, soit parce que l'écoulement ne se faisait pas en filets absolument parallèles, soit parce qu'on n'opérait pas en même temps dans les deux sections et que la vitesse a pu varier un peu d'un moment à l'autre.

Pressions et vitesses dans un tuyau de 0^m,215 de diamètre, suivant la distance de l'axe.

DISTANCE AU CENTRE.	SECTION DE SORTIE.		SECTION A 8^m DE L'EXTRÉMITÉ.		
	PRESSION dynamique.	VITESSE correspondante.	PRESSION dynamique.	PRESSION statique.	DIFFÉRENCE de pression.
0,10 au-dessous du centre	5,15	8,96	10,00	3,60	6,40
0,09 —	8,10	11,25	10,85	3,00	7,85
0,08 —	10,00	12,50	11,70	2,62	9,08
0,07 —	11,00	13,11	12,40	2,45	9,95
0,06 —	11,80	13,85	13,05	2,20	10,85
0,05 —	12,75	14,11	13,35	2,00	11,35
0,04 —	13,50	14,52	13,75	1,80	11,95
0,03 —	13,85	14,71	14,05	1,65	12,40
0,02 —	14,50	15,05	14,50	1,70	12,80
0,01 —	14,65	15,12	14,80	1,55	13,25
0,00	14,95	15,34	14,90	1,57	13,33
—0,01 au-dessous du centre	15,25	15,35	14,60	1,55	13,15
0,02 —	15,25	15,35	14,55	1,55	13,00
0,03 —	15,05	15,32	14,50	1,65	12,85
0,04 —	14,75	15,17	14,50	1,80	12,70
0,05 —	14,25	14,91	14,25	1,85	12,40
0,06 —	13,40	14,49	13,85	2,00	11,85
0,07 —	12,70	14,11	13,15	2,20	10,95
0,08 —	11,70	13,52	12,25	2,55	9,70
0,09 —	10,50	12,80	11,55	3,00	8,55
0,10 —	8,60	11,59	10,15	4,00	6,15

La figure 103 représente, d'une manière graphique, les variations de pressions, suivant la distance au centre, dans la section de sortie MN. On a porté, à partir d'une ligne XY parallèle à MN, les pressions observées en chaque point, αA, βB, γC, et en réunissant les extrémités par une courbe ABCD, on a la représentation de la variation de pression suivant la distance à l'axe.

En opérant de même pour la section XY (fig. 104) située à 8 mètres de l'extrémité, la courbe ABCD représente la variation de pression dynamique, la courbe αβγδ la variation de pression statique et enfin la courbe A′B′C′D′ est obtenue en faisant, pour chaque point, la différence des pressions dynamique et statique ;

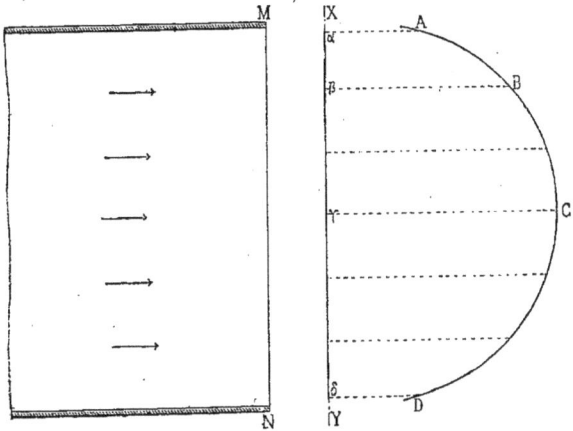

Fig. 103.

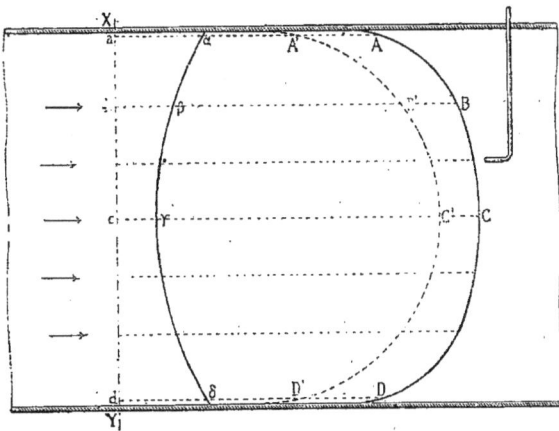

Fig. 104.

elle représente par conséquent, d'après ce que nous savons, la variation de la pression vive dans la section.

238. On voit que les indications du manomètre peuvent, comme nous l'avons dit, varier dans de très grandes limites, dans une même section, suivant la distance au centre et suivant l'inclinaison de l'orifice du tube par rapport à la direction de la veine fluide; pour éviter les erreurs, il faut, en employant cet instrument, établir, avec beaucoup de précision, la position de l'extrémité du tube de prise de pression.

ANÉMOMÈTRES

239. L'anémomètre est un instrument imaginé par M. Combes, pour mesurer la vitesse d'un courant d'air.

Il se compose (fig. 105) d'un axe, monté sur des pivots très

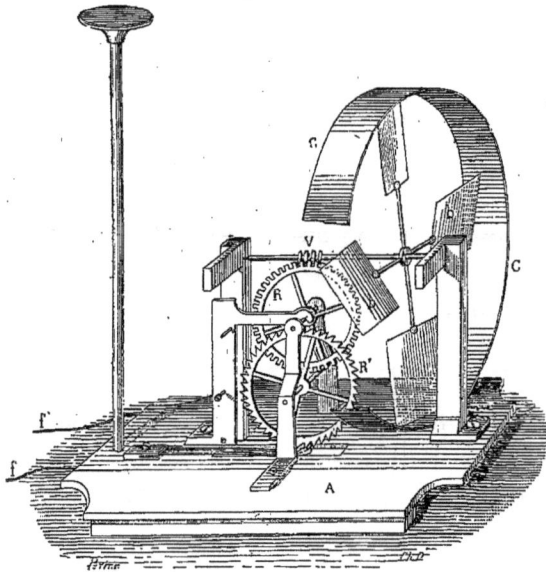

Fig. 105.

fins et sur lequel sont fixées quatre ailettes *bb* planes très légères, en mica ou en aluminium, et inclinées d'environ 45° sur l'axe. Une vis sans fin V, taillée sur cet arbre de rotation, engrène à volonté au moyen d'un embrayage manœuvré par deux cordons *f, f*, avec une roue R de 100 dents. Sur l'axe de celle-ci se trouve une petite came qui, à chaque tour, fait sauter une dent d'une roue R' de 50, montée sur un arbre parallèle. Des points de repère et des aiguilles indicatrices permettent de compter le nombre de tours effectués par l'axe. Les ailettes sont préservées des chocs par un cercle plat en cuivre CC, et le tout est monté sur un support A.

Pour faire une expérience, on place l'instrument débrayé, à l'extrémité d'une tige, dans le courant dont on veut mesurer la vitesse; quand les ailettes ont pris leur mouvement régulier, on tire sur l'un des cordons f pour embrayer et on commence à compter les secondes, sur une montre ou un compteur. Après un nombre déterminé, 60 ou 100 secondes ordinairement, on tire sur le second cordon f' pour le débrayage; en ramenant l'instrument, on lit, sur les repères, le nombre de tours effectué pendant la durée de l'expérience, d'où on déduit le nombre de tours n par $1''$.

Pour avoir la vitesse, on se sert d'une formule : $v = a + bn$, dans laquelle

v représente la vitesse par $1''$,

n le nombre de tours des ailettes par $1''$,

a et b des constantes qu'on détermine par expérience.

La détermination des constantes a et b peut se faire approximativement, en marchant dans une galerie fermée, sans courant d'air, et tenant l'instrument au-dessus de la tête. On note le chemin parcouru dans un temps déterminé, et le nombre de tours correspondant indiqué par l'anémomètre, à différentes vitesses de marche; en portant les résultats dans la formule, on calcule les constantes a et b; deux expériences suffisent à la rigueur.

Il est préférable d'opérer au moyen de l'appareil suivant.

On fixe l'anémomètre à l'extrémité d'une tringle horizontale mince, montée sur un arbre vertical et convenablement raidie par des fils de fer, et on donne à l'arbre un mouvement de rotation, au moyen, soit d'une corde enroulée et d'un système d'engrenages, de poulies et de poids, soit d'une petite turbine hydraulique. La vitesse peut être régularisée et réglée par des volants à ailettes, présentant à l'air des surfaces de dimensions différentes, que l'on fixe sur l'arbre et qui ralentissent le mouvement de manière à obtenir la vitesse que l'on désire. Pendant la rotation, l'anémomètre, placé à l'extrémité de la tige, rencontre avec une vitesse déterminée l'air immobile, et on admet que les ailettes tournent comme si, l'instrument étant fixe, elles étaient choquées par un courant d'air animé d'une vitesse égale. Par la manœuvre de l'embrayage, on a le nombre de tours d'ailettes correspondant à un certain nombre de circonférences parcourues par l'anémomètre. On en déduit le nombre de tours n effectué dans une seconde pour différentes vitesses.

On peut calculer les constantes a et b par la méthode des moindres carrés, mais on arrive plus simplement au moyen d'un tracé graphique ; on porte les nombres de tours comme abscisses et les vitesses comme ordonnées ; on trace une ligne passant par le sommet de ces ordonnées et on reconnaît que tous les points se trouvent très sensiblement sur une ligne droite dont l'équation est précisément la relation $v = a + bn$, ce qui donne la valeur des constantes.

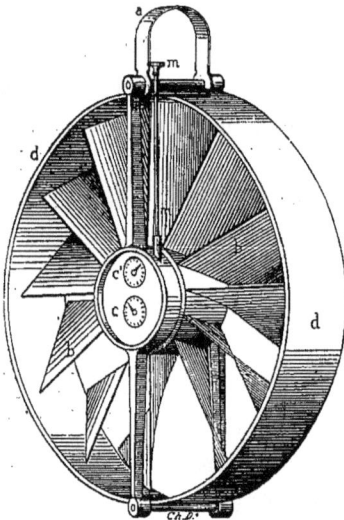

Fig. 106.

Si quelque point s'écartait notablement de la ligne droite, c'est qu'il y aurait eu très probablement erreur dans l'expérience correspondante.

L'anémomètre de M. Combes est d'un usage très simple et très commode, et quand il est manié avec intelligence, il donne des résultats d'une exactitude très suffisante en pratique.

240. Anémomètre Biram. — Cet anémomètre (fig. 106) est disposé sur le même principe que celui de M. Combes. Il est, en général, d'un plus grand diamètre et porte un plus grand nombre d'ailettes bb entourées également d'un cercle protecteur dd. Le mouvement de roues dentées est placé, au centre, dans une petite boîte fermée, sur la surface de laquelle sont des cadrans c, c' avec aiguilles qui indiquent immédiatement le chemin parcouru pendant la durée de l'expérience. Un bouton avec tige $m\,m$ sert pour l'embrayage et le débrayage. L'emploi de cet instrument, qui ne demande aucun calcul, est plus commode que celui de M. Combes, mais il ne doit pas avoir la même exactitude, car on ne tient pas compte de la constante due aux frottements des axes et des engrenages, qui n'est pas négligeable, surtout pour les faibles vitesses.

Pour en tenir compte, il faut ajouter à l'indication des aiguilles une certaine quantité, par unité de temps. La formule qui donne la vitesse étant $v=a+bn$, comme pour l'anémomètre Combes, le chemin parcouru, pour un certain temps t, est $e=vt=at+bnt$, c'est-à-dire qu'il se compose de deux parties, l'une bnt, indiquée par les aiguilles, proportionnelle au nombre de tours, et l'autre at, indépendante du nombre de tours, mais proportionnelle à la durée de l'expérience ; la somme des deux parties est le chemin réellement parcouru. La constante a est donnée par le constructeur, mais il importe de vérifier la graduation de temps en temps et de rectifier s'il y a lieu.

241. Anémomètre Casartelli. — La figure 107 représente l'anémomètre Casartelli, employé dans beaucoup de mines en Angleterre et en France. Il se compose, comme les précédents, d'une roue à ai

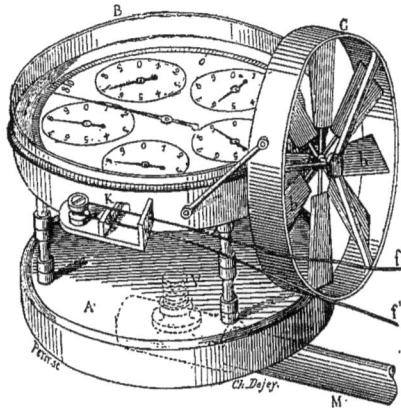

Fig. 107.

lettes bb, protégée par un cercle c, et mettant en mouvement un système de roues dentées et d'aiguilles ; les rouages sont enfermés dans une boîte B portée par quatre supports sur une base A. Une tige MV, qui peut être vissée à cette base, sert à porter l'instrument. Il y a 6 cadrans de sorte que l'anémomètre marque jusqu'à 10 000 000 tours sans perdre l'indication. Il peut être laissé des journées entières dans une galerie de mines de manière à relever une vraie moyenne de vitesse. L'embrayage et le débrayage se font au moyen du bouton k que l'on peut manœuvrer à distance avec les cordons f et f'.

Cet anémomètre donne directement le chemin parcouru par l'air, comme l'anémomètre Biram, en ajoutant à l'indication des aiguilles une quantité proportionnelle à la durée de l'expérience, et qui est déterminée par des essais au moyen d'un appareil de graduation. Il faut procéder de temps en temps à un tarage de vérification.

DES APPAREILS DE CHAUFFAGE

OBSERVATIONS GÉNÉRALES

242. Les appareils de chauffage, dans lesquels on produit et on utilise la chaleur, affectent des formes et des dispositions très variées suivant le but spécial qu'on se propose, mais en général, quelles que soient ces dispositions, on peut y distinguer trois parties principales :

1° *Le foyer*, dans lequel s'effectue la combustion, et où se dégage la chaleur ;

2° *Le récepteur*, qui reçoit la chaleur dégagée du foyer et la transmet aux corps qui, sous son influence, doivent s'échauffer, se vaporiser, se transformer, etc. ;

3° *La cheminée*, qui donne issue dans l'atmosphère aux gaz de la combustion et détermine en même temps le tirage, c'est-à-dire l'afflux de l'air sur le combustible et la circulation des gaz au contact du récepteur.

La cheminée est quelquefois remplacée, pour produire le mouvement des gaz, par un ventilateur ou un autre appareil d'aspiration ou d'insufflation.

Les appareils de chauffage, indépendamment des conditions générales de stabilité auxquelles toute construction doit satisfaire, sont soumis à des conditions particulières qui résultent de l'action de la chaleur et de la nécessité d'assurer un fonctionnement économique et régulier.

Une des premières conditions à remplir est de permettre la di-

latation libre et facile des diverses parties. Un appareil de chauffage est composé de matériaux de diverses natures, briques,
fonte, fer, etc., inégalement dilatables, inégalement chauffés ;
il se produit nécessairement des mouvements qui doivent pouvoir s'effectuer sans compromettre la solidité et la bonne
marche, et toutes les précautions doivent être prises en conséquence.

Une autre condition spéciale aux appareils de chauffage, c'est
la facilité des nettoyages. Les gaz de la combustion, en circulant
dans les conduits, déposent des cendres, de la suie, qu'il faut
pouvoir enlever à temps pour ne pas gêner la marche de l'appareil. D'un autre côté, les matières chauffées, l'eau des chaudières
à vapeur par exemple, donnent souvent lieu à des dépôts, des incrustations qu'il est encore plus important de pouvoir enlever
facilement. Nous verrons dans l'étude des appareils que cette
nécessité a conduit à des dispositions fort intéressantes.

Le choix des matériaux a une importance particulière. Il ne
suffit pas qu'ils soient de bonne qualité pour résister aux efforts
de pression, de traction ou de flexion, comme dans une construction ordinaire; il faut encore que, par leur nature spéciale,
ils puissent résister à l'action destructive de la chaleur. Pour les
maçonneries, on n'emploie guère que des briques, et des briques
réfractaires pour les parties exposées à une haute température.
La fonte, la tôle doivent également être d'une qualité particulière pour supporter sans rupture les dilatations et les mouvements résultant des variations des températures. Pour les
chaudières à vapeur notamment, les tôles doivent être choisies
avec le plus grand soin, et toute économie sur la qualité est souvent payée bien cher par des accidents déplorables qui entraînent des blessures et même la mort pour les ouvriers, sans parler des arrêts toujours si onéreux qui en sont la conséquence.

L'étude d'un appareil de chauffage doit principalement être
faite au point de vue de l'économie du combustible; pour la réa-

liser, il faut apporter un soin particulier aux formes et aux proportions des diverses parties. Le foyer doit être disposé pour obtenir la meilleure combustion possible et le récepteur pour utiliser la plus grande partie de la chaleur dégagée. Nous aurons l'occasion de montrer que des modifications qui, au premier abord, peuvent paraître sans importance, entraînent cependant des conséquences sérieuses au point de vue de l'utilisation.

Enfin tout doit être disposé pour un service facile : la grille à bonne hauteur pour le chargement, le combustible à portée ; les robinets, les soupapes facilement abordables ; les indicateurs de pression, de niveau, de température, bien en vue ; la manœuvre des registres à la main du chauffeur, etc.

Il est indispensable que le rôle de chacun de ces appareils accessoires, des robinets notamment, soit indiqué d'une manière nette et précise afin d'éviter toute confusion, toute fausse manœuvre qui pourraient être la cause d'accidents graves.

Par des dispositions bien entendues, on obtient, avec un personnel moins nombreux, un service plus sûr et plus économique.

Nous allons maintenant faire l'étude détaillée des diverses parties des appareils de chauffage en commençant par les foyers.

CHAPITRE IV

DES FOYERS

§ Ier

FOYERS ORDINAIRES A GRILLE

243. Préliminaires. — Le foyer est le lieu où s'opère la combustion. La forme et les proportions d'un foyer doivent être déterminées de manière à rendre la combustion aussi complète que possible pour qu'elle fournisse le maximum de chaleur.

La première condition à remplir, c'est que l'air afflue librement et également dans la masse de combustible.

Quand on brûle du bois, l'intervalle qui existe naturellement entre les morceaux, toujours volumineux, permet l'accès assez facile de l'air, et on peut à la rigueur se contenter, quand le foyer n'est pas trop grand, d'une aire plane, sans ouvertures spéciales en dessous pour l'admission de l'air qui arrive seulement sur les côtés. Toutefois il est préférable, et c'est ce qu'on fait dans les cheminées d'appartement, de disposer les morceaux de bois sur des barres de fer ou de fonte (chenets) qui les élèvent au-dessus de l'âtre et permettent aux cendres de s'accumuler, sans trop gêner l'accès de l'air qui peut ainsi se faire en dessous.

Pour la houille, la tourbe, le coke, et en général tous les combustibles en menus fragments, il n'est plus possible d'opérer ainsi; il faut, pour les brûler, se servir de *grilles* formées de barreaux de fer ou de fonte sur lesquelles on étale le combustible en couche régulière. Les barreaux laissent entre eux des vides nombreux et également·répartis, par lesquels l'air pénètre à peu près uniformément dans tous les points de la masse du combustible.

En fait, les grilles sont employées dans presque tous les foyers et pour tous les combustibles solides.

Suivant la position de la grille par rapport au récepteur de chaleur, on peut distinguer les foyers en deux classes : les foyers extérieurs et les foyers intérieurs.

Les foyers extérieurs sont placés, comme leur nom l'indique, extérieurement par rapport au récepteur. Celui-ci n'occupe qu'une partie des parois de l'enceinte où s'opère la combustion et ne reçoit qu'une fraction du rayonnement direct ; il est même, dans certains cas, placé complètement en dehors. Dans les foyers extérieurs, une partie des parois de l'enceinte, et quelquefois la totalité, est en maçonnerie.

Dans les foyers intérieurs, la grille est placée à l'intérieur même du récepteur qui entoure, par conséquent, le foyer de tous côtés et reçoit tout le rayonnement.

Les dispositions des foyers sont différentes suivant qu'ils sont destinés à chauffer de l'eau, comme dans les chaudières à vapeur, ou de l'air, comme dans les calorifères à air chaud.

FOYERS EXTÉRIEURS DE CHAUDIÈRE A VAPEUR

244. Disposition ordinaire. — Les figures 108, 109, 110, 111 représentent la disposition ordinaire d'un foyer, appliqué au chauffage d'une chaudière à vapeur du système dit à deux bouilleurs. On peut le prendre comme un type des foyers extérieurs de chaudière.

Le foyer se compose d'une *grille* sur laquelle on charge le combustible. Elle est placée entre deux parois latérales en maçonnerie de briques réfractaires ; au-dessus se trouvent les bouilleurs pleins d'eau qui reçoivent une partie du rayonne-

ment. Au-dessous est un espace vide appelé *cendrier*, muni
d'une ouverture par laquelle s'introduit l'air qui alimente la
combustion. A l'arrière, le foyer est limité par un mur en briques

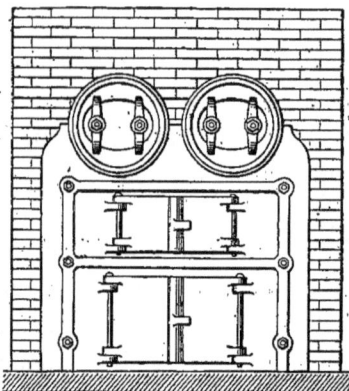

Fig. 108.

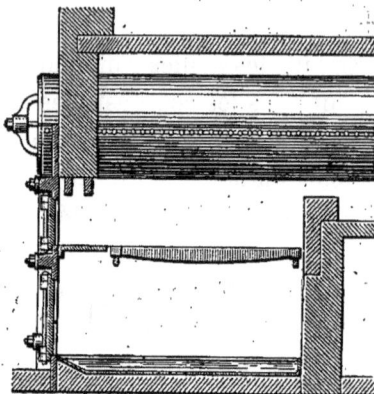

Fig. 109.

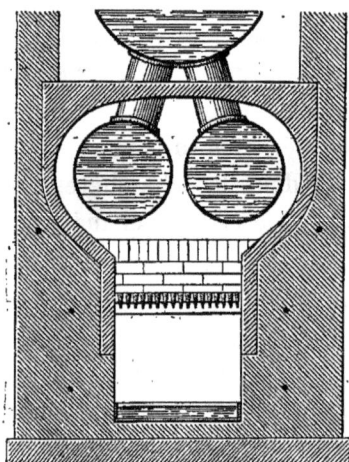

Fig. 110.

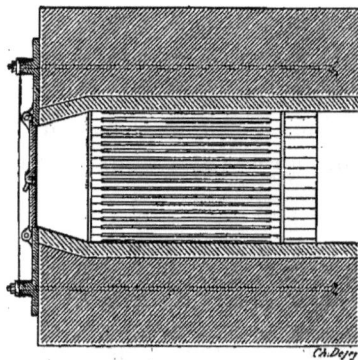

Fig. 111.

réfractaires désigné sous le nom d'*autel*, par-dessus lequel passent les gaz de la combustion qui s'échappent du foyer. En avant
de la grille, une plaque pleine en fonte la sépare de la porte et de
la face du fourneau ; celle-ci est protégée par une *plaque de de-*

vanture en fonte sur laquelle viennent battre les *portes* du foyer et du cendrier.

245. Grille. — La grille se compose d'un certain nombre de barreaux disposés parallèlement et laissant entre eux des intervalles pour l'accès de l'air.

Les barreaux se font généralement en fonte; ils ont en plan une forme rectangulaire (fig. 112, 113, 114) qui permet de les disposer régulièrement à côté les uns des autres. Pour maintenir entre eux l'intervalle libre nécessaire au passage de l'air, ils sont munis à chaque

Fig. 112.

Fig. 113.

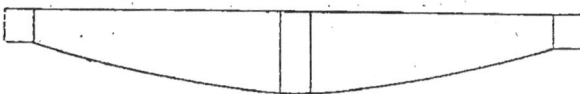

Fig. 114.

extrémité d'un *talon* dont les saillies déterminent la largeur de cet intervalle. Les barreaux longs portent, en outre, un talon au milieu de leur longueur (fig. 115, 116).

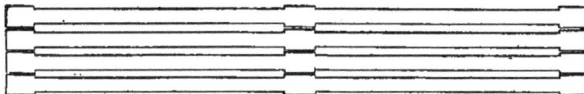

Fig. 115.

Fig. 116.

Les barreaux, comme section longitudinale, ont une forme à peu près parabolique (fig. 112 et 115) avec une hauteur croissante des extrémités au milieu, ce qui est favorable à la résistance.

La section transversale (fig. 113) affecte ordinairement une forme triangulaire très allongée, de telle sorte que les barreaux juxtaposés laissent entre eux un vide croissant de haut en bas, qui a pour effet de faciliter l'accès de l'air et surtout d'empêcher l'engorgement ou l'obstruction de certaines parties de la grille par des morceaux de combustible ou des résidus qui y resteraient engagés.

La hauteur des barreaux est très grande relativement à l'épaisseur (10 fois et même plus); cette grande hauteur a pour effet d'augmenter la surface exposée au contact de l'air froid affluent, et, par le refroidissement qui en résulte, d'empêcher le trop grand échauffement et la déformation des barreaux. Les grilles à barreaux de grande hauteur ont beaucoup plus de durée que les autres. Pour les grilles des foyers de chaudière à vapeur et analogues, la hauteur au milieu de la longueur est ordinairement de 8 à 12 centimètres. On en a fait de 20 centimètres et même au-dessus.

L'intervalle libre entre les barreaux dépend de la nature du combustible. Pour le bois et les combustibles en gros morceaux, comme la gaillette de houille, on peut laisser des intervalles de 10 et 12 millimètres ; l'épaisseur du barreau est alors de 25 à 30 millimètres, la somme des intervalles libres étant environ le quart de la surface totale de la grille.

Pour les houilles tout-venant et surtout pour les menus, une grande partie pourrait tomber dans le cendrier si les intervalles libres étaient aussi grands ; on les réduit au-dessous de 1 centimètre, souvent à 6 ou 7 millimètres, et pour conserver une section totale libre suffisante pour le passage de l'air, l'épaisseur des barreaux est seulement de 15 et de 12 millimètres et même quelquefois 10 millimètres. Les barreaux minces ont l'avantage de mieux assurer la répartition de l'air dans la masse du combustible, mais ils sont fragiles et déformables, et sous l'action de la chaleur, ils se cassent ou se cintrent fréquemment.

Pour leur donner plus de rigidité, on en a fondu quelquefois deux ou trois ensemble ; les barreaux ont ainsi plus de masse et de résistance au choc, mais les dilatations inégales amènent souvent des ruptures.

Les barreaux minces se font plus souvent en fer laminé de forme appropriée (fig. 117, 118, 119) qui résiste mieux que la fonte. Ils peuvent se redresser à la forge quand ils ont été déformés, se souder

Fig. 117.

Fig. 118.

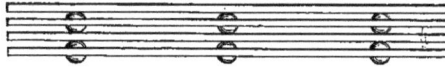

Fig. 119.

après leur rupture, ce qui présente de sérieux avantages dans certains cas, notamment dans les bateaux à vapeur, et compense leur prix plus élevé.

L'écartement se maintient au moyen de rivets fixés sur les barreaux de deux en deux, et dont les têtes font saillie sur les côtés à la hauteur convenable.

Les barreaux sont ordinairement supportés par deux barres de fer, appelées sommiers, qui sont engagées dans la maçonnerie aux deux extrémités de la grille. Pour les longues grilles qui dépassent $1^m,20$, on met deux rangées de barreaux et quatre sommiers (fig. 120). Quelquefois les bar

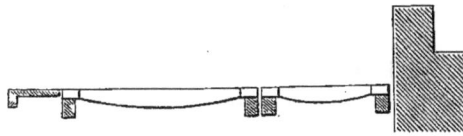

Fig. 120.

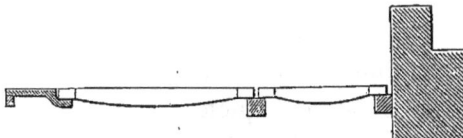

Fig. 121.

reaux s'appuient en avant sur la plaque de fonte placée entre la porte et la grille (fig. 121).

Il faut toujours laisser un jeu suffisant pour la dilatation. Le fer se dilatant de 0,0012 par mètre pour une variation de température de 100°, si on suppose une température de 500°, il faudra laisser un jeu de 0,006 par mètre. Pour que cette précaution soit réellement efficace, il faut avoir soin de le disposer pour qu'il ne puisse se remplir de cendres ou de résidus comme dans la figure 121. La disposition (fig. 120) est préférable.

Quelquefois on donne à l'extrémité des barreaux la forme d'un biseau (fig. 122) qui s'appuie sur la plaque de fonte de l'avant. Par la dilatation, le barreau glisse librement sur cette plaque. L'inconvénient c'est que les chauffeurs, en piquant le feu, en décrassant la grille, entraînent quelquefois vers l'avant les barreaux qui, n'étant pas arrêtés, échappent sur le sommier

Fig. 122.

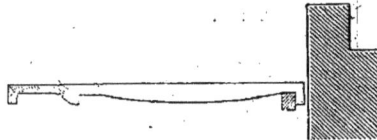

Fig. 123.

d'arrière et tombent dans le cendrier. Pour éviter cet inconvénient, on a muni les barreaux, à l'arrière, d'un talon recourbé (fig. 123) qui s'accroche au sommier, mais c'est une complication et une cause de rupture à cause de l'angle vif d'accrochage.

246. Les grilles se font en général horizontales; les sommiers sont de niveau. Cependant on leur donne assez fréquemment une légère inclinaison $\left(\dfrac{1}{8} \text{ à } \dfrac{1}{10} \right)$ vers l'arrière, ce qui a l'avantage de laisser plus d'espace pour le développement de la flamme sans diminuer l'ouverture du cendrier et gêner l'accès de l'air.

On a fait quelquefois, mais rarement, les grilles relevées à l'arrière dans le but de rendre le chargement plus commode et de mieux voir l'état du foyer. C'est une disposition très rarement pratiquée.

La hauteur de la grille au-dessus du sol doit être telle que le chargement et le service soient faciles; elle doit, par conséquent, être en rapport avec la taille ordinaire de l'homme; la pratique indique une hauteur de $0^m,75$ à $0^m,80$ pour que le chauffeur ait un bon coup de pelle.

La grille a généralement une forme rectangulaire, ce qui permet d'avoir tous les barreaux de mêmes dimensions et par conséquent un seul modèle, ce qui facilite le remplacement.

On ne fait des grilles rondes que lorsque la forme du récepteur y oblige. C'est toujours une complication à cause du grand nombre de modèles des barreaux.

247. Poids de combustible brûlé par mq de grille. —

Un des éléments les plus importants, dans la conduite du foyer, est l'activité de la combustion qui se mesure par le poids de combustible brûlé sur la grille, par heure et par mètre carré. Ce poids, dont on est maître dans une certaine mesure, dépend de la nature du combustible et surtout de la vitesse d'accès de l'air, c'est-à-dire de l'énergie du tirage.

Dans les conditions moyennes d'une chaudière à vapeur, avec un tirage par cheminée de 20 à 30 mètres de hauteur, le registre en partie baissé de manière à produire une combustion modérément active, correspondant à une dépression moyenne dans le foyer de 3 millimètres à $3^{mm},5$ en hauteur d'eau, on charge sur la grille, par mètre carré :

60 à 70 kilogrammes de houille tout-venant, sur une épaisseur de $0^m,10$ à $0^m,12$ environ.

80 à 90 kilogrammes de coke sur une épaisseur de $0^m,12$ à $0^m,15$.

150 à 200 kilogrammes de bois sur une épaisseur de $0^m,15$ à $0^m,20$.

Nous désignerons, dans tous les calculs qui vont suivre, par p le poids de combustible, en kilogrammes, brûlé par mètre carré de grille et par heure.

La manœuvre du registre, en faisant varier le tirage, permet d'augmenter et de diminuer cette consommation dans de grandes limites, de 50 p. 100 en plus ou en moins. Avec une cheminée puissante, un tirage très actif correspondant à une différence de pression de 8 à 10 millimètres en hauteur d'eau, entre les deux côtés de la grille, on peut consommer jusqu'à 100 et 120 kilogrammes de tout-venant par heure et par mètre carré. L'épaisseur de la couche doit être réglée en proportion.

Au contraire, en baissant le registre, on peut réduire la consommation à 30 et même 20 kilogrammes par mètre carré de grille.

La combustion des autres combustibles peut varier dans les mêmes proportions.

Pour les foyers ordinaires à houille de chaudière à vapeur, on peut admettre que la combustion doit pouvoir varier, par la manœuvre du registre, de 40 à 100 kilogrammes par mètre carré de grille, avec une combustion moyenne de 60 à 70 kilogrammes.

Quand le tirage est obtenu par un ventilateur ou par un jet de vapeur comme dans les locomotives, la combustion, par mètre carré, peut être considérablement augmentée. C'est ainsi que dans les locomotives on arrive à brûler 400 kilogrammes et plus, de houille, par mètre carré de grille, sur une épaisseur de 0^m,20 à 0^m,25 et même 0^m,30. La dépression dans le foyer atteint alors 0^m,10 de hauteur d'eau.

248. Surface de la grille. — La surface d'une grille doit évidemment être en rapport avec la quantité de combustible que l'on doit brûler; mais ses dimensions absolues en largeur et en longueur ne doivent pas, pour la facilité du service, sortir de certaines limites.

La largeur ne doit pas être inférieure à 0^m,25; au-dessous de cette limite, la masse de combustible en ignition est trop faible et la combustion se maintient difficilement; d'un autre côté, la largeur ne doit guère dépasser 1 mètre, ce qui conduit à des portes déjà très grandes. On a fait cependant des grilles de 1^m,20 et 1^m,30 et jusqu'à 1^m,60 de largeur. On met alors deux portes distinctes de chargement.

La longueur de la grille est aussi limitée; il ne convient pas de dépasser 2 mètres, et même avec cette longueur le chauffeur peut difficilement surveiller et charger également l'extrémité du foyer.

Il résulte de là qu'une grille de 2 mètres carrés de surface est à peu près un maximum qu'il ne convient pas de dépasser. Lorsqu'on a besoin d'une surface plus grande, il vaut mieux employer plusieurs grilles et plusieurs foyers.

249. Calcul des dimensions d'une grille. — Il est facile avec ces données de calculer les dimensions d'une grille. Désignons par s la surface de la grille cherchée, par p, comme nous venons de le dire, le poids de combustible brûlé par mètre carré et par heure, et par N la puissance calorifique de ce combustible.

Le poids de combustible brûlé par heure est ps, et si la combustion était complète, la chaleur dégagée serait psN. La chaleur utilisée dans l'appareil de chauffage est toujours beaucoup moindre, tant par suite de la combustion incomplète que des pertes de toute nature, refroidissement des parois, dégagement des gaz de la combustion encore chauds, etc.; on n'utilise à l'effet industriel qu'une fraction de la chaleur totale. Cette fraction que nous désignerons par ρ s'appelle le *rendement*.

Si donc nous avons besoin de produire utilement une quantité de chaleur U, on aura la relation

$$U = \rho p s \, N. \qquad (1)$$

La valeur du rendement ρ est très variable suivant les appareils, les dispositions prises; elle est comprise, pour les chaudières à vapeur, entre $0^m,40$ et $0^m,80$.

C'est de cette formule qu'on déduit la surface s de la grille.

On commence par calculer la quantité de chaleur U à fournir, d'après le but qu'on se propose.

Supposons qu'on veuille établir une grille pour une chaudière capable de produire en moyenne 500 kilogrammes de vapeur à l'heure. Le nombre de calories λ, nécessaire pour vaporiser à $t°$ un kilogramme d'eau prise à 0, est donné par la formule connue

$$\lambda = 606,5 + 0,305\, t - \theta.$$

Pour la vapeur à 5 atmosphères, $t = 152°,26$, et si l'eau d'alimentation est à 12 degrés, on a

$$\lambda = 606,5 + 46,44 - 12 = 640,94$$

et par suite

$$U = 500 \times 640,94 = 320\,470 \text{ calories.}$$

Si on admet un rendement $\rho = 0,60$, et si on emploie une houille de puissance calorifique $N = 8\,000$, la relation (1) donne

$$320\,470 = 0,60 \times 8000\,ps$$

d'où
$$ps = 66^k,76.$$

On doit brûler en moyenne sur la grille $66^k,76$ de houille par heure.

Quand le tirage est réglé dans des conditions modérées, on peut prendre, pour de la houille, $p = 65^k$, et alors

$$s = \frac{66,76}{65} = 1^{mq},026.$$

La grille devrait avoir un peu plus de 1^{mq} de surface totale.

On fait généralement la largeur plus faible que la longueur ; si on prend 0,80 pour cette largeur, on trouve $1,^m28$ pour la longueur.

Ainsi une grille de 0,80 de large sur $1^m,28$ de long répondrait à la question.

Le calcul pour un autre combustible se ferait de la même manière, en donnant à N et à p les valeurs convenables.

Si le calcul conduisait à des dimensions de plus de 2^{mq}, il conviendrait d'employer plusieurs foyers et plusieurs grilles.

Si, par exemple, on avait à produire 3 000 kilogrammes de vapeur en moyenne par heure, on trouverait

$$U = 1\,922\,820 \text{ calories,}$$

et pour le poids de combustible, en prenant $N = 8\,000$ et $\rho = 0,60$, soit $\rho N = 4\,800$,

$$ps = \frac{1\,922\,820}{4\,800} = 400^k,60$$

et enfin, en faisant encore $p = 65$

$$s = 6^{mq},16.$$

Il faudrait trois grilles de $2^{mq},05$ ou quatre grilles de $1^{mq},54$ de surface chacune.

250. Hauteur du foyer. — La distance entre la grille et la chaudière dépend de la nature du combustible ; elle se divise en deux, l'épaisseur de la couche de charbon et l'espace réservé au développement de la flamme.

L'épaisseur de la couche de combustible doit être d'autant plus forte que l'air a plus de facilité à la traverser afin qu'il ne passe pas une proportion trop grande d'air en excès. Nous avons donné (**247**) les épaisseurs ordinaires, pour un moyen tirage, et pour les principaux combustibles. Cette épaisseur ne saurait se fixer d'une manière absolue à cause de la grande variété des combustibles, plus ou moins secs, plus ou moins collants. C'est au chauffeur, par l'aspect du foyer, à l'ingénieur, par des analyses de gaz, à déterminer l'épaisseur la plus convenable, suivant la nature du combustible qu'il emploie et le tirage dont il dispose.

L'espace réservé au-dessus de la couche de combustible doit être naturellement d'autant plus grand que le combustible produit plus de gaz à la distillation et par conséquent plus de flamme. Si la chaudière était trop rapprochée, les gaz s'éteindraient et la combustion serait incomplète. D'un autre côté, il ne convient pas que cette distance soit trop grande ; d'abord on diminue quelque peu l'effet du rayonnement, et de plus, les gaz, montant verticalement, se mélangent mal ; la combustion se fait moins bien que lorsque le courant est renversé.

L'expérience indique que pour les houilles ordinaires tout-venant, la distance entre la grille et la chaudière doit être comprise entre 0,35 et 0,45. Quand la grille est inclinée, on peut mettre 0,5o à 0,55 à l'arrière, et 0,3o à 0,35 à l'avant.

Pour le coke, la distance moyenne est un peu plus forte, de 0,40 à 0,55 à cause de la plus forte épaisseur ; pour le bois qui en outre produit beaucoup de flamme, il convient de laisser 0,5o à 0,55.

251. Autel. — A l'extrémité de la grille se trouve une partie surélevée en briques réfractaires qu'on désigne sous le nom d'*autel*.

L'autel est destiné, non seulement à limiter l'espace occupé par le combustible, mais surtout à forcer le courant gazeux à se renverser et à changer de forme, pour produire le mélange des gaz combustibles et comburants, et obtenir le contact nécessaire à la bonne combustion. Il faut avoir soin, dans ce but, de faire l'autel un peu surélevé, de manière à réduire la section de passage et déterminer la déformation de la flamme ; il se produit, à la suite, des remous et des tourbillons dans la partie brusquement rélargie. C'est un moyen simple et efficace de produire le mélange.

252. Cendrier. — Le cendrier est l'espace situé au-dessous de la grille et au fond duquel tombent les cendres et les escarbilles ; en avant se trouve une large ouverture pour l'introduction de l'air sous la grille. La section d'entrée doit être au moins égale à celle des vides entre les barreaux, c'est-à-dire au quart ou au tiers de la surface totale de la grille ; mais il n'y a pas d'inconvénient à la faire plus grande si les dispositions particulières y conduisent.

Il est d'une grande importance que le cendrier ait une hauteur assez grande pour que les cendres chaudes et les escarbilles enflammées, qui tombent au fond, ne rayonnent pas trop fortement sur le dessous des barreaux. Quand le cendrier est trop bas, la grille se trouve ainsi prise entre deux feux et se détruit rapidement.

Une hauteur de 0,35 paraît être un minimum, et il faut avoir soin d'enlever fréquemment les cendres et les escarbilles.

Une bonne pratique consiste à placer dans le fond du cendrier une cuvette en fonte de 0,10 à 0,12 de hauteur (fig. 109, 110), pleine d'eau et munie, à l'avant, d'un bec allongé se raccordant avec le sol extérieur. L'eau éteint de suite les escarbilles enflammées qui tombent de la grille et empêche par conséquent l'effet nuisible de leur rayonnement. De plus, ces escarbilles retirées facilement par l'avant, après leur extinction, sont séparées des cendres par un criblage, et peuvent servir à nouveau comme combustible. C'est en réalité du petit coke qui, sans la bâche pleine d'eau, aurait brûlé dans le cendrier d'une manière nuisible.

La surface brillante de la nappe d'eau, dans le fond du cendrier, présente en outre l'avantage d'indiquer au chauffeur l'état de la combustion sur la grille. Si la teinte éclairée est irrégulière, surtout s'il y a des parties noires, c'est que la combustion se fait mal dans les points correspondants de la grille, et le chauffeur doit ringarder en conséquence pour rétablir l'égalité de la couche de combustible.

On attribue aussi une certaine influence à la vapeur qui se dégage de l'eau de la bâche sous l'effet du rayonnement de la grille en dessous, vapeur qui, en traversant le combustible, se décomposerait et contribuerait ainsi à allonger la flamme des combustibles secs et à faciliter leur combustion.

253. Porte. — Plaque de devanture du fourneau. —

Afin de protéger le devant du fourneau dont la maçonnerie, d'assez faible épaisseur, est exposée à l'action destructive d'une chaleur intense et aux chocs des outils, on le recouvre généralement d'une grande plaque de fonte dans laquelle sont percées des ouvertures munies de portes pour le foyer et le cendrier, et qui supportent quelquefois les têtes des bouilleurs. Cette devanture doit être large pour que les boulons, scellés dans la maçonnerie, qui servent à la fixer, soient assez éloignés du foyer, qu'ils s'échauffent relativement peu et que leurs dilatations et leurs contractions successives n'amènent pas la dislocation du fourneau.

La porte du foyer se fait généralement en fonte, à deux battants s'appliquant l'un sur l'autre à recouvrement. Elle doit être assez bien ajustée pour qu'il ne s'introduise par les joints que très peu d'air. On évite ainsi, pendant les arrêts, le refroidissement du fourneau et un accroissement de consommation.

La porte doit être de dimensions aussi faibles que possible, tout en permettant un chargement facile sur toute l'étendue de la grille. On réduit ainsi au minimum le volume d'air qui entre pendant le chargement et pendant le décrassage et qui refroidit le fourneau. Les dimensions les plus ordinaires sont $0^m,25$ à $0^m,30$ de hauteur sur $0^m,40$ à $0^m,60$ de large, suivant la largeur de la grille, dont on raccorde les côtés avec ceux de la porte par deux parois obliques, laissant ainsi entre la grille et la porte une surface trapézoïdale qui est occupée par une plaque de fonte pleine de $0^m,25$ à $0^m,30$ de long (fig. 111).

On dispose l'axe de rotation du battant un peu incliné sur la verticale pour que la porte ait une tendance à se fermer.

254. Assez souvent, pour diminuer sur la porte l'action du rayonnement du foyer, on place, à l'intérieur et à quelques centimètres de distance, une plaque de tôle maintenue par des rivets. Cette plaque forme une espèce d'écran, qui protège la porte, l'empêche de rougir, ce qui a l'avantage de la conserver, de diminuer les pertes de chaleur et de rendre moins pénible pour le chauffeur le séjour devant le fourneau. Dans le but de diminuer encore la transmission, on remplit quelquefois l'intervalle, entre la plaque et la porte, de briques et de terre à four. C'est une complication sans beaucoup d'efficacité.

Le cendrier doit être également muni d'une porte que l'on ferme pendant les arrêts. Cette précaution, trop rarement prise, a cependant l'avantage d'empêcher, avec le registre, la circulation de l'air dans le fourneau quand il ne doit pas fonctionner, la nuit par exemple. Quand cette porte est convenablement ajustée, on diminue le refroidissement d'une manière notable, et la

pression de la vapeur, dans une chaudière, baisse peu du soir
au matin, de sorte que le chauffeur peut, le lendemain, remonter
rapidement en pression. Il en résulte à la fois économie de temps
et de combustible.

FOYERS INTÉRIEURS DE CHAUDIÈRE A VAPEUR

255. Foyer type Cornwall. — La forme d'un foyer intérieur est essentiellement liée à celle du récepteur dans lequel il
se trouve.

La chaudière type Cornwall se compose, comme nous le verrons en détail plus loin, de deux tubes cylindriques disposés parallèlement l'un à l'autre, mais non concentriques. Le foyer est
placé dans le tube intérieur, l'eau dans l'intervalle des deux
cylindres (fig. 124, 125).

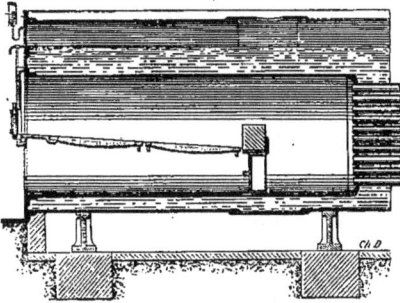 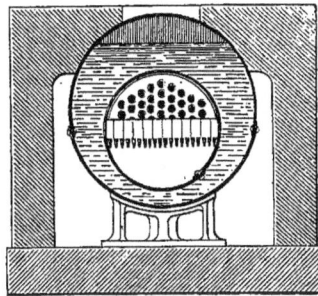

Fig. 124. Fig. 125.

La disposition de la grille et des barreaux est la même que
pour un foyer extérieur. Les sommiers reposent sur des supports
rivés sur les parois du tube ; l'autel est porté par une plaque
de tôle, retournée à angle droit, et reposant également sur
des supports rivés au tube ; les sommiers et la plaque d'autel
peuvent s'enlever afin qu'un ouvrier puisse pénétrer à l'arrière
pour les visites, les nettoyages et les réparations. Au-dessous de l'autel, le vide, en forme de segment circulaire, est fermé
par un tampon muni d'un anneau, et mastiqué avec de la terre à

four. On peut l'enlever facilement pour retirer des résidus accu
mulés à l'arrière de l'autel.

Sur la feuille de tôle qui forme l'avant de la chaudière sont
rivés solidement les cadres en fonte qui servent de supports
pour les gonds des portes du foyer et du cendrier.

Les détails que nous avons donnés (**244** et suiv.) pour la disposition des barreaux, des sommiers, etc., s'appliquent à ce
foyer intérieur.

Nous avons dit (**250** et **252**) qu'il convenait de laisser au
moins $0^m,35$ au-dessus de la grille pour la charge du combustible
et le développement de la flamme et aussi $0^m,35$ au moins pour la
hauteur du cendrier. Ces dimensions minima s'appliquent également à un foyer intérieur, d'où il résulte que le diamètre du tube
du foyer doit être au moins de $0^m,70$. On en fait cependant quelquefois de plus petits, mais les conditions de combustion laissent
à désirer. Quand le cendrier est trop bas, l'air ne peut entrer en
quantité suffisante pour alimenter toute la surface de la grille,
surtout quand elle est longue; la combustion se fait mal et le
charbon reste noir sur une portion de la grille, tantôt à l'avant,
tantôt à l'arrière, suivant le tirage. De même quand l'espace
au-dessus de la grille est trop resserré, le feu est étouffé, la
flamme ne peut se développer, et il se dégage beaucoup de gaz
combustibles.

Nous verrons plus loin que dans les foyers intérieurs la chaleur transmise, par mètre carré de métal, est notablement plus
considérable que dans les chaudières à foyer extérieur. Aussi la
tôle exposée au rayonnement doit-elle être, encore plus peut-être
que pour les foyers extérieurs, de qualité tout à fait supérieure
et d'une homogénéité parfaite pour que la conductibilité ne soit
en rien altérée. Le moindre défaut de soudure au coup de feu
(une paille) suffit pour amener le surchauffement du métal et la
destruction rapide.

Par le même motif, il faut éviter tout assemblage au coup de
feu, toute rivure qui, malgré les soins qu'on peut y apporter, ne
permettent pas une transmission aussi rapide qu'un métal homo-

gène, d'où résulte un surchauffement et l'altération du joint, ce qui se manifeste par des fuites et souvent par la mise hors de service de la chaudière.

Enfin il est aussi de la plus grande importance que l'eau circule avec facilité de l'autre côté de la paroi et que les bulles de vapeur formées se dégagent sans obstacle. S'il y avait cantonnement de vapeur, la tôle, n'étant plus suffisamment refroidie, serait brûlée.

Nous reviendrons plus loin avec détails sur ces questions, qui sont d'une grande importance pour la conservation et la durée des appareils.

Assez souvent, les chaudières du type Cornwall ont deux foyers, disposés (fig. 126) dans deux tubes parallèles placés dans le même corps cylindrique; la disposition de chaque foyer est la

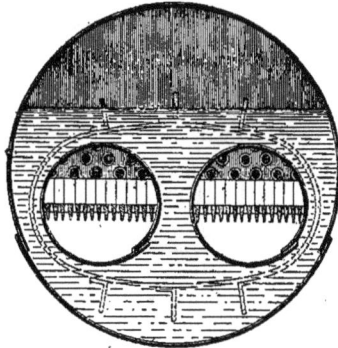

Fig. 126.

même que celle du foyer unique que nous venons de décrire. Les deux courants de fumée se réunissent soit à l'extrémité du corps cylindrique, soit seulement à la sortie du fourneau, quelquefois après l'autel dans une chambre de forme elliptique formant chambre de combustion, d'où ils pénètrent dans un faisceau tubulaire qui vient à la suite. Nous reviendrons sur ces dispositions en parlant des chaudières à vapeur.

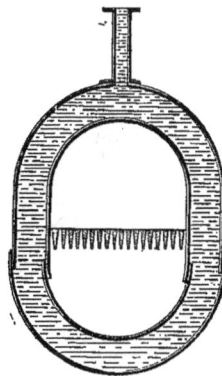

Fig. 127.

256. Foyer elliptique. — Pour les petites chaudières à eau chaude qui fonctionnent sans pression, comme les chaudières de bains, de buanderies, etc., on fait assez souvent le foyer elliptique (fig. 127); cette forme permet de donner plus de hauteur au foyer et au cendrier avec la même

largeur de chaudière, et par conséquent de réduire l'espace oc
cupé et le volume d'eau, ce qui présente des avantages dans beaucoup d'applications ; aussitôt que la pression devient un peu forte,
il faut renoncer à cette forme ; pour l'employer, il faudrait recourir à un système d'armatures plus ou moins compliqué pour
consolider les parois.

257. Foyers de chaudières de bateaux. — Les foyers
de chaudières de bateaux sont disposés à peu près de la même

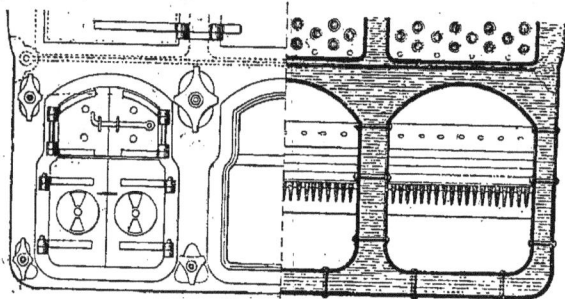

Fig. 128.

manière que les foyers de chaudières Cornwall. Il y a quelques
années, quand on ne dépassait pas une pression de 3 atmo-

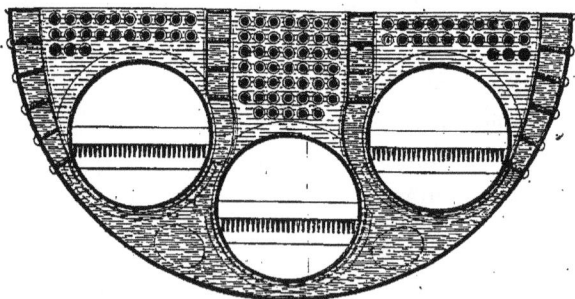

Fig. 129.

sphères, les parois latérales étaient planes et le ciel du foyer ainsi
que le fond du cendrier légèrement cintrés.

La figure 128 représente les trois foyers accolés d'une ancienne chaudière de bateau ; la partie droite est une coupe montrant les foyers et l'intervalle des tôles rempli d'eau ; la partie gauche représente la façade avec la disposition des portes du foyer et du cendrier, et des chambres de nettoyage pour le faisceau tubulaire placé au-dessus.

Dans les chaudières nouvelles de bateaux qui fonctionnent à 5 atmosphères, on a dû renoncer aux parois planes pour les foyers et adopter la forme circulaire. La figure 129 représente la disposition pour une chaudière à trois foyers. Les grilles sont placées à des hauteurs différentes afin de pouvoir loger les trois tubes dans un corps cylindrique de plus faible diamètre, réduire les épaisseurs du métal et l'espace occupé.

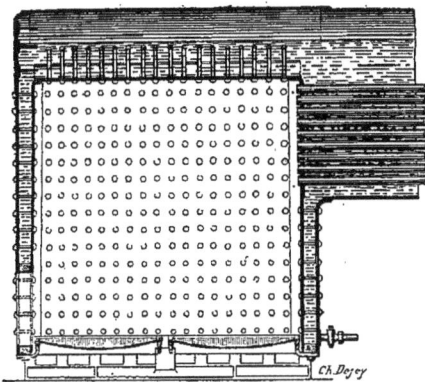

Fig. 130.

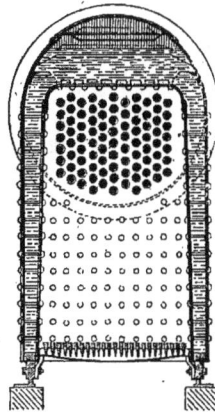

Fig. 131.

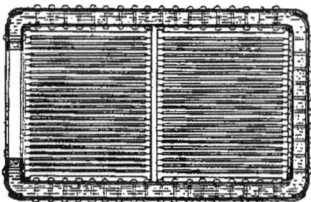

Fig. 132.

258. Foyers de locomotives (fig. 130, 131, 132). — Dans les locomotives, le foyer est disposé dans une grande caisse de forme cubique, entourée à distance par une autre caisse plus grande, de même forme : l'intervalle est rempli d'eau, et l'écartement des tôles est maintenu par un grand nombre de rivets filetés, comme nous le verrons plus loin.

La grille, de forme rectangulaire, est placée au bas de la caisse et est formée, comme une grille à foyer extérieur, d'un certain nombre de barreaux juxtaposés reposant sur un cadre qui remplace les sommiers et qui est fixé aux parois.

Sur la plaque d'avant de la boîte du foyer, est percée la porte, formée par un cadre en métal, rivé à la fois avec la caisse intérieure et la caisse extérieure.   •

Le ciel du foyer, de forme plate et qui supporte des pressions qui peuvent dépasser 100 000 kilogr., doit être consolidé par de nombreuses armatures.

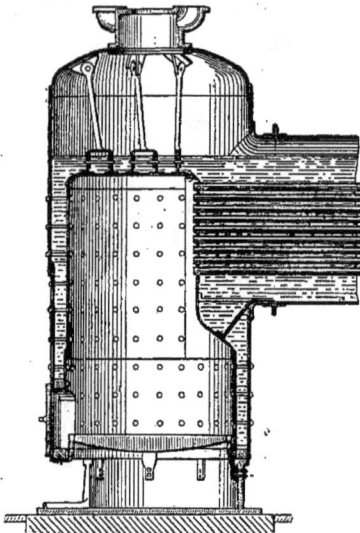

Fig. 133.

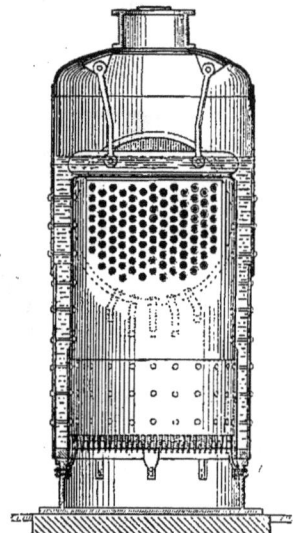

Fig. 134.

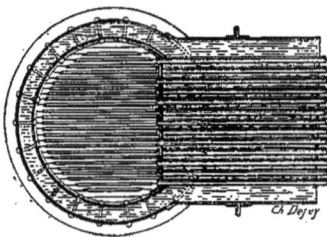

Fig. 135.

259. Foyer de locomobile. —Les figures 133, 134, 135 montrent une disposition assez fréquemment adoptée pour les locomobiles. Le foyer est placé dans une caisse analogue à celle des locomotives, entouré d'eau de tous côtés. La disposition générale de la porte, de la grille, du ciel du foyer, etc., est la même; seulement la forme est en général circulaire. En face de la porte, la plaque tubulaire est formée d'une tôle plane se raccordant par emboutissage avec l'enveloppe cylindrique du foyer et sur laquelle viennent s'assembler les tubes.

Le tirage se fait au moyen d'une cheminée en tôle, et il faut l'activer, à cause de sa faible hauteur, par un jet de vapeur comme dans les locomotives.

FOYERS DE CALORIFÈRES A AIR CHAUD

260. Les figures 136, 137 représentent une des dispositions les plus employées pour foyer de calorifère à air chaud. La grille, ordinairement de forme ronde, repose sur un cadre à la base d'une cloche hémisphérique en fonte, surmontée d'un tuyau de dégagement pour les gaz de la combustion.

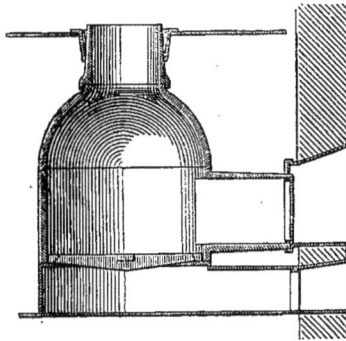

Fig. 136.

La cloche, placée souvent au milieu de la chambre du calorifère et entourée des tuyaux de chauffage, se trouve assez éloignée de la face du fourneau, et afin de pouvoir faire facilement le chargement sur la grille, on fait venir de fonte, à l'avant de la cloche, une longue tubulure, qui s'ouvre dans une embrasure ménagée dans la maçonnerie et qui est

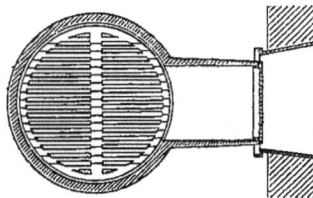

Fig. 137.

fermée par une porte ; au-dessous, une tubulure semblable sert pour le cendrier.

La cloche est exposée au rayonnement ardent du foyer ; elle

est refroidie seulement par la circulation de l'air, qui a un pouvoir refroidissant beaucoup plus faible que l'eau, de sorte que
la température du métal s'élève beaucoup plus que dans les
chaudières à vapeur et arrive fréquemment au rouge. Il en
résulte deux graves inconvénients : le premier, c'est que l'air, au
contact des surfaces rougies, s'altère, contracte une mauvaise
odeur, et lorsqu'il est destiné à la ventilation des lieux habités,
il n'a plus les mêmes pro-
priétés hygiéniques que
l'air pur ; le deuxième est
la destruction rapide de la
cloche, sous l'action de
cette température élevée,
ce qui oblige, pour un service un peu actif, à la remplacer à d'assez courts intervalles.

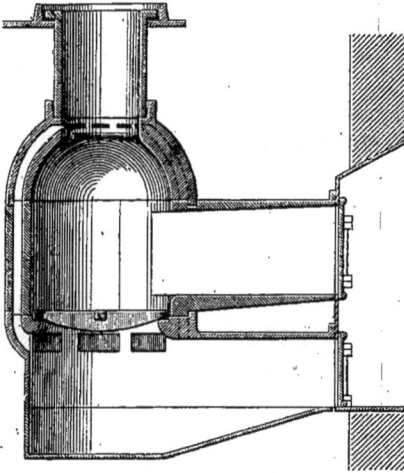

Fig. 138.

261. Pour diminuer
cette température exagé-
rée, on a essayé de refroidir la cloche en ménageant,
dans l'épaisseur, des conduits verticaux (fig. 138,
139) prenant l'air dans le
cendrier, et l'amenant à la
hauteur du tuyau de déga-
gement, à la rencontre des
gaz de la combustion. On
espérait, par cette circulation d'air froid dans l'in-

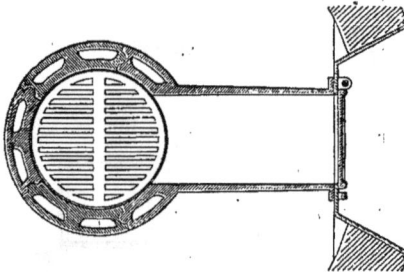

Fig. 139.

térieur du métal, abaisser la température et, de plus, par cette
injection d'air au-dessus du feu, favoriser la combustion des
gaz incomplètement brûlés qui se dégagent du foyer. Mais l'expérience a prouvé que l'air circulait mal dans ces conduits étroits,

fortement chauffés ; l'effet espéré n'a pas été réalisé, et la cloche, plus fragile, s'est détruite plus rapidement.

262. Dans le même ordre d'idées, pour obtenir une durée plus longue, on a formé la cloche (fig. 140, 141) d'un certain nombre de cou-
ronnes annulaires, très épaisses, munies de nervures saillantes et s'em-
boîtant, au moyen de rai-
nures, les unes sur les autres. Cette division de la cloche en parties séparées avait pour but, d'abord de laisser la dilatation plus facile, et puis, de faciliter les réparations en permettant de remplacer exclusivement les couronnes annulaires dé-
truites par l'action du feu, sans être obligé d'enlever toute la cloche. Les ner-
vures avaient aussi pour effet, en augmentant la sur-
face de refroidissement, d'abaisser la température du métal; cette disposition assez compliquée a reçu peu d'applications.

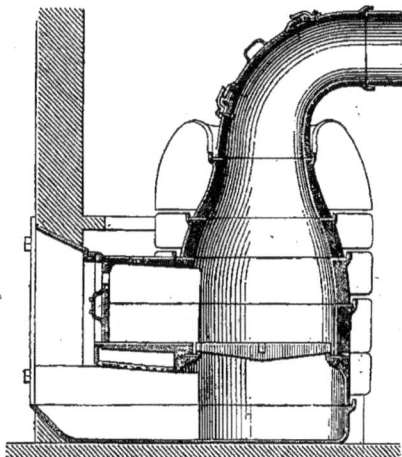

Fig. 140.

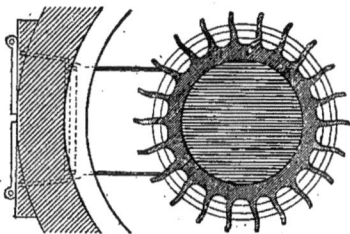

Fig. 141.

263. Une forme de foyer pour calorifère à air chaud, assez employée, est représentée figures 142 et 143.

La cloche est de forme ovoïde ; la porte de chargement se trouve à une extrémité et la tubulure de dégagement des gaz de la combustion à l'autre extrémité. C'est une forme simple qui dispense des longues tubulures de chargement des dispositions précédentes. La fonte, à l'intérieur du foyer, porte des nervures arrondies peu saillantes qui ont pour but d'empêcher l'adhérence des mâchefers et d'augmenter la résistance.

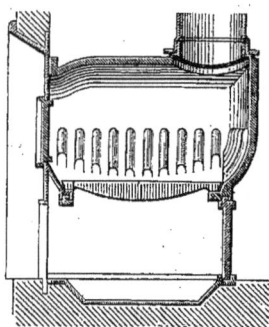

Fig. 142.

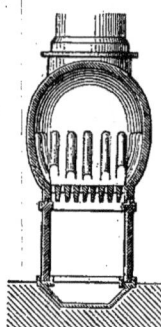

Fig. 143.

La grille est de forme rectangulaire, ce qui est plus commode pour le chargement et permet d'avoir tous les barreaux semblables. Au-dessous est le cendrier avec cuvette en fonte pleine d'eau.

Quelquefois, dans le but de conserver la cloche et de l'em-

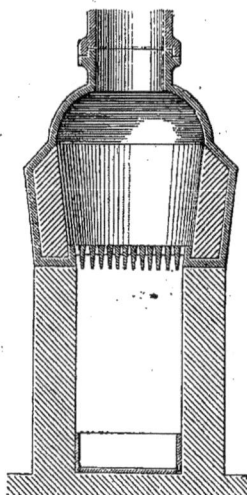

Fig. 144.

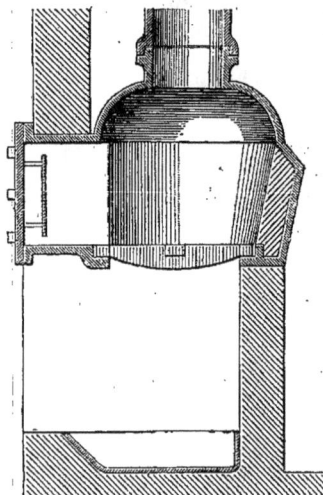

Fig. 145.

pêcher de rougir, on construit à l'intérieur un revêtement en briques réfractaires.

Les figures 144 et 145 représentent la disposition adoptée par M. Grouvelle. La cloche est de forme à peu près cylindrique, surmontée d'une coupole hémisphérique avec tubulure pour le dégagement des gaz.

La paroi cylindrique en fonte est évidée de manière à loger et à bien maintenir la construction en briques. Ce revêtement, en matière peu conductrice de la chaleur, réduit considérablement la chaleur transmise à la cloche, empêche sa température de trop s'élever et lui assure ainsi une plus longue durée. Il faut avoir soin de le maintenir en bon état; il se détruit assez rapidement sous l'action de la chaleur et du choc des outils du chauffeur.

Avec ce revêtement de maçonnerie, la surface de la cloche est moins efficace et la quantité de chaleur fournie par le calorifère est diminuée.

§ II

FONCTIONNEMENT DES FOYERS

264. Les foyers, ayant pour but essentiel la production de la chaleur par la combustion, doivent être conduits de manière à obtenir une combustion aussi parfaite que possible. C'est la première condition pour utiliser la puissance calorifique du combustible et réduire par conséquent la consommation au minimum.

Examinons comment se produit la combustion dans les foyers que nous venons de décrire et jusqu'à quel point les conditions que nous avons reconnues nécessaires (**11**) peuvent y être réalisées.

Quand le foyer est allumé, il faut, pour maintenir la combustion, l'alimenter avec une certaine régularité et dans la mesure nécessaire à la production de chaleur dont on a besoin.

On procède généralement par chargements intermittents; à

certains intervalles, qui varient ordinairement entre 10′ et 20′
pour les foyers de chaudières à vapeur, le chauffeur alimente le
foyer en jetant du combustible frais sur la couche en ignition ;
il doit le répartir de manière à établir une épaisseur régulière sur
la grille.

Par la manœuvre du registre, il règle l'accès de l'air affluent
et par suite la quantité de combustible brûlé dans un temps donné,
pour la proportionner aux besoins.

Entre deux chargements, surtout lorsque les houilles sont collantes, le chauffeur est obligé de ringarder le foyer, de rompre
les morceaux qui se sont agglutinés, de rétablir l'égalité d'épaisseur de la couche en comblant les vides ou les creux qui ont pu
se produire et par où l'air passerait en trop grande abondance.

265. De temps en temps, le chauffeur enlève les cendres qui
tombent dans le cendrier et les mâchefers qui s'accumulent sur
la grille. Ces résidus proviennent des substances incombustibles
qui se trouvent dans la houille et qui, après la combustion, affectent divers états suivant leur composition et la température du
foyer.

Si ces matières n'éprouvent aucune trace de fusion, elles se réduisent en cendres pulvérulentes qui passent à travers la grille,
tombent dans le cendrier d'où on les enlève sans difficulté.

Assez souvent elles éprouvent au feu une sorte de fusion pâteuse et forment alors sur les grilles des masses agglutinées qu'on
appelle des *mâchefers*, qui sont souvent très volumineuses et fini-
raient par obstruer le passage de l'air si on ne les enlevait en temps
utile. Pour cette opération, le chauffeur commence par rejeter,
aussi rapidement que possible sur une moitié de la grille, tout
le charbon en ignition, et met ainsi à découvert, sur l'autre moitié, le gâteau de mâchefer adhérent aux barreaux ; il le brise à
coups de ringard et le retire en morceaux par la porte. Il opère
de même pour l'autre moitié de la grille.

Ce travail de décrassage est long et pénible, et pendant tout le
temps qu'on l'exécute, l'air pénètre abondamment par la porte

ouverte et refroidit le fourneau; aussi l'emploi des houilles produisant beaucoup de mâchefer est-il très désavantageux sous tous les rapports.

En même temps que les cendres, il passe, à travers la grille, de petits morceaux de charbon enflammés transformés en coke qu'on appelle des *escarbilles*. Quand, au fond du cendrier, il y a une bâche pleine d'eau, ces charbons s'éteignent immédiatement, et les chauffeurs soigneux les séparent des cendres par un criblage et les chargent de nouveau sur la grille avec le combustible.

266. Il faut avoir soin de régler l'épaisseur du combustible en rapport avec le tirage, afin d'obtenir une combustion à peu près complète sans trop grand excès d'air. C'est un point délicat qui demande de la part du chauffeur du soin et de l'intelligence, car il doit apprécier, à l'aspect du feu, suivant le combustible qu'il emploie et le tirage dont il dispose, quelle est l'épaisseur la plus convenable.

Des analyses des gaz de la combustion que l'on peut faire rapidement au moyen de l'appareil Orsat (**62**) fournissent à ce sujet les indications les plus utiles.

Une trop forte épaisseur amène dans les couches supérieures la transformation de l'acide carbonique en oxyde de carbone et une perte de chaleur considérable. C'est ce qui a lieu dans les locomotives pendant le stationnement; l'épaisseur, réglée pour le tirage actif du jet de vapeur, est beaucoup trop forte quand l'échappement n'agit pas, et il se produit de l'oxyde de carbone.

Les gazogènes, destinés à produire des gaz combustibles, ne sont en réalité que des foyers chargés sur une trop forte épaisseur par rapport au tirage.

Une épaisseur trop faible a un inconvénient inverse : il passe trop d'air en excès, ce qui refroidit le fourneau, et augmente, avec le poids écoulé, la quantité de chaleur emportée par les gaz dans l'atmosphère, au sommet de la cheminée.

En général les chauffeurs ont une tendance à exagérer l'épaisseur afin de charger moins souvent. L'expérience indique que les charges faibles et répétées sont favorables à l'économie du combustible. On conçoit en effet qu'entre deux chargements les variations d'épaisseur sont d'autant plus sensibles que ces chargements sont plus espacés, et par conséquent, on s'éloigne davantage de l'épaisseur qui convient à la meilleure combustion.

Si par exemple le tirage est réglé pour une combustion de houille de 65 kilog. par mètre carré et par heure, et si on charge toutes les 10′, il faut introduire chaque fois, dans le foyer, un poids de $\frac{65}{6} = 10^k,8$ environ, par mètre carré de grille.

L'épaisseur par ce chargement est augmentée de $\frac{10^k,8}{900} = 0^m,012$ (900 kil., poids du mètre cube de houille). L'épaisseur moyenne du combustible étant de $0^m,10$ à $0^m,12$, on voit qu'en chargeant toutes les 10′, on la fait varier de $\frac{1}{10}$ environ.

Si le chargement n'a lieu que toutes les 20′, il faut introduire chaque fois $21^k,6$, et l'épaisseur varie de $\frac{1}{5}$, ce qui constitue une différence sensible dans les conditions de marche avant et après le chargement.

Cette différence devient beaucoup trop marquée si on ne charge que toutes les 30′, comme on le fait quelquefois, et la combustion est mal réglée la plus grande partie du temps.

Dans certains cas cependant, on est conduit à faire les chargements à de longs intervalles; c'est ce qui a lieu par exemple pour les foyers des calorifères à air chaud, où on n'a généralement, pour les conduire et les charger, qu'un homme occupé à d'autres services et qui ne peut s'occuper du calorifère, pour ainsi dire, qu'à ses moments perdus.

On charge alors sur de plus grandes épaisseurs et on couvre le feu avec des cendres pour le modérer. Les conditions de combustion sont évidemment mauvaises et on perd du charbon; mais, d'un autre côté, on n'a pas les frais d'un chauffeur spécial, et dans beaucoup de cas, pour le chauffage des maisons particulières notamment, on sacrifie la bonne combustion à la facilité du service. Il n'en devrait pas être de même pour de grandes installations.

267. Les conditions dans lesquelles s'opère la combustion, entre deux chargements, varient non seulement avec l'épaisseur, mais encore avec les modifications que le charbon éprouve sous l'action de la chaleur.

Lorsqu'on jette de la houille fraîche sur de la houille en ignition, l'effet immédiat est à la fois le refroidissement du foyer et l'obstruction des passages d'air, par les particules plus ou moins menues qui se trouvent dans la houille ordinaire, ce qui réduit momentanément le volume de l'air.

Sous l'action de la chaleur du charbon en ignition recouvert par la nouvelle couche et du rayonnement des parois, la houille distille et émet rapidement des gaz combustibles, en quantité plus ou moins grande suivant sa composition. Comme l'air est précisément réduit au minimum à ce moment, les conditions de la combustion sont particulièrement mauvaises. L'air arrive en moins grande quantité et la température est abaissée, au moment où, par suite de l'abondance des gaz, il faudrait le maximum d'air et une température élevée. Cet état fâcheux se traduit par un dégagement de fumée plus ou moins abondant.

Les particules menues étant brûlées les premières et les plus fines entraînées même quelquefois par le courant d'air, les intervalles entre les morceaux se dégagent peu à peu et l'air arrive de plus en plus facilement. En même temps, la distillation se réduit, le volume des gaz combustibles diminue, et il arrive un moment où les conditions sont satisfaisantes.

La combustion se poursuivant, l'épaisseur diminue, la houille se transforme en coke, le dégagement des hydrogènes carbonés cesse et l'air arrive de plus en plus facilement, de sorte que son volume devient bientôt trop considérable et qu'il passe non altéré avec les gaz de la combustion. Cet effet s'accentue jusqu'à un nouveau chargement, à partir duquel les mêmes phénomènes se reproduisent successivement.

Il n'y a donc réellement qu'une courte période, entre deux chargements, pendant laquelle les conditions de la combustion sont satisfaisantes. La durée relative de cette période est d'autant plus grande que les chargements sont plus rapprochés, et en outre on s'écarte d'autant plus des bonnes conditions que l'intervalle des chargements est plus grand.

On voit d'après cela que la fréquence des charges doit être favorable à la bonne combustion, et c'est ce que l'expérience confirme. Toutefois la fréquence des charges exige un travail plus grand de la part du chauffeur; l'ouverture trop répétée des portes, en introduisant de grands volumes d'air, n'est pas non plus sans inconvénient.

Il y a donc une limite, une mesure qui varie suivant le foyer, le tirage et la nature du combustible, et qu'un chauffeur intelligent ne tarde pas à reconnaître.

268. Dans certains centres industriels, on a organisé des concours de chauffeurs afin d'exciter entre eux l'émulation et de leur enseigner la meilleure manière de mener un foyer.

Chaque concurrent est chargé de conduire pendant un certain temps, ordinairement un jour, le foyer d'une même chaudière à vapeur, avec la même espèce de combustible. On mesure la quantité d'eau vaporisée et le poids de combustible brûlé, et le prix est donné au chauffeur qui a conduit le foyer dans les conditions les plus économiques. On note en même temps le nombre de chargements, les variations de pression, les manœuvres du registre, etc., de manière à apprécier les causes qui peuvent influer sur le rendement.

On a toujours remarqué, dans les concours, que les meilleurs résultats étaient obtenus par les chauffeurs qui chargeaient souvent et peu à la fois, et que l'habileté du chauffeur jouait un rôle considérable dans l'économie du combustible, qu'il y avait entre des hommes, en général d'une habileté au-dessus de la moyenne, puisqu'ils se présentaient pour concourir, des différences de, 5o p. 100, c'est-à-dire que les uns consommaient 150 kilogrammes et même davantage pour faire le service que d'autres effectuaient avec 100 kilogrammes.

269. La variation d'afflux de l'air à travers le combustible entre deux chargements est plus considérable qu'on ne pourrait le croire. Voici le résultat de quelques expériences que nous avons faites à ce sujet.

Le foyer expérimenté était intérieur et appliqué à une chaudière à vapeur du type Cornwall (**254**). On mesurait la pression de l'air et des gaz, dans le foyer et dans le cendrier, au moyen de deux manomètres à tube incliné très sensibles. On avait ainsi, à chaque instant, les variations de pression des deux côtés de la couche de combustible. Au moyen d'un anémomètre, disposé dans un gros tuyau placé en avant du cendrier, on avait la vitesse de l'air affluent et on en déduisait, d'après le rapport des sections, la vitesse de l'air répartie sur toute la section de la grille.

Le tableau suivant donne les résultats, pour un intervalle entre deux chargements d'une durée de 22 minutes. Les pressions et les vitesses ont été relevées de minute en minute, à partir du moment où la porte a été fermée ; on a inscrit, dans la 2ᵉ colonne, la dépression dans le foyer en millimètres d'eau, dans la 3ᵉ la dépression dans le cendrier, dans la 4ᵉ la différence de ces nombres, exprimant la perte de charge au passage de l'air à travers la grille et la couche de combustible, et enfin dans la 5ᵉ colonne la vitesse de l'air au-dessous de la grille.

Le tirage était réglé à raison d'une combustion de 66 kilogrammes de houille par mètre carré de grille; l'épaisseur de la couche de 0,12 environ.

La houille employée était du tout-venant du Pas-de-Calais un peu gras, renfermant environ 35 p. 100 de gailleterie.

Combustion dans un foyer intérieur, à raison de 66 kilogrammes environ de houille par mètre carré de grille et par heure.

Tableau des dépressions et des vitesses.

TEMPS COMPTÉ EN MINUTES depuis le chargement.	DÉPRESSIONS (en millimètres d'eau)			VITESSE DE L'AIR sous la grille.
	FOYER.	CENDRIER.	DIFFÉRENCE.	
0	4,80	0,10	4,70	»
1	5,00	»	»	0,12
2	4,40	0,22	4,18	0,18
3	3,70	0,17	3,53	0,16
4	4,80	0,14	4,66	0,15
5	5,40	0,09	5,31	0,12
6	4,50	0,14	4,36	0,15
7	4,00	0,17	3,83	0,16
8	3,50	0,19	3,31	0,17
9	3,30	0,24	3,16	0,19
10	3,50	»	»	»
11	3,50	»	»	»
12	3,10	0,31	2,79	0,21
13	2,60	0,27	2,33	0,20
14	2,50	0,45	2,05	0,27
15	2.30	0,48	1,92	0,27
16	2,10	0,44	1,66	0,26
17	2,10	0,79	1,31	0,35
18	1,90	0,59	1,31	0,30
19	1,70	1,00	0,70	0,41
20	1,60	1,07	0,53	0,40
21	1,40	1,14	0,26	0,42
22	1,40	»	»	0,40
Moyennes...	3,18	0,42	2,76	0,2326

270. La figure 146 représente graphiquement les variations de pression dans le foyer et le cendrier entre deux chargements. Les temps en minutes sont comptés sur l'axe des abscisses; les dépressions par rapport à la pression atmosphérique sont comptées en ordonnées au-dessous de l'axe.

La ligne MABM₁ représente les variations dans le foyer, la ligne

$mabm_1$ dans le cendrier. La portion d'ordonnée comprise entre les deux courbes indique par conséquent l'excès de pression du cendrier

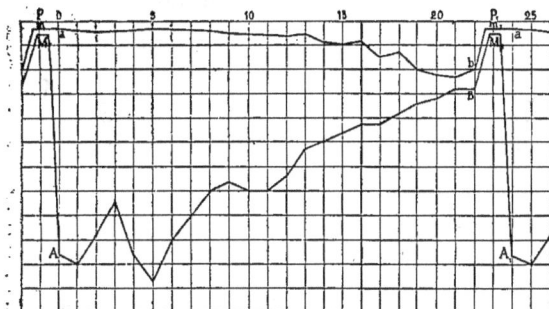

Fig. 146.

sur le foyer, c'est-à-dire la résistance de la grille et du charbon.

271. Le tableau suivant donne les résultats obtenus en

Combustion dans un foyer intérieur, à raison de 50 kilogrammes environ de houille par mètre carré de grille et par heure.

Tableau des dépressions et des vitesses.

TEMPS COMPTÉ EN MINUTES depuis le chargement.	DÉPRESSIONS (en millimètres d'eau)			VITESSE DE L'AIR sous la grille.
	FOYER.	CENDRIER.	DIFFÉRENCE.	
0	2,95	0,24	2,71	»
2	2,38	0,28	2,10	0,120
4	2,23	0,32	1,92	0,099
6	2,02	0,41	1,61	0,098
8	1,82	0,50	1,32	0,115
10	1,71	0,58	1,13	»
12	1,62	0,65	0,97	0,145
14	1,56	0,70	0,86	0,174
16	1,38	0,78	0,60	0,230
18	1,33	0,87	0,46	0,270
20	1,28	0,90	0,38	0,275
Moyennes...	1,844	0,566	1,278	0,154

réduisant l'activité du tirage à raison d'une combustion de
5o kilogrammes par mètre carré de grille. L'épaisseur du combustible était maintenue un peu plus faible que dans l'expérience
précédente ; la houille était de même qualité.

272. En examinant les nombres du tableau, pour une combustion de 66 kilogrammes par mètre carré et par heure, on
constate les faits suivants :

1° Immédiatement après le chargement, la dépression dans le
foyer s'est élevée à $4^{mm},8o$, puis à 5^{mm} de hauteur d'eau. Elle
s'est abaissée ensuite jusqu'à $3^{mm},7o$ pour remonter à $5^{mm},4o$
et décroître progressivement, avec de petites oscillations, jusqu'à
$1^{mm},4o$ au bout de 21'. A ce moment la grille est découverte
et a besoin d'être rechargée. La dépression moyenne, dans le
foyer, a été de $3^{mm},18$.

2° La dépression dans le cendrier a suivi une marche inverse.
Après le chargement, elle est de $0^{mm},1o$, s'élève jusqu'à $0^{mm},22$,
redescend jusqu'à $0^{mm},o9$, qui correspond au maximum du foyer,
et s'élève ensuite progressivement avec des oscillations jusqu'à
$1^{mm},14$. La moyenne a été de $0^{mm},42$.

3° La différence de pression entre le cendrier et le foyer, c'est-
à-dire la perte de charge à travers la grille et le combustible,
a été de $4^{mm},7o$ après le chargement, s'est élevée à $5^{mm},31$ après
5 minutes pour redescendre ensuite à $0^{mm},26$ quand la grille avait
tout à fait besoin d'être rechargée. La moyenne a été de $2^{mm},76$.

4° La vitesse sous la grille de l'air affluent varie nécessairement dans le même sens que la différence de dépression entre le
foyer et le cendrier. De $0^{mm},12$ immédiatement après le chargement, elle s'est élevée à 0,18 pour retomber à 0,12 et remonter
ensuite progressivement jusqu'à $0^{mm},4o$ et $0^{mm},42$. La moyenne
a été de $0^{mm},2326$.

Le combustible était de la houille tout-venant un peu grasse.
Avec un combustible plus maigre et surtout avec du coke, les
résistances auraient été probablement plus faibles et les variations moins grandes.

Pour une combustion réglée à 5o kilogrammes par mètre carré de grille, les phénomènes généraux ont été les mêmes, mais les dépressions dans le foyer étaient seulement moitié environ, c'est-à-dire à peu près comme le carré du poids du combustible brûlé.

273. Lorsque le manomètre est placé à peu de distance du foyer et du cendrier et communique par un tube de 0,005 de diamètre au moins, la colonne liquide est soumise à des oscillations continuelles qui indiquent qu'il se produit à chaque instant des variations brusques de pression; c'est l'état ordinaire des foyers.

On peut remarquer qu'avec le combustible employé, la dépression qui, après le chargement, avait commencé à décroître, a remonté pendant quelques minutes pour atteindre un maximum et décroître ensuite. Cet effet peut s'expliquer, en observant qu'après le chargement les menus charbons sont brûlés ou entraînés par le courant d'air, ce qui dégage les passages d'air, mais que peu de temps après les morceaux, en s'agglutinant, les bouchent de nouveau.

Le ringardage, en rétablissant l'égalité de la couche et remplissant les creux et les vides, augmente momentanément la résistance. Toutefois, avec les combustibles gras, il peut produire un effet inverse en rétablissant les passages d'air.

Ces expériences montrent l'exactitude de l'analyse que nous avons faite (**267**) des phénomènes qui se produisent entre deux chargements. Elles établissent l'insuffisance de la quantité d'air dans la période qui suit le chargement, et l'excès dans celle qui le précède; ce n'est que dans une courte période que la proportion d'air est convenable. On pourrait atténuer les différences par une manœuvre rationnelle du registre. En l'ouvrant après le chargement et le fermant ensuite progressivement, on régulariserait l'accès de l'air dans une certaine mesure; mais ces manœuvres continuelles du registre exigent un soin et une attention qu'il est impossible d'obtenir du chauffeur; les plus zélés se contentent de quelques manœuvres. Dans tous les cas, il convient, pour les faciliter, que les leviers ou les chaînes de commande soient à sa portée.

Nous verrons plus loin des appareils dans lesquels on a cherché à régler l'admission graduée de l'air d'une manière automatique.

274. Pendant le chargement, la porte reste forcément ouverte et il s'introduit alors directement, au-dessus du combustible, de grandes masses d'air qui refroidissent la chaudière et le fourneau, et peuvent produire dans certains cas des accidents graves en amenant des contractions brusques et des ruptures. Les chauffeurs soigneux baissent le registre au moment du chargement, juste ce qu'il faut pour conserver le tirage vers la cheminée sans amener un reflux de gaz par la porte ; c'est une très bonne pratique à suivre.

On a imaginé des dispositions qui avaient pour but de forcer le chauffeur à baisser le registre au moment du chargement. C'est ainsi qu'on a suspendu devant la porte le contrepoids qui fait équilibre au registre, de sorte qu'il fallait forcément le soulever et baisser le registre pour ouvrir la porte et faire le chargement. On a aussi relié la porte au registre au moyen de chaînes et de leviers, de manière à rendre leurs mouvements solidaires.

Une autre combinaison consiste à placer en avant du fourneau une plaque mobile qui s'abaisse sous le poids du chauffeur quand il vient devant le fourneau pour le chargement et dont le mouvement se transmet au registre pour le fermer. Plusieurs de ces dispositions sont fort ingénieuses et pourraient assurément rendre des services ; mais elles entraînent une certaine complication qui presque partout a fait renoncer à leur emploi.

275. Mouillage des houilles. — Une pratique assez générale des chauffeurs consiste à mouiller la houille avant de la charger dans le foyer. On pourrait croire au premier abord qu'il ne peut en résulter qu'une perte, puisqu'il faut fournir la chaleur qui est nécessaire pour la vaporisation de l'eau. Cette pratique peut cependant se justifier en remarquant qu'elle peut modérer une distillation trop rapide dans les premiers moments du chargement et par suite contribuer à réaliser une combustion plus complète.

276. Autre mode de chargement. — Dans le même but, on fait quelquefois le chargement du foyer autrement que nous l'avons indiqué (**264**). Au lieu de répandre uniformément le charbon sur la grille, le chauffeur pousse rapidement à l'arrière le combustible qui se trouve sur l'avant et le remplace par du combustible frais. Ce mode de chargement a pour effet de rendre, au premier moment, la distillation de la houille moins rapide en ne la chauffant plus en dessous, et en diminuant la surface de dégagement des gaz.

De plus le combustible à l'arrière de la grille, étant à l'état de coke, laisse passer l'air plus facilement pour brûler les gaz combustibles qui se dégagent de l'avant. Ce mode de chargement, quoique assez rationnel, n'est guère en usage. Il est plus pénible pour le chauffeur et il a l'inconvénient de laisser, pendant un certain temps, une partie de la grille complètement découverte, ce qui donne passage à un grand volume d'air refroidissant, avec tous ses inconvénients.

277. Ronflement des fourneaux. — Dans certains cas l'air affluent dans le foyer arrive dans des conditions telles qu'il se produit un ronflement très énergique qui fait vibrer violemment les chaudières, les fourneaux, et peut se transmettre par le sol et par les murs à de grandes distances. On a attribué ces vibrations à une série de petites explosions d'hydrogènes carbonés au-dessus du combustible, mais il est plus probable qu'elles résultent d'une vitesse exagérée des gaz qui produit des ondes sonores; on arrive à les faire cesser en modifiant la vitesse du courant d'air par la manœuvre du registre ou de la porte du cendrier.

278. Composition des gaz de la combustion. — L'analyse des gaz de la combustion a été faite par un grand nombre de chimistes. Les résultats sont en général assez peu concordants et on y constate de nombreuses anomalies.

Le manque de concordance s'explique parfaitement par la variété des éléments qui interviennent dans la formation des gaz. La composition dépend en effet de la nature du combustible, de son épaisseur et de sa répartition sur la grille, de l'activité du tirage, de la période de la combustion, de la position de la prise de gaz, etc. Le puisage des gaz se faisant en général pendant un temps très court, on a une composition qui correspond à un état particulier et local et qui se modifie à chaque instant.

Pour avoir une composition moyenne, M. Scheurer Kestner a effectué la prise, pendant tout l'intervalle entre deux chargements, au moyen d'un appareil spécial aspirant d'une manière très lente, et prenant ainsi du gaz à toutes les périodes de la combustion.

Ses expériences avaient surtout pour but de déterminer l'influence de la proportion d'air employé à la combustion.

On a fait varier le volume d'air, par kilogramme de houille brûlée, depuis $8^{mc},389$ jusqu'à $16^{mc},182$; comme celui strictement nécessaire était $7^{mc},840$, le rapport était, dans le premier cas, de $1,07$, dans le second de $2,19$, c'est-à-dire que plus de la moitié de l'oxygène échappait à la combustion.

Le tableau suivant fait connaître les résultats des analyses suivant la proportion d'air employé; il donne, en volumes, la composition des gaz de la combustion.

Composition des gaz de la combustion, en volumes, suivant la proportion d'air employé.

PROPORTION D'AIR EMPLOYÉ.....	1,07	1,15	1,21	1,26	1,35	1,75	2,19
Acide carbonique...............	14,87	14,63	13,34	13,43	12,89	10,87	7,73
Oxygène.....................	1,41	2,80	3,77	4,42	5,53	8,99	11,42
Oxyde de carbone...........	0,84	0,86	»	0,24	»	»	0,41
Hydrogène..................	1,35	0,56	0,91	1,41	0,96	0,19	»
Vapeur de carbone..........	1,15	0,49	0,46	0,32	0,28	0,19	»
Azote.........................	80,38	80,66	81,52	80,23	80,34	79,76	80,44

M. Scheurer Kestner tire de ces analyses les conclusions suivantes :

L'oxyde de carbone existe toujours dans les gaz de la combustion, mais paraît diminuer à mesure que la proportion d'air augmente. Il en est de même des hydrocarbures et la diminution est plus marquée.

La proportion d'hydrogène varie irrégulièrement et se maintient ordinairement entre 0,50 et 1,50 p. 100 du volume des gaz de la combustion ; elle correspond à 20 p. 100 environ de la quantité d'hydrogène qui existe dans la houille.

Les gaz combustibles pris ensemble diminuent à mesure que la proportion d'air augmente. On trouve, pour les pertes de chaleur résultant de la combustion incomplète, les nombres suivants :

Pour 8 à 9^{mc} d'air par kilogr. de houille, 6 à 18 % du carbone de la houille.

10 à 12	— 4 à 7 %	—
12 et au delà	— 0,9 à 4 %	—

Ces analyses, et toutes celles qui ont été faites par MM. de Marsilly, Foucou et Amigues, établissent que la proportion de gaz combustibles dans les gaz qui s'échappent d'un foyer diminue en général à mesure que le volume d'air augmente. Au point de vue de la combustion complète, il y a donc avantage à régler la combustion avec un grand excès d'air, mais comme, d'un autre côté, plus cet excès est considérable, plus est grand le volume des gaz chauds, et par suite la chaleur emportée et perdue à la sortie de la cheminée, on conçoit qu'entre ces deux causes, agissant en sens inverse, il doit y avoir une proportion qui donne les meilleurs résultats au point de vue de l'utilisation.

L'expérience indique que, pour avoir le meilleur rendement du combustible, il convient que l'excès d'air ne dépasse pas 50 p. 100, ce qui correspond à un poids de 18 kilogrammes d'air environ par kilogramme de houille et que cet excès se rapproche de 25 p. 100, soit 15^{kil} d'air par kilogr. de houille.

Les analyses révèlent toujours, dans les gaz de la combustion, la présence simultanée de l'oxygène libre et de gaz combustibles ; la combinaison ne s'est pas effectuée. Ce fait prouve que ces gaz ne sont pas venus au contact ou du moins qu'ils n'y sont pas venus dans des conditions de température convenables pour que la combinaison pût se faire. Ainsi que nous l'avons dit (11), il ne suffit pas de fournir au combustible le volume d'air nécessaire pour sa combustion, il faut encore assurer le mélange des gaz comburants et combustibles par des dispositions produisant à la sortie du foyer, à une température suffisante, des remous et des tourbillons ; si ces remous ne se produisent qu'à une grande distance du foyer, les gaz sont trop refroidis pour que la combustion s'effectue.

Les foyers à flamme droite et à courants réguliers et parallèles sont moins bons parce que les veines gazeuses marchent à côté les unes des autres sans se mélanger.

279. Pour le même motif, il faut éviter aux gaz de la combustion, à la sortie du foyer, le contact de grandes surfaces froides et maintenir une température élevée jusqu'à la combustion complète. Le refroidissement amène l'extinction de la flamme.

M. Scheurer Kestner a constaté l'influence du refroidissement sur la production de la fumée par l'expérience suivante. « Lors- « qu'on introduit un tuyau métallique dans le courant gazeux « au moyen d'une ouverture faite dans la maçonnerie et à peu « de distance de l'autel, voici ce qu'on observe. Lorsque le « tuyau est maintenu froid par un courant intérieur d'eau froide, « il se dépose à la surface une très grande quantité de noir de « fumée qui y persiste et dont la couche s'épaissit jusqu'à ce « qu'elle annule l'action de l'eau froide sur la surface. Si l'on « supprime le courant d'eau froide, en ayant soin d'incliner le « tube afin de le vider complètement, le noir de fumée qui s'y « était déposé disparaît peu à peu, et la température du tube « ayant atteint celle du milieu dans lequel il est plongé, il ne « s'y forme aucun nouveau dépôt; il suffit d'y faire rentrer de « l'eau froide pour qu'il se couvre de nouveau d'une couche « épaisse de noir de fumée. »

Dans certains appareils, les gaz, à la sortie du foyer, pénètrent immédiatement dans un grand nombre de tubes de faible diamètre, offrant une très grande surface refroidissante qui abaisse la température au point que la combustion ne peut se maintenir et que la flamme s'éteint. C'est évidemment une mauvaise disposition qu'on rencontre cependant dans un grand nombre de chaudières à vapeur tubulaires. Il est bien préférable, lorsqu'on le peut, de laisser, entre le foyer et l'entrée des tubes, un espace assez grand pour servir de *chambre de combustion*, afin que les gaz ne pénètrent dans les tubes qu'après leur combustion complète.

Mais si un refroidissement trop rapide est nuisible, il ne faut pas croire qu'un foyer, entouré de tous côtés par de la maçonnerie dans le but de maintenir la température, soit dans de bien bonnes conditions. Au moment du chargement, la distillation est si rapide, sous l'action rayonnante des parois fortement chauffées, que le volume d'air est insuffisant pour brûler la masse des gaz qui se dégagent brusquement et que la combustion est très imparfaite.

§ III

FOYERS DIVERS. — FOYERS DITS FUMIVORES

280. Préliminaires. — Dans les foyers que nous venons d'étudier, la combustion, comme nous l'avons dit, est loin d'être complète ; les analyses indiquent qu'il se dégage toujours une certaine quantité de gaz combustibles, malgré l'excès d'air introduit dans le foyer.

C'est surtout après le chargement que les conditions d'une bonne combustion laissent le plus à désirer. Comme nous l'avons expliqué, il se dégage de la houille, à ce moment, une grande masse de gaz et le volume d'air admis est insuffisant ; il y a production de fumée plus ou moins abondante suivant la nature des houilles. Cette fumée est souvent fort incommode pour le voisinage ; dans certaines villes industrielles, elle forme de véritables nuages qui obscurcissent le jour ; elle pénètre partout à l'état de flocons noirs, s'attache dans les appartements aux meubles et aux tentures et les ternit rapidement : c'est une gêne réelle.

La fumée ne paraît pas avoir toutefois d'effet fâcheux, au point de vue de la salubrité, et même elle aurait, à ce qu'on dit, exercé dans certains cas sous ce rapport une action favorable. C'est ainsi que, dans certains pays, l'établissement d'usines, produisant beaucoup de fumée, aurait fait disparaître les fièvres ; le fait serait intéressant à vérifier.

En Angleterre, un bill connu sous le nom de Palmerston act, en France, un décret de 1865 ont prescrit aux industriels de brûler la fumée de leurs foyers. Un grand nombre d'appareils ont été imaginés et essayés dans ce but ; nous décrirons les principaux, mais les résultats n'ont pas été en général satisfaisants et les prescriptions relatives à la fumivorité sont tombées en désuétude. Elles n'ont pas été reproduites en France dans les nouveaux règlements de 1880 sur les chaudières à vapeur.

281. La fumée est produite par la présence, dans les gaz de la combustion, de molécules de charbon qui s'y tiennent en suspension; mais ce charbon ne provient pas, comme on pourrait le croire au premier abord, de particules désagrégées du charbon solide entraînées par le courant. Il se forme, dans le foyer même, par suite de la combustion incomplète des hydrocarbures qui se dégagent par la distillation de la houille. Le carbone pur, le charbon de bois, le coke ne donnent pas de fumée parce qu'ils ne fournissent pas d'hydrocarbures ou du moins fort peu.

Lorsqu'on soumet un hydrocarbure, en présence de l'air, à l'action de la chaleur, l'hydrocarbure se décompose en hydrogène, carbone et souvent d'autres hydrocarbures. Une partie seulement du carbone est brûlée et le reste, se précipitant à l'état de noir de fumée, est entraîné par le courant des gaz; c'est ce carbone en suspension qui produit la fumée.

Au moment du chargement d'un foyer, avec de la houille grasse, on remarque qu'il se dégage par le sommet de la cheminée une fumée noire qui persiste un certain temps. Elle est remplacée par de la fumée d'une teinte moins foncée, qui s'affaiblit de plus en plus jusqu'à disparaître entièrement. Les choses restent en cet état jusqu'à un nouveau chargement. On peut ainsi diviser, avec M. Burnat, l'intervalle compris entre deux chargements en trois périodes :

Période de fumée noire ;

Période de fumée légèrement colorée ;

Période de fumée nulle.

L'intensité de la couleur et la durée de chaque période dépendent de la nature de la houille employée et des circonstances de la combustion.

Avec une houille grasse et peu de tirage, la fumée noire peut durer un tiers du temps et même davantage, tandis qu'elle apparaît à peine avec une houille maigre et un tirage actif.

La composition des produits gazeux, qui sortent d'une cheminée, varie suivant la période de la combustion indiquée par la couleur de la fumée. Dans un mémoire publié dans les *Annales des mines* (tome XI, 1847), M. Combes rapporte les analyses suivantes faites par M. Debette :

COMPOSITION, EN VOLUMES, SUIVANT LA PÉRIODE DE CHARGEMENT.

	Fumée noire.	Fumée légère.	Fumée nulle.
CO^2	11,00	8,00	10,86
O	7,20	12,90	11,48
CO	1,55	0,18	0
H	0,58	0,93	0,33
Az	79,67	77,99	77,33

M. Debette n'a pas dosé la vapeur d'eau et le carbone libre.

Ces résultats, bien que présentant quelques anomalies, montrent que la quantité de gaz combustible diminue à mesure que la combustion se poursuit.

En faisant le calcul de la quantité de chaleur perdue par la mauvaise combustion, M. Burnat a trouvé pour la perte de chaleur :

Fumée noire.	Fumée légère.	Fumée nulle.
10,08 %	7,61 %	1,64 %

Admettons que sur un intervalle de 20' entre deux chargements il y ait 3' de fumée noire, 7' de fumée légère et 10' de fumée nulle. La perte par les gaz combustibles serait :

$$\frac{3}{20}\,10,08+\frac{7}{20}.7,61+\frac{10}{20}\,1,64 = 1,512+2,663+0,820 = 5 \text{ p. 100.}$$

Dans beaucoup de cas, cette perte est beaucoup plus considérable et s'élève à 10 p. 100 et au delà.

Dans la composition des gaz ci-dessus, l'oxygène se trouve pour 7 à 13 p. 100, d'où on peut conclure que la combustion s'effectuait avec un volume d'air de 1,5 à 2,6 plus considérable que celui qui était strictement nécessaire. Avec moins d'air, la proportion de gaz combustibles eût été certainement plus forte.

282. Dosage du noir de fumée. — En voyant les volumes énormes de fumée noire et opaque qui s'échappent de certaines cheminées, on est disposé à croire qu'il y a ainsi une grande quantité de charbon perdu. Le dosage du charbon contenu dans la fumée a fait reconnaître qu'en réalité la perte était très faible.

Pour doser le noir de fumée, M. Scheurer Kestner a puisé des gaz d'un foyer de chaudière à vapeur, à leur arrivée à la cheminée. Il les a fait passer dans un tube analogue à ceux qui servent pour les combustions organiques et renfermant, sur une longueur de $0^m,20$, une couche d'amiante retenue, à la partie médiane du tube, par deux spirales en fil de cuivre. Au lieu de faire la pesée directe, M. Scheurer a préféré faire passer un courant d'oxygène dans le tube chauffé au rouge ; l'acide carbonique desséché était recueilli dans un tube à potasse taré. Le noir de fumée était retenu par l'amiante sur une longueur de quelques centimètres seulement.

Deux expériences ont été faites. Dans la première, on maintenait un feu vif et un tirage actif ; l'aspiration a duré une heure et on a trouvé, en noir de fumée, 0,485 p. 100 du carbone de la houille brûlée.

Dans la seconde expérience, on maintenait un feu étouffé, avec un tirage très faible, de manière à produire une combustion très imparfaite et à provoquer le maximum de fumée. La durée de la prise a été également une heure. On a aspiré 57 litres de gaz qui renfermaient $0^{gr},055$ de carbone, soit pour 8 200 litres correspondant à 1 kil. de houille, $\dfrac{8\,200 \times 0,055}{57} = 8$ gr., environ 1,27 p. 100 du carbone de la houille qui renfermait 0,70 de carbone par kil.

La perte occasionnée par le noir de fumée ne dépasse guère ordinairement 1 p. 100 et reste souvent bien au-dessous.

M. Graham a trouvé, en faisant passer la fumée dans un appareil à laver, que le poids du noir de fumée ne dépassait pas $\dfrac{1}{100}$ du poids du combustible.

Dans tous les cas, on voit que ces expériences s'accordent pour établir que la proportion de carbone emporté par la fumée est toujours très faible. Ce n'est donc pas la combustion du carbone en suspension dans la fumée qui peut donner une économie sensible, mais bien la combustion plus complète d'autres éléments combustibles invisibles qui accompagnent toujours la fumée.

FOYERS DIVERS

283. Nous avons indiqué, au cours de la discussion (**265**), les imperfections du foyer ordinaire à grille, au point de vue de l'utilisation du combustible et des difficultés du service. Un grand nombre de formes de foyers ont été imaginées pour rendre le service plus facile, la combustion plus complète, mais surtout pour supprimer la fumée. Parmi ces appareils, il en est bien peu qui aient donné de bons résultats en pratique, mais comme ils renferment, pour la plupart, des dispositions ingénieuses et intéressantes

Fig. 147.

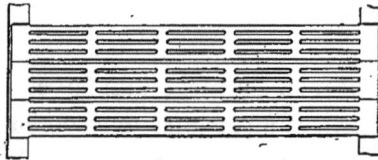

Fig. 148.

qu'il est bon de connaître, nous allons faire une revue sommaire des principaux types essayés.

Les difficultés et les inconvénients (**266**) du travail de décrassage de la grille, pour l'enlèvement des mâchefers, ont fait chercher des moyens de rendre ce travail plus facile.

On a essayé, dans ce but, des barreaux à surface bombée (fig. 147, 148), percés de fentes longitudinales; juxtaposés, ils composent une grille avec des espèces de rainures, de telle sorte que l'air arrive à différentes hauteurs sur l'épaisseur du combustible; on espérait ainsi diminuer l'adhérence du mâchefer et rendre la combustion plus complète. Les résultats ont été médiocres et les applications fort restreintes.

284. Grille à barreaux tournants. — M. Schmitz a formé
la grille avec des barreaux (fig. 149, 150) en forme de cylindres
creux, percés d'ouvertures rectangulaires par lesquelles pénètre
l'air. Ces cylindres se prolongent jusqu'à l'avant du fourneau où

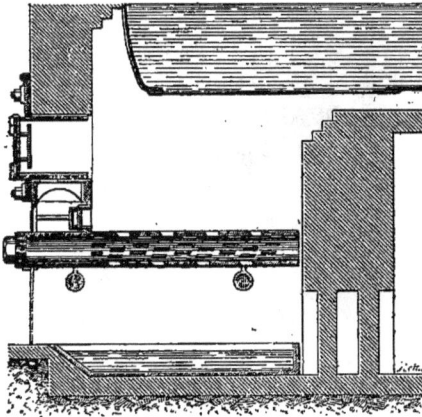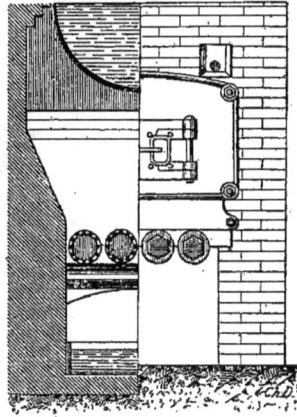

Fig. 149.   Fig. 150.

ils se terminent par une forte tête de boulon à six pans. Au
moyen d'une clé, le chauffeur peut donner successivement à
chaque barreau un mouvement de rotation. Il brise et détache de
cette manière les mâchefers et fait tomber les cendres dans le
cendrier, ce qui permet le dégagement de la grille sans ouvrir
la porte.

285. Grille Wackernie. — La grille articulée Wackernie
(fig. 161) se compose d'une série de barreaux ayant une extrémité
fixe et l'autre mobile, les barreaux pairs fixés à l'avant du foyer,
les barreaux impairs à l'arrière.

Un levier permet d'imprimer au système un mouvement combiné de telle sorte que les barreaux pairs s'élèvent ensemble à une
extrémité, tandis que les barreaux impairs s'abaissent à l'autre
et réciproquement. Dans ce mouvement d'oscillation, les barreaux
forment comme une cisaille, décollent le mâchefer et font tomber les cendres, ce qui rétablit les passages réguliers de l'air

sans ouvrir la porte. Le mouvement du levier s'opère sans grand

Fig. 151.

effort, le poids des barreaux pairs agissant en sens inverse du poids des barreaux impairs.

FOYERS DITS FUMIVORES

286. A l'époque où des règlements administratifs prescrivaient aux industriels de brûler la fumée de leurs foyers, on imagina, en France et en Angleterre, une foule d'appareils pour atteindre ce but. Bien qu'ils aient été généralement abandonnés, leur étude présente l'avantage de faire comprendre combien sont difficiles à réaliser les conditions d'une bonne combustion.

Il ne nous paraît pas possible de faire une classification nette des divers systèmes de foyers fumivores ; nous allons cependant, afin de mettre un certain ordre dans leur étude, les diviser en sept classes, d'après les principes divers qui paraissent avoir servi de base à leur construction.

Nous examinerons successivement les foyers suivants :

1° Foyers à introduction d'air au-dessus de la grille ;

2° Foyers à alimentation continue ;

3° Foyers à chargement renversé ;

4° Foyers à chargement alterné ;

5° Foyers à insufflation de vapeur ;

6° Foyers à renversement ou contraction de la flamme ;

7° Foyers mixtes, dans lesquels on a combiné plusieurs des dispositions précédentes.

FOYERS A INTRODUCTION D'AIR AU-DESSUS DE LA GRILLE

287. La production abondante de la fumée, immédiatement après le chargement, tient en partie, comme nous l'avons expliqué, à l'insuffisance d'air par suite de l'obstruction momentanée des passages à travers le combustible. L'idée de faire arri-

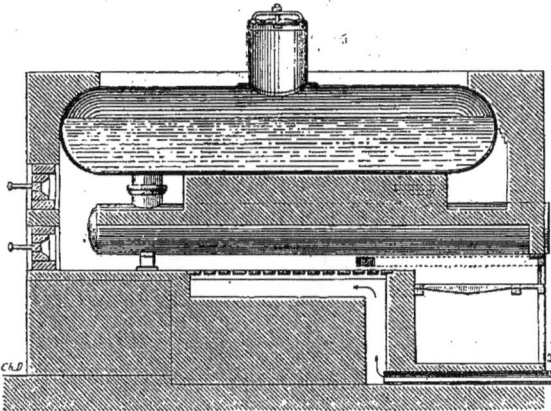

Fig. 152.

ver l'air, directement et sans obstacle au-dessus du combustible, pour obtenir la fumivorité, se présente naturellement à l'esprit et les dispositions imaginées pour cela sont très nombreuses. M. Combes a constaté par des expériences directes que l'introduction de l'air, dans le courant gazeux qui s'échappe d'un foyer, produit une fumivorité à peu près complète.

Les expériences ont été faites sur le foyer d'une chaudière à deux bouilleurs de 15^{mq} de surface de chauffe. La grille avait

o^{mq},65 de surface avec $\frac{1}{4}$ d'espace libre entre les barreaux; la
cheminée 20 mètres de hauteur et o^{mq},20 de section au sommet.

De chaque côté du foyer (fig. 152), un canal construit dans l'é-
paisseur des parois du fourneau, parallèlement à la grille, s'ouvrait d'un côté sur la devanture et de l'autre dans le carneau de
fumée à o^{m},15 en arrière de l'autel. On pouvait ainsi introduire,
directement dans le courant gazeux, deux jets opposés d'air
extérieur de o^{m},20 de haut sur o^{m},065 de large.

On avait aussi ménagé, derrière l'autel, au-dessous du carneau, sous les bouilleurs, une chambre à air qui était recouverte
de plaques de fonte percées de trous et qui communiquait avec
l'air extérieur par un tuyau en fonte de o^{m},16 de diamètre.

On a réglé le tirage de manière à brûler, soit 80 kil. de houille
à l'heure (123 kil. par mq de grille), soit 40 kil. (61 kil. par mq).

Les charges étaient de 20 kil. environ et espacées de 15 minutes dans le premier cas, de 30 minutes dans le second.

Les premiers essais firent immédiatement reconnaître que l'action de l'air, admis seulement en lames par les deux ouvreaux,
était au moins aussi efficace pour brûler la fumée que celle de
l'air introduit par les trous des plaques de fonte, et on supprima
cette arrivée pour les essais ultérieurs.

Lorsque les ouvreaux étaient fermés, la cheminée émettait
une fumée noire et épaisse, immédiatement après la charge et
après le ringardage. Cette fumée s'éclaircissait graduellement et
finissait par devenir nulle.

Lorsqu'on ouvrait les orifices d'admission latéraux de l'air, au
moment où la fumée était très noire, on voyait, par le regard ménagé à la partie postérieure du fourneau, une flamme vive et
brillante se développer tout à coup dans le courant fumeux, et
la cheminée, dès qu'elle avait dégagé la fumée qu'elle conte-
nait, n'émettait plus qu'un nuage léger.

On n'a pas remarqué de différence considérable entre la quantité d'eau vaporisée, soit que l'on ouvrît, soit que l'on fermât les
conduits adducteurs de l'air.

288. Les moyens pour introduire de l'air au-dessus du combustible sont très variés ; le plus simple consiste à laisser la porte entr'ouverte, c'est ce que font beaucoup de chauffeurs après le chargement ; mais comme l'air pénètre ainsi en une seule lame, le mélange avec les gaz combustibles se fait mal.

On obtient une répartition un peu meilleure en ménageant, dans la porte, des trous qu'on peut, au moyen de cocardes, ouvrir ou fermer à volonté, suivant la période de la combustion.

Pour faire arriver l'air sur toute la longueur du foyer, on a placé quelquefois (fig. 153) au milieu de la grille, notamment dans les foyers de bateaux à vapeur, un tube creux, un peu surélevé au-

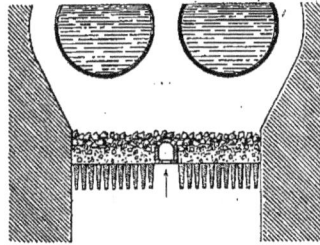

Fig. 153.

dessus des barreaux et percé d'un grand nombre d'orifices par lesquels l'air était projeté en petit jets sur le combustible. La répartition, bien que meilleure que dans les dispositions précédentes, laisse encore beaucoup à désirer, l'air n'arrivant pas près des parois latérales.

289. Foyer Darcet (fig. 154). — Un des premiers foyers fumivores, à introduction d'air, a été imaginé par Darcet. L'air arrivait, au-dessus du combustible, par une fente étroite horizontale ménagée dans la partie inclinée de l'autel, de telle sorte que le jet d'air était dirigé en sens

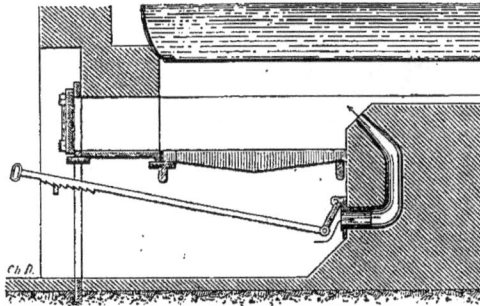

Fig. 154.

inverse du courant des gaz combustibles, afin de faciliter le mélange. Un registre, à la main du chauffeur : permettait de régler la quantité d'air introduite.

Cet appareil est fort simple, mais exige, pour qu'il n'y ait pas grand excès d'air à certains moments, la manœuvre du registre suivant la période de la combustion, ce qui demande de la part du chauffeur une attention continuelle qu'il est impossible d'obtenir ; en pratique, on le laisse presque toujours dans la même position. Fermé, il ne sert à rien ; ouvert, l'excès d'air admis pendant la plus grande partie du temps refroidit les gaz de la combustion et produit une perte de chaleur considérable.

290. Appareil Wye Williams (fig. 155). — M. Wye Williams a employé en Angleterre, et surtout pour les chaudières de bateaux, une disposition du même genre. Derrière l'autel se

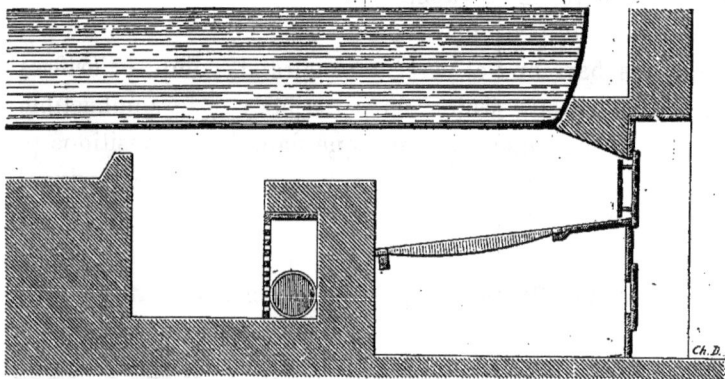

Fig. 155.

trouve une caisse métallique dans laquelle arrive l'air extérieur qui s'échappe par un grand nombre de petits orifices, afin de faciliter le mélange avec les gaz de la combustion, à leur sortie du foyer. L'accès de l'air peut également être réglée par un registre dont la manœuvre présente les mêmes difficultés pratiques que pour l'appareil Darcet.

291. Porte Prideaux (fig. 156, 157). — M. Prideaux a ima-

giné et appliqué une disposition ingénieuse afin de régler automa-
tiquement l'entrée de l'air sur le foyer, suivant la période de la
combustion. La porte est construite pour cela d'une manière toute

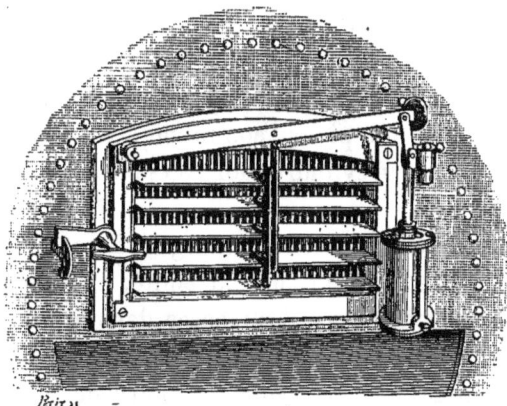

Fig. 156.

particulière ; le cadre porte une série de lames de persiennes mobiles et articulées qui peuvent s'ouvrir ou se rabattre les unes

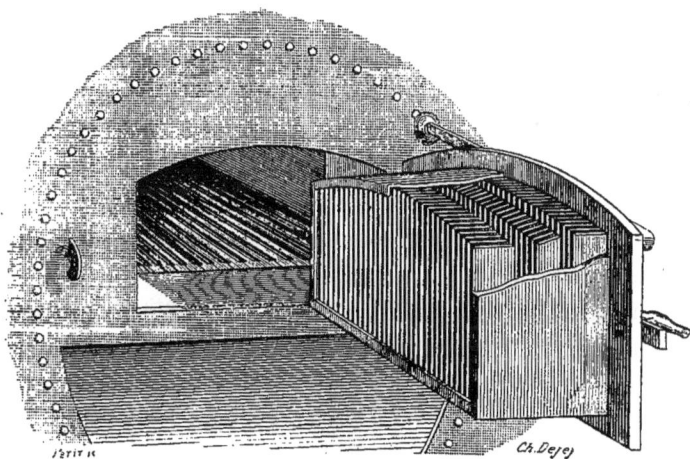

Fig. 157.

sur les autres, de manière à laisser plus ou moins de passage à
l'accès de l'air. Le mouvement se produit au moyen d'une

double tringle attachée d'un côté aux lames de persiennes et de
l'autre à un levier placé au-dessus de la porte et articulé à la
tige d'un piston qui se meut dans un cylindre renfermant de
l'eau ou de l'huile. La garniture du piston est disposée de telle
sorte que lorsqu'on soulève le levier, et par suite le piston qui
lui est articulé, des clapets s'ouvrent et l'eau passe librement au-
dessous du piston ; dans ce mouvement, les persiennes s'écartent.

Les deux côtés du piston communiquent ensemble par un
petit tuyau latéral au cylindre, dont on peut régler la section au
moyen d'une vis.

Lorsque le chauffeur vient de charger, il soulève le levier au
moyen de la boule qui est à son extrémité. Les persiennes s'ouvrent en même temps que l'eau passe dans le cylindre au-dessous du piston. L'air s'introduit entre les lames de persiennes et
pénètre dans le foyer après avoir rencontré des plaques métalliques, fixées obliquement à la porte, qui ont pour but d'échauffer
l'air et de produire des remous favorables au mélange avec les
gaz combustibles. A mesure que la combustion se poursuit, le
piston, par son poids et celui du levier qui le surmonte, refoule
l'eau qui, par le tuyau latéral, passe d'un côté à l'autre. Il
descend progressivement, et le mouvement se communique aux
persiennes, qui se ferment peu à peu. On peut faire varier le
temps de la fermeture, suivant la nature du combustible, en réglant la section d'écoulement de l'eau au moyen de la petite vis.
On a ainsi, par la porte, une arrivée d'air décroissante qui, dans
une certaine mesure, peut être proportionnée aux besoins de la
combustion.

Cet appareil ingénieux, mais un peu compliqué, n'a pas réalisé, au point de vue pratique, une amélioration sensible dans le
rendement.

FOYERS A ALIMENTATION CONTINUE

292. L'intermittence du chargement a pour conséquence de
faire dégager brusquement des hydrogènes carbonés et de placer

le foyer dans des conditions de fonctionnement qui varient à chaque instant ; c'est une des principales causes de la mauvaise combustion et de la production de la fumée. Pour éviter ces inconvénients, on a cherché le moyen de faire le chargement d'une manière continue, de façon à maintenir le foyer toujours dans le même état. Il est alors possible de régler le registre pour admettre le volume d'air le plus convenable, et la combustion peut s'effectuer régulièrement, toujours dans les mêmes conditions. Les foyers dits à alimentation continue sont basés sur ce principe.

293. Foyer Player (fig. 158). — Le foyer Player se compose d'une trémie placée au-dessus de la grille et qu'on maintient pleine de charbon. Le combustible descend par son poids et s'étale en talus sur la grille, remplaçant le combustible brûlé au fur et à mesure de la combustion, de sorte que le foyer se maintient toujours dans les mêmes conditions ; mais ces conditions sont mauvaises, à cause de la grande inégalité d'épaisseur de la couche de charbon ; il passe trop d'air sur les côtés, pas assez au milieu et la combustion se fait mal.

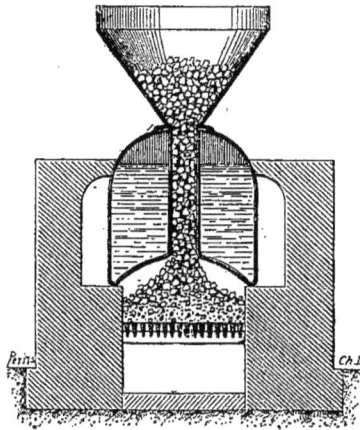

Fig. 158.

Avec ce genre de foyer, on ne peut brûler que des combustibles maigres. Les houilles grasses se collent ; la descente s'effectue très irrégulièrement et peut même s'arrêter.

294. Foyer avec trémie à l'avant. — La figure 159 représente une disposition plus commode de foyer à alimentation continue par trémie ; celle-ci est placée à l'avant du fourneau et le chargement en est plus facile ; le combustible descend

sur une grille qui doit être réglée d'inclinaison, suivant la nature
du combustible, pour avoir une couche d'épaisseur à peu près
égale. Les conditions de la combustion sont ainsi bien meilleures
que dans la disposition précédente. Une porte au bas de la trémie

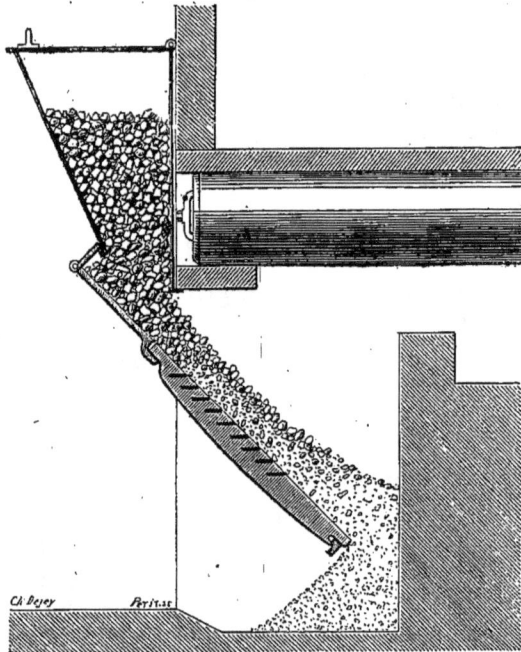

Fig. 159.

permet de pousser et de fourgonner le combustible lorsque cela
est nécessaire.

Avec une trémie assez grande on peut n'effectuer le chargement qu'à de longs intervalles, ce qui est très avantageux pour
certaines applications.

295. Appareil Payen. — Cet appareil, établi sur une chaudière à deux bouilleurs, est représenté fig. 160 ; il se composait de
trois trémies, placées au-dessus des bouilleurs et au bas desquelles
se trouvaient des cylindres broyeurs mus par une transmission
et des engrenages. Le charbon jeté dans les trémies était réduit

en menus fragments par les broyeurs et distribué régulièrement sur la grille. Chaque cylindre broyeur faisait quarante-cinq tours par minute et distribuait 15 kilogrammes à l'heure.

Cet appareil avait le grave inconvénient d'exiger une force motrice, des transmissions avec leurs complications et leurs chances d'arrêt. Il était en outre fort difficile de faire varier la quantité de combustible distribuée pour la proportionner aux besoins.

296. Grille Tailfer (fig. 161). — La grille de M. Tailfer se compose de pièces de fer articulées, formant les maillons d'un certain nombre de chaînes sans fin enroulées parallè-

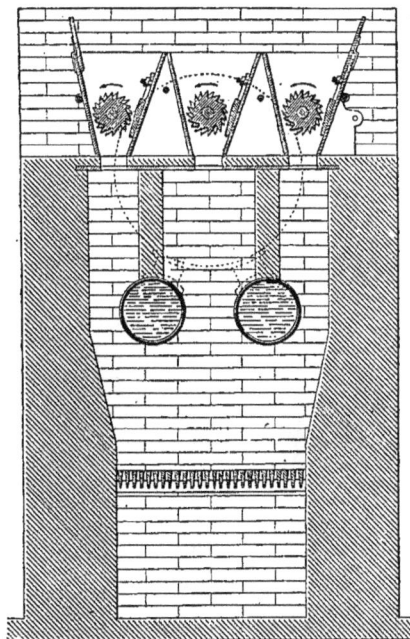

Fig. 160.

lement, avec un faible intervalle, sur deux tambours auxquels on donne un mouvement lent de rotation. Le combustible se charge dans une trémie, en avant du fourneau, et son épaisseur se règle au moyen d'un registre qu'on peut tenir levé plus ou moins au moyen d'un levier et d'une roue dentée avec cliquet. Par le mouvement de rotation, la grille se déplace, entraînant le combustible qui brûle sous la chaudière et la vitesse de translation doit être réglée de telle sorte que la combustion soit complète quand il arrive à l'extrémité. Les résidus tombent dans une boîte mobile qu'on retire par l'ouverture du cendrier. L'ensemble de la grille, monté sur un châssis à roues, peut être amené à l'extérieur du fourneau pour les visites et les réparations.

Cet appareil entraîne la complication d'un moteur, d'une trans-

SER. 28

mission de mouvement; les articulations nombreuses fortement chauffées sont exposées à une rapide altération et le tout exige

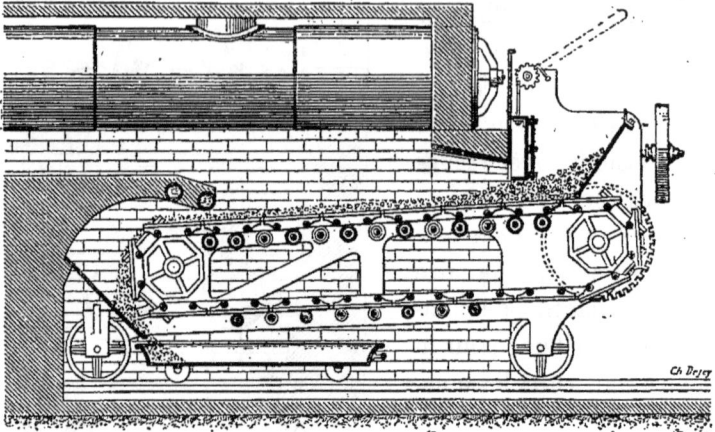

Fig. 161.

beaucoup d'entretien; en outre la grille, peu chargée à l'arrière, donne passage à une quantité d'air trop abondante.

FOYERS A CHARGEMENT RENVERSÉ.

297. Dans le mode de chargement ordinaire, la houille fraîche, jetée sur la couche de charbon incandescent, est rapidement chauffée par le contact de ce charbon et en même temps, dans les foyers extérieurs, par le rayonnement des parois, et il se dégage immédiatement de grandes masses de gaz combustibles, qui ne se trouvent pas dans des conditions convenables pour brûler.

Le chargement renversé consiste à effectuer la combustion de telle sorte que, contrairement à ce qui a lieu dans les foyers ordinaires, les gaz combustibles qui se dégagent de la houille récemment chargée passent à travers le combustible en ignition et déjà transformé en coke. Pour réaliser cette condition, on a deux moyens : ou bien introduire le combustible frais en dessous

du charbon en ignition, ou bien le charger par dessus, comme
à l'ordinaire, mais en renversant le mouvement des gaz. Dans
les deux cas, le combustible frais refroidi par l'air affluant, au
lieu d'être chauffé par les gaz qui se dégagent et par le rayonnement des parois, distille beaucoup moins rapidement; les
variations d'état du foyer sont peu sensibles et l'air peut arriver
plus facilement en quantité
suffisante pour opérer la
combustion.

Pour transformer un foyer
ordinaire en foyer à chargement renversé, il suffirait
de changer la direction du
courant de gaz et, pour cela,
de fermer le passage à l'autel et la porte du cendrier,
et d'ouvrir la porte du foyer
et un passage au-dessous de
l'autel. Avec cette disposition, l'air extérieur, pénétrant par la porte du foyer,
traverserait le combustible
de haut en bas, en alimentant la combustion, et les
gaz se développant dans
le cendrier passeraient au
fond sous une voûte, pour
remonter sous le récepteur
et se rendre à la cheminée.
Il est clair que, dans ces
conditions, la distillation doit

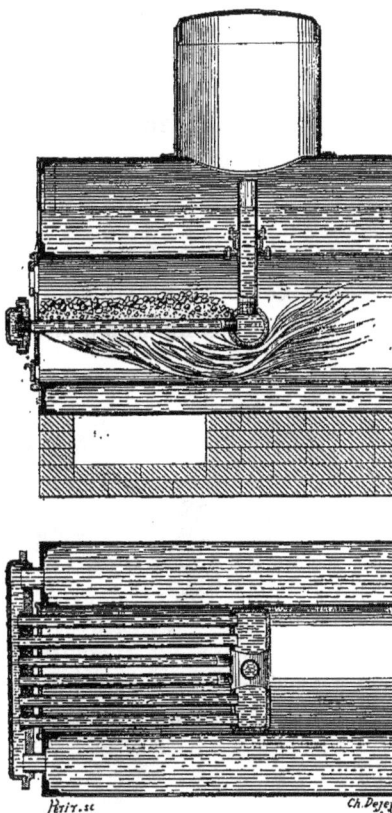

Fig. 162 et 163.

être beaucoup moins rapide qu'avec la disposition ordinaire.
Mais les barreaux de la grille n'étant plus refroidis par le courant d'air froid seraient immédiatement détruits, et le foyer ne
saurait fonctionner.

On a essayé de faire des barreaux en poteries réfractaires, mais ils sont d'une trop grande fragilité.

On a construit des grilles (fig. 162, 163) dont les barreaux sont formés de tubes creux, assemblés par leurs bouts avec deux autres tubes transversaux de plus grand diamètre; le tout, étant rempli d'eau, communique des deux côtés avec la chaudière. L'eau arrive par le tube transversal d'avant, qui la distribue dans les petits tubes-barreaux, d'où elle passe dans le collecteur d'arrière pour se rendre à la chaudière. Si les dispositions sont bien prises, il s'établit une circulation continue qui empêche le trop grand échauffement des tubes, mais la multiplicité des joints dans le feu est une cause de fuites, de destruction rapide et de mise hors de service.

298. Foyers à bois. — Alandiers. — Le bois se prête bien à la combustion par chargement renversé. On a fait des foyers (fig. 164) composés d'une trémie de forme arrondie, dans

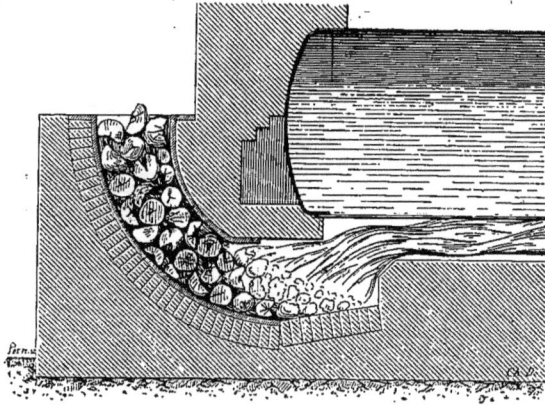

Fig. 164.

laquelle on plaçait des bûches d'égale longueur qui descendaient par leur propre poids au fur et à mesure de la combustion. L'air arrivait entre les bûches et la flamme se développait sous la chaudière. C'est une disposition qui a peu d'applications à cause du prix élevé du bois.

Dans les fours à poteries, on emploie une disposition analogue connue sous le nom d'alandier.

299. Foyer Arnott (fig. 165, 166). — Le foyer Arnott a été appliqué en Angleterre aux cheminées d'appartements. Il se compose d'une caisse prismatique en fonte logée dans l'âtre d'un foyer ordinaire de cheminée. Le fond de la caisse est formé d'une plaque mobile que l'on peut soulever ou abaisser à volonté et maintenir à toute hauteur au moyen d'un cliquet et

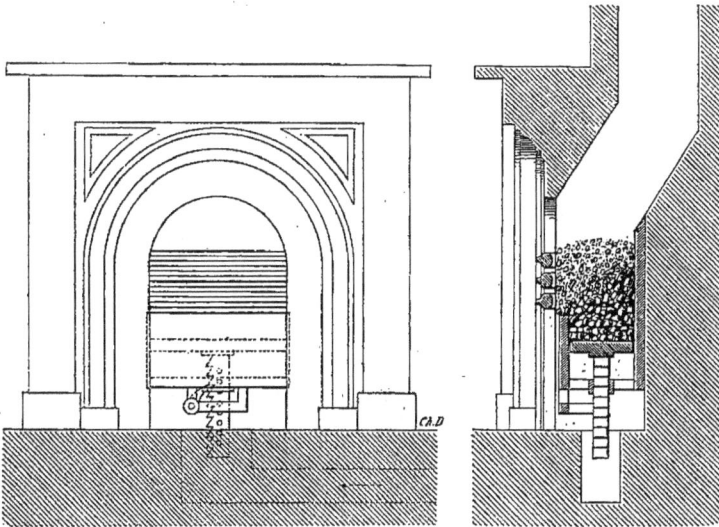

Fig. 165.   Fig. 166.

d'une tige dentée fixée au-dessous de la plaque. En avant et au-dessus de la caisse se trouve une grille formée de quelques barreaux horizontaux. Le matin on baisse la plaque mobile, on remplit la caisse de charbon jusqu'au niveau supérieur de la grille, on allume le feu. La combustion s'opère seulement sur la hauteur de la grille par où l'air peut s'introduire, mais à mesure que le charbon se consume, au lieu de charger par dessus comme dans un foyer ordinaire, on soulève, au moyen du tisonnier, la plaque mobile, et le charbon du fond de la caisse vient alors à

la hauteur de la grille, au contact de l'air, remplacer celui qui a
été consumé. La provision chargée le matin dans la caisse doit
être suffisante pour la consommation d'une journée.

300. Foyer Duméry. — La figure 167 représente un
appareil imaginé par M. Duméry et appliqué à une chaudière à
deux bouilleurs. A la place de la grille ordinaire, se trouvent
deux trémies en fonte, de forme arrondie, ouvertes d'un côté sur
les faces latérales du four-
neau, et de l'autre sous les
bouilleurs. Ces trémies ont,
sur les parois, des fentes
pour l'accès de l'air, et, en
dessous, une grille formée
de barreaux réunis ensemble
et qui peut tourner autour
d'un axe d'articulation disposé à une extrémité. La
grille est maintenue par un
crochet qu'on peut dégager

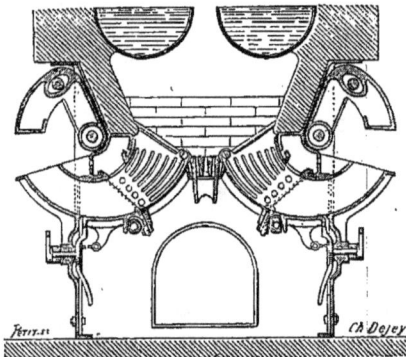

Fig. 167.

au moyen d'une chaîne ; en basculant, elle laisse tomber dans
le cendrier le charbon et les mâchefers, quand on veut procéder
au décrassage.

Dans chaque trémie s'engage une espèce de piston cintré qu'on
manœuvre au moyen d'un engrenage à vis sans fin, pour pousser
le charbon, chargé à l'entrée de la trémie, au-dessous de celui
qui brûle dans le foyer et maintenir l'épaisseur de la couche.
L'installation est compliquée et le service assez difficile.

FOYERS DOUBLES OU A CHARGEMENT ALTERNÉ.

301. Foyers doubles. — Les foyers doubles à chargement
alterné ont pour but de faire passer les gaz combustibles qui se
dégagent d'un foyer récemment chargé, au-dessus d'une grille
chargée depuis quelque temps et couverte de charbon incandescent et transformé en coke. Comme l'air traverse facilement

la couche de coke, il y a de l'oxygène en excès qui vient à la rencontre des gaz combustibles du premier foyer, dans de bonnes conditions de température, pour opérer leur combustion.

L'appareil (fig. 168) se compose de deux foyers juxtaposés avec deux portes distinctes. A la suite de chacun d'eux, le carneau de dégagement est fermé par un registre. Quand on

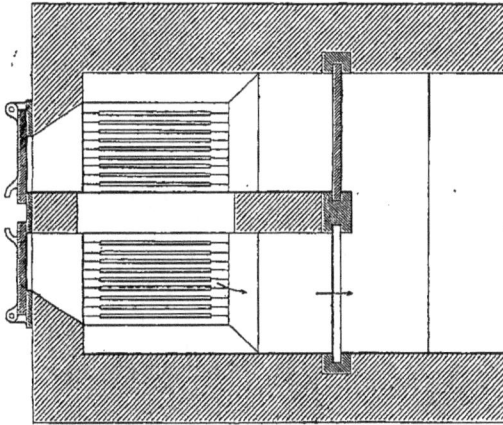

Fig. 168.

charge un foyer, on ferme le registre correspondant et on ouvre l'autre, de manière à forcer les gaz à s'échapper latéralement et à passer au-dessus du combustible en ignition du second foyer. Quand ce dernier a besoin d'être chargé, on manœuvre les registres en sens inverse pour changer la direction des gaz. Cette manœuvre continuelle est une grande complication dans le travail des chauffeurs et de plus les registres exposés au rayonnement du foyer et au contact des gaz enflammés ne peuvent durer longtemps.

302. Foyer à grille tournante. — On arrive au même résultat au moyen d'une grille tournante montée sur un axe vertical (fig. 169). A l'arrière de la grille, le carneau est fermé par un mur qui ne laisse d'ouverture que d'un seul côté. On charge toujours la grille du côté opposé à cette ouverture, et à chaque

chargement on fait faire un demi-tour de manière à forcer les
gaz du combustible que l'on vient de charger, à passer sur le

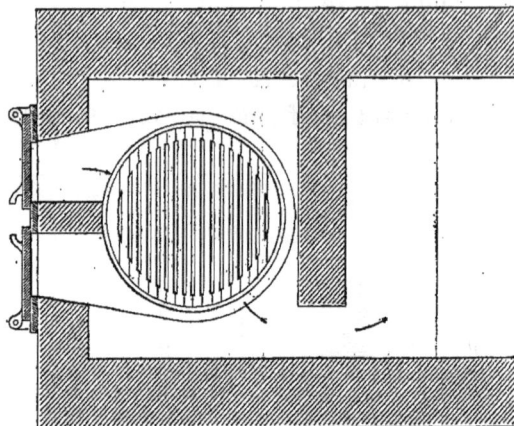

Fig. 169.

charbon transformé en coke dans l'autre partie de la grille. C'est
toujours le même principe.

303. Foyer Grar (fig. 170). — M. Grar a appliqué le prin-

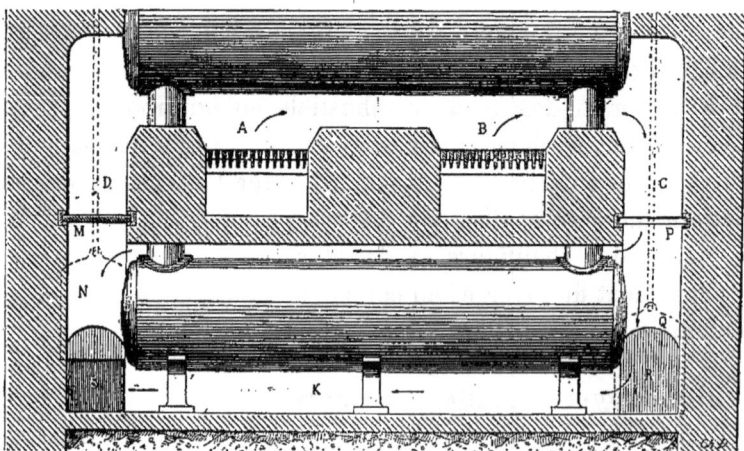

Fig. 170.

cipe des chargements alternés à des chaudières très puissantes

chauffées par deux, trois et six foyers disposés régulièrement
en travers sous le générateur ; à chaque extrémité du carneau
général, dans lequel circulent les gaz de la combustion, se trouvent des registres permettant d'ouvrir et de fermer les commu-
nications de manière à forcer les gaz à circuler à volonté, dans
un sens ou dans l'autre. Lorsqu'on vient de charger le foyer A,
pour faire passer les gaz sur le foyer B, on ouvre les registres P
et N et on ferme ceux M et Q ; la circulation se fait alors dans
le sens ABCKS et les gaz s'échappent par le carneau S pour se
rendre à la cheminée. Quand, au contraire, on vient de charger
le foyer B, on ouvre les registres M et Q, on ferme P et N et
les gaz circulent dans le sens BADKR ; ils s'échappent par le
carneau R pour aller à la cheminée.

304. Dans les chaudières à vapeur du type Cornwall, à
double foyer intérieur (voir fig. 126), on dispose quelquefois à la
suite une chambre de combustion commune où les gaz des deux

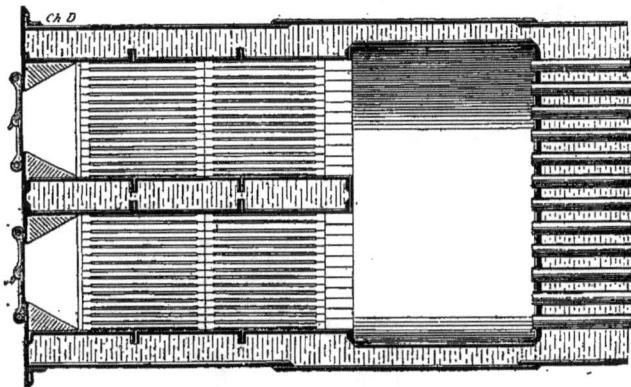

Fig. 171.

foyers viennent se réunir (fig. 171). En ayant soin de charger les
deux foyers alternativement, l'insuffisance de l'air dans le foyer
récemment chargé est en partie compensée par l'excès d'air qui
passe à travers le second foyer, et la combustion peut s'achever
dans la chambre de réunion. Pour que cette disposition eût une

efficacité réelle, il faudrait un moyen de mélanger les gaz dans la chambre de combustion.

305. On a essayé de bien des manières d'injecter de la vapeur, soit en dessus, soit en dessous de la grille; beaucoup d'inventeurs s'imaginaient augmenter ainsi le rendement du combustible. La vapeur étant décomposée, l'hydrogène devait, suivant eux, produire par sa combustion un supplément de chaleur. Nous n'avons pas besoin de dire que cette idée est complètement fausse, la chaleur absorbée par la décomposition de la vapeur (**16**) étant exactement égale à celle qui est dégagée par l'hydrogène mis en liberté.

Si l'injection de vapeur donne quelquefois des résultats satisfaisants, c'est en augmentant le tirage ou bien en brassant et mélangeant les gaz combustibles et comburants, et favorisant ainsi la combustion.

306. Injecteur Thierry. — Les figures 172, 173, 174 re-

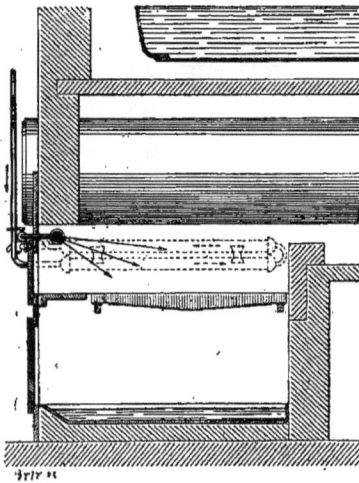
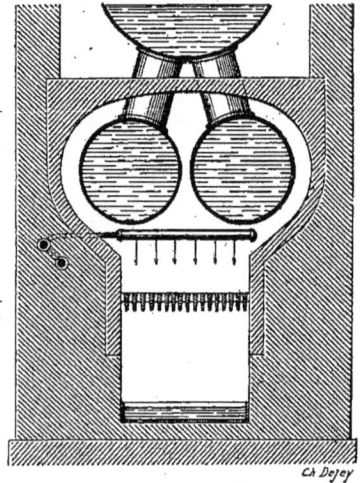

Fig. 172.   Fig. 173.

présentent la disposition appliquée par M. Thierry à un foyer extérieur de chaudière à bouilleurs ; dans l'épaisseur des parois du foyer se trouve un double tube horizontal en fer, recourbé en forme d'U, dans lequel passe de la vapeur venant de la chaudière pour se surchauffer; elle se rend ensuite dans un autre tube horizontal placé derrière le cadre de la porte, en avant et au-dessus de la grille, d'où elle s'échappe en jets obliques sur le foyer, par de petits orifices répartis sur la longueur du tube. Ces jets ne sont pas dans un même plan, afin que, par leur entre-croisement, il se produise des remous et des tourbillons favorables au mélange de l'air et des gaz combustibles. Des robinets permettent d'établir, d'interrompre et de régler à volonté l'arrivée de la vapeur.

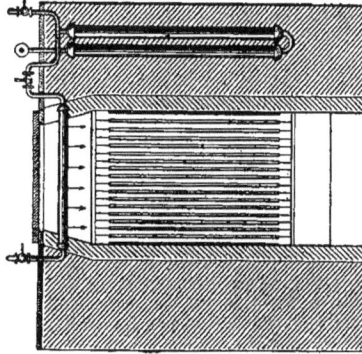

Fig. 174.

Le surchauffage a pour but d'empêcher le trop grand refroidissement qui pourrait se produire par suite de la détente de la vapeur dans le foyer. Assez souvent on évite cette complication du tube de surchauffe, et on fait arriver directement la vapeur de la chaudière dans le tube distributeur.

307. M. Turck a modifié cette disposition de manière à faire arriver, dans le foyer, de l'air en même temps que la vapeur et faciliter aussi la combustion complète. Pour cela, l'injection se fait au moyen d'ajutages avec trois orifices concentriques dont deux annulaires. La vapeur arrivant par celui du milieu aspire par les deux autres l'air atmosphérique qui est lancé avec elle sur le charbon.

308. L'appareil de M. Orvis est également disposé pour insufflation simultanée de vapeur et d'air. Il se compose (fig. 175) d'un globe sphérique en fonte dans lequel on lance un jet

de vapeur au moyen d'un ajutage conique dont on peut régler
la section, en enfonçant plus ou moins dans l'ouverture une
tige, au moyen d'un volant et d'une vis. Le globe communique
(fig. 176) d'un côté avec l'atmosphère par un tube vertical
adossé au fourneau, de l'autre, par un tube horizontal, avec le
foyer dans lequel l'air, aspiré par le jet de vapeur, est projeté
avec elle, ce qui produit le mélange des gaz combustibles et

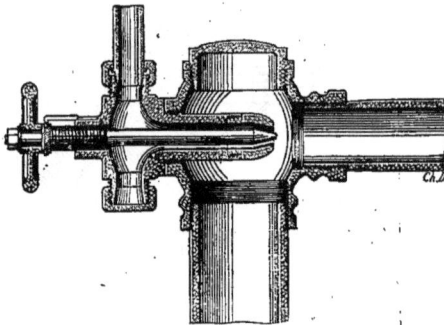 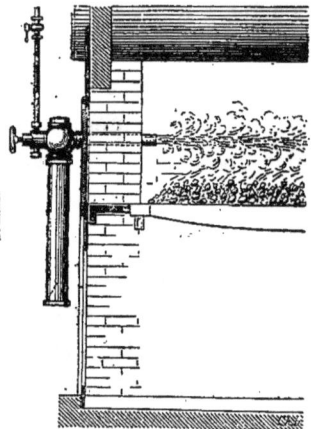

Fig. 175.   Fig. 176.

comburants nécessaire à la combustion. On place ordinairement
deux appareils de ce genre, un de chaque côté du foyer, et
quelquefois quatre, insufflant l'air et la vapeur aux quatre angles
du foyer et en sens inverse.

Avec les appareils à injection, la fumée est diminuée et quelquefois même supprimée ; mais ils ne paraissent pas donner
d'économie sensible de combustible. Il est difficile de régler,
suivant le besoin, la proportion d'air introduite sur le combustible. Insuffisante après le chargement, elle devient trop forte,
au bout d'un certain temps, quand la masse de gaz combustibles est dégagée. On essaye avec l'appareil Orvis de régler l'admission de l'air ; suivant la période de combustion, au moyen
d'un appareil analogue au régulateur Prideaux (**292**) et formé

d'un cylindre plein d'huile sur laquelle repose un piston dont la tige manœuvre le robinet d'arrivée de vapeur. Cet appareil assez délicat ne fonctionne pas avec toute la régularité désirable.

FOYERS A RENVERSEMENT ET CONTRACTION DE LA FLAMME.

309. Le renversement et la contraction de flamme ont pour but d'obtenir un mélange plus intime des gaz comburants et combustibles. Dans les foyers ordinaires, l'autel produit bien des tourbillons et des remous qui favorisent ce mélange, mais l'analyse indique que le résultat obtenu n'est pas complet, puisqu'on trouve toujours, dans les gaz de la combustion, une certaine quantité de gaz combustibles non brûlés, en même temps qu'un excès d'oxygène; d'où on doit conclure que le mélange n'a pas été suffisant ou ne s'est pas effectué en temps utile.

Afin d'accentuer davantage les remous, on a établi, soit à l'avant, soit à l'arrière de l'autel, une voûte qui force la flamme à se renverser; c'est la

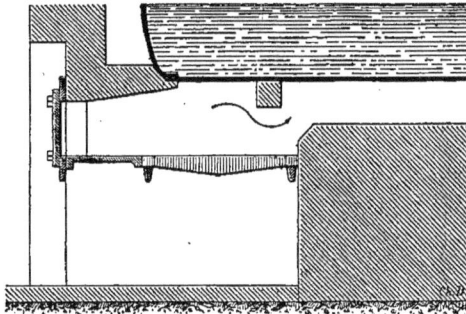

Fig. 177.

disposition représentée (fig. 177). Bien qu'elle gêne un peu le rayonnement, l'effet produit est généralement favorable; mais cette voûte, exposée à une chaleur intense, se détruit rapidement et nécessite des reconstructions fréquentes.

Dans le même but, on a quelquefois construit au-dessus de l'autel un mur en briques posées à sec et laissant entre elles des intervalles pour le passage des gaz. La contraction de la veine gazeuse qui se produit à l'entrée de chacune de ces ouvertures et qui est suivie, à la sortie, d'un agrandissement brusque de section, détermine des remous qui favorisent le mélange.

310. Foyer Fontenay. — Dans le foyer de M. Fontenay (fig. 178, 179) se trouve à l'autel un mur bloqué sous la chaudière et traversé par des tuyaux en poteries. Un peu plus loin est un second mur semblable avec des tuyaux de diamètres diffé-

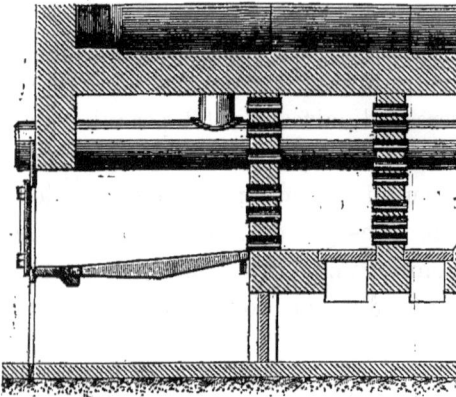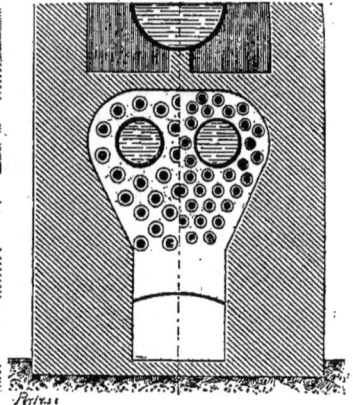

Fig. 178.   Fig. 179.

rents. Le courant des gaz de la combustion est obligé de changer de forme pour passer successivement dans ces tuyaux; il subit à deux reprises des contractions et des élargissements d'où résultent des tourbillons et par suite un mélange des veines gazeuses.

FOYERS MIXTES.

Nous comprenons sous cette désignation différents foyers imaginés pour améliorer la combustion de la houille et qui ne peuvent rentrer dans les classifications ci-dessus, et plus spécialement ceux où on a combiné deux ou plusieurs des dispositions précédentes.

311. Foyer Thomas. — Dans la disposition de M. Thomas (fig. 180) un mur, placé après l'autel et bloqué sous la chaudière, oblige les gaz de la combustion à se renverser pour passer sous une voûte. Ils rencontrent à ce moment de l'air introduit

directement par des ouvertures percées dans le mur du fond du
cendrier. On combine ainsi l'effet de renversement qui produit le

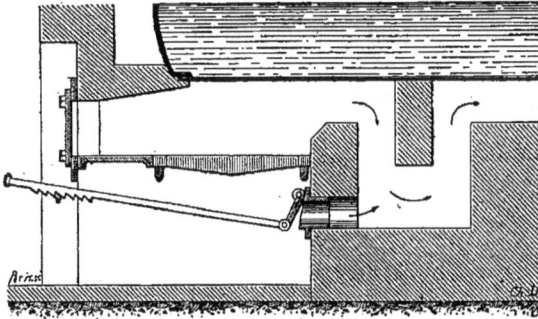

Fig. 180.

mélange avec l'accès direct de l'air dans la flamme; mais il y a
toujours grande difficulté, si ce n'est impossibilité pratique, à
régler convenablement le volume d'air.

312. Foyer Palazot. — Dans l'appareil de M. Palazot
(fig. 181) il y a également une voûte et une introduction directe
d'air mais disposés
d'une manière diffé-
rente. La voûte est
placée au-dessus de
l'autel; l'arrivée de
l'air se fait par des
ouvertures ména-
gées dans la pla-
que qui sépare la
porte de la grille et
qu'on peut régler
par un petit registre
tournant, à la main
du chauffeur. Cette

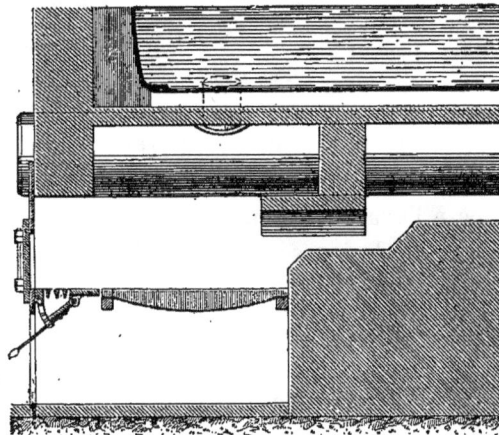

Fig. 181.

disposition est fort simple; mais comme dans la précédente, la voûte
se détruit rapidement et la proportion d'air est difficile à régler.

313. Grille à gradins. — La grille à gradins, imaginée par MM. Chobrinsky et de Marsilly, se compose (fig. 182) d'une série de plaques horizontales en fonte disposées comme des gradins sur lesquels s'étale le combustible. Le chargement se fait à l'avant, et on pousse la houille qui descend successivement. On a ainsi une sorte de chargement continu combiné avec un accès plus facile de l'air au-dessous de chaque plaque où l'épaisseur du combustible est moindre.

Pour se débarrasser du mâchefer qu'on ne peut retirer par la porte, l'extrémité de la grille est formée de trois ou quatre barreaux transversaux attachés ensemble et pouvant basculer autour d'un axe par la manœuvre d'un levier placé à l'avant du fourneau. On fait ainsi tomber dans le cendrier toute la masse occupant l'arrière du foyer et on en sépare les mâchefers.

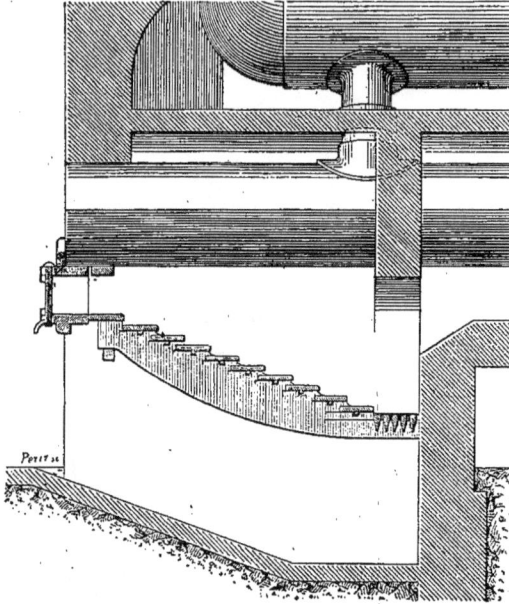

Fig. 182.

La grille à gradins a été appliquée aux locomotives, notamment au chemin de fer du Nord. Elle avait pour but de permettre la substitution de la houille au coke et a donné de bons résultats. Aujourd'hui on est arrivé à brûler la houille sur des grilles ordinaires.

314. Foyer Lefroy. — Dans le foyer de M. Lefroy, le chargement de combustible se fait d'une manière particulière qui a été depuis souvent imitée pour diverses sortes d'appareils et notamment pour les gazogènes.

Le foyer est placé dans une petite construction en maçonnerie établie en avant du fourneau; il est chargé de combustible au moyen d'une trémie cylindrique placée directement au-dessus de la grille et dont le bas et le haut peuvent être fermés à volonté, au moyen de valves. Pour le chargement, on ferme d'abord la valve du bas, on remplit la trémie, et, après avoir fermé la valve du haut, on ouvre celle du bas, ce qui fait tomber le combustible sur la grille; c'est un moyen simple d'effectuer le chargement sans que l'air extérieur puisse s'introduire.

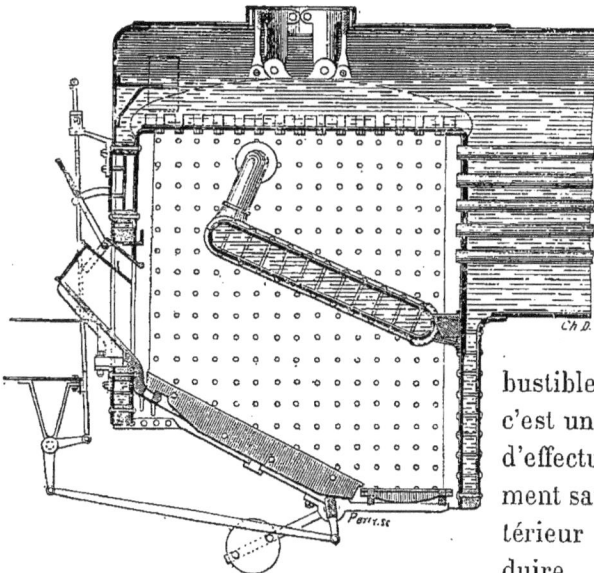

Fig. 183.

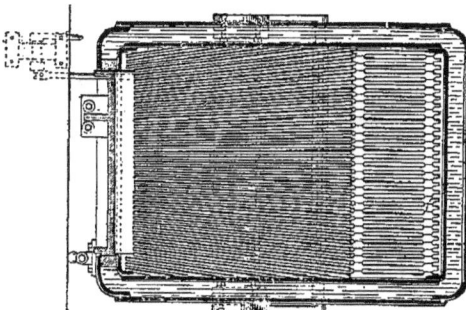

Fig. 184.

315. Foyer Tenbrinck. — Le foyer Tenbrinck a été surtout appliqué aux chaudières de locomotives, et il est d'un usage général au chemin de fer d'Orléans.

Dans la boîte à feu (fig. 183, 184), M. Tenbrinck dispose une caisse plate inclinée, pleine d'eau, com-

muniquant par le haut et par le bas avec l'intérieur de la chaudière et formant une cloi-
son qui force le courant
des gaz de la combustion
à se recourber vers l'avant,
pour passer par-dessus la
caisse et traverser la chambre de combustion, qui se
trouve ainsi formée entre
l'arrière de la caisse et là
plaque tubulaire, avant de
pénétrer dans les tubes.

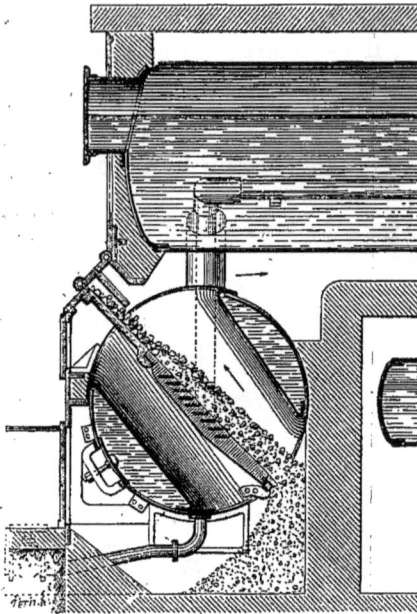

Fig. 185.

La grille est très incli-
née, et le chargement s'effectue par une trémie au-
dessus de laquelle une ouverture, munie d'une valve,
permet de donner accès à
l'air extérieur qui arrive
ainsi à la rencontre du courant des gaz de la combustion. Les mâchefers descendent à l'arrière sur une
grille formée de barreaux
fixés ensemble et que le
chauffeur peut faire basculer en appuyant sur un levier. Le nettoyage du foyer
se fait ainsi sans difficulté.

Ce renversement de la
flamme, cette chambre de
combustion, cette injection
d'air, sont éminémment

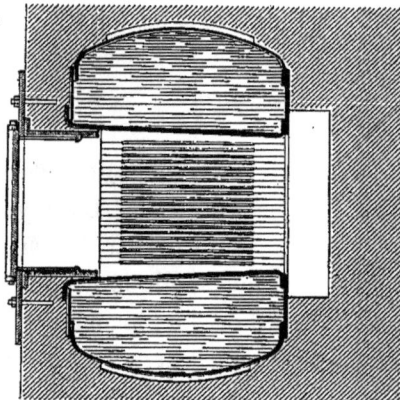

Fig. 186.

propres à réaliser les conditions d'une bonne combustion, et
l'expérience indique que les résultats sont très satisfaisants.

On aurait pu craindre pour la durée de la caisse exposée à un feu ardent. La pratique prolongée a prouvé qu'en assurant convenablement la circulation de l'eau à l'intérieur, elle ne s'altérait pas davantage que les autres parois du foyer.

M. Tenbrinck a établi pour chaudières fixes, un foyer basé sur les mêmes principes. Il se compose (fig. 185, 186) d'un cylindre, avec fonds emboutis, placé au-dessous et sur la largeur de la chaudière; il est traversé par un autre cylindre incliné dans lequel se trouve la grille du foyer. Le combustible est chargé à l'avant et descend à peu près naturellement sur la grille; à l'arrière tombent les mâchefers dans le cendrier, d'où on les retire facilement.

Les gaz de la combustion se retournent vers l'avant et viennent passer au-dessus du cylindre du foyer, d'où ils se rendent sous la chaudière. Il faut prendre les plus grandes précautions pour assurer le dégagement de la vapeur au sommet du cylindre transversal; un cantonnement de vapeur en ce point amènerait la brûlure et la destruction rapide de la tôle trop fortement chauffée.

316. Foyer Molinos et Pronnier. — Le foyer de MM. Molinos et Pronnier a été appliqué à une chaudière tubulaire. Il se compose (fig. 187, 188) d'une grande caisse cubique, entourée d'eau comme la boîte à feu d'une locomotive, mais avec cette différence essentielle qu'à l'arrière du foyer se trouve un mur en briques, formant autel, sur lequel passent les gaz pour se rendre dans une chambre de combustion placée derrière, avant de pénétrer dans les tubes. L'air d'alimentation du foyer est insufflé par un ventilateur dans un conduit qui se divise en trois branches. Un premier courant arrive dans le cendrier et pénètre à travers la grille et le combustible. Les deux autres sont symétriques, et chacun d'eux vient dans une caisse latérale appliquée contre les parois extérieures de la boîte à feu et qui communique avec l'intérieur du foyer par une triple rangée de tubes traversant les doubles parois de la chaudière. L'air est ainsi lancé au-dessus du combustible, de chaque côté du foyer, par un grand nombre de jets qui brisent le courant ascendant des gaz sortant de la couche en ignition, et il résulte de ce

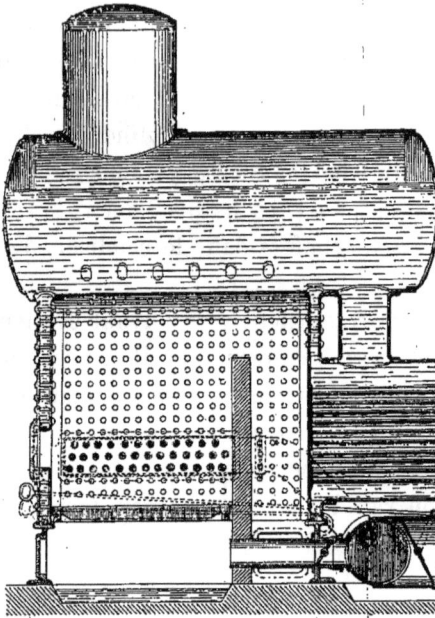

Fig. 187.

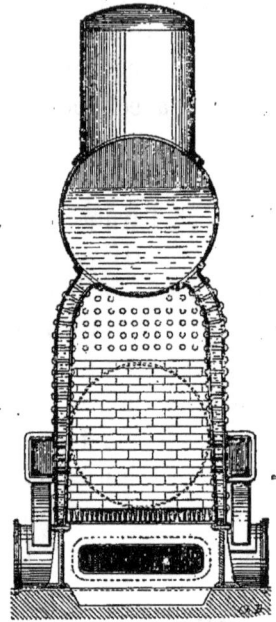

Fig. 188.

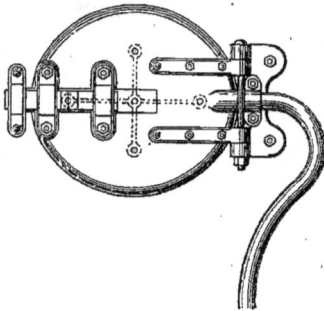

Fig. 189.

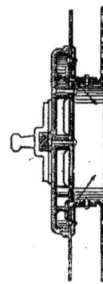

Fig. 190.

brassage un mélange intime des gaz combustibles et comburants. On peut, au moyen de valves, régler les proportions d'air dans chacun des conduits.

Le ventilateur insufflant l'air dans le foyer, la pression y est supérieure à la pression atmosphérique et les gaz enflammés tendent à sortir par les fissures autour de la porte de chargement. Pour s'opposer à cet effet qui amènerait la destruction rapide du cadre, la porte (fig. 189 et 190) est creuse, et le vide intérieur communique, par les gonds et un tuyau recourbé, avec l'air comprimé par le ventilateur; cet air sort par une fente ménagée tout autour du cadre, lancé dans la direction de l'intérieur du foyer, et refoule les gaz enflammés qui tendent à sortir.

Pour faire le chargement du combustible, il faut arrêter le ventilateur ou plus simplement fermer la valve disposée sur le conduit de refoulement.

On voit que dans cet appareil tout est parfaitement disposé pour assurer la combustion complète, et l'expérience indique que le but est atteint. Les essais faits pendant toute la durée de l'exposition universelle de 1855 ont démontré la supériorité marquée de ce foyer sur les autres systèmes essayés en même temps au service des machines. Malheureusement le fonctionnement exige l'emploi d'un ventilateur, ce qui entraîne une certaine complication.

317. Observations générales sur les foyers fumivores. — Il est peu de problèmes dont la solution ait donné lieu à des recherches aussi nombreuses et aussi persévérantes que celui de la réalisation de la combustion complète et de la fumivorité dans les foyers. Les dispositions imaginées dans ce but sont innombrables et nous n'avons pu indiquer que les principales. Cette revue sommaire suffit pour faire comprendre toutes les difficultés à résoudre. Un grand nombre de ces appareils sont très ingénieux, et présentent des dispositions bien comprises, et cependant ils n'ont pas résisté à la pratique. Ce résultat négatif paraît tenir surtout à ce qu'ils apportent une certaine complication dans le service des foyers et à ce qu'ils exigent des soins et une attention particulière de la part des

chauffeurs. C'est ainsi que, dans tous les appareils avec introduction d'air au-dessus de la grille, une condition indispensable, pour réaliser une économie et même pour ne pas produire une perte, c'est de régler l'accès de l'air supplémentaire
suivant l'état du foyer, et de l'arrêter quand les gaz combustibles se sont dégagés. Sans cette précaution, l'air, entrant à
partir de ce moment en quantité trop considérable, refroidit les
gaz de la combustion, augmente leur masse, et il se perd par
la cheminée une quantité de chaleur qui en définitive diminue
le rendement.

L'expérience a démontré que si, pendant des essais, on pouvait obtenir des chauffeurs cette manœuvre indispensable des
régistres, il n'en était plus de même en service courant, et que
l'appareil d'arrivée directe d'air devenait alors plus nuisible
qu'utile.

En résumé, après des tentatives de toute nature, sauf quelques
rares appareils comme le foyer Tenbrinck, qui ont continué à
être appliqués, on en est revenu presque partout au foyer simple
ordinaire, tel que nous l'avons décrit au numéro **244**.

§ IV

FOYERS A COMBUSTIBLES SPÉCIAUX. — GAZOGÈNES.

318. Les divers foyers que nous avons étudiés jusqu'à présent sont disposés pour la combustion de la houille, du coke,
du bois, etc., et ne sauraient convenir pour certains combustibles spéciaux qui se présentent sous une forme qui rend leur
combustion impossible sur des grilles ordinaires. Tels sont les
combustibles en poussière, les combustibles liquides, les combustibles gazeux.

Ces combustibles sont en général des résidus de fabrication
de certaines industries; c'est ainsi que dans les tanneries on a

la tannée ou tan épuisé, dans les scieries la sciure de bois, les copeaux, dans les fabriques de sucre des colonies la bagasse, dans les usines à gaz les huiles lourdes, les goudrons, dans les usines métallurgiques les gaz des hauts-fourneaux. Tous ces combustibles exigent des foyers particuliers pour être brûlés convenablement.

Enfin dans certains cas on trouve avantage à transformer, au moyen d'appareils qu'on appelle *gazogènes*, les combustibles solides naturels en gaz combustibles que l'on brûle ensuite dans des foyers spéciaux; nous les étudierons également dans ce chapitre.

FOYERS A COMBUSTIBLES MENUS

319. Les combustibles en poussière ou menus fragments brûlent mal sur les grilles ordinaires parce qu'ils forment une couche compacte que l'air traverse difficilement et que d'un autre côté ils tombent facilement dans le cendrier par l'intervalle des barreaux. On a obtenu d'assez bons résultats, en les employant simultanément avec de la houille de mauvaise qualité, produisant beaucoup de mâchefers, dont les débris forment sur la grille une couche sur laquelle on peut répandre le combustible menu; en général, il vaut mieux employer des foyers spéciaux.

320. Pour la combustion de la tannée, sous les chaudières à vapeur, on a employé quelquefois un foyer qui se compose (fig. 191) de deux trémies placées sur les côtés du fourneau, ouvertes sur le plan supérieur pour le chargement et munies de grilles à la partie inférieure. On charge, dans chaque trémie, la tannée

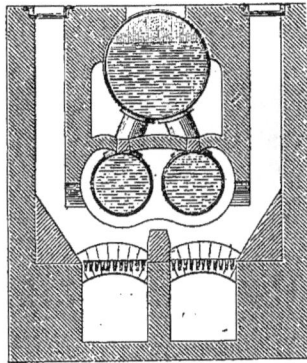

Fig. 191.

débarrassée en partie de son eau par son passage entre les cylindres d'une presse et elle vient brûler sur les grilles en coulant d'une manière continue à mesure que la combustion se poursuit.

321. La figure 192 représente le foyer disposé par M. Krafft pour brûler la sciure de bois et les résidus des ateliers de menuiserie; il est appliqué à une chaudière à vapeur à bouilleurs. Il se compose d'une trémie M tronc-conique placée dans une construction en maçonnerie, latéralement au fourneau de la chaudière; on y entasse la sciure et les copeaux qui viennent brûler sur une grille G, en formant un talus, au-dessous d'une retraite C ménagée dans la maçonnerie. Les gaz de la combustion se dégagent par un conduit latéral PQ qui les amène sous les bouilleurs; on peut rétablir la grille ordinaire quand la sciure vient à manquer. L'air arrive sous la grille de la trémie, et en même temps par un carneau spécial A qui le distribue, un peu au-dessus du talus du combustible. Cet appareil a fonctionné dans plusieurs ateliers et a donné des résultats satisfaisants.

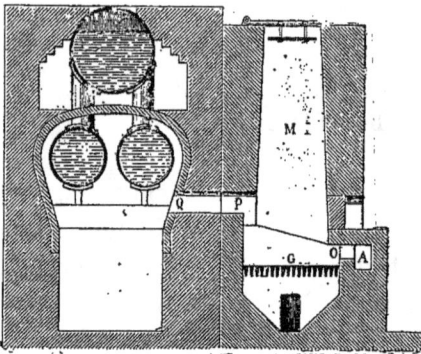

Fig. 192.

Pour multiplier les surfaces de contact de l'air sur le combustible, M. Emile Muller a coupé la trémie, un peu au-dessus de la grille, par des voûtes en briques ou des pièces réfractaires à section triangulaire (fig 192 *bis*). Ces pièces divisent, à la descente, le combustible qui coule dans les intervalles, et il se forme sous chaque voûte un double talus d'éboulement; il reste ainsi un certain nombre de vides triangulaires dans lesquels l'air arrive facilement sur une grande surface pour produire une combustion active. Ce foyer est très employé dans les scieries et tanneries.

M. Serrière ayant à brûler des déchets de bois de teinture, imprégnés d'eau, modifia le foyer Muller, en remplaçant les culées triangulaires par des boîtes en tôle percées de trous et communiquant avec le carneau de la cheminée. Au voisinage du foyer, les déchets mouillés s'échauffent, et la vapeur d'eau appelée par la cheminée

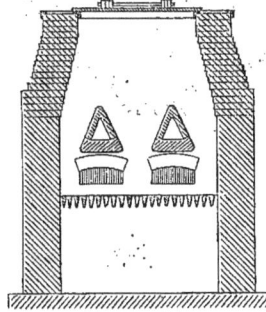

Fig. 192 bis.

s'échappe par les trous des boîtes. Par cette disposition le combustible n'arrive dans le foyer qu'après avoir subi un commencement de dessiccation et l'allure se trouve améliorée.

322. Le foyer de M. A. Godillot se compose d'une grille en forme de demi-cône reposant sur une grille horizontale en fer à

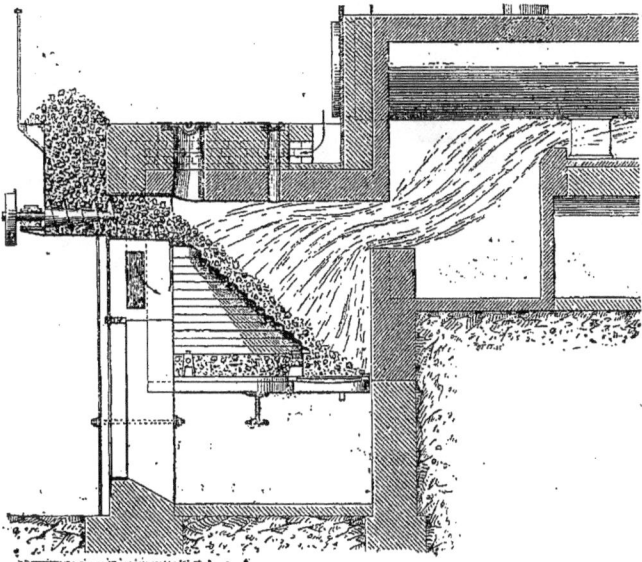

Fig. 193.

cheval. Le combustible est chargé dans une trémie placée en

haut et en avant du fourneau. Il tombe entre les spires d'une
hélice, à auget croissant pour éviter l'engorgement, et qui est
animée d'un mouvement lent de rotation au moyen d'une transmission prise sur un arbre de l'usine. Le combustible poussé par
l'hélice arrive au sommet de la grille : il se dessèche et descend
en brûlant pour arriver sur la grille horizontale où la combustion s'achève et où les cendres s'accumulent.

La forme demi-conique de la grille a pour but de permettre
la distribution du combustible sur une grande surface de grille
avec une arrivée dans un espace restreint au sommet du cône.

323. M. Michel Perret a combiné différentes dispositions de
foyer pour brûler les poussiers de coke, de charbons maigres,
les fraisils de forge et en général tous les résidus ordinaires des
foyers industriels. Les figures 194 et 195 représentent le foyer à

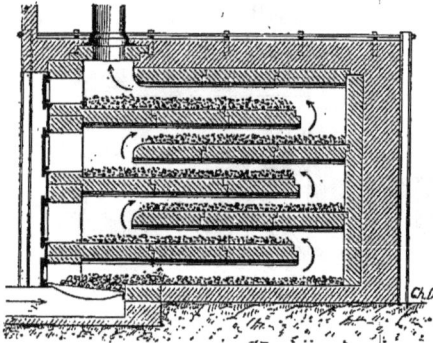 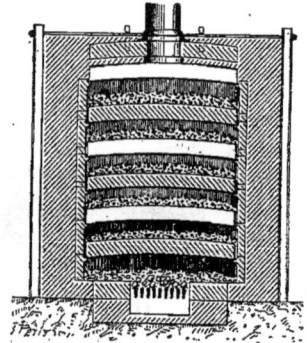

Fig. 194.   Fig. 195.

étages qui se compose de quatre ou cinq dalles en terre réfractaire, légèrement cintrées pour leur donner plus de résistance
et sur lesquelles on étale le combustible. Sur la face du fourneau
sont des ouvertures pour le chargement et l'étalage du combustible aux divers étages qui communiquent entre eux tantôt à
l'arrière tantôt à l'avant; l'air pénètre à l'étage inférieur et passe
successivement, en effectuant la combustion, à la surface du
poussier chargé sur les dalles superposées. Les gaz produits se

dégagent par une ouverture à l'étage supérieur pour se rendre au calorifère où leur chaleur doit être utilisée. Le combustible chargé sur la dalle supérieure est poussé, à mesure que la combustion avance, successivement avec un ringard sur chacune des dalles inférieures de manière à ne retirer du dernier carneau que des matières incombustibles. La grille placée au bas ne sert que pour l'allumage.

Afin d'éviter le travail de ringardage nécessaire pour faire descendre successivement le combustible, M. Perret, reproduisant les culées du foyer Muller, a remplacé les dalles par un certain nombre de prismes triangulaires, laissant entre eux des intervalles

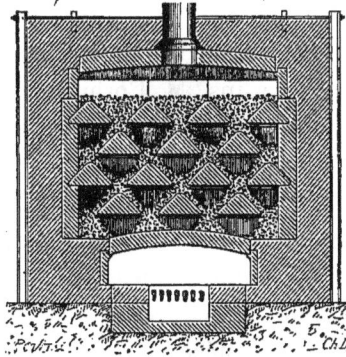

Fig. 196.

alternés, les pleins au-dessous des vides (fig. 196). Le combustible coule naturellement sur les plans inclinés, au fur et à mesure de la combustion qui s'alimente par l'air passant à la surface dans les espaces vides qui restent au-dessous des prismes. Le service de l'appareil est ainsi rendu beaucoup plus facile.

324. Enfin, dans une autre disposition (fig. 197, 198), M. Mi-

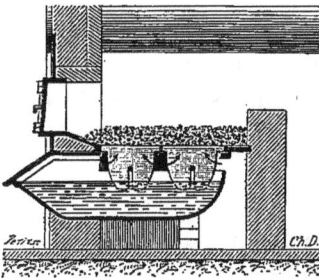

Fig. 197.

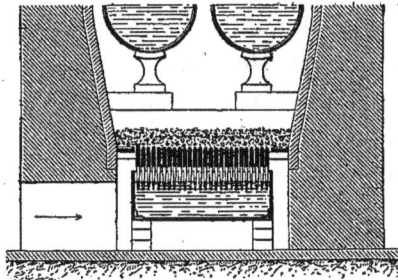

Fig. 198.

chel Perret charge le combustible menu sur une grille à barreaux

très serrés et de très grande hauteur, dont la partie inférieure est
plongée dans l'eau d'une bâche pour les refroidir. C'est une
grille immergée. On évite ainsi l'échauffement, l'altération des
barreaux et l'engorgement de la grille. L'air qui alimente la combustion pénètre latéralement.

325. Pour brûler le charbon en poudre provenant des fonds
de magasins, M. Corbin a imaginé de le charger dans une trémie au bas de laquelle se trouve un robinet portant une large
encoche. En donnant à ce robinet un mouvement régulier de
rotation, l'encoche se remplit, à chaque tour, de poudre de charbon qui en tournant tombe dans un conduit d'où elle est lancée,
par l'air d'un ventilateur, au milieu de la flamme d'un foyer à
houille. L'air produit l'entraînement et fournit en même temps
l'oxygène nécessaire à la combustion, qui est particulièrement
facilitée par la grande division du combustible.

Les bons résultats obtenus au moyen de cette disposition ont
conduit, pour certaines applications, à pulvériser le charbon au
moyen de cylindres broyeurs d'où il tombe sur les palettes
d'un ventilateur qui le projettent au milieu de la flamme d'un
foyer. Une disposition de ce genre a été également appliquée
par M. Crampton.

FOYERS A LIQUIDES

Les liquides sont rarement employés comme combustibles
industriels. On utilise cependant le goudron, les huiles lourdes,
résidus de la fabrication du gaz, les huiles de pétrole qu'on
extrait de puits de mine. La combustion de ces liquides n'est
pas sans présenter quelques difficultés.

326. Foyer à goudron. — MM. Muller et Fichet ont disposé un foyer, comme l'indiquent les figures 199 et 200, pour
brûler le goudron.

Il se compose d'un fourneau en maçonnerie dans lequel se

trouve la chambre de combustion; au bas est une grille où on entretient un feu de coke. Le goudron, renfermé dans un réservoir G placé au-dessus du fourneau, coule goutte à goutte, au moyen d'un robinet, par une fente, dans la chambre de combus-

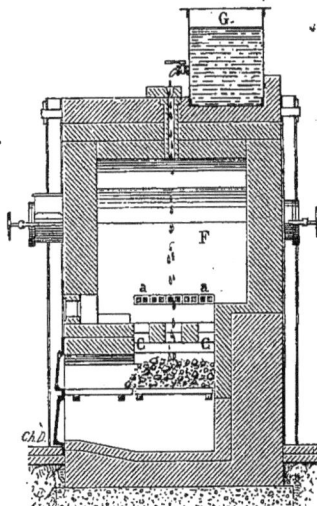

Fig. 199.   Fig. 200.

tion F et de là sur le charbon enflammé C, C. La combustion s'effectue par de l'air arrivant des deux côtés et chauffé par un double appareil calorifère spécial A, A; la flamme se répand dans la chambre de combustion et se renverse pour venir chauffer les cylindres en fonte où se trouvent les matières à traiter.

327. Foyer à huile lourde. — Pour mieux assurer le contact de l'air et obtenir une combustion plus complète et moins fumeuse, MM. Sainte-Claire Deville et Audoin ont employé la disposition de foyer (fig. 201, 202, 203), qui donne de très bons résultats.

Il se compose d'un prisme en fonte (fig. 203) à section trapézoïdale qui, pour une chaudière à vapeur, occupe sous les bouilleurs la place de la porte ordinaire du foyer. La face intérieure du prisme forme un plan incliné B C qui porte une série de rigoles parallèles dans lesquelles on fait couler l'huile venant d'un réservoir chauffé. Elle se distribue au moyen d'un tuyau transversal T et d'une série de petits tubes verticaux munis de robinets ; l'huile coule dans de petits entonnoirs E montés sur des tuyaux inclinés A B qui la déversent en haut de chaque rigole. On a ainsi une série de filets d'huile parallèles coulant sur le plan incliné. L'air extérieur pénètre, pour alimenter la combustion, par des fentes rectangulaires ménagées sur la hauteur du prisme, entre les rigoles, de sorte que chaque filet d'huile coule entre deux lames d'air, ce qui constitue une sorte de grille à liquide.

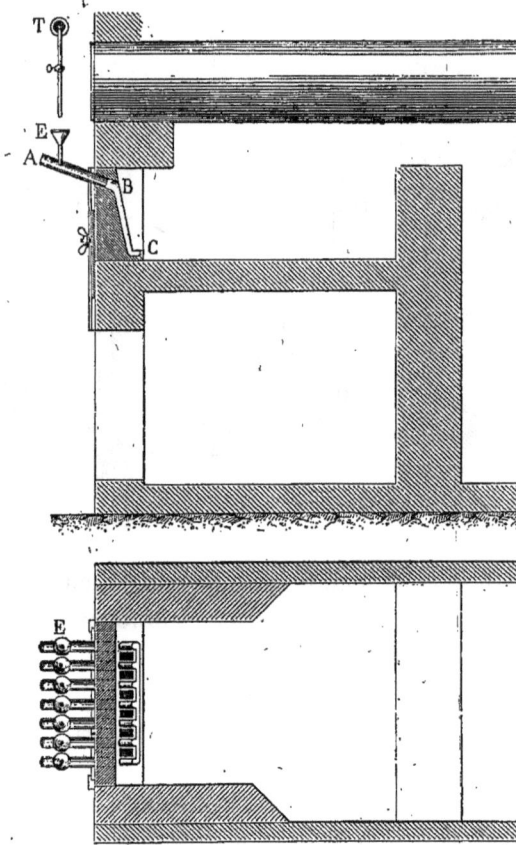

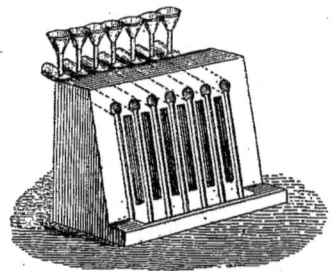

Fig. 201 et 202.   Fig. 203.

On règle l'écoulement de l'huile dans chaque rigole avec un robinet et l'accès de l'air au moyen d'une plaque en fonte glissant au devant des ouvertures d'admission et permettant de faire varier à volonté leur section de passage.

Ce foyer, employé pour la combustion des huiles lourdes, doit être conduit et surveillé avec beaucoup de précautions pour empêcher dans les tuyaux les engorgements qui tendent à se produire, l'huile ne restant fluide qu'à une température assez élevée au-dessus de la température ordinaire.

Par suite de l'arrêt momentané de l'écoulement dans un ou plusieurs tubes de distribution et de l'arrivée trop brusque de l'huile après le dégorgement, il s'est produit fréquemment des explosions qui ont fait refluer violemment la flamme en avant du fourneau et brûlé gravement les chauffeurs. Le même fait peut se produire par une fermeture trop brusque du registre et, pour l'éviter, il est prudent de mettre un arrêt qui empêche de le fermer complètement.

On peut brûler sur la même grille les huiles de pétrole, mais les précautions à prendre sont encore plus impérieuses qu'avec l'huile lourde.

328. Foyer Agnellet. — MM. Agnellet frères, manufactu-

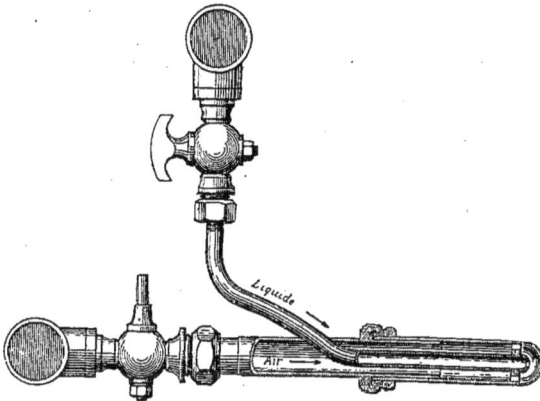

Fig. 204.

riers à Paris, effectuent dans leur usine la combustion de l'huile au moyen d'un appareil spécial représenté dans la figure 204.

Il se compose de deux tubes concentriques; l'huile arrive par le tube intérieur et l'air par l'espace annulaire sous une pression de 5 à 7 centimètres de mercure. Sous l'action du courant d'air, le filet liquide se trouve transformé en un brouillard très fin, intimement mélangé avec l'air et la combustion produit une flamme courte à quelques centimètres du brûleur; l'arrivée de l'huile et de l'air se règle au moyen de robinets. On peut employer, à côté les uns des autres, autant de brûleurs qu'il est nécessaire pour produire la quantité de chaleur dont on a besoin.

En modifiant leur appareil et faisant arriver l'air par le centre, MM. Agnellet sont parvenus également à brûler le goudron qui est entraîné et mélangé avec l'air, un peu avant d'être projeté dans le foyer.

329. Foyers à naphte. — Sur les navires de la mer Caspienne, qui peuvent être alimentés facilement par les huiles provenant des puits du Caucase, on a cherché à brûler le naphte brut ou ses résidus, pour le chauffage des chaudières à vapeur, en le faisant passer à travers un lit poreux, ou bien en le répandant dans des rigoles étroites, ou encore en le faisant couler goutte à goutte sur des tôles chauffées à blanc, etc. Tous ces procédés ont donné d'assez mauvais résultats; il y avait une énorme production de fumée noire qui, au contact des parois froides des tubes, ne tardait pas à les obstruer et à éteindre la flamme.

Les seuls appareils qui aient donné des résultats à peu près satisfaisants sont ceux qui pulvérisent le pétrole au moyen d'un jet de vapeur et le projettent dans le foyer à l'état de brouillard; dans ces conditions le naphte brûle bien, et fournit une longue et belle flamme sans fumée et sans résidus.

La plupart des appareils font écouler, par un orifice long et étroit, une nappe de pétrole sur un jet de vapeur qui sort au-dessous par un orifice semblable; la largeur des orifices variant de un demi à 2 millimètres; ces appareils ont le grave inconvénient de s'encrasser au bout d'un temps très court; le naphte,

même après un bon filtrage, s'épaissit et finit par boucher la
section d'écoulement.

M. d'Allest, pour le chauffage des chaudières à vapeur des navires qui font le service de la Méditerranée, a disposé un appareil
(*Génie civil*, nov. 1885) dans lequel le naphte arrive par un orifice circulaire d'assez grand diamètre et la vapeur tout autour.

Le pulvérisateur se compose (fig. 205) d'une boîte conique N
avec tubulure latérale pour
l'arrivée du pétrole et
fondue avec une deuxième
boîte qui l'entoure et qui
porte une tubulure par
laquelle arrive la vapeur.
Cette deuxième boîte, filetée à une extrémité, peut
recevoir une buse tronc-
conique O venue elle-
même de fonte avec un pa-
villon cylindrique évasé
ABA. L'autre fond de la
boîte centrale opposé à la
buse est fermé par un
presse-étoupes qui s'ap-
puie, par deux ergots, sur

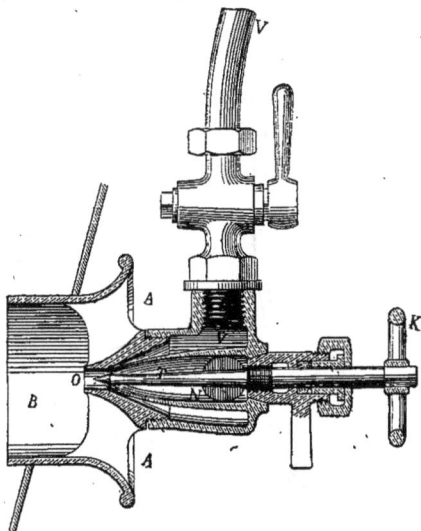

Fig. 205.

deux talons à plan incliné et assure l'étanchéité du joint conique.
Dans cette boîte à étoupes passe une tige T filetée, terminée par un
cône qu'on peut, au moyen d'un volant K, faire pénétrer plus ou
moins dans l'orifice de sortie du pétrole de manière à régler sa
section et même la fermer complètement. L'épaisseur de la lame
annulaire de vapeur se règle en faisant tourner la buse filetée et
par un robinet placé sur le tuyau d'arrivée VV. Pour augmenter
l'intensité du foyer, il suffit d'ouvrir un peu plus le robinet de
vapeur et d'augmenter la lame de pétrole ; le mouvement inverse
ralentit l'allure.

Pour des foyers de 1 mètre de diamètre correspondant à une

surface de chauffe de 5o mètres, M. d'Allest place deux brûleurs
semblables.

Dans le cas où un corps étranger, échappé à la filtration, vient
s'engager dans la boîte à pétrole N et obstruer la zone annulaire,
il suffit, sans arrêter l'appareil, de faire tourner deux ou trois
fois le volant K, dans un sens et dans l'autre, ce qui a pour résultat d'augmenter brusquement la largeur de la zone et de permettre l'évacuation de l'obstacle. Enfin, pour démonter tout
l'appareil, il suffit de faire tourner de $\frac{1}{4}$ de tour la boîte à étoupes ;
on peut alors la retirer, ainsi que l'aiguille régulatrice et mettre
à découvert tout l'intérieur du brûleur.

Un ou plusieurs pulvérisateurs sont disposés dans le foyer

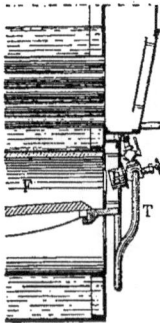 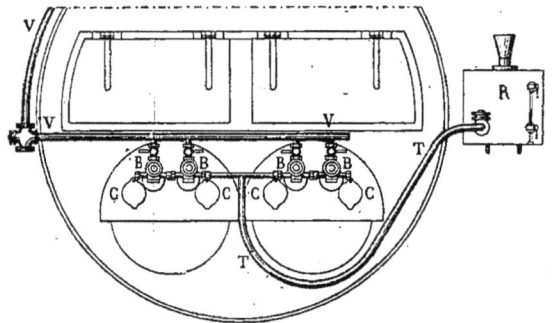

Fig. 206.   Fig. 207.

d'une chaudière ordinaire de bateau. On se contente d'établir
(fig. 206) une sole en brique sur la grille F et de garnir l'intérieur
du foyer d'une voûte en briques. La devanture enlevée est remplacée (fig. 207) par une tôle pleine coupée dans le bas pour
former l'ouverture du cendrier et munie de deux regards C, C. Les
brûleurs B, B, B, B, pénétrant dans le foyer par un trou percé
dans la plaque, sont simplement maintenus par les tuyaux d'arrivée VV de vapeur et TT de pétrole, autour desquels ils peuvent
facilement tourner de façon à prendre toutes les inclinaisons possibles. R est le réservoir à pétrole.

Des expériences comparatives ont été faites sur une chaudière de bateau à vapeur ayant les dimensions :

Surface de chauffe. . . . . $21^{mq},40$
Surface de grille . . . . $0,88$
Section tubulaire. . . . . $0,1555$
Section de la cheminée . . . . . . $0,1520$

On a trouvé les résultats suivants :

VAPORISATION.	POIDS		
	DE COMBUSTIBLE brûlé par heure et par m. carré de grille.	D'EAU VAPORISÉE par kilogr. de combustible.	D'EAU VAPORISÉE par mètre carré de surf. de chauffe.
NAPHTE.			
Normale........	$25,27$ à $41,87$	$12,75$ à $13,57$	$14,61$ à $25,35$
Active..........	$57,40$ à $71,76$	$11,42$ à $12,82$	$31,48$ à $37,48$
CHARBON.			
Réduite........	$50,24$ à $59,51$	$7,15$ à $8,37$	$13,25$ à $18,25$
Active	$77,59$ à $99,85$	$7,75$ à $8,65$	$25,77$ à $32,09$

L'emploi de la vapeur pour pulvériser le naphte présente un grand inconvénient dans les bateaux : c'est la dépense d'eau qu'il nécessite ; environ $\frac{1}{10}$ à $\frac{1}{12}$ de la production totale. Pour un navire de 3 000 tonneaux, ayant une surface de chauffe de 500 mètres, la chaudière doit évaporer environ $30 \times 500 = 15\,000$ litres à l'heure, et le jet pulvérisateur consommera au moins 1 250 litres à l'heure, soit 300 mètres cubes pour une traversée de 10 jours. Il ne faut pas songer dans un navire à avoir une pareille réserve d'eau douce et il faut, si on ne veut pas recourir à l'alimentation à l'eau salée, avoir à bord de puissants appareils distillatoires, ce qui est une grande complication.

Il vaut mieux remplacer la vapeur par l'air comprimé. Il suffit d'une petite pompe à vapeur comprimant l'air à 2 ou 3 atmosphères, ou, d'après M. d'Allest, injecter tout l'air nécessaire à la combustion, par l'espace annulaire de l'appareil en augmentant convenablement sa section et supprimant le pavillon. Il suffit alors de lancer l'air par un ventilateur.

GAZOGÈNES

331. Dans les usines métallurgiques, il se dégage des hauts fourneaux des gaz combustibles qui, primitivement perdus dans l'atmosphère, ont été plus tard recueillis et utilisés à divers chauffages. Cette utilisation a fait reconnaître que les gaz présentent, sur les solides, de nombreux avantages, au point de vue de la facilité de la combustion, qui peut être obtenue plus complète et se régler plus commodément au moyen de valves et de robinets. On peut obtenir des flammes longues ou courtes à volonté et produire des températures plus élevées, en chauffant, avant la combinaison, le combustible et le comburant. Dans nombre de cas, au lieu de brûler directement les combustibles à l'état solide, on a commencé par les transformer en gaz par une opération préliminaire.

Avant de parler des foyers destinés à brûler les gaz combustibles, nous devons nous occuper d'abord des appareils destinés à les produire industriellement et qu'on désigne sous le nom de *gazogènes*.

332. Pour opérer la transformation des combustibles en gaz, on peut employer divers moyens.

On peut les chauffer en vase clos ; c'est le procédé employé pour la fabrication du gaz de l'éclairage. On charge la houille dans des cornues disposées dans des fours et chauffées par un foyer spécial. Sous l'action de la chaleur, la houille distille, les hydrogènes carbonés se dégagent et après purification et refroidissement, le gaz est recueilli dans des gazomètres d'où on le distribue par des réseaux de conduite. Le charbon qui reste dans la cornue est le coke.

On obtient ainsi des gaz très combustibles, sans mélange d'azote, mais le prix de revient est élevé et ce procédé n'est employé que pour le gaz qui sert à l'éclairage et à quelques chauffages particuliers comme celui des cuisines et des laboratoires.

333. Pour obtenir plus économiquement la transformation des combustibles en gaz, M. Ebelmen a construit des gazogènes sous la forme de petits hauts-fourneaux dans lesquels on entasse le combustible à transformer. La hauteur de l'appareil est variable suivant le combustible, $1^m,50$ à 2 mètres pour le lignite et la tourbe desséchée, un peu moins élevé pour le charbon de bois, $2^m,50$ à 3 mètres pour la houille et le coke. On injecte de l'air, à la base du fourneau, par une tuyère, sous une pression de 0,20 d'eau pour le bois, de 0,25 à 0,30 pour la houille et le coke. Ces gazogènes sont dits à combustion vive.

La figure 208 représente une disposition appliquée par MM. Thomas et Laurens.

Le combustible, qui doit être de qualité maigre pour qu'il n'y ait pas obstruction, est chargé au moyen d'une

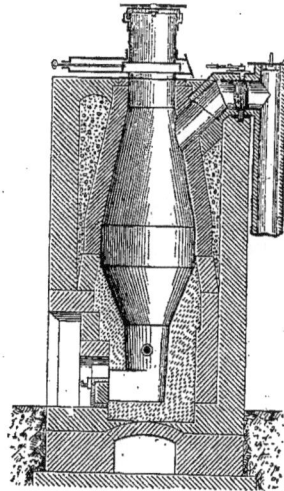

-Fig. 208.

trémie à deux valves que l'on ouvre successivement, de manière à ne pas établir de communication avec l'extérieur. Si le combustible renferme des matières terreuses, on ajoute un fondant qui les fait couler à l'état de laitiers.

L'air lancé par la tuyère produit d'abord de l'acide carbonique qui, rencontrant dans son ascension du carbone à une température élevée, se transforme en oxyde de carbone et la température s'abaisse par suite de la grande quantité de chaleur absorbée dans cette transformation.

On sait que 1 kilogramme de carbone, en s'unissant à l'oxygène, forme $3^k,66$ d'acide carbonique qui avec 1 kilogramme de car-

bone produisent 4^k,66 d'oxyde de carbone; or la formation des
3^k,66 d'acide carbonique a produit 8080 calories tandis que la
formation de 4^k,66 d'oxyde par 2 kilogrammes de carbone ne produit que $2 \times 2473 = 4946$. La différence $8080 - 4946 = 3134$ est
donc le nombre de calories absorbées par le passage de 3^k,66
d'acide carbonique à l'état d'oxyde de carbone, ce qui correspond
à $\dfrac{3134}{3,66} = 854$ par kilogramme d'acide carbonique décomposé.

La chaleur transmise, à travers la masse, par les gaz de la
combustion qui se dégagent du bas, produit la distillation des
couches supérieures; le mélange de gaz, oxyde de carbone,
hydrogènes carbonés, etc., s'échappe par un orifice placé près du
sommet et il est conduit par des tuyaux aux foyers spéciaux où
la combustion doit s'effectuer.

Les gaz qui sortent du gazogène ont une température qui
dépend de la nature du combustible; avec la tourbe et le bois,
elle ne dépasse pas quelquefois 300°, tandis qu'elle s'élève à 7 et
800° et au-dessus avec la houille et le coke.

334. Gazogène Beaufumé. — M. Beaufumé, en 1854,
a essayé d'appliquer un système de gazogène au chauffage des
chaudières à vapeur. Il avait principalement pour but la suppres-
sion de la fumée.

Le gazogène Beaufumé se composait d'une caisse à section
carrée entourée d'eau et à double enveloppe, comme une boîte à
feu de locomotive. Au fond de la caisse était la grille sur laquelle
on chargeait la houille, avec une épaisseur de 0,60 environ, au
moyen de deux trémies disposées sur le ciel du foyer et qui permettaient au moyen d'un système de doubles valves, comme dans
l'appareil précédent, l'introduction du combustible sans communication avec l'atmosphère. L'air était lancé par un ventilateur
à force centrifuge.

Les gaz produits s'échappaient par une ouverture percée dans
le haut de l'une des parois verticales et étaient conduits sous la
chaudière où ils étaient brûlés dans un foyer spécial.

Cet appareil n'a pas donné de bons résultats ; il était compliqué pour un chauffage de chaudière à vapeur, exigeait l'emploi d'une machine, d'un ventilateur. Sa marche a été signalée par des accidents nombreux, des fuites, des fissures aux tôles du foyer et quelquefois par des explosions.

335. Gazogène Siemens. — C'est à MM. Siemens qu'est dû le gazogène à combustion lente employé dans un grand nombre d'industries.

Ce gazogène (fig. 209) se compose d'une paroi pleine très inclinée, sur laquelle glisse le combustible chargé au moyen d'une trémie à double fermeture, comme celle des appareils précédents ; au-dessous se trouve une grille formée de barreaux à gradins fixes et, plus bas, de barreaux mobiles moins inclinés. Le combustible descend, par son poids, sur la partie pleine où il distille sous l'action de la chaleur et à l'abri de l'air ; il passe à l'état de coke et reçoit au-dessous, à la hauteur de la grille, le contact de l'air ; il se produit d'abord de l'acide carbonique,

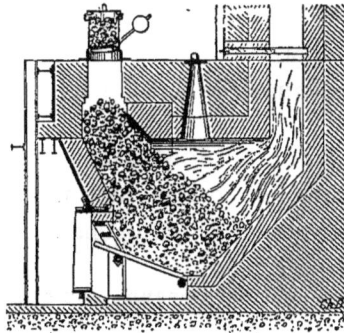

Fig. 209.

qui, obligé de traverser une grande épaisseur de charbon, se transforme en oxyde de carbone qui se dégage avec l'azote de l'air et les hydrogènes carbonés provenant de la partie supérieure du foyer. En secouant ou en déplaçant les barreaux mobiles, on fait tomber les cendres et les mâchefers dans le cendrier d'où on les retire facilement.

Un regard, fermé par un tampon, permet d'observer ce qui se passe dans le foyer et d'introduire, au besoin, un ringard pour dégorger quand c'est nécessaire.

La combustion se fait dans ces foyers à raison de 25 à 30 kilogrammes par mètre carré.

Quand les gazogènes sont près des foyers à gaz, ils doivent être placés à 3 mètres et 3^m,5o au-dessous afin de déterminer l'appel d'air suffisant.

Pour produire le tirage avec des gazogènes placés loin des foyers, et établis à une faible profondeur au-dessous du sol, MM. Siemens ont adopté une disposition particulière. Elle se compose d'une cheminée en briques de 2^m,5o à 3 mètres de hauteur, placée directement au-dessus du gazogène et dans laquelle les gaz montent à une température de 600° à 650°; du sommet part un tuyau horizontal métallique ayant une surface d'au moins 6 mètres carrés, exposé à l'air, ou les gaz se refroidissent; ils redescendent ensuite au foyer par un autre tuyau, à peu près de même hauteur que le tuyau ascendant. La différence de densité, dans ces deux tuyaux verticaux, résultant de la différence de température, suffit pour produire le tirage, comme nous le verrons au chapitre des cheminées.

336. Température des gazogènes. — Le tableau suivant donne la composition moyenne du mélange des gaz qui se dégagent d'un gazogène.

Composition moyenne des gaz produits par un gazogène Siemens.

DÉSIGNATION.	COMPOSITION en VOLUMES	POIDS DU MÈTRE CUBE de chaque gaz.	POIDS DES VOLUMES de chaque gaz dans 1 kil.	COMPOSITION en POIDS p.	CHALEUR SPÉCIFIQUE. c	VALEURS de pc
Oxyde de carbone.	0,25	k 1,247	k 0,311750	0,263	0,248	0,0639
Acide carbonique.	0,05	1,977	0,098850	0,083	0,216	0,0174
Azote..........	0,60	1,256	0,753600	0,636	0,244	0,1566
Hydrogène......	0,08	0,0896	0,007168	0,006	3,400	0,0204
Hydrogène proto-carboné........	0,02	0,721	0,014420	0,012	0,593	0,0077
	1,00	»	1,185788	1,000	».	0,2660

D'après ces nombres, le poids du mètre cube du mélange est de $1^k,186$, de sorte que leur densité est un peu moindre que celle de l'air à la même température. La chaleur spécifique moyenne $0,266$ est au contraire un peu plus grande à cause de la présence de l'hydrogène. On n'a pas tenu compte dans l'analyse d'une certaine quantité de vapeur d'eau qu'on peut évaluer en moyenne à $3^k,80$ par 100^k de houille brûlée.

Cherchons la chaleur dégagée dans le gazogène, la température produite et l'influence d'une injection d'eau ou de vapeur.

Pour 1 kilogr. de gaz, les quantités de carbone et d'hydrogène sont, pour le carbone :

$$\text{Dans l'oxyde de carbone} \ldots \frac{6}{14} \times 0,263 = 0^k,1127$$

$$\text{Dans l'acide carbonique} \ldots \frac{6}{22} \times 0,083 = 0,0226$$

$$\text{Dans l'hydro-carbure} \ldots \frac{3}{4} \times 0,012 = 0,0090$$

$$\text{Carbone par kilogr. de gaz} \ldots 0^k,1443$$

pour l'hydrogène :

$$\text{Hydrogène libre} \ldots 0^k,0060$$

$$\text{Dans l'hydro-carbure} \ldots \frac{1}{4} \times 0,012 = 0,0030$$

$$\text{Hydrogène par kilogr. de gaz} \ldots 0^k,0090$$

Le poids total du carbone et de l'hydrogène, par kilogr. de gaz, est ainsi

$$0,1443 + 0,0090 = 0,1533.$$

Si on admet que, dans la houille employée, le carbone et l'hydrogène réunis entrent pour 90 p. 100, le poids de houille brûlée correspondant est $\dfrac{0,1533}{0,9} = 0^k,1703$. C'est le poids de houille nécessaire pour produire 1 kilogr. de gaz.

Chaque kilogr. de houille produit en conséquence, à la sortie du gazogène, $\dfrac{1}{0,1703} = 5^k,882$ de gaz qui se décomposent ainsi :

Oxyde de carbone. . . . . $1^k,547$
Acide carbonique . . . . $0,488$
Azote . . . . $3,741$
Hydrogène . . . . $0,035$
Hydrogènes carbonés. . . . . $0,071$
                                      ———
                                      $5^k,882$

La quantité de chaleur dégagée par la formation de l'oxyde de carbone et de l'acide carbonique est en conséquence par kilogr. de gaz

$$0,1127 \times 2\,408 = 271^c,38$$
$$0,0226 \times 8\,080 = 182,26$$

Total de la chaleur dégagée $453,64$

soit $2\,668^{cal},31$ pour $5^k,882$ correspondant à 1 kilogr. de houille brûlée.

Cette chaleur est employée, non seulement à élever la température des gaz, mais encore à produire la distillation, en faisant passer à l'état gazeux l'eau, l'hydrogène et les hydrogènes carbonés, et en outre à suffire aux pertes par le refroidissement des parois extérieures du fourneau.

Nous ne connaissons pas d'expériences précises sur la chaleur absorbée par la distillation. Dans les usines à gaz, on brûle, sous les cornues, environ 15 kilog. de coke pour distiller 100 kilog. de houille. En admettant 50 p. 100 de rendement, la chaleur nécessaire pour distiller 1 kilogr. de houille est $0,50 \times 0,15 \times 8\,000 = 600$ calories.

La perte par le refroidissement des parois du gazogène est considérable; en l'évaluant, par analogie avec celle des fourneaux des chaudières à vapeur, on peut l'estimer à 25 p. 100, soit $0,25 \times 2668,31 = 667,08$; il reste en conséquence $1401^{cal},23$ pour élever la température. La chaleur spécifique moyenne des gaz étant de $0,266$, on a, pour trouver la température des gaz à la sortie, la relation

$$5,882 \times 0,266\,T = 1\,401,23, \quad \text{d'où} \quad T = 895°.$$

Ce calcul, dans lequel se trouvent certains nombres qui ne reposent pas sur une détermination bien précise, ne peut servir qu'à indiquer d'une manière générale l'influence des divers éléments de la question ; il fournit un résultat qui paraît un peu supérieur à celui qu'on obtient en pratique ; cela tient en partie à ce que nous n'avons pas tenu compte de la vapeur d'eau.

La température de 800 degrés est très élevée, et quand on doit conduire les gaz à distance pour les brûler, il en résulte, par le refroidissement dans les conduites, une perte notable. Il convient, pour l'éviter, de placer le foyer à gaz le plus près possible du gazogène, à moins que le tirage ne soit produit par le refroidissement même, comme dans la disposition de M. Siemens.

337. Influence d'une injection d'eau ou de vapeur. — On peut réduire la perte, en abaissant utilement la température par la décomposition d'une certaine quantité d'eau ou de vapeur, en hydrogène et en oxygène. Ce dernier gaz s'unit au carbone pour former de l'oxyde de carbone, en diminuant la proportion d'air nécessaire, tandis que l'hydrogène augmente la masse des gaz combustibles.

Le poids d'eau à décomposer pour abaisser la température, de 100 degrés par exemple, est facile à calculer.

Nous savons que 1 kilog. d'hydrogène en brûlant forme 9 kilog. d'eau et dégage 34 462 calories quand la vapeur est condensée. Réciproquement 9 kilog. d'eau, en se décomposant, absorbent 34 462 calories, et 1 kilog. $\dfrac{34\,462}{9} = 3\,889$ calories.

Un kilog. de vapeur, pour se décomposer, absorbe seulement $\dfrac{29\,000}{9} = 3\,222$ calories.

D'après cela, comme le poids des gaz produits, par kilog. de houille, est de $5^k,882$ dans le gazogène que nous avons étudié ci-dessus, il faudra, pour abaisser leur température de 100 degrés, décomposer, par kilog. de houille, un poids d'eau x qu'on obtiendra par la relation

$$5,882 \times 0,266 \times 100 = 3889\,x$$

$$x = 0,0402.$$

c'est-à-dire $4^k,02$ d'eau par 100 kilog. de houille.

L'expérience indique que, suivant la nature des houilles, il faut $2^k,50$ à $4^k,50$ d'eau pour abaisser, par 100 kilog. de houille (de la houille maigre à longue flamme à la houille anthraciteuse), la température des gaz de 100 degrés.

Si, au lieu d'eau, on injectait de la vapeur, il faudrait en décomposer $\dfrac{3889}{3222} \times 4,02 = 4^k,852$.

FOYERS A GAZ

338. Les foyers à gaz doivent être établis sur les principes généraux que nous avons développés (**6** et suiv.). La division, en jets ou en lames minces au contact de l'air, se réalise avec les gaz bien plus facilement qu'avec les autres combustibles, et ce n'est pas le moindre avantage de la transformation des combustibles solides en gaz par les gazogènes.

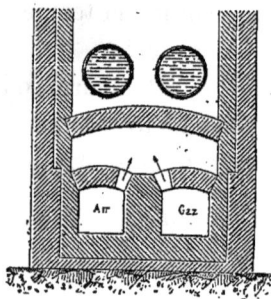
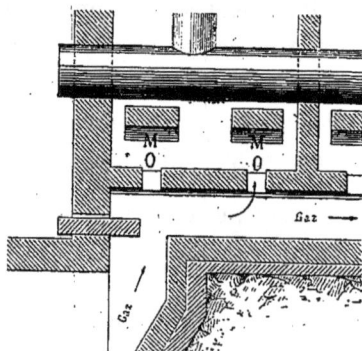

Fig. 210.   Fig. 211.

Une disposition des plus simples consiste à faire arriver l'air et les gaz combustibles (fig. 210, 211) dans deux conduits parallèles et à les faire sortir par des ouvertures ménagées de distance en distance et disposées obliquement de manière à diriger les deux jets l'un sur l'autre; ces jets sont en général trop épais et le mélange se fait mal. Quand cette disposition est appliquée à une chaudière, il faut disposer, au-dessus des orifices, une voûte, pour empêcher un jet direct qui, faisant chalumeau, pourrait brûler le métal.

339. Les figures 212, 213 représentent une disposition de foyer employée, pour la combustion des gaz des hauts fourneaux, au chauffage des chaudières à vapeur.

Le gaz arrive par un tuyau dans une caisse en fonte d'où il sort, en lames minces, au moyen d'une série d'ouvertures rectangulaires, tandis que l'air extérieur pénètre directement par les intervalles, de manière à multiplier les points de contact avec les gaz combustibles. On règle son volume au moyen d'un registre glissant.

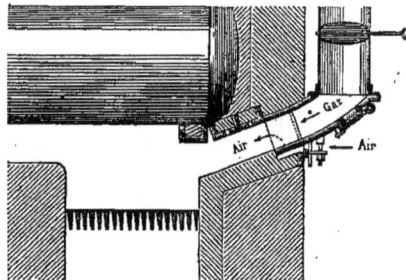

Fig. 212.

Pour éviter les explosions, on a disposé un foyer continuellement allumé qui enflamme le gaz aussitôt qu'il arrive.

340. Pour les foyers à haute température destinés aux usages métallurgiques, le foyer a été disposé par MM. Thomas et Laurens comme l'indique la figure 214.

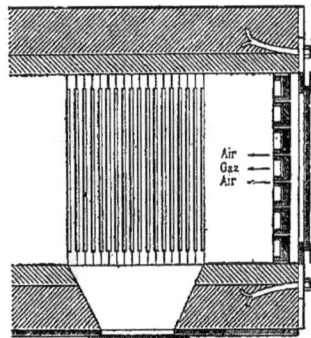

Fig. 213.

Les gaz arrivent dans une caisse dont une face est formée par une plaque de fonte ou de terre réfractaire percée d'un grand

nombre de trous circulaires. L'air, lancé par une machine souf-
flante, arrive dans une autre caisse placée derrière la première

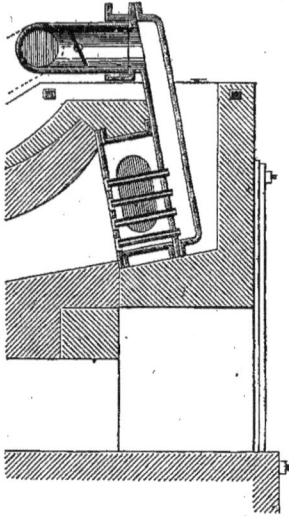

et s'échappe par des tubes qui viennent déboucher au centre des orifices
de sortie des gaz combustibles ; ceux-
ci forment ainsi un grand nombre de
jets annulaires qui reçoivent, chacun
à son centre, un jet d'air de manière
à multiplier les surfaces de contact
du comburant et du combustible.
Des registres avec cadrans permettent de régler les proportions d'air
et de gaz et d'obtenir des flammes
réductrices et oxydantes à volonté.

341. Dans la disposition des figures 215, 216, les gaz arrivent par un
tuyau vertical appliqué sur le devant

Fig. 214.

du fourneau et qui se recourbe à angle droit à la hauteur de la
grille, en forme de caisse plate, pour diriger les gaz dans le

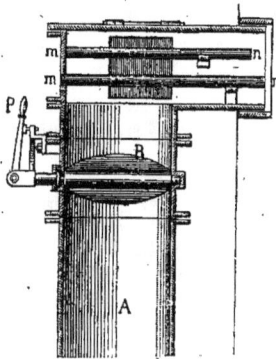

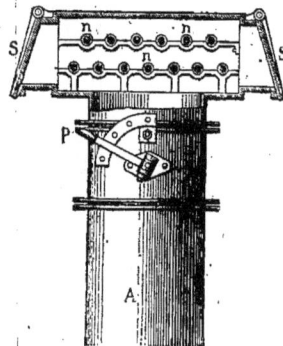

Fig. 215.   Fig. 216.

foyer. L'air, puisé directement dans l'atmosphère, pénètre par
des tubes de faible diamètre, répartis dans la caisse par rangées

horizontales disposées en quinconce, et ces tubes débouchent au milieu et en des points multiples du courant de gaz afin de mélanger le combustible et le comburant. Un registre avec cadran permet de régler la quantité de gaz.

Des valves mobiles, placées sur les côtés du tuyau d'arrivée, servent de soupapes de sûreté, pour donner rapidement issue aux gaz, dans le cas où une explosion viendrait à se produire.

342. Foyers Muller et Fichet. — Dans les foyers à gaz de MM. Muller et Fichet, une pièce céramique réfractaire est disposée de manière à diviser les courants de gaz et d'air et à les faire arriver dans la chambre de combustion par lames minces alternées pour établir le contact du comburant et du

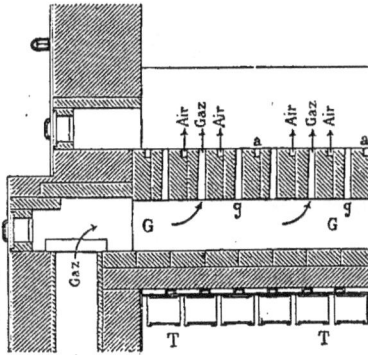 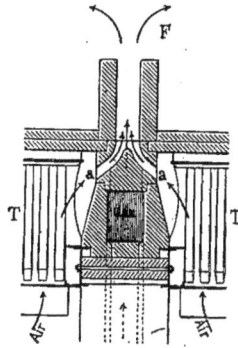

Fig. 217.   Fig. 218.

combustible sur une très grande surface, et assurer la bonne combustion.

Les figures 217 et 218 représentent la disposition d'un foyer à gaz pour le chauffage d'un four. Le gaz combustible venant du gazogène arrive par la conduite G,G, rectangulaire, ménagée dans une pièce réfractaire; il s'échappe, de distance en distance, par des fentes verticales g,g, tandis que l'air, pénétrant latéralement des deux côtés à la fois, s'échauffe au contact des tuyaux T, pénètre dans la pièce réfractaire par des conduites recourbées *a*, *a* et vient ainsi, en lames minces et alternées, se mélanger au gaz, dans une cheminée verticale placée au-dessus, où la combustion s'effectue et se continue dans le four F, au contact des tuyaux et appareils renfermant les matières à traiter.

343. Les figures 219, 220 et 221 représentent une disposition un peu différente employée pour le chauffage d'une chau-

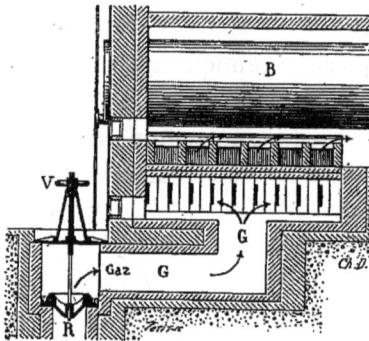

Fig. 219.

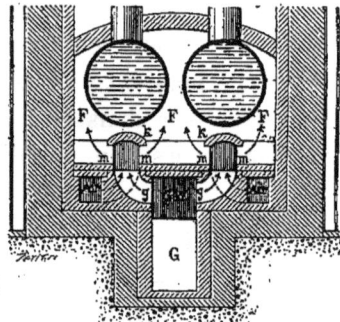

Fig. 220.

dière à vapeur à deux bouilleurs. Le gaz combustible venant du gazogène par un tuyau vertical qu'on peut régler de section

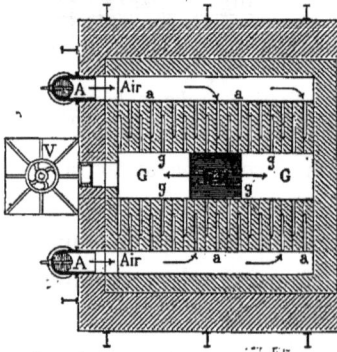

Fig. 221.

par le registre R, au moyen du volant V, pénètre au milieu du fourneau par le conduit GG et s'échappe latéralement des deux côtés par de petites fentes recourbées *g g*, ménagées dans des pièces réfractaires; il débouche dans deux conduits placés au-dessous de chaque bouilleur. L'air arrivant par deux autres conduits A A, placés sur les deux côtés du fourneau, pénètre par les fentes *a a* dans les mêmes pièces réfractaires et forme une série de lames minces verticales parallèles alternées avec les lames de gaz. Le mélange se fait, la combustion s'opère et la flamme venant se briser sur une voûte K s'échappe latéralement par les ouvertures *m,m, m,m* pour se répandre dans l'espace F,F,F au contact de la surface des bouilleurs.

Les voûtes K,K ont pour but, comme nous l'avons vu plus haut, d'empêcher la flamme de faire chalumeau sur les bouilleurs qui pourraient être brûlés sans cette précaution.

344. Dans les maisons particulières, pour les petites chaudières de bain, on se sert souvent, comme combustible, du gaz d'éclairage qui est d'un emploi commode et rapide. Les figures 222-223 représentent une disposition de foyer de ce genre.

A la base de la chaudière de forme cylindrique, se trouve un cylindre intérieur concentrique qui renferme le foyer F et qui est baigné par l'eau K, K, de tous les côtés; un bouilleur transversal B augmente la surface de chauffe.

Le gaz arrive par le tuyau T et se distribue par la couronne ABCD, dans une série

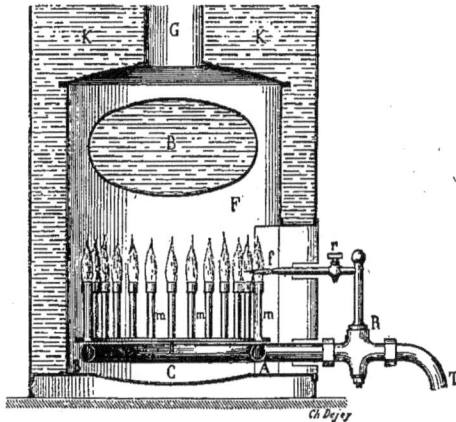

Fig. 222.

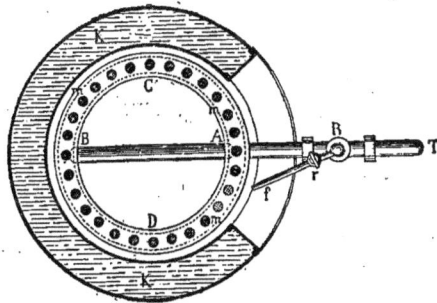

Fig. 223.

de tubes *m, m, m* analogues au brûleur Bunsen (s); il vient brûler, mélangé d'air, au haut de chacun de ces tubes, chauffe

les parois du foyer et le bouilleur B et s'échappe par le tuyau G qui traverse verticalement la chaudière sur toute sa hauteur.

L'arrivée du gaz est réglée par le robinet R, et au moyen d'une disposition particulière qui a pour but d'éviter les explosions, il est allumé aussitôt qu'on ouvre ce robinet. A cet effet, un allumoir *f*, avec robinet spécial *r*, fait corps avec la clé du robinet R de sorte que lorsqu'on tourne celle-ci, l'allumoir *f* tourne en même temps et vient projeter sa flamme au-dessus des brûleurs pour enflammer le gaz aussitôt qu'il se dégage.

§ V

ACCUMULATEURS DE CHALEUR

345. Dans certaines applications, un appareil avec foyer peut présenter, comme encombrement, comme service, comme danger d'incendie, etc., des inconvénients qui ont fait recourir à d'autres moyens pour la production de la chaleur. C'est ainsi que pour le chauffage des compartiments de voyageurs, dans les wagons de chemins de fer, pour la traction des tramways, etc., on s'est trouvé conduit à employer des appareils, fournissant pendant un certain temps, sans avoir à entretenir la combustion dans un foyer, la chaleur nécessaire pour maintenir la température dans le compartiment ou pour produire la vapeur dépensée par le fonctionnement de la machine motrice.

Ces appareils, disposés pour mettre en réserve une certaine quantité de chaleur qui se dégage ensuite peu à peu, peuvent être désignés sous le nom général d'*accumulateurs de chaleur*.

346. Bouillottes à eau chaude. — Pour chauffer les wagons de chemins de fer, l'appareil le plus employé, qui paraît le mieux convenir à notre climat et à nos voitures, est jusqu'à présent la chaufferette ou bouillotte mobile à eau chaude. Elle se compose d'un cylindre aplati, renfermant environ 10 à 12 kilog. d'eau que l'on chauffe, au moyen de dispositions particulières qui varient suivant les compagnies, à une température de 90 à 95° et que l'on place dans les compartiments sous les pieds des voyageurs. La chaleur, accumulée dans l'eau, se dissipe peu à peu, et fournit une température convenable, surtout pour les pieds, jusqu'à ce que l'eau se soit abaissée à 40° environ, ce qui a lieu ordinairement en deux heures et demie, dans les températures moyennes de l'hiver; à ce moment la bouillotte doit être remplacée. Ce mode de chauffage, d'une intensité nécessairement décroissante, présente de nombreux inconvénients parmi lesquels le plus vivement ressenti par les voyageurs est la nécessité de remplacer les bouillottes, à des intervalles rapprochés, par suite de leur refroidissement rapide.

347. Bouillottes Ancelin. — M. Ancelin en remplissant les bouillottes avec de l'acétate de soude, substance qui passe de l'état liquide à l'état solide vers 59°, a résolu le problème de conserver la chaleur beaucoup plus longtemps. Pendant toute la durée de la solidification, la température reste constante, et la chaleur accumulée par une masse déterminée est beaucoup plus grande que par l'eau, à cause de la chaleur de fusion.

La chaleur spécifique de l'acétate de soude solide est 0,32 ; celle de l'acétate liquide est 0,75 ; la chaleur de fusion est 94 calories.

Il résulte des calculs de M. E. Mayer, basés sur ces nombres, que 1 kilog. d'acétate de soude, passant de 90° à l'état liquide, à 40° à l'état solide, abandonne le nombre de calories suivant :

Par le refroidissement du liquide de 90° à 59° $31 \times 0,75 = 23,25$
Par la solidification à 59°   94
Par le refroidissement du solide de 59° à 40° $19 \times 0,32 = 6,08$

Total de la chaleur abandonnée par kilogr. . . . 123,33

environ 123 calories par kilog. d'acétate de soude.

1 kilog. d'eau chaude, dans les mêmes limites de température de 90° à 40°, abandonne seulement 50 calories. Le rapport est $\frac{123}{50} = 2,46$.

Chaque bouillotte en tôle pèse vide $7^k,5$; elle renferme 15 kilog d'acétate et 11 kilog. d'eau.

D'après cela, la chaleur abandonnée par la bouillotte d'acétate est

$$15 \times 123 + 7,5 \times 0,11 \times 50 = 1886,25$$

et celle abandonnée par l'eau

$$11 \times 50 + 7,5 \times 0,11 \times 50 = 591,25.$$

Le rapport est $\dfrac{1886,25}{591,25} = 3,29.$

Au lieu de 2^h30, la bouillotte à acétate de soude peut rester suffisamment chaude pendant huit heures environ ; c'est ce que l'expérience confirme.

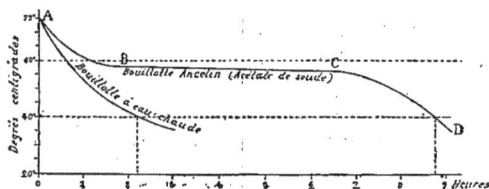

Fig. 224.

La figure 224 donne les courbes de refroidissement, la première ABCD pour la bouillotte Ancelin, la seconde pour la bouillotte à eau chaude. Les abscisses représentent les temps, les ordonnées les températures.

Il arrive parfois que l'acétate de soude, au lieu de se solidifier régulièrement à la température de 59°, reste liquide bien au-dessous de cette température, et ne donne pas le dégagement de chaleur que devait produire la solidification. La courbe (fig. 225) représente la marche du refroidissement. Il est vrai qu'il suffit alors, le plus souvent, d'agiter fortement la chaufferette refroidie pour déterminer la cristallisation du sel ; la température remonte immédiatement à 59° et s'y maintient assez longtemps, mais néanmoins les voyageurs ont eu à supporter l'inconvénient d'une bouillotte refroidie au-dessous d'une tempé-

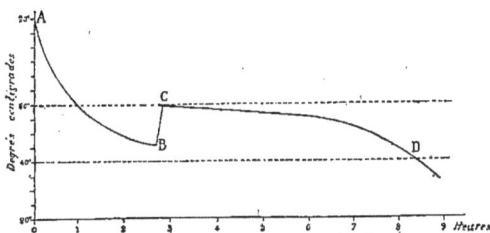

Fig. 225.

rature acceptable, et le but qu'on se propose n'est pas atteint.

Pour empêcher cette surfusion qui paraît tenir soit à l'impureté de l'acétate, soit à la proportion d'eau qu'il contient, le procédé le plus efficace paraît consister dans l'introduction, à l'intérieur de la bouillotte, de boulets en métal, qui par leur mouvement au milieu de la masse fondue déterminent la formation des cristaux.

Pour éviter les fuites, il faut prendre des dispositions spéciales dans la construction des chaufferettes, et ne pas les remplir complètement, afin de permettre la dilatation.

348. Locomotive Em. Lamm et Léon Francq. — Cette locomotive se compose (Pub. ind. d'Armengaud) principalement d'un réservoir cylindrique, en tôle d'acier, plein d'eau à haute pression et de machines motrices analogues à celles des locomotives ordinaires.

Le chauffage de l'eau du réservoir R R (fig. 226) s'effectue au moyen de la vapeur provenant d'une chaudière fixe fonctionnant à 15 atmosphères, c'est-à-dire à environ 200°. La vapeur arrive dans le réservoir par le robinet B, passe par le tuyau dd, réuni par un raccord fileté au tuyau G et se répand dans la masse d'eau par une ligne de petits orifices percés sur une génératrice du tuyau $m\,m$ placée au bas du réservoir. Le chauffage terminé, en quinze ou vingt minutes, on supprime la communication avec la chaudière fixe et on ferme avec un bouchon à vis.

Pour la distribution aux cylindres moteurs, la vapeur est prise, au moyen d'un robinet V, par un tube aa, au sommet du dôme K et passe dans un détendeur de vapeur D qui abaisse la pression de la vapeur au degré convenable avant de l'admettre dans les cylindres moteurs C, où elle se rend par le

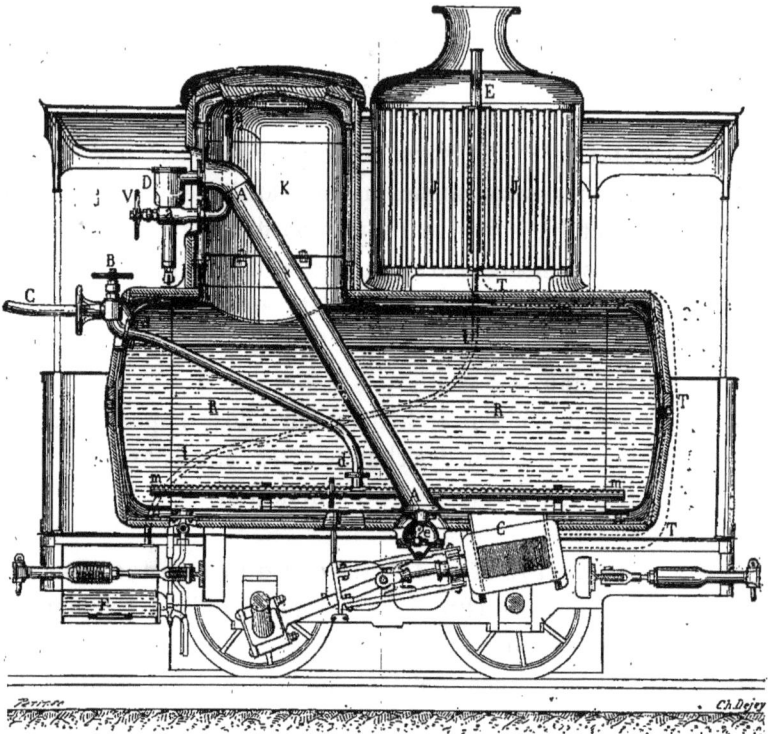

Fig. 226.

tuyau AA de fort diamètre, qui sert de réservoir de vapeur détendue. L'admission est réglée au moyen d'un petit tiroir e qui constitue, comme dans les locomotives ordinaires, le régulateur ou l'appareil de mise en marche.

Pour éviter que l'échappement de la vapeur, venant des cylindres dans l'atmosphère, ne produise du bruit, on la fait arriver, par un tuyau TTT, dans un condenseur à air JJ, formé de tubes ouverts aux deux bouts. La vapeur condensée se rend par un petit tuyau tt, dans une caisse F d'où on la reprend plus tard pour l'alimentation. Si la condensation n'est pas complète, le surplus de la vapeur se dégage dans l'atmosphère par le tuyau E.

Pour diminuer le refroidissement du grand réservoir d'eau chaude, on l'entoure d'une tôle mince sur laquelle est appliquée directement une épaisseur de $0^m,065$ de liège et de bois assemblés à rainures. On a soin de laisser une couche d'air de 55 millimètres d'épaisseur entre la tôle et le réservoir. Dans ces conditions, d'après les expériences, la perte de pression de la vapeur serait seulement de 1 kilogramme en quatre heures, et comme la machine peut faire 20 kilomètres à l'heure, on peut parcourir d'assez longs trajets sans perte sensible.

349. Cette locomotive a été appliquée sur le tramway à vapeur de Rueil à Marly-le-Roi, dont la distance est de 10 kilomètres et où on remorque 12 tonnes avec des rampes telles qu'il faut accumuler un travail correspondant à la production de 150 kilogrammes de vapeur à 3 atmosphères. Le poids d'eau que doit contenir le réservoir se détermine comme il suit. Soit P le poids d'eau chauffé à la température t (200° correspondant à la pression initiale de 15 atmosphères), r la chaleur de vaporisation à cette température, θ la température correspondant à la pression finale (135° pour 3 atmosphères), W le poids de vapeur (soit 150 kilogrammes) correspondant au travail à produire.

Le poids d'eau qui reste dans le réservoir à la fin du trajet, quand on a dépensé le poids W de vapeur, est P — W; la chaleur qu'elle contient, à partir de 0°, est $(P - W)\,\theta$.

La chaleur renfermée dans l'eau au départ à t, en comptant également à partir de 0°, était Pt; la chaleur dépensée pour la vaporisation du poids W étant Wr, on a

$$Pt - (P - W)\theta = Wr,$$

d'où on tire

$$P = \frac{(r-\theta)W}{t-\theta}.$$

Si, comme à Marly, on a $W = 150$ kilog. $t = 200°$, $\theta = 135°$, $r = 654$ à 5^{at}, on trouve

$$P = \frac{654 - 135}{200 - 135} \, 150 = 8 \times 150 = 1\,200^{kil.}$$

Le réservoir contenant 1 800 kilogrammes, on a une marge suffisante pour les circonstances imprévues.

On voit que la locomotive à eau chaude sans foyer se trouve dans des conditions pratiques, au point de vue de l'enmagasinement de la chaleur ; le tramway auquel elle est appliquée fait un service régulier. Elle doit avoir, sur la traction par chevaux, des avantages incontestables d'économie.

350. Locomotive Honigmann. — Dans cette locomotive, l'accumulation de la chaleur est basée sur ce fait, qu'une solution concentrée de soude, en absorbant de la vapeur d'eau, dégage de la chaleur.

D'après M. Honigmann, voici quelles seraient les températures et les pressions correspondant aux divers degrés de dissolution de soude dans l'eau.

SOLUTION DE SOUDE 100 NaO.HO	TEMPÉRATURE D'ÉBULLITION.	PRESSION de la VAPEUR en atmosphères	SOLUTION DE SOUDE 100 NaO.HO	TEMPÉRATURE D'ÉBULLITION.	PRESSION de la VAPEUR en atmosphères
+ 10 HO	256°	23,1	+ 100 HO	144°	4,0
20	220,5	13,1	150	128,0	2,6
40	192,5	8,7	200	120.0	1,95
50	174,5	7,1	300	110,8	1,40
60	166,0	6,1	400	107,0	1,30
70	159,5	5,2	450	106,0	1,27
80	154,0				

L'appareil (fig. 227) se compose de deux chaudières; sur le fond de la première V qui contient de l'eau ordinaire, sont implantés un grand nombre de tubes, fermés par le bas; ils plongent dans la solution concentrée de soude qui se trouve dans l'autre chaudière LL. La vapeur dégagée dans la chaudière V (convenablement chauffée pour la mise en train) se rend par le tuyau *aa* et par le robinet R au cylindre à vapeur C; la vapeur d'échappement vient par le tuyau *b,b* à la chaudière LL, où elle pénètre par de nombreux orifices percés

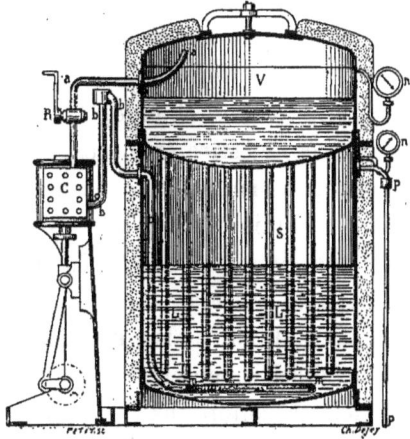

Fig. 227.

sur le tuyau *mm*. Elle est absorbée par la lessive en dégageant de la chaleur, qui se communique par les tubes à l'eau de la chaudière V, la vaporise et maintient la pression, et par suite l'écoulement vers le cylindre à vapeur. Cet état de choses se continue jusqu'à ce que la lessive de soude ne soit plus assez concentrée pour absorber la vapeur d'échappement.

L'expérience indique, comme nous allons le voir, que le dégagement de vapeur, et par suite la marche de la machine, peuvent se maintenir à pression peu variable, dans la chaudière V, pendant plusieurs heures, dans des conditions pratiques.

Si on remplit la chaudière à soude d'une solution bouillant entre 185° et 200° (renfermant de 40 à 30 p. 100 d'eau pour 100 de soude), et la chaudière V avec de l'eau à 166° correspondant à 7 atmosphères environ, on pourra mettre la machine en marche et continuer tant que la lessive, en absorbant la vapeur d'échappement, ne s'affaiblira pas au point de bouillir à 166°, c'est-à-dire tant qu'elle renfermera moins de 60 d'eau pour 100 de soude; arrivée à ce point, la solution de soude ne pourra plus absorber toute la vapeur d'échappement; une partie de celle-ci s'échappera; mais le travail pourra continuer si la tension de la vapeur est abaissée à 4 atmosphères correspondant à 144°, ce qui permettra de diluer la solution de soude jusqu'à 100 d'eau pour 100 de soude.

Lorsque la limite d'absorption est atteinte, il faut vider la chaudière à eau chaude, la remplir d'une nouvelle solution concentrée, et faire évaporer la solution diluée pour la ramener à son degré primitif de concentration.

Des chaudières à soude Honigmann ont été établies pour faire marcher des machines de tramways et de nombreuses expériences ont été faites. On a relevé simultanément les températures : de la lessive de soude, de la vapeur motrice et de la vapeur d'échappement.

Voici les conditions de l'expérience.

Charge à traîner, 3500 kilogrammes. Chemin parcouru, $20^{kilom},5$. Poids d'eau au commencement, 802 kilogrammes. Lessive, 779 kilogrammes renfermant 19,9 pour 100 d'eau. Eau vaporisée 527 kilogrammes. La lessive à la fin renfermait 46,7 pour 100 d'eau.

Le parcours fut exécuté avec la chaudière à soude ouverte et la contre-pression de la vapeur d'échappement ne s'éleva pas,

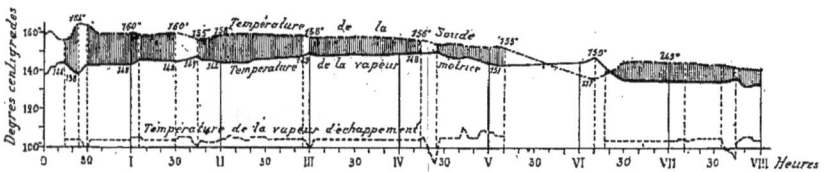

Fig. 228.

par suite de l'absorption, au-dessus de la pression de la colonne de soude correspondante.

Après cinq heures de voyage, on laissa écouler de la lessive, on introduisit de l'eau chaude et on put utiliser le reste de la lessive pour faire $7^{kilom},04$ jusqu'à ce qu'il y eut échappement de vapeur non condensée. Il y avait alors 1050 kilogrammes de lessive contenant 53,7 pour 100 d'eau.

La figure 226 montre comment, dans le parcours, ont varié les températures de la lessive, de la vapeur motrice et de la vapeur d'échappement. Les temps sont comptés en heures, sur la ligne des abscisses; les températures comme ordonnées à partir de 100° centigrades. La courbe supérieure, qui part de 160°, indique la température de la soude; celle au-dessous, commençant à 140°, donne la température de la vapeur, enfin la courbe inférieure, un peu au-dessus de 100°, donne celle de la vapeur d'échappement.

On a pu marcher, avec la même lessive de soude, pendant huit heures, la température s'abaissant seulement de 160° à 140° environ. Les parties sans hachures correspondent à des arrêts de la machine, soit accidentels, soit volontaires.

§ V

TEMPÉRATURE DES FOYERS. — CHALEUR RAYONNÉE

351. La température que la combustion développe dans un foyer, et la quantité de chaleur rayonnée par la surface incandescente du combustible, dépendent d'un grand nombre d'éléments, de l'espèce du combustible, de la proportion d'air employée, de l'activité de la combustion, de la nature des parois de l'enceinte, etc.

Nous allons essayer d'analyser les phénomènes fort complexes qui se produisent dans un foyer, afin d'en déduire l'influence de ces divers éléments sur la température et la quantité de chaleur rayonnée.

La chaleur M dégagée au moment où les gaz sortent de la couche de combustible se divise en deux :

La chaleur R rayonnée par la surface incandescente du combustible,

La chaleur G absorbée par les gaz qui s'en échappent.

D'où la relation

$$M = R + G. \tag{1}$$

Les valeurs de R et de G varient, comme nous allons le voir, dans de grandes limites suivant les circonstances de la combustion.

352. Au moment où les gaz s'échappent de la couche du combustible incandescent, la combustion est loin d'être achevée, la flamme se développe généralement bien au delà, de sorte que la chaleur dégagée, à ce moment, n'est qu'une fraction m de celle que le combustible peut fournir par la combustion complète.

La valeur de la fraction m dépend surtout de la quantité de matières volatiles que le combustible renferme. Certaines houilles en contiennent 25 à 30 p. 100 et même davantage et comme la plus grande partie de ces gaz brûle au-dessus de la couche de charbon, en produisant la flamme, la valeur de m peut descendre à 0,70 et au-dessous. Pour le coke au contraire et autres combustibles émettant fort peu de gaz, la valeur de m se rapproche de l'unité.

Cette valeur de m varie en outre suivant la période de la combustion pour le même combustible.

Désignons, comme précédemment, par s la surface de la grille, par p le poids de combustible brûlé par heure et par mètre carré de grille, et par N la puissance calorifique du combustible.

La chaleur totale que le combustible peut produire par heure, par sa combustion complète, étant psN, la fraction dégagée au moment où les gaz sortent de la couche incandescente est seulement :

$$M = mps\mathrm{N}. \tag{2}$$

353. Péclet a essayé de déterminer la proportion de la chaleur rayonnée au moyen de l'appareil suivant.

Le combustible à essayer brûlait, au moyen de dispositions appropriées à sa nature, au milieu (fig. 229) d'un cylindre ABCD formant la paroi intérieure d'un vase à double enveloppe dont l'intervalle était rempli d'eau. Les produits de la combustion se dégageaient librement par l'ouverture supérieure, tandis que la paroi intérieure du cylindre, recouverte de noir de fumée, absorbait la plus grande partie des rayons envoyés par le foyer. Un thermomètre plongé dans l'eau du vase annulaire indiquait l'élévation de la température qu'on régularisait dans la masse au moyen d'un agitateur. On pouvait ainsi calculer la quantité de chaleur rayonnée qui avait été absorbée par l'appareil. Pour tenir compte des rayons qui passaient par les cercles supérieur et inférieur du cylindre, sans être absorbés, Péclet remarquant qu'une sphère de centre O et de rayon OA aurait reçu en tous ses points, par unité de surface, la même quantité de chaleur et que dans les conditions de l'expérience on ne recevait dans l'appareil que les rayons arrivant sur la zone de hauteur BC et absorbés dans leur trajet par le cylindre, en concluait que la chaleur rayonnée totale était à la chaleur mesurée dans le rapport de la surface de la sphère à celle de la zone, c'est-à-dire de BD à BA. Il pouvait de cette manière déduire la chaleur totale rayonnée de la chaleur mesurée, en multipliant cette dernière par le rapport $\dfrac{BD}{BA}$.

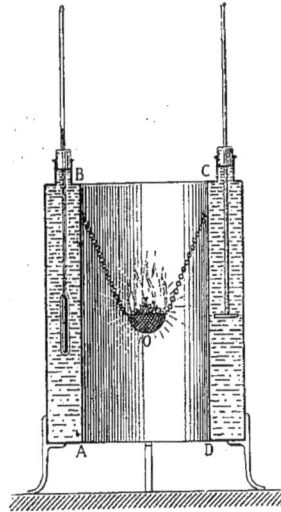

Fig. 229.

En opérant ainsi, Péclet a trouvé, pour le rapport $\dfrac{R}{M}$ de la chaleur rayonnée à la chaleur totale, les résultats suivants :

Bois sec et menu. 0,25
Charbon de bois, de tourbe, tourbe. .   0,33
Houille et coke. . . . .   0,50 environ.
Huile de colza.   0,16

Ces nombres ne sauraient être regardés que comme des indications ; la chaleur rayonnée dépend non seulement de la nature du combustible, mais de celle de l'enceinte, de sa température, de l'activité de la combustion, etc.

354. Les formules précédemment établies (**76**) permettent de déterminer par le calcul la température produite dans un foyer ainsi que la quantité de chaleur rayonnée suivant les circonstances de la combustion. Les résultats ainsi obtenus s'accordent, comme nous le verrons, de la manière la plus satisfaisante avec l'expérience.

Soit T la température de la surface du combustible incandescent, t celle des parois de l'enceinte, r le coefficient de radiation, on a (6 n° **77**), pour une heure,

$$R = 125,72 rs(a^T - a^t).$$

En admettant que le coefficient de radiation du charbon incandescent soit le même que celui du fer au rouge (**78**), $r = 0,30$ et la formule devient

$$R = 37,5s(a^T - a^t). \tag{3}$$

La température des gaz qui se dégagent de la couche de combustible doit être la même que celle du charbon, et en désignant, comme précédemment, par A le poids d'air employé à la combustion de 1^k de charbon, par c la chaleur spécifique moyenne des gaz de la combustion, et par θ_0 la température de l'air affluent, on a

$$G = ps(A + 1)c(T - \theta_0). \tag{4}$$

En portant ces valeurs de M, de R et de G dans l'équation (1) et divisant par s qui se trouve dans tous les termes,

$$mpN = 37,5(a^T - a^t) + p(A + 1)c(T - \theta_0). \tag{5}$$

Cette relation a lieu pour un foyer quelconque. Nous allons en faire l'application à divers cas particuliers [1].

[1] Si le comburant et le combustible étaient pris à des températures différentes θ et θ' avant la combustion, on aurait, en raisonnant comme au n° 64, l'équation plus générale

$$p(mN + C\theta + AC'\theta') = 37,5(a^T - a^t) + p(A + 1)cT$$

qui donne la relation (5) en faisant $\theta = \theta' = \theta_0$ et $C = C' = c$.

FOYER DANS UNE ENCEINTE EN MAÇONNERIE

355. Lorsqu'un foyer est placé dans une enceinte en maçonnerie très épaisse, on peut, dans une certaine mesure, ne pas tenir compte de la chaleur qui passe à travers les parois, de sorte que lorsque le régime est établi, ces parois doivent se trouver sensiblement à la température du foyer; elles n'absorbent rien, ni par radiation, ni par convection et toute la chaleur dégagée par la combustion est employée à élever la température des gaz.

Dans ces conditions $T = t$, $R = 0$ et la relation (5) se réduit à

$$mN = (A + 1)c(T - \theta_0)$$

d'où

$$T = \theta_0 + \frac{mN}{c(A + 1)}. \qquad (6)$$

C'est la relation que nous avons trouvée au n° **64.**

Si le combustible est de la houille ayant une puissance calorifique de 8 000 calories, et si on donne à mN les valeurs 6 000, 7 000 et 8 000 (c'est-à-dire à m les valeurs 0.750, 0.875 et 1) et à A des valeurs de 12^k, 15^k, 18^k, et 24^k, on forme le tableau suivant :

**Température d'un foyer placé dans une enceinte
en maçonnerie épaisse.**

POIDS D'AIR EMPLOYÉ par kilogr. de combustible. A	NOMBRE DE CALORIES DÉGAGÉES DANS LE FOYER PAR KILOGR. DE COMBUSTIBLE.		
	$mN = 8000$	$mN = 7000$	$mN = 6000$
12^k	2461^0	$2153^0,2$	$1845^0,6$
15	2000	1750	1500
18	1754	1473,5	1263
24	1280	1120	960

Ces nombres doivent être regardés comme des maximums dans chaque cas considéré parce qu'il y a toujours, à travers les parois, une transmission à l'extérieur qui abaisse la température; ceux obtenus en supposant $mN = 8000$ ne peuvent être atteints, parce que la combustion ne peut jamais être absolument complète dans le foyer. Ils font voir l'influence considérable qu'exerce sur cette température une combustion plus ou moins complète, et une proportion d'air plus ou moins grande.

Si la combustion se continuait à la suite du foyer et s'il n'y avait ni dissociation ni pertes, la température s'élèverait et finirait par devenir celle qui correspond à $m = 1$ pour le volume d'air employé; mais en pratique la combustion ne saurait jamais être complète et les pertes abaissent toujours la température d'une manière notable.

FOYER INTÉRIEUR DE CHAUDIÈRE A VAPEUR

356. Lorsque le foyer est placé dans une enceinte à parois métalliques refroidies par une circulation d'eau très active, comme dans les chaudières à vapeur dites à foyer intérieur, les conditions sont tout à fait différentes de celles du cas précédent. L'absorption de la chaleur par l'eau est si rapide que la température du métal ne s'élève pas notablement au-dessus de celle de l'eau, et pour des chaudières à vapeur fonctionnant à 5 ou 6 atmosphères, l'eau étant à 150 ou 160° environ, la température du métal n'atteint pas 200°. Nous justifierons cette évaluation en parlant des récepteurs de chaleur.

Il résulte de là une grande absorption de chaleur par les parois de l'enceinte du foyer.

La forme et l'étendue de cette enceinte exposée au rayonnement direct, et qu'on appelle pour cela *surface directe de chauffe*, n'ont que peu d'influence sur la quantité de chaleur rayonnée, contrairement à une idée assez répandue.

Si on compare, en effet, les deux surfaces ACB et ADB (fig. 230), placées au-dessus d'une même grille, on reconnaît que d'après le mode connu de propagation en ligne droite des rayons calorifiques, elles doivent recevoir exactement les mêmes rayons et absorber, par conséquent, la même quantité de chaleur rayonnée, si elles ont le même pouvoir absorbant et si elles sont à la même température, ce qui est très sensiblement le cas pour les chaudières à vapeur. Il résulte de là que la chaleur reçue de la radiation, par *unité de surface directe*, est, pour une même grille, en raison inverse de la surface totale.

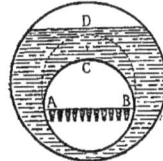

Fig. 230.

La chaleur reçue par la convection des gaz enflammés est, au contraire, proportionnelle à la surface de contact, de sorte que la chaleur totale absorbée par la surface directe est la somme de deux quantités de chaleur, l'une proportionnelle à la surface de la grille et l'autre à la surface de chauffe.

Comme la radiation est, en général, plus importante que la convection, la chaleur totale transmise est bien loin d'être proportionnelle à la surface de chauffe directe.

Nous verrons plus loin (**375**) qu'en quadruplant la surface on augmente à peine la transmission de 50 p. 100.

La quantité de chaleur rayonnée est donnée par la formule (3)

$$R = 37,5s(a^T - a^t).$$

La température T du foyer dépasse ordinairement 1 000°; elle ne descend guère au-dessous de 800° tandis que celle des parois de la chaudière n'atteint pas 200°; il en résulte que a^t est négligeable à côté de a^T; en effet, $a^{800} = 462,38$ et $a^{200} = 4,64$, c'est-à-dire est cent fois moindre.

La formule se réduit donc, pour les foyers intérieurs des chaudières à vapeur, très approximativement, à

$$R = 37,5sa^T. \qquad (7)$$

En donnant à T une série de valeurs, on trouve pour $s = 1$.

Température du foyer.	Chaleur rayonnée par mètre carré de grille.
$T = 1\,200^\circ$	$R = 372\,289$
1 100	172 100
1 050	117 918
1 000	79 400
950	54 787
900	37 338
850	25 425
800	17 325

Ces nombres font voir que la quantité de chaleur rayonnée augmente très rapidement avec la température ; elle double pour un accroissement de 90°, et décuple pour 300°. On conçoit, d'après cela, qu'un accroissement, même considérable, dans la consommation de combustible ne puisse produire qu'une faible élévation de température.

357. Faisons le calcul de la température en appliquant la formule (5). Supposons que la combustion, dans un foyer intérieur de chaudière à vapeur, soit réglée à raison de 75 kilog. de houille, par mètre carré de grille et par heure ($p = 75$), que l'on emploie 18 kilog. d'air par kilog. de houille ($A = 18$), qu'il se dégage de la couche en ignition 25 p. 100 de gaz combustibles qui brûlent au delà ($m = 0,75$) ; soient enfin $\theta_0 = 0$ et $N = 8000$, de sorte que $mN = 6\,000$.

En portant ces nombres dans l'équation (5), et négligeant a^t, on trouve après réduction

$$a^T + 9,12 T = 12\,000$$

d'où l'on tire T par approximations successives. Voici comment on peut procéder.

La température T n'étant jamais très éloignée de 1 000°, on porte cette valeur dans le terme du premier degré, et on a

$$a^T = 12\,000 - 9\,120 = 2\,880 \qquad \text{d'où} \qquad T = 1\,037$$

ce qui est une première valeur.

En la portant dans le terme du premier degré, on a

$$a^\mathrm{T} = 12\,000 - 9\,465 = 2\,535 \qquad \text{d'où} \qquad \mathrm{T} = 1\,021,49$$

c'est la seconde valeur approchée.

On a ainsi

$$a^{1037} + 9,12 \times 1\,037 = 2\,880 + 9\,465 = 12\,345$$

et

$$a^{1021} + 9,12 \times 1\,021 = 2\,535 + 9\,316 = 11\,851.$$

La première valeur est trop forte, la seconde trop faible.

La différence des valeurs est 494, et en procédant par interpolation pour déterminer ce qu'il faut ajouter à 1 021, on écrit

$$x = \frac{(12\,000 - 11\,851)(1\,037 - 1\,021)}{12\,345 - 11\,851} = \frac{149}{494}.16 = 4,82$$

On a alors

$$\mathrm{T} = 1\,021,49 + 4,82 = 1\,026°,31.$$

En vérifiant, on trouve que cette valeur de T est très sensiblement exacte. La valeur juste est T = 1 026,43.

On voit, en somme, que ce calcul de température est assez simple, et que, pour une approximation de quelques degrés, on peut arriver très rapidement.

358. Nous avons vu (**246**) que le poids p de combustible brûlé par mètre carré de grille pouvait varier dans les foyers ordinaires à tirage par cheminée depuis 20 kilogrammes pour les combustions très lentes jusqu'à 100^k pour les combustions vives. Dans les locomotives et en général avec un tirage forcé, p peut atteindre 300 et 400^k.

La valeur de A varie (**60** et **61**) également dans des limites assez étendues. Pour la houille, A est rarement au-dessous de 12 et, le plus souvent, il doit être compris entre 15 et 18; quand il y a grand excès d'air, il peut atteindre 24^k.

Le tableau suivant donne les valeurs de T et de R calculées

pour différentes hypothèses sur les valeurs de p et de A, dans les limites ci-dessus. Nous avons admis m N $= 6$ ooo.

Foyer intérieur de chaudière à vapeur.

POIDS D'AIR EMPLOYÉ par kilogr. de comb.	p POIDS DE HOUILLE BRULÉE PAR MÈTRE CARRÉ DE GRILLE.					
	25^k	$5o^k$	75^k	$1oo^k$	$2oo^k$	$4oo^k$
T *Température du foyer.*						
A $= 12^k$	989°	1069°	1144°	1147°	1224°	1299°
15	959	1033	1075	1105	1174	1239
18	925	990	1028	1054	1112	1162
24	842	888	910	928	954	974
R *Chaleur rayonnée par mètre carré de grille.*						
12^k	72 750	133 800	188 550	243 200	438 200	780 000
15	57 675	101 600	140 100	176 300	299 660	495 200
18	44 450	74 450	97 800	129 300	186 000	272 800
24	23 550	33 450	40 350	43 100	55 400	64 800

359. L'examen des nombres du tableau fait ressortir les faits suivants :

La température varie assez peu avec l'activité de la combustion, c'est-à-dire avec la consommation de combustible par mètre carré de grille.

C'est ainsi que pour une valeur moyenne de A $= 18$, lorsque p varie, de 25^k à $46o^k$, c'est-à-dire dans le rapport de 1 à 16, la température T varie seulement de 925° à 1162°, dans le rapport de 1 à 1,25.

Avec des valeurs de A comprises entre 15 et 18 et des valeurs de p entre 5o et 100, c'est-à-dire dans les conditions ordinaires d'un foyer de chaudière d'usine, la valeur de T reste comprise entre 990° et 1 105°.

Ces résultats du calcul sont confirmés par l'expérience. De nombreux essais, faits dans un foyer intérieur dans lequel on brûlait de 5o à 8o kilog. de houille par mètre carré de grille, ont

donné pour la température des nombres compris entre 1 020 et
1 060.

La quantité de chaleur rayonnée augmente au contraire rapidement avec l'activité de la combustion, sans lui être tout à fait
proportionnelle. Ainsi pour $A = 18$, lorsque p varie de 50 à 100,
la valeur de R s'élève de 74450 à 129300 dans le rapport de
1 à 1.74.

FOYER EXTÉRIEUR DE CHAUDIÈRE A VAPEUR.

360. Lorsque l'enceinte du foyer est constituée, partie par de
la maçonnerie CA et BD, partie par des
parois métalliques CED refroidies par
l'eau, comme dans la disposition de la
figure 231, une fraction seulement des
rayons calorifiques émis par la surface
du combustible en ignition est envoyée
directement sur la chaudière; le reste
est dirigé sur les parois en maçonnerie
qui, s'échauffant beaucoup plus que la
paroi métallique, lui renvoient les
rayons reçus. La chaudière est ainsi

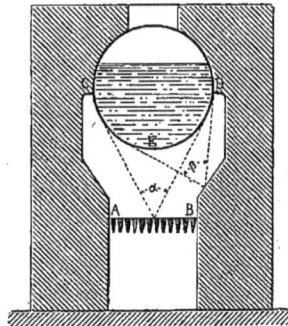

Fig. 231.

chauffée à la fois par rayonnement direct et indirect et le phénomène est plus compliqué que dans le cas précédent.

La chaleur rayonnée par un point quelconque du foyer se
divise en deux parties.

L'une, qui agit directement sur la chaudière, est proportionnelle
à l'angle α des rayons extrêmes tangents à la chaudière et à la
différence $a^T - a^t$, T et t étant les températures du foyer et de
la paroi métallique.

La seconde, qui agit sur les parois en maçonnerie, est proportionnelle à $180° - \alpha$ et à la différence $a^T - a^{T'}$, T' étant la température des parois en maçonnerie.

L'angle α varie avec la position du point rayonnant, mais dans
d'assez faibles limites; s'il représente l'angle moyen, la chaleur R', rayonnée directement sur la chaudière par la surface s

du foyer, est donnée par l'équation.

$$R' = 37,5s \frac{\alpha}{180^\circ}(a^\text{T} - a^i). \qquad (8)$$

En admettant que le pouvoir absorbant des parois est le même que celui de la chaudière, la chaleur R'' rayonnée sur les parois est

$$R'' = 37,5s \frac{180 - \alpha}{180}(a^\text{T} - a^{\text{T}'}).$$

La chaleur totale R rayonnée par le foyer étant la somme,

$$R = R' + R'' = 37,5s\left[a^\text{T} - \frac{\alpha}{180^\circ}a^{t'} - \frac{180 - \alpha}{180}a^{\text{T}'}\right].$$

De même que pour un foyer intérieur, la température t n'atteint pas 200°, de sorte que a^t et à fortiori $\frac{\alpha}{180}a^t$ est négligeable à côté de a^T et la formule se réduit à

$$R = 37,5s\left(a^\text{T} - \frac{180 - \alpha}{180}a^{\text{T}'}\right). \qquad (9)$$

Pour avoir la valeur de T', supposons la maçonnerie assez épaisse pour qu'on puisse ne pas tenir compte de la chaleur qui passe à travers. Lorsque le régime sera établi, toute la chaleur rayonnée du foyer, sur la paroi en maçonnerie, sera renvoyée de celle-ci sur la chaudière et en appelant s_1 la surface de cette paroi et β l'angle moyen de rayonnement, on a

$$37,5s_1 \frac{\beta}{180^\circ}(a^{\text{T}'} - a^i) = 37,5s\frac{180 - \alpha}{180}(a^\text{T} - a^{\text{T}'})$$

qui se réduit à

$$s_1\beta(a^{\text{T}'} - a^i) = s(180 - \alpha)(a^\text{T} - a^{\text{T}'})$$

d'où

$$a^{\text{T}'} = \frac{s(180 - \alpha)a^\text{T} - s_1\beta a^i}{s(180 - \alpha) + s_1\beta}$$

Si on néglige $s_1\beta a^i$ par les mêmes motifs que ci-dessus

$$a^{T'}=a^{T}\frac{1}{1+\dfrac{s_1\beta}{s(180-\alpha)}}=na^{T} \qquad (10)$$

en posant

$$n=\frac{1}{1+\dfrac{s_1\beta}{s(180-\alpha)}} \qquad (11)$$

et en portant cette valeur dans l'équation (9) on trouve

$$R=37,5sa^{T}\left(1-\frac{180-\alpha}{180}n\right). \qquad (12)$$

Si on compare cette expression de R avec celle que nous avons trouvée pour un foyer intérieur (7, n° **356**) on voit que pour la même température le rayonnement dans un foyer extérieur est toujours plus faible et diminue proportionnellement au terme négatif $\dfrac{180-\alpha}{180}n$ de la parenthèse.

En prenant les dimensions extrêmes des foyers extérieurs généralement employés et les valeurs de $\dfrac{s_1}{s}$, de β et de α qui leur correspondent, on reconnaît que la valeur de n est comprise entre 0,68 et 0,58, celle de $\dfrac{180-\alpha}{180}$ entre 0,41 et 0,53 de sorte que le produit varie entre 0,28 et 0,32; la moyenne est 0,30 correspondant à une distance de 0,25 de la couche de houille à la chaudière; on aura ainsi

$$1-\frac{180-\alpha}{180}n=0,70$$

et par conséquent,

$$R=37,5\times0,70\,sa^{T}=26,25\,sa^{T}. \qquad (13)$$

À égalité de température, la chaleur rayonnée dans un foyer extérieur est les 0,70 de celle d'un foyer intérieur, mais comme en fait, ainsi que nous allons le voir, la température est plus élevée, la chaleur rayonnée se trouve à peu près la même.

De l'équation (10)

$$a^{T'}=na^{T}$$

on tire

$$T' = T + \frac{\log n}{\log a} \qquad (14)$$

On trouve ainsi

pour $n = 0,68$ $T' = T - 50^\circ,3$
$n = 0,58$ $T' = T - 70^\circ,7$

La température de la paroi en maçonnerie est un peu plus faible que celle du foyer. Elle est réduite d'un nombre de degrés qui ne dépend pas de cette température, mais seulement des proportions du foyer. Cette réduction est de 50° à 70° suivant ces proportions.

Si on porte dans la formule générale (5) les valeurs que nous venons de trouver, il vient

$$mpN = 26,25a^T + p(A+1)cT,$$

équation qui permet de calculer T quand les circonstances de la combustion sont connues.

En donnant à p et à A une série de valeurs, on forme le tableau suivant :

Foyer extérieur de chaudière à vapeur.

POIDS D'AIR EMPLOYÉ par kilogr. de comb.	p POIDS DE HOUILLE BRULÉE PAR MÈTRE CARRÉ DE GRILLE.					
	25^k	50^k	75^k	100^k	200^k	400^k
T *Température du foyer.*						
$A = 12^k$	1030°	1108°	1145°	1187°	1264°	1338°
15	998	1069	1103	1142	1209	1273
18	959	1023	1053	1085	1140	1189
24	865	908	925	942	966	980
R *Chaleur rayonnée par mètre carré de grille.*						
12^k	69 525	127 450	181 950	229 400	412 400	726 800
15	54 400	94 600	131 625	162 200	270 800	442 000
18	40 375	66 500	90 000	104 900	159 800	232 400
24	20 125	27 600	33 750	35 100	42 000	48 000

361. L'examen des nombres du tableau amène aux mêmes conclusions que pour un foyer intérieur relativement à l'influence de l'activité de la combustion et de la proportion d'air employé.

La température varie peu avec l'activité de la combustion. Pour une valeur moyenne de A=18, lorsque p varie de 25 à 400, dans le rapport de 1 à 16, la température passe de 959 à 1189, dans le rapport de 1 à 1,24.

La proportion d'air variant de A=12 à A=24, la température s'abaisse, pour p=75, de 1145 à 925°.

La quantité de chaleur rayonnée augmente au contraire notablement avec l'activité de la combustion. Pour A=18, lorsque p varie de 25 à 400 kilogrammes, la chaleur rayonnée s'élève de 40375 à 232400 dans le rapport de 1 à 5,8

En comparant les résultats pour les deux foyers extérieur et intérieur (tableaux **358** et **360**), on voit que pour les mêmes valeurs de A et de p :

Les températures dans le foyer extérieur sont un peu plus élevées, de 10° à 40° environ.

Les quantités de chaleur rayonnée sont plus faibles, surtout pour les grands volumes d'air et le maximum d'activité de combustion, ce qui tient à ce qu'une partie du rayonnement se produit indirectement.

FOYER DANS UNE CLOCHE DE CALORIFÈRE.

362. Nous examinerons enfin le cas d'un foyer placé dans une cloche de calorifère.

Dans les calorifères à air chaud, le foyer se trouve ordinairement (**260** et suiv.) placé dans une cloche en fonte qui sur sa surface intérieure reçoit le rayonnement direct du foyer et s'échauffe en outre par la convection des gaz enflammés.

La surface extérieure de la cloche rayonne dans la chambre du calorifère et chauffe en même temps par convection l'air qui y circule.

Comme le pouvoir refroidissant de l'air est beaucoup moins

grand que celui de l'eau, la cloche acquiert une température beaucoup plus élevée que la tôle d'une chaudière à vapeur; il en résulte que le terme a^t de la formule générale (5) n'est pas négligeable et que les mêmes simplifications ne sont plus possibles.

Pour déterminer la température t de la cloche, que l'on peut supposer la même sur les deux faces à cause de la faible épaisseur relative et de la grande conductibilité métallique, remarquons que, lorsque le régime est établi, toute la chaleur reçue, par la face intérieure, est transmise par la face extérieure, ce qui conduit à la relation

$$37,5s(a^T - a^t) + nfS(T - t) = 37,5S(a^t - a^\theta) + n'f'S(t - \theta)$$

dans laquelle

s est la surface de la grille,

S la surface de la cloche,

nf le coefficient de convection des gaz à l'intérieur,

$n'f'$ le coefficient de convection de l'air à l'extérieur,

T la température du foyer,

t la température de la cloche,

θ la température de l'air dans la chambre du calorifère.

Admettons que la chaleur absorbée par la convection intérieure $nfS(T - t)$ soit égale à la chaleur transmise par la convection extérieure $n'f'S(t - \theta)$ ou du moins que leur différence soit négligeable à côté de la chaleur de radiation, la formule se simplifie; il vient

$$s(a^T - a^t) = S(a^t - a^\theta)$$

d'où

$$a^t = \frac{s}{s+S} a^T + \frac{S}{s+S} a^\theta$$

Le terme en a^θ est négligeable et on a simplement

$$a^t = \frac{s}{s+S} a^T \qquad (15)$$

et en substituant dans la formule générale (5)

$$pmN = 37,5a^T\left(1 - \frac{s}{s+S}\right) + p(A+1)cT \qquad (16)$$

équation d'où on peut tirer la valeur de T quand le rapport des surfaces $\frac{s}{S}$ est connu ainsi que les circonstances de la combustion.

Si par exemple la surface de la cloche est 4 fois celle de la grille $\frac{s}{S} = \frac{1}{4}$, et on a

$$pmN = 30a^T + p(A+1)cT. \qquad (17)$$

C'est au moyen de cette formule, en donnant à p et à A une série de valeurs, qu'on a calculé le tableau suivant.

Foyer dans une cloche de calorifère.

POIDS D'AIR EMPLOYÉ par kilogr. de comb.	p POIDS DE HOUILLE BRULÉE PAR MÈTRE CARRÉ DE GRILLE.			
	$12^k,5$	25^k	50^k	75^k
	T *Température du foyer.*			
$A = 12^k$	$933^0,34$	$1012^0,8$	$1091^0,14$	$1137^0,1$
15	906 ,70	981 ,4	1054 ,5	1096 ,2
18	876 ,8	945 ,14	1010 ,5	1047 ,0
24	806 ,1	857 ,1	900	921 ,8
	R *Chaleur rayonnée par mètre carré de grille.*			
12^k	38 575	70 950	129 700	163 666
15	31 437	55 775	97 550	119 600
18	25 000	42 225	69 700	81 932
24	14 537	21 500	29 900	31 400

La température t de la cloche se déduit de la relation (15) qui conduit à

$$t = T + \frac{1}{\log a} \times \log \frac{s}{s+S} = T - 300 \log \frac{s+S}{s} \qquad (18)$$

si $\frac{s}{S} = \frac{1}{4}$, on trouve

$$t = T - 210^\circ.$$

La température de la cloche est dans ce cas de 210° au-dessous

de celle du foyer. C'est pour la même cloche la même différence quelles que soient l'activité et les circonstances de la
combustion.

363. Dans les calculs précédents, nous avons admis que les
chaleurs transmises par convection à l'intérieur et à l'extérieur
de la cloche étaient égales, c'est-à-dire que $nf(T-t)=n'f'(t-\theta)$.
Pour que cette condition soit remplie, il faut qu'il existe un
certain rapport entre nf et $n'f'$.

En combinant avec l'équation (18), on déduit

$$300\,nf\log\frac{s+S}{s}=n'f'(t-\theta)=n'f'\left[T-\theta-300\log\frac{s+S}{s}\right]$$

et par suite

$$\frac{nf}{n'f'}=\frac{T-\theta}{300\log\dfrac{s+S}{s}}-1$$

si la cloche est telle que $\dfrac{s}{S}=\dfrac{1}{4}$, on doit avoir

$$\frac{nf}{n'f'}=\frac{T-\theta}{210}-1.$$

On trouve ainsi pour $\theta=50°$ et $A=18$

avec $p=25$ $T=944,76$ $\dfrac{nf}{n'f'}=3,26$

$p=50$ $T=1009,91$ $=3,57$

$p=75$ $T=1046,25$ $=3,74$

La vitesse des gaz de la combustion à l'intérieur de la cloche
étant en général beaucoup plus grande que celle de l'air à
l'extérieur, ce rapport se trouve dans des conditions très admissibles.

Mais en supposant qu'il ne soit pas vérifié, les résultats
obtenus par les calculs précédents ne laissent pas que d'être
sensiblement exacts.

Supposons en effet seulement $\dfrac{nf}{n'f'} = 2$. La différence des chaleurs transmises par convection à l'extérieur et à l'intérieur de
la cloche est

$$nf\mathrm{S}\left[\frac{1}{2}(t-\theta)-(\mathrm{T}-t)\right]$$

et pour $\dfrac{s}{\mathrm{S}} = \dfrac{1}{4}$, $\mathrm{A} = 18$, $p = 50$, $nf = 20$, $\theta = 50°$,

$$\mathrm{T}-t = 210°\qquad t = 800°,5\qquad \mathrm{T} = 1010°,5$$

et pour la différence des convections

$$3\,304\mathrm{S}\qquad \text{ou}\qquad 13\,216s.$$

Dans les mêmes conditions,

$$psm\mathrm{N} = 50 \times 6\,000\,s = 300\,000s\,;$$

la différence des convections, étant à peine $\dfrac{1}{22}$ de cette valeur,
ne saurait avoir que peu d'influence dans le calcul des températures et de la chaleur rayonnée.

CHAPITRE V

RÉCEPTEURS DE CHALEUR

§ Ier

PRÉLIMINAIRES

364. Pour utiliser la chaleur dégagée dans les foyers, il faut, comme nous l'avons déjà dit, la transmettre aux corps qui, sous son influence, doivent s'échauffer, se transformer ou se décomposer. Dans certains cas, notamment dans la plupart des fourneaux métallurgiques, cette transmission peut s'effectuer par le contact direct des gaz de la combustion; mais le plus souvent il est nécessaire d'établir des appareils intermédiaires qui laissent passer la chaleur tout en empêchant le contact des gaz. Ces appareils intermédiaires peuvent être désignés sous le nom général de *récepteurs de chaleur*.

C'est ainsi qu'une chaudière à vapeur, un calorifère à air chaud, formés de parois de tôle ou de fonte, sont des récepteurs de chaleur qui reçoivent, sur une face, la chaleur du foyer et des gaz de la combustion et la transmettent, par l'autre face, à l'eau qui se vaporise ou à l'air qui s'échauffe.

La surface des parois du récepteur de chaleur, ainsi employée à la transmission, porte le nom de *surface de chauffe*. L'étendue de cette surface doit être déterminée et sa disposition combinée pour absorber et transmettre, sinon la totalité, du moins la plus grande partie de la chaleur dégagée; c'est une condition de la bonne utilisation du combustible.

365. Division de la surface de chauffe. — Pour fixer les idées, considérons une chaudière à vapeur (fig. 232 et 233) formée d'un simple tube horizontal renfermant de l'eau et disposé dans une construction en maçonnerie. Le foyer est placé à une

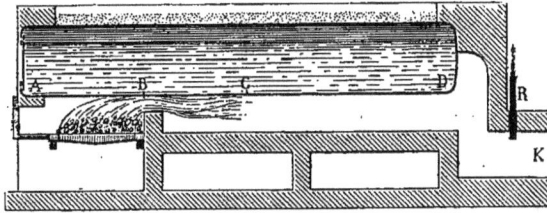

Fig. 232.   Fig. 233.

extrémité et les gaz de la combustion, qui s'en dégagent, circulent dans un carneau autour et au contact d'une portion du tube ; ils s'échappent à l'autre extrémité par un conduit K qui les amène à une cheminée.

La surface de chauffe est la portion de la surface du tube qui

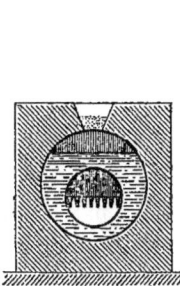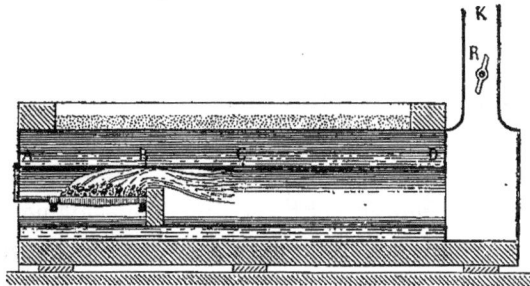

Fig. 234.   Fig. 235.

reçoit l'action de la chaleur, c'est-à-dire la portion placée au-dessous des génératrices m et n, sur lesquelles s'appuie la maçonnerie.

Dans cette disposition, le foyer et la circulation sont dits *exté-rieurs* à la surface.

Les figures 234 et 235 représentent une autre disposition dans laquelle le foyer et la circulation sont *intérieurs*. Le foyer est du type Cornwall (**255**) et le courant de gaz chauds est entouré d'eau de tous côtés; la surface de chauffe est dans ce cas la surface cylindrique du tube intérieur.

Dans la pratique, les dispositions ne sont pas tout à fait aussi simples. Afin de ne pas exagérer la longueur, les chaudières, comme nous le verrons plus loin, se composent soit de plusieurs cylindres disposés parallèlement et communiquant entre eux, soit de faisceaux tubulaires présentant une grande surface dans un petit espace. On combine souvent aussi les circulations intérieure et extérieure. Les dispositions employées sont très variées, mais au point de vue de l'étude de la transmission, les effets sont les mêmes que dans les appareils simples ci-dessus décrits.

366. Si on analyse ce qui se passe au point de vue de la transmission de la chaleur, on reconnaît que la surface de chauffe peut être divisée en deux parties.

La première AB est exposée au rayonnement direct du foyer; on l'appelle ordinairement *surface directe ;* nous la désignerons par S_1. Elle absorbe une quantité de chaleur M_1, et les gaz se meuvent à son contact en passant de la température T du foyer à la température T_1.

La deuxième partie BD reçoit le contact des gaz chauds, c'est la *surface indirecte*. Elle se divise elle-même en deux parties, la première BC est en contact avec les gaz encore enflammés, qui ne s'éteignent ordinairement qu'à une certaine distance du foyer, distance plus ou moins grande suivant la nature plus ou moins gazeuse du combustible et la période de la combustion; nous désignerons par S_2 cette portion de la surface de chauffe, et par M_2 la quantité de chaleur qu'elle reçoit. Les gaz y passent de la température T_1 à la température T_2.

La deuxième partie CD de la surface indirecte est en contact avec les gaz éteints qui se refroidissent de T_2 à T_3, en cédant une partie de la chaleur qu'ils possèdent. Nous désignerons par S_3 cette partie de la surface, qui reçoit la quantité de chaleur M_3.

S étant la surface totale de chauffe, on a

$$S = S_1 + S_2 + S_3.$$

367. Pertes de chaleur. — Quelles que soient les dispositions des appareils et les précautions prises, il y a toujours des pertes de chaleur, et on n'utilise jamais qu'une fraction de celle que peut produire le combustible. En désignant par U la chaleur réellement utilisée d'un poids ps de combustible, et N la puissance calorifique, on a

$$U = \rho psN \qquad (1)$$

ρ étant une quantité plus petite que l'unité qu'on appelle le *rendement* (1).

Les pertes sont de plusieurs natures.

Il y a d'abord la perte par combustion incomplète; nous avons vu que, quelles que fussent les circonstances de la combustion, il se dégageait toujours par la cheminée une certaine quantité de gaz combustibles. Il y a en outre une portion de charbon qui tombe dans le cendrier à l'état d'escarbilles et dont la chaleur n'est pas utilisée. En désignant par φ la fraction de combustible non brûlé, la chaleur perdue de cette manière, pour le poids ps de combustible, est

$$\varphi psN$$

D'après les analyses des gaz de la combustion et des cendres, la valeur de φ descend rarement au-dessous de 5 p. 100 et peut s'élever à 10 et 15 p. 100.

(1) Il ne faut pas confondre ρ avec m qui désigne (352) la fraction de combustible brûlé au moment où les gaz se dégagent de la couche de charbon en ignition; ρ est la fraction utilisée au moment où les gaz abandonnent le récepteur.

En second lieu, il y a la chaleur perdue par la transmission dans l'atmosphère à travers les parois du foyer et des carneaux où circulent les gaz de la combustion. A chaque surface S_1, S_2, S_3, correspond en général une surface de refroidissement et une perte de chaleur qui dépend des températures, de la nature et des dimensions de la surface et des parois. Chacune de ces pertes peut être considérée comme une fraction de la chaleur totale, et en désignant chacune de ces fractions par μ_1, μ_2, μ_3 pour les surfaces S_1, S_2, S_3, et leur somme par μ pour la surface S, la perte totale, par refroidissement des parois, est

$$\mu p s N$$

avec la condition

$$\mu_1 + \mu_2 + \mu_3 = \mu$$

Pour les chaudières à circulation intérieure, μ est nul ; pour des chaudières à circulation extérieure et à grands réchauffeurs, d'après les résultats des expériences de M. Scheurer-Kestner, μ atteindrait jusqu'à 20 et 25 p. 100. Pour des chaudières simples à bouilleurs, présentant moins de surface, la valeur de μ est plus faible et s'abaisse à 12 et 15 p. 100.

Une autre perte résulte de ce qu'une portion plus ou moins grande de la chaudière, qui n'est pas en contact avec les gaz de la combustion, est exposée au refroidissement malgré les enveloppes dont on a soin de l'entourer ; dans la chaudière (fig. 232 et 233) c'est la surface cylindrique au-dessus des génératrices m et n ; dans la chaudière (fig. 234 et 235), c'est la surface totale du cylindre extérieur.

En désignant par λ la fraction de la chaleur totale ainsi perdue, la perte en calories est

$$\lambda p s N$$

Pour une chaudière type locomotive exposée au refroidissement sur toute sa surface, la valeur de λ est de 5 à 10 %. Pour une chaudière à foyer extérieur, une faible partie de la surface même de la chaudière est exposée au refroidissement, le reste est préservé. par les carneaux, et λ doit alors se réduire à 2 ou 3 %.

Enfin, comme dernière perte, les gaz de la combustion quittent le récepteur à une température T_3 toujours notablement plus élevée que la température extérieure θ_0, et ils emportent dans l'atmosphère une fraction γ de la chaleur totale, qui, avec les notations adoptées, se détermine par la relation

$$\gamma psN = ps(A+1)c(T_3 - \theta_0)$$

d'où

$$\gamma = \frac{(A+1)c(T_3 - \theta_0)}{N}. \qquad (2)$$

Pour $A = 18^k$, $c = 0.24$, $T_3 - \theta_0 = 300°$ et $N = 8000$, on trouve $\gamma = 0.171$. La perte de chaleur γ est d'un peu plus de 17 p. 100.

La perte totale de chaleur M' est donc

$$M' = (\varphi + \mu + \lambda + \gamma)psN$$

et le rendement

$$\rho = \frac{psN - M'}{psN} = \frac{U}{psN} = 1 - (\varphi + \mu + \lambda + \gamma). \qquad (3)$$

Pour les appareils à circulation complètement intérieure, μ est nul, c'est le cas des locomotives; pour ceux complètement enveloppés par les gaz de la combustion, λ est nul; en général μ et λ varient en sens inverse.

Suivant les dispositions adoptées, les précautions prises contre le refroidissement, les pertes peuvent être très différentes. Elles sont en général comprises dans les limites suivantes pour une chaudière à vapeur :

φ	entre	0,04 et	0,12	moyenne	0,08
μ	—	0,00	0,20	—	0,10
λ	—	0,00	0,12	—	0,06
γ	—	0,10	0,22	—	0,16
		Perte totale moyenne.			0,40

Le rendement moyen ρ, pour une chaudière à vapeur, est de 60 %, mais il varie dans de grandes limites. Il descend à 40 %

pour les mauvaises chaudières et peut s'élever jusqu'à 80 %, pour des chaudières établies avec des soins exceptionnels.

§ II.

SURFACE DE CHAUFFE DIRECTE

368. La surface directe est, comme nous l'avons dit, celle qui est exposée au rayonnement du foyer. La chaleur qu'elle reçoit lui est communiquée de deux manières, par le rayonnement du foyer et par la convection des gaz enflammés.

On a pour toute espèce de foyer

$$M_{4} = R + F \qquad (1)$$

M_4 chaleur transmise à la surface directe S_4,
R chaleur transmise par rayonnement,
F chaleur transmise par convection.

La quantité M_4 dépend de la forme du foyer et de la nature du fluide chauffé.

369. Dans un foyer intérieur, les parois du foyer étant toutes exposées au rayonnement et refroidies à peu près dans les mêmes conditions, doivent se trouver à une température t sensiblement uniforme, et la chaleur R absorbée par rayonnement est (**356**)

$$R = 37,5s(a^{\tau} - a^{t}). \qquad (2)$$

La chaleur F transmise par la convection des gaz enflammés dépend de leur température qui varie de T à T_4, T_4 étant la température au moment où ils abandonnent la surface directe S_4.

En fait, cette température doit fort peu varier parce que si elle tend à s'abaisser par la convection, elle tend, d'un autre côté, à se relever par la combustion qui se poursuit, et on peut admettre sans grande erreur $T = T_4$.

En désignant par nf (**79, 83**) le coefficient de convection,

$$F = nfS_1(T - t) \qquad (3)$$

et la chaleur totale transmise à la surface directe est exprimée, pour un foyer intérieur, par la relation

$$M_1 = R + F = S_1 \left[37,5 \frac{s}{S_1} (a^T - x') + nf(T - t) \right]. \qquad (4)$$

La chaleur $\dfrac{M_1}{S_1}$, reçue par mètre carré de surface directe, dépend, comme on le voit, du rapport $\dfrac{s}{S_1}$ de la surface de la grille à la surface directe.

Pour calculer M_1 il faut connaître la température t de la paroi.

370. Température de la paroi. — La température t de la paroi peut s'évaluer comme il suit :

Désignons par t' la température de la face du métal en contact avec l'eau; d'après la loi de la transmission par conductibilité (**70**), on a

$$M_1 = S_1 \frac{C}{e} (t - t')$$

e étant l'épaisseur du métal,
C le coefficient de conductibilité.

Quand le régime est établi, la même quantité de chaleur M_1 passe par convection de la face du métal

Fig. 236.

à l'eau à température θ, à raison de la différence de température $t' - \theta$, et en appelant K′ le cofficient de transmission

$$M_1 = S_1 K'(t' - \theta)$$

d'où

$$M_1 = S_1 q(t - \theta) \qquad (5)$$

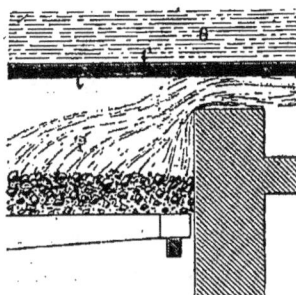

en posant pour simplifier

$$\frac{1}{q} = \frac{e}{C} + \frac{1}{K'}$$

En égalant ces deux valeurs de M_1 (Eq. 4 et 5), il vient

$$q(t - \theta) = 37,5 \frac{s}{S_1}(a^T - a^t) + nf(T - t)$$

et enfin

$$(nf + q)t = nfT + q\theta + 37,5 \frac{s}{S_1}(a^T - a^t). \qquad (6)$$

Nous avons déjà trouvé (Eq. 5 du n° **354**)

$$mpN = 37,5(a^T - a^t) + p(A + 1)c(T - \theta_0). \qquad (7)$$

La combinaison de ces deux équations donne la relation

$$(nf + q)t = mpN\frac{s}{S_1} + q\theta + nfT - \frac{s}{S_1}p(A + 1)c(T - \theta_0) \quad (8)$$

qui ne renferme pas d'exponentielles.

Ces équations fournissent ainsi deux relations entre T et t et permettent de les déterminer l'une et l'autre.

A cause de la forme des équations, on ne peut procéder que par approximations successives.

Dans l'équation (7), on néglige d'abord a^t à côté de a^T, et on en déduit par tâtonnement, comme nous l'avons fait au n° **357**, une première valeur de T que l'on porte dans l'équation (8), qui donne une première valeur de t.

La valeur de a^t qu'on en déduit est portée dans l'équation (7) qui fournit une seconde valeur de T; puis de l'équation (8) on tire une seconde valeur de t, et ainsi de suite jusqu'à ce qu'on trouve deux valeurs de t consécutives ne différant que d'une petite quantité.

Ces calculs qui, au premier abord, peuvent paraître assez laborieux, sont en réalité fort simples. Le plus souvent, il suffit d'une substitution pour trouver la valeur réelle, parce que, pour les parois refroidies par l'eau, comme celles des chaudières à vapeur, la valeur de a^t est négligeable à côté de a^{τ}.

Pour une chaudière à vapeur en fer de 0,01 d'épaisseur de tôle,

$\dfrac{e}{C} = \dfrac{0,01}{58,80} = 0,00017$ et si, à raison de l'ébullition rapide qui se produit toujours au-dessus du foyer, on prend $K' = 5000$ (**86**), on trouve

$$\frac{1}{q} = 0,00017 + 0,0002 = 0,00037 \quad \text{d'où} \quad q = 2702.$$

Pour une chaudière en cuivre de même épaisseur $0^m,01$ on a.

$\dfrac{e}{C} = \dfrac{0,01}{362} = 0,00002762$ et par suite

$$\frac{1}{q} = 0,0002276 \quad \text{d'où} \quad q = 4393.$$

Quant à la valeur du coefficient de convection nf, elle varie avec les vitesses des gaz en contact avec la paroi et, comme nous l'avons vu (**84**), à peu près comme la racine carrée de la vitesse.

Pour la même section de passage, cette vitesse est proportionnelle au volume de gaz produits ou au poids de combustible brûlé par heure, c'est-à-dire à p. En partant des nombres donnés au n° **84** et calculant nf pour diverses valeurs de p, on trouve en nombres ronds :

p	25	50	75	100	200	400
nf	12	16	20	23	30	40

Appliquons ces formules à divers types de foyer.

371. Foyer type Cornwall. — Dans le système de chaudière type Corwall, le foyer, comme nous l'avons vu (**255**), est placé dans un tube horizontal, et la surface s de la grille est à la surface de chauffe directe dans le rapport $\dfrac{s}{S_1} = \dfrac{2R}{\varpi R} = \dfrac{2}{\varpi}$,

soit environ $\dfrac{2}{3}$.

En portant cette valeur dans les formules ainsi que les températures T calculées comme au n° **358**, on forme le tableau suivant qui donne, pour diverses activités de combustion, les températures du foyer et de la paroi, les quantités de chaleur transmises à chaque mètre carré de surface directe par radiation, par convection et totales, et enfin celles transmises par mètre carré de grille et par kilog. de houille.

On a pris pour de la tôle de fer de 1 centimètre d'épaisseur $q = 2\,702$ (**370**).

Foyer intérieur en fer. — Type Cornwall.

HOUILLE brûlée par mètre carré de grille. p	TEMPÉRATURES du FOYER. T	de la PAROI. t	QUANTITÉS DE CHALEUR TRANSMISES				
			PAR MÈTRE CARRÉ DE SURFACE DIRECTE			par mètre carré de grille. $\frac{M_1}{s}$	par kilogr. de comb. $\frac{M_1}{ps}$
			par radiation. $\frac{R}{S_1}$	par convection. $\frac{F}{S_1}$	Totale. $\frac{M_1}{S_1}$		
50	989,32	174,40	49 526	13 038	62 564	93 846	1 877
75	1 026,43	180,67	65 874	16 915	82 789	124 183	1 656
100	1 051,90	186,09	80 114	19 913	100 027	150 405	1 504

Les nombres ont été calculés en négligeant la valeur de a^t à côté de a^T. Si on en avait tenu compte, on aurait trouvé pour T les trois valeurs

$$989,96 \qquad 1\,026,87 \qquad 1\,052,25$$

qui ne diffèrent pas de $\frac{1}{2}$ degré de ceux du tableau. Le terme a^t est donc absolument négligeable dans ces conditions; dans aucun cas, sa valeur n'atteint $\frac{1}{500}$ de a^T.

On voit, par les nombres de la colonne 3, que la température de la paroi n'atteint pas 190°, même pour une combustion active de 100 kilogrammes de houille par mètre carré de grille, ce qui justifie le calcul fait au n° **356**.

De là cette conséquence importante: le métal s'échauffant peu, il n'y a pas d'inconvénient à exposer une partie de la surface de chauffe au rayonnement du foyer, ce qui donne le grand avantage de faire transmettre par une faible surface une grande quantité de chaleur et par suite de réduire notablement les dimensions et les frais d'installation des appareils.

Ces conséquences de la théorie sont entièrement confirmées par la pratique, et, dans toutes les chaudières, une portion de la surface de chauffe est exposée au rayonnement direct du foyer.

Mais il importe de remarquer que la température relativement faible du métal tient essentiellement au refroidissement produit par le contact et le renouvellement rapide de l'eau sur la paroi. Si ce contact ou ce renouvellement étaient gênés, la température du métal pourrait s'élever beaucoup, ce qui aurait des inconvénients graves, comme nous le verrons.

372. Influence de la nature du métal. — On est généralement assez disposé à croire qu'une chaudière en cuivre transmet notablement plus de chaleur qu'une chaudière en fer parce que sa conductibilité est beaucoup plus grande. L'expérience indique, comme Péclet l'a signalé depuis longtemps, que les chaudières en cuivre ne vaporisent pas plus que les chaudières en fer. En appliquant les formules précédentes (6, 7 et 8) à une chaudière en cuivre à foyer intérieur du type Cornwall et de 0,01 d'épaisseur comme pour la chaudière en fer, on trouve (**370**) $q = 4\,393$, et, en effectuant les calculs, on forme le tableau suivant :

Foyer intérieur en cuivre. — Type Cornwall.

HOUILLE brûlée par mètre carré de grille. p	TEMPÉRATURES		QUANTITÉS DE CHALEUR TRANSMISES				
	du FOYER. T	de la PAROI. t	PAR MÈTRE CARRÉ DE SURFACE DIRECTE			par mètre carré de grille. $\dfrac{M_1}{s}$	par kilogr. de comb. $\dfrac{M_1}{ps}$
			par radiation. $\dfrac{R}{S_1}$	par convection. $\dfrac{F}{S_1}$	Totale. $\dfrac{M_1}{S_1}$		
50	989	165	49 532	13 188	62 720	94 130	1 882
75	1 026	168	65 883	17 165	83 048	124 572	1 661
100	1 051	172	80 124	20 221	100 345	150 517	1 505

Si on compare ces nombres à ceux du tableau calculés pour la tôle de fer, on reconnaît :

1° Que la température du foyer est la même ;

2° Que la température de la paroi en cuivre est de 10° à 14° environ plus faible que celle de la paroi en fer ;

3° Enfin que la chaleur directe transmise est très sensiblement la même.

Ainsi, pour une combustion moyenne de 75 kilogrammes par mètre carré de grille, elle est de 83 048 pour le cuivre et de 82 789 pour le fer ; la différence est seulement de 259 calories, environ 3 millièmes.

Ces conclusions de la théorie, relativement aux effets comparés du cuivre et du fer, sont, comme nous l'avons dit, confirmées par l'expérience (voir n° **387**).

373. Influence des incrustations calcaires. — Les incrustations calcaires qui se produisent à l'intérieur des chaudières à vapeur, par l'effet de la précipitation des sels en dissolution dans les eaux d'alimentation, sont une cause fréquente de surélévation de température du métal et par suite de destruction.

Les formules (7 et 8) permettent de se rendre compte de cette surélévation de température.

En désignant par q' le coefficient de transmission, à travers tôle et la couche calcaire (fig. 237), on a, pour la quantité M_1 de chaleur transmise par la surface directe S_1, en éliminant les températures t' et t'' intermédiaires, comme au n° **89**

$$M_1 = S_1 q'(t-\theta)$$

la valeur de q', pour une tôle d'épaisseur e et de conductibilité C, recouverte d'une couche calcaire d'épaisseur e' et de conductibilité C', est donnée par la relation

$$\frac{1}{q'} = \frac{e}{C} + \frac{e'}{C'} + \frac{1}{K'}.$$

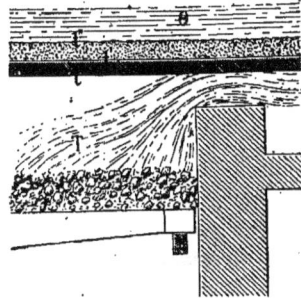

Fig. 237.

En faisant comme précédemment

$$e = 0,01 \qquad C = 58,8 \qquad K' = n'f' = 5\,000$$

et de plus pour la couche calcaire

$$e' = 0,01 \quad \text{et} \quad C' = 1,6 \quad \text{de sorte que} \quad \frac{e'}{C'} = 0,00625$$

on trouve

$$\frac{1}{q'} = 0,00017 + 0,00625 + 0,0002 = 0,00662,$$

$$q' = 151,06.$$

Quand il n'y avait pas d'incrustation, nous avions $q = 2\,702$ pour la tôle de fer et $q = 4,393$ pour le cuivre.

On voit que ce coefficient est considérablement diminué.

En appliquant, avec cette valeur de q, les formules 7, 8, 2, 3 et 4 on trouve les résultats suivants :

Foyer intérieur avec incrustations calcaires.

HOUILLE brûlée par mètre carré de grille. p	TEMPÉRATURES		QUANTITÉS DE CHALEUR TRANSMISES				
	du FOYER. T	de la PAROI. t	PAR MÈTRE CARRÉ DE SURFACE DIRECTE			par mètre carré de grille. $\dfrac{M_1}{s}$	par kilogr. de comb. $\dfrac{M_1}{ps}$
			par radiation. $\dfrac{R_1}{S_1}$	par convection. $\dfrac{F_1}{S_1}$	Totale. $\dfrac{M_1}{S_1}$		
50	992	531	50 270	7 382	57 652	86 478	1 730
75	1 031	654	64 823	7 543	72 367	108 550	1 447
100	1 062	724	78 887	7 749	86 636	129 954	1 300

Si l'on compare ces nombres à ceux obtenus pour le cas où il n'y avait pas d'incrustation, on voit que :

La température du foyer augmente à peine de quelques degrés.

La température du métal augmente considérablement; pour $p = 75$, elle passe de 180°,67 à 654°.

Enfin la chaleur transmise diminue sensiblement; pour $p = 75$, elle s'abaisse de 82 789 à 72 367, c'est environ 15 p. 100 de réduction.

Toutes ces conséquences du calcul sont confirmées par l'expérience. La tôle des chaudières très incrustées rougit et se détruit rapidement, et la transmission de la chaleur diminue notablement à mesure que l'épaisseur de la couche calcaire augmente.

374. Influence des rivures et de l'homogénéité du métal. — Les conclusions, que nous venons d'énoncer sur les températures de la paroi et les quantités de chaleur transmises, ne sont exactes qu'à la condition expresse que l'eau se renouvelle rapidement au contact du métal (c'est-à-dire que le coefficient de convection K′ soit très grand). Si la circulation était gênée, s'il se formait des bulles de vapeur adhérentes ne pouvant se dégager facilement, le coefficient K′ serait beaucoup plus faible. Il pourrait s'abaisser de 5 000 à 20 ou 30 ; la température t s'élèverait alors à 700° et au delà, et le métal serait promptement détruit.

Une autre condition indispensable, c'est que la tôle soit bien homogène ; si elle est pailleuse, mal soudée, il existe entre les molécules une véritable solution de continuité ; la conductibilité est considérablement réduite, la tôle s'échauffe et subit des déformations ; il se produit des fissures et des fuites qui amènent la mise hors de service de la chaudière. Le choix de la tôle, pour la surface directe des chaudières, présente une importance toute particulière.

Il faut pour les mêmes motifs éviter de placer des rivures au-dessus du foyer ; la surépaisseur, produite par les tôles superposées et les têtes de rivets, augmente la différence de température des deux faces de la paroi ; mais ce qui est plus grave, c'est que, quels que soient les soins apportés à la rivure, il n'existe jamais, entre deux feuilles juxtaposées et serrées, un contact parfait, et la conductibilité est plus faible que dans un métal homogène, d'autant plus que, sous l'action de la chaleur, il se produit des dilatations et des contractions, qui tendent à séparer les feuilles rivées. Il en résulte un surchauffement du métal et des mouvements qui amènent des fuites et peuvent être la cause d'accidents graves.

375. Foyer de locomotive. — Lorsque le foyer intérieur est placé dans une caisse de section rectangulaire ou circulaire, comme dans les locomotives ou les locomobiles (**258, 259**), la surface directe est beaucoup plus grande relativement à la grille que dans le type Cornwall. Au lieu de 2/3, le rapport $\dfrac{s}{S_1}$ s'abaisse à $\dfrac{1}{5}$ et $\dfrac{1}{6}$, ce qui modifie notablement la quantité de chaleur transmise *par mètre carré de surface directe*.

En appliquant les formules (7 et 8) à un foyer de ce genre en cuivre, on forme le tableau suivant, dans lequel la valeur de p a été portée jusqu'à 400 kilog., qu'on peut brûler dans les foyers de locomotive, à cause du tirage forcé par jet de vapeur.

Foyer intérieur en cuivre. — Type locomotive.

HOUILLE brûlée par mètre carré de grille. p	TEMPÉRATURES		QUANTITÉS DE CHALEUR TRANSMISES				
	du FOYER. T	de la PAROI. t	PAR MÈTRE CARRÉ DE SURFACE DIRECTE			par mètre carré de grille. $\frac{M_1}{s}$	par kilogr. de comb. $\frac{M_1}{ps}$
			par radiation. $\frac{R}{S_1}$	par convection. $\frac{F}{S_1}$	Totale. $\frac{M_1}{S_1}$		
50	989,32	157,18	14 861	13 314	28 175	140 878	2 817
75	1 026,43	158,46	19 766	17 359	37 126	185 631	2 475
100	1 051,90	159,54	24 039	20 524	44 564	222 820	2 228
200	1 109,89	162,86	37 531	28 410	65 942	329 710	1 648
400	1 162,10	167,29	56 642	37 792	95 835	479 175	1 197

En comparant ces nombres à ceux du tableau calculés pour une chaudière du type Cornwall, on peut remarquer :

Que la température T du foyer est très sensiblement la même pour la même activité de combustion dans les deux types;

Que la température t de la paroi est un peu plus faible dans le type locomotive;

Que la quantité de chaleur $\frac{M_1}{S_1}$ absorbée par mètre carré de surface directe est très notablement plus faible, ce qui s'explique, comme nous l'avons dit, parce que la chaleur rayonnée se répartit sur une surface plus grande;

Que la chaleur totale $\frac{M_1}{s}$ par mètre carré de grille est loin d'être proportionnelle à la surface directe. Celle-ci, dans le foyer de locomotive, étant à peu près 3,33 fois plus grande que dans le type Cornwall, la transmission est seulement augmentée de 50 p. 100 environ. La chaleur rayonnée par mètre carré de grille est la même, mais celle transmise par convection est plus grande à cause de l'accroissement de la surface de chauffe.

Si les parois du foyer étaient en fer au lieu d'être en cuivre, les températures du foyer et les quantités de chaleur transmises resteraient très sensiblement les mêmes. Les températures du métal seraient augmentées seulement de quelques degrés ; on trouve, selon les valeurs de p, les nombres suivants pour t :

p	50	75	100	200	400
t	161°,2	163°,7	165°,4	178°,1	185°,2

La nature du métal a donc assez peu d'influence.

Si d'un autre côté on compare les températures des parois dans un foyer Cornwall à celles d'un foyer de locomotive, on voit que, pour la même activité de combustion, ces dernières sont un peu plus faibles, ce qui tient, comme nous venons de le dire, à ce que la surface directe est plus grande par rapport à la grille et qu'il y a moins de chaleur transmise par mètre carré.

376. Foyer extérieur de chaudière. — Nous avons vu (**360**) que dans une chaudière à foyer extérieur, à bouilleurs, la chaleur rayonnée est, avec des proportions ordinaires, donnée par la formule

$$R = 26.25 \, sa^{\mathrm{T}}. \qquad (9)$$

En ajoutant la chaleur F transmise par convection, on a pour la chaleur M_1 absorbée par la surface directe :

$$M_1 = R + F = S_1 \left[26,25 \frac{s}{S_1} a^{\mathrm{T}} + nf(\mathrm{T} - t) \right]. \qquad (10)$$

On démontre, comme au n° (**370**), que

$$M_1 = S_1 q(t - \theta) \qquad \text{avec} \qquad \frac{1}{q} = \frac{e}{c} + \frac{1}{K'}$$

et la combinaison de ces deux équations conduit à la relation

$$(nf + q)t = nf\mathrm{T} + q\theta + 26,25 \frac{s}{S_1} a^{\mathrm{T}}. \qquad (11)$$

377. En appliquant les formules des n°ˢ **369** et **370** au foyer d'une chaudière en tôle de fer à deux bouilleurs pour laquelle on a le rapport $\frac{s}{S_1} = \frac{1}{3}$, on trouve les résultats inscrits dans le tableau suivant :

Chaudière à foyer extérieur. — Type à deux bouilleurs.

HOUILLE brûlée par mètre carré de grille.	TEMPÉRATURES		QUANTITÉS DE CHALEUR TRANSMISES				
	du FOYER.	de la PAROI.	PAR MÈTRE CARRÉ DE SURFACE DIRECTE			par mètre carré de grille.	par kilogr. de houille.
			par radiation.	par convection.	Totale.		
p	T	t	$\dfrac{R}{S_1}$	$\dfrac{F}{S_1}$	$\dfrac{M_1}{S_1}$	$\dfrac{M_1}{s}$	$\dfrac{M_1}{ps}$
50	1022,04	164,60	22 326	13 719	36 045	108 135	2 162
75	1057,90	167,47	29 399	17 808	47 208	141 624	1 888
100	1082,38	169,88	35 477	20 987	56 464	169 392	1 693

378. Foyer de calorifère. — Les parois de la cloche étant à une température sensiblement uniforme, on a, comme au n° **369**

$$M_1 = S_1 \left[37,5 \frac{s}{S_1} (a^T - a^t) + nf(T - t) \right]. \qquad (12)$$

En admettant, comme nous l'avons dit (**362**), que la convection intérieure est égale à la convection extérieure ou du moins que la différence est négligeable, on a

$$a^t = a^T \frac{s}{s + S_1} \qquad (13)$$

$$t = T - \frac{1}{\log a} \log \frac{s + S_1}{s}. \qquad (14)$$

Substituant et remarquant que $\dfrac{1}{\log a} = 300$, il vient

$$M_1 = S_1 \left(37,5 \frac{s}{s + S_1} a^T + 300 nf \log \frac{s + S_1}{s} \right) \qquad (15)$$

En appliquant ces formules à un foyer de calorifère placé dans une cloche en fonte pour laquelle $\frac{S}{S_1} = \frac{1}{4}$, on trouve les résultats suivants :

Foyer de calorifère.

HOUILLE brûlée par mètre carré de grille. p	TEMPÉRATURES		QUANTITÉS DE CHALEUR TRANSMISES				
	du FOYER. T	de la PAROI. t	PAR MÈTRE CARRÉ DE SURFACE DIRECTE			par mètre carré de grille. $\frac{M_1}{s}$	par kilogr. de houille. $\frac{M_1}{ps}$
			par radiation. $\frac{R}{S_1}$	par convection. $\frac{F}{S_1}$	Totale. $\frac{M_1}{S_1}$		
25	944,76	735,07	10 574	2 516	13 090	52 360	2 093
50	1009,91	800,22	17 435	3 355	20 790	83 160	1 663
75	1046,25	837,56	23 044	4 194	23 238	108 952	1 452

Contrairement à ce qui a lieu pour les chaudières à vapeur, la température du métal est très élevée; elle atteint la chaleur rouge, ce qui amène une destruction rapide. Aussi est-on obligé de changer assez fréquemment les cloches de calorifère.

Cette différence tient à ce que l'air a un pouvoir absorbant de la chaleur beaucoup plus faible que l'eau.

§ III

SURFACE DE CHAUFFE INDIRECTE

La surface de chauffe indirecte se divise, comme nous l'avons dit, en deux parties :

1° La surface S_2 en contact avec les gaz encore enflammés ;

2° La surface S_3 en contact avec les gaz éteints.

SURFACE EN CONTACT AVEC LES GAZ ENFLAMMÉS.

379. Chaleur transmise. — Nous avons vu (**367**) qu'une fraction du combustible échappait toujours à la combustion, soit à l'état de gaz combustibles, soit à l'état d'escarbilles dans le cen - drier; nous avons désigné par φ la fraction ainsi perdue, de sorte que la chaleur que le combustible dégage réellement est seulement

$$(1 - \varphi)psN.$$

Cette chaleur est dégagée au moment où les gaz s'éteignent, quand ils arrivent à l'extrémité de la surface S_2. A ce moment la température est T_2 et la chaleur dégagée a été employée :

à transmettre la chaleur M_1 à la surface S_1 ;

à transmettre la chaleur M_2 à la surface S_2 ;

à chauffer les gaz de la combustion à la température T_2, ce qui a absorbé $ps(A + 1) c(T_2 - \theta_0)$;

et enfin à fournir aux pertes par les parois des carneaux correspondant aux deux premières surfaces S_1 et S_2 ; ces pertes sont $(\mu_1 + \mu_2)psN$.

On a donc la relation

$$(1 - \varphi)psN = M_1 + M_2 + ps(A + 1)c(T_2 - \theta_0) + (\mu_1 + \mu_2)psN$$

d'où

$$M_2 = (1 - \varphi - \mu_1 - \mu_2)psN - ps(A + 1)c(T_2 - \theta_0) - M_1 \quad (16)$$

équation d'où on tire M_2.

380. La température T_2 à laquelle les gaz s'éteignent et le décroissement de température de T_1 à T_2 dépendent de la nature du combustible et de la disposition des carneaux. Tandis que la transmission par convection tend à abaisser la température, la combustion qui se continue tend à la relever. La loi de décrois- sement permettant de tracer la courbe qui relie les températures T_1 et T_2 n'est pas connue et doit d'ailleurs varier avec la nature du combustible et les circonstances de la combustion, mais en

examinant, comme nous le verrons plus loin, la forme générale
d'ensemble de la courbe de décroissement depuis le foyer
jusqu'à l'extrémité de l'appareil, on reconnaît qu'entre T_1 et T_2
elle ne peut s'écarter beaucoup de la ligne droite, de sorte qu'on
peut admettre qu'entre ces deux points la chaleur transmise est
la même que si la température était constante et égale à la
moyenne $\dfrac{T_1 + T_2}{2}$.

En désignant par Q_2 le coefficient de transmission, on a donc

$$M_2 = S_2 Q_2 \left(\frac{T_1 + T_2}{2} - \theta \right) \quad \text{d'où} \quad S_2 = \frac{M_2}{Q_2 \left(\dfrac{T_1 + T_2}{2} - \theta \right)}. \quad (17)$$

Cette équation permet de calculer la surface de chauffe S_2
nécessaire pour absorber la quantité de chaleur M_2 déterminée
par l'équation (16) quand on connaît le coefficient Q_2 de transmission à travers la paroi.

Ce coefficient se détermine au moyen de la formule générale (**89**)

$$\frac{1}{Q_2} = \frac{1}{K} + \frac{e}{C} + \frac{1}{K'}.$$

Pour les chaudières à vapeur, la somme $\dfrac{e}{C} + \dfrac{1}{K'}$ est très faible ;
nous avons vu (**370**) que pour une épaisseur de tôle de fer
de 0,01, elle était 0,00037 et pour la même épaisseur de cuivre
0,0002276.

Comme il n'y a pas de rayonnement, $K = nf$ et en donnant à
nf, suivant l'activité de la combustion, les valeurs indiquées
au n° **370**, on voit que la plus petite valeur de $\dfrac{1}{K} = \dfrac{1}{nf}$, étant
$\dfrac{1}{40} = 0,025$, celle de $\dfrac{e}{C} + \dfrac{1}{K'}$ est négligeable et qu'on peut poser
très approximativement

$$Q_2 = nf. \quad (18)$$

Pour des calorifères à air chaud et autres appareils métalliques chauffant des gaz ou des vapeurs, le terme $\frac{e}{C}$ est négligeable, mais il n'en est plus de même de $\frac{1}{K'}$ qui est très comparable à $\frac{1}{K}$. La valeur de K' dépend de la vitesse des gaz chauffés au contact du récepteur et doit augmenter comme K avec l'activité de la combustion.

Le chauffage et le refroidissement des deux côtés de la paroi se faisant avec des fluides ayant à peu près le même pouvoir absorbant de la chaleur, si nous admettons la même vitesse, nous aurons $K=K'$, ce qui conduit, en négligeant $\frac{e}{C}$, à la relation

$$Q_2 = \frac{K}{2} = \frac{nf}{2}$$

et en prenant pour nf les valeurs du n° **370**, on trouve pour des calorifères à air chaud

p	25	50	75	100
Q_2	6	8	10	11,5

L'étendue de la surface S_2 est essentiellement variable, non seulement avec la nature du combustible, mais encore avec la période de la combustion. La flamme s'étend plus loin après le chargement, au moment du dégagement maximum des gaz combustibles, et se réduit de plus en plus à mesure que la houille se transforme en coke.

La détermination de la surface S_2 n'a du reste qu'un intérêt restreint; rien ne la limite dans la construction.

381. Température de la paroi. — La température t du métal varie d'une extrémité à l'autre de la surface S_2. Pour la déterminer, on a, pour un point quelconque, la relation

$$q_2(t-\theta) = Q_2(T'-\theta)$$

d'où

$$t = \theta + \frac{Q_2}{q_2}(T'-\theta)$$

t étant la température de la paroi au contact de laquelle les gaz enflammés passent avec la température T' comprise entre T_1 et T_2 ; θ celle du fluide chauffé ; q_2 est égal à q calculé au n° **370**.

Pour des chaudières à vapeur, le rapport $\dfrac{Q_2}{q_2}$ est toujours très faible, au maximum 0,015, et la température t ne peut être supérieure à θ que d'un petit nombre de degrés.

Pour des calorifères à air chaud, il n'en est plus ainsi, et on a $\dfrac{Q_2}{q_2} = \dfrac{1}{2}$, quand les coefficients de convection sont les mêmes. Le métal est à une température moyenne entre les gaz de la combustion et l'air chauffé.

382. Application à divers types de foyer. — Appliquons ces formules aux principaux types de récepteurs que nous avons étudiés pour la surface directe.

Nous ferons les hypothèses suivantes :

La houille brûlée renferme 10 p. 100 de cendres et sa puissance calorique est $N = 8000$, ce qui correspond à 8880 pour la houille pure.

La combustion s'opère avec un poids d'air moyen de $A = 18$ kilogr. par kilogr. de houille.

La combustion incomplète fait perdre 8 p. 100, soit $\varphi = 0,08$. Les gaz de la combustion s'éteignent à 800° ($T_2 = 800°$).

L'air extérieur est à $\theta_0 = 0°$.

Pour les chaudières à vapeur, nous supposerons la température de l'eau constante et égale à $\theta = 150°$.

Pour les calorifères, nous prendrons la température de l'air chauffé égale à $\theta = 50°$, moyenne entre $\theta = 0$, température d'entrée, et $\theta = 100°$, température supposée à la sortie du calorifère.

Les pertes par refroidissement des parois varient avec chaque nature d'appareil.

Pour une chaudière à foyer intérieur du type Cornwall, les pertes $\mu_1 + \mu_2$ sont à peu près nulles puisque la circulation est intérieure; il n'y a qu'une légère perte par le rayonnement de la porte du foyer que nous évaluerons à 1 p. 100.

On trouve dans ces conditions

$$M_2 = 3\,632ps - M_1. \qquad (19)$$

Pour une chaudière à foyer intérieur, type locomotive, on se trouve à peu près dans les mêmes conditions; nous prendrons de même $\mu_1 = 0,01$ et $\mu_2 = 0$, ce qui conduit à la même expression de M_2.

Pour une chaudière à foyer extérieur du type à deux bouilleurs, les pertes μ_1 et μ_2 par le refroidissement extérieur dépendent de la nature et de l'épaisseur des parois et des dispositions générales. Elles sont beaucoup plus grandes quand le fourneau est isolé que lorsqu'il se trouve réuni avec plusieurs autres dans le même massif.

La perte totale $\mu_1 + \mu_2 + \mu_3$ par le refroidissement extérieur du fourneau peut varier de 10 à 25 p. 100 de la chaleur totale, soit 15 p. 100 en moyenne; d'après le rapport des surfaces, nous évaluerons la perte, pour les deux premières S_1 et S_2, à 6 p. 100 soit $\mu_1 + \mu_2 = 0,06$, ce qui donne

$$M_2 = 3\,152ps - M_1. \qquad (20)$$

Dans les foyers de calorifères à air chaud, la combustion est généralement très défectueuse. Conduits par des chauffeurs inexpérimentés qui chargent sur de fortes épaisseurs, il se dégage de grandes quantités de gaz combustibles. Nous supposerons en conséquence $\varphi = 0,15$.

La circulation étant intérieure, il n'y a de perte par refroidissement du foyer et des gaz de la combustion que par la porte du foyer; nous prendrons comme ci-dessus $\mu_1 = 0,01$ et $\mu_2 = 0$.

On trouve ainsi

$$M_2 = 3\,072ps - M_1. \qquad (21)$$

383. En mettant ces nombres dans les formules, on obtient, pour les différents types de récepteur, les résultats inscrits dans le tableau suivant :

Surface en contact avec les gaz enflammés.

POIDS DE HOUILLE BRULÉE par mètre carré de grille. p	CHALEUR transmise à la SURF. DE CHAUFFE S$_2$ par mètre carré de grille. $\dfrac{M_2}{s}$	ÉTENDUE de la SURF. DE CHAUFFE S$_2$ par mètre carré de grille. $\dfrac{S_2}{s}$	TEMPÉRATURE DE LA PAROI	
			à l'origine DE LA SURFACE S$_2$ t_1	à l'extrémité DE LA SURFACE S$_2$ t_2

Chaudière à vapeur. — Type Cornwall.

		mq		
50	87 754	7,36	155°	154°
75	148 217	9,71	156	155
100	212 795	11,92	158	156

Chaudière à vapeur. — Type locomotive.

		mq		
50	40 722	3,58	153°	152°
75	86 769	5,68	154	153
100	140 380	7,86	155	154
200	396 690	16,42	157	156
400	973 625	29,22	158	157

Chaudière à vapeur. — Type à deux bouilleurs.

		mq		
50	49 465	4,06	153°	152°
75	94 776	6,11	154	153
100	145 808	8,06	156	155

Calorifère à air chaud.

		mq		
25	22 760	4,61	497°	425°
50	67 084	9,80	530	425
75	118 092	13,53	548	425

Dans la 1re colonne se trouvent les poids de combustible brûlé par mètre carré de grille et par heure; c'est ce qui indique l'activité de la combustion.

La 2e colonne donne les quantités de chaleur transmises à la surface de chauffe en contact avec les gaz enflammés, rapportées à un mètre carré de grille.

La 3e indique l'étendue de cette surface également par rapport à un mètre carré de grille.

Enfin les 4e et 5e colonnes donnent les températures de la paroi métallique en contact avec les gaz, au commencement de la surface S_2 à la sortie du foyer et à l'extrémité de cette surface au moment où les gaz s'éteignent à 800°.

On peut remarquer que pour les chaudières à vapeur et en général pour toute surface de chauffe refroidie par l'eau, la température du métal dépasse à peine de quelques degrés celle de l'eau. Au contraire, pour les récepteurs refroidis par des gaz, comme les calorifères, cette température s'élève notablement.

SURFACE DE CHAUFFE EN CONTACT AVEC LES GAZ ÉTEINTS

384. Chaleur transmise. — La troisième partie de la surface de chauffe est en contact avec les gaz éteints. Il n'y a plus, à partir de ce moment, de chaleur dégagée et la température de ces gaz s'abaisse progressivement, suivant la loi logarithmique, depuis T_2 jusqu'à une certaine température T_3, à laquelle ils sont abandonnés dans le carneau qui les conduit à la cheminée.

Les formules que nous avons établies donnent les moyens de faire tous les calculs relatifs à la question qui nous occupe, dans les divers cas qui peuvent se présenter. Nous allons les rappeler sommairement.

Pendant le refroidissement des gaz de la combustion de T_2 à T_3, la quantité de chaleur transmise M_3 est (1 des n^{os} **95** et **99**), en remplaçant P par sa valeur $ps(A+1)$,

$$M_3 = \alpha ps(A+1)c(T_2 - T_3). \qquad (22)$$

α est la fraction de la chaleur abandonnée par les gaz qui est réellement transmise au récepteur; le reste $1-\alpha$ est perdu à l'extérieur à travers les parois. Nous avons déjà désigné cette perte (**367**) par $\mu_3\, ps$ N; on en déduit entre α et μ_3 la relation

$$\mu_3 N = (1-\alpha)(A+1)c(T_2 - T_3).$$

Si $\alpha = 0,80$ et $T_2 - T_3 = 800° - 250° = 550°$, on trouve $\mu_3 = 0,0627$, un peu plus de 6 p. 100.

385. Étendue de la surface. — La surface S_3 de transmission, en contact avec les gaz éteints, nécessaire pour les refroidir de T_2 à T_3, s'obtient par la formule (7 du n° **95**) qui, appliquée au cas actuel, donne, r étant égal à o°,

$$\alpha ps(A+1)c \log \operatorname{nep} \frac{T_2 - \theta}{T_3 - \theta} = Q_3 S_3. \qquad (23)$$

θ est la température du fluide chauffé que nous regardons comme uniforme. C'est le cas de la plupart des chaudières à vapeur, à raison des mouvements rapides et tumultueux qui se produisent dans la masse d'eau. C'est aussi le cas des calorifères à air chaud, où la température de l'air chauffé varie assez peu relativement à celle des gaz de la combustion et peut être regardée comme constante et égale à la moyenne des températures extrêmes.

Si l'accroissement de température du fluide chauffé était trop grande, si le chauffage était méthodique, il faudrait employer la formule 4 du n° **99**. Nous en verrons plus loin un exemple.

386. Applications à divers types de foyer. — Appliquons ces formules aux divers types d'appareils que nous avons étudiés précédemment. Nous supposerons les mêmes conditions de combustion que ci-dessus (**382**). Pour les chaudières à vapeur, nous admettrons que le refroidissement des gaz doit être poussé jusqu'à 250° ($T_3 = 250$), pour les calorifères à air chaud jusqu'à 150° ($T_3 = 150°$).

Pour les chaudières de Cornwall, une partie de la circulation des gaz se fait dans des carneaux disposés autour du grand cylindre et il y a une perte par transmission à l'extérieur; en l'évaluant à 10 p. 100 de la chaleur abandonnée par les gaz le long de la surface S_3, on a $\alpha = 0,90$. On trouve ainsi

$$M_3 = 2\,257 ps. \qquad (24)$$

Pour une chaudière à foyer intérieur, type locomotive, la circulation est complètement intérieure; $\alpha = 1$, ce qui donne

$$M_3 = 2\,508 ps. \qquad (25)$$

Pour une chaudière à foyer extérieur, le refroidissement extérieur est notablement plus fort, les carneaux de circulation étant placés autour de la chaudière ; en évaluant la perte à 20 p. 100 $\alpha = 0,80$.

$$M_3 = 2\,006\,ps. \qquad\qquad (26)$$

Enfin, pour un calorifère à air chaud, la circulation étant encore complètement intérieure, nous avons $\alpha = 1$

$$M_3 = 2\,964\,ps. \qquad\qquad (27)$$

En appliquant ces formules on forme le tableau suivant :

Surface en contact avec les gaz éteints.

HOUILLE BRULÉE PAR HEURE et par mètre carré de grille. p	CHALEUR transmise par les GAZ ÉTEINTS et par mètre carré de grille. $\dfrac{M_3}{s}$	SURFACE de TRANSMISSION par mètre carré de grille. $\dfrac{S_3}{s}$	CHALEUR transmise par kilogr. de COMBUSTIBLE. $\dfrac{M_3}{ps}$	TEMPÉRATURE FINALE. T_3
\multicolumn{5}{c}{*Chaudière à foyer intérieur. — Type Cornwall.*}				
50	112 850	23,99 mq		
75	169 275	28,79	2 257	250°
100	225 700	33,30		
\multicolumn{5}{c}{*Chaudière à foyer intérieur. — Type locomotive.*}				
50	125 400	26,66 mq		
75	188 200	31,99		
100	250 800	37,09	2 508	250°
200	501 600	56,88		
400	1 003 200	85,32		
\multicolumn{5}{c}{*Chaudière à foyer extérieur. — Type à deux bouilleurs.*}				
50	100 300	21,33 mq		
75	150 450	25,59	2 006	250°
100	200 600	29,62		
\multicolumn{5}{c}{*Calorifère à air chaud.*}				
25	74 100	40,66 mq		
50	148 200	60,99	1 964	150°
75	222 300	73,18		

§ IV

SURFACE TOTALE DE CHAUFFE

387. Pour avoir la surface totale de chauffe S, il suffit de faire la somme des trois surfaces de chauffe partielles S_1, S_2, S_3 dont nous avons successivement déterminé l'étendue

$$S = S_1 + S_2 + S_3 \qquad (28)$$

de même que la chaleur totale transmise M est la somme des chaleurs partielles

$$M = M_1 + M_2 + M_3. \qquad (29)$$

Dans le cas d'une chaudière à foyer extérieur du type à deux bouilleurs, nous avons trouvé, pour une combustion réglée à raison de $p = 75$, les valeurs suivantes :

$$
\begin{aligned}
S_1 &= 3,000\,s & M_1 &= 141\,624\,s \\
S_2 &= 6,106\,s & M_2 &= 94\,776\,s \\
S_3 &= 25,600\,s & M_3 &= 150\,450\,s
\end{aligned}
$$

ce qui donne pour les sommes

$$S = 34,706\,s \qquad M = 386\,850\,s$$

Ainsi, dans des conditions moyennes de combustion, soit 75 kilogrammes de houille par heure et par mètre carré de grille, il faut, pour refroidir les gaz à 250°, une surface de chauffe égale à 35 fois environ celle de la grille et la quantité de chaleur transmise est égale à 386850 calories, par mètre carré de grille, soit $\dfrac{386\,850}{75 \times 8000} = 0{,}644$ de la chaleur totale que le combustible peut dégager par sa combustion complète.

388. Rendement. — La quantité M de chaleur transmise n'est pas tout entière utilisée à produire la vapeur ; une fraction que nous avons désignée par $\lambda ps\,N$ (**367**) est perdue, après la transmission, par le refroidissement des parois de la chaudière même.

En désignant par U la chaleur réellement utilisée, on a

$$U = M - \lambda ps N. \tag{3o}$$

Cette perte λ dépend de la proportion relative de surface exposée au refroidissement de l'atmosphère. Pour les chaudières à circulation intérieure, elle est plus grande que pour les chaudières à circulation extérieure dans lesquelles la plus grande partie de la chaudière est entourée par les carneaux dont le refroidissement est compté dans la valeur de μ.

Pour un calorifère à air chaud, la valeur de λ est très forte à cause de la grande surface de la chambre d'air chaud exposée au refroidissement et de la faible épaisseur qu'on donne ordinairement aux parois; elle s'élève à 15 et 20 p. 100 et même davantage quand l'épaisseur des murs de la chambre n'est que de $0^m,12$, comme on le fait quelquefois.

389. En admettant, pour une chaudière à bouilleurs, $\lambda = 0,03$, on a, pour $p = 75$ et $s = 1$, $\lambda ps\,N = 18000$ calories et par suite pour la chaleur utilisée

$$U = 386\,85o - 18\,ooo = 368\,85o.$$

La chaleur utilisée par mètre carré moyen est en conséquence

$$\frac{U}{S} = \frac{368\,85o}{34,71} = 1o\,626.$$

La quantité totale de chaleur que le combustible aurait pu dégager étant $75 \times 8\,ooo = 6oo\,ooo$, on a pour le rendement

$$\rho = \frac{368\,85o}{6oo\,ooo} = 0,614.$$

En résumé, dans une chaudière à bouilleurs fonctionnant dans des conditions moyennes d'activité de combustion, $(p=75)$ pour refroidir les gaz à 250°, il faut une surface de chauffe égale à 35 fois environ celle de la grille. Le rendement est 0,614 et la chaleur utilisée, par mètre carré moyen de surface de chauffe, est 10626 calories.

En faisant un calcul analogue pour les autres types d'appareils de chauffage et pour diverses activités de combustion, et en prenant $\lambda = 0,03$ pour les chaudières Cornwall et à bouilleurs, $\lambda = 0,06$ pour le type locomotive, et enfin $\lambda = 0,15$ pour les calorifères à air chaud, on forme le tableau de la page suivante.

390. Discussion. — L'examen des nombres du tableau fait reconnaître un certain nombre de faits intéressants.

La surface directe S_1 exposée au rayonnement, bien que n'étant qu'une faible partie $\left(\dfrac{1}{7}\ \text{à}\ \dfrac{1}{30}\right)$ de la surface totale S de chauffe, reçoit une fraction notable $\left(\text{de}\ \dfrac{1}{2}\ \text{à}\ \dfrac{1}{5}\right)$ de la chaleur transmise totale, ce qui permet, avec des surfaces très restreintes exposées au rayonnement, d'obtenir des appareils d'une puissance considérable.

La quantité de chaleur transmise, par mètre carré moyen de surface de chauffe, varie, pour le même refroidissement des gaz, avec l'activité de la combustion.

Pour les chaudières à vapeur, elle varie de 8000 à 19000 environ, quand la houille brûlée, par mètre carré de grille, varie de 50 à 400 kilogrammes. Les nombres sont peu différents d'un type à l'autre. Avec une combustion moyenne $(p=75)$, la chaleur utilisée, par mètre carré moyen, s'éloigne peu de 10000 calories, quel que soit le type.

Pour les calorifères à air chaud, la chaleur transmise est beaucoup plus faible ; elle varie de 2400 à 4000. Avec une combustion moyenne dans ces appareils $(p=50)$, et un refroidissement des gaz à 150°, la chaleur utilisée, par mètre carré moyen de surface de chauffe, est d'environ 3200 calories.

Surfaces de chauffe. — Quantités

POIDS de HOUILLE BRULÉE par mètre carré de grille. ps	ÉTENDUE DE LA SURFACE DE CHAUFFE PAR MÈTRE CARRÉ DE GRILLE				SURFACE par kilo DE HOUILLE. $\dfrac{S}{ps}$	TRANSMISES PAR Directe. $\dfrac{M_1}{s}$
	Directe. $\dfrac{S_1}{s}$	Indirecte. $\dfrac{S_2}{s}$	$\dfrac{S_3}{s}$	Totale. $\dfrac{S}{s}$		
	Chaudière à foyer intérieur. — Type					
50	1,50	7,36	23,99	32,85	0,656	93 846
75	1,50	9,71	28,79	40,00	0,533	124 183
100	1,50	11,92	33,30	46,72	0,467	150 405
	Chaudière à foyer intérieur. — Type					
50	5	3,58	26,66	35,24	0,704	140 878
75	5	5,69	31,99	42,68	0,569	185 831
100	5	7,86	37,09	49,25	0,499	222 820
200	5	16,42	56,88	78,30	0,391	329 710
400	5	29,22	85,32	119,54	0,299	479 175
	Chaudière à foyer extérieur. — Type					
50	3	4,06	21,33	28,39	0,568	108 135
75	3	6,11	25,60	34,71	0,463	141 624
100	3	8,06	29,63	40,69	0,407	169 392
	Calorifère à air chaud. —					
25	4	4,61	40,66	46,27	1,97	52 360
50	4	9,80	60,99	74,79	1,59	83 160
75	4	13,58	73,19	90,72	1,21	108 952

de chaleur. — **Rendement**.

QUANTITÉS DE CHALEUR						RENDEMENT
MÈTRE CARRÉ DE GRILLE AUX SURFACES DE CHAUFFE			UTILISÉES			
Indirecte.		Totale.	par mètre carré de grille.	par mètre carré de surface.	par kilo de combustible	$\rho = \dfrac{U}{psN}$
$\dfrac{M_2}{s}$	$\dfrac{M_3}{s}$	$\dfrac{M}{s}$	$\dfrac{U}{s}$	$\dfrac{U}{S}$	$\dfrac{U}{\gamma s}$	
Cornwall. — Refroidissement des gaz à 250°.						
87 754	112 850	294 450	282 450	8 598	5 649	0,706
148 217	169 275	441 675	423 675	10 592	5 649	0,706
212 795	225 700	588 900	564 900	12 091	5 649	0,706
locomotive. — Refroidissement des gaz à 250°.						
40 722	125 400	307 000	283 000	8 030,6	5 660	0,708
86 769	188 100	460 500	424 500	9 946	5 660	0,708
140 380	250 800	614 000	566 000	11 331	5 660	0,708
396 690	501 600	1 228 000	1 132 000	14 470	5 660	0,708
973 625	1 003 200	2 456 000	2 258 000	18 889	5 660	0,708
à bouilleurs. — Refroidissement des gaz à 250°.						
49 465	100 300	257 900	245 900	8 661	4 918	0,614
94 776	150 450	386 850	368 850	10 626	4 918	0,614
145 808	200 600	515 800	491 800	12 086	4 918	0,614
Refroidissement des gaz à 150°.						
24 440	74 100	150 900	120 900	2 453	4 836	0,604
70 440	148 200	301 800	241 800	3 232	4 836	0,604
121 448	222 300	452 700	362 700	3 999	4 836	0,604

Le rendement pour les chaudières à foyer intérieur est notablement plus fort que pour celles à foyer extérieur. Ce résultat,
conforme aux faits pratiques, tient à ce que le refroidissement
extérieur se fait beaucoup moins sentir sur les chaudières du
premier système. Le rapport des rendements $\dfrac{0,707}{0,614} = 1,15$
indique un accroissement de 15 % qui est fréquemment dépassé en pratique.

Pour un calorifère à air chaud, le rendement est plus faible,
à cause surtout des dimensions relativement grandes de la
chambre d'air chaud, dont les parois peu épaisses présentent une
grande surface au refroidissement.

INFLUENCE DE L'ÉTENDUE DE LA SURFACE DE CHAUFFE
SUR LE RENDEMENT.

391. La question de l'influence qu'exerce l'étendue de la
surface de chauffe sur le rendement est d'une grande importance ; si, d'un côté, il convient d'augmenter la surface pour augmenter le rendement, de l'autre il ne faut pas dépasser une
certaine limite pour ne pas exagérer les frais d'installation.

Il résulte des calculs précédents, confirmés comme nous le
verrons par tous les faits pratiques, que la quantité de chaleur,
transmise par unité de surface, décroît rapidement à mesure
qu'on s'éloigne du foyer. La puissance d'un appareil de chauffage ne saurait être proportionnelle à la surface de chauffe ; *si,
sans changer le foyer, on double la surface, on est bien loin de
doubler la chaleur transmise.*

Cherchons à nous rendre compte de l'effet produit par une
réduction ou un accroissement déterminé dans la surface de
transmission.

Considérons une chaudière à circulation extérieure, du type à
deux bouilleurs. On brûle dans le foyer 75 kilogrammes de
houille, par mètre carré de grille, avec un poids moyen d'air de
$A = 18$ kilogr. par kilogr. de houille.

Dans ces conditions, nous avons trouvé (**377** et **383**) pour les deux premières parties de la surface :

$$\frac{S_1}{s} = 3^{mq} \qquad \frac{M_1}{s} = 141\,624$$

$$\frac{S_2}{s} = 6^{mq},11 \qquad \frac{M_2}{s} = 94\,776$$

ce qui donne pour la surface en contact avec les gaz enflammés :

$$\frac{S_1 + S_2}{s} = 9^{mq},11 \qquad \frac{M_1 + M_2}{s} = 236\,400.$$

Les gaz s'éteignent à 800°, à l'extrémité d'une surface égale à 9,11 fois celle de la grille, après avoir transmis 236 400 calories, soit 0,394 de la chaleur totale du combustible.

Les variations d'étendue ne peuvent porter que sur la troisième partie de la surface de chauffe en contact avec les gaz éteints. Nous allons chercher, en donnant à cette surface des valeurs régulièrement croissantes, les températures des gaz, les quantités de chaleur transmises et les rendements correspondants.

Nous supposerons, pour simplifier, la grille de 1^{mq}.

Pour déterminer la température finale T_3, à l'extrémité de chaque surface S_3, nous emploierons la formule 7 du n° **95**, qui dans le cas actuel où $r = 0$, s'écrit

$$\alpha ps(A+1)c \log \text{nép} \frac{T_2 - \theta}{T_3 - \theta} = Q_3 S_3;$$

nous donnerons à S_3 une série de valeurs :

| 0,89 | 5,89 | 10,89 | 15,89 | 20,89 | etc. |

telles que ajoutées à $S_1 + S_2 = 9^{mq},11$, nous ayons successivement pour surface totale de chauffe S,

| 10 | 15 | 20 | 25 | 30 | etc. |

par rapport à la surface de la grille prise pour unité. Nous ferons comme précédemment :

$$T_2 = 800° \quad \theta = 150° \quad Q_2 = 20 \quad \alpha = 0,80 \quad p = 75 \quad A = 18.$$

La formule ci-dessus donne les valeurs correspondantes de T_3; puis la formule :

$$M_3 = \alpha p s (A + 1) c (T_2 - T_3)$$

détermine la chaleur M_3 transmise par la surface S_3 et, en l'ajoutant à $M_1 + M_2$, nous aurons la transmission totale $M = M_1 + M_2 + M_3$ pour chacune des surfaces successives.

Pour avoir la chaleur réellement utilisée U, il faut déduire de M la perte $\lambda p s N$ par le refroidissement des parois de la chaudière. Comme ces parois ont, à très peu près, la même température sur toute leur longueur, la perte doit être proportionnelle aux dimensions de la chaudière, c'est-à-dire à la surface de chauffe; en prenant comme base la perte de 3 p. 100 **(367)** $\lambda = 0,03$, pour une surface égale à $34^{mq},706$ fois celle de la grille, on trouve que la perte, par mètre carré de surface de chauffe, est $\dfrac{0,03 \times 75 \times 8000}{34,706} = 520$ calories, de sorte que la chaleur utilisée se calculera par la formule

$$U = M - 520\, S.$$

Le tableau suivant réunit les résultats des calculs.

La 1re colonne renferme la suite des surfaces de chauffe $\dfrac{S}{s}$ rapportées à la surface de la grille, depuis 3 jusqu'à 100.

La 2e donne les températures T_3 des gaz de la combustion à l'extrémité de la surface correspondante.

La 3e, la quantité totale $\dfrac{M}{s}$ de chaleur transmise.

La 4e, la quantité $\dfrac{U}{s}$ de chaleur réellement utilisée.

La 5e colonne donne le rendement ρ; c'est le rapport $\dfrac{U}{psN}$ de la chaleur utilisée à la chaleur totale que le combustible peut dégager. Pour une combustion de 75 kilogrammes de houille, par mètre carré de grille, on a

$$\rho = \dfrac{U}{75 \times 8000} = \dfrac{U}{600000}.$$

La 6ᵉ colonne indique la quantité de chaleur utilisée par mètre carré moyen ; c'est le rapport $\dfrac{U}{S}$.

Influence de l'étendue de la surface de chauffe sur le rendement. Chaudière à foyer extérieur. — Type à bouilleurs.

1 SURFACE de CHAUFFE par mèt. carré de grille. $\dfrac{S}{s}$	2 TEMPÉRA-TURE DES GAZ à l'extré-mité de la surface. T_3	3 CHALEUR TRANSMISE par mèt.carré de grille. $\dfrac{M}{s}$	4 CHALEUR UTILISÉE par mèt.carré de grille. $\dfrac{U}{s}$	5 RENDE-MENT. ρ	6 CHALEUR UTILISÉE par mèt.carré. moyen de surface de chauffe $\dfrac{U}{S}$	7 VAPEUR PRODUITE par mèt. carré moyen de surface de chauffe $\dfrac{W}{S}$	8 CHALEUR par mètre carré à l'extrémité de la surface. TRANSMISE $\dfrac{dM}{dS}$	9 UTILISÉE. $\dfrac{dU}{dS}$
3	1058,0	141 624	140 064	0,233	46 688	71,83	47 208	46 688
9,11	800,0	236 400	231 665	0,386	25 439	39,13	13 000	12 480
10	759,0	247 650	242 450	0,404	24 245	37,30	12 177	11 657
15	572,0	298 649	290 849	0,485	19 390	29,83	8 449	7 929
20	443,0	334 037	323 657	0,539	16 182	24,89	5 863	5 343
25	353,0	358 590	345 590	0,576	13 823	21,28	4 068	3 548
30	291,0	375 627	360 027	0,600	12 001	18,46	2 822	2 372
35	248,0	387 449	369 249	0,615	10 550	16,02	1 958	1 438
40	218,0	395 652	374 851	0,625	9 371	14,41	1 359	839
45	197,0	401 342	377 942	0,630	8 398	12,92	943	423
50	183,0	405 290	379 290	0,632	7 586	11,67	674	154
55	173,0	408 029	379 429	0,6324	6 898	10,61	494	— 26
60	166,0	409 958	378 758	0,631	6 313	9,71	315	—205
65	161,0	411 250	377 450	0,629	5 807	8,93	219	—301
70	158,0	412 100	375 800	0,626	5 369	8,26	151	—369
75	155,0	412 801	373 801	0,623	4 984	7,66	105	—415
80	153,65	413 241	371 641	0,619	4 645	7,30	73	—447
90	151,76	413 759	366 959	0,612	4 077	6,27	35	—485
100	150,84	414 008	361 808	0,603	3 618	5,56	17	—503

On a inscrit dans la 7ᵉ colonne les quantités de vapeur $\dfrac{W}{S}$ correspondant à la chaleur utilisée ; chaque kilogramme d'eau à 0° exigeant environ 650 calories pour se vaporiser, le poids de vapeur W produite par la surface S est

$$W = \frac{U}{650}.$$

Si l'eau d'alimentation était à 100° ou à 150°, il faudrait diviser U par 550 ou 500.

Les 8° et 9° colonnes montrent le décroissement rapide de la transmission ; elles indiquent les quantités de chaleur transmises et utilisées par le dernier mètre carré de chacune des surfaces considérées ; ces quantités sont données par les formules :

$$\frac{d\mathrm{M}}{d\mathrm{S}} = \mathrm{Q}_3(\mathrm{T} - \theta) \qquad \text{et} \qquad \frac{d\mathrm{U}}{d\mathrm{S}} = \mathrm{Q}_3(\mathrm{T} - \theta) - 520.$$

392. L'examen du tableau fait ressortir quelques faits importants.

Quand la surface de chauffe se réduit à la surface directe S_1, chaque mètre carré produit $71^k,83$ de vapeur et on utilise un peu plus du $\frac{1}{5}$ de la chaleur totale.

En prenant l'ensemble des deux premières surfaces $S_1 + S_2$ en contact avec les gaz enflammés, la vapeur moyenne produite par mètre carré s'abaisse à $39^k,13$, tandis que le rendement s'élève à 0,386.

Avec une surface égale à 35 fois celle de la grille $S = 35s$, la quantité de vapeur produite par mètre carré tombe à $16^k,02$ et le rendement devient 0,615.

A partir de ce point, le rendement augmente très lentement, et pour une surface égale à $S = 50\,s$, il s'élève seulement à 0,632 ; le poids moyen de vapeur produite par mètre carré est alors de $11^k,67$.

Ainsi, à partir d'une certaine étendue, correspondant à $S = 35s$ environ, un accroissement très notable de surface de chauffe ne produit qu'une augmentation très faible de transmission, et il en résulte qu'en pratique il n'y a pas d'intérêt à dépasser une certaine limite ; le léger accroissement de rendement ne compense pas les dépenses d'installation et d'entretien.

Il faut même remarquer que comme la perte par le refroidissement de la tôle de la chaudière augmente à peu près proportionnellement à sa surface totale, il arrive un moment où le faible accroissement de chaleur transmise par l'augmentation de surface ne compense pas l'accroissement de perte, et à partir de ce point le rendement diminue. Dans les conditions où nous sommes placés, cet effet se produit à partir d'une surface de chauffe $S = 55\,s$ environ; la chaleur utilisée par mq (col. 9) devient négative et la perte s'accroît à mesure que la surface augmente. Le rendement qui, pour $S = 55\,s$, est de 0,6324, décroît pour une surface plus grande et s'abaisse à 0,619 pour $S = 80\,s$.

Pour les chaudières à vapeur, on se limite ordinairement à une production de 12 à 18 kil. de vapeur par mètre carré, soit en moyenne 15 kil., ce qui correspond, d'après le tableau, à une surface de chauffe de 35 à 40 fois celle de la grille, quand la combustion est de 75 kil. par mètre carré de grille, ou plus généralement à une surface de 1 mètre carré par 2 kilog. de houille environ.

Le tableau indique que, dans ces conditions, la température des gaz à la sortie est comprise entre 248° et 218°, que le rendement est de 0,62 environ et que chaque mètre carré moyen de la surface de chauffe transmet utilement de 10 550 à 9 371 calories, soit en nombre rond 10 000 calories, ce qui correspond à 15 kil. environ de vapeur produite. Pour une surface $S = 40\,s$, le dernier mètre carré ne transmet plus utilement que 839 calories.

393. Représentation graphique. — La représentation graphique fait ressortir d'une manière bien nette les variations de la transmission de la chaleur avec la surface.

Prenons deux axes de coordonnées rectangulaires ax et $a\mathrm{Y}$, et portons en abscisses les surfaces de chauffe (col. 1re du tableau) et en ordonnées les quantités de chaleur transmises par mètre carré à l'extrémité de chaque surface (col. 8 du tableau); en réunissant par une ligne tous les points ainsi obtenus, on obtient une courbe MNPQRSV (fig. 238) qui fait saisir d'un coup d'œil le décroissement de la transmission.

Dans l'étendue des surfaces $S_2 = bc$ et $S_3 = cx$, la quantité de chaleur transmise, par unité de surface, en chaque point, est proportionnelle, en vertu de la formule $dM = Q(T-\theta)dS$, à l'excès de température des gaz de la combustion sur l'eau de la chaudière, de sorte que les ordonnées de la courbe représentent, en ce point, l'excès de température $T-\theta$, en même temps que la chaleur transmise.

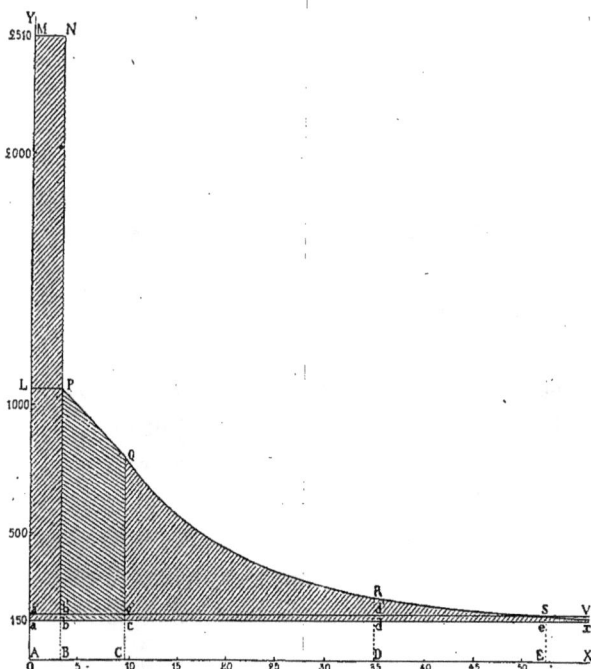

Fig. 238.

Si on mène, au-dessous de ax, une ligne parallèle OX, à une distance $Oa = \theta = 150°$, à l'échelle des températures, et si on compte les ordonnées à partir de cette nouvelle ligne, elles représenteront les températures elles-mêmes, au-dessus de 0° centigrade ; de sorte qu'on pourra tracer la courbe en portant pour chaque surface AB, AC, AD, etc., prises comme abscisses, les ordonnées BP, CQ, DR, etc., proportionnelles aux températures, les parties bP, cQ, dR, etc., représentant à la fois les excès de température et les chaleurs transmises par mètre carré aux points correspondants B, C, D, etc. de la surface.

En ce qui concerne la surface directe $S_1 = ab = AB$, il n'en est plus ainsi; l'ordonnée bN n'est pas proportionnelle à l'excès de température du foyer sur l'eau de la chaudière, parce que pour cette surface, la chaleur se transmet, non seulement par convection, mais encore par radiation. L'aire $aMNb$, qui représente la chaleur totale reçue par la surface directe ab, peut se diviser en deux parties, la première, $aLPb$, représente la chaleur transmise par convection, $OL = BP$ étant la température à peu près constante du foyer, et la seconde $LMNP$ représente la chaleur transmise par radiation.

La température $T_o = OM$, que les gaz devraient avoir pour transmettre uniquement par convection la chaleur totale M_1 réellement reçue par la surface directe s'obtient par la relation

$$M_1 = S_1 Q_1 (T_0 - \theta).$$

Dans le cas particulier de la chaudière à bouilleurs que nous considérons, $\dfrac{M_1}{S_1} = 47\,208$ (**377**), et en prenant $Q = 20$ et $\theta = 150$

$$T_0 - 150 = \frac{47\,208}{20}, \qquad \text{d'où} \qquad T_0 = 2510°,4$$

C'est la valeur de l'ordonnée OM.

Cette ordonnée se divise ainsi en trois parties,

$$OM = Oa + aL + LM = 150° + 908° + 1452°,4 = 2510°,4.$$

La radiation augmente la chaleur transmise comme si la température des gaz, chauffant seulement par convection, était portée de $1058°$ à $2510°,4$. L'augmentation est dans le rapport $\dfrac{2510,4}{1058} = 2,47$.

La courbe de transmission MNPQRSV se compose, comme la surface de chauffe, de trois parties. La première MN, parallèle à l'axe des x, et tracée à une distance $OM = 2510,4$, correspond à la surface directe OB; le rectangle $MNPba$ représente la chaleur reçue par la surface directe.

La seconde partie est PQ correspondant à la surface $S_2 = BC$, en contact avec les gaz enflammés ; la hauteur BP = 1 o58°, température des gaz sortant du foyer et CQ = 800°, température à laquelle ils s'éteignent ; la ligne PQ indique la variation de température sur l'étendue de la surface S$_2$ et l'aire bcPQ représente la chaleur transmise par cette surface. De P en Q, le décroissement se fait suivant une loi qui n'est pas connue, mais, à l'inspection de l'ensemble de la figure, on voit que la courbe passant par les points P et Q ne peut s'écarter notablement de la ligne droite, ce qui fait que l'aire bPQc est à peu près un trapèze, comme nous l'avons admis dans le calcul (**380**).

La troisième partie QRS de la courbe représente la transmission par les gaz éteints et leur décroissement de température ; c'est la courbe logarithmique que nous avons étudiée (**105**) et qui a pour asymptote la droite ax ; la chaleur transmise par une portion quelconque de surface CD est représentée par l'aire QRdc.

En général, l'aire de la courbe au-dessus de l'asymptote représente la quantité de chaleur *transmise* par la surface correspondante comptée sur l'abscisse, mais comme il y a, par les parois de la chaudière, une certaine quantité de chaleur perdue λpsN, il faut, pour avoir la chaleur réellement *utilisée*, diminuer en conséquence l'aire de la surface. Nous avons vu (**381**) que pour la chaudière considérée, cette perte était d'environ 520 calories par mètre carré ; le coefficient de transmission Q$_3$ étant 20, la surface du rectangle compris entre l'asymptote ax et une parallèle $a'b'c'd'$ menée, au-dessus, à une distance $aa' = \dfrac{520}{20} = 26$, figurera cette perte et la chaleur utilisée sera représentée par l'aire de la courbe au-dessus de la ligne $a'b'c'd's$. Cette parallèle coupe la courbe MPQRSV, pour une abscisse AE égale à 55, ce qui veut dire qu'à partir de ce point, la chaleur transmise est plus faible que la chaleur perdue et que le rendement doit diminuer.

INFLUENCE DE L'ACTIVITÉ DE LA COMBUSTION SUR LE RENDEMENT.

394. Dans un appareil de chauffage, la consommation de combustible doit pouvoir varier, suivant les besoins, dans des limites assez étendues (**246**), de 40 à 100 kilogr. pour une chaudière à vapeur ordinaire ; il est intéressant de se rendre compte de l'influence de l'activité de la combustion sur le rendement.

Faisons cette étude pour la chaudière à bouilleurs de $34^{mq},71$ de surface de chauffe totale, que nous avons considérée ci-dessus.

Nous avons vu que, dans les conditions indiquées, avec une consommation de 75 kilogrammes par mètre carré de grille, la surface S_2, en contact avec les gaz enflammés, est de $6^{mq},11$ et la température des gaz, à l'extrémité de la chaudière, s'abaisse à 250°.

Lorsque la consommation est de 50 kilogr., la surface S_2 se réduit à $4^{mq},06$ (**389**), de sorte que la surface S_3 en contact avec les gaz éteints s'élève à $34,71 - (4,06 + 3) = 27^{mq},65$.

Quand, au contraire, la consommation de houille, par mètre carré de grille, est portée à 100 kilog., la surface S_2 devient $8^{mq},06$ (**389**) et la surface S_3 en contact avec les gaz éteints se réduit à $34,71 - (8,06 + 3) = 23^{mq},65$.

En portant ces valeurs de S_3 dans la formule

$$\alpha p s (A + 1) c \log \text{nép} \frac{T_2 - \theta}{T_3 - \theta} = Q_3 S_3$$

on en déduit la valeur de T_3, et on forme le tableau suivant :

Chaudière à bouilleur de $34^{mq},71$ de surface de chauffe. — Influence de l'activité de la combustion sur le rendement.

p	S_1	S_2	S_3	T_3	M_3	M	U	ρ
50	3	4,06	27,65	179,8	113 124	270 724	252 724	0,6318
75	3	6,11	25,60	250,0	150 480	386 880	368 880	0,6148
100	3	8,06	23,65	356,0	161 971	477 171	459 171	0,5739

On a admis que dans tous les cas, les gaz s'éteignaient à 800°, et on a trouvé pour $p = 50^k$ la valeur $T_3 = 179°,8$ et pour $p = 100$, la valeur $T_3 = 356°$.

On pourrait calculer de la même manière la température finale pour une valeur quelconque de p.

Les formules du n° **391** ont donné les valeurs correspondantes de M_3, de M, de U, et ensuite celles de S.

Ces résultats font voir que, suivant l'activité de la combustion, lorsque la consommation de charbon varie de 50 à 100 kilogrammes par mètre carré de grille, la température des gaz, à l'extrémité de la surface, passe de 179°,8 à 356° et le rendement de 0,63 à 0,57; il diminue environ de 6 p. 100.

Les courbes de la figure 239 représentent ces variations. L'aire de la courbe moyenne représente la chaleur transmise pour une consommation de

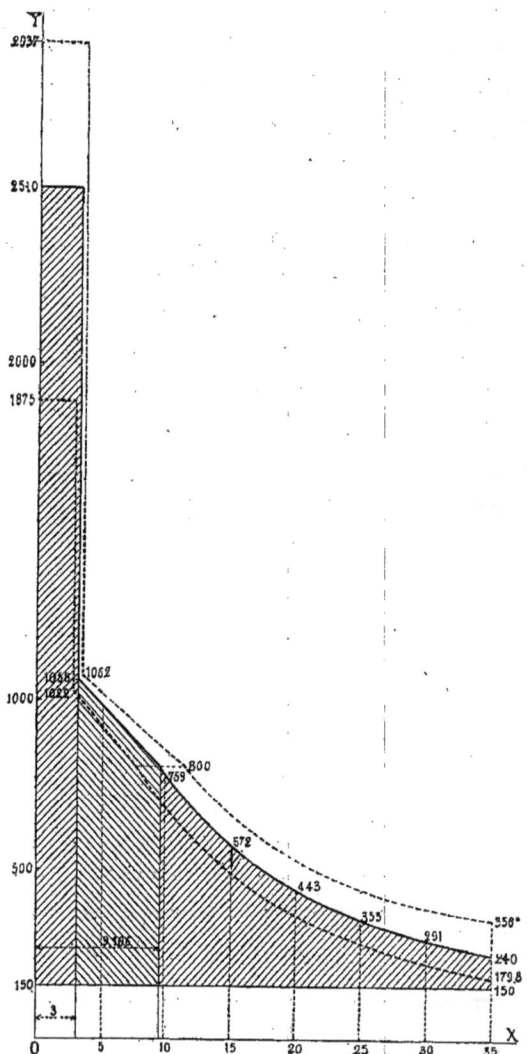

Fig. 239.

75 kilogr. par mètre carré de grille; l'aire de la courbe supérieure pour 100 kilogr. et enfin celle de la courbe inférieure pour 50 kilogr.

Les températures aux principaux points de la surface de chauffe sont inscrites aux points correspondants de chaque courbe; elles sont représentées, pour la surface indirecte, par les ordonnées correspondantes.

La variation de chaleur transmise se fait principalement sentir sur la surface directe.

INFLUENCE DU CHAUFFAGE MÉTHODIQUE. CHAUDIÈRES A RÉCHAUFFEURS

395. Dans plusieurs dispositions d'appareils, on effectue le chauffage d'une manière méthodique (**108**); sur tout ou partie de la surface de chauffe, les gaz circulent d'un côté de la paroi en sens inverse du fluide chauffé qui circule de l'autre côté. C'est ainsi que dans certains générateurs de vapeur, on dispose, à la suite de la chaudière proprement dite, des cylindres ou récipients pleins d'eau, qu'on appelle des *réchauffeurs*, et dans lesquels arrive l'eau froide d'alimentation qui s'y échauffe progressivement avant de pénétrer dans la chaudière, en circulant en sens inverse des gaz de la combustion. On obtient ainsi un plus grand refroidissement des gaz et par suite une meilleure utilisation.

Quand on emploie une disposition de ce genre, il y a lieu de considérer une quatrième partie S_4 dans la surface totale de chauffe; c'est la partie au contact de laquelle le chauffage s'effectue d'une manière méthodique.

On a ainsi quatre surfaces :

La surface directe S_1 exposée au rayonnement.

La surface S_2 en contact avec les gaz enflammés.

La surface S_3 en contact avec les gaz éteints qui se refroidissent de T_2 à T_3, le fluide chauffé étant à la température constante θ.

Enfin la surface S_4 en contact avec les gaz éteints qui se refroidissent de T_3 à T_4, tandis que le fluide chauffé circulant en sens inverse passe de θ_4 à θ_3.

Quand les dispositions sont bien prises, θ_3 doit être égal à θ, c'est-à-dire que l'eau venant des réchauffeurs doit arriver dans la chaudière à la température de l'eau qui s'y trouve.

Les formules du n° **99** et suivants permettent de déterminer l'étendue des surfaces S_3 et S_4 nécessaires pour opérer le refroidissement méthodique dans des conditions déterminées.

Dans ces formules se trouve le rapport r qu'il faut connaître tout d'abord.

Pour une chaudière à vapeur, désignons par w le poids d'eau d'alimentation introduite dans les réchauffeurs, par kilogr. de houille; le poids du fluide chaud est $ps(A+1)$; le poids du fluide froid est psw. Si nous admettons une perte de 20 p. 100, $\alpha = 0,80$, et comme en général les réchauffeurs sont complètement entourés par les gaz de la combustion, $\beta = 1$.

Prenons les chiffres moyens $A = 18$, $w = 7,25$ et $c = 0,24$, on a pour le rapport r

$$r = \frac{\alpha}{\beta} \frac{ps(A+1)c}{psw} = 0,80 \frac{4,56}{7,25} = 0,503.$$

Pour déterminer les températures, on emploie la relation 3 du n° **99**

$$\theta_3 - rT_3 = \theta_4 - rT_4. \qquad \text{d'où} \qquad T_3 = \frac{\theta_3 - \theta_4}{r} + T$$

Si on veut refroidir les gaz à 160°, $T_4 = 160$, et si l'eau d'alimentation, prise à 10°, doit être chauffée à 150°

$$T_3 = \frac{150 - 10}{0,503} + 160 = 438°,5.$$

Le chauffage méthodique doit commencer lorsque les gaz sont refroidis à 438°,5.

La surface S_3 est donnée par la relation 7 du n° **95** qui dans le cas actuel s'écrit

$$\alpha ps(A+1)c \log \text{nép} \frac{T_2-\theta}{T_3-\theta}=Q_3 S_3.$$

En faisant $\alpha=0,80$, $A=18$, $T_2=800°$, $T_3=438°,5$, $\theta=150°$, $Q_3=20$, et $p=75$, on trouve

$$S_3=11,025\,s,$$

et la chaleur transmise par cette surface

$$M_3=\alpha ps(A+1)c\,(T_2-T_3)=98\,496,4\,s.$$

Quant à la surface S_4, son étendue est donnée par la relation 4 du n° **99** :

$$\frac{\alpha}{1-r}ps(A+1)c \log \text{nép}\frac{T_3-\theta_3}{T_4-\theta_4}=Q_4 S_4.$$

En prenant les mêmes valeurs que ci-dessus, on trouve

$$S_4=18,014\,s\,;$$

la chaleur transmise M_4 est alors

$$M_4=\alpha ps(A+1)c\,(T_3-T_4)=76\,807,00.$$

En réunissant ces nombres à ceux obtenus pour les deux premières parties S_1 et S_2 de la surface de chauffe, on a

$$
\begin{aligned}
S_1 &= 3,00\,s & M_1 &= 141\,624\,s \\
S_2 &= 6,11\,s & M_2 &= 94\,776\,s \\
S_3 &= 11,03\,s & M_3 &= 98\,496\,s \\
S_4 &= 18,01\,s & M_4 &= 76\,807\,s
\end{aligned}
$$

d'où pour la surface et la transmission totales

$$S=38,14\,s \qquad M=411\,703\,s.$$

Pour avoir la chaleur réellement utilisée U, il faut retrancher, comme nous l'avons fait ci-dessus, la perte de 520 calories (**391**), par mètre carré, des trois premières surfaces, ce qui donne une perte totale $\lambda ps N=15\,600$ et la chaleur totale utilisée se réduit ainsi à

$$U=411\,703-15\,600=396\,103$$

le rendement devient

$$\rho = \frac{396\,103}{600\,000} = 0,660.$$

Ainsi par le chauffage méthodique et avec une surface de chauffe égale à 38,14 fois celle de la grille, le rendement s'est élevé à 0,660. Sans chauffage méthodique, avec la même surface, il eût été seulement de 0,614 ; c'est une augmentation de $\frac{0,66 - 0,614}{0,614} = 0,075$, environ 7,5 p. 100.

Mais c'est surtout lorsque la surface de chauffe d'une chaudière est relativement faible que l'addition de réchauffeurs réalise une économie importante.

Si à une chaudière ayant une surface de $20s$, on ajoute des réchauffeurs avec chauffage méthodique ayant une surface de $18s$, le rendement s'élève de 0,539 à 0,660, c'est-à-dire qu'il augmente de 22,4 p. 100, par rapport au premier effet. C'est ce qui a été réalisé par l'addition de réchauffeurs dans nombre de chaudières de surface insuffisante.

Pour avoir la température T' des gaz à l'extrémité d'une partie quelconque S' de la surface S_4 des réchauffeurs, il suffit d'appliquer les formules

et

$$\frac{\alpha}{1 - r}\,ps(A + 1)c\,\log\,\text{nép}\,\frac{T_3 - \theta_3}{T' - \theta'} = Q_4 S'$$

$$\theta_3 - rT_3 = \theta' - rT'.$$

La première donne $T' - \theta'$, et en combinant avec la deuxième, on trouve facilement pour chaque valeur déterminée de S' les températures θ' et T' correspondantes.

La chaleur transmise par la surface S' se calcule alors par la relation

$$M' = \alpha ps(A + 1)c\,(T_3 - T').$$

En appliquant ces formules à une chaudière à bouilleurs avec réchauffeurs pour laquelle $r = 0,503$, $\alpha = 0,80$, $A = 18$, $p = 75$, $c = 0,24$, $T_3 = 438°,5$, $\theta_3 = 150°$, $Q_4 = 20$; on trouve

S'	T'	θ'	M'
o	438°,5	150°	o
5	344	100	27086°
10	262	59	49521
15	194	24	68126
18	160	10	76807

Ce qui permet de tracer la courbe de décroissement de transmission et de température.

396. Représentation graphique. — La représentation
graphique de la transmission se fait de la même manière que

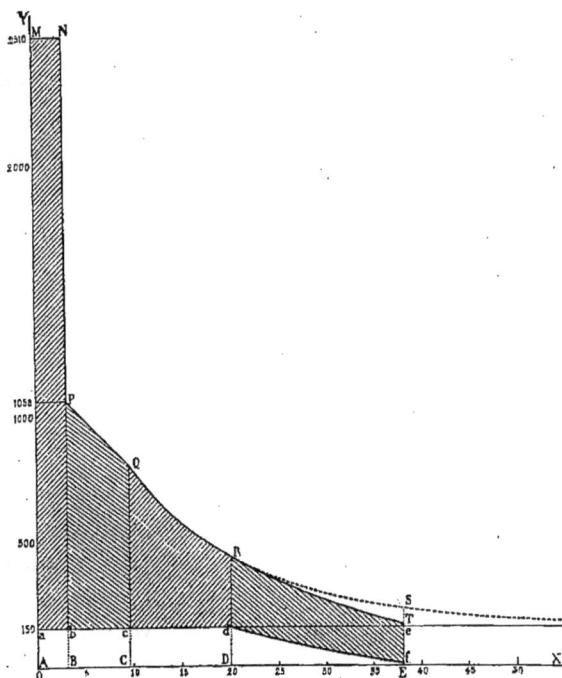

Fig. 240.

pour la courbe (**393**). La partie MNPQR correspond aux trois
premières surfaces AB, BC, CD

$$S_1 = 3^{mq} \qquad S_2 = 6^{mq},11 \qquad S_3 = 11^{mq},02.$$

et la courbe dans cette partie est la même que dans la figure 238,
mais à partir du point D le chauffage méthodique commence.

Sur la surface $S_4 = DE$, le décroissement de température des
gaz est représenté par la courbe RT, l'ordonnée finale étant
égale à $ET = 160$. Dans cette partie, la température de l'eau n'est
plus constante, elle passe de $Ef = 10°$ à $Dd = 150°$, et cette variation est représentée par la courbe fd; l'ordonnée $Ef = 10°$ représente la température de l'eau d'alimentation à l'entrée dans les
réchauffeurs.

La quantité de chaleur transmise à la surface S_4 est représentée
par l'aire $RTfd$.

Si le chauffage n'était pas méthodique, on aurait pour la même
surface DE, la courbe RS, et la chaleur transmise à partir de
$S = 20^{mq},13$ serait représentée par l'aire $RdeS$ notablement plus
faible que l'aire $RTfd$.

Le bénéfice produit par le chauffage méthodique est représenté par la différence des aires $dfe - RTS$. Il est dans ces conditions, de 7,5 p. 100 environ, comme nous l'avons vu (**395**).

§ V

RÉSULTATS D'EXPÉRIENCES.

397. Les expériences faites, pour déterminer pratiquement
les quantités de vapeur produites par les chaudières dans diverses conditions, confirment complètement les résultats des
calculs que nous venons d'exposer.

En ce qui concerne la surface directe, Péclet rapporte que,
d'après Christian, le maximum de vapeur que peut produire
dans une heure un mètre carré de chaudière de fonte exposée
au feu le plus violent et entièrement plongée dans la flamme est
de 100 kilogr. Clément a obtenu le même nombre pour une
chaudière de cuivre de 3 millimètres d'épaisseur placée dans
les mêmes circonstances.

Nous avons également obtenu le même chiffre de vaporisation avec une bassine en cuivre placée dans un fourneau au-dessus d'un foyer dont la surface était presque égale au fond de la bassine.

Quand le tirage est produit par une cheminée, le chiffre de 100 kilogrammes de vapeur, par mètre carré, peut donc être regardé comme un maximum, quelle que soit la nature du métal. Comme l'indique la théorie, la nature et l'épaisseur du métal n'ont pas, dans ces conditions, d'influence sensible sur la quantité de chaleur transmise. Avec la fonte épaisse et le cuivre mince, on produit la même quantité de vapeur.

Le nombre de 100 kilogrammes de vapeur correspond, avec de l'eau à 100°, à une quantité de chaleur transmise égale à 53 700 calories. Si l'on se reporte au tableau (**377**), on voit que, pour un foyer extérieur, la quantité de chaleur transmise, par mètre carré de surface directe, donnée par le calcul, varie de 36 045 à 56 474 suivant l'activité de la combustion. La concordance peut être regardée comme complète.

398. Pour les chaudières à foyer intérieur, les expériences de M. Geoffroy sur la combustion dans les foyers de locomotives ont donné les chiffres suivants :

	Kilogrammes de vapeur produite par mètre carré de surface directe.	Quantité de chaleur correspondante. Calories.
Coke.	124,8	62 400
Briquettes 1. . .	170,1	85 050
Briquettes 2. . .	179,9	89 900

Les chiffres du tableau (**375**) montrent que, pour des combustions de 200 à 400 kilogrammes, par mètre carré de grille, la quantité de chaleur transmise, par mètre carré de surface directe, est comprise entre 65 942 et 95 835.

Ces nombres, on le voit, s'accordent encore avec ceux de l'expérience ; il suffit d'une légère modification dans la proportion d'air admise dans le calcul pour expliquer les différences.

399. Péclet rapporte une ancienne expérience faite par M. Walter de Saint-Ange. « Dans une chaudière à deux bouilleurs présentant $13^{mq},46$ de surface de chauffe, on a évaporé 1 480 litres d'eau, en 5 heures, par la combustion de 213 kilogr. de houille (soit 296 litres d'eau évaporées avec $42^k,6$ de houille par heure); chaque kilogr. de houille a produit environ 7 kilogr. de vapeur et chaque mètre carré 22 kilogr. en moyenne.

En supprimant complètement la circulation des gaz de la combustion autour du corps cylindrique et par conséquent en ne chauffant que les bouilleurs, la surface de chauffe a été réduite à $8^{mq},19$ et on a produit 1 316 kilogr. de vapeur en 5 heures avec la même consommation de combustible (soit $263^k,2$ de vapeur par heure pour $42^k,6$ de houille); chaque kilogr. de houille a produit $6^k,18$ et chaque mètre carré $32^k,18$.

Ainsi la surface de chauffe placée dans les carneaux a produit $1\,480 - 1\,316 = 164$ kilogr. de vapeur en 5 heures (soit 32,8 par heure) et chaque mètre carré $\dfrac{32,8}{5,27} = 6,20$. Le corps cylindrique ne produisait donc que $\dfrac{164}{1\,480} = 0,11$ de l'effet total.

Si on compare ces résultats avec les nombres donnés dans le tableau (**391**), on trouve que, pour une production moyenne, par mètre carré, de 22 kilogr. de vapeur, il faut une surface de 24 fois celle de la grille et qu'elle transmet 353 000 calories. En réduisant la surface à $24 \times \dfrac{8,19}{13,46} = 14,64$, on transmet 293 000 calories; le rapport est $\dfrac{293\,000}{353\,000} = 0,83$. L'expérience de M. Walter pour la même réduction de surface a donné $\dfrac{1\,316}{1\,480} = 0,88$.

400. Quelques expériences ont été faites pour déterminer le décroissement de la transmission à mesure que les gaz de la combustion s'éloignent du foyer.

M. Graham a mesuré la vaporisation qui se produisait dans

quatre caisses cubiques ouvertes à la partie supérieure, et placées, la première au-dessus de la grille du foyer et les autres à la suite. Chaque caisse avait 0,305 de côté et la grille avait la même dimension, de sorte que la surface inférieure de la première caisse, soit 0,305 × 0,305, constituait la surface directe.

M. Graham a trouvé que les quantités d'eau vaporisées respectivement dans chacune des quatre caisses était proportionnelles aux nombres suivants :

$$67,6 \qquad 18,3 \qquad 8,8 \qquad 6,4$$

En opérant avec trois caisses un peu plus grandes, il a trouvé

$$74,5 \qquad 25,85 \qquad 11,92.$$

La surface de chauffe totale était seulement 7,35 fois celle de la grille et chaque kilogr. de houille ne vaporisait en moyenne que $4^k,55$ d'eau.

Ces nombres confirment le décroissement rapide de la production à mesure qu'on s'éloigne du foyer.

401. M. Wye Williams a opéré sur un tube de 0,075 de diamètre passant dans une caisse pleine d'eau qui était fractionnée en cinq compartiments égaux de 0,30 de longueur. Le combustible employé était le coke. On a trouvé pour le poids d'eau vaporisé, par mètre carré de surface et par heure, dans chaque compartiment :

1er	2^e	3^e	4^e	5^e
15,6	12,3	10,4	8,5	8,4

En employant un foyer à gaz dont la flamme pénétrait dans le tube, le premier compartiment ayant été réduit à 0,15 de longueur, on a trouvé :

1er	2^e	3^e	4^e	5^e
20,1	4,2	3,2	2,1	1,8

C'est la moyenne de deux expériences. La fumée s'échappait à 250° environ.

En discutant les résultats des expériences de M. Wye Williams, on trouve que le rapport entre les quantités d'eau vaporisées par les gaz éteints sur des longueurs consécutives égales est un nombre constant, ce qui revient à dire que lorsque les surfaces croissent en progression arithmétique, les chaleurs transmises décroissent en progression géométrique. C'est cette loi qui nous a servi de base pour l'établissement des formules (**88** et suivants) et dont l'exactitude est ainsi démontrée par l'expérience.

402. Des expériences très complètes sur cette question ont été faites de 1860 à 1864 au chemin de fer du Nord, sous la direction de M. Geoffroy.

On a d'abord divisé une machine Engerth en quatre compartiments par des cloisons, mais la première étant seule étanche, on n'a pu séparer l'effet des trois derniers compartiments et la comparaison n'a porté que sur deux tronçons.

Le premier comprenait le foyer de $10^{mq},75$ de surface avec une amorce de tubes de $7^{mq},18$, soit en tout $18^{mq},13$; le deuxième tronçon comprenait tout le reste de la surface de chauffe soit 177 mètres. Quatre expériences, deux au coke et deux à la houille, ont donné, pour le rapport de vaporisation des deux tronçons, les nombres suivants :

Avec le coke : 17 ;

Avec la houille : 29 ;

La température des gaz dans la boîte à fumée a varié de 176° à 203°.

Dans d'autres expériences, le corps cylindrique d'une locomotive fut coupé en quatre tronçons de $0^m,92$ de long, fermés par des plaques tubulaires et juxtaposés; chaque tronçon était alimenté séparément au moyen d'un réservoir jaugé.

Dans une première série d'expériences, tous les tubes étaient ouverts; dans une seconde série, la moitié était tamponnée et par suite la surface tubulaire était à peu près réduite à moitié.

Voici les dimensions des surfaces.

	SURFACE DE CHAUFFE.	
	Tous les tubes ouverts.	La moitié des tubes bouchés.
	Mètres carrés.	Mètres carrés.
1ᵉʳ compartiment (foyer). .	7,14	6,37
2ᵉ —	16,66	8,31
3ᵉ —	16,66	8,31
4ᵉ —	16,66	8,31
5ᵉ —	16,66	8,31
Surface totale. . . .	73,78	39,61

Le tableau des pages 566 et 567 donne les résultats des expériences.

Quand on examine et qu'on compare ces résultats, on reconnaît, malgré quelques anomalies inévitables dans des expériences aussi complexes, l'exactitude des lois qui ont servi de base à nos calculs. Ils démontrent notamment que, pour la surface en contact avec les gaz éteints de la combustion, à mesure qu'on s'éloigne du foyer, la transmission décroît suivant une progression géométrique quand les surfaces augmentent en progression arithmétique, d'où il résulte, comme nous l'avons vu, qu'en chaque point, la quantité de chaleur transmise est proportionnelle à la différence de température.

En résumé, tous les faits bien constatés par l'expérience, relativement à l'efficacité et à l'étendue des surfaces de chauffe, s'accordent avec les formules d'une manière satisfaisante.

Quantité d'eau, en litres, vaporisée dans les divers

DÉPRESSION dans la BOITE A FUMÉE. Mètres de hauteur d'eau.	COMBUSTIBLE CONSOMMÉ par heure en kilogrammes.	1er COMPARTIMENT FOYER		2e COMPARTIMENT	
		TOTAL.	MOYENNE par mètre carré.	TOTAL.	MOYENNE par mètre carré.
					COKE. — TOUS LES
0,020	198	695,5	97,40	452,6	27,16
0,040	297	917,5	128,5	640,0	38,4
0,060	330	1010,0	141,45	813,0	48,79
0,080	360	1013,0	141,87	873,0	52,39
0,100	350	823,0	115,26	860,0	51,62
Moyennès.	307	891,8	124,8	727,7	35,67
					BRIQUETTES. — TOUS LES
0,020	216	821,0	114,9	438,0	26,2
0,040	337	1071,0	150,0	622,0	37,3
0,060	419	1333,0	186,6	895,0	53,7
0,080	465	1496,0	209,5	808,0	47,8
0,100	444	1355,0	189,7	1136,0	68,1
Moyennes.	370	1215,2	170,1	779,8	46,6
					BRIQUETTES AVEC LA MOITIÉ
0,020	176	823,0	129,1	365,0	43,9
0,040	277	935,0	146,7	517,5	62,27
0,060	321	1232,0	193,4	658,0	79,18
0,080	360	1354,0	212,5	736,0	88,5
0,100	385	1390,0	218,2	852,0	102,5
Moyennès.	303,8	1146,8	179.9	625,7	75,2

compartiments. — Moyenne des expériences.

3ᵉ COMPARTIMENT		4ᵉ COMPARTIMENT		5ᵉ COMPARTIMENT		SURFACE TOTALE	
TOTAL.	MOYENNE par mèt. car.	TOTAL.	MOYENNE par mèt. car.	TOTAL.	MOYENNE par mèt. car.	TOTAL.	MOYENNE par mèt. car.
TUBES OUVERTS.							
195,7	11,77	103,7	6,23	58,2	3,50	1505,7	20,4
305,0	18,35	172,5	10,37	105,0	6,31	2140,0	29,0
423,0	25,45	240,0	14,44	153,0	9,20	2639,0	35,7
453,0	27,25	260,0	15,64	180,0	10,83	2780,0	37,6
468,0	28,15	279,0	16,71	200,0	12,03	2630,0	35,6
368,9	22,19	211,0	12,69	139,2	8,37	2339,0	31,6
TUBES OUVERTS.							
202,5	12,18	109,0	6,5	67,0	4,03	1638,0	29,2
334,0	20,09	176,0	10,5	120,0	7,2	2324,0	31,4
466,0	22,02	293,0	17,6	193,0	11,6	3181,0	43,09
418,0	25,01	263,0	15,8	192,0	11,5	3178,0	43,0
558,0	33,05	352,0	21,1	228,0	13,7	3630,0	49,0
395,7	22,50	238,6	14,3	160,0	9,6	2790,0	39,3
DES TUBES BOUCHÉS.							
161,7	19,4	87,0	10,46	53,0	6,37	1490,0	37,8
250,0	30,08	140,0	16,84	85,0	10,22	1927,5	48,6
328,0	39,47	204,0	24,5	132,0	15,8	2554,0	64,4
384,0	40,2	216,0	25,9	152,0	18,3	2842,0	71,7
431,0	51,8	263,5	31,7	193,0	23,2	3130,0	79,0
310,8	37,39	182,0	21,9	123,0	14,6	2388,6	60,2

§ VI

DISPOSITIONS DES SURFACES DE CHAUFFE

403. Les dispositions à donner aux surfaces de chauffe, pour leur faire absorber la chaleur dans les meilleures conditions possibles, ont une grande importance, et des appareils de même étendue peuvent donner des résultats fort différents suivant le mode de circulation des fluides chauffants et chauffés.

Étudions d'abord la circulation des fluides chauds.

Considérons un cylindre horizontal MN (fig. 241, 242), plein d'un fluide quelconque qu'il s'agit de chauffer au moyen des gaz venant d'un foyer, et disposé dans un conduit en maçonnerie de manière à laisser tout autour un espace pour la circulation des gaz. Nous allons discuter les meilleures dispositions à prendre pour assurer la transmission de la chaleur par le contact des gaz chauds contre les parois du cylindre.

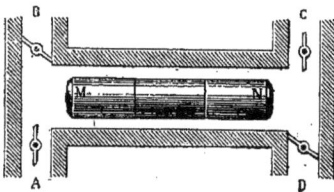
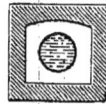

Fig. 241.   Fig. 242.

Supposons quatre ouvertures A, B, C, D placées à chaque extrémité du conduit, en bas et en haut, et munies de registres pour choisir à volonté l'orifice d'arrivée et celui de départ des gaz chauds.

Si on ouvre le registre A pour l'arrivée, il est évident qu'il ne faut pas ouvrir le registre B pour le départ ; les gaz s'échapperaient directement sans avoir circulé au contact du cylindre et il n'y aurait pas de chauffage ; mais on peut se demander lequel des registres C ou D il convient d'ouvrir.

Si on ouvre l'orifice C dans le haut du conduit, les gaz affluant en A et montant directement à la partie supérieure à raison de leur température plus élevée qui les rend plus légers, s'étalent sous la voûte et arrivés à l'extrémité du carneau en N s'échappent par l'orifice C.

Dans leur trajet, si l'espace libre au-dessus du cylindre est assez grand, la circulation des gaz pourra se faire sans qu'ils rencontrent les parois du tuyau qui restera plongé dans la même masse des gaz à peu près stagnante, et relativement froide. Le chauffage sera fort mauvais.

Supposons au contraire qu'on ferme l'orifice C et qu'on ouvre en bas l'orifice D ; les gaz chauds arrivant en A montent toujours directement à la partie supérieure et s'étalent sous la voûte comme dans le premier cas, mais ne trouvant pas d'issue dans le haut, ils sont obligés de redescendre refoulés par les nouveaux gaz qui affluent continuellement ; ils arrivent ainsi forcément au contact du tuyau et la transmission de la chaleur s'effectue. Si la section est assez grande, la vitesse est faible, les gaz peuvent dans leur mouvement obéir aux lois de densité ; ils descendent par couches isothermes, de sorte que ce sont les plus lourds, c'est-à-dire les plus refroidis, qui s'échappent par l'orifice de sortie.

Avec l'orifice du haut C ouvert, les gaz les plus chauds s'échappent les premiers et l'utilisation est faible ; c'est le contraire quand l'orifice du bas D est ouvert, ce sont les gaz les plus froids qui s'échappent.

Ainsi *lorsque des gaz chauds à refroidir circulent dans un carneau horizontal, il faut toujours les faire échapper par un orifice percé à la partie inférieure du carneau.*

Dans les conditions ordinaires, le mouvement ne se produit pas avec la régularité que nous avons supposée, parce que le plus souvent d'autres forces que la densité interviennent pour modifier plus ou moins la circulation.

En général, la molécule chaude qui arrive dans le conduit est sollicitée par deux forces ; l'une tend à la faire monter verticalement en raison de la densité plus faible, l'autre est le tirage de la cheminée qui l'appelle vers l'orifice de sortie.

La direction qu'elle prend est donnée par la résultante de ces deux forces, et se trouve d'autant plus rapprochée de l'horizontale que le tirage est plus énergique. Quand la section du conduit est très grande, la vitesse est faible et les molécules obéissent à peu près aux lois de la densité ; si au contraire la section est réduite, l'action de l'appel domine et le courant s'infléchit.

Il peut même arriver, si le tirage est très puissant et l'orifice D peu éloigné de l'orifice A, qu'il se produise un courant direct de l'un à l'autre passant au-dessous du tube. Dans ces conditions, le chauffage du récepteur serait évidemment mauvais, et lorsqu'on a des raisons de craindre que cet effet se produise, il convient de placer à peu de distance de l'orifice d'entrée une murette verticale qui force le courant à monter à la partie supérieure du conduit.

404. Les mêmes considérations et les mêmes conclusions s'appliquent au cas où le récepteur est disposé verticalement (fig. 243). Il faut toujours établir la circulation de manière que les gaz s'échappent par la partie inférieure. S'ils arrivent par le bas A pour s'échapper par le haut en B, les plus chauds, à raison de leur faible densité, tendent à monter directement, et à prendre le chemin le plus court. La moindre différence de résistance, dans le passage autour du tube, d'un côté C à l'autre D, leur fait abandonner une partie de la section et la surface correspondante du récepteur reste ainsi sans utilité.

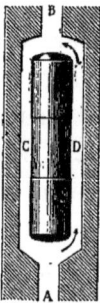

Fig. 243.

Si au contraire les gaz de la combustion arrivent par le haut, l'effet inverse se produit ; les molécules les plus chaudes et par conséquent les plus légères, tendent à se maintenir à la partie supérieure, et ce sont les plus lourdes, c'est-à-dire celles dont le récepteur a absorbé la chaleur, qui se trouvent au bas et qui s'échappent par l'orifice de départ. L'utilisation est évidemment bien meilleure.

Il faut donc toujours établir la circulation de manière que le

courant de gaz chauds se meuve en descendant. Si on est
obligé, pour une cause particulière, de le faire aller
en montant, il est nécessaire de placer dans le conduit des murettes C,D,E,F (fig. 244), formant chi-
canes de distance en distance, pour rompre le
courant direct et le forcer à se rejeter successivement d'un côté à l'autre, afin de le mettre au contact, autant que possible, avec toute la surface du
récepteur. Malgré ces précautions, le chauffage par
courants ascendants laisse toujours à désirer comme
utilisation.

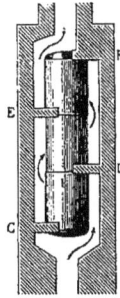

Fig. 244.

405. Division du courant de gaz chauds. — Cet effet
de mauvaise répartition du courant, au contact de la surface,
est encore plus sensible quand on le divise en plusieurs branches, afin d'augmenter la surface de chauffe.

Considérons, avec Péclet, un tuyau de fumée vertical AB
(fig. 245) qui se divise sur une portion de sa hauteur en deux
branches parallèles C et D, entre lesquelles le
courant doit se partager. C'est une disposition
assez fréquemment employée dans les appareils
de chauffage. La circulation des gaz chauds est
fort différente suivant qu'on les fait aller en
montant ou en descendant.

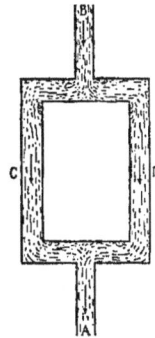

Si le courant est montant et arrive en A, il
ne passera le plus souvent que dans un des
tuyaux C et D, l'autre restera inutilisé. La raison
est facile à comprendre. Les deux tuyaux ne
sauraient se trouver dans des conditions absolument identiques ; le tuyau C, par exemple, a

Fig. 245.

un diamètre légèrement plus fort, ou il offre un peu moins de
résistance, ou bien encore il est moins refroidi parce qu'il est plus
éloigné des fenêtres. Dans ces diverses conditions, la température y est un peu plus élevée; or la différence une fois établie, quelque faible qu'elle soit, tend à s'accentuer de plus en

plus. L'accroissement de température, dans un tuyau C, détermine en effet une diminution de densité, et par conséquent un accroissement de force ascensionnelle et de vitesse. La masse des gaz chauds qui passe augmente, ce qui détermine un nouvel accroissement de température, par suite de force ascensionnelle et ainsi de suite, de sorte que la vitesse tend toujours à augmenter.

L'effet inverse se produit dans le tuyau D. Si la vitesse est, à un moment quelconque, un peu plus faible, il passe moins de gaz chauds, la température s'abaisse, la force ascensionnelle diminue et par suite la vitesse, ce qui produit une nouvelle diminution du courant de gaz chauds, un nouvel abaissement de température et ainsi de suite.

Si rien ne vient troubler l'action de ces forces successives agissant pour augmenter la vitesse dans l'un des tuyaux et la diminuer dans l'autre, il arrivera un moment où le courant passera tout entier d'un seul côté.

Il n'en est plus ainsi lorsque le courant est descendant, comme l'indiquent les flèches. Si, pour une cause quelconque, la vitesse s'accroît dans l'un des tuyaux, la masse des gaz chauds augmentant, la température s'y élève et les gaz devenant plus légers tendent à descendre moins vite. Ainsi le fait même de l'accroissement de vitesse en augmentant la masse des gaz et par suite leur température produit une force ascensionnelle qui tend à réduire la vitesse du mouvement descendant et celui-ci reprend tout naturellement sa valeur normale dans chaque tuyau.

Si au contraire la vitesse diminuait dans l'un des tuyaux, l'abaissement de température qui en serait la conséquence rendrait les gaz plus lourds, ce qui favoriserait leur mouvement de descente et l'égalité de vitesse se rétablirait encore.

406. Dans le raisonnement qui précède, nous n'avons pas tenu compte de l'effet du frottement qui intervient cependant dans tous les cas pour établir l'égalité de répartition des courants. Si la vitesse augmente dans le tuyau C, que le courant soit montant ou descendant, la résistance et par suite la différence de pression entre les points extrêmes augmentent, ce qui tend à faciliter le mouvement dans le tuyau D où la vitesse s'est ralentie.

Mais lorsque le courant est montant, pour que le mouvement se rétablisse en D, il faut que l'excès de pression de la colonne de gaz dans ce tuyau sur l'autre soit plus faible que la perte de charge produite par le mouvement dans le second tuyau.

Si H est la hauteur des tuyaux, t et θ les températures à l'intérieur et à l'extérieur, D le diamètre de celui où le mouvement se produit avec la vitesse v, la différence de pression des deux colonnes est, en hauteur d'eau, comme nous le verrons dans le chapitre des cheminées :

$$E = \frac{H\, d_0 \alpha (t - \theta)}{(1 + \alpha\theta)(1 + \alpha t)},$$

d_0 étant la densité des gaz à $0°$, tandis que la perte de charge, en négligeant les parties horizontales, est

$$\varepsilon = \frac{4\,k\,H}{D} \cdot \frac{d_0}{1 + \alpha t} \frac{v^2}{2g};$$

pour que le mouvement se produise dans les deux tuyaux, il faut que $\varepsilon > E$, ou que :

$$\frac{4\,k}{D} \cdot \frac{v^2}{2g} > \frac{\alpha(t - \theta)}{1 + \alpha\theta},$$

c'est-à-dire

$$v^2 > \frac{g\, D\, \alpha(t - \theta)}{2k(1 + \alpha\theta)}.$$

Si on a $D = 0,10$, $t - \theta = 500°$, $k = 0,006$, $t = 600°$, $\theta = 100°$, on trouve $v > 10^m,34$.

Ainsi, dans ces conditions, tant que la vitesse dans l'un des tuyaux ne dépasse pas $10^m,34$, l'effet de retardation successif, dû à la différence de densité, pourra se produire et le mouvement s'arrêter dans l'autre tuyau ou même se faire en sens inverse.

407. Les mêmes phénomènes se produisent lorsque le courant de gaz chauds se divise en un plus grand nombre de branches.

Ainsi, on emploie assez fréquemment des appareils dits tubulaires (fig. 246) composés d'un grand nombre de tubes de faible
diamètre réunissant deux capacités M et N et dans lesquels le
fluide chaud doit passer simultanément pour se
rendre d'une capacité à l'autre. L'avantage de cette
disposition est d'augmenter considérablement la
surface de transmission. Si on remplace, sur une
portion de sa longueur, un tuyau unique de 0,50
de diamètre par un faisceau tubulaire composé
de 100 tubes de 0,05, la section de passage sera
la même, mais la surface de transmission sera
décuplée; seulement pour que la surface soit
réellement efficace, il faut que le fluide passe dans
tous les tubes, ce qui est difficile à réaliser.

Fig. 246.

Les considérations que nous venons de développer sur les conditions d'égale répartition des courants dans deux tuyaux verticaux s'appliquent à
un nombre quelconque et nous conduisent à la même conclusion : il faut faire circuler en descendant le fluide chaud que
l'on veut refroidir. Si le courant va en montant, il ne s'établira
que dans un certain nombre de tuyaux suffisant pour que la
vitesse ne dépasse pas la limite au delà de laquelle la perte de
charge est plus grande que l'excès de pression des colonnes des
tubes relativement froids sur celles des tubes chauffés.

La conclusion est donc toujours la même. Dans tout appareil
de chauffage, pour refroidir le mieux possible un fluide, il faut
le faire circuler en descendant, au contact des surfaces de transmission.

408. Lorsque le fluide s'échauffe au lieu de se refroidir les
phénomènes sont inverses et un raisonnement analogue conduit
à la conclusion suivante :

*Pour échauffer le mieux possible un fluide, il faut le faire cir-
culer en montant au contact des surfaces de transmission.*

409. Lorsque les tuyaux dans lesquels le courant doit se diviser sont disposés horizontalement, on ne peut plus profiter des
différences de densité produites par le refroidissement ou
l'échauffement pour favoriser l'égalité de répartition.

Il faut alors s'attacher, encore avec plus de soin, à rendre
aussi égales que possible les résistances et les conditions de circulation et de refroidissement, et malgré tout, pour obtenir une
distribution convenable, on est obligé de se servir de registres
permettant de régler le volume qui passe dans chaque branche,
mais les forces qui interviennent, dans les mouvements des gaz
circulant dans des appareils de chauffage, sont si variables, qu'il
est bien difficile d'obtenir d'une manière permanente une répartition égale dans toutes les branches.

410. Le récepteur doit être placé dans les conduits de manière à être en contact avec les gaz les plus chauds et par conséquent à la partie supérieure. C'est ainsi que la disposition
(fig. 247) est préférable à
la disposition (fig. 248) où
les gaz les plus chauds circulent au-dessus du récepteur et non à son contact.
Il ne faut laisser entre la

  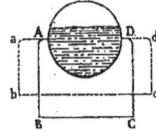

Fig. 247.   Fig. 248.   Fig. 249.

voûte et le récepteur que l'espace suffisant pour la circulation
des gaz et le nettoyage.

Par la même raison, quand on doit chauffer la moitié inférieure
seulement d'un cylindre, comme dans les chaudières à vapeur,
la forme ABCD (fig. 249) pour la même section de carneau est
préférable à la forme *abcd* où les gaz les plus chauds circulent
dans les parties latérales sans être en contact avec le récepteur.

411. Quand on emploie plusieurs tuyaux disposés parallèlement on peut, ou bien laisser circuler les gaz simultanément
autour de l'ensemble des tuyaux (fig. 250) ou bien placer les
tuyaux dans des carneaux distincts que les gaz parcourent suc-

cessivement (fig. 251). Avec cette dernière disposition la transmission par convection est plus assurée que dans la première où
les tuyaux inférieurs reçoivent mal le contact des gaz chauds,

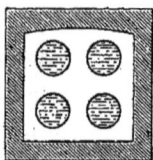 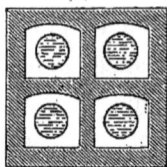

mais d'un autre côté la circulation est plus développée, et
la vitesse plus grande par suite
de la réduction de section, deux
causes qui augmentent notablement les résistances, et il
faut avoir à sa disposition des

Fig. 250.　　　　　Fig. 251.

moyens plus puissants pour produire le mouvement des gaz.

En outre, l'espace occupé est plus grand, car indépendamment
des murettes intermédiaires, il faut que chaque conduit ait une
section de passage suffisante pour la totalité des gaz sans exagérer la vitesse.

412. Quand les tuyaux sont dans des carneaux superposés,
il convient de placer chacun d'eux (fig. 252) près de la voûte
supérieure, comme nous venons de le dire, en laissant en des-

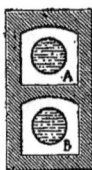 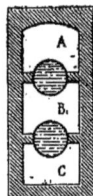

sus ce qui est juste nécessaire pour
les nettoyages et reporter *en dessous*
l'espace suffisant pour le passage des
gaz.

Pour la facilité de la construction,
on emploie quelquefois la disposition
(fig. 253) dans laquelle les séparations
des carneaux superposés sont faites en

Fig. 252.　　　Fig. 253.

bloquant par des briques qui s'appuient sur le récepteur. Le
chauffage s'effectue alors dans de mauvaises conditions, parce
que la partie supérieure des tuyaux récepteurs de chaleur occupe
le bas des carneaux et que de plus elle se recouvre de cendres
qui gênent la transmission.

413. Les figures 254, 255 représentent un récepteur de chaleur formé d'un corps cylindrique chauffé par un foyer A, et de

quatre tuyaux placés dans des carneaux latéraux superposés
B, C, D, E. Suivant le principe, les gaz chauds doivent d'abord
circuler dans le carneau supérieur et descendre successivement
dans les autres en parcourant chacun d'eux dans toute la longueur. C'est ce qu'on réalise facilement en laissant des ouvertures alternées dans la voûte, à l'extrémité et au point bas de
chaque circula-
tion.

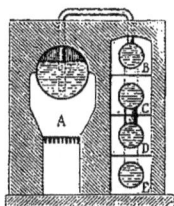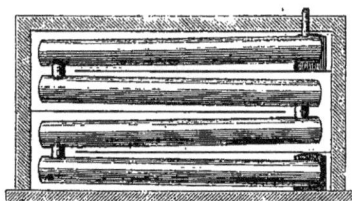

Pour réaliser
le chauffage mé-
thodique, il suf-
fit alors de faire
arriver le fluide
à chauffer par

Fig. 254.   Fig. 255.

le tuyau inférieur au point extrême de la circulation des
gaz chauds et de mettre en communication les divers tuyaux
superposés par des tubulures alternées comme l'indique la
figure. La circulation du fluide chauffé se fait ainsi complètement en sens inverse de celle des gaz chauds, et on réalise les
conditions du *chauffage méthodique* avec tous ses avantages au
point de vue de la transmission. Cette disposition a été appliquée
par M. Farcot, pour les réchauffeurs de chaudières à vapeur.

414. La transmission par convection est d'autant plus rapide,
comme nous l'avons vu (**84**), que la vitesse des gaz est plus
grande. Il y a donc sous ce rapport intérêt à diminuer la section
et à laminer pour ainsi dire les gaz entre le récepteur et les
parois du conduit; mais comme d'un autre côté les résistances
augmentent proportionnellement au carré de la vitesse, on est
limité par les moyens d'appel ou de soufflage dont on dispose.
Dans chaque cas particulier, il faut déterminer les sections de
passage de manière à concilier le mieux possible ces deux conditions opposées, mais en se préoccupant avant tout d'assurer une
circulation régulière. Nous verrons dans le chapitre des cheminées comment on détermine ces sections.

415. Circulation du fluide chauffé. — Il importe, au point de vue de la transmission et aussi de la conservation des parois du récepteur, de faciliter autant que possible la circulation du fluide chauffé au contact de ces parois et d'utiliser pour cela les mouvements naturels que le fluide tend à prendre sous l'action de la chaleur.

Considérons un cylindre plein d'eau chauffé à sa partie inférieure.

Si le diamètre du cylindre ABCD est grand par rapport à la source

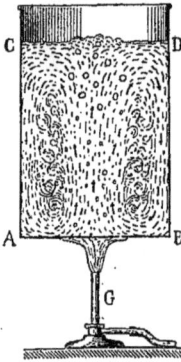 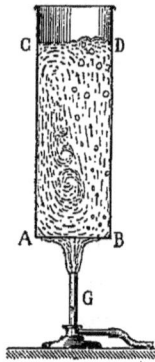

Fig. 256.   Fig. 257.

de chaleur G (fig. 256), il va se produire dans l'axe un courant ascendant d'eau chaude et contre les parois des courants descendants d'eau relativement froide. Il s'établit ainsi dans la masse une circulation continue qui fait participer successivement tout le liquide à l'action du foyer de chaleur et y répartit à peu près également et rapidement la température.

La même circulation s'établit pour un gaz chauffé par la partie inférieure dans un vase fermé.

Si le diamètre du vase ABCD n'est pas assez grand, le courant ascendant s'établit contre une des parois BD et le courant descendant du côté opposé CA (fig. 257); et il se produit entre les deux des tourbillons et des remous; le mouvement est moins régulier que dans le cas précédent, mais la répartition de la température dans la masse se fait toujours rapidement.

Si le cylindre se réduit (fig. 258) à un simple tube B de faible diamètre, mettant par exemple en communication un réservoir V avec un récipient chauffé A, sans le tube latéral CD, les mouvements deviennent très irréguliers. Tant que le chauffage est modéré, que l'eau ne produit pas de vapeur, les courants ascendant et descendant se produisent dans le tube de communication, mais aussitôt qu'il se forme de la vapeur le phénomène change.

Les bulles de vapeur viennent d'abord occuper le haut de la chaudière à la base du tube où elles se can-tonnent sans pouvoir se dégager et la circula-tion s'arrête. Sous l'action de la chaleur, la pression de la vapeur augmente progressive-ment et il arrive un moment où elle est assez forte pour soulever la colonne d'eau qui rem-plit le tube; la vapeur se dégage alors vio-lemment dans le vase supérieur en soulevant la masse d'eau qui le remplit. Ce dégagement tumultueux se continue jusqu'à ce que la pression dans la chaudière soit assez abaissée pour que l'eau puisse y rentrer par le tube, et comme cette rentrée est accompagnée géné-ralement d'une condensation partielle de la va-peur, il se produit des chocs et des secousses. Quand la chaudière est remplie, les mêmes

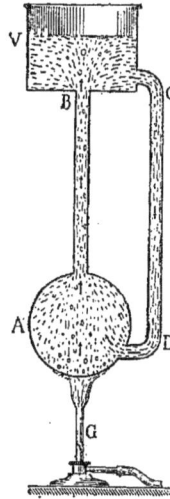

Fig. 258.

phénomènes se reproduisent; le chauffage se continue d'abord avec une certaine régularité jusqu'à ce que la vapeur produite soit assez abondante pour déterminer un nouveau soulèvement tumultueux. C'est ainsi que fonctionnent certains appareils, tels que les chaudières à lessive, dans lesquelles le liquide est projeté sur le linge par des émulsions intermittentes qu'on appelle des *jetées*.

L'accumulation de la vapeur dans le haut de la chaudière n'est pas sans inconvénient. Le métal fortement chauffé par le foyer n'est plus refroidi par l'eau; la température peut atteindre la chaleur rouge et, dans ces conditions, des altérations du métal ne tardent pas à se produire.

Pour éviter ces dégagements tumultueux et ces cantonnements de vapeur, il suffit d'assurer la circulation en établissant latéra-lement (fig. 258) un tuyau de retour CD, venant du vase supérieur et aboutissant au bas de la chaudière. Il s'y établit un courant

descendant séparé du courant ascendant, de sorte que la circulation se fait régulièrement, sans bruit et sans secousses.

416. En principe, il faut, dans tout chauffage d'un fluide,
assurer la circulation de ce fluide au contact des surfaces de
chauffe, et quand il se produit de la vapeur, faciliter son dégagement dans un espace dont les parois ne soient pas chauffées.

C'est ainsi que dans les chaudières à bouilleurs il faut établir,
entre les bouilleurs et le corps cylindrique, au moins deux
grosses tubulures de communication, l'une pour le dégagement
de la vapeur, l'autre pour le retour de l'eau. Le diamètre de
ces tubulures doit être assez grand pour que les bulles de vapeur ne puissent se cantonner à la base et que leur dégagement
soit facile et sûr dans la chambre de vapeur. Pour faciliter ce
dégagement, il est bon de donner au bouilleur une légère inclinaison, en plaçant la tubulure au point le plus élevé.

417. Dans les foyers du type Cornwall (fig. 125), lorsque le
feu est modéré, il se produit des deux côtés, dans l'intervalle
des deux tôles, un double courant montant le long des parois
du foyer et descendant contre le corps cylindrique; mais lorsque
le feu est actif et la production de vapeur abondante, ces deux
mouvements séparés se transforment en un mouvement général de rotation de la masse liquide autour du cylindre du foyer,
mouvement qui favorise au plus haut degré la transmission de
la chaleur et refroidit le métal dont la température dépasse peu
celle de l'eau. C'est une condition de durée pour les parois des
foyers fortement chauffées.

Dans certaines chaudières à foyer intérieur, comme dans
les locomotives et analogues, les deux côtés ne sont pas
réunis (fig. 259) en dessous du foyer et ce mouvement général
d'entraînement de l'eau ne peut se produire. La circulation doit
se faire séparément de chaque côté; pour que le courant ascendant et le courant descendant ne se gênent pas trop, il faut un
intervalle suffisant entre les deux parois, au moins 10 ou 12 cen-

timètres. Si cet intervalle est trop faible, les bulles de vapeur peuvent le remplir complètement; la transmission de la chaleur ne se fait plus que très imparfaitement; le métal s'échauffe et se détruit.

Pour faciliter le mouve-
ment, on dispose quelque-
fois, au milieu de l'intervalle (fig. 260), une cloison
qui ne descend pas jusqu'au
bas. On sépare ainsi les
deux courants dont le mou-

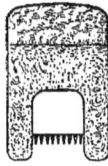  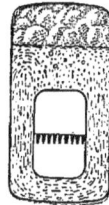

Fig. 259.   Fig. 260.   Fig. 261.

vement devient régulier, mais c'est une complication pour la construction et une difficulté pour les nettoyages.

On arrive au même résultat, en réunissant en dessous (fig. 261) les deux côtés de la chaudière; il s'établit toujours, soit dans un sens soit dans l'autre, autour du foyer, un mouvement giratoire assez rapide qui renouvelle le liquide au contact des parois, dégage les bulles de vapeur et, en favorisant la transmission, assure la conservation du métal.

418. Dans le système de chaudière à vapeur imaginé par M. Field, une grande partie de la surface
de chauffe est constituée par des tubes BB suspendus au ciel du foyer (fig. 262). Ces tubes, fermés
par le bas, communiquent par le haut avec l'eau
de la chaudière qui doit remplacer la vapeur à
mesure que celle-ci se forme et se dégage sur les
parois du tube, par l'action intense du rayonnement du foyer. Si on ne prenait aucune disposition particulière, ces tubes, étant de faible diamètre, seraient remplis complètement par les
bulles de vapeur et rapidement détruits. Pour as-

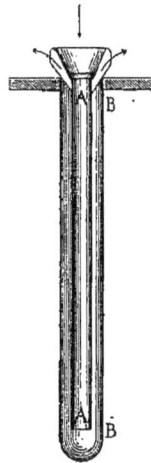

Fig. 262.

surer la double circulation nécessaire à leur durée, M. Field a
disposé au milieu de chacun d'eux un second tube AA de diamètre
moitié environ, ouvert aux deux bouts, suspendu par des ailettes

et s'arrêtant à une petite distance du fond du tube fermé. Avec cette addition, les deux courants peuvent s'établir; la vapeur se dégage dans l'espace annulaire, dont les parois sont fortement chauffées, tandis que l'eau de la chaudière descend pour la remplacer par le tube intérieur.

On voit que ces dispositions tendent toujours au même but : assurer le dégagement facile de la vapeur et son remplacement par de l'eau au contact de la paroi chauffée. C'est la condition indispensable pour un bon chauffage et la conservation des appareils.

CHAPITRE VI

CHEMINÉES

---

§ Ier

TIRAGE DES CHEMINÉES

419. Préliminaires. — La cheminée est l'appareil généralement employé pour faire affluer, dans les foyers, sur le combustible, l'air nécessaire à la combustion.

Une cheminée est simplement un tuyau vertical communiquant, à ses deux extrémités, plus ou moins directement avec l'atmosphère et dans lequel se meuvent des gaz chauds. La différence de densité, entre les gaz intérieurs et l'air atmosphérique détermine une différence de pression qui produit un appel à la base de la cheminée, et par suite dans le tuyau un mouvement ascendant plus ou moins rapide suivant la hauteur de la cheminée et l'excès de température des gaz chauds sur l'air extérieur. Cet appel porte le nom de *tirage*.

La cheminée est le plus souvent placée à la suite de l'appareil de chauffage et reçoit les gaz qui proviennent du foyer et qui se sont incomplètement refroidis au contact du récepteur. Ces gaz, qui sont formés d'un mélange d'acide carbonique, d'oxyde de carbone, d'oxygène, d'azote, d'hydrogène, de vapeur d'eau, d'hydrogènes carbonés, ont une composition très variable sui-

vant la nature du combustible, la proportion d'air employé et
les circonstances de la combustion (60).

En général, leur densité moyenne diffère peu de celle de l'air
atmosphérique, à la même température. L'acide carbonique a
une densité plus forte, la vapeur d'eau, l'hydrogène et les hydrogènes carbonés ont une densité plus faible, ce qui fait à peu
près compensation.

D'après les analyses de M. Scheurer Kestner, on peut établir
comme il suit la composition moyenne des gaz de la combustion
d'une houille ordinaire, brûlée avec un volume d'air de 50 p. 100
en excès.

DÉSIGNATION DES GAZ.	VOLUMES dans 1 mètre cube de mélange.	POIDS dans 1 mètre cube de mélange.
	Mètres cubes.	Kilogrammes.
Acide carbonique.	0,110	0,21747
Oxygène.	0,060	0,08580
Oxyde de carbone	0,003	0,00374
Hydrogène.	0,005	0,00048
Hydrogènes carbonés . . .	0,003	0,00216
Azote.	0,745	0,93572
Vapeur d'eau	0,074	0,05920
	1,000	1,30457

Ainsi le poids du mètre cube des gaz de la combustion, ramené
à 0°, pèse environ $1^k,304$; et comme le mètre cube d'air, à la
même température, pèse $1^k,293$, on peut regarder les deux densités comme pratiquement égales.

Nous admettrons en conséquence, dans ce qui va suivre, que
la densité des gaz de la combustion est la même que celle de
l'air atmosphérique, à la même température et à la même
pression.

THÉORIE DU TIRAGE

420. Considérons une cheminée ABCD de hauteur H (fig. 263)
remplie de gaz chauds à une température t que nous supposerons uniforme sur toute la hauteur, et supérieure à la température θ de l'air extérieur.

TIRAGE DES CHEMINÉES.

Dans la section verticale AB, à l'entrée du tuyau, se manifestent deux pressions en sens opposé; l'une F, de l'extérieur vers l'intérieur, est égale à la pression atmosphérique à ce niveau, l'autre f, de l'intérieur vers l'extérieur, est égale à la pression atmosphérique au sommet de la cheminée, augmentée de la pression produite par la colonne de gaz chauds. C'est en vertu de la différence de pression $F-f$ que le mouvement se produit.

Désignons par Z la pression atmosphérique, par unité de surface, sur la zone horizontale MN passant par le sommet de la cheminée; soient Ω la section du tuyau en AB et d_0 la densité de l'air extérieur à $0°$ par rapport à l'eau ($d_0 = 0,001293$

Fig. 263.

pour la pression atmosphérique normale de $0,76$ de mercure). La pression F est égale à la pression au sommet de la cheminée, augmentée de celle qui est produite par une colonne d'air extérieur de hauteur H et de température θ, sur la section Ω; cette pression est en conséquence

$$F = Z\Omega + H\Omega \frac{d_0}{1+\alpha\theta}.$$

Pour la pression f, la colonne d'air extérieur est remplacée par la colonne des gaz intérieurs à la température t et à la densité $\frac{d_0}{1+\alpha t}$ puisque, d'après ce que nous avons vu, les densités à $0°$ des gaz intérieurs et extérieurs sont sensiblement les mêmes; d'après cela

$$f = Z\Omega + H\Omega \frac{d_0}{1+\alpha t}.$$

En faisant la différence on trouve :

$$F - f = H\Omega d_0 \alpha \frac{t-\theta}{(1+\alpha\theta)(1+\alpha t)}.$$

C'est l'excès de pression de l'extérieur sur l'intérieur; cet

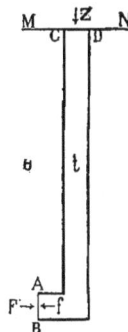

excès est exprimé en tonnes de 1000 kilogrammes, si H et Ω sont évalués en mètres.

Pour en déduire la vitesse d'écoulement des gaz dans la cheminée, on se sert de la formule générale (**139**) :

$$V = \sqrt{2gh}$$

dans laquelle h est la hauteur d'une colonne du fluide qui s'écoule, produisant l'excès de pression. Dans le cas particulier, c'est la hauteur d'une colonne de gaz à la température t, produisant sur la section Ω la pression $F - f$. La densité du gaz étant $\dfrac{d_0}{1 + \alpha t}$, on a, pour déterminer h, la relation

$$h\Omega \frac{d_0}{1 + \alpha t} = F - f.$$

Si on remplace $F - f$ par sa valeur, on trouve après simplification

$$h = \frac{H\alpha(t - \theta)}{1 + \alpha\theta}, \qquad (1)$$

et par suite

$$V = \sqrt{2gH\frac{\alpha(t - \theta)}{1 + \alpha\theta}}.$$

Soit E la hauteur d'eau mesurant la dépression produite par une cheminée, c'est-à-dire exerçant sur la section Ω la pression $F - f$, on a, la densité de l'eau étant 1,

$$E\Omega \times 1 = F - f \qquad \text{et} \qquad E = \frac{F - f}{\Omega}.$$

Remplaçant $F - f$ par sa valeur, on trouve

$$E = Hd_0\alpha \frac{t - \theta}{(1 + \alpha\theta)(1 + \alpha t)}. \qquad (2)$$

E est la dépression, en mètres de hauteur d'eau, produite par la cheminée.

On peut la considérer comme la différence de deux hauteurs d'eau, l'une $\dfrac{F}{\Omega} = H\dfrac{d_0}{1 + \alpha\theta}$ est la pression produite par la colonne d'air froid de hauteur H; la seconde $\frac{f}{\Omega} = H\frac{d_0}{1+\alpha t}$ est la pression produite par la colonne d'air chaud de même hauteur.

En portant cette valeur de E dans la formule que nous avons donnée (**141**) $V = \sqrt{\frac{2g\mathrm{E}}{d}}$, et remplaçant d par sa valeur $\frac{d_0}{1+\alpha t}$, on retrouve l'équation :

$$V = \sqrt{\frac{2g\mathrm{H}\alpha(t-\theta)}{1+\alpha\theta}}. \tag{3}$$

On appelle quelquefois la vitesse V ainsi calculée la *vitesse théorique*. Il serait plus exact de dire que c'est la vitesse qui aurait lieu s'il n'y avait pas de résistances. Comme il y en a toujours, par suite des frottements, des changements de direction, de section, etc., il faut pour en tenir compte et avoir la vitesse réelle v, employer la formule (**204**)

$$v = \sqrt{\frac{2g\mathrm{E}}{d(1+\mathrm{R})}}$$

qui donne pour une cheminée

$$v = \sqrt{\frac{2g\mathrm{H}\alpha(t-\theta)}{(1+\alpha\theta)(1+\mathrm{R})}}. \tag{4}$$

R est le coefficient total de résistance qui dépend de la forme et des dimensions des conduits dans lesquels circulent les gaz appelés par la cheminée, et que nous pouvons calculer dans chaque cas particulier (**205**).

La formule montre que *la vitesse est proportionnelle à la racine carrée de la hauteur de la cheminée et de l'excès de température.*

421. Volume écoulé. — Le volume écoulé par $1''$ est

$$Q = \Omega v = \Omega\sqrt{\frac{2g\mathrm{H}\alpha(t-\theta)}{(1+\alpha\theta)(1+\mathrm{R})}}. \tag{5}$$

Le volume est, comme la vitesse, *proportionnel à la racine carrée de la hauteur de la cheminée et de l'excès de température.*

Il augmente par conséquent indéfiniment avec cet excès; de plus *il est proportionnel à la section.*

422. Poids des gaz écoulés. — Le poids des gaz écoulés par $1''$ est en kilogs

$$P = 1000\,\Omega\,vd = 1000\,\Omega\,\frac{d_0}{1+\alpha t}\sqrt{\frac{2g\mathrm{H}\alpha(t-\theta)}{(1+\alpha\theta)(1+\mathrm{R})}}. \quad (6)$$

Le poids écoulé est, comme le volume, *proportionnel à la section et à la racine carrée de la hauteur de la cheminée,* mais il n'est plus proportionnel à la racine carrée de la différence de température; il varie comme la racine carrée de la fonction

$$\frac{t-\theta}{(1+\alpha t)^2}.$$

Cette fonction a un maximum pour une température qu'on obtient en égalant la dérivée à o, il vient

$$\frac{2\alpha(t-\theta)(1+\alpha t)-(1+\alpha t)^2}{(1+\alpha t)^4} = 0,$$

et comme $1+\alpha t$ ne saurait être nul ni infini,

$$2\alpha(t-\theta)=1+\alpha t \qquad \text{et} \qquad t=\frac{1}{\alpha}+2\theta. \quad (7)$$

C'est la température qui donne le maximum de poids écoulé, c'est-à-dire le *maximum de tirage.*

Pour $\theta=0$, on a $t=273°$; pour $\theta=14°$, ce maximum correspond à 300°.

Il n'y a pas lieu de s'étonner qu'il y ait un maximum pour le poids de gaz écoulé; ce poids est égal au produit du volume par la densité, et si d'un côté l'élévation de température fait augmenter la vitesse et le volume, de l'autre elle diminue la densité.

L'existence de ce maximum n'a jamais été constatée, à notre connaissance, par des expériences précises, mais elle paraît s'accorder avec des faits pratiques. On a remarqué que dans les fourneaux de chaudière à vapeur la température des gaz dans la cheminée pouvait varier dans des limites très étendues au-

dessus et au-dessous de 300° sans faire varier le tirage d'une
manière sensible, ce qui est l'indication d'un maximum, et il paraît que dans certains cas, pour des fourneaux métallurgiques
notamment, le tirage s'est trouvé augmenté en refroidissant les
gaz trop chauds avant leur arrivée dans la cheminée.

423. Nous avons réuni, dans le tableau suivant, les valeurs
des vitesses, des volumes, des poids et des excès de pression
pour une suite d'excès de température de 0° à 2 000°. Ces nombres ont été calculés, au moyen des formules précédentes, pour
une section égale à l'unité ($\Omega = 1$) et une hauteur égale à l'unité
($H = 1$). On a supposé la température extérieure à 0° ($\theta = 0$) et les
résistances nulles ($R = 0$).

**Tableau des vitesses, des volumes, des poids et des dépressions
pour différents excès de température, dans une cheminée de
1 mètre de hauteur et d'une section de 1 mètre carré.**

TEMPÉ-RATURES t	VITESSES ou VOLUMES en mètres V ou Q	POIDS en kilogr. P	DÉPRES-SIONS en millim. d'eau à 0°. 1000 E	TEMPÉ-RATURES t	VITESSES ou VOLUMES en mètres V ou Q	POIDS en kilogr. P	DÉPRES-SIONS en millim. d'eau à 0°. 1000 E
1	2	3	4	1	2	3	4
5	0,5999	0,762	0,02230	250	4,2424	2,861	0,6188
10	0,8484	1,071	0,04581	275	4,4495	2,864	0,6496
15	1,0389	1,274	0,06747	300	4,6465	2,860	0,6776
20	1,1999	1,446	0,08845	325	4,8372	2,853	0,7036
25	1,3416	1,590	0,1087	350	5,0197	2,841	0,7270
30	1,4695	1,725	0,1293	375	5,1960	2,827	0,7489
40	1,6968	1,915	0,1656	400	5,3664	2,811	0,7691
50	1,8972	2,073	0,2006	500	5,9999	2,736	0,8369
60	2,0781	2,202	0,2334	600	6,5724	2,653	0,8892
80	2,3998	2,400	0,2936	700	7,0979	2,572	0,9307
100	2,6832	2,538	0,3471	800	7,5891	2,493	0,9645
125	2,9998	2,660	0,4068	900	8,0496	2,418	0,9925
150	3,2861	2,741	0,4592	1000	8,4850	2,249	1,016
175	3,5493	2,812	0,5088	1500	10,3571	2,066	1,094
200	3,7945	2,829	0,5473	2000	11,9992	1,860	1,136
225	4,0248	2,851	0,5850				

Au moyen de ce tableau on peut, quand on connaît la hauteur d'une cheminée, sa section et l'excès de température, calculer facilement la vitesse, le volume et le poids des gaz écoulés, ainsi que la dépression produite.

Pour avoir la vitesse, il faut multiplier le nombre du tableau (col. 2) correspondant à l'excès de température, par la racine carrée de la hauteur. Le volume s'obtient ensuite en multipliant par la section.

Pour avoir le poids écoulé par 1″ en kilogrammes, il faut multiplier le nombre du tableau pris dans la 3ᵉ colonne, correspondant à l'excès de température, par la racine carrée de la hauteur et ensuite par la section.

Enfin la dépression s'obtient, pour chaque excès de température, en multipliant, par la hauteur de la cheminée, le nombre correspondant de la 4ᵉ colonne.

Il est bien entendu que ces nombres ne s'appliquent qu'à l'écoulement sans résistance ; en fait, ils doivent être toujours réduits dans une proportion plus ou moins grande, suivant les frottements, les remous, etc., que les gaz éprouvent dans la circulation, avant d'arriver à la cheminée. Ces résistances sont caractérisées par le coefficient R.

424. Les variations des vitesses, des volumes, des poids et des pressions avec la température sont représentées dans la figure 264 au moyen de courbes.

On a porté comme abscisses les températures des gaz dans la cheminée et en ordonnées :

Pour la courbe ONA, les vitesses ou les volumes.

Pour la courbe OMB, les poids.

Enfin pour la courbe OPC, les dépressions.

En examinant ces courbes ou les nombres du tableau, on reconnaît que :

Les vitesses et les volumes croissent indéfiniment avec la température ; la courbe est une parabole.

Les poids de gaz écoulés augmentent d'abord très rapidement

avec la température ; de 0° à 50°, la courbe est une ligne presque droite peu inclinée sur la verticale ; elle s'arrondit de 50 à 150°, mais à partir de 150 jusqu'à 500° le poids varie assez peu et passe par un maximum vers 273° ; il est de 2ᵏ,741 pour un excès de 150° ; il s'élève à 2ᵏ,864 pour 273° et redescend à 2ᵏ,736 pour

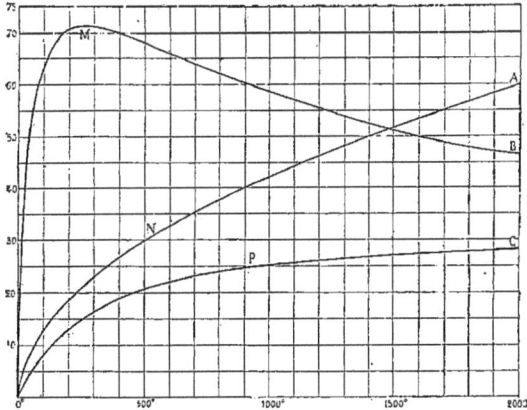

Fig. 264.

500°, s'écartant peu d'une moyenne de 2ᵏ 80. Entre 200 et 400°, il est presque constant ; les valeurs limites sont 2,829 ; 2,864 ; 2,811. Ce résultat a une grande importance ; il fait voir que la température des gaz, dans une cheminée, peut varier entre 150 et 500°, sans que le poids écoulé varie sensiblement.

La dépression croît indéfiniment avec l'excès de température, mais l'accroissement est d'autant moins sensible que la température est plus élevée ; quand cet excès varie de 0 à 50°, l'accroissement de pression est de $0^{mm},2006$ par mètre de hauteur de cheminée, tandis que lorsqu'il varie de 500 à 550 (même différence de température), il est seulement de $0^{mm},023$, environ dix fois moins grand.

425. Cheminées à plusieurs branches. — Dans certaines dispositions d'appareils, les gaz chauds circulent successivement, en montant et en descendant, dans une série de con-

duits verticaux et le plus souvent à des températures différentes,
avant d'arriver à la cheminée proprement dite. Le calcul de la
pression, produite dans ces conditions, se fait de la manière suivante :

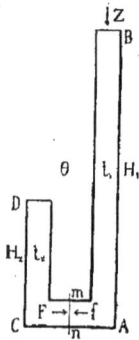

Fig. 265.

Considérons d'abord une conduite (fig. 265) à
deux branches AB, CD, de hauteur $AB = H_1$ et
$CD = H_2$, dans lesquelles les gaz se trouvent aux
températures t_1 et t_2; soit θ la température extérieure et désignons, comme précédemment, par Z
la pression atmosphérique, par unité de surface,
au niveau du sommet de la cheminée; la pression F de gauche à droite, sur la tranche mn de
section Ω, se compose de trois parties, de la pression atmosphérique au sommet, de la pression
d'une colonne d'air extérieure de hauteur $H_1 - H_2$
et enfin de la pression d'une colonne de gaz chauds à t_2 de
hauteur H_2

$$F = \Omega Z + \Omega (H_1 - H_2) \frac{d_0}{1 + \alpha\theta} + \Omega H_2 \frac{d_0}{1 + \alpha t_2};$$

la pression f en sens inverse est

$$f = \Omega Z + \Omega H_1 \frac{d_0}{1 + \alpha t_1},$$

et en faisant la différence

$$F - f = \Omega H_1 d_0 \alpha \frac{t_1 - \theta}{(1 + \alpha\theta)(1 + \alpha t_1)} - \Omega H_2 d_0 \alpha \frac{t_2 - \theta}{(1 + \alpha\theta)(1 + \alpha t_2)},$$

et par conséquent la hauteur d'eau correspondante

$$E = \frac{F - f}{\Omega} = H_1 d_0 \alpha \frac{t_1 - \theta}{(1 + \alpha\theta)(1 + \alpha t_1)} - H_2 d_0 \alpha \frac{t_2 - \theta}{(1 + \alpha\theta)(1 + \alpha t_2)}.$$

Si on désigne par E_1 la dépression produite par la branche AB
agissant séparément, on a : $E_1 = H_1 d_0 \alpha \dfrac{t_1 - \theta}{(1 + \alpha\theta)(1 + \alpha t_1)}$; de même,

$E_2 = H_2 d_0 \alpha \dfrac{t_2 - \theta}{(1 + \alpha\theta)(1 + \alpha t_2)}$ est la dépression produite par la branche DC, et on voit, d'après la forme de la relation, que

$$E = E_1 - E_2 ;$$

c'est-à-dire que la dépression E, produite par les deux branches agissant ensemble est la différence des dépressions produites par chacune d'elles agissant isolément.

426. En général, pour une circulation ABCDG formée d'un nombre quelconque de branches (fig. 266) de hauteurs H_1, H_2, H_3, H_4, renfermant des gaz à des températures t_1, t_2, t_3, t_4, la différence de pression, positive ou négative, en hauteur d'eau, produite par chaque branche est

$$E_1 = H_1 d_0 \alpha \frac{t_1 - \theta}{(1 + \alpha 0)(1 + \alpha t_1)}$$

$$E_2 = H_2 d_0 \alpha \frac{t_2 - \theta}{(1 + \alpha 0)(1 + \alpha t_2)}$$

$$E_3 = H_3 d_0 \alpha \frac{t_3 - \theta}{(1 + \alpha\theta)(1 + \alpha t_3)}$$

$$E_4 = H_4 d_0 \alpha \frac{t_4 - \theta}{(1 + \alpha\theta)(1 + \alpha t_4)}$$

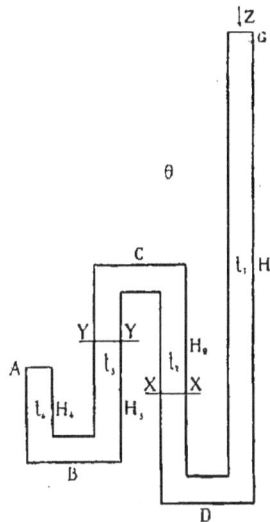

Fig. 266.

et l'excès total de pression E, produit par l'ensemble, dans le sens ABCDG, est

$$E = E_1 - E_2 + E_3 - E_4.$$

C'est la somme algébrique des pressions partielles, en prenant comme positives les pressions produites par les branches dans lesquelles les gaz chauds montent, et comme négatives celles produites dans les branches où il descend.

Pour qu'il y ait mouvement dans le sens supposé, il faut évidemment $E > 0$ ou $E_1 + E_3 > E_2 + E_4$.

SER. 38

La vitesse à la sortie est donnée par la formule

$$v = \sqrt{\frac{2g}{d} \frac{E}{1+R}}.$$

R étant le coefficient total de résistance rapporté à la vitesse de sortie (**205**).

Si E était plus petit que o, la vitesse dans le sens supposé serait imaginaire ; le mouvement aurait lieu en sens inverse.

PRESSIONS AUX DIFFÉRENTS POINTS D'UNE CIRCULATION DE GAZ AVEC TIRAGE PAR CHEMINÉE

427. Préliminaires. — Les pressions produites par le tirage d'une cheminée varient d'un point à un autre de la circulation des gaz, et la différence entre l'extérieur et l'intérieur peut être tantôt positive, tantôt négative.

Rarement la circulation se compose du simple tuyau vertical de la cheminée ; le plus souvent, celui-ci est précédé de conduits plus ou moins longs, plus ou moins contournés, dans lesquels circulent les gaz de combustion au contact du récepteur de chaleur ; quelquefois le tuyau de cheminée se prolonge au sommet par une partie horizontale qui fait déboucher les gaz dans l'atmosphère à une certaine distance de la colonne verticale. La longueur et la forme de ces différents conduits ont une grande influence sur les pressions ; il en est de même de la position du registre et de son état de fermeture.

Suivant les dispositions, l'excès de pression de l'extérieur sur l'intérieur peut être tantôt positif, tantôt négatif. Dans le premier cas, l'air extérieur tend à pénétrer dans les conduits par tous les orifices et tous les joints ; dans le second cas, au contraire, c'est la fumée qui tend à sortir. On comprend que le sens de l'excès de pression ait une grande importance dans certains fourneaux industriels.

Dans les calculs qui vont suivre, nous supposerons, pour simplifier, que la section est de 1 mètre carré; nous évaluerons la pression en mètres de hauteur d'eau; elle sera exprimée par le même nombre que la pression en tonnes de 1000 kilogrammes par mètre carré de surface.

428. Pression dans une cheminée droite verticale. —
Considérons d'abord une cheminée formée d'un simple tuyau vertical AB (fig. 267).

Au sommet, la pression statique est la même à l'intérieur de la veine fluide et à l'extérieur. C'est ce qui a lieu à l'extrémité d'une conduite quelconque, comme nous l'avons vu au n° **235**, quand l'écoulement se fait par veines parallèles.

Cependant, quand on observe la sortie de la fumée au sommet d'une cheminée, on reconnaît que l'écoulement n'est pas bien régulier et se fait comme par bouffées et détentes successives. Il y aurait sur ce sujet des expériences intéressantes à faire. Nous admettrons néanmoins qu'à la sortie, la pression est la même à l'intérieur et à l'extérieur; la différence, s'il y en a, ne pouvant être que très faible.

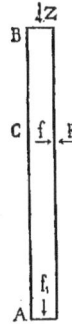

Fig. 267.

Soit Z cette pression commune. A la base, la pression intérieure f_1 est égale à la pression au sommet, augmentée de la pression produite par la colonne de gaz chauds et aussi de l'excès de pression nécessaire pour surmonter les résistances dans le tuyau.

La pression, produite par la colonne de gaz chauds, est

$$\frac{H d_0}{1 + \alpha t}.$$

La pression nécessaire pour vaincre les résistances est la perte de charge ε (**205**) telle que

$$\varepsilon = E - e = Re \qquad (1)$$

e étant la charge correspondant à 1 vitesse de sortie, R le coef-

ficient de résistance qui dépend des formes et des dimensions
du tuyau.

On a donc, à l'intérieur, à la base de la cheminée,

$$f_1 = Z + \frac{Hd_0}{1 + \alpha t} + Re; \qquad (2)$$

à l'extérieur, à la base

$$F_1 = Z + \frac{Hd_0}{1 + \alpha\theta}, \qquad (3)$$

et par suite

$$F_1 - f_1 = \frac{Hd_0\alpha(t - \theta)}{(1 + \alpha\theta)(1 + \alpha t)} - Re = E - Re \qquad (4)$$

ou bien en vertu de la relation (1)

$$F_1 - f_1 = e \qquad (5)$$

c'est-à-dire que la différence de pression, à la base de la cheminée, est précisément celle qui correspond à la vitesse ; ce qu'il
était facile de prévoir.

Pour avoir les pressions en C à une distance quelconque x au-
dessous du sommet, on fait le calcul de la même manière.

On trouve pour la pression intérieure f

$$f = Z + \frac{xd_0}{1 + \alpha t} + re \qquad (6)$$

r représente le coefficient de résistance pour la portion de cheminée CB.

La pression extérieure F, au point C, est

$$F = Z + \frac{xd_0}{1 + \alpha\theta}, \qquad (7)$$

et la différence

$$F - f = xd_0\alpha\frac{t - \theta}{(1 + \alpha\theta)(1 + \alpha t)} - re \qquad (8)$$

qu'on peut mettre sous la forme

$$F - f = \frac{x}{H} \cdot E - re = \left[\frac{x}{H}(1 + R) - r\right]e. \qquad (9)$$

Cette expression peut être positive ou négative suivant les cas.

Si les résistances dans la cheminée sont produites uniquement par les frottements, en désignant par D le diamètre et par k le coefficient de frottement, on a, pour la hauteur totale de la cheminée, $R = \dfrac{4kH}{D}$; pour la portion CB de hauteur x, $r = \dfrac{4kx}{D}$, et

$$F - f = \left(\frac{x}{H} + \frac{4kxH}{HD} - \frac{4kx}{D} \right) e = \frac{x}{H} e. \qquad (10)$$

On voit que, dans le cas du frottement seul, la pression extérieure est toujours *au-dessus* de la pression intérieure et la différence est proportionnelle au rapport $\dfrac{x}{H}$. Si on perce un orifice en un point quelconque de la cheminée, il y a rentrée d'air et d'autant plus énergique que x est plus grand, c'est-à-dire que l'orifice est percé plus bas.

Les traces de noir de fumée, qu'on constate fréquemment dans des fissures vers le haut des cheminées, accusent cependant une sortie des gaz et par conséquent un excès de pression intérieure, mais cela tient aux actions atmosphériques, dont il n'a pas été tenu compte dans le calcul; le vent en soufflant sur un côté de la cheminée peut modifier, sur une certaine hauteur, le sens de la pression la plus forte et faire sortir la fumée par les fissures du côté opposé.

429. Pression dans une cheminée avec registre au sommet. — Si la résistance est produite par d'autres causes que le frottement, par un registre, par exemple, placé au sommet (fig. 268), la pression intérieure dépasse celle de l'atmosphère sur une certaine hauteur, c'est-à-dire qu'on a

$$\frac{x}{H}(1 + R) - r < 0$$

pour certaines valeurs de x,

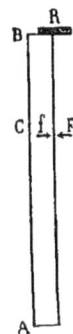

Fig. 268.

Soit Ne (**212**) la résistance produite par le registre, on a

$$r = \frac{4kx}{D} + N, \qquad R = \frac{4kH}{D} + N,$$

et en substituant on trouve

$$F - f = \left[\frac{x}{H} \left(1 + \frac{4kH}{D} + N \right) - \frac{4kx}{D} - N \right] e, \quad (11)$$

ou

$$F - f = \left[\frac{x}{H} (1 + N) - N \right] e. \qquad (12)$$

La hauteur à laquelle les pressions se font équilibre est donnée par la relation F $= f$, ou

$$\frac{x}{H} (1 + N) - N = 0,$$

d'où

$$x = H \frac{N}{1 + N}. \qquad (13)$$

On voit que $\frac{N}{1 + N}$ étant plus petit que l'unité, il y a toujours, sur la hauteur, un point où l'équilibre existe; au-dessus, la pression intérieure est plus forte que la pression extérieure; au-dessous elle est plus faible.

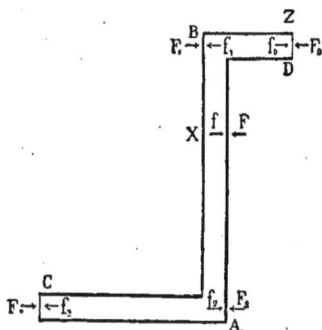

Fig. 269.

Si $N = 1$, $x = \frac{1}{2} H$, la section d'équilibre est à demi-hauteur.

430. Pressions dans une circulation avec conduits avant et après la cheminée. — Considérons maintenant une cheminée AB, de hauteur H, précédée du tuyau horizontal CA (fig. 269) dans lequel peut se manifester toute espèce de résistances (c'est, par exemple, la circulation autour d'un appareil de chauffage comme une chaudière à vapeur) et, pour plus de généralité, continuée, au sommet, par un autre tuyau horizontal BD.

La dépression E, en hauteur d'eau, produite à la base de la cheminée, est

$$E = \frac{H \alpha d_0 (t - \theta)}{(1 + \alpha\theta)(1 + \alpha t)}.$$

Dans le mouvement, les gaz éprouvent une résistance qui se traduit par une perte de charge ε de sorte que e étant la charge correspondant à la vitesse au sommet, à la sortie, on a

$$\varepsilon = E - e = Re \qquad \text{ou} \qquad E = (1 + R)e,$$

R étant le coefficient total de résistance.

Cette perte de charge ε peut se décomposer en trois parties, l'une $\varepsilon_1 = r_1 e$ pour la partie horizontale BD, l'autre $\varepsilon_2 = r_2 e$ pour la partie verticale AB, et enfin la troisième $\varepsilon_3 = r_3 e$ pour la partie CA qui précède.

$$\varepsilon = \varepsilon_1 + \varepsilon_2 + \varepsilon_3 \qquad \text{et par suite} \qquad R = r_1 + r_2 + r_3.$$

Cherchons les pressions aux différents points de la circulation.

A la sortie du tuyau BD, en D dans l'atmosphère, la pression statique intérieure f_0 est égale à la pression atmosphérique F_0 à cette hauteur; nous l'avons déjà désignée par Z.

En B, le tuyau BD étant horizontal, la pression extérieure F_1 est la même qu'en D, et

$$F_1 = Z.$$

Quant à la pression intérieure f_1, elle doit surpasser la pression à l'extrémité en D, c'est-à-dire Z de toute la charge ε_1 nécessaire pour surmonter les résistances dans ce tuyau, et

$$f_1 = Z + r_1 e.$$

On a donc pour la différence

$$F_1 - f_1 = - r_1 e. \qquad (14)$$

Cette valeur est toujours négative ; les gaz intérieurs tendent
à sortir au point B, avec d'autant plus de pression que la résistance est plus grande en BD.

A la base de la cheminée, en A, la pression intérieure f_2 est
la pression au sommet f_1, augmentée de la pression produite par
la colonne de gaz chauds et de la pression nécessaire pour vaincre les résistances dans la cheminée AB,

$$f_2 = f_1 + \frac{H d_0}{1 + \alpha t} + r_2 e \; ;$$

la pression extérieure F_2, à la base A, est

$$F_2 = F_1 + \frac{H d_0}{1 + \alpha \theta},$$

et comme $F_1 - f_1 = -r_1 e$, on a, pour la différence des pressions à
la base de la cheminée, entre l'extérieur et l'intérieur

$$F_2 - f_2 = \frac{H d_0 \alpha (t - \theta)}{(1 + \alpha \theta)(1 + \alpha t)} - (r_1 + r_2)e, \quad (15$$

ou

$$F_2 - f_2 = (1 + R - r_1 - r_2)e = (1 + r_3)e,$$

différence toujours positive. A la base de la cheminée, la pression extérieure est toujours plus grande que la pression intérieure ; l'air extérieur tend toujours à rentrer.

Enfin au point C, la pression intérieure f_3 est

$$f_3 = f_2 + r_3 e,$$

la pression extérieure est la même qu'en A

$$F_3 = F_2,$$

et par suite

$$F_3 - f_3 = F_2 - f_2 - r_3 e,$$

ou, en remplaçant $F_2 - f_2$ par la valeur trouvée ci-dessus,

$$F_3 - f_3 = e, \qquad (16)$$

La différence de pression est e, celle qui correspond à la vitesse v, ce qui devait être.

L'excès de pression, de l'extérieur sur l'intérieur, est négatif en B, positif en A; il y a donc sur la hauteur de la cheminée un point où cet excès est nul, c'est-à-dire où il y a équilibre entre l'intérieur et l'extérieur.

Soit x la distance XB au sommet d'une tranche quelconque et re la perte de charge de X en B; désignons par F et f les pressions extérieure et intérieure à la hauteur X; on a

$$F = F_1 + \frac{x d_0}{1 + \alpha \theta}$$

$$f = f_1 + \frac{x d_0}{1 + \alpha t} + re$$

d'où

$$F - f = F_1 - f_1 + \frac{x d_0 \alpha (t - \theta)}{(1 + \alpha \theta)(1 + \alpha t)} - re$$

et comme

$$F_1 - f_1 = - r_1 e \qquad \text{et} \qquad \frac{x d_0 \alpha (t - \theta)}{(1 + \alpha \theta)(1 + \alpha t)} = \frac{x}{H} E = \frac{x}{H}(1 + R) e$$

il vient

$$F - f = \left[\frac{x}{H}(1 + R) - (r_1 + r) \right] e. \qquad (17)$$

C'est la différence de pression à une distance quelconque x au-dessous du sommet, entre l'extérieur et l'intérieur.

Quand il y a équilibre, $F = f$

$$\frac{x}{H}(1 + R) - (r_1 + r) = 0,$$

d'où

$$x = \frac{(r_1 + r) H}{1 + R}. \qquad (18)$$

Comme $r_1 + r$ est toujours plus petit que R, x est plus petit que H; et il y a toujours une zone d'équilibre sur la hauteur de la cheminée.

Si la perte de charge re est uniquement produite par le frottement, et si D est le diamètre de la cheminée,

$$r = \frac{4kx}{D},$$

et en portant dans la relation ci-dessus

$$x\left(\frac{1+R}{H} - \frac{4k}{D}\right) = r_1$$

d'où

$$x = \frac{r_1}{\dfrac{1+R}{H} - \dfrac{4k}{D}}. \qquad (19)$$

431. Comme application, supposons un tuyau de 0,20 de diamètre dans lequel se meut de l'air à 100°, l'air extérieur étant à 0°.

$$t = 100 \qquad \theta = 0$$

soit $\qquad CA = 30^m \qquad AB = 20^m \qquad BD = 10^m.$

$$E = 20 \times 0,0003471 = 0^m,006942$$

Supposons qu'il n'y ait pas d'autres résistances que le frottement.

$$\varepsilon = \frac{4k \times 60}{0,20}e, \qquad \text{pour } k = 0,01 \quad \varepsilon = 12e \quad R = 12$$

$$E = \varepsilon + e = (1+R)e = 13e$$

$$e = \frac{0,006942}{13} = 0,0005340$$

d'où on déduit

$$\varepsilon_1 = \frac{4k \times 10}{0,20}e = 2e = 0,001068 \qquad r_1 = 2$$

$$\varepsilon_2 = \frac{4k \times 20}{0,20}e = 4e = 0,002136 \qquad r_2 = 4$$

$$\varepsilon_3 = \frac{4k \times 30}{0,20}e = 6e = 0,003204 \qquad r_3 = 6$$

D'après cela

$$F_1 - f_1 = -\varepsilon_1 = -0,001068 \qquad\qquad -2e$$
$$F_2 - f_2 = E - \varepsilon_1 - \varepsilon_2 = 0,003738 \qquad +7e$$
$$F_3 - f_3 = E - \varepsilon = e = 0,000534 \qquad +e.$$

Le point X, où l'équilibre existe, s'obtient par la relation

$$x = \dfrac{2}{\dfrac{13}{20} - \dfrac{0,04}{0,2}} = 4^m,44.$$

La distance x est indépendante de la température dans la cheminée, et par conséquent de la vitesse.

432. Pressions dans une cheminée à plusieurs branches. — La différence de pression, dans une cheminée à plusieurs branches, se calcule aux différents points d'une manière analogue.

Considérons, comme au n° **426**, la cheminée ABCDG, à quatre branches (fig. 266) de hauteurs H_1, H_2, H_3, H_4, et produisant des excès de pression, dans chaque branche, E_1, E_2, E_3, E_4, dont les valeurs ont été calculées.

L'excès de pression qui produit le mouvement

$$E = E_1 - E_2 + E_3 - E_4.$$

R représentant le coefficient total de résistance, et r_1, r_2, r_3, r_4, les coefficients partiels pour chacune des branches, on a

$$r_1 + r_2 + r_3 + r_4 = R$$

et on trouve pour les différences de pression de l'extérieur sur l'intérieur

en G $\quad F_0 - f_0 = 0$
en D $\quad F_1 - f_1 = E_1 - r_1 e$
en C $\quad F_2 - f_2 = E_1 - E_2 - (r_1 + r_2)e$
en B $\quad F_3 - f_3 = E_1 - E_2 + E_3 - (r_1 + r_2 + r_3)e$
en A $\quad F_4 - f_4 = E_1 - E_2 + E_3 - E_4 - (r_1 + r_2 + r_3 + r_4)e = E - Re = e.$

C'est en vertu de cet excès que l'air extérieur pénètre à l'orifice d'entrée.

Les différences de pression peuvent être, aux différents points, positives ou négatives, suivant la hauteur des branches et les températures.

En C, par exemple, pour que la différence soit négative et que les gaz tendent à sortir, il faut que

$$E_1 - E_2 - (r_1 + r_2)e < o,$$

ce qui est facile à réaliser en réglant convenablement les hauteurs et les températures.

Les différences de pression, en un point quelconque de la circulation, peuvent se calculer de la manière suivante.

Considérons une zone XX, prise sur la branche CD, à une distance x, au-dessous de la partie horizontale C. La différence de pression $F' - f''$, en XX, se déduit de $F_2 - f_2$ en C, en tenant compte de l'accroissement produit par la différence de densité des deux colonnes de hauteur x, différence qui est $\dfrac{x}{H_2} E_2$, et de la diminution produite par les résistances que nous pouvons représenter par $r'e$; on a donc

$$F' - f' = E_1 - E_2 + \frac{x}{H_2} E_2 - (r_1 + r_2 + r')e.$$

Si les résistances sont dues uniquement au frottement, le coefficient r' est proportionnel au chemin parcouru ; on a $r' = \dfrac{r_2}{H_2} x$ et en substituant

$$F' - f = E_1 - E_2 - (r_1 + r_2)e + \frac{x}{H_2}(E_2 - r_2 e).$$

Au point où il y a équilibre de pression entre l'extérieur et l'intérieur, $F' - f = o$, et on en déduit

$$x = -\frac{E_1 - E_2 - (r_1 + r_2)e}{E_2 - r_2 e} H_2.$$

Pour un plan YY, pris sur la branche CB, à une distance y au-dessous du point C, on trouverait de même pour la différence de pression $F'' - f''$

$$F'' - f'' = E_1 - E_2 - (r_1 + r_2) e - \frac{y}{H_3} (E_3 + r_3 e),$$

$\frac{y}{H_3} r_3$ étant le coefficient de résistance de C en Y, proportionnel au chemin parcouru y, d'où on déduit pour le point d'équilibre

$$y = -\frac{E_1 - E_2 - (r_1 + r_2) e}{E_3 + r_3 e} H_3.$$

Ces valeurs de x et de y ne donnent un point réel d'équilibre que lorsqu'elles sont négatives et plus petites, en valeur absolue, respectivement que H_2 et H_3.

433. Application. — Soient

$$H_1 = 20 \qquad H_2 = 5 \qquad H_3 = 5 \qquad H_4 = 2$$
$$t_1 = 200 \qquad t_2 = 300 \qquad t_3 = 400 \qquad t_4 = 100 \qquad \theta = 0.$$

On trouve

$$E_1 = \frac{20 \times 200 \times 0,0013}{473} = 0,010994$$

$$E_2 = \frac{5 \times 300 \times 0,0013}{573} = 0,003403$$

$$E_3 = \frac{5 \times 400 \times 0,0013}{673} = 0,003863$$

$$E_4 = \frac{2 \times 100 \times 0,0013}{373} = 0,000697$$

$$E = 0,010994 + 0,003863 - (0,003403 + 0,000697) = 0,010757.$$

Pour les résistances, nous ne tiendrons compte que du frottement dans les colonnes verticales ; et nous admettrons pour simplifier que ces résistances sont les mêmes que si les vitesses étaient constantes dans toute la circulation.

Soient $\qquad D = 0,40 \qquad k = 0,02$

$$r_1 = \frac{4kH_1}{D} = 0,2H_1 = 6 \qquad r_2 = 0,2H_2 = 1$$

$$r_3 = 0,2H_3 = 1 \qquad\qquad r_4 = 0,2H_4 = 0,4 \quad R = 8,4$$

$$e = \frac{E}{1+R} = \frac{0,010757}{9,4} = 0,001144.$$

On déduit de là, pour les pertes de charge et les excès de pression, aux différents points, de l'extérieur à l'intérieur :

		en G	$F_0 - f_0 = 0$
Sur DG	$r_1 e = 0,006864$	en D	$F_1 - f_1 = 0,00413$
CD	$r_2 e = 0,001144$	en C	$F_2 - f_2 = -0,00042$
BC	$r_3 e = 0,001144$	en B	$F_3 - f_3 = 0,00231$
AB	$r_4 e = 0,0004576$	en A	$F_4 - f_4 = 0,00114.$

La pression est négative en C, positive en B et en D ; il y a donc sur la hauteur des branches CB et CD une zone d'équilibre. On trouve pour la branche CB

$$x = \frac{0,000417}{0,002724} \, 5 = 0,15 \times 5 = 0,75$$

et pour la branche CD

$$y = \frac{0,000417}{0,004547} \, 5 = 0,090 \times 5 = 0,45.$$

En modifiant au moyen d'un registre la résistance dans le tuyau, de C en A, on pourrait établir la zone d'équilibre au point C.

CHALEUR EMPLOYÉE AU TIRAGE DES CHEMINÉES

434. Le tirage des cheminées entraîne une dépense de chaleur considérable. Les gaz s'échappent au sommet à une température élevée, et ils emportent dans l'atmosphère une quantité de chaleur qui constitue une perte importante.

Cette quantité peut se calculer facilement quand on connaît le poids et la nature des gaz, et leur température de sortie.

Soit t cette température, θ la température extérieure, p', p'', p''' le poids des divers gaz, c', c'', c''', leurs chaleurs spécifiques respectives; la quantité de chaleur perdue par le premier gaz est $p'c'(t-\theta)$; par le second $p''c''(t-\theta)$ et ainsi de suite. La perte totale de chaleur est donc

$$\gamma ps N = (p'c' + p''c'' + p'''c''' + ...)(t-\theta) = (t-\theta)\Sigma p'c'$$

ps est le poids de combustible brûlé, N sa puissance calorifique, γ la fraction de chaleur perdue.

En appliquant cette formule à la combustion de 1 kilogramme de la houille dont nous avons donné la composition (**60**) on trouve les résultats suivants.

Si la combustion se fait avec le volume d'air juste nécessaire, on a

Acide carbonique.	$p' = 3^k,03$	$c' = 0,2164$	$p'c' = 0,655$
Vapeur d'eau . . .	$p'' = 0,45$	$c'' = 0,48$	$p''c'' = 0,216$
Azote.	$p''' = 8,44$	$c''' = 0,244$	$p'''c''' = 2,059$
d'où	$P = 11^k,92$		$\Sigma p'c' = 2,930$

et pour $t - \theta = 300°$ et 1 kilog. de houille

$$\gamma N = 300 \times 2,930 = 879.$$

La puissance calorique étant de 8000, on voit que $\gamma = \dfrac{879}{8000}$

$= 0,1099$; les gaz de la combustion emportent près de 0,11 de la chaleur totale.

Si la moitié de l'oxygène échappait à la combustion

Acide carbonique.	$p' = 3,03$	$c' = 0,2164$	$p'c' = 0,655$
Vapeur d'eau . . .	$p'' = 0,45$	$c'' = 0,48$	$p''c'' = 0,216$
Oxygène	$p''' = 2,52$	$c''' = 0.2182$	$p'''c''' = 0,550$
Azote.	$p'''' = 16,87$	$c'''' = 0,244$	$p''''c'''' = 4,116$
d'où	$P = 22,87$		$\Sigma p'c' = 5,537$

et pour $t - \theta = 300$,

$$\gamma N = 300 \times 5{,}537 = 1661{,}8.$$

La chaleur perdue dans ce cas est $0{,}21$ de la chaleur totale dégagée, $\gamma = 0{,}21$.

Ce résultat montre l'influence de la proportion d'air employée.

On peut faire le calcul plus simplement, et d'une manière très suffisamment exacte, en prenant le poids total des gaz et leur chaleur spécifique moyenne. Le poids total des gaz correspondant au poids ps de combustible est $ps(A + 1)$, et on a, pour l'expression de la quantité de chaleur perdue,

$$\gamma ps N = ps(A + 1) c(t - \theta)$$

d'où

$$\gamma = \frac{(A + 1) c(t - \theta)}{N}.$$

C'est la relation déjà trouvée au n° **307** ; A est le poids d'air employé à la combustion de 1 kilog. de combustible, c la chaleur spécifique moyenne qui est ordinairement un peu plus grande que celle de l'air, et paraît peu s'écarter de $0{,}245$. En appliquant la formule simplifiée au cas de la houille qui fait l'objet du calcul détaillé ci-dessus, on trouve dans le premier cas

$$\gamma N = 873{,}1 \qquad \text{au lieu de } 879,$$

et dans le second

$$\gamma N = 1680{,}9 \qquad \text{au lieu de } 1661{,}8.$$

On voit que les différences sont assez faibles.

Dans les conditions moyennes, en prenant $A = 18$ et $t - \theta = 250°$, on a

$$\gamma = \frac{1163{,}75}{8000} = 0{,}145.$$

C'est à peu près la perte moyenne, environ 15 p. 100 de la

chaleur totale du combustible; elle est, comme on voit, assez importante.

On pourrait la réduire en refroidissant davantage les gaz par un accroissement de surface de chauffe, mais les dépenses d'installation seraient notablement augmentées et de plus le tirage n'aurait plus une énergie suffisante, si on refroidissait les gaz au-dessous de 150°. C'est une limite inférieure de température d'où résulte nécessairement une chaleur perdue de 8 à 10 p. 100, ou plus exactement employée au tirage.

435. Tirage avant la chauffe. — Péclet a indiqué une disposition d'appareil qui permettrait théoriquement de refroidir les gaz sans diminuer le tirage. C'est ce qu'il a appelé le *tirage avant la chauffe.* La disposition consiste à placer la cheminée avant le récepteur au lieu de la mettre après, comme on le fait généralement.

Les gaz, au sortir du foyer, montent directement dans une cheminée verticale, et ce n'est que lorsqu'ils sont parvenus au sommet qu'on les fait circuler autour du récepteur. Le tirage étant produit avant le chauffage, on peut, sans le réduire, refroidir complètement les gaz.

Cette disposition, bonne en principe, présente, au point de vue pratique, des difficultés qui la rendent inapplicable. L'installation d'un appareil lourd et encombrant, comme une chaudière à vapeur par exemple, est très difficile, sinon impossible à une grande hauteur. Il y a de plus une perte de chaleur considérable à travers les parois de la cheminée parcourue par des gaz à une température très élevée, perte qui fait plus que compenser le bénéfice réalisé par un refroidissement plus complet au delà; d'ailleurs ce refroidissement ne peut s'obtenir, comme nous l'avons vu (**391**), que par un développement exagéré et fort coûteux de la surface de chauffe. Par tous ces motifs, le tirage avant la chauffe n'a réellement pas d'intérêt pratique.

436. Tirage pendant la chauffe. — On place quelquefois

le récepteur verticalement dans une cheminée parcourue par les gaz de la combustion et le refroidissement s'opère pendant que les gaz montent. *Le tirage* se fait ainsi *pendant la chauffe*, et comme il se produit en raison de la température moyenne, on conçoit qu'on pourrait refroidir complètement le gaz, tout en lui conserver une énergie suffisante. Mais pratiquement ce refroidissement complet est irréalisable et de plus, la circulation verticale (**404**) ne donne qu'une mauvaise utilisation. Cette disposition n'est appliquée en réalité que pour réduire la place occupée par les appareils.

TRAVAIL DU TIRAGE D'UNE CHEMINÉE

437. Dans le fonctionnement d'une cheminée, un certain volume de gaz Q, ayant un poids P, est pris en repos dans l'atmosphère, circule dans des conduits et s'échappe au sommet de la cheminée avec une vitesse v, après s'être élevé d'une hauteur H.

Le travail du tirage de la cheminée consiste à élever le poids P à la hauteur H et à lui donner la vitesse v.

Le travail d'élévation est PH.

Pour donner la vitesse v, à la sortie, en surmontant dans la circulation toutes les résistances au mouvement, il faut établir, à la base, une différence de pressio $E = (1+R)d\dfrac{v^2}{2g}$ en hauteur d'eau, R étant le coefficient de résistance (**205**) et comme E est toujours très faible, le travail de compression est QE (**155**)

On a donc pour le travail total

$$\mathfrak{E} = PH + QE. \tag{1}$$

Comme

$$Q = \frac{P(1 + \alpha t)}{d_0} \qquad \text{et} \qquad E = \frac{H\alpha(t-\theta)\,d_0}{(1+\alpha\theta)(1+\alpha t)}$$

$$QE = PH\,\frac{\alpha(t-\theta)}{1+\alpha\theta}.$$

En substituant et simplifiant, on trouve pour le travail

$$\tilde{\mathfrak{C}} = PH \frac{1 + \alpha t}{1 + \alpha \theta}. \qquad (2)$$

Le travail produit est proportionnel au poids écoulé, à la hauteur de la cheminée et au rapport des modules de température.

La chaleur dépensée M, pour porter le poids P de gaz de θ à t, est

$$M = P c (t - \theta),$$

d'où, pour le travail d'une calorie,

$$\frac{\tilde{\mathfrak{C}}}{M} = \frac{H}{c(t - \theta)} \frac{1 + \alpha t}{1 + \alpha \theta}. \qquad (3)$$

Comme le rapport $\frac{1 + \alpha t}{1 + \alpha \theta}$ varie lentement avec la température, le travail d'une calorie dans une cheminée est à peu près en raison inverse de l'excès $t - \theta$ de température.

438. Dans le travail du tirage d'une cheminée, il n'y a qu'une partie réellement utile, celle QE qui fait passer l'air sur le combustible pour alimenter la combustion ; le travail d'élévation des gaz n'a pas d'utilité pour la combustion ; peu importe, à ce point de vue, à quelle hauteur ils s'échappent dans l'atmosphère.

Si on ne tient compte que de ce travail utile, le travail d'une calorie se réduit à

$$\frac{\tilde{\mathfrak{C}}'}{M} = \frac{QE}{M} = \frac{H\alpha}{c(1 + \alpha \theta)}. \qquad (4)$$

Pour une cheminée de hauteur $H = 25$ mètres et une température extérieure de $\theta = 0°$, on trouve, pour le travail de la cheminée, avec différents excès de température, les nombres suivants :

EXCÈS de température.	TRAVAIL D'UNE CALORIE en kilogrammètres.	
	Total.	Utile.
$t-\theta$	$\dfrac{PH+QE}{M}$	$\dfrac{QE}{M}$
	km	km
20°	5,15	0,343
50°	2,36	0,311
100°	1,36	0,270
300°	0,70	0,175

Le travail, surtout le travail total, diminue quand l'excès de température augmente. A ce point de vue, il y a intérêt à laisser échapper les gaz à une température aussi faible que possible, mais d'un autre côté, il y a nécessité, pour avoir une stabilité ou une énergie suffisante, à ne pas descendre au-dessous d'une certaine température. Nous reviendrons sur ce sujet.

Le travail théorique absolu d'une calorie est 424; dans les conditions les plus favorables du tableau ci-dessus, le travail d'une calorie n'est que de $5^k,15$. On n'utilise, dans une cheminée, que $\dfrac{5,15}{424} = 0,012$, et quelquefois seulement $\dfrac{0,175}{424} = 0,00041$. La cheminée est donc un très mauvais appareil au point de vue de l'utilisation de la chaleur.

INFLUENCE DES ACTIONS ATMOSPHÉRIQUES SUR LE TIRAGE DES CHEMINÉES

Le tirage des cheminées est plus ou moins influencé par les actions atmosphériques, le vent, la température extérieure, l'état hygrométrique, les rayons solaires, le refroidissement des parois; dans certains cas, ces influences peuvent être assez marquées pour empêcher les appareils de fonctionner convenablement.

439. Action refroidissante de l'atmosphère. — Il se perd toujours, à travers les parois des cheminées, par l'action refroidissante de l'atmosphère, une certaine quantité de chaleur, ce qui abaisse la température des gaz qui y circulent et tend à diminuer le tirage. Cette diminution est en général peu sensible.

Sous cette action refroidissante, la température t_0 des gaz, à la base de la cheminée, s'abaisse à t_1 au sommet; la chaleur perdue, par heure, par le refroidissement est

$$M = Pc(t_0 - t_1).$$

P est le poids des gaz qui passent dans la cheminée, c leur chaleur spécifique.

La température de l'air atmosphérique étant uniforme et égale à θ sur toute la hauteur, on a, entre les températures t_0 et t_1, la relation (7 du n° 95, en faisant $r = 0$)

$$\alpha Pc \ \log \ \text{nép} \ \frac{t_0 - \theta}{t_1 - \theta} = QS.$$

S est la surface exposée au refroidissement, Q le coefficient de transmission, α la fraction de chaleur réellement transmise qui, dans le cas particulier, est égale à 1.

Pour une cheminée cylindrique de diamètre intérieur D et de hauteur H, et pour une combustion de 500 kilogrammes de houille, par mètre carré, brûlés avec un poids d'air A par kilogramme, on a

$$P = 500 \ \frac{\pi D^2}{4}(A + 1) \qquad \text{et} \qquad S = \pi D H;$$

en substituant dans la formule précédente

$$\log \ \text{nép} \ \frac{t_0 - \theta}{t_1 - \theta} = \frac{QH}{125 \, D(A + 1)c}.$$

En prenant $Q = 1,17$ pour une cheminée en briques de 0,40 d'épaisseur moyenne (**115**), $H = 25$, $D = 1$, $A = 18$, $c = 0,24$, $\theta = 0$, on trouve

$$\text{Log ord} \ \frac{t_0}{t_1} = \frac{0,434 \times 1,17 \times 25}{125 \times 1 \times 19 \times 0,24} = 0,0224.$$

d'où

$$\frac{t_0}{t_1} = 1,053.$$

Si la température à la base est $t_0 = 250°$, .elle sera au sommet $t_1 = 240°$. Le refroidissement est seulement de 10° et ne peut avoir d'effet sur le tirage.

Pour $D = 0,50$, on aurait pour $t_0 = 250$, $t_1 = 228°$. L'abaissement de température de 22° serait encore sans influence sensible sur le tirage.

Pour une cheminée en tôle de 0,30 de diamètre et de 20 mètres de hauteur, en prenant $Q = 10$, pour le cas de grands vents, ce qui peut être regardé comme un maximum, on a

$$\frac{t_0}{t_1} = 1,394 \text{ et pour } t_0 = 250°, t_1 = 179°.$$

L'abaissement de température dans la cheminée est de 71°; d'après le tableau **423**, le tirage n'est réduit que dans le rapport de 2,86 à 2,82, ce qui n'est pas sensible.

Ce n'est que lorsque la température, au bas de la cheminée, est au-dessous de 180° que l'action refroidissante de l'atmosphère peut avoir une influence marquée. En général, elle n'en a pas pour les cheminées d'usine.

440. Action du vent. — Le vent, suivant sa direction, peut avoir une influence favorable ou défavorable sur le tirage.

Quand il est dirigé horizontalement, son action est nulle et ne change pas le volume écoulé. Il a seulement pour effet d'incliner, à la sortie, la veine fluide sur la verticale.

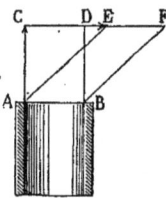
Fig. 270.

Considérons, en effet, l'écoulement au sommet d'une cheminée. Lorsqu'il n'y a pas de vent, la vitesse de sortie étant représentée par la verticale AC (fig. 270), le volume écoulé par $1''$ est un prisme ABCD, ayant pour base la section de la cheminée et une hauteur AC. Si le vent vient agir, avec une vitesse horizontale CE, la veine fluide sortira avec une vitesse AE, résultante de AC et de CE et le volume écoulé sera le prisme ABEF incliné sur la verticale, mais ayant même base et même hauteur et par conséquent même volume.

Quand le vent est dirigé de bas en haut (fig. 271), en faisant le même tracé, le prisme incliné est plus haut que le prisme droit avec temps calme, d'où il résulte que le tirage est augmenté.

Dans le cas contraire, quand le vent est dirigé de haut en bas, le tirage est diminué.

En général, dans les conditions atmosphériques ordinaires, pour que le tirage d'une cheminée ne soit pas influencé d'une manière fâcheuse par l'action des vents, il faut une assez grande puissance vive de la veine gazeuse à la sortie, correspondant à une vitesse de $1^m,80$ à 2 mètres environ. On

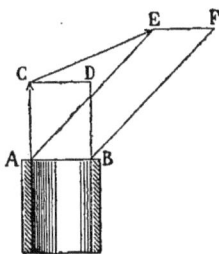

Fig. 271.

déduit de là, comme nous le verrons (**447**), une hauteur minimum pour les cheminées d'usine.

Dans les cheminées d'appartement et les cheminées d'appel servant à la ventilation des lieux habités, la température des gaz est peu élevée, la hauteur souvent insuffisante, et le vent exerce fréquemment une action marquée qui, non seulement diminue le tirage, mais fait quelquefois refluer les gaz en sens inverse. Cet effet se produit d'autant plus facilement que dans le voisinage se trouvent des bâtiments plus élevés, dépassant le faîte de la cheminée; ils peuvent donner aux courants atmosphériques, un peu inclinés sur l'horizontale de haut en bas, une direction verticale qui fait rabattre la fumée dans les tuyaux.

Nous verrons, en parlant des cheminées d'appartement, les dispositions imaginées et appliquées pour s'opposer, autant que possible, aux mauvais effets de l'action du vent.

441. Influence de la température et du degré hygrométrique de l'air. — La température extérieure et le degré hygrométrique de l'air exercent une influence sensible sur le tirage de certaines cheminées. Tout le monde sait que dans les temps humides et relativement chauds, les cheminées d'appartements fonctionnent mal. Il en est de même de celles qui sont employées à la ventilation des lieux habités.

L'activité de la combustion et par suite le tirage dépendent de la quantité d'oxygène qui arrive au foyer dans un temps déterminé; cette quantité diminue notablement dans certaines circonstances atmosphériques.

Désignons par F la pression barométrique, par f la tension de la vapeur d'eau dans l'air, par ps le poids de combustible brûlé par heure et par A le poids d'air atmosphérique appelé par kilogramme de charbon; le poids total d'air humide est psA et le poids d'oxygène contenu

$$O = 0,23 \frac{F-f}{F} ps A.$$

D'un autre côté, le poids de gaz qui s'échappe par la cheminée est donné par la relation (**422**).

$$P = 1000 \Omega \frac{d_0}{1+\alpha t} \sqrt{\frac{2gH\alpha(t-\theta)}{(1+\alpha\theta)(1+R)}},$$

d_0 étant égal à $0,0013 \dfrac{F}{0,76}$.

En combinant ces équations, remarquant que $ps A = P \dfrac{A}{A+1}$, et désignant par m une valeur dans laquelle entrent toutes les quantités constantes pour une même cheminée, hauteur, section, coefficient de résistance, etc., on met sous la forme

$$O = m \frac{F-f}{1+\alpha t} \sqrt{\frac{t-\theta}{1+\alpha\theta}}. \qquad (5)$$

Pour une cheminée d'usine dans laquelle l'excès $t-\theta$ de température dépasse 150°, nous avons vu que le rapport $\dfrac{\sqrt{t-\theta}}{1+\alpha t}$ est à très peu près constant.

En prenant comme valeurs extrêmes :

1° Pour un temps sec et froid, $F_1 = 0,78$, $f_1 = 0$ et $\theta_1 = -10$;

2° Pour un temps humide et chaud, $F_2 = 0,72$, $f_2 = 0,03$ et $\theta_2 = 30$.

On trouve que le rapport $\dfrac{O_1}{O_2}$ des poids d'oxygène appelés, dans ces deux cas extrêmes, est égal à 1,21.

Pour une cheminée d'appartement, l'excès de température dépasse rarement 100° et pour une cheminée de ventilation 30°; dans ces conditions, l'excès de température $t - \theta$ est à peu près proportionnel à la quantité de combustible brûlé, c'est-à-dire au poids d'oxygène appelé pour la combustion, de sorte que n étant une constante, on a approximativement, $t - \theta = n\,O$, d'où

$$\sqrt{\bar{O}} = m\,\frac{F - f}{1 + \alpha t}\sqrt{\frac{n}{1 + \alpha \theta}}. \qquad (6)$$

En prenant les mêmes valeurs extrêmes que ci-dessus, on trouve que le rapport $\dfrac{O_1}{O_2}$ des poids d'oxygène appelés dans les deux cas est environ 0,45. L'état atmosphérique peut faire varier le tirage de près de 50 p. 100.

RÈGLEMENT DU TIRAGE

442. Pour régler le tirage et l'activité de la combustion dans les fourneaux et en général la vitesse de circulation des gaz dans les conduites d'écoulement, on se sert de registres. Ce sont des plaques en fonte ou en tôle qu'on place en un point de la conduite, et qu'on manœuvre de manière à réduire plus ou moins la section de passage.

On peut ainsi faire varier le volume écoulé depuis 0, par la fermeture complète, jusqu'à un maximum qui correspond à l'ouverture entière. Rappelons de suite que le volume écoulé est bien loin d'être réduit proportionnellement à la diminution de section opérée par le registre, et dans l'exemple que nous avons pris (**212**), il fallait réduire la section au dixième pour réduire le volume à 0,4.

Le registre le plus simple est celui qui est employé pour régler l'écoulement dans les tuyaux en tôle, les tuyaux de poêle

par exemple. C'est un simple disque (fig. 272 et 273) en tôle
de forme légèrement elliptique fixé par deux agrafes rivées
sur une tige en fer qui traverse le tuyau de part en part et se
prolonge à l'extérieur : en tour-

 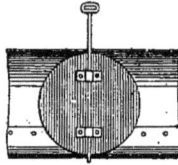

Fig. 272.　　　Fig. 273.

nant la tige, le disque vient fermer plus ou moins la section du
tuyau, et à cause de sa forme
elliptique peut s'appliquer sur les
parois de manière à supprimer à
peu près tout passage.

Cette fermeture complète n'est pas sans danger, pour les
poêles et en général pour les appareils dont le foyer est
placé dans une pièce habitée. S'il reste un peu de feu, les gaz
ne peuvent se dégager que dans l'appartement, ce qui peut
être la cause d'accidents graves. Pour éviter ce danger, il est
prudent d'enlever, sur les bords du disque, un segment pour
laisser toujours un certain passage aux gaz de la combustion,
même lorsque le registre est fermé au maximum.

443. Pour les fourneaux de chaudière à vapeur, on emploie
deux dispositions de registre.

La première se compose (fig. 274
et 275) d'une plaque pleine rectan-

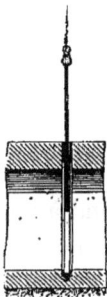 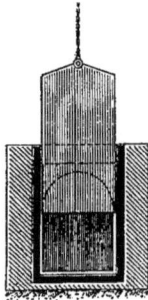

Fig. 274.　　　Fig. 275.

gulaire glissant dans un cadre scellé
dans la maçonnerie du carneau.
Pour que le mouvement soit aisé,
il est nécessaire de laisser, entre
le registre et le cadre qui sont des
pièces brutes de fonte, un jeu assez
grand qui établit la communication
des carneaux avec l'atmosphère
de sorte que le registre étant tou-

jours placé près de la cheminée, l'air pénètre directement par cet
intervalle sans avoir à surmonter toutes les résistances du fourneau;
il arrive avec une grande vitesse et, le volume introduit, malgré

la faible section de passage, peut, dans certains cas, être assez fort pour gêner le tirage. Il le diminue de deux manières, d'abord parce qu'il prend la place d'un certain volume qui aurait passé par le foyer pour alimenter la combustion, et ensuite parce qu'il refroidit les gaz dans la cheminée, et réduit par conséquent leur force ascensionnelle.

Pour s'opposer à ces rentrées d'air, on peut disposer au-dessus du fourneau (fig. 276 et 277) un coffre en tôle dans lequel le

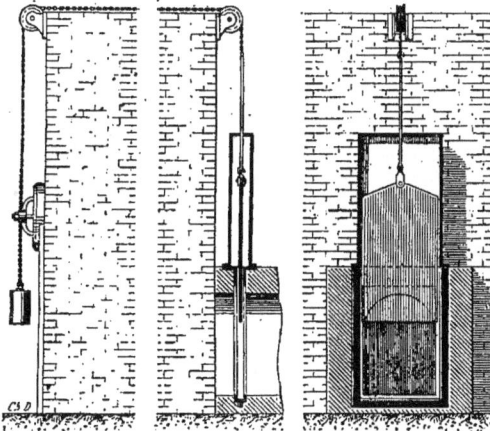

Fig. 276.   Fig. 277.

registre, en montant, vient se loger tout entier; de cette manière, il n'y a d'autre ouverture que celle qui est nécessaire pour le passage de la chaîne et on réduit notablement la communication avec l'atmosphère et les rentrées d'air. L'addition de ce coffre suffit quelquefois pour améliorer sensiblement le tirage d'un fourneau.

Le registre est suspendu par un anneau à une chaîne qui, après avoir passé sur des poulies, se termine par un contre-poids réglé de telle sorte que le registre, à cause des frottements, se maintient en équilibre dans toutes les positions qu'on lui donne. Il convient de ramener le contre-poids à l'avant du fourneau, à portée du chauffeur pour rendre la manœuvre du registre aussi

facile que possible. Le chauffeur, sans se déplacer, le fait
monter ou descendre, soit en tirant sur la chaîne, soit en soulevant le contre-poids.

444. Les figures 278, 279, 280, 281 représentent une autre
disposition de registre pour fourneau de chaudière à vapeur.
C'est encore une plaque R et un cadre scellé dans la maçon-

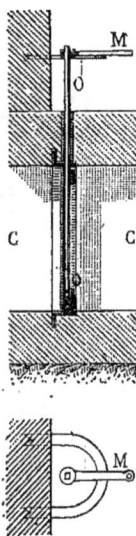
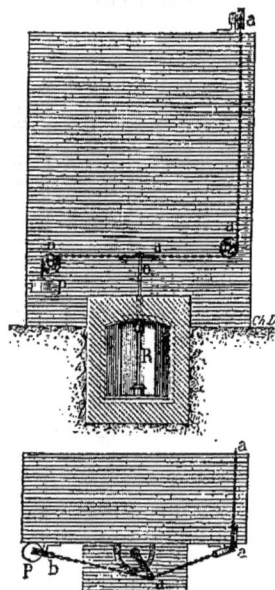

Fig. 278-279.   Fig. 280-281.   Fig. 282-283.

nerie du carneau CC, mais la plaque est tournante; elle est
montée sur une tige verticale OO qui passe dans un guide fixé
à la traverse supérieure du cadre et sort à l'extérieur, terminée
par une manivelle M pour la manœuvre. Elle repose sur un pivot,
disposé en saillie sur la traverse inférieure, pour éviter les
engorgements de suie ou de cendres. Avec cette disposition,
il n'y a presque pas de rentrées d'air.

Au moyen d'une chaîne de commande et de contre-poids
(fig. 282, 283), on peut manœuvrer le registre R de l'avant du

fourneau. En tirant sur le contrepoids placé au bout de la chaîne a, a, a, on fait tourner le registre dans un sens; en le soulevant, le contrepoids P agit sur la chaîne b, b, et ramène le registre en sens inverse.

§ II

HAUTEUR ET SECTION DES CHEMINÉES

445. Préliminaires. — La puissance d'un appareil de chauffage est directement liée à la quantité de combustible que l'on peut brûler dans le foyer, et cette quantité dépend elle-même du tirage de la cheminée, c'est-à-dire du poids de gaz qu'elle peut appeler et par conséquent de sa section et de sa hauteur. Il en est de même pour les cheminées destinées à la ventilation des lieux habités.

La détermination de ces deux dimensions a donc une grande importance.

Le poids de gaz qui s'écoule par une cheminée est donné par la formule (**412**)

$$P = 1000\,\Omega\,\frac{d_0}{1+\alpha t}\sqrt{\frac{2g\mathrm{H}\alpha\,(t-0)}{(1+\alpha\theta)\,(1+\mathrm{R})}}$$

dans laquelle :

P est le poids des gaz, en kilogr., écoulés par $1''$,

Ω la section de la cheminée en mètres carrés,

H la hauteur de la cheminée en mètres,

R le coefficient de résistance totale à l'écoulement des gaz dans les conduits, coefficient rapporté à la section Ω du sommet de la cheminée et qu'on calcule comme nous l'avons développé (**204**) ou plus simplement, dans le cas des fourneaux, comme nous allons l'indiquer plus loin (**464**),

t la température des gaz dans la cheminée,

θ la température extérieure,

d_0 la densité des gaz à $0°$, par rapport à l'eau, à la pression atmosphérique,

α le coefficient de la dilatation des gaz $= 0,00367$.

Représentons par m la fonction.

$$m = 1000 \frac{d_0}{1 + \alpha t} \sqrt{\frac{2g\alpha(t-\theta)}{1+\alpha\theta}} \qquad (1)$$

la relation prend la forme

$$P = m\,\Omega \sqrt{\frac{H}{1+R}}. \qquad (2)$$

On peut définir m, le poids écoulé par une cheminée de section et de hauteur égales à l'unité et pour laquelle les résistances seraient nulles. D'après la forme de la fonction, on voit que la valeur de m ne dépend que des températures intérieures et extérieures; pour la discuter il y a lieu de considérer deux cas, suivant que l'excès de température $t-\theta$ est au-dessus ou au-dessous de $150°$.

Le premier cas s'applique surtout aux cheminées d'usine, le second aux cheminées d'appartement et aux cheminées dites d'appel employées plus particulièrement pour la ventilation des lieux habités.

CHEMINÉES D'USINE.

446. Dans la plupart des appareils de chauffage employés dans les usines, notamment dans les chaudières à vapeur, l'excès de la température des gaz dans la cheminée est supérieur à $150°$ et inférieur à 500. Dans ces limites la fonction m jouit de la propriété de rester à très peu près constante. En calculant sa valeur, pour $\theta = 0$, on trouve les nombres suivants correspondant à diverses valeurs de t. (Voir le tableau **423**.)

t.	$150°$	$175°$	$200°$	$275°$	$300°$	$400°$	$500°$
m.	$2,741$	$2,812$	$2,829$	$2,864$	$2,860$	$2,811$	$2,736$

On voit que dans ces limites de température, surtout de $175°$ à $400°$, la valeur de m reste pratiquement constante.

Si la température extérieure était $\theta = 20°$, on trouverait, pour valeur moyenne de m, environ 2,70.

On obtient une autre expression du poids de gaz écoulé par la cheminée d'après la quantité de combustible brûlé. Désignons, comme précédemment, par ps ce poids et par A le poids d'air introduit par kilogr. de combustible, le poids des gaz produits par $1''$ est :

$$P = \frac{ps(A+1)}{3600}$$

et en égalant ces deux expressions, on trouve :

$$ps = \frac{3600 \cdot m}{1+A} \, \Omega \sqrt{\frac{H}{1+R}},$$

relation générale entre le poids de combustible consommé dans le foyer, la hauteur et la section de la cheminée.

Le poids A est compris, comme nous l'avons vu (**61**), entre 12 et 24 kilogr. pour la houille, la moyenne est 18 kilogr.; si on porte ce nombre dans la formule et qu'on prenne $m = 2,70$, on arrive à la relation simple :

$$ps = 500 \, \Omega \sqrt{\frac{H}{1+R}}. \qquad (3)$$

On voit que le poids de combustible est proportionnel à la section de la cheminée, qu'il ne dépend pas des températures (dans les limites indiquées) et qu'il ne dépend pas non plus des valeurs absolues de H et de R, mais uniquement du rapport $\frac{H}{1+R}$.

Le coefficient 500 est applicable pour la houille et combustibles analogues exigeant à peu près la même quantité d'air pour la combustion.

HAUTEUR DES CHEMINÉES D'USINE

447. On conçoit *a priori* qu'il doit y avoir une relation entre la hauteur d'une cheminée et les résistances que les gaz, dont elle détermine l'appel, éprouvent dans leur circulation. Plus ces résistances seront grandes, plus forte devra être, à la base de la cheminée, la dépression qui produit le mouvement et comme cette dépression est, comme nous l'avons vu, proportionnelle à la hauteur, celle-ci doit augmenter avec les résistances.

Cette hauteur doit être déterminée de telle sorte que dans toutes les conditions de marche, la vitesse des gaz et par suite leur puissance vive à la sortie de la cheminée dans l'atmosphère soient assez grandes pour dominer l'action des vents. Il ne paraît pas que, pour cela, la vitesse puisse descendre au-dessous de 2 mètres et au minimum de $1^m,75$.

La vitesse des gaz au sommet de la cheminée est donnée par la formule (4 du n° **420**).

$$v = \sqrt{\frac{2gH\alpha(t-\theta)}{(1+\alpha\theta)(1+R)}}.$$

Cette vitesse varie suivant l'activité de la combustion qu'on règle en faisant varier la résistance R par la manœuvre du registre. Quand il est complètement ouvert, R est minimum et l'activité maximum. Dans les conditions ordinaires du fonctionnement des chaudières fixes à vapeur (**247**), l'activité maximum du foyer correspond à une consommation de 100 kilogr. de houille, par mètre carré de grille, et en se reportant au tableau (**394**) on voit que, pour une surface de chauffe égale à trente-cinq fois environ celle de la grille, la température des gaz arrivant à la cheminée est 356°; on trouve ainsi pour $\theta = 10°$

$$v = 4,89\sqrt{\frac{H}{1+R}}.$$

R étant la résistance pour le registre complètement ouvert.

Quand on réduit la combustion à 50 kilogr. par mètre carré de grille, le poids des gaz est réduit à moitié et comme de plus leur température s'abaisse à 179°8 (Voir le tableau **394**), la vitesse v' au sommet devient :

$$v' = v \cdot \frac{50}{100} \cdot \frac{1+179,8\alpha}{1+356\alpha} = 1,76\sqrt{\frac{H}{1+R}}.$$

Si l'on s'impose la condition, pour que le tirage ait une stabilité suffisante, que la vitesse de sortie, avec une combustion
minimum de 5o kilog. par mètre carré de grille, ne s'abaisse
pas au-dessous de $1^m,76$, on a la relation simple

$$H \geqq 1 + R.$$

R étant le coefficient de résistance totale au mouvement des gaz
dans la circulation, *pour le registre complètement levé.*

$H = 1 + R$ est donc une valeur minimum.

Pour calculer la hauteur H de la cheminée, il faut connaître R. Nous avons vu (**204**) les moyens de déterminer ce
coefficient pour un conduit de forme quelconque, mais le calcul
peut beaucoup se simplifier pour un fourneau de chaudière à
vapeur ou appareils analogues quand les sections de passage
sont convenablement établies. Nous donnerons un exemple de
la manière de procéder quand nous aurons déterminé les sections
de la cheminée et des carneaux (**454**).

448. Dans les fourneaux ordinaires de chaudières à vapeur,
la valeur de $1 + R$ ne descend guère au-dessous de 12 et atteint
rarement 4o; le plus souvent elle est comprise entre 20 et 3o.
D'après la règle que nous venons de poser, ces nombres expriment également la hauteur des cheminées correspondantes et
ce sont en effet les hauteurs le plus généralement adoptées. On
construit peu de cheminées d'usine au-dessous de 15 mètres et
au-dessus de 4o mètres et le plus grand nombre a de 20 à
3o mètres de hauteur.

Le tirage est d'autant plus fort, et la section peut être d'autant plus réduite que la cheminée est plus élevée; en augmentant la hauteur, on peut donc réduire la section, mais comme la
dépense de construction augmente assez rapidement avec la
hauteur, il n'y a lieu de dépasser le rapport $\dfrac{H}{1 + R} = 1$ que lorsque, pour des raisons particulières, on a besoin d'un tirage très
actif, ou que des conditions locales obligent à une hauteur

SER.   40

déterminée. C'est ainsi que dans les villes il faut que le sommet des cheminées dépasse notablement le faîte des maisons voisines, afin que la fumée ne soit pas trop incommode.

Pour certaines usines de produits chimiques, les gaz qui se dégagent exercent sur la végétation une influence des plus délétères et il faut les rejeter dans l'atmosphère à la plus grande hauteur possible; on a fait pour cela des cheminées très élevées. On cite une cheminée construite à Port-Dundas qui a 138 mètres de hauteur. Le diamètre extérieur au sommet est de $3^m,65$ et au sol de $9^m,75$.

SECTION DES CHEMINÉES D'USINE

449. La section qu'il faut donner à une cheminée d'usine, pour brûler dans le foyer un poids de combustible déterminé, se déduit immédiatement de l'équation (3 du n° **436**) qui donne pour la houille

$$\Omega = \frac{ps}{500} \sqrt{\frac{1+R}{H}}. \qquad (4)$$

C'est la section au sommet de la cheminée; elle est proportionnelle à la quantité ps de combustible à brûler et à la racine carrée du rapport $\frac{1+R}{H}$; elle peut être d'autant plus réduite que la cheminée est plus élevée ou que les résistances sont plus faibles.

Si la hauteur a été déterminée par la relation $H = 1 + R$, on a simplement

$$\Omega = \frac{ps}{500}. \qquad (5)$$

La section, en mètres carrés, est égale au poids, en kilog., de combustible à brûler par heure divisé par 500, ce qui revient à dire qu'on peut brûler 500 kilog. de houille par mètre carré de cheminée; c'est la combustion maximum avec le registre complètement ouvert. La manœuvre du registre permettra de la réduire; l'allure moyenne correspond à 375 kilog. de houille par mètre carré, l'allure minimum à 250 kilog. environ.

Si la hauteur de la cheminée était plus grande, telle, par exemple, que $H = 2(1+R)$, on aurait

$$\Omega = \frac{ps}{500\sqrt{2}} = \frac{ps}{707}.$$

On pourrait brûler 707 kilog., avec registre ouvert, par mètre carré de cheminée.

Pour une cheminée de hauteur telle que $H = 1+R$, la relation $ps = 500\,\Omega$ donne pour $p = 100$ kilog. correspondant au maximum d'activité de la combustion

$$s = 5\,\Omega. \tag{6}$$

La surface de la grille est cinq fois celle de la cheminée.

Si on avait pris $H = 2(1+R)$, on aurait, pour $p = 100$ kilog., $s = 7{,}07\,\Omega$; le rapport serait 7,07.

A l'inverse, si pour cette dernière cheminée on fait $s = 5\,\Omega$ on aura $p = \dfrac{500}{5}\sqrt{2} = 141$ kilog.; on pourra brûler 141 kilog. par mètre carré de grille.

On a donné beaucoup de règles et de formules pour déterminer la section d'une cheminée d'usine.

Darcet indiquait que les cheminées devaient avoir 10 mètres de hauteur et une section correspondant à 300 ou 330 kilog. de houille brûlée par mètre carré et par heure.

Si dans la formule $ps = 500\,\Omega \sqrt{\dfrac{H}{1+R}}$, on fait $H = 10$ et si on prend $1+R = 25$, pour des conditions moyennes de résistance, on trouve

$$ps = 500\,\Omega \sqrt{\frac{10}{25}} = 320\,\Omega.$$

C'est 320 kilog. de houille par mètre carré de cheminée, chiffre de Darcet. La hauteur de 10 mètres est insuffisante pour un tirage régulier.

Montgolfier a donné une formule qui revient à

$$\Omega = \frac{ps}{100\sqrt{H}}.$$

Elle rentre dans celle que nous avons indiquée, en faisant $1+R=25$, ce qui correspond à une résistance moyenne de la circulation des gaz dans les fourneaux de chaudière à vapeur.

D'après Tredgold, $\Omega = 0,8 \dfrac{ps}{100\sqrt{H}}$, ce qui donne une section plus faible et correspond à $R=15$, nombre qui ne s'applique qu'à une circulation peu développée. Avec une cheminée de 25 mètres de hauteur, la combustion serait de 625 kilog. de houille par mètre carré, ce qui est un peu fort.

450. Pour un autre combustible, la section de la cheminée se déduit de la section Ω, calculée pour la houille.

Soit Ω' la section nécessaire pour brûler un poids $p's'$ d'un combustible quelconque, A' le poids d'air employé à la combustion de 1 kilog., on a

$$\Omega' = \Omega \frac{p's'}{ps} \frac{A'+1}{A+1},$$

ou

$$\Omega' = \frac{p's'}{500} \frac{A'+1}{A+1} \sqrt{\frac{1+R}{H}}. \qquad (7)$$

Pour du bois, par exemple, on a en moyenne $A'=6,80$; $\dfrac{A'+1}{A+1} = \dfrac{6,80+1}{18+1} = 0,41$. La section d'une cheminée pour foyer à bois est, *pour le même poids de combustible*, les 0,41 de celle d'une cheminée pour foyer à houille.

Mais, comme pour obtenir le même résultat calorifique, il faut des quantités de combustible dans le rapport même des puissances calorifiques, de telle sorte que $\dfrac{p's'}{ps} = \dfrac{8\,000}{2\,650} = 3$, c'est-à-dire qu'il faut trois fois plus de bois que de houille, on voit qu'en définitive, à égalité de puissance d'appareil de chauffage, la section d'une cheminée, pour le bois, doit être $\Omega'=3\times 0,41\,\Omega=1,23\,\Omega$, soit 23 p. 100 plus grande que pour la houille; cette augmentation tient à la grande proportion de vapeur d'eau qui se dégage du bois.

451. Application. — Soit à déterminer la section d'une cheminée capable de produire un tirage suffisant pour brûler en moyenne, par heure, 200 kilog. de houille.

Les dimensions d'une cheminée doivent être déterminées, non pour la *combustion moyenne*, mais bien pour la *combustion maximum*; la cheminée doit évidemment suffire pour le maximum d'activité. Si la combustion maximum est de 5o p. 100 supérieure à la combustion moyenne, la section de la cheminée devra être calculée, dans le cas particulier, pour brûler 3oo kilog. quand le registre sera tout ouvert.

Lorsque la hauteur a été déterminée par la relation $H = 1 + R$, on a (5 du n° **449**)

$$\Omega = \frac{ps}{5oo} = \frac{3oo}{5oo} = 0^{mq},6o,$$

ce qui, pour une cheminée circulaire, correspond à un diamètre

$$D = 0^{m},874.$$

Si, pour déterminer la hauteur de la cheminée, on avait pris $H = 2\,(1 + R)$, on trouverait

$$\Omega = \frac{3oo}{7o7} = 0,424, \quad \text{d'où} \quad D = 0^{m},735.$$

452. Section des carneaux. — La section de la cheminée Ω au sommet étant connue, on en déduit la section des carneaux, c'est-à-dire des conduits de passage des gaz autour du récepteur, dans les divers points de la circulation.

Il est rationnel de déterminer cette section de telle sorte que les résistances au mouvement des gaz soient aussi régulières que possible. La perte de charge ε_n, pour une résistance quelconque, est donnée (**205**) par la relation : $\varepsilon_n = r_n\, d\, \dfrac{\rho^2}{2g}$, dans laquelle

$r_n = m \dfrac{d}{d_n} \left(\dfrac{\Omega}{\Omega_n} \right)^2$, m étant le coefficient de la résistance consi-

dérée (soit $m = \dfrac{kl\chi}{\Omega_n}$ pour le frottement), d_n la densité dans la

section Ω_n et d la densité au sommet de la cheminée où la section est Ω et la vitesse v. Pour que les résistances soient aussi régulières que possible, il convient, comme nous l'avons dit (**207**), de les rendre les mêmes que si la vitesse et la densité étaient partout égales à celles du sommet, et il suffit pour cela de prendre la section Ω_n de telle sorte que

$$\frac{d}{d_n}\left(\frac{\Omega}{\Omega_n}\right)^2 = \mathrm{1}, \qquad \text{d'où} \qquad \Omega_n = \Omega \sqrt{\frac{d}{d_n}} = \Omega \sqrt{\frac{\mathrm{1}+\alpha t_n}{\mathrm{1}+\alpha t}}, \quad (8)$$

t et t_n étant les températures correspondant aux densités d et d_n dans les sections Ω et Ω_n.

La section Ω_n du carneau, en un point quelconque de la circulation, doit être égale à la section Ω au sommet de la cheminée multipliée par la racine carrée du rapport inverse des modules de température.

Quand il y a plusieurs appareils de chauffage, déversant les produits de la combustion de leur foyer dans une cheminée unique, la section des carneaux, pour chacun d'eux, doit être déterminée proportionnellement au volume des gaz qui doit y passer ou, ce qui revient au même, au poids de combustible brûlé dans chaque foyer correspondant. Si ps est le poids total de combustible brûlé par tous les appareils, Ω la section de la cheminée unique calculée comme il est dit ci-dessus, on aura la section Ω_n des carneaux d'un appareil où on brûle le poids $p_1 s_1$ de combustible, en un point ou la température est t_1 par la relation

$$\Omega_n = \Omega \frac{p_1 s_1}{ps} \sqrt{\frac{\mathrm{1}+\alpha t_1}{\mathrm{1}+\alpha t}}. \qquad (9)$$

Comme il serait trop compliqué, dans la construction des fourneaux, de faire varier la section des carneaux d'une manière continue avec le décroissement de température, on peut se contenter de diviser la circulation en un certain nombre de parties (cinq ou six suffisent ordinairement), d'évaluer pour chacune la température moyenne et de déterminer, par la formule ci-dessus, la section de chaque partie.

453. Application. — Appliquons ces formules à une chaudière à vapeur du type dit à bouilleurs.

Une chaudière à bouilleurs est un type très employé qui se compose (fig. 284, 285), comme nous le verrons en détail plus loin, de deux cylindres horizontaux dits bouilleurs placés sur le même plan horizontal au-dessus du foyer et communiquant

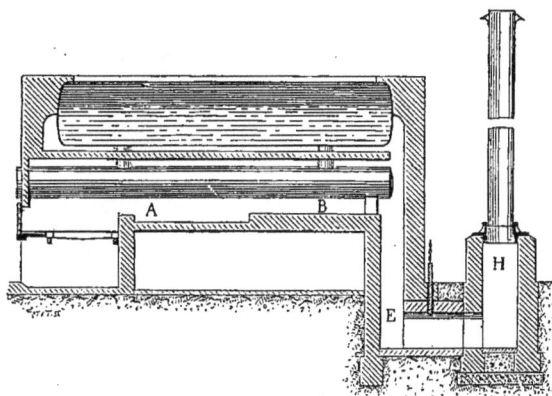
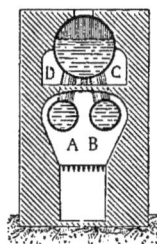

Fig. 284.   Fig. 285.

avec un corps cylindrique, de diamètre à peu près double, établi parallèlement au-dessus. Le tout est monté dans un fourneau en maçonnerie dans lequel on ménage des carneaux pour la circulation des gaz de la combustion qui, en sortant du foyer, circulent d'abord dans un premier carneau AB autour des deux bouilleurs, de l'avant à l'arrière du fourneau, reviennent en avant par un second carneau C sur un des côtés du corps cylindrique, puis à l'arrière par un carneau D sur l'autre côté. Un conduit E les amène ensuite à la base de la cheminée **H**.

Nous supposerons les dimensions suivantes qui sont dans les proportions ordinaires des chaudières à bouilleurs.

Bouilleurs : longueur 10^m, diamètre $0^m,55$.

Corps cylindrique : longueur 10^m, diamètre $1^m,10$.

En mettant en contact avec les gaz de la combustion toute la surface des bouilleurs, et la moitié du corps cylindrique, la surface totale de chauffe est $51^{mq},8$.

La surface de la grille est $1^{mq},50$, soit $\dfrac{1}{34,6}$ de la surface de chauffe; pour pouvoir y brûler 150 kilog. de houille par heure au maximum, il faut que la cheminée ait une section $\Omega = \dfrac{150}{500} = 0^{mq},30$.

Nous allons en déduire la section des carneaux.

On peut diviser la circulation en six parties.

La première partie A comprend la circulation jusqu'au milieu de la longueur des bouilleurs et la deuxième B l'autre moitié; la troisième partie C est la portion des carneaux en contact avec un côté du corps cylindrique sur toute la longueur de la chaudière et la quatrième D le carneau placé de l'autre côté. La cinquième partie E de la circulation est le conduit qui mène les gaz de l'extrémité de la chaudière à la cheminée et enfin la sixième H est la hauteur de la cheminée.

La surface de chauffe afférente à chacune des quatre premières parties est à peu près le quart de la surface totale. En se reportant au tableau (**381**) ou à la courbe (**383**), on reconnaît que, avec une activité moyenne de combustion, les températures des gaz dans les divers points de la circulation seront :

$1058°$ à la sortie du foyer.

$830°$ après le premier quart, de la surface de chauffe, c'est-à-dire à la moitié des bouilleurs.

$510°$ après le second quart, c'est-à-dire à l'extrémité des bouilleurs.

$340°$ après le troisième quart, c'est-à-dire après la première moitié du corps cylindrique ou aux 3/4 de la surface totale.

$250°$ à l'extrémité de la chaudière.

En appliquant la formule (8), on trouve pour les sections des carneaux les nombres du tableau suivant.

PARTIES.	CARNEAUX.	TEMPÉRATURE MOYENNE.	SECTIONS.
A	1re partie sous les bouilleurs.	$\dfrac{1058+830}{2}=944°$	0,4578 soit 0,46
B	2e partie sous les bouilleurs, à la suite.	$\dfrac{830+510}{2}=670°$	0,4029 -- 0,40
C	1er côté du corps cylindrique.	$\dfrac{510+340}{2}==425°$	0,3465 — 0,35
D	2e côté du corps cylindrique.	$\dfrac{340+250}{2}=295°$	0,3126 — 0,31
E	Carneau allant à la cheminée.	250°	0,300 -- 0,30
H	Cheminée..................	250°	0,300 — 0,30

On fait presque toujours la section du carneau uniforme pour les deux parties A et B.

CALCUL DU COEFFICIENT DE RÉSISTANCE R

454. La valeur du coefficient de résistance R à l'écoulement des gaz dans les carneaux d'un fourneau de chaudière à vapeur sert de base, comme nous l'avons vu (**437**), à la détermination de la hauteur de la cheminée.

Nous avons fait au n° **204**, le calcul, pour une conduite de forme quelconque, de la résistance produite par les frottements et les changements de direction et de section. Dans le cas d'un appareil de chauffage, il faut tenir compte, en outre, de la résistance de la grille et de la couche de combustible en ignition.

Nous supposerons que les sections des carneaux ont été déterminées par la relation 8 du n° **452**.

En désignant par e la charge correspondant à la vitesse v au sommet de la cheminée et par E la dépression totale produite par le tirage (**410**), on a

$$E=\frac{Hd_0\alpha(t-\theta)}{(1+\alpha\theta)(1+\alpha t)} \qquad E-e=Re \qquad \text{et} \qquad e=d\frac{v^2}{2g}.$$

La résistance R est la somme des résistances partielles dans les divers points de la circulation, et pour un appareil de chauffage avec foyer, comme la chaudière décrite au n° **453**, on peut la diviser en quatre parties :

1° La résistance G produite par la grille et la couche de combustible en ignition ;

2° La résistance F par les frottements contre les parois dans toute la circulation ;

3° La résistance D par les changements de direction que les gaz éprouvent du foyer à la cheminée ;

4° Enfin la résistance S par les changements de section.

On a donc

$$R = G + F + D + S.$$

Nous n'avons pas à tenir compte de la résistance du registre, la valeur de R pour le calcul de la hauteur de la cheminée étant celle qui correspond à la levée complète (**437**).

455. Résistance de la grille, G. — Soient v_0 la vitesse de l'air sous la grille de surface s, d_0 sa densité à 0°, θ sa température, l l'épaisseur du combustible ; en appliquant la formule (**200**), on a pour l'expression de la perte de charge

$$\varepsilon = \mu l \frac{d_0}{1 + \alpha\theta} \frac{v_0^2}{2g}.$$

D'après les chiffres indiqués au n° **200**, pour un mélange de houille et de coke dans la proportion de 1 à 6, comme celui qui se trouve sur une grille de chaudière à vapeur, la valeur de μ est égale à $2\left(\dfrac{a}{\rho} + b\right)$, ce qui, pour une vitesse moyenne de $0^m,20$, donne $\mu = 2720$ à la température de 15° environ ; ce nombre doit être notablement augmenté pour du combustible en ignition.

D'un autre côté

$$\varepsilon = Ge = G \frac{d_0}{1 + \alpha t} \frac{v^2}{2g}.$$

v étant la vitesse et t la température des gaz au sommet de la cheminée dans la section Ω.

Le poids d'air et de gaz étant dans le rapport $\dfrac{A}{A+1}$,

$$sv_0 \frac{d_0}{1+\alpha\theta} = \frac{A}{A+1}\, \Omega v\, \frac{d_0}{1+\alpha t};$$

on déduit de ces relations la valeur de G

$$G = \mu l \frac{1+\alpha\theta}{1+\alpha t} \frac{\Omega^2}{s^2} \frac{A^2}{(A+1)^2}.$$

Prenons pour un foyer de chaudière à vapeur

$$l = 0,12 \qquad \theta = 10° \qquad t = 250 \qquad \frac{\Omega}{s} = \frac{1}{5} \qquad A = 18,$$

on trouve $\qquad\qquad\qquad$ $G = 6,324.$

Ce nombre doit être augmenté de 50 p. 100 et porté à 9 environ, à cause de l'état d'ignition du combustible.

Péclet avait trouvé, pour ce coefficient, le nombre 8 par des considérations toutes différentes. Il ne s'appuyait pas sur des expériences directes faites sur la résistance du charbon, mais il déduisait de la résistance totale d'un fourneau de chaudière à vapeur les résistances produites par les frottements, changements de direction, etc., et la différence lui donnait la résistance de la grille.

Le coefficient G dépend essentiellement du rapport de la surface de la grille à la section de la cheminée, de l'activité et de la période de la combustion ; le nombre 9 peut être considéré comme un chiffre moyen.

456. Résistances produites par le frottement F. — La valeur de F est donnée par l'expression générale (page 325)

$$F = \Sigma \frac{d}{d_1} \left(\frac{\Omega}{\Omega_1}\right)^2 \frac{kl\chi}{\Omega_1},$$

Ω est la section au sommet de la cheminée et d la densité des gaz dans cette section,

Ω_1 la section d'une portion quelconque de la circulation dont la longueur est l, le périmètre χ, et dans laquelle la densité des gaz est d_1;

k le coefficient de frottement qui dépend (**185**) de la vitesse des gaz, de la section des conduits, de la nature des parois, etc.; nous le prendrons égal à 0,020, pour des carneaux en maçonnerie toujours plus ou moins recouverts et engorgés de suie.

Lorsque les sections des carneaux ont été calculées par la relation 8 du n° **452**, l'expression du coefficient de résistance par le frottement se réduit à

$$F = \Sigma \frac{kl\chi}{\Omega_1}.$$

En appliquant cette formule à la chaudière à bouilleurs dont nous avons donné les dimensions, on forme le tableau suivant :

CARNEAU.	χ	Ω_1	$\dfrac{\chi}{\Omega_1}$	l	$\dfrac{kl\chi}{\Omega_1}$
A	7,526	0,46	16,4	5	1,64
B	7,436	0,40	18,6	5	1,86
C	2,779	0,35	8,0	10	1,60
D	2,686	0,31	8,6	10	1,72
E	2,200	0,30	7,3	6	0,88
H	2,740	0,30	4,57	25	2,29
			$\Sigma k \dfrac{l\chi}{\Omega_1}$		9,99

On a ainsi un nombre rond

$$F = 10.$$

Nous avons supposé, pour calculer le frottement dans la cheminée, que sa hauteur était de 25 mètres; comme en général la hauteur des cheminées d'usine est comprise entre 20 et 30 mètres, cette hypothèse ne peut conduire à une grande erreur pour le coefficient du frottement, car une différence de 10 mètres sur cette hauteur ne fait varier F que d'une unité.

Du reste, le calcul terminé, si la valeur trouvée pour H était trop différente de celle supposée, on pourrait faire un calcul rectificatif.

Nous avons en outre fait le calcul comme si la section de la cheminée était uniforme de la base au sommet, ce qui n'a lieu, à peu près, que pour des cheminées métalliques. Les cheminées en maçonnerie ont en général, comme nous le verrons, un diamètre intérieur plus grand à la base qu'au sommet. De plus elles sont construites par rouleaux tronc-coniques avec changement brusque de section à chaque rouleau. Le calcul de la résistance en tenant compte de toutes ces conditions serait fort compliqué et sans utilité réelle. Il nous paraît suffisamment exact d'admettre (comme nous l'avons fait) que les pertes par variation de section sont compensées par l'accroissement résultant de la diminution de la vitesse. L'erreur que l'on peut commettre n'a certainement pas d'influence notable sur le résultat final de la valeur de R.

457. Résistance par les changements de direction D. — L'expression générale du coefficient de résistance par les changements de direction est (page 325)

$$D = \Sigma \mu \cdot \frac{d}{d_1} \left(\frac{\Omega}{\Omega_1} \right)^2.$$

Nous avons donné (**189** et suiv.) les valeurs de μ, dans les différents cas.

Quand les sections des carneaux ont été convenablement déterminées (8 du n° **452**), le facteur de μ se réduit à l'unité et on a simplement

$$D = \Sigma \mu.$$

Dans le fourneau considéré, il y a entre B et C deux changements de direction à angle droit très rapprochées, de même entre C et D, en outre deux changements à angle droit, l'un à l'entrée, l'autre sur la longueur du carneau E et enfin un dernier changement à la base de la cheminée. Les doubles changements très rapprochés ne devant compter que pour un seul (**190**), nous avons en somme 5 changements, et comme pour un angle droit $\mu = 1$, on a

$$D = \Sigma\mu = 5.$$

458. Résistance par les changements de section S. — Les changements plus ou moins brusques de section se trouvent, dans le fourneau considéré, en trois points seulement : à l'entrée de l'air dans le cendrier, à l'autel et enfin au débouché dans la cheminée. La résistance par le changement de section à l'entrée de la grille est comprise dans la résistance du foyer.

La contraction à l'entrée du cendrier produit une résistance r_1e donnée par la formule (**192** et **204**)

$$r_1 = \left(\frac{1}{\varphi^2} - 1\right)\frac{d}{d_1}\left(\frac{\Omega}{\Omega_1}\right)^2$$

φ est le coefficient de contraction;

d_1 et d sont les densités de l'air à l'entrée du cendrier et des gaz au sommet de la cheminée;

Ω et Ω_1 sont les sections de la cheminée et de l'entrée du cendrier.

En prenant $\theta = 10°$, $t = 250°$, $\Omega = 0.5\,\Omega_1$, $\varphi = 0.83$, on trouve

$$r_1 = 0.056.$$

Comme on le voit cette résistance est négligeable.

La résistance à l'autel est produite comme pour un registre par une contraction suivie d'un élargissement; en la représentant par r_2e, on a (**195** et **204**)

$$r_2 = \left[\left(\frac{1}{\varphi^2} - 1\right) + \left(1 - \frac{\omega_1}{\Omega_1}\right)^2\right]\left(\frac{\Omega}{\omega_1}\right)^2\frac{d}{d_1}.$$

ω_1 et Ω_1 sont les sections contractée et rélargie à l'autel, φ le coefficient de contraction.

En mettant les nombres $\varphi = 0,90$, $\Omega_1 = 1,41\,\omega_1$, on trouve

$$r_2 = (0,234 + 0,055)\,1,988 = 0,574.$$

On voit que c'est surtout la contraction qui produit la résistance qui est en somme peu considérable.

La résistance $r_3 e$ au débouché des carneaux à la base de la cheminée est produite par un accroissement brusque de section. La température et la section du carneau étant à peu près les mêmes qu'au sommet de la cheminée,

$$r_3 = \left(1 - \frac{\omega_1}{\Omega_1}\right)^2$$

ω_1 et Ω_1 sont les sections du carneau et de la base de la cheminée; si on suppose $\Omega_1 = 4\omega_1$,

$$r_3 = 0,5625,$$

c'est à peu près le maximum.

En réunissant ces diverses pertes, on trouve

$$S = r_1 + r_2 + r_3 = 0,056 + 0,574 + 0,5626 = 1,1926.$$

Le coefficient de résistance par les changements de section n'a, comme on voit, que peu d'importance, et pour un fourneau de chaudière à bouilleurs, convenablement établi, on peut l'évaluer, sans calcul, à une valeur comprise entre 1 et 2.

459. La résistance totale étant la somme des résistances partielles, on a

$$R = 9 + 10 + 5 + 1,19 = 25,19$$

et par suite $\quad 1 + R = 26,19 \quad \sqrt{1+R} = 5,12.$

En appliquant la formule (**442**), la hauteur de la cheminée doit être au minimum

$$H = 26^m,19;$$

c'est un peu plus que la hauteur que nous avons supposée *à priori*.

La vitesse au sommet de la cheminée est réduite au cinquième environ par les résistances.

CHEMINÉES D'APPARTEMENT ET DE VENTILATION

460. Dans les cheminées d'appartement, la température ne dépasse guère 120° à 140° et dans les cheminées d'appel, employées pour la ventilation des lieux habités, l'excès sur la température extérieure reste généralement au-dessous de 30°.

La formule générale qui donne le poids écoulé par la cheminée,

$$P = m\Omega \sqrt{\frac{H}{1 + R}},$$ est toujours applicable, mais le terme m ne peut plus être regardé comme constant et les formules, auxquelles nous sommes arrivés pour les cheminées d'usine, ne sauraient être employées.

La détermination de la section et de la hauteur des cheminées d'appartement et de ventilation est soumise à des conditions particulières, que nous ne pouvons examiner en ce moment. Nous les étudierons quand il sera question du chauffage et de la ventilation des lieux habités.

§ III

CONSTRUCTION DES CHEMINÉES D'USINE

461. Les cheminées d'appartement se construisent dans l'épaisseur des murs, celles de ventilation au-dessus des bâtiments et leurs formes et leurs proportions dépendent de celles du bâtiment lui-même; nous indiquerons les dispositions employées dans ce cas, en parlant du chauffage et de la ventilation des lieux habités. Nous n'examinerons, dans ce paragraphe, que la construction des cheminées isolées, des *cheminées d'usine*.

Les cheminées
d'usine se construi-
sent généralement en
briques qui sont les
matériaux les plus
propres à résister à
l'action de la chaleur
et ont une durée à peu
près indéfinie ; elles
se font cependant
quelquefois en tôle
par économie ou pour
des établissements
qui ne doivent avoir
qu'une durée très li-
mitée.

On a donné d'abord
aux cheminées en bri-
ques la forme carrée,
qui se prête mieux,
pour la construction,
à l'emploi de maté-
riaux ayant toutes les
arêtes rectangulaires,
mais les ouvriers sont
arrivés maintenant à
construire aussi faci-
lement une cheminée
à section circulaire et
on préfère cette forme
parce qu'elle pré-
sente plusieurs avan-
tages importants. A
égalité de section et
d'épaisseur, elle offre

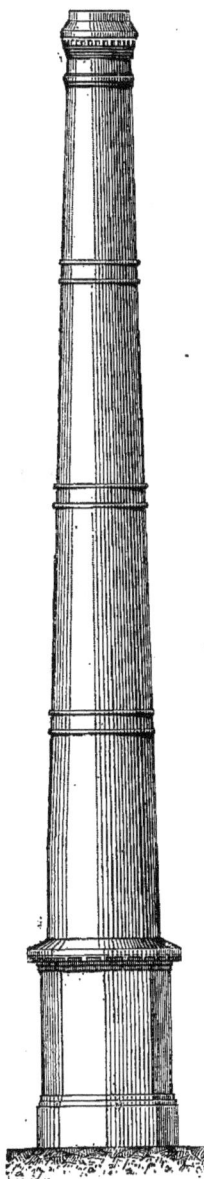

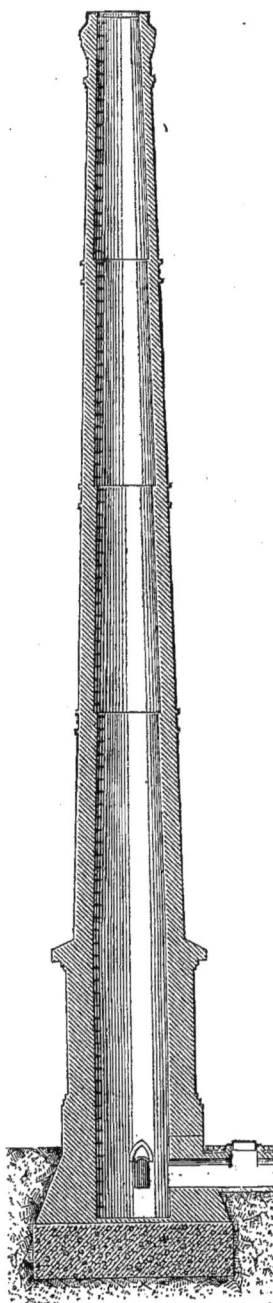

Fig. 286.

Fig. 287.

moins de prise à l'action des vents, et se trouve par conséquent dans de meilleures conditions de stabilité; elle exige moins de briques $\left(\text{environ } \frac{1}{6}\right)$, et enfin l'aspect est plus satisfaisant.

462. Une cheminée en briques se compose (fig. 286) de trois parties, le *piédestal*, le *fût* et le *chapiteau*.

Le piédestal est un prisme à section, quelquefois ronde, mais plus souvent polygonale ou carrée, d'une hauteur qui est ordinairement en rapport avec la hauteur totale de la cheminée, et qui s'écarte en général assez peu de la *racine carrée* de cette hauteur.

On donne quelquefois au piédestal une faible hauteur et un grand diamètre, pour diminuer le cube de maçonnerie et, en augmentant l'empâtement, répartir le poids de la construction sur une grande surface; on raccorde avec le fût par un profil concave à courbe arrondie comme l'indique la figure 288.

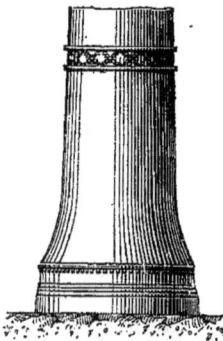

Fig. 288.

Le fût au-dessus du piédestal est de forme tronc-conique avec un fruit extérieur ordinairement compris entre 0^m,025 et 0,030 par mètre, suivant le diamètre de la cheminée. Il est quelquefois ornementé de dessins en briques de couleurs différentes.

Le chapiteau qui surmonte la cheminée, et qui présente ordinairement une saillie assez prononcée, se fait en briques le plus souvent, quelquefois en pierres de taille.

L'épaisseur de la paroi d'une cheminée décroît de la base au sommet; pour éviter trop de déchets de briques et de main-d'œuvre de taille, on procède par ressauts brusques de manière à avoir des épaisseurs successives toujours multiples de la largeur d'une brique. La figure 287 montre la coupe d'une cheminée construite dans ces conditions. Elle se compose d'une série de rouleaux tronc-coniques superposés formant à l'extérieur une

surface régulière et à l'intérieur, au contraire, une surface dis-
continue avec ressauts brusques de la largeur d'une brique à
chaque changement de rouleau.

463. Tracé du profil d'une cheminée. — Voici comment
se fait le tracé dans ces conditions.

Les données sont la hauteur H de la cheminée (**447**) et le diamètre intérieur D au
sommet (**451**).

Sur une ligne KO_5 (fig. 289) représentant le sol, on mène une perpendiculaire
sur laquelle en prend à l'échelle adoptée
une longueur O_0O_5 égale à la hauteur H.
Cette ligne figure l'axe de la cheminée.

Sur la parallèle O_0A menée par le sommet O_0 à la ligne O_5K, on porte une longueur O_0a égale au rayon intérieur, puis
en prolongement l'épaisseur aA, généralement une longueur de brique; $aA = 0,22$.
Quelquefois on prend l'épaisseur seulement
de 0,11, ce qui est faible; dans d'autres
cas de 0,35, trois largeurs de brique, quand
la cheminée doit être exposée à des vents
violents, sur le bord de la mer par exemple.

On a ainsi le point A par lequel on mène
une ligne AG inclinée sur la verticale et
faisant avec elle le fruit extérieur de 0,025
à 0,030 environ et que nous allons déterminer d'après les conditions de stabilité.
Cette ligne AG figure l'arête extérieure
du fût tronc-conique.

Fig. 289.

On porte ensuite sur O_5O_0 la hauteur O_5O_4
du piédestal, égale environ, comme nous l'avons dit, à la racine
carrée de la hauteur totale, et on mène l'horizontale O_4J qui
coupe en F l'arête du fût. La verticale JK menée à une distance

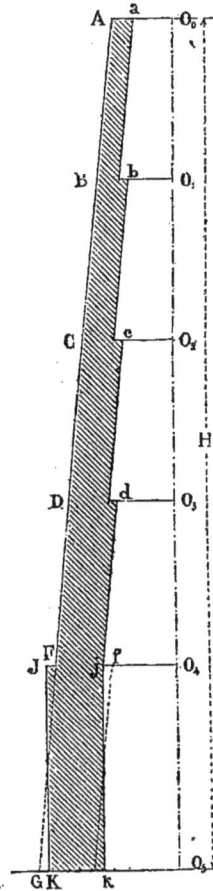

$FJ = 0^m,12$, figure l'arête du piédestal; on l'éloigne souvent davantage du point F pour donner plus de stabilité à la base.

Pour le profil intérieur de la cheminée, on divise la hauteur du fût O_0O_4 en un certain nombre de parties qui ont de 4 mètres à 8 mètres [1] et par les points obtenus O_1, O_2, O_3..., on mène des parallèles à la base qui coupent l'arête extérieure en B,C,D, et indiquent les limites de chaque rouleau.

On prend ensuite successivement des longueurs bB, cC, dD... égales respectivement à 0,36, 0,48, 0,60, — c'est-à-dire à trois, quatre, cinq largeurs de briques, et ainsi de suite jusqu'au piédestal en augmentant successivement l'épaisseur de 0,12 environ pour chaque rouleau (une largeur de brique avec le joint).

En menant par les points b, c, d, sur la hauteur de chaque rouleau, des parallèles à l'arête extérieure, on a le profil intérieur du fût qui se continue sur la hauteur du piédestal en menant la ligne jk perpendiculaire à la base.

Une construction symétrique, de l'autre côté de l'axe, achève de donner le profil général de la cheminée.

On étudie ensuite les profils détaillés pour le chapiteau, la corniche et le piédestal.

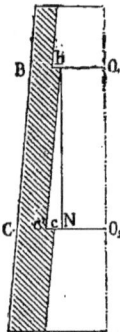

Fig. 290.

464. Dans le tracé du profil intérieur, il faut avoir soin qu'aucune des sections, en haut de chaque rouleau, ne soit plus faible que celle de la cheminée au sommet; tout étranglement réduirait le tirage d'une manière fâcheuse.

Pour remplir la condition que le rayon intérieur cO_2 (fig. 290) soit au moins égal au rayon bO_4 du rouleau supérieur, il faut et il suffit que la verticale bN parallèle à l'axe O_4O_2 tombe au point c ou à droite de ce point, c'est-à-dire que c'N soit au moins égal à cc'. Soit h la hauteur bN du rouleau BC, m le fruit

[1] Nous verrons plus loin comment les conditions de stabilité conduisent à une détermination plus précise de ces hauteurs.

extérieur, d la largeur cc' du redent; on a $c'N = mh$, et la condition pour qu'il n'y ait pas d'étranglement s'exprime par l'inégalité

$$mh \gtreqless d,$$

ce qui donne pour la hauteur minimum que doit avoir le rouleau :

$$h \geqq \frac{d}{m}.$$

Pour $d = 0,12$ et $m = 0,03$, il faut que h soit plus grand que 4 mètres : si $m = 0.025$, h doit être plus grand que $4^m,80$.

465. Les fondations de la cheminée descendent plus ou moins profondément dans le sol suivant la nature des terrains. Leur établissement est soumis aux conditions générales de toute construction en maçonnerie. Il faut s'appuyer sur les sols solides, et répartir les pressions de manière qu'il n'y ait pas d'écrasement ou d'affaissement à craindre. Nous renvoyons pour cela aux traités ordinaires de construction.

Les conduits qui amènent la fumée sont ordinairement placés dans le sol. Le vide intérieur de la cheminée doit descendre plus bas que le fond de ces conduits afin que les cendres entraînées puissent s'accumuler à la base de la cheminée sans gêner le tirage.

466. Volume et poids de la maçonnerie. — Le cube de la maçonnerie se calcule en faisant la somme des cubes des rouleaux successifs qui la composent. Pour un rouleau quelconque, ce cube est la différence de deux troncs de cône de même hauteur à arêtes parallèles.

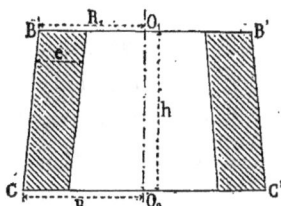

Fig. 291.

Soient $R_1 = O_1B$ et $R_2 = O_2C$ les rayons extérieurs au sommet et à la base du rouleau, e (fig. 291) l'épaisseur uniforme, h la hauteur O_1O_2.

Le tronc de cône extérieur a pour volume

$$\frac{1}{3}\,\pi h\,(R_2^2+R_1^2+R_1R_2).$$

Le tronc de cône intérieur

$$\frac{1}{3}\,\pi h\left((R_2-e)^2+(R_1-e)^2+(R_2-e)\,(R_1-e)\right).$$

En faisant la différence, on trouve pour le cube q de maçon-nerie d'un rouleau

$$q=\pi h e\,(R_2+R_1-e).$$

On peut remarquer que R_1+R_2-e est le diamètre moyen pris à demi-hauteur et à demi-épaisseur du rouleau.

Le cube total de la cheminée est en conséquence

$$Q=\Sigma q=\pi\Sigma h e\,(R_2+R_1-e). \qquad (1)$$

C'est la somme des cubes des rouleaux successifs.

Pour avoir le poids de la maçonnerie qui sert dans le calcul de la stabilité, il suffit de multiplier par le poids du mètre cube de briques, environ 1750 à 1850 kilogr. pour la brique de Bour-gogne et 1650 à 1700 pour la brique de pays.

En général, en appelant δ le poids en kilogr. du mètre cube de maçonnerie, on a pour le poids d'une portion quelconque

$$N=\pi\delta\Sigma h e\,(R_2+R_1-e)=\Sigma N_1+\pi\delta h e\,(R_2+R_1-e), \qquad (2)$$

ΣN_1 étant le poids des rouleaux au-dessus de celui de la base ; pour ce dernier rouleau, les rayons supérieur et inférieur sont R_1 et R_2, l'épaisseur e et la hauteur h.

467. Construction des cheminées (fig. 292 et 293). — Pour construire les cheminées d'usine, on n'a pas besoin d'écha-faudages extérieurs. Les ouvriers s'établissent sur un plancher intérieur formé de deux boulins qu'ils logent dans des trous mé-nagés dans la maçonnerie à hauteur convenable et sur lesquels ils posent des planches qu'il est prudent de clouer afin d'éviter les bascules. A mesure que la construction s'élève, on déplace le plancher et on l'établit à un niveau supérieur.

Pour le montage des matériaux, les ouvriers construisent aux deux extrémités d'un même diamètre quelques assises surélevées au-dessus du reste de la construction et sur lesquelles ils posent une traverse portant une poulie à son milieu. Une corde passe sur cette poulie, et se termine par deux crochets auxquels on suspend, à l'un les briques entourées d'une simple corde, à l'autre le seau de mortier; elle vient, par l'autre extrémité, après s'être appuyée sur une poulie de renvoi, s'enrouler sur un treuil placé sur le sol et manœuvré par un garçon.

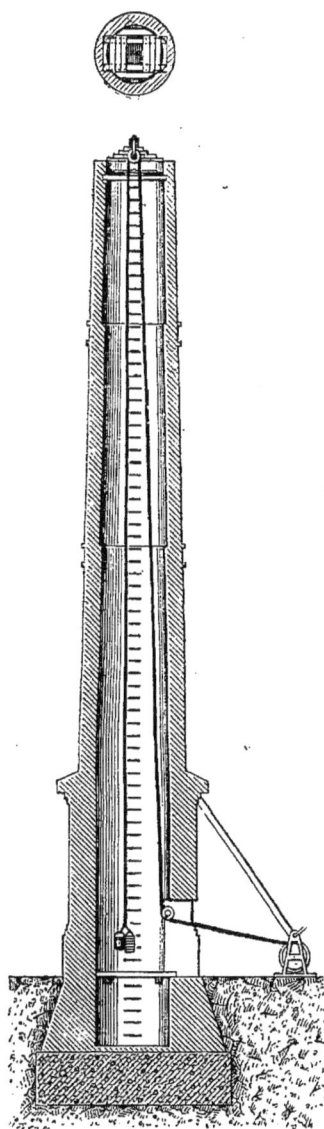

Pour arriver à leur plancher mobile les ouvriers montent par des échelons en fer, scellés (fig. 294) dans la maçonnerie, les uns au-dessus des autres, à raison de trois par mètre de hauteur environ, et qu'on laisse pour servir plus tard à des réparations.

Fig. 292 et 293.

Fig. 294.

468. Il est nécessaire de recouvrir le sommet des cheminées, pour bien maintenir les briques et empêcher la pluie de pénétrer dans les joints. On se sert pour cela d'une couverture en fonte ou en plomb.

La couverture en fonte se compose (fig. 295, 296) d'un certain nombre de plaques à nervures, assemblées entre elles au moyen de boulons et emboîtant l'assise supérieure; il faut un modèle spécial pour chaque diamètre.

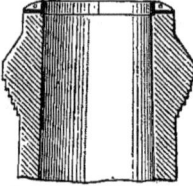

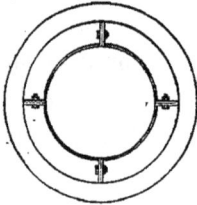

On préfère généralement la couverture en plomb qui se compose simplement d'une feuille annulaire de 2 à 3 millimètres d'épaisseur qu'on déroule sur l'assise supérieure et qu'on rabat au marteau à l'intérieur et à l'extérieur de manière à bien emboîter plusieurs assises et à les maintenir solidement.

On emploie assez souvent des armatures pour consolider les cheminées. Ce sont des cercles en fer qu'on loge dans la hauteur d'un joint circulaire, le plus loin possible du centre et des gaz chauds, afin que les mouvements de dilatation soient moins sensibles. Il convient néanmoins de construire ces cercles de manière à leur laisser une certaine liberté de dilatation, sans quoi l'armature pourrait être plus nuisible qu'utile. Une cheminée bien construite et bien proportionnée n'a pas besoin d'armatures.

Fig. 295 et 296.

469. Cheminées en tôle. — Les cheminées en tôle coûtent moins cher de construction que les cheminées en brique, et elles sont quelquefois préférées pour ce motif et aussi pour les établissements qui ne doivent avoir qu'une durée limitée. Elles se détruisent, en effet, en assez peu de temps; la tôle, malgré les couches de peinture dont on la recouvre, s'oxyde rapidement sous les influences de l'atmosphère et des condensations intérieures de la vapeur d'eau, surtout à la partie supérieure, plus refroidie, qui est le plus fortement attaquée. Beaucoup de fumées ont en outre une action acide qui détruit le métal.

Les figures 297 et 298 représentent
une cheminée en tôle montée sur un
socle en briques, au moyen d'une tubulure en fonte, scellée dans la maçonnerie par quatre boulons de fondation,
disposés aux angles du massif et le traversant sur toute sa hauteur.

La cheminée se compose de viroles en
tôle emboîtées et rivées les unes sur les
autres ; la première est fixée sur la tubulure en fonte par une double ligne de
rivets. A peu près aux deux tiers de la
hauteur, on rive un collier en cornières,
auquel on fixe trois haubans en fil de fer
qui viennent s'attacher soit à des bâtiments voisins soit à des pieux enfoncés
dans le sol ; cette précaution est nécessaire pour que la cheminée résiste à
l'action des vents.

L'épaisseur de la tôle va en décroissant de la base au sommet, pour des hauteurs d'une quinzaine de mètres, 5 à
6 millimètres à la base et 4 millimètres
au sommet.

Une cheminée en tôle construite au
Creusot a 85 mètres de hauteur et $2^m,31$
de diamètre au sommet ; elle est légèrement conique mais avec un fort empâtement à la base qui porte le diamètre
à $6^m,84$. Les viroles de $1^m,25$ de hauteur
ont $0^m,014$ d'épaisseur à la base et $0^m,007$
au sommet. Le poids total des tôles est
de 80000 kilogr. Elle est assez solide pour
résister à l'action des vents, sans le se-
cours de haubans.

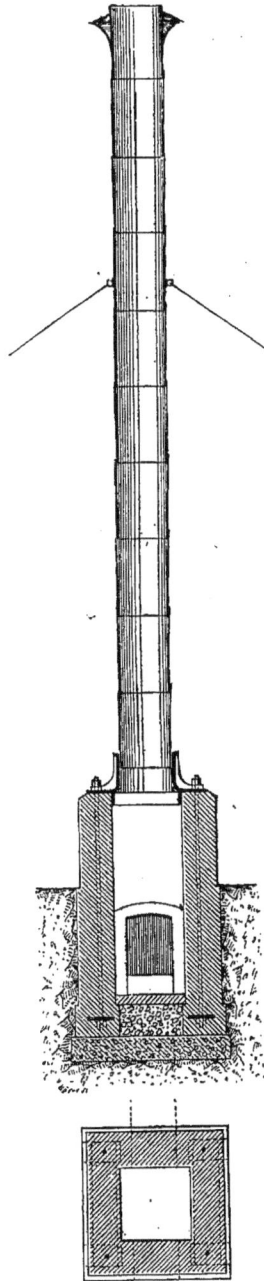

Fig. 297 et 298

On fait souvent les cheminées en tôle sans socle. Elles partent directement du sol et le massif de maçonnerie sur lequel elles sont fixées est tout entier dans le sol.

STABILITÉ D'UNE CHEMINÉE D'USINE EN BRIQUES

470. Pour qu'une cheminée d'usine ait une stabilité suffisante, il faut satisfaire à deux conditions :

1° Donner à la maçonnerie assez de masse pour qu'elle résiste à l'action des vents qui tendent à la renverser ;

2° Donner à chaque assise assez de base pour que les briques et les mortiers ne risquent pas d'être écrasés sous l'action du vent combinée avec le poids des assises supérieures.

Il faudrait encore s'assurer que le frottement est suffisant pour empêcher la pression oblique résultante de faire glisser la construction sur une assise, mais en pratique cette condition est toujours largement réalisée.

Ces conditions doivent être remplies, non seulement pour la hauteur totale, mais encore pour une portion quelconque de la cheminée et elles servent de base, comme nous allons le voir, au calcul de l'épaisseur et de la hauteur qu'il convient de donner aux rouleaux successifs.

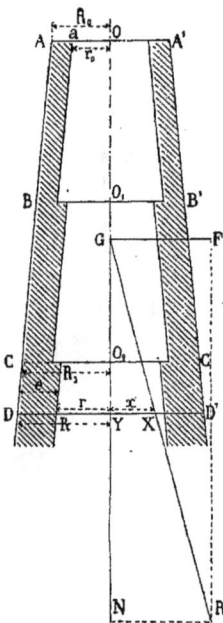

Fig. 992.

471. Considérons une portion AA′DD′ de cheminée de hauteur quelconque $OY = y$, prise à partir du sommet (fig. 299).

Soient $R_0 = OA$ et $r_0 = Oa$ les rayons extérieur et intérieur au sommet, $R = YD$ et $r = Yd$ les rayons extérieur et intérieur à la base, m le fruit extérieur de telle sorte que $R = R_0 + my$. Le vent agit sur une surface tronc-conique projetée verticalement suivant le trapèze AA′DD′ de hauteur y ; en désignant par p la

pression horizontale, en kilogr., produite par le vent sur chaque
mètre carré de projection, la force F du vent est

$$F = p(R_0 + R)y. \qquad (3)$$

Cette force agit en G au centre de gravité du trapèze et peut
être représentée par une ligne horizontale GF en grandeur et en
direction.

La pression p du vent par unité de surface n'est pas bien
exactement connue. On admet généralement que sur une surface
plane la pression maximum peut atteindre 270 kilogrammes par
mètre carré. Certains faits donneraient à penser que ce chiffre
est notablement trop fort ; nous l'admettrons néanmoins, dans
ce qui va suivre, pour plus de sécurité.

Pour une surface polygonale ou cylindrique, la pression du
vent est plus faible que pour une surface plane. D'après Rankine,
l'action du vent étant représentée par 1 pour une cheminée à
section carrée, est : 0,50 pour une section circulaire, 0,65 pour
une section octogonale, 0,75 pour une section hexagonale.

D'autres auteurs indiquent que pour une cheminée à section
circulaire l'action du vent est les deux tiers de celle pour une
section carrée.

Pour une cheminée cylindrique ou légèrement conique à section circulaire, telle qu'on les construit ordinairement, nous
admettrons que la pression maximum du vent, par mètre carré
de projection, peut être prise égale à 135 kilogrammes.

La distance $GY = l$ du centre de gravité du trapèze à la base
étant

$$l = \frac{R + 2R_0}{3(R + R_0)} y \qquad (4)$$

le moment μ de renversement sous l'action du vent se met sous
la forme

$$\mu = Fl = \frac{py^2}{3}(R + 2R_0). \qquad (5)$$

472. Soit N le poids de la maçonnerie pour la portion de cheminée considérée de hauteur $OY = y$. Ce poids agit verticalement suivant l'axe; nous le représenterons par la ligne GN.

Les deux forces F et N ont une résultante GR qui coupe la base DD' en un point X à une distance de l'axe $YX = x$, et la première condition de stabilité c'est que ce point X soit suffisamment éloigné de l'arête extérieure D'.

Pour trouver la distance $x = YX$, l'égalité des moments donne

$$N x = F l \quad \text{d'où} \quad x = \frac{F l}{N}, \qquad (6)$$

et en substituant les valeurs de F et de l

$$x = \frac{p y^2}{3 N} (2 R_0 + R). \qquad (7)$$

La stabilité sera d'autant plus forte que la distance x à l'axe sera plus faible et le rapport $\dfrac{R}{x}$ est une sorte de coefficient de stabilité qui ne doit pas descendre au-dessous d'une certaine limite; en augmentant le poids N, on fait diminuer x dans la proportion qu'on juge convenable. Nous allons voir que la valeur limite du coefficient $\dfrac{R}{x}$ est à peu près égale à 2.

473. Pour satisfaire à la deuxième condition de stabilité, il faut que les briques ne risquent pas d'être écrasées sous l'action combinée du vent et du poids des assises supérieures. En considérant la cheminée comme un solide à sections transversales symétriques, par rapport à un plan vertical passant par l'axe, et en appliquant la formule de la flexion plane, on a

$$S = \frac{v \mu}{I} + \frac{N}{\Omega}. \qquad (8)$$

S désigne la force élastique, par unité de surface, en un point de la section placé à la distance v de l'axe,

μ le moment de renversement du vent, I le moment d'inertie,

$I = \frac{\pi}{4} (R^4 - r^4) = \frac{1}{4} \Omega (R^2 + r^2)$, et $\Omega = \pi (R^2 - r^2)$ est la section plane annulaire,

N le poids de la portion de cheminée considérée.

Pour le point D' où $v = + R$, l'effort de compression S_1 est maximum et en remarquant que $\mu = Fl = Nx$, on a pour S_1

$$S_1 = \frac{N}{\Omega} \left(1 + \frac{4Rx}{R^2 + r^2} \right). \qquad (9)$$

Cet effort S_1 ne doit pas dépasser l'effort à l'écrasement que les briques et le mortier doivent pouvoir supporter avec sécurité.

Pour le point D, où $v = - R$, cet effort S' est minimum,

$$S' = \frac{N}{\Omega} \left(1 - \frac{4Rx}{R^2 + r^2} \right). \qquad (10)$$

Il peut être nul et même négatif.

Pour que $S' = 0$, il faut que $\frac{4Rx}{R^2 + r^2} = 1$, d'où $x = \frac{R^2 + r^2}{4R}$, et alors

$S_1 = 2 \frac{N}{\Omega}$.

La pression maximum, par unité de surface, sur l'arête extérieure est, dans ce cas, le double de la pression produite par le poids de maçonnerie.

Pour toute valeur plus grande de x, la valeur de S' est négative et le joint tend à s'ouvrir. Dans une certaine mesure, cela n'a pas d'inconvénient; les maçonneries bien faites peuvent supporter un certain effort d'extension; si f représente cet effort,

$$S' = -f = \frac{N}{\Omega} \left(1 - \frac{4Rx}{R^2 + r^2} \right), \qquad (11)$$

d'où

$$x = \frac{R^2 + r^2}{4R} \left(1 + f \frac{\Omega}{N} \right). \qquad (12)$$

La distance x peut être augmentée dans le rapport $1 + f \frac{\Omega}{N}$.

474. Désignons par n la fraction de la charge de rupture que les mortiers peuvent supporter comme charge d'extension; on a la relation $S' = -nS_1$ et on en déduit

$$\frac{4Rx}{R^2+r^2} - 1 = n\left(1 + \frac{4Rx}{R^2+r^2}\right),$$

d'où

$$x = \frac{n+1}{1-n}\cdot\frac{R^2+r^2}{4R} \qquad 1 + f\frac{\Omega}{N} = \frac{n+1}{1-n}.$$

Si on admet que la fraction n peut être prise égale à $\frac{1}{5}$

$$x = \frac{3}{2}\cdot\frac{R^2+r^2}{4R} = \frac{3}{8}\left(R + \frac{r^2}{R}\right). \qquad (13)$$

Ainsi la distance x est toujours plus grande que $\frac{3R}{8}$ et elle est égale ou supérieure à $\frac{R}{2}$ suivant que $3r^2$ est égal ou supérieur à R^2; pour les cheminées d'usine, on peut prendre approximativement comme coefficient de stabilité

$$\frac{R}{x} \geqq 2. \qquad (14)$$

La valeur $\frac{R}{x} = 2$ donne pour la force f d'extension

$$f = \frac{R^2-r^2}{R^2+r^2}\cdot\frac{N}{\Omega} = \frac{N}{\pi(R^2+r^2)}, \qquad (15)$$

il faudra vérifier si elle ne dépasse, pour aucune assise, la force d'extension que peuvent supporter les mortiers.

475. En se basant sur les considérations précédentes, on peut déterminer d'une manière assez précise l'épaisseur et la hauteur qu'il convient de donner à chacun des rouleaux successifs qui composent une cheminée.

Supposons les rouleaux de même hauteur et menons une ligne droite mn passant par le milieu des redents successifs $b'b$, $c'c$, $h'h$ (fig. 3oo); la saillie des redents étant la même pour tous et égale à d, la distance ma au sommet sera $\frac{d}{2}$ et de même à la base $gn = \frac{d}{2}$ de sorte que si on pose $O_0 m = \rho_0$ et $O_6 n = \rho$ on a

$$\rho_0 = r_0 + \frac{d}{2} \quad \text{et} \quad \rho = r - \frac{d}{2}.$$

Le trapèze $AmnG$ de hauteur $H = O_0 O_6$ et dont les bases sont $R_0 - \rho_0$ et $R - \rho$, a une surface égale à celle de la section verticale de la maçonnerie avec ses redents et le volume engendré par ce profil tournant autour de l'axe $O_0 O_6$ est sensiblement égal à celui de la cheminée.

Ce volume est la différence de deux troncs de cône, ayant pour hauteur et pour axe communs la hauteur et l'axe de la cheminée et respectivement pour arêtes AG et mn; les volumes de ces troncs de cône sont

$$\frac{1}{3}\pi H(R^2 + R_0^2 + RR_0); \quad \text{et} \quad \frac{1}{3}\pi H(\rho^2 + \rho_0^2 + \rho\rho_0).$$

Posons :
$$A = R^2 + R_0^2 + RR_0 \qquad (16)$$
$$a = \rho^2 + \rho_0^2 + \rho\rho_0. \qquad (17)$$

On a pour le volume Q et le poids N de maçonnerie

$$Q = \frac{1}{3}\pi H(A - a), \quad N = \frac{1}{3}\pi H \delta(A - a), \quad (18)$$

δ étant le poids du mètre cube.

476. Nous avons vu d'un autre côté que pour une hauteur H,

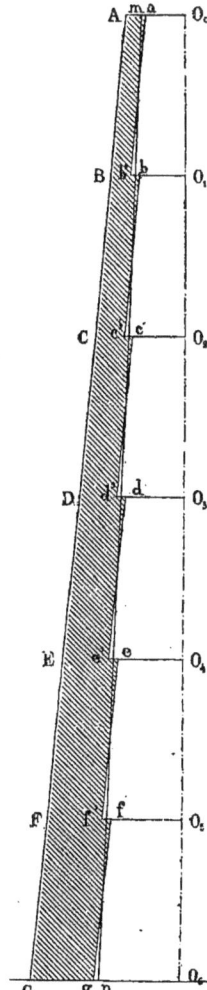

Fig. 3oo.

on doit avoir, d'après l'équation 7,

$$N = \frac{pH^2}{3} \frac{R}{x}\left(1 + \frac{2R_0}{R}\right);$$

en égalant les deux valeurs de N, on trouve

$$A - a = \frac{R}{x} \frac{pH}{\pi\delta}\left(\frac{2R_0}{R} + 1\right). \qquad (19)$$

On tire de cette équation la valeur de a en fonction du coefficient de stabilité $\frac{R}{x}$

$$a = A - \frac{R}{x} \frac{pH}{\pi\delta}\left(\frac{2R_0}{R} + 1\right) \qquad (20)$$

et ensuite celle de ρ de l'équation (17)

$$\rho = -\frac{\rho_0}{2} + \sqrt{a - \frac{3}{4}\rho_0^2}, \qquad (21)$$

ce qui détermine le point n à la base.

On peut en conséquence mener la ligne mn et il ne reste plus qu'à tracer le profil avec redents de manière à le répartir, à peu près également, à droite et à gauche de cette ligne.

L'inclinaison, par mètre de hauteur, de la ligne mn, c'est-à-dire le fruit intérieur moyen m_1, est

$$m_1 = \frac{\rho - \rho_0}{H}$$

et la hauteur h de chaque rouleau

$$h = \frac{d}{m - m_1},$$

m étant le fruit extérieur et d la largeur du redent de chaque rouleau.

477. Fruit extérieur minimum. — Le fruit extérieur d'une cheminée peut être choisi arbitrairement dans certaines limites; la construction sera d'autant plus stable que le fruit extérieur sera plus marqué, mais d'un autre côté l'aspect deviendra plus lourd. Pour se fixer dans le choix, il est bon de connaître le fruit minimum que l'on peut donner à une cheminée.

Ce minimum correspond au cas où le calcul précédent conduit à une valeur $\rho = \rho_0$; le vide intérieur de la cheminée est alors cylindrique et, avec un fruit plus faible, on aurait $\rho < \rho_0$, c'est-à-dire que la cheminée aurait à la base une section moindre qu'au sommet, ce qui ne doit pas être.

Quand $\rho = \rho_0$, l'équation (17) donne $a = 3\rho^2$; on trouve alors, m_0 représentant le fruit extérieur minimum, $R = R_0 + m_0 H$, et

$$A - a = m_0^2 H^2 + 3 m_0 R_0 H + 3 R_0^2 - 3\rho^2, \qquad (22)$$

d'où pour m_0

$$m_0 = \frac{1}{H}\left(-\frac{3R_0}{2} + \sqrt{A - a + 3\left(\rho^2 - \frac{R_0^2}{4}\right)}\right). \qquad (23)$$

La valeur de $A - a$ est donnée par la relation (19) qui devient

$$A - a = \frac{R}{x}\frac{pH}{\pi\delta}\left(\frac{2R_0}{R_0 + m_0 H} + 1\right). \qquad (24)$$

Comme cette expression dépend de m_0, l'équation (23) ne peut donner immédiatement la valeur exacte du fruit minimum; il faut procéder par approximations successives.

On se donne, a priori, une valeur approchée de m_0 (généralement comprise entre 0,025 et 0,030), et par l'équation (24), on trouve $A - a$ qu'on porte dans (23), ce qui donne une valeur plus approchée de m_0.

On en déduit une deuxième valeur de $A - a$, puis de m_0, et ainsi de suite jusqu'à ce qu'on obtienne deux valeurs successives de m_0 suffisamment rapprochées. Le calcul se fait rapidement comme nous allons en voir un exemple.

Il importe de remarquer que, toutes choses égales d'ailleurs, le fruit minimum m_0 donné par la formule dépend de la hauteur H, et que ce fruit pourra être plus grand pour une fraction de la hauteur que pour la hauteur totale. Pour opérer sûrement.

il faudrait chercher la valeur de H qui donne le fruit le plus fort. On peut se contenter de faire le calcul de m_0 pour quelques valeurs bien choisies de H et prendre la plus élevée. Les différences sont en général très faibles.

478. Application. — Soit à déterminer le profil d'une cheminée de 30 mètres de hauteur, ayant au sommet 1 mètre de diamètre intérieur et 0,24 d'épaisseur.

Cherchons d'abord le fruit extérieur minimum m_0. Nous avons

$$R_0 = 0^m,74 \quad r_0 = 0^m,50 \quad \rho_0 = 0,50 + 0,06 = 0^m,56 \quad H = 30^m.$$

En prenant $\delta = 1\,800^k$, $p = 135^k$, $\dfrac{R}{x} = 2$, on trouve (24)

$$A - a = 0,0464 \times 30 \left(\frac{1,48}{0,74 + 30\,m_0} + 1 \right).$$

Supposons d'abord $m_0 = 0,025$ dans le second membre

$$A - a = 2,774 \quad \text{d'où} \quad m_0 = \frac{1}{30}\left(-1,11 + \sqrt{2,774 + 0,501}\right) = 0,235.$$

En portant cette valeur dans le second membre

$$A - a = 2,817, \qquad \text{d'où} \qquad m_0 = 0,238.$$

Ces deux valeurs de m_0 sont presque égales et le fruit minimum est à très peu près égal à 0,237.

Prenons pour plus de stabilité $m = 0,026$; on a

$$R = 0,74 + 0,026 \times 30 = 1,52$$
$$A = 0,5476 + 2,3104 + 1,1248 = 3,9828$$
$$A - a = 1,392 \left(\frac{1.48}{1,52} + 1 \right) = 2,8282$$

et par conséquent

$$a = 3,9828 - 2,8282 = 1,1546$$

et enfin

$$\rho = -\frac{0,56}{2} + \sqrt{1,1546 - 0,2352} = 0^m,679.$$

Connaissant ρ_0 et ρ, on peut tracer la ligne mn qui donne le fruit intérieur moyen dont la valeur est

$$m_1 = \frac{\rho - \rho_0}{H} = \frac{0,679 - 0,56}{30} = 0,004.$$

Pour des redents : $d = 0,12$, la hauteur de chaque rouleau est

$$h = \frac{d}{m - m_1} = \frac{0,12}{0,022} = 5^m,454.$$

La hauteur totale 30 mètres n'est pas un multiple du nombre $5^m,454$ qui y entre plus de cinq fois. Il faut donc prendre six rouleaux et modifier la hauteur de chacun d'eux de manière à les répartir convenablement sur la hauteur totale en ayant soin de ne pas diminuer la stabilité et de ne pas étrangler la section en aucun point.

Il est facile de voir que la cheminée sera d'autant plus stable que la hauteur des rouleaux inférieurs sera relativement plus grande. Prenons en conséquence $5^m,50$ pour hauteur du rouleau inférieur, c'est-à-dire, en nombre rond, un peu plus que le chiffre moyen que nous venons de trouver; il reste pour les cinq rouleaux supérieurs $24^m,50$, soit $4^m,90$ pour chacun d'eux en les faisant égaux.

La cheminée se composera ainsi de six rouleaux, les cinq rouleaux supérieurs chacun de $4^m,90$ de hauteur, et le rouleau inférieur de $5^m,50$.

479. Si au lieu de 0,026 on prenait pour le fruit extérieur $m = 0,03$, on trouverait

$$R = 1,64 \quad A = 4,4508 \quad A - a = 2,6475 \quad a = 1,8023$$

$$\rho = -0,28 + \sqrt{1,8023 - 0,2352} = 0,97$$

$$\rho - \rho_0 = 0,410 \quad m_1 = \frac{0,410}{30} = 0,01366$$

$$h = \frac{0,12}{0,03 - 0,01366} = 7,30.$$

Comme cette hauteur est comprise plus de quatre fois dans la hauteur totale 3o mètres, il faut cinq rouleaux.

En prenant le rouleau inférieur égal à 7,40, les quatre supérieurs pourraient avoir chacun 5^m,90.

Le cube de maçonnerie serait plus faible qu'avec le fruit de 0,026 dans le rapport des valeurs de $A - a$, soit de 2,6475 à 2,8282 ou 0,937, mais la cheminée aurait peut-être l'aspect un peu plus lourd.

480. Il faut vérifier si, avec ces dimensions, les conditions générales sont remplies.

En premier lieu on reconnaît qu'il n'y aura pas de section étranglée sur la hauteur de la cheminée; la hauteur minimum des rouleaux pour qu'il n'y ait pas d'étranglement (**464**), avec un fruit extérieur de 0,026, est égale à $h = \dfrac{0,12}{0,026} = 4^m,615$; avec des rouleaux minimum de 4^m,90 de hauteur, la section de passage reste toujours plus que suffisante.

En second lieu, il faut s'assurer que la condition de stabilité $\dfrac{R}{x} \underset{>}{=} 2$ est satisfaite pour une partie quelconque de la cheminée. On calcule, pour cela, successivement au moyen des formules (2, 3, 5 et 7) les valeurs de N, F, μ, x et $\dfrac{R}{x}$ à la base de chacun des rouleaux, et on s'assure qu'en tous les points ce rapport $\dfrac{R}{x}$ est au moins égal à 2.

481. On vérifie enfin si les pressions, à la base de chaque rouleau sous l'action combinée du vent et du poids de la maçonnerie, ne dépassent pas celle que les briques employées peuvent supporter sans risquer de s'écraser. A cet effet, on calcule les pressions sur les arêtes extrêmes au moyen des formules (9) (10) et on s'assure qu'elles ne dépassent pas la limite de sécurité, à la compression et à l'extension.

Les résultats de ces calculs sont portés dans le tableau suivant.

Tableau des divers éléments de la stabilité d'une cheminée.

$$H = 30 \qquad r_0 = 0,50 \qquad R_0 = 0,74.$$

Nᵒˢ des rouleaux.	HAUTEUR de chaque ROULEAU. h	HAUTEUR TOTALE de la portion de cheminée considérée. $\Sigma h = y$	RAYON EXTÉRIEUR à la base. R	ÉPAISSEUR de MAÇONNERIE. e	PRESSION du VENT. F	DISTANCE du CENTRE de gravité à la base. l	MOMENT de RENVERSEMENT. μ	POIDS de chaque ROULEAU. n	POIDS TOTAL. N	DISTANCE à L'AXE. x	COEFFICIENT de STABILITÉ. $\dfrac{R}{x}$	RAYON INTÉRIEUR à la base. r	POIDS de MAÇONNERIE par mètre carré. $\dfrac{N}{\Omega}$	PRESSION sur L'ARÊTE EXTRÊME. Maximum. S_1	Minimum. S'
1	4,90	4,90	0,867	0,24	1 062	2,380	2 536	9 085	9 085	0,279	3,14	0,6276	808	14 900	— 124
2	4,90	9,80	0,995	0,36	2 295	4,663	10 696	14 970	24 055	0,445	2,22	0,6348	1 308	29 800	— 363
3	4,90	13,70	1,122	0,48	3 487	6,580	25 404	21 950	45 805	0,554	2,02	0,6422	1 723	42 772	— 831
4	4,90	19,60	1,250	0,60	5 284	9,073	47 187	29 488	75 294	0,626	2,00	0,6496	2 014	50 090	—1 007
5	4,90	24,50	1,377	0,72	7 002	11,193	77 373	39 240	114 534	0,676	2,04	0,657	2 508	63 603	—1 394
6	5,50	30,0	1,520	0,84	9 153	13,270	121 460	53 687	168 221	0,723	2,10	0,680	2 883	73 392	—1 571

On voit à l'examen des nombres du tableau que toutes les conditions de stabilité sont remplies.

La valeur de $\dfrac{R}{x}$ ne descend jamais au-dessous de 2.

‹ Celle de S est, au maximum par mètre carré, de 73 392^k, soit 7^k,34 par centimètre carré, et comme les briques de bonne qualité peuvent supporter 15 kilogrammes sans danger, il y a toute sécurité.

Enfin la pression négative S, c'est-à-dire l'extension, est maximum à la base et ne dépasse pas 0^k,157 par centimètre carré.

482. Les profils intérieur et extérieur auxquels nous avons été conduits par les calculs précédents sont entièrement coniques sur toute la hauteur, du sommet à la base. Le plus souvent on donne à la cheminée, comme nous l'avons dit, un piédestal avec arêtes verticales.

Si on prend, pour la hauteur de ce piédestal, la racine carrée (**462**) de la hauteur totale de la cheminée, on a $\sqrt{30} = 5^m,477$, ou en nombres ronds 5^m,50 ; dans le cas actuel, c'est exactement la hauteur du rouleau inférieur.

On modifie alors le tracé primitif, en remplaçant à la base, sur une hauteur de 5^m,50, les deux lignes inclinées gf et GF (fig. 289) par les deux verticales jk et JK.

Il ne reste plus pour avoir le profil complet de la cheminée qu'à étudier les moulures des corniches au sommet, au piédestal et à la base.

COURBE DE STABILITÉ D'UNE CHEMINÉE

483. On peut représenter d'une manière graphique la stabilité de la cheminée en traçant la courbe des points X où la résultante de l'action du vent et du poids vient rencontrer chaque assise.

Le tableau (**481**) donne, pour la base de chacun des rouleaux, la distance x du point X à l'axe de la cheminée. En portant sur le diamètre de ces bases (fig. 301), à partir du centre, les longueurs O_1X_1, O_2X_2, O_3X_3, O_4X_4, O_5X_5 et O_6X_6 respectivement égales aux valeurs, inscrites au tableau et joignant tous ces points par une ligne OX_1X_2 .... X_6, on obtient une courbe qu'on peut appeler la *courbe de stabilité*. Elle indique en effet le degré de stabilité, à chaque assise, par sa distance à l'arête extérieure. Pour satisfaire à la condition que nous avons posée ci-dessus, $\dfrac{R}{x} > 2$, il faut que la courbe reste toujours à gauche d'une ligne $\alpha\beta$ menée à égale distance de l'axe et de l'arête extérieure.

484. Le tracé de la courbe de stabilité peut se faire graphiquement de la manière suivante.

Soit O_0O_6 (fig. 302) l'axe et la hauteur de la cheminée, formée de six rouleaux d'épaisseurs successives e_1, e_2, e_3, e_4, e_5, e_6 déterminées comme nous l'avons dit ci-dessus. Le rayon extérieur au sommet est $O_0A_0 = R_0$; le fruit extérieur est m.

On trace d'abord la *courbe de pression du vent*. Cette pression F pour une portion quelconque de hauteur $O_0Y = y$, comptée à partir du sommet, est donnée par les relations

$$F = p(R_0 + R)y \qquad R = R_0 + my.$$

$AY = R$ est le rayon à la base de la portion considérée, p la pression du vent par mètre carré de projection verticale.

En prenant y comme ordonnée et F comme abscisse, la

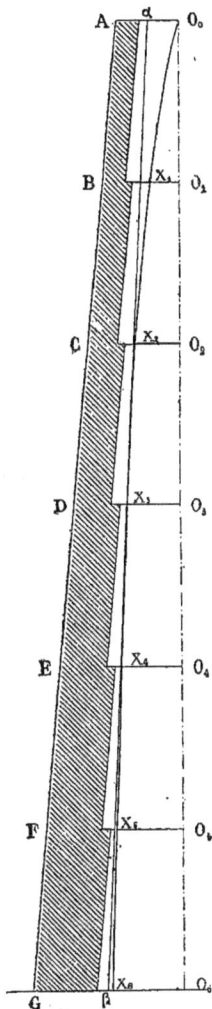

Fig. 301.

courbe (^{1}) est une parabole $O_0 f f_6$ qui passe par le centre O_0 du cercle supérieur et coupe le plan de base à une distance de l'axe $O_6 f_6 = p \, (2R_0 + mH) \, H$.

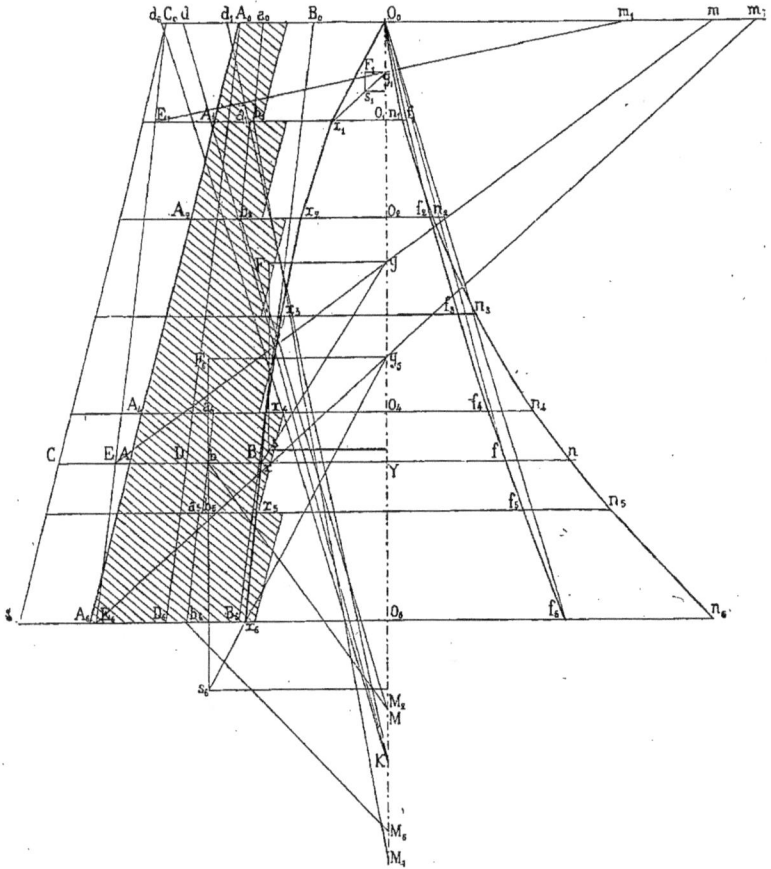

Fig. 302.

La tangente à la courbe fait avec la verticale, à une hauteur quelconque où le diamètre est $R = YA$, un angle α tel que $tg\,\alpha = 2pR$.

(^{1}) Afin de rendre le tracé des courbes plus net, on a pris, dans l'épure, les longueurs horizontales à une échelle dix fois plus grande que les longueurs verticales.

L'angle augmente à mesure qu'on s'éloigne du sommet; la parabole tourne sa convexité vers l'axe vertical.

Pour avoir graphiquement un point quelconque f de la courbe, on mène B_0B_6 joignant le milieu B_0 du rayon O_0A_0 au sommet, au milieu B_6 du rayon A_6O_6 à la base, puis A_0D_6 parallèle à B_0B_6; sur l'horizontale YDA, on a $YA = R$ et $YD = \frac{1}{2}(R_0 + R)$; on prend $O_0K = \frac{1}{2p}$, puis $O_0d = YD$; on joint Kd et on mène O_0f parallèle à Kd; le point de rencontre f avec la base ADY prolongée est un point de la courbe; Yf représente, à une échelle déterminée, la pression du vent sur la portion de cheminée de hauteur O_0Y; on a en effet

$$\frac{Yf}{O_0Y} = \frac{YD}{O_0K}, \qquad \text{d'où} \qquad Yf = p(R_0 + R)y. \qquad (3)$$

485. Le centre de gravité g s'obtient graphiquement par la construction connue du centre de gravité d'un trapèze. On prend $A_0C_0 = \frac{1}{2}R_0$ et on mène C_0C_6 et C_0E_6 respectivement parallèles à A_0A_6 et B_0B_6. Sur l'horizontale YEC, on a $YC = R + \frac{1}{2}R_0$ et $YE = R_0 + \frac{1}{2}R$. En portant sur le diamètre du sommet $O_0m = YC = R + \frac{1}{2}R_0$ et joignant Egm, l'intersection g avec l'axe donne le centre de gravité.

On trace de la même manière, en se servant des lignes auxiliaires C_0C_6 et C_0E_6, les centres de gravité $g_1, \ldots g_6$ des portions de cheminée, à partir du sommet, ayant respectivement pour base celle des rouleaux successifs.

486. Le tracé de la *courbe* représentant *le poids N de maçonnerie* se fait d'une manière analogue; cette courbe n'est pas continue et diffère d'un rouleau à un autre.

On a d'une manière générale (2 du n° **466**)

$$N = N_1 + \pi \delta h e(R_1 + R - e).$$

Pour le premier rouleau $N_1 = o$, on prend $O_1M_1 = \dfrac{1}{2\pi\delta e_1}$, puis

$A_0a_0 = \dfrac{e_1}{2}$ et on mène a_0b_1 parallèle à B_0B_6. On joint M_1b_1 et on mène O_0n_1 parallèle à M_1b_1; le point n_1 est un point de la courbe et O_1n_1 représente le poids du premier rouleau; en effet, d'après la construction,

$$\frac{O_1n_1}{O_1b_1} = \frac{O_0O_1}{O_1M_1}.$$

Comme $O_1b_1 = \dfrac{1}{2}(R_0 + R_1 - e_1)$, $O_0O_1 = h$ et $O_1M_1 = \dfrac{1}{2\pi\delta e_1}$

$$O_1n_1 = \pi\delta e_1(R_0 + R_1 - e)h_1 = N.$$

Pour le second rouleau, on prend de même $O_2M_2 = \dfrac{1}{2\pi\delta e_2} = O_1M_1\dfrac{e_1}{e_2}$, puis $A_1a_1 = \dfrac{e_2}{2}$, on mène a_1b_2 parallèle à B_0B_6, on joint M_2b_2 et on mène n_1n_2 parallèle à M_2b_2; le point n_2 de rencontre avec la base A_2O_2 prolongée est le point de la courbe à la base du second rouleau

$$O_2n_2 = O_1n_1 + O_2b_2\frac{O_1O_2}{O_2M_2}$$

ou

$$O_2n_2 = N_1 + \pi\delta e_2(R_1 + R_2 - e_2)h_2.$$

On continue de même pour les autres rouleaux et on obtient successivement les points n_1, n_2, ... n_6 à la base des divers rouleaux.

487. Pour avoir le point n correspondant à une hauteur quelconque OY, Y étant sur le cinquième rouleau par exemple, on prend $YM = \dfrac{1}{2\pi\delta e_5} = O_1M_1\dfrac{e_1}{e_5}$ $\left(\text{ce qui permet de déterminer } YM \right.$ en partant de O_1M_1); on prend $A_4a_4 = \dfrac{e_5}{2}$, on mène a_4bb_5 parallèle à B_0B_6; on joint Mb et on mène n_4n parallèle à Mb; le point n de rencontre avec l'horizontale AbY prolongée est un point de la

courbe, Yn représente le poids de la maçonnerie au-dessus de Y ;
on voit facilement que

$$Yn = N = N_4 + \pi \delta e_5 (R_4 + R - e_5) y'_5,$$

R étant égal à YA et y'_5 à O_4Y.

Les courbes représentant l'une $O_0 ff_6$ la pression du vent, l'autre $O_0 nn_6$ le poids de maçonnerie, étant tracées, il est facile d'en déduire la courbe de stabilité.

Pour la hauteur quelconque O_0Y, on porte horizontalement, à la hauteur du centre de gravité, $gF = Yf$, abscisse de la courbe des pressions du vent à la base, puis verticalement $Fs = Yn$, abscisse de la courbe des poids également à la base, et l'intersection de gs avec la base YA donne le point x de la courbe de stabilité.

Pour que la cheminée soit stable d'après la condition que nous avons posée, $\dfrac{R}{x} \geq 2$, il faut que Yx soit plus petit que $\dfrac{1}{2}$ YA, c'est-à-dire que la courbe de stabilité se trouve toujours à droite de la ligne $B_0 B_6$. Les épaisseurs seront bien déterminées et sans excès de maçonnerie si la courbe se maintient à peu de distance de cette droite.

Le point où la courbe se rapprochera le plus de $B_0 B_6$ sera le point faible de la cheminée.

CHAPITRE VII

VENTILATEURS

JETS DE VAPEUR ET D'AIR COMPRIMÉ

---

488. Le tirage des cheminées ne peut produire que d'assez faibles différences de pression qui dépassent rarement 30 millimètres d'eau ; un tuyau de 40 mètres de hauteur renfermant des gaz à 300°, ce qui est à peu près un maximum pour une cheminée d'usine, ne détermine à la base qu'une dépression de 27 millimètres d'eau, dont une partie est même absorbée par le frottement contre les parois du tuyau. Ce n'est que dans certains cas particuliers, dans les mines par exemple, où les puits constituent des cheminées d'une grande hauteur, qu'on peut atteindre une dépression plus forte par le tirage d'une colonne de gaz chauds.

En général, pour avoir des dépressions au-dessus de 30 millimètres, on est forcé d'employer d'autres appareils, tels que les ventilateurs, les jets de vapeur ou d'air comprimé qui peuvent produire des excès de pression de 300 et 400 millimètres d'eau et même davantage.

Les ventilateurs sont des machines formées de palettes montées sur un arbre auquel on imprime un mouvement de rotation. Le déplacement des palettes produit autour de l'axe une dépression qui détermine l'appel et la circulation de l'air.

Ces appareils peuvent agir de différentes manières et on peut distinguer : les ventilateurs à force centrifuge, les ventilateurs à hélice et les ventilateurs à capacité variable.

§ I^{er·}

VENTILATEURS A FORCE CENTRIFUGE

489. Préliminaires. — Un ventilateur (¹) à force centrifuge se compose d'un arbre de rotation, sur lequel sont fixées un certain nombre d'ailes à surface plane ou cylindrique dont les génératrices sont *parallèles à l'axe*.

Quand on donne un mouvement de rotation à l'appareil, l'air est aspiré par des ouvertures ménagées autour de l'arbre et qu'on appelle des *ouïes;* il est saisi par les palettes qui lui communiquent leur mouvement et, sous l'action de la force centrifuge, il est refoulé à la circonférence.

On distingue généralement les ventilateurs en ventilateurs *aspirants*, ventilateurs *soufflants* et ventilateurs *aspirants et soufflants*.

Les ventilateurs *aspirants* aspirent l'air par une conduite plus ou moins longue et le rejettent directement dans l'atmosphère; les ventilateurs *soufflants* prennent, au contraire, directement l'air dans l'atmosphère et le refoulent par une conduite. Les ventilateurs *aspirants et soufflants* ont à la fois une conduite d'aspiration et une conduite de refoulement. Ces derniers constituent

---

(1) Nous avons publié, en 1878, dans les *Mémoires de la Société des ingénieurs civils*, un essai de théorie des ventilateurs à force centrifuge. Les nombreuses expériences faites depuis, sur des ventilateurs construits d'après cette théorie, ont permis d'en reconnaître l'exactitude. Elles ont en outre fourni des éléments pour préciser certains points et pour apporter quelques simplifications en vue des applications pratiques.

donc le cas général, et c'est celui que nous considérons dans la théorie qui va suivre.

Quel que soit le mode d'action, un ventilateur a pour effet de produire un accroissement de pression dans le gaz qu'il met en mouvement.

490. Nous évaluerons les pressions en mètres de hauteur d'eau ou, ce qui revient au même, en tonnes de 1000 kilogrammes par mètre carré. Il est facile de voir que, dans les deux modes, la pression est exprimée par le même nombre.

Si p est la pression évaluée de cette manière, la hauteur de gaz correspondante est $\dfrac{p}{d}$, d étant la densité du gaz par rapport à l'eau.

Les vitesses seront estimées en mètres par $1''$. En général, en désignant par e la hauteur d'eau correspondant à une vitesse v, on a (**141**)

$$e = d\,\frac{v^2}{2g}. \tag{1}$$

La hauteur de gaz est $\dfrac{e}{d}$; p et e sont des quantités de même nature.

Pour l'air à $15°$, $\quad d = 0,0012257,\quad \dfrac{g}{d} = \dfrac{9,8088}{0,0012257} = 8000$

$e = \dfrac{v^2}{16000}$ et $v = 40\sqrt{10\,e}$. Si $e = 0^{\mathrm{m}},001$, $v = 4$ mètres.

Un excès de pression de un millimètre en hauteur d'eau suffit pour produire une vitesse de 4 mètres par $1''$.

L'accroissement de pression que produit un ventilateur est, en général, très faible, quelques centimètres d'eau seulement et par suite la densité de l'air change très peu dans les diverses parties de l'appareil. Les volumes variant dans le rapport inverse des densités, on peut les regarder pratiquement comme constants dans les différentes sections.

491. Il résulte de là que l'on peut appliquer aux gaz, dans ces conditions, les lois de l'écoulement des liquides, et notamment le théorème de Bernoulli. Ce théorème peut s'énoncer ainsi :

Dans l'écoulement permanent d'un fluide, si on ne tient pas compte du frottement et des actions mutuelles, et si le volume écoulé est le même pour chaque section de passage, on obtient, pour chacune de ces sections, une quantité constante en faisant la somme :

1° *De la hauteur due à la pression;*

2° *De la hauteur due à la vitesse;*

3° *De la hauteur du centre de gravité de la section au-dessus d'un plan de comparaison.*

En désignant, pour une section quelconque, par p la pression, v la vitesse, et z la hauteur du centre de gravité au-dessus d'un plan de comparaison, ce théorème s'exprime par l'équation

$$\frac{p}{d} + \frac{v^2}{2g} + z = \text{constante,}$$

ce qui revient à dire que l'énergie du fluide reste constante.

Si la variation de hauteur z est négligeable comme c'est le plus souvent le cas, l'équation se réduit à

$$p + e = \text{constante.}$$

En général le fluide éprouve dans son mouvement des résistances par le frottement ou autres causes qui produisent une perte de pression ; en désignant, pour deux sections quelconques d'un conduit traversées successivement par la même masse de fluide, par p_0 et p_1 les pressions, v_0 et v_1 les vitesses, z_0 et z_1 les hauteurs des centres de gravité au-dessus d'un plan de comparaison et enfin par f la perte de pression, en hauteur d'eau, produite par les résistances entre les deux sections, on a

$$\frac{p_0}{d} + \frac{v_0^2}{2g} + z_0 = \frac{p_1}{d} + \frac{v_1^2}{2g} + z_1 + f. \qquad (2)$$

Ce qui revient à dire que, dans la seconde section, l'énergie est diminuée de celle qui est absorbée par les résistances dans l'intervalle des deux sections.

492. Disposition générale d'un ventilateur à force centrifuge.

— Les figures 3o3 et 3o4 représentent la disposition générale d'un ventilateur à force centrifuge aspirant et soufflant. L'air, aspiré d'une enceinte où la pression est P_0, par un conduit

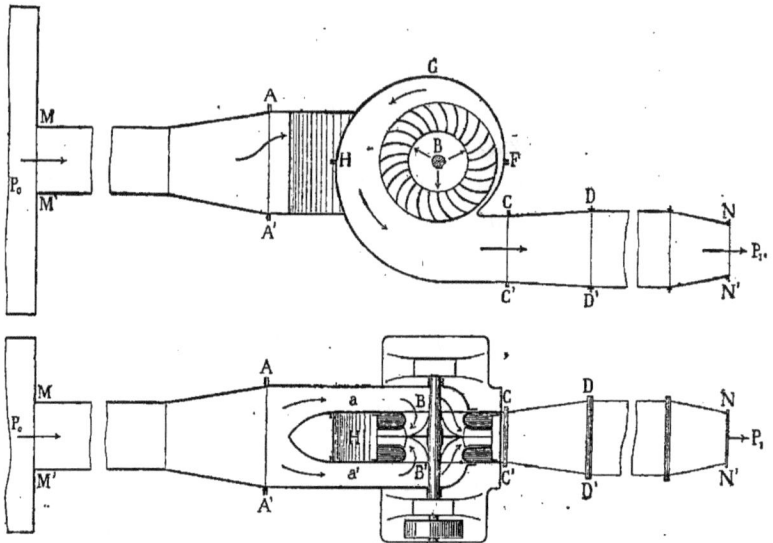

Fig. 3o3 et 3o4.

MM'AA', se divise en deux courants a, a', pénètre dans l'appareil par deux ouïes B, B', placées de chaque côté de l'enveloppe, concentriquement à l'axe; il se retourne à angle droit, est saisi par les ailettes qui lui communiquent leur mouvement de rotation, et, sous l'action de la force centrifuge, il est refoulé dans une enveloppe FGHCC' qui aboutit à un orifice de sortie CC' et de là, par une buse CC'DD' et par un conduit DD'NN', à une autre enceinte où la pression est P_1.

Les pressions P_0 et P_1 peuvent être quelconques, mais assez fréquemment elles sont égales toutes deux à la pression atmosphérique, et le ventilateur puise dans l'atmosphère l'air, qu'il fait circuler dans des conduits et des appareils disposés avant et après pour le rejeter plus ou moins directement dans l'atmosphère. C'est ce qui a lieu notamment pour les ventilateurs de mines.

Quelquefois le ventilateur n'a qu'une ouïe d'entrée, d'un seul côté de l'enveloppe; le ventilateur n'est alors que la moitié de celui qui est représenté figures 3o3 et 3o4, mais les phénomènes de circulation de l'air sont les mêmes que dans un ventilateur à deux ouïes; seulement le volume écoulé n'est que la moitié.

493. Effet produit par un ventilateur. — Un ventilateur a pour effet de faire circuler dans des conduites un volume déterminé Q et pour cela de produire entre l'entrée et la sortie de l'appareil, de AA' en DD', une certaine différence de pression H.

Désignons par Ω la section de sortie à l'extrémité de la conduite en NN', par v la vitesse moyenne dans cette section; le volume Q écoulé par $1''$ est donné par la relation

$$Q = \Omega v. \qquad (3)$$

La pression totale H à produire se compose de trois parties :
1° La pression $A = P_1 - P_0$, différence de pression entre les enceintes placées aux extrémités opposées NN' et MM' des conduites d'aspiration et de refoulement; cette différence peut être positive ou négative suivant que l'enceinte où on refoule est à une pression plus forte ou plus faible que celle où on aspire; dans le premier cas, c'est une pression de plus à vaincre par le ventilateur; dans le second, au contraire, la pression effective à produire peut être diminuée d'autant.

La différence $A = P_1 - P_0$ est nulle quand on puise et qu'on rejette l'air dans la masse atmosphérique à la même hauteur.

2° La deuxième partie de la pression totale est la pression E nécessaire pour produire 1° la vitesse de sortie v et 2° faire circuler, dans les conduites d'aspiration et de refoulement, le volume Q en surmontant toutes les résistances; comme la perte de charge produite par ces résistances est proportionnelle au carré de la vitesse, c'est-à-dire à $e = d\,\dfrac{v^2}{2g}$, elle peut être représentée par Re, et on a

$$E = (1 + R)\,e.$$

R est le coefficient de résistance que l'on calcule par les formules que nous avons données au n° **204**, d'après les dimensions et les formes des conduits d'aspiration et de refoulement.

3° Enfin la troisième partie de la pression totale est la pression perdue F par les frottements et les remous dans le ventilateur lui-même, de AA′ en DD′; elle est, comme E, proportionnelle au carré de la vitesse et on peut poser

$$F = R_1 e,$$

R$_1$ étant le coefficient de résistance dans le ventilateur.

On a ainsi pour la pression *totale*

$$H = A + E + F. \tag{4}$$

La pression F étant une pression perdue, la pression réellement utile, c'est-à-dire la pression *effective*, est seulement A + E; c'est la différence de pression qui doit être obtenue au manomètre entre la sortie DD′ et l'entrée AA′ du ventilateur.

Quand les pressions extrêmes P$_0$ et P$_i$ sont égales, A = o et on peut mettre sous la forme

$$H = (1 + R + R_1)\,e. \tag{5}$$

Dans ce cas, la pression totale est proportionnelle au carré de la vitesse.

Nous allons étudier, d'une manière générale, le mouvement de l'air successivement dans la conduite d'aspiration, dans le ventilateur proprement dit, et enfin dans la conduite de refoulement. Cette étude nous permettra de déterminer avec précision l'effet que le ventilateur doit produire et nous servira de base pour les calculs.

494. Mouvement dans la conduite d'aspiration. —
L'air, puisé dans l'enceinte où la pression est P_0, pénètre par la
section MM' et se meut dans la conduite d'aspiration ; il arrive
à son extrémité en AA', avec une vitesse v' et une pression p'.
Dans ce mouvement, il éprouve des résistances par le frottement, les remous, etc., et il en résulte une perte de charge qui
est sensiblement proportionnelle au carré de la vitesse et peut
être représentée par $R'd\, \dfrac{v'^2}{2g}$ en hauteur d'eau, R' étant le coefficient de résistance dans la conduite d'aspiration qui ne dépend
que de la nature et des dimensions de cette conduite et des appareils interposés, et qui se calcule comme nous l'avons vu (**204**).

La différence de pression $P_0 - p'$ entre les deux extrémités
M et A de la conduite d'aspiration se compose de deux parties :

1° La pression $e' = d\, \dfrac{v'^2}{2g}$ nécessaire pour produire la vitesse v',
puisque l'air part d'une vitesse nulle.

2° La perte de charge $R'd\, \dfrac{v'^2}{2g} = R'e'$ produite par les résistances dans la conduite

$$P_0 - p' = (1 + R')\, e'.$$

Désignons par Ω' la section en AA' ; Q étant le volume écoulé
par $1''$, on a

$$Q = \Omega' v'. \qquad (6)$$

Au moyen de ces équations, connaissant R' d'après la nature
et les dimensions de la conduite d'aspiration, la section Ω' et le
volume Q, on calcule la pression p' et la vitesse v' dans la section AA', ou inversement on détermine les formes et les dimensions de la conduite et, par suite, R' pour que la perte de pression $R'e'$ soit aussi réduite que possible.

495. Mouvement de l'air dans le ventilateur. — Lorsque le ventilateur tourne, il se produit, sous l'action de la force
centrifuge, une dépression autour de l'axe, d'où résulte un appel

de l'air qui pénètre dans l'ouïe uniformément dans toute la section si l'appareil est bien disposé. Cet air se dirige vers les ailettes, et comme les molécules qui sont sur le point d'y pénétrer tendent à prendre, par entraînement, un mouvement de rotation qui se communique aux molécules voisines, on constate souvent, dans l'ouïe, un mouvement giratoire qui incline sur le rayon les veines fluides affluentes. Cet infléchissement est plus ou moins marqué, suivant la forme des ailettes à l'origine et la vitesse d'accès, et il peut être à peu près nul si l'angle du premier élément des ailettes est convenablement déterminé ; dans ce cas les filets fluides affluents se dirigent sensiblement suivant le rayon de l'ouïe.

L'air doit pénétrer sans choc entre les ailettes, qui pour cela doivent être tracées suivant certaines conditions que nous développerons plus loin ; une fois entré dans les canaux mobiles, il participe au mouvement de rotation et, sous l'action de la force centrifuge, il se dirige vers la circonférence extérieure. Il importe pour éviter les remous que la section de passage reste à peu près constante ; si, comme on le fait souvent, les ailettes sont planes et radiales et les joues parallèles, la section de sortie des canaux mobiles est beaucoup plus grande que la section d'entrée ; la veine fluide ne peut s'épanouir assez pour occuper toute la section et il se produit des remous et des courants en sens inverse qui absorbent inutilement beaucoup de force.

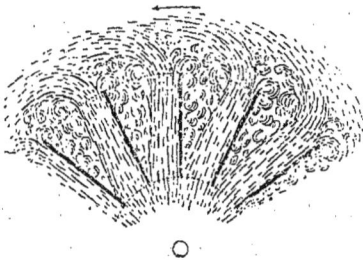

Fig. 3o5.

Cet effet se remarque d'une manière très nette dans un ventilateur à ailes radiales et non enveloppé. Derrière chaque aile, il se produit, comme l'indique la figure 3o5, un courant rentrant très marqué qui se prolonge quelquefois jusqu'à l'ouïe, ainsi que l'a constaté M. Devillez.

A la sortie des canaux mobiles, l'air est animé d'un mouvement qui est la résultante de deux autres, d'abord du mouvement d'entraînement de rotation, et en second lieu du mouvement relatif dans les canaux mobiles. En vertu du premier, chaque molécule a une vitesse dirigée suivant la tangente à la circonférence extérieure, tandis que la vitesse relative est dirigée suivant le dernier élément de l'ailette. Ces deux vitesses se composent pour donner la vitesse absolue de sortie, qui, suivant la forme des ailettes, est plus grande ou plus petite que la vitesse tangentielle.

Dans les ventilateurs, comme dans toutes les machines où on met des fluides en mouvement, il importe de ne les abandonner qu'après avoir utilisé autant que possible leur puissance vive, en réduisant la vitesse de sortie, ce qu'on peut réaliser dans les ventilateurs en courbant les ailes en sens inverse du mouvement de rotation, comme dans les turbines à eau ; mais on arrive au même résultat d'une manière plus commode et plus complète au moyen d'un épanouissement gradué de la veine fluide à la sortie du ventilateur, suivant l'ingénieuse disposition imaginée par M. Guibal. Nous entrerons plus loin dans des détails à ce sujet.

Les frottements et remous dans le ventilateur lui-même produisent une perte de pression que nous avons désignée par F, proportionnelle au carré de la vitesse et qu'il faut s'attacher à réduire, autant que possible, en facilitant les mouvements de l'air, évitant les changements brusques de direction et de section, etc.

496. Mouvement dans la conduite de refoulement.

— Dans la conduite de refoulement, l'air éprouve, comme dans la conduite d'aspiration, des résistances qui produisent une perte de charge et la pression p'' dans la section DD' devient P_1 dans la section NN' de sortie, tandis que la vitesse passe de v'' à v.

En désignant par e'' la pression correspondant à la vitesse v'', on a, en appliquant la formule (2),

$$p'' - P_1 = R'' e'' + e - e''.$$

R'' est le coefficient de résistance qui ne dépend que des formes et des dimensions de la conduite et qui se calcule comme R' par les formules (**204** et suiv.).

Enfin, Ω'' étant la section en DD', on a $Q = \Omega'' v''$.

Ces relations permettent de déterminer p'', pression à la sortie du ventilateur en DD', quand les dimensions de la conduite sont connues ainsi que le volume qu'elle doit débiter.

La vitesse v de sortie de l'air dans l'atmosphère est une vitesse perdue et qui est d'autant plus faible que la section de sortie est plus grande, à la condition que l'écoulement se fasse à pleine section.

497. Rendement manométrique d'un ventilateur. —

Le ventilateur a pour effet de faire passer le volume Q de la pression p' et de la vitesse v' à la pression p'' et à la vitesse v'' ou, ce qui revient au même, de la pression $p' + e'$ à la pression $p'' + e''$.

En combinant les équations précédentes, on peut mettre la différence de pression produite sous la forme

$$p'' + e'' - (p' + e') = P_1 - P_0 + R'e' + R''e'' + e.$$

La somme $R'e' + R''e''$ est la perte de charge produite par les résistances dans les conduites d'aspiration et de refoulement, perte que nous avons déjà désignée (**493**) par Re; on a donc $R'e' + R''e'' = Re$ [1] et comme $P_1 - P_0 = A$ et que $(1 + R)e = E$, on trouve

$$p'' + e'' - (p' + e') = A + E. \tag{7}$$

C'est la pression effective indiquée au manomètre, entre la sortie DD' et l'entrée AA' du ventilateur et qui se compose comme nous l'avons dit, de deux parties :

1° La différence A des pressions entre les deux extrémités de la conduite ;

---

[1] On trouverait facilement entre les coefficients R, R' et R'' la relation $R = R' \left(\dfrac{\Omega}{\Omega'}\right)^2 + R'' \left(\dfrac{\Omega}{\Omega''}\right)^2$.

$2°$ La somme E de la perte de charge Re dans les conduites et de la charge $e = d \dfrac{c^2}{2g}$ correspondant à la vitesse de sortie. On pouvait prévoir ce résultat *a priori*.

Le rendement manométrique m d'un ventilateur est le rapport de la pression effective à la pression totale.

La pression effective est A+E; comme la pression totale est H = A+E+F, on a

$$m = \frac{A+E}{H}, \qquad \text{d'où} \qquad A+E = mH. \qquad (8)$$

Lorsque les pressions extrêmes P_1 et P_0 sont égales, A = o, E = m H et on peut exprimer le rendement manométrique en fonction des coefficients de résistance ;

$$m = \frac{1+R}{1+R+R_1}. \qquad (9)$$

On voit que, pour augmenter le rendement, il faut réduire autant que possible la résistance $F = R_1 e$ dans le ventilateur [1].

---

[1] La pression effective produite par un ventilateur est

$$A + E = p'' + c'' - (p' + c').$$

Pour un ventilateur aspirant, rejetant l'air dans l'atmosphère comme un ventilateur de mines, on a

$$p'' = P_1 \quad \text{et} \quad c'' = e \qquad A + E = P_1 + e - (p' + c'),$$

et comme e est une pression perdue, la pression réellement utile est

$$P_1 - (p' + c');$$

elle est donnée par un manomètre dont une branche communique avec l'atmosphère et l'autre avec un tube placé dans la conduite d'arrivée à l'ouïe, face au courant.

Pour un ventilateur soufflant prenant l'air dans l'atmosphère

$$p' = P_0 \quad \text{et} \quad c' = o \qquad A + E = p'' + c'' - P_0.$$

La pression est indiquée par un manomètre dont une branche communique avec l'atmosphère et l'autre est placée dans la section de sortie, face au courant.

THÉORIE GÉNÉRALE

Nous allons exprimer, par l'analyse mathématique, les différents phénomènes que nous venons d'exposer, afin d'en déduire
les formules nécessaires au calcul de l'effet et des dimensions
d'un ventilateur.

Suivons le mouvement de l'air depuis l'entrée jusqu'à la sortie
du ventilateur, c'est-à-dire de AA' en DD'.

498. Arrivée aux ailettes.

— Nous avons désigné par
p' et v' la pression et la vitesse de l'air lorsqu'après avoir parcouru
toute la conduite d'aspiration, il arrive en AA' à l'entrée du conduit
qui l'amène directement à l'ouïe.

Soient p_0 et v_0 la pression et la vitesse à l'entrée des ailettes ;
en appliquant l'équation (2), on a

$$v_0^2 - v'^2 = 2g\frac{p' - p_0 - f_0}{d}, \qquad (10)$$

f_0 étant la perte de charge produite, dans le trajet de AA' à l'entrée
des ailettes, par les frottements et remous.

Nous négligeons l'action de la pesanteur.

Si on désigne par r le rayon de chaque ouïe en B et B' et par
u la vitesse de passage dans l'ouïe, le volume écoulé Q est

$$Q = 2\pi r^2 u. \qquad (11)$$

Dans la plupart des ventilateurs, on fait le rayon r de l'ouïe
égal au rayon intérieur r_0 des ailettes ; pour plus de généralité
nous les supposons différents.

499. Entrée dans les canaux mobiles.

— L'air pénètre
dans les canaux mobiles formés par les ailettes dans une direction
faisant avec la tangente un certain angle β (fig. 306) qu'on pourrait
se donner à priori en établissant des directrices comme on le fait
dans les turbines à eau. En général les ventilateurs n'en ont pas,

mais la rotation des ailettes tend à produire par entraînement, comme nous l'avons dit, un mouvement giratoire dans l'ouïe, d'où résulte, dans certains cas, une direction inclinée pour le filet d'entrée. L'expérience n'a pas encore déterminé d'une manière bien précise quels sont les angles réels d'introduction et les conditions les plus favorables. Nous ne ferons pour le moment aucune hypothèse sur la valeur de l'angle β.

A l'entrée des ailettes, la section normale à la vitesse v_0, qui fait un angle β avec la tangente, est pour un côté du ventilateur

$$b_0 \Sigma p m,$$

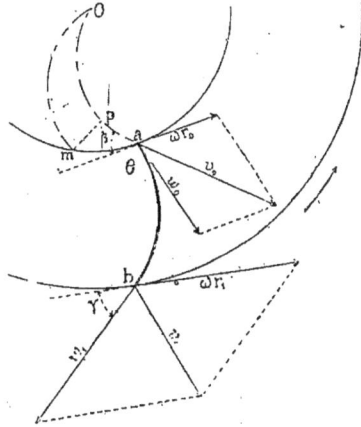

Fig. 3o6.

b_0 étant la demi-largeur des ailettes à l'entrée et pm une perpendiculaire à la direction de la vitesse v_0.

Dans le triangle rectangle pma, l'angle pam étant égal à β,

$$pm = ma \sin \beta.$$

La section est donc pour une ouïe

$$b_0 \Sigma p m = b_0 \sin \beta \Sigma m a = 2\pi r_0 b_0 \sin \beta,$$

et pour les deux ouïes

$$Q = 4\pi r_0 b_0 v_0 \sin \beta. \qquad (12)'$$

En posant

$$\mu = \frac{2 b_0 \sin \beta}{r_0}, \qquad (13)$$

on a

$$Q = 2\mu \pi r_0^2 v_0, \qquad (14)$$

et en combinant avec l'équation (11)

$$u = \mu v_0 \frac{r_0^2}{r^2}.$$

Si on prend $b_0 = \dfrac{r_0}{2}$ et $\beta = 90°$, on a $\mu = 1$ et si de plus $r = r_0$ comme cela se fait souvent, $u = v_0$.

C'est une bonne condition pour éviter les remous.

A l'entrée des ailettes, la vitesse relative w_0 est la résultante de la vitesse absolue v_0 et de la vitesse d'entraînement ωr_0 prise en sens contraire, on en conclut

$$w_0^2 = v_0^2 + \omega^2 r_0^2 - 2 v_0 \omega r_0 \cos \beta; \qquad (15)$$

ω est la vitesse angulaire de rotation, c'est-à-dire la vitesse d'un point placé à une distance du centre égale à 1 mètre. En désignant par N le nombre de tours par minute,

$$\omega = \frac{2\pi N}{60} = 0,10472\, N, \qquad \text{ou} \qquad N = 9,55\, \omega.$$

Soit θ l'angle que la vitesse relative fait avec la tangente à la circonférence de rayon r_0,

$$v_0 = \omega r_0 \frac{\sin \theta}{\sin (\theta + \beta)} \qquad (16)$$

$$w_0 = \omega r_0 \frac{\sin \beta}{\sin (\theta + \beta)}. \qquad (17)$$

Cette dernière relation ne constitue pas une équation distincte, car elle peut se déduire des deux précédentes.

Pour que l'air pénètre sans choc dans les canaux mobiles, il faut que le premier élément de l'ailette soit dirigé suivant l'angle θ; cette condition ne peut être réalisée qu'en déterminant convenablement la section d'entrée par rapport au volume qui doit passer. Si, un ventilateur étant établi avec cette condition remplie, on modifie les résistances dans la circulation, on change nécessairement le volume écoulé ainsi que la vitesse v_0; la vitesse w_0 prend une direction plus ou moins oblique par rapport à celle de l'ailette, et il en résulte des remous et des tourbillons à l'entrée; d'où l'on peut prévoir que pour chaque ventilateur, il y a une résistance de conduites qui donne un maximum de pression.

500. Mouvement relatif dans les canaux mobiles. — Appliquons maintenant à un filet fluide le théorème de l'effet du travail (1) dans le mouvement relatif à un système tournant avec la vitesse angulaire ω.

(1) Les théorèmes généraux de la dynamique (Delaunay, § 233), avec toutes leurs conséquences, peuvent s'appliquer aux mouvements relatifs, à la condition de joindre aux forces réelles les forces apparentes qui permettent de traiter le mouvement relatif de chacun des points du système comme un mouvement absolu. Ces forces apparentes sont, comme on sait, au nombre de deux pour chaque point; l'une est la force d'inertie correspondant au mouvement d'entraînement, l'autre est la force centrifuge composée.

La force d'inertie d'un point matériel en mouvement étant égale et contraire à la force qui devrait agir sur ce point matériel supposé libre pour lui faire prendre le mouvement qu'il possède, on peut la regarder comme la résultante de deux forces égales et contraires aux composantes tangentielles et normales de cette dernière force. La composante tangentielle de la force d'inertie qu'on désigne souvent sous le nom de *force d'inertie tangentielle* a donc pour valeur $m\dfrac{dv}{dt}$. La composante normale est égale à $m\dfrac{v^2}{\rho}$ et est toujours dirigée en sens contraire du rayon de courbure ρ de la trajectoire; ce n'est autre chose que la force centrifuge.

Dans le cas du théorème des forces vives, la force centrifuge composée disparaîtra toujours d'elle-même, et on pourra raisonner sans en tenir compte, parce que cette force étant dirigée perpendiculairement à la vitesse relative du point mobile, son travail sera toujours nul.

Dans le cas particulier du mouvement de l'air dans un ventilateur, les forces réelles sont :

1° La pression exercée par les ailettes sur la molécule; en négligeant les frottements, sa direction est normale à la palette, c'est-à-dire au chemin relatif parcouru par le filet fluide qui glisse au contact, et par conséquent le travail de cette pression est nul dans le mouvement relatif;

2° La pression p_0 à l'entrée des ailettes;

3° La pression p_1 à la sortie;

4° La pesanteur.

Le mouvement d'entraînement est un mouvement uniforme de rotation; les forces apparentes sont :

1° La force centrifuge composée dont le travail est toujours nul;

2° La force d'inertie du mouvement d'entraînement qui se décompose en deux.

La force centrifuge $\dfrac{mv^2}{\rho} = m\omega^2 x$ pour une molécule située à la distance x du centre.

La force d'inertie tangentielle d'entraînement, le mouvement de rotation

Décomposons le filet en un très grand nombre de masses successives et égales m et considérons le temps très court pendant lequel l'une d'elles vient prendre la place de la suivante; pendant ce temps, l'accroissement de puissance vive du filet est, en désignant par w_1 la vitesse relative à l'extrémité des ailes,

$$\frac{1}{2}\, m\,(w_1^2 - w_0^2).$$

Le travail de la pression d'amont p_0 est

$$\frac{m\,g\,p_0}{d}.$$

Le travail de la pression d'aval p_1

$$-\,mg\,\frac{p_1}{d}$$

La somme de ces travaux

$$mg\,\frac{p_0 - p_1}{d}.$$

Le travail de la force centrifuge sur une des masses m est $m\omega^2 x\,dx$, en appelant x la distance à l'axe au commencement du temps, et $x + dx$ la distance de la masse suivante dont elle prend la place; donc, pour tout le filet fluide, ce travail est

$$\frac{1}{2}\, m\omega^2\,(r_1^2 - r_0^2);$$

r_1 étant le rayon extrême des ailettes.

Le travail de la pesanteur est négligeable.

En faisant la somme, on a

$$\frac{1}{2}\, m\,(w_1^2 - w_0^2) = mg\,\frac{p_0 - p_1}{d} + \frac{1}{2}\, m\omega^2\,(r_1^2 - r_0^2),$$

étant supposé uniforme, l'accélération $\dfrac{dv}{dt}$ est nulle, et par suite aussi la force tangentielle.

Si on ne tient pas compte de la pesanteur, il reste donc seulement le travail des pressions et de la force centrifuge $m\omega^2 x$.

ou

$$w_1^2 - w_0^2 = 2g\frac{p_0 - p_1}{d} + \omega^2(r_1^2 - r_0^2).$$

Nous avons fait abstraction dans ce calcul du frottement et des remous qui se produisent toujours dans les canaux mobiles. Pour en tenir compte, il suffit de remarquer que c'est une résistance au mouvement qui se manifeste par une perte de charge. En désignant cette perte par f, en hauteur d'eau, ce travail résistant est

$$-mg\frac{f}{d},$$

et l'équation est alors

$$w_1^2 - w_0^2 = 2g\frac{p_0 - (p_1 + f)}{d} + \omega^2(r_1^2 - r_0^2), \quad (18)$$

ce qui revient à substituer $p_1 + f$ à p_1 dans l'équation précédente. La pression à l'extrémité des ailes est diminuée de f.

501. Sortie des canaux mobiles. — A l'extrémité des ailes, l'air sort avec une vitesse absolue v_1, qui est la résultante de la vitesse relative w_1 et de la vitesse d'entraînement ωr_1. En désignant par γ (fig. 306) l'angle que la direction des ailettes fait avec la tangente à la circonférence extérieure, on a

$$v_1^2 = w_1^2 + \omega^2 r_1^2 - 2\omega r_1 w_1 \cos\gamma. \quad (19)$$

Le volume écoulé étant le même dans toutes les sections, on trouve pour un ventilateur à deux ouïes, en désignant par b_1 la demi-largeur des ailes à l'extrémité, et en supposant l'écoulement à gueule bée,

$$Q = 4\pi r_1 b_1 w_1 \sin\gamma. \quad (20)$$

502. Mouvement dans l'enveloppe. — En quittant les ailettes, l'air se meut dans une enveloppe qui l'amène à la buse de sortie se raccordant avec la conduite de refoulement. Il importe, pour éviter les pertes de puissance vive, que la vitesse dans cette enveloppe reste constante ou du moins varie très peu, et il faut pour cela lui donner une forme en spirale telle qu'en chaque point et sur chaque rayon prolongé la section soit en rapport avec le volume débité, c'est-à-dire avec la portion de circonférence qui donne issue à l'air. On déduit de là, comme nous le verrons, le tracé de l'enveloppe.

Au moment où l'air arrive à la buse de sortie, si on a maintenu constante la vitesse v_1, comme la section Ω_1 de sortie en CC' doit débiter le volume Q_1, on a

$$Q = \Omega_1 v_1. \qquad (21)$$

503. Buse de sortie. — La section CC' doit être raccordée avec la section DD', origine de la conduite de refoulement, par une partie tronc-conique très allongée afin de conserver l'écoulement à pleine section. En négligeant la différence de hauteur des centres de gravité des deux sections, et désignant par f_1 la perte de charge en hauteur d'eau produite par les frottements et remous depuis la sortie des ailettes jusqu'en DD', on a

$$v''^2 - v_1^2 = 2g \, \frac{p_1 - p'' - f_1}{d}; \qquad (22)$$

et Ω'' étant la section en DD',

$$Q = \Omega'' v''.$$

L'accroissement progressif de section a pour effet de produire un accroissement de pression $p'' - p_1$ par la diminution de vitesse $v_1 - v''$. Comme en général, à la sortie des ventilateurs, la vitesse v_1 est beaucoup plus grande que celle v'' qu'il convient de conserver, on réalise, par ce moyen fort simple, un accroissement notable d'effet utile.

C'est M. Guibal qui a imaginé et appliqué avec succès cette disposition et l'expérience a fait constater, de la manière la plus précise, la réalité de l'accroissement de pression comme conséquence de la diminution de vitesse quand on évite les remous.

VITESSES. — PRESSIONS. — VOLUME. — TRAVAIL

504. On déduit des équations précédentes tous les éléments d'un ventilateur, les vitesses et les pressions aux différents points, le volume débité, le travail dépensé, et aussi les dimensions des ailettes, les sections d'entrée et de sortie, et enfin la forme de l'enveloppe.

Vitesses. — La vitesse v_0 à l'entrée des ailettes est donnée par l'équation (16)

$$v_0 = \omega r_0 \frac{\sin \theta}{\sin (\theta + \beta)}.$$

Lorsqu'on observe le mouvement de l'air dans l'ouïe d'un ventilateur, en faisant dégager de la fumée par exemple, on reconnaît qu'avec des ailettes faisant à l'entrée un angle convenable, le filet fluide se dirige à peu près suivant le rayon; dans ce cas $\beta = 90°$ et

$$v_0 = \omega r_0 \operatorname{tg} \theta. \tag{23}$$

Lorsque l'angle β est égal à 90°, il n'est pas possible, si l'on veut éviter un choc à l'entrée des ailettes, que l'angle θ soit aussi égal à 90°, c'est-à-dire que le premier élément des ailes soit dirigé suivant le rayon, la vitesse v_0 devrait être infinie.

L'expérience indique, comme nous l'avons vu (**495**), que lorsque la section des canaux mobiles croît trop rapidement du rayon intérieur des ailettes au rayon extérieur, il se produit, derrière chaque aile, des remous et des courants en sens inverse qui absorbent beaucoup de force. Le meilleur moyen pour éviter cette perte est de faire cette section constante; dans ce cas, la vitesse relative l'est aussi

$$w_1 = w_0,$$

et en vertu de la relation (17)

$$w_1 = w_0 = \omega r_0 \frac{\sin \beta}{\sin (\theta + \beta)};$$

pour $\beta = 90°$, on a

$$w_1 = w_0 = \frac{\omega r_0}{\cos \theta}. \qquad (24)$$

La vitesse à la sortie des ailettes v_1 est donnée par l'équation (19) qui devient, en remplaçant w_1 par sa valeur

$$v_1^2 = \omega^2 \left(r_0^2 \frac{\sin^2 \beta}{\sin^2 (\theta + \beta)} + r_1^2 - 2\, r_0 r_1 \frac{\sin \beta \cos \gamma}{\sin (\theta + \beta)} \right).$$

Pour $\beta = 90°$, on trouve

$$v_1 = \omega r_1 \sqrt{1 + \frac{r_0^2}{r_1^2 \cos^2 \theta} - \frac{2 r_0 \cos \gamma}{r_1 \cos \theta}}. \qquad (25)$$

La vitesse de sortie v_1 est proportionnelle à la vitesse ωr_1 de la périphérie des ailes pour le même rapport $\dfrac{r_0}{r_1}$.

L'angle γ, que la direction des ailettes fait avec la tangente à la circonférence extérieure, exerce une grande influence sur la vitesse v_1. Cet angle peut être pris arbitrairement dans certaines limites ; il ne saurait être nul ni égal à 180°, puisque Q serait nul (équat. 20), mais il peut avoir toutes les valeurs comprises entre ces limites, sans trop s'approcher des valeurs extrêmes.

Le terme $-\dfrac{2 r_0 \cos \gamma}{r_1 \cos \theta}$ est maximum en valeur absolue pour $\gamma = 0$; alors $\cos \gamma = 1$, et par conséquent v_1 est minimum.

A mesure que γ augmente de 0° à 90°, le terme soustractif diminue et v_1 augmente.

Pour $\gamma = 90°$, $\cos \gamma = 0$, ce terme devient nul ; dans ce cas les ailes, à leur extrémité, sont dirigées suivant le rayon et on a

$$v_1 = \omega r_1 \sqrt{1 + \frac{r_0^2}{r_1^2 \cos^2 \theta}}. \qquad (26)$$

Cette vitesse est toujours plus grande que celle de l'extrémité des ailes.

Lorsque γ dépasse 90°, $\cos \gamma$ change de signe, le terme soustractif devient additif, et la vitesse v_1 augmente toujours à mesure que γ s'approche de $180°$ qui correspond à un maximum qu'on ne saurait atteindre, puisque Q serait nul, la section devenant nulle.

Ainsi la vitesse v_1 de sortie des ailettes augmente avec l'angle γ; la valeur minimum est

$$v_1 = \omega r_1 \left(1 - \frac{r_0}{r_1 \cos\theta} \right)$$

et correspond à $\gamma = 0$, et la valeur maximum

$$v_1 = \omega r_1 \left(1 + \frac{r_0}{r_1 \cos\theta} \right)$$

a lieu pour $\gamma = 180$. Ces valeurs limites sont impossibles à atteindre.

L'angle γ pour lequel $v_1 = \omega r_1$ est donné par la relation

$$\cos\gamma = \frac{r_0}{2 r_1 \cos\theta}.$$

505. Pressions. — La pression totale H, produite par le ventilateur, s'obtient en ajoutant membre à membre les équations 10, 15, 18, 19 et 22. On trouve ainsi

$$v''^2 - v'^2 = 2g.\frac{p' - p'' - (f_0 + f + f_1)}{d} - 2v_0\omega r_0 \cos\beta + 2\omega^2 r_1^2 - 2w_1\omega r_1 \cos\gamma$$

et comme

$$e' = d\,\frac{v'^2}{2g} \qquad e'' = d\,\frac{v''^2}{2g} \qquad f_0 + f + f_1 = F$$

et que

$$H = A + E + F = p'' + e'' - (p' + e') + F$$

il vient après substitution

$$H = \frac{d}{g}(\omega^2 r_1^2 - v_0\omega r_0 \cos\beta - w_1\omega r_1 \cos\gamma).$$

C'est la pression totale, en hauteur d'eau, produite par le ventilateur; en tenant compte des pressions dues aux vitesses et de la perte par les frottements et remous dans l'appareil même.

En prenant comme ci-dessus $w_0 = w_1$ et remplaçant v_0 et w_1 par leurs valeurs (16) et (24), on trouve

$$H = \frac{d}{g} \omega^2 \left(r_1^2 - r_0^2 \frac{\sin \theta \cos \beta}{\sin (\theta + \beta)} - r_0 r_1 \frac{\sin \beta \cos \gamma}{\sin (\theta - \beta)} \right).$$

Enfin en admettant que la veine fluide dans l'ouïe se dirige suivant le rayon, c'est-à-dire que $\beta = 90$, l'équation prend la forme

$$H = \frac{d}{g} \omega^2 r_1^2 \left(1 - \frac{r_0}{r_1} \frac{\cos \gamma}{\cos \theta} \right). \tag{27}$$

Pour un même ventilateur, *la pression produite est proportionnelle au carré de la vitesse angulaire* ou du nombre de tours. C'est un résultat confirmé par toutes les expériences.

Pour un même rapport des rayons $\dfrac{r_0}{r_1}$ et les mêmes angles, *les pressions produites par deux ventilateurs à la même vitesse sont proportionnelles au carré du rayon extérieur des ailettes.*

Nous avons vu (**197**) que le rendement manométrique m était donné par la relation $m = \dfrac{A + E}{H}$; en remplaçant H par la valeur que nous venons de trouver, on met la pression effective $A + E$ sous la forme

$$A + E = m \frac{d}{g} \omega^2 r_1^2 \left(1 - \frac{r_0}{r_1} \frac{\cos \gamma}{\cos \theta} \right). \tag{28}$$

Elle est proportionnelle au carré de la vitesse de l'extrémité des ailes.

Pour comparer plusieurs ventilateurs de systèmes différents, au point de vue de la pression effective $A + E$ qu'ils peuvent produire, nous prendrons avec M. Murgue, pour terme de comparaison, le double de la pression vive de l'extrémité des ailes, c'est-à-dire $\dfrac{d}{g}, \omega^2 r_1^2$, et nous appellerons *rapport manométrique* le rapport $k = \dfrac{g (A + E)}{\omega^2 r_1^2}$, qu'il ne faut pas confondre avec le *rende-*

ment manométrique $m = \dfrac{A + E}{H}$ que nous avons considéré au n° **497**. Ce sont des quantités qui peuvent être fort différentes et qui sont liées par la relation : $k = m \left(1 - \dfrac{r_0 \cos \gamma}{r_1 \cos \theta} \right)$. Le rapport $\dfrac{k}{m}$ dépend de la forme du ventilateur; c'est seulement lorsque $\gamma = 90°$, qu'on a $k = m$.

506. Volume écoulé. — L'expression du volume de gaz débité par $1''$ s'obtient en combinant les deux équations (14) et (16); on trouve ainsi pour $\beta = 90°$, et pour un ventilateur à deux ouïes,

$$Q = 2 \mu . \pi r_0^3 \omega \operatorname{tg} \theta. \qquad (29)$$

S'il n'y avait qu'une ouïe il faudrait remplacer 2μ par μ.

Le volume débité par un ventilateur est proportionnel à la vitesse angulaire, c'est-à-dire au nombre de tours ; c'est un fait confirmé par toutes les expériences.

Les formules 27 et 29 constituent les équations fondamentales de notre théorie des ventilateurs.

Il convient de remarquer que l'équation (29) résultant de la combinaison des équations (14) et (16) n'est exacte, comme cette dernière, qu'à la condition que l'air entre sans choc entre les ailettes. Pour que cette condition soit remplie, il faut que l'angle θ soit en rapport avec le volume débité.

Lorsque, pour un ventilateur existant, on augmente ou on diminue les résistances au mouvement de l'air, par un changement dans la longueur des conduites, par la manœuvre de registres ou de toute autre manière, on modifie nécessairement le volume qui s'écoule.

D'après la formule (29) le volume paraît indépendant de ces résistances, mais il n'en est réellement pas ainsi parce que cette formule suppose que la vitesse relative à l'entrée est dirigée suivant les ailettes. Si les résistances viennent à changer, cette condition n'est pas remplie et la formule n'est plus applicable avec la même valeur de θ; elle ne le serait qu'en prenant pour θ, non plus l'angle des ailettes, mais l'angle réel de la vitesse relative, et encore faudrait-il tenir compte des remous produits à l'entrée.

Quand on connaît le volume Q pour une vitesse déterminée, on peut calculer tgθ par la relation (29).

Cette valeur peut varier dans de grandes limites; la valeur $θ = o$ s'applique à une fermeture complète des conduits (v_0 étant nul, $θ = o$).

Lorsque les pressions extrêmes P_0 et P_1 sont égales, $A = o$ et le volume débité peut se mettre sous une autre forme qui fait ressortir l'influence des résistances; on a $Q = Ωv = Ω \sqrt{\dfrac{2g\,E}{d(1+R)}}$ et comme $E = mH$, on trouve, pour $β = 90$, en remplaçant m et H par leurs valeurs

$$Q = Ω . ω r_1 \sqrt{\frac{2}{1+R+R_1}\left(1 - \frac{r_0}{r_1}\frac{\cos γ}{\cos θ}\right)}.$$

L'influence des résistances des conduites est exprimée par R et celle du ventilateur par R_1. Le volume augmente à mesure que R diminue; le maximum correspond à $R = o$.

On peut encore exprimer le volume débité en fonction de l'orifice équivalent (**211**). Soit $Ω_0$ cet orifice et $φ_0$ le coefficient de contraction, on a par définition : $Q = φ_0 Ω_0 \sqrt{\dfrac{2gE}{d}}$ et en remplaçant E par sa valeur, on trouve

$$Q = φ_0 Ω_0 . ω r_1 \sqrt{\frac{2(1+R)}{1+R+R_1}\left(1 - \frac{r_0}{r_1}\frac{\cos γ}{\cos θ}\right)}. \qquad (3o)$$

Lorsque les résistances R sont fortes dans les conduites par rapport à celles R_1 du ventilateur, le terme $\dfrac{1+R}{1+R+R_1}$ s'éloigne peu de l'unité, et le volume débité augmente à peu près proportionnellement à l'orifice équivalent.

Si R devient comparable à R_1, le volume augmente moins rapidement.

507. Travail. — Le travail à fournir, pour faire marcher un ventilateur, se compose du travail nécessaire pour comprimer l'air, y compris la perte de charge par les remous dans l'appareil lui-même, et en plus du travail absorbé par les frottements des organes mécaniques.

Pour donner au volume Q, en mètres cubes, un excès de pression H, en mètres de hauteur d'eau, le travail dépensé pour de faibles excès est 1 000 QH en kilogrammètres (**155**).

Le travail absorbé par le frottement des organes mécaniques est proportionnel à la vitesse angulaire et peut être mis sous la forme 1 000 $C\omega$, C étant un terme qui dépend du poids des pièces, de la tension des courroies, etc.

Le travail total τ à fournir est donc

$$\tau = 1\,000\,(QH + C\omega).$$

La pression effective produite étant seulement $A + E$, le travail utile τ_u est

$$\tau_u = 1\,000\,Q(A + E)$$

et on a, pour le rendement mécanique ρ,

$$\rho = \frac{\tau_u}{\tau} = \frac{Q(A + E)}{QH + C\omega} \qquad (31)$$

et

$$\tau = \frac{1\,000\,Q(A + E)}{\rho}. \qquad (32)$$

Si on remplace Q et $A + E$ par les valeurs (éq. 28 et 29), on a pour un ventilateur à deux ouïes, et pour $\beta = 90°$,

$$\tau = \frac{2m}{\rho}\,\mu\pi\frac{d}{g}\left(\frac{r_0}{r_1}\right)^3\omega^3 r_1^5\left(1 - \frac{r_0}{r_1}\frac{\cos\gamma}{\cos\theta}\right)\text{tg}\,\theta. \qquad (33)$$

Le travail pour un même ventilateur est proportionnel au cube de la vitesse angulaire, c'est-à-dire au cube du nombre de tours, et pour deux ventilateurs, ayant le même rapport $\dfrac{r_0}{r_1}$ et les mêmes angles, ce travail est proportionnel à la cinquième puissance du diamètre. Pour un diamètre double, à la même vitesse, le travail est 32 fois plus grand.

Le travail QH pouvant être mis sous la forme $n\omega^3$ et le rendement manométrique étant $m = \dfrac{A+E}{H}$, le rendement mécanique peut s'écrire

$$\rho = \frac{Q(A+E)}{QH+C\omega} = \frac{m}{1+\dfrac{C}{n\omega^2}}, \qquad (34)$$

ce qui montre que le rendement mécanique ρ doit toujours être plus faible que le rendement manométrique m, et augmenter avec la vitesse angulaire ω.

DIMENSIONS ET FORMES D'UN VENTILATEUR

508. Les formules précédentes établissent entre les dimensions et les formes d'un ventilateur d'un côté, la pression, le volume et la vitesse angulaire de l'autre, des relations qui permettent de déterminer facilement les dimensions d'un ventilateur capable de satisfaire à des conditions données.

En général ces conditions sont :

1° Faire écouler un certain volume d'air Q, par 1″, dans des appareils et par des conduites communiquant à leurs deux extrémités avec l'atmosphère ;

2° Créer pour cela en un point de la circulation au moyen du ventilateur, entre l'entrée et la sortie de l'appareil, une différence effective de pression E, en hauteur d'eau.

Supposons les pressions extrêmes égales $P_1 - P_0 = A = 0$, de sorte que les deux quantités Q et E sont les données de la question ; les trois inconnues principales sont :

Le rayon extérieur r_1 des ailettes ;

- La vitesse angulaire ω ;

Le travail $\mathfrak{E}$.

On a pour les déterminer, en admettant $\beta = 90°$, les formules (28), (29), (32), qui pour $A = o$ deviennent

$$E = mH = m \frac{d}{g} \omega^2 r_1^2 \left(1 - \frac{r_0}{r_1} \frac{\cos \gamma}{\cos \theta}\right); \qquad (28)$$

pour un ventilateur à deux ouïes

$$Q = 2\mu\pi r_0^3 \omega \operatorname{tg} \theta; \qquad (29)$$

et

$$\mathfrak{E} = \frac{1\,000\,QE}{\rho}. \qquad (32)$$

Cette dernière formule (32) fournit immédiatement le travail.

Pour calculer ω et r_1, on se donne ordinairement le rapport $\dfrac{r_0}{r_1}$ des rayons intérieur et extérieur, et les angles θ et γ. On peut tirer des deux équations (28) et (29) les valeurs générales de ω et de r_1 [1]; mais il est plus simple d'opérer comme il suit :

Vitesse tangentielle. — De l'équation (28) on tire d'abord la valeur de la vitesse tangentielle ωr_1

$$\omega r_1 = \sqrt{\frac{g E}{md\left(1 - \dfrac{r_0}{r_1} \dfrac{\cos \gamma}{\cos \theta}\right)}}. \qquad (35)$$

Rayon extérieur. — En portant cette valeur dans l'équation (29), on a le rayon extérieur r_1,

$$r_1 = \sqrt{\frac{Q}{2\mu\pi \left(\dfrac{r_0}{r_1}\right)^3 \operatorname{tg} \theta (\omega r_1)}}. \qquad (36)$$

Vitesse angulaire. — Connaissant ωr_1 et r_1 on en déduit ω.

[1] On trouverait $\omega = \left(\dfrac{E}{a}\right)^{\frac{3}{4}} \left(\dfrac{b}{Q}\right)^{\frac{1}{2}}$ et $r_1 = \left(\dfrac{a}{E}\right)^{\frac{1}{4}} \left(\dfrac{Q}{b}\right)^{\frac{1}{2}}$;

en posant $a = m \dfrac{d}{g} \left(1 - \dfrac{r_0}{r_1} \dfrac{\cos \gamma}{\cos \theta}\right)$ et $b = 2\mu\pi \dfrac{r_0^3}{r_1^3} \operatorname{tg} \theta.$

Rayon intérieur. — Le rayon intérieur r_0 des ailettes se calcule, quand on connaît r_1, d'après le rapport choisi pour $\dfrac{r_0}{r_1}$.

Vitesse d'entrée. — Quant aux vitesses de l'air aux différents points, on a pour la vitesse, à l'entrée des ailettes (23),

$$v_0 = \omega r_0 \operatorname{tg} \theta.$$

Vitesse relative. — Pour la vitesse relative entre les ailes (24)

$$w = \frac{\omega r_0}{\cos \theta}.$$

Vitesse de sortie. — Pour la vitesse de sortie des ailettes (25).

$$v_1 = \omega r_1 \sqrt{1 + \frac{r_0^2}{r_1^2 \cos^2 \theta} - \frac{2 r_0 \cos \gamma}{r_1 \cos \theta}}.$$

509. Ailettes. — La largeur et la forme des ailettes aux différents points doivent être déterminées de telle sorte que l'air pénètre sans choc et que la section reste constante dans les canaux mobiles.

En combinant les équations (11) et (12) on trouve pour $\beta = 90$

$$2 \pi r^2 u = 4 \pi r_0 b_0 v_0,$$

d'où, pour la demi-largeur b_0,

$$b_0 = \frac{r^2}{2 r_0} \cdot \frac{u}{v_0}.$$

Dans la construction, on fait souvent $r = r_0$, et si pour diminuer les remous on s'impose la condition que la vitesse reste constante de l'ouïe à l'entrée des ailettes, $u = v_0$, on a simplement

$$b_0 = \frac{r_0}{2}.$$

La largeur totale des ailettes $2 b_0$ à l'entrée est égale au rayon de l'ouïe r_0.

On peut maintenir la section constante entre les ailettes de plusieurs manières ; un moyen simple, quelle que soit la courbe adoptée pour les ailettes, consiste à régler leur largeur de manière qu'à une distance quelconque du centre le produit de cette largeur par l'intervalle des ailettes reste constant. On fait varier la largeur, pour remplir cette condition, en traçant les bords latéraux suivant une courbe convenable. Les figures 3o7 et 3o8 montrent une disposition de ce genre pour des ailes radiales qui ont une forme trapézoïdale.

 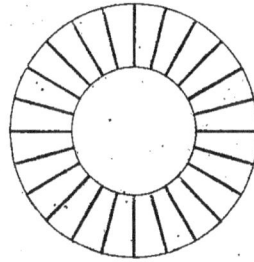

Fig. 3o7.   Fig. 3o8.

La largeur des ailettes sur le rayon extérieur s'obtient en combinant les équations (12) et (20) pour $\beta = 90°$

$$Q = 4\pi r_0 b_0 v_0 = 4\pi r_1 w_1 b_1 \sin\gamma.$$

En remplaçant v_0 et $w_1 = w_0$ par leurs valeurs (16) et (17), on a pour la demi-largeur b_1

$$b_1 = \frac{r_0 \sin\theta}{r_1 \sin\gamma} b_0. \qquad (37)$$

A une distance y quelconque de l'axe, l'ailette faisant en ce point l'angle α avec le rayon, on a pour la largeur x

$$x = \frac{r_0 \sin\theta}{y \sin\alpha} b_0 \qquad (38)$$

si on se donne *a priori* la courbe des ailettes, c'est-à-dire l'angle α en chaque point, l'équation précédente détermine la largeur x pour toutes les distances y au centre.

510. On peut, à l'inverse, déterminer l'angle α, c'est-à-dire la courbe des ailettes de manière à remplir certaines conditions.

Si on veut par exemple que la largeur des ailettes reste cons-

tante en même temps que la section, il faut déterminer l'angle α
en chaque point par la relation

$$y \sin \alpha = r_0 \sin \theta = \text{constante}; \qquad (39)$$

équation qui s'applique à une développante de cercle dont le
rayon du cercle de base est
$r_0 \sin \theta$. Les ailettes doivent
avoir la forme de dévelop-
pante de cercle. On sait en effet
qu'avec ce tracé (fig. 309 et 310)
leur distance, mesurée normalement, est constante, et que
par conséquent la largeur doit
aussi rester constante, pour que
la section le soit.

 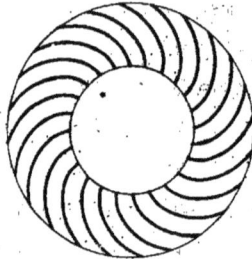

Fig. 309.   Fig. 310.

On peut encore maintenir constante la largeur des ailettes
ainsi que la section au moyen d'une disposition indiquée dans la
figure 311. Chaque ailette se compose de trois parois disposées en triangle, formant un espace fermé dans lequel il n'y a
pas de circulation d'air. En construisant
parallèlement les parois des canaux mobiles, la section est constante, en même
temps que la largeur des ailettes. L'axe
des canaux mobiles ainsi construits peut
être dirigé suivant le rayon ou bien faire
un angle plus ou moins prononcé pour
donner une direction déterminée aux vitesses d'entrée et de sortie. En remplaçant l'ailette d'épaisseur uniforme par
une ailette triangulaire, on modifie la valeur des angles θ et γ,
mais l'altération est peu sensible, si le nombre des ailes est
assez grand.

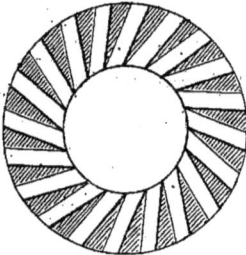

Fig. 311.

511. Pour tracer, au moyen d'un seul arc de cercle, la
courbe des ailettes faisant, avec les circonférences intérieure et

extérieure, des angles déterminés θ et γ, on procède pour cela comme il suit.

A l'extrémité d'un rayon Ob (fig. 312), on mène une ligne bd faisant avec Ob un angle $Obd = \gamma + \theta$, et on prend $bd = r_0$. Du point d comme centre, avec $da = r_1$ comme rayon, on décrit un arc qui coupe la circonférence intérieure en a; on mène aC faisant avec aO l'angle θ et bC faisant avec bd le même angle θ; le point de rencontre C est le centre de l'arc ab des ailettes; c'est ce qu'on démontre facilement.

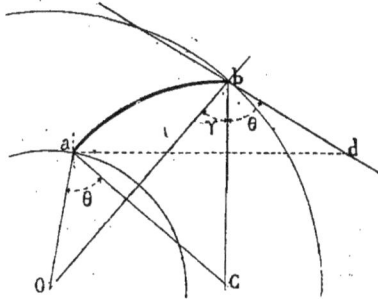

Fig. 312.

La valeur algébrique du rayon $bC = aC = a$ peut se calculer comme il suit.

Posons $OC = d$, on a dans le triangle ObC

$$d^2 = r_1^2 + a^2 - 2\,a\,r_1 \cos \gamma,$$

dans le triangle OaC

$$d^2 = r_0^2 + a^2 - 2\,a\,r_0 \cos \theta,$$

et en retranchant

$$a(2\,r_1 \cos \gamma - 2\,r_0 \cos \theta) = r_1^2 - r_0^2,$$

d'où

$$a = \frac{r_1^2 - r_0^2}{2(r_1 \cos \gamma - r_0 \cos \theta)}.$$

Si $\gamma = \theta$, on trouve

$$a = \frac{r_0 + r_1}{2 \cos \gamma},$$

pour $\gamma = 180^0 - \theta$

$$a = \frac{r_1 - r_0}{2 \cos \gamma},$$

et

$$d = \sqrt{\left(\frac{r_1 \pm r_0}{2 \cos \gamma}\right)^2 \mp r_0^2}.$$

Les signes supérieurs s'appliquent à $\gamma = \theta$; les signes inférieurs à $\gamma = 180 - \theta$.

L'angle α, que la tangente à la courbe des ailettes fait avec le rayon y correspondant, varie progressivement de θ à γ.

En un point quelconque, on a

$$d^2 = a^2 + y^2 - 2\,ay\cos\alpha,$$

et en remplaçant d et a par leurs valeurs, on trouve

$$\cos\alpha = \frac{y^2 - r_0^2}{2\,ay} + \frac{r_0}{y}\cos\theta = \frac{y^2 - r_0^2}{y(r_1^2 - r_0^2)}(r_1\cos\gamma - r_0\cos\theta) + \frac{r_0}{y}\cos\theta,$$

ce qui permet de calculer α pour les diverses valeurs de y.

La largeur x de l'ailette au point correspondant est alors donnée par la relation (38)

$$x = b_0\,\frac{r_0}{y}\,\frac{\sin\theta}{\sin\alpha}.$$

512. Enveloppe. — L'enveloppe du ventilateur doit avoir une forme telle que la vitesse de l'air y soit constante, ou du

Fig. 313.

moins varie très peu, et de plus elle doit aboutir au conduit de refoulement suivant une direction déterminée.

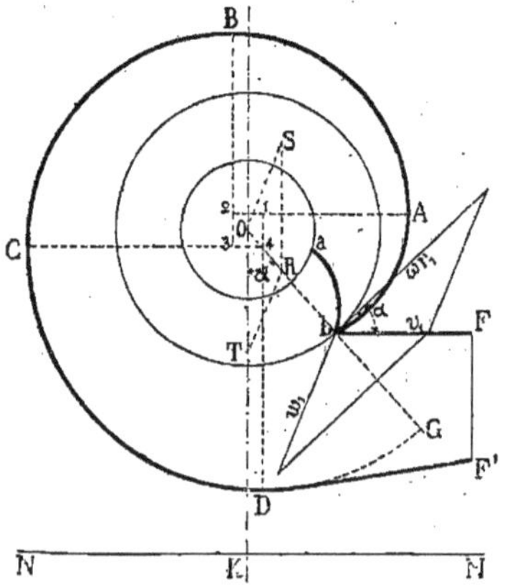

Soit NN (fig. 313) cette direction et δ l'angle que la vitesse de sortie v_1 fait avec la tangente à la circonférence extérieure tracée dans le sens du mouvement. Cet angle est donné par la relation

$$\sin\delta = \frac{w_1}{v_1}\sin\gamma. \qquad (40)$$

Pour avoir le point b, origine de la spirale qui doit former l'enveloppe, et tel qu'en ce point la vitesse de sortie v_1 soit dirigée suivant bF, parallèlement à NN, comme bF doit être l'arête supérieure du conduit de refoulement, il suffit d'abaisser OK perpendiculaire sur la direction NN, de mener OS faisant avec Ok un angle KOS$=\gamma$, puis de porter à la même échelle OT $= \omega r_1$ et OS $= w$; la diagonale OR, construite sur le parallélogramme OTRS, coupe la circonférence extérieure en b.

Si $\beta = 90°$, on a

$$\frac{OT}{OS} = \frac{\omega r_1 \cos\theta}{\omega r_0} = \frac{r_1 \cos\theta}{r_0}.$$

On peut encore déterminer le point P (fig. 314), origine de la spirale, de telle sorte que la ligne DF', arête inférieure de la conduite de refoulement, soit en même temps parallèle à NN et tangente à l'enveloppe. Pour que cette condition soit remplie, et que FF' soit égal à L, hauteur calculée du conduit, il suffit de prendre l'arc IP égal à $\frac{L}{\pi} = 0,318\,L$. C'est facile à démontrer.

Pour que la vitesse dans l'enveloppe reste constante, il faut que la section X, en un point quelconque M de la circonférence, soit

$$X = \Omega_1 \frac{\lambda}{2\pi}, \qquad (41)$$

λ étant la longueur de circonférence correspondant à l'angle MOP et Ω_1 la section de sortie. En donnant à λ une suite de valeurs, on détermine autant de points qu'on veut de la courbe enveloppe et on la trace exactement depuis le point P jusqu'au point G, tel que PG $=$ L.

Le tracé par point de la spirale peut se remplacer par celui de la volute qui s'obtient comme on sait au moyen de quatre arcs de cercle ayant successivement pour centres les sommets 1, 2, 3, 4, du carré dont le côté est égal à $\frac{1}{4}$L et dont le centre est O.

513. Section de sortie. — La section Ω_1 à la sortie de l'enveloppe est

$$\Omega_1 = \frac{Q}{v_1}.$$

Si la section de l'enveloppe est rectangulaire et de largeur constante D, on trouve la hauteur $L = FF'$ du rectangle par la relation

$$L = \frac{\Omega_1}{D}, \text{ et si la section est carrée } D = L = \sqrt{\Omega_1}.$$

514. Buse de sortie. — La buse placée à la suite de l'enveloppe est destinée, soit à réduire la vitesse de l'air s'échappant dans l'atmosphère pour les ventilateurs aspirants, soit à raccorder l'enveloppe avec la conduite de refoulement pour les ventilateurs soufflants.

Dans tous les cas, afin d'éviter les remous, il importe que cette buse soit construite avec une inclinaison qui ne dépasse pas $\frac{1}{8}$, pour que la veine fluide s'écoule à pleine section, et que, conformément au théorème de Bernoulli, l'excès de puissance vive possédée par l'air à la sortie de l'enveloppe se transforme en pression.

515. Applications. — Rien ne limite théoriquement la puissance d'un ventilateur comme pression et comme volume, mais, pratiquement, il n'est pas possible de dépasser certaines vitesses de rotation et l'expérience indique que, pour aller au delà de 40 mètres, comme vitesse de l'extrémité des ailes, il faut une construction et un entretien particulièrement soignés.

Ventilateur de forge. — Soit à construire un ventilateur devant fournir l'air nécessaire à l'alimentation de 50 feux de forge, sous une pression effective de 0,075 en hauteur d'eau.

En admettant 40 litres d'air par $1''$ et par feu, le volume à fournir par $1''$ est : $Q = 0,040 \times 50 = 2$ mètres cubes. Supposons une perte de charge, du ventilateur aux foyers, de $\frac{1}{10}$; l'excès de pression que le ventilateur doit produire, entre l'ouïe et la buse de sortie, sera $0,075 + 0,0075 = 0,0825$. Si on admet pour le rendement manométrique $m = 0,55$, on trouve

$$H = \frac{0,0825}{0,55} = 0,15.$$

Prenons : pour les angles $\beta = 90°$, $\theta = 45°$ et $\gamma = 90°$; pour le rapport des rayons $\frac{r_0}{r_1} = 0,50$ et enfin $\mu = 1$ et $\rho = 0,50$; on trouve successivement

$$\omega r_1 = \sqrt{8\,000 \times 0,15} = 34,64$$

$$r_1 = \sqrt{\frac{2^{mc}}{2 \times 3,14 \times (0,50)^3 \times 34,64}} = 0,272 \qquad r_0 = 0,50\, r_1 = 0,136$$

$$\omega = \frac{34,64}{0,272} = 127,4 \qquad \text{d'où} \qquad N = 1216 \text{ tours par } 1'$$

$$b_0 = \frac{0,136}{2} = 0,68 \qquad b_1 = 0,50 \times 0,707 \times 0,068 = 0,024$$

$$v_1 = 42,434 \qquad \Omega_1 = 0,0471 \qquad D_1 = 0,217$$

$$\mathcal{E} = \frac{1\,000 \times 2 \times 0,0825}{0,50} = 330 \text{ kilogrammètres par } 1'', \text{ soit } 4$$

chev. $\frac{1}{2}$.

Ventilateur de mine. — On veut établir un ventilateur pour faire circuler, dans les galeries d'une mine, un volume de 30 mètres cubes par $1''$, avec une dépression effective de 65 millimètres d'eau. L'orifice équivalent est $\Omega_0 = 1^{mq},43$.

Prenons $\beta = 90°$, $\gamma = 90°$, $\theta = 45$, $\frac{r_0}{r_1} = 0,50$, $\mu = 1$, $m = 0,60$, on trouve successivement

$$H = \frac{0,065}{0,60} = 0,10833$$

$$\omega r_1 = \sqrt{8\,000 \times 0,10833} = 29,44$$

$$r_1 = \sqrt{\frac{30}{6,28 \times 0,125 \times 29,44}} = 1,371 \qquad r_0 = \frac{1,371}{2} = 0,686$$

$$\omega = \frac{29,64}{1,371} = 21,5 \qquad \text{d'où} \qquad N = 205$$

$$b_0 = \frac{0,686}{2} = 0,343 \qquad b_1 = 0,1225$$

$$v_1 = 29,44 \sqrt{1,50} = 36,064 \qquad \Omega_1 = 0,833 \qquad D_1 = 0,913$$

$\mathcal{E} = 3250$ kilogrammètres, soit $43^{\text{chev}},33$.

DISPOSITIONS DIVERSES DES VENTILATEURS
À FORCE CENTRIFUGE.

Les constructeurs ont donné aux ventilateurs à force centrifuge des dispositions et des formes très variées. Nous décrirons
seulement quelques-uns des principaux types.

516. Ventilateur Decoster. — Le ventilateur Decoster
se compose (fig. 315 et 316) d'un arbre de rotation AA, tournant dans deux paliers graisseurs. Sur cet arbre est monté
verticalement un disque circulaire PP, portant de chaque côté

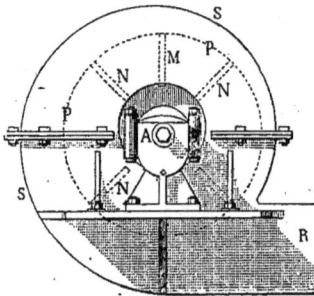 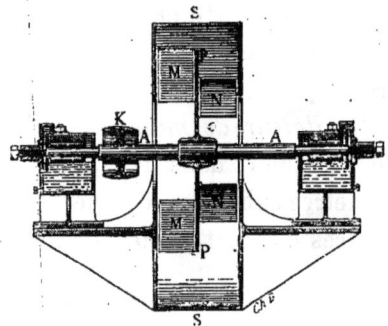

Fig. 315.   Fig. 316.

quatre ailettes planes et rectangulaires. La direction des ailes MM,
d'un côté du disque, fait un angle de 45° avec celle des ailes NN
de l'autre côté, dans le but de produire plus de régularité dans
l'expulsion de l'air par l'orifice de sortie R. Les ailes tournent
dans une enveloppe SS, à section rectangulaire et légèrement

excentrée; le mouvement est donné au moyen de la poulie K.

Ce ventilateur et en général tous les ventilateurs à ailes planes radiales et rectangulaires présentent l'inconvénient d'avoir la section des canaux mobiles beaucoup plus grande à la sortie qu'à l'entrée; comme nous l'avons expliqué (**495**), l'air ne pouvant s'épanouir brusquement, la veine fluide n'occupe pas toute la section de sortie et il se produit derrière chaque aile des courants rentrants et des remous (fig. 3o5) qui absorbent une notable partie du travail.

517. M. le général Morin a fait des expériences sur un ventilateur analogue à celui de Decoster, portant quatre ailettes planes de o^m,67 de diamètre extérieur, de o^m,29 de diamètre intérieur et de o^m,33 de large, tournant dans une enveloppe concentrique de o^m,75 de diamètre.

Pour des vitesses de 342 à 872 tours par minute, le volume d'air écoulé s'est élevé de o^{mc},58o à 1^{mc},52o par seconde, à très peu près proportionnellement au nombre de tours et l'effet dynamométrique de o,11 à o,15. Le rapport du volume écoulé au volume engendré par les ailes a été en moyenne de 1,o6.

518. Ventilateur Bourdon. — Pour éviter ces courants rentrants derrière les ailes, M. Bourdon a donné aux ailettes une forme trapézoïdale en les emboîtant entre deux joues latérales inclinées sur l'axe. Les figures 317 et 318 représentent ce ventilateur. La roue est formée d'un grand nombre d'ailettes montées sur un disque fixé sur l'arbre et dirigées suivant les rayons, sauf à l'extrémité qui est un peu recourbée vers l'avant; la roue divisée ainsi en deux parties symétriques tourne dans une enveloppe concentrique, et l'air, refoulé à la circonférence, se répand dans l'espace compris entre la roue et l'enveloppe d'où il s'échappe par une buse ouverte obliquement.

Afin de diminuer les fuites d'air par l'intervalle réservé pour le jeu autour des orifices d'entrée, entre la roue qui tourne et l'enveloppe fixe, M. Bourdon a disposé, de chaque côté, un

plateau annulaire bien ajusté et qui, au moyen de vis, peut se
rapprocher de la roue à ailettes de manière à réduire ce jeu au
minimum. Il y a toujours, néanmoins, une certaine perte et
d'autant plus grande que la pression produite est plus forte.

Des expériences faites par le général Morin, sur un ventilateur
du système Lloyd dont la roue a également une forme trapézoïdale, ont donné les résultats suivants :

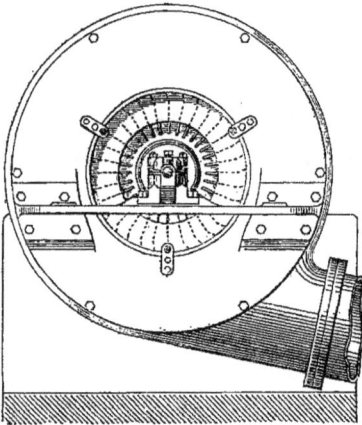 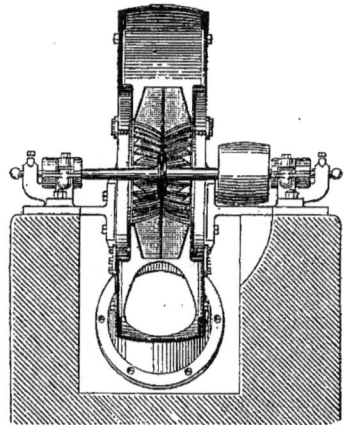

Fig. 317.   Fig. 318.

Le ventilateur avait $0^m,77$ de diamètre extérieur ; pour des
vitesses qui ont varié de 171 à 985 tours par minute, le volume
écoulé s'est élevé de $0^{mc},279$ à $1^{mc},666$ par seconde, toujours à
peu près proportionnellement au nombre de tours, et le rendement dynamométrique de $0,100$ à $0,278$.

On a trouvé 2,90 pour le rapport du volume écoulé au volume
engendré par les ailettes.

519. Ventilateur Combes. — Les ventilateurs à force centrifuge sont très employés à l'aspiration, surtout pour la ventilation des mines de houille.

M. Combes, inspecteur général des mines, a publié en 1839
un traité de l'aérage renfermant une théorie des ventilateurs à
force centrifuge, et suivant les indications qu'il en a déduites,

il a fait construire un ventilateur représenté (fig. 319, 320).
L'appareil est à une seule ouïe et se compose d'un disque
circulaire horizontal A, mis en mouvement par la poulie V, fixé au
sommet d'un arbre vertical PP et d'un disque annulaire parallèle P'P', de même diamè-
tre extérieur, dont l'ou-
verture centrale constitue
l'ouïe de 1^m,36 de diamètre,
par laquelle l'air, aspiré
par le puits C, pénètre dans
l'appareil ; les deux disques
sont réunis par trois ailettes
en tôle mince M,M,M, dont
la courbure est telle que le
dernier élément est tan-
gent à la circonférence extérieure. La couronne an-
nulaire porte d'équerre un
rebord vertical qui tourne
avec l'appareil, en plon-
geant dans une gouttière g
en fonte pleine d'eau afin
de faire un joint hermétique
et empêcher les rentrées
d'air extérieur par le jeu
existant forcément entre la

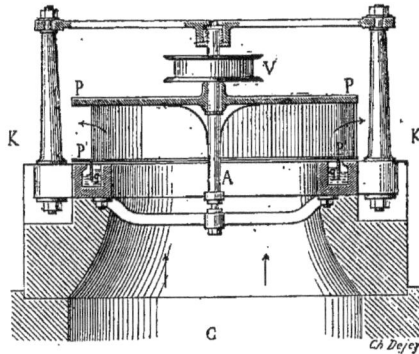

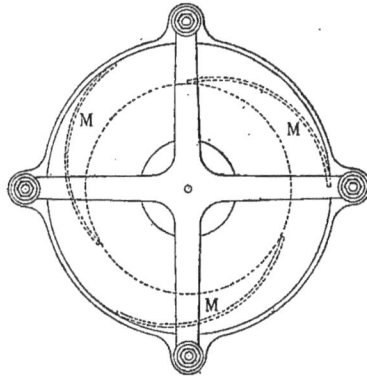

Fig. 319 et 320.

partie fixe et la partie mobile. La courbure des ailes, en sens
inverse du mouvement et tangentiellement à la circonférence,
avait pour but, conformément à la théorie, de réduire au
minimum la vitesse absolue de sortie dans l'atmosphère K,K,
mais ce résultat n'a été atteint que d'une manière très insuffisante.

Voici les résultats d'expériences faites sur un ventilateur
par M. Glépin et rapportées par M. Ponson :

NOMBRE DE TOURS par 1'.	DÉPRESSION en MILLIMÈTRES D'EAU.	VOLUME D'AIR par 1″ en mètres cubes.	VITESSE DE L'EXTRÉMITÉ des ailes.	RENDEMENT DYNAMOMÉTRIQUE.
467	31^{mm}	2^{mc},413	41^m,565	0,221
491	30	2 ,532	43 ,69	0,197
542	38	2 ,851	48 ,235	0,206
413	13	3 ,694	36 ,74	0,190
511	21	4 ,567	43 ,475	0,200

D'après les expériences, la vitesse à la sortie resterait encore la moitié et jusqu'aux deux tiers de la vitesse circonférentielle, et le travail perdu par cette vitesse serait supérieur à 1,5 fois le travail utile.

Le rapport manométrique $\dfrac{g\mathrm{E}}{\omega^2 r_1^2}$ (**505**) a varié de 0,072 à 0,156 et le rendement dynamométrique (**507**) de 0,19 à 0,22. Ce sont des résultats bien peu satisfaisants.

520. Ventilateur Letoret. — Ce ventilateur (fig. 321, 322)

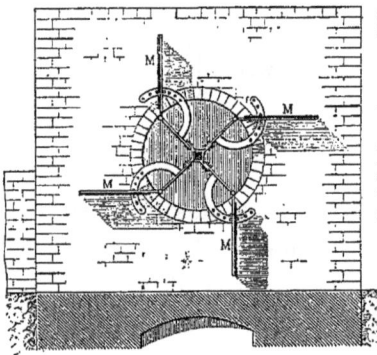
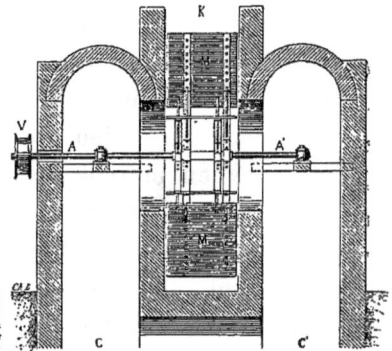

Fig. 321.　　　　　Fig. 322.

se compose de quatre ailes rectangulaires M, M, M, M, en tôle, articulées sur des bras en fer forgé, fixés sur un arbre horizontal AA'. Les articulations avaient pour but de permettre de faire varier l'inclinaison des ailes et de leur donner, par expérience, l'angle le plus favorable au rendement.

Le ventilateur, mis en mouvement au moyen d'une poulie V, tourne entre deux murs en maçonnerie, dans lesquels sont ménagées, autour de l'arbre de rotation, les ouïes par où pénètre l'air venant de la mine par les galeries CC; il n'y a pas d'enveloppe; l'air est refoulé librement dans l'atmosphère K, sur toute la circonférence.

Les expériences ont donné, pour une vitesse circonférentielle de 35 à 36 mètres, une dépression de $E = o^m, o5$, ce qui fait un rapport manométrique $\dfrac{gE}{\omega^2 r_1{}^2} = o,33$ seulement; le rendement dynamométrique a varié de $o,25$ à $o,3o$ environ.

521. Ventilateur Lambert. — Le ventilateur de M. Lambert est disposé en vue de supprimer les courants rentrants derrière les ailes; il se compose d'un grand tambour cylindrique en tôle, divisé en 8 compartiments par des cloisons ou palettes radiales, et monté sur un arbre portant à une extrémité une manivelle qui est attaquée directement par la bielle d'une machine à vapeur. Le tambour est percé, à son centre et d'un seul côté, d'une ouverture circulaire formant ouïe, qui communique avec la galerie amenant l'air de la mine.

Pour la sortie de l'air, l'enveloppe cylindrique du tambour est percée de 8 ouvertures, une par compartiment, de forme rectangulaire et disposées le long des palettes. Le côté de l'ouverture parallèle à l'axe a la dimension du tambour, mais l'autre côté est de largeur très réduite et on la règle de telle sorte que la veine fluide de sortie occupe toute la section.

M. Devillez rapporte des expériences faites sur un ventilateur de 8 mètres de diamètre et de $1^m, 4o$ de large, portant 8 palettes et 8 orifices de sortie de $1^m, 4o$ sur $o^m 25$. A des vitesses qui ont varié de $61,7$ tours à $1o3$ tours par $1'$, on a constaté des dépressions de $37^{mm}, 55$ à $1o4^{mm}, 8$, ce qui correspond à des rapports

manométriques de o,45 et o,5o. Il évalue le rendement dynamométrique de o,32 à o,34.

522. Ventilateur Guibal. — Le ventilateur de M. Guibal
(fig. 323) se compose de huit ailes A, A, A..., dont la surface est

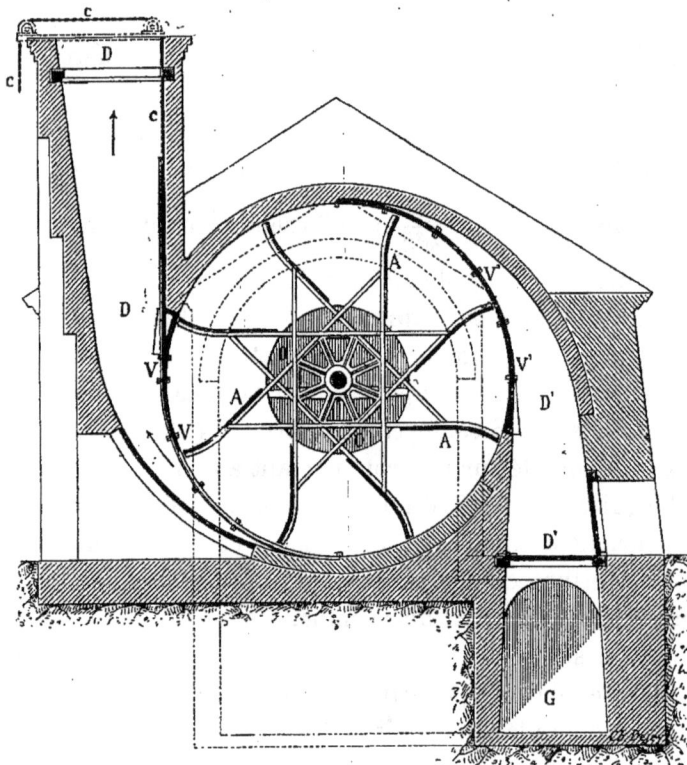

inclinée à 45° sur l'ouïe d'entrée O, O, et se recourbe normalement vers la circonférence extérieure. Ces ailes tournent
dans une enveloppe concentrique, laissant seulement le jeu
nécessaire pour la rotation. Une ouverture est ménagée, pour
la sortie de l'air, sur la circonférence et sa section peut être
réglée par expérience au moyen d'une vanne VV manœuvrée

par la chaîne CCC, de manière à obtenir le maximum d'effet. L'air s'échappe dans l'atmosphère en passant par un diffuseur DD, de section croissante, ce qui réduit la vitesse à la sortie, et M. Guibal, par cette addition, a obtenu une augmentation notable de rendement.

Sur le côté opposé de la circonférence est disposé un autre diffuseur D'D', communiquant avec la mine par la galerie G; on peut, suivant les besoins, ouvrir soit la valve VV, soit la valve V'V', et faire agir le ventilateur par aspiration ou par insufflation.

Voici les résultats d'expériences sur des ventilateurs du système Guibal, de divers diamètres, d'après M. Devillez :

DIAMÈTRE extérieur. $2r_1$	NOMBRE DE TOURS par 1'. N	DÉPRESSION en MILLIMÈTRES D'EAU. $1000\,E$	VITESSE TANGENTIELLE. ωr_1	VOLUME PAR 1" en MÈTRES CUBES. Q	RAPPORT MANOMÉTRIQUE. $\dfrac{gE}{\omega^2 r_1^2}$	RENDEMENT DYNAMOMÉTRIQUE. $\rho = \dfrac{QE}{\mathfrak{E}}$
6	80,0	52,0	25,12	17,052	0,66	0,455
7	74,0	63,0	27,12	8,648	0,687	0,436
9	66,0	81,5	31,09	11,58	0,675	0,3816
12	69,5	160,0	43,66	42,50	0,67	»

523. Expériences de la commission du Gard. — Des expériences très complètes et très intéressantes ont été faites en 1877 par une commission d'ingénieurs des mines sur quatre ventilateurs à force centrifuge choisis dans la région du Sud-Est, et M. Murgue, l'un des commissaires, en a consigné les résultats dans un rapport détaillé.

Les ventilateurs expérimentés avaient les dispositions suivantes :

1° Le ventilateur de Lalle était formé de 8 ailes en tôle de 3m,80 de diamètre, inclinées vers l'arrière à 45° environ, et formant un tout solidaire avec deux joues tronconiques égale-

ment en tôle. Il aspirait l'air par deux ouïes circulaires de
1ᵐ,34 de diamètre et le rejetait sur toute la circonférence, dans
une enceinte légèrement excentrée par le bas et qui s'élevait
verticalement entre quatre murs entourant l'appareil. La transmission se faisait par courroie, dans le rapport de 1 à 4.

2° Le ventilateur de la Sagnette portait 4 ailettes rectangulaires, de 2ᵐ,80 de diamètre et 1,20 de large, inclinées vers
l'arrière de 57°; il tournait à grande vitesse entre deux murs
verticaux, en aspirant par les deux ouïes. Il était enveloppé
suivant une courbe légèrement excentrée. La transmission se
faisait par courroie dans le rapport de 1 à 4.

3° Le ventilateur du puits Grangier, à Bessèges, était du type
Guibal ; le diamètre extérieur était de 5 mètres, la largeur de
2 mètres. Il portait 6 ailes inclinées vers l'arrière et était muni
d'une vanne mobile et d'une cheminée évasée. La transmission
se faisait par courroie dans le rapport de 1 à 2,50.

4° Le ventilateur de Créal avait 6 mètres de diamètre extérieur
et 3ᵐ,50 pour le diamètre de l'ouïe. Les ailes étaient rectangulaires, en tôle, au nombre de 6, inclinées vers l'arrière de 45° environ. L'enveloppe était légèrement excentrée et la section d'é-
chappement réduite. Il était à traction directe par la machine à
vapeur.

On créait, dans la galerie d'aspiration, des obstacles ou bien on
ouvrait des portes communiquant avec l'atmosphère, de manière
à faire varier les résistances, et par suite l'orifice équivalent.
Pour chaque ventilateur, on a fait des séries d'expériences avec
cinq orifices équivalents différents, l'un correspondant à la résistance moyenne de la mine, deux à des résistances plus fortes
et deux autres à des résistances plus faibles. On a mesuré dans
chaque cas les volumes débités, les dépressions produites, le
travail absorbé, sauf pour un ventilateur où cette dernière détermination n'a pas été possible. Afin de rendre les résultats
comparables, on a rapporté par le calcul toutes les expériences
à une même vitesse de l'extrémité des ailes, 20 mètres par 1″.

Le tableau suivant donne les résultats obtenus.

RÉSULTATS DES OBSERVATIONS				RÉSULTATS DU CALCUL POUR LA VITESSE DE 20^m A LA CIRCONFÉRENCE				
ORIFICE ÉQUIVA-LENT. Ω_0	NOMBRE de TOURS par 1'. N	VOLUME D'AIR par 1".	DÉPRES-SION en MILLIMÈ-TRES.	VOLUME par 1". Q	DÉPRES-SION en MILLIMÈ-TRES. $1000\,E$	RAPPORT MANOMÉ-TRIQUE. $\dfrac{gE}{\omega^2 r_1^2}$	TRAVAIL MOTEUR en chevaux. $\dfrac{QE}{75}$	RENDE-MENT DYNAMO-MÉTRIQUE. ρ

Ventilateur de Lalle.

0,3758	138,99	7,008	50,04	5,068	26,17	0,537	16,928	0,277
0,7701	115,12	11,504	32,23	10,045	24,57	0,504	13,058	0,378
1,0622	111,08	14,748	27,84	13,346	22,80	0,468	13,559	0,403
1,1978	110,79	16,408	27,03	14,888	22,25	0,457	13,349	0,443
1,3813	112,98	18,960	27,12	16,869	21,47	0,441	14,590	0,470

Ventilateur de la Sagnette.

0,4276	215,56	9,246	66,79	5.851	26,75	0,553		
0,6629	200,59	14,327	66,72	9,744	30,86	0,638		
1,0336	188,79	18,088	43,75	13,070	22,84	0,472		
1,2862	193,44	21,330	39,45	15,043	19,62	0,405		
1,7675	171,65	22,327	22,93	17,744	14,48	0,299		

Ventilateur de la fosse Grangier, à Bessèges.

0,3643	73,92	5,129	28,05	5,304	29,96	0,629	7,651	0,250
0,6926	70,76	9,702	27,72	10,499	32,46	0,680	9,036	0,397
1,9430	63,27	22,303	18,58	26,929	27,09	0,569	11,310	0,489
2,3710	67,02	27,672	19,21	31,543	24,96	0,523	14,356	0,494
2,7262	66,14	30,032	17,13	34,690	22,85	0,480	14,592	0,470

Ventilateur de Créal.

0,6135	64,11	8,521	27,30	8,461	26,92	0,565	7,353	0,422
0,9276	58,79	11,569	22,05	12,528	25,86	0,541	7,663	0,444
1,1334	65,69	15,548	26,68	15,068	25,06	0,524	11,332	0,488
1,3792	64,12	18,138	24,36	18,008	24,01	0,502	11,669	0,506
1,9437	58,05	21,670	17,56	23,765	21,12	0,442	9,810	0,517

Afin de rendre les résultats plus clairs et plus comparables, M. Murgue les a représentés au moyen d'une courbe qu'il a désignée sous le nom de *courbe* caractéristique et qui a été tracée en ramenant tous les résultats à une même vitesse de 20^m à la circonférence et en prenant, sur les abscisses, les orifices équivalents, et sur les ordonnées, les volumes débités. La figure 324 représente ces courbes pour chacun des ventilateurs essayés.

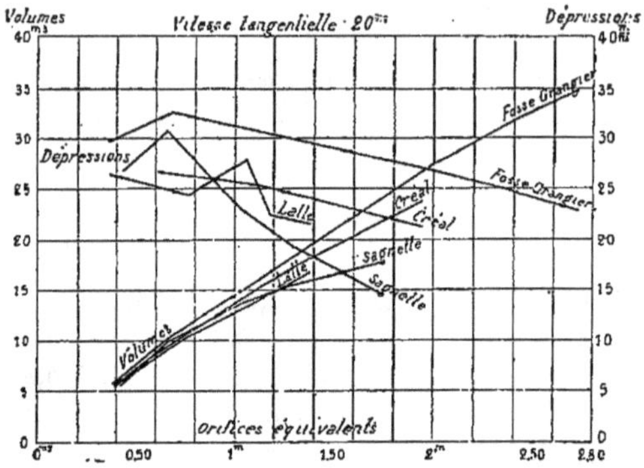

Fig. 324.

Nous y avons joint, pour chaque ventilateur, la courbe caractéristique qui représente la variation des dépressions avec l'orifice équivalent, à la même vitesse circonférentielle de 20 mètres par 1″.

524. Le ventilateur représenté (fig. 325-326) a été construit sur nos plans, d'après la théorie développée aux n^{os} **489** et suiv. C'est un ventilateur soufflant pour l'alimentation de feux de forge, cubilots, etc.

Il se compose d'une roue, formée d'un plateau circulaire fixé sur l'arbre de rotation, et portant de chaque côté 32 ailettes courbes. L'air aspiré directement dans l'atmosphère, par deux ouïes ménagées autour de l'arbre, est refoulé, par la rotation des ailettes, dans une enveloppe en forme de spirale qui le conduit à la buse d'échappement, sur laquelle doit être fixée la conduite de refoulement. Les dispositions sont prises et les angles des ailettes déterminés pour que l'air arrive à la roue mobile avec une vitesse régulière et sans coudes brusques, qu'il pénètre sans choc entre les ailettes et que les veines successives qui s'échappent à la circonférence s'épanouissent librement dans l'enveloppe parallèlement les unes aux autres en conservant leur vitesse.

Des expériences ont été faites sur un ventilateur de ce système ayant 0^m,50 de diamètre, par M. H. Tresca, qui a dressé

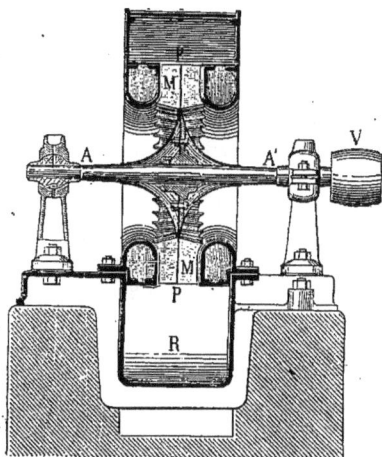

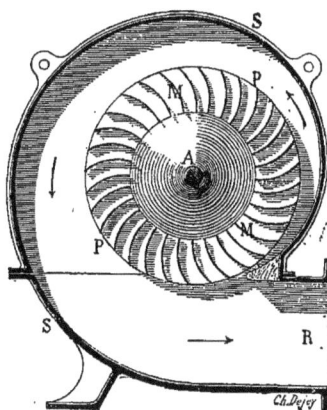

Fig. 325.   Fig. 326.

à la suite un procès-verbal dont nous extrayons ce qui suit.

La pression produite E était mesurée au moyen d'un mano-mètre à eau, en 9 points différents de la section Ω de la buse de sortie afin d'avoir une pression moyenne; on en déduisait la vitesse par la formule $v = \sqrt{\dfrac{2g E}{d}}$ et ensuite le volume écoulé par 1″ par la relation $Q = \Omega v$.

Le travail dépensé était déterminé au moyen d'un dynamo-mètre récemment taré du général Morin.

Voici les résultats obtenus :

| NOMBRE de TOURS par 1'. | PRESSION OBSERVÉE en millimètres d'eau. | TRAVAIL MESURÉ au dynamomètre. | VOLUME D'AIR débité par 1". | RENDEMENT DYNAMOMÉTRIQUE. | RAPPORT des PRESSIONS. | VOLUME THÉORIQUE. | RAPPORT des VOLUMES. |
N	E	$\mathfrak{C}$	Q	$p = \dfrac{QE}{\mathfrak{C}}$	$\dfrac{2gE}{\omega^2 r_1^2}$	$Q_1 = 2\pi r_0^3 \omega$	$\mu = \dfrac{Q}{Q_1}$
1080	97,0	»	2,403	»	1,94	2,399	1,00
»	97,25	364,18	2,406	0,642	»	»	»
1082	96,50	386,08	2,397	0,599	1,92	2,403	1,00
1158	100,08	»	2,450	»	1,75	2,572	0,95
832	55,0	190,74	1,809	0,521	1,86	1,848	0,98
1116	100,1	417,73	2,441	0,524	1,87	2,479	0,98
1254	126,2	555,25	2,741	0,623	1,87	2,786	0,98
1346	136,0	»	2.845	»	1,75	2,990	0,95
1294	133,2	»	2,814	»	1,85	2,875	0,98
1292	133,8	593,90	2,822	0,636	1,87	2,871	0,98
1094	93,6	354,43	2,361	0,622	1,82	2,427	0,97
1002	80,2	262,69	2,185	0,667	1,86	2,226	0,98
830	56,3	180,34	1,831	0,571	1,90	1,844	0,99

Le procès-verbal se termine par les conclusions suivantes :

1° Le rendement dynamométrique du ventilateur s'est élevé de 0,521 à 0,667, soit une moyenne de 0,604.

2° Le débit du ventilateur est exactement celui qui correspond aux formules de la théorie.

3° La pression à la buse de sortie est en moyenne presque double de celle qui correspond à la vitesse de l'extrémité des ailes (exactement 1,855).

4° Le débit effectif du ventilateur, calculé à la pression ambiante, est décuple du volume engendré par les palettes dans leur rotation.

Le rapport des pressions $\dfrac{2gE}{\omega^2 r_1^2}$, choisi par M. Tresca et inscrit à la colonne 6, est le double du rapport manométrique $\dfrac{gE}{\omega^2 r_1^2}$, tel que nous l'avons défini au n° **505**. Il faut faire attention à cette différence dans la comparaison des nombres des divers tableaux.

525. Les figures 327-328 représentent un ventilateur du même système disposé pour la ventilation des mines. La roue à ailettes

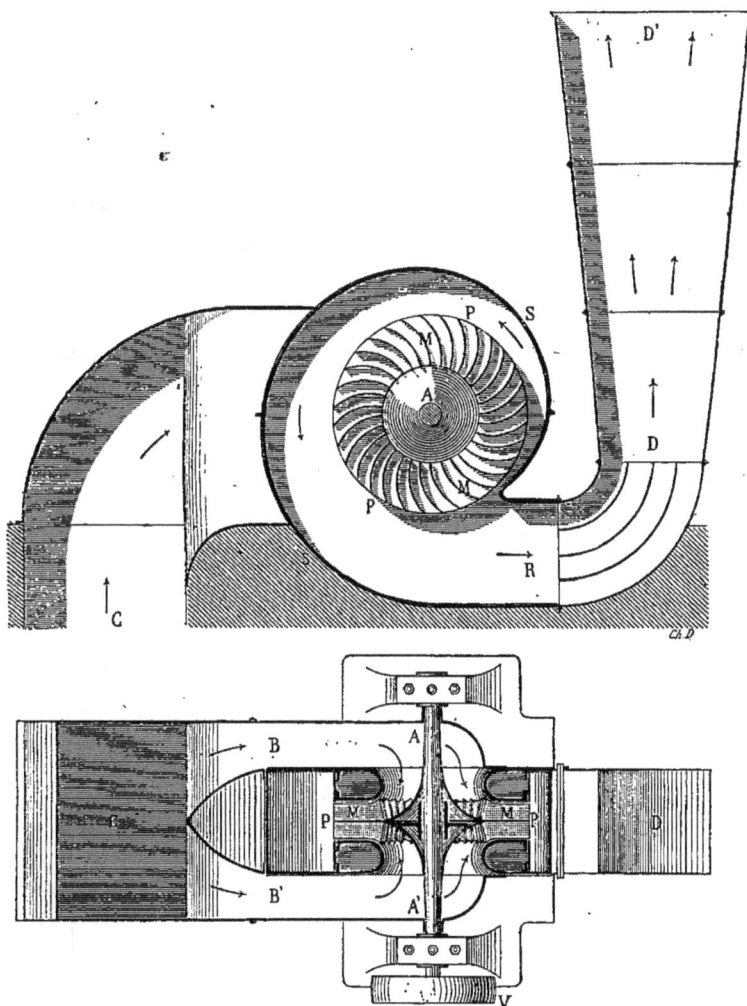

Fig. 327 et 328.

est construite de la même manière que celle du ventilateur soufflant, mais sur de plus grandes dimensions.

L'air aspiré, par une galerie en communication avec le puits d'aérage, se divise en deux courants qui pénètrent dans les ouïes au moyen de coquilles placées de chaque côté. Il se meut entre les ailettes et dans l'enveloppe et s'échappe par un diffuseur établi après la buse de sortie, afin de réduire la vitesse d'écoulement dans l'atmosphère. Le mouvement de la machine se communique au moyen d'une transmission par courroie.

De nombreuses expériences ont été faites par M. François, ingénieur en chef des mines d'Anzin, sur des ventilateurs de ce système, de 2 mètres et de $1^m,40$, établis pour la ventilation de ces mines. Voici les résultats obtenus sur un ventilateur de 2 mètres de diamètre.

Expériences sur un ventilateur de 2 mètres de diamètre.

(Résultats ramenés à la vitesse normale de 240 tours par minute.)

ORIFICE ÉQUIVALENT en mètres carrés. Ω_0	VOLUME D'AIR par 1″ en mètres cubes. Ω	DÉPRESSIONS OBSERVÉES. 1000 E	RAPPORT		ORIFICE ÉQUIVALENT en mètres carrés. Ω_0	VOLUME D'AIR par 1″ en mètres cubes. Ω	DÉPRESSIONS OBSERVÉES. 1000 E	RAPPORT	
			MANOMÉTRIQUE. $\dfrac{g\mathrm{E}}{\omega^2 r_1^2}$	du VOLUME débité au volume engendré. $\dfrac{\Omega}{\Omega_1}$				MANOMÉTRIQUE. $\dfrac{g\mathrm{E}}{\omega^2 r_1^2}$	du VOLUME débité au volume engendré. $\dfrac{\Omega}{\overline{\mathrm{V}}}$
0	0	46,4	0,60	0	0,91	19,780	69,0	0,89	6,6
0,17	3,009	47,1	0,61	1,0	0,94	20,118	65,9	0,85	6,7
0,29	5,539	48,7	0,63	1,8	0,97	21,678	72,0	0,93	7,3
0,41	7,670	49,9	0,65	2,6	1,06	22,520	65,2	0,85	7,6
0,63	12,146	54,2	0,70	4,1	1,42	26,921	51,9	0,67	9,0
0,74	14,552	56,9	0,74	4,9	1,71	31,068	47,4	0,61	10,4
0,76	15,356	58,6	0,76	5,2	1,87	33,590	46,9	0,61	11,2
0,78	16,389	64,1	0,83	5,5	2,38	35,496	32,1	0,42	11,9
0,83	17,280	63,2	0,82	5,8	2,73	39,110	29,6	0,38	13,1

Le volume engendré Q_1, par seconde, par le ventilateur faisant 240 tours par minute est de

$$Q_1 = 2\pi \times 0,79 \times \frac{240}{60} \times 0,15 = 2^{mc},977 \, ;$$

0,79 est le rayon moyen des ailettes et 0,15 la surface d'une ailette.

Lorsque l'orifice d'admission est fermé complètement, que l'orifice équivalent est nul, la dépression produite par le ventilateur est de $46^{mm},4$. A mesure qu'on facilite l'accès de l'air, la dépression augmente jusqu'à un maximum de 72 millimètres, qui correspond à un orifice équivalent de $0^{mq},97$. Le rapport manométrique est alors de 0,93. Ce chiffre est à signaler, dit M. François, car il dépasse beaucoup les rendements ordinaires. En continuant à ouvrir les orifices d'admission, la dépression décroît progressivement et tombe à $29^{mm},6$ pour un orifice équivalent de $2^{mq},73$.

Quant au volume d'air aspiré, il augmente régulièrement avec les ouvertures d'accès de l'air, depuis 0 jusqu'à $21^{mc},678$ correspondant à l'orifice équivalent de 0,97 ; au delà le volume continue à augmenter, mais moins rapidement ; il atteint $39^{mc},110$ pour un orifice équivalent de $2^{mq},73$.

La dernière colonne donne le rapport du volume débité Q au volume engendré Q_1 ; on voit que ce rapport atteint normalement 10 et peut aller jusqu'à 16, tandis que le ventilateur Guibal, aspirant sur une mine moyenne de $1^{mq},20$ à $1^{mq},40$ d'orifice équivalent, ne débite que le 1/5 environ du volume qu'il engendre.

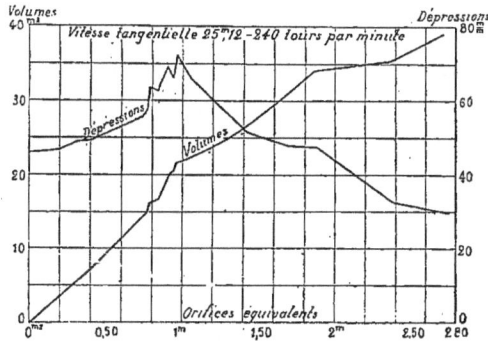

Fig. 329.

Ce résultat a de l'importance au point de vue de la masse à mettre en mouvement et de la vitesse à lui imprimer.

Au point de vue du rendement dynamométrique, M. François a trouvé 0,61 et 0,58, pour des orifices équivalents respectifs de $1^{m},06$ et $1^{m},58$.

La figure 329 représente les courbes caractéristiques résultant des expériences d'Anzin.

Les expériences, faites à l'exposition d'Amsterdam, ont donné des résultats notablement supérieurs. On a trouvé jusqu'à 1,20 pour le rapport manométrique et jusqu'à 0,80 pour le rendement dynamométrique.

Le ventilateur de 1^m,40 a donné des résultats qui concordent d'une manière générale avec ceux que nous venons de rapporter pour le ventilateur de 2 mètres.

On peut, avec des ventilateurs de ce système d'un diamètre assez faible, faire circuler des volumes d'air considérables ; ainsi un ventilateur de 4 mètres, tournant à 120 tours par minute, donnerait un volume de 125 mètres cubes par seconde, avec une dépression de 80 millimètres.

COMPARAISON DE L'EFFET UTILE DES CHEMINÉES
ET DES VENTILATEURS

526. Il est intéressant de comparer, au point de vue du rendement, les cheminées et les ventilateurs.

Il semble, tout d'abord, que la chaleur agissant directement dans une cheminée, le rendement doit être plus grand que pour les appareils mécaniques où elle n'agit que par l'intermédiaire de la vapeur produite dans une chaudière, puis d'une machine et enfin de transmissions. Mais, quand on pense à la grande quantité de chaleur perdue par les gaz s'échappant au sommet des cheminées, on conçoit que, malgré tous ces intermédiaires, les appareils mécaniques puissent avoir un rendement supérieur, et c'est en effet ce qui a lieu dans la plupart des cas.

Le travail nécessaire pour faire circuler dans des conduites un volume d'air Q, en lui donnant une différence de pression E en hauteur d'eau, est égal à QE (**155**), lorsque l'excès de pression est faible, comme c'est le cas avec les ventilateurs et les cheminées.

Dans une cheminée, le travail effectif d'une calorie (**437**), abstraction faite du travail d'élévation des gaz au sommet de la cheminée, est

$$C = \frac{H\alpha}{c\,(1 + \alpha t)}.$$

Pour un ventilateur, désignons par a le poids de combustible brûlé en une heure, dans le foyer d'une chaudière, pour produire dans une machine à vapeur un travail effectif de un cheval sur l'arbre du volant; le nombre de calories correspondant est $a\,N$, N étant la puissance calorifique du combustible. Le travail C' d'une calorie, en kilogrammètres, dans un ventilateur dont le rendement est ρ, sera en conséquence

$$C' = \frac{75 \times 3\,600\ \rho}{aN}$$

et on a, pour le rapport cherché $\dfrac{C'}{C}$,

$$\frac{C'}{C} = \frac{270\,000\ \rho}{aN} \cdot \frac{c\,(1 + \alpha t)}{H\alpha}$$

et pour le rapport $\dfrac{C'}{C_1}$, C_1 étant le travail d'une calorie quand on tient compte du travail d'élévation des gaz,

$$\frac{C'}{C_1} = \frac{270\,000\ \rho}{aN} \cdot \frac{c\,(t - \theta)\,(1 + \alpha\theta)}{H\,(1 + \alpha t)}.$$

Si on compare le travail d'une cheminée d'usine de 30 mètres de hauteur, renfermant des gaz à 275°, avec celui d'un ventilateur ayant un rendement de 0,50 et dont la machine motrice consomme 2 kilog. de houille par force de cheval et par heure, on a

$$H = 30^m, \quad t = 275°, \quad a = 2, \quad N = 8\,000, \quad \rho = 0,50$$

$$\frac{C'}{C} = 38,6.$$

La dépense de chaleur dans la cheminée est 38,6 fois plus grande. Pour une cheminée de 30 mètres servant à la ventilation des

lieux habités, dans laquelle l'excès de température est seulement de 20°, ce qui est un minimum,

$$H = 3o^m, \quad t = 2o° \quad a = 2, \quad N = 8\,ooo, \quad \rho = o,5o$$

$$\frac{C'}{C} = 17,84.$$

La dépense de chaleur est encore 17,84 fois plus grande avec
la cheminée.

Ce n'est que dans les mines, où les puits constituent des cheminées d'une très grande hauteur, que les dépenses se rapprochent
pour les deux sortes d'appareil. Avec H = 4oo mètres et t = 4o°, on a

$$\frac{C'}{C} = 1,58.$$

La dépense de chaleur dans la cheminée n'est plus que
de 5o p. 100 supérieure à celle du ventilateur.

Ainsi, au point de vue de l'utilisation de la chaleur, les ventilateurs ont un avantage incontestable sur les cheminées, et cependant les cheminées sont, on peut dire, à peu près exclusivement employées dans les appareils de chauffage pour appeler
l'air dans les foyers.

Il y a pour cela plusieurs raisons. D'abord la dépense de chaleur dans une cheminée n'est pas une dépense réelle, mais seulement l'utilisation d'une chaleur qui serait perdue, parce qu'il
est impossible pratiquement de refroidir complètement les gaz
de la combustion au contact du récepteur.

En outre, il est nécessaire d'avoir une cheminée, pour rejeter
à une grande hauteur les produits de la combustion, qui seraient
incommodes et quelquefois nuisibles, s'ils se dégageaient près
du sol.

Enfin un autre avantage de la cheminée, c'est qu'elle ne coûte
rien comme surveillance, service ou entretien et il n'en est pas
ainsi d'un ventilateur et de la machine qui le fait mouvoir.

C'est pour ces motifs que les cheminées sont généralement
employées pour le tirage des foyers. Mais quand il s'agit de

mettre de l'air en mouvement, pour d'autres opérations, la ventilation des lieux habités notamment, une partie de ces raisons
n'existe plus, et le ventilateur est alors le plus souvent préféré.
La cheminée est d'ailleurs insuffisante aussitôt qu'on a besoin
d'une pression un peu forte.

§ II

VENTILATEURS A HÉLICE

527. Préliminaires. — Un ventilateur à hélice est un appareil qui se compose, comme un ventilateur à force centrifuge,
d'un certain nombre d'ailes montées sur un arbre auquel on
donne un mouvement de rotation. Il en diffère en ce que les
ailes, au lieu d'être des surfaces cylindriques avec génératrices
parallèles à l'axe, sont des surfaces héliçoïdales, inclinées sur
l'axe, de telle sorte qu'elles impriment à l'air, non seulement un
mouvement de rotation, mais encore un mouvement de translation dans le sens de l'axe. L'appareil étant placé dans un tuyau
rectiligne aspire l'air d'un côté et le refoule de l'autre.

Comme pour un ventilateur à force centrifuge, l'appareil à
hélice peut être précédé d'une conduite d'aspiration et suivi d'une
conduite de refoulement ou de l'une des deux seulement.

Les phénomènes qui se produisent dans ces conduites sont
absolument les mêmes que pour un ventilateur à force centrifuge ;
les formules que nous avons établies au n° **493** sont applicables
sans changement et il en est de même des considérations qui les
accompagnent.

On a également, pour la différence de pression E produite
entre l'entrée et la sortie du ventilateur, la relation

$$E = (1 + R) d \frac{v^2}{2g},$$

R étant un coefficient de résistance qui ne dépend que de la forme et des dimensions des conduites d'aspiration et de refoulement.

La différence de pression H, que doit produire le ventilateur
à hélice, est, comme pour le ventilateur à force centrifuge,

$$H = A + E + F,$$

A est la différence des pressions entre la sortie de la conduite
de refoulement et l'entrée de celle d'aspiration, $E = (1 + R)e$ est
l'excès de pression nécessaire pour produire la vitesse et vaincre
les résistances, F la perte de charge dans le ventilateur même
par les frottements et remous.

Lorsque les pressions extrêmes sont les mêmes, $A = 0$, et
comme F est proportionnel au carré de la vitesse, on peut poser

$$E = mH,$$

m étant le rendement manométrique. Nous renvoyons pour les
développements à ce que nous avons dit (497) pour le ventilateur
à force centrifuge.

THÉORIE GÉNÉRALE

528. Étudions le mouvement depuis une section A en
avant de l'appareil, jusqu'à une section B placée au delà, ces

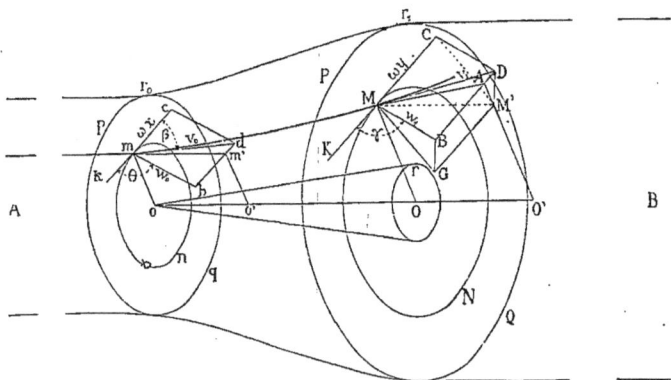

Fig. 330.

deux sections étant assez éloignées du ventilateur pour qu'on
puisse admettre que les filets fluides s'y meuvent parallèlement

et uniformément; la vitesse est v' dans la première section, et v'' dans la seconde.

Considérons un filet fluide arrivant en m à une distance $om = x$ de l'axe (fig. 330) dans la section d'entrée pq du ventilateur avec une vitesse $v_0 = md$, faisant un angle β avec la tangente à la circonférence de rayon x; la vitesse relative $w_0 = mb$ entre les ailettes est, comme on sait, la résultante de la vitesse absolue v_0 et de la vitesse de rotation ωx prise en sens inverse.

Sous l'action des ailettes, la molécule s'éloigne à la fois de la section d'entrée et de l'axe et elle sort, dans la section PQ, à une distance $y = MO$ de l'axe, avec une vitesse relative $w_1 = MB$; la vitesse absolue $v_1 = MD$ est la résultante de w_1 et de la vitesse de rotation $\omega y = MC$. Cette vitesse v_1 est plus ou moins inclinée sur le plan de sortie.

Nous désignerons par p' et p'' les pressions dans les sections A et B, et par p_0 et p_1 celles en m et M, à l'entrée et à la sortie du ventilateur, aux distances x et y de l'axe.

En désignant par f_0 la perte de charge par les frottements et remous de A en pq et appliquant au mouvement le théorème (**491**) :

$$v_0^2 - v'^2 = 2g \frac{p' - p_0 - f_0}{d}. \qquad (1)$$

Soit Q le volume écoulé par $1''$, la composante, suivant l'axe, de la vitesse v_0 étant $v = v_0 \sin \beta$ et la section élémentaire pour cette vitesse étant $2\pi x\, dx$,

$$Q = 2\pi \int_0^{r_0} x v_0 \sin \beta\, dx \qquad (2)$$

r_0 étant le rayon de la section d'entrée.

Soit θ l'angle que fait le premier élément des ailettes à la distance x avec le plan de la section d'entrée ; pour qu'il n'y ait pas de choc, il faut que w_0 soit dirigé suivant θ et qu'on ait

$$\frac{v_0}{\omega x} = \frac{\sin \theta}{\sin (\theta + \beta)} \qquad (3)$$

$$\frac{w_0}{\omega x} = \frac{\sin \beta}{\sin (\theta + \beta)} \qquad (4)$$

et aussi

$$w_0^2 = v_0^2 + \omega^2 x^2 - 2 v_0 \omega x \cos \beta, \qquad (5)$$

équation qui peut se déduire des deux précédentes.

Le filet fluide, en traversant l'appareil, passe de la vitesse relative w_0 à la vitesse relative w_1 ; les molécules vont en s'éloignant de l'axe et, entrées à la distance x, elles sortent à la distance y.

En appliquant le théorème de l'effet du travail dans le mouvement relatif, on trouve par un raisonnement analogue à celui que nous avons fait pour le ventilateur à force centrifuge (**500**) et en désignant par f la perte de charge, en hauteur d'eau, de m en M, dans le ventilateur même,

$$w_1^2 - w_0^2 = 2g \frac{p_0 - p_1 - f}{d} + \omega^2 (y^2 - x^2). \qquad (6)$$

Cette équation s'applique à une série de filets juxtaposés entrant tous à la distance x, sortant à la distance y et formant une surface continue de révolution autour de l'axe.

La vitesse absolue de sortie $v_1 = $ MD est la résultante de la vitesse relative $w_1 = $ MB et de la vitesse de rotation $\omega y = $ MC. En désignant par γ l'angle du dernier élément de l'ailette avec la tangente, c'est-à-dire l'angle KMB que la vitesse relative fait avec la vitesse de rotation prise en sens contraire, on a

$$v_1^2 = w_1^2 + \omega^2 y^2 - 2 w_1 \omega y \cos \gamma. \qquad (7)$$

Soit α l'angle BMM′ que la vitesse relative w_1 fait avec l'axe, la composante de cette vitesse parallèle à l'axe est $w_1 \cos \alpha$ et la section élémentaire correspondante étant $2\pi y \, dy$, le volume débité est donné par la relation

$$Q = 2\pi \int_r^{r_1} w_1 \cos \alpha \, y \, dy. \qquad (8)$$

En désignant par λ l'angle DMM′ que la vitesse absolue v_1 fait avec l'axe, on peut encore mettre le volume écoulé sous la forme

$$Q = 2\pi \int_r^{r_1} v_1 \cos \lambda \, y \, dy,$$

d'où on conclut

$$v_1 \cos \lambda = w_1 \cos \alpha,$$

ce qui se voit immédiatement à l'inspection de la figure

$$MM' = w_1 \cos \alpha = v_1 \cos \lambda.$$

Enfin la perte de charge par les frottements et remous de M en B étant f_1 la vitesse passant de v_1 à v'', et la pression de p_1 à p'', on a

$$v''^2 - v_1^2 = 2g \, \frac{p_1 - p'' - f_1}{d}. \qquad (9)$$

Afin d'éviter autant que possible les remous et les courants rentrants derrière les ailes, il convient que la veine fluide conserve sa vitesse dans l'appareil, c'est-à-dire que la vitesse relative reste constante, d'où

$$w_0 = w_1 \qquad (10)$$

et les ailettes doivent être établies de manière à réaliser cette condition.

Les ailettes peuvent affecter différentes formes ; et on les a faites tantôt planes, tantôt courbes. La surface naturellement indiquée est l'hélicoïde engendrée par une droite qui se meut en s'appuyant sur une hélice et restant perpendiculaire à son axe. Si r_0 est le rayon de base de l'hélice, le pas a est $a = 2\pi r_0 \, \mathrm{tg}\, \theta_0$, θ_0 étant l'angle que l'hélice fait avec le plan de base. Un cylindre quelconque de même axe que l'hélice et de rayon x coupe l'hélicoïde suivant une autre hélice de même pas faisant avec la base un angle θ tel que $a = 2\pi x \, \mathrm{tg}\, \theta$, de sorte que

$$x \, \mathrm{tg}\, \theta = r_0 \, \mathrm{tg}\, \theta_0.$$

529. Pression produite. — En ajoutant membre à membre les équations (1) (5) (6) (7) (9) on trouve, en remarquant que $f_0 + f_2 + f_1 = F$

$$v''^2 - v'^2 = 2g \, \frac{p' - p'' - F}{d} - 2 v_0 \omega x \cos \beta + 2 \omega^2 y^2 - 2 w_1 \omega y \cos \gamma$$

et en posant

$$d\frac{v'^2}{2g}=h' \qquad d\frac{v''^2}{2g}=h'' \qquad w_0=w_1$$

$$p''+h''-(p'+h')+\mathrm{F}=\mathrm{H}$$

il vient, en utilisant les relations (3) et (4),

$$\mathrm{H}=\frac{d}{g}\omega^2\left(y^2-x^2\frac{\sin\theta\cos\beta}{\sin(\theta+\beta)}-xy\frac{\sin\beta\cos\gamma}{\sin(\theta+\beta)}\right).$$

Si l'on construit les ailettes de telle sorte que

$$\frac{\cos\gamma}{\cos\theta}=\frac{x}{y}$$

on a

$$\mathrm{H}=\frac{d}{g}\omega^2\left(y^2-x^2\left(\frac{\sin\theta\cos\beta+\sin\beta\cos\theta}{\sin(\theta+\beta)}\right)\right),$$

ou

$$\mathrm{H}=\frac{d}{g}\omega^2\left(y^2-x^2\right).$$

Pour que la pression produite soit la même pour tous les filets, il suffit que y^2-x^2 soit constant.

Si on pose $\frac{g\mathrm{H}}{\omega^2 d}=r^2$, on a $y^2-x^2=r^2$, d'où $y=\sqrt{x^2+r^2}$.

Pour
$$x=0 \qquad y=r$$
$$x=r_0 \qquad y=\sqrt{r^2+r_0^2}=r_1.$$

r_0 est le rayon du cercle d'entrée en pq et r_1 celui du cercle de sortie en PQ. r est la distance de l'axe à laquelle doit sortir le filet entré au centre; le cercle correspondant doit être fermé à l'arrière par une partie pleine, pour empêcher les mouvements d'air en sens inverse, et ce cercle doit se raccorder par une surface conoïde avec l'axe à l'entrée, afin d'éviter les remous.

La vitesse ωr correspond à $\frac{1}{2}\mathrm{H}$, la moitié de la pression totale à produire.

Les sections droites d'entrée et de sortie sont égales

$$\pi(r_1^2 - r^2) = \pi r_0^2.$$

Si on fait $H = 0$, on a $r = 0$ et $r_1 = r_0$, ce qui doit être.

La différence de pression, entre l'entrée et la sortie de l'appareil, est d'après l'équation (6), en faisant $w_0 = w_1$,

$$p_1 - p_0 = \frac{\omega^2 d}{2g}(y^2 - x^2) - f.$$

Pour que cette différence soit la même, à une distance quelconque de l'axe, il suffit encore que $y^2 - x^2$ soit constant.

On a ainsi

$$p_1 - p_0 = \frac{1}{2}H - f.$$

La différence de pression entre l'entrée et la sortie est la moitié de la pression totale diminuée de la perte de charge par les résistances dans l'appareil.

530. *Vitesse d'entrée.* — Si on admet que les filets fluides arrivent à la section d'entrée parallèlement à l'axe soit au moyen de directrices, soit parce que l'inclinaison produite par le mouvement giratoire est négligeable, on a $\beta = 90°$, ce qui donne (éq. 3)

$$v_0 = \omega x \frac{\sin \theta}{\sin(\theta + \beta)} = \omega x \operatorname{tg} \theta = \omega r_0 \operatorname{tg} \theta_0.$$

La vitesse d'entrée est uniforme dans toute la section.

Pour $\theta_0 = 45°$

$$v_0 = \omega r_0.$$

La vitesse d'entrée est égale à la vitesse de rotation de l'extrémité des ailes.

Vitesse relative. — La vitesse relative, pour $\beta = 90$ (éq. 4),

$$w_0 = \omega x \frac{\sin \beta}{\sin(\theta + \beta)} = \frac{\omega x}{\cos \theta}$$

qu'on peut mettre sous la forme

$$w_0 = \omega \sqrt{x^2 + r_0^2 \operatorname{tg}^2 \theta_0}.$$

La vitesse relative dans la même section va en croissant du centre à la circonférence.

Pour $\quad\quad x=0, \quad\quad w_0=\omega r_0\,\mathrm{tg}\,\theta_0$

pour $\quad\quad x=r_0, \quad\quad w_0=\omega r_0\sqrt{1+\mathrm{tg}^2\theta_0}.$

L'angle θ des ailettes à l'entrée est donné par la relation

$$\mathrm{tg}\,\theta=\frac{a}{2\pi x},$$

il diminue à mesure que la distance à l'axe augmente.

Vitesse de sortie. — Si dans l'expression générale de v_1 (éq. 7), on fait $\beta=90°$, il vient

$$v_1^2=\omega^2\left(x^2\frac{1}{\cos^2\theta}+y^2-2xy\,\frac{\cos\gamma}{\cos\theta}\right)$$

et en construisant, comme nous l'avons dit ci-dessus, les ailettes de telle sorte que $\dfrac{\cos\gamma}{\cos\theta}=\dfrac{x}{y}$, on trouve

$$v_1^2=\omega^2\left(\frac{x^2}{\cos^2\theta}+y^2-2x^2\right)=\omega^2(x^2\,\mathrm{tg}^2\theta+y^2-x^2),$$

ou bien comme $y^2-x^2=r^2$ et que $x\,\mathrm{tg}\,\theta=r_0\,\mathrm{tg}\,\theta_0$,

$$v_1=\omega\sqrt{r^2+r_0^2\,\mathrm{tg}^2\theta_0}.$$

La vitesse de sortie est uniforme dans toute la section.

Si $\theta_0=45°$, $v_2=\omega\sqrt{r^2+r_0^2}=\omega r_1$.

La vitesse de sortie est, dans ce cas, égale à celle de l'extrémité des ailes dans la section de sortie.

L'angle γ des ailettes à la sortie s'obtient par la relation

$$\frac{\cos\gamma}{\cos\theta}=\frac{x}{y},\quad\text{d'où }\cos\gamma=\frac{x}{y}\cos\theta=\frac{x}{y}\sqrt{\frac{1}{1+\mathrm{tg}^2\theta}}=\frac{x}{y}\sqrt{\frac{x^2}{x^2+r_0^2\,\mathrm{tg}^2\theta_0}}.$$

Pour $\quad\quad x=0, \quad\quad y=r, \quad\quad \cos\gamma=0, \quad\quad \gamma=90°$

pour $\quad\quad x=r_0 \quad\quad y=r_1 \quad\quad \cos\gamma=\frac{r_0}{r_1}\sqrt{\frac{1}{1+\mathrm{tg}^2\theta_0}}.$

Pour l'angle α que la vitesse relative w_1 fait avec la direction de l'axe,

$$w_1 \cos \alpha = v \qquad w_0 \sin \theta = v,$$

et comme $w_1 = w_0$, on a $\cos \alpha = \sin \theta$, d'où $\alpha = 90° - \theta$.

Enfin pour l'angle λ de la vitesse absolue v_1 avec l'axe

$$v_1 \cos \lambda = v, \qquad \text{d'où} \qquad \cos \lambda = \frac{v}{v_1},$$

et comme $v_1 = \omega \sqrt{r^2 + r_0^2 \, \mathrm{tg}^2 \theta_0}$ et $v = \omega r_0 \, \mathrm{tg} \, \theta_0,$

$$\cos \lambda = \frac{r_0 \, \mathrm{tg} \, \theta_0}{\sqrt{r^2 + r_0^2 \, \mathrm{tg}^2 \theta_0}}.$$

C'est un angle constant quelle que soit la distance à l'axe.

Pour $\theta_0 = 45°$, $\cos \lambda = \dfrac{r_0}{r_1}$.

Le plan des vitesses MBCD fait avec le plan tangent au cylindre de rayon OM un certain angle δ qu'on obtient en menant le plan MOO'M'A par l'axe oOO' et la parallèle MM' à OO'. Ce plan coupe le plan MBCD suivant la droite MA et on a $\delta = $ AMM'.

La ligne MA, trace du plan MM'OO' sur le plan MBCD, est perpendiculaire à KMC et par suite à sa parallèle BD et l'angle AMB $= 90 - \gamma$.

On a en conséquence $w_1 \cos (90° - \gamma) = $ MA, et comme MM' $= v = $ MA $\cos \delta$ et que $v = w_1 \cos \alpha$, on en déduit

$$\cos \delta = \frac{\cos \alpha}{\sin \gamma} = \frac{\sin \theta}{\sin \gamma}.$$

531. Volume écoulé. — Le volume écoulé, calculé à l'entrée, est donné par la formule (éq. 2)

$$Q = 2\pi \int_0^{r_0} v_0 x \sin \beta \, dx.$$

En faisant $\beta = 90°$, $\sin \beta = 1$, $v_0 = \omega r_0 \, \mathrm{tg} \, \theta_0$ et on a

$$Q = 2\pi \int_0^{r_0} \omega r_0 \, \mathrm{tg} \, \theta_0 \, x \, dx = \pi \omega r_0^3 \, \mathrm{tg} \, \theta_0.$$

On tire de là

$$r_0 = \sqrt[3]{\frac{Q}{\pi \omega \, \mathrm{tg}\, \theta_0}}.$$

Le volume, calculé à la sortie, est donné par la relation (8)

$$Q = 2\pi \int_r^{r_1} w_1 \cos \alpha \, y \, dy.$$

Comme $w_1 \cos \alpha = v_0 = \omega \, r_0 \, \mathrm{tg}\, \theta_0$, il vient

$$Q = 2\pi \omega r_0 \frac{r_1^2 - r^2}{2} \, \mathrm{tg}\, \theta_0 = \pi \omega r_0^3 \, \mathrm{tg}\, \theta_0.$$

C'est le même volume qu'à l'entrée, comme cela devait être.

532. Enveloppe du ventilateur. — Considérons une molécule arrivant dans le plan d'entrée du ventilateur à une distance x de l'axe avec une vitesse v parallèle à l'axe. Sous l'action de la force centrifuge, elle s'éloigne de l'axe; et au bout d'un temps t, elle est à une distance z.

A ce moment, elle est sollicitée par la force centrifuge $m\omega^2 z$; la vitesse suivant le rayon étant u, on a pour l'accélération

$$\frac{du}{dt} = \omega^2 z$$

et comme $dz = u \, dt$, il vient

$$u \, du = \omega^2 z \, dz,$$

et en intégrant,

$$u^2 = \omega^2 (z^2 - x^2), \qquad \text{d'où} \qquad u = \omega \sqrt{z^2 - x^2}.$$

A l'entrée $z = x$ et $u = 0$.

A la sortie $z = y$ et $u = \omega \sqrt{y^2 - x^2} = \omega r$.

Le chemin parcouru parallèlement à l'axe dans le temps t est $l = v t$.

De $u = \dfrac{dz}{dt} = \omega \sqrt{z^2 - x^2}$ on tire

$$\frac{dz}{\omega\sqrt{z^2-x^2}}=dt,$$

et en intégrant pour z de x à z, on trouve

$$t=\frac{l}{\varphi}=\frac{1}{\omega}\log\text{nép}\frac{z+\sqrt{z^2-x^2}}{x},$$

d'où

$$l=r_0\,\text{tg}\,\theta_0\log\text{nép}\frac{z+\sqrt{z^2-x^2}}{x}.$$

Les trajectoires des diverses molécules, arrivant à la même distance du centre sur la même circonférence, forment une surface de révolution et la courbe donnée par l'équation précédente est la trace sur cette surface d'un plan passant par l'axe.

Pour $l=0$, c'est-à-dire à l'entrée des ailettes,

$$\frac{z+\sqrt{z^2-x^2}}{x}=1,\qquad\text{d'où}\qquad z=x.$$

A la sortie, la longueur totale L de l'hélice s'obtient en faisant $z=y$,

$$\text{L}=r_0\,\text{tg}\,\theta_0\log\text{nép}\cdot\frac{y+r}{x}.$$

Pour $x=r_0$, $y=r_1$ et $\text{L}=r_0\text{tg}\,\theta_0\log\text{nép}\dfrac{r_1+r}{r_0}$.

L'équation de la courbe génératrice de la surface de révolution de l'enveloppe s'obtient en faisant $x=r_0$,

$$l=r_0\,\text{tg}\,\theta_0\log\text{nép}\frac{z+\sqrt{z^2-r_0}}{r_0},$$

d'où

$$z=r_0\frac{k^2+1}{2k};\qquad\text{en posant}\qquad k=e^{\frac{l}{r_0\,tg\,\theta_0}}.$$

Pour l'équation de la génératrice de la surface conoïde qui doit entourer l'axe, désignons par z_1 l'ordonnée; en remarquant que $z^2-z_1^2=r_0^2$ d'où, $z=\sqrt{z_1^2+r_0^2}$, il vient en substituant

$$l = r_0 \, \mathrm{tg} \, \theta_0 \, \log \text{nép} \, \frac{z_1 + \sqrt{z_1^2 + r_0^2}}{r_0}$$

d'où

$$z_1 = r_0 \, \frac{k^2 - 1}{2k}.$$

533. Calcul d'un ventilateur à hélice. — Pour calculer le ventilateur, on connaît en général la pression effective E et le volume Q à débiter ; on a la relation

$$E = mH = \frac{md}{g} \, \omega^2 (r_1^2 - r_0^2) = m \, \frac{d}{g} \, \omega^2 r^2 \qquad r_1^2 - r_0^2 = r^2$$

m étant le rendement manométrique,

$$Q = \pi \omega r_0^3 \, \mathrm{tg} \, \theta_0.$$

Ce sont trois équations pour quatre inconnues ω, r_1 r_0, et r.

On peut se donner l'une d'elles, ω par exemple, ou bien le rapport $\dfrac{r}{r_1} = n$. Supposons ce rapport connu.

Cherchons d'abord la vitesse tangentielle ωr_1 ;

$$\text{de} \quad \omega r = \sqrt{\frac{g H}{d}} \qquad \text{on tire} \qquad \omega r_1 = \frac{1}{n} \sqrt{\frac{g H}{d}}$$

$$r_0^2 = (r_1^2 - r^2) = r_1^2 (1 - n^2) \qquad \text{d'où} \qquad r_0 = r_1 \sqrt{1 - n^2}.$$

et par suite

$$Q = \pi \omega r_1^3 \, \mathrm{tg} \, \theta_0 \, (1 - n^2)^{\frac{3}{2}}$$

et comme ωr_1 est connu

$$r_1 = \sqrt{\frac{Q}{\pi \, \mathrm{tg} \, \theta_0 \, (\omega r_1)(1 - n^2)^{\frac{3}{2}}}}.$$

Connaissant r_1, on en déduit facilement ω, r_0 et r.

La longueur L de l'hélice suivant l'axe est

$$L = r_0 \, \mathrm{tg} \, \theta_0 \, \log \text{nép} \, \frac{r_1 + r}{r_0} = r_0 \, \mathrm{tg} \, \theta_0 \, \log \text{nép} \, \sqrt{\frac{1 + n}{1 - n}}.$$

534. Application. — Soit à construire un ventilateur à hélice capable d'envoyer un volume d'air $Q = 10^{mc}$ par $1''$, avec un excès de pression effective en hauteur d'eau, $E = 0,006$. Admettons $m = 0,60$ pour rendement manométrique,

$$H = \frac{0,006}{0,6} = 0,01.$$

Prenons $\theta_0 = 45°$, d'où $\mathrm{tg}\,\theta_0 = 1$ et $\dfrac{r}{r_1} = 0,50$.

En appliquant la formule pour de l'air à $15°$,

$$\omega r_1 = \frac{1}{0,50}\sqrt{8000 \times 0,01} = 17^m,88$$

$$r_1 = \sqrt{\frac{10}{3,14 \times 17,88 \times (0,75)^{\frac{3}{2}}}} = \sqrt{0,274} = 0,524$$

$$\omega = \frac{17,88}{0,524} = 34,0, \qquad \text{d'où} \qquad N = 323 \text{ tours par } 1'$$

$$r = \frac{0,524}{2} = 0,262$$

$$r_0 = (1 - 0,25)^{\frac{1}{2}} \times 0,524 = 0,454$$
$$L = 0,454 \times 2,30 \times 0,238 = 0,248$$
$$v = 15,436$$
$$v_1 = \omega r_1 = 17,88$$
$$Q = \pi \omega r_0 = 15,436 \times 3,14 \times (0,454)^2 = 9^{mc},987 \quad \text{soit} \quad 10^{mc}.$$

Quant aux valeurs de z et de z_1, on trouve

l	0	0,05	0,10	0,15	0,20	0,248
z	0,454	0,458	0,462	0,470	0,495	0,524
z_1	0	0,045	0,099	0,148	0,202	0,262

DISPOSITIONS DIVERSES DES VENTILATEURS
A HÉLICE

535. Ventilateur Motte. — La figure 331 représente un des premiers ventilateurs à hélice, établi par M. Motte, pour la mine de Monceau-Fontaine.

L'appareil se compose d'une hélice de $0^m,80$ de diamètre et de

0^m,80 de pas formée de plusieurs feuilles de tôle mince, rivées les unes aux autres et fixées sur un arbre en fer; cette hélice tourne dans un cylindre en fonte scellé dans un mur, et portant les croisillons sur lesquels reposent les extrémités de l'arbre de rotation. Le mouvement est transmis par une poulie et une courroie.

L'expérience indique qu'il s'établit dans l'appareil deux courants en sens inverse : l'un sortant vers la circonférence qui est réellement utile et l'autre rentrant autour de l'axe qui est nuisible. L'existence de ce double courant est une cause de perte considérable.

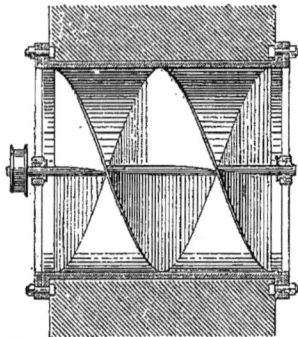

Fig. 331.

Ce ventilateur tournant à 750 tours par 1′ donnait une dépression de 6^{mm},3 et un volume de 2^{mc},152 par 1″. Le rendement dynamométrique était de 0,17 à 0,20 seulement.

Des expériences faites sur des ventilateurs du même genre à Sauwartan et à la fosse Duchère de Trieu-Kaisin ont donné des résultats analogues.

536. Ventilateur Pasquet. — Pour supprimer les courants rentrants, M. Pasquet a disposé sur l'axe un noyau cylindrique autour duquel sont établies trois ou six rampes héliçoïdales dont chacune est le tiers ou le sixième d'un pas de vis complet, et qui sont formées de feuilles de tôle mince rivée. L'arbre de rotation placé horizontalement est mis en mouvement par poulie et courroie.

D'après M. Ponson, un ventilateur de ce genre ayant 1^m,30 de diamètre, tournant à 331 tours par 1′, produisait une dépression de 30 millimètres et débitait un volume de 8^{mc},873 par 1″; l'effet utile était de 0,275.

537. Ventilateur Geneste et Herscher. — Dans le

ventilateur de MM. Geneste et Herscher (fig. 332 et 333), il a été tenu compte de l'action de la force centrifuge qui tend à éloigner les molécules d'air de l'axe et le diamètre de l'appareil à la sortie AA′ est un peu plus grand qu'à l'entrée BB′; le noyau plein sur lequel sont fixées les ailes M,M,M est tronc-conique; il est monté sur l'arbre au moyen du disque PP′.

Les ailes sont au nombre de 12 et inclinées à 45°.

Le noyau tronc-conique établi pour empêcher les courants rentrants tourne à chaque bout près de la base de cônes fixes

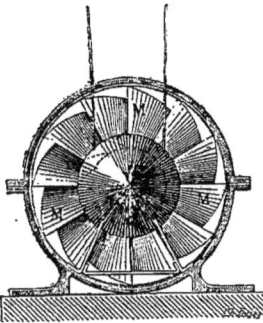

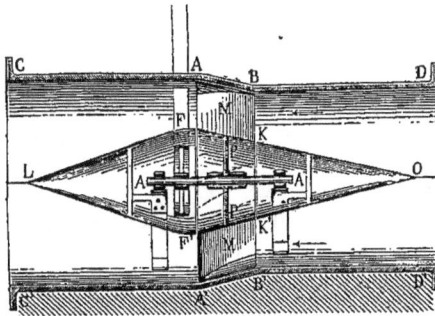

Fig. 332.   Fig. 333.

très allongés; l'un O K K′, à l'arrivée, a pour but de guider l'air vers les ailettes; l'autre L F F′, à la sortie, forme une espèce de diffuseur pour empêcher les remous.

D'après les constructeurs, un ventilateur de 1 mètre de diamètre tournant à 372 tours par 1′ débiterait 6500 mètres cubes par heure et exigerait une force de trois quarts de cheval environ.

§ III

VENTILATEURS A CAPACITÉ VARIABLE

538. Le nom de ventilateurs à capacité variable a été donné par M. Devillez à des appareils composés d'obturateurs mobiles, piston ou palettes qui se meuvent par translation ou par rotation dans une chambre de forme appropriée de manière à intercepter pendant leur période d'action, aussi hermétiquement que possible, toute communication entre l'avant et l'arrière de l'obturateur.

Dans le mouvement, à mesure que l'obturateur avance et refoule l'air par sa face antérieure, la chambre s'emplit d'air à l'arrière. Au moyen de clapets ou par le jeu d'une série d'obturateurs se succédant dans la même chambre, un certain volume d'air est emprisonné chaque fois dans la capacité comprise entre deux obturateurs successifs et forcé de passer d'une enceinte dans une autre où la pression est plus forte.

Les machines à piston et à cloches plongeantes pourraient être rangées dans cette catégorie d'appareils. Ce sont les premiers appareils employés pour la ventilation des mines, mais ils sont aujourd'hui à peu près abandonnés et nous renvoyons pour leur description et pour leur étude aux ouvrages spéciaux.

Parmi les ventilateurs à capacité variable, deux systèmes ont eu de nombreuses applications. Ce sont ceux de M. Fabry et de M. Lemielle.

539. Ventilateur Fabry. — Le ventilateur de M. Fabry se compose (fig. 334) de deux grandes roues montées sur des axes de rotation parallèles. Chaque roue est formée de trois bras, espèces de grandes dents qui engrènent ensemble et tournent dans une enveloppe communiquant d'un côté avec la mine et de l'autre avec l'atmosphère.

L'air, aspiré de la mine, se loge entre les bras tournant vers l'extérieur et il s'établit ainsi deux courants sortants aux deux extrémités de l'appareil, mais en même temps une certaine quantité d'air, se trouvant emprisonnée au milieu entre les dents en contact tournant en sens inverse, rentre de l'extérieur vers l'intérieur, de sorte que le volume débité par l'appareil n'est que la différence entre les volumes des deux courants sortants sur les côtés et le volume rentrant au milieu.

La machine motrice donne le mouvement à l'une des roues

qui le communique au moyen d'un engrenage à la seconde roue qui tourne en sens inverse.

En désignant par R le rayon extérieur des roues, et par r le rayon des circonférences tangentes, par L la largeur des ailes, on démontre que, pour des roues à trois ailes, le volume sortant par tour est $6,2834\, L\, R^2$, que le volume rentrant est $6,8028\, L\, r^2$, de sorte que le volume réellement débité est

$$Q = L\,(6,2834\ R^2 - 6,8028\ r^2),$$

d'où il résulte que, pour avoir le maximum de volume, il faut faire R aussi grand que possible par rapport à r.

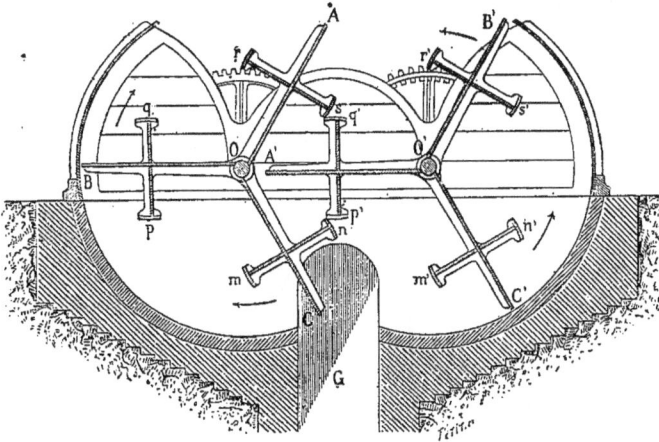

Fig. 334.

Par suite du fonctionnement du ventilateur, les ailes sont soumises sur leurs deux faces à une différence de pression tantôt dans un sens, quand elles poussent l'air vers l'extérieur, tantôt dans l'autre quand elles le font rentrer dans la partie centrale ; il en résulte des vibrations continuelles d'autant plus sensibles que les ailettes sont plus grandes et plus en porte-à-faux, ce qui oblige à laisser beaucoup de jeu et par conséquent à créer des passages de rentrée d'air et des pertes d'effet utile.

Les ventilateurs Fabry ont été construits fréquemment avec

des dimensions de $R = 1,75$ et $r = 1$ mètre, $L = 2$ mètres. Dans ces conditions le volume théorique calculé par la formule serait de 24 mètres cubes; en fait, ils ne débitent que 12 à 15 mètres cubes à cause des fuites.

D'après les expériences faites par MM. Jochams, Trasenster..., l'effet utile serait de 0,40 à 0,57 du travail transmis.

Voici les résultats obtenus par M. Murgue sur un ventilateur Fabry, de $3^m,3o$ de diamètre et de 3 mètres de large, établi à la mine de Fournier, à la Grand'Combe. On a fait varier l'orifice équivalent comme nous l'avons dit n° 523.

Le rapport volumétrique est le rapport du volume réellement débité au volume théorique engendré.

ORIFICE ÉQUIVALENT. Ω_0	NOMBRE DE TOURS par 1'. N	VOLUME D'AIR PAR 1″. Q	DÉPRESSIONS en MILLIMÈTRES D'EAU. $1000\,E$	RAPPORT VOLUMÉTRIQUE.
0,3847	27,38	8,761	73,13	0,525
0,6772	28,92	11,394	39,85	0,647
0,7337	28,40	11,565	34,98	0,668
1,5661	30,20	15,084	13,05	0,820
2,4486	34,34	18.104	7,67	0,868

On voit que, à mesure que l'orifice équivalent augmente, le volume débité augmente en même temps tandis que la dépression diminue rapidement.

540. Ventilateur Root. — Le ventilateur Root (fig. 335) est établi, avec des dimensions beaucoup plus restreintes, sur le même principe que le ventilateur Fabry; il ne porte que deux palettes au lieu de trois; le fonctionnement est le même. Il établit deux courants vers les parois de l'enveloppe et un courant rentrant au centre qu'on a cherché à diminuer autant que possible par la forme des palettes.

Pour deux palettes le volume théorique engendré est

$$Q = L (6,2832 R^2 - 7,20 r^2).$$

Il est toujours, en pratique, notablement réduit par les fuites ré-

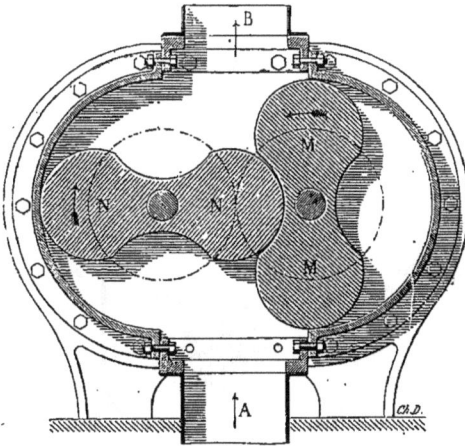

Fig. 335.

sultant du jeu nécessaire au mouvement sur les bords et au centre.

541. Ventilateur Lemielle. — Le ventilateur Lemielle (fig. 336) se compose d'un grand tambour hexagonal ABCDEF à faces pleines portant trois palettes MN, M'N', M"N", à charnières articulées à trois sommets de l'hexagone. Le tout est monté sur un arbre de rotation O et tourne dans une enveloppe cylindrique en maçonnerie qui communique d'un côté G avec la mine et de l'autre F avec l'atmosphère. L'arbre de rotation est coudé, et sur le coude P sont articulées des bielles, attachées à l'autre bout à l'extrémité des palettes en N, N', N". Dans le mouvement de rotation, par suite de l'excentricité, les bielles font développer ou rabattre les palettes, de manière à produire entre le tambour et l'enveloppe des capacités variables qui se remplissent successivement de l'air de la mine pour le rejeter dans l'atmosphère.

Dans chaque révolution du tambour, le volume d'air sortant est égal à trois fois le volume compris entre l'enveloppe et deux ailes développées, diminué du volume compris de l'autre côté entre l'enveloppe et les ailes rabattues. Le ventilateur n'extrait de la mine que la différence de ces deux volumes, diminuée

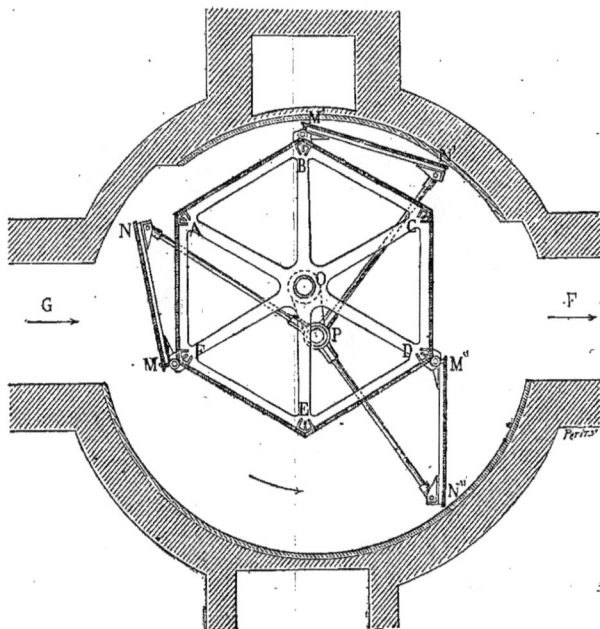

Fig. 336.

encore des rentrées inévitables par le jeu nécessaire au fonctionnement de l'appareil.

Le rapport du volume débité Q au volume théorique engendré Q′ dépend des soins apportés dans la construction pour éviter les fuites et surtout de la différence des pressions d'un côté à l'autre des palettes.

Voici les résultats des expériences de M. Murgue sur un ventilateur Lemielle, installé aux mines de Cessous :

ORIFICE ÉQUIVALENT. Ω_0	NOMBRE DE TOURS par 1'. N	VOLUME D'AIR débité par 1''. Q	DÉPRESSION EN MILLIMÈTRES d'eau. 1000 E	RAPPORT VOLUMÉTRIQUE. $\dfrac{Q}{Q'}$	RENDEMENT DYNAMOMÉTRIQUE ρ
0,5111	20,05	7,925	33,70	0,479	0,425
0,8225	22,85	11,306	26,23	0,600	0,460
0,0128	24,59	15,895	8,72	0,783	0,304
2,2838	24,76	16,721	7,47	0,818	0,286
4,7745	23,84	17,379	1,94	0,884	0,101

De même que pour le ventilateur Fabry, le volume débité augmente en même temps que l'orifice équivalent, et la dépression diminue dans des proportions très notables. Le rapport $\dfrac{Q}{Q'}$ du volume d'air débité au volume engendré augmente en même temps que l'orifice équivalent, et il a varié, dans les expériences ci-dessus, de 0,479 à 0,884, presque du simple au double. Les fuites sont naturellement d'autant plus considérables que la différence de pression est plus forte.

§ IV

JETS DE VAPEUR ET D'AIR COMPRIMÉ

542. Préliminaires. — Lorsqu'on lance par un ajutage un jet de vapeur ou de gaz comprimé, dans l'axe d'un tuyau communiquant à ses deux extrémités avec l'atmosphère, il se produit (fig. 337), autour de l'orifice de sortie du jet, une dépression d'où résulte

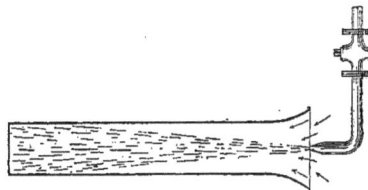

Fig. 337.

par l'ouverture du tuyau un appel de l'air extérieur qui vient

se mélanger avec le gaz injecté pour s'écouler avec lui à l'autre
extrémité.

Si le tuyau est ouvert au-dessus d'une chambre qui communique elle-même par des conduits avec l'atmosphère, le jet
produit dans la chambre une dépression qui fait circuler dans
les conduits un certain volume de gaz appelé par l'extrémité

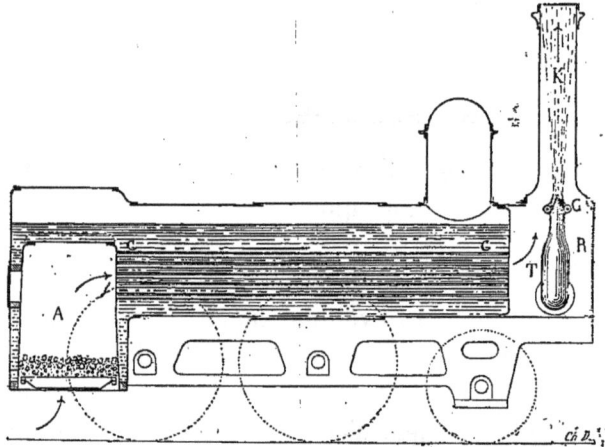

Fig. 338.

opposée. C'est ainsi qu'un jet de vapeur TG (fig. 338), établi
à la base de la cheminée K d'une locomotive, produit une dépression dans la boîte à fumée R, aspire les gaz de la boîte à
feu A, par les tubes CC, et force l'air atmosphérique à pénétrer
à travers la grille et le charbon pour alimenter la combustion.

Le volume de gaz aspiré dépend de la pression du gaz moteur, des sections de l'orifice d'injection et du tuyau où se fait
le mélange, et aussi des résistances que les gaz éprouvent dans
leur circulation avant d'arriver à la chambre d'aspiration.

Nous allons, en nous appuyant sur les lois générales de la
mécanique, établir les relations qui existent entre les sections
des différents tuyaux, la pression motrice, la dépression produite, les poids des gaz injecté et aspiré, et nous comparerons
ensuite les résultats du calcul à ceux de l'expérience.

THÉORIE GÉNÉRALE

543. Désignons par p le poids de vapeur ou de gaz comprimé qui s'échappe, par $1''$, par l'orifice d'injection de section ω, avec une vitesse V, sous un excès de pression E en hauteur d'eau ; la densité du gaz comprimé par rapport à l'eau étant Δ, on a

$$p = \omega V \Delta \qquad (1)$$

et (**158**)

$$V = m\varphi \sqrt{\frac{2gE}{\Delta}}, \qquad (2)$$

m et φ étant les coefficients donnés aux n^{os} **159**, **146** et suivants ; on en déduit

$$p = m\varphi\omega \sqrt{2gE\Delta}. \qquad (3)$$

Soit P le poids du mélange de gaz comprimé et de gaz aspiré qui s'échappe par $1''$ par le tuyau de section Ω avec la vitesse v ; la densité du mélange étant d, on a

$$P = \Omega v d. \qquad (4)$$

L'injection produit dans la chambre d'aspiration une dépression ε en hauteur d'eau qui détermine l'appel et le mouvement dans les conduits d'aspiration.

Soient Ω_0 la section de l'orifice équivalent représentant les résistances dans cette conduite avec φ_0 pour coefficient de contraction, P_0 le poids et Q_0 le volume du gaz aspiré qui passe dans la section Ω_0, d_0 sa densité et v_0 sa vitesse ; on a

$$P_0 = \Omega_0 v_0 d_0 \qquad (5)$$

et d'après la définition de l'orifice équivalent (**211**), comme $Q_0 = \Omega_0 v_0$.

$$v_0 = \varphi_0 \sqrt{\frac{2g\varepsilon}{d_0}} \qquad (6)$$

d'où

$$P_0 = \varphi_0 \Omega_0 \sqrt{2g\varepsilon d_0}. \qquad (7)$$

544. Appliquons au phénomène de l'écoulement le théorème de la quantité de mouvement.

La quantité de mouvement du mélange est $\dfrac{P\,v}{g}$, celle du gaz moteur comprimé $\dfrac{p\mathrm{V}}{g}$; celle du gaz aspiré est, en général, négligeable à cause de la faible vitesse dans la grande section de la chambre d'aspiration.

La force est la pression résistante sur la section Ω due à la différence de pression ε entre l'intérieur et l'extérieur. Cette force $\varepsilon\,\Omega$ est négative, et on a par $1''$

$$\frac{P v}{g} - \frac{p\mathrm{V}}{g} = -\varepsilon\Omega.$$

P et p sont exprimés en tonnes de 1000 kilogs, v et V en mètres, ε en mètres de hauteur d'eau, Ω en mètres carrés.

L'expérience prouve (chap. III) que dans les phénomènes d'écoulement les pressions sont en général proportionnelles au carré de la vitesse; c'est du reste ce qui sera vérifié dans le cas actuel par des expériences que nous rapporterons plus loin; posons en conséquence

$$\varepsilon = kd\,\frac{v^2}{g} \quad \text{d'où} \quad v = \sqrt{\frac{g\varepsilon}{kd}} \quad \text{et} \quad v_0 = \varphi_0 v\sqrt{2k\frac{d}{d_0}}, \qquad (8)$$

k étant un coefficient à déterminer.

En substituant et remarquant que $\Omega = \dfrac{P}{v d}$ on trouve

$$\mathrm{P}v - p\mathrm{V} = -k\mathrm{P}v \qquad \text{ou} \qquad \mathrm{P}v(1+k) = p\mathrm{V}.$$

Si maintenant on remplace P et p par leurs valeurs (1) et (4) et si on désigne par R et r les rayons des sections Ω et ω de telle sorte que $\Omega = \pi\mathrm{R}^2$ et $\omega = \pi r^2$, on trouve

$$v = \mathrm{V}\,\frac{r}{\mathrm{R}}\sqrt{\frac{\Delta}{d(1+k)}}. \qquad (9)$$

Les vitesses du mélange et du gaz injecté sont en raison

inverse des rayons des tuyaux ; c'est ce que l'expérience confirme.

Si on remplace V par sa valeur (2), on met sous la forme

$$v = m\varphi \frac{r}{R} \sqrt{\frac{2g\mathrm{E}}{d(1+k)}}. \qquad (10)$$

Pour avoir ε, on porte dans (8)

$$\varepsilon = m^2 \varphi^2 \frac{r^2}{R^2} \frac{2k}{1+k} \mathrm{E}. \qquad (11)$$

La dépression produite est proportionnelle à la pression du gaz moteur et au rapport des sections.

545. Le rapport des poids du gaz écoulé et du gaz moteur se déduit des équations (1) et (4)

$$\frac{\mathrm{P}}{p} = \frac{\Omega v d}{\omega \mathrm{V} \Delta}$$

en remplaçant $\frac{v}{\mathrm{V}}$ par sa valeur (9) et $\frac{\Omega}{\omega}$ par $\frac{\mathrm{R}^2}{r^2}$,

$$\frac{\mathrm{P}}{p} = \frac{\mathrm{R}}{r} \sqrt{\frac{d}{\Delta(1+k)}}. \qquad (12)$$

L'expérience vérifie encore que ces poids sont proportionnels aux rayons.

Le rapport des poids $\frac{\mathrm{P}_0}{p}$ du gaz aspiré et du gaz moteur se calcule d'une manière analogue

$$\frac{\mathrm{P}_0}{p} = \frac{\Omega_0 v_0 d_0}{\omega \mathrm{V} \Delta}$$

et, comme $v_0 = \varphi_0 v \sqrt{2k \dfrac{d}{d_0}} = \varphi_0 \mathrm{V} \dfrac{r}{\mathrm{R}} \sqrt{\dfrac{\Delta}{d_0} \dfrac{2k}{1+k}}$, il vient

$$\frac{\mathrm{P}_0}{p} = \varphi_0 \frac{\mathrm{R}_0^2}{\mathrm{R}r} \sqrt{\frac{d_0}{\Delta} \frac{2k}{1+k}}. \qquad (13)$$

Cette formule est également vérifiée par l'expérience.

546. Si le jet d'air comprimé est lancé dans un ajutage conique allongé en forme de diffuseur, en désignant par ε_0 la différence de pression avec l'atmosphère et par v la vitesse dans la partie étranglée, on a, quand la section de sortie du diffuseur est assez grande et l'angle assez faible pour qu'on puisse négliger la puissance vive conservée,

$$\varepsilon_0 = d\,\frac{v^2}{2g}.$$

La différence de pression déterminée par le jet est $\varepsilon - \varepsilon_0$ et, en appliquant le théorème de la quantité de mouvement,

$$\frac{P v}{g} - \frac{p V}{g} = -(\varepsilon - \varepsilon_0)\Omega.$$

Si l'on pose comme ci-dessus $\varepsilon = k\,d\,\dfrac{v^2}{g}$, on a

$$\varepsilon - \varepsilon_0 = (2k - 1)\,d\,\frac{v^2}{2g}, \text{ et comme } \Omega = \frac{P}{v\,d}, \text{ il vient}$$

$$P v \left(\frac{2k + 1}{2} \right) = p V$$

d'où on tire

$$\frac{P}{p} = \frac{2V}{(2k + 1)v} \qquad (14)$$

et comme $P = \Omega v d$ et $p = \omega V \Delta$,

$$v = V\frac{r}{R}\sqrt{\frac{\Delta}{d}\frac{2}{2k+1}} = m\,\varphi\,\frac{r}{R}\sqrt{\frac{2g E}{d}\frac{2}{2k+1}} \qquad (15)$$

et aussi

$$\varepsilon = m^2 \varphi^2\,\frac{r^2}{R^2}\frac{4k}{2k+1}\,E. \qquad (16)$$

En comparant à (11), on voit que la dépression est notablement augmentée par l'emploi de l'ajutage évasé.

547. On peut établir une relation entre les trois rayons r, R_0 et R.

On a $\quad$ $P = P_0 + p$ $\quad$ ou $\quad$ $\Omega v d = \Omega_0 v_0 d_0 + \omega V \Delta$.

Comme $\quad$ $\Omega = \pi R^2$ $\quad$ $\Omega_0 = \pi R_0^2$ $\quad$ et $\quad$ $\omega = \pi r^2$

et que $\quad$ $v_0 = \varphi_0 v \sqrt{\dfrac{d}{d_0} 2k}$ $\quad$ $V = v \dfrac{R}{r} \sqrt{\dfrac{d}{\Delta}(1+k)}$

il vient, en substituant,

$$R^2 = \varphi_0 R_0^2 \sqrt{\frac{d_0}{d} 2k} + R r \sqrt{\frac{\Delta}{d}(1+k)}. \qquad (17)$$

Nous verrons plus loin, en parlant des expériences de MM. Nozo et Geoffroy, qu'il existe, pour chaque valeur de R_0 et de r, une valeur de R qui donne le maximum d'effet, comme dépression produite et poids écoulé, et que cette valeur correspond à $k = 1$.

On trouve alors pour R

$$R = \frac{r}{2} \sqrt{2 \frac{\Delta}{d} +} \sqrt{\frac{r^2 \Delta}{2 d} + \varphi_0 R_0^2 \sqrt{\frac{2 d_0}{d}}}.$$

Si la densité du gaz moteur comprimé Δ est à peu près double de celle d du mélange, comme celle-ci est sensiblement celle d_0 du gaz aspiré, il vient approximativement, pour $\varphi_0 = 0{,}65$,

$$R = r + \sqrt{r^2 + R_0^2}.$$

On peut encore simplifier; le rayon r de l'orifice injecteur étant toujours assez faible par rapport à R_0, r^2 est à peu près négligeable à côté de R_0^2 et on a la relation très simple

$$R = r + R_0. \qquad (18)$$

Cette formule s'accorde, comme nous le verrons, d'une manière satisfaisante avec les résultats des expériences de MM. Nozo et Geoffroy et aussi de M. Zeuner.

548. Travail d'un jet de gaz comprimé. Rendement.

— Le travail nécessaire pour appeler le poids de gaz P_0, sous la dépression ε, est $\dfrac{P_0}{d_0} \varepsilon$; pour un faible excès de pression (155); c'est le travail utile.

Le travail dépensé pour donner au poids de gaz p l'excès de pression E (quand cet excès n'est pas trop fort) est approximativement $\dfrac{p}{\Delta}$ E, abstraction faite des frottements et autres résistances.

Le rendement du jet de gaz comprimé est en conséquence

$$\rho = \frac{P_0}{p} \frac{\varepsilon}{E} \frac{\Delta}{d_0}.$$

En remplaçant $\dfrac{P_0}{p}$ par sa valeur (13), on trouve

$$\rho = \frac{\varphi_0 R_0^2}{R r} \left(\frac{\varepsilon}{E} \right) \sqrt{\frac{\Delta}{d_0} \frac{2k}{1+k}} \qquad (19)$$

et en remplaçant $\dfrac{\varepsilon}{E}$ par sa valeur (11), il vient

$$\rho = \varphi_0 m^2 \varphi^2 \frac{R_0^2 r}{R^3} \left(\frac{2k}{1+k} \right)^{\frac{3}{2}} \sqrt{\frac{\Delta}{d_0}}. \qquad (20)$$

On calculera le rendement, suivant les cas, par une des formules (19) ou (20).

Si on prend $m\varphi = 0,90$, $\varphi_0 = 0,65$, $k = 1$, $\dfrac{\Delta}{d_0} = 2$, et si on fait $R = R_0 + r$, d'après (18), on trouve pour l'expression du rendement

$$\rho = 0,74 \frac{R_0^2 r}{(R_0 + r)^3} \qquad (21)$$

et, en donnant au rapport $\dfrac{R_0}{r}$ diverses valeurs, on a

$$\text{pour } R_0 = 2r \qquad \rho = 0,110$$
$$R_0 = 5r \qquad \rho = 0,085$$
$$R_0 = 10r \qquad \rho = 0,055.$$

Ces nombres ne sont qu'approximatifs, mais ils montrent que

le rendement est toujours très faible et diminue quand le rapport $\frac{R_0}{r}$ augmente. Si on tenait compte des résistances par les frottements, etc., il serait encore plus faible.

549. Calcul d'une soufflerie à gaz comprimé. — On connaît :

E l'excès de pression du gaz comprimé en hauteur d'eau,

ε la dépression à produire évaluée aussi en hauteur d'eau,

P_0 le poids d'eau à aspirer, en tonnes de 1000 kilog.,

Δ, d_0, d les densités des gaz insufflé, aspiré et mélangés.

On détermine d'abord le rapport $\frac{r}{R}$ au moyen de la relation (11); en faisant $k = 1$,

$$\frac{r}{R} = \frac{1}{m\varphi}\sqrt{\frac{\varepsilon}{E}}. \qquad (22)$$

Puis en combinant l'équation (17) et l'équation (7) dans laquelle on fait $\Omega_0 = \pi R_0^2$, et éliminant R_0, on trouve pour $k = 1$

$$\pi R^2 = \frac{P_0}{\sqrt{g\varepsilon d}\left(1 - \frac{r}{R}\sqrt{\frac{2\Delta}{d}}\right)}, \qquad (23)$$

d'où on tire R.

La valeur de r se déduit ensuite du rapport connu $\frac{r}{R}$.

Enfin le poids p d'air insufflé se calcule par la relation (3)

$$p = m\varphi \pi r^2 \sqrt{2gE\Delta}. \qquad (24)$$

On a ainsi tous les éléments nécessaires à l'établissement de la soufflerie.

On peut calculer R_0 par la relation (7) en y faisant $\Omega_0 = \pi R_0^2$

$$P_0 = \pi R_0^2 \varphi_0 \sqrt{2g\varepsilon d_0}. \qquad (25)$$

Lorsque l'air est injecté sous la grille d'un foyer, il sert à la combustion, et c'est le poids P du mélange qui est connu ; le problème se résout alors de la manière suivante :

On détermine d'abord, par l'équation (22), le rapport $\dfrac{r}{R}$, puis la valeur de p au moyen de (12), qui donne en faisant $k = 1$

$$p = P \frac{r}{R} \sqrt{\frac{2\Delta}{d}}. \qquad (26)$$

On calcule ensuite r par la relation (3), en remplaçant ω par πr^2, on a

$$\pi r^2 = \frac{p}{m\varphi\sqrt{2g\text{E}\Delta}}, \qquad (27)$$

et comme on connaît le rapport $\dfrac{r}{R}$, on en déduit R.

Ces valeurs permettent de construire la soufflerie.

550. Application. — Soit à alimenter, au moyen d'un souffleur à air comprimé, agissant à la base d'une cheminée, un foyer devant brûler 200 kilog. de houille à l'heure, avec une dépression de $\varepsilon = 0,02$, en hauteur d'eau, produite par les résistances. L'excès de pression de l'air comprimé est $0^{at},15$ environ, soit $E = 1.50$. La température des gaz de la combustion, à la base de la cheminée, est de 200°.

Si on emploie 18 kilog. d'air par kilog. de houille, le poids des produits de la combustion à aspirer par heure est $19 \times 200 = 3800^k$, soit $1^k,055$ par $1''$, ou $P_0 = 0^t,001055$.

On a $$d_0 = \frac{0,001293}{1 + \alpha\,200} = 0,00075$$

$$\Delta = 0,001293 \times \frac{10,334 + 1,50}{10,334} = 0,00148.$$

En prenant $m\varphi = 0,90$ pour un ajutage conique

$$\frac{r}{R} = \frac{1}{0,90}\sqrt{\frac{0,02}{1,50}} = 0,126.$$

Pour trouver la valeur de πR^2, comme d_0 est une valeur approchée de d, à cause de la grande proportion d'air dans le mélange, supposons d'abord $d = d_0$

$$\pi R^2 = \frac{0,001055}{0,01216(1 - 0,126 \times 1,986)} = 0,1155 \qquad \text{d'où} \qquad R = 0,192$$

et

$$r = 0,126 \times 0,192 = 0,0242 \qquad \pi r^2 = 0,00184,$$

$$p = 0,90 \times 0,00184 \times 0,2087 = 0^t,000345,$$

soit $0^k,345$ d'air à insuffler par $1''$.

Le poids total P du mélange est

$$P = 0,001055 + 0,000345 = 0^t.0014 \qquad \text{soit } 1^k,400$$

et enfin

$$\frac{P_0}{p} = \frac{0,001055}{0,000345} = 3,058.$$

Chaque kilog. d'air appelle $3^k,058$ de gaz.

D'après ce rapport, la densité d du mélange, que nous avons d'abord supposée égale à d_0, est

$$d = 0,00075 \times \frac{1,055}{1,400} + 0,0013\frac{0,345}{1,400}0,000833.$$

En refaisant les calculs avec cette nouvelle valeur de d, on trouve

$$R = 0,186 \qquad \text{et} \qquad r = 0,02406.$$

Les différences avec les premiers résultats sont faibles; l'hypothèse $d = d_0$ est suffisamment exacte.

Si on fait l'insufflation sous la grille, de manière que l'air com-

primé moteur serve à la combustion, $P = 0,001055$ et on a toujours, d'après (11),

$$\frac{r}{R} = 0,126,$$

puis l'équation (26) donne

$$p = 0,001055 \times 0,126 \times 1,986 = 0,000264$$

$$\frac{P}{p} = \frac{0,001055}{0,000264} = 4$$

$$\pi r^2 = \frac{0,001055}{0,90 \times 0,2087} = 0,00140 \qquad \text{d'où} \qquad r = 0,0211$$

et par suite $R = \dfrac{0,0211}{0,126} = 0,168.$

Ces nombres font voir que lorsqu'on insuffle l'air sous la
grille, le poids d'air insufflé est un peu plus faible que lorsqu'on
aspire à la base de la cheminée, et l'appareil peut être un peu
plus petit, ce qui était facile à prévoir.

Si au lieu de gaz à 200° on aspirait de l'air à 0°, on aurait $d_0 = 0,001293$, et on trouverait

$$\frac{r}{R} = 0,126 \qquad \pi R^2 = 0,0818 \qquad R = 0^m,162$$

$$r = 0^m,0204 \qquad \pi r^2 = 0,00817 \qquad p = 0,000244$$

et le rapport $\dfrac{P_0}{p} = 4,305.$ Chaque kilog. d'air insufflé aspire $4^k,305$
d'air froid.

Considérons maintenant le cas d'un jet de vapeur à 4 atmosphères, aspirant, comme ci-dessus, à la base d'une cheminée,
3800^k de gaz à 200° par heure, sous une dépression de 0,02 en
hauteur d'eau.

$$\varepsilon = 0,02 \qquad E = 3 \times 10,334 = 31,002$$

$$d_0 = \frac{0,001293}{1 + \alpha 200} = 0,00075 \qquad \Delta = 0,0022363,$$

on trouve

$$\frac{r}{R} = 0,0282 \qquad \pi R^2 = 0,0940 \qquad R = 0,173$$

$$r = 0,00488 \qquad \pi r^2 = 0,00007481$$

et $\qquad p = 0,90 \times 0,00007481 \times 1,164 = 0,00007837,$

soit $\qquad 0^k,078$ par $1''$.

Le rapport $\dfrac{P_0}{p} = \dfrac{1055}{78} = 13,52$; chaque kilog. de vapeur entraîne $13^k,52$ de gaz chauds.

RÉSULTATS D'EXPÉRIENCES

551. Expériences de M. Glépin. — M. Glépin, dans un mémoire publié en 1844, a donné les résultats d'un grand nombre d'expériences faites sur les jets de vapeur destinés à la ventilation des mines de houille.

L'appareil essayé se composait de six buses coniques placées à la base et au centre de six tuyaux en tôle, qui étaient disposés verticalement dans le toit d'une galerie communiquant avec le sommet du puits d'aérage. La vapeur était lancée par chaque buse et déterminait dans la galerie une dépression et un appel de l'air de la mine.

On a fait varier le diamètre des buses, le diamètre et la longueur des tuyaux, et on a trouvé que, pour chaque diamètre de buse, il y avait un certain diamètre de tuyau et une certaine longueur qui donnaient un maximum de dépression.

Pour tous les tuyaux, l'effet maximum correspond à une longueur de 6 à 8 fois le diamètre.

Le diamètre d'effet maximum a été, dans les circonstances de l'expérience, de $0^m,50$ pour toutes les buses de $0^m,01$ à $0^m,3$ de diamètre; il y a lieu de noter cependant que les diamètres de $0^m,45$ et de $0^m,55$ ont donné presque les mêmes dépressions que celui de $0^m,50$.

Voici les résultats, pour le tuyau de $0^m,50$ de diamètre et de 3 mètres à $3^m,50$ de long, produisant l'effet maximum :

Diamètre du jet. . . . . $0^m,01$ $0^m,02$ $0^m,03$
Dépression produite en hauteur d'eau. $0^m,010$ $0^m,032$ $0^m,060$

La pression de la vapeur était de 5 atmosphères.

La dépression produite augmente rapidement avec le diamètre du jet, conformément à la théorie. La formule (11 du n° **544**) $\varepsilon = m^2\varphi^2 \dfrac{r^2}{R^2} E$, en prenant $m = 0,7$ pour $5^{at}, \varphi = 1$ et $k = 1$, donne pour les dépressions

$$0,00832 \qquad 0,032 \qquad 0,0692.$$

On voit que les nombres sont assez concordants avec ceux de l'expérience. Il suffirait d'une bien légère erreur dans la mesure des diamètres pour établir l'accord absolu.

M. Glépin rapporte également qu'avec un jet de $0,03$ de diamètre et une pression de 5^{at}, le volume d'air écoulé par $1''$ était de $3^{mc},285$ à $17°$ et la dépression produite de $0^m,0575$.

La quantité de vapeur employée correspondait à 36 chevaux. Le travail utile étant $3^m,385 \times 57,5 = 194$ kilogrammètres, soit $2^{ch},5$; le rendement était seulement de $0,069$.

En appliquant, pour $k = 1$, la formule (11) comme $\dfrac{r^2}{R^2} = \left(\dfrac{0,03}{0,50}\right)^2 = 0,0036$, et que $m = 0,7$, on trouve

$$\varepsilon = 4 \times 10,334 \times 0,0036 \times 0,49\varphi^2 = 0,0728\varphi^2$$

et il suffit que $\varphi = 0,889$, pour qu'il y ait concordance entre les résultats de l'expérience et de la formule.

Les dépenses de vapeur devant, pour la même pression, être proportionnelles à la section des buses, et le volume aspiré à la racine carrée de la dépression, on trouve, pour les trois buses de $0,01$, $0,02$ et $0,03$, comme rendement maximum,

$$0,042 \qquad 0,1145 \qquad 0,069.$$

Il est notablement plus fort pour la buse de $0^m,02$ de diamètre.

D'autres expériences, faites dans des conditions moins favorables, ont donné des rendements de o,o18, o,o54, o,32, o,o47. L'effet utile est, comme on voit, toujours très faible.

552. Expériences de M. F. de Romilly. — M. F. de Romilly a fait des expériences intéressantes sur les phénomènes de l'entraînement de l'air par un jet de vapeur..

Il a opéré au moyen d'un tube lançant l'air sous pression dans des ajutages de diverses formes, coniques et cylindriques, et dans un orifice percé en mince paroi. Le jet d'air, provenant d'un réservoir d'air comprimé, était reçu par les ajutages disposés successivement pour former l'entrée d'un gazomètre de 48 litres bien équilibré. L'air soulevait et remplissait la cloche, en un temps observé au compteur à secondes ; on mesurait d'abord le volume lancé, en lutant l'extrémité du tube lanceur dans l'orifice pour empêcher tout entraînement d'air extérieur; puis en permettant l'accès de l'air, on mesurait la quantité entraînée pour divers diamètres et diverses distances.

Quand la cloche était chargée et immobilisée, le gazomètre formait un récipient clos à volume constant, et le jet déterminait une pression qu'on mesurait par un manomètre.

L'ajutage qui a donné le maximum d'effet est l'ajutage de 5° à 7°, la petite section regardant le lanceur.

Voici les résultats de quelques expériences avec un tube lanceur d'air comprimé à 1ᵃᵗ, de diamètre $2r = 0,001$, réduit à 0,0008 par la contraction de la veine.

Le volume Q écoulé par 1″, avec une vitesse V de 564 mètres, était de $0^l,282$, et le remplissage du gazomètre s'effectuait en 173″.

Le produit QV, proportionnel à la quantité de mouvement de l'air comprimé, était 159.

Diamètre de l'ajutage $2R$	0,004	0,008	0,016	0,032
Durée du remplissage. . .	34″	17″	8″,5	4ʳ2
Volume q par 1″.	1ˡⁱᵗ,41	2ˡⁱᵗ,82	5ˡⁱᵗ,56	11ˡⁱᵗ
Vitesse v.	112,09	56,40	28,20	14,25
Produit qv.	158	159	159	162

Pour la pression, on a trouvé avec le même lanceur dans l'ajutage conique de 0,008 :

Hauteur d'eau.

Pression en récipient ouvert, d'après la
vitesse. . . . . $0^m,195$
Pression en récipient clos, au manomètre. $0^m,280$

Il résulte de ces expériences les conséquences suivantes :

1° La quantité de mouvement (vitesse du gaz détendu) reste constante ;

2° Le volume d'air est proportionnel au rapport des rayons $\dfrac{R}{r}$:

3° La vitesse est proportionnelle au rapport inverse $\dfrac{r}{R}$;

4° Le maximum d'effet a lieu lorsque le tube lanceur est placé au centre de l'ajutage.

Tous ces résultats sont d'accord avec les formules.

553. L'expérience a fait reconnaître que le maximum d'effet correspondait à un certain intervalle entre l'orifice injecteur et l'entrée de l'ajutage récepteur. Voici les résultats obtenus avec un tube lanceur, de $0^m,0015$ de diamètre et $0^m,092$ de longueur, placé à diverses distances d'un ajutage récepteur conique de 5° à 7°, de $0^m,016$ de diamètre à la petite base, et de $0^m,114$ de longueur ; la petite base était du côté du lanceur.

La pression de l'air comprimé était de 1^{at}.

Les distances du lanceur au bord du récepteur sont comptées en centimètres et négativement quand le lanceur était enfoncé à l'intérieur du récepteur.

Distance au récepteur :

$$-6 \quad -4 \quad -2 \quad 0 \quad 2 \quad 4 \quad 5 \quad 5,4 \quad 6 \quad 8 \quad 10$$

Durée du remplissage :

$$30'' \quad 20'' \quad 14'' \quad 11'',8 \quad 10'',6 \quad 9'',4 \quad 9'' \quad 8'',6 \quad 8'',8 \quad 9'',5 \quad 10'',8$$

On voit que le maximum d'effet correspond à une distance de 5,4 centimètres ; la durée de remplissage est de $8'',6$.

En injectant dans le récipient clos, on a obtenu une pression de o^m,o51 en hauteur d'eau.

On a fait également des expériences avec d'autres récepteurs, et on a trouvé les résultats comparés suivants :

Récepteur.	Durée du remplissage.	Produit qv proport. à la quantité de mouvement.
Conique (petite section vers le lanceur).	8″,6	155
Conique (grande section vers le lanceur).	10″,6	102
Cylindrique	11″,0	95

Pour l'orifice récepteur à mince paroi, la quantité de mouvement est moins de moitié de ce qu'elle est avec l'ajutage conique. C'est le récepteur le moins favorable.

Les mêmes expériences ont été faites avec la vapeur; on a obtenu les mêmes résultats ; les gouttelettes dues à la condensation rendaient les expériences plus difficiles et moins nettes.

M. de Romilly a fait également des essais sur l'injection de l'air par un tube lanceur disposé plus ou moins excentriquement à l'axe et même en dehors de l'orifice du récepteur. Ce sont des conditions peu pratiques et nous renvoyons à son mémoire pour les résultats.

554. Expériences de MM. Nozo et Geoffroy. — MM. Nozo et Geoffroy, ingénieurs au chemin de fer du Nord, ont publié, en 1863, dans les comptes rendus de la Société des ingénieurs civils, un mémoire très complet, dans lequel se trouvent les résultats de nombreuses expériences sur les jets de vapeur, entreprises dans le but de déterminer les conditions les plus favorables au tirage des locomotives.

Nous analyserons avec quelques détails cet important travail.

Des recherches faites directement sur une machine auraient présenté de très grandes difficultés ; on a donc été conduit à employer des appareils de dimensions réduites dont il était plus facile de faire varier les éléments dans des limites étendues.

L'appareil d'expériences (fig. 339) se composait d'une boîte A, ayant une capacité de 320 litres, placée verticalement près d'une chaudière de locomotive servant de générateur de vapeur.

La boîte A était reliée à la boîte à fumée B de la locomotive par un conduit CC, de 1 mètre de longueur et de 0,250 de diamètre dans lequel on mesurait la vitesse des gaz chauds aspirés

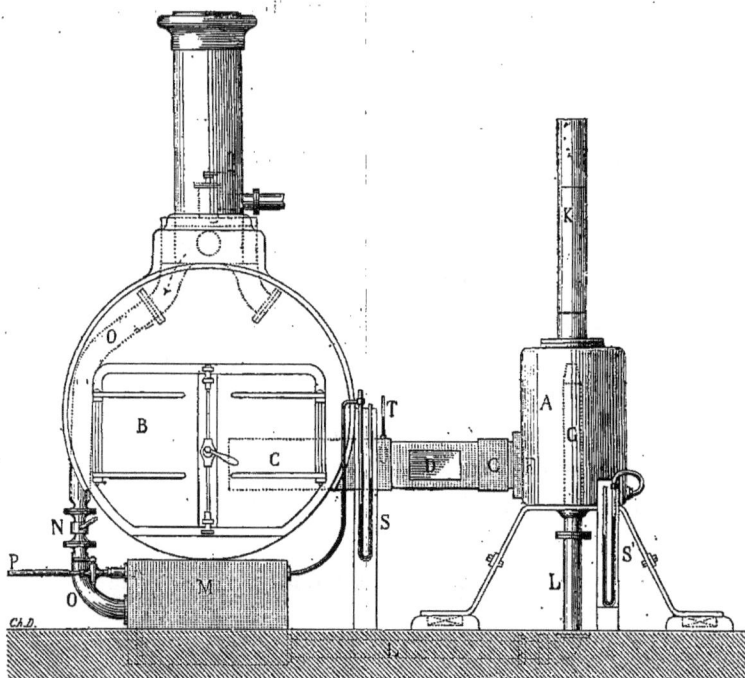

Fig. 339.

de la boîte à fumée B, à l'aide d'un anémomètre D, installé à peu près à égale distance des deux extrémités du conduit, en un point par conséquent où le régime d'écoulement se trouvait établi de la manière la plus régulière. Un carreau de vitre placé en face de l'anémomètre permettait de lire les indications de l'appareil.

Entre la boîte A et le conduit C on interposait successivement diverses plaques de tôle F, percées de trous de même diamètre, mais en nombres différents et uniformément répartis sur la surface de chaque plaque de manière à composer diverses sections de passage aux gaz aspirés.

La face supérieure de la boîte A était percée d'un orifice à bride sur lequel on pouvait successivement placer des cheminées K de diverses sections et de diverses hauteurs.

La face inférieure de la boîte A était traversée par le tuyau d'échappement G qui glissait à frottement doux dans son emmanchement pour modifier à volonté la distance de l'orifice de l'échappement à la cheminée. La partie supérieure du tuyau G était filetée pour recevoir des cônes d'échappement de sections différentes.

Le tuyau G communiquait par le tuyau LL avec un réservoir spécial M dans lequel la pression de la vapeur était maintenue rigoureusement constante pendant la durée de chaque observation. Pour maintenir cette constance, on a monté une vanne N sur le tuyau OO amenant la vapeur du régulateur de la locomotive et un robinet sur le tuyau P d'échappement.

Un manomètre à mercure S indiquait la pression dans le réservoir M, un autre manomètre S′ la dépression dans la boîte A.

La température des gaz aspirés était donnée par un thermomètre T placé dans le conduit d'aspiration, un peu en avant de l'anémomètre.

La cheminée de la chaudière employée comme générateur, prolongée jusqu'au delà du toit de l'atelier, présentait une hauteur de $6^m,5o$. Le tirage naturel de cette cheminée a suffi pour produire la quantité de vapeur nécessaire à toutes les expériences.

Il n'a pas été tenu compte de la dépression dans la boîte à fumée qui était à peu près constante et représentée par 2 à 3 millimètres d'eau.

En résumé on pouvait, au moyen de l'appareil installé, faire varier ensemble ou séparément :

La section de passage de l'air, de 20 à 320 trous de 9 millimètres ;

La hauteur de la cheminée, de $0^m,20$ à $2^m,5o$;

Le diamètre de l'échappement, de $0^m,010$ à $0^m,056$;

Le diamètre de la cheminée, de $0^m,035$ à $0^m,202$;

La pression de la vapeur, de $0,^m05o$ à $0^m,6oo$ en hauteur de mercure.

555. Influence de la hauteur ou de la longueur de la cheminée sur le tirage. — Les expériences ont montré d'une manière très nette que la hauteur de la cheminée qui donne le maximum de dépression, ou autrement dit le maximum de tirage, est indépendante de la section de passage des gaz, c'est-à-dire des résistances, de celle de l'échappement et de la pression de la vapeur, mais qu'elle dépend uniquement du diamètre et doit être égale à environ six à huit fois ce diamètre. Une plus grande longueur n'a plus qu'une faible influence en plus ou en moins.

La figure 340 donne, à titre d'exemple des nombreuses expériences faites, les résultats obtenus avec une section de passage de 160 trous de $0^m,009$ de diamètre, un échappement de 0,040 de diamètre, des pressions de vapeur passant successivement par 0,050, 0,200 et 0,300 de mercure et une cheminée de $0^m,143$ de diamètre ayant varié de longueur pour chaque pression de $0^m,200$ à $2^m,500$.

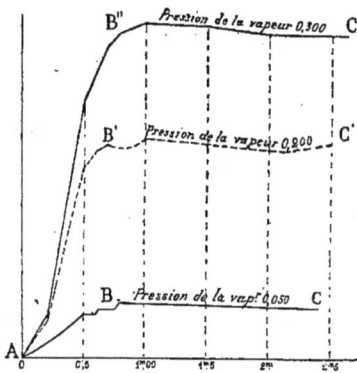

Fig. 340.

Les ordonnées représentent les dépressions dans la boîte à fumée correspondant aux hauteurs de cheminées portées en abscisses.

Pression de la vapeur	0,050	de mercure. — Courbe	ABC
—	0,200	—	AB'C'
—	0,600	—	AB"C"

Il résulte évidemment de l'inspection de la figure que le maximum de tirage est atteint lorsque la cheminée a pour longueur un mètre, ou environ sept fois son diamètre. Il est bon de rappeler que ce rapport est également celui qui résulte des expériences de M. Glépin.

556. Influence d'une embase conique. — On a recherché quelle pouvait être l'influence de l'embase conique qu'on place ordinairement à la partie inférieure des cheminées. Les expériences faites avec des cheminées de longueurs convenables, avec ou sans embases, n'ont donné aucune différence sensible dans les poids d'air appelé.

557. Influence de la distance de l'orifice d'échappement à l'entrée de la cheminée. — La distance de l'orifice d'échappement à l'entrée de la cheminée n'a pas d'influence si cette distance ne dépasse pas une fois et demie le diamètre. Au delà de cette limite, le tirage diminue rapidement.

La pénétration de l'échappement dans la cheminée ne paraît pas avoir d'influence tant que l'on conserve à la cheminée la longueur convenable (6 à 8 fois le diamètre) depuis l'orifice d'échappement.

558. Influence de la section de la cheminée. — Lorsqu'avec une même section de passage d'air, une même section d'échappement et une même pression de vapeur, on essaye successivement des cheminées de sections croissantes, ayant chacune pour longueur 8 fois le diamètre, on voit que les quantités d'air appelé et les dépressions correspondantes dans la boîte à fumée passent par un maximum, c'est-à-dire qu'il y a une section de cheminée qui fait produire le maximum d'appel.

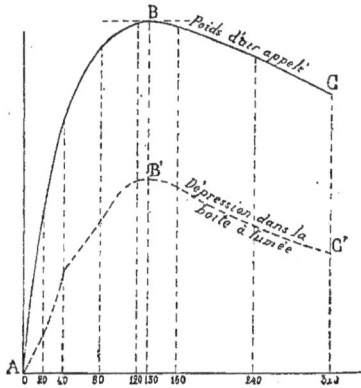

Fig. 341.

Le tableau ci-dessous et la figure 341, qui en est la traduction graphique, donnent les résultats obtenus avec une section de passage de 160 trous de $0^m,009$, un échappement de $0^m,014$ de diamètre, une pression de vapeur dans le réservoir d'échappement de 600 millimètres de mercure et 10 cheminées de différents diamètres.

Section de la cheminée d'effet maximum.

DIMENSIONS DES CHEMINÉES.			POIDS en grammes d'air appelé par seconde.	DÉPRESSION en mill. d'eau dans la boîte à fumée.
Section.	Diamètre.	Hauteur.		
mq	m	m	g	mm
0,0010	0,036	0,300	82,11	9
0,0020	0,050	0,400	140,79	17
0,0030	0,062	0,500	174,18	28
0,0040	0,071	0,550	202,46	41
0,0060	0,080	0,700	240,43	52
0,0080	0,101	0,800	265,23	62
0,0120	0,124	1,000	280,16	78
0,0160	0,143	1,150	278,12	76
0,0240	0,175	1,200	255,86	62
0,0320	0,202	1,600	224,29	48

559. Dans la figure 341, les abscisses indiquent les diverses sections de cheminées et les ordonnées représentent, pour la courbe ABC : les poids correspondants d'air appelé, et pour la courbe AB'C' : les dépressions dans la boîte à fumée.

Ces courbes et le tableau font voir que la quantité d'air appelé et la dépression dans la boîte à fumée augmentent avec le diamètre de la cheminée jusqu'à ce que celle-ci ait atteint une section de 0,120 ; c'est celle qui fait produire à la combinaison de section de passage, de section d'échappement et de pression indiqués, le maximum de dépression dans la boîte à fumée.

En faisant croître la section de 0,0010 à 0,120 l'effet produit augmente rapidement pour décroître au delà, mais plus lentement.

Quelle que soit la combinaison, il y a toujours une section d'effet maximum, mais cette section peut varier de quantités assez notables dans le voisinage du maximum sans avoir une grande influence sur la quantité d'air appelé.

560. MM. Nozo et Geoffroy ont fait varier la pression de la vapeur, en laissant constantes la section de passage et la section d'échappement, et ils ont reconnu que la section de cheminée d'effet maximum était indépendante de la pression. Elle ne dépend donc que de la section d'échappement et de la section de passage.

Ils n'ont pas donné de relation entre les trois sections et se bornent à dire que la section de la cheminée dépend surtout de la section de passage et lui est à peu près proportionnelle.

Nous avons établi au n° **547** une relation entre ces trois sections, et nous allons vérifier la formule approximative qu'on en déduit

$$R = r + R'_0.$$

R est le rayon de la cheminée, r le rayon de l'orifice d'échappement de la vapeur, R_0 le rayon du cercle équivalent à la section totale de passage.

Le tableau suivant donne la comparaison des résultats du calcul et des expériences de MM. Nozo et Geoffroy.

Section de la cheminée d'effet maximum.

Vérification de la formule $R = r + R_0$.

PLAQUES DE PASSAGE.		ORIFICES D'ÉCHAPPEMENT.		CHEMINÉE D'EFFET MAXIMUM.		
				SECTION	Rayon R	
SECTION DE l'orifice unique.	RAYON équivalent.	SECTION	RAYON	observée.	d'après l'observation	d'après la formule
Ω_0	R_0	ω	r	Ω		$R = r + R_0$
0,001272	0,02015	0,000628	0,01414	0,0036	0,03385	0,03429
—		0,000314	0,01000	0,0034	0,0329	0,03015
—		0,000157	0,00707	0,0025	0,0282	0,02722
—		0,000078	0,00500	0,0022	0,0264	0,02515
0,002544	0,02845	0,000628	0,01414	0,0055	0,04185	0,04259
—		0,000314	0,01000	0,0047	0,03870	0,03845
—		0,000157	0,00707	0,0045	0,03785	0,03552
—		0,000078	0,00500	0,0032	0,0319	0,03345
0,010178	0.05700	0,000628	0,01414	0,0145	0,068	0,07114
—		0,000314	0,01000	0,0135	0,0655	0,06700
—		0,000157	0,00707	0,0130	0,0645	0,06407
—		0,000078	0,00500	0,0120	0,0620	0,06200
0,020355	0,08050	0,000078	0,00500	0,0250	0,0895	0,08550

L'examen des nombres du tableau fait voir que la formule s'accorde avec l'expérience d'une manière satisfaisante. Les différences qu'on peut constater ont d'autant moins d'importance, qu'il faut remarquer, avec MM. Nozo et Geoffroy, que la section de la cheminée peut varier de quantités assez considérables dans le voisinage du maximum sans avoir une grande influence sur la quantité d'air appelé.

561. MM. Nozo et Geoffroy, après avoir déterminé pour chaque cas le diamètre de la cheminée qui donne le maximum d'appel, ont mesuré, pour cette cheminée, pour une série de pressions de vapeur, de sections de passage et d'échappement :

1° La quantité d'air appelé ;

2° La dépression produite dans la boîte à fumée ;

3° Le rapport du poids d'air appelé au poids de vapeur dépensé.

Les résultats de l'observation donnés dans le tableau suivant sont extraits du tableau C du mémoire.

Le tableau est divisé en quatre séries correspondant à des sections de passage différentes.

Pour la première série, la section de passage $\Omega_0 = 0,0012724$ était constituée par 20 trous de 9 millimètres de diamètre percés dans la plaque de passage.

Pour la seconde série, $\Omega_0 = 0,0025448$, il y avait 40 trous de 9 millimètres de diamètre.

Pour la troisième série, $\Omega_0 = 0,0101792$, il y avait 160 trous de 9 millimètres de diamètre dans la plaque.

Enfin, dans la quatrième et dernière série, il y avait 320 trous et $\Omega_0 = 0,0203584$.

Pour chacune des séries, on a porté, dans la colonne 2 du tableau, la section du jet d'échappement ω qui a varié de $0^{mq},000628$ à $0^{mq},000078$, dans le rapport de 8 à 1.

La colonne 3 donne les sections de la cheminée d'effet maximum Ω résultant d'observations précédentes. Elle renferme en même temps le diamètre $2R$ de cette section et la somme $2(R_0 + r)$ afin de pouvoir comparer les résultats de la formule à ceux de l'expérience.

Dans la colonne 4 on trouve les pressions de la vapeur en millimètres de mercure. Cette pression a varié de 5o à 6oo. La pression E correspondante en mètres de hauteur d'eau s'obtient en multipliant par le rapport $\frac{13,59}{1000}$.

Dans la 5ᵉ colonne, on a porté les poids p de vapeur injectée par 1″ et que MM. Nozo et Geoffroy ont calculés au moyen de la formule

$$p = 0,9\,\omega\sqrt{2g\,\overline{E\Delta}}.$$

En se reportant à la formule (26) du n° **166** qui est déduite elle-même de (17) du n° **158**, on voit en tenant compte de la différence des notations que le coefficient $m\varphi$ est remplacé par 0,9 ; les poids ainsi calculés sont un peu trop faibles pour les basses pressions et un peu trop grands pour les fortes.

La 6ᵉ colonne indique les dépressions produites par le jet de vapeur. Ce sont les nombres observés directement, diminués de 2 à 3 millimètres, afin de tenir compte de la dépression constatée dans la boîte à fumée de la locomotive. C'est la différence de pression ε entre les deux côtés de la plaque de passage telle qu'elle résulte de l'observation.

La 7ᵉ colonne donne les valeurs de cette même dépression ε calculées au moyen de la formule (11), en faisant $k=1$.

Dans la 8ᵉ colonne se trouvent les poids P_0 d'air aspiré, tels qu'ils ont été déduits de l'observation directe au moyen de l'anémomètre.

La 9ᵉ colonne renferme les valeurs de ce poids P_0 d'air aspiré, calculées au moyen de la formule (13) en faisant également $k=1$.

Enfin la 10ᵉ colonne donne le rapport $\frac{P_0}{p}$ des nombres des colonnes 8 et 5, calculés par MM. Nozo et Geoffroy. C'est le poids d'air aspiré par kilogr. de vapeur.

Tous les nombres des colonnes 1, 2, 3, 4, 5, 6 et 8 sont les résultats des observations. Ceux des colonnes 7 et 9 sont le résultat du calcul par les formules (11) et (13), et la comparaison des nombres permet d'apprécier le degré d'exactitude de ces formules.

SECTION DE PASSAGE. Orifice équivalent. $\Omega_0 = \pi R_0^2$	SECTION D'ÉCHAPPEMENT de vapeur. $\omega = \pi r^2$	SECTION DE LA CHEMINÉE d'effet maximum. $\Omega = \pi R^2$	PRESSION DE LA VAPEUR dans le réservoir d'échappement en mill. de mercure.	POIDS DE VAPEUR dépensée en gr. par ? p
	$0,000628$ $2r = 0,0282$	$0^{mq},0036$ $2R = 0,0677$ $2(R_0 + r) = 0,0685$	50 200 400 600	$51^{gr},5$ $110,3$ $170,4$ $225,9$
$0,0012724$ $2R_0 = 0,0403$	$0,000314$ $2r = 0,020$	$0^{mq},0034$ $2R = 0,0658$ $2(R_0 + r) = 0,00603$	50 200 600	$25,7$ $55,1$ $112,9$
	$0,000157$ $2r = 0,0141$	$0^{mq},0025$ $2R = 0,0564$ $2(R_0 + r) = 0,0544$	50 200 600	$12,88$ $27,08$ $56,4$
	$0,000078$ $2r = 0,01$	$0^{mq},0022$ $2R = 0,0530$ $2(R_0 + r) = 0,0503$	50 200 600	$6,4$ $13,5$ $28,2$
	$0,000628$	$0,0055$ $2R = 0,0837$ $2(R_0 + r) = 0,0851$	50 200 600	$51,5$ $110,3$ $225,9$
$0,0025448$ $2R_0 = 0,0569$	$0,000314$	$0,0047$ $2R = 0,0774$ $2(R_0 + r) = 0,0769$	50 200 600	$25,7$ $55,1$ $112,9$
	$0,000157$	$0,0045$ $2R = 0,0757$ $\pi(R_0 + r) = 0,0710$	50 200 600	$12,8$ $27,0$ $56,4$
	$0,000078$	$0,0032$ $2R = 0,0638$ $2(R_0 + r) = 0,0669$	50 200 600	$6,4$ $13,5$ $28,2$
	$0,000628$	$0,0145$ $2R = 0,136$ $2(R_0 + r) = 0,141$	50 200 600	$51,5$ $110,3$ $225,9$
$0,0101792$ $2R_0 = 0,113$	$0,000314$	$0,0135$ $2R = 0,131$ $2(R_0 + r) = 0,133$	50 200 600	$25,7$ $55,1$ $112,9$
	$0,000157$	$0,0130$ $2R = 0,129$ $2(R_0 + r) = 0,127$	50 200 600	$12,8$ $27,0$ $56,4$
	$0,000078$	$0,0120$ $2R = 0,124$ $2(R_0 + r) = 0,123$	50 200 600	$6,4$ $13,5$ $28,2$
$0,0203584$ $2R_0 = 0,161$	$0,000078$	$0,0250$ $2R = 0,178$ $2(R_0 + r) = 0,171$	50 200 600	$6,4$ $13,5$ $28,2$

DIFFÉRENCE DE PRESSION ENTRE LA BOITE A FUMÉE ET LA CHAMBRE d'aspiration.		POIDS D'AIR APPELÉ par seconde.		RAPPORT DU POIDS D'AIR APPELÉ au poids de vapeur dépensé.
OBSERVÉE.	CALCULÉE. ε	OBSERVÉ.	CALCULÉ. P_0	OBSERVÉ.
0,080	0,100	41^{gr},03	45,68	0,800
0,335	0,364	91,12	88,998	0,825
0,661	0,655	115,75	119,21	0,675
0,784	0,890	125,00	138,31	0,555
0,058	0,068	37,25	38,48	1,444
0,251	0,234	71,02	71,34	1,016
0,648	0,578	111,35	111,83	0,988
0,030	0,035	27,62	27,66	2,150
0,133	0,145	55,25	55,14	2,050
0,382	0,351	92,42	87,36	1,640
0,021	0,017	»	19,46	»
0,078	0,081	41,20	37,94	3,042
0,204	0,201	67,19	66,14	2,376
0,063	0,073	70,04	78,624	1,360
0,200	0,243	108,51	141,96	0,983
0,680	0,587	162,75	220,13	0,740
0,040	0,044	62,43	61,69	2,426
0,172	0,165	111,52	118,30	2,030
0,433	0,410	148,75	184,64	1,322
0,023	0,022	46,14	43,95	3,755
0,098	0,085	83,69	84,34	3,085
0,254	0,207	128,82	131,95	2,295
0,014	0,013	35,20	33,48	5,442
0,046	0,049	65,35	64,61	4,825
0,133	0,118	100,28	100,00	3,554
0,024	0,023	170,52	188,28	3,315
0,082	0,085	295,04	362,18	2,675
0,253	0,207	488,31	564,10	2,156
0,015	0,013	148,60	141,96	5,721
0,057	0,048	235,12	271,09	4,255
0,151	0,117	387,74	424,06	3,445
0,009	0,007	114,87	105,56	8,852
0,029	0,0259	184,60	197,38	6,832
0,076	0,063	280,20	310,31	4,976
0,004	0,003	69,26	76,076	10,785
0,012	0,013	131,23	127,40	9,712
0,034	0,033	194,24	170,18	6,885
0,003	0,0018	104,58	100,10	16,270
0,007	0,006	178,03	188,28	13,162
0,016	0,016	310,65	307,58	11,000

562. Les résultats inscrits dans ce tableau font reconnaître plusieurs faits importants.

On voit d'abord que, considérées dans leur ensemble, les dépressions calculées (col. 7) suivent dans toutes leurs variations les dépressions constatées par l'expérience (col. 6), et cela dans les limites les plus étendues, depuis 2 et 8 millimètres jusqu'à 600 et 700 millimètres ; elles s'écartent en général assez peu tantôt en dessus, tantôt en dessous. En comparant les valeurs calculées de P_o, poids de gaz aspirés, à celles déduites de l'observation directe, on reconnaît généralement une assez grande concordance, et en raison de la difficulté de déterminations des volumes par l'observation de l'anémomètre, et du grand nombre d'éléments qui entrent dans le calcul, on est fondé à conclure, d'après les résultats concordants de l'ensemble, à l'exactitude des formules (**544** à **546**).

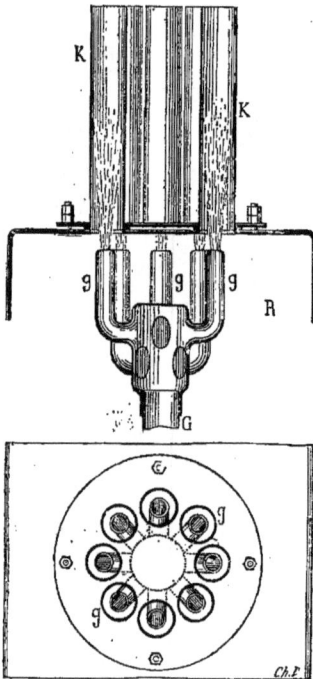

Fig. 342 et 343.

La concordance s'établit en faisant $k = 1$; c'est donc la valeur qui donne le maximum d'effet.

563. Cheminées multiples. — MM. Nozo et Geoffroy ont fait des expériences de comparaison entre l'effet produit par une cheminée unique avec échappement unique, et par un groupe de petites cheminées de même section totale et munies chacune d'un échappement spécial.

On a fait une série d'expériences dans les conditions suivantes. La cheminée unique avait 140 millimètres de diamètre, $1^m,20$ de hauteur, et l'orifice d'échappement avait 40 millimètres de diamètre. Le rapport $\dfrac{\omega}{\Omega} = 0,0812$.

La cheminée multiple se composait (fig. 342 et 343) de 8 cheminées $k, k\ldots$ de chacune $50^{\text{mill}},5$ de diamètre et de 400 millimètres de hauteur, avec un échappement g, g, g, dans chacune, de 14 millimètres de diamètre. Le rapport $\dfrac{\omega}{\Omega} = 0,0767$.

Dans les deux cas, la section de passage de l'air aspiré se composait de 160 trous de 9 millimètres de diamètre.

Le tableau suivant donne les résultats obtenus.

Pression de la vapeur en mill. de mercure.	Dépression dans la boîte d'aspiration.	
	Cheminée unique.	Cheminée multiple.
300	141	119
250	115	96
200	93	75
150	64	57
100	43	40
50	28	20

Les dépressions produites avec la cheminée unique sont un peu plus fortes qu'avec la cheminée multiple. Cela peut tenir à la différence des rapports $\dfrac{\omega}{\Omega}$ et aussi à la contraction.

Dans les deux cas, les dépressions produites dans la chambre R, surtout pour la cheminée multiple, sont sensiblement proportionnelles à l'excès de pression de la vapeur conformément à la formule.

564. Expériences sur les locomotives. — Dans le but de rechercher jusqu'à quel point les principaux faits révélés par les expériences en petit pouvaient s'appliquer aux locomotives, MM. Nozo et Geoffroy ont fait un certain nombre d'essais en modifiant un peu le mode d'expérimentation.

L'anémomètre n'étant pas d'un emploi facile, on s'est contenté de prendre, au moyen d'un manomètre à eau, la dépression dans la boîte à fumée. On a mesuré la pression dans le tuyau d'échappement au moyen d'un tube recourbé en sens opposé au courant et communiquant avec un manomètre à mercure.

Les expériences de ce genre sur les locomotives en marche
sont assez délicates parce que l'état de la grille varie à chaque
instant et que, pour une même pression indiquée par le manomètre de l'échappement, la dépression dans la boîte à fumée
est plus faible quand le feu est bas que lorsqu'il est haut ; cette
dépression peut même varier du simple au double.

Pour se mettre à l'abri de cette cause d'erreur, on a fait la
moyenne d'un grand nombre d'observations et on a construit
des courbes, en prenant pour abscisses la pression de la vapeur et
pour ordonnées les moyennes des dépressions dans la boîte à
fumée, pour chaque pression dans le tuyau d'échappement. Il est
évident que la cheminée qui donne la courbe la plus élevée est
celle qui produit, dans tous les cas, le maximum d'appel.

On a déterminé d'abord la section de la cheminée donnant le
maximum de tirage avec un échappement fixe, sur une locomotive à deux cylindres ordinaires.

L'échappement fixe avait un diamètre de 0,110 (section
0,009503); il était placé à 0,100 de l'orifice inférieur de la cheminée.

565. On a essayé de Paris à Pontoise sept cheminées ayant
les dimensions suivantes :

Nos....	1	2.	3	4	5	6	7
Diam. . .	0,452	0,423	0,391	0,357	0,319	0,277	0,226
Sections .	0,16	0,14	0,12	0,10	0,08	0,06	0,04

On a facilement effectué le parcours dans le temps voulu avec
les cheminées 2,3,4,5 ; le tirage a été insuffisant avec les cheminées 1 et 6 ; la marche a été impossible avec la cheminée 7.

En relevant, à chaque kilomètre, les pressions de la vapeur
dans l'échappement et les dépressions dans la boîte à fumée
(40 observations par cheminée) et traçant des courbes en prenant
les pressions pour abscisses et les dépressions pour ordonnées,
on a reconnu que les cheminées 3 et 4 donnaient sensiblement
les mêmes dépressions ; la cheminée 4, d'un diamètre de 0,357,
paraissait avoir une légère supériorité.

Les courbes se confondaient, à très peu près, avec des lignes droites passant par l'origine, ce qui démontre encore une fois que la dépression produite dans la boîte à fumée est proportionnelle à la pression de la vapeur.

En appliquant, pour $k = 1$, la formule (11, n° **544**) $\varepsilon = m^2\varphi^2\dfrac{r'^2}{R^2}E$, on trouve $m^2\varphi^2 = 0,70$, d'où $m\varphi = 0,837$.

566. D'autres expériences, faites sur une cheminée horizontale de locomotive à voyageurs, ont donné des résultats analogues.

Cinq cheminées de $0,40$, $0,45$, $0,48$, $0,52$ et $0,55$ ont été essayées avec un échappement fixe de $0,100$ de diamètre ; la cheminée de $0,48$ a donné le maximum de dépression, mais celles de $0,45$ et de $0,52$ ont fourni des nombres peu différents. Avec un échappement de $0,125$ on a trouvé les mêmes résultats.

Le tableau suivant donne les dépressions observées pour diverses pressions de vapeur.

Dépression produite par le jet de vapeur.

PRESSIONS		DÉPRESSION dans la boîte à fumée observée.	RÉSULTATS DU CALCUL	
en mill. de mercure.	en mètres d'eau. E	ε	$\dfrac{\omega}{\Omega}E$	$m\varphi$
30	0,408	0,0128	0,0175	0,854
60	0,816	0,0270	0,0351	0,877
90	1,224	0,0408	0,0526	0,888
120	1,632	0,0546	0,0702	0,883
150	2,040	0,0685	0,0877	0,883
180	2,448	0,0805	0,1053	0,872
210	2,856	0,0913	0,1228	0,866
240	3,264	0,1025	0,1403	0,866
270	3,672	0,1138	0,1579	0,848
300	4,080	0,1273	0,1754	0,854

On a fait aussi sur la cheminée horizontale des essais pour vérifier l'influence de la longueur de la cheminée. Avec des échappements de $0^m,10$ et de $0^m,125$ de diamètre, on a expérimenté cinq cheminées ayant des longueurs de 1, 2, 3, $3^m,50$ et 4 mètres, et on a trouvé que le maximum d'effet correspondait à une longueur de 3,50, soit environ 8 fois le diamètre, comme cela résultait des expériences en petit.

On a essayé, sur une machine Crampton, une cheminée multiple composée de 4 tubes de 0,75 de haut; un jet de vapeur débouchait au centre de chaque tube par un orifice d'échappement de $0^m,052$ de diamètre.

La somme des sections d'échappement correspondait à un tuyau de $0^m,104$; chaque tube avait $0^m,210$ de diamètre, la section totale des quatre correspondait à une cheminée d'un diamètre de $0^m,42$. Cette locomotive a fait le même service que celles avec cheminée ordinaire sans qu'on ait constaté une différence sensible dans la production de vapeur. Il est cependant à remarquer que la hauteur des cheminées partielles n'était que de trois fois et demie leur diamètre.

567. Conclusion des expériences de MM. Nozo et Geoffroy. — En résumé, on peut tirer des expériences de MM. Nozo et Geoffroy les conclusions suivantes :

1° La longueur de la cheminée dépend uniquement de son diamètre ; elle doit être égale à 6 ou 8 fois ce diamètre au moins ;

2° La distance de l'orifice d'échappement à l'entrée de la cheminée n'a pas d'influence tant que cette distance ne dépasse pas une fois et demie le diamètre de la cheminée ;

3° Pour chaque section de passage et chaque section d'échappement, il y a un diamètre de cheminée qui donne le maximum d'effet. On peut le déterminer approximativement par la relation $R = r + R_0$ que nous avons donnée au n° 389 ;

4° La dépression produite par le jet est sensiblement proportionnelle à la pression de la vapeur. La formule (**544**) représente les résultats de l'observation d'une manière satisfaisante ;

5° Le poids de gaz aspiré par kilogramme de vapeur est donné par la formule (13 du n° **455**). Il augmente avec l'orifice équivalent et diminue un peu avec la pression de la vapeur.

Dans leur ensemble les expériences de MM. Nozo et Geoffroy sont complètement d'accord avec la théorie que nous avons exposée (**543**).

568. Expériences de M. Zeuner. — M. Zeuner a fait également de très nombreuses expériences sur les jets de vapeur, pour déterminer l'influence de la longueur et du diamètre des cheminées, du diamètre du jet, etc., et il est arrivé à des résultats à peu près analogues à ceux de MM. Nozo et Geoffroy. Toutefois, en ce qui concerne l'influence de la pression de la vapeur sur le rapport du poids de gaz aspiré au poids de vapeur, la formule que donne ce savant et qui, avec nos notations, est

$$\frac{P_0}{p} = \frac{k R_0^2}{r} \sqrt{\frac{R^2 - r^2}{\varphi R^4 + R_0^4}},$$

indique que cette pression n'a pas d'influence sur le poids des gaz aspirés par kilogramme de vapeur, tandis que les expériences de MM. Nozo et Geoffroy établissent nettement que ce rapport diminue quand la pression augmente, comme cela résulte de notre formule (13).

M. Zeuner a constaté, comme MM. Nozo et Geoffroy, que le maximum de dépression produite correspondait à un certain rapport entre les sections des orifices, et il a trouvé les résultats suivants. Pour les valeurs de $\dfrac{\Omega_0}{\omega} = \dfrac{R_0^2}{r^2}$,

$\dfrac{R_0^2}{r^2}$	8	16	32	64

il a trouvé que les valeurs de $\dfrac{R^2}{r^2}$ qui donnent le maximum sont

$\dfrac{R^2}{r^2}$	12	26	46	91

d'où pour le rapport $\dfrac{R}{r}$

$$\frac{R}{r} \quad 3,46 \quad 5,10 \quad 6,78 \quad 9,54.$$

Notre formule (17) donnerait pour ce rapport

$$\frac{R}{r} \quad 3,85 \quad 5,01 \quad 6,77 \quad 9,37$$

avec la formule (18) $R = R_0 + r$, d'où $\dfrac{R}{r} = 1 + \dfrac{R_0}{r}$, on trouve

$$\frac{R}{r} \quad 3,82 \quad 5,00 \quad 6,57 \quad 9,00.$$

On voit que les deux formules donnent des résultats qui s'accordent avec l'expérience d'une manière assez satisfaisante, d'autant plus, comme nous l'avons déjà fait remarquer, que dans le voisinage du maximum, le rapport $\dfrac{R}{r}$ peut varier quelque peu sans changer sensiblement les résultats.

569. Injecteur Koerting. — Pour augmenter l'effet du jet de vapeur, MM. Koerting ont disposé des appareils dans lesquels une première injection détermine à la suite plusieurs

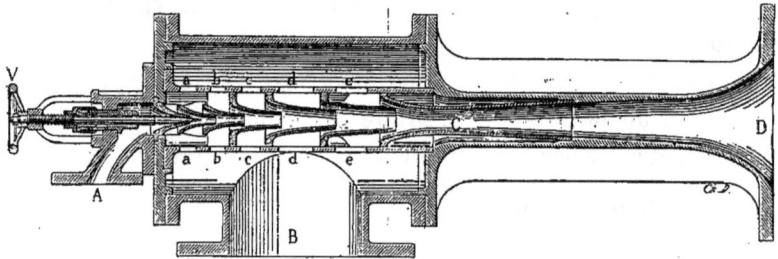

Fig. 344.

injections et aspirations successives par des ajutages de sections croissantes. Dans l'appareil (fig. 341), il y a six injections et aspirations; la vapeur, qui arrive par la tubulure A, sort par un ajutage dont la section peut être réglée au moyen d'une tige conique qui pénètre plus ou moins au centre; la manœuvre se fait à l'aide du volant V. La vapeur, lancée dans un premier entonnoir, aspire, par l'espace annulaire réservé autour de l'ajutage, les gaz qui arrivent par le tuyau B et par l'orifice *aa*. Le mélange, lancé lui-même dans un second entonnoir, aspire de même les gaz par l'espace annulaire; le nouveau mélange aspire à son tour par l'orifice *bb* et ainsi successivement par les orifices *cc*, *dd* et *ee*; la masse totale est refoulée dans le long tuyau évasé CD, qui est raccordé avec l'enceinte où on veut envoyer les gaz.

A mesure qu'on augmente le nombre des jets, c'est-à-dire le rapport $\frac{R}{r}$ des rayons du tuyau C et du jet de vapeur, on augmente le volume aspiré, mais on diminue la différence de pression; dans certains appareils, on peut fermer, pour régler la pression, un certain nombre des orifices *ee*, *dd*, *cc*.

D'après MM. Kœrting, avec une pression de la vapeur de 3 atmosphères, on obtiendrait les résultats suivants que nous n'avons pu vérifier :

Rapport des rayons. $\frac{R}{r}$	Dépression produite en millimètres d'eau.
17,5	80
23	50
87	15

Le volume d'air injecté par kilog. de vapeur varierait, dans ces conditions, de 160 à 30.

M. Siemens, avec un jet de vapeur de forme annulaire, serait arrivé à produire une dépression de 470 millimètres de mercure.

CHAPITRE VIII

THERMO-DYNAMIQUE

§ Ier

PRINCIPE DE L'ÉQUIVALENCE DE LA CHALEUR ET DU TRAVAIL

570. Préliminaires. — De nombreux faits physiques avaient fait reconnaître depuis longtemps qu'il devait exister une relation entre la chaleur et le travail mécanique. Il était évident, par exemple, que la force motrice des machines à feu avait pour cause première la chaleur dégagée dans la combustion ; on savait qu'à l'inverse le travail mécanique produit de la chaleur par le frottement, le choc, etc., et Rumfort, à la fin du siècle dernier, avait même essayé de mesurer la chaleur dégagée par l'action mécanique du forage des canons.

Jusqu'à ces derniers temps, l'opinion générale des physiciens était que, dans tous ces phénomènes de production de chaleur par le travail ou de travail par la chaleur, il n'y avait que des passages, des échanges de chaleur d'un corps à un autre, et on regardait comme un principe indiscutable que la quantité totale de chaleur restait toujours constante et invariable.

571. Principe de l'équivalence. — Ce n'est qu'en 1842

que S. R. Mayer d'Heilbronn formula le premier un principe opposé. Dans un mémoire (1) publié à cette époque, il énonça clairement que toutes les fois qu'il y avait du travail produit, une certaine quantité de chaleur *disparaissait* et que la quantité disparue était proportionnelle au travail produit.

« Il faut, dit-il, que nous déterminions la hauteur à laquelle on doit élever un certain poids, pour que le travail qu'il peut produire en tombant soit équivalent à l'échauffement d'un égal poids d'eau de 0° à 1°. » Il trouva ainsi, avec les chiffres qui étaient alors admis pour les densités et les chaleurs spécifiques, qu'il fallait élever le poids à 365 mètres, c'est-à-dire que 365 était le nombre de kilogrammètres produits par une calorie.

Le principe posé par Mayer fut vérifié et confirmé par les expériences de Regnault et de Hirn, et surtout par celles de Joule qui, au moyen d'appareils d'une précision remarquable, arriva, par des essais nombreux et variés, à constater que le nombre de kilogrammètres produits par une calorie était de 424 environ.

Nous verrons plus loin que ce même nombre se déduit aussi du calcul, en prenant pour base les résultats des expériences de Regnault sur les chaleurs spécifiques et les densités des gaz.

Le principe de l'équivalence de la chaleur et du travail est aujourd'hui universellement admis ; il peut s'énoncer comme il suit :

La chaleur produit du travail, et la quantité de travail produit est proportionnelle à la quantité de chaleur dépensée ; ce qui s'exprime par la formule

$$\mathcal{E} = \text{E. Q.} \qquad (1)$$

$\mathcal{E}$ est le travail produit en kilogrammètres ;

Q est le nombre de calories dépensées ;

E l'équivalent mécanique de la chaleur. E = 424; c'est le nombre de kilogrammètres produits par une calorie.

_____

(1) Remarques sur les forces de la nature inanimée (*Annales* de MM. Wölher et Liebig, mai 1842).

A l'inverse, *le travail produit de la chaleur, et la chaleur produite est proportionnelle au travail dépensé*

$$Q = A . \mathfrak{C}. \qquad (2)$$

$A = \dfrac{1}{E} = \dfrac{1}{424}$ est l'équivalent calorifique d'un kilogrammètre.

572. État d'un corps. — Évolution. — L'état d'un corps est caractérisé par son volume, sa pression et sa température, et c'est en faisant subir à un corps des modifications dans son état que la chaleur produit du travail ou inversement. La succession de ces modifications porte le nom d'*évolution*.

Considérons un corps quelconque, et pour simplifier, du poids de 1 kilogramme. Désignons par p sa *pression*, par v son *volume* et par t sa *température*. L'état du corps est déterminé par ces trois éléments.

La *pression* d'un corps est en général la pression du milieu qui l'entoure de toutes parts, et qui exerce sur sa surface une tension superficielle contre laquelle le corps en équilibre réagit avec une pression égale. Si le corps est placé dans l'atmosphère, à la pression normale de 0,76 de mercure, la pression p exercée par mètre carré est de 10 334 kilogrammes. Pour un gaz renfermé dans un vase fermé, p est la pression exercée par le gaz par mètre carré de la paroi.

Le *volume* v est le volume, en mètres cubes, de 1 kilogramme du corps, c'est ce qu'on appelle le *volume spécifique*. Si δ est le poids du mètre cube en kilog., on a : $v = \dfrac{1}{\delta}$.

Les *températures* se comptent ordinairement en degrés centigrades, c'est-à-dire en prenant pour degré le centième de l'accroissement de volume produit par l'échauffement et la dilatation d'un corps régulièrement dilatable, depuis la glace fondante où on marque 0 degré, jusqu'à l'ébullition de l'eau pure où on marque 100 degrés, à la pression de $0^{m},76$ de mercure. Dans la théorie mécanique de la chaleur, il est beaucoup plus simple de les évaluer en *températures absolues*, c'est-à-dire en comptant les degrés à partir du $0°$ que l'on prend comme absolu et qui est égal à $\dfrac{1}{\alpha} = 273°$ au-dessous du 0 de la glace fondante; $\alpha = 0,003665$ est le coefficient de la dilatation des gaz parfaits.

En désignant par T la température absolue correspondant à une température ordinaire t, on a

$$T = \frac{1}{\alpha} + t = 273 + t.$$

Il suffit d'augmenter de $273°$ la température t comptée à partir du $0°$ de la glace fondante pour avoir la température absolue T.

L'emploi des températures absolues apporte de grandes simplifications dans les formules.

573. On admet que, pour tous les corps, il existe une relation entre la pression, le volume et la température, ce qui conduit à une équation

$$F(p.v.t) = 0. \tag{3}$$

Il en résulte qu'il suffit de deux des trois éléments p, v ou t pour déterminer l'état du corps, la fonction ci-dessus donnant le troisième.

Cette fonction n'est pas connue pour les corps solides ou liquides, mais elle se déduit pour les gaz parfaits des lois de Mariotte et de Gay-Lussac.

Ces lois donnent la relation

$$\frac{pv}{p_0 v_0} = \frac{1 + \alpha t}{1 + \alpha t_0},$$

p, v et t étant la pression, le volume et la température pour un état quelconque, et p_0, v_0, t_0 pour un autre état également quelconque.

En employant les températures absolues, on écrit plus simplement

$$\frac{pv}{p_0 v_0} = \frac{T}{T_0};$$

d'où l'équation fondamentale -

$$pv = RT \quad\quad\quad (4)$$

en posant $R = \dfrac{p_0 v_0}{T_0}$.

La valeur de R dépend de la nature du gaz ; à la pression normale de 0,76 de mercure et à la température de 0° centigrade, on a

$$p_0 = 10334 \quad\quad v_0 = \frac{1}{\delta_0} \quad\quad T_0 = 273,$$

d'où on déduit

$$R = \frac{10334}{273.\delta_0} = \frac{37,84}{\delta_0}.$$

δ_0 est le poids en kilogrammes du mètre cube de gaz à 0° et à la pression de $0^m,76$ de mercure ;
R est une quantité constante pour chaque gaz ; on trouve les valeurs suivantes :

	δ_0	R
Air.	1,29318	29,272
Azote.	1,2566	30,134
Oxygène.	1,42980	26,475
Hydrogène.	0,08957	422,66

On peut remarquer que la valeur de R pour l'hydrogène est à très peu près égale à celle de l'équivalent mécanique de la chaleur.

574. Représentation graphique de l'évolution. —

L'état d'un corps étant déterminé par deux éléments, le volume et la pression par exemple, la suite des modifications qu'il subit, dans une évolution quelconque, peut être représentée d'une manière graphique, ainsi que l'a indiqué Clapeyron.

Sur deux axes coordonnées rectangulaires (fig. 345) OX et OY, portons les volumes en abscisses et les pressions en ordonnées. A deux valeurs déterminées de v et de p qui définissent l'état du corps correspond sur le plan un certain point M qui représente cet état. $v = \text{ON}$ et $p = \text{MN}$. Si l'état du corps se modifie, si le corps fait une évolution, le point M se déplace dans le plan et décrit une certaine ligne MM′ qui indique tous les états successifs par lesquels le corps a passé. Au point M′ correspond un volume $v' = \text{ON}'$, et une pression $p' = \text{M}'\text{N}'$.

On donne le nom de *cycle* à cette courbe, et on dit que l'évolution du corps se fait suivant le cycle MM′.

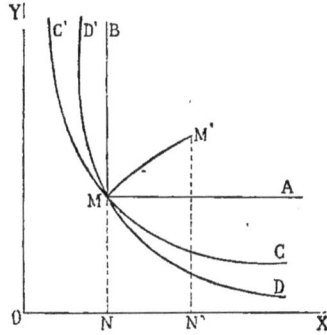

Fig. 345.

L'évolution d'un corps peut se faire d'une infinité de manières, et toutes les lignes que l'on peut tracer sur le plan correspondent à une évolution particulière.

Parmi ces lignes, il en est quelques-unes de caractéristiques :

La ligne de *pression constante ;* c'est une droite MA parallèle à l'axe des x ;

La ligne de *volume constant ;* c'est une droite MB parallèle à l'axe des y ;

La ligne CMC′ de *température constante*, ou *isotherme*. Elle dépend de la nature des corps.

Pour les gaz parfaits son équation est

$$pv = \text{RT}. \qquad (5)$$

T étant constant, c'est une hyperbole équilatère.

Pour les vapeurs saturées, la ligne de pression constante se confond avec la ligne isotherme.

La ligne DMD′ de *chaleur constante* qu'on désigne ordinairement avec M. Rankine sous le nom de ligne *adiabatique*. C'est la ligne qui représente les variations de l'état du corps, se modifiant sans qu'on fournisse ou qu'on enlève de l'extérieur aucune quantité de chaleur. Cette ligne joue un grand rôle dans la thermo-dynamique ; nous verrons plus loin son équation pour les gaz parfaits.

Toutes ces lignes d'évolution peuvent être représentées par une même équation de la forme

$$p^m v^n = \text{constante} ; \qquad (6)$$

Ainsi en faisant :

$n = 0$ on a $p = \text{const.}$; c'est la courbe de pression constante ;

$m = 0$ on a $v = \text{const.}$; c'est la courbe de volume constant ;

$m = n$ on a $pv = \text{const.}$, et par suite, pour les gaz, $T = \text{const.}$; c'est la courbe de température constante, c'est la ligne isotherme.

Enfin pour $\dfrac{n}{m} = k = \dfrac{C}{c}$, rapport des chaleurs spécifiques à pression et à volume constants, on a $pv^k = \text{const.}$; c'est l'équation de la courbe adiabatique pour les gaz parfaits, comme nous le verrons plus loin.

575. Action de la chaleur sur les corps. — Lorsqu'on soumet un corps à l'action de la chaleur, il éprouve simultanément plusieurs genres de modifications que nous allons analyser.

La chaleur absorbée peut se diviser en deux parties : l'une est employée à opérer des modifications à l'intérieur même du corps, dans l'arrangement et le mouvement des molécules, et produit ainsi un *travail interne* que nous désignerons par U, sans nous occuper de la nature de ces modifications.

Ce travail interne, compté pour une température déterminée à partir du zéro absolu et accumulé dans le corps, a été désigné par M. Rankine sous le nom d'*énergie interne*. Le travail interne est la variation d'énergie interne.

L'autre partie de la chaleur est employée à vaincre les forces extérieures telles que la pression du milieu, la pesanteur, etc., et à modifier la puissance vive du corps en mouvement ; elle produit ainsi un travail externe que nous désignerons par L.

D'après le principe de l'équivalence

$$Q = A(U + L), \qquad (7)$$

Q chaleur absorbée par le corps ;

U travail interne ;

L travail externe ;

A équivalent calorifique du travail.

576. Travail interne. — Le travail interne U peut lui-même se diviser en deux parties :

La première est employée à faire varier la température du corps, nous la désignerons par I ; la chaleur correspondante AI est une chaleur sensible au thermomètre qui augmente ou diminue celle qui se trouve déjà dans le corps ;

La deuxième partie J du travail interne est le travail effectué pour vaincre les forces d'agrégation. La chaleur dépensée pour cela est AJ ; elle a disparu avec la production du travail ; on a ainsi

$$U = I + J, \qquad (8)$$

U travail interne ;

I travail dépensé pour faire varier la température, AI est la
variation de chaleur sensible ;

J travail nécessaire pour modifier les forces d'agrégation.

Les valeurs de U, de I et de J peuvent être positives ou négatives suivant les changements d'état du corps.

Quand un corps après une évolution revient à son état initial, la variation U d'énergie interne est nulle. Si, en effet, il y avait une différence quelconque d'énergie positive ou négative, on pourrait l'employer à produire ou à absorber du travail extérieur, et en répétant indéfiniment la même opération, créer ou perdre indéfiniment du travail sans compensation, ce qui est impossible.

Il résulte de là que l'énergie interne est complètement déterminée par l'état du corps, et que par conséquent la variation d'énergie interne ou le travail interne U, d'un état à un autre, ne dépend que de l'état initial et de l'état final, et nullement de l'évolution que le corps a pu suivre.

577. Travail externe. — Le travail externe est le travail de toutes les forces extérieures qui agissent sur le corps, pression, pesanteur, etc., auxquelles il faut ajouter, quand le corps est en mouvement, la variation de puissance vive qui est équivalente à un travail.

Considérons d'abord le travail de la pression externe.

Un corps M est soumis sur toute sa surface à une pression p par unité de surface ; sous l'action d'une force quelconque, de la chaleur par exemple, il se dilate, sa force expansive ne différant à chaque instant que d'une quantité infiniment petite de celle du milieu où il se trouve ; soit ω un élément (fig. 346) de sa surface et s le déplacement normal à cet élément, le travail élémentaire est $p\omega s$ ou pdv, $\omega s = dv$ étant la variation élémentaire de volume ; le travail total de la force expansive, dans le changement de volume de v_0 à v_1, est l'intégrale

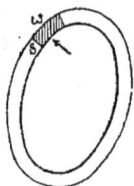

$$\int_{v_0}^{v_1} pdv.$$

Fig. 346.

Le corps dans son évolution peut être soumis à l'action d'autres forces extérieures F ; elles produisent un certain travail résistant $\Sigma \mathfrak{E} F$ qui entre dans la valeur de L. Si, par exemple, le corps se déplace verticalement d'une hauteur H, le travail pour 1 kilogr. est H.

Enfin si le corps est formé d'un certain nombre de masses m, passant de la vitesse w_0 à la vitesse w_1, la variation de puissance vive peut être représentée par

$$\Sigma \frac{1}{2} m \left(w_1^2 - w_0^2 \right).$$

Ainsi, dans le cas le plus général, le travail externe est donné par la relation

$$L = \int_{v_0}^{v_1} pdv + \Sigma \mathfrak{E} F + \Sigma \frac{1}{2} m \left(w_1^2 - w_0^2 \right) \qquad (9)$$

et en remplaçant dans l'équation (7), on a pour l'expression générale du principe de l'équivalence

$$Q = A\left[U + \int_{v_0}^{v_1} p\,dv + \Sigma\, \mathcal{C}F + \Sigma\, \frac{1}{2}\,m\,(w_1^2 - w_0^2) \right]. \quad (10)$$

L'équation de l'équivalence, en décomposant la chaleur interne, $U = I + J$, peut se mettre sous la forme

$$Q = A\,(I + J + L). \quad (11)$$

Nous aurons souvent à employer cette formule.

578. Évolution dans le cas où la pression superficielle est la seule force extérieure. — Dans le cas où il n'y a pas d'autre force extérieure que la pression superficielle et où il n'y a pas de variation de puissance vive,

$$\Sigma\, \mathcal{C}F = 0 \qquad \text{et} \qquad \Sigma\, \frac{1}{2}\,m\,(w_1^2 - w_0^2) = 0$$

et l'équation se réduit à

$$Q = A\left(U + \int_{v_0}^{v_1} p\,dv \right). \quad (12)$$

D'après la forme de l'expression $\int_{v_0}^{v_1} p\,dv$, le travail externe dépend de la manière dont la pression varie avec le volume et l'intégration ne peut se faire que lorsqu'on connaît la loi de cette variation, c'est-à-dire la voie suivie dans les modifications d'état.

La représentation graphique de l'évolution rend bien compte de ce fait.

Soit un corps évoluant suivant le cycle MAM' (fig. 347); à un certain instant, son volume est $v = OB$, sa pression $p = BA$; pour une modification infiniment petite, son volume augmente de $dv = BB'$ et le travail élémentaire $p\,dv$ est représenté par l'aire élémen-

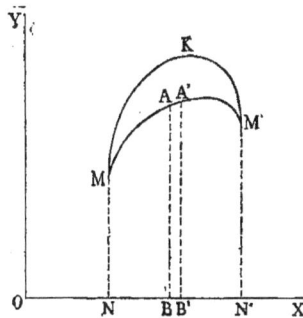
Fig. 347.

taire ABB'A'. Pour l'évolution totale de M en M', le travail
de la pression est représenté par l'aire totale NMAM'N' du
cycle. Comme pour aller du point M au point M' l'évolution
peut se faire suivant une autre courbe quelconque MKM' et que le
travail est alors représenté par l'aire NMKM'N' qui est différente
de la première, on voit que le travail externe dépend essentiellement de la courbe d'évolution.

Ainsi, contrairement à ce qui a lieu pour le travail interne, le
travail externe ne dépend pas uniquement de l'état initial et de
l'état final, mais encore de la voie suivie pour passer d'un état à
un autre.

On comprend du reste que l'on peut faire parcourir à un corps
un cycle quelconque choisi *a priori;* il suffit pour cela, en même
temps qu'on fait varier son volume, de lui fournir ou de lui enlever à chaque instant la chaleur nécessaire pour qu'il ait la
pression correspondante du cycle.

579. En différenciant l'équation (12), on trouve

$$dQ = A dU + A p dv. \qquad (13)$$

Nous savons que U est une fonction de l'état du corps et peut
par conséquent être déterminé par deux des trois quantités
p, v et T. En prenant T et v comme variables indépendantes, on a

$$dU = \frac{dU}{dT} dT + \frac{dU}{dv} dv, \qquad (14)$$

et en substituant

$$dQ = A \left[\frac{dU}{dT} dT + \left(\frac{dU}{dv} + p \right) dv \right]. \qquad (15)$$

Si l'on chauffe le corps sans lui permettre de se dilater, c'est-
à-dire à volume constant, $dv = 0$

$$\frac{dQ}{dT} = A \frac{dU}{dT},$$

$\dfrac{dQ}{dT}$ dans ce cas est la chaleur spécifique à volume constant; en la désignant par c

$$A\frac{dU}{dT}=c.$$

Si on chauffe le corps en le laissant dilater à température constante, $d\overline{T}=0$

$$dQ=A\frac{dU}{d\varphi}d\varphi+Apd\varphi,$$

$pd\varphi$ est le travail élémentaire externe de la pression superficielle, $\dfrac{dU}{d\varphi}d\varphi$ est le travail interne employé à vaincre, à température constante, l'agrégation des molécules.

En désignant par f le rapport $\dfrac{dU}{d\varphi}$ qu'on peut définir la tension d'agrégation des molécules à température constante,

$$\frac{dU}{d\varphi}=f,$$

la chaleur interne élémentaire prend la forme

$$AdU=cdT+Afd\varphi \qquad (16)$$

et l'équation 15 devient

$$dQ=cdT+A(f+p)d\varphi. \qquad (17)$$

Si nous rapprochons de l'équation générale (11), on reconnaît, en identifiant les termes, que

$AI=\displaystyle\int cdT$ est la variation de chaleur sensible,

$J=\displaystyle\int fd\varphi$ est le travail interne pour modifier les forces moléculaires d'agrégation,

$L=\displaystyle\int pd\varphi$ est le travail externe qui, dans le cas actuel, se réduit à celui de la tension superficielle.

Pour les gaz parfaits, ces relations prennent des formes simples et conduisent à des résultats importants.

580. Évolution suivant un cycle fermé. — L'évolution s'étant faite suivant le cycle MKM' (fig. 348), on peut ramener le corps à son état initial en lui faisant parcourir le même chemin en sens inverse M'KM ; dans ce cas le travail de la pression, à chaque instant, est égal et de signe contraire à celui produit dans la voie directe, de sorte que le travail total externe est nul. Comme le travail interne l'est aussi, il s'ensuit que la chaleur rendue Q_1 dans l'évolution de retour est égale à celle Q_0 fournie dans l'évolution directe et que la somme algébrique est nulle $Q_0 - Q_1 = 0$.

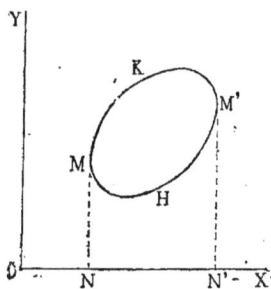

Fig. 348.

Mais on peut ramener le corps à l'état initial par un autre chemin tel que M'HM. Dans ce cas, pendant l'évolution de retour, la pression effectue un travail représenté par l'aire NMHM'N'. Lorsque le corps est revenu à son état initial, après avoir parcouru le cycle fermé MKM'HM, le travail externe effectué est représenté par la différence des deux aires NMKM'N' et NMHM'N', c'est-à-dire précisément par l'aire comprise dans le cycle fermé MKM'HM.

Q_0 étant la chaleur fournie suivant MKM' et Q_1 celle rendue suivant M'HM, le travail interne U étant nul, l'équation (12) donne

$$Q_0 - Q_1 = A \int_{v_0}^{v_1} p\, dv = A\Omega,$$

Ω étant l'aire du cycle MKM'HM qui représente le travail.

Dans l'évolution d'un corps, la température, la pression, le volume, ainsi que les quantités de chaleur reçues et rendues, peuvent varier à chaque instant, mais pour un cycle fermé, ces quantités restent toujours comprises entre certaines limites qu'il est facile de déterminer.

Pour avoir les pressions limites p_0 et p_1 il suffit de mener au cycle (fig. 349) deux tangentes A_0B_0 et A_1B_1 parallèles à l'axe des x; l'une au-dessus donne la limite maximum des pressions, l'autre au-dessous la limite minimum.

De même, si on mène au cycle deux tangentes parallèles C_0D_0 et C_1D_1 à l'axe des y, on aura les limites maximum et minimum des volumes.

Pour avoir les températures limites, il faut mener deux lignes isothermes E_0F_0 et E_1F_1 tangentes au cycle en f et en b. Elles correspondent aux températures limites T_0 et T_1; la température augmente de T_0 à T_1 dans le parcours $bcdef$ et décroît de T_1 à T_0 dans le parcours $fghab$.

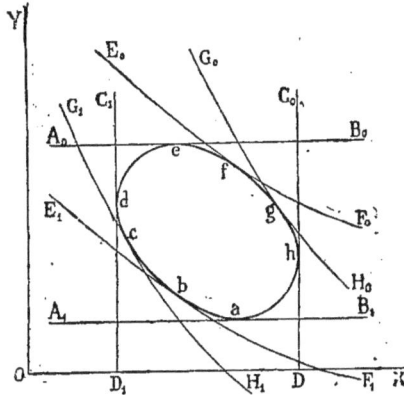

Fig. 349.

Enfin si on mène au cycle deux lignes adiabatiques tangentes G_0gH_0 et G_1cH_1, le corps reçoit de la chaleur des corps extérieurs dans le parcours $cdefg$ et leur en rend dans le parcours $ghabc$.

581. Cycles réversibles et non réversibles. — Dans l'évolution suivant un cycle déterminé, le corps évoluant est mis à chaque instant en communication avec des corps extérieurs qui ont des pressions et des températures différentes. Si la pression p du corps est plus forte que celle p' des corps extérieurs, il augmente de volume; il se comprime au contraire, si la pression extérieure est plus forte.

De même si la température T du corps évoluant est plus élevée que celle T' des corps extérieurs en contact, ceux-ci reçoivent dans l'évolution une certaine quantité de chaleur; ils en cèdent au contraire si T' est plus grand que T.

Le sens de l'évolution dépend du sens de la différence des pressions et des températures.

On peut concevoir que les pressions p et p' soient égales à chaque instant ou du moins infiniment peu différentes et qu'il

en soit de même des températures T et T′; dans ces conditions,
l'évolution pourra se faire indifféremment dans un sens ou dans
l'autre; il suffira d'une variation infiniment petite pour rendre
la pression ou la température du corps évoluant inférieure ou
supérieure à celle du corps extérieur et déterminer par conséquent l'évolution dans un sens ou dans l'autre; on dit alors que
le cycle est parcouru *d'une manière réversible* ou simplement qu'il
est *réversible*.

582. Pour un cycle MN (fig. 35o) parcouru d'une manière
réversible, la pression $p = AB$ du corps évoluant, en un point quelconque A, est égale à celle du corps extérieur en contact et, pour
un accroissement de volume dv, le
travail élémentaire externe est pdv;
la chaleur fournie correspondante
est (13)

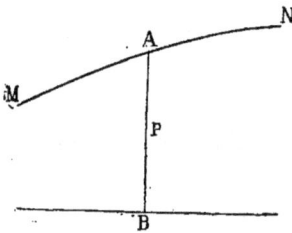

$$dQ = AdU + Apdv.$$

Si le cycle était parcouru, par rapport à la pression, d'une manière non
réversible dans le sens MN, la pres-
sion p' du corps externe serait plus petite que celle p du corps
évoluant d'une quantité finie et le travail élémentaire de compression extérieure serait seulement $p'dv < pdv$, et par suite la
chaleur fournie dQ' serait

$$dQ' = AdU + Ap'dv,$$

plus petite que dQ puisque dU est le même dans les deux cas,
l'état final étant le même.

Ainsi quand le corps évoluant augmente de volume, la chaleur à fournir est plus grande pour un cycle réversible que pour
le même cycle parcouru d'une manière non réversible par suite
d'une différence finie de pression.

Il n'en est plus ainsi quand le cycle est parcouru en sens inverse NM, avec diminution de volume; le corps évoluant est

Fig. 35o.

comprimé et, quel que soit $p'>p$, le travail élémentaire est toujours pdv. Dans la compression, les chaleurs rendues Q et Q' sont
les mêmes pour un cycle réversible et un cycle non réversible.

Lorsque l'évolution se fait suivant un cycle fermé, une partie
est nécessairement parcourue avec dilatation du corps évoluant
et l'autre avec compression ; dans la première partie, la chaleur
dQ, cédée au corps, est plus grande sur un élément du cycle
réversible que celle dQ' cédée sur le même élément du cycle
non réversible, tandis que, dans la compression, la chaleur rendue est la même pour les deux cycles ; on en conclut que, pour
un cycle fermé complet, la chaleur totale dépensée Q', pour un
cycle non réversible, est plus faible que celle Q pour un cycle
réversible

$$Q' < Q.$$

Nous utiliserons cette inégalité dans l'étude du rendement des
machines.

Quand le cycle est réversible par rapport à la pression, mais
non réversible par rapport à la température, par suite d'une différence *finie* entre le corps évoluant et le corps extérieur, les
quantités de chaleur cédées et rendues sont les mêmes que pour
un cycle réversible. Cela résulte de l'équation (13).

Les cycles étant les mêmes, dU est le même, et, les cycles étant
tous deux réversibles par rapport à la pression, le travail pdv est
le même, de sorte que la chaleur dQ est aussi la même.

La non reversibilité du cycle, par rapport à la température, a
de l'influence sur une fonction particulière $\int \frac{dQ}{T}$, qu'on appelle
l'entropie et qui joue un grand rôle dans la thermo-dynamique.
Nous reviendrons plus loin sur cette question.

§ II

DES GAZ PARFAITS

583. On désigne sous le nom de gaz parfaits les gaz arrivés à un état limite tel qu'ils suivent rigoureusement les lois de Mariotte et de Gay-Lussac.

Le principe de l'équivalence de la chaleur et du travail, pour les gaz parfaits, se déduit de ces deux lois ; voici comment M. Bourget l'a démontré.

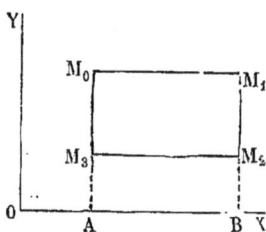

Fig. 351.

Soit (fig. 351) M_0 l'état d'un gaz parfait caractérisé par son volume $v_0 = OA$ et sa pression $p_0 = M_0 A$. La température absolue est T_0. Faisons-le dilater à pression constante de M_0 en M_1 ; le volume passe de $OA = v_0$ à $OB = v_1$, la température de T_0 à T_1 ; la pression restant constante, $BM_1 = p_1$ est égal à $AM_0 = p_0$; la ligne décrite est une droite M_0M_1 parallèle à l'axe des x ; la chaleur absorbée Q_0 est

$$Q_0 = C(T_1 - T_0),$$

C étant la chaleur spécifique à pression constante.

Refroidissons le gaz à volume constant de M_1 à M_2 de sorte que $v_2 = v_1$; la température tombe de T_1 à T_2, et la pression de $M_1B = p_0$ à $M_2B = p_2$; la ligne décrite dans l'évolution est une droite M_1M_2 parallèle à l'axe des y ; la chaleur absorbée Q_1 est

$$Q_1 = c(T_2 - T_1),$$

elle est négative ; c est la chaleur spécifique à volume constant.

Réduisons le volume de $v_1 = OB$ à $v_3 = OA$ tel que $v_3 = v_0$ volume initial, en maintenant la pression constante de sorte que $AM_3 = p_3$ est égal à $BM_2 = p_2$, la température passe de T_2 à T_3

et le cycle décrit est une droite M_2M_3 parallèle à l'axe des x : la chaleur absorbée est

$$Q_2 = C\,(T_3 - T_2).$$

Enfin ramenons le gaz à son état initial, en le chauffant de manière à le comprimer de $p_3 = AM_3$ à $p_0 = AM_0$, sans changer son volume $OA = v_3 = v_0$; le gaz, retrouvant son état primitif de pression p_0 et de volume v_0, reprend également sa température initiale T_0. La quantité de chaleur Q_3 fournie par cette dernière évolution est

$$Q_3 = c\,(T_0 - T_3).$$

En ajoutant algébriquement ces quantités de chaleur positives et négatives, on trouve la quantité totale Q de chaleur fournie

$$Q = Q_0 + Q_1 + Q_2 + Q_3 = (C - c)\,(T_1 - T_0 + T_3 - T_2),$$

mais on a, pour un gaz parfait, dans les divers états,

$$p_0 v_0 = RT_0 \qquad p_1 v_1 = RT_1 \qquad p_2 v_2 = RT_2 \qquad p_3 v_3 = RT_3.$$

En retranchant la 1re équation de la 2e et la 4e de la 3e et remarquant que $p_1 = p_0$, $p_3 = p_2$ et aussi que $v_2 = v_1$ et $v_3 = v_0$, on a les deux relations

$$R\,(T_1 - T_0) = p_1\,(v_1 - v_0)$$
$$R\,(T_2 - T_3) = p_2\,(v_1 - v_0)$$

et par conséquent $R\,(T_1 - T_0 + T_3 - T_2) = (p_1 - p_2)\,(v_1 - v_0)$; en substituant on trouve

$$Q = \frac{C - c}{R}\,(p_1 - p_2)\,(v_1 - v_0).$$

Le travail $\mathfrak{S}$ effectué par le gaz, dans l'évolution composée des quatre périodes successives, est représenté par l'aire du cycle décrit, c'est-à-dire du rectangle $M_0M_1M_2M_3$, aire qui est égale à $(p_1 - p_2)\,(v_1 - v_0)$, de sorte que

$$Q = \frac{C - c}{R}\,.\,\mathfrak{S}, \qquad\qquad (18)$$

ce qui démontre que la quantité de chaleur fournie est proportionnelle au travail effectué et que l'équivalent calorifique du kilogrammètre est

$$A = \frac{C - c}{R} \qquad (19)$$

En prenant d'après les résultats des expériences les plus précises, pour l'air

$$C = 0,23751 \qquad \frac{C}{c} = 1,409 \qquad R = 29,272.$$

On trouve pour l'équivalent mécanique de la chaleur

$$E = \frac{1}{A} = 424,$$

le même nombre que celui qui résulte des expériences directes de Joule.

584. Le principe de l'équivalence, démontré pour un gaz parfait parcourant un cycle déterminé, s'étend à un corps quelconque parcourant un cycle quelconque. On fait pour cela le raisonnement suivant.

Supposons que pour un corps X, produisant dans une évolution un certain travail $\mho$, la quantité de chaleur dépensée Q' soit différente de celle Q, employée avec un gaz parfait pour produire le même travail $\mho$.

Accouplons les deux corps et faisons parcourir au corps X son cycle en sens inverse et au gaz son cycle en sens direct. Après cette double évolution, le travail produit $-\mho$ et $+\mho$ sera nul et il y aura une quantité de chaleur $Q - Q'$ créée ou perdue suivant que Q sera plus grand ou plus petit que Q' et cela sans compensation, les deux corps étant revenus à l'état initial. Cette conséquence est inadmissible, il faut nécessairement que, si les travaux sont les mêmes, les quantités de chaleur Q et Q' soient égales.

585. Dans les gaz parfaits, la force d'agrégation est nulle. — Une des propriétés les plus importantes des gaz parfaits, c'est que la force d'agrégation f est nulle et que par conséquent, dans une évolution, le travail, que nous avons représenté par J, est constamment nul. Cette propriété des gaz parfaits, qui avait été énoncée par Clausius, a été démontrée d'une manière précise par la célèbre expérience de Joule.

Joule place dans un calorimètre deux récipients égaux, l'un renfermant de l'air comprimé à 22 atmosphères, l'autre dans lequel on a fait le vide. Les deux récipients communiquent entre eux par un tuyau muni d'un robinet. Quand la température se maintient constante dans le calorimètre, on ouvre le robinet; l'air comprimé s'écoule rapidement dans le vase vide, et, au bout de peu de temps, la pression est la même et égale à 11 atmosphères dans les deux récipients; on constate qu'un thermomètre des plus sensibles n'accuse aucune variation de température dans le calorimètre.

Appliquons à cette expérience la formule générale (11).

Il n'y a aucune chaleur fournie ou absorbée de l'extérieur puisque la température du calorimètre reste invariable, Q=0.

Cette invariabilité démontre en outre que la variation de chaleur sensible AI est nulle, donc $I=0$. Enfin le volume extérieur n'ayant pas changé, le travail externe est nul, L=0.

D'où on conclut nécessairement J=0 ou $f=0$; c'est-à-dire que, pour les gaz parfaits, le travail et la tension de désagrégation sont nuls.

La chaleur interne (16 du n° **579**), pour les gaz parfaits, est en conséquence

$$A\,dU = c\,dT \quad \text{d'où} \quad AU = AI = c(T_2 - T_1) \qquad (20)$$

pour une évolution quelconque entre T_1 et T_2.

La formule (17) se réduit alors en faisant $f=0$

$$dQ = c\,dT + A p\,dv. \qquad (20)$$

C'est la formule qui donne, pour les gaz parfaits, la chaleur dépensée dans une évolution où la pression superficielle est la seule force extérieure.

586. Si on chauffe un gaz, en maintenant sa pression constante, la formule $pv = RT$ donne en différenciant $pdv = RdT$, et en substituant dans l'équation (20)

$$\frac{dQ}{dT} = c + AR,$$

Or dans ce cas $\frac{dQ}{dT}$ est la chaleur spécifique C à pression constante; on a donc

$$C - c = AR.$$

C'est la relation déjà établie (19). On déduit de cette formule, comme nous l'avons vu, $E = \frac{1}{A} = \frac{R}{C - c} = 424$.

587. Courbe adiabatique des gaz parfaits. — Considérons un gaz parfait qui change d'état sans qu'on lui fournisse ou qu'on lui enlève de la chaleur de l'extérieur, l'évolution se fait suivant un cycle adiabatique et à chaque instant $dQ = 0$.

Si le gaz surmonte dans son évolution une pression constamment égale à sa force expansive, sans autre force extérieure et sans variation de puissance vive, il faut appliquer l'équation (20) qui devient, en faisant $dQ = 0$,

$$0 = cdT + Apdv,$$

mais pour un gaz parfait

$$pv = RT, \qquad \text{d'où} \qquad p = \frac{RT}{v}.$$

En substituant

$$-\frac{cdT}{T} = AR \frac{dv}{v}$$

et en intégrant, pour les températures de T_1 à T_2 et pour les volumes de v_1 à v_2,

$$c \log. \text{nép} \frac{T_1}{T_2} = AR \log. \text{nép} \frac{v_2}{v_1}.$$

Comme $AR = C - c$, en posant $k = \frac{C}{c}$, on met sous la forme

$$\frac{T_2}{T_1} = \left(\frac{v_1}{v_2}\right)^{k-1} \qquad \text{ou bien} \qquad Tv^{k-1} = \text{const.} \quad (21)$$

C'est la relation qui lie les températures et les volumes dans l'évolution adiabatique.

Pour en déduire la relation entre p et v, remplaçons T par sa valeur tirée de l'équation $pv=RT$; on trouve

$$\frac{pv}{R}v^{k-1}=\text{const.}, \qquad \text{d'où} \qquad pv^k=\text{const.} \quad (22)$$

C'est l'équation de la courbe adiabatique.

La constante est déterminée quand on connaît la pression et le volume correspondant à un certain état $p_0v_0{}^k=\text{const.}$

Enfin on obtient la relation entre la pression et la température en remplaçant le volume par $v=R\dfrac{T}{p}$; on a

$$R^k p\left(\frac{T}{p}\right)^k=\text{const.}, \qquad \text{d'où} \qquad pT^{\frac{k}{1-k}}=\text{const.} \quad (23)$$

qu'on peut mettre sous la forme

$$\frac{p_2}{p_1}=\left(\frac{T_2}{T_1}\right)^{\frac{k-1}{k}}.$$

C'est la formule de Laplace.

588. Courbe isotherme des gaz parfaits. — Lorsque, dans une évolution, un gaz parfait se maintient à la même température, le cycle décrit est une courbe isotherme dont l'équation est $pv=RT$; T étant constant, c'est une hyperbole équilatère.

Pour maintenir dans l'évolution la température constante, il faut fournir une certaine quantité de chaleur facile à calculer.

Dans l'équation (20) $dQ=cdT+Apdv$, faisons $dT=0$; il vient

$$dQ=Apdv \qquad \text{et comme} \qquad p=\frac{RT}{v},\qquad \text{on trouve}$$

$$dQ=ART\frac{dv}{v}.$$

En intégrant de v_1 à v_2

$$Q = \text{ART log. nép. } \frac{v_2}{v_1};$$

en remplaçant AR par $C - c$ èt $\frac{v_2}{v_1}$ par $\frac{p_1}{p_2}$, on met sous la forme

$$Q = (C - c)\, T \text{ log. nép. } \frac{p_1}{p_2}. \qquad (24)$$

C'est la quantité de chaleur nécessaire pour faire passer 1 kilog. de gaz de la pression p_2 à la pression p_1, en maintenant la température constante à T.

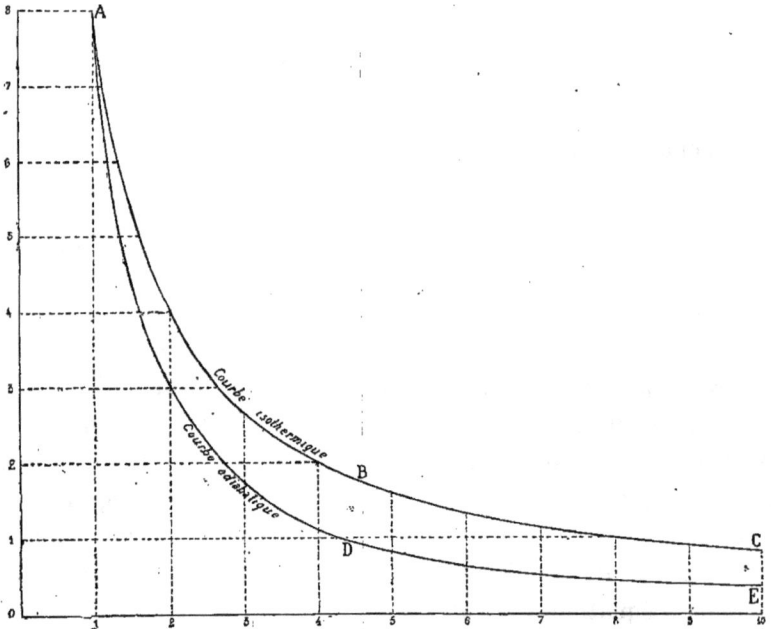

Fig. 352.

En faisant varier le volume d'un gaz parfait dans le rapport de 1 à 20, et calculant les pressions correspondantes : pour la courbe isothermique, par l'équation $pv = RT = \text{const.}$; pour la courbe adiabatique, par l'équation $pv^k = $ const., on obtient le tableau suivant qui donne les résultats comparés.

COMPARAISON DES DÉTENTES ISOTHERMIQUE ET ADIABATIQUE.

VOLUMES.	PRESSIONS SUIVANT LES DÉTENTES		VOLUMES.	PRESSIONS SUIVANT LES DÉTENTES	
—	isothermique.	adiabatique.	—	isothermique.	adiabatique.
1,00	1	1	5	0,200	0,1035
1,20	0,883	0,773	6	0,166	0,0798
1,50	0,666	0,564	7	0,143	0,0643
1,80	0,555	0,437	8	0,125	0,0533
2	0,500	0,375	9	0,111	0,0457
2,50	0,400	0,275	10	0,100	0,0389
3	0,333	0,212	15	0,066	0,0220
4	0,250	0,141	20	0,050	0,0046

La figure 352 représente les deux courbes isothermique et adiabatique. On voit que la pression baisse plus rapidement dans la détente adiabatique.

589. Lignes de pression constante et de volume constant. — La ligne de pression constante est une parallèle à l'arc des x dont l'équation est : $p = $ const.

La quantité de chaleur pour une évolution, dans ces conditions, est, en appliquant la formule $dQ = cdT + Apdv$,

$$Q = c(T_2 - T_1) + Ap(v_2 - v_1),$$

T_2 et T_1 étant les températures et v_2 et v_1 les volumes limites, c la chaleur spécifique à volume constant.

Comme pour les gaz parfaits

$$pv = RT \qquad \text{et que} \qquad C - c = AR,$$

il vient

$$Q = c(T_2 - T_1) + AR(T_2 - T_1) = C(T_2 - T_1), \quad (25)$$

ce qu'on pouvait poser *a priori*.

La ligne de volume constant est une parallèle à l'axe des y

$$v = \text{const.},$$

et la chaleur à fournir.

$$Q = c(T_2 - T_1).\qquad(26)$$

590. Ligne d'évolution représentée par l'équation $p^m v^n = \text{const.}$

— Étudions, d'une manière générale, l'évolution d'un gaz permanent suivant la courbe dont l'équation est $p^m v^n = a = \text{const.}$, et qui comprend, comme nous l'avons vu (**574**), les principales évolutions.

Quand le gaz n'est pas soumis à d'autre force extérieure que la force expansive, le travail extérieur élémentaire est

$$dL = p\,dv.$$

D'après l'équation de la courbe d'évolution, on a pour la pression p à un moment quelconque

$$p = a^{\frac{1}{m}} v^{-\frac{n}{m}} = p_1 v_1^{\frac{n}{m}} v^{-\frac{n}{m}} \quad \text{d'où} \quad dL = p_1 v_1^{\frac{n}{m}} v^{-\frac{n}{m}}\,dv,$$

p_1 et v_1 étant la pression et le volume pour un état déterminé.

En substituant et intégrant depuis p_1 et v_1 jusqu'à p_2 et v_2

$$L = \frac{m}{m-n} p_1 v_1^{\frac{n}{m}}\left(v_2^{1-\frac{n}{m}} - v_1^{1-\frac{n}{m}}\right) = \frac{m}{m-n} p_1 v_1\left[\left(\frac{v_2}{v_1}\right)^{1-\frac{n}{m}} - 1\right]$$

et comme $p^m v^n = \text{const.}$

$$p_2 v_2 v_2^{\frac{n}{m}-1} = p_1 v_1 v_1^{\frac{n}{m}-1} \quad \text{d'où} \quad \left(\frac{v_2}{v_1}\right)^{1-\frac{n}{m}} = \frac{p_2 v_2}{p_1 v_1} = \frac{T_2}{T_1},$$

T_2 et T_1 étant les températures absolues correspondant aux pressions p_2 et p_1; on met sous la forme

$$L = \frac{m}{m-n} \frac{p_1 v_1}{T_1}\left(T_2 - T_1\right) = \frac{m}{m-n} R\left(T_2 - T_1\right).\qquad(27)$$

D'un autre côté, le travail intérieur U est (**585**)

$$U = \frac{c}{A}(T_2 - T_1).$$

La quantité de chaleur fournie Q est en conséquence

$$Q = A(U+L) = A\left[\frac{m}{m-n} R + \frac{c}{A}\right](T_2 - T_1);$$

et comme $AR = C - c$, on trouve

$$Q = \frac{mC - nc}{m - n}(T_2 - T_1) = \lambda(T_2 - T_1).$$

En posant $\frac{mC - nc}{m - n} = \lambda$. En différenciant

$$dQ = \lambda dT. \qquad (28)$$

La chaleur cédée à chaque instant, quand l'évolution se fait suivant la courbe $p^m v^n = $ constante, est proportionnelle à la variation de température.

591. On peut démontrer qu'à l'inverse, lorsque la chaleur se communique, à chaque instant, proportionnellement à la variation de température, c'est-à-dire quand $dQ = \lambda dT$, l'évolution se fait suivant la loi $p^m v^n = $ constante.

En effet, pour les gaz parfaits (**585**),

$$dQ = cdT + Apdv.$$

D'un autre côté en différenciant l'équation (4), $pv = RT$

$$RdT = pdv + vdp$$

et remplaçant dQ par λdT et AR par $C - c$ (19), il vient

$$(\lambda - c)(pdv + vdp) = (C - c)pdv,$$

qu'on met sous la forme

$$(\lambda - c)\frac{dp}{p} + (\lambda - C)\frac{dv}{v} = 0,$$

et en intégrant, on retombe sur l'équation $p^m v^n = $ const., en posant $\frac{m}{n} = \frac{\lambda - c}{\lambda - C}$, d'où, comme ci-dessus, $\lambda = \frac{mC - nc}{m - n}$.

Ces formules ont été données par M. Zeuner.

Le terme $\lambda = \frac{mC - nc}{m - n}$ prend des valeurs particulières suivant la courbe d'évolution.

Pour une évolution à pression constante, $n=0$, et

$$\lambda = C,$$

λ est alors la chaleur spécifique à pression constante. Le travail est

$$L = p_0(v_2 - v_1) \qquad \text{ou} \qquad L = R(T_2 - T_1).$$

La quantité de chaleur fournie

$$Q = C(T_2 - T_1).$$

Pour une évolution à volume constant $m=0$, et

$$\lambda = c,$$

λ est la chaleur spécifique à volume constant.

On trouve pour le travail et la quantité de chaleur

$$L = 0, \qquad \text{et} \qquad Q = c(T_2 - T_1).$$

Pour une évolution à température constante, on a $m=n$. La valeur de λ devient infinie et $T_2 - T_1 = 0$. Le travail et la quantité de chaleur prennent la forme indéterminée.

L'équation $dL = p\,dv = p_1 v_1^{\frac{n}{m}} v^{-\frac{n}{m}} \, dv$ donne pour $m=n$

$$dL = p_1 v_1 \frac{dv}{v},$$

et, en intégrant,

$$L = p_1 v_1 \text{ log. nép. } \frac{v_2}{v_1},$$

et, comme $U = \dfrac{C}{A}(T_2 - T_1) = 0$, on a pour la quantité de chaleur

$$Q = ART \text{ log. nép. } \frac{v_2}{v_1}.$$

Pour une évolution suivant une ligne adiabatique, $\dfrac{n}{m} = k = \dfrac{C}{c}$, c'est le rapport des chaleurs spécifiques et $\lambda = 0$.

On trouve $L = \dfrac{1}{1-k} R(T_2 - T_1)$ et $Q = 0$.

§ III

PRINCIPE DE CARNOT

592. Dans un ouvrage publié en 1824 et intitulé : *Réflexions sur la puissance motrice du feu et sur les machines propres à développer cette puissance*, Sadi Carnot pose le principe suivant :

Toutes les fois qu'il y a travail produit par l'évolution d'un corps, il se fait un passage de chaleur d'un corps chaud à un corps froid et la quantité de travail produit correspond à la quantité de chaleur transportée ; cette quantité ne dépend pas de la matière du corps intermédiaire évoluant, mais seulement des températures du corps chaud et du corps froid entre lesquels se fait l'évolution.

Sadi Carnot ajoute, suivant les idées de l'époque, que dans ce transport il n'y a pas de chaleur perdue, c'est-à-dire que la chaleur prise au corps chaud se retrouve tout entière dans le corps froid, ce qui est inexact et en contradiction avec le principe de l'équivalence de la chaleur et du travail ; mais la première partie de l'énoncé de Carnot est juste et constitue le second principe de la théorie mécanique de la chaleur.

Dans l'exposé de son principe, Carnot fait subir au corps une évolution suivant un cycle particulier remarquable qui est connu sous le nom de *cycle de Carnot*. Ce cycle se compose de deux lignes isothermes et de deux lignes adiabatiques.

Soit A (fig. 353) l'état initial d'un corps déterminé par son volume spécifique $v_0 = OA'$ et sa pression $p_0 = AA'$; sa

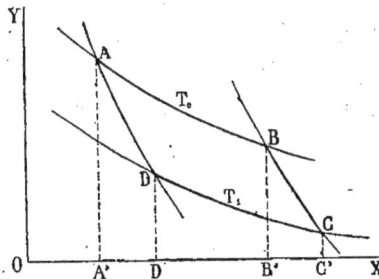

Fig. 353.

température est T_0. On fait dilater le corps en lui fournissant une quantité de chaleur Q_0 au moyen d'une source indéfinie à température T_0, et il vient occuper le point B en décrivant une courbe isotherme AB. Son volume est alors $v_1 = OB'$; sa pression $p_1 = BB'$ et sa température est restée T_0.

A ce moment, on éloigne la source chaude, et le corps continue à se dilater de B en C suivant la courbe adiabatique BC, sans gain ni perte de chaleur de l'extérieur. En C son volume est $v_2 = OC'$, sa pression $p_2 = CC'$, et sa température est devenue T_1.

On comprime ensuite le corps, en le maintenant à température constante T_1, au moyen d'une source indéfinie à cette température qui absorbe une quantité de chaleur Q_1. Il parcourt la courbe isotherme CD, jusqu'à la rencontre, en D, de la ligne adiabatique AD, menée par le point A. Il passe ainsi au volume $v_3 = OD'$, à la pression $p_3 = DD'$.

Enfin on le comprime, suivant la courbe adiabatique AD, jusqu'à ce qu'il ait repris, en A, sa pression p_0, son volume v_0 et sa température T_0.

Le cycle ainsi parcouru est le cycle imaginé par Carnot; il se compose de deux lignes isothermes AB et CD, aux températures T_0 et T_1, pendant lesquelles le corps reçoit, sur la première, la chaleur Q_0 et rend, sur la seconde, la chaleur Q_1, et des deux lignes adiabatiques BC et DA, sur lesquelles il n'y a ni chaleur reçue ni chaleur perdue.

Le principe de Carnot peut maintenant s'énoncer avec plus de précision comme il suit:

Quand l'évolution d'un corps se fait suivant un cycle de Carnot, les quantités de chaleur Q_0 prise à la source chaude et Q_1 cédée à la source froide sont respectivement proportionnelles aux températures absolues T_0 et T_1 de ces sources, et le travail produit est proportionnel à la chute de température $T_0 - T_1$.

On le démontre comme il suit pour les gaz parfaits.

Dans le cas où le gaz n'est soumis à aucune force extérieure autre qu'une pression égale à la force expansive, on a l'équation (20)

$$dQ = cdT + Apdv,$$

et comme $p = \dfrac{RT}{v}$ pour les gaz parfaits, il vient

$$dQ = c\,dT + ART\,\frac{dv}{v}.$$

Appliquons cette formule successivement aux quatre parties du cycle.

Sur la ligne isotherme AB, la température est constante et égale à T_0. On a $dT = 0$, $\int dQ = Q_0$, et, en intégrant de v_0 à v_1,

$$Q_0 = ART_0 \log \text{nép} \frac{v_1}{v_0} \cdot \qquad (29)$$

Sur la ligne adiabatique BC, la chaleur fournie est nulle: $dQ = 0$ et

$$-c\,\frac{dT}{T} = AR\,\frac{dv}{v};$$

en intégrant de T_0 à T_1 et de v_1 à v_2,

$$c \log \frac{T_0}{T_1} = AR \log \frac{v_2}{v_1} \cdot \qquad (30)$$

Sur la ligne isotherme CD on trouve de même, en changeant les signes

$$Q_1 = ART_1 \log \text{nép} \frac{v_2}{v_3}, \qquad (31)$$

et enfin sur la ligne adiabatique DA

$$c \log \frac{T_0}{T_1} = AR \log \frac{v_3}{v_0}. \qquad (32)$$

La combinaison des équations (30) et (32) donne

$$\frac{v_3}{v_0} = \frac{v_2}{v_1} \qquad \text{d'où} \qquad \frac{v_2}{v_3} = \frac{v_1}{v_0};$$

en divisant les équations (29) et (31) membre à membre et utilisant cette dernière égalité de rapports, il vient

$$\frac{Q_0}{Q_1} = \frac{T_0}{T_1}, \quad \text{ou bien} \quad \frac{Q_0}{T_0} - \frac{Q_1}{T_1} = 0. \quad (33)$$

Les quantités de chaleur prise ou cédée aux sources chaude ou froide sont proportionnelles aux températures absolues de ces sources, ce qui démontre la première partie du théorème de Carnot, qui se déduit, comme on voit, pour les gaz parfaits, du principe de l'équivalence.

593. Dans l'évolution, le travail produit est représenté par l'aire ABCD du cycle; en le désignant par $\mathfrak{C}$, on a, d'après le principe de l'équivalence, la chaleur dépensée étant $Q_0 - Q_1$

$$Q_0 - Q_1 = A\mathfrak{C}.$$

Or l'équation (33) donne

$$\frac{Q_0 - Q_1}{T_0 - T_1} = \frac{Q_1}{T_1} = \frac{Q_0}{T_0}$$

et, en remplaçant $Q_0 - Q_1$ par sa valeur tirée de cette relation,

$$\mathfrak{C} = \frac{Q_1}{A} \frac{T_0 - T_1}{T_1} = \frac{Q_0}{A} \frac{T_0 - T_1}{T_0}. \quad (34)$$

C'est l'expression du travail en fonction des températures et de la quantité de chaleur prise ou cédée à l'une des sources. *Le travail produit est proportionnel à la chute de température entre les deux sources;* c'est la seconde partie du principe de Carnot.

Carnot admettait en outre que $Q_0 = Q_1$, ce qui ne peut être; ce serait contraire au principe de l'équivalence de la chaleur et du travail.

594. Clausius a étendu à un corps quelconque la démonstration du principe de Carnot établie pour les gaz parfaits.

Considérons, dit-il, un corps quelconque faisant une évolution suivant un cycle de Carnot, entre les températures T_0 et T_1; il prend à la source chaude la chaleur Q_0' et cède Q_1' à la source froide; le travail produit $\mathfrak{C}$ est

$$\epsilon = \frac{Q'_0 - Q'_1}{A}.$$

Il s'agit de démontrer que

$$\frac{Q'_0}{T_0} = \frac{Q'_1}{T_1}.$$

Faisons évoluer un gaz parfait dans les mêmes limites de température de manière à produire le même travail ϵ, ce qui est toujours possible en prolongeant plus ou moins le déplacement sur la ligne isotherme.

Soient Q_0 et Q_1 les quantités de chaleur fournies et cédées, nous avons ainsi

$$\epsilon = \frac{Q_0 - Q_1}{A},$$ et par conséquent $Q'_0 - Q'_1 = Q_0 - Q_1$.

Il s'agit de démontrer que $Q'_0 = Q_0$ et par suite $Q'_1 = Q_1$.
Supposons qu'il n'en soit pas ainsi et soit

$$Q_0 > Q'_0 \quad \text{d'où} \quad Q_1 > Q'_1.$$

Si on imagine un système composé d'un corps X évoluant dans le sens direct et d'un gaz parfait évoluant dans le sens inverse, on voit que le corps X produit le travail positif ϵ et prend Q'_0 au corps chaud, tandis que le gaz dans l'évolution inverse produit le travail négatif ϵ et cède Q_0 au corps chaud.

Si Q_0 est $> Q'_0$, les deux travaux se compensant, on aura transporté sans compensation de la chaleur du corps froid au corps chaud, ce qui, dit Clausius, est contraire à toutes les lois physiques.

Si on supposait $Q_0 < Q'_0$, en faisant évoluer le gaz dans le sens direct et le corps dans le sens inverse, on arriverait au même résultat de transporter, sans compensation, de la chaleur d'un corps froid à un corps chaud.

Il faut donc que $Q'_0 = Q_0$ d'où $Q'_1 = Q_1$ et par suite que, pour tous les corps comme pour les gaz parfaits, $\dfrac{Q_0}{T_0} = \dfrac{Q_1}{T_1}$.

Cette démonstration est basée sur ce que M. Clausius regarde comme un axiome : qu'il ne serait pas possible de transporter sans compensation de la chaleur d'un corps froid à un corps chaud ; cela ne paraît pas d'une évidence indiscutable, mais toutes les conséquences, qu'on tire du principe de Carnot, sont vérifiées par les faits, et c'est la meilleure preuve de son exactitude.

595. Coefficient économique. — La quantité de chaleur transformée en travail, pendant l'évolution suivant un cycle de Carnot, est $Q_0 - Q_1$; la chaleur totale empruntée à la source chaude étant Q_0, le rapport de ces deux quantités $\dfrac{Q_0 - Q_1}{Q_0}$ est le *coefficient économique*, c'est le rapport de la chaleur utilisée à la chaleur totale transportée.

D'après l'équation (33), on a

$$\frac{Q_0 - Q_1}{Q_0} = \frac{T_0 - T_1}{T_0},$$

c'est-à-dire que le coefficient économique d'une machine évoluant suivant le cycle de Carnot est égal au rapport de la *chute* de température à la température absolue initiale.

Pour la même température absolue, la fraction utilisée sera d'autant plus grande que l'évolution se fera entre deux limites T_0 et T_1 plus étendues.

C'est là pour les machines à feu la conséquence magistrale du principe de Carnot, et dont il faut se pénétrer dans toutes les recherches ayant pour objet la meilleure utilisation de la chaleur, l'amélioration du rendement.

Le principe de Carnot établit le rôle important de la *qualité* de la chaleur caractérisée par la température, tandis que dans le principe de l'équivalence il n'intervient que la *quantité* de chaleur.

596. Le principe de Carnot, tel qu'il a été établi, suppose essentiellement que l'évolution du corps se fait suivant le cycle déterminé par les deux lignes isothermes et les deux lignes adiabatiques. Que devient-il pour un cycle quelconque?

Comme dans ce cas la température peut varier à chaque instant, il n'est possible de prendre le rapport de la quantité de chaleur à la température absolue que pour un élément de cycle; ce rapport $\frac{dQ}{T}$ varie à chaque instant et on est conduit à se demander ce qu'est pour tout le cycle l'intégrale $\int \frac{dQ}{T}$.

Clausius a démontré que pour un cycle fermé reversible quelconque on a

$$\int \frac{dQ}{T} = 0. \qquad (35)$$

Voici la démonstration.

Soit ABCDA le cycle décrit (fig. 354); coupons-le par des lignes adiabatiques mm', nn' infiniment voisines; en passant de m à n le corps reçoit une quantité de chaleur dQ à la température T, tandis que de n' à m' il cède une quantité dQ' à la température T'. Entre deux lignes adiabatiques consécutives, on a

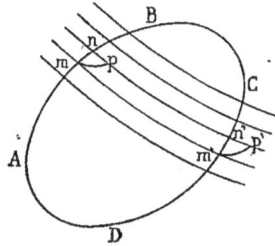

Fig. 354.

$$\frac{dQ}{T} - \frac{dQ'}{T'} = 0.$$

En effet, menons par les points m et n deux lignes isothermes mp et $m'p'$ de manière à avoir en $mpp'm'$ un cycle de Carnot. Si on fait parcourir au corps le petit cycle triangulaire mnp, il reçoit, de m en n, une quantité de chaleur dQ, ne prend et ne perd rien de n en p sur la ligne adiabatique nn' et enfin, de p en m sur la ligne isotherme, cède une quantité dq; de sorte que dans le petit cycle il a reçu la quantité $dQ - dq$ et produit le travail σ représenté par l'aire mnp; on en conclut

$$dQ - dq = A\sigma.$$

Comme σ est un infiniment petit de deuxième ordre, on a

$$dQ = dq.$$

On verrait de même, avec le cycle $m'n'p'$, que

$$dQ' = dq'.$$

Le cycle $mpp'm'$ étant un cycle de Carnot, on a

$$\frac{dq}{T} = \frac{dq'}{T'} \quad \text{et par suite} \quad \frac{dQ}{T} - \frac{dQ'}{T'} = 0,$$

et en faisant la sommation pour tout le cycle

$$\int \frac{dQ}{T} = 0. \tag{36}$$

Cette relation est l'expression généralisée du principe de Carnot appliquée à un cycle quelconque.

M. Clausius a donné à cette fonction $\int \dfrac{dQ}{T}$, qui joue un rôle important dans la thermo-dynamique, le nom d'*entropie*. Le principe de Carnot dans le cas général peut alors s'énoncer simplement :

Pour tout cycle fermé réversible, l'entropie est nulle.

597. On démontre que, pour un cycle fermé non réversible, l'entropie est négative.

Le cycle peut être non réversible, dans une partie du parcours, par suite d'une différence finie soit de pression, soit de température, soit par ces deux causes simultanées.

1° Supposons le cycle non réversible par rapport aux pressions, mais réversible par rapport aux températures ; nous avons vu (**582**) que dans ce cas on avait pour certaines portions du cycle $dQ' < dQ$, dQ' et dQ étant les quantités de chaleur fournies respectivement pour le cycle non réversible et pour le cycle réversible et qu'on n'avait jamais $dQ' > dQ$; comme les températures sont les mêmes pour les deux cycles aux mêmes points, on a

$$\frac{dQ'}{T} < \frac{dQ}{T}$$

et par suite pour le parcours complet du cycle

$$\int \frac{dQ'}{T} < \int \frac{dQ}{T}.$$

L'entropie d'un cycle non réversible par rapport à la pression est plus petite que celle d'un cycle réversible.

2° Si le cycle est parcouru d'une manière non réversible par suite d'une différence finie de température, soit T la température du corps évoluant et T' celle du corps extérieur en un certain point du cycle ; dans la période où le corps évoluant reçoit de la chaleur, on a T' > T; et comme dQ est le même que pour le même cycle parcouru d'une manière réversible, puisque le travail extérieur est le même, les pressions étant les mêmes (582),

$$\frac{dQ}{T'} < \frac{dQ}{T}.$$

Dans la période où le corps évoluant cède de la chaleur, T est plus grand que T', mais comme dQ doit être pris négativement, on a encore la même inégalité, de sorte qu'en faisant l'intégrale on retrouve pour tout le cycle, comme dans le premier cas,

$$\int \frac{dQ}{T'} < \int \frac{dQ}{T}.$$

3° Enfin si le cycle est non réversible à la fois par rapport à la pression et à la température, les deux effets s'ajoutent et *a fortiori*

$$\int \frac{dQ'}{T'} < \int \frac{dQ}{T}.$$

Nous avons vu que pour un cycle réversible $\int \frac{dQ}{T} = 0$; on en conclut que pour un cycle non réversible

$$\int \frac{dQ'}{T'} < 0.$$

L'entropie pour un cycle non réversible est toujours négative.

598. Le coefficient économique d'une machine thermique est
maximum quand l'évolution se fait suivant un cycle de Carnot,
dans les mêmes limites de température.

Soit *mnpq* (fig. 355) le cycle parcouru par une machine
thermique quelconque dans les limites de température T_0 et T_1.

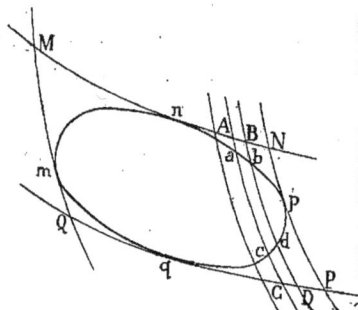

Fig. 355.

Concevons un cycle de Carnot
MNPQ tangent à ce cycle en
quatre points *m,n,p,q*; les lignes MN et QP sont des lignes
isothermes correspondant aux
températures T_0 et T_1. Le cycle
mnpq a, au point de tangence *n*,
la température maximum T_0 et,
au point de tangence *q*, la température minimum T_1.

Menons une série de lignes
adiabatiques AC, BD de manière à décomposer chacun des deux
cycles en un même nombre de cycles élémentaires correspondants. Au cycle élémentaire ABCD du cycle de Carnot, correspond le cycle élémentaire *abcd* du cycle *mnpq*.

La température décroissant sur AC de A vers C, la température t_0 en *a* est plus petite que T_0; en *c* la température t_1 est
plus grande que T_1 en C. On en conclut $\dfrac{t_0}{t_1} < \dfrac{T_0}{T_1}$ et par suite

$$\frac{t_0 - t_1}{t_0} < \frac{T_0 - T_1}{T_0}.$$

Or $\dfrac{t_0 - t_1}{t_0}$ représente le coefficient économique du cycle élé-

mentaire *abcd* et $\dfrac{T_0 - T_1}{T_0}$ celui du cycle ABDC, et comme cette

inégalité, ou au plus l'égalité, existe pour tous les cycles élémentaires correspondants, on en conclut que le coefficient écono-

mique du cycle quelconque *mnpq* est plus petit que celui du cycle de Carnot, dans les mêmes limites de température.

DE L'ENTROPIE

599. L'entropie, qui est nulle pour un cycle fermé réversible, prend, pour un cycle non fermé, une certaine valeur S

$$S = \int \frac{dQ}{T} \qquad (37)$$

qui jouit de propriétés remarquables.

Une des plus importantes, c'est que sa valeur ne dépend que de l'état initial et de l'état final du corps évoluant et nullement du chemin suivi pour passer d'un état à un autre. Elle a cette propriété commune avec le travail interne.

Soient M et M' (fig. 356) deux états d'un corps, et S l'entropie lorsque le corps passe du premier état au second, suivant le cycle MAM'; on a $S = \int \frac{dQ}{T}$, dQ étant à chaque instant, sur ce cycle, la quantité de chaleur fournie à la température correspondante T.

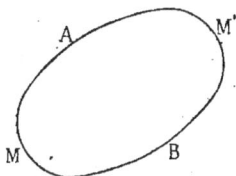

Fig. 356.

Le corps peut aller de M en M' suivant le cycle MBM'; soit S_1 l'entropie pour cette nouvelle évolution; il s'agit de démontrer qu'elle a la même valeur que pour le premier cycle.

Après avoir amené le corps de M en M' suivant le cycle MAM', ramenons-le en M par le cycle M'BM. Les quantités de chaleur qui étaient fournies dans le sens MBM' seront rendues dans le sens M'BM; elles seront les mêmes, mais de signe contraire pour les mêmes points du cycle, et comme les températures sont aussi les mêmes, l'entropie dans le sens M'BM sera $- S_1$. Pour le cycle complet fermé, l'entropie totale est donc $S - S_1$, et comme, pour un cycle fermé réversible, l'entropie totale est nulle, que $S - S_1 = 0$, on a

$$S = S_1. \qquad (38)$$

L'entropie est indépendante du chemin suivi dans l'évolution; elle ne dépend que de l'état initial et de l'état final; ce qui revient à dire que $S = \int \dfrac{dQ}{T}$ est une intégrale exacte.

Quand l'évolution d'un corps se fait suivant une ligne adiabatique, l'entropie est nulle d'un état à un autre puisque dQ est constamment nul.

Entre deux points quelconques de deux lignes adiabatiques différentes, les entropies sont égales.

Soient AB et A_1B_1 (fig. 357) deux lignes adiabatiques quelconques, M et N deux points sur AB, M_1 et N_1 deux points sur A_1B_1; les entropies suivant les lignes MM_1 et NN_1 sont égales. En effet, pour le cycle fermé NMM_1N_1, l'entropie suivant NN_1 est égale à l'entropie suivant NMM_1N_1, mais, pour cette dernière ligne, l'entropie est nulle sur les deux parties adiabatiques NM et M_1N_1, donc l'entropie suivant MM_1 égale l'entropie suivant NN_1.

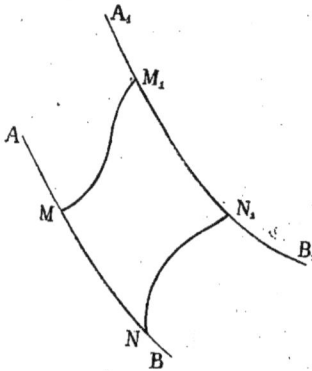

Fig. 357.

600. La valeur générale de l'entropie s'obtient, suivant la méthode de Clapeyron, en appliquant le principe de Carnot à un cycle élémentaire $ABCD$ (fig. 358), AB et DC étant deux lignes isothermes infiniment courtes et infiniment voisines aux températures T et $T + dT$; BC et AD sont des lignes adiabatiques. La pression est p en A et $p - dp$ en D, le volume v en A devient $v + dv$ en B; $dv = FG$.

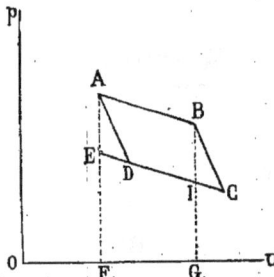

Fig. 358.

Soit dQ la chaleur prise à la source chaude de A en B et dq la chaleur rendue de C en D. La chaleur dépensée pour produire le travail est $d\mathrm{Q} - dq$; ce travail est représenté par l'aire du cycle décrit, c'est-à-dire par l'aire du parallélogramme ABCD.

Si l'on prolonge le côté CD jusqu'en E, on forme le parallélogramme ABIE qui est équivalent au parallélogramme ABCD; ils ont pour valeur commune de l'aire $\mathrm{AE} \times \mathrm{FG} = \sigma$.

AE est la variation de pression à volume constant quand la température varie de $d\mathrm{T}$; $\mathrm{AE} = \dfrac{dp}{d\mathrm{T}} \, d\mathrm{T}$; FG est la variation de volume dv. L'aire du cycle est donc

$$\sigma = \frac{dp}{d\mathrm{T}} d\mathrm{T} . dv$$

et par suite, d'après le principe de l'équivalence,

$$d\mathrm{Q} - dq = \mathrm{A} \frac{dp}{d\mathrm{T}} d\mathrm{T} . dv.$$

D'un autre côté, en appliquant le principe de Carnot,

$$\frac{d\mathrm{Q} - dq}{d\mathrm{Q}} = \frac{d\mathrm{T}}{\mathrm{T}}.$$

En remplaçant $d\mathrm{Q} - dq$ par sa valeur, on trouve

$$\frac{d\mathrm{Q}}{\mathrm{T}} = \mathrm{A} \frac{dp}{d\mathrm{T}} dv; \qquad\qquad (39)$$

$d\mathrm{S} = \dfrac{d\mathrm{Q}}{\mathrm{T}}$ est l'entropie élémentaire.

Cette formule remarquable a été donnée d'abord par Clapeyron sous une forme un peu différente : T était remplacé par C, défini comme une fonction inconnue de la température qu'on appelait fonction de Carnot. C'est M. W. Thompson qui a fait connaître la véritable valeur de $\mathrm{C} = \mathrm{T}$, température absolue.

601. Nous avons obtenu pour l'évolution d'un corps quelconque (éq. 17)

$$d\mathrm{Q} = cd\mathrm{T} + \mathrm{A} \left(f + p \right) dv.$$

En égalant cette valeur de dQ à celle que nous venons de trouver ci-dessus, et remarquant que sur la ligne AB la température reste constante pendant que le corps absorbe dQ, on a $d\text{T} = 0$ et

$$A\,(f+p)\,dv = A\text{T}\,\frac{dp}{d\text{T}}\,dv.$$

Par suite, pour la même variation de volume,

$$f + p = \text{T}\,\frac{dp}{d\text{T}},$$

ce qui permet de calculer la tension d'agrégation f quand on connaît le rapport $\dfrac{dp}{d\text{T}}$, coefficient différentiel à volume constant.

Pour les gaz parfaits, on a $\dfrac{dp}{d\text{T}} = \dfrac{\text{R}}{v}$ et comme $pv = \text{RT}$,

$$\text{T}\,\frac{dp}{d\text{T}} = \frac{pv}{\text{R}} \cdot \frac{\text{R}}{v} = p, \qquad \text{d'où on conclut} \qquad f = 0.$$

La tension d'agrégation est nulle pour les gaz parfaits, ce que nous savions déjà par l'expérience de Joule.

La formule $\dfrac{dQ}{\text{T}} = A\,\dfrac{dp}{d\text{T}}\,dv$ est une des plus importantes de la thermo-dynamique. Elle trouve surtout son application dans les phénomènes de fusion et de vaporisation où la température reste constante.

§ IV

DES VAPEURS SATURÉES

602. Les vapeurs saturées jouissent de propriétés particulières. Indépendamment de la relation générale $\text{F}\,(p.v.t) = 0$ qui, pour tous les corps, relie la température, la pression et le volume, il existe pour les vapeurs saturées une relation spéciale $\varphi\,(p.t) = 0$ entre la pression et la température, de telle sorte que, quel que soit le volume, la température est déterminée quand on connaît la pression et inversement.

On ne connaît pas la forme théorique de la fonction $\varphi(p.t) = o$, mais M. Regnault, par des expériences nombreuses et précises, a donné pour un très grand nombre de vapeurs, et spécialement pour la vapeur d'eau et dans les limites assez étendues, les valeurs correspondantes de p et de t. On les trouve dans les tables ainsi que les valeurs du coefficient différentiel $\dfrac{dp}{dt}$.

M. Regnault a relié les nombreux résultats de ses expériences sur la vapeur d'eau par la formule empirique

$$\log F = a + b\alpha^t + c\beta.$$

F est la pression de la vapeur saturée en millimètres de mercure,
t la température en degrés centigrades,
a, b, c, α et β cinq constantes déterminées par l'expérience.

Les valeurs de $c\beta^t$ étant extrêmement petites, on peut se contenter le plus souvent de la formule à une seule exponentielle

$$\log F = a + b\alpha^t.$$

Il faut faire $a = 5,4233177$, $b = -4,81015$, $\log \alpha = 1,9972311$.

Cette formule est applicable pour des valeurs de t comprises entre $-20°$ et $+220°$. Elle donne la valeur de F en millimètres de mercure; pour avoir la pression p en kilogr. par mètre carré, il faut multiplier F par $13,59$.

Les calculs au moyen de cette formule sont laborieux; en pratique, on emploie toujours les tables qui donnent immédiatement la pression correspondant à une certaine température ou inversement.

CHALEUR DE FORMATION DE LA VAPEUR D'EAU

603. Lorsqu'on chauffe de l'eau pure de $o°$ à $t°$ centigrade, et qu'on la réduit en vapeur à cette température maintenue constante (il suffit pour cela de maintenir la pression constante), la chaleur λ totale à fournir, par kilog., est donnée par la formule de Regnault

$$\lambda = 606,5 + 0,305\,t. \tag{40}$$

Cette chaleur λ peut se décomposer en deux parties :

1° La chaleur q nécessaire pour chauffer l'eau de 0° à t ;

2° La chaleur r nécessaire pour faire passer ensuite l'eau de l'état liquide à l'état gazeux, à la température constante t.

$$\lambda = q + r. \tag{41}$$

q est la chaleur du liquide ;

r est la chaleur de vaporisation qu'on appelle encore souvent la chaleur latente.

D'après Regnault, la valeur de q est

$$q = t + 0,00002\,t^2 + 0,0000003\,t^3,$$

d'où on déduit, pour la chaleur spécifique de l'eau,

$$c = \frac{dq}{dt} = 1 + 0,00004\,t + 0,0000009\,t^2.$$

La chaleur spécifique de l'eau n'est pas constante ; elle augmente un peu avec la température ; on peut mettre q sous la forme générale

$$q = \int c\,dt. \tag{42}$$

On trouve pour c les valeurs suivantes :

t	0°	50°	100°	150°	180°	200°
c	1	1,00225	1,013	1,026	1,036	1,044.

Dans beaucoup d'applications, on peut pour simplifier, surtout quand les variations de température sont faibles, considérer la chaleur spécifique de l'eau comme constante, et on a simplement

$$q = c\,(t_1 - t_0). \tag{43}$$

Il faut prendre pour c la valeur moyenne entre les températures extrêmes ; de 100° à 150°, $c = 1,02$.

604. La chaleur r de vaporisation se déduit des valeurs de λ et de q ; on a

$$r = \lambda - q = 606,5 - 0,695\,t - 0,00002\,t^2 - 0,0000003\,t^3. \quad (44)$$

Clausius a donné la formule approchée

$$r = 607 - 0,708\,t \qquad (45)$$

qui suffit dans beaucoup de cas. Voici le résultat comparatif des deux formules :

TEMPÉRATURES.	VALEURS DE r.	
	Expériences de Regnault.	Formule de Clausius.
0	606,500	607,00
50	571,69	570,60
100	536,50	536,20
150	500,788	500,80
180	479,002	479,56
200	464,300	465,40

La chaleur r de vaporisation est employée non seulement à produire le changement d'état, le passage de l'état liquide à l'état gazeux, mais encore le travail résultant de l'accroissement du volume, et qu'il est facile d'évaluer.

Soit σ le volume de 1 kilogr. d'eau liquide ; $\sigma = 0^{mc},001$ à 4° centigrades et reste très sensiblement le même à toute température ; soit v le volume à l'état de vapeur, c'est-à-dire le volume spécifique (volume de 1 kilog.) de la vapeur à la température t et à la pression p.

L'accroissement de volume est $u = v - \sigma$, et comme, pendant la vaporisation, la pression reste constante et égale à p, le travail de dilatation est pu et par conséquent la chaleur absorbée est

$$A\,pu.$$

En désignant par ρ la chaleur interne, exclusivement employée à modifier l'état d'agrégation des molécules, on a

$$r = \rho + A\,pu,$$

r est la chaleur totale de vaporisation,

ρ la chaleur interne de désagrégation,

Apu la chaleur externe employée au travail de dilatation.

605. La quantité totale λ de chaleur à fournir dans l'évolution de 1 kilogr. d'eau liquide, passant de $0°$ à t et se transformant en vapeur à cette température, peut se mettre sous la forme

$$\lambda = q + \rho + Apu.$$

Si on rapproche de l'équation générale de l'équivalence (17)

$$Q = A(U+L) = \int c\,dT + A\int (f+p)\,dv,$$

on reconnaît que

$q = \displaystyle\int_0^t c\,dt$ est la chaleur du liquide de 0 à t,

$\rho = A\displaystyle\int f\,dv$ est la chaleur absorbée par le travail interne de désagrégation, dans le passage de l'état liquide à l'état gazeux,

$Apu = A\displaystyle\int p\,dv$ est la chaleur absorbée par le travail externe de dilatation.

VOLUME SPÉCIFIQUE DE LA VAPEUR SATURÉE

606. Le volume spécifique v de la vapeur saturée, c'est-à-dire le volume de 1 kilogr. de vapeur, intervient constamment dans les formules relatives aux phénomènes thermo-dynamiques et il importe de le connaître avec exactitude.

Pendant longtemps, on s'est servi pour le calculer des lois de Mariotte et de Gay-Lussac et de la formule démontrée pour les gaz permanents, $pv = RT$.

Pour la vapeur d'eau, à $0°$ et à la pression de $0^m,76$ de mercure,

$$p_0 = 10\,334 \qquad v_0 = \frac{1}{\delta_0} = \frac{1}{0,804} = 1,2437 \qquad T_0 = 273,$$

δ_0 poids du mètre cube en kilogr.; $\delta_0 = 0,622 \times 1,293 = 0^k,804$

d'où

$$v = 47,09 \frac{T}{p}.$$

Cette formule donne des résultats qui s'éloignent peu de la vérité pour les faibles pressions, mais qui s'en écartent d'autant plus que les pressions deviennent plus fortes.

607. La théorie dynamique de la chaleur permet de déterminer la valeur de v avec plus d'exactitude.

Nous avons démontré (39 du n° **600**) la relation

$$dS = \frac{dQ}{T} = A \frac{dp}{dT} dv,$$

dS étant l'entropie élémentaire dans une évolution.

Appliquons cette formule à la vaporisation.

La température T et la pression p étant constantes, le coefficient différentiel $\frac{dp}{dT}$ l'est aussi et on trouve en intégrant

$$Q = AT \frac{dp}{dT} (v - \sigma).$$

Dans le cas particulier $Q = r$ et $v - \sigma = u$, la relation prend la forme

$$\frac{r}{T} = Au \frac{dp}{dT}. \tag{46}$$

On trouve, dans les tables pour les diverses températures T, les valeurs de r et de $\frac{dp}{dT}$, ce qui permet de calculer les valeurs correspondantes de u.

On en déduit celles de $v = u + \sigma$ ou sensiblement $v = u + 0,001$ et on a ainsi, pour les diverses températures, le volume spécifique de la vapeur sèche saturée.

L'exactitude des résultats ainsi calculés a été vérifiée par les expériences de MM. Fairbairn et Tate qui ont démontré que les lois de Mariotte et de Gay-Lussac n'étaient qu'approchées pour la vapeur d'eau.

608. Dans le passage de l'état liquide à celui de vapeur, la température et la pression restent constantes; si l'on admet qu'il en est de même de la tension f de désagrégation, on a

$$Af(v-\sigma)=\rho, \qquad \text{d'où} \qquad f=\frac{\rho}{Au}, \qquad (47)$$

et on trouve pour la valeur de f aux diverses températures :

t	$\dfrac{\rho}{u}$	p	f
0	2,732	62,541	1161,100
50	44,492	1250,6	18909,1
100	325,229	10334,0	188222,32
150	1189,276	48690,0	505442,30
180	2277,366	102600,0	967880,550
200	3317,795	158920,0	1410062,875

MÉLANGE D'UN LIQUIDE ET DE SA VAPEUR

609. La vapeur employée, dans les applications, notamment dans les machines à vapeur, n'est jamais sèche; elle est toujours mélangée avec une certaine quantité de liquide, et la proportion de ce dernier, dans le mélange, se modifie à chaque instant, dans les phénomènes de variation de pression ou de volume, par suite de condensations ou de vaporisations. Les formules que nous venons d'établir s'appliquent à la vapeur saturée sèche et doivent subir quelques modifications pour la vapeur humide.

Désignons par m le poids de vapeur sèche dans 1 kilogr. du mélange, $1-m$ est celui du liquide; la quantité de chaleur Q, nécessaire pour faire passer 1 kilogr. d'eau de 0° à t et en vaporiser la fraction m à cette température, est

$$Q=q+mr=q+m\rho+Ampu. \qquad (48)$$

q est la variation de chaleur sensible; $q=\displaystyle\int_0^t cdt;$

$m\rho$ la chaleur absorbée par le travail interne de désagrégation; $q+m\rho=AU$ est la variation de chaleur interne depuis 0°, correspondant au travail interne U;

mpu le travail externe de la pression constante p, pendant la vaporisation du poids m.

Si l'eau liquide, au lieu d'être prise à $0°$, était prise à t', sa chaleur à partir de $0°$ étant q' à cette température, on aurait

$$Q = q - q' + m\rho + Ampu.$$

La chaleur dépensée dans l'évolution serait naturellement diminuée de q'.

Le volume spécifique du mélange d'eau et de vapeur, c'est-à-dire le volume de 1 kilogr. de vapeur humide, est

$$v = mu + \sigma. \tag{49}$$

σ volume de 1 kilog. du liquide ;
u accroissement de volume par la vaporisation de 1 kilogr.

ENTROPIE DANS LA FORMATION DE LA VAPEUR

610. Dans l'évolution de 1 kilogr. d'eau passant de la température T_0 à la température T avec vaporisation d'une fraction m, l'entropie $S = \displaystyle\int_{T_0}^{T} \frac{dQ}{T}$ se compose de deux parties.

La première est l'entropie du liquide

$$s = \int_{T_0}^{T} \frac{c \, dT}{T}. \tag{50}$$

En remplaçant c par sa valeur (**603**), et T par $273 + t$, on trouve, en intégrant, depuis $0°$ centigrade,

$$s = 1,0561561 \log \text{nép} \frac{T}{273} - 0,0002057\,t + 0,00000045\,t^2.$$

Comme la chaleur spécifique c du liquide varie très peu, on peut la supposer constante dans beaucoup d'applications, en prenant la valeur moyenne entre T_0 et T, ce qui donne

$$s = c \log \text{nép} \frac{T}{T_0}. \tag{51}$$

La seconde partie est l'entropie dans la vaporisation de la

fraction m du liquide à la température constante T; elle est

$$\frac{mr}{T};$$

r chaleur de vaporisation de 1 kilogr. à T.

L'entropie totale S est donc

$$S = s + \frac{mr}{T}. \tag{52}$$

611. La formule 52 permet d'obtenir une relation, dans l'évolution adiabatique, entre deux états quelconques, d'une vapeur humide. Pour passer de o° à l'état initial de la vapeur humide T_0, l'entropie S_0 est

$$S_0 = s_0 + \frac{m_0 r_0}{T_0},$$

m_0 est la proportion de vapeur sèche à l'état initial. Pour l'état final, l'entropie S_1 est depuis o°

$$S_1 = s_1 + \frac{m_1 r_1}{T_1},$$

T_1 étant la température et m_1 la proportion de vapeur sèche.

Dans l'évolution adiabatique, la variation d'entropie est nulle, $S_0 = S_1$, d'où

$$s_0 + \frac{m_0 r_0}{T_0} = s_1 + \frac{m_1 r_1}{T_1}. \tag{53}$$

Si on admet que la chaleur spécifique de l'eau reste sensiblement constante, on a $s_0 = c \log$ nép. $\frac{T_0}{273}$, et $s_1 = c \log$ nép. $\frac{T_1}{273}$.

L'équation (53) prend la forme

$$\frac{m_0 r_0}{T_0} - \frac{m_1 r_1}{T_1} + c \log \text{nép} \frac{T_0}{T_1} = o. \tag{54}$$

Cette équation, donnée d'abord par Clausius, permet de calculer les proportions de vapeur sèche, aux divers états de l'évolution adiabatique d'une vapeur humide.

Le tableau suivant, dont nous empruntons une partie à M. Zeuner, donne les éléments relatifs à la vapeur d'eau: pressions, températures, chaleurs de vaporisation, entropies, etc.

Éléments relatifs à la vapeur d'eau.

PRESSION		TEMPÉRATURE		CHALEUR					COEFFICIENT DIFFÉRENTIEL de pression en kilogr. par mètre carré.	ENTROPIE		ACCROISSEMENT de VOLUME par la vaporisation.	POIDS de 1 mètre cube en kilogr.
en ATMOSPHÈRES	en KILOGRAMMES par mètre carré.	en DEGRÉS centigrades.	ABSOLUE.	TOTALE depuis 0°.	DE L'EAU depuis 0°.	de VAPORISATION.	du TRAVAIL interne.	du TRAVAIL externe.		DE L'EAU depuis 0.	de VAPORISATION.		
	p	t	T	$\lambda = r + q$	$q = \int cd\mathrm{T}$	$r = \rho + Apu$	ρ	Apu	$\dfrac{dp}{dT}$	$s = \int_0^t \dfrac{cd\mathrm{T}}{\mathrm{T}}$	$\dfrac{r}{\mathrm{T}}$	u	δ
0,00605	62,541	0	273,00	606,500	0,000	606,500	575,429	31,071	4,624	0,0000	2,22161	210,66	0,0047
0,5	5 167	81,71	354,71	631,421	82,017	549,404	510,767	38,637	207,423	0,26273	1,54887	3,1705	0,3153
1	10 334	100,00	373,00	637,000	100,500	536,500	496,300	40,200	369,708	0,31356	1,43834	1,6494	0,6059
2	20 668	120,60	393,60	643,283	121,417	521,866	480,005	41,861	653,927	0,36814	1,32588	0,8588	1,1631
3	31 002	133,91	406,91	647,342	134,989	512,353	469,477	42,876	909,307	0,40205	1,25913	0,5864	1,7024
4	41 336	144,00	417,00	650,420	145,310	505,110	461,496	43,614	1146,689	0,42711	1,21129	0,4474	2,2803
5	51 670	152,22	425,22	652,927	153,741	499,186	454,994	44,192	1371,141	0,44693	1,17395	0,3626	2,7500
6	62 004	159,22	432,22	655,062	160,938	494,124	449,457	44,667	1585,431	0,46392	1,14322	0,3054	3,2632
7	72 338	165,34	438,34	656,929	167,243	489,686	444,616	45,070	1791,502	0,47840	1,11714	0,2642	3,7711
8	82 672	170,81	443,81	658,597	172,888	485,709	440,289	45,420	1990,199	0,49120	1,09441	0,2329	4,2745
9	93 006	175,77	448,77	660,112	178,017	482,093	436,366	45,727	2183,469	0,50270	1,07425	0,2085	4,7741
10	103 340	180,31	453,31	661,495	182,719	478,776	432,775	46,001	2371,153	0,51297	1,05617	0,1887	5,2704
11	113 674	184,50	457,50	662,772	187,065	475,707	429,460	46,247	2554,223	0,52266	1,03980	0,1725	5,7636
12	124 008	188,41	461,41	663,965	191,126	472,839	426,368	46,471	2732,873	0,53150	1,02477	0,1589	6,2543
13	134 342	192,08	465,08	665,085	194,944	470,141	423,465	46,676	2907,722	0,53975	1,01088	0,1473	6,7424
14	144 676	195,53	468,53	666,137	198,537	467,600	420,736	46,864	3079,063	0,54744	0,99801	0,1373	7,2283

DÉTENTE DE LA VAPEUR D'EAU

612. La détente de la vapeur d'eau joue un rôle si important dans le fonctionnement des machines à vapeur, qu'il est du plus grand intérêt de connaître exactement les phénomènes qui se produisent dans la détente adiabatique de la vapeur humide telle qu'on l'emploie ordinairement.

On a cru longtemps que lorsque de la vapeur humide augmentait de volume, il y avait vaporisation d'une partie de l'eau. Clausius et Rankine ont montré, à peu près en même temps, que dans les conditions ordinaires du fonctionnement des machines, il y avait au contraire condensation.

Considérons, dans un cylindre de machine, 1 kilog. de vapeur occupant le volume v, à la température T et à la pression p; pour un déplacement infiniment petit du piston, le volume varie de dv, la pression de dp et la température de dT.

S'il y a accroissement de volume, dv est positif, et comme la pression et la température varient dans le même sens, $\dfrac{dp}{d\mathrm{T}}$ est toujours positif; les trois quantités p, v et T ne pouvant augmenter simultanément, dp et dT doivent être négatifs; la pression et la température baissent quand le volume de la vapeur augmente.

Dans l'évolution, l'entropie élémentaire est (5o et 52)

$$dS = \frac{dQ}{T} = \frac{cdT}{T} + d\frac{mr}{T},$$

d'où $dQ = cdT + Td\dfrac{mr}{T}$; en développant

$$dQ = cd\mathrm{T} + rdm + mdr - m\frac{r}{\mathrm{T}}d\mathrm{T},$$

et comme r est seulement fonction de T, $dr = \dfrac{dr}{d\mathrm{T}}d\mathrm{T}$ et on met sous la forme

$$dQ = (1 - m)cd\mathrm{T} + rdm + m\left(\frac{dr}{d\mathrm{T}} + c - \frac{r}{\mathrm{T}}\right)d\mathrm{T}. \quad (55)$$

. On voit sous cette forme que la chaleur élémentaire dQ à fournir pour un accroissement de volume dv peut se diviser en trois parties :

1° La chaleur $(1 - m)\,cd\mathrm{T}$ nécessaire pour chauffer de $d\mathrm{T}$ le poids d'eau $1 - m$;

2° La chaleur rdm nécessaire pour vaporiser le poids d'eau dm à la température T ;

3° La chaleur $m\left(\dfrac{dr}{d\mathrm{T}} + c - \dfrac{r}{\mathrm{T}}\right)d\mathrm{T}$ nécessaire pour chauffer le poids m de vapeur de $d\mathrm{T}$ sans condensation ni vaporisation.

La quantité $\dfrac{dr}{d\mathrm{T}} + c - \dfrac{r}{\mathrm{T}} = h$ est la valeur de $\dfrac{dQ}{d\mathrm{T}}$ quand on fait $m = 1$ et $dm = 0$, c'est donc la chaleur spécifique de la vapeur maintenue sèche et saturée.

M. Zeuner démontre cette formule comme il suit : en appliquant à l'évolution de 1 kilog. de vapeur humide la relation (609)

$$\mathrm{AU} = q + m\rho = q + m(r - \mathrm{A}pu)$$

on trouve, en différenciant, $\mathrm{Ad U} = dq + dmr - \mathrm{A}dmpu$.

Puisque $v = mu + \sigma$, on a : $pdv = pdmu = d(mpu) - mudp$, d'où

$$dQ = \mathrm{AdU} + \mathrm{A}pdv = dq + d(mr) - \mathrm{A}mudp.$$

D'ailleurs $dq = cd\mathrm{T}$, $\quad d(mr) = rdm + mdr$, $\quad \mathrm{A}u\dfrac{dp}{d\mathrm{T}} = \dfrac{r}{\mathrm{T}}$,

et comme r et p ne dépendent que de T, on a $\quad dp = \dfrac{dp}{d\mathrm{T}}\,d\mathrm{T}$.

En substituant, il vient

$$dQ = (1 - m)cd\mathrm{T} + rdm + m\left(\dfrac{dr}{d\mathrm{T}} + c - \dfrac{r}{\mathrm{T}}\right)\,d\mathrm{T},$$

ce qui est l'équation (55) donnée ci-dessus.

613. On peut trouver la chaleur spécifique h de la manière suivante : de la formule de Regnault (40), $\lambda = q + r = 606,5 + 0,305t$, comme $q = \int c\,dt$, on tire en différenciant $c + \dfrac{dr}{dt} = 0,305$, et par suite $h = 0,305 - \dfrac{r}{T}.$ (56)

En prenant dans les tables les valeurs de $\dfrac{r}{T}$, pour une série de températures, on forme le tableau suivant :

t	$0°$	$50°$	$100°$	$150°$	200	220
h	$-1,916$	$-1,465$	$-1,133$	$-0,879$	$-0,679$	$-0,610$

De $0°$ à $220°$, les valeurs de h sont toujours négatives. En admettant que la formule de Regnault soit applicable au-dessus de $220°$, on trouve que h devient nul pour $t = 517°$.

614. Si la détente s'opère sans perte et sans gain de chaleur de l'extérieur, $dQ = 0$ et on a

$$(1 - m)\,cdT + rdm + mhdT = 0,$$

d'où $\quad dm = \dfrac{m(c-h) - c}{r}\,dT.$ (57)

dm est le poids d'eau vaporisée, pour une variation de température dT; ce sera de la vapeur condensée, si dm est négatif.

Lorsque la vapeur se détend, le volume augmente, la température s'abaisse et dT est négatif; on aura donc dm négatif et par suite condensation pour

$$m(c-h) - c > 0 \quad \text{ou} \quad m > \frac{c}{c-h},$$

dm positif et par suite vaporisation pour

$$m(c-h) - c < 0 \quad \text{ou} \quad m < \frac{c}{c-h},$$

enfin dm nul et maintien de la proportion d'eau si

$$m(c-h) - c = 0 \quad \text{ou} \quad m = \frac{c}{c-h}.$$

En faisant les calculs pour différentes températures, on trouve

	c	h	$\dfrac{c}{c-h}$
$0°$	$1,000$	$-1,916$	$0,34$
$50°$	$1,00215$	$-1,465$	$0,405$
$100°$	$1,013$	$-1,133$	$0,46$
$150°$	$1,026$	$-0,879$	$0,52$
$200°$	$1,044$	$-0,676$	$0,58$
$220°$	$1,052$	$-0,610$	$0,633$
$517°?$		0	$1,00$

Avec de la vapeur humide à 100°, il y a condensation dans la détente lorsque m est supérieur à 0,46; il y a vaporisation quand il est au-dessous. A 150°, il y a condensation tant que m, c'est-à-dire la proportion de vapeur sèche, est supérieure à 0,52, ce qui est le cas général des machines à vapeur.

615. La quantité de vapeur condensée pendant la détente se calcule au moyen des formules précédentes.

On a, entre deux états quelconques, la relation

$$\frac{m_1 r_1}{T_1} + s_1 = \frac{m_0 r_0}{T_0} + s_0, \quad \text{d'où} \quad m = \left(\frac{m_0 r_0}{T_0} + s_0 - s_1\right)\frac{T_1}{r_1}$$

et pour la quantité condensée

$$m_0 - m_1 = \left[m_0\left(\frac{r_1}{T_1} - \frac{r_0}{T_0}\right) + s_1 - s_0 \right]\frac{T_1}{r_1}. \qquad (58)$$

Comme on trouve dans les tables, pour une série de températures, les valeurs de $\dfrac{r}{T}$ et de s, ce calcul s'effectue facilement.

La valeur $m_0 - m_1$ est positive et il y a condensation tant que T_1 est plus petit que T_0, jusqu'à $T_1 = 273 + 517 = 790$, en admettant l'exactitude de la formule de Regnault jusqu'à cette limite.

616. Quand on connaît m_1, on calcule le volume spécifique v_1 de la vapeur humide par la relation $v_1 = m_1 u_1 + \sigma$, $\sigma = 0,001$, u_1 accroissement de volume par la vaporisation à la température. T_1 se trouve dans les tables. On peut ainsi dresser le tableau de la détente d'une vapeur humide prise à un état initial caractérisé par les quantités p_0, T_0, m_0.

Pour une série de pressions décroissantes p_1, on prend dans les tables la température correspondante T_1; les formules donnent le poids de vapeur sèche m_1 et le volume spécifique v_1.

C'est ainsi qu'on a établi le tableau suivant indiquant la détente de la vapeur d'eau sèche prise à 12^{at}, à $188°,41$ centig., soit $T_0 = 445°,41$ et se détendant jusqu'à $0^{at},1$.

Poids de vapeur condensée dans la détente de la vapeur d'eau de 12 atmosphères à 0,1.

PRESSION en atmosphères.	TEMPÉRATURE en DEGRÉS centigrades. t	ENTROPIE du LIQUIDE. s	PROPORTION de VAPEUR sèche. m	VOLUME de 1 kilogr. de VAPEUR. $v=mu+\sigma$	PRESSION en atmosphères	TEMPÉRATURE en DEGRÉS centigrades. t	ENTROPIE du LIQUIDE. s	PROPORTION de VAPEUR sèche. m	VOLUME de 1 kilogr. de VAPEUR. $v=m''+\sigma$
12	188,41	0,5315	. 1	0,1599	1,2	105,17	0,323	0,878	1,2105
11	184,50	0,523	0,995	0,1714	1,1	102,68	0,318	0,872	1,3160
10	180,31	0,513	0,989	0,1874	1,0	100,00	0,309	0,867	1,4310
9	175,77	0,503	0,983	0,2053	0,9	97,08	0,298	0,863	1,5717
8	170,81	0,491	0,975	0,2276	0,8	93,38	0,292	0,858	1,7470
7	165,34	0,478	0,966	0,2559	0,7	90,32	0,283	0,851	1,9651
6	159,22	0,464	0,956	0,2933	0,6	86,32	0,273	0,843	2,2518
5	152,22	0,447	0,945	0,3436	0,5	81,71	0,262	0,835	2,6479
4	144,00	0,427	0,933	0,4184	0,4	76,25	0,244	0,825	3,2309
3	133,91	0,402	0,920	0,5401	0,3	69,49	0,225	0,812	4,2739
2	120,60	0,368	0,905	0,7782	0,2	60,45	0,197	0,794	5,9893
1,5	111,74	0,339	0,890	1,0012	0,1	46,21	0,1567	0,778	11,322

TRAVAIL DE LA VAPEUR DANS LA DÉTENTE ADIABATIQUE.

617. La formule générale de l'équivalence, dans l'évolution d'un corps quelconque qui se dilate en surmontant à chaque instant une pression égale à sa force expansive, est donnée par l'équation (9), et si la détente est adiabatique, $Q=0$;

$$U + \int pdv = 0. \tag{59}$$

Le travail de la détente adiabatique est égal et de signe contraire au travail interne, qui pour une vapeur humide, à partir de 0° centigrade, est donné par la relation (**609**)

$$U = \frac{q + m\,\rho}{A}.$$

Dans une évolution, avec changement d'état de la température T_0 à la température T_1, on a

$$A(U_1 - U_0) = q_1 + m_1\rho_1 - (q_0 + m_0\rho_0),$$

et aussi $\qquad U_1 - U_0 = \displaystyle\int_{T_0}^{T_1} p\,dv,$

d'où on conclut $\qquad A \displaystyle\int_{T_0}^{T_1} p\,dv = q_1 + m_1\rho_1 - (q_0 + m_0\rho_0).$

C'est l'expression du travail de la détente adiabatique, la température s'abaissant de T_0 à T_1.

De la pression initiale p_0, on déduit la température correspondante T_0 et par suite les éléments q_0 et ρ_0 qui se trouvent dans les tables. La proportion initiale m_0 de vapeur sèche étant donnée, on connaît $q_0 + m_0\rho_0 = AU_0$.

Pour calculer le travail de la détente pendant que la pression s'abaisse de p_0 à p_1, on prend dans les tables les valeurs de T_1, q_1 et ρ_1 correspondant à p_1. Une des équations (53) ou (54) donne m_1, ce qui permet de calculer $AU_1 = q_1 + m_1\rho_1$ et le travail de la détente

$$\mathcal{E} = \int_{p_0}^{p_1} p\,dv = \frac{q_1 + m_1\rho_1 - (q_0 + m_0\rho_0)}{A}. \qquad (60)$$

618. En général, la détente s'exprime par le rapport du volume initial au volume final, et il est assez difficile, en partant des volumes, de calculer le travail de la détente; les tables ne donnant pas les pressions et les températures correspondant aux volumes, il faudrait procéder avec des tâtonnements longs et pénibles. Pour faciliter les calculs, on a cherché à établir une relation directe entre les pressions et les volumes pendant la détente de la vapeur. Rankine a proposé, pour représenter la détente adiabatique de la vapeur d'eau, la formule

$$pv^\mu = \text{constante} \qquad (61)$$

analogue à celle que Laplace a établie pour les gaz permanents (587), mais l'exposant μ, qui est $1,41$ pour les gaz, a une valeur différente pour les vapeurs. Rankine a donné pour la vapeur d'eau saturée : $\mu = \dfrac{10}{9} = 1,11$. Zeuner adopte la formule de Rankine, mais il change la valeur de l'exposant; il résulte de ses calculs que μ dépend de la proportion m de vapeur sèche, et il donne comme moyenne très approchée, entre $m = 0,70$ et $m = 1$,

$$\mu = 1,035 + 0,100\,m.$$

619. L'expression du travail de la détente peut alors se mettre sous la forme

$$\mathcal{E} = \frac{p_0 v_0}{\mu - 1}\left[1 - \left(\frac{p_1}{p_0}\right)^{\frac{\mu-1}{\mu}} \right]. \qquad (62)$$

La formule ordinaire, qui se déduit de la loi de Mariotte, est

$$\mathcal{E} = p_0 v_0 \log \text{nép} \frac{p_0}{p_1}. \qquad (63)$$

Les deux formules rentrent l'une dans l'autre, lorsqu'on fait $\mu = 1$, ce qui revient en effet à admettre la loi de Mariotte.

§ V

APPLICATIONS DIVERSES

ÉCOULEMENT DES GAZ

620. Considérons (fig. 359) un gaz renfermé dans un cylindre et soumis à une pression p_1 constante, sous l'action d'un piston de section Ω; la température absolue est T_1 et le volume spécifique v_1. Le cylindre est en communication, par un orifice de très petites dimensions par rapport à sa section, avec un milieu d'étendue indéfinie comme l'atmosphère où la pression est p_2, plus petite que p_1. En raison de la différence p_1-p_2, le gaz s'écoule par l'orifice sous forme d'une veine fluide, et dans une section ω_2 de cette veine où la pression s'est abaissée à p_2, la température est T_2 et le volume spécifique v_2.

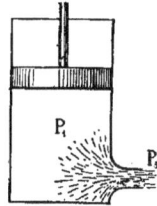

Fig. 359.

Appliquons la formule générale de l'équivalence (11 du n° **577**)

$$Q = A(U+L) = A(I+J+L).$$

Pour un gaz parfait, le travail J des forces d'agrégation est nul (**585**). La variation de chaleur sensible AI est

$$AI = c(T_2-T_1),$$

c étant la chaleur spécifique à volume constant.

Le travail extérieur L se compose du travail des pressions p_1 et p_2 et du travail équivalent à la variation de puissance vive.

Soit s_1 le chemin parcouru par le piston pendant l'écoulement de 1 kilog. de gaz ; le travail effectué est

$$p_1 \Omega s_1 = p_1 v_1$$

$\Omega s_1 = v_1$ est le volume de 1 kilog. de gaz à la pression p_1.

On verrait de même que, s_2 étant le chemin parcouru par la section ω_2 de la veine fluide pendant l'écoulement de 1 kilog., le travail résistant de la pression p_2 est

$$p_2 \omega_2 s_2 = p_2 v_2.$$

Le travail résistant des pressions extérieures est en conséquence

$$p_2 v_2 - p_1 v_1$$

et comme $p_1 v_1 = RT_1$ et $p_2 v_2 = RT_2$,

on a
$$p_2 v_2 - p_1 v_1 = R(T_2 - T_1).$$

La vitesse du piston dans le cylindre peut être considérée comme négligeable à cause de sa grande section par rapport à celle de l'orifice; la variation de puissance vive pour 1 kilog. se réduit à

$$\frac{W^2}{2g},$$

W étant la vitesse dans la section ω_2 où le gaz est dilaté à la pression p_2. On a ainsi pour le travail extérieur

$$L = R(T_2 - T_1) + \frac{W}{2g},$$

et en portant les valeurs de I, de J et de L dans l'équation générale, on trouve

$$Q = c(T_2 - T_1) + AR(T_2 - T_1) + \frac{AW_2}{2g};$$

comme (**586**) $C - c = AR$, il vient

$$A\frac{W^2}{2g} = C(T_1 - T_2) + Q \qquad (1)$$

C est la chaleur spécifique à pression constante.

C'est l'équation générale de l'écoulement des gaz parfaits.

La vitesse ne dépend que de la différence des températures et de la quantité de chaleur reçue ou perdue pendant l'écoulement suivant que Q est positif ou négatif.

621. On peut considérer plusieurs cas particuliers.

1° *La température est maintenue constante.* Il faut, pour que cette condition soit réalisée, fournir une quantité de chaleur Q que nous avons calculée au n° **588** et qui a pour valeur

$$Q = ART \log \text{nép} \frac{p_1}{p_2}.$$

En substituant et faisant $T_1 = T_2 = T$, il vient

$$W = \sqrt{2g RT \log \text{nép} \frac{p_1}{p_2}}. \qquad (2)$$

C'est la formule de Navier.

Le poids écoulé P, par $1''$, est $P = \omega_2 W d_2$, et comme $T_1 = T_2$, il faut faire $d_2 = d_1 \dfrac{p_2}{p_1}$.

622. $2°$ *Le volume spécifique est maintenu constant.* — Il faut fournir une quantité de chaleur négative (**589**) $Q = c\,(T_2 - T_1)$; en portant cette valeur de Q dans l'équation (1), on a

$$A\frac{W^2}{2g} = (C - c)(T_1 - T_2), = AR(T_1 - T_2);$$

et comme le volume spécifique est constant, $v_1 = v_2 = \dfrac{1}{d}$ (d poids du mètre cube de gaz), on a par la relation $pv = RT$

$$R(T_1 - T_2) = (p_1 - p_2)\,v_1 = \frac{p_1 - p_2}{d},$$

d'où

$$W = \sqrt{\frac{2g(p_1 - p_2)}{d}}. \qquad (3)$$

C'est la formule de Bernoulli.

Le poids écoulé par $1''$ est $P = \omega_2 W d_2$, et $d_2 = d_1 = d$ puisque $v_1 = v_2$.

623. $3°$ *L'écoulement se fait sans perte et sans gain de chaleur de l'extérieur.* — Dans ce cas $Q = 0$ et la formule (1) se réduit à

$$A\frac{W^2}{2g} = C(T_1 - T_2).$$

Pour calculer la vitesse d'écoulement, il faut connaître la température T_2 dans la veine fluide. On la détermine au moyen de la formule 23 du n° **587**

$$\frac{p_2}{p_1} = \left(\frac{T_2}{T_1}\right)^{\frac{k}{k-1}}$$

On en tire la valeur de T_2, et en substituant

$$A\frac{W_2}{2g} = CT_1\left[1 - \left(\frac{p_2}{p_1}\right)^{\frac{k-1}{k}}\right],$$

d'où
$$W = \sqrt{\frac{2gCT_1}{A}\left[1 - \left(\frac{p_2}{p_1}\right)^{\frac{k-1}{k}}\right]}. \qquad (4)$$

Cette formule, qui a été établie pour la première fois par MM. Wantzel et Saint-Venant, donne la vitesse du gaz détendu à la pression p_2 et à la densité d_2 dans la section ω_2; on a pour le poids P écoulé, par $1''$,

$$P = \omega_2 W d_2. \qquad (5)$$

En supposant que, dans la section contractée, la détente soit complète et que la pression y soit égale à celle du milieu où se fait l'écoulement, M. Weissbach a donné une formule qui revient à celle (27) du n° **163** et qui conduit, comme nous l'avons dit, à des résultats qui ne s'accordent pas avec l'expérience. Ce désaccord provient, comme l'a fait voir récemment M. Hugoniot, de ce que l'hypothèse de la détente complète dans la section contractée est inexacte et que, dans certains cas, la pression peut y être supérieure à celle du milieu où se fait l'écoulement.

Pour se rendre compte de la manière dont varie la pression dans la veine fluide, M. Hugoniot cherche comment doit varier la section avec la pression. En désignant, pour une section quelconque ω, par p et d la pression et la densité correspondantes, le poids écoulé, qui est nécessairement le même pour toutes les sections, s'exprime par la relation

$$P = \omega W d,$$

W étant la vitesse dans la section ω; c'est celle qui est donnée par la formule (4) en faisant $p_2 = p$; et comme $\frac{v_1}{v} = \frac{d}{d_1} = \left(\frac{p}{p_1}\right)^{\frac{1}{k}}$ (21 du n° **587**), on trouve, en substituant

$$\omega = \frac{P}{\left(d_1\frac{p}{p_1}\right)^{\frac{1}{k}}\sqrt{\frac{2gCT_1}{A}\left[1 - \left(\frac{p}{p_1}\right)^{\frac{k-1}{k}}\right]}}. \qquad (6)$$

M. Hugoniot fait les remarques suivantes :

Le dénominateur devient nul pour $p = p_1$; la section est infinie, mais la vitesse est nulle ainsi que le poids écoulé, ce qui était à prévoir.

Le dénominateur s'annule encore pour $p = o$ quand la pression devient nulle dans le récipient, et que l'écoulement a lieu dans le vide ; la section ω est encore infinie et la vitesse devient $W = \sqrt{\dfrac{2gCT_1}{A}}$, mais comme d est nul, le poids écoulé prend la forme indéterminée.

Enfin, le dénominateur devient maximum pour une pression $p' = \alpha p_1$ telle que $\alpha = \left(\dfrac{2}{k+1}\right)^{\frac{k}{k-1}}$ ($\alpha = 0,522$ pour $k = 1,41$), ce qui correspond à une section minimum ω' dans laquelle $p' = \alpha p_1$, de sorte que si l'écoulement a lieu dans le vide, la section décroît d'abord jusqu'à une certaine valeur minimum ω' qui est la section contractée, dans laquelle la pression est $p' = \alpha p_1$, puis elle augmente au delà jusqu'à devenir infinie.

Il y a deux cas à considérer : 1° si la pression p_2 du récipient où le gaz s'écoule est plus grande que αp_1, la section va toujours en décroissant jusqu'à ce que la pression soit égale à p_2, mais 2° si p_2 est plus petit que αp_1, la veine se contracte d'abord jusqu'à ce que la pression soit devenue αp_1 ; puis la section augmente jusqu'à une valeur telle que $\omega = \dfrac{P}{Wd_2}$, d_2 étant la densité correspondant à la pression p_2 du milieu où se fait l'écoulement. Il résulte de là que pour toutes les pressions du récipient, telles que $p_2 < \alpha p_1$, le poids écoulé est constant parce que l'écoulement se fait toujours en vertu de la différence constante de pression $p_1(1-\alpha)$.

C'est en effet ce qui a été constaté dans les expériences de MM. Wantzel et Saint-Venant et de M. Hirn ; le débit a été trouvé sensiblement le même, tant que la pression p_2 dans le récipient reste inférieure à $\dfrac{1}{2}\,p_1$ environ ; il suffit, pour se rendre compté de ce phénomène, d'admettre que l'aire de la section contractée reste à peu près invariable.

ÉCOULEMENT DES VAPEURS

624. Dans un récipient se trouve de la vapeur humide, maintenue à une pression constante p_1. Sa température est T_1 et son volume spécifique v_1.

Par un orifice de petites dimensions relativement à celles du récipient, la vapeur s'écoule dans un milieu indéfini, où la pression est constante p_2; sa température devient T_2, et son volume spécifique v_2 dans la veine fluide, dans une section ω_2 où sa pression s'est abaissée à p_2.

Pour trouver la vitesse d'écoulement, appliquons toujours l'équation générale (11 du n° **577**) qui devient, si la quantité de chaleur fournie de l'extérieur est nulle, Q étant égal à o,

$$A\,(I+J+L)=o. \qquad (7)$$

Pour de la vapeur, la variation de chaleur sensible AI est

$$AI = q_2 - q_1,$$

q_1 est la chaleur du liquide à la température T_1, comptée à partir de o° centigrade, q_2 est la chaleur à T_2.

La variation de chaleur d'agrégation AJ est

$$AJ = m_2\rho_2 - m_1\rho_1;$$

m_1 et m_2 étant les proportions de vapeur sèche dans la vapeur humide aux températures T_1 et T_2.

ρ_1 et ρ_2 sont les chaleurs absorbées par le travail interne dans le changement d'état aux températures T_1 et T_2.

Le travail extérieur L est, comme pour les gaz, le travail des pressions externes augmenté de la variation de puissance vive.

On verrait par un raisonnement semblable à celui du n° **620** que le travail des pressions externes est $p_2 v_2 - p_1 v_1$, et comme

$v = mu + \sigma$ (**609**), on trouve en substituant pour l'expression de ce travail

$$p_2 v_2 - p_1 v_1 = m_2 p_2 u_2 - m_1 p_1 u_1 + \sigma(p_2 - p_1).$$

La vapeur passant d'une vitesse qui peut être considérée comme nulle dans le récipient, à une vitesse W dans la veine fluide, la variation de puissance vive, pour 1 kilog., est

$$\frac{W^2}{2g},$$

ce qui donne pour le travail externe

$$L = m_2 p_2 u_2 - m_1 p_1 u_1 + \sigma(p_2 - p_1) + \frac{W^2}{2g}.$$

En portant ces valeurs de I, J et L dans l'équation (7)

$$q_2 - q_1 + m_2 \rho_2 - m_1 \rho_1 + A(m_2 p_2 u_2 - m_1 p_1 u_1) + A\sigma(p_2 - p_1) + A\frac{W^2}{2g} = 0.$$

Mais la chaleur totale de vaporisation est (**609**)

$$m_1 r_1 = m_1(\rho_1 + A p_1 u_1) \quad \text{et} \quad m_2 r_2 = m_2(\rho_2 + A p_2 u_2)$$

en substituant

$$A\frac{W^2}{2g} = q_1 + m_1 r_1 - (q_2 + m_2 r_2) + A\sigma(p_1 - p_2). \qquad (9)$$

Pour calculer la vitesse, il faut connaître la proportion m_2 de vapeur sèche dans la veine fluide à la sortie ; on se sert pour cela de la relation (53 du n° **611**) qui donne

$$m_2 = \left(\frac{m_1 r_1}{T_1} + s_1 - s_2\right)\frac{T_2}{r_2}.$$

En substituant, on a

$$A\frac{W^2}{2g} = q_1 - q_2 + \frac{m_1 r_1}{T_1}(T_1 - T_2) - T_2(s_1 - s_2) + A\sigma(p_1 - p_2). \qquad (10)$$

Quand on connaît les pressions extrêmes p_1 et p_2, on trouve dans les tables les températures T_1 et T_2 correspondantes, et par suite q_1 et q_2, puis r_1 et r_2, enfin s_1 et s_2; on peut ainsi calculer W.

En général, σ est très petit et $A\sigma(p_1 - p_2)$ est négligeable. On a de plus approximativement (43 du n° **603**) $q_1 - q_2 = c\,(T_1 - T_2)$ et aussi (51 du n° **610**), $s - s_2 = c \log \text{nép} \dfrac{T_1}{T_2}$; en substituant

$$A\frac{W^2}{2g} = \left(c + \frac{m_1 r_1}{T_1}\right)(T_1 - T_2) - cT_2 \log \text{nép} \frac{T_1}{T_2}, \quad (11)$$

c est la chaleur spécifique du liquide, à très peu près constante, et dont il convient de prendre dans chaque cas la valeur moyenne entre les températures extrêmes T_1 et T_2. Cette formule a été donnée par M. Zeuner.

625. Le poids qui s'écoule P dans une seconde, par la section ω_2, est

$$P = \omega_2 W d_2,$$

d_2 étant le poids du mètre cube, $d_2 = \dfrac{1}{v_2} = \dfrac{1}{m_2 u_2 + \sigma}$;

$\sigma = 0,001$ et m_2 se calcule comme ci-dessus, u_2 se trouve dans les tables pour la température T_2. On a ainsi tous les éléments nécessaires pour calculer le poids écoulé par $1''$.

M. Zeuner, en admettant que la détente soit complète dans la section contractée, donne une formule qui conduit aux résultats anormaux que nous avons indiqués au n° **174.**

Cela tient à ce que, de même que pour l'écoulement des gaz, la pression p' dans la section contractée n'est égale à la pression p_2 du milieu où se fait l'écoulement, que lorsque p_2 est au-dessus d'une fraction αp_1 de la pression p_1; si p_2 est plus petit, la pression p' est égale à αp_1, et reste constante quelle que soit la valeur de p_2 au-dessous de αp_1.

La formule (10) peut aussi s'appliquer à l'écoulement de l'eau chaude sous pression, lorsque par exemple l'orifice est percé dans une chaudière au-dessous du plan d'eau : dans ce cas il faut faire dans les formules $m_1 = 0$.

DE LA FUSION DES CORPS SOLIDES

626. Lorsqu'on chauffe un corps solide et que la fusion se produit, le passage de l'état solide à l'état liquide se fait à température constante et invariable, si la pression reste elle-même constante. C'est, sous ce rapport, un phénomène analogue à la vaporisation.

Pour opérer le changement d'état, il faut fournir une certaine quantité de chaleur qui est employée à modifier l'état d'agrégation des molécules, et qui a été déterminée pour l'eau, par M. Regnault et par M. de la Provostaye; d'après la moyenne des résultats, le nombre de calories nécessaires pour fondre 1 kilogr. de glace à 0° est 79°,035.

La formule générale (39 du n° **600**) $\dfrac{dQ}{T} = A \dfrac{dp}{dT} dv$ s'applique au phénomène de la fusion et conduit à quelques résultats intéressants. La glace étant plus légère que l'eau, M. James Thompson en a conclu que la température de fusion doit s'abaisser quand la pression augmente, contrairement à ce qui a lieu pour la vaporisation.

En effet, en intégrant de v_0 volume de la glace, à v volume de l'eau, et remarquant que la température et la pression restent constantes pendant la fusion, on a $\dfrac{dQ}{T} = A \dfrac{dp}{dT} (v - v_0)$. Comme dQ est positif, que $v - v_0$ est négatif, il faut que $\dfrac{dp}{dT}$ le soit aussi, c'est-à-dire que la pression et la température varient en sens inverse.

D'après les expériences, le volume de 1 kilogr. d'eau à 0° est : $v = 0,001$; celui de 1 kilogr. de glace à 0° est : $v_0 = 0,001087$, d'où $v - v_0 = -0,000087$.

En portant dans l'équation

$$Q = 79,035 \qquad T = 273 \qquad A = \frac{1}{424} \qquad v - v_0 = -0,000087,$$

on trouve $\dfrac{dp}{dT} = -\dfrac{79,035 \times 424}{0,000087 \times 273} = -1,410923$,

et en exprimant p en atmosphères

$$\frac{dp}{dT} = -\frac{1410923}{10334} = -136,5, \quad \text{ou} \quad \frac{dT}{dp} = -0,007324.$$

M. Will. Thompson a vérifié que pour des accroissements de pression de $8^{at},1$ et de $19^{at},8$, la température de fusion se trouvait abaissée respectivement de $0°,059$ et de $0°,129$, ce qui, pour un accroissement de pression de 1 atmosphère, donne respective-ment $\dfrac{T_1 - T_0}{p_1 - p_0} = -0,00727$ et $-0,00767$, résultats concordants avec la théorie.

TIRAGE DES CHEMINÉES

627. Une cheminée est un tuyau vertical, communiquant à ses deux extrémités avec l'atmosphère, et dans lequel se meuvent des gaz chauds. La différence de densité entre les gaz à l'intérieur du tuyau et la colonne atmosphérique de même hauteur pro-

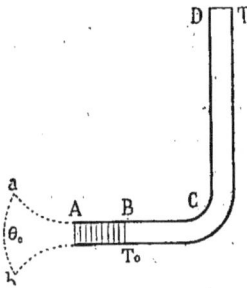

Fig. 360.

duit à la base de la cheminée une dé-pression qui détermine un mouvement ascensionnel dans le tuyau. L'appel de l'air extérieur qui se fait sous l'action de cette dépression porte, comme nous l'avons vu (**419**), le nom de *tirage*.

Considérons (fig. 360) un tuyau ver-tical CD, faisant suite à un tuyau ho-rizontal ABC. L'air pris à la masse at-mosphérique, dans la zone ab, à la température absolue T_1, et à la pression p_1, pénètre dans le tuyau, s'échauffe en AB de T_1 à T_2, sous l'action d'une source de chaleur extérieure ; nous admettrons que cet échauffement se fait à la pression constante p_1 ; il circule ensuite, sans perte et sans gain de chaleur de l'extérieur, de B en D, où il sort dans l'atmosphère, à la température T, à la pression p et avec la vitesse w.

Appliquons le théorème de l'équivalence à une masse gazeuse du poids d'un kilogr. prise en ab à la pression p_1 et à la température T_1 et passant au sommet de la cheminée à la pression p et à la température T,

$$Q = A(I+J+L). \qquad (12)$$

La chaleur extérieure Q est employée à faire passer le gaz de la température T_1 à la température T_2. En admettant la pression constante, C étant la chaleur spécifique,

$$Q = C(T_2 - T_1).$$

La variation de la chaleur sensible AI, de T_1 à T, est

$$AI = c(T - T_1),$$

c chaleur spécifique à volume constant.

Le travail interne d'agrégation est nul pour les gaz permanents, $J = 0$.

Le travail externe L se compose :

1° Du travail des pressions externes ;
2° Du travail de la pesanteur ;
3° Du travail des résistances, frottement, etc. ;
4° De la variation de puissance vive.

Travail des pressions externes. — Par un raisonnement analogue à celui que nous avons déjà fait plusieurs fois, on voit que ce travail est égal à

$$pv - p_1v_1 = R(T - T_1).$$

Travail de la pesanteur. — Le travail résistant de la pesanteur, pour 1 kilogr. élevé à la hauteur H, est

$$H.$$

Travail des résistances. — Nous savons (chap. III) que le travail des résistances est proportionnel au carré de la vitesse, et pour 1 kilogr. il peut être représenté par l'expression

$$K \frac{w^2}{2g},$$

K étant le coefficient de résistance ([1]).

Variation de puissance vive. — Enfin le travail équivalent à la variation de puissance vive est pour 1 kilogr., en observant que la vitesse initiale dans l'atmosphère peut être considérée comme nulle,

$$\frac{w^2}{2g}.$$

D'où on déduit pour le travail externe

$$L = R(T - T_1) + H + (K + 1) \frac{w^2}{2g}.$$

En portant ces diverses valeurs dans l'équation (12),

$$C(T_2 - T_1) = c(T - T_1) + AR(T - T_1) + AH + A(1 + K) \frac{w^2}{2g},$$

et comme $AR = C - c$, il vient en substituant et simplifiant

$$A(1 + K) \frac{w^2}{2g} = C(T_2 - T) - AH. \qquad (13)$$

628. Nous admettrons que pendant le trajet dans le tuyau, du point B au sommet, les gaz ne reçoivent et ne perdent aucune quantité de chaleur par l'extérieur; la formule de Laplace (**587**) donne

$$\frac{T_2}{T} = \left(\frac{p_2}{p} \right)^{\frac{k-1}{k}}.$$

De même, si on considère une masse d'air descendant dans l'atmosphère de la hauteur du sommet de la cheminée à l'entrée du tuyau, et passant de la température T_0 et de la pression p_0 à la température T_1 et à la pression p_1,

---

([1]) Afin d'éviter une confusion avec $R = \frac{pv}{T}$, nous désignons ici par K le coefficient de résistance.

$$\frac{T_1}{T_0} = \left(\frac{p_1}{p_0}\right)^{\frac{k-1}{k}}.$$

Les deux pressions p_0 et p sont prises dans la même zone atmosphérique, à la même hauteur au-dessus du sol; on a donc $p_0 = p$, et par suite

$$\frac{T_2}{T} = \frac{T_1}{T_0}; \qquad \text{d'où} \qquad \frac{T_2 - T}{T} = \frac{T_1 - T_0}{T_0},$$

mais, pour la descente de 1 kilogr. de la hauteur H, le travail produit est H et la chaleur dépensée étant $C(T_1 - T_0)$, on a

$$C(T_1 - T_0) = AH \qquad \text{d'où} \qquad T_2 - T = \frac{T}{T_0} \cdot \frac{AH}{C}.$$

Enfin en substituant cette valeur de $T_2 - T$ dans l'équation générale (13), il vient

$$A(1+K)\frac{w^2}{2g} = \frac{T}{T_0}AH - AH = A\left(\frac{T - T_0}{T_0}\right)H,$$

d'où on déduit la valeur de w

$$w = \sqrt{\frac{2gH(T - T_0)}{(1+K)T_0}}, \qquad (14)$$

en prenant les températures en degrés centigrades

$$w = \sqrt{\frac{2gH\alpha(t - \theta)}{(1+K)(1+\alpha\theta)}}, \qquad (15)$$

ce qui est la formule connue (4 du n° **420**).

629. Poids de gaz écoulé par la cheminée. — Le poids de gaz écoulé par 1″ est

$$P = \Omega wd.$$

Ω est la section du sommet de la cheminée,

w la vitesse de sortie donnée par la formule précédente,

d le poids du mètre cube de gaz qui s'écoule; $d = \frac{1}{v} = \frac{p}{RT}$.

Le poids peut ainsi se mettre sous la forme

$$P = \Omega \frac{p}{RT}\sqrt{\frac{2gH(T - T_0)}{(1+K)T_0}}. \qquad (16)$$

630. Maximum de tirage. — Ce poids a un maximum qui correspond au cas où la dérivée de la fonction $\dfrac{T-T_0}{T^2}$ est nulle. On trouve ainsi

$$\frac{T^2 - 2T(T-T_0)}{T^4} = 0,$$

qui se réduit, en écartant les solutions impossibles, à

$$T = 2T_0. \qquad (17)$$

Le poids écoulé est maximum, lorsque la température absolue des gaz, au sommet de la cheminée, est double de la température absolue atmosphérique; c'est le même résultat qu'au n° **422**.

§ VI

MACHINES A AIR CHAUD

631. Considérons (fig. 358) un poids d'air de 1 kilog., agissant sur un piston qui se meut dans un cylindre. Quand le piston est en A, v_0 est le volume, p_0 la pression, T_0 la température absolue. Son état, avec les coordonnées OX et OY, est représenté par le point a dont l'abscisse est v_0 et l'ordonnée p_0; on fait passer l'air par la série suivante d'évolutions.

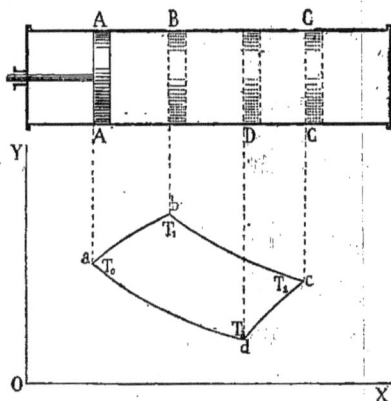

Fig. 361.

De A en B, on le met en communication avec une source de chaleur et l'évolution se fait suivant la courbe ab, telle que la chaleur fournie à chaque instant dQ est proportionnelle à la variation dT de température; $dQ = \lambda dT$, λ étant une constante. Nous avons vu (**590**) que, dans ces condi-

tions, l'équation de la courbe ab est de la forme $p^m v^n =$ constante; en B le volume est devenu v_1, la pression p_1 et la température T_1 : la chaleur fournie de A en B est

$$Q_1 = \lambda (T_1 - T_0).$$

On retire la source de chaleur et de B en C l'évolution du
corps se fait suivant la courbe adiabatique bc; arrivé en C l'air
occupe le volume v_2 à la pression p_2 et à la température T_2.

En C le piston change de sens et l'air étant mis en communication avec une source froide, l'évolution se fait suivant la
courbe cd qui est de la forme $p^m v^n =$ Const, de sorte que la
chaleur cédée à chaque instant est $dQ = \lambda dT$; en D le volume de
l'air est v_3, la pression p_3 et la température T_3. La chaleur cédée
de c en d est

$$Q_2 = \lambda (T_2 - T_3).$$

Le point d est déterminé à l'intersection de la courbe cd avec
la ligne adiabatique ad passant par le point a.

En D on retire la source froide et le piston continuant sa
course, l'air est comprimé suivant la ligne adiabatique ad et
repasse en a, à son état initial.

Le cycle $abcd$ figure l'évolution complète et l'aire représente
le travail produit.

La quantité de chaleur disparue est $Q_1 - Q_2$ et d'après le principe de l'équivalence, le travail produit L est

$$L = \frac{Q_1 - Q_2}{A},$$

qu'on peut mettre, en remplaçant Q_1 et Q_2 par leurs valeurs, sous
la forme

$$L = \frac{\lambda}{A} (T_1 - T_0 - T_2 + T_3). \qquad (1)$$

Le cycle étant défini, il doit exister entre ces températures,
une relation qu'on trouve comme il suit :

De a en b, l'entropie S est

$$S = \frac{1}{A} \int \frac{dQ}{T} = \frac{1}{A} \int \frac{\lambda dT}{T} = \frac{\lambda}{A} \log \text{nép} \frac{T_1}{T_0},$$

De d en c l'entropie est la même, puisque les points a et d sont sur la même ligne adiabatique da, et les points b et c sur une autre même ligne adiabatique bc

$$S = \frac{\lambda}{A} \log \text{nép} \frac{T_2}{T_3}.$$

On en conclut

$$\frac{T_1}{T_0} = \frac{T_2}{T_3} \quad \text{d'où} \quad T_2 = \frac{T_1 T_3}{T_0}. \tag{2}$$

En remplaçant T_2 par cette valeur dans l'expression de Q_2

$$Q_2 = \lambda \left(\frac{T_1 T_3}{T_0} - T_3 \right) = \lambda (T_1 - T_0) \frac{T_3}{T_0} = Q_1 \frac{T_3}{T_0},$$

et par suite

$$L = \frac{Q_1}{A T_0} (T_0 - T_3). \tag{3}$$

On peut encore mettre la valeur de L sous la forme

$$L = \frac{\lambda}{A} \left(T_1 + T_3 - T_0 - \frac{T_1 T_3}{T_0} \right) = \frac{\lambda}{A T_0} (T_1 - T_0)(T_0 - T_3) \tag{4}$$

Dans tous les cas pratiques, la valeur de λ est positive, et pour qu'il y ait chaleur reçue de a en b et chaleur cédée de c en d, il faut

$$T_1 > T_0 \quad \text{et} \quad T_2 > T_3,$$

de sorte que l'évolution complète se fait entre deux températures limites, T_1 maximum et T_3 minimum.

Le coefficient économique est

$$\frac{Q_1 - Q_2}{Q_1} = 1 - \frac{T_3}{T_0} = \frac{T_0 - T_3}{T_0}. \tag{5}$$

Le rapport au coefficient du cycle de Carnot est

$$\frac{T_0 - T_3}{T_0} \times \frac{T_1}{T_1 - T_3}, \tag{6}$$

Pour que ces coefficients deviennent égaux et que le rendement soit maximum, il faut que $T_0 = T_1$.

632. Travail maximum entre deux températures déterminées. — Dans ces limites de températures T_1 et T_3, pour que le travail soit maximum, il faut d'après l'équation (1), que $T_0 + T_2$ soit minimum, et comme $T_2 = \dfrac{T_1 T_3}{T_0}$ le produit des deux termes étant constant, le minimum correspond à $T_0 = \dfrac{T_1 T_3}{T_0}$, d'où $T_0 = T_2 = \sqrt{T_1 T_3}$.　(7)

Ainsi, pour que le travail soit maximum, entre deux limites de température T_1 et T_3, il faut que les températures intermédiaires T_0 et T_2 soient égales chacune à la moyenne géométrique $\sqrt{T_1 T_3}$.

Le travail maximum est alors

$$L = \frac{Q_1}{A T_0}(T_0 - T_3) = \frac{Q_1}{A}\frac{\sqrt{T_1 T_3} - T_3}{\sqrt{T_1 T_3}} = \frac{Q_1}{A}\frac{\sqrt{T_1} - \sqrt{T_3}}{\sqrt{T_1}}.$$

En remplaçant Q_1 par sa valeur $Q_1 = \lambda(T_1 - T_0) = \lambda\sqrt{T_1}(\sqrt{T_1} - \sqrt{T_3})$, on met sous la forme

$$L = \frac{\lambda}{A}\left(\sqrt{T_1} - \sqrt{T_3}\right)^2.$$　(9)

Le coefficient économique est

$$\frac{Q_1 - Q_2}{Q_1} = \frac{\sqrt{T_1 T_3} - T_3}{\sqrt{T_1 T_3}} = \frac{\sqrt{T_1} - \sqrt{T_3}}{\sqrt{T_1}},$$　(10)

et le rapport au maximum du cycle de Carnot

$$\frac{\sqrt{T_1} - \sqrt{T_3}}{\sqrt{T_1}} \times \frac{T_1}{T_1 - T_3} = \frac{\sqrt{T_1}}{\sqrt{T_1} + \sqrt{T_3}}.$$　(11)

Si $T_1 = 2T_3$, ce rapport est $\dfrac{1}{1,707} = 0,585$.

633. Régénérateurs. — Dans la plupart des machines à air chaud, on avait établi, un organe spécial appelé *régénérateur* et qui avait pour but de recueillir pendant le refroidissement la chaleur abandonnée par le gaz, pour l'utiliser dans la période de chauffage. On avait d'abord fondé de grandes espérances sur l'emploi des régénérateurs, pour obtenir une meilleure utilisation de la chaleur. M. Hirn a fait remarquer le premier, que les régénérateurs ne pouvaient produire aucun effet utile dans les machines convenablement réglées. Il résulte, en effet, de l'examen du cycle à travail maximum entre deux températures déterminées, que le refroidissement se fait de T_2 à T_3 tandis que le chauffage s'opère de T_0 à T_1 et comme $T_0 = T_2$, on voit que pendant le refroidissement, la température de l'air chaud est toujours inférieure à celle de la période de chauffage et que, par conséquent, on ne peut recueillir utilement aucune quantité de chaleur pour la faire servir dans le même appareil.

634. Volumes, pressions et températures pendant l'évolution. — Il est facile de calculer les volumes, les pressions et les températures aux différents points de l'évolution.

Sur les deux lignes adiabatiques bc et ad on a la relation

$$p v^k = \text{const.}$$

k étant le rapport $\dfrac{C}{c}$ des chaleurs spécifiques.

Comme $pv = RT$, on tire de cette équation les deux relations (**587**) $Tv^{k-1} = \text{const.}$ et $Tp^{\frac{1-k}{k}} = \text{const.}$

En appliquant ces relations aux valeurs extrêmes

$$T_2 v_2^{k-1} = T_1 v_1^{k-1} \qquad T_0 v_0^{k-1} = T_3 v_3^{k-1}$$

et comme $T_1 T_3 = T_2 T_0$, on en déduit

$$v_0 v_2 = v_1 v_3 \qquad \text{où} \qquad \frac{v_0}{v_1} = \frac{v_3}{v_2}, \qquad (12)$$

on a de même pour les pressions

$$T_2 p_2^{\frac{1-k}{k}} = T_1 p_1^{\frac{1-k}{k}} \qquad T_0 p_0^{\frac{1-k}{k}} = T_3 p_3^{\frac{1-k}{k}},$$

d'où

$$p_0 p_2 = p_1 p_3 \qquad \frac{p_0}{p_1} = \frac{p_3}{p_2}. \qquad (13)$$

Sur les deux courbes ab et cd, on a

$$p^m v^n = \text{const.}$$

d'où on déduit, au moyen de la formule $pv = RT$

$$T v^{\frac{n-m}{m}} = \text{const.} \quad \text{et} \quad T p^{\frac{m-n}{n}} = \text{const.}$$

La première relation, appliquée aux points extrêmes, donne

$$T_1 v_1^{\frac{n-m}{m}} = T_0 v_0^{\frac{n-m}{m}} \qquad T_3 v_3^{\frac{n-m}{m}} = T_2 v_2^{\frac{n-m}{m}},$$

et comme $T_1 T_3 = T_0 T_2$, il vient

$$v_3 v_1 = v_0 v_2, \quad \text{d'où} \quad \frac{v_0}{v_1} = \frac{v_3}{v_2}; \qquad (14)$$

comme nous l'avons vu ci-dessus.

On trouverait de même pour les pressions

$$T p_1^{\frac{m-n}{n}} = T_0 p_0^{\frac{m-n}{n}} \qquad T_3 p_3^{\frac{m-n}{n}} = T_2 p_2^{\frac{m-n}{n}},$$

et comme plus haut

$$p_3 p_1 = p_0 p_2 \quad \text{et} \quad \frac{p_0}{p_1} = \frac{p_3}{p_2}.$$

635. Pour avoir le rapport $\frac{v_0}{v_2}$, on part des deux relations.

$$T v_1^{k-1} = T_2 v_2^{k-} \qquad T_1 v_1^{\frac{n-m}{m}} = T_0 v_0^{\frac{n-n}{m}},$$

d'où

$$\frac{v_1}{v_2} = \left(\frac{T_2}{T_1}\right)^{\frac{1}{k-1}} \qquad \frac{v_0}{v_1} = \left(\frac{T_1}{T_0}\right)^{\frac{m}{n-m}}.$$

En multipliant membre à membre

$$\frac{v_0}{v_2} = \left(\frac{T_2}{T_1}\right)^{\frac{1}{k-1}} \left(\frac{T_0}{T_1}\right)^{\frac{m}{m}}. \qquad (15)$$

Dans le cas du maximum de travail entre T_1 et T_3, on a $T_2 = T_0 = \sqrt{T_1 T_3}$, et

$$\frac{v_0}{v_2} = \left(\frac{T_3}{T_1}\right)^{\frac{1}{2}\left(\frac{1}{k-1} + \frac{m}{m-n}\right)} \qquad (16)$$

on trouverait de même

$$\frac{v_1}{v_3} = \left(\frac{T_3}{T_0}\right)^{\frac{1}{k-1}} \left(\frac{T_0}{T_1}\right)^{\frac{m}{n-m}}, \qquad (17)$$

et dans le cas du maximum de travail entre T_1 et T_3

$$\frac{v_1}{v_3} = \left(\frac{T_3}{T_1}\right)^{\frac{1}{2}\left(\frac{1}{k-1} - \frac{m}{m-n}\right)}. \qquad (18)$$

Par un raisonnement analogue on trouverait pour les pressions

$$\frac{p_0}{p_2} = \left(\frac{T_0}{T_3}\right)^{\frac{k}{k-1}} \left(\frac{T_2}{T_3}\right)^{\frac{n}{m-n}} \qquad \frac{p_1}{p_3} = \left(\frac{T_0}{T_3}\right)^{\frac{k}{k-1}} \left(\frac{T_0}{T_1}\right)^{\frac{n}{n-m}}, \qquad (19)$$

et pour le maximum de travail

$$\frac{p_0}{p_2} = \left(\frac{T_1}{T_3}\right)^{\frac{1}{2}\left(\frac{k}{k-1} + \frac{n}{m-n}\right)} \qquad \frac{p_1}{p_3} = \left(\frac{T_1}{T_3}\right)^{\frac{1}{2}\left(\frac{k}{k-1} - \frac{n}{m-n}\right)} \qquad (20)$$

636. Dans la machine à air chaud du système Stirling, le chauffage et le refroidissement se font à volume constant, les lignes ab et cd sont des parallèles à l'axe des y. Il faut faire dans les équations $m = 0$, $n = 1$. En appliquant les formules, on trouve

$$\frac{v_0}{v_1} = 1 \qquad \frac{v_2}{v_1} = \left(\frac{T_1}{T_2}\right)^{2,439} \qquad \frac{v_3}{v_1} = \left(\frac{T_1}{T_3}\right)^{1,219} \qquad \frac{v_3}{v_2} = 1$$

$$\frac{p_0}{p_1} = \frac{T_0}{T_1} \qquad \frac{p_2}{p_1} = \left(\frac{T_2}{T_1}\right)^{3,439} \qquad \frac{p_3}{p_1} = \left(\frac{T_3}{T_1}\right)^{2,219} \qquad \frac{p_3}{p_2} = \frac{T_0}{T_1} = \frac{p_0}{p_1}$$

Dans la machine Ericsson, le chauffage et le refroidissement se font à pression constante; les lignes ab et cd sont des parallèles à l'axe des x; $m = 1$ et $n = 0$, et on a

$$\frac{v_0}{v_1} = \frac{T_0}{T_1} \qquad \frac{v_2}{v_1} = \left(\frac{T_1}{T_2}\right)^{2,439} \qquad \frac{v_3}{v_1} = \left(\frac{T_1}{T_3}\right)^{0,719} \qquad \frac{v_3}{v_2} = \frac{T_3}{T_2} = \frac{v_0}{v_1}$$

$$\frac{p_0}{p_1} = 1 \qquad \frac{p_2}{p_1} = \left(\frac{T_2}{T_1}\right)^{3,439} \qquad \frac{p_3}{p_1} = \left(\frac{T_3}{T_1}\right)^{1,719} \qquad \frac{p_3}{p_2} = 1 \, .$$

Le coefficient économique $\dfrac{Q_1 - Q_2}{Q_1} = \dfrac{\sqrt{T_1} - \sqrt{T_3}}{\sqrt{T_1}}$ est le même

pour les deux systèmes de machines, dans les mêmes limites de température.

637. Applications. — La température des gaz chauds dans une machine ne saurait dépasser un certain degré sans de graves inconvénients. Au-dessus de 280° à 300° centigrades, les graisses s'altèrent et les frottements se font mal; la machine est exposée à des accidents et à des arrêts.

Prenons comme limites de température $T_3 = 273°$, correspondant à 0° cent. et $T_1 = 546$; soit $\dfrac{T_1}{T_3} = 2$.

Dans le cas du travail maximum, les températures intermédiaires sont $T_0 = T_2 = \sqrt{T_1 T_3} = 386$.

On trouve alors pour le rapport des volumes et des pressions dans les machines Stirling et Ericsson

	v_1	$\frac{v_0}{v_1}$	$\frac{v_2}{v_1}$	$\frac{v_3}{v_1}$	p_1	$\frac{p_0}{p_1}$	$\frac{p_2}{p_1}$	$\frac{p_3}{p_1}$
Stirling :	1	1	2,31	2,31	1	0,70	0,307	0,2128
Ericsson :	1	0,70	2,31	1,617	1	1	0,307	0,307

638. Volume du cylindre d'une machine à air chaud.
— Soit N le nombre de tours de la machine par 1', C le volume
d'une cylindrée et P le poids d'air employé par 1″ pour un travail $\mathfrak{C}$. Comme V_2, à la température T_2, est le volume maximum
dans l'évolution, on a théoriquement

$$V_2 = P v_2 = \frac{2NC}{60} \qquad \text{d'où} \qquad C = \frac{30 P v_2}{N}$$

Dailleurs L (4 du n° **631**) étant le travail pour 1 kilog, on a
pour le poids P,

$$\mathfrak{C} = PL = \frac{P\lambda}{AT_0}(T_1 - T_0)(T_0 - T_3)$$

et en remplaçant P par sa valeur tirée de cette relation

$$C = \frac{30 v_2}{N} \frac{A}{\lambda} \frac{T_0}{(T_1 - T_0)(T_0 - T_3)} \mathfrak{C}. \qquad (21)$$

Le cylindre est en raison inverse de la chaleur spécifique λ
et de la pression finale p_2, puisque $v_2 = \dfrac{RT_2}{p_2}$. Pour le travail
maximum entre T_1 et T_3

$$C = \frac{30 v_2}{N} \frac{A}{\lambda} \frac{\sqrt{T_1 T_3}}{(\sqrt{T_1} - \sqrt{T_3})^2} \mathfrak{C}. \qquad (22)$$

640. Application. — En supposant, comme ci-dessus,
$T_3 = 273$ et $T_1 = 546$, on trouve pour le volume $C = 16,83 \dfrac{\mathfrak{C}}{\lambda p_2 N}$

Pour 100 chevaux et 10 tours par 1', on forme le tableau suivant :

PRESSION EN ATMOSPHÈRES			VOLUME THÉORIQUE en mètres cubes.	
MAXIMUM.	MINIMUM.			
	Stirling.	Ericson.	Stirling.	Ericson.
5	1,073	1,520	6,750 mc	3,5595 mc
10	2,146	3,030	3,375	1,7797
15	3,219	4,559	2,250	1,1898
20	4,292	6,078	1,687	0,8809

Le cylindre d'une machine Ericsson est environ moitié de celui d'une machine Stirling.

Ce volume C théorique doit être notablement augmenté en pratique pour tenir compte des pertes, de l'espace mort, du volume du piston et il serait beaucoup plus grand que celui d'une machine à vapeur de même force, fonctionnant sous la même pression.

641. Travail maximum pour une quantité de chaleur déterminée. — Le travail maximum d'une machine à air chaud fonctionnant *entre des limites de températures déterminées* T_1 et T_3 et qui correspond à deux valeurs égales des températures intermédiaires $T_0 = T_2 = \sqrt{T_1 T_3}$; n'est pas le travail maximum produit *pour une quantité de chaleur déterminée*.

Pour avoir ce dernier, il suffit de remarquer que, d'après l'équation $L = \dfrac{Q}{A}\left(1 - \dfrac{T_3}{T_0}\right)$, pour la quantité de chaleur Q, le maximum de L correspond au maximum de T_0, c'est-à-dire à $T_0 = T_1$,

$$L_{max} = \frac{Q}{A T_1}(T_1 - T_3) \qquad (23)$$

Les deux courbes AB et CD sont deux courbes isothermes aux températures respectives T_1 et T_3 et l'évolution se fait suivant un cycle de Carnot qui donne, comme on sait, le maximum du travail pour une quantité de chaleur déterminée.

Dans ce cas, les formules (**631**) ne sont plus applicables. On a $T_0 = T_1$ et $T_2 = T_3$ d'où $m = n$ et par suite $\lambda = \infty$ et comme $dT = o$, la quantité de chaleur $dQ = \lambda dT$ prend la forme indéterminée. Il en est de même du travail, dans l'équation (1)

La quantité de chaleur Q_1 est donnée par l'équation (**588**)

$$Q_1 = A R T_1 \log \text{nép} \frac{v_1}{v_0} \qquad (24)$$

Quant au travail, comme $\dfrac{Q_2}{T_2} = \dfrac{Q_1}{T_1}$, on a

$$L = \frac{Q_1 - Q_2}{Q_1} = \frac{Q_1}{AT_1}(T_1 - T_2) = R(T_1 - T_2)\log\text{ nép }\frac{v_1}{v_0}. \quad (25)$$

Il est plus commode d'exprimer le travail en fonction du rapport des pressions extrêmes $\frac{p_0}{p_2}$. On a $T_1 v_1^{k-1} = T_2 v_2^{k-1}$ et $\frac{p_0}{p_0} = \frac{p_2}{v_2}$,

d'où $v_2 = v_1\left(\frac{T_1}{T_2}\right)^{\frac{k-1}{1}}$ et $v_2 = v_0\frac{p_0}{p_2}\frac{T_2}{T_0}$, et par suite comme $T_0 = T_1$

$$\frac{v_1}{v_0} = \frac{p_0}{p_2}\frac{T_2}{T_0}\left(\frac{T_2}{T_1}\right)^{\frac{1}{k-1}} = \frac{p_0}{p_2}\left(\frac{T_2}{T_1}\right)^{\frac{k}{k-1}}.$$

On trouve alors pour l'expression de la chaleur dépensée

$$Q_1 = ART_1\log\text{ nép }\frac{p_0}{p_2}\left(\frac{T_2}{T_1}\right)^{\frac{k}{k-1}}, \quad (26)$$

et pour le travail

$$L = R(T_1 - T_2)\log\text{ nép }\frac{p_0}{p_2}\left(\frac{T_2}{T_1}\right)^{\frac{k}{k-1}}. \quad (27)$$

Cette formule conduit à un résultat important; pour que les valeurs de Q_1 et de L soient positives, il faut que $\frac{p_0}{p_2} > \left(\frac{T_1}{T_2}\right)^{\frac{k}{k-1}}$.

Si $T_1 = 2T_2$, on trouve $\frac{p_0}{p_2} > 10,85$; la pression initiale p_0 doit être près de 11 fois plus grande que la pression finale. Pour $\frac{p_0}{p_2} = 10,85$ le travail est nul et au-dessous il est négatif.

642. Volume du cylindre d'air chaud.

— En désignant par P le poids d'air employé, le travail $\mathfrak{E} = PL$, et comme $P = \frac{V_2}{v_2} = \frac{C_0}{2Nc}\frac{p_2}{RT_2}$, on a

$$C = \frac{30RT_2}{Np_2}\frac{\mathfrak{E}}{(T - T_1)\log\text{ nép }\frac{p_0}{p_2}\left(\frac{T_2}{T_1}\right)^{\frac{k}{k-1}}}. \quad (28)$$

Cette formule donne, pour des forces de 5o chevaux et au delà, des dimensions excessivement grandes et impossibles en pratique.

§ VII

MACHINES A VAPEUR

643. Une machine à vapeur se compose essentiellement d'un cylindre, dans lequel, sous l'action de la vapeur, se meut un piston dont le mouvement alternatif se transmet ordinairement à un arbre de rotation au moyen d'une bielle et d'une manivelle.

Pour produire ce mouvement alternatif, il faut, au moyen d'un organe approprié (tiroir ou soupapes), introduire la vapeur venant de la chaudière successivement d'un côté et de l'autre du piston et mettre simultanément le côté opposé en communication avec l'atmosphère ou avec un condenseur pour faire tomber la pression. Voici, dans le cas le plus général, comment se fait la distribution de la vapeur dans une machine. Soit MM'NN' (fig. 362) le cylindre dans lequel se meut le piston. Au commencement de la course, le piston est en AA, laissant entre lui et le fond MM' un

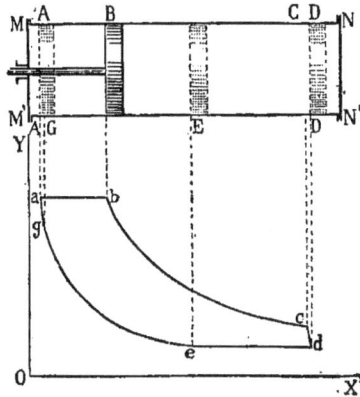

Fig. 362.

espace MM'AA qu'on appelle l'espace libre ou l'espace mort, indispensable pour éviter pratiquement les chocs. La vapeur venant de la chaudière remplit d'abord cet espace et pousse ensuite, à pleine pression, le piston de A en B. A ce moment, la communication avec la chaudière est interrompue et le piston continuant son mouvement, la vapeur se détend pendant qu'il va de B en C. A ce point, un peu avant l'extrémité de la course, on met en communication l'intérieur du cylindre avec l'atmosphère ou le condenseur et de C en D, fin de la course, la pression tombe rapidement. La distance CD est ce qu'on appelle l'avance à l'échappement.

Au retour du piston en sens inverse, la vapeur s'échappe librement de D en E et la pression se maintient constante. En E l'échappement se ferme et le piston continuant son mouvement comprime la vapeur jusqu'en G, un peu avant la fin de la course, ou on ouvre la communication avec la chaudière, de sorte que de G en AA extrémité de la course, le piston refoule la vapeur dans la chaudière; c'est l'avance à l'admission. On se retrouve alors dans la même position qu'au commencement de l'évolution et le mouvement recommence pour continuer indéfiniment.

L'évolution de la vapeur peut se représenter au moyen de courbes.

L'ordonnée du point a, figurant la pression au commencement de la course, se maintient sensiblement pendant l'admission à pleine vapeur, et la courbe est une ligne ab parallèle à OX.

En B la détente commence et se poursuit jusqu'en C, la courbe de pression est la courbe de détente adiabatique bc.

En C la communication s'ouvre avec l'échappement et la pression tombe rapidement de c à d; l'ordonnée du point d représentant la pression de l'atmosphère ou du condenseur. L'avance CD à l'échappement est ordinairement très faible et la ligne cd se confond à très peu près avec la verticale Dd; c'est ce que nous admettrons dans ce qui va suivre.

Au retour de D en E la pression reste sensiblement constante et la courbe est une droite ed parallèle à OX.

En E la compression commence, et la pression augmente suivant la courbe adiabatique eg.

En G se fait l'admission de la vapeur de la chaudière et la pression remonte rapidement suivant ga, à la pression de la chaudière. Nous admettrons que la ligne ag se confond avec Aa.

L'ensemble des courbes *abcdega* représente le cycle d'évolutions. Désignons par

V_0 le volume de vapeur dans le cylindre quand le piston est en B et que la détente commence,

V_1 le volume de vapeur quand le piston est en DD, à la fin de la course,

V' le volume quand le piston est en AA au commencement de la course, c'est-à-dire le volume de l'espace mort,

V_2 le volume en E au moment où, dans le mouvement de retour, la compression commence.

Soient

P_0 le poids de vapeur humide dans l'espace V_0,

m_0 la proportion de vapeur sèche, de sorte que $m_0 P_0$ est le poids de vapeur sèche et $(1-m_0) P_0$ le poids d'eau liquide,

p_0 la pression de la vapeur en kilogr. par mètre carré dans V_0,

T_0 sa température absolue,

σ le volume de 1 kilogr. d'eau liquide,

u_0 l'accroissement de volume de 1 kilogr. d'eau liquide passant à l'état de vapeur à la température T_0,

v_0 son volume spécifique, c'est-à-dire le volume de 1 kilogr.

U_0 le travail interne pour faire passer 1 kilogr. d'eau liquide de la température initiale à T_0 et la vaporiser.

Si l'eau d'alimentation est o° cent, $U_0 = \dfrac{q_0 + m_0 \rho_0}{A}$. Si elle est à t'_0 cent, q'_0 étant la chaleur du liquide à cette température depuis o°, on aurait $U_0 = \dfrac{q_0 + m_0 \rho_0 - q'_0}{A}$.

Désignons pour l'espace V_1 les mêmes quantités, par

$$P_1 \quad m_1 \quad p_1 \quad T_1 \quad v_1 \quad u_1 \quad U_1$$

pour le volume V' de l'espace mort, par

$$P' \quad m' \quad p' \quad T' \quad v' \quad u' \quad U'.$$

et enfin pour le volume V_2 avant la compression, par

$$P_2 \quad m_2 \quad p_2 \quad T_2 \quad v_2 \quad u_2 \quad U_2$$

Le poids de vapeur humide étant le même, avant et après la détente, s'il n'y a pas de fuite, on a $P_1 = P_0$ et le même avant et après la compression, $P' = P_2$. On a aussi les relations

$$V_0 = P_0 \wp_0 \qquad V' = P' \wp' \qquad V_1 = P_1 \wp_1 \qquad V_2 = P_2 \wp_2$$
$$\wp_0 = m_0 u_0 + \sigma \qquad \wp' = m' u' + \sigma \qquad \wp_1 = m_1 u_1 + \sigma \qquad \wp_2 = m_2 u_2 + \sigma$$

222. Le travail de la vapeur dans le cylindre peut se diviser en quatre périodes :

1° Communication avec la chaudière. La pression p_0 reste constante sur le piston, pendant que le volume passe de V' à V_0 ;

2° Détente adiabatique de p_0 à p_1, le volume passe de V_0 à V_1 ;

3° Communication avec le condenseur. La pression p_2 reste constante tandis que le volume se réduit de V_1 à V_2 ;

4° Compression adiabatique ; le volume se réduit de V_2 à V' et la pression passe de p_2 à p'.

Nous allons chercher dans chacune de ces périodes le travail produit et la chaleur dépensée.

645. *Première période.* — La vapeur agit à pression constante p_0 tandis que son volume passe de V' à V_0 ; le travail $\mathfrak{E}_0$ est en conséquence $p_0 (V_0 - V')$, qu'on peut mettre sous la forme

$$\mathfrak{E}_0 = p_0 (P_0 \wp_0 - P' \wp'). \qquad (1)$$

L'eau, étant prise à t'_0 pour l'alimentation, la chaleur interne à fournir pour faire passer le poids P_0 de t'_0 à t_0 et en vaporiser la fraction m_0 est (**609**),

$$A P_0 U_0 = P_0 (q_0 + m_0 \rho_0 - q'_0).$$

q'_0 étant la chaleur du liquide de $0°$ à t'_0,

Il faut effectuer en plus le travail externe sur le piston, ce qui consomme une quantité de chaleur

$$A p_0 (P_0 \wp_0 - P' \wp'),$$

mais comme il y a, dans l'espace mort, à partir de t'_0 une quantité de chaleur

$$A P' U' = P' (q' + m' \rho' - q'_0);$$

La quantité réelle de chaleur à fournir, pendant la première période, est seulement

$$Q_1 = [A\,P_0 U_0 - P'U' + p_0(P_0 v_0 - P'v')]$$

qu'on met sous la forme

$$Q_1 = A\left[P_0'(U_0 + p_0 v_0) - P'(U' + p_0 v')\right]. \qquad (2)$$

646. *Deuxième période.* — La vapeur humide se détend dans le cylindre en poussant le piston, sans perte et sans gain de chaleur de l'extérieur et passe du volume V_0 au volume V_1. Le travail est celui de la détente adiabatique :

$$\mathcal{E}_1 = P_0(U_0 - U_1). \qquad (3)$$

La chaleur fournie de l'extérieur étant nulle, et $Q_1' = 0$. On a en outre a condition **(611)** $\dfrac{m_1 r_1}{T_1} + s_1 = \dfrac{m_0 r_0}{T_0} + s_0$.

647. *Troisième période.* — La pression est constante et égale à p_2, tandis que le piston refoule la vapeur dans l'atmosphère ou dans le condenseur et fait passer son volume de V_1 à V_2; le travail négatif est

$$\mathcal{E}_2 = p_2(V_2 - V_1) = p_2(P_2 v_2 - P_1 v_1). \qquad (4)$$

La quantité de chaleur cédée au condenseur est la différence entre la chaleur initiale interne depuis t_0'

$$AP_1 U_1 = P_1(q_1 + m_1 \rho_1 - q_0')$$

et la chaleur finale au commencement de la compression

$$AP_2 U_2 = P_2(q_2 + m_2 \rho_2 - q_0')$$

à quoi il faut ajouter la chaleur absorbée par le travail de refoulement à pression constante p_2

$$Ap_2(P_1 v_1 - P_2 v_2),$$

ce qui donne pour la chaleur totale abandonnée

$$Q_1 = A\left[P_1 U_1 - P_2 U_2 + p_2(P_1 \wp_1 - P_2 \wp_2)\right]$$

ou bien

$$Q_1 = A\left[P_1(U_1 + p_2 \wp_1) - P_2(U_2 + p_2 \wp_2)\right]. \qquad (5)$$

Lorsqu'on ouvre la communication avec l'échappement, la pression tombe brusquement de p_1 à p_2 et la proportion de vapeur sèche m_2 est donnée par la formule (**611**) : $\dfrac{m_2 r_2}{T_2} + s_2 = \dfrac{m_1 r_1}{T_1} + s_1$.

648. *Quatrième période.* — Dans la quatrième période, le piston comprime la vapeur humide de poids P_2, dans l'espace nuisible, sans perte et sans gain de chaleur, en réduisant le volume de V_2 à V'. La compression étant adiabatique, le travail absorbé est

$$\mathfrak{E}' = P_2(U' - U_2). \qquad (6)$$

La chaleur à fournir de l'extérieur étant nulle, $Q_2' = 0$, la proportion m' de vapeur sèche après compression est $m' = \left(\dfrac{m_2 r_2}{T_2} + s_2 - s'\right)\dfrac{T'}{r'}$.

Le piston est revenu au point de départ.

649. Le travail total $\mathfrak{E}_m$ est la somme algébrique

$$\mathfrak{E}_m = \mathfrak{E}_0 + \mathfrak{E}_1 - \mathfrak{E}_2 - \mathfrak{E}',$$

ce qui donne

$$\mathfrak{E}_m = p_0(P_0 \wp_0 - P'\wp') + P_0(U_0 - U_1) - p_2(P_1 \wp_1 - P_2 \wp_2) - P'(U' - U_2).$$

En remarquant que $P_0 = P_1$ et que $P_2 = P'$, il vient

$$\mathfrak{E}_m = P_0(U_0 - U_1 + p_0 \wp_0 - p_2 \wp_1) - P_2(U' - U_2 + p_0 \wp' - p_2 \wp_2) \qquad (7)$$

C'est le travail pour un coup de piston, pour un demi-tour de manivelle, dans une machine à double effet. Si le nombre des tours est N par $1'$, le travail par $1''$ sera $\dfrac{2N}{60}\mathfrak{E}_m$.

Le poids de vapeur dépensée est $P_0 - P_2$ par coup simple et la quantité de chaleur nécessaire pour produire ce travail

$$Q_1 - Q_2 = A\left[P_0 U_0 - P'U' + p_0(P_0 \varrho_0 - P'\varrho') - (P_1 U_1 - P_2 U_2) - p_2(P_1 \varrho_1 - P_2 \varrho_2)\right]$$

qu'on peut mettre sous la forme

$$Q_1 - Q_2 = A\left[P_0(U_0 - U_1 + p_0 \varrho_0 - p_2 \varrho_1) - P_2(U' - U_2 + p_0 \varrho' - p_2 \varrho_2)\right] \quad (8)$$

d'où on déduit, en comparant à l'équation (7),

$$Q_1 - Q_2 = A\mathcal{C}_m$$

conformément au principe de l'équivalence.

Le coefficient économique est

$$\frac{Q_1 - Q_2}{Q_1} = 1 - \frac{Q_2}{Q_1} = 1 - \frac{P_0(U_1 + p_2 \varrho_1) - P_2(U_2 + p_2 \varrho_2)}{P_0(U_0 + p_0 \varrho_0) - P_2(U' + p_0 \varrho')}. \quad (9)$$

650. Influence de l'espace mort. — L'espace mort joue un rôle important dans le fonctionnement des machines à vapeur et modifie notablement les formules et les résultats.

Désignons par $\varepsilon = \dfrac{V'}{V_1}$ le rapport de l'espace mort V' au volume total V_1. On a $P_0 = P_1 = \dfrac{V_0}{\varrho_0} = \dfrac{V_1}{\varrho_1}$ et $P' = P_2 = \dfrac{V'}{\varrho'} = \varepsilon \dfrac{V_1}{\varrho'} = \varepsilon \dfrac{\varrho_1}{\varrho'} P_0$; d'où, pour le poids de vapeur dépensée

$$P_0 - P_2 = \frac{V_1}{\varrho_1} - \varepsilon \frac{V_1}{\varrho'} = \frac{V_1}{\varrho_1}\left(1 - \varepsilon \frac{\varrho_1}{\varrho'}\right) = \frac{V_0}{\varrho_0}\left(1 - \varepsilon \frac{\varrho_1}{\varrho'}\right). \quad (10)$$

Le volume V_0 de vapeur à pleine pression peut ainsi s'exprimer, en fonction du poids de vapeur dépensée :

$$V_0 = \frac{(P_0 - P_2)\varrho_0}{1 - \varepsilon \dfrac{\varrho_1}{\varrho'}}. \quad (11)$$

On a alors l'expression suivante du travail :

$$\mathcal{E}_m = \frac{V_0}{v_0}\left[U_0 - U_1 + p_0 v_0 - p_2 v_1 - \varepsilon\frac{v_1}{v'}(U' - U_2 + p_0 v' - p_2 v_2)\right] \ (12)$$

dans laquelle on peut remplacer $\dfrac{V_0}{v_0}$ par $\dfrac{P_0 - P_2}{1 - \varepsilon\frac{v_1}{v'}}$, $P_0 - P_2$ étant le poids de vapeur dépensée

Quant au coefficient économique, il prend la forme

$$\frac{Q_1 - Q_2}{Q_1} = 1 - \frac{U_1 + p_2 v_1 - \varepsilon\frac{v_1}{v'}(U_2 + p_2 v_2)}{U_0 + p_0 v_0 - \varepsilon\frac{v_1}{v'}(U' + p_0 v')}. \qquad (13)$$

651. Lorsqu'on relève dans un cylindre à vapeur, la pression aux différents points de la course du piston, au moyen de l'indicateur de Watt, on constate que la courbe de détente se tient au-dessus de celle déduite de la loi de Mariotte et, *a fortiori*, de la courbe adiabatique. L'expérience ne paraît pas d'accord avec la théorie, mais ce désaccord n'est qu'apparent; la courbe, relevée à l'indicateur, ne donne pas la vraie détente; les abscisses représentent, non les volumes réels, en tenant compte de l'espace mort, mais les volumes apparents engendrés par le piston.

Pour déduire la courbe réelle de la courbe apparente, désignons par V le volume à un point quelconque de la course; la détente réelle est $a = \dfrac{V}{V_0}$, tandis que la détente apparente est $b = \dfrac{V - V'}{V_0 - V'}$. Si on pose $\beta = \dfrac{V'}{V_0}$, on trouve $b = \dfrac{a - \beta}{1 - \beta}$.

Pour la détente c, suivant la loi de Mariotte, on a $c = \dfrac{p_0}{p}$, p_0 étant la pression initiale et p la pression à un moment quelconque de la course.

Il est intéressant de comparer les trois détentes. Pour faire le calcul, on part d'une pression initiale p_0; on trouve dans les tables les valeurs correspondantes de T_0, r_0, s_0 et u_0, et on en déduit $v_0 = m_0 u_0 + \sigma$.

Pour une pression quelconque p correspondant à n atmosphères, on trouve de même dans les tables T, r, s et u; on calcule m par la relation $\dfrac{mr}{T} + s = \dfrac{m_0 r_0}{T_0} + s_0$ et on en déduit $v = mu + \sigma$.

La détente réelle est alors $a = \dfrac{v}{v_0}$; la détente apparente $b = \dfrac{a - \beta}{1 - \beta}$; la détente, suivant la loi de Mariotte $c = \dfrac{p_0}{p} = \dfrac{n_0}{n}$.

Le tableau suivant donne les valeurs comparées de a, de b et de c, en partant de $n_0 = 5$ atmosphères. Dans le calcul nous prenons : $\varepsilon = \dfrac{V'}{V_1} = 0{,}03$ et $\dfrac{V_0}{V_1} = 0{,}10$, ce qui donne $\beta = \dfrac{V'}{V_0} = 0{,}30$; nous admettons en outre $m_0 = 0{,}945$, soit 5,5 p. 100 d'eau entraînée à l'origine.

Comparaison des diverses détentes.

PRESSIONS en ATMOSPHÈRES.	PROPORTION de VAPEUR SÈCHE.	VOLUME SPÉCIFIQUE de la vapeur.	RAPPORT DES VOLUMES. — DÉTENTE		
			ADIABATIQUE.	APPARENTE.	LOI DE MARIOTTE.
n	m	$v = mu + \sigma$	$a = \dfrac{v}{v_0}$	$b = \dfrac{a - \beta}{1 - \beta}$	$c = \dfrac{n_0}{n}$
$5^{at} = n_0$	$0{,}945 = m_0$	$0{,}3436 = v_0$	$1{,}0$	$1{,}0$	$1{,}0$
4	0,933	0,4184	1,21	1,30	1,25
3	0,920	0,5401	1,57	1,81	1,66
2	0,905	0,7782	2,24	2,77	2,50
1	0,872	1,4310	4,165	5,38	5,00
0,9	0,863	1,5717	4,57	6,10	5,55
0,8	0,858	1,7470	5,08	6,83	6,25
0,7	0,851	1,9651	5,72	7,74	7,14
0,6	0,843	2,2518	6,55	8,93	8,33
0,5	0,835	2,6479	7,70	10,57	10,00
0,4	0,825	3,2309	9,40	13,00	12,50
0,3	0,812	4,1739	12,15	16,93	16,66
0,2	0,794	5,9893	17,43	24,47	25,00
0,1	0,778	11,322	32,95	46,64	50,00

La courbe réelle adiabatique est au-dessous de la courbe de Mariotte, tandis que la courbe apparente est au-dessus jusqu'à $0^{at},3$, comme l'indiquent les relevés faits sur les machines au moyen de l'indicateur de Watt.

Faisons l'application à quelques cas particuliers.

652. Machines sans détente. — Pour une machine sans détente et sans compression, la pression est constante, pendant toute la course, des deux côtés du piston, on a

$$p_0 = p_1 \quad p' = p_2 \quad V_0 = V_1 = V_2 \quad U_1 = U_0 \quad U' = U_2 \quad v_1 = v_0 \quad v' = v_2.$$

En substituant dans l'équation générale (12)

$$\mathfrak{S}_m = (p_0 - p_2)(1 - \varepsilon)V_0. \qquad (14)$$

C'est la formule connue; $(1 - \varepsilon) V_0$ est le volume engendré par le piston. Le coefficient économique (13) est

$$\frac{Q_1 - Q_2}{Q_1} = 1 - \frac{U_0 + p_2 v_0 - \varepsilon \dfrac{v_0}{v_2}(U_2 + p_2 v_2)}{U_0 + p_0 v_0 - \varepsilon \dfrac{v_0}{v_2}(U_2 + p_0 v_2)}. \qquad (15)$$

et le travail du poids $P_0 - P_2$ de vapeur

$$\mathfrak{S}_m = \frac{(P_0 - P_2)v_0}{1 - \varepsilon \dfrac{v_0}{v_2}}(p_0 - p_2)(1 - \varepsilon). \qquad (16)$$

APPLICATION. — DONNÉES.

$$n_0 = 5^{at} \quad p_0 = 5 \times 10\,334 = 51\,670 \quad t_0 = 152°,22 \quad T_0 = 425,22$$
$$n_2 = 1^{at} \quad p_2 = 1 \times 10\,334 = 10\,334 \quad t_2 = 100 \quad T_2 = 373,00$$

ESPACE MORT $\varepsilon = 0,05$ VAPEUR SÈCHE $m_0 = 1$.

$v_0 = 0,3636$	$q_0 = 153,741$	$\rho_0 = 454,994$
$\dfrac{r_0}{T_0} = 1,17395$	$s_0 = 0,44693$	$u_0 = 0,3626$
$v_2 = 1,6504$	$q_2 = 100,500$	$\rho_2 = 496,300$
$\dfrac{r_2}{T_2} = 1,43834$	$s_2 = 0,31356$	$u_2 = 1,6494$

$$m_2 = \frac{1,17395 + 0,44693 - 0,31356}{1,43834} = 0,909$$

$$v_2 = 0,909 \times 1,6494 + 0,001 = 1,5003$$

$$\frac{v_0}{v_2} = 0,242 \qquad\qquad \varepsilon \frac{v_0}{v_2} = 0,0121$$

$$AU_0 = 153,741 + 454,994 = 608,735$$
$$AU_2 = 100,500 + 0,963 \times 496,300 = 578,437$$
$$Ap_2 v_0 = 0,00235 \times 10\,334 \times 0,3636 = 8,829$$
$$Ap_2 v_2 = 0,00235 \times 10\,334 \times 1,588 = 38,528$$
$$Ap_0 v_0 = 0,00235 \times 51\,670 \times 0,3636 = 44,145$$
$$Ap_0 v_2 = 0,00235 \times 51\,670 \times 1,588 = 192,640$$

$$\frac{Q_1 - Q_2}{Q_1} = 1 - \frac{608,735 + 8,829 - 0,0121\,(578,437 + 38,528)}{608,735 + 44,145 - 0,0121\,(578,437 + 192,640)} = 0,053.$$

Le coefficient économique dépasse un peu 5 p. 100.

$$\mathfrak{E} = (P_0 - P_2)\frac{0,3636}{1 - 0,0121}(51\,670 - 10\,334)(1 - 0,05) = 14\,450\,(P_0 - P_2).$$

Pour produire un cheval-vapeur pendant une heure, soit 270 000 kilogrammètres, avec un rendement mécanique de 0,80, il faut un poids de vapeur

$$P_0 - P_2 = \frac{270\,000}{0,80 \times 14\,450} = 23^k,36$$

ce qui correspond à 3^{kil} ou $3^{kil},50$ de houille brûlée sous la chaudière.

653. Machine à détente et compression complètes.
— Supposons la détente et la compression réglées de telle sorte qu'aux fins de course, la pression de vapeur p_1 soit égale à celle p_2 du condenseur ou de l'atmosphère, et que la pression p' soit égale à celle p_0 de la chaudière. On a ainsi

$$p_1 = p_2, \qquad p' = p_0, \qquad U_2 = U_1, \qquad V_1 = V_2.$$

Comme $\dfrac{m_0 r_0}{T_0} + s_0 = \dfrac{m_2 r_2}{T_2} + s_2 = \dfrac{m' r'}{T'} + s'$, et que $r_0 = r'$ et $T_0 = T'$,

et par suite $s_0 = s'$, on en déduit $m_0 = m'$, $v_0 = v'$ et $U' = U_0$.
En portant dans la formule générale (12)

$$\mathfrak{S}_m = (P_0 - P_2)(U_0 - U_2 + p_0 v_0 - p_2 v_2)$$

et (10)

$$P_0 - P_2 = \frac{V_1}{v_1}\left(1 - \varepsilon \frac{v_1}{v'}\right). \qquad (17)$$

Le travail est indépendant de l'espace nuisible.
Le coefficient économique prend la forme

$$\frac{Q_1 - Q_2}{Q_1} = 1 - \frac{U_2 + p_2 v_2}{U_0 + p_0 v_0}. \qquad (18)$$

Il est également indépendant de l'espace nuisible.

APPLICATION. — DONNÉES.

$$n_0 = 5^{at} \qquad p_0 = 51670 \qquad t_0 = 152°,22 \qquad T_0 = 425,23$$

$$n_2 = \frac{1}{2} \qquad p_2 = 5167 \qquad t_2 = 81,71 \qquad T_2 = 354,71$$

ESPACE MORT $\varepsilon = 0,05$ VAPEUR SÈCHE $m_0 = 1$

$$v_0 = 0,3636 \qquad q_0 = 153,741 \qquad \rho = 454,994$$

$$\frac{r_0}{T_0} = 1,17395 \qquad s_0 = 0,44693 \qquad u_0 = 0,3626$$

$$q_2 = 82,017 \qquad \rho_2 = 510,767$$

$$\frac{r_2}{T_2} = 1,54887 \qquad s_2 = 0,26273 \qquad u_2 = 3,1705$$

CALCULS.

$$m_2 = \frac{1,17395 + 0,44693 - 0,26273}{1,54887} = 0,8768$$

$$AU_0 = 153,741 + 454,994 = 608,735$$

$$Ap_0 v_0 = 0,00235 \times 51670 \times 0,3636 = 44,150$$

$$A(U_0 + p_0 v_0) = 608,735 + 44,150 = 652,885$$

$$AU_2 = 82,017 + 0,8768 \times 510,767 = 529,857$$

$$v_2 = 0,8768 \times 3,1705 + 0,001 = 2,78289$$

$$Ap_2 v_2 = 0,00235 \times 5167 \times 2,78289 = 33,792$$

$$A(U_2 + p_2 v_2) = 529,857 + 33,792 = 563,649$$

$$\frac{Q_1 - Q_2}{Q_1} = 1 - \frac{563,649}{652,885} = 1 - 0,863 = 0,137.$$

Le coefficient économique est près de trois fois plus fort que celui d'une machine sans détente.

$$\varpi = (P_0 - P_2)\,424\,(652,885 - 563,649) = 37\,838,07\,(P_0 - P_2).$$

Pour produire un cheval-vapeur pendant une heure, avec un rendement mécanique de 0,80, il faudrait un poids de vapeur

$$P_0 - P_2 = \frac{270,000}{0,80 \times 37\,838,07} = 8^k,92,$$

ce qui correspond à environ $1^k,10$ de houille brûlée dans une bonne chaudière. Le coefficient économique maximum, avec le cycle de Carnot, serait

$$\frac{T_0 - T_2}{T_0} = \frac{425,22 - 354,71}{425,22} = \frac{70,51}{425,22} = 0,1658.$$

654. Si l'alimentation de la chaudière se faisait avec de l'eau à $t' = 81°,71$ centigrades, température de la condensation, le travail de 1 kilogr. de vapeur ne serait pas changé, mais la dépense de chaleur pour le produire serait diminuée; en faisant

$$AU_2 = q_2 + m_2 \rho_2 - q_0 = 447,840$$
$$AU_0 = q_0 + m_0 \rho_0 - q_0 = 608,735 - 82,017 = 526,718$$

la valeur du coefficient serait

$$\frac{Q_1 - Q_2}{Q_1} = 1 - \frac{447,840 + 33,792}{526,718 + 44,150} = 1 - 0,843 = 0,157.$$

et il ne faudrait que $7^k,78$ de vapeur par cheval et par heure.

Si, la pression initiale étant à 10^{at}, la détente était poussée jusqu'à $0^{at},1$, on aurait pour le coefficient économique

$$\frac{181,31 - 46°,21}{273 + 181,31} = \frac{127,52}{454,31} = 0,287.$$

Le poids de vapeur serait réduit à $4^k,25$ par cheval et par heure.

655. Le fait de la condensation, pendant la détente, a pour résultat d'augmenter considérablement le coefficient économique.

S'il n'y a pas de condensation, $m_1 = 1$, et on a dans les mêmes limites de pression de 5^{at} à $o^{at},5$,

$$AU_0 + Ap_0 v_0 = 659,656 \quad \text{et} \quad AU_2 + Ap_2 v_2 = 632,174$$

et pour coefficient économique $\dfrac{Q_1 - Q_2}{Q_1} = 0,042$, au lieu de $0,157$; la condensation quadruple à peu près le rendement.

656. Calcul du cylindre d'une machine à vapeur :

On connaît le travail $\mho$ à produire par $1''$, le nombre de tours N par $1'$, les pressions p_0, p_1, p_2, p', et l'espace mort ε, la proportion initiale m_0 de vapeur sèche.

D'après le rendement admis ρ, on détermine d'abord le travail $\mho_m$ que la vapeur doit effectuer sur le piston, $\mho_m = \dfrac{\mho}{\rho}$.

On calcule ensuite facilement avec l'aide des tables les proportions de vapeur sèche m_1, m_2 m', par la relation $\dfrac{mr}{T} + s = \dfrac{m_0 r_0}{T_0} + s_0$.

Les volumes spécifiques de vapeur v_0, v_1, v_2, v', par la relation $v = mu + \sigma$.

Les chaleurs internes AU_0, AU_1, AU_2, AU', par la relation $AU = q + m\rho - q_0'$.

L'équation (12) donne alors le volume V_0 de vapeur, d'où on déduit le volume $V_1 = V_0 \dfrac{v_1}{v_0}$ et le volume $C = V_1 - V'$ engendré par le piston

$$C = V_1 - V' = (1 - \varepsilon) V_1 = (1 - \varepsilon) \dfrac{v_1}{v_0} V_0$$

Le volume d'une cylindrée C étant connu, on en déduit toutes les dimensions de la machine.

FIN.

TABLES DIVERSES

DENSITÉS

NOMS DES CORPS.	DENSITÉ PAR RAPPORT à l'eau.	NOMS DES CORPS.	DENSITÉ PAR RAPPORT à l'eau.
		SOLIDES	
Aluminium fondu.......	2^k56	Fer fondu..............	7,29
— laminé......	2,67	— forgé............. ..	7,79
Antimoine fondu.......	6,72	Fonte blanche..	7,44 à 7,84
Bismuth	9,82	— grise........ ...	6,79 7,05
Cuivre fondu..........	8,85	Acier.....	7,66 7,84
— laminé..........	8,95	Manganèse...	8,01
Bronze................	8,44 à 9,24	Nickel fondu........ ...	8,28
Laiton.........	8,3o à 8,65	— forgé......	8,67
Maillechort....	8,61	Or fondu..............	19,26
Etain..	7,29	— laminé	19,36
Mercure solide à 40°. .	14,39	Plomb.............. ...	11,35
Platine fondu.........	21,45	Zinc..	7,19
Chêne	0,73 à 0,93	Buis................ ...	0,91 à 1,32
Hêtre........	0,75 0,852	Ébène	1,12 1,21
Frêne....	0,697 0,845	Pin...	0,559 0,738
Orme..............	0,55 0,75	Sapin.......	0,493 0,657
Peuplier................	0,39 0,51	Écorce de liège..........	0,24
Pierre à plàtre...	2,168	Maçonnerie de moellons.	1,70 à 2,30
Pierre meulière..... . .	2,484	Calcaire grossier........	1,94 2,06
Briques................	1,50 à 2,20	Granit..	2,63 2,75
Maçonnerie de briques.	1,65 1,85	Grès...	2,19 2,65
Marbre calcaire.........	2,65 2,74	Ardoise............. ...	2,64 2,90
— magnésien	2,82 2,85	Sable pur..............	1,90
Lignite	1,10 à 1,35	Cristal.................	3,33
Houille.	1,28 1,36	Crown ordinaire........	2,45 à 2,66
Anthracite.	1,34 1,46	Flint glass..............	2,59 4,36
Diamant..............	3,5o 3,53	Verre à vitres....	2,53
Graphite des hauts-fourn.	2,09 2,24	Coton........	1,95
Bitume, Asphalte........	0,83 1,16	Lin................ ...	1,79
Soufre.................	1,96 2,07	Laine.................	1,61
Porcelaine	2,24 2,49	Caoutchouc,Gutta-percha.	0,97 à 0,99
		LIQUIDES	
Eau	1 »	Esprit de bois $C^2H^4O^2$...	0,801
Eau de mer moyenne....	1,029	Benzine $C^{12}H^6$..........	0,89
Mercure à 0°..........	13,596	Lait	1,03
Alcool absolu $C^4H^6O^2$..	0,795	Vin..	0,99
Éther $C^6H^{10}O^2$.........	0,730	Huile d'olive.......	0,915

NOMS DES CORPS.	POIDS du m. cube en kil.	DENSITÉ par rapport à l'air.	NOMS DES CORPS.	POIDS du m. cube en kil.	DENSITÉ par rapport à l'air.
GAZ ET VAPEURS					
Air................	1,293187	1, »	Vapeur d'eau HO....	0,806	0,6237
Oxygène O..........	1,433	1,1056	— soufre S....	2,87	2,22
Azote Az...........	1,254	0,9704	— mercure Hg.	13,44	10,44
Hydrogène H...... ..	0,08958	0,06926	Chlore Cl..........	3,18	2,46
Ox. de Carbone CO.	1,254	0,970	Acétylène C^4H^2......	1,165	0,901
Ac. carbonique CO^2.	1,971	1,525	Ethylène C^4H^4......	1,254	0,970
Ac. sulfureux SO^2.	2,87	2,22	Méthyle C^6A^6.......	1,343	1,039
Ac. sulfhydrique SH.	1,523	1,178	Formène C^2A^4......	0,716	0,554
Protox. d'Azote AzO.	1,971	1,525	Cyanogène C^4Az^2....	2,330	1,802
Ammoniaque AzH^3..	0,761	0,589	Gaz d'éclairage (moy.)	0,504	0,390

A Paris, à 60ᵐ au-dessus du niveau de la mer, à la température de zéro, et sous la pression de 0,76, M. Regnault a trouvé que le litre d'air atmosphérique pèse 1ᵍʳ293187; on en conclut 1ᵍʳ292743 pour le poids du litre d'air, sous le parallèle de 45° et au niveau de la mer. A volume égal, le poids d'eau distillée est 773,28 fois celui de l'air.

COEFFICIENTS DE DILATATION (de 0° à 100°)

NOMS DES CORPS.	COEFFICIENTS.	NOMS DES CORPS.	COEFFICIENTS.
SOLIDES			
Mettre 0,0000 avant chaque nombre décimal; ainsi, pour l'antimoine, prendre 0,000 010 833.			
Acier..............	1 1 1 à 137	Étain..............	193 à 228
Aluminiun..........	22 239	Fer....	11 560 11 821
Antimoine..........	10 833	Fonte..............	09 850 11 245
Argent.............	19 0 à 208	Or................	146 155
Bronze.............	18 1 190	Platine...	085 088
Cuivre jaune.......	17 8 214	Plomb.............	278 288
— rouge.......	17 (188	Zinc..............	296 310
Sapin...	03 52 04 959	Gypse	14 010
Briques ordinaires...	05 502	Marbre........	04 181 à 10 720
— dures......	04 928	Pierre calcaire......	02 5 08 1
Charbon de sapin....	10 000	Terre cuite.........	04 573
— de chêne...	12 000	Verre..............	083 à 089
Ciment romain.	14 349	Glace..............	51 270 52 356
Granit.............	07 894 à 08 968		

NOMS DES CORPS.	VALEURS DE t.	a	b	c
LIQUIDES				
Augmentation ou diminution de volume de 0° à + t°: $at + bt^2 + ct^3$.				
Eau.............	0 à 25°	—0,000 061 045	+0,000 007 7183	—0,000 000 037 34
—	25 50	—0,000 065 415	+0,000 007 7587	—0,000 000 035 41
	50 75	+0,000 059 160	+0,000 003 1849	+0,000 000 007 28
	75 100	+0,000 086 450	+0,000 003 1892	+0,000 000 002 45
Alcool...........	—33 + 78	+0,001 048 6301	+0,000 001 7510	+0,000 000 001 34
Esprit de bois...	—38 + 70	+0,001 185 5697	+0,000 001 5649	+0,000 000 009 11
Éther sulfur.....	—15 + 38	+0,001 513 2448	+0,008 002 3592	+0,000 000 040 05
Mercure.........	0 350	+0,000 179 0066	+0,000 000 0252	»

NOMS DES CORPS	VALEURS DE t	COEFFICIENTS	NOMS DES CORPS	VALEURS DE t	COEFFICIENTS
GAZ					
Air..............	0° à 100	0,00367	Protoxyde d'azote..	0° à 100	0,003719
Azote.............	—	0,00367	Oxyde de carbone.	—	0,003669
Hydrogène........	—	0,003691	Acide sulfureux...	—	0,003903
Acide carbonique..	—	0,003710	Cyanogène........	—	0,003877

CHALEURS SPÉCIFIQUES

NOMS DES CORPS.	VALEURS DE t	CHALEURS SPÉCIFIQUES.	NOMS DES CORPS.	VALEURS DE t.	CHALEURS SPÉCIFIQUES.
SOLIDES					
Mercure.	0° à 100°	0,0330	Fer (Regnault).....		0,11379
—	0 300	0,0350	Acier —		0,11842
Platine(Dulong et Petit)	0 100	0,0335	Fonte —		0,12983
— —	0 300	0,0355	Bronze —		0,038 à 0,045
— (Pouillet)...	0 100	0,0335	Laiton —		0,09391
— —	0 300	0,03434	Étain —		0,05659
— —	0 500	0,03518	Manganèse — ...		0,14411
— —	0 700	0,03600	Nickel —		0,10863
— —	0 1000	0,03718	Cobalt — ·....		0,10695
— —	0 1200	0,03818	Or —		0,03244
Fer (Pouillet).	0 100	0,1098	Plomb —		0,03140
—	0 200	0,1150			
—	0 300	0,1218	Verre (Dulong et Petit).	0° à 100	0,1770
—	0 350	0,1255	— —	0 300	0,1900
— (Person).......	0 1000	0,1710	Soufre (Regnault)...		0,1776 à 0,20259
Cuivre(Dulong et Petit)	0 100	0,0940	Marbre —		0,209 à 0,216
— —	0 300	0,1013	Gypse —		0,196
Argent —	0 100	0,0557	Diamant —		0,14687
Zinc —	0 100	0,0927	Charb. de bois —		0,241
— —	0 300	0,1015	Coke, graphite—		0,201
Antimoine —	0 100	0,0507	Chêne —		0,570
— —	0 300	0,0547	Sapin —		0,650
LIQUIDES					
Eau...................		1,0000	Éther.....		0,5157
Alcool à 36°.............		0,6448	Benzine.......		0,3732
GAZ ET VAPEURS					
Air.....................		0,2377	Chlore.................		0,1214
Oxygène...........		0,2182	Ammoniaque..........		0,5080
Azote......		0,2440	Acide sulfureux......		0,1553
Hydrogène.......		3,4046	— sulfhydrique		0,2483
Oxyde de carbone........		0,2479	Vapeur d'eau..........		0,480
Acide carbonique..		0,2164	— d'alcool..		0,4513
Protoxyde d'azote.......		0,2238	— d'éther.........		0,4810
Bioxyde d'azote..........		0,2315	— d'acétone....·.		0,4125
Formène (gaz des marais).		0,5929	— de benzine.		0,3754
Éthylène (gaz oléfiant)...		0,3694			

A LA PRESSION NORMALE DE $0^m,76$.

NOMS DES CORPS	TEMPÉRATURES		NOMS DES CORPS	TEMPÉRATURES	
	FUSION	VAPORISATION		FUSION	VAPOR.
SOLIDES					
Alliage. Plomb. Étain.			Bismuth............	265	
— 3 1	289		Bronze......... ...	900*	
— 1 1	241		Cuivre	1050*	
— 1 2	196		Cuivre jaune......	1015*	
— 1 3	186		Étain..............	235	
— 1 4	189		Fer	1500*à1600*	
— 1 5	194		Fonte.............	1050*à1200*	
All. 2 Pl. 9 Ét. 1 Zinc	168		Or	1250*	
All. Darcet 5 P. 3 É. 8 B.	94		Platine.........	1775*	
Acier.............	1300 à 1400		Plomb............	335	
Aluminium......	600*		Zinc.............	450*	1300*
Antimoine..... .	440		Mercure.........	—39,5	350
Argent..........	954				
Arsenic.........		210*	Suif..............	33	
Phosphore	44,2	290	Stéarine.....	61	
Iode............	107	176?	Naphtaline.......	79	
Soufre	113,6	440	Glycérine	17	
Sucre de canne.	160	»	Caoutchouc.......	>120	
LIQUIDES					
Eau.............	0°	100	Sulfure de carbone.	»	48
Eau de mer....	—2,5	103,7	Acide acétique....	17	120
Alcool absolu....	<—90	78,3	Acide sulf. anhydre.	25	32*
Éther sulfurique	<—32	35.5	— monohydraté	—34	326
Benzine.........	4,5	80,8	Huile de lin.......	—20	387
Pétrole		103			
GAZ					
Air atmosphériq.		—191°,4*	Acide carbonique..	»	—78
Oxygène.........		—181	— sulfureux....:	—78,9	—10
Azote...........		—194,4	— sulfhydrique.	—85	»
Protoxyde d'az..		—88	Chlore	»	—40
Éthylène........		—102,9*	Cyanogène	—40	—18
Formène........		—157,5*	Ammoniaque......	—80	—35

NOTA. — L'astérisque indique une valeur seulement approchée.

CHALEUR DE FUSION. — D'APRÈS M. BERTHELOT

NOMS DES CORPS	ÉQUIV.	CALORIES		NOMS DES CORPS	ÉQUIV.	CALORIES	
		par équiv.	par kilogr.			par équiv.	par kilogr.
Soufre..........	16	150	9,37	Platine.........	98,6	2680	27,2
Phosphore......	31	150	4,84	Eau	9	715	79,4
Mercure........	100	280	2,80	Acid. sulfurique.	49	430	8,8
Plomb	103	530	5,14	Naphtaline......	128	4600	35,9
Bismuth........	210	2600	12,28	Glycérine......	92	3900	42,4
Étain	59	840	14,25	Acide acétique..	60	2500	41,6
Argent.........	108	230	2,13	Benzine........	78	2270	29,1

CHALEUR DE VAPORISATION

NOMS DES CORPS	POIDS moléc.	CALORIES		NOMS DES CORPS	POIDS moléc.	CALORIES	
		p. poids m.	par kil.			p. poids m.	par kil.
Soufre (liquide)....	64	4600	71,8	Éther ordinaire....	74	6700	90,5
Mercure (liquide)...	200	15500	77,5	Benzine...........	78	7200	92,3
Eau...............	18	9650	536,1	Protoxyde d'azote.	44	4400	100,0
Ammoniaque... ..	17	4400	258,8	Acide sulfureux..	64	6200	96,9
Alcool	46	9800	213,0	Acide carb. (solide).	44	6160	140,0

PRESSIONS, TEMPÉRATURES, POIDS ET VOLUMES SPÉCIFIQUES.

| PRESSION ABSOLUE | | TEMPÉRA-TURES. | VOLUME de 1 kil. en m. c. | POIDS de 1 m. c. en kilog. | PRESSION ABSOLUE | | TEMPÉRA-TURES. | VOLUME de 1 kil. en m.c. | POIDS de 1 m. c. en kilog. |
atmosph	kilog. par eq				atmos.	kil. par eq			
0,0061	0,006254	0°	205,60	0,00487	6,75	6,9751	163,88	0,2743	3,6445
0,02	0,020666	17,83	66,229	0,0151	7,00	7,2330	165,34	0,2651	3,7711
0,04	0,041335	29,35	34,428	0,0290	7,25	7,4921	166,77	0,2565	3,8974
0,05	0,051656	33,27	27,900	0,0358	7,50	7,7497	168,15	0,2487	4,0234
0,10	0,103349	46,21	14,552	0,0687	7,75	7,7505	169,50	0,2410	4,1490
0,20	0,20666	60,46	7,543	0,1236	8,00	8,2663	170,81	0,2339	4,2745
0,30	0,30999	69,49	5,140	0,1945	8,25	8,5255	172,10	0,2273	4,3997
0,40	0,41335	76,25	3,916	0,2553	8,50	9,7839	172,35	0,2210	4,5248
0,50	0,51665	81,71	3,171	0,3153	8,75	9,0422	174,57	0,2130	4,6495
0,60	0,61997	86,32	2,671	0,3744	9,00	9,2996	175,77	0,2095	4,7741
0,70	0,72330	90,32	2,310	0,4330	9,25	9,5589	176,94	0,2041	4,8985
0,80	0,82663	93,88	2,036	0,4910	9,50	9,8173	178,08	0,1991	5,0226
0,90	0,92996	97,08	1,823	0,5487	9,75	10,0756	179,21	0,1943	5,1466
1,00	1,03329	100,00	1,650	0,6059	10,00	10,333	180,31	0,1897	5,2704
1,10	1,1357	102,68	1,509	0,6628	10,50	10,851	182,44	0,1813	5,5174
1,20	1,2401	105,17	1,390	0,7194	11,00	11,357	184,50	0,1735	5,7636
1,30	1,3434	107,50	1,289	0,7757	11,50	11,884	186,49	0,1641	6,0092
1,40	1,4468	109,68	1,202	0,8317	12,00	12,401	188,41	0,1594	6,2543
1,50	1,5489	111,74	1,127	0,8874	12,50	12,917	190,27	0,1539	6,4986
1,60	1,6533	113,69	1,060	0,9430	13,00	13,434	192,08	0,1843	6,7424
1,70	1,7566	115,54	1,002	0,9983	13,50	13,951	193,83	0,1432	6,9857
1,80	1,8599	117,30	0,949	1,0534	14,0	14,468	195,53	0,1383	7,2283
1,90	1,9634	118,99	0,902	1,1084	14,50	14,985	197,18	0,1338	7,4712
2,00	2,0666	120,60	0,860	1,1631	15,00	15,489	198,80	0,1296	7,7125
2,25	2,3249	124°36	0,7696	1,2993	15,50	16,006	200,36	0,1257	7,9537
2,50	2,5832	127,80	0,6971	1,4345	16,00	16,533	201,90	0,1220	8,1949
2,75	2,8415	130,97	0,6371	1,5693	16,50	17,050	203,41	0,1185	8,4352
3,00	3,0999	133,91	0,5875	1,7024	17,00	17,566	204,86	0,1152	8,6756
3,25	3,3582	136,66	0,5448	1,8353	17,50	18,082	206,29	0,1122	8,9150
3,50	3,6165	139,25	0,5081	1,9676	18,00	18,599	207,69	0,1093	9,1545
3,75	3,8748	141,68	0,4763	2,0992	18,50	19,115	209,07	0,1064	9,3931
4,00	4,1335	144,00	0,4484	2,2303	19,00	19,634	210,40	0,1038	9,6317
4,25	4,3915	146,19	0,4234	2,3610	19,50	20,149	211,72	0,1013	9,8694
4,50	4,6498	158,29	0,4013	2,4911	20,00	20,666	213,01	0,09896	10,1072
4,75	4,9081	150,30	0,3832	2,6208	21,00	21,699	215,51	0,09451	10,5809
5,00	5,1665	152,22	0,3636	2,7500	22,00	22,732	217,93	0,09046	11,0529
5,25	5,4248	154,07	0,3474	2,8788	23,00	23,766	220,27	0,08678	11,5232
5,50	5,7057	155,85	0,3326	3,0073	24,00	24,799	222,58	0,08336	11,9917
5,75	5,9414	157,56	0,3190	3,1354	25,00	25,832	224,72	0,08025	12,4585
6,00	6,1997	159,22	0,3064	3,2632	26,00	26,866	226,85	0,07738	12,9234
6,25	6,4584	160,82	0,2949	3,3906	27,00	27,899	228,92	0,07672	13,3856
6,50	6,7164	162,37	0,2842	3,5178					

$$m = a^\theta \times 124{,}72\, \frac{a^{t-\theta} - 1}{t - \theta} \qquad\qquad n = 0{,}552(t - \theta)^{0,233}.$$

t	a^t	$124{,}72\frac{a^t-1}{t}$	$0{,}55 t^{0,233}$	t	a^t	$124{,}72\frac{a^t-1}{t}$	$0{,}55 t^{0,233}$	t	a^t	$124{,}72\frac{a^t-1}{t}$	$0{,}55 t^{0,233}$
5	1,039	0,973	0,800	310	10,782	3,935	2,093	710	231,843	40,547	2,539
10	1,080	0,994	0,941	320	11,641	4,147	2,109	720	250,327	43,191	2,547
15	1,122	1,010	1,034	330	12,570	4,373	2,124	730	270,284	46,009	2,556
20	1,166	1,034	1,105	340	13,572	4,611	2,139	740	291,832	49,015	2,564
25	1,212	1,058	1,164	350	14,654	4,864	2,153	750	315,097	52,220	2,572
30	1,259	1,075	1,215	360	15,822	5,135	2,167	760	340,218	55,663	2,580
35	1,309	1,101	1,265	370	17,083	5,422	2,181	770	367,342	59,342	2,588
40	1,359	1,120	1,299	380	18,445	5,725	2,195	780	396,627	63,258	2,596
45	1,414	1,147	1,335	390	19,916	6,049	2,208	790	428,248	65,877	2,603
50	1,468	1,166	1,368	400	21,503	6,393	2,221	800	462,389	71,926	2,611
55	1,527	1,195	1,339	410	23,218	6,759	2,234	810	499,252	76,715	2,619
60	1,584	1,215	1,428	420	25,069	7,148	2,247	820	539,054	81,841	2,626
65	1,649	1,245	1,455	430	27,067	7,562	2,259	830	582,029	87,317	2,633
70	1,711	1,266	1,480	440	29,225	8,001	2,271	840	628,430	93,153	2,641
75	1,781	1,299	1,504	450	31,555	8,469	2,283	850	678,533	99,414	2,648
80	1,847	1,321	1,527	460	34,070	8,966	2,295	860	732,624	106,099	2,655
85	1,923	1,354	1,549	470	36,787	9,496	2,306	870	791,036	113,258	2,663
90	1,994	1,378	1,569	480	39,719	10,061	2,318	880	854,094	120,904	2,669
95	2,077	1,414	1,589	490	42,886	10,661	2,329	890	922,189	129,085	2,676
100	2,153	1,438	1,608	500	46,305	11,301	2,340	900	995,713	137,841	2,684
110	2,325	1,502	1,644	510	49,997	11,982	2,352	910	1075,088	147,207	2,690
120	2,510	1,569	1,678	520	53,983	12,709	2,363	920	1160,79	157,222	2,697
130	2,711	1,640	1,709	530	58,354	13,495	2,372	930	1253,33	167,948	2,704
140	2,927	1,716	1,739	540	63,078	14,343	2,382	940	1353,25	179,422	2,711
150	3,160	1,796	1,768	550	68,029	15,203	2,393	950	1461,14	191,645	2,718
160	3,412	1,880	1,794	560	73,368	16,114	2,403	960	1577,62	204,828	2,724
170	3,684	1,969	1,820	570	79,217	17,112	2,412	970	1703,40	218,884	2,731
180	3,978	2,063	1,844	580	85,532	18,172	2,422	980	1839,21	233,937	2,737
190	4,295	2,163	1,868	590	92,351	19,307	2,432	990	1985,85	250,051	2,743
200	4,637	2,269	1,890	600	99,714	20,316	2,442	1000	2144,17	267,300	2,750
210	5,007	2,370	1,911	610	107,663	21,801	2,451	1020	2499,63	305,52	2,763
220	5,406	2,494	1,933	620	116,247	23,185	2,460	1040	2914,14	349,35	2,775
230	5,837	2,623	1,951	630	125,315	24,645	2,470	1060	3397,31	399,61	2,788
240	6,302	2,755	1,972	640	135,521	26,216	2,479	1080	3960,60	457,26	2,794
250	6,813	2,900	1,980	650	146,340	27,887	2,487	1100	4617,28	523,40	2,806
260	7,347	3,044	2,009	660	158,255	29,721	2,496	1120	5382,84	599,30	2,824
270	7,933	3,203	2,027	670	170,783	31,604	2,505	1140	6275,33	686,65	2,836
280	8,566	3,370	2,044	680	183,186	33,600	2,514	1160	7315,80	786,47	2,847
290	9,248	3,547	2,062	690	198,868	35,770	2,522	1180	8528,78	901,34	2,852
300	9,986	3,735	2,077	700	214,725	38,070	2,531	1200	9942,87	1033,30	2,870

ÉCOULEMENT DES GAZ PAR UN ORIFICE

VITESSES ET PRESSIONS CORRESPONDANTES

La pression a été calculée pour l'air par la formule (**142**)

$$V = 395\,\varphi \sqrt{\dfrac{E}{E+B}\ \dfrac{1+\alpha t}{\delta}}$$

en prenant $B = 10^m,334$, $t = 15°$, $\delta = 1$, $\varphi = 1 : V^2 = 16000\,E$.

Les pressions sont données directement pour les vitesses comprises entre 1 mètre et 10 mètres; pour les vitesses 10 fois plus fortes, il faut multiplier les pressions par 100, et pour les vitesses 10 fois plus faibles, diviser par 100.

VITESSES en mètres.	PRESSIONS en mill. d'eau	Differ.	VITESSES en mètres.	PRESSIONS en mill. d'eau	Differ.	VITESSES en mètres.	PRESSIONS en mill. d'eau	Differ.	VITESSES en mètres.	PRESSIONS en mill. d'eau	Differ.
1,01	0,0637	12	1,26	0,0992	16	1,51	0,1425	19	1,76	0,1936	22
1,02	0,0650	13	1,27	0,1008	16	1,52	0,1444	19	1,77	0,1958	22
1,03	0,0663	13	1,28	0,1024	16	1,53	0,1463	19	1,78	0,1980	22
1,04	0,0676	13	1,29	0,1040	16	1,54	0,1482	19	1,79	0,2002	22
1,05	0,0689	13	1,30	0,1056	16	1,55	0,1501	19	1,80	0,2025	23
1,06	0,0702	13	1,31	0,1072	16	1,56	0,1521	20	1,81	0,2047	22
1,07	0,0715	13	1,32	0,1089	17	1,57	0,1540	19	1,82	0,2070	23
1,08	0,0729	14	1,33	0,1105	16	1,58	0,1560	20	1,83	0,2093	23
1,09	0,0742	13	1,34	0,1122	17	1,59	0,1580	20	1,84	0,2116	23
1,10	0,0756	14	1,35	0,1139	17	1,60	0,1600	20	1,85	0,2139	23
1,11	0,0770	14	1,36	0,1156	17	1,61	0,1620	20	1,86	0,2162	23
1,12	0,0784	14	1,37	0,1173	17	1,62	0,1640	20	1,87	0,2185	24
1,13	0,0798	14	1,38	0,1190	17	1,63	0,1660	20	1,88	0,2209	23
1,14	0,0812	14	1,39	0,1207	17	1,64	0,1681	21	1,89	0,2232	24
1,15	0,0826	14	1,40	0,1225	18	1,65	0,1701	20	1,90	0,2256	24
1,16	0,0841	15	1,41	0,1242	17	1,66	0,1722	21	1,91	0,2280	24
1,17	0,0855	14	1,42	0,1260	18	1,67	0,1743	21	1,92	0,2304	24
1,18	0,0870	15	1,43	0,1278	18	1,68	0,1764	21	1,93	0,2328	24
1,19	0,0885	15	1,44	0,1296	18	1,69	0,1785	21	1,94	0,2352	24
1,20	0,0900	15	1,45	0,1314	18	1,70	0,1806	21	1,95	0,2376	24
1,21	0,0915	15	1,46	0,1332	18	1,71	0,1827	21	1,96	0,2401	25
1,22	0,0930	15	1,47	0,1350	18	1,72	0,1849	22	1,97	0,2425	24
1,23	0,0945	16	1,48	0,1369	19	1,73	0,1870	21	1,98	0,2450	25
1,24	0,0961	15	1,49	0,1387	19	1,74	0,1892	22	1,99	0,2475	25
1,25	0,0976		1,50	0,1408	19	1,75	0,1914	22	2,00	0,2500	25

VITESSES en mètres.	PRESSIONS en mill. d'eau.	Différ.	VITESSES en mètres.	PRESSIONS en mill. d'eau.	Différ.	VITESSES en mètres.	PRESSIONS en mill. d'eau.	Différ.	VITESSES en mètres.	PRESSIONS en mill. d'eau.	Différ.
2,01	0,2525	25	2,51	0,3937	31	3,01	0,5662	37	3,51	0,7700	44
2,02	0,2550	25	2,52	0,3969	32	3,02	0,5700	38	3,52	0,7744	44
2,03	0,2575	25	2,53	0,4000	31	3,03	0,5738	38	3,53	0,7788	44
2,04	0,2601	26	2,54	0,4032	32	3,04	0,5776	38	3,54	0,7832	44
2,05	0,2626	25	2,55	0,4064	32	3,05	0,5814	38	3,55	0,7876	44
2,06	0,2652	26	2,56	0,4096	32	3,06	0,5852	38	3,56	0,7821	45
2,07	0,2678	26	2,57	0,4128	32	3,07	0,5890	38	3,57	0,7965	44
2,08	0,2704	26	2,58	0,4160	32	3,08	0,5929	39	3,58	0,8010	45
2,09	0,2730	26	2,59	0,4192	32	3,09	0,5967	38	3,59	0,8055	45
2,10	0,2756	26	2,60	0,4225	33	3,10	0,6006	39	3,60	0,8100	45
2,11	0,2782	26	2,61	0,4257	32	3,11	0,6045	39	3,61	0,8145	45
2,12	0,2809	27	2,62	0,4290	33	3,12	0,6084	39	3,62	0,8190	45
2,13	0,2835	26	2,63	0,4323	33	3,13	0,6123	39	3,63	0,8235	45
2,14	0,2862	27	2,64	0,4356	33	3,14	0,6162	39	3,64	0,8281	45
2,15	0,2889	27	2,65	0,4389	33	3,15	0,6201	39	3,65	0,8326	46
2,16	0,2916	27	2,66	0,4422	33	3,16	0,6241	40	3,66	0,8372	46
2,17	0,2943	27	2,67	0,4455	33	3,17	0,6280	39	3,67	0,8418	46
2,18	0,2970	27	2,68	0,4489	34	3,18	0,6320	40	3,68	0,8464	46
2,19	0,2997	27	2,69	0,4522	33	3,19	0,6360	40	3,69	0,8510	46
2,20	0,3025	28	2,70	0,4556	34	3,20	0,6400	40	3,70	0,8556	46
2,21	0,3052	27	2,71	0,4590	34	3,21	0,6440	40	3,71	0,8602	46
2,22	0,3080	28	2,72	0,4624	34	3,22	0,6480	40	3,72	0,8649	47
2,23	0,3108	28	2,73	0,4658	34	3,23	0,6520	41	3,73	0,8695	46
2,24	0,3136	28	2,74	0,4692	34	3,24	0,6561	40	3,74	0,8742	47
2,25	0,3164	28	2,75	0,4726	34	3,25	0,6601	41	3,75	0,8789	47
2,26	0,3192	28	2,76	0,4761	35	3,26	0,6642	41	3,76	0,8836	47
2,27	0,3220	28	2,77	0,4795	34	3,27	0,6683	41	3,77	0,8883	47
2,28	0,3249	29	2,78	0,4830	35	3,28	0,6724	41	3,78	0,8930	47
2,29	0,3277	29	2,79	0,4865	35	3,29	0,6765	41	3,79	0,8977	48
2,30	0,3306	29	2,80	0,4900	35	3,30	0,6806	41	3,80	0,9025	47
2,31	0,3335	29	2,81	0,4935	35	3,31	0,6847	42	3,81	0,9072	48
2,32	0,3364	29	2,82	0,4970	35	3,32	0,6889	41	3,82	0,9120	48
2,33	0,3393	29	2,83	0,5005	36	3,33	0,6930	42	3,83	0,9168	48
2,34	0,3422	29	2,84	0,5041	35	3,34	0,6972	42	3,84	0,9216	48
2,35	0,3451	29	2,85	0,5076	36	3,35	0,7014	42	3,85	0,9264	48
2,36	0,3481	30	2,86	0,5112	36	3,36	0,7056	42	3,86	0,9312	48
2,37	0,3510	29	2,87	0,5148	36	3,37	0,7098	42	3,87	0,9360	49
2,38	0,3540	30	2,88	0,5184	36	3,38	0,7140	42	3,88	0,9409	48
2,39	0,3570	30	2,89	0,5220	36	3,39	0,7182	43	3,89	0,9457	49
2,40	0,3600	30	2,90	0,5256	36	3,40	0,7225	42	3,90	0,9506	49
2,41	0,3630	30	2,91	0,5292	36	3,41	0,7267	43	3,91	0,9555	49
2,42	0,3660	30	2,92	0,5329	37	3,42	0,7310	43	3,92	0,9604	49
2,43	0,3690	31	2,93	0,5365	36	3,43	0,7353	43	3,93	0,9653	49
2,44	0,3721	30	2,94	0,5402	37	3,44	0,7396	43	3,94	0,9702	49
2,45	0,3751	31	2,95	0,5439	37	3,45	0,7439	43	3,95	0,9751	50
2,46	0,3782	31	2,96	0,5476	37	3,46	0,7482	43	3,96	0,9801	49
2,47	0,3813	31	2,97	0,5513	37	3,47	0,7525	44	3,97	0,9850	50
2,48	0,3844	31	2,98	0,5550	37	3,48	0,7569	43	3,98	0,9900	50
2,49	0,3875	31	2,99	0,5587	38	3,49	0,7612	44	3,99	0,9950	50
2,50	0,3906		3,00	0,5625		3,50	0,7656		4,00	1,0000	

VITESSES en mètres.	PRESSIONS en mill. d'eau	Différ.	VITESSES en mètres.	PRESSIONS en mill. d'eau	Différ.	VITESSES en mètres.	PRESSIONS en mill. d'eau	Différ.	VITESSES en mètres.	PRESSIONS en mill. d'eau	Différ.
4,01	1,0050	50	4,51	1,2712	56	5,01	1,5687	62	5,51	1,8975	69
4,02	1,0100	50	4,52	1,2769	57	5,02	1,5750	63	5,52	1,9044	69
4,03	1,0150	51	4,53	1,2825	56	5,03	1,5813	63	5,53	1,9113	69
4,04	1,0201	50	4,54	1,2882	57	5,04	1,5876	63	5,54	1,9182	69
4,05	1,0251		4,55	1,2939	57	5,05	1,5939	63	5,55	1,9251	69
4,06	1,0302	51	4,56	1,2996	57	5,06	1,6002	63	5,56	1,9321	70
4,07	1,0353	51	4,57	1,3053	57	5,07	1,6065	63	5,57	1,9390	69
4,08	1,0404	51	4,58	1,3110	57	5,08	1,6129	64	5,58	1,9460	70
4,09	1,0455	51	4,59	1,3167	58	5,09	1,6192	63	5,59	1,9530	70
4,10	1,0506	51	4,60	1,3225		5,10	1,6256	64	5,60	1,9600	70
4,11	1,0557	52	4,61	1,3282	57	5,11	1,6320	64	5,61	1,9670	70
4,12	1,0609	51	4,62	1,3340	58	5,12	1,6384	64	5,62	1,9740	70
4,13	1,0660	52	4,63	1,3398	58	5,13	1,6448	64	5,63	1,9810	70
4,14	1,0712	52	4,64	1,3456	58	5,14	1,6512	64	5,64	1,9881	71
4,15	1,0764	52	4,65	1,3514		5,15	1,6576	64	5,65	1,9951	70
4,16	1,0816	52	4,66	1,3572	58	5,16	1,6641	65	5,66	2,0022	71
4,17	1,0868	52	4,67	1,3630	58	5,17	1,6705	64	5,67	2,0093	71
4,18	1,0920	52	4,68	1,3689	59	5,18	1,6770	65	5,68	2,0164	71
4,19	1,0972	53	4,69	1,3747	58	5,19	1,6835	65	5,69	2,0235	71
4,20	1,1025	52	4,70	1,3806	59	5,20	1,6900	65	5,70	2,0306	71
4,21	1,1077	53	4,71	1,3865	59	5,21	1,6965	65	5,71	2,0377	71
4,22	1,1130	53	4,72	1,3924	59	5,22	1,7030	65	5,72	2,0449	72
4,23	1,1183	53	4,73	1,3983	59	5,23	1,7095	65	5,73	2,0520	71
4,24	1,1236	53	4,74	1,4042	59	5,24	1,7161	66	5,74	2,0592	72
4,25	1,1289	53	4,75	1,4101		5,25	1,7226	65	5,75	2,0664	72
4,26	1,1342	53	4,76	1,4161	60	5,26	1,7292	66	5,76	2,0736	72
4,27	1,1395	54	4,77	1,4220	59	5,27	1,7358	66	5,77	2,0808	72
4,28	1,1449	53	4,78	1,4280	60	5,28	1,7424	66	5,78	2,0880	72
4,29	1,1502	54	4,79	1,4340	60	5,29	1,7490	66	5,79	2,0952	72
4,30	1,1556	54	4,80	1,4400		5,30	1,7556	66	5,80	2,1025	73
4,31	1,1610	54	4,81	1,4460	60	5,31	1,7622	66	5,81	2,1097	72
4,32	1,1664	54	4,82	1,4520	60	5,32	1,7689	67	5,82	2,1170	73
4,33	1,1718	54	4,83	1,4580	61	5,33	1,7755	66	5,83	2,1243	73
4,34	1,1772	54	4,84	1,4641	60	5,34	1,7822	67	5,84	2,1316	73
4,35	1,1826		4,85	1,4701		5,35	1,7889	67	5,85	2,1389	73
4,36	1,1881	55	4,86	1,4762	61	5,36	1,7956	67	5,86	2,1462	73
4,37	1,1935	54	4,87	1,4823	61	5,37	1,8023	67	5,87	2,1535	73
4,38	1,1990	55	4,88	1,4884	61	5,38	1,8090	67	5,88	2,1609	74
4,39	1,2045	55	4,89	1,4945	61	5,39	1,8157	67	5,89	2,1682	73
4,40	1,2100		4,90	1,5006		5,40	1,8225	68	5,90	2,1756	74
4,41	1,2155	55	4,91	1,5067	61	5,41	1,8292	67	5,91	2,1830	74
4,42	1,2210	55	4,92	1,5129	62	5,42	1,8360	68	5,92	2,1904	74
4,43	1,2265	56	4,93	1,5190	61	5,43	1,8428	68	5,93	2,1978	74
4,44	1,2321	55	4,94	1,5252	62	5,44	1,8496	68	5,94	2,2052	74
4,45	1,2376		4,95	1,5314	62	5,45	1,8564	68	5,95	2,2126	74
4,46	1,2432	56	4,96	1,5376	62	5,46	1,8632	68	5,96	2,2201	75
4,47	1,2488	56	4,97	1,5438	62	5,47	1,8690	68	5,97	2,2275	74
4,48	1,2544	56	4,98	1,5500	62	5,48	1,8769	69	5,98	2,2350	75
4,49	1,2600	56	4,99	1,5562	62	5,49	1,8837	68	5,99	2,2425	75
4,50	1,2656		5,00	1,5625	63	5,50	1,8906	69	6,00	2,2500	75

Ser.

56

VITESSES en mètres.	PRESSIONS en mill. d'eau.	Différ.	VITESSES en mètres.	PRESSIONS en mill. d'eau	Différ.	VITESSES en mètres.	PRESSIONS en mill. d'eau	Différ.	VITESSES en mètres.	PRESSIONS en mill. d'eau	Différ.
6,01	2,2575	75	6,51	2,6487	81	7,01	3,0712	87	7,51	3,5250	94
6,02	2,2650	75	6,52	2,6569	82	7,02	3,0800	88	7,52	3,5344	94
6,03	2,2725	75	6,53	2,6650	81	7,03	3,0888	88	7,53	3,5438	94
6,04	2,2801	76	6,54	2,6732	82	7,04	3,0976	88	7,54	3,5532	94
6,05	2,2876	75	6,55	2,6814	82	7,05	3,1064	88	7,55	3,5626	94
6,06	2,2952	76	6,56	2,6896	82	7,06	3,1152	88	7,56	3,5721	95
6,07	2,3028	76	6,57	2,6978	82	7,07	3,1230	88	7,57	3,5815	94
6,08	2,3104	76	6,58	2,7060	82	7,08	3,1329	89	7,58	3,5910	95
6,09	2,3180	76	6,59	2,7142	83	7,09	3,1417	88	7,59	3,6005	95
6,10	2,3256	76	6,60	2,7225	82	7,10	3,1506	89	7,60	3,6100	95
6,11	2,3332	76	6,61	2,7307	82	7,11	3,1595	89	7,61	3,6195	95
6,12	2,3409	77	6,62	2,7390	83	7,12	3,1684	89	7,62	3,6290	95
6,13	2,3485	77	6,63	2,7473	83	7,13	3,1773	89	7,63	3,6385	96
6,14	2,3562	77	6,64	2,7556	83	7,14	3,1862	89	7,64	3,6481	95
6,15	2,3639	77	6,65	2,7639	83	7,15	3,1951	90	7,65	3,6576	96
6,16	2,3716	77	6,66	2,7722	83	7,16	3,2041	89	7,66	3,6672	96
6,17	2,3793	77	6,67	2,7805	84	7,17	3,2130	90	7,67	3,6768	96
6,18	2,3870	77	6,68	2,7889	83	7,18	3,2220	90	7,68	3,6864	96
6,19	2,3947	78	6,69	2,7972	84	7,19	3,2310	90	7,69	3,6960	96
6,20	2,4025		6,70	2,8056	84	7,20	3,2400	90	7,70	3,7056	96
6,21	2,4102	77	6,71	2,8140	84	7,21	3,2490	90	7,71	3,7152	96
6,22	2,4180	78	6,72	2,8224	84	7,22	3,2580	90	7,72	3,7249	97
6,23	2,4258	78	6,73	2,8308	84	7,23	3,2670	91	7,73	3,7345	96
6,24	2,4336	78	6,74	2,8392	84	7,24	3,2761	90	7,74	3,7442	97
6,25	2,4414	78	6,75	2,8476		7,25	3,2851	91	7,75	3,7539	97
6,26	2,4492	78	6,76	2,8561	84	7,26	3,2942	91	7,76	3,7636	97
6,27	2,4570	78	6,77	2,8645	85	7,27	3,3033	91	7,77	3,7733	97
6,28	2,4649	79	6,78	2,8730	85	7,28	3,3124	91	7,78	3,7830	97
6,29	2,4727	78	6,79	2,8815	85	7,29	3,3215	91	7,79	3,7927	98
6,30	2,4806	79	6,80	2,8900	85	7,30	3,3306	91	7,80	3,8025	97
6,31	2,4885	79	6,81	2,8985	85	7,31	3,3397	91	7,81	3,8122	98
6,32	2,4964	79	6,82	2,9070	85	7,32	3,3489	92	7,82	3,8220	98
6,33	2,5043	79	6,83	2,9155	86	7,33	3,3580	91	7,83	3,8318	98
6,34	2,5122	79	6,84	2,9241	85	7,34	3,3672	92	7,84	3,8416	98
6,35	2,5201	79	6,85	2,9326	86	7,35	3,3764	92	7,85	3,8514	98
6,36	2,5281	80	6,86	2,9412	86	7,36	3,3856	92	7,86	3,8612	98
6,37	2,5360	79	6,87	2,9498	86	7,37	3,3948	92	7,87	3,8710	99
6,38	2,5440	80	6,88	2,9584	86	7,38	3,4040	92	7,88	3,8809	98
6,39	2,5520	80	6,89	2,9670	86	7,39	3,4132	93	7,89	3,8907	99
6,40	2,5600	80	6,90	2,9756	86	7,40	3,4225		7,90	3,9006	99
6,41	2,5680	80	6,91	2,9842	87	7,41	3,4317	92	7,91	3,9105	99
6,42	2,5760	80	6,92	2,9929	86	7,42	3,4410	93	7,92	3,9204	99
6,43	2,5840	81	6,93	3,0015	87	7,43	3,4503	93	7,93	3,9303	99
6,44	2,5921	80	6,94	3,0102	87	7,44	3,4596	93	7,94	3,9402	99
6,45	2,6001		6,95	3,0189		7,45	3,4689		7,95	3,9501	
6,46	2,6082	81	6,96	3,0276	87	7,46	3,4782	93	7,96	3,9601	100
6,47	2,6163	81	6,97	3,0363	87	7,47	3,4875	93	7,97	3,9700	99
6,48	2,6244	81	6,98	3,0450	87	7,48	3,4969	94	7,98	3,9800	100
6,49	2,6325	81	6,99	3,0537	88	7,49	3,5052	93	7,99	3,9900	100
0,65	2,6406	81	7,00	3,0625		7,50	3,5156	94	8,00	4,0000	100

VITESSES en mètres.	PRESSIONS en mill. d'eau	Différ.	VITESSES en mètres.	PRESSIONS en mill. d'eau	Différ.	VITESSES en mètres.	PRESSIONS en mill. d'eau	Différ.	VITESSES en mètres.	PRESSIONS en mill. d'eau	Différ.
8,01	4,0100	100	8,51	4,5262	106	9,01	5,0737	112	9,51	5,6525	119
8,02	4,0200	100	8,52	4,5369	107	9,02	5,0850	113	9,52	5,6644	119
8,03	4,0300	100	8,53	4,5475	106	9,03	5,0963	113	9,53	5,6763	119
8,04	4,0401	101	8,54	4,5582	107	9,04	5,1076	113	9,54	5,6882	119
8,05	4,0501	100	8,55	4,5689	107	9,05	5,1189	113	9,55	5,6901	119
8,06	4,0602	101	8,56	4,5796	107	9,06	5,1302	113	9,56	5,7121	120
8,07	4,0703	101	8,57	4,5903	107	9,07	5,1415	113	9,57	5,7240	119
8,08	4,0804	101	8,58	4,6010	107	9,08	5,1529	114	9,58	5,7360	120
8,09	4,0905	101	8,59	4,6117	107	9,09	5,1642	113	9,59	5,7480	120
8,10	4,1006	101	8,60	4,6225	108	9,10	5,1756	114	9,60	5,7600	120
8,11	4,1107	101	8,61	4,6332	107	9,11	5,1870	114	9,61	5,7720	120
8,12	4,1209	102	8,62	4,6440	108	9,12	5,1984	114	9,62	5,7840	120
8,13	4,1310	101	8,63	4,6548	108	9,13	5,2098	114	9,63	5,7960	120
8,14	4,1412	102	8,64	4,6656	108	9,14	5,2212	114	9,64	5,8081	121
8,15	4,1514	102	8,65	4,6764	108	9,15	5,2326	114	9,65	5,8301	120
8,16	4,1616	102	8,66	4,6872	108	9,16	5,2441	115	9,66	5,8322	121
8,17	4,1718	102	8,67	4,6980	108	9,17	5,2555	114	9,67	5,8443	121
8,18	4,1820	102	8,68	4,7089	109	9,18	5,2670	115	9,68	5,8564	121
8,19	4,1922	102	8,69	4,7197	108	9,19	5,2785	115	9,69	5,8685	121
8,20	4,2025	103	8,70	4,7306	109	9,20	5,2900	115	9,70	5,8806	121
8,21	4,2127	102	8,71	4,7415	109	9,21	5,3015	115	9,71	5,8927	121
8,22	4,2230	103	8,72	4,7524	109	9,22	5,3130	115	9,72	5,9049	122
8,23	4,2333	103	8,73	4,7633	109	9,23	5,3245	115	9,73	5,9170	121
8,24	4,2436	103	8,74	4,7742	109	9,24	5,3361	116	9,74	5,9292	122
8,25	4,2539	103	8,75	4,7851	109	9,25	5,3476	115	9,75	5,9414	122
8,26	4,2642	103	8,76	4,7961	110	9,26	5,3592	116	9,76	5,9536	122
8,27	4,2745	103	8,77	4,8070	109	9,27	5,3708	116	9,77	5,9658	122
8,28	4,2849	104	8,78	4,8180	110	9,28	5,3824	116	9,78	5,9780	122
8,29	4,2952	103	8,79	4,8290	110	9,29	5,3940	116	9,79	5,9902	122
8,30	4,3056	104	8,80	4,8400	110	9,30	5,4056	116	9,80	6,0025	123
8,31	4,3160	104	8,81	4,8510	110	9,31	5,4172	116	9,81	6,0147	122
8,32	4,3264	104	8,82	4,8620	110	9,32	5,4289	117	9,82	6,0270	123
8,33	4,3368	104	8,83	4,8730	110	9,33	5,4305	117	9,83	6,0393	123
8,34	4,3472	104	8,84	4,8841	111	9,34	5,4322	117	9,84	6,0516	123
8,35	4,3576	104	8,85	4,8951	110	9,35	5,4439	117	9,85	6,0639	123
8,36	4,3681	105	8,86	4,9062	111	9,36	5,4756	117	9,86	6,0762	123
8,37	4,3785	104	8,87	4,9173	111	9,37	5,4873	117	9,87	6,0885	123
8,38	4,3890	105	8,88	4,9284	111	9,38	5,4990	117	9,88	6,1009	124
8,39	4,3995	105	8,89	4,9395	111	9,39	5,5107	118	9,89	6,1132	123
8,40	4,4100	105	8,90	4,9506	111	9,40	5,5225		9,90	6,1256	124
8,41	4,4205	105	8,91	4,9617	111	9,41	5,5342	117	9,91	6,1380	124
8,42	4,4310	105	8,92	4,9729	112	9,42	5,5466	118	9,92	6,1504	124
8,43	4,4415	105	8,93	4,9840	111	9,43	5,5578	118	9,93	6,1628	124
8,44	4,4521	106	8,94	4,9952	112	9,44	5,5696	118	9,94	6,1752	124
8,45	4,4626	105	8,95	5,0024	112	9,45	5,5714		9,95	6,1876	124
8,46	4,4732	106	8,96	5,0176	112	9,46	5,5932	118	9,96	6,2001	125
8,47	4,4838	106	8,97	5,0288	112	9,47	5,6050	118	9,97	6,2125	124
8,48	4,4944	106	8,98	5,0400	112	9,48	5,6169	119	9,98	6,2250	125
8,49	4,5050	106	8,99	5,0512	113	9,49	5,6287	118	9,99	6,2375	125
8,50	4,5156	106	9,00	5,0625	113	9,50	5,6406	119	10,00	6,2500	125

ÉCOULEMENT DES GAZ DANS LES TUYAUX.

PERTES DE CHARGE. — TABLES DE M. ARSON.

Diamètre = 0m,050.

VOLUMES ÉCOULÉS par 1″ en litres.	par heure en m. cub.	VITESSES MOYENNES en mètres par 1″.	PERTES DE CHARGE pour 1000m de longr en millim. de hautr d'eau — AIR.	GAZ.
0,5	1,8	0,254	22,3	9,1
1,0	3,6	0,509	52,8	21,6
1,5	5,4	0,764	91,2	37,4
2,0	7,2	1,018	137,4	56,3
2,5	9,0	1,273	191,7	78,6
3,0	10,8	1,528	254,1	104,1
3,5	12,6	1,782	324,0	132,8
4,0	14,4	2,037	402,3	164,9
4,5	16,2	2,292	488,2	200,1
5,0	18,0	2,546	582,3	238,7
6,0	21,6	3,055	794,3	325,7
7,0	25,2	3,565	1038,3	425,7
8,0	28,8	4,074	1313,7	538,6
9,0	32,4	4,584	1621,7	664,9
10,0	36,0	5,093	1960,7	803,8
11,0	39,6	5,602	2331,7	956,0
12,0	43,2	6,111	2734,3	1121,0
13,0	46,8	6,620	3168,7	1299,2
14,0	50,4	7,130	3635,9	1490,7
15,0	54,0	7,639	4134,0	1694,9

Diam. = 0m,081.

par 1″ en litres	par heure en m. cub.	VITESSES MOYENNES en mètres par 1″	AIR.	GAZ.
1	3,6	0,194	8,3	3,4
2	7,2	0,388	19,2	7,8
3	10,8	0,582	32,4	13,3
4	14,4	0,776	47,9	19,6
5	18,0	0,970	65,8	26,9
6	21,6	1,164	86,0	35,2
7	25,2	1,358	108,5	44,5
8	28,8	1,552	133,6	54,7
9	32,4	1,746	160,7	65,8
10	36,0	1,940	190,3	78,0
11	39,6	2,134	222,3	91,1
12	43,2	2,328	256,6	105,2
13	46,8	2,522	293,2	120,2
14	50,4	2,716	332,2	136,2
15	54,0	2,910	373,6	153,2
16	57,6	3,105	418,7	171,7
17	61,2	3,299	463,6	190,0
18	64,8	3,493	512,0	209,9
19	68,4	3,687	562,7	230,7
20	72,0	3,881	615,8	252,4
22	79,2	4,269	729,0	298,9
24	86,4	4,657	851,7	349,2
26	93,6	5,045	983,7	403,3
28	100,8	5,434	1125,6	461,5
30	108,0	5,822	1276,1	523,2
32	115,2	6,210	1436,6	589,0
34	122,4	6,598	1596,3	654,5
36	129,6	6,986	1785,3	731,9
38	136,8	7,374	1973,7	809,2
40	144,0	7,762	2171,6	890,4

Diamètre = 0m,100.

VOLUMES ÉCOULÉS par 1″ en litres.	par heure en m. cub.	VITESSES MOYENNES en mètres par 1″.	PERTES DE CHARGE pour 1000m de longr en millim. de hautr d'eau — AIR.	GAZ.
1	3,6	0,127	4,0	1,6
2	7,2	0,254	8,8	3,6
3	10,8	0,382	14,3	5,8
4	14,4	0,509	20,8	8,5
5	18,0	0,636	28,0	11,5
6	21,6	0,763	36,0	14,7
7	25,2	0,891	44,7	18,3
8	28,8	1,018	54,4	22,3
9	32,4	1,145	64,7	26,5
10	36,0	1,273	75,9	31,1
11	39,6	1,400	87,9	36,0
12	43,2	1,528	100,5	41,2
13	46,8	1,655	114,2	46,8
14	50,4	1,782	128,5	52,7
15	54,0	1,909	143,6	58,8
16	57,6	2,036	159,5	65,4
17	61,2	2,164	176,4	72,3
18	64,8	2,290	193,7	79,4
19	68,4	2,419	212,3	87,0
20	72,0	2,546	231,3	94,8
21	75,6	2,674	251,3	103,0
22	79,2	2,800	271,8	111,4
23	82,8	2,928	291,7	119,6
24	86,4	3,056	315,8	129,4
25	90,0	3,182	338,7	138,8
26	93,6	3,310	362,6	148,7
27	97,2	3,435	386,9	158,6
28	100,8	3,564	413,7	169,6
29	104,4	3,692	439,1	180,0
30	108,0	3,819	466,1	191,1
31	111,6	3,947	494,1	202,5
32	115,2	4,072	522,5	214,2
33	118,8	4,200	551,8	226,2
34	122,4	4,328	582,2	238,7
35	126,0	4,456	613,4	251,5
36	129,6	4,580	644,4	264,2
37	133,2	4,711	677,9	277,9
38	136,8	4,838	711,3	291,6
39	140,4	4,965	745,4	305,6
40	144,0	5,092	780,3	319,9
41	147,6	5,220	816,3	334,6
42	151,2	5,348	853,1	349,7
43	154,8	5,475	890,3	365,0
44	158,4	5,600	927,9	380,4
45	162,0	5,729	965,9	396,0
46	165,6	5,856	1004,3	411,7
47	169,2	5,984	1047,8	429,6
48	172,8	6,112	1089,3	446,6
49	176,4	6,239	1131,4	463,8
50	180,0	6,365	1173,8	481,2
55	198,0	7,003	1400,9	574,3
60	216,0	7,630	1643,8	673,9

Diamètre = 0m,135.   *Diamètre* = 0m,150.

| VOLUMES ÉCOULÉS | | VITESSES MOYENNES en mètres par 1". | PERTES DE CHARGE pour 1000m de longr en millim. de haut d'eau | | VOLUMES ÉCOULÉS | | VITESSES MOYENNES en mètres par 1". | PERTES DE CHARGE pour 1000m de longr en millim. de hautr d'eau | |
par 1' en litres.	par heure en m. cub.		AIR.	GAZ.	par 1' en litres.	par heure en m. cub.		AIR.	GAZ.
1	3,6	0,069	1,3	5	1	3,5	0,056	0,9	0,4
2	7,2	0,139	2,8	1,1	2	2,2	0,113	1,9	0,8
3	10,8	0,209	4,5	1,8	3	10,8	0,169	2,9	1,2
4	14,4	0,279	6,3	2,6	4	14,4	0,226	4,0	1,6
5	18,0	0,349	8,4	3,4	5	18,0	0,282	5,4	2,2
6	21,6	0,419	10,4	4,2	6	21,6	0,339	6,8	2,8
7	25,2	0,489	12,7	5,2	7	25,2	0,396	8,3	3,4
8	28,8	0,559	15,2	6,2	8	28,8	0,452	9,8	4,0
9	32,4	0,628	17,9	7,3	9	32,4	0,509	11,4	4,6
10	36,0	0,698	20,8	8,5	10	36,0	0,565	13,2	5,4
11	39,6	0,768	23,7	9,7	11	39,6	0,622	15,1	6,2
12	43,2	0,838	26,9	11,0	12	43,2	0,679	17,1	7,0
13	46,8	0,908	30,2	12,3	13	46,8	0,735	19,1	7,8
14	50,4	0,978	33,7	13,8	14	50,4	0,792	21,1	8,6
15	54,0	1,048	37,4	15,3	15	54,0	0,848	23,4	9,6
16	57,6	1,118	41,2	16,9	16	57,6	0,905	25,8	10,6
17	61,2	1,187	45,1	18,5	17	61,2	0,962	28,3	11,6
18	64,8	1,257	49,3	20,2	18	64,8	1,018	30,7	12,5
19	68,4	1,327	53,5	21,9	19	68,4	1,075	33,4	13,7
20	72,0	1,397	58,1	23,8	20	72,0	1,132	36,1	14,8
22	79,2	1,537	67,5	27,6	22	79,2	1,245	41,8	17,1
24	86,4	1,676	77,4	31,7	24	86,4	1,358	48,4	19,8
26	93,6	1,816	88,3	36,2	26	93,6	1,471	54,4	22,3
28	100,8	1,956	99,8	40,9	28	100,8	1,584	61,3	25,1
30	108,0	2,096	111,8	45,8	30	108,0	1,692	68,2	28,0
32	115,2	2,236	124,7	51,1	32	115,2	1,811	76,3	31,2
34	122,4	2,375	137,8	56,5	34	122,4	1,924	84,1	34,4
36	129,6	2,515	152,1	62,3	36	129,6	2,037	92,7	38,0
38	136,8	2,655	167,0	68,4	38	136,8	2,150	101,3	41,5
40	144,0	2,794	182,3	74,7	40	144,0	2,263	110,7	45,3
42	151,2	2,934	198,1	81,2	42	152,0	2,376	120,3	49,3
44	158,4	3,074	215,2	88,2	44	158,4	2,490	130,3	53,4
46	165,6	3,214	232,3	95,2	46	165,6	2,603	140,6	57,6
48	172,8	3,353	250,3	102,6	48	172,8	2,716	151,3	62,0
50	180,0	3,493	269,0	110,3	50	180,0	2,829	162,4	66,5
52	187,2	3,633	288,3	118,2	55	198,0	3,112	191,9	78,7
54	194,4	3,772	308,3	126,4	60	216,0	3,395	223,8	91,7
56	201,6	3,912	329,0	134,9	65	234,0	3,678	258,0	105,7
58	208,8	4,052	350,4	143,6	70	252,0	3,961	294,7	120,8
60	216,6	4,192	372,4	152,6	75	270,0	4,244	333,8	136,8
62	223,2	4,331	394,8	161,8	80	288,0	4,527	375,4	153,9
64	230,4	4,471	418,2	171,4	85	306,0	4,810	419,1	171,8
66	237,6	4,611	442,3	181,3	90	324,0	5,093	465,6	190,9
68	244,8	4,751	467,0	191,4	95	342,0	5,376	514,1	210,7
70	252,0	4,890	492,3	201,8	100	360,0	5,659	565,1	231,7
72	259,2	5,030	518,0	212,3	105	378,0	5,941	618,1	253,4
74	266,4	5,170	544,8	223,3	110	396,0	6,224	674,4	276,5
76	273,6	5,309	572,3	234,6	115	414,0	6,507	732,7	300,4
78	280,8	4,449	600,2	246,0	120	432,0	6,790	793,4	325,3
80	288,0	5,589	629,5	258,1	125	450,0	7,073	856,4	351,1
90	324,0	6,287	781,0	320,2	130	468,0	7,356	921,9	378,0
100	360,0	6,986	950,5	389,7	140	504,0	7,922	1060,2	434,6
110	396,0	7,685	1136,4	465,9	150	540,0	8,488	1208,0	495,2
120	432,0	8,384	1338,8	548,9	160	576,0	9,054	1365,4	559,8

Diamètre = 0^m,162.

VOLUMES ÉCOULÉS		VITESSES MOYENNES en mètres par 1".	PERTES DE CHARGE pour 1000m de longr en millim. de hautr d'eau	
par 1" en litres.	par heure en m. cub.		AIR.	GAZ.
1	3,6	0,048	0,6	0,2
2	7,2	0,097	1,3	0,5
3	10,8	0,145	2,1	0,8
4	14,4	0,194	3,0	1,2
5	18,0	0,242	3,8	1,5
6	21,6	0,291	4,9	2,0
7	25,2	0,339	5,9	2,4
8	28,8	0,388	7,0	2,8
9	32,4	0,436	8,2	3,3
10	36,0	0,485	9,4	3,8
11	39,6	0,533	10,7	4,4
12	43,2	0,582	12,1	4,9
13	46,8	0,630	13,5	5,5
14	50,4	0,679	15,0	6,1
15	54,0	0,727	16,5	6,7
16	57,6	0,776	18,1	7,4
17	61,2	0,824	19,7	8,1
18	64,8	0,873	21,5	8,8
19	68,4	0,922	23,3	9,5
20	72,0	0,970	25,2	10,3
22	79,2	1,067	29,2	12,0
24	86,4	1,164	33,2	13,6
26	93,6	1,261	37,7	15,4
28	100,8	1,358	42,3	17,3
30	108,0	1,455	47,3	19,4
32	115,2	1,552	52,4	21,5
34	122,4	1,649	57,9	23,7
36	129,6	1,746	63,5	26,0
38	136,8	1,843	69,4	28,4
40	144,0	1,940	75,6	31,0
42	151,2	2,037	82,1	33,6
44	158,4	2,134	88,7	36,3
46	165,6	2,231	95,7	39,2
48	172,8	2,328	102,8	42,1
50	180,0	2,425	110,3	45,2
55	198,0	2,668	130,0	53,3
60	216,0	2,910	151,3	62,0
65	234,0	3,153	174,1	71,4
70	252,0	3,396	198,7	81,4
75	270,0	3,638	224,9	92,2
80	288,0	3,881	253,1	103,7
85	306,0	4,123	281,4	115,3
90	324,0	4,366	312,9	128,3
95	342,0	4,609	344,5	141,2
100	360,0	4,851	379,1	155,4
105	378,0	5,094	413,9	169,7
110	396,0	5,336	451,7	185,2
115	414,0	5,579	489,5	200,7
120	432,0	5,821	530,5	217,5
125	450,0	6,064	571,5	234,3
150	540,0	7,276	803,9	328,6
175	630,0	8,511	1081,2	443,3
200	720,0	9,702	1387,4	568,8
225	810,0	10,915	1738,3	712,7

Diamètre = 0^m,189.

VOLUMES ÉCOULÉS		VITESSES MOYENNES en mètres par 1".	PERTES DE CHARGE pour 1000m de longr en millim. de hautr d'eau	
par 1" en litres.	par heure en m. cub.		AIR.	GAZ.
1	3,6	0,035	0,3	0,1
2	7,2	0,071	0,7	0,3
3	10,8	0,107	1,1	0,5
4	14,4	0,142	1,5	0,6
5	18,0	0,172	2,0	0,8
6	21,6	0,214	2,5	1,0
7	25,2	0,249	3,1	1,3
8	28,8	0,285	3,6	1,5
9	32,4	0,321	4,2	1,7
10	36,0	0,356	4,8	1,9
15	54,0	0,534	8,3	3,4
20	72,0	0,713	12,7	5,2
25	90,0	0,891	17,3	7,1
30	108,0	1,069	23,1	9,5
35	126,0	1,247	29,1	11,9
40	144,0	1,425	36,4	14,9
45	162,0	1,604	43,8	17,9
50	180,0	1,782	52,4	21,5
55	198,0	1,920	61,2	25,1
60	216,0	2,138	71,3	29,2
65	234,0	2,318	81,5	33,4
70	252,0	2,495	92,9	38,1
75	270,0	2,673	104,4	42,8
80	288,0	2,851	117,2	48,0
85	306,0	3,029	130,2	53,4
90	324,0	3,208	144,3	59,1
95	342,0	3,386	158,9	64,9
100	360,0	3,464	174,2	71,4
105	378,0	3,742	190,3	78,0
110	396,0	3,921	207,1	84,9
115	414,0	4,099	224,8	92,1
120	432,0	4,277	242,7	99,5
125	450,0	4,455	261,5	107,2
130	468,0	4,623	281,0	115,2
135	486,0	4,812	301,6	123,6
140	504,0	4,990	322,3	132,1
145	522,0	5,168	344,2	141,1
150	540,0	5,346	366,2	150,1
155	558,0	5,525	389,4	159,6
160	576,0	5,703	413,0	169,3
165	594,0	5,881	437,6	179,4
170	612,0	6,059	462,6	189,6
175	630,0	6,237	488,6	200,3
180	648,0	6,416	515,0	211,1
185	666,0	6,594	542,3	222,3
190	684,0	6,772	570,1	233,7
195	702,0	6,950	598,7	245,4
200	720,0	7,129	628,2	257,5
210	756,0	7,484	688,7	282,3
220	792,0	7,842	752,5	308,5
230	828,0	8,198	818,7	335,6
240	864,0	8,554	887,8	364,0
250	900,0	8,910	955,5	391,7
260	936,0	9,266	1034,3	424,0

Diamètre = 0m,200.

VOLUMES ÉCOULÉS par 1" en litres.	par heure en m. cub.	VITESSES MOYENNES en mètres par 1".	PERTES DE CHARGE pour 1000m de longr en millim. de hautr d'eau AIR.	GAZ.
1	3,6	0,032	0,3	0,1
2	7,2	0,063	0,5	0,2
3	10,8	0,095	0,9	0,4
4	14,4	0,127	1,2	0,5
5	18,0	0,159	1,5	0,6
6	21,6	0,191	1,9	0,8
7	25,2	0,223	2,3	0,9
8	28,8	0,254	2,8	1,1
9	32,4	0,286	3,2	1,3
10	36,0	0,318	3,7	1,5
15	54,0	0,477	6,3	2,6
20	72,0	0,636	9,4	3,8
25	90,0	0,795	13,0	5,3
30	108,0	0,954	17,2	7,0
35	126,0	1,114	21,9	9,0
40	144,0	1,273	27,0	11,0
45	162,0	1,432	32,6	13,3
50	180,0	1,591	38,8	15,9
55	198,0	1,750	45,5	18,5
60	216,0	1,911	52,7	21,5
65	234,0	2,069	60,4	24,7
70	252,0	2,228	68,5	28,1
75	270,0	2,387	77,3	31,7
80	288,0	2,547	86,4	35,4
85	306,0	2,706	96,2	39,4
90	324,0	2,865	106,4	43,6
95	342,0	3,024	117,1	48,0
100	360,0	3,183	128,3	52,6
105	378,0	3,343	140,1	57,4
110	396,0	3,502	152,4	62,5
115	414,0	3,661	165,2	67,7
120	432,0	3,823	178,6	73,2
125	450,0	3,978	192,2	78,8
130	468,0	4,138	206,4	84,6
135	486,0	4,298	221,2	90,7
140	504,0	4,457	236,5	97,0
145	522,0	4,616	252,1	103,3
150	540,0	4,774	268,5	110,0
155	558,0	4,935	285,4	117,0
160	576,0	5,094	302,7	124,1
165	594,0	5,253	320,5	131,4
170	612,0	5,412	338,9	138,9
175	630,0	5,570	357,7	146,6
180	648,0	5,731	377,1	154,6
185	666,0	5,890	396,9	162,7
190	684,0	6,049	417,0	171,1
195	702,0	6,208	437,1	179,2
200	720,0	6,366	459,4	188,3
210	756,0	6,686	503,9	206,6
220	792,0	7,004	550,1	225,5
230	828,0	7,322	598,3	245,5
240	864,0	7,646	649,6	266,3
250	900,0	7,956	700,6	287,2
260	936,0	8,276	754,3	309,2

Diamètre = 0m,250.

VOLUMES ÉCOULÉS par 1" en litres.	par heure en m. cub.	VITESSES MOYENNES en mètres par 1".	PERTES DE CHARGE pour 1000m de longr en millim. de hautr d'eau AIR.	GAZ.
5	18	0,101	0,5	0,2
10	36	0,203	1,3	0,5
15	54	0,305	2,2	0,9
20	72	0,407	3,2	1,3
25	90	0,509	4,4	1,8
30	108	0,611	5,7	2,3
35	126	0,713	7,3	3,0
40	144	0,814	8,0	3,6
45	162	0,916	10,8	4,4
50	180	1,018	12,7	5,2
55	198	1,120	14,9	6,1
60	216	1,222	17,1	7,0
65	234	1,324	19,5	8,0
70	252	1,426	22,1	9,1
75	270	1,527	24,9	10,2
80	288	1,629	27,7	11,4
85	306	1,731	30,8	12,6
90	324	1,833	34,0	13,9
95	342	1,935	37,4	15,4
100	360	2,037	40,9	16,8
105	378	2,139	44,5	18,2
110	396	2,240	48,3	19,9
115	414	2,342	52,3	21,4
120	432	2,444	56,4	23,1
125	450	2,546	60,7	24,7
130	468	2,648	65,1	26,7
135	486	2,750	69,6	28,5
140	504	2,852	74,4	30,5
145	522	2,953	79,3	32,5
150	540	3,055	84,8	34,7
155	558	3,157	89,5	36,7
160	576	3,259	94,9	38,9
165	594	3,361	100,6	41,2
170	612	3,463	106,0	43,4
175	630	3,565	111,6	45,7
180	648	3,666	117,8	48,3
185	666	3,768	123,7	50,7
190	684	3,870	130,2	53,3
195	702	3,972	136,6	56,0
200	720	4,074	143,2	58,7
210	756	4,278	156,8	64,3
220	792	4,481	171,0	70,1
230	828	4,685	185,8	76,1
240	864	4,880	201,3	82,5
250	900	5,092	217,3	89,1
260	936	5,296	234,0	95,9
270	972	5,500	251,3	103,0
280	1008	5,704	269,3	110,4
290	1044	5,907	287,8	118,0
300	1080	6,111	306,9	125,8
350	1260	7,130	411,8	168,8
400	1440	8,148	552,0	218,1
450	1620	9,165	667,4	273,6
500	1800	10,184	818,4	335,5

Diamètre = 0m,300.   *Diamètre* = 0m,350.

VOLUMES ÉCOULÉS		VITESSES MOYENNES en mètres par 1".	PERTES DE CHARGE pour 1000m de longr en millim. de haut d'eau		VOLUMES ÉCOULÉS		VITESSES MOYENNES en mètres par 1".	PERTES DE CHARGE pour 1000m de longr en millim. de haut d'eau	
par 1" en litres.	par heure en m. cub.		AIR.	GAZ.	par 1" en litres.	par heure en m. cub.		AIR.	GAZ.
10	36	0,141	0,4	0,1	10	36	0,104	0,2	0,1
15	54	0,212	0,9	0,4	20	72	0,208	0,5	0,2
20	72	0,283	1,3	0,5	30	108	0,312	0,9	0,4
25	90	0,353	1,8	0,7	40	144	0,416	1,5	0,6
30	108	0,424	2,3	0,9	50	180	0,520	2,2	0,9
35	126	0,495	2,9	1,2	60	216	0,623	2,9	1,2
40	144	0,565	3,6	1,5	70	252	0,727	3,7	1,5
45	162	0,636	4,2	1,7	80	288	0,831	4,6	1,9
50	180	0,707	5,0	2,0	90	324	0,935	5,6	2,3
55	198	0,778	5,8	2,4	100	360	1,039	6,8	2,8
60	216	0,849	6,7	2,7	110	396	1,143	8,1	3,3
65	234	0,919	7,6	3,1	120	432	1,247	9,4	3,8
70	252	0,990	8,6	3,5	130	468	1,351	10,8	4,4
75	270	1,061	9,7	3,9	140	504	1,455	12,3	5,1
80	288	1,131	10,8	4,4	150	540	1,559	14,0	5,7
85	306	1,202	12,0	4,9	160	676	1,663	15,7	6,4
90	324	1,273	13,2	5,4	170	612	1,767	17,5	7,2
95	342	1,344	14,4	5,9	180	648	1,871	19,4	8,0
100	360	1,414	15,7	6,4	190	684	1,975	21,4	8,8
105	378	1,485	17,1	7,0	200	720	2,078	23,5	9,6
110	396	1,556	18,6	7,6	210	756	2,182	25,7	10,5
115	414	1,627	20,1	8,2	220	792	2,286	28,1	11,5
120	432	1,697	21,6	8,8	230	828	2,390	30,5	12,5
125	450	1,768	23,3	9,5	240	864	2,494	33,0	13,5
130	468	1,839	25,0	10,2	250	900	2,598	35,7	14,7
135	486	1,910	26,7	10,9	260	936	2,702	38,4	15,8
140	504	1,980	28,5	11,7	270	972	2,806	41,3	16,9
145	522	2,051	30,3	12,4	280	1008	2,910	44,2	18,1
150	540	2,122	32,2	13,2	290	1044	3,014	47,2	19,3
155	558	2,192	34,2	14,0	300	1080	3,118	50,3	20,7
160	576	2,263	36,2	14,8	320	1152	3,325	56,8	23,3
165	594	2,334	38,3	15,7	340	1224	3,533	63,7	26,1
170	612	2,405	40,4	16,5	360	1296	3,742	71,1	29,1
175	630	2,475	42,6	17,5	380	1368	3,950	78,8	32,3
180	648	2,546	44,8	18,3	400	1440	4,157	86,9	35,6
185	666	2,617	47,1	19,3	420	1512	4,364	95,4	39,1
190	684	2,688	49,5	20,3	440	1584	4,572	104,3	42,7
195	702	2,758	51,9	21,2	460	1656	4,780	113,7	46,6
200	720	2,829	54,3	22,2	480	1728	4,988	122,7	50,3
210	756	2,970	59,5	24,4	500	1800	5,197	133,5	54,7
220	792	3,112	64,8	26,5	520	1872	5,404	143,5	58,8
230	828	3,254	70,4	28,8	540	1944	5,612	154,9	63,5
240	864	3,394	76,1	31,2	560	2016	5,820	166,2	68,1
250	900	3,536	81,9	33,5	580	2088	6,028	177,9	72,9
260	936	3,678	88,5	36,3	600	2160	6,236	189,4	77,6
270	972	3,820	94,9	38,9	620	2232	6,444	202,5	83,0
280	1008	3,960	101,6	41,8	640	2304	6,650	215,3	88,2
290	1044	4,102	108,4	44,4	660	2376	6,860	228,7	93,8
300	1080	4,244	115,7	47,4	680	2448	7,066	242,5	99,4
400	1440	5,658	199,8	81,9	700	2520	7,275	256,5	103,1
450	1620	6,360	250,1	102,5	800	2880	8,314	332,7	136,4
500	1800	7,073	306,9	125,8	900	3240	9,350	418,9	171,7
550	1980	7,780	369,1	151,3	1000	3600	10,394	515,2	211,2
600	2160	8,488	437,0	179,1	1100	3960	11,430	621,4	254,7

Diamètre = 0m,400. | _Diamètre_ = 0m,500.

VOLUMES ÉCOULÉS		VITESSES MOYENNES en mètres par 1".	PERTES DE CHARGE pour 1000m de longr en millim. de hautr d'eau		VOLUMES ÉCOULÉS		VITESSES MOYENNES en mètres par 1".	PERTES DE CHARGE pour 1000m de longr en millim. de hautr d'eau	
par 1' en litres.	par heure en m. cub.		AIR.	GAZ.	par 1' en litres.	par heure en m. cub.		AIR.	GAZ.
20	72	0,159	0,2	0,1	25	90	0,127	0,06	0,02
40	144	0,318	0,7	0,3	50	180	0,254	0,2	0,08
60	216	0,477	1,3	0,5	75	270	0,382	0,4	0,18
80	288	0,636	2,0	0,8	100	360	0,509	0,7	0,3
100	360	0,795	3,0	1,2	125	450	0,636	1,1	0,4
120	432	0,955	4,2	1,7	150	540	0,764	1,6	0,6
140	504	1,114	5,5	2,2	175	630	0,891	2,2	0,9
160	576	1,73	6,9	2,8	200	720	1,018	2,8	1,1
180	648	1,432	8,6	3,5	225	810	1,146	3,5	1,4
200	720	1,591	10,4	4,2	250	900	1,273	4,3	1,8
220	792	1,750	12,4	5,1	275	990	1,400	5,2	2,1
240	834	1,909	14,8	6,0	300	1080	1,528	6,2	2,5
260	936	2,069	17,1	7,0	325	1170	1,655	7,2	3,0
280	1008	2,228	19,8	8,1	350	1260	1,782	8,4	3,4
300	1080	2,387	22,7	9,3	375	1350	1,909	9,6	3,9
320	1152	2,546	25,7	10,5	400	1440	2,037	10,9	4,5
340	1224	2,705	28,9	11,9	425	1530	2,164	12,3	5,0
360	1296	2,864	32,2	13,2	450	1620	2,292	13,8	5,6
380	1368	3,024	35,6	14,6	475	1710	2,419	15,3	6,3
400	1440	3,183	39,1	16,0	500	1800	2,546	16,9	6,9
420	1512	3,342	43,4	17,8	525	1890	2,673	18,7	7,6
440	1584	3,501	47,5	19,5	550	1980	2,801	20,5	8,4
460	1656	3,660	51,2	21,0	575	2070	2,928	22,3	9,1
480	1728	3,319	56,2	23,0	600	2160	3,055	24,3	9,9
500	1800	3,979	60,8	24,9	625	2250	3,183	26,3	10,8
520	1872	4,138	65,6	26,9	650	2340	3,310	28,5	11,7
540	1944	4,297	70,5	28,9	675	2430	3,438	30,7	12,6
560	2016	4,456	75,6	31,0	700	2520	3,565	33,0	13,5
580	2088	4,615	80,8	33,1	725	2610	3,692	35,3	14,5
600	2160	4,774	86,8	35,5	750	2700	3,819	37,8	15,5
620	2232	4,934	92,4	37,9	775	2790	3,947	40,3	16,5
640	2304	5,093	98,4	40,3	800	2880	4,074	42,9	17,6
660	2376	5,252	104,5	42,8	825	2970	4,202	45,6	18,7
680	2448	5,411	110,6	45,3	850	3060	4,329	48,4	19,8
700	2520	5,570	116,9	47,9	875	3150	4,456	51,3	21,0
720	2592	5,729	123,7	50,7	900	3240	4,584	54,2	22,2
740	2664	5,888	130,4	53,4	925	3330	4,711	57,3	23,5
760	2736	6,048	137,5	56,3	950	3420	4,838	60,4	24,7
780	2808	6,207	144,7	59,3	975	3510	4,965	63,6	26,1
800	2880	6,366	152,0	62,3	1000	3600	5,093	66,9	27,4
820	2952	6,525	159,4	65,3	1025	3690	5,220	70,2	28,8
840	3024	6,684	167,3	68,6	1050	3780	5,347	73,7	30,2
860	3096	6,843	175,3	71,8	1075	3870	5,474	77,2	31,6
880	3168	7,003	183,3	75,1	1100	3960	5,602	80,8	33,1
900	3240	7,162	191,5	78,5	1125	4050	5,729	84,4	34,6
920	3312	7,321	200,0	82,0	1150	4140	5,857	88,2	36,1
940	3384	7,480	208,6	85,5	1175	4230	5,984	92,1	37,7
960	3456	7,639	217,4	89,1	1200	4320	6,111	96,1	39,3
980	3528	7,798	226,4	92,8	1225	4410	6,239	100,0	41,0
1000	3600	7,957	235,6	96,6	1250	4500	6,366	104,0	42,7
1100	3960	8,750	284,1	116,4	1300	4680	6,620	112,4	46,1
1200	4320	9,548	357,4	138,3	1400	5040	7,130	130,2	53,4
1300	4680	10,346	395,3	162,0	1500	5400	7,639	149,7	61,4
1400	5040	11,140	457,5	187,5	1600	5760	8,148	170,2	69,8

Diamètre = 0^m,600. | *Diamètre* = 0^m,700.

VOLUMES ÉCOULÉS		VITESSES MOYENNES en mètres par 1″.	PERTES DE CHARGE pour 1000^m de long^r en millim. de haut^r d'eau		VOLUMES ÉCOULÉS		VITESSES MOYENNES en mètres par 1″.	PERTES DE CHARGE pour 1000^m de long^r en millim. de haut^r d'eau	
par 1″ en litres.	par heure en m. cub.		AIR.	GAZ.	par 1″ en litres.	par heure en m. cub.		AIR.	GAZ.
25	90	0,088	0,01	0,006	50	180	0,130	0,02	0,01
50	180	0,177	0,06	0,024	100	360	0,160	0,09	0,04
75	270	0,265	0,13	0,054	150	540	0,390	0,22	0,09
100	360	0,353	0,2	0,096	200	720	0,519	0,39	0,16
125	450	0,442	0,3	0,15	250	900	0,649	0,6	0,25
150	540	0,530	0,5	0,22	300	1080	0,779	0,9	0,36
175	630	0,618	0,7	0,29	350	1260	0,909	1,2	0,5
200	720	0,707	0,9	0,38	400	1440	1,038	1,6	0,6
225	810	0,795	1,2	0,49	450	1620	1,169	2,0	0,8
250	900	0,884	1,4	0,6	500	1800	1,299	2,5	1,0
275	990	0,972	1,8	0,7	550	1980	1,429	3,0	1,2
300	1080	1,061	2,1	0,9	600	2160	1,558	3,5	1,4
325	1170	1,149	2,5	1,0	650	2340	1,689	4,2	1,7
350	1260	1,237	2,9	1,2	700	2520	1,819	4,9	2,0
375	1350	1,326	3,3	1,3	750	2700	1,949	5,6	2,3
400	1440	1,414	3,8	1,5	800	2880	2,076	6,3	2,6
425	1530	1,502	4,2	1,7	850	3060	2,208	7,1	2,9
450	1620	1,591	4,8	1,9	900	3240	2,348	8,1	3,3
475	1710	1,679	5,3	2,2	950	3420	2,468	8,9	3,7
500	1800	1,768	5,9	2,4	1000	3600	2,598	10,0	4,1
525	1890	1,856	6,5	2,6	1050	3780	2,728	11,0	4,5
550	1980	1,945	7,2	2,9	1100	3960	2,811	12,0	4,9
575	2070	2,033	7,8	3,2	1150	4140	2,698	13,2	5,4
600	2160	2,121	8,5	3,5	1200	4350	3,858	14,3	5,8
625	2250	2,209	9,2	3,8	1250	4500	3,482	15,5	6,3
650	2340	2,298	10,0	4,1	1300	4680	3,375	16,8	6,9
675	2430	2,386	10,7	4,4	1350	4860	3,508	18,1	7,4
700	2520	2,475	11,5	4,7	1400	5040	3,638	19,4	8,0
725	2610	2,563	12,4	5,1	1450	5220	3,767	20,7	8,5
750	2700	2,652	13,3	5,4	1500	5400	3,897	22,3	9,1
775	2790	2,740	14,2	5,8	1550	5580	4,027	23,8	9,7
800	2880	2,829	15,1	6,2	1600	5760	4,152	25,3	10,4
825	2970	2,917	16,0	6,6	1650	5940	4,287	27,0	11,1
850	3060	3,005	11,0	7,0	1700	6120	4,416	28,7	11,7
875	3150	3,094	18,1	7,4	1750	6300	4,547	30,4	12,4
900	3240	3,182	19,1	7,8	1800	6480	4,676	32,2	13,3
925	3330	3,270	20,2	8,3	1850	6660	4,807	33,9	13,9
950	3420	3,359	21,3	8,7	1900	6840	4,936	35,8	14,7
975	3510	3,447	22,4	9,2	1950	7020	5,067	37,7	15,4
1000	3600	3,536	23,5	9,6	2000	7200	5,196	39,7	16,3
1050	3780	3,712	26,0	10,6	2050	7380	5,327	41,7	17,1
1100	3960	3,889	28,4	11,6	2100	7560	5,456	43,7	17,9
1150	4140	4,066	31,2	12,8	2150	7740	5,586	45,8	18,8
1200	4320	4,243	34,0	13,9	2200	7920	5,716	48,0	19,7
1250	4500	4,420	36,9	15,1	2250	8100	5,846	50,2	20,6
1300	4680	4,596	39,9	16,3	2300	8280	5,976	52,5	21,5
1350	4860	4,773	43,0	17,6	2350	8460	6,106	54,8	22,4
1400	5040	4,950	46,2	18,9	2400	8640	6,232	57,1	23,4
1450	5220	5,126	49,6	20,3	2450	8820	6,366	59,6	24,4
1500	5400	5,303	53,1	21,8	2500	9000	6,496	62,0	25,4
1600	5760	5,658	60,4	24,7	2700	9720	7,016	72,4	29,6
1700	6120	6,010	68,0	28,0	2900	10440	7,534	83,8	34,3
1800	6480	6,364	76,4	31,2	3100	11160	8,054	95,8	39,2
1900	6840	6,718	85,2	34,8	3500	12600	9,094	122,3	50,1

TABLE DES MATIÈRES

Préface... v

INTRODUCTION.. 1

CHAPITRE I

PRODUCTION DE LA CHALEUR.

§ Ier. — **De la combustion**................................. 9

§ II. — **Puissance calorifique des combustibles**........... 18

    Lois relâtives à la puissance calorifique............... 36

§ III. — **Combustibles**.................................... 46

    Combustibles solides................................. 48

        —   fossiles............................... 54

        —   carbonisés.. 72

        —   agglomérés............................ 76

        —   liquides 78

        —   gazeux................................ 79

    Prix comparés de l'unité calorifique................. 83

§ IV. — **Quantité d'air nécessaire à la combustion**........ 85

§ V. — **Température de la combustion**..................... 100

CHAPITRE II

TRANSMISSION DE LA CHALEUR.

§ Ier. — **Modes divers de transmission de la chaleur**...... 111

    Conductibilité...................................... 112

Mélange.. 124

Radiation et convection simultanées. — Lois du refroidissement... 126

Convection.. 142

§ II. — **Transmission de la chaleur à travers une paroi**.... 162

Transmission entre deux enceintes..................... 164

Transmission entre deux fluides en mouvement........ 177

1° Circulation dans le même sens.................. 177

2° Circulation en sens inverse..................... 185

Transmission entre un fluide en mouvement et une
enceinte... 192

Enveloppes isolantes..................................... 195

Pénétration de la chaleur dans l'intérieur des corps..... 201

§ III. — **Applications. — Résultats d'expériences**.......... 209

Transmission, entre deux enceintes, de l'air à l'air...... 209

—   de la vapeur à l'air.................... 217

—   de l'eau à l'air..................... .. 221

—   de la vapeur à l'eau.................... 223

—   d'un liquide à un liquide............... 228

—   entre deux fluides en mouvement........ 230

—   entre un fluide en mouvement et une
enceinte........................... 238

—   des gaz de la combustion à l'eau d'une
chaudière........................... 241

CHAPITRE III

ÉCOULEMENT DES GAZ ET DE LA VAPEUR D'EAU.

§ Ier. — **Écoulement par un orifice**........................ 244

Écoulement des gaz sous un faible excès de pression.... 246

—   sous un excès de pression quelconque...... 262

—   de la vapeur d'eau..................... 272

§ II. — **Écoulement par des tuyaux de conduite**.......... 285

Frottement... 286

Changements de direction............................... 299

—   de section............................. 303

Écoulement des gaz par une conduite de forme quelconque.. 320

Observations sur l'établissement des conduites de gaz... 335
Écoulement de la vapeur d'eau dans les tuyaux......... 341

§ III. — **Manomètres et anémomètres**..................... 345
Manomètres....................................... 346
Anémomètres..................................... 368

DES APPAREILS DE CHAUFFAGE.

Observations générales............................. 373

CHAPITRE IV

DES FOYERS.

§ Iᵉʳ. — **Foyers ordinaires à grille**...................... 376
Foyers extérieurs de chaudière à vapeur.............. 377
— intérieurs de chaudière à vapeur.............. 391
— de calorifères à air chaud.................... 397

§ II. — **Fonctionnement des foyers**..................... 401

§ III. — **Foyers divers. — Foyers dits fumivores**......... 418
Foyers divers..................................... 422
— dits fumivores.............................. 424
— à introduction d'air au-dessus de la grille....... 425
— à alimentation continue...................... 431
— à chargement renversé....................... 435
— doubles ou à chargement alterné.......... 438
— à injection de vapeur........................ 442
— à renversement et contraction de la flamme..... 445
— mixtes.................................... 446

§ IV. — **Foyers à combustibles spéciaux. — Gazogènes**.... 454
Foyers à combustibles menus...................... 455
— à liquides................................. 460
Gazogènes....................................... 468
Foyers à gaz..................................... 476

§ V. — **Accumulateurs de chaleur**................ 482

§ VI. — **Température des foyers. — Chaleur rayonnée**..... 491
Foyer dans une enceinte en maçonnerie.............. 495
— intérieur de chaudière à vapeur.............. 496

Foyer extérieur de chaudière à vapeur................... 501
— dans une cloche de calorifère.,............ 505

CHAPITRE V

RÉCEPTEURS DE CHALEUR.

§ Ier. — **Préliminaires**....................................... 510

§ II. — **Surface de chauffe directe**....................... 516

§ III. — **Surface de chauffe indirecte**................... 529
    Surface en contact avec les gaz enflammés............ 530
    — en contact avec les gaz éteints....... 536

§ IV. — **Surface totale de chauffe**........................ 539
    Influence de l'étendue de la surface de chauffe sur le
    rendement....................................... 544
    Influence de l'activité de la combustion sur le rende-
    ment................................. 553
    — du chauffage méthodique................... 555

§ V. — **Résultats d'expériences**........................... 560

§ VI. — **Dispositions des surfaces de chauffe**........... 568

CHAPITRE VI

CHEMINÉES.

§ Ier. — **Tirage des cheminées**............................ 583
    Pressions aux différents points d'une circulation de gaz
    avec tirage par cheminée....................... 594
    Chaleur employée au tirage...................... 606
    Travail du tirage....;........................ 610
    Influence des actions atmosphériques sur le tirage.... 613
    Règlement du tirage.......................... 617

§ II. — **Hauteur et section des cheminées**............... 621
    Cheminées d'usine........................... 622
    Hauteur des cheminées d'usine.................. 623
    Section des cheminées d'usine.................. 626
    Cheminées d'appartement et de ventilation..... 640

§ III. — **Construction des cheminées d'usine**....... 640

Stabilité d'une cheminée d'usine en briques............ 650
Courbe de la stabilité d'une cheminée................ 662

CHAPITRE VII

VENTILATEURS. — JETS DE VAPEUR ET D'AIR COMPRIMÉ.

§ Iᵉʳ. — **Ventilateurs à force centrifuge**.................... 669

Théorie générale................................... 680

Vitesses. — Pressions. — Volume. — Travail.......... 687

Dispositions diverses des ventilateurs à force centrifuge.. 704

Comparaison de l'effet utile des cheminées et des ven-

tilateurs...................................... 720

§ II. — **Ventilateurs à hélice** 723

Théorie générale................................. 724

Dispositions diverses des ventilateurs à hélice......... 735

§ III. — **Ventilateurs à capacité variable**................... 737

§ IV. — **Jets de vapeur et d'air comprimé**................. 743

Théorie générale................................. 745

Résultats d'expériences........................... 755

CHAPITRE VIII

THERMO-DYNAMIQUE.

§ Iᵉʳ. — **Principe de l'équivalence de la chaleur et du travail.** 777

§ II. — **Des gaz parfaits**................................ 794

§ III. — **Principe de Carnot**........................... 805

De l'entropie....................................... 815

§ IV. — **Des vapeurs saturées**........................... 818

Chaleur de formation de la vapeur d'eau.............. 819

Volume spécifique de la vapeur saturée................ 822

Mélange d'un liquide et de sa vapeur................. 824

Entropie dans la formation de la vapeur.............. 825

Détente de la vapeur d'eau........................ 828

Travail de la vapeur dans la détente adiabatique....... 832

§ V. — **Applications diverses**............................ 834

Écoulement des gaz................................. 834

Écoulement des vapeurs........................... ... 840
Fusion des corps solides........ 843
Tirage des cheminées.................. 844

§ VI. — **Machines à air chaud**....................... 848

§ VII. — **Machines à vapeur**........ 859

TABLES DIVERSES................................ 876

FIN DE LA TABLE DES MATIÈRES.

ERRATA :

Page 134, ligne 14, *au lieu de :* $M' = R' + F'$, *lire :* $M' = R' + F$.

— 217 — dernière, — $\dfrac{1}{K}$ — $\dfrac{1}{K'}$.

— 300 — 12 — $\sin\alpha$ — $\sin^2\alpha$.

6336-86. — CORBEIL. Typ. et stér. CRÉTÉ.